消逝的辉煌

——部分见于史料记载的中国古代建筑复原研究

王贵祥　著

U0289944

清华大学出版社

北　京

版权所有，侵权必究。侵权举报电话：010-62782989　13701121933

图书在版编目（CIP）数据

消逝的辉煌：部分见于史料记载的中国古代建筑复原研究/王贵祥著.—北京：清华大学出版社，2017
ISBN 978-7-302-46034-3

Ⅰ.①消…　Ⅱ.①王…　Ⅲ.①古建筑-复原建筑-研究-中国　Ⅳ.①TU-092.2

中国版本图书馆CIP数据核字(2017)第005074号

责任编辑：周莉桦　张占奎
封面设计：李召霞
责任校对：赵丽敏
责任印制：刘海龙

出版发行：清华大学出版社
网　　址：http://www.tup.com.cn, http://www.wqbook.com
地　　址：北京清华大学学研大厦A座　　邮　　编：100084
社 总 机：010-62770175　　邮　　购：010-62786544
投稿与读者服务：010-62776969, c-service@tup.tsinghua.edu cn
质量反馈：010-62772015, zhiliang@tup.tsinghua.edu.cn
印 装 者：北京中献拓方科技发展有限公司
经　　销：全国新华书店
开　　本：215mm×265mm　　印　　张：33.75　　字　　数：843千字
版　　次：2017年3月第1版　　印　　次：2017年3月第1次印刷
定　　价：128.00元

产品编号：072223-02

序

这本由一系列论文组成的复原性研究著作，是获得国家自然科学基金支持的一个项目的研究成果，项目名称为：“文字与绘画史料中所见唐宋、辽金与元明木构建筑的空间、结构、造型与装饰研究”，项目批准号：51378276。书中的内容，只是这一系列研究中部分成果的集合，其中当然也有一些外延的内容，如本书中就涉及几座唐代以前建筑的想象性复原案例。这里要特别感谢国家自然科学基金委的支持，没有这一基金的资助，很难想象这样一项纯粹历史性与学术性的古代建筑复原探索性研究，能够顺利完成。

众所周知，中国是一个有着5000年文明史的伟大国度。中国古代建筑的发展，如果从有遗址可考的河南二里头早商宫殿算起，至少也有3500多年的历史了。见于历史文献记载且有遗址佐证的大规模宫殿建造活动，至迟自春秋、战国时代就已经开始。而距今2200余年的秦代统一，更是开启了中国古代帝王宫殿营造活动的第一个高潮。秦始皇时代创建的咸阳上林苑朝宫前殿阿房宫，几乎成为中国古代宫殿建筑之宏大、奢丽与辉煌的代名词。

继秦而兴的西汉王朝，更以丞相萧何营造的长安宫殿——未央宫与长乐宫著称，同时，萧何以“天子以四海为家，非壮丽无以重威，且无令后世有以加也”❶的豪迈说辞，为西汉时代帝王宫殿的华丽与辉煌，提供了理论依据。班固《两都赋》中描写的东汉洛邑城中的北宫与南宫，宫殿建筑的奢丽与华美，与西汉相比，有过之而无不及。

两汉之后的三国时期，特别是曹魏时代，在其都城邺城建造了辉煌的铜雀三台，从而留下了唐代诗人杜牧“东风不与周郎便，铜雀春深锁二乔”❷的历史名句。史料中还特别提及了魏明帝在洛阳城所建的陵云台。说明自战国时期兴起的高台建筑营造潮流，经历了数百年的发展，至曹魏时期仍然遗韵尤浓。历史文献对于陵云台三维尺度的描述，也相当详细，为我们推想这座建筑的可能原貌，提供了一些支持。

两晋南北朝时期，不仅是宫殿建筑发展的又一个高峰时期，也是佛教寺院建筑大规模营造的第一个高潮期。无论是南朝的宫殿，还是北朝的佛塔，都为史书所津津乐道。至今遗址尚存的北魏洛阳永宁寺塔，甚至创造了中国乃至世界建筑史上最为高大的木构建筑奇迹。

隋唐时代是中国古代文化、艺术与科学发展的一个高峰期，隋唐建筑也达到了中国古代建筑发展史上的又一个高潮。隋代洛阳城中的乾阳殿，其规模与尺度之大，所用木材之巨，几乎被看作是导致隋代灭亡的罪魁祸首。然而，在隋亡之后的唐代，无论是唐高宗，还是武则天，都在这座隋代乾阳殿的旧址上大兴土木，先后兴建了唐代的乾元殿与武则天时期的前后两座巨大明堂建筑。其后的唐明皇，又将武则天明堂改造成为乾元殿，从而造就了在一百年的时间里，在一个建筑基址上，先后营造了5座尺度巨大的顶级皇

---

❶ 文献[1]. 史部. 正史类[西汉]司马迁. 史记. 卷八. 高祖本纪第八.

❷ 文献[1]. 集部. 总集类. [明]高棅. 唐诗品汇. 卷五十三. 七言绝句八. 杜牧. 赤壁.

家木构建筑的历史奇迹。而唐代长安城内大明宫的重要宫殿——含元殿与麟德殿，透过建筑史家傅熹年先生的细致推敲与科学复原，已经成为人们熟知的中国古代建筑史上的重要案例。

隋唐时代还是一个佛教发展的高峰期，佛教寺院及其建筑的规模与尺度，都达到了前所未有的巨大与华美。对唐代寺院的复原推想，或许能够帮助我们印证敦煌石窟唐代壁画中所展示的唐代寺院建筑的繁华、奢丽与气势恢宏。

两宋辽金时代，是中国古代建筑史上最为重要的一个历史时期。这一时期保存的建筑实例之多，分布范围之广，建筑类型之多样，堪称历史之最。然而，令人遗憾的是，尽管这一时代的中国建筑，无论是帝王宫殿，还是佛道寺观，其最为重要的成就，应该是在经济与文化都相对比较发达的中原及江左地区，即历史上的北宋与南宋时代。然而，历史却开了一个不大不小的玩笑，因为虽然两宋建筑文化文明鼎盛，肇极于史，但存留至今的两宋木构建筑实例，却如凤毛麟角，其所存历史建筑遗构实例的数量、类型、规模与尺度，几乎都难以与同时代的北方辽金建筑相比肩，不能不说是一件极其令人遗憾之事。然而，两宋时代大量的文献留存，以及两宋史料中记录的大量建筑现象，恰可以为我们想象与推测这一时期的建筑盛况，提供丰富的空间。

对建筑营造而言，元代又是一个令人扼腕与感叹的历史时代。元大都的辉煌与壮丽，堪称世界性的奇迹。辉煌至极的元故宫，早已灰飞烟灭，我们只能从历史文献中，大略地想象其辉煌与华美。好在，正是透过这些历史文献，建筑史学家傅熹年先生严谨缜密的复原研究，为我们了解元代宫殿的壮丽与辉煌，提供了一个可以参照与遐思的蓝本。而笔者也注意到了史料中记载的元上都大安阁，这座建筑为我们述说了一个创建自北宋时代、被金代人小心呵护、又被元代人迁移至元上都大内，成为这座元代宫城内之正殿的古代营造史佳话。对于这座建筑的复原研究，不仅使我们了解了一座重要的元代宫殿建筑，还使我们了解了古代工匠将一座既有的巨大木构建筑加以巧妙地保存、迁移与重建的营造智慧。

同是在元蒙时代，在蒙古人还没有来得及入主中原的时候，他们的最高统治者们就已经迫不及待地希望将中原文化引入到蒙古帝国的都城——地处漠北的哈剌和林城。太宗窝阔台汗丙辰年（1256 年），很可能是由中土蜀地来到漠北的工匠们，创建了号称“与雪山相高，鹫岭侔盛……矗天拔地高标孤”[1]的哈剌和林城俗称“大阁寺”内的五层佛阁——兴元阁。这座佛阁的结构高度甚至达到了 300 尺（约 94.2 米），如果加上屋脊瓦饰等，其实际造型高度可能更高。这在 13 世纪中叶的整个世界建筑史上，尤其是在木构建筑的营造方面，也堪称是一个奇观。

尽管明代距离我们的时代并不算十分遥远，其时代大约与欧洲人的文艺复兴时期平行，然而，明代建筑的遗存却并不那么令人乐观。除了清代政府刻意保护了的明代帝王陵寝建筑和部分保存尚好的武当山明代道教建筑之外，堪称明代木构建筑巨制的，也就只有青海乐都的瞿昙寺、山西万荣的飞云楼、北京智化寺的万佛阁，以及明代创建的一些地方宗祠建筑了，除此之外，在尚存的历史遗构中，似乎没有太多重要明代木构建筑实例可以言说。

好在，历史文献中，对于明代建筑的记述还相当详细。明代万历年间编纂的《普陀山志》中详细记载了普陀山护国永寿禅寺（今普济寺）的平面与单体建筑尺寸，可以使我们通过复原研究，大致地再现出其可能的原貌。而明代人所撰《如梦录》中有关当时的开封大相国寺大雄宝殿的基本尺寸与造型，亦可以使我们对这座历史名寺中的主殿在明代时的可能样貌做

[1] 文献[1]. 集部. 别集类. 金至元. [元]许有壬. 至正集. 卷四十五. 碑志. 敕赐兴元阁碑.

一个推测性的复原研究。笔者与自己指导的研究生们合作，曾经依据遗址资料与史料文献，复原再现了毁于20世纪20年代的明代武当山南岩宫大殿，同时复原再现了武当山玉虚宫的玄帝殿与龙虎殿。多少对于明代建筑遗存案例的可能原状样貌，做了一点弥补性的工作。当然，限于篇幅，本书中没有将这两个具有实际工程性的复原案例包括进来。

至于清代的建筑，由于历史遗存极其丰富，建筑类型也极其完善，重要的清代木构建筑遗存，多数保存得比较完好，故这里就不再有任何的涉及。换言之，本书中对已经消失的历史建筑的复原推想，至晚到明代建筑为止。

需要说明的一点是，无论是如何科学缜密的复原，其与真实的历史建筑原状之间，都可能是存有距离的。那些更为古老的建筑，由于其历史遗迹保存得过于模糊，更难以对其做出真正意义上的科学复原。因此，在无可奈何之下，我们只能更多地依赖历史文献中的文字描述。这时候，我们所能够依靠的，只能是基本的尺寸分析，当时可能的架构方式与结构逻辑，当时对木材利用的可能模式等。此外，唯一可以作为参考的，只有见于考古发现的古代图像资料，如画像砖或明器之类。至于遗址，也只能从大致的尺度上加以契合，却难以找到真实的建筑尺寸与建筑架构的遗址依据。

因此，这样一种复原或原状想象，只是一种基于有限条件与逻辑推演的推测性研究，其最终目的，不是真实地科学再现某座历史建筑，而是将这座历史建筑可能的大小尺度，或可能的造型样貌，以及可能的柱网分布或梁柱架构，以虚拟想象的方式推演出来，并以比较接近这座历史建筑原初样貌的方式展示出来，从而增加一点人们对于古代建筑之可能原状的想象空间。如此，则可以对这些已经消失的历史遗珍，通过推测与想象，以尽可能接近其可能历史原貌的方式，再现其可能的曾经辉煌。以笔者之愚见，这样一种研究方式，或也多少蕴含一点聊补因为历史实例稀缺所造成之历史虚无感与历史缺憾感的意味。当然，仁者见仁，智者见智，这一研究中的不同视角或不同方法，可能会有不同的结论。笔者这一抛砖引玉的研究，若能引起不同意见的争辩，同时引起学界同好们进一步地深入研究与发现，或能与笔者希望探究这些久已消失了的历史建筑之原初辉煌的学术初衷恰相契合了，而这正是笔者所衷心期待的结果。

这里要向为这本论文集付出努力与辛劳的清华大学建筑学院建筑历史与理论研究方向的硕士、博士研究生和博士后们，以及笔者工作室绘制内的各位同事们表示感谢，他们不仅承担了笔者研究与写作中遇到的大量繁琐细密的辅助性工作，还帮助提供了一些资料与图片，并且认真地帮助核对了部分古代文献的详细出处。此外，书中的许多较为繁细，可能占用较多时间的插图，也是由他们帮忙绘制完成的。这里还要特别感谢清华大学建筑馆新楼511办公室的张弦、刘敏两位秘书。论文的顺利付梓，与她们两位的日常工作，特别是张弦同志在文字与插图的校核与编辑工作上付出的辛勤努力是分不开的。

笔者识

2016年6月

目录

第一章

秦汉、曹魏与南朝几座木构殿阁原状推想

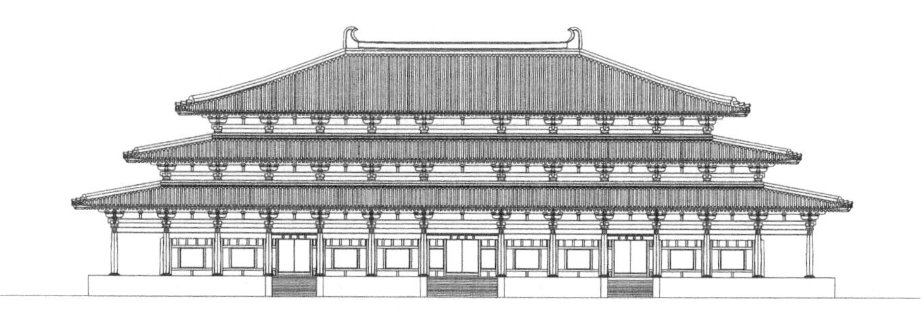

人们熟知的一个事实是，在中国古代建筑史上，占主导地位的建筑是帝王宫殿，而中国历代宫殿建筑的基本特征，是以木构殿堂为中心而渐次发展起来的。史书中所载上古尧帝的宫殿："堂高三尺，采椽不斫，茅茨不翦。"[1]说的就是中国古代宫殿建筑起源阶段的大略情形（图 1–1）。然而，现存帝王宫殿建筑只有明清两代的遗存案例，其历史时段跨度不过五六百年而已。如果将这一范畴扩大到与帝王殿堂相类似的佛寺与道观中的殿堂，则最早的木构殿堂建筑遗存可以追溯到创建于公元 782 年的唐代遗构——山西五台南禅寺大殿（图 1–2）。规模、结构与造型更接近帝王宫殿一点的早期木构殿堂，则当首推创建于公元 857 年的唐代遗构——五台山佛光寺东大殿（图 1–3）。比之更早的木构殿堂建筑，从敦煌隋唐时期洞窟的壁画中，或初唐时期大雁塔门楣石刻所表现的佛殿建筑中（图 1–4），也可以略窥一斑。其历史时段至多可以覆盖一千余年。

若再往前追溯，可以发现，早在公元前 1500 年左右的河南偃师二里头早商宫殿遗址上，可能已经有了与唐代木构建筑十分类似的木构殿堂雏形，以及围绕中心殿堂而设的回廊与门房。或可言之，周回庭院、前立门房、中设殿堂的"门堂之制"式建筑空间形态，其雏形模式早在中华文明创立之初就已经基本确立。这一建筑模式雏形的中心，正是位于庭院中央的木构殿堂（图 1–5）。

从历史文献可知，早在先秦时代的商周乃至春秋战国时期，宫殿建筑已经成为当时建筑的主流。《史记》中描述战国时期"高台榭，美宫室，听竽瑟之音，前有楼阙轩辕，后有长姣美人"[2]的宫殿景象，或可以从现在尚存战国都城燕下都或齐临淄城址内尚存的高台遗址中略窥一斑。春秋战国时代结束之后的秦汉大一统帝国，更是进一步将帝王宫殿建筑的营造推向了高潮。这一点无论是秦咸阳的阿房宫，还是汉长安的未央宫、长乐宫、建章宫，文献记载中所描述其宫苑之殿堂台阙，动辄有数十丈的面广、进深与高度，其规模之宏伟、尺度之恢弘，都令世人咋舌。

自秦汉以后，无论是三国还是两晋、十六国，乃至南北朝时期，前后数百年时间，帝王宫殿建筑以及

图 1-1　上古"土阶三等，茅茨不翦"的宫殿（宋马和之《周颂清庙之什图》）

图 1-2　现存最早木构建筑——五台南禅寺大殿（傅熹年 . 中国古代建筑史 · 第二卷 [M]. 北京：中国建筑工业出版社，2001.）

[1] 文献 [1]. 史部 . 正史类 .[汉] 司马迁 . 史记 . 卷八十七 . 李斯列传第二十七 .

[2] 文献 [1]. 史部 . 正史类 .[汉] 司马迁 . 史记 . 卷六十九 . 苏秦列传第九 .

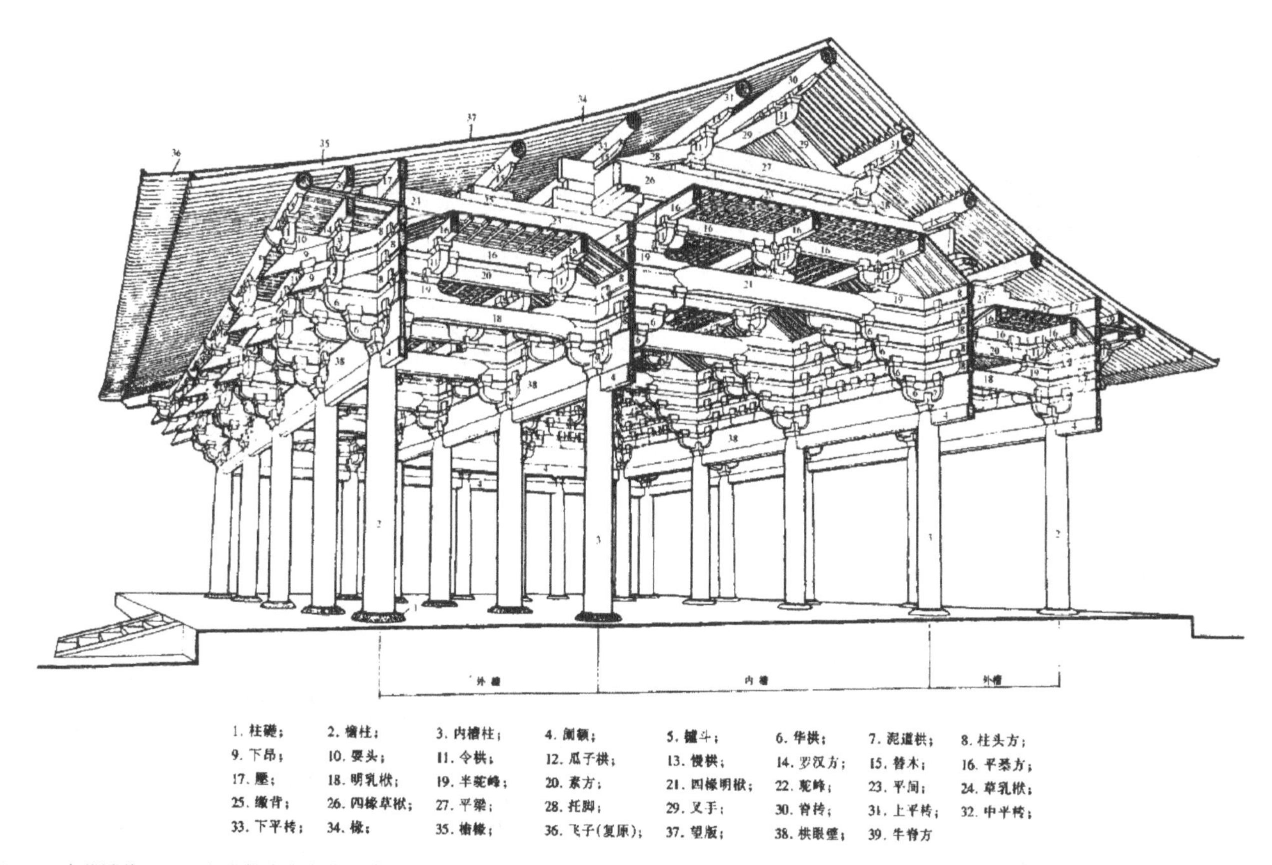

图 1-3　唐代遗构——五台山佛光寺东大殿（清华大学建筑学院提供）

图 1-4　大雁塔门楣石刻中的唐代木构建筑（西安市文物管理处 . 大雁塔 [M]. 北京：文物出版社，1983.）

图 1-5　偃师商城博物馆河南二里头宫殿复原模型（谢鸿权 摄）

自那一时代骤然兴起的佛教寺院建筑风靡大江南北。尽管这一历史时期的木构殿堂没有一例真实的遗存，但从南北朝时期大量建造的佛教石窟寺中用石头雕凿或壁画描绘的木构殿堂形象中，仍然可以大致了解这一时期木构殿堂的基本形态。

若再回溯到两汉乃至秦代，其木构建筑遗存更无从谈起。然而，从大量汉代画像砖、汉代墓葬中出土的明器，以及尚存汉代石阙中对仿木结构屋顶的表现，都可以使我们对这一时期木构房屋或殿堂的可能样态有一个大致的了解（图 1–6，图 1–7）。只是这些画像

图 1-6　汉代明器中表现的木构屋顶房屋（焦作市博物馆藏）

图 1-7　汉代画像砖中表现的木构殿堂（周到，李京华．唐河针织厂汉画像石墓的发掘 [J]. 文物，1973（6）：39.）

砖和明器，表现的多是当时雕凿或烧制这些画像砖或明器的艺人与工匠们有可能观察到的市廛里坊中的建筑。尽管其中有可能会透露出一些宫殿建筑的信息，但其规模与尺度也仅仅是一种象征性的概略表达，与文献记载中所描述的那些体量巨大的帝王宫殿有着天壤之别。

这里其实面临了一个历史悬疑：同一时代的太史公司马迁《史记》，以及时间略晚之人撰写的《三辅黄图》和其他一些历史文献，其中所记述之秦汉时代

那些规模宏大、尺度恢弘的帝王宫殿建筑，究竟是作者笔下生花式的夸张之辞，还是其中可能存在某种历史的真实？长久以来，关于这一问题，学术界并没有给出一个肯定或否定的回答。

第一节 秦咸阳上林苑朝宫前殿阿房宫

尽管中国古代宫殿建筑的起源很早，但大规模的帝王宫殿建筑营造很可能始于完成大一统伟业秦代的初期："秦成，则高台榭，美宫室，听竽瑟之音，前有楼阙轩辕，后有长姣美人。"❶而且："秦每破诸侯，写放其宫室，作之咸阳北阪上，南临渭。自雍门以东至泾渭，殿屋复道，周阁相属……作信宫渭南已，更命信宫为极庙，象天极。自极庙道通骊山，作甘泉前殿，筑甬道属之。"❷

然而，见于史书记载最为宏伟的宫殿建筑是秦始皇三十五年（前212年）开始创建的咸阳上林苑内的朝宫前殿阿房宫。这一年是秦完成统一大业（前221年）之后的第10年，距离秦始皇驾崩仅3年，距离秦亡也仅6年。显然，仅仅从时间上分析，这就是一个不大可能完成的工程。但从史料的描述中可以发现，这是一项旷古未有的宏大工程。

据《史记》记载，秦始皇三十五年："始皇以为咸阳人多，先王之宫廷小……乃营作朝宫渭南上林苑中。先作前殿阿房，东西五百步，南北五十丈，上可以坐万人，下可以建五丈旗。周驰为阁道，自殿下直抵南山，表南山之巅以为阙。为复道，自阿房渡渭，属之咸阳，以象天极，阁道绝汉抵营室也。阿房宫未成；成，欲更择令名名之。"❸

这里描述了阿房宫的大致位置、空间尺度、周围建筑格局及其基本的空间构想与象征意义。从这篇文字中，可知道阿房宫建造于咸阳城外的上林苑中，是秦代朝宫（有可能是秦代天子的正朝所在？）的前殿，其地位大约相当于明清时代紫禁城内的前朝正殿——太和殿。换言之，朝宫前殿阿房宫很可能就是代表秦代帝王最高权威的前朝正殿——路寝之殿的所在。这座前殿周围有阁道环绕，殿前远对南山，高大的南山之巅恰好形成朝宫前的门阙。前殿之后设有复道，将阿房宫与渭河北岸的咸阳城连通。这座联系阿房宫与咸阳城的复道，如同是天汉中连接营室星的阁道，使前殿阿房及朝宫其他部分与南山、渭河以及渭河之北的咸阳城联系而成一个规模巨大、气势恢宏的整体空间，象征了君临天下大一统帝国皇帝的至高无上与帝国疆域的浩瀚无垠。

当然，最重要的是，《史记》中还具体记述了阿房宫的基本尺度："东西五百步，南北五十丈。上可以坐万人，下可以建五丈旗。"由秦代时的一步为6尺，一丈为10尺，一尺约为0.231米，可以大略推算出这座阿房前殿的台基折合今日的尺度为：东西693米，南北115.5米，殿基面积约为8万平方米。如此大的殿基面积，其大殿的建筑体量无疑也会相当惊人，故《史记》中有云，其上可以坐万人，其下可以建五丈旗，实非虚语。

据考古发掘，秦朝宫前殿阿房宫确有遗址发现（图1-8）。现存一座长方形夯土台基，实际探测台基的长度为1320米，宽度为420米（图1-9），折合秦尺：东西长570余丈，南北宽180余丈。还有一说，台基残址东西长1270米，南北宽426米，台基顶面距离

❶ 文献[1].史部.正史类.[汉]司马迁.史记.卷六十九.苏秦列传第九.

❷ 文献[1].史部.正史类.[汉]司马迁.史记.卷六.秦始皇本纪第六.

❸ 文献[1].史部.正史类.[汉]司马迁.史记.卷六.秦始皇本纪第六.

周围现状地面高度为 7~9 米（约为秦代的 3.9 丈）。这似乎比文献中所描述的长 500 步、宽 50 丈的殿基尺度要大出许多。

考虑到这一巨大基座有 2000 余年的历史，有可能遭到了自然或人为的剥蚀，其高度应该比 3.9 丈要高，假设其基座高约 4.1 丈（残存 3.9 丈），其殿身台基高度参考历代宫殿台基，假设为 9 尺，以取“九五之尊”的意义,两者之和约为 5 丈。由此,可与《史记》中所谓“上可以坐万人，下可以建五丈旗”的描述相契合，从而对阿房宫大殿台基最初的设计高度做一个猜测。

图 1-8　秦阿房宫前殿遗址（王贵祥 . 匠人营国——中国古代建筑史话 [M]. 北京：中国建筑工业出版社，2015.）

首先，可以将这个长近 600 丈、宽约 180 丈、高约 5 丈的秦代夯土台基遗址想象成是秦代朝宫前殿阿房宫的基座。而且，由于这一台座为东西长、南北宽，呈坐北朝南之势，与文献中记载的坐北朝南的前殿阿房宫是一致的。再将前殿阿房宫的长宽尺寸放在这一台座之上，可以发现两者似乎十分匹配。换言之，秦代朝宫前殿阿房宫大台基的尺度，以考古发掘中所获得的数值推算，大约为东西长 1320 米（约 952 步，接近前殿东西面广长度 500 步的 2 倍），南北宽 420 米（约 180 丈，恰为前殿南北进深长度 50 丈的 3.6 倍）（图 1-10）。在这样一个巨大的台基之上，建造尺度如此巨大的殿堂，两者之间在造型、结构乃至尺度逻辑上都是相互契合的。由如此巨大的基座遗址推想，或也可以大体上印证：司马迁对于阿房宫基本尺度的记录很可能就是最初的真实设计尺度。

此外，从朝宫前殿阿房宫的长宽比例进行观察，也存在有某种令人难以捉摸的比例关系：其殿通面广 500 步（693 米，以秦代一尺为 0.231 米推算[1]，为 300 丈）恰好是其殿通进深 50 丈（115.5 米）的 6 倍。说明这座大型殿堂的面广与进深比，很可能存在有某种内在的结构与空间逻辑关系。

事实上，这一平面长宽比为 6∶1 的比例关系绝

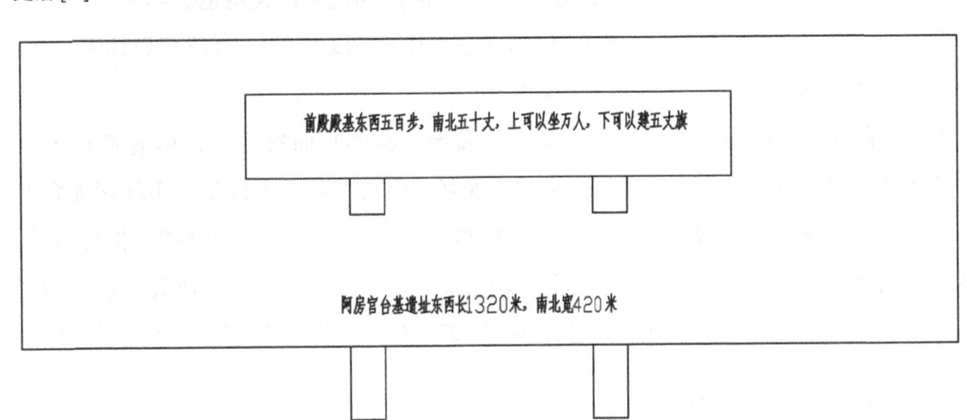

图 1-9　秦朝宫前殿阿房宫基址及平面尺度示意图（作者自绘）

[1] 刘敦桢 . 中国古代建筑史 [M]. 北京：中国建筑工业出版社，1984：421. 附表三 . 历代尺度简表 .

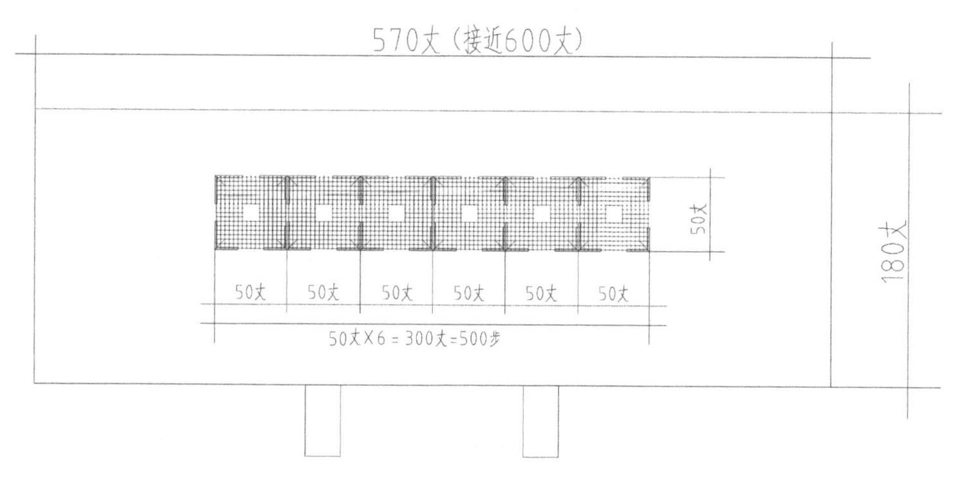

图 1-10　秦阿房宫前殿及台基主要尺寸关系示意（作者自绘）

非偶然，很可能是秦人刻意设计的结果。因为，按照秦代度量衡制度，1 步为 6 尺，1 丈为 10 尺，则 500 步恰好就是 300 丈。也就是说，《史记》行文中的"东西五百步，南北五十丈"，也可以表述为"东西三百丈，南北五十丈"，如此，就能更为直观地看出这两者之间的比例关系。只是司马迁在这里分别用了两个不同的长度单位——"步"与"丈"，来描述这一事实。在了解了这一奇妙的 6∶1 的比例关系之后，不由得令人产生一个疑问：秦人为什么要用这样一个整齐的长宽比例来建造这座代表国家最高统治象征的重要殿堂？这其中是否可能蕴含着某种象征性意义？

有一点应该提及，秦人已经开始相信战国时期阴阳家邹衍提出的"五德终始"说，即由五行"木、火、金、土、水"所代表的五种德性周而复始地循环流转相生相克。王朝更替也应该符合这一流转生克规律。秦人认为周为火德，欲克火，代周而兴的秦应取水德："始皇推终始五德之传，以为周得火德，秦代周德，从所不胜，方今水德之始。"❶

在古代《周易》的卦义之中，有"天一生水位乎北，地六成之"❷之说，且以《周易》后天八卦言之，北方为坎，为水，为黑。也就是说，五色中的黑色代表了水。换言之，数字"六"在一定程度上成为水德的象征，而尚水德者在色彩的取向上亦尚黑。因此，在秦始皇登基甫尔，即昭示天下："方今水德之始，改年始朝贺，皆自十月朔。衣服、旄旌、节旗，皆上（尚）黑。数以六为纪符，法冠皆六寸，而舆六尺。六尺为步，乘六马。"❸同时，秦人还"分天下以为三十六郡……金人十二重，各千石，置廷宫中。"❹显然，这些与数字"六"有着密切关联的法冠、车舆、丈量尺寸以及统一设定的全国郡县数量与配置的殿前金人数量，应该都是秦人刻意而为的。

那么，为什么秦人又不直接将这座象征帝王最高权力的朝宫前殿阿房宫作"东西三百丈，南北五十丈"这样更能体现秦代"水德"之象征意义的表述，而要令人费解地表述为"东西五百步，南北五十丈"，甚至又特别强调了"下可以建五丈旗"呢？显然，这个

❶ 文献[1]. 史部 . 正史类 .[汉] 司马迁 . 史记 . 卷六 . 秦始皇本纪第六 .

❷ 文献[1]. 经部 . 易类 . [宋] 俞琰 . 周易集说 . 卷三十 . 系辞上 . 传三 .

❸ 文献[1]. 史部 . 正史类 . [汉] 司马迁 . 史记 . 卷六 . 秦始皇本纪第六 .

❹ 文献[1]. 史部 . 正史类 . [汉] 司马迁 . 史记 . 卷六 . 秦始皇本纪第六 .

刻意突出数字“五”的表述方式：“五百步”“五十丈”“五丈旗”，其内涵也一定有设计者当时所特别期待的某种象征性意义。因为从战国时兴起的五行学说的数字象征来看，数字“五”，其实象征了五行中的“土”，从而也象征了“东、西、南、北、中”大地五方之“中央”的地位，正与这座象征“天下之中”的帝王宫殿正殿的地位相匹配。

此外，“五”与“六”所代表的土与水也还具有某种相辅相生的作用：“十一月冬至日，南极阳来而阴往，冬，水位也，以一阳生为水，数五月……三月春之季，季土位也，五阳以生，故五为土数，此其生数之由也。故五行始于水而终于土者，此也。”❶也就是说，无论是数字“五”和“六”，还是这两个数字所代表的五行之中的“土”与“水”，都具有相互依存的作用。而据古代中国人的五行观念，则五（土）为六（水）之生数，秦代朝宫前殿阿房宫采用的既合乎数字“五”又合乎数字“六”的长宽尺度应该可以理解为是当时人的一种刻意为之的设计。

秦代以农业立国，又着眼于“普天之下，莫非王土，率土之滨，莫非王臣”的天下一统的政治理想，同时，又根据五德终始之说，将自己的王朝定义为水德。正是基于这样一种五行生克的原理与数字象征的诉求，秦人将其新立都城的朝宫正殿，既表现为水德之象又表征为“天下之中”，是一种必然的心态。如前所述，最能表达这一“天下之中”意义的象征性数字就是“五”，故前殿阿房宫的设计者将代表“中央”的数字“五”与代表水德的数字“六”巧妙地结合为一体，使得这座秦王朝统治之最重要象征的前殿阿房宫，既采用了“东西五百步，南北五十丈”之以“五”为核心的象征中央土德的尺寸设定，也采用了平面长宽比为6∶1，建筑形体可能由6座独立结构体并列组成，以数字“六”为建筑物外观表象之象征“水德”的比例与造型。正是这一系列巧妙的设计，使得这座旷古未有的伟大建筑将秦人最为关注的两个重要象征意义——代表天下之中的“土德”与代表取代周之火德而兴的秦王朝的“水德”巧妙地结合在了一起。

由此甚至还可以联想到，从考古发掘中发现的阿房宫台基尺寸，其东西长度十分接近600秦丈（所差尺寸，不能排除有可能是当时基座施工放线时的测量误差及后世自然与人为的侵蚀所致），南北恰好180秦丈，这一长宽尺度不仅恰好是6的倍数，而且还恰好呈现为前殿建筑本身东西面广（300秦丈）的2倍，南北进深（50秦丈）的3.6倍。所有这些与数字“6”相契合的台基、建筑尺寸及比例关系似乎都不是某种无意识的巧合。

基于这样的分析，可以得出一个大胆的推论：秦人在最初准备创建其朝宫前殿阿房宫的时候，很可能是在将这座巨大殿堂的通面广与通进深采用了与数字“5”密切关联的长度与宽度，从而在凸显朝宫前殿阿房位处“天下之中”的象征意义的同时，又将这座大殿平面的长宽比刻意设计成为6∶1的比例，甚至使大殿的基座长宽尺寸也与数字“6”发生了关联，从而更加象征性地显示出秦人所崇尚的“水德”。

然而，这样一座宏大的殿堂，其最初的平面与结构设计是如何考虑的，至今仍是一个难解之谜。如果将其想象成一座内部空间是一个连续整体的大型木造结构体，按照当时的技术条件，以当时常用的木构建筑的柱子间距大约在3丈（6.93米左右）来推算，其殿通面阔约为100间，通进深约为17间。从木构建筑的视角来观察，这显然是一座不可思议的巨大建筑物。其造型若果真如史书中所言：“索隐：此以其形名宫也，言其宫四阿，旁广也。”❷即这是一座四坡屋顶的建筑物，则如此巨大的建筑长宽尺度若取其进深的

❶ 文献[1].经部.易类.[宋]胡瑗.周易口义.系辞上.

❷ 文献[1].史部.正史类.[汉]司马迁.史记.卷六.秦始皇本纪第六.索隐.

1/5 来构造屋顶，其屋顶所覆盖的空间长度有 300 丈，前后檐柱距离有 50 丈，起举高度约有 10 丈（约 23.1 米）之高，以怎样高度的柱子才能与这样巨大的面广、进深与屋顶高度的建筑物相匹配？如此高大的屋顶结构又当如何高耸宏巨？也就是说，这个巨大的结构体，在 2000 多年前的结构技术水平上，尤其是以使用木结构为主的中国古代建构技术基础上，几乎是不可能实现的。

进一步的问题是：既然秦人刻意地将这座大殿的尺度与数字“6”建立起密切的关联，那么在建筑物的结构与造型上，似乎不应该不体现出这样一种象征性联系。换言之，既然我们已经注意到，这座大殿的通面广是其通进深的 6 倍，且其通进深的长度也有令人不可思议的“五十丈”之长，那么会不会有这样一种可能：秦人实际上是希望建造 6 座相互毗邻的方形殿堂，每座殿堂的面广与进深都为 50 丈。各自形成一个四面坡形（四阿）的屋顶形式，然后将这样 6 座方形四阿屋顶殿堂呈“一”字形排列并置在一座高大的台基之上，并将其称之为上林苑内朝宫的“前殿阿房”。也就是说，这座“前殿阿房”其实是由兀然矗立于一个高大台座之上的 6 座各自独立的巨大结构体组合成的一组建筑综合体。其下的台基尺寸又恰是这一综合体通进深长度的 3.6 倍，通面广长度的近 2 倍。

如果这一推测成立，或可以推想这座前殿阿房是由各自独立的 6 个部分并列而成的。这 6 个部分中的每一个都是面广 50 丈、进深 50 丈的巨大独立结构体。每一结构体，各有自己独立的柱网、梁架与屋顶。6 座方形结构体呈一字形并列，又进一步构成了一个旷古未有的面广 300 丈、进深 50 丈的巨大殿堂，这座由 6 部分组成的巨大建筑综合体就是被称为咸阳上林苑朝宫前殿的“阿房宫”大殿。

如果这一推想是可能的，那么经过规模与尺度的适当分解，这座巨大建筑物的结构在当时的技术条件下就有可能实现。因为分割成几个独立结构体的方形建筑，可以通过屋檐在四个方向上的渐次内收与重复来解决屋顶尺度之巨大与高耸的结构技术难题，同时也解决了这一巨大木构殿堂复杂的造型问题。可以想象：这座大殿是由 6 个边长各为 50 丈的正方形平面建筑组成，每座建筑各有自己的柱网与屋顶梁架系统。

这里还可以再大胆地做一个推测：若面广与进深各为 50 丈，可以想象这是一座面广与进深各为 16 间的方形大殿。每一开间的柱子间距为 3 丈（折合为 6.93 米），则通面广与通进深均为 48 丈（亦与数字 6 相合）。在当时的结构技术下，每一结构体的四周必然有十分厚重的夯筑墙体，以维持木造结构的稳定性。那么，再推想在每一结构体的四面外侧，各增加 1 丈厚的夯土墙，则整座结构体的通面广与通进深就恰好与 50 丈相合了（图 1-11）。问题是，这样的柱网布置没有为大殿本身的台基提供一个尺寸余量，只能使人想象，大殿是直接落在巨大的台座之上，并没有再设独立的台基。或者殿身之外另有台基，但台基尺寸并没有包括在“东西五百步，南北五十丈”的范围之内。更加难以处理的是，两座毗邻的结构体之间没有任何间隙，两者之间的下檐檐口处理变成了一个十分困难

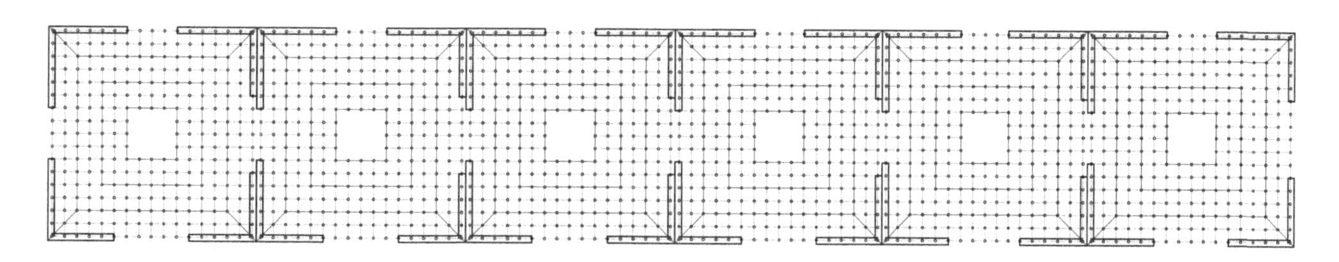

图 1-11　前殿阿房想象平面之一（每一结构体为 16 间）（作者自绘）

的问题。

当然，这种平面柱网布置还有一个问题，即每一座独立体量的建筑都为偶数开间，即每面为16间，则大殿中心是一个立柱。尽管现存偃师二里头早商宫殿遗址中的主殿也采用了偶数（8）开间的平面布局方式，但不能够证明秦代仍然会用偶数间布置。因为现在看到的汉画像砖中表现的建筑物已经有了“当心间”的设置。汉去秦未远，秦代未必没有产生奇数开间殿堂的可能。

故而，这里还可以做一个大胆假设：组成前殿阿房宫的这6座独立结构体中的每一座，其平面柱网的面广与开间都是奇数的15间，其中，当心间为3.6丈（合8.32米），两侧各次间、梢间至尽间均为3丈（合6.93米），则木构部分的通面广与通进深均为45.6丈，每个结构体两侧距离文献中记载的长宽尺寸各有2.2丈的尺寸余量。其中1丈为夯土墙在柱缝外的厚度，余1.2丈可以算作是大殿本身的台基。这样排列柱网，带来的问题是，各个独立的结构体之间会出现一个2.4丈宽的间隙。而这个间隙，在檐柱柱顶部分的距离就有4.4丈之宽，或可以将这个间隙看作是各个独立结构体之间屋檐部位相互交接的空隙（图1–12）。

当然，在朝宫前殿阿房的室内，在6个各自独立的结构体之间，无疑应该是有彼此相连通的内部通道的。如果需要打通彼此的空间，只要在这6个结构体之间各自留出若干个开间的缺口，不用夯土墙封闭，就可以使得这6个巨大的殿堂在内部贯通一气（图1–13）。而每一结构体的前后檐，亦可能设置有若干个开间的出入口。

当然，即使是这样一种分划，每一座独立结构体的尺度仍然十分巨大。因为，通面广与通进深各为50丈，折合约为115.5米。这样一个巨大的空间内部，且周围又有厚重的夯土墙，其采光与通风就成了问题。因此，可以设想，其屋顶上部应该有重檐的设置，上下檐之间的空隙可以采用木制网格式样的罘罳[1]，既可作为殿内的采光与通风之口亦可作为建筑物在外观上的装饰（图1–14）。按照这样一个大略的推想，就可以绘出这座旷古未有的木构大殿可能的立面外观（图1–15，图1–16）。

这里是按照当时可能的材料与技术，将每一结构体的外檐檐柱设定为3.5丈，并以每两间的幅度设置坡檐，从而形成三重周围檐，最后将中心四柱拔高一些，创造一个四面设罘罳的中央采光屋顶（图1–17）。

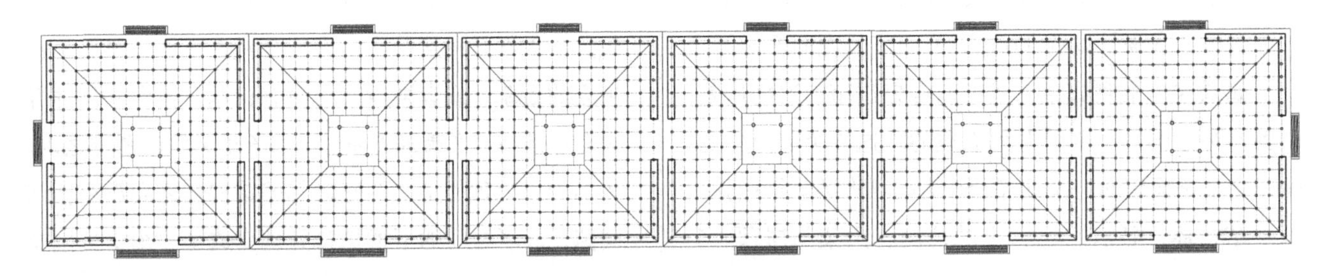

图1-12　前殿阿房想象平面之二（每一结构体为15间）（作者自绘）

图1-13　前殿阿房纵剖示意图（作者自绘）

[1] 罘罳，即古代用以采光、通风的木制网状孔洞，据《三礼图·卷一》：“郑氏曰屏，今罘罳也。刻之以云气虫兽，如今阙上为之矣。按罘罳，上皆以罔，即网户也。以木为方目，如罗网状，故可以为屏，又可为门扉。”参见：文献[1].经部.礼类.三礼总义之属。

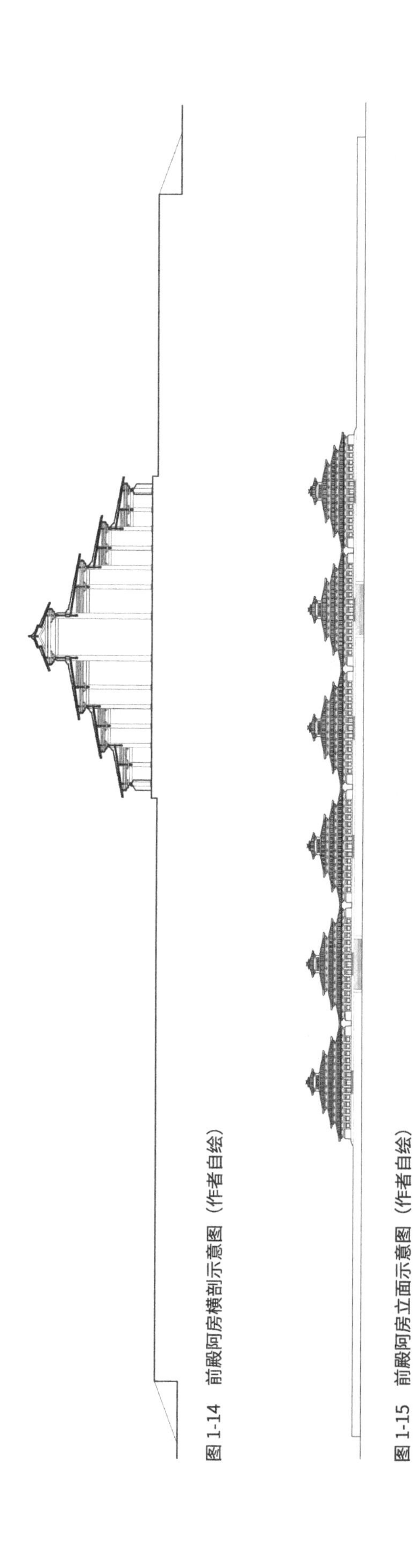

图 1-14　前殿阿房横剖示意图（作者自绘）

图 1-15　前殿阿房立面示意图（作者自绘）

图 1-16　前殿阿房正立面外观推想（笔者工作室绘制）

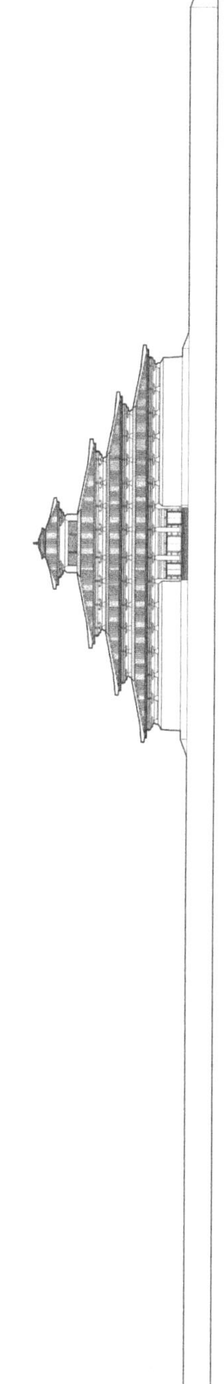

图 1-17　前殿阿房侧立面示意图（作者自绘）

这部分位于结构中央部位的屋顶，还采用了秦汉时代可能较为常见的折檐做法，以降低屋顶的起举高度。通过与当时可能的结构逻辑相接近的作图方式绘制而出的中央 4 柱高约 36 米（15.5 丈），殿中央脊槫上皮的高度约为 45 米（19.5 丈），加上大殿基座与殿身台基高度约 5 丈，则秦代朝宫前殿阿房宫诸殿的总高度接近 25 丈。这样一个巨大尺度的建筑，无论在当时，还是纵观中国古代建筑史甚至世界建造史，都是不可思议的（图 1–18）。

当然，需要申明的一点是，这种想象性的推测并不具有科学复原的意义，这里只是想通过某种逻辑推演的方式猜测出这座伟大历史建筑的大致样貌，聊解人们对于这座见于文献记载的著名古代建筑之漫无边际的遐思之虑（图 1–19）。

这里其实还有一个未解的问题，即考古学者在对阿房宫前殿遗址的发掘研究中，提到了在 20 世纪 50 年代初，阿房宫台座上的东、西、北三侧都有土梁，且连接在一起，现仅残存北边土梁，其高出台面 2 米多，略短于台长，应为倒塌了的夯土墙。现存墙基厚 3.6 米，残高 0.7 米[1]。然而，这位于台上北、东、西三面的夯土墙是否是前殿建筑物的外墙？若果真是，那么是否这座大殿的前檐以及 6 个独立结构体的之间没有使用夯土墙？这仍然是一个令人存疑的地方。因为这样宏大的结构体，在当时的技术条件下，完全用木结构来建造，而不采用必要的夯土墙作为木结构的加强性处理，其最终的实现几乎是不可能的。

这里所提到的残存墙基的厚度为 3.6 米约合秦尺 1.6 丈。这或也为前面所分析的——前殿阿房的外墙有约 1 丈的夯土墙厚度，提供了一个参考的证据。或言之，其墙内可能有柱子，柱子里侧有厚约 0.6 丈的夯土墙，柱子外侧有厚约 1 丈的夯土墙。

还有一点信息或可以作为一个将“前殿阿房”分为 6 座独立结构体之大胆推想的可能旁证。唐代人杜牧撰《阿房宫赋》，其中有：“五步一楼，十步一阁。廊腰缦回，檐牙高啄，各抱地势，钩心斗角，盘盘焉，囷囷焉。”[2] 距离秦代数百年的唐人杜牧，对于阿房宫的描述无疑带有虚幻想象与文学夸张的特征。但也存在一种可能，即杜牧曾经到过当时可能保存尚好的阿房宫遗址，从那巨大的夯土台座以及台座遗址上鳞次栉比的夯土遗址与础石遗迹中，想象出这座建筑的可能尺度与样态，从而发思古之忧思，描绘出了这座巨大无比的阿房前殿的大致样貌。

也就是说，在这样一个巨大的台基上，在长 300 丈、宽 50 丈的前殿遗址上，身临其境的杜牧一定是看到了某些令他充分展示想象力的建筑遗迹。而在他眼中的前殿阿房，并非一个单一的巨大殿堂，而是有楼，有阁，廊腰缦回，檐牙高啄，钩心斗角的建筑综合体。而其所描绘的“盘盘焉”当是指其殿可能有多重回绕的屋檐，而“囷囷焉”又似指其殿似乎像一座座相互毗邻的方形谷仓。杜牧透过遗址所看到的，正是由若干个这种平面为方形的独立建筑毗邻咬合，才可能出现其屋顶“廊腰缦回，檐牙高啄，各抱地势，钩心斗角，盘盘焉，囷囷焉”的外观。杜牧据他所观察到遗址，想象出了一个由多座方形殿阁组合而成的巨大建筑群，而不是一座修长宏巨的单一建筑体。如果杜牧的想象有当时保存状态尚好的阿房宫遗址的依托，则本文在前面所推想的——阿房前殿是由 6 座独立方形结构体组合而成的组群式造型，就是有可能的了。

当然还存在另外一种可能：在这 6 个面广与进深分别为 15（或 16）间的独立结构体中，还可能设置有若干个可以用来采光或通风的中庭，从而使得这座大殿有可能是由 6 个围合的庭院组合而成。当然，这样的结构似乎会简单一些，但若果如此，再称其为“前殿”似亦有名不副实的感觉。其次，秦人将这座大殿

[1] 李毓芳，等．阿房宫前殿遗址的考古勘探与发掘[J]．考古学报，2005（02）：205-236.

[2] 文献[1]．史部．地理类．都会郡县之属．[清]陕西通志．卷八十九．艺文五．赋下．阿房宫赋．

图 1-18　前殿阿房人视外观（笔者工作室绘制）

图 1-19　前殿阿房鸟瞰（笔者工作室绘制）

名之为“阿房”，可能也并非随意而为，因为，据宋《营造法式》：“周官考工记：商人四阿重屋（四阿，若今四注屋也）。”[1] 显然，早在商周时代，四注坡屋顶的建筑物就被称作是“四阿”殿了。将一座面广300丈、深50丈的建筑物建造成“四阿重屋”的建筑形式，以其长宽比过大，在造型上其实是不大可能像是“四阿”屋顶而更像是“两坡”屋顶。而一座长宽各50丈的建筑物，不仅很容易形成“四阿重屋”（两重或三重四注坡屋顶）形式，而且若有多座这样的“四阿”殿并置在一起，则称其为“阿房宫”，即由若干“四阿重屋”组合而成的“宫”，而非单一结构体的“殿”，就是再顺理成章不过的事情了。而且可以想象，在这样6座方形独立结构体之外，在这样一个巨大的台基之上，还可能存在一些附属的建筑物，组成了一个雄大、错落的复合式建筑群。其中这6座被称为前殿的方形结构体构成了这一建筑群的主体与中心。这或许从另外一个角度解答了，何以《史记》中虽然将其称为“前殿”却又用了“阿房宫”这样一个词？毕竟“宫”这一术语，其中内涵有殿阁厅堂之“组群”的意义。

遗憾的是，无论从史料记载，还是从考古发掘的角度，似乎都证明秦咸阳朝宫前殿阿房宫是一个未能最终完成的巨大工程。现代考古发掘已经证明《史记》所言：“阿房宫未成”[2] 的记述，也就是说，阿房宫没有能够实际建造完成是一个历史事实。从这一角度分析，大殿的设计虽然已经初步成型，但实际的建造很可能仅仅完成了大殿的台座，或北、东、西三侧外墙的夯土墙基，而其主体木结构很可能尚未建造完成，刚刚建立不久的秦王朝这座大厦就轰然倒塌了，从而使得这座代表秦统治者所处之“天下之中”且代表秦王朝天下一统之“水德”的前所未有的古代巨形超大结构——“前殿阿房”，实际上成了一个巨大的“烂尾工程”。当然，继秦而起的西汉时代，是有可能在这座前殿阿房的旧基上建造些什么的，可惜没有资料能够对这一问题作进一步的说明。

从时间上推算，这样宏大的宫殿建筑，在秦始皇薨殁前3年，秦王朝灭亡前6年才开始兴建，就其工程的规模而言也几乎是不可能完成的。但从遗址的发掘及文献的描述中可知，这至少是中国历史上计划建造且已开工实施的最为宏大的宫殿建筑之一。其台座的东西长度已经比明清紫禁城的南北总长还要长，而台座的南北宽度大约也相当于明清紫禁城东西宽度的2/3强，其所设计之前殿阿房宫的建筑面积（长693米，宽115.5米）也大约是故宫主殿太和殿（长60米，宽33米）面积的40倍。联想到20世纪出土的陕西临潼骊山秦始皇陵兵马俑那令人震惊的浩大气势（图1-20），这样一个巨大尺度的宫殿建筑恰好是可以与之彼此呼应与印证的，同时也成了刚刚一统天下的大秦帝国那气吞山河的宏大气派的佐证。这还仅仅是秦咸阳朝宫内一组前殿建筑群的尺度。即使是从假想的角度推测一下，其规模之巨大、气势之磅礴、布局之周密、技术之超前，至今仍令人唏嘘不已。

图1-20 秦始皇陵兵马俑（张弦 摄）

---

[1] 文献[1]. 史部 . 政书类 . 考工之属 .［宋］李诫 . 营造法式 . 卷一 . 总释上 .

[2] 文献[1]. 史部 . 正史类 .［汉］司马迁 . 史记 . 卷六 . 秦始皇本纪第六；刘庆柱 . 秦阿房宫遗址的考古发现与研究——兼谈历史资料的科学性与真实性[J]. 徐州师范大学学报（哲学社会科学版），2008（2）：63-65.

第二节
汉长安未央宫前殿

秦末楚汉之争，天下甫定，萧何就已经开始在都城长安开展了大规模的宫殿营造活动。最初营造的长安宫殿包括长乐宫与未央宫，这两座宫殿都位于汉长安城内的南部。两座宫殿的空间关系是：长乐宫在东，未央宫在西（图 1-21）。但是从建造完成的时间顺序来看，位于长安城内东南方位的长乐宫要稍稍早于位于长安城内西南方位的未央宫。

从史料可知，长乐宫建成于汉高祖七年（前 200 年），略早于未央宫前殿的竣工时间。其中的原因可能是，未央宫是天子的常居之所，未央宫前殿又为天子大朝的正殿——路寝之殿，其营建需要准备得更为充分与审慎。长乐宫起初是为天子初徙长安的临时性住所，最终为太后们的起居之所，在等级上似乎也略低于未央宫。如史料中所言："按史记，长乐宫成，自栎阳徙长安，是迁都之始，天子居长乐宫也，及未央宫成，则遂为天子之常居，而长乐则太后多处之。"❶

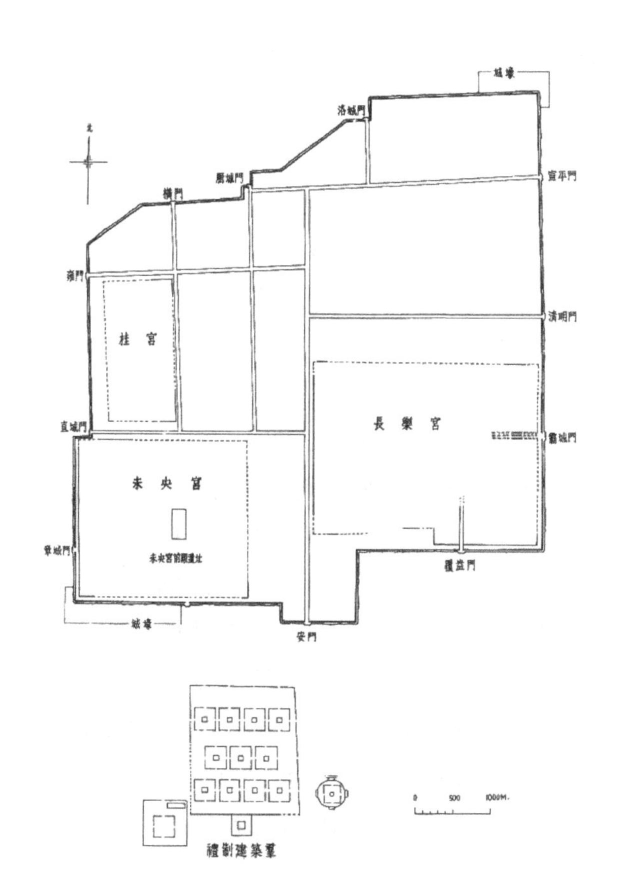

图 1-21 汉长安未央宫与长乐宫关系图（刘敦桢．中国古代建筑史．北京：中国建筑工业出版社，1984.）

汉丞相萧何显然为未央宫的营造投入了更大的精力，因为在未央宫内除大规模宫殿建筑营造外，还建造了象征帝王尊严与天子象阙的东阙与北阙，以及代表国家力量与财富的武库与太仓："萧丞相营作未央宫，立东阙、北阙、前殿、武库、太仓。"❷当然，未央宫所有建筑中最重要的是未央宫前殿，这里是天子的正朝之所，也是未央宫中最为重要的殿堂建筑。汉高祖九年（前 198 年）："未央宫成，高祖大朝诸侯群臣，置酒未央前殿。"❸

先来看天子的常居——未央宫。据宋人描述："师古曰：未央宫虽南向，而上书、奏事、谒见之徒，皆诣北阙。公车、司马亦在北焉。是则以北阙为正门，而又有东门，东阙。至于西南两面，无门阙矣。盖萧何初立未央宫，以厌胜之术，理宜然乎。"❹据《史记》："萧丞相营作未央宫，立东阙、北阙、前殿、武库，高祖还，见宫阙壮甚。"❺可知未央宫建筑虽是坐北朝南，但其主要入口却在北侧与东侧。关于这样布局的原因，除了前面提到的萧何可能采取了某种厌胜之术外，还因为秦代旧宫主要在渭北，为了方便从当时尚在使用的旧有宫殿到达未央宫故将未央宫主要入口设

❶ 文献[1]. 史部．编年类．[宋]吕祖谦．大事记——大事记解题．卷九．

❷ 文献[1]. 史部．正史类．[汉]司马迁．史记．卷八．高祖本纪第八．

❸ 文献[1]. 史部．正史类．[汉]司马迁．史记．卷八．高祖本纪第八．

❹ 文献[1]. 史部．编年类．[宋]吕祖谦．大事记——大事记解题．卷九．

❺ 文献[1]. 史部．正史类．[汉]司马迁．史记．卷八．高祖本纪第八．

在北侧与东侧，如史料所载："秦家旧宫皆在渭北，而立东阙、北阙，盖取其便。"❶

当然，未央宫可能也有南向的门，与这座门相对的应是汉长安城的一座南门："长安城南出第三门曰西安门，北对未央宫，一曰便门，即平门也。古者，平、便皆同字。武帝建元二年初，作便门桥，跨渡渭水，上以趋陵，其道易直。"❷这里是说，汉长安城南侧有三座城门，其偏西之第三门——西安门，应该就是与未央宫南门相对应的一座城门。门前有桥跨渭水以方便帝王出宫谒陵。

因是天子大朝的正殿，所以未央宫前殿被布置在了地势较为隆耸的龙首山上。据《玉海》引《西京杂记》："汉高帝七年萧相国营未央宫，因龙首山制前殿，建北阙。未央宫周回二十二里九十五步五尺。街道周回七十里。台殿四十三，其三十二在外，其十一在后宫。池十三，山六。池一，山一，亦在后宫。门闼凡九十五。"❸这里的"街道周回七十里"所指不详，一种可能是指未央宫内有纵横交错的道路，总长约70里，还有一种可能是指未央宫外的主要城市街道，纵横的总长度约有70里。但无论如何，未央宫是一座规模宏伟、空间繁复的宫殿建筑群是毫无疑问的。

关于未央宫中的建筑，《汉书》中略有提及，事见翼奉给汉元帝所上疏："窃闻汉德隆盛，至于孝文皇帝躬行节俭，外省徭役。其时未有甘泉、建章，及上林中诸离宫馆也。未央宫又无高门、武台、麒麟、凤皇、白虎、玉堂、金华之殿，独有前殿、曲台、渐台、宣室、温室、承明耳。"❹也就是说，在西汉初年时，未央宫中仅有前殿、曲台、渐台、宣室、温室、承明殿等建筑，

❶ 文献[1]. 史部 . 正史类 . [汉]司马迁 . 史记 . 卷八 . 高祖本纪第八 . 索隐 .

❷ 文献[1]. 史部 . 地理类 . 宫殿薄之属 . 三辅黄图 . 卷一 .

❸ 文献[1]. 子部 . 类书类 .[宋]王应麟 . 卷一百五十五 .

❹ 文献[1]. 史部 . 正史类 . [东汉]班固 . 前汉书 . 卷七十五 . 眭两夏侯京翼李传第四十五 .

而至元帝（前48年—前32年）时，宫内又有了高门、武台、麒麟殿、凤皇殿、白虎殿、玉堂殿、金华殿等，俨然一座殿阁栉比、台榭鳞次的宏大建筑群。

未央宫内最为重要的建筑是天子的路寝之殿——未央宫前殿。《三辅黄图》中对于未央宫及其前殿有稍微详细的描述：

"未央宫周回二十八里，前殿东西五十丈，深十五丈，高三十五丈（前殿曰路寝，见诸侯群臣处也）。营未央宫因龙首山以制前殿。至孝武以木为棼橑，文杏为梁柱。金铺玉户，华榱璧珰，雕楹玉碣。重轩镂槛，青琐丹墀。左墄右平。黄金为壁带，间以和氏珍玉，风至其声玲珑然也。

未央宫有宣室、麒麟、金华、承明、武台、钩弋等殿。又有殿阁三十二，有寿成、万岁、广明、椒房、清凉、永延、玉堂、寿安、平就、宣德、东明、飞羽、凤凰、通光、曲台、白虎等殿。"❺

这里所言未央宫"周回二十八里"，显然与《西京杂记》中所记载的未央宫"周回二十二里九十五步五尺"之间有些出入。但两者的共同点是：西汉长安未央宫的占地规模十分宏大，周回长度20余里，占地面积万亩有余。据考古发掘，未央宫宫城平面略近方形，四周筑有宫墙，其东、西墙长度为2150米，南、北墙长度为2250米，宫墙周回长度为8800米，约合汉代3760丈，占地约合今日483.75公顷。

前文已谈到，未央宫前殿因龙首山而建，所处地势十分高广。据考古发掘，未央宫前殿位于未央宫遗址中心部位，尚存夯土台基（图1-22）。从台基遗存看，前殿正门位于南部，门内是一个开阔的庭院，庭院以北是一个南北长约350米、东西宽约200米的巨大台基。台基遗址距离周围地面最高处的残高为15米，

❺ 文献[1]. 史部 . 地理类 . 宫殿簿之属 . 三辅黄图 . 卷二 . 汉宫 .

图 1-22 汉长安未央宫遗址（贺从容 . 古都西安 [M]. 北京：清华大学出版社，2012.）

由南向北可以分出低、中、高三个台面。可以分出三座大殿的基座，与后世宫殿制度中前朝三大殿的格局相匹配。

重要的是，史料中给出了未央前殿的基本尺寸：前殿东西长 50 丈、南北宽 15 丈、殿高 35 丈。以汉尺为 0.234 米计[1]，其殿东西面广折合 117 米。这一面广尺寸与考古发掘确认的台基遗址东西宽 200 米十分契合，两侧各有 41.5 米（折合汉尺约 18 丈）的余量。说明古人对于这一尺度的记载应该是可信的。

南北进深折合 35.1 米，与今日尚存的北京故宫主殿太和殿进深（约 33 米）相比，尺寸虽然略大，却十分接近。再比较其东西面广的尺寸（117 米），大约是明清故宫太和殿面广（60 米）的 2 倍。换言之，未央前殿殿基面积约为北京故宫太和殿的 2 倍。也就是说，除了其高度尺寸不可思议之外，史料中记载的这座未央宫前殿，在规模与尺度上仍属于今人尚可想象与接受的古代大型木构殿堂。

然而，未央宫前殿的高度尺寸令人疑惑。史料中记载的前殿高度为"35 丈"，折合约为 81.9 米，这几乎相当于现存最高的古代佛塔——定州开元寺料敌塔（高约 84.2 米）的高度。一座单层木结构殿堂要达到如此高度，无论怎样设想其结构形式似乎都不可能。

古人也对《三辅黄图》中所记录的这一高度尺寸提出了质疑。宋代人王应麟所撰类书《玉海》中有一种说法："前殿东西五十丈，深十五丈，高三十五丈（一云三丈五尺）。前殿曰'路寝'，见群臣诸侯处也。"[2] 当然，这一说法并未见于《三辅黄图》或《西京杂记》等早期文献，但至少说明，汉代以后，已有人怀疑未央前殿的高度，故而推测其史料中"高三十五丈"可能是"高三丈五尺"之误。三丈五尺折合仅为 8.19 米。从结构逻辑来看，这一尺寸也绝非大殿本身的高度，最多只可能是大殿前后檐柱的高度，甚或是一个接近大殿檐口的高度。故这一说法亦不足信。

不妨做一个推测：史料中记载的未央宫前殿，东西长 50 丈、南北深 15 丈、总高为 35 丈（？），其数合"5"正与汉代所秉持的"土德"相吻合。但是，汉代帝王又希望位处九五之尊，故这座殿堂还应该出现数字"9"。因此，未央前殿的台基设计高度可能为"九丈"（约为 21.06 米，与遗址所存残高 15 米余之间有 6 米的高度差）。如此高的台基也并非凭空夯筑而成，因为未央宫前殿是建造在一座山丘——龙首山之上的："汉高帝七年，萧相国营未央宫，因龙首山制前殿，建北阙。"[3] 既然称之为"山"，其原初的高度一定不是很低。现存的残址高度，既有建造宫殿之时地形修整的影响，也可能经汉代，乃至后来曾在汉长安旧址建都的前秦、后秦、西魏、北周几个王朝反复营建活动中的人为扰动，以及此后近 1500 年自然剥蚀的

[1] 刘敦桢 . 中国古代建筑史 [M]. 北京：中国建筑工业出版社 . 1984：421. 附录三 . 历代尺度简表 .

[2] 文献 [1]. 子部 . 类书类 .［宋］王应麟 . 玉海 . 卷一百五十五 .

[3] 文献 [1]. 子部 . 小说家类 . 杂事之属 .［汉］刘歆 . 西京杂记 . 卷一 .

结果。如此，未央前殿的夯土台基高度降低了约6米的可能性是存在的。

若将大殿基座的高度设想为9丈，以文献记载其高35丈推算，则可以想象未央前殿殿身的结构高度尚余26丈。然而，即使是26丈（合60.84米），对于一座单层木结构殿堂而言也仍是一个几乎不可能达到的结构高度。因假设其柱檐的高度有11丈（合25.74米，这是木构建筑很难达到的一个檐口高度），其屋顶的高度就需要有与其进深相当的15丈（35.1米）。在当时的结构技术条件下，这显然是一座单层殿堂不太可能实现的高度尺寸，何况汉代的屋顶起举高度本来就比后世建筑要明显低出很多。也就是说，即使将殿身基座高度设定为9丈，从而使未央殿殿身结构高度设定为26丈，也是一个不合乎结构逻辑的推测。

我们不妨再做一个似乎也不合逻辑，但却存在某种可能的大胆推测：史料中所记载之未央前殿“35丈”的高度尺寸有可能是“25丈”之误。若假设大殿高25丈，则其殿基高9丈，所余木构殿身的高度就仅有16丈（约为37.44米）了。设若再在殿身下添加一个0.9丈的殿基，则殿身高度仅为15.1丈（约为36.27米），这就是一个比较合乎木构殿堂结构逻辑的高度尺寸了。故本文在复原中，采纳了这一假设。

令人感到略显意外的是，古人也有类似的疑惑，因而也得出了类似的结论。前面已经提到，宋代时人提出，未央前殿“高三十五丈”应该是“高三丈五尺”之误。除了《玉海》之外，宋人薛季宣的《浪语集》中也提到：“初作宫长安，因龙首山以抗前殿，东西五十丈，南北十五丈，其高三丈五尺，殿北营宣室殿，为帝者之正处。”[1]这一说法与其同时代《玉海》的说法相同。只是这里具体地说明了位于未央宫前殿之后的是宣室殿。

明代时人对于这一问题，表述得似乎更为明确。明人彭大翼首先提出了未央前殿高三十丈说：“汉萧何造未央宫，周回二十八里，前殿东西五十丈，深十五丈，高三十丈。”[2]显然，他对未央宫前殿高三十五丈是持怀疑态度的。明代人王世贞则更为直截了当地说：“汉未央宫周回二十八里，前殿东西五十丈，深十五丈，高二十五丈，有殿阁三十二。”[3]这里已经言之凿凿地将这座未央前殿的高度明确为“高二十五丈”了。

明末清初时人顾炎武在《历代帝王宅京记》中，汲取了王世贞的观点：“未央宫周回二十八里，前殿东西五十丈，高二十五丈。”[4]我们还无法证明明代人王世贞以及后来的顾炎武是否见到了什么保存较早的古籍，从而十分肯定地认为未央前殿“高二十五丈”。当然也有可能是他们进行了认真的思考，认为“二十五丈”是一个结合实际地形有可能实现的高度尺寸。但无论如何，笔者推演出的汉未央宫前殿包括台基与殿身结构的总高度为25丈，应该不是一个简单的盲目空想。

再推测一下这座殿堂建筑的平面柱网：先假设这座汉代大殿采用了奇数开间的殿堂模式。以其南北进深15丈计，可以想象其进深为5间，每间间广约为3丈。但大殿的面阔方向若分为13间，则每间间广约3.85丈，显然偏大，在当时的技术条件下不大可能。若再增加间数，则无论是分成15间还是17间，其柱子间距都难以出现一个较为整合的数字。

这里推测有两种可能：一是，若分成15间，其面广方向次间、梢间与尽间的逐间间广为3.3丈，当心间间广为3.8丈；二是，若分成17间，其面广方向次间、梢间与尽间的逐间间广为2.9丈，当心间间广为3.6丈。这样两种柱网的平面布置似乎都可以与史料中的记载相匹配。

---

❶ 文献[1]．集部．别集类．南宋建炎至德祐．[宋]薛季宣．浪语集．卷三十一．记．未央宫记．

❷ 文献[1]．子类．类书类．[明]彭大翼．山堂肆考．卷一百七十．宫室．金铺玉户．

❸ 文献[1]．集部．别集类．明洪武之崇祯．[明]王世贞．弇州四部稿．卷一百六十六．说部．宛委余编十一．

❹ 文献[1]．史部．地理类．都会郡县之属．[清]顾炎武．历代帝王宅京记．卷五．关中三．汉．未央宫．

先来看第一种平面：为了取一个与汉代所崇尚的“土德”（由数字“五”表征）相匹配的开间数量，假设其通面广为15间、通进深为5间（图1–23，图1–24），这不仅与5这个数字相合，而且可以形成一个三重屋檐的剖面结构（图1–25），从而也形成一个三重屋檐的立面造型（图1–26，图1–27）。这可能是一个比较合乎汉代人逻辑思维的选项，问题是结构上哪一种柱

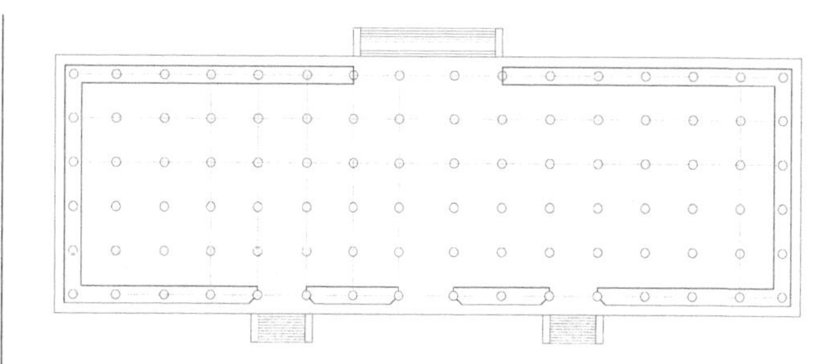

图1-23　未央宫前殿复原想象——平面示意（作者自绘）

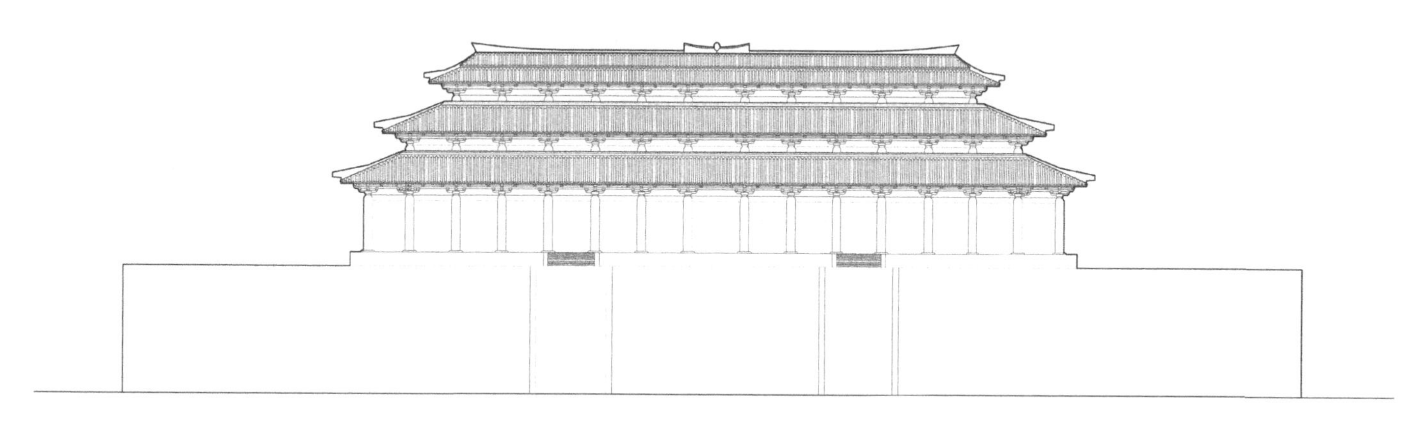

图1-24　未央宫前殿复原想象——立面示意（作者自绘）

图1-25　未央宫前殿复原想象——剖面示意（作者自绘）

图1-26　未央宫前殿复原想象——立面造型（笔者工作室绘制）

图 1-27　未央宫前殿复原想象——（三重檐）（笔者工作室绘制）

网更为合理是需要加以斟酌的。

从结构的角度来思考，还应该将面广方向尽间的开间尺寸定为 3 丈，以与进深方向的间广相契合。然后将这里多出的 0.3 丈均分到次间和梢间的尺寸上去。这样就可得出这座大殿柱网的基本尺寸如表 1–1。

表 1-1　未央前殿柱网平面尺寸推想之一

单位（丈）

	开间名								
面广	当心间	次间	次间	次间	次间	次间	梢间	尽间	通面广
逐间广	3.8	3.35	3.35	3.35	3.35	3.35	3.35	3.0	50
	进深								
	前间	前次间		心间			后次间	后间	通进深
逐间深	3.0	3.0		3.0			3.0	3.0	15

如上的柱网间距尺寸存在的一个问题就是，各间的间距略大。同时由于进深方向仅有 5 间，则至多能够形成一个三重屋檐的建筑造型。而三重檐虽然在南北朝以前使用的较多，但却使未央前殿的高度受到一定的限制，是否能够达到 15.1 丈的结构高度还需要进一步推敲。如果增加进深方向的开间数量，从而增加屋檐的层数，也多少能够增加这座殿堂建筑的总高，从而使其造型与历史记载的高度数据更为接近一些。

为解决这一问题，还有一种可能的柱网布置方式是将未央前殿的进深方向分为 7 间，其中中间一间的开间为 3 丈，前后各间的进深间距各为 2 丈。面广方向为了结构的方便，也将两端的尽间与梢间都定为 2 丈，当心间为 3.6 丈，左右各次间均为 3.2 丈，这样就形成了一个面广为 17 间，进深为 7 间的平面（图 1–28）。由于通进深有 7 间，可以形成周围的环廊，从而在首层增加了一个副阶廊，因而使得屋顶变成了四重檐的形式（图 1–29，图 1–30）。这样的四重檐造型可拔高整座建筑物的结构高度，从而更容易造成较高的造型体量（图 1–31，图 1–32）。当然，这里我们仍然是按照从地面到殿顶 25 丈的高度来推算，因为即使增加一重檐，也很难一下子增加 10 丈的形体高度。如表 1–2 所示。

表 1-2　未央前殿柱网平面尺寸推想之二

单位（丈）

面广									
当心间	次间	次间	次间	次间	次间	次间	梢间	尽间	通面广
3.6	3.2	3.2	3.2	3.2	3.2	3.2	2.0	2.0	50
进深									
前间	次间	次间		心间		次间	次间	后间	通进深
2.0	2.0	2.0		3.0		2.0	2.0	2.0	15

将这样两组数据设定为汉未央宫前殿的柱网，就会形成未央宫前殿的两种基本结构与外观造型（图 1–33，图 1–34）。这两种情况，从当时的木构（结

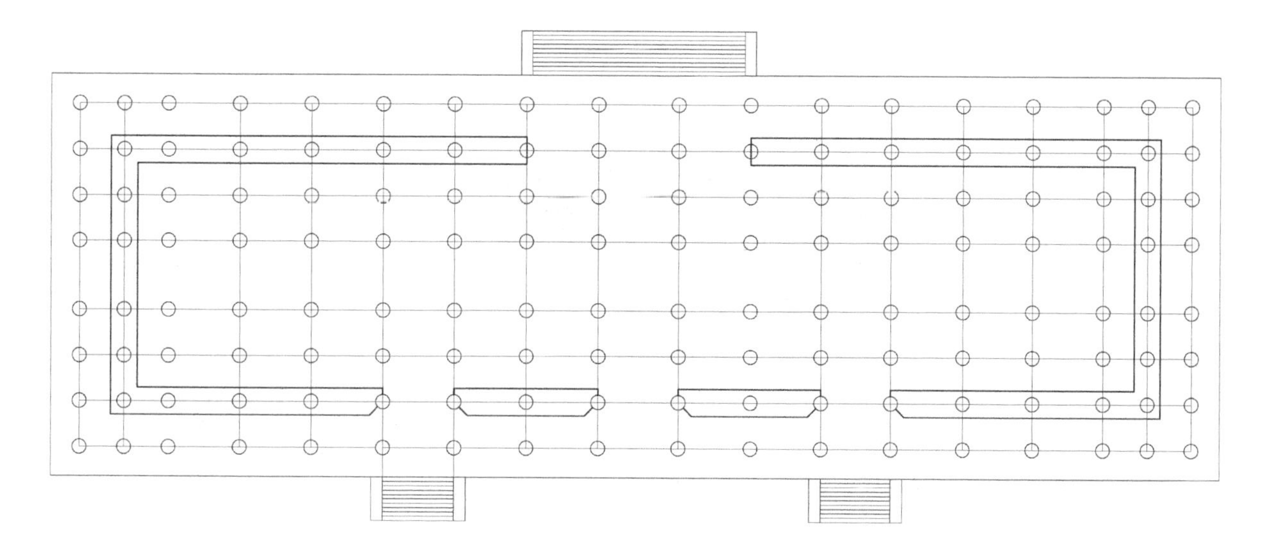

图 1-28　未央宫前殿复原想象二（面广 17 间，四重檐）平面示意（作者自绘）

图 1-29　未央宫前殿复原想象二剖面示意（作者自绘）

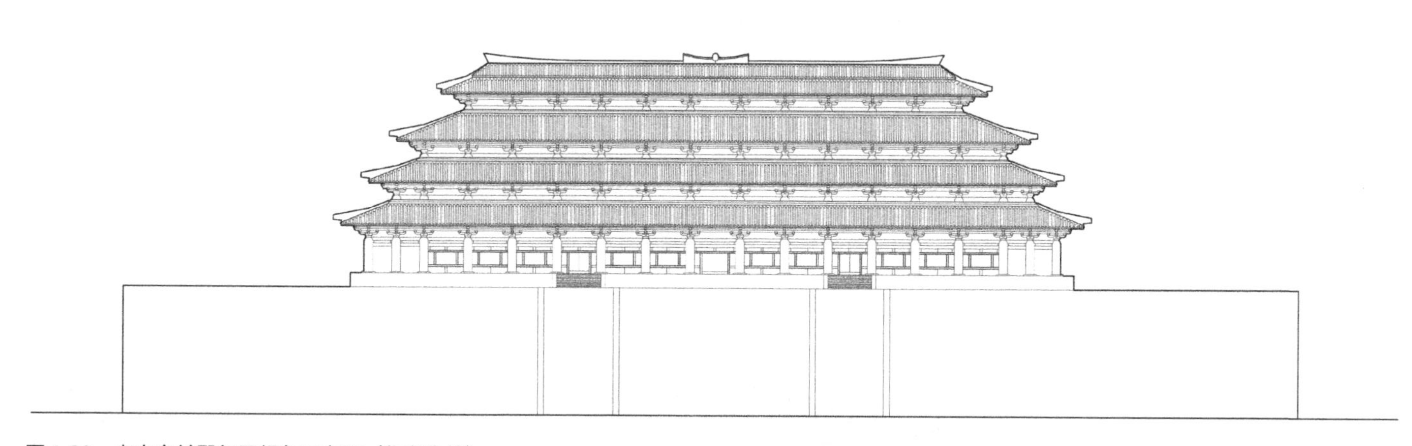

图 1-30　未央宫前殿复原想象二立面（作者自绘）

图 1-31　未央宫前殿复原想象二（四重檐）立面外观（笔者工作室绘制）

图 1-32　未央宫前殿复原想象二（四重檐）外观鸟瞰（笔者工作室绘制）

图 1-33　未央宫前殿外观想象一（三重檐）（笔者工作室绘制）

图 1-34　未央宫前殿外观想象二（四重檐）（笔者工作室绘制）

合夯土的四周墙体）体系出发思考，其结构实现的可能性还是比较大的。换言之，这两种柱网形式，大体上都是合乎当时大木结构技术发展水平的。至于这座大殿是否能够形成 15.1 丈的总高，后者的可能性显然要比前者大一些，两种设定都需要通过作图的方式来尝试推测。

从史料中透露出的有关未央宫前殿“金铺玉户，华榱（椽）壁珰，雕楹玉碣。重轩镂槛，青琐丹墀。左墄右平。黄金为壁带，间以和氏珍玉。”❶以及“未央宫前殿至奢，雕文及五彩画，华榱（椽）、壁墙、轩槛，皆饰以黄金，其势不可以书”❷的描述，可以看出这座汉代木构大殿所用建筑材料之精美与建筑装饰之华丽。从造型上看，这是一座有多重檐口的大殿（重轩），由于大殿的基座较高，故在基座之上可能还有一层殿基。正是由于大殿殿基较高，用了栏槛（镂槛）围护。大殿有精雕细刻的柱子与柱础（雕楹玉碣）。殿门上用了金色的铺首（金铺玉户）。大殿阶道分为东西二阶（左墄右平）。其东侧主阶为踏阶，西侧阼阶为踜蹽式坡道，便于抬辇上殿。

❶ 文献[1]．史部．地理类．宫殿簿之属．三辅黄图．卷二．

❷ 文献[1]．子部．类书类．[宋]李昉，等．太平御览．卷八十八．

如前所述，据考古发掘报告的说法，未央宫前殿台基上有前、中、后三座大型殿堂遗址，这说明未央前殿有可能是一组由三座殿堂组合而成的建筑群，或与后世明清紫禁城太和、中和、保和三殿格局有异曲同工之妙。

另外，据史料中透露出来的信息，汉未央宫前殿内有宣室，似乎是未央前殿内的一个空间。还有一说，称之为宣室殿，不知道是否是考古发掘中发现的未央宫三殿中位于前殿之后的另一座殿堂？另外，未央前殿左近可能还设置有钟。但究竟是一座钟楼建筑还是仅仅摆放了一口钟，史料中并没有给出进一步的记述。好在与本文的关联也不是很大，这里也不再赘述。

第三节
汉长安长乐宫前殿

与长安未央宫东西相对，在长安城内东南部位，是汉代的另外一座与未央宫规模相当的宫殿——长乐宫的所在地。长乐宫的遗址保存情况似乎不如未央宫，据考古发掘，长乐宫内主要殿堂的遗址都遭到了相当严重的破坏，没有较为详细的殿基发掘资料发表。但由于史料中记载的长乐宫前殿与未央宫前殿，在通面广与通进深的基本尺寸上相差不大，故这里不妨将未央宫前殿台基遗址的基本尺寸借用来，作为一个推测想象的参照。

据《三辅黄图》记载，长乐宫是因秦始皇兴乐宫之旧而加以修缮完成的，其宫周回 20 里，规模与未央宫接近。史料中描述的长乐宫前殿规模也十分宏大，据《三辅黄图》：“前殿东西四十九丈七尺，两序中三十五丈，深十二丈。”[1] 长乐宫前殿面广 116.3 米，其两序之间的主殿殿身面广 81.9 米，殿进深约为 28.08 米。也就是说，这是一座面广 81.9 米、进深 28.08 米的大殿，殿两侧对峙设置有两序，各长 7.35 丈（合 17.2 米），但两序的进深这里并没有记载（图 1–35）。由文献记载可知，长乐宫前殿总面广几乎与未央宫前殿相同，其主殿部分的进深略浅于未央宫前殿。

从平面角度来观察，这是一座由中央主殿与两侧挟屋或朵殿（两序）组合而成的殿堂，这种组合形式的建筑在汉代画像砖中也常常见到，说明这是汉代较为常见的一种建筑配置方式。长乐宫中央主殿面广 35 丈、进深 12 丈。假设进深方向为 4 间，每间间广为 3 丈、面广方向可能为 11 间，仍以两侧尽间间广为 3 丈、当心间为 3.8 丈推算，则主殿左右次间、梢间的间广可以确定为 3.15 丈（图 1–36）。东西两序则可以各分为三间，每一侧的通面广可以通过通面广减去中央主殿面广的尺寸推算出来，实为 7.35 丈。这里假设其进深方向也为 7.35 丈，则可以形成两座面广与开间各为三开间的方形小殿（图 1–37）。因为尺寸较小，故两序的平面可以假设其次间间广为 2.15 丈、心间间广为 3.05 丈（表 1–3）。

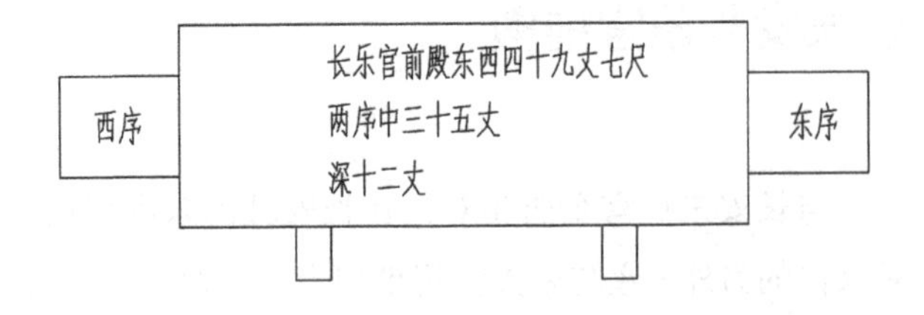

图 1-35　汉长安长乐宫前殿及两序平面示意图（作者自绘）

表 1-3　长乐宫前殿柱网平面尺寸推想之一

单位（丈）

面广									
主殿当心间	次间	次间	次间	梢间	尽间	主殿通面广	两序心间	两序次间	两序面阔
3.8	3.15	3.15	3.15	3.15	3.0	35	3.05	2.15	7.35
进深									
	前间	次间		次间	后间	通进深	心间	次间	两序进深
	3.0	3.0		3.0	3.0	12	3.05	2.15	7.35

这里所设想的开间尺寸仍然比较大，如中央主殿当心间的间广达到了 3.8 丈，约为 8.892 米。这样巨大的开间对其结构的要求也无疑增高了。更重要的是，这样一种柱网格局其殿内中心线上有一排柱子，从而形成如宋《营造法式》中“身内分心斗底槽”的做法，而这种柱网平面，一般是用于需要分隔前后空间的门殿建筑之中的。但作为汉代太后日常生活起居的长乐宫前殿，其室内中心有一排柱子并不是一个合理的空间形式。故这里参照前文通过增加间数而使未央宫前殿开间尺寸缩小的尝试，不妨将长乐宫前殿面广与进深方向的间数都适当增加，从而减少每一开间的间广尺寸。如将进深方向设想为 5 间，则当心间间广为 4 丈，从而增大室内中央空间的尺度。次间、梢间间广为 2 丈，从而形成一个三重屋檐的横剖面（图 1–38）。面广方向则改为 13 间，两尽端仍用 2 丈间广、当心间间广为 3 丈，左右次间、梢间均为 2.8 丈，两序的开间与进深尺寸不变（图 1–39），其柱网尺寸可见表 1–4。

表 1-4　长乐宫前殿柱网平面尺寸推想之二

单位（丈）

面广										
主殿当心间	次间	次间	次间	次间	梢间	尽间	主殿通面广	两序心间	两序次间	两序
3.0	2.8	2.8	2.8	2.8	2.8	2.0	35	3.05	2.15	7.35
进深										
	前间	次间	中间		次间	后间	通进深	心间	次间	两序
	2.0	2.0	4.0		2.0	2.0	12	3.05	2.15	7.35

❶ 文献[1]. 史部. 地理类. 官殿簿之属. 三辅黄图. 卷二. 汉宫.

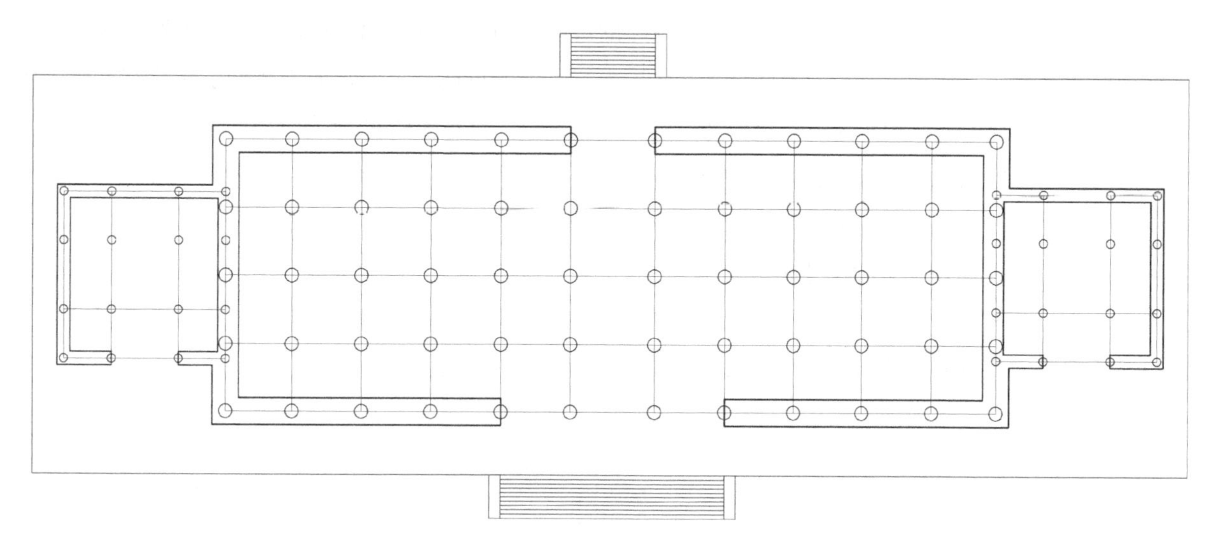

图 1-36　长乐宫前殿复原想象一（主殿 11 开间）平面示意（作者自绘）

图 1-37　长乐宫两序侧殿剖面示意（作者自绘）

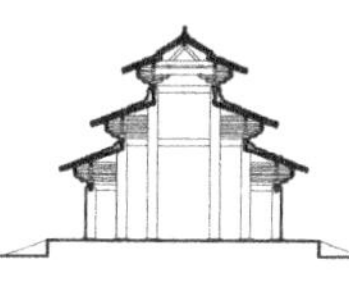

图 1-38　长乐宫前殿主殿剖面示意（作者自绘）

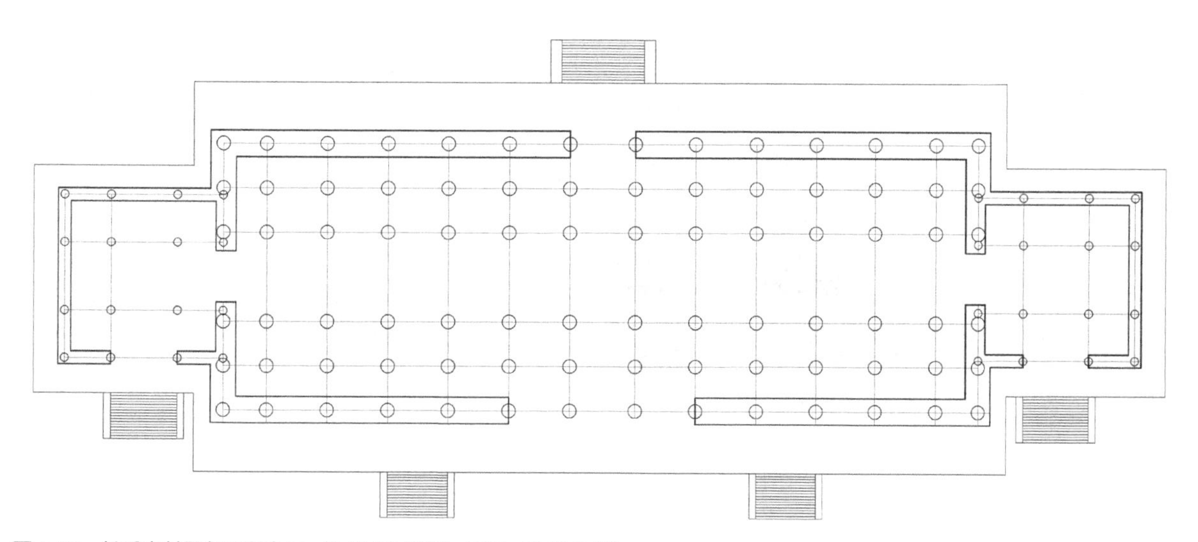

图 1-39　长乐宫前殿复原想象二（主殿 13 开间）平面（作者自绘）

如有长乐宫前殿高度尺寸的史料记载，则可与未央宫前殿高度加以相互比较与印证，从而有利于两座殿堂的高度分析。然而，遗憾的是史料中并没有给出长乐宫前殿的高度尺寸。但从前面对未央宫前殿的分析来看，这座大殿的高度应该也不会与前文所推测的未央宫前殿殿身结构高度约为 15.1 丈的尺寸相差太远（图 1-40）。

根据这一尺寸推测，可以大略绘出这座汉代殿堂的可能平面，依据平面及可能的结构大致推测出其剖面与立面的可能形式，从而为我们了解这座汉代重要建筑提供一点想象的空间(图 1-41,图 1-42,图 1-43)。

另外，据《三辅黄图》，在长乐宫中还有鸿台、临华殿、温室殿，另有长定殿、长秋殿、永寿殿、永宁殿四座殿堂。只是关于这些建筑并没有进一步的详细记载与遗址发掘资料加以支持，因而也只能做纯文学性的自由想象了。

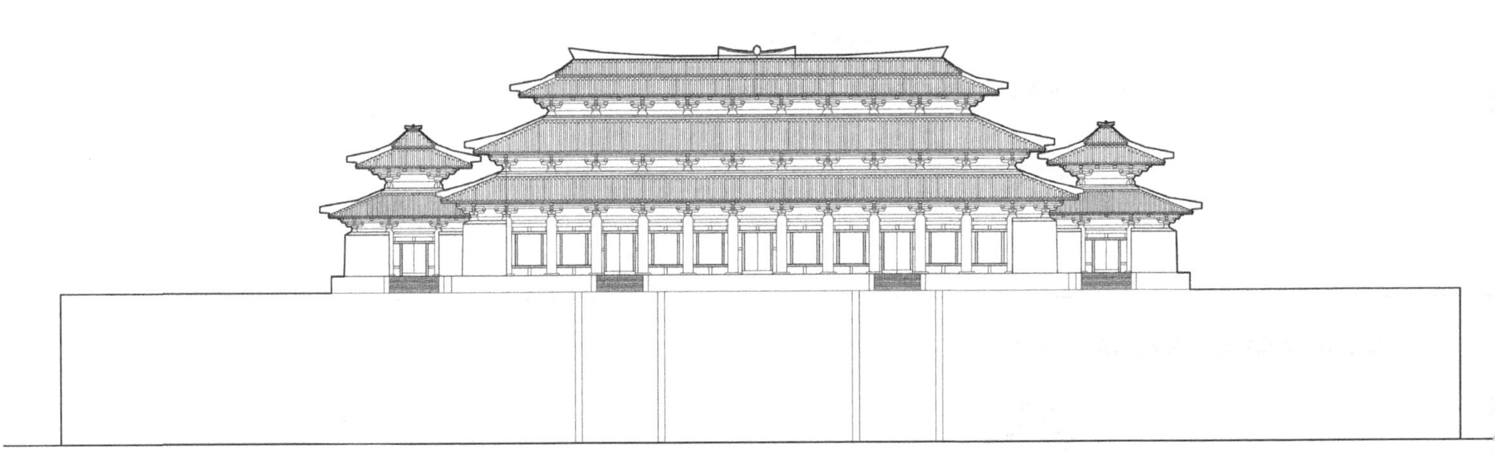

图 1-40　长乐宫前殿立面示意（作者自绘）

图 1-41　长乐宫前殿复原想象正立面图（笔者工作室绘制）

图 1-42　长乐宫前殿复原想象鸟瞰外观（笔者工作室绘制）

图 1-43　长乐宫前殿复原想象造型人视外观（笔者工作室绘制）

第四节
曹魏洛阳陵云台

陵云台，又称凌云台，是三国曹魏时期建的一座高台建筑，记于南北朝时人刘义庆所撰《世说新语》：

“陵云台楼阁精巧。先称平众木轻重，然后造构，乃无锱铢相负揭。台虽高峻，常随风摇动，而终无倾倒之理。魏明帝登台，惧其势危，别以大材扶持之，楼即颓坏。论者谓轻重力偏故也。”[1]

显然，这是一座十分精妙的建筑，其受力均匀、合理，任何多余构件都会导致结构因失去平衡而遭受破坏。为什么魏明帝登台时，会感到恐惧呢？除了建造精巧，可以随风摇曳外，很可能还因为陵云台十分高耸陡立。

关于陵云台的高度，史料中有两种不同说法：一说，高二十三丈；另一说，高八丈。据北宋王应麟撰《玉海》：“《三国志》，文帝黄初二年，筑陵云台。（《洛阳记》曰：高二十三丈，登之见孟津。《洛阳簿》，凌云台阁十一间。《述征记》曰：陵云台在明光殿西，高八丈。）”[2]

《世说新语》引《洛阳宫殿簿》则给出了另外一个高度：“《洛阳宫殿簿》曰：陵云台上壁方十三丈，高九尺，楼方四丈，高五丈，栋去地十三丈五尺七寸五分也。”[3]这是一个比较精准的数字。如果以台上殿堂高5丈、殿堂的屋脊高13.575丈，则可反推出其台座高度为8.575丈。

以其台上楼阁仅为4丈见方，与前引《洛阳簿》所说“凌云台阁十一间”显然相悖。故可以推测，其台座部分是按照面广、进深各11间架构的。以当心间开间1.2丈，两侧次、稍间开间均为1丈计，基座平面尺寸为11.2丈见方。与其台顶面四壁方13丈相较，尚有1.8丈的宽度差。也就是说，陵云台是在台座四周各出挑了0.9丈。在如此高的位置上，还向外出挑近1丈的距离，人在其上如临半空，在古代是相当危险的结构方式，这也许就是引起魏明帝产生惊惧之感的主要原因。

《世说新语》中的这一说法，也见于《三国志补注》：“是岁筑陵云台。（《洛阳宫殿簿》曰：‘陵云台上壁方十三丈，高九丈，楼方四丈，高五丈，栋去地十三丈五尺七寸五分也’。）”这一描述与《世说新语》中的说法十分接近。只是，这里明确提出了台高9丈，与《述征记》的8丈之说大略接近，可以印证台上楼之栋去地13.575丈是可信的。以三国时魏尺为今尺0.242米计，据《世说新语》的记载，大致可以推算出这座高台建筑的基本尺寸：

台顶面高	8.575 丈= 20.75 米
台顶四壁方	13 丈= 31.46 米
台基座方（柱中线）	11.2 丈= 27.10 米
台顶面每侧出挑	0.9 丈= 2.18 米
台上楼阁长宽	4 丈= 9.68 米
台上楼阁高	5 丈= 12.10 米
台上殿脊距地面高	13.575 丈= 32.85 米

根据这一尺寸，按木结构的建造方式，可以粗略绘出这座高台的大致形式。由于缺乏三国时代木构建筑的资料，这只能是一个想象性的原状推测（图1-44，图1-45，图1-46，图1-47）。以“四柱成台”的概念，其高大的台座参照敦煌壁画中高架的寺院经台（或钟台）的做法，直接用木柱支撑。台顶四周有护栏，台中心是一座高为5丈，进深与面阔各为3间，轴线边长为4丈的小殿。有趣的是，距三国末年稍近的北齐义慈惠石柱上的小殿（图1-48），其形态与比例恰好与之相近。将这座小殿正立面面阔按比例放大为4丈（柱中线距离），其殿顶立面高度也恰好为5丈。这至少从侧面证明了，自三国至南北朝时期，木构建筑有一定的比例控制。

关于陵云台，还有一些其他描述。一是陵云台的筑造时间，据《三国志》：“（黄初二年）十二月，东巡。是岁筑陵云台。”[4]说明陵云台建造于三国时的魏文帝黄初二年（221年）。

---

[1] 文献[1]．子部．小说家类．杂事之属．[南朝宋]刘义庆．世说新语．卷下之上．

[2] 文献[1]．子部．类书类．[宋]王应麟．玉海．卷一百六十二．宫室．魏陵云台．

[3] 文献[1]．子部．小说家类．杂事之属．[南朝宋]刘义庆．世说新语．卷下之上．

[4] 文献[1]．史部．正史类．[晋]陈寿．三国志．卷二．魏书二．文帝纪第二．

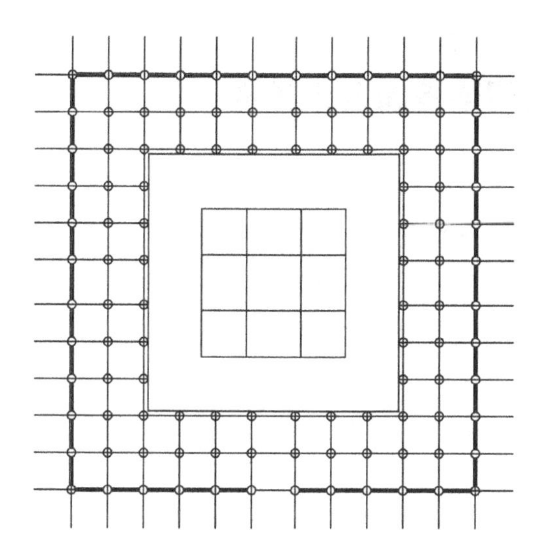

图 1-44　陵云台基座平面想象图（作者自绘）

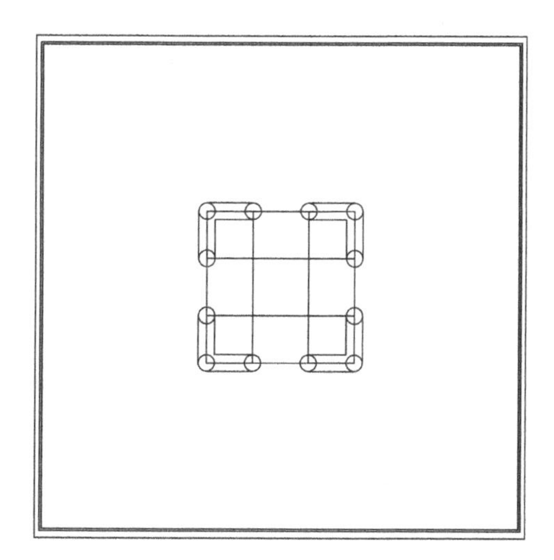

图 1-45　陵云台台顶平面图（作者自绘）

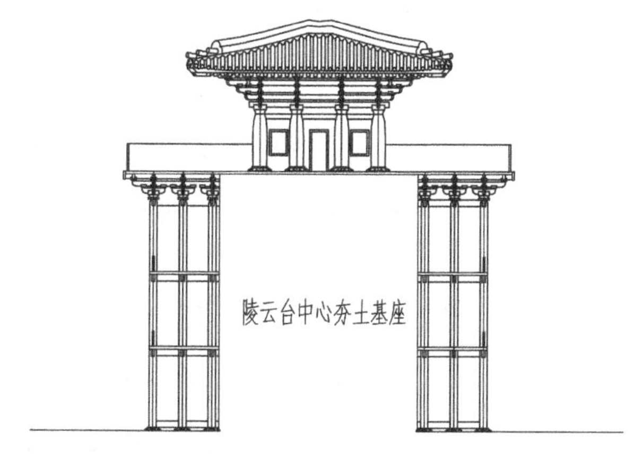

图 1-46　陵云台基座剖面想象图（作者自绘）

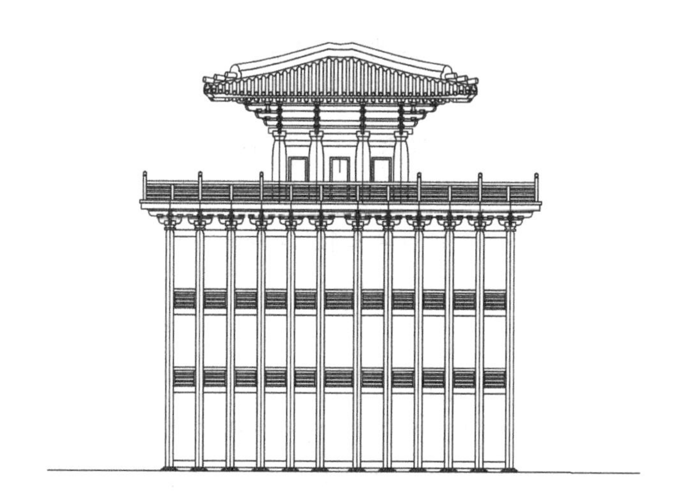

图 1-47　陵云台立面想象图（作者自绘）

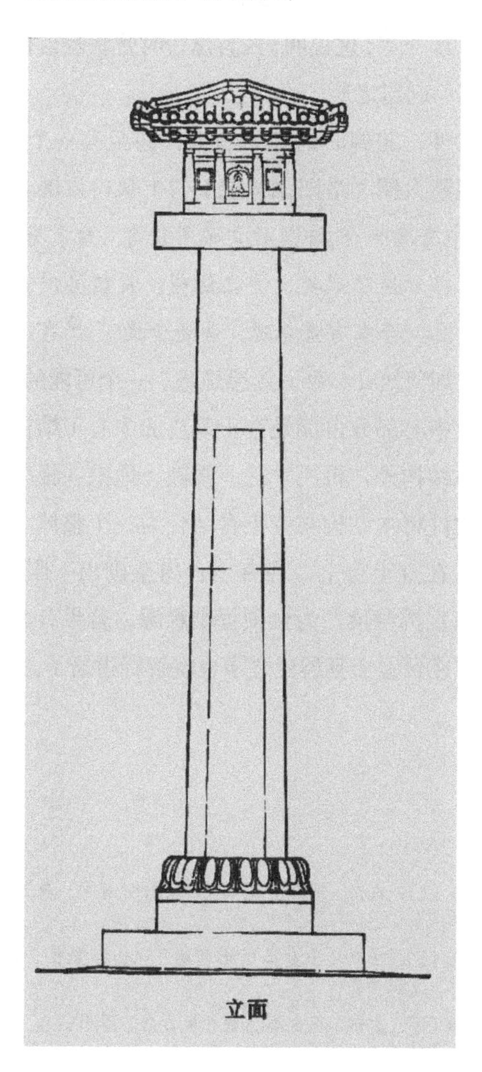

图 1-48　北齐义慈惠石柱立面图（傅熹年 . 中国古代建筑史 · 第二卷 [M]. 北京：中国建筑工业出版社，2003.）

二是，陵云台的功能，并非登高望远那么简单，如魏元帝景元元年（260 年）：“五月戊子夜，使冗从仆射李昭等发甲于陵云台……”[1] 而至东晋十六国南北混战之时，洛阳陵云台甚至成为了屯兵之所：“又有亡命司马道恭自东垣率三千人屯城西，亡命司马顺明五千人屯陵云台。”[2] 既然台内可以屯兵，说明陵云台台座内是有建筑空间的。

三是，陵云台在西晋、北魏时尚存于世。西晋惠帝时，陵云台曾是帝王会宴臣子之所：“惠帝之为太子也，朝臣咸谓纯质，不能亲政事。瓘每欲陈启废之，而未敢发。后会宴陵云台，瓘托醉，因跪帝床前曰：‘臣欲有所启’”[3]，这说明，西晋惠帝时曾将陵云台作为皇帝会宴、起居之所。

此外，北魏时的陵云台上，甚至有一个八角井。事见北魏人撰《洛阳伽蓝记》：“千秋门内道北有西游园，园中有凌云台，即是魏文帝所筑者。台上有八角井。高祖于井北造凉风观，登之远望，目极洛川。台下有碧海曲池。台东有宣慈观，去地十丈。”[4] 在一座木构高台上如何筑井，令人颇感疑惑。一个可能的解释是，陵云台中心部分可能是夯土筑造的中心土结构。在土筑中心结构外，再用木柱、阑额、地栿、腰串等横向联系构件将木结构与夯土台结合为一个整体。台顶小殿建造在夯土台上，在夯土台内垒砌出一眼八角井，从地面直贯台顶，为台顶提供水源。若果有井，则晋惠帝曾在台上会宴群臣之事也就解释得通了。

[1] 文献[1]. 史部 . 正史类 .[唐]房玄龄 . 晋书 . 卷二 . 帝纪第二 . 景帝文帝 .

[2] 文献[1]. 史部 . 正史类 .[南朝梁]沈约 . 宋书 . 卷四十五 . 列传第五 . 王镇恶传 .

[3] 文献[1]. 史部 . 正史类 .[唐]房玄龄 . 晋书 . 卷三十六 . 列传第六 . 卫瓘传 .

[4] 文献[1]. 史部 . 地理类 . 古迹之属 .[后魏]洛阳伽蓝记 . 卷一 . 城内 .

第五节
南朝梁建康宫太极殿

据《周礼·冬官考工记》，周代以来的王城制度有“面朝后市，左祖右社”的规划原则。这一原则，在宫殿建筑中又发展为前朝后寝的布局方式。秦汉时期的帝王朝寝建筑中，最重要的建筑可能就是前殿了，如秦上林苑朝宫前殿阿房、汉未央宫前殿、长乐宫前殿等。

自三国始，前殿制度出现一些变化。曹魏时开始将前殿冠以“太极”之名，魏文帝青龙三年（235 年），“是时，大治洛阳宫，起昭阳、太极殿，筑总章观。”[5] 其太极殿相当于“前殿”，故又称太极前殿。昭阳殿位于太极殿之北。此时还出现“东西堂制度”，如在太极前殿之东有“太极东堂”，由此推知，其对称位置应该有“太极西堂”。

太极殿或太极前殿及东西堂的做法，一直延续到两晋南北朝时期。南朝建康宫中亦有太极前殿。南朝宋书中并有“太极殿西堂”“太极东堂”之说。据《宋书》：“按太极、东堂，皆朝享听政之所。”[6] 可知太极殿的作用相当于宫廷前朝的正殿。

代表最高权威的正殿自然是古代社会最高等级的建筑。至少在南北朝时期，太极殿一度被设置为“十二间”的格局，以象征一年的 12 个月。但这种一直沿袭的十二开间太极前殿制度，在南朝梁时，又变成了“十三间”。梁武帝天监十二年（513 年），“辛巳，新作太极殿，改为十三间。”[7] 关于这一点，宋人撰《景定建康志》引《旧志》做了较为详细的描述：

[5] 文献[1]. 史部 . 正史类 .[晋]陈寿 . 三国志 . 卷三 . 魏书三 . 明帝纪第三 .

[6] 文献[1]. 史部 . 正史类 . [南朝梁]沈约 . 宋书 . 卷三十二志 . 第二十二 . 五行三 .

[7] 文献[1]. 史部 . 正史类 . [唐]姚思廉 . 梁书 . 卷二 . 本纪第二 . 武帝中 .

“太极殿，建康宫内正殿也。晋初造，以十二间，象十二月。至梁武帝，改制十三间，象闰焉，高八丈，长二十七丈，广十七丈，内外皆以锦石为砌。次东有太极东堂，七间；次西有太极西堂，七间，亦以锦石为砌，更有东西二上阁，在堂殿之间。方庭阔六十亩。(旧志)” ❶

由此可知，将原为12间的太极殿改为13间有其象征意义。在南朝梁太极殿两侧的东西堂各为7间，太极殿与东西堂间还有两座楼阁，形成一字排开5座殿阁布局。殿前方形庭院面积为60亩。

根据这一描述，可以大致推想出这座太极殿的平面与造型。以其通面广27丈、通进深17丈推测，这可能是一座面广13间，当心间3丈，其余次、稍间各2丈；进深7间，心间及两次间各3丈，前后两稍间，各2丈的平面格局（图1–49，表1–5）。

从其剖面看，有三重屋檐：前后各为两进进深2丈的下层檐与中层檐，中间通过大梁、梁架形成一个进深9丈的中央空间。以殿高为8丈计，其屋顶举折

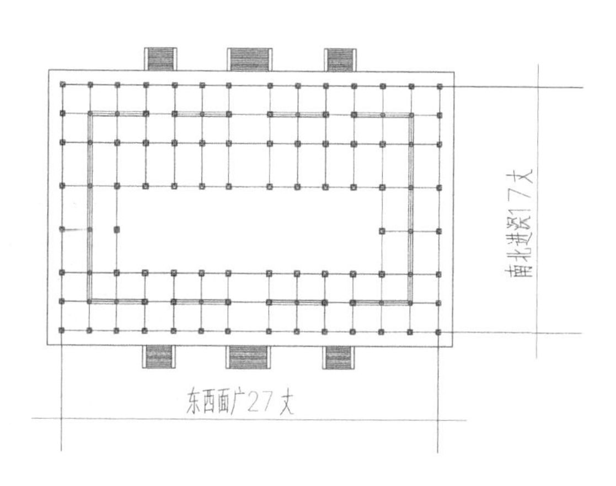

图1-49 南朝梁建康宫太极殿平面推想图（作者自绘）

十分平缓，恰与南北朝时建筑风格相一致（图1–50，图1–51）。

表1-5 梁太极殿柱网平面尺寸推想

单位（丈）

面广							
当心间	次间	次间	次间	次间	梢间	尽间	通面广
3.0	2.0	2.0	2.0	2.0	2.0	2.0	27
进深							
前间	前梢间	前次间	心间	后次间	后次间	后间	通进深
2.0	2.0	3.0	3.0	3.0	2.0	2.0	17

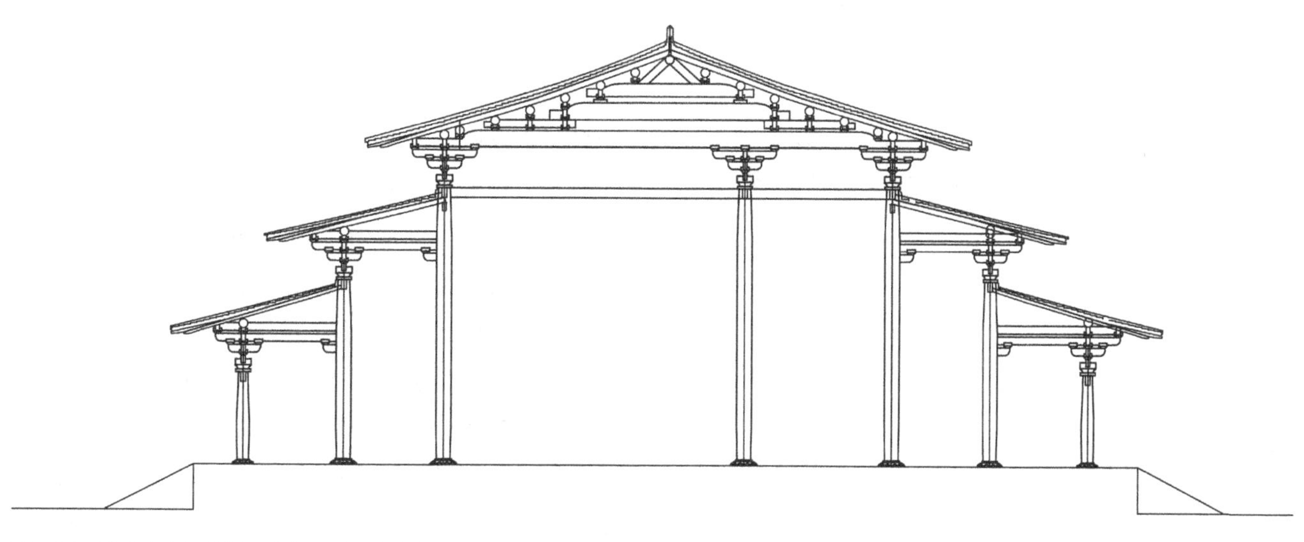

图1-50 建康宫太极殿剖面推想图（作者自绘）

❶ 文献[1]. 史部. 地理类. 都会郡县之属. [宋]周应合. 景定建康志. 卷二十一.

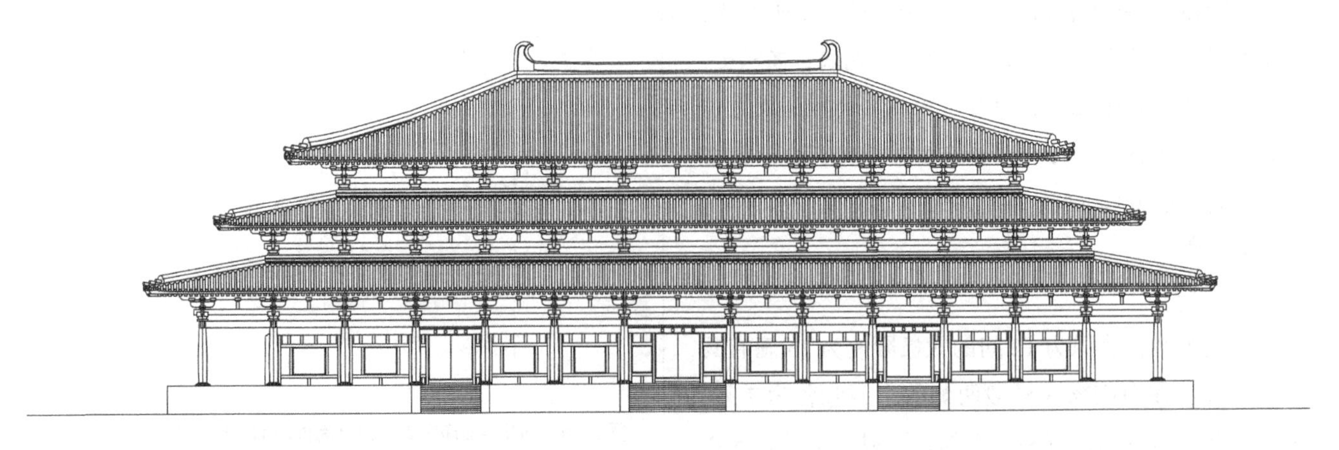

图 1-51　建康宫太极殿立面推想图（作者自绘）

以南朝尺为 0.251 米[1]计，太极殿基本尺度为：

东西面广　　27 丈＝67.77 米

南北进深　　17 丈＝42.67 米

高　　8 丈＝20.08 米

南朝时一步为 6 尺

1 步 =0.251 米 / 尺 ×6 尺＝1.506 米

一南朝亩为 240 平方步计

1 亩 =（1.506×1.506×240）平方米＝544.33 平方米

则南朝梁太极殿前方庭面积为 544.33 平方米 × 60 ＝ 32659.8 平方米

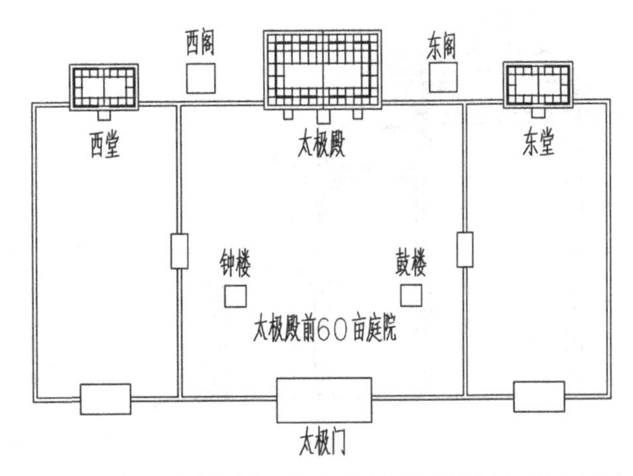

图 1-52　南朝梁建康宫太极殿及东、西堂总平面推象图（作者自绘）

[1] 刘敦桢．中国古代建筑史 [M]．北京：中国建筑工业出版社，1984：421．附录三．历代尺度简表．

也就是说，假如这座庭院是方形的，面积为 32659.8 平方米来算，其边长为 180.72 米。在庭院北侧布置有三座殿堂与两座楼阁。以庭院尺寸推知，太极殿与东西堂前应各有庭院（图 1–52）。

第六节
关于早期建筑推测复原的几点思考

前文已谈到，本文所进行的研究，并非严格意义上的科学复原。因为既缺乏充分的科学复原考古学遗址数据，也缺乏与文中所涉及的几座建筑关联比较密切的秦汉、曹魏及南朝建筑实例的必要资料。如此，本文不可能将这几座建筑真实的柱网、梁架、斗栱、门窗加以复原。也就是说，鉴于缺乏如上两个科学复原的必要与充分条件，将这几座建筑物的历史原状真实再现出来几乎是不可能的历史难题。

但是我们又不能够采取历史虚无主义的态度。目前，没有实例遗存的唐代以前的木构建筑，即使是那些具有相当明确的史料记述，甚至还有确凿遗址发现的案例，却也往往被执拗地拒绝承认其为正史或信史，或者，只是仅仅被当作稗史。对于其可能的原状，大都采取漠然视之的态度。在这样一种态度下，中国古代许多伟大的建造工程与宏伟建筑都只能停留在古人痴人说梦似的文字与印象中，现代人除了感叹、怀疑之外，对于这些史料中言之凿凿的重要历史建筑实例几乎手足无措。

众所周知，中国有着5000年的文明史，中国建筑文明又是一个以木结构建筑为发展主流的特殊文明形态。现存最早的木构建筑实例遗存，却只能追溯到距今1230余年的唐代中晚期的五台南禅寺大殿。其前的数千年，或其前自秦统一至唐中晚期之前的近1000年，中国古代木构建筑实例几乎是一片空白。幸运的是，经过历年的考古发掘和文献印证，以及一批杰出学者的潜心研究，一些重要的古代建筑，如唐大明宫含元殿、麟德殿，唐武则天明堂、元大内之大明殿、延春阁等重要历史建筑案例的大致原貌已经昭示在世人面前，从而弥补了中国古代建筑史实例遗存的严重不足。

然而，还有一些建筑，曾经在风风雨雨中矗立过，或者，也曾轰轰烈烈地建造过，当时的人对于这些建筑的宏伟与壮观，也都充满了仰慕、赞叹的感情，并且用笔记录下其大致的尺寸，其中部分这类建筑的遗址，甚至保留到了今天。那么，如果我们对于这些建筑仍然采取视而不见的态度，就多少有点令人匪夷所思了。

当然，对这类建筑进行复原研究确实是一件十分冒险的事情。即使遗址保存得十分完整，也难以确证这些遗址的细节都是其原创时期的遗痕，因为在许多古代遗址上，可能有过历代多次建造的遗迹，而且岁月久远，遗址本身受到自然与人为剥蚀与破坏的程度也不会很小。

因此，我们能够采取的措施是，依据历史文献中记载的基本数据，参照现存遗址的主要尺寸，两者相互印证，再结合当时人对木材之结构材性运用的可能程度，以及古代木构建筑架构与搭造的基本结构逻辑，再辅之以历史图像资料，如汉画像砖、汉明器等所表现出来的当时木构建筑外观的大致样态，将个别见于史料且规模宏伟的伟大历史建筑的可能原状做一点想象性的推测还原。其目的并非是对这座建筑的真实科学复原，只是对其存在的可能性做一点探讨，以期印证历史文献的可信性，从而为人们在阅读史料或了解历史时多少增加一点略具形象与尺度的想象空间。

以前文提到的前两座建筑为例。如秦代的朝宫前殿阿房宫，文献中描述的规模与尺度在世界建筑史上也堪称一绝，而考古发掘中发现的阿房宫台基遗址又是如此巨大。即使将文献记载中如此不可思议的大体量建筑物摆放上去，这一考古基址似乎仍然绰绰有余。这至少说明文献记载之台基上所建构的建筑物的基本尺寸，应该是具有可信性的。问题是，我们如何从历史、文化、建筑、结构、材料、造型的逻辑上，将之大略地尽可能合乎逻辑地推演出来。类似的情况，也会在汉代最伟大的建筑——未央宫前殿与长乐宫前殿中遇到。其史料的记述比较详细，其遗址的尺寸，主要是未央宫的遗址尺寸也比较明确，且文献记载的尺寸中，除了高度尺寸可能有误之外，其平面的长宽尺寸与考古发掘中获得的台基遗址尺寸彼此之间还是十分契合的，这也从一个侧面印证了历史文献记录的可信性。

余下的问题就是：其基本的平面如何推演？其大致的柱网与柱距如何确定？以及，其可能的梁柱关系如何搭构？如此等等。然而，所有问题，似乎只能透过史料中的基本长宽尺寸，结合古代木构建筑的基本材性，以及当时的可能结构技术，以一种假想的方式，逻辑地推演出结构与造型，并据此绘制出平面与剖面。外观形式的推测过程，也大体如此。在既有的逻辑思考与尺寸推算的基础上，结合汉画像砖或明器的屋顶等形式，将屋顶覆盖到推测而来的基本平面和架构之上，显现出早期建筑的古拙与粗犷感，就可以了。其核心旨在还原：这座建筑有多大的体量尺寸？有多高的形体样貌？与考古遗址的吻合度有多大？其余的细节，均不在本文深究的范畴之内。

何以复原过程如此粗略直白？原因也在于，更为细微的深入复原，找不到任何可靠的依据。那么我们只能言说那些能够言说的部分。当然这里或也涉及一个思维经济型问题，即西方人在科学研究中所熟知的“奥克姆剃刀原理”：在科学研究的过程中，如与逻辑主线没有密切关联的琐细事项，应尽可能将之忽略，因为“若如必要，勿增实体”。因为，前文中我们以一种粗略但逻辑的方式，最大限度地接近这几座建筑之可能的历史样貌，因而，即使我们将屋顶举折比例、屋顶出檐长度、阑额尺度、斗栱形式、门窗形式都具体而微地加以论证，又能够对这几座建筑物的历史真实性增加多少呢？

换言之，读者不必刻意追究这里复原之建筑物的脊饰是否恰当，斗栱用材是否正确，斗栱形式是否合乎当时做法，门窗设计是否恰当，文献中记录的那些繁缛精密的装饰何以没有添加上去，如此细节问题。因为，这都是一些与这几座建筑之基本尺度与大体样貌的探索性复原没有太多关联的细节问题，也都是一些即使下再大功夫也基本无解的问题。所以这里只能将这些细枝末节的问题加以忽略，将精力集中在这几座建筑的基本尺度与大致样貌上。以笔者的冒昧与斗胆，对古人文献中记录且亦被古人所称颂、景仰的伟大建筑，做一点冒险而大胆的猜测与推想，仅以聊飨与笔者趣味相近之好古读者们的思古忧情，也可能会引起一些有识学者的批评、抨击、反驳与讨论，甚而激发出批评者们更具创见性的全新研究，则不啻与笔者此文之研究初衷恰相契合，也为弥补中国古代建筑史多少增加了一些历史内涵。

第二章

北朝两座佛塔建筑原状探讨

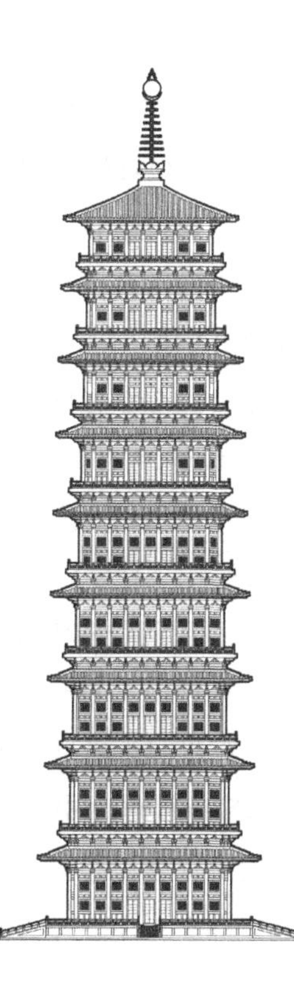

第一节 北魏洛阳永宁寺塔复原探讨❶

北魏孝明帝熙平元年（516年）所建洛阳永宁寺塔是中国古代历史上曾经建造过的最高木构建筑物。关于它的记载主要有两处，且都是北魏时期留下的，其一是北魏杨衒之的《洛阳伽蓝记》，其二是北魏郦道元的《水经注》。杨衒之言此塔："有九层浮图一所，架木为之，举高九十丈。有刹复高十丈，合去地一千尺。"❷其言带有强烈文学色彩，似不足徵信。郦道元的描述比较严谨："作九层浮图，浮图下基方一十四丈，自金露盘下至地四十九丈。取法代都七级而又高广之。"❸此外，稍晚时人所撰《魏书》中也提到了这座塔，其描述略近于郦道元："佛图九层，高四十余丈，其诸费用，不可胜计。"❹但即使是按照郦道元的描述，这座塔折合成今日尺寸也有一百多米高。

20世纪80年代，笔者注意到有一篇文章谈到了永宁寺塔的高度问题，认为从木结构的建造极限考虑，这座塔不会比已经达到古代木结构极限的山西应县辽代佛宫寺释迦塔高出太多。由于应县佛宫寺木塔高60余米，这座永宁寺塔的高度也只能在70米左右。笔者读到此篇文章后心生疑虑。在1986年，就根据当时所见有关永宁寺塔的考古发掘材料做了一个复原性探讨，并撰写了一篇《永宁寺塔高度可信性探讨》的草稿。拙稿认为考古发掘中基址的尺寸与其记载的下基方14丈大略吻合，说明郦道元的记载是可信的，而按照木结构的建造逻辑以及木材的自然材性，搭造起一座高49丈（按刘敦桢《中国古代建筑史·附录三》中所列北魏尺对今尺0.255~0.295米折算，其塔刹以下的高度在124.95~144.55米之间）的木构高塔还是可能的。据以上分析，笔者绘制了一幅透视草图。

但考虑到当时所见的考古发掘资料比较有限，笔者抱着再等一等的态度将这一研究搁置起来。后来，几经搬迁，手绘的草图与原稿也不知落在何处。不过，后来看到国内专家的研究论文知道已经有人对永宁寺塔高度持相信的态度，且有了科学的复原研究，也就没有再就这一问题加以深究了。

一、已有复原研究及几点疑问

可喜的是，在既有的考古发掘资料下，国内学者已经致力于永宁寺塔的研究并且取得了有深度的成果。先后发表于《文物》1992年第9期杨鸿勋的文章《关于北魏洛阳永宁寺塔复原草图的说明》与《文物》1998年第5期钟晓青的文章《北魏永宁寺塔复原探讨》就是这一研究的两项重要成果。两篇文章各有见地，也都绘制了复原图，为我们初步理解永宁寺塔的结构与造型奠定了一个很好的基础。

重要的是，两位学者都认为郦道元的记载是可信的，从而永宁寺塔的高度记载也是可信的。两位学者在各自复原研究中所用的营造尺也十分接近，杨文采用的是"1尺＝27.285厘米"的营造尺进行复原；钟文在《中国古代建筑史》第二卷中采用的是"27.29厘米/营造尺"，而在《北魏永宁寺塔复原探讨》中用的是"27.27厘米/魏尺"。这三把尺十分接近误差仅在0.01厘米，说明两位学者在复原研究的用尺上也是十分接近的。这两篇文章为我们从建筑学与建筑史的视角了解与观察永宁寺塔打下了一个很好的基础。

然而，永宁寺塔作为中国古代历史上的第一高塔，也是世界古代史上曾经存在过的最为高大的木构高层建筑，其重要性不亚于西方古代的七大世界奇迹。因

---

❶ 本文属国家自然科学基金支持项目，项目名称：《5—15世纪古代汉地佛教寺院内的殿阁配置、空间格局与发展演变》，项目批准号为：51078220。

❷ 文献[2].［南北朝］杨衒之．洛阳伽蓝记．洛阳城内伽蓝记．卷第一．永宁寺．四部丛刊三编景明如隐堂本．

❸ 文献[1].史部．地理类．[后魏]郦道元．水经注．卷十六．谷水．

❹ 文献[2].［南北朝］魏收．魏书．卷一百一十四．志第二十．清乾隆武英殿刻本．

而，对它的持续关注以及对它的真实结构与建筑外观还应该有更进一步的探究。

前述两位学者的研究开了一个很好的头，但是，仍然有几点令人存疑的地方：杨文中似未给出各层的高度，对于如斗栱、铺作等的做法也未加细究，其复原草图使整座塔看起来更像石构塔形式，令人多少有些疑惑。但其文标题为“有关草图的说明”，其意也似在将来做更深入研究，故这应该是一篇尚未最终完成的过程性成果，尚需对其之后的研究加以期待。

钟文出自一位功力深厚的建筑史学者的视角，有细致的分析，也有细部构造，辅以精致的平、立、剖面图，应该说是一篇十分深入而有科学见地的研究成果，也是目前所知这一研究中最令人信服的。笔者基本认同钟文的复原研究，从而也将此研究作为笔者深入思考的一个基础。

正因为笔者对钟文的成果十分看重，对其文也反复阅读，在确信其复原研究的用尺、构造、细部都是十分缜密和可信的基础上，也注意到几点尚值得商榷的地方。

1. 首层柱高与第二层以上各层柱高的递减级差偏大

从北朝石窟寺中所见的一些楼阁式塔中可以发现，北朝楼阁式塔一般没有“周匝副阶”之设，其首层柱子的高度最高，从第二层开始各层柱子高度呈明显递减节律。但从那些石塔造型来看，首层柱子高度都在各层柱子高度递减节律范畴之内（图 2–1）。也就是说，在许多情况下各层柱子高度的递减节律几乎是相同的。或者说，首层柱高与二层柱高之差，和二层柱与三层柱、三层柱与四层柱之间的高度差，大都基本接近。

粗略地说，假设首层柱子高度是 1，二层柱子高度减至 0.95；三层柱子高度则可以减至 0.9；四层柱高亦以 0.05 的递减率，其高为 0.85，五层、六层、七

图 2-1　云冈石窟北魏石塔造型（傅熹年 . 中国古代建筑史 · 第二卷 [M]. 北京：中国建筑工业出版社，2001.）

层亦然，分别为首层柱子高度的 80%、75%、70%、65%，如此等等。当然，偶然的情况下，首层柱高可以略高一些，则首层柱高与二层柱高之间高度差亦可稍加大一些，例如，二层柱高相当于首层柱高的 90% 左右，即首层与二层柱高递减率略增为 10%，而三层、四层、五层、六层仍为首层柱高的 85%、80%、75%、70%，等等，不会有太大、太突兀的高度比率变化。

初唐时期建造的西安兴教寺玄奘塔也是一座没有

"周匝副阶"的楼阁式砖塔，其首层与二层、二层与三层，及三、四、五层之间的递减节律也十分接近（图 2-2）。山西大同出土的北魏曹天度九层造像塔也采用了类似的逐层递减节律（图 2-3）。这些都说明，在首层不设"周匝副阶"的情况下，自北朝至初唐时的楼阁式塔，各层间的柱高与层高都采取了有节奏、较均匀的逐层递减节律。

钟文的复原也采取了各层柱高与层高递减的做法，唯一令人稍稍感到诧异的是，其首层柱子高度与层高明显高于二层以上的各层（图 2-4）。在前后发表的两篇文字中，钟文采取了两套彼此接近的柱高系列。在《中国古代建筑史·第二卷》中，所用的柱子高度，自第一层至第九层分别是：

37.5—21—19.5—18.25—17—16—15—14.5—14（北魏尺）

所用尺为 27.29 厘米 / 北魏尺。

而在《文物》1998 年第 5 期中，做了一点微调，其所用柱子高度，自第一层至第九层分别是：

37.5—21—19.5—18.75—17.25—16.5—15.75—15—14.25（北魏尺）

所用尺为 27.27 厘米 / 北魏尺。

这两套尺寸之间的差异不大，后者似乎更为整合一点。两者的共同点是：其二层以上各层之间的递减节律比较整齐，假设二层柱高为 1，三层以上各层柱子高度每层的递减率似乎控制在了逐层递减相当于二层柱高的 4%~7%，如三层柱高是二层柱高的 93%，四层柱高是二层柱高的 89%，五层柱高是二层柱高的 82%，以此类推。但首层柱高与二层柱高之间的高度差比较大，若设首层柱高为 1，则二层比首层柱高递减比率为 56%。远远大于二层以上各层递减率。这样一个突然的变化，似乎与前面提到的北朝石窟中的石刻楼阁塔、北魏曹天度塔及初唐兴教寺玄奘塔，在造型规则上有较为明显的歧异。

图 2-2　西安兴教寺玄奘塔（傅熹年 . 中国古代建筑史 · 第二卷 [M]. 北京：中国建筑工业出版社，2001.）

图 2-3　大同出土北魏曹天度塔（傅熹年 . 中国古代建筑史 · 第二卷 [M]. 北京：中国建筑工业出版社，2001.）

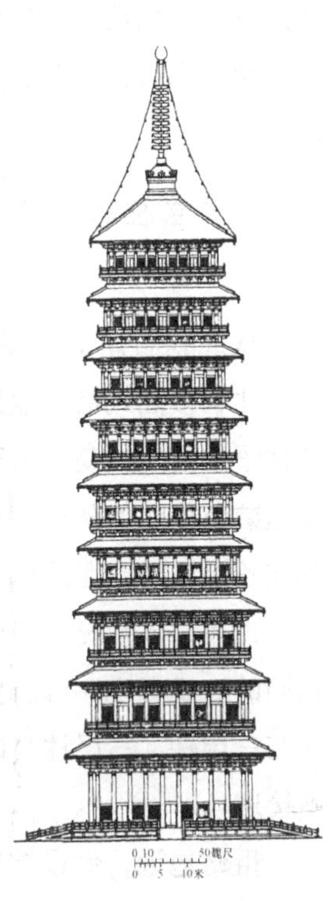

图 2-4　钟晓青复原之永宁寺塔立面图（杜金鹏，钱国祥 . 汉魏洛阳城遗址研究 [M]. 北京：科学出版社，2007.）

2. 塔顶层屋盖梁架举折似偏陡峻

从中国古代建筑史角度观察，木构建筑的屋顶举折或举架大约有一个从低缓向陡峻的发展过程。从现存木结构建筑实例来看，唐代尚存的木构建筑屋顶起举高度大约是其前后橑檐方中缝距离的 1/5（图 2–5）。直到宋代，《营造法式》中规定的殿阁建筑起举高度达到了前后橑檐方中缝距离的 1/3，而其厅堂建筑的起举高度则为前后橑檐方中缝距离的 1/4，再加上一个调节性的高度（图 2–6）。钟文中没有特别提到其顶层屋盖所用举高比例的计算方式，但从图形观察，其屋顶起举高度大约在其前后橑檐方距离的 1/3。这显然是一个比隋唐时代殿阁建筑屋顶都要陡峻的起举比例（图 2–7）。

当然，作为高层木塔顶层屋盖，起举高度陡峻一些在视觉上是适当的。这样可以减少一些视觉误差。但这种刻意拔高也应该是适当的，比如从 1/5 举高提高到 1/4 举高就已经相当明显了。若再增至 1/3 举高，比同时代单层建筑屋顶起举高度高出太多，在逻辑上似乎不太说得通。

从山西大同北魏云冈石窟石刻中表现的几座多层佛塔，及大同出土北魏曹天度造像塔观察来看，其塔的顶层屋盖起举与其下各层塔檐相比较并没有明显的高峻感。也就是说，北魏塔在顶层屋盖梁架起举上即使有一些高度调整，也不会比同时代一般屋顶起举高度比例陡峻太多。

从这一角度观察，钟文所绘永宁寺塔，塔顶举高有向较为低缓调整的必要。而如果调缓了屋顶举折，却仍要保持其塔与文献记录高度的一致，则这部分高度差会体现在其下各层柱高与层高的高度调整上。

基于如上这两个疑问，如果想要真正解决这两个问题，似应依据北朝时期建筑参考实例及唐宋建筑的一些基本规则，对永宁寺塔整体结构的主要尺寸再做一点深入的探究。或有可能解开其中的疑团，将中

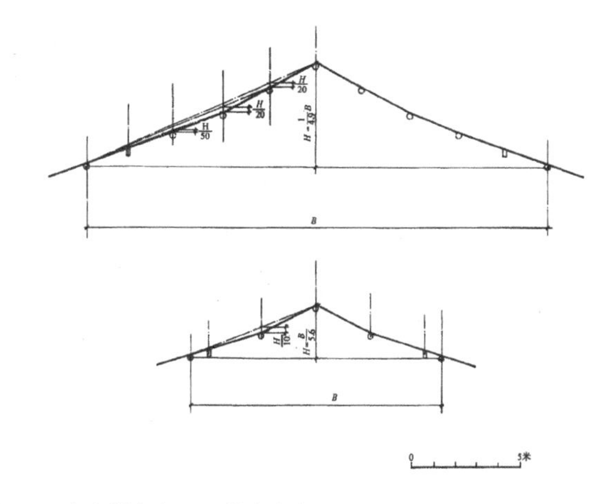

图 2-5　唐南禅寺大殿与佛光寺大殿屋顶举折示意（傅熹年．中国古代建筑史 · 第二卷 [M]. 北京：中国建筑工业出版社，2001.）

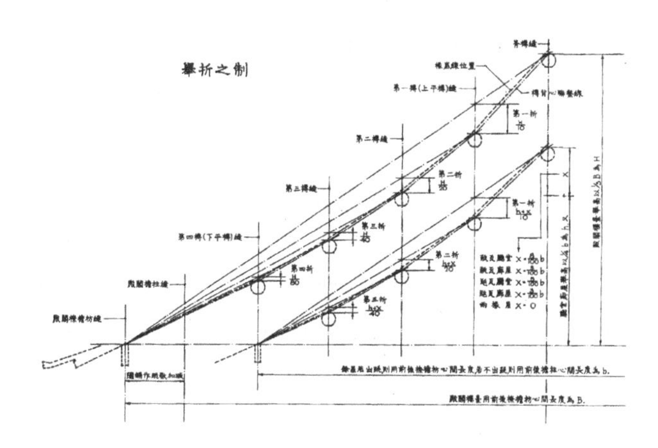

图 2-6　宋代殿堂建筑屋顶举折（梁思成．梁思成全集 · 第七卷 [M]. 北京：中国建筑工业出版社，2001.）

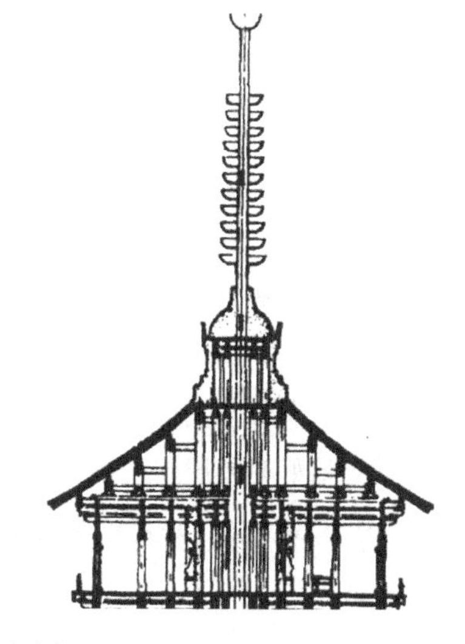

图 2-7　钟晓青复原之永宁寺塔顶层屋顶举折示意（截取自钟文附图）

国古代这座第一高塔在既有的研究基础上向前再推进一步。

二、再研究的出发点

带着这两点疑惑，也带着对中国古代建筑史上这座第一高塔加以深究的愿望，笔者详细阅读了永宁寺塔的相关记载、考古发掘资料及国内建筑史学界对北朝、隋唐佛塔与楼阁建筑研究的相关论文，希冀从中得到一些启示。

1. 以首层檐柱高度为则的高度比例控制

这里最值得重视的是建筑史学家傅熹年先生的研究成果。傅先生对于隋唐、宋辽及同时代日本木构楼阁与佛塔建筑进行了一系列深入而睿智的研究。其中最值得注意的是，将木构楼阁或佛塔首层柱子高度作为整座楼阁，甚至整座木塔高度在基本材分模数之外的扩大模数单位的思想，对于我们理解这一时期木构楼阁与楼阁式木塔造型比例起到了十分重要的作用。所谓扩大模数，是指一座木构建筑在其所采用的材架高广为建筑物各部分构件的基本模数（以材为祖）的基础上，还将建筑物的某一基本构件尺度，如首层柱子的高度作为整座建筑物大比例控制的扩展性模数。

傅先生在这方面的研究涉及了多座楼阁与佛塔。这里仅举由傅先生主编的《中国古代建筑史》第二卷中几个较为典型的例子。在这本书第三章第十节中有关"建筑艺术"论述中，傅先生举出山西应县佛宫寺释迦塔的例子，并绘制了这座塔"以柱高为模数示意图"[1]。由这张图可以清晰地看出，应县木塔自塔刹基座下沿以下的高度是以首层副阶檐柱的柱高为扩展模数控制的。自应县木塔台基表面（即首层地面），至塔刹仰莲基座下沿，恰好是首层副阶檐柱柱高的12倍，而其首层塔身檐柱柱高，又恰好是首层副阶檐柱柱高

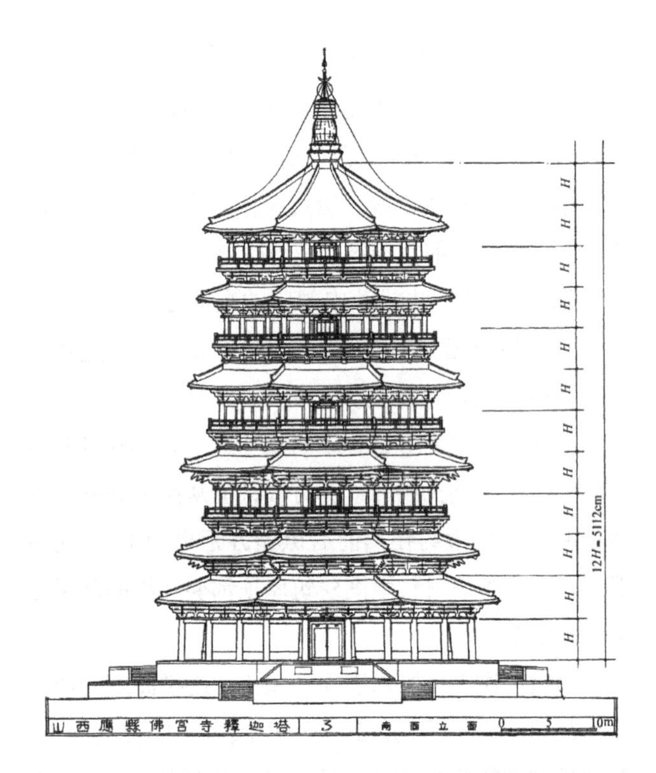

图 2-8　傅先生所做应县木塔立面高度比例分析（傅熹年 . 中国古代建筑史 · 第二卷 [M]. 北京：中国建筑工业出版社，2001.）

的 2 倍（图 2-8）。

在同一章节中，傅先生又举出了辽代蓟县独乐寺观音阁的例子[2]。观音阁首层平坐柱头上皮标高恰是其首层柱子高度的 2 倍；其二层柱头上皮的标高恰好是首层柱高的 3 倍；而其屋顶梁架中平槫上皮标高恰好是其首层柱高的 4 倍（图 2-9）。

在同书的最后一节，傅先生还举出了中国近邻日本的木构佛塔例子[3]。如建造于相当于中国隋代大业初年的日本飞鸟时代奈良法隆寺五重塔，其塔的诸多高度与首层塔的柱子高度有着紧密的模数关系。五重塔塔刹基座下缘标高是首层柱子高度的 7 倍，而其包括塔刹在内的全塔总高为其首层柱子高度的 10 倍（图 2-10）。对应于唐代的日本天平二年（730 年）所

[1] 傅熹年．中国古代建筑史 [M]．第二卷．北京：中国建筑工业出版社，2001：579.

[2] 傅熹年．中国古代建筑史 [M]．第二卷．北京：中国建筑工业出版社，2001：580

[3] 傅熹年．中国古代建筑史 [M]．第二卷．北京：中国建筑工业出版社，2001：686-687.

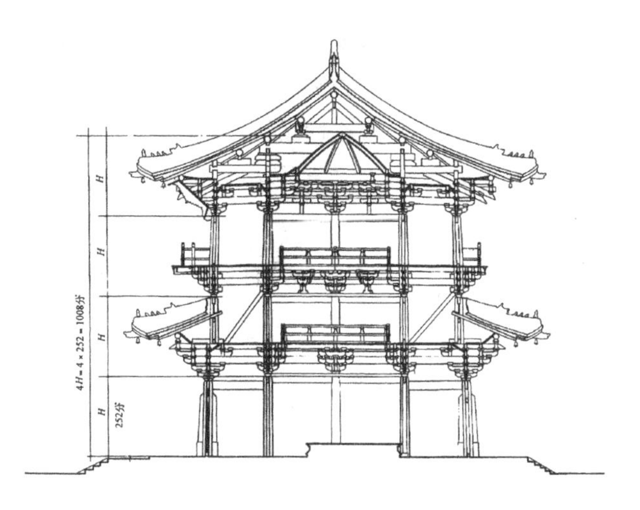

图 2-9　傅先生所做蓟县独乐寺高度分析（傅熹年 . 中国古代建筑史 · 第二卷 [M]. 北京：中国建筑工业出版社，2001.）

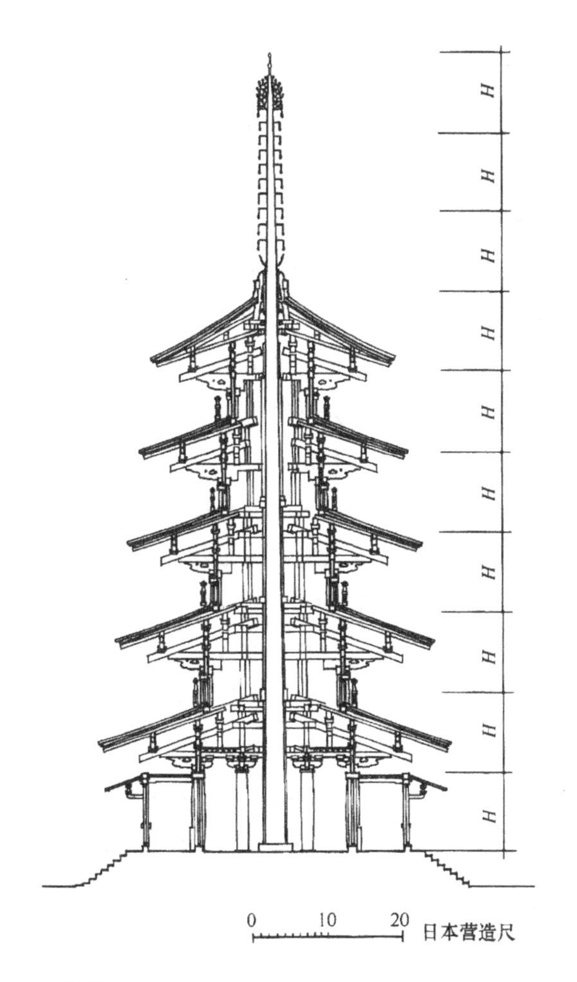

图 2-10　傅先生所做日本奈良法隆寺五重塔高度分析（傅熹年 . 中国古代建筑史 · 第二卷 [M]. 北京：中国建筑工业出版社，2001.）

建的药师寺东塔，其塔刹基座下缘标高为首层柱子高度的 5 倍。这些都从一个侧面说明，隋唐、辽宋时期木构楼阁与木塔很可能是将其首层檐柱作为一个基本的扩展性模数而使用的。

关于首层柱高可能是木构建筑扩展性模数的理论依据还可见之于宋代李诫所撰《营造法式》，据《营造法式》第五卷大木作制度二：“凡用柱之制……若厅堂等屋内柱，皆随举势定其短长，以下檐柱为则。”[1] 这里所说的“以下檐柱为则”，虽然只是就其屋内柱短长而谈的，也从一个侧面说明，古代中国人可能是将首层檐柱的高度作为一座大木结构的扩展性模数单位而考虑的。

2. 各层柱高与层高有较为均匀的递减比率

如前所述，目前所知北朝至隋唐时期楼阁式砖石塔，其首层至顶层间各层层高存在一个均匀的高度递减规律。由于缺乏详尽的测量数据，我们还无法将这些塔的各层高度递减比率加以罗列，但从塔的整体外形观察，大致可以看出存在两种递减模式。

第一种情况，从首层向二、三、四、五各层均呈有规则的以彼此接近的递减率均匀递减。大略地说，若其首层层高是 1，二层约为一层高度的 95%，三层为二层的 95%，四层为三层的 95%，五层为四层的 95%，如此类推。如傅熹年先生《中国古代建筑史》第二卷中所引用之图形上所见的云冈石窟第 39 窟中心塔柱[2]、云冈石窟第 21 窟北魏塔柱[3]、云冈石窟第 5 窟主室南壁浮雕五重塔[4]等都属于这种比例形式（图 2–11）。

---

[1] 文献 [2]. [宋] 李诫 . 营造法式 . 卷五 . 大木作制度二 . 柱 . 清文渊阁四库全书本 .

[2] 傅熹年 . 中国古代建筑史 [M]. 第二卷 . 北京：中国建筑工业出版社，2001：238. 图 2–9–4.

[3] 傅熹年 . 中国古代建筑史 [M]. 第二卷 . 北京：中国建筑工业出版社，2001：291. 图 2–11–23.

[4] 傅熹年 . 中国古代建筑史 [M]. 第二卷 . 北京：中国建筑工业出版社，2001：285. 图 2–11–14.

图 2-11　云冈石窟第 39 窟中心塔柱（傅熹年 . 中国古代建筑史 · 第二卷 [M]. 北京：中国建筑工业出版社，2001.）

第二种情况略有不同，其第二层以上各层递减率比较接近，但是，在第一层与第二层之间，比起二层以上诸层高差递减看起来要稍微大一点。这里也可以大略估计，若其首层层高为 1，则二层约为 0.90，则二层以上分别以其下一层高度的 0.95 比率递减。同是傅先生所引北魏曹天度造像塔[1]、西安兴教寺玄奘塔[2]及云冈石窟部分多层佛塔形象[3]中都多少可以看出这一特点。

在此前学者的研究基础上展开的这一系列研究，主要就是将关注的重点放在：

① 塔身高度与首层檐柱高度的模数性比例关系；

② 塔身各层柱高与层高，按照较为均匀的递减比率，进行递减。

本文就是以这两个基本方面作为基本的思考点而展开的。

3. 永宁寺塔的首层平面

中国社会科学院考古研究所洛阳工作队《北魏永宁寺塔基发掘简报》：

（永宁寺）塔基位于寺院中心，现今尚存一高出地面 5 米许的土台。基座呈方形，有上下两层，皆为夯土板筑而成。下层基座位于今地表面下 0.5~1 米，据钻探得知东西广约 101 米，南北宽约 98 米……在下层夯土基座的中心部位，筑有上层夯土台基，并在台基四面用青石垒砌包边。这即是建于地面以上的木塔的基座。高 2.2 米，长宽均为 38.2 米……台基表面有一层"三合土"硬面，应为塔基檐墙内外的路面。在台基四周清理出一些兽形的石雕，推测应系台基上四周装饰的"螭首"之类的构件，台基四面的正中部位，各有"慢道"一条（图 2-12）。

"在塔基上发现了一百二十四个方形柱础，分做五圈排列……柱下皆设置有方形柱础，部分石础至今尚存。五圈木柱排列做四方形网格式：最内一圈 16 个，平面布局呈正方形，四角各布 4 个，形成一个坚实的中心柱网。第二圈为 12 个，每面平均布置四个。第三圈为 20 个，每面平均布置 6 个。第四圈为 28 个，每面平均布置 8 个。第五圈即最外圈由 48 个组成，每面实际布置 10 个，四角的两个木柱相交处，其内角与外角各增置 1 个木柱。柱下石础除第五圈为 1 块外，其余四圈皆三块事相叠作柱础。

"第四圈木柱以内，筑有一座土坯垒砌的方形实

[1] 傅熹年．中国古代建筑史 [M]．第二卷．北京：中国建筑工业出版社，2001：184．图 2-7-17．

[2] 傅熹年．中国古代建筑史 [M]．第二卷．北京：中国建筑工业出版社，2001：521．图 3-7-48．

[3] 傅熹年．中国古代建筑史 [M]．第二卷．北京：中国建筑工业出版社，2001：179．图 2-7-10．

图 2-12　永宁寺塔遗址（傅熹年．中国古代建筑史·第二卷 [M]. 北京：中国建筑工业出版社，2001.）

心体，长宽均为 20 米，残高 3.6 米。实心体内遗留有一层方形或圆形洞，应是平铺在实心体内的木杠所留下的遗迹。第五圈的檐柱之间，发现有残墙基。墙体厚 1.1 米，残高 20~30 厘米。内壁彩绘，外壁涂饰红色”❶。

然而，考古发掘者在这里并没有给出柱子的逐间面广。这就给古代建筑研究者留下了很大的疑惑。杨文据考古发掘简报提出的柱开间间距为 1.2 尺，合 3.274 米❷。钟文据考古发掘与塔基建筑的实测尺寸提出的柱开间间距为 1.1 尺，两侧尽间外柱与角柱（在尽间外增加的一个小尽间）的距离为 0.44 尺。由于钟文中附列了“永宁寺塔基建筑尺寸”的附表❸。表中详细列出了塔基表面五圈柱础，每圈柱础之间的间距以及柱子与柱子之间的开间间距的实测尺寸，因而是比较可信的。故本文仍基本采用钟文所推测的复原平面。

按照这一复原平面，永宁寺塔身首层平面为每面九间，开间面广分布均匀，每间为北魏尺 11 尺（3.001 米）。但在两侧尽间之外又附加了一个小间，以钟文推测的两角柱总间距 29.4 米计，这一小间的柱间距为

29.4 米－ 3.001 米 ×9 ＝ 2.391 米

则这一小间两柱之间的间距约为 1.1955 米，约合 4.4 北魏尺。如此，在塔首层平面的四个转角部位形成了由 3 根柱子组成的等腰三角形。在这个等腰三角形底边的中点，即相邻两侧两根尽间柱的连线与连接两对角柱的对角线之间的交点上，又设置了一根内角柱。这实际上是通过由角柱、两尽间柱与室内内角柱四根柱子的组合加强塔身转角部位的结构（图 2-13）。塔基四面有慢道，慢道长 8.3 米，折合北魏尺 3.04 丈。

三、对于文献的再研究

关于永宁寺塔的历史文献描述，前面已经谈到。尽管有北魏人杨衒之所谓“有九层浮图一所，架木为之，举高九十丈。上有金刹，复高十丈，合去地一千尺”的说法，但因其尺寸描述太具文学性，不足徵信。其文唯一可作依赖者：一是可以确知这座塔异乎寻常

❶ 杜玉生．北魏永宁寺塔基发掘简报 [J]．考古，1981(3)：223.

❷ 杨鸿勋．关于北魏洛阳永宁寺塔复原草图的说明 [J]．文物，1992(9)：83.

❸ 钟晓青．北魏洛阳永宁寺塔复原探讨 [J]．文物，1998(5)：53. 表 1.

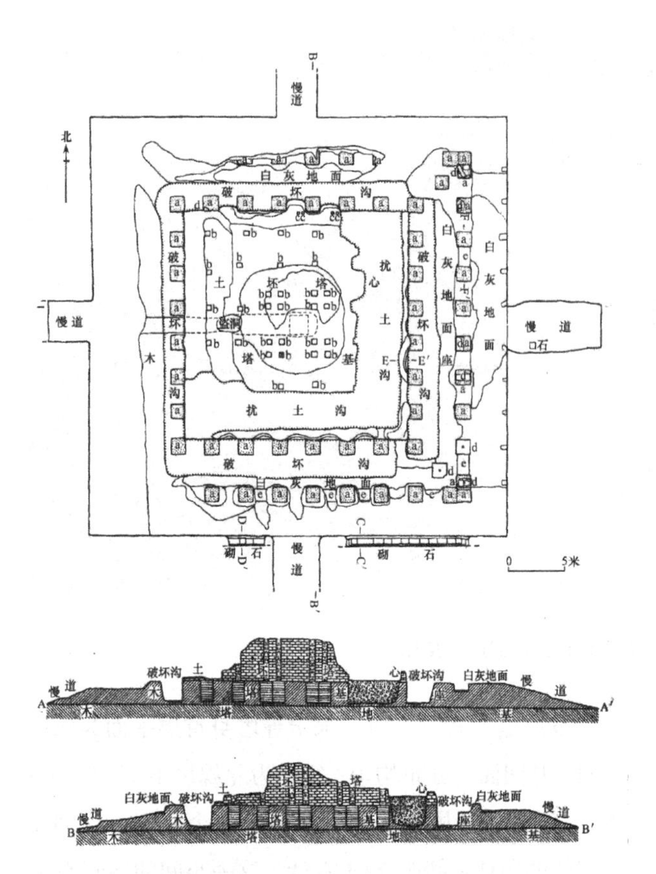

图 2-13　永宁寺塔遗址平、剖面（钟晓青提供）

地高；二是这座塔的塔刹部分高度与塔身整体高度比例约为 1∶10。此外，从中无法再得到进一步的信息。

同是北魏人的郦道元所著《水经注》中所谓“作九层浮图，浮图下基方一十四丈，自金露盘下至地四十九丈。取法代都七级而又高广之”，则给予我们较多的信息。最重要的信息是其浮图下基方 14 丈。透过考古发掘，所测得的永宁寺塔基上层长宽均为 38.2 米，恰好与北魏尺的 14 丈相吻合，从而使我们对其高度尺寸的记载也有了进一步的信心。也就是说，有了塔首层平面及尺寸和比较确定的高度尺寸，再参照北朝时期大木结构建造的基本逻辑，这座木塔的结构与造型是有可能推测复原出来的。

1. 关于首层柱高的假设

我们将注意力放在郦道元有关塔高的记载上：“自金露盘下至地四十九丈”。值得注意的是，郦道元提供给我们的这一组数据之间似乎存在某种联系。下基方 14 丈，自金露盘下至地 49 丈。稍加细致观察就会注意到，这样一组最基本的长、宽、高三维数据中存在一个基本的通约数：二者都是数字 7 的倍数。也就是说，其塔基的长与宽是两个 7 丈的量度；而其塔刹以下的塔身高度又恰好是 7 个 7 丈的量度。

由此，我们不仅产生一个联想：永宁寺塔的基本尺度控制会不会与数字 7 这个量度单位之间存在某种联系？这又使我们联想到前文所分析过的以“首层塔檐柱柱高为则”的理念。这个 7 丈的量度数字是否会与首层柱子高度有所关联呢？

如果把首层塔的檐柱柱高与数字 7 建立联系，其最大的可能应该是 7 丈。也就是说，将首层柱子高度设定为 7 丈，这显然是一个不太可能的假设。因为其塔高达 9 层，如果首层柱高 7 丈，全塔高度仅有 7 个首层檐柱柱高的高度，显然不符合已知北朝与隋唐楼阁式塔的比例规则。那么，有没有可能将首层塔的檐柱柱高设定为 3.5 丈呢？如果首层塔柱高 3.5 丈，则其塔刹刹基下缘（金露盘下至地）的高度恰好是首层柱高的 14 倍。这似乎是一个合乎傅熹年先生分析的北朝与隋唐、辽宋时期楼阁式塔高度规则的首层檐柱高度。

我们不妨将首层塔的檐柱柱子高度假设为 3.5 丈，通过对塔身各部分结构高度的逻辑分析来重新观察一下永宁寺塔的建构方式。

这里要说明的一点是，目前的研究，所涉及的塔高比例与首层塔柱高度关系都是以塔基顶面为基础计算的。这也与傅先生对于塔高扩大模数的分析方式接近。而若将首层塔柱高按与数字 7 有关的量度推算，则郦道元所记载的永宁寺塔自塔刹之下至地面的 49 丈高度也应该从台基顶面算起。唯有如此，才能使数字 7 与塔刹之下的塔身高度有一个可以推测的比例规则，若将其总高从塔基以下地面算起，则会完全打乱其内在隐含的以与数字 7 有关的量度单位为基本模数的依据。因为，从遗址发掘来看，无法判断塔基与原有地面的高度。而发掘出的上层塔基高度约为 8 尺，似与数字 7 相关的作为扩展模数的首层柱高之间无法建立起彼此的联系。

也许正因为意识到了这一点，钟文的研究中也是将上层塔基顶面作为了塔身高度复原的基点。笔者以为这是一个正确的推测。唯有如此，各层塔身高度之间的内在比例才会有规律可循。

2. 关于各层柱子高度的初步假设

如前所述，依据文献记录中两个关键量度数字与数字 7 的关联，将首层柱子高度假设为 3.5 丈。然后按每层递减首层柱子高度 5.5% 的做法，大致推算出各层柱子高度值。即从第二层开始逐层降低的数值大约是首层柱高的 94.5% 倍，则首层若为 1，二层为 0.945，三层为 0.89，四层为 0.835，以此类推。如此得出的数据为

首层　3.5 丈

二层　3.5 丈 ×0.945 = 3.3075 丈

三层　3.5 丈 ×0.89 = 3.115 丈

四层　3.5 丈 ×0.835 = 2.9225 丈

五层　3.5 丈 ×0.78 = 2.73 丈

六层　3.5 丈 ×0.725 = 2.5375 丈

七层　3.5 丈 ×0.67 = 2.345 丈

八层　3.5 丈 ×0.615 = 2.1525 丈

九层　3.5 丈 ×0.56 = 1.96 丈

这是一组十分复杂而繁细的数据，古代工匠们不会按照这种复杂的递减比率去推算。这一组数据中的两两之间大约有一个简单的差值，即每上一层比其下一层柱子的高度值约少 0.2 丈。我们或可以将这个 0.2 丈的高度差，返推之各层柱高差率上，即每层柱高比其下一层柱高降低了约首层柱高的 0.057，即首层为 1，二层为 0.943，三层为 0.886，四层为 0.829，五层为 0.772，以此类推，可以得出一组较为整齐的数据：

首层　3.5 丈

二层　3.5 丈 ×0.943 = 3.300 丈

三层　3.5 丈 ×0.886 = 3.101 丈

四层　3.5 丈 ×0.829 = 2.901 丈

五层　3.5 丈 ×0.772 = 2.702 丈

六层　3.5 丈 ×0.715 = 2.502 丈

七层　3.5 丈 ×0.658 = 2.303 丈

八层　3.5 丈 ×0.601 = 2.103 丈

九层　3.5 丈 ×0.544 = 1.904 丈

显然，若按照每层柱高比其下一层柱高降低约首层柱高的 0.057 推算，则可以得出一组相当整齐的柱子高度差率，即：

首层　3.5 丈

二层　3.3 丈

三层　3.1 丈

四层　2.9 丈

五层　2.7 丈

六层　2.5 丈

七层　2.3 丈

八层　2.1 丈

九层　1.9 丈

在这组数据中，柱子高度的最小值是 1.9 丈。这又不禁令我们联想到了文献所载的唐代建筑中，1.8~1.9 丈是一个较为常见的建筑开间值与柱子高度值。最典型的例子是唐高宗总章二年诏颁的明堂建筑：

堂每面九间，各广一丈九尺……堂周回十二门，每门高一丈七尺，阔一丈三尺……周回二十四窗，高一丈三尺，阔一丈一尺……[1]

依据上文以及宋《营造法式》中所提到的“若副

[1] 文献 [2]. [五代] 刘昫. 旧唐书. 卷二十二. 志第二. 礼仪二. 清乾隆武英殿刻本.

阶廊舍，下檐柱虽长，不越间之广”[1]的柱高规则，可知这座总章明堂外檐柱的柱高应该就是其间广的宽度，即高1.9丈。考古发掘唐代大明宫含元殿柱子中间九间的开间为1.8丈[2]。其柱子高度，或也在1.8~1.9丈。这或亦可说明，自南北朝至隋唐时代，柱子高度控制在1.8~1.9丈，或许是一个经验性的高度值。由于永宁寺塔过于高大，故其设计者将其塔身各层中最短的柱子高度以习惯性的1.9丈为基本值，然后按照每层增加2尺的节律确定各层柱高，且使首层柱子高度恰好控制在与数字7相吻合的3.5丈上，从而既可以使整座塔的高度有一个完整恰当的比例，也使柱子高度最短的顶层柱高被控制在了一个适宜人的尺度上。

基于这样一个分析，我们将此次复原研究的各层柱子高度，在设定首层柱高为3.5丈的基础上，按照如上所描述的各层减2尺的递减方式加以设定，并使顶层柱高设定为1.9丈。

四、檐下斗栱铺作与平坐高度

1. 檐下斗栱问题

北魏时的木构建筑实例已无存，其阑额、斗栱的做法只能参照北朝时期石窟寺中所表现的石刻仿木构建筑做法加以推测。关于这一时期的外檐斗栱，有一些似乎明显区别于后世的做法。

其一，其檐柱柱头处的阑额是放置在柱头之上的栌斗口内的，栌斗之下一般会设皿板，从而形成皿斗的形式。也就是说，先用檐柱承托皿板，其上置栌斗，再在栌斗口内设置阑额。当然，由皿板与栌斗组成的皿斗，一般是一个整体的构件。皿斗口内顺身方向置有一层如阑额一样的木方。实例中，如云冈石窟第39窟中心塔柱各层外檐柱（图2-11）、天龙山石窟第16窟窟檐檐柱（图2-14）都是这种做法。观察这些石刻，在柱头栌斗之下似乎没有设置阑额。

图2-14　太原天龙山第16窟檐下斗栱（刘敦桢．中国古代建筑史[M]．北京：中国建筑工业出版社，1984.）

事实上，从材料与结构的角度来看，这样一种结构方式如果是用真实的木结构搭造，几乎是不可能的，除非将柱头上的皿板、栌斗与其下柱身用一根整木雕刻而成，否则，柱子之间缺乏必要的联系，必然导致结构的松动与失稳。从这一角度讲，我们可以猜测，石刻中的外檐做法是做了简化处理的，即将柱头之间的阑额省去，以增加额下的空间来雕凿相应的宗教题材。实际的木结构中，可能在栌斗之上确有一根类似阑额的构件，但在栌斗之下的两柱头之间应该还会有类似阑额的联系构件。从实例看，去北魏不远的北齐义慈惠石柱上的小殿，其外檐柱头之间就有明显的阑额之设（图2-15）。

由此，我们设定，永宁寺塔外檐柱在栌斗之下的柱子之间亦设有阑额。但在其栌斗口内亦布置一根类似阑额的构件，以保证其外观与北魏木构建筑相近。只是这根位于栌斗口内的“阑额”，其断面高度可以控制为一材高。这样，可以使柱头以上的斗栱铺作合乎古代木构建筑基本的材栔规则。

[1] 文献[2]．[宋]李诫．营造法式．卷五．大木作制度二．柱．清文渊阁四库全书本．

[2] 傅熹年．中国古代建筑史[M]．第二卷．北京：中国建筑工业出版社，2001：380.

图 2-15　定兴北齐义慈惠石柱柱顶石屋立面（傅熹年 . 中国古代建筑史 · 第二卷 [M]. 北京：中国建筑工业出版社，2001.）

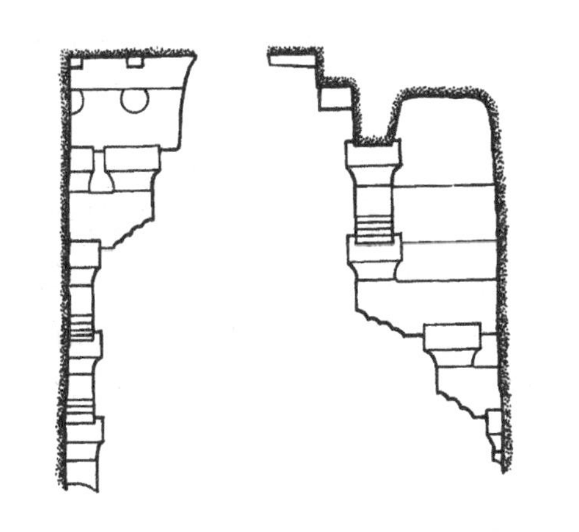

图 2-16　北齐南响堂山石窟第 2 窟窟檐斗栱（傅熹年 . 中国古代建筑史 · 第二卷 [M]. 北京：中国建筑工业出版社，2001.）

其二，北朝时期的外檐斗栱似还处在斗栱发展的初期。外檐铺作中，仅有柱头斗栱，没有补间斗栱。柱头斗栱也仅用偷心的做法，即华栱跳头上一般不设横栱，而未见计心横栱做法。偶然会见到在最外跳华栱跳头上设一层令栱的做法，如河北邯郸北齐南响堂山石窟第 2 窟窟檐斗栱，是在两跳偷心华栱头上承托一层令栱[1]（图 2-16）。但也有完全不设令栱的偷心栱做法，如傅熹年先生提到的一座在河南发现的北朝后期陶屋就采用了三跳偷心华栱，在最外跳栱头上直接承托檐方的做法[2]（图 2-17）。从永宁寺塔的实际情况看，由于其塔高度超乎常规，又从考古发掘看出其柱间距相对比较小，故两组柱头斗栱之间的距离也比较小。从这一角度来看，在跳头上不设令栱直接承挑檐方也是可行的。

从永宁寺塔剖面来看，如果在栌斗口上设一层高度为一材的阑额，则第一跳华栱只能从阑额之上所置的散斗口内出跳。这时若用三跳偷心华栱，其栌斗口以上的铺作总高度约相当于七铺作四材四栔，外加一个橑檐方的高度。若再加上一层令栱，则达到了八铺作五材五栔外加一个橑檐方的高度。但这样做法使得

图 2-17　河南发现北朝后期陶屋檐下偷心斗栱（傅熹年 . 中国古代建筑史 · 第二卷 [M]. 北京：中国建筑工业出版社，2001.）

铺作偏高，在缺乏横栱撑扶的情况下，这种类似八铺作的斗栱高度稳定性似不太好。但若仅采用类似七铺作做法，先在栌斗口施一材，再在栌斗口阑额之上出三跳偷心栱，第三跳华栱已经逼近橑檐方，不可能再在外跳华栱跳头设令栱。可能正是出于这一原因，在钟文的复原中用了两跳偷心华栱，在第二跳跳头上置令栱，并在令栱之上设置了一组高度为两材一栔的类

[1] 傅熹年. 中国古代建筑史 [M]. 第二卷. 北京：中国建筑工业出版社，2001：298. 图 2-11-30.

[2] 傅熹年. 中国古代建筑史 [M]. 第二卷. 北京：中国建筑工业出版社，2001：298. 图 2-11-29.

似橑檐方的组合构件。[1]（图 2-18）这很可能是一种不得已的权宜之计。

如果用三跳偷心华栱直接承橑檐方其间不设令栱，则不仅在铺作总高度上仍然保持了相当于七铺作的高度，也不会出现在橑檐方处叠加材栔的现象，同时，与已知北朝时期外檐斗栱的做法也比较接近。故本文在首层塔檐之下，就采用了这种在栌斗口阑额之上出三跳偷心华栱的类七铺作的做法。

2. 营造用尺与斗栱用材

之前永宁寺塔复原研究的两位学者都提到了永宁寺塔的营造用尺问题。已知北魏尺有前、中、后三种，分别为 27.88 厘米、27.97 厘米和 29.59 厘米[2]。但用这三种尺与实测上层台基长宽 38.2 米折合为 14 丈时得出的数据相差太大，故未取这三个数据。实际上，两人都是从遗址考古中上层台基的实测长宽 38.2 米出发，来确定自己的复原用尺的。杨文采用了 1 北魏尺为 27.285 厘米的营造尺。在《中国古代建筑史》第二卷中，钟晓青采用 1 北魏尺为 27.29 厘米的营造尺，在后来发表于《文物》1998 年第 5 期的文章中又将其复原用尺调整为 27.27 厘米。三个营造尺的数据之间有 0.005~0.02 厘米的差异。而这几种用尺，仍然在刘敦桢先生《中国古代建筑史》附录三中所给出的 1 北魏尺在 25.5~29.5 厘米的范围之内。

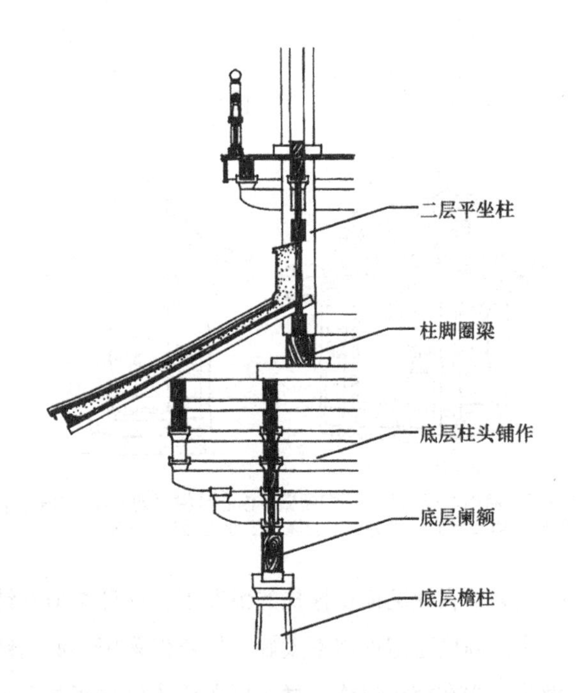

图 2-18　钟晓青所绘永宁寺塔檐下斗栱（杜金鹏，钱国祥 . 汉魏洛阳城遗址研究 [M]. 北京：科学出版社，2007.）

[1] 钟晓青 . 北魏洛阳永宁寺塔复原探讨 [J]. 文物，1998(05)：57. 图 5.

[2] 丘光明 . 中国历代度量衡考 [M]. 北京：科学出版社，1992：68.

据实际计算的结果，三个复原营造尺中，杨文采用的 27.285 厘米最接近从实测数据 38.2 米推算出来的数据。因为，若将 38.2 米，用 14 丈即 140 尺来除，则每尺约合今尺 27.28571 厘米。故本文拟采用的复原用尺亦以此尺为基础。

但从更为严格的意义上讲，若以四舍五入的方式将这一数字保留到小数点后两位时，则有可能出现 27.29 厘米的数值，这即是钟文最初采用的数据，是一个稍稍偏大的数值。而若将这一数字保留到小数点后三位，严格意义上来讲，应该四舍五入为 27.286 厘米。反过来计算，用 1 北魏尺＝ 27.29 厘米计算，140 尺约合今尺 3820.6 厘米（误差 0.6 厘米），用 1 北魏尺＝ 27.285 厘米计算，140 尺约合今 3819.9 厘米（误差 0.1 厘米），而用 1 北魏尺＝ 27.286 厘米计算，140 尺约合今 3820.04 厘米（误差 0.06 厘米）。三者相较，1 营造尺＝ 27.286 厘米似乎更接近实测数据与记载数据的推算结果。

然而，如前文所提，这种过于精准的分析其实是没有太多意义的。因为我们无法找到这把古代用尺，即使真正找到了这把尺，在这里的小数点之后一位就已经是毫米单位了，而精确到小数点后二位就称得上是相当精确的了。因此，为了既精确又简便，本文拟采用前面两位学者所采用之 1 北魏尺＝ 27.27 厘米与 1 北魏尺＝ 27.285 厘米两个数值的中间值，以 1 北魏尺＝ 27.28 厘米为本复原计算所依据的营造尺。

至于斗栱用材，因永宁寺塔为北魏皇家所建佛塔，其造型高大，层数几乎是当时楼阁式塔的最高等级——九层，故其结构所用材应为当时的一等材，这应该是没有什么疑问的。问题是这一等材有多高？

按照宋《营造法式》的规定，北宋时期所用一等材，其高 9 寸。以 1 北宋尺为 0.309~0.329 厘米推算，北宋时一等材高度折合为 27.81~29.61 厘米之间。但若以 1 北魏尺＝ 27.286 厘米计，仍以 9 寸为一等材，其材高仅为 24.56 厘米。这一高度甚至低于北宋时期二等材的高度，显然不符合我们所熟悉的隋唐及之前时期所用材值比宋辽时期材值要大的规律。

基于这一分析，我们将北魏时所用一等材假设为 1.5 尺。以 1 尺＝ 27.28 厘米计，一等材材高约合今尺 40.92 厘米。这似乎是一个比较符合北朝时期一等材的高度值。因为，在唐及五代时期的木构建筑中，曾经出现过材高 30 厘米、32 厘米，甚至 34 厘米的例子。而这些材高并非是在当时等级最高的建筑物中发现的，也就是说，即使材高为 32 厘米、34 厘米，也不是唐、五代时期所用一等材高度。而北魏时期的用材高度，未必比隋唐时期低，故将其一等材设定为 40.92 厘米，即 1.5 北魏尺，应该是一个适当的选择。

可以在这里再重申一下：将北魏时期所用一等材设定为 1.5 尺，不仅使其用材比宋、辽时期明显偏大，从而符合建筑历史发展趋势，也从某一特定角度为宋《营造法式》中将一等材划分为 15 分，找到一点可供参考的历史依据。关于这一点，笔者曾在另外一篇复原研究性论文中亦曾谈到。

明确了建筑复原的用尺长度及斗栱采用的用材高度，就可以继续深入我们的复原研究了。

3. 平坐柱及其高度

参照宋《营造法式》中插柱造的做法，如果忽略可能存在的侧脚做法，可以将首层檐柱柱头之上的平坐柱落在首层柱头的栌斗之上，再在平坐柱头上设皿板、置栌斗、布置平坐斗栱。关键的问题是，平坐柱的高度如何确定？

从塔的整体高度考虑，这里所应推定的是平坐柱头上皮与其下首层檐柱柱头上皮之间的高度差。也就是说，如何确定平坐柱头顶面的标高。

首先，需要从柱头之上的皿板、栌斗以及栌斗之上的阑额、斗栱算起。

参照宋《营造法式》，栌斗欹高 8 分、平高 4 分，平、欹总高应为 12 分，其下所用皿板，可以设为欹高的一半，为 4 分，则栌斗口距离其下柱头顶面的高度差为 16 分。

栌斗口内用一如阑额形式木方，从铺作材栔的概念推测，其高应为一材。自栌斗口上之阑额上皮所置斗内，向外出跳三跳偷心华栱，直接承橑檐方。橑檐方里皮高度也控制为一材高。则可以知道，自栌斗口至橑檐方里侧上皮，总高度为四材三栔。若再加上其下所用斗及高为一材的阑额，高为五材四栔。

参照宋《营造法式》，材高 15 分、栔高 6 分。由此推知的自栌斗口至橑檐方里侧上皮总高度为五材四栔，再加上其下栌斗平、欹及皿板的高度，则自下层檐柱柱头上皮至其上橑檐方里侧上皮总高度可折算为 15 分 ×5 ＋ 6 分 ×4 ＋ 16 ＝ 115 分。

以前面所设定的一材为 1.5 北魏尺，则一分应为 0.1 尺，即 1 寸。

由此推知，首层檐柱柱顶标高至其上柱头铺作橑檐方里侧上皮高度差为 11.5 尺。然后，自橑檐方上皮向平坐柱中缝斜起塔檐。为计算这一塔檐起举的高度，需要先算出其出檐的距离。参照宋《营造法式》，栌斗口内所出第一跳华栱出跳距离为中至中 30 分。由于这时的斗栱铺作尚处于铺作发展早期，其上既无斜昂亦无横栱，故无需在第二跳向内收。也就是说，三跳偷心华栱可采取相同出跳距离，均为 30 分。故其自柱头缝至橑檐方缝的总出跳距离为 90 分，折合为 9 尺。

我们知道，北朝至隋唐时期建筑物的屋顶起举坡度十分平缓。由已知唐代木构建筑屋顶举折，反推测算的檐椽起举高度与椽步架距离之比不会超过0.4，在0.38~0.39之间。取其中值，设定其檐举起的高度为其出跳距离的0.385左右。则其平坐柱缝平榑上皮的高度应为

9尺 ×0.385 = 3.465尺

但由于塔檐向下倾斜，其檐椽下皮与橑檐方中缝相接触处应略低于前面所说的橑檐方里侧上皮标高。以橑檐方的高厚比为3∶2计，其方厚度应为10分，即1尺。则橑檐方中缝与其里皮的距离为0.5尺。仍将这0.5尺的距离，按照起举坡度折算：

0.5尺 ×0.385 = 0.19尺

这一高度值应该从前面所计算的橑檐方里侧上皮总高度中减除，由此得出的自下檐柱柱头顶面至平坐缝平榑上皮的高度差则为

（11.5 + 3.465）尺− 0.19尺= 14.77尺

然后，在橑檐方与平坐柱缝平榑上施椽，椽径取为1尺，其上施望板、泥背、覆瓦及搏脊，搏脊之上则露出平坐柱柱头上的皿板、栌斗等，直至平坐柱柱头顶面。由作图得出的这一高度差，约为4.50尺。由此，我们知道平坐柱柱顶距离其下首层檐柱柱顶的高度差为

14.77尺+ 4.50尺= 19.27尺

也就是说，首层平坐柱顶距离塔基地面的标高为

35尺+ 19.27尺= 54.27尺

4. 平坐斗栱问题

平坐柱柱头之上施平坐斗栱。考虑到这里的平坐是要提供人走出塔外眺望的，故其平坐应有一定的出挑宽度，故本文拟在皿板、栌斗上直接出两跳华栱。第二跳华栱跳头上用地板方，其上施平坐地面板。以每跳华栱出跳30分计，两跳华栱总出跳距离为60分，约合6北魏尺（折合今尺为1.64米），这应该是一个适合人凭栏远眺的平坐宽度。

如此可知的平坐斗栱，其高度分别为一个皿板的厚度（4分），栌斗平、欹高度（12分），以及在栌斗口之上所用两跳偷心华栱和第二跳华栱跳头上所施高度为一材的木方，其总高为三材两栔：

4分+ 12分+ 15分 ×3 + 6分 ×2 = 73分

折合为7.3尺，再在平坐木方上覆地面板。板厚按1尺计，则自平坐柱柱头顶面至二层平坐地面高度差为

7.3尺+ 1.0尺= 8.3尺

由此得出的二层平坐地面板上皮距离塔基地面的标高为

54.27尺+ 8.30尺= 62.57尺

五、二层及以上各层外檐斗栱与平坐高度

1. 二层外檐柱头铺作

参照宋《营造法式》：“凡楼阁，上屋铺作或减下屋一铺”[1]的规则，应将二层外檐铺作设定为类似六铺作形式，即在栌斗口上用三材三栔至令栱底，再在其上施令栱承橑檐方。其斗栱在类似六铺作的三材三栔基础上，再加上华栱最外跳跳头上所施令栱的一材高度及令栱上用散斗所承的高度为一材的橑檐方，从而使整组斗栱的高度仍然保持在了与首层所用七铺作斗栱相似的五材四栔的高度。

如此可以推算出的自二层柱头顶面至二层外檐铺作橑檐方上皮标高为

4分(皿板)+ 12分(栌斗平、欹)+ 15分 ×5(五材) + 6分 ×4（四栔）= 115分

以1分为1寸，可知自二层柱头顶面至二层外檐斗栱橑檐方上皮高度差为11.5尺，其上施檐椽，以两跳华栱向外挑出的距离为60分（折合为6尺）计，

---

[1] 文献[2].［宋］李诫．营造法式．卷四．大木作制度一．总铺作次序．清文渊阁四库全书本．

檐椽尾起举至平槫上皮的高度差，仍可按照 0.385 的比例推算：

6 尺 × 0.385 = 2.31 尺

由此得出的自二层檐柱柱头顶面至其上平坐缝平槫上皮高度差为

11.5 尺＋ 2.31 尺＝ 13.81 尺

与首层一样，在橑檐方与平坐柱缝平槫上施椽，椽径取为 1 尺，其上施望板、泥背、覆瓦及搏脊，搏脊之上则露出平坐柱柱头上的皿板、栌斗等，直至平坐柱柱头顶面。由作图得出的这一部分高度差约为 4.50 尺，则自二层檐柱柱头顶面至其上平坐柱柱头顶面的高度差为

13.81 尺＋ 4.50 尺＝ 18.31 尺

2. 三层以上各层平坐地面高度差

三层平坐采用了与二层平坐相同的自栌斗口内出两跳华栱，上承高度为一材的地面方，其上施地面板，做法与二层平坐同，故其铺作斗栱及地面板的高度之和亦为 8.3 尺。如此，以二层檐柱高 33 尺计，自二层平坐地面至三层平坐地面的高度差则为

33 尺＋ 18.31 尺＋ 8.3 尺＝ 59.61 尺

以此类推，我们可以将各层柱子高度加入其中，从而计算出每两层平坐地面之间的高度差。自三层平坐地面至四层平坐地面的高度差为

31 尺＋ 18.31 尺＋ 8.3 尺＝ 57.61 尺

自四层平坐地面至五层平坐地面的高度差为

29 尺＋ 18.31 尺＋ 8.3 尺＝ 55.61 尺

自五层平坐地面至六层平坐地面的高度差为

27 尺＋ 18.31 尺＋ 8.3 尺＝ 53.61 尺

自六层平坐地面至七层平坐地面的高度差为

25 尺＋ 18.31 尺＋ 8.3 尺＝ 51.61 尺

自七层平坐地面至八层平坐地面的高度差为

23 尺＋ 18.31 尺＋ 8.3 尺＝ 49.61 尺

自八层平坐地面至九层平坐地面的高度差为

21 尺＋ 18.31 尺＋ 8.3 尺＝ 47.61 尺

3. 各层高度累计

自二层以上，除了柱子高度呈逐层递减的趋势之外，其外檐柱头上斗栱、檐椽，望板、泥背、覆瓦及檐上所施平坐斗栱的出跳层数、地面方、地面板等，各层均可保持一致。这样，我们就可以推算出自塔基地面至塔身第九层平坐地面的高度差：

二层平坐地面标高：62.57 尺

三层平坐地面标高：62.57 尺＋ 59.61 尺＝ 122.18 尺

四层平坐地面标高：122.18 尺＋ 57.61 尺＝ 179.79 尺

五层平坐地面标高：179.79 尺＋ 55.61 尺＝ 235.40 尺

六层平坐地面标高：235.40 尺＋ 53.61 尺＝ 289.01 尺

七层平坐地面标高：289.01 尺＋ 51.61 尺＝ 340.62 尺

八层平坐地面标高：340.62 尺＋ 49.61 尺＝ 390.23 尺

九层平坐地面标高：390.23 尺＋ 47.61 尺＝ 437.84 尺

由推算可知的永宁寺塔第八层平坐地面标高为 437.84 尺。这距离郦道元所记载的高度为 490 尺的“金露盘下”尚有 52.16 尺的高度差。这部分就应该是第九层的柱子、斗栱与塔顶的高度。

六、塔身收分引起的各层柱子内收

有趣的是，在永宁寺塔首层平面与古代文献相吻合的 9 个相等开间之外出现的位于两侧尽间之外的两个小间，其两根柱子之间的间距恰好可以折合为 4.4 北魏尺。令人感到十分疑惑的是，这似乎是一个刻意留出的十分整齐的间距数字，尤其值得注意是，这个间距数字恰好是 8 的倍数。而这座塔的高度又恰好是 9 层。不禁令人十分好奇，设计者是否有什么特别的暗喻？

我们由此联想到了塔身的收分问题。因为，如果建塔者在设计中将经过逐层收分处理的第九层塔的平面间广先确定了下来，然后才推算出首层塔的平面，那么这额外的两侧小间就是为整座塔的塔身逐层内收

预留出来的尺寸。设计者最初的意图很可能是，经过逐层地向内收分至塔顶层时仍可保持塔顶层各间面广有着与首层平面相同柱间距的平面格局。

要做到这一点，只要将这似乎是多余出来的4.4尺均匀地消解在各层的收分中就可以了。而若按照这一思路，我们可以十分轻易地意识到，永宁寺塔的建造者很可能是按每层向内收进0.55尺计算的。因为4.4尺恰好是0.55尺的8倍。

这样一种解释，既为后面所叙述的塔身逐层内收方式提供了一种可能，也为塔首层平面在9个开间之外，各多出两个间距为4.4尺的小尽间找到了一种可供理解的思路。基于这样一种分析，我们可以将塔身四个方向的外檐柱逐层向内收进0.55尺。但塔身内柱不做任何向内的退收。

这样的收分处理至第五层时，由于柱子本身所具有的粗细，若转角第二根柱子不向内退则尽间两根柱子之间的距离就会太小，以至于无法布置两根柱子。处理的办法，或是将尽间两根柱子同时向内收，或是至第五层之后就减去一根角柱。减去角柱后的两尽间，间距会稍稍大于其他开间的柱间距。但如果考虑到，至第五层以上，转角柱子所需要承托的塔身结构重量已经明显减少，减除一根柱子应该不会造成结构上的薄弱。

当然也可以采取另外一种方式，即将两端小尽间的两个角柱同时向内收进。一直收到第九层后，再减除其中的一根，从而使第九层塔身每面各柱之间的间距相等（保持为与首层柱间距相同的1.1丈的柱子间距）。这样的处理对于结构的稳固性似乎更好。

需要说明的一点是，实际绘图中由于各层柱子的侧脚无法精确地表达出来，柱子是按照直立的方式绘制的。

七、顶层塔顶起举高度与举折曲线

符合北朝时期楼阁式佛塔的造型规则与斗栱形式及相应的材分选择，按照一种结构逻辑逐层推算出来的高度，第九层塔平坐地面距塔基地面的高度为437.34尺，与郦道元记载的“自金露盘下至地四十九丈”的高度，仅存52.66尺的差距。也就是说，第九层塔的柱子、斗栱与屋顶梁架的累计高度如果能够保持在这52.66尺的高度差左右，本复原研究的这一推测就算是十分接近原初形态了。

如前所述，按照逐层递减原则推测出第九层塔身檐柱的柱高为1.9丈。檐柱上仍用皿板、栌斗承一材高的柱上阑额，在阑额上施斗，出跳两跳偷心华栱，并在第二跳华栱跳头上横施令栱，令栱上用散斗，承托橑檐方。仍将橑檐方中缝处，控制在一材的高度上，使整组铺作仍保持为在栌头口以上出五材四梨的相当于六铺作的高度。如此我们可以得出顶层塔檐橑檐方上皮（中缝）的高度：

19尺（顶层柱高）+ 11.5尺（自柱头顶面至橑檐方上皮）= 30.5尺

接着，我们要推算出顶层塔身屋盖南北两侧或东西两侧橑檐方中缝至中缝的距离。前面已经谈到，根据考古发掘的柱础位置确定的塔身平面，是在9个均匀分布的1.1丈的总开间（或总进深）之外再加上两侧一个中心间距为0.44丈的小尽间。经过逐层的内收，以每层向内收0.5尺的速率，至第九层时两侧檐柱已经向内收进了4尺。若这时在通面广两端仅各保留一柱的情况下，其两尽间的柱间距为

11尺+ 0.5尺= 11.5尺

而除了两端尽间之外的其余7间，则仍应保持1.1丈的柱间距。如此可以推算出永宁寺塔顶层平面的通面广与通进深为

11.5尺 ×2 + 11尺 ×7 = 100尺

实际上，如果考虑到设计者的最初意图很可能是要将那4.4尺的额外面广与进深距离，消解在各层塔身的收分处理中，从而使顶层塔身两端尽间的柱间距变成与其他开间相同的1.1丈。则顶层塔平面的通面

广与通进深应该为

11 尺 ×9 = 99 尺

这显然是一个极富建筑象征意义的数字。如果果如笔者所分析的，永宁寺塔的设计者在一开始就先设定了第九层塔的柱网平面，然后再通过增加塔身各层收分递减可能造成的退进距离，从而在首层塔的柱网中，在标准的 9 个 1.1 丈见方的基础上特别增加了两个 0.44 丈的两侧小尽间。则说明将第九层塔的平面柱网控制在 9 个 1.1 丈的柱间距范围之内，从而形成顶层塔平面在东西与南北两个方向上，都保持为 9.9 丈（99 尺）的总长度。如此，则使这座塔的顶层具有了古代中国人心目中“九九重阳”的象征性意义。将这一象征意义，附加在一座九层高塔身之第九层的平面通面广与通进深之中，从古代文化的思考逻辑上，是再合理不过的了。

考虑到这一分析的合理性，我们假设，经过自第二层至第九层的逐层内收，设计者在塔身首层预留出的两侧各 4.4 尺的距离被完全消解在塔身的收分处理过程中了，从而使永宁寺塔第九层的通面广与通进深都保持为 99 尺见方。故我们以 99 尺的通面广与通进深来推算其屋顶的梁架举折。

顶层檐柱柱头之上各用相当于六铺作的五材四栔高度，但由于栌斗口内第一材为北朝时期常见的不出跳的阑额形式，斗栱自第二材开始出跳，则六铺作出三杪的斗栱做法就变成了双杪偷心，上承令栱、托橑檐方的做法。而令栱与橑檐方都在第二跳华栱的跳头之上，故尽管用了六铺作的高度，其橑檐方中缝与檐柱缝之间仅有两跳华栱的出跳距离。因不考虑用昂等因素，故两跳华栱均按 30 分出跳，总出跳距离为 60 分。由此可知，两侧橑檐方缝与檐柱缝的距离各为 6 尺。可推算出前后（或左右）橑檐方的距离为

99 尺 + 6 尺 ×2 = 111 尺

余下的问题就是如何确定屋顶的举高了。我们知道宋《营造法式》规定的屋顶起举高度有两种：一种是殿阁式屋顶，起举高度为前后橑檐方距离的 1/3；另外一种是厅堂式屋顶，起举高度为前后橑檐方距离的 1/4 + x，也就是在前后橑檐方距离 1/4 的基础上再增加一个适当的高度值（x）。

然而，按照我们所了解的中国古代建筑举折曲线的演变规律，唐代以前的屋顶举折比起宋代屋顶要平缓一些。从已知保存不多的几座唐代建筑遗例中可知，唐代的殿堂建筑，如佛光寺大殿，其屋顶举折亦相当平缓，实测得到的起举高度仅为其前后的橑檐方距离的 1/5。南北朝时期的屋顶举折曲线，我们没有相应的木结构实例，但应该不会比唐代建筑的屋顶曲线更为高峻。

然而，这里还有另外一个问题，即多层或高层建筑的顶层屋顶不宜过于平缓。由于透视产生的视觉误差，高层塔顶的屋顶过于平缓就会使人因视觉误差的原因而看不到屋顶，因此，其屋顶起举的高度应该比同时代单层屋顶的屋顶起举略略增高一些。因此，我们在这里取一个介乎宋代单层殿堂建筑（按 1/3 定举高）与唐代单层殿堂建筑（按 1/5 定举高）屋顶起举高度的中间值取前后橑檐方距离的 1/4 作为顶层塔屋顶的起举高度。这一高度比起宋代厅堂式建筑的起举高度还稍微低缓一些，但比唐代殿堂式建筑的起举高度已经明显高峻，故可以作为北朝时期多层或高层楼阁建筑顶层屋顶的屋顶起举高度参考值。

如此可以推算出永宁寺塔顶层屋顶，自橑檐方上皮（中缝）至脊栋上皮的高度差为

111 尺 ÷4 = 27.75 尺

这样就可以推算出自第九层塔平坐地面至第九层塔屋顶脊栋上皮的高度差为

30.5 尺 + 27.75 尺 = 58.25 尺

这里出现了一个问题。如我们前面所谈到的，按照本文的结构逻辑推算出来的第九层塔平坐地面距离塔基地面的高度差为 437.84 尺。而按照郦道元《水经注》所载“自金露盘下至地四十九丈”的高度，则

自第九层塔平坐地面距离塔刹之下仅存52.16尺的高度差。而这里按照我们推测的屋顶举折方式推算的第九层塔屋顶脊栋上皮距离第九层平坐地面的高度差为58.25尺，两者之间有一个6.09尺的误差。

这究竟是什么原因呢？难道是我们所设定的结构方式是错误的？

事实并不是这样。因为按照本文推测设定的结构逻辑推算出来的第九层塔的脊栋上皮，其实是屋顶起举的最高点。而在一个四角攒尖屋顶形式下，这个最高点其实只是一个虚拟的高度点位。在这个四角攒尖的屋顶之上还要布置塔刹（所谓的“金露盘”），塔刹亦需要有刹基，一般的佛塔塔顶往往会在塔刹之下设一个须弥座式的塔刹基座。这个须弥座式的刹基不可能落在由屋顶举折所推算的最高点位上，而应该向下沉，其落点应该是在恰好能够将塔顶上缘与塔刹基座下缘相交接的位置上。

有趣的是，我们按照以前后橑檐方距离111尺为底边，按其1/4的高度，即27.75尺绘制出来的屋顶举折曲线，从其最高点向下沉6.09尺，通过作图方式得出的塔刹基座大约为15.8尺见方的基座。这应该是一个适宜的塔刹基座尺寸。由此反证出，按照塔前后橑檐方距离的1/4推算塔顶脊栋上皮的高度是一个适当的选择。同样，前面对于各层柱高、各层塔身外檐斗栱、平坐斗栱的设定以及塔身收分的速率推算，大致上合乎北魏高层木塔的结构与造型逻辑。

八、塔刹、刹顶宝珠及其刹顶高度

在约15.8尺见方的方形底座上，再叠加一个大约12尺见方的须弥座。须弥座上用两层仰莲刹座承托一个高为11重的相轮，再在相轮顶端设置一个圆球状的宝珠，就形成了一个北朝时期的塔刹形式。

根据文献记载可知，永宁寺塔的塔刹顶端是一个圆球状的宝珠，文献中特别提到永宁寺塔塔刹上的这颗宝珠可容25斛，见《洛阳伽蓝记》:“刹上有金宝瓶，容二十五斛。宝瓶下有承露金盘一十一重，周匝皆垂金铎。复有铁锁四道，引刹向浮图四角，锁上亦有金铎。铎大小如一石瓮子。”[1] 这就为我们推算出其球状宝珠的直径提供了一种可能。

以我们所了解的中国市制容积，1斗相当于现代公制的2000毫升，因一斗为10升，则1升约合200毫升。一毫升相当于1立方厘米。尽管我们知道中国古代度量衡一直处于变化之中，但依据这一点，或可粗略地推估出塔刹顶端宝珠的体积与直径。

以中国古代衡制，1斛（或称1石）为10斗，1斗为10升。而古代1斗又为现代2000毫升，古代1升为200毫升。也就是说，按照现代市制，1升大约有200立方厘米的体积。我们推测永宁寺塔所用北魏尺为27.28厘米，则北魏尺的1立方尺可以折算为20301.7立方厘米，大约相当于今日市升的101.5升。在这里我们忽略北魏升与现代市升的差异，将其看作彼此相同的容积。

如此推算，1斛的体积为10斗，1斗的体积为10升。那么1斛的体积即为100升。而25斛的体积就有2500升。以一升的体积为200毫升（立方厘米），这2500升的体积大约可以折合为24.6北魏立方尺。

我们可以通过这一体积，反算一下永宁寺塔刹顶的宝珠直径，看其是否会与我们推算出的塔刹基座尺寸大略相匹配。

球体体积计算公式为

$$V=(4/3)\pi R^3$$

由此公式可知，球体的半径 R 等于 $3V/4\pi$ 再开三次方。以 V 等于24.6立方尺，π 为3.14计算，则 $R^3=5.876$ 立方尺

再将5.876开三次方，则 R 为1.8045（尺）

也就是说，如果忽略古今升、斗的体积差异，则

[1] 文献[2].［南北朝］杨衒之．洛阳伽蓝记．卷第一．四部丛刊三编景明如隐堂本．

永宁寺塔顶这个可容 25 斛的圆球体形宝珠，其半径大约为 1.805 尺，折合为 0.492 米，则其直径为 0.985 米。即一个直径接近 1 米的球体，这应该是一个很大的球体，但放置在高达一百多米的永宁寺塔上，也是一个适当的体积。这虽然是一个约略的数字，也可由此得知古人的记载是相当可信的。

现在，余下的问题就是这个直径约为 1 米的金属宝珠，是放置的塔顶什么高度？以北魏杨衒之《洛阳伽蓝记》的描述，永宁寺塔“举高九十丈。上有金刹，复高十丈，合去地一千尺。”也就是说，塔刹高度是塔身总体高度的 1/10。以此比例推测，若塔刹以下高 49 丈，则其刹高度大约应该为 4.9 丈。但若以此高度绘制塔刹，其高度与塔身总体高度相较，会显得矮小，彼此之间似乎不相匹配。且这一高度与首层柱子高度 3.5 丈也没有任何关系。如果我们仍沿用傅熹年先生推测的思路，将其塔刹高度也纳入以首层塔柱为扩展模数的范畴之内，将自塔刹基座下缘，即距塔基地面高 49 丈的位置上，再向上两个首层檐柱柱高的距离，即 7 丈，设定为刹顶宝珠上皮的标高。

按照这一比例绘出的剖面与立面图，其比例显得十分适洽，而直径为 0.985 米的刹尖宝珠置于这一位置上，也显得尺度适宜（图 2–19，图 2–20，图 2–21）。同时，这样的塔刹高度也将其纳入到了以首层塔檐柱柱高为则的塔身整体比例之中。

据此分析，将塔刹刹尖宝珠设置在距离塔刹刹基下缘 7 丈高的位置上，则刹尖距离塔基地面的高度为

49 丈＋ 7 丈＝ 56 丈

折合今尺约为 152.77 米，其中塔刹约高 19.1 米，刹基以下至塔基地面的高度为 133.67 米。如果再加上塔下高约 8 尺的二层台基高度，则全塔总高约为

152.77 米＋（0.2728 × 8）米＝ 154.95 米

联想到这是建造于 1500 年前北魏时期的木构建筑，这一高度应该可以算作当时的世界奇迹（图 2–22）！

图 2-19　北魏石塔与唐代兴教寺玄奘塔（傅熹年 . 中国古代建筑史 · 第二卷 [M]. 北京：中国建筑工业出版社，2001.）

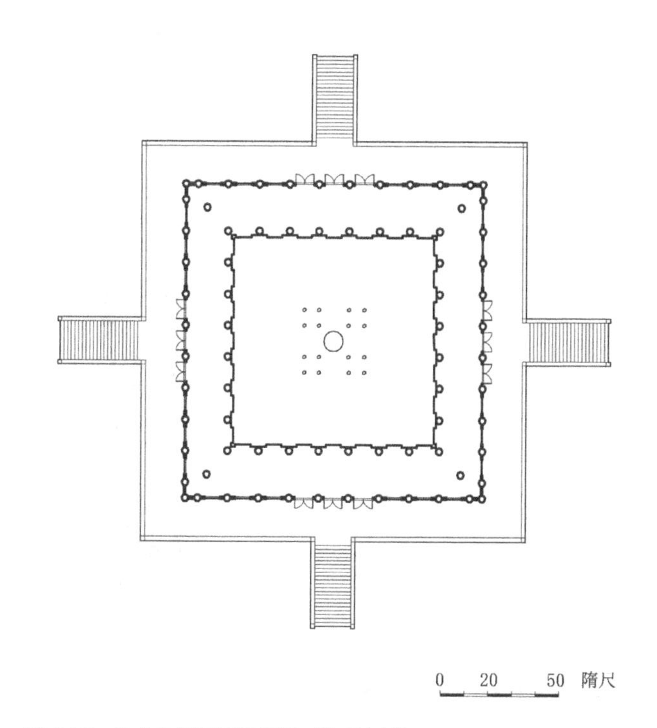

图 2-20　永宁寺塔平面复原图（作者自绘）

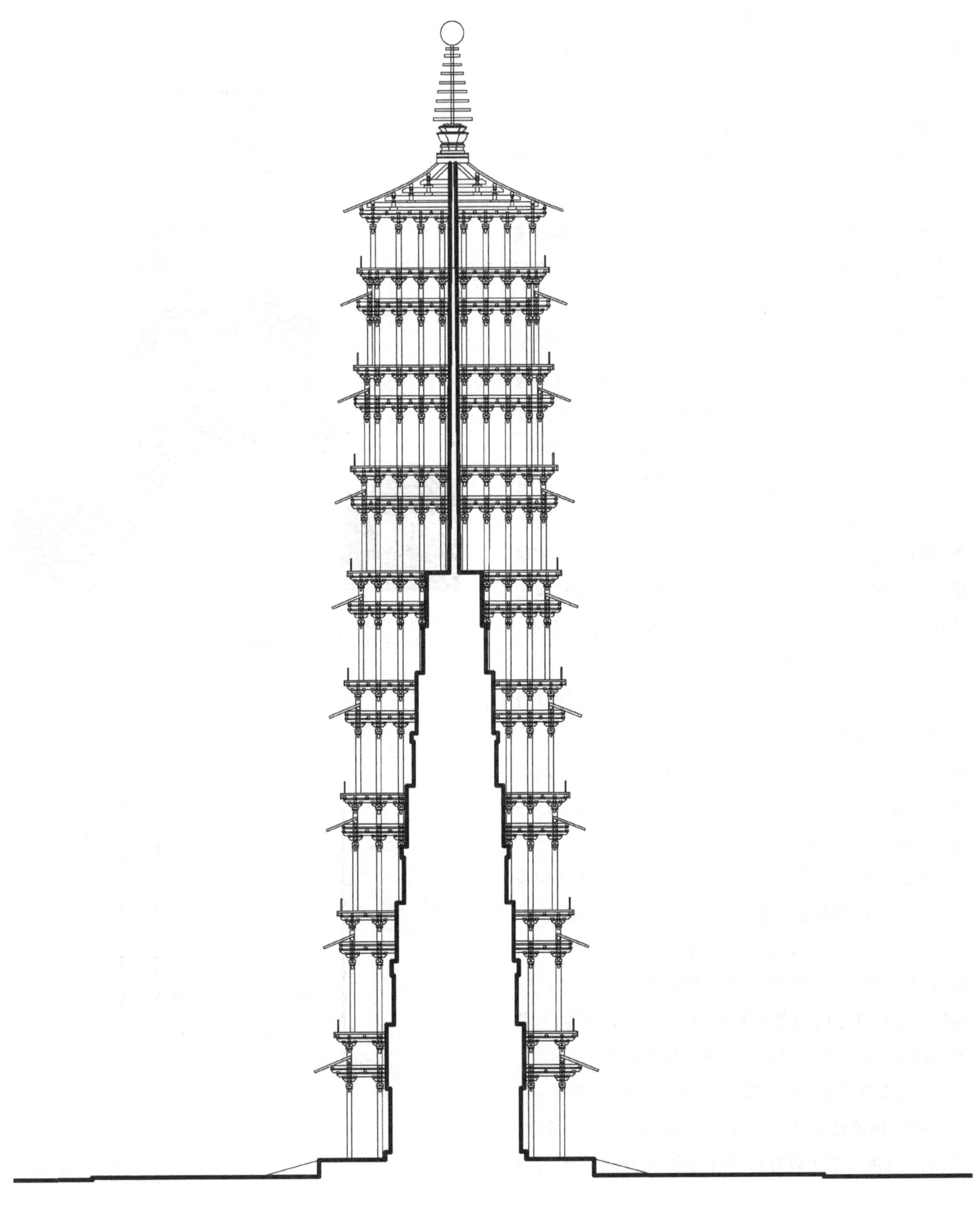

图 2-21　永宁寺塔剖面复原图（作者自绘）

图 2-22　永宁寺塔立面复原图（作者自绘）

九、结语

需要说明的一点是，之所以要做这样一个再研究，纯粹是出于某种偶然。虽然几十年前笔者曾一度关心这一课题，但在见到了两位学者缜密、慎重的复原研究后，就未曾再对这一问题再做过任何深究。巧合的是，最近有一位对中国古代建筑充满热情与向往的企业家希望将中国历史上曾经存在过的伟大建筑物再现出来，以展现中华民族曾经的伟大与辉煌。企业家找到了笔者，还特别提到了永宁寺塔的问题，希望笔者能够承担再现这一伟大历史建筑的复原再现设计。笔者深感压力。简单地按照已有的复原研究再现出来，无疑是比较轻松的做法，但如果不做更深入的研究，就按照已有的复原，依样画葫芦，开展这样的设计，即使再接近原状也未免显得草率。正是抱着更为慎重、谨慎的态度，笔者才有了如上的一系列思考，也才完成了这篇拙稿。这里并没有与任何既有的研究商榷的意思，主要是希望以一种更为审慎的态度，面对这样一个历史再现的工程。

在这一复原再研究中，笔者在苦思冥想与图纸绘制中，获得了一些对于北朝高塔建筑更深入一步的认知，或可以在这里与建筑史学界的各位同仁分享：

①这一复原再研究，从另外一个视角，为傅熹年先生提出的自北朝至唐、辽时期，多层楼阁建筑或高层楼阁式塔，可能是以其首层檐柱（或副阶檐柱）为扩展模数确立其高度比例的科学发现，提供了又一个实例例证。

②北朝时的高层佛塔似未用“周匝副阶”的做法，自塔首层至塔身各层呈逐层递减的节律。递减的规则很可能是一个规则的整数，这样既便于施工计算，也使这种递减控制在一个相对比较均匀的递减率范围之内。本文推测的永宁寺塔的逐层递减节律为每层减2尺，其递减率为5.7%。

③古代高层塔在平面尺寸布置中，很可能采用了某种象征性的面阔与进深尺寸，这一点，从永宁寺塔四面开间均匀地设定为1.1丈，其标准开间为9间，则经过收分处理后的第九层塔，总面广与总进深恰好保持为古代中国人所称的阳数之极的9.9丈。这若不是某种巧合，就可能是古人刻意设计以追求某种象征性意义的结果。

④文献中记载的永宁寺塔为每面9开间，而实际上，首层塔的柱列实为11间，即在标准的间距为1.1丈的9个主开间之外两侧各增加了间距为4.4尺的小尽间。若按照每层向内收进0.55尺，则到第九层就将这增加出的4.4尺完全消解在塔身的整体收分中了。这不仅为我们提供了一种高层塔的收分设计思路，也多少反映出了古代工匠在设计上的巧思与精妙。

⑤本文通过球体体积反算出永宁寺塔塔刹顶端宝珠半径约为6.03尺（折合今尺约1.65米），为我们了解北魏时期塔刹上所置金属宝珠的尺寸提供了一个可供参考的数值，这或可以对中国古代金属铸造史有一定的参考意义。

第二节
河南武陟古怀州妙乐寺塔研究

河南武陟为古怀州地，其境内有一座古寺，称妙乐寺，其盛时寺院占地面积达百余亩，寺内建筑代有兴修。据寺中所存乾隆五十六年（1791年）《佛像并罗汉圣像记》载：“妙乐寺昌盛时，六院分裂，形式甚阔。今所存遗址有山门、钟楼、鼓楼、东西配殿、白衣殿、中殿、大殿、僧房等。”至20世纪初，寺内建筑依然完整。不幸的是这座绵延一千多年之久的古寺在20世纪的那场战争中，先是被日寇于1939年毁堤淹没，后又遭伪政府扒河放水所淹，寺院遭两次劫难，遂成废墟。寺院建筑毁圮，基址被泥沙掩埋，唯有高大的妙乐寺塔仍然倔强地屹立在原址之上（图2-23），

图 2-23　武陟妙乐寺塔外观（作者自摄）

但其塔首层下半部已埋入土中，现在地面几乎将塔门全部掩盖（图 2-24）。

图 2-24　武陟妙乐寺塔底层入口（王贵祥，贺从容. 中国建筑史论汇刊 · 第玖辑 [M]. 北京：清华大学出版社，2014.）

一、妙乐寺塔始创年代之疑

《大清一统志》卷 161 关于妙乐寺有这样的描述："妙乐寺，在武陟县西十里。五代周显德二年建，中有舍利塔，高凌云汉，雄峙一方。"[1] 清编《河南通志》也采用了大致相同的说法："妙乐寺，在武陟县城西大义乡，有舍利塔在内，后周显德二年创建，明永乐十五年重修。"[2] 这里将妙乐寺及塔的始创年代描述为五代周显德二年（955 年）。

《河南通志》有关古迹章节，对妙乐寺塔又稍加说明："妙乐塔，在武陟县，塔前有槿树二株，高凌云汉，明赵贞吉诗：'洪流千古意，孤塔往来心；寂寂留双槿，花开不计春[3]'"。可知明代时妙乐寺塔前曾有两株槿树，但未说明妙乐寺始建年代。

寺中尚存历代碑刻 20 余通，清光绪二十一年（1895 年）《重修妙乐塔梵宇记》中记有："妙乐寺在武陟县西十里，本怀城古址，寺旁有塔，相传谓建自唐时，有后周显德二季重修舍利塔碑存焉。塔高数寻，下为如来佛像，前有井水深数尺，岁旱祷雨则应。"[4] 此碑作者认为妙乐寺始创于唐代。

清嘉庆二十四年（1819 年）《募化施金疏》碑记曰："夏城之右，古怀之隅，佛惟释迦，塔名妙乐，创建不知何代，兴废更历有年。后周则显德重修，至元

❶ 文献 [1]. 史部. 地理类. 总志之属. [清] 大清一统志. 卷 161. 怀庆府二. 妙乐寺.

❷ 文献 [1]. 史部. 地理类. 都会郡县之属. [清] 河南通志. 卷五十. 寺观. 妙乐寺.

❸ 文献 [1]. 史部. 地理类. 都会郡县之属. [清] 河南通志. 卷五十一. 古迹上. 怀庆府.

❹ 焦作市文物局等. 妙乐寺塔碑刻发掘成果报告（未刊稿）. 第 29 页. 重修妙乐塔梵宇记.

则延祐再盛，其余营造，难以缕陈，蚀雨颓风，六院半已坠地，穿云映日，一柱俨欲撑天。”❶这里说，其寺其塔，不知建于何代。

元延祐元年（1314年）《达公和尚碑》中有：“佛于双树焚化全躯，余舍利灵骨，收建塔一十九所，妙乐寺塔序列第十五也。”❷据孟丹等的研究，寺中似另存一碑也记有类似描述：“佛于双树焚化全躯，灰烬灭时余舍利灵骨，收建宝塔一十九所，妙乐寺塔其一页，系阿育王始造，妙乐寺塔序列第十五。”❸此引文并没有指明所引碑名，但以其用词与元延祐碑略有不同看，似乎另有其碑。无论如何，这两通碑都将塔的始创年代推到了印度阿育王时期，其时间范围大约在公元前304年—前232年，相当于中国的战国时代。

这显然是一种后人的比附之说，因为那时的中国人尚不知佛为何物，中国与印度之间也缺乏相互联系的证据，远在西土天竺的阿育王如何能够在东土大地建造19座佛塔，这座塔又为什么序列第十五，这些都是无法回答的问题。

晚近之人更有新的说法，宗教文化出版社所出《妙乐寺》一书作者孙熙汝认为，其塔始创于东汉时期：“笔者认为，妙乐寺及妙乐寺塔创建于东汉末年的汉献帝时期。”❹他相信，这座妙乐寺塔与汉末三国时魏王曹操的女儿曹皇后有关系。并将此塔始创年代，言之凿凿地安在了东汉末年的汉献帝时代（189—220年）。虽然其论举出了8条证据，但似乎唯一具有说服力的一条，是清道光九年（1829年）所编《武陟县志》卷二十一中收录的元代《重修大妙乐寺碑》：“阿育王始造窣堵波，曹皇后安置金相轮，仍修大刹，基址犹存。”❺他认为，“从东汉至隋，只有一位曹姓皇后，就是东汉献帝的第二任皇后，曹操的次女曹节。”❻可惜的是，正史中对于汉末皇室及曹氏一族与佛教的关系丝毫没有提及。

且不说这里所引元代碑刻中提到的曹皇后安置相轮一事可信程度究竟有多高，谨以此碑所立元代之前，就曾有过五代后唐明宗（926—933年）时的曹皇后❼和北宋仁宗（1023—1063年）时的曹皇后❽，就足以推翻前论。这两位曹皇后，一个曾经生活在常山（今河北正定），一个本就是真定人（今河北正定）。而妙乐寺塔所在的怀州，正位于后唐都城洛阳或北宋都城汴梁与常山（或真定）之中间位置。为什么不将安置塔刹这件事情，与在时间上更接近前文所说始创于唐或五代之妙乐寺塔的这两位曹皇后联系在一起，而一定要将之推到没有任何证据可考的近1800年前东汉末年的曹皇后呢？

此说不可信，还有两个依据：一是，目前建筑史上所知最早的佛塔，是由三国时期的笮融（？—195年）所创立的：“笮融者……乃大起浮图祠，以铜为人，黄金涂身，衣以锦采，垂铜槃九重，下为重楼阁道，可容三千余人，悉课读佛经，令界内及旁郡人有好佛者听受道，复其他役以招致之，由此远近前后至者五千余人户。每浴佛，多设酒饭，布席于路，经数十里，民人来观及就食且万人，费以巨亿计。”❾如笮融者之

---

❶ 焦作市文物局等．妙乐寺塔碑刻发掘成果报告（未刊稿）．第27页．募化施金疏．

❷ 孟丹，王光先．妙乐寺真身舍利塔[M]．郑州：华夏出版社，2013：32.

❸ 孟丹，王光先．妙乐寺真身舍利塔[M]．郑州：华夏出版社，2013：22.

❹ 孙熙汝．妙乐寺[M]．北京：宗教文化出版社，2013：37.

❺ 孙熙汝．妙乐寺[M]．北京：宗教文化出版社，2013：37.

❻ 孙熙汝．妙乐寺[M]．北京：宗教文化出版社，2013：38.

❼ 文献[2]．[宋]欧阳修．新五代史．卷四十六．杂传第三十四．王建立传．清乾隆武英殿刻本：“明宗自魏反，犯京师，曹皇后、王淑妃皆在常山，建立杀常山监军并其守兵，明宗家属因得无患，由是明宗益爱之。”

❽ 文献[2]．[元]脱脱．宋史．卷二百四十二．列传第一．后妃上．清乾隆武英殿刻本：“慈圣光献曹皇后，真定人，枢密使周武惠王彬之孙也。明道二年，郭后废诏聘入宫。景祐元年九月，册为皇后。”

❾ 文献[2]．[晋]陈寿．三国志．卷四十九．吴书四．刘繇太史慈士燮传第四．百衲本景宋绍熙刊本．

小人物，建了一座佛塔都能够进入正史，曹皇后这样本可以在正史中有传的人物，做了佛教史上这样重要的事情，却既不见于正史也不见于早期的佛教史传文献，岂不怪哉？

另据北齐时人所撰《魏书·释老志》，三国曹魏时期的洛阳城中确实曾经建造有佛塔："魏明帝曾欲坏宫西佛图。外国沙门乃金盘盛水，置于殿前，以佛舍利投之于水，乃有五色光起，于是帝叹曰：'自非灵异，安得尔乎？'遂徙于道东，为作周阁百间。"❶魏明帝（227—239年），应当晚于汉献帝时，但魏明帝却几乎不信佛，甚至想毁坏其宫西的佛塔。这也从侧面说明了当时统治者，特别是曹氏家族对待佛教的可能态度。

据佛教史传文献，比汉献帝（约220年前）晚100多年的晋末十六国后赵石虎时（约320年后）的中书著作郎王度曾经上书："佛出西域，外国之神，功不施民，非天子诸华所应祠奉。往汉明感梦，初传其道。唯听西域人得立寺都邑，以奉其神。其汉人皆不得出家。魏承汉制，亦修前轨。今大赵受命，率由旧章。华戎制异。人神流别。外不同内，飨祭殊礼。荒夏服祀，不宜杂错。国家可断赵人悉不听诣寺烧香礼拜，以遵典礼。"❷据此说法，自东汉至北魏，佛教只是来到中土的西域人及其他少数民族允许信仰的一种外来宗教，汉人是禁止出家的，更遑论修寺建塔。可见，认为汉献帝时的曹皇后曾经建造了妙乐寺塔是没有根据的猜想。

二、古妙乐寺塔：阿育王塔？隋仁寿怀州舍利塔？

那么，妙乐寺及妙乐寺塔究竟创建于何时？遍查史料，最早提到武陟妙乐寺的是初唐僧人道宣所撰《广弘明集》："略列大唐育王古塔来历并佛像经法神瑞迹：……怀州东武陟县西七里妙乐寺塔，方基十五步，并以石编之。石长五尺，阔三寸，已下极细密。古老传云：其塔基从泉上涌出。云云。"❸

在这里，道宣是将武陟妙乐寺塔看作唐代以前所创建的阿育王古塔来描述的，而没有具体论及妙乐寺塔的始创年代。但从其"古老传云"之说，可知道宣也不清楚这座寺塔究竟始建于何时。但其早于唐代应该是可以肯定的。与道宣时代大约接近的唐释道世的《法苑珠林》也采信了相同的观点，《法苑珠林》卷三十八"感应缘（略引二十一验）"中罗列了：

① 西晋会稽鄮县塔
② 东晋金陵长干塔
③ 石赵青州东城塔
④ 姚秦河东蒲坂塔
⑤ 周岐州岐山南塔
⑥ 周瓜州城东古塔
⑦ 周沙州城内大乘寺塔
⑧ 周洛州故都西塔
⑨ 周凉州姑臧故塔
⑩ 周甘州删丹县故塔
⑪ 周晋州霍山南塔
⑫ 齐代州城东古塔
⑬ 隋益州福感寺塔
⑭ 隋益州晋源县塔
⑮ 隋郑州超化寺塔
⑯ 隋怀州妙乐寺塔
⑰ 隋并州净明寺塔
⑱ 隋并州榆社县塔
⑲ 隋魏州临黄县塔
⑳ 统明神州山川并海东塔

❶ 文献[2].［南北朝］魏收．魏书．卷一百一十四．志第二十．释老十．清乾隆武英殿刻本．

❷ 文献[2].［南北朝］释慧皎．高僧传．卷九．神异上．竺佛图澄一．大正新修大藏经本．

❸ 文献[2].［唐］释道宣．广弘明集．卷十五．佛德篇第三．列塔像神瑞迹并序唐终南山释氏．四部丛刊景明本．

㉑ 杂明西域所造之塔[1]

在列出如上21塔（以上序号是笔者所加）以作为佛陀灵验感应之证明后，紧接着道世又说：

“右以前数内十九塔，并是如来在日行化乞食，因遇童子戏弄沙土以为米面。宿祐冥会，以土面施佛。佛感其善心，为受涂壁，记此童子：吾灭度后一百年满，有王出世，号为阿育。作铁轮王，王阎浮提，一切鬼神并皆臣属。且使空中地下四十里内所有鬼神，开往前八塔所获舍利。役诸鬼神，于一日一夜，一亿家施一塔，广计八万四千塔。具如上经，故不备载。今惟此神州，即是东境，故此汉地，案诸典籍，寻访有十九塔，并是育王所造八万四千之数也。若更具引，佛法东流已来，道俗所造，感通者则有百千。且述育王十九塔内，逐要感徵，并同见闻者，略述二十一条”。[2]

意思是说，前面所举21塔中的前19座是佛经上所说印度阿育王在阎浮提世界所建八万四千塔中位于东土神州的19座。上面21座塔仅前19座是中土之地所建之塔，其序列中的第20与第21，一个是“神州山川并东海塔”，另一个是“西域所造之塔”，两者都是概指中土之外的东海与西域之塔，自然不能算在阿育王在中土所建造诸塔之列。故道世说，“右以前数内十九塔”为阿育王塔。这可能就是前引元延祐元年《达公和尚碑》“佛于双树焚化全躯，余舍利灵骨，收建塔一十九所，妙乐寺塔序列第十五也”之说的主要来源。

值得一提的是，元碑作者虽然可能读过《法苑珠林》，可惜读得不仔细，因为在《法苑珠林》中，怀州妙乐寺塔明明被排在第十六位，元碑作者却误将其读为第十五。由于古书中这些寺名密排在一起，一不小心就会数错其所在序列。也就是说，即使按照《法苑珠林》的说法，怀州妙乐寺塔也应该排在阿育王在中土所建19座塔中的第16座而非第15座。这显然是一个十分低级的错误，也从侧面说明古人之语并不可全信。正所谓：“《孟子》曰：‘尽信书，则不如无书。’”[3]

如前所说，阿育王时期的中国是不可能建造什么佛塔的，然而，后世佛教徒为了证明佛教之久远与正统往往将佛教比附到上古三代，同是这本《法苑珠林》中就有：“佛是姬周第五主昭王瑕即位二十三年癸丑之岁七月十五日，现白象形，降自兜率，讬净饭宫，摩耶受胎。”[4]

西周第五代天子周昭王的年代约在公元前1000多年以前。而佛陀在世时间与中国的孔子（前551—前479年）大约同时。佛教史中也多认为佛灭后200余年，阿育王开始大规模建造藏瘗佛舍利的窣堵坡。这与我们所知的阿育王生活在约公元前304年—前232年这一事实是相互印证的。如何能够相信释迦牟尼诞生于比孔子早500多年的周昭王时期呢？这显然是佛教徒具有宗教神秘意义的一种杜撰。如此似也可知，所谓阿育王在中土造了19座佛塔之说也是后世僧人为了论证佛法之久远与正统的主观臆想，又如何能够令人采信呢？

有趣的是，道世在这里一边说这19座塔是阿育王在中土所造之“十九塔”，一边却又为他所列出的每一座塔冠上了其可能的创建年代。这也从侧面说明道世对于阿育王在中土建十九塔之事也不十分确定。在道世看来，这座妙乐寺塔是“隋怀州妙乐寺塔”。也就是说，道世认为其始创年代可能是隋代：“隋怀州妙乐寺塔者，在州东武陟县西七里妙乐寺中。见有五级白浮图塔，方可十五步，并是侧石编砌。石长五尺，

[1] 文献[2].[唐]释道世．法苑珠林．卷三十八．感应缘（略引二十一验）．四部丛刊景明万历本．

[2] 文献[2].[唐]释道世．法苑珠林．卷三十八．感应缘（略引二十一验）．四部丛刊景明万历本．

[3] 文献[2].[宋]邵博．闻见后录．卷十二．明津逮秘书本．

[4] 文献[2].[唐]释道世．法苑珠林．卷一百．传记灾第一百．历算部第六．四部丛刊景明万历本．

阔三寸以下，鳞次葺之，极细密。道俗自见，咸惊讶其神鬼所造，其下不测其底。古老相传塔从地涌出，下有大水，莫委真虚。有刺史疑僧滥饰，乃使人傍基掘，下至泉源，犹不见其际。”❶

这里给出了几个方面的信息：

①妙乐寺塔很可能始建于隋代。

②唐代时的妙乐寺中有一座高五层的白色佛塔。

③五级白塔的基座为15步见方。

④塔是用石头砌筑的，砌塔之石长5尺、厚3寸，做工细密。

⑤塔基深入地下，塔基下可能有大水。

⑥相传塔是从地下涌出，刺史派人掘挖塔基，深至见水，未挖到塔基根部。

⑦这里也用了“古老相传”一语。而道世所在的初唐去隋不远。也就是说，在初唐时人看来，怀州妙乐寺塔已有“古老相传”的背景，显然应该创建于比隋更早的时代。

这7个方面的信息与大约同时代的道宣所撰《广弘明集》中对于“怀州东武陟县西七里妙乐寺塔”的描述大略接近。其中较为肯定的信息是：塔为5层，塔基的边长为15步。也就是说，这很可能是一座方形楼阁式石塔。塔高5层，塔基长宽各为15步。以一步为5尺，一隋尺为0.273米计，其塔基的边长约为20.475米。比现存妙乐寺塔首层宽度（约10米）宽了一倍多，显似一座尺度不小的楼阁式塔。且两人都相信，这是一座有“古老相传”背景之塔。

关于道世所说妙乐寺塔可能建造于隋代的说法仍有一些存疑之处。一是，若果如道世所说，妙乐寺塔为隋代所建，应该能够见诸于与隋代建塔相关的佛教史料。据佛传史料，隋仁寿元年（601年）、仁寿二年（602年）与仁寿四年（604年），文帝曾多次派遣僧人去往全国各地110州分送舍利，并在每一州建造舍利塔一座。据《法苑珠林》，仁寿二年分送53州舍利中包括了怀州。❷

道宣著《续高僧传》中提到了隋代在怀州立舍利塔的细节。但令人感到奇怪的是，道宣记录的仁寿怀州所立舍利塔是在怀州的长寿寺：

“释灵璨，怀州人，远公之门人也……仁寿兴塔，降敕令送舍利于怀州之长寿寺。初建塔将下，感一雄雉集于函上，载飞载止，曾无惊惧……璨令寺僧执之放于北山，飞鸟群迎鸣唳而去，又感异迹，三十余步直来塔所，不见还踪。及四月八日，将入石函，又放光明，旋环隐没。道俗崩踊无不发心”。❸

这里说释灵璨在怀州立舍利塔时，有一“雄雉”集于舍利函上的灵瑞之事。这件事情在道世的《法苑珠林》中，被记成了“雄兔驯附”：“仁寿二年正月二十三日，复分布五十三州，建立灵塔……所感瑞应者，别录如左……怀州（雄兔自来驯附，放光异迹。）……”❹两个几乎同时代的人，在记录同一件事情时，也有如此明显的差异，说明史料所记总会有一些误差。

从逻辑上说，如果说武陟县的这座怀州妙乐寺塔建造于隋代，其最大可能就是仁寿年间这次全国性大规模建造舍利塔之时。然而，《续高僧传》明明白白地将仁寿所建怀州舍利塔归在了“长寿寺”的名下。除非证明此怀州长寿寺即怀州妙乐寺，否则两者之间不可能建立任何联系。然而，遍查《续高僧传》，除了长寿寺外仅提到怀州柏尖山寺，却只字未提怀州妙

❶ 文献[2].［唐］释道世．法苑珠林．卷三十八．感应缘（略引二十一验）．隋怀州妙乐寺塔．四部丛刊景明万历本．

❷ 文献[2].［唐］释道世．法苑珠林．卷四十．舍利灾第三十七（此有五部）．感福部第五．庆舍利感应表．四部丛刊景明万历本．

❸ 文献[2].［唐］释道宣．续高僧传．卷十．隋西京大禅定道场释灵璨传十二．大正新修大藏经本．

❹ 文献[2].［唐］释道世．法苑珠林．卷四十．舍利灾第三十七（此有五部）．感福部第五．庆舍利感应表．四部丛刊景明万历本．

乐寺。但同是这位道宣，在其所著《广弘明集》上却特别提到了怀州妙乐寺及塔。相反，在道世所撰《法苑珠林》中提到“隋怀州妙乐寺塔”也提到仁寿怀州建塔一事，却只字未提“怀州长寿寺”。但道世也没有将仁寿怀州建塔与怀州妙乐寺联系在一起。唯一与道宣相同者是，道世也提到了怀州柏尖山寺。

此外，遍查妙乐寺存碑，只字未提“长寿寺”或“仁寿建塔”之事。当下河南焦作地区的一般说法是将隋仁寿间在怀州所建舍利塔之长寿寺归在位于焦作市的河南沁阳天宁寺名下，据称，唐武则天时，长寿寺曾被改为“大云寺”，后世改为天宁寺。故此天宁寺中所存金代重建三圣塔（图 2–25）的前身，应即隋仁寿怀州舍利塔。因没有进行专门的考证，我们姑且认同这一说法。此外，从《续高僧传》中所谈，仁寿怀州立塔时，负责立塔之责的僧璨将集于舍利函上的雄雉，“令寺僧执之放于北山，飞鸟群迎鸣唳而去。”说明仁寿建塔之怀州长寿寺距离“北山”很近。这一地理特征，似乎更像是焦作之沁阳，而非远离山区的武陟。由此，或也可以肯定隋仁寿所建怀州舍利塔，并非此武陟怀州妙乐寺塔。

三、怀州妙乐寺可能创建于隋代之前

从上面的分析中，大致可以得出如下结论：

①清代碑刻所谓妙乐寺塔始建于唐没有根据，因为初唐时的道宣和道世两人都证明了妙乐寺塔在唐代以前就已存在。

②道世在《法苑珠林》中一边说“隋怀州妙乐寺塔”，一边又将其归在阿育王在中土所建 19 座舍利塔中的一座。而道世也提到了仁寿怀州建舍利塔一事，却并没有将两者联系在一起，说明道世认为，妙乐寺塔并非仁寿敕建之怀州舍利塔。

③道宣在《续高僧传》中详细地提到了仁寿建塔之怀州长寿寺，却只字未提怀州妙乐寺，而在《广弘明集》中则较为详细地谈到了“怀州东武陟县西七里妙乐寺塔”，却未谈及其始创年代，只说“古老传云：其塔基从泉上涌出。云云。”并将其列在“大唐育王古塔来历”之中，说明在道宣时，妙乐寺塔已属“古老”，且道宣与道世当时有可能见到有关妙乐寺塔的更早文献，故而分别有“古老传云”“古老相传”之说。但道宣、道世生活在初唐时代。初唐去隋不远，而隋有国仅 37 年。说明古妙乐寺塔应该创建于比隋更早的时代。

图 2-25　焦作天宁寺元代建三圣塔（王贵祥，贺从容．中国建筑史论汇刊 · 第玖辑 [M]. 北京：清华大学出版社，2014.）

④鉴于如上分析，从佛教史的角度观察，怀州妙乐寺塔最可能的建造年代有两种可能：一是北朝时期，如北魏、东魏，或北齐时期，时间段约为 420—577 年之间。二是十六国时期，时间段约为 317—420 年之间。

首先，初唐时的两位高僧道宣与道世都将妙乐寺塔与“阿育王古塔”联系在了一起。前面已经谈到，所谓古印度阿育王在中土所建舍利塔多是佛教信徒后来的杜撰之说，不足信者，其证足矣。但有一点可以推测的是，凡被归在“阿育王塔”名下者多应是在唐代时人眼中就已年代久远的古塔。如《法苑珠林》所列 19 塔之前两塔，会稽鄮县塔与金陵长干塔在南朝梁慧皎的《高僧传》中都有提到。说明这是两座南北朝时所建的佛塔，只是《高僧传》中并没有将其归在“阿育王塔”之列。但在稍晚成书的《梁书》与《南史》中，鄮县塔已经被归在“阿育王塔”的序列之中了。

而《法苑珠林》所举阿育王19塔中，除了最前面的两座南方塔见诸于《高僧传》之外，其余17座塔都未见之于《高僧传》的记载。无一例外地，都属北方地区所建古塔。南朝梁人所撰《高僧传》中，所记多为南方地区寺院。偶然涉及北方寺院，也多是因寺中出过著名高僧。同是南朝梁时僧祐所撰《弘明集》《出三藏记集》及南朝梁释宝唱撰《比丘尼传》中，也很少提到同一时期的北方寺院。

关于隋唐之前北方寺院的描述，记录稍多者有两处：一是正史，特别是《魏书·释老志》及《北史》《北齐书》《周书》中的记载；二是北魏时人杨衒之所撰《洛阳伽蓝记》与北魏时人郦道元所撰《水经注》。以《魏书》为例，其中除了谈到北魏都城平城、洛阳寺塔及与皇家活动有关的寺院外，几乎未涉及北魏地方性寺院。只是偶尔会见到北魏统治者及贵族在各地“大兴寺塔”之事，如安同“在冀州，年老，颇殖财货，大兴寺塔，为百姓所苦。”[1]就是一例。

时间稍晚的北齐统治者及贵族也喜欢大营寺塔。《北齐书》中并未涉及多少寺塔建造的具体情况，但也记录了与北魏时期类似的情况，如北齐高隆之因“广费人工，大营寺塔，为高祖所责。”[2]无论如何，北魏与北齐统治者都因佞佛而在历史上闻名。现存遗迹中，北魏之云冈石窟、龙门石窟，北齐之邯郸南、北响堂山石窟，太原天龙山石窟，都是这方面的明证。古怀州属河内地区，距离北魏首都洛阳或北齐首都邺都不远，北魏、北齐时代之大营寺塔之举很可能会波及怀州地区。而北朝数代中，北周统治河内地区的时间并不长，且在周灭北齐后就开始了大规模的灭佛活动。因而可以推测，如果说怀州妙乐寺塔创建于北朝时期，其第一可能就是北齐（550—577年）、东魏（534—550年），甚至更早的北魏时期（420—534年）。这是古怀州妙乐寺塔始创的一个可能时段。

怀州妙乐寺塔还可能始创于更早时代。古怀州属河内地区古来就是中华文明的中心地区之一。历史上各种力量的碰撞与交汇，使这一地区一直在默默地上演着一出又一出历史大剧。而这一地区在佛教史上的突出地位绝非仅仅始于北朝时期。也就是说，在北朝之前，这里就曾经是儒、释、道文化的交汇之地。儒家文化史上著名的竹林七贤故事，发生在西晋时期（265—316年）的山阳地区，恰属古怀州地。怀州附近的王屋山与道教的联系，据说肇始于东汉时期。而河内地区佛教的最初勃兴却可以推至北朝之前的十六国时期。

因为，尽管在东汉初年，洛阳城中就有了白马寺之设，以接待来自西域的两位僧人摄摩腾与竺法兰译经。但东汉一代有关佛教的活动极少，见于史料的只有楚王英（39年封楚王）与汉桓帝（147—167年）两人：“帝于是遣使天竺，问佛道法，遂于中国图画形象焉。楚王英始信其术，中国因此颇有奉其道者。后桓帝好神，数祀浮图、老子，百姓稍有奉者，后遂转盛。”[3]此外，再无与佛教的更多联系。

关于东汉时期佛寺建造的记载，除了白马寺之外，仅仅见到唐代道世《法苑珠林》所谈《汉法本内传》中描述的“永平十四年（71年）正月一日，五岳诸山道士六百九十人朝正之次，上表与西域佛道较试优劣。”在经过一番佛道论理斗法的较量之后，嵩岳道士吕惠通以下诸人皆愿出家，“帝然可之，遂立十寺，七寺城外安僧，三寺城内安尼。后遂广兴佛法，立寺转多，迄至于今。”[4]其真实性并未得到相关史料的印

[1] 文献[2].[南北朝]魏收.魏书.卷三十.列传第十八.安同传.清乾隆武英殿刻本.

[2] 文献[2].[唐]李百药.北齐书.卷十八.列传第十.高隆之传.清乾隆武英殿刻本.

[3] 文献[2].[南北朝]范晔.后汉书.卷八十八.西域传第七十八.百衲本景宋绍熙刻本.

[4] 文献[2].[唐]释道世.法苑珠林.卷第二十六.四部丛刊景明万历本.

证。而《高僧传》中，除了白马寺摄摩腾与竺法兰以外，最早在中土弘传佛法的天竺僧人安清（安世高）生活的时代（2世纪）与汉桓帝接近。且其弘传路线途经荆楚、广州、会稽地区，并在弘法路途上，两次遭人谋害。可知一方面其弘法过程充满神话传说色彩，另一方面也反映出，东汉末年的中土地区对佛教的弘传充满了抵触。

见于史传的佛教弘传，从东汉桓、灵时期传入中土的《牟子理惑论》的作者牟子，到三国时期吴地的康僧会以及最早建造浮屠祠的三国人笮融等，都是活动在长江流域及南方地区。见于史料最早出家皈依佛教的中土之人严浮调（117—197年），其生活时代大约与汉桓帝同时。但他虽曾活动于洛阳，其祖籍却是临淮。也就是说，包括怀州在内的河内地区，虽然距离东汉首都洛阳较近，但在佛教弘传上，比起洛阳（汉桓帝、严浮调）、彭城（楚王英、笮融）、建邺（康僧会）、会稽（安世高）都要晚一些。其原因很可能如前所述：在东汉到魏晋时期，中土地区“其汉人皆不得出家。魏承汉制，亦修前轨”。❶

如果排除东汉末年汉献帝时代，则隋代以前，在三国及西晋以后的古怀州地建塔，仅存在两个可能时段：其一，十六国时期；其二，北朝的北魏、东魏、北齐时期。

四、始创于十六国石赵时期？

十六国时期（317—420年）正是中国佛教开始向各地大规模弘传的关键时期，也是北方佛教真正开始勃兴的初期。中国北方佛教，特别是距离当时区域中心城市——邺都不远的河内地区出现了佛教弘传与寺塔建造的高潮。这一历史事实与佛教史上一位高僧——佛图澄密不可分。

佛图澄，南朝梁慧皎《高僧传》中有传。据传其为西域人，姓帛氏，在其得道后，“以晋怀帝永嘉四年（310年）来适洛阳，志弘大法……欲于洛阳立寺，值刘曜寇斥洛台，帝京扰乱，澄立寺之志遂不果。乃潜泽草野，以观世变。时石勒屯兵葛陂，专以杀戮为威，沙门遇害者甚众。澄悯念苍生，欲以道化勒，于是杖策到军门。勒大将军郭黑略素奉法，澄即投止略家，略从受五戒，崇弟子之礼。”❷

佛图澄于战乱中来到中土，但他并没有回避而是杖策而出，大胆进入杀人如麻的石赵兵营，说服其大将军郭黑略受戒皈依。渐渐取得后赵国主石勒信任，“由是勒诸稚子，多在佛寺中养之。每至四月八日，勒躬自诣寺灌佛，为儿发愿。”❸据《水经注》，佛图澄卒于东晋建武十五年（331年），他在中土弘佛大约20余年，主要活动区域，就在石赵曾经活跃的河内（怀州）、邺都（今临漳）、襄国（今河北邢台）一带。在佛图澄的影响下，中国北方地区佛教寺塔一时大兴。据《高僧传》：“澄自说生处去邺九万余里，弃家入道一百九年。酒不逾齿，过中不食，非戒不履，无欲无求。受业追游，常有数百，前后门徒，几且一万。所历州郡，兴立佛寺八百九十三所，弘法之盛，莫与先矣。”❹显然，在佛图澄影响下，短短20年就建造了893座寺院。而这893座寺院，主要集中在佛图澄“所历州郡”。据其本传，佛图澄主要活动在十六国时期石赵统治之中心地区的周围一带，大约就在今黄河以北的河南北部、河北南部，可能也包括山西东南部、山东西部一个不很大的三角地带。而古怀州地，恰好就在其活动范围内较为中心的地区（图2-26）。

古怀州地区，在十六国时期，恰在石赵的统治之下。据《水经注》：“又东北，过武德县东，沁水从西

❶ 文献[2].［南北朝］释慧皎.高僧传.卷九.神异上.竺佛图澄一.大正新修大藏经本.

❷ 文献[2].［南北朝］释慧皎.高僧传.卷九.神异上.竺佛图澄一.大正新修大藏经本.

❸ 文献[2].［南北朝］释慧皎.高僧传.卷九.神异上.竺佛图澄一.大正新修大藏经本.

❹ 文献[2].［南北朝］释慧皎.高僧传.卷九.神异上.竺佛图澄一.大正新修大藏经本.

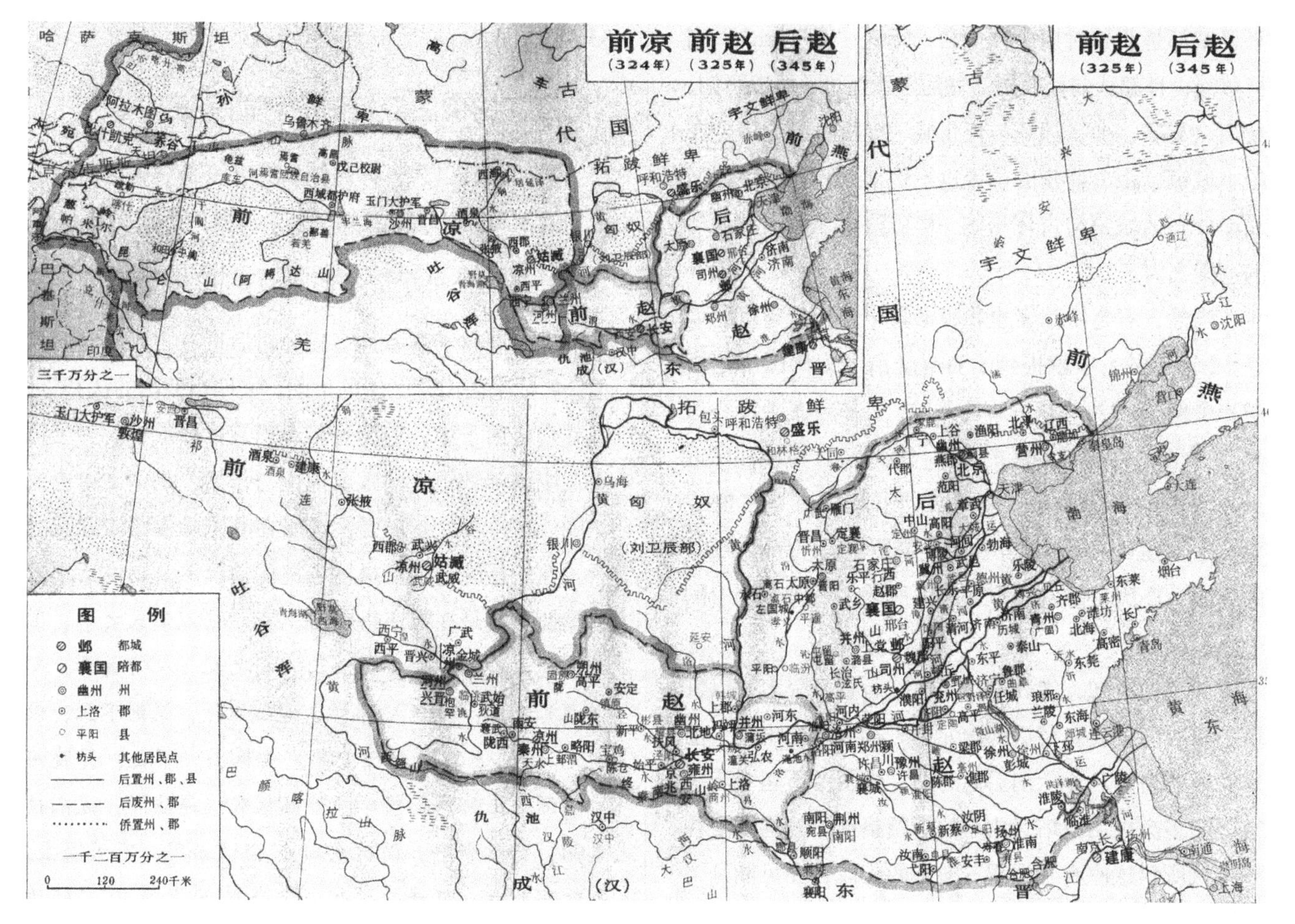

图 2-26 十六国后赵范围（谭其骧．中国历史地图集 [M]. 北京：中国地图出版社，1996.）

北来注之……石勒之袭刘曜，途出于此，以河冰泮为神灵之助，号是处为灵昌津。昔澹台子羽赍千金之璧渡河，阳侯波起，两蛟挟舟。子羽曰：吾可以义求，不可以威劫。操剑斩蛟，蛟死波休，乃投璧于河，三投而辄跃出，乃毁璧而去，示无吝意。赵建武中，造浮桥于津上，采石为中济，石无大小，下辄流去，用工百万，经年不就。石虎亲阅作工，沈璧于河。明日，璧流渚上，波荡上岸。遂斩匠而还。”❶据称，秦始皇时始置武德县，其故治就在今河南武陟圪当店乡大城村。也就是说，今武陟县县域范围，也曾是石赵活动的重要地区，在佛教寺塔的建造方面，可能最早亦最多受到佛图澄的影响，则是可以推测的事情。

前面所引《水经注》卷五之“又东北，过武德县东，沁水从西北来注之”一节后，紧接一节“又东北，过黎阳县南”中，恰好可以读到与佛图澄有关的内容：“大河故渎又东，迳艾亭城南，又东，迳平晋城南。今城中有浮图五层，上有金露盘，题云：赵建武八年，比释道龙和上竺浮图澄，树德劝化，兴立神庙。浮图已坏，露盘尚存，炜炜有光明。”❷这里的“和上”即和尚，“竺浮图澄”即竺佛图澄。但这里的黎阳县、艾亭城、

❶ 文献 [2]．[后魏] 郦道元．水经注．卷五．河水五．清武英殿聚珍版丛书本．

❷ 文献 [2]．[后魏] 郦道元．水经注．卷五．河水五．清武英殿聚珍版丛书本．

平晋城都是北魏时期的古地名，所说“大河故渎”当指黄河，且都从前面所提诸城的南面而过，所以可知，黎阳、艾亭、平晋都是与怀州城一样沿黄河北岸分布的小城镇，距离怀州的位置也不是很远。这些沿黄河北岸分布的城镇与古怀州城一样应该都在佛图澄活动的范围之内。

当然，石赵统治者也积极参与了佛图澄寺塔的创建。《北齐书》中就提到了石赵统治者为佛图澄建塔的一个例子：“邺北城有白马佛塔，是石季龙为澄公所作。”❶正是因为统治者的支持与提倡，才可能使已近百岁高龄的佛图澄在短短的20年间建造了893座寺院。这里提到的平晋城中由佛图澄所造有“浮图五层”的寺院，亦应是在佛图澄影响下所建893座寺院中的一座。

如我们所知，佛教初传汉地时所建寺院多是以佛塔为中心的配置。稍后的南北朝时期，渐次出现了前塔后殿的格局。十六国后赵时期，佛图澄所建寺庙中很可能多会采用以塔为中心的寺院格局。故佛图澄在平晋城所建这座有“浮图五层”的寺院，亦可能是一座以五层佛塔为中心的寺院。

那么，是否可以推测，现存河南武陟县妙乐寺塔的前身——古怀州妙乐寺与平晋城中的这座五层塔寺一样，可能也是十六国石赵时期由佛图澄所建893座寺院中的一座？这座寺院最初也采取了以塔为中心的平面布置格局？也就是说，妙乐寺唐时尚存方约十五步的“五级白浮图塔”与《水经注》中所提到的平晋城“五层浮图”一样，有可能都是由西域高僧佛图澄所建造。若这一推测果能成立，则道宣《广弘明集》或道世《法苑珠林》中提到的这座古怀州舍利塔，应该是创建于佛图澄在中土石赵地区活动的时期，其时间期限大约是后赵石勒继位的318年至佛图澄圆寂的331年之间。

五、由佛图澄始创的可能旁证？

我们或可以为古怀州妙乐寺五级石塔可能由佛图澄创建于石赵时期找到如下几个可能的旁证线索。

1. 佛图澄弟子道安的活动范围

佛图澄弟子众多且多成为对后世有重大影响的高僧，如后来去山东弘法的僧朗，去四川弘法的法和等。但其众多弟子中，最为著名者当首推释道安。关于道安在中国佛教史上的重要地位与作用不是本文讨论的范围。这里要注意的是，道安在其老师佛图澄圆寂之后，在后赵统治地区极度混乱的情况下，一度活动的范围似乎正是在古怀州周围一带：“安以石氏之末，国运将危，乃西适牵口山。迄冉闵之乱，人情萧素，安乃谓其众曰：‘今天灾旱蝗，寇贼纵横，聚则不立，散则不可。’遂复率众入王屋、女林山。顷之，复渡河依陆浑，山栖木食修学。俄而慕容俊逼陆浑，遂南投襄阳，行至新野，谓徒众曰：‘今遭凶年，不依国主，则法事难立，又教化之体，宜令广布。’咸曰：‘随法师教。’”❷

牵口山在石赵邺都的西北一带，似属太行山的南部。接着又到了王屋山、女林山，这里应是古怀州西部的群山。随后又渡河至陆浑，即中岳嵩山的附近。之后，才从陆浑南迁襄阳。因为是避乱，道安主要是在太行山、王屋山、嵩山等地“山栖木食修学”。其中，至少王屋山与古怀州有千丝万缕的联系，如道宣《续高僧传》中提到释僧稠，“后诣怀州西王屋山。修习前法。”❸道世《法苑珠林》中也提到僧稠：“后诣怀州西王屋山修习前法。闻两虎交斗，咆响振岩，乃以锡

❶ 文献[2]. [唐]李百药. 北齐书. 卷十二. 列传第四. 清乾隆武英殿刻本.

❷ 文献[2]. [南北朝]释慧皎. 高僧传. 卷五. 义解二. 释道安一. 大正新修大藏经本.

❸ 文献[2]. [唐]释道宣. 续高僧传. 传第十六. 习禅初. 齐邺西龙山云门寺释僧稠传八. 大正新修大藏经本.

杖中触，各散而去。”[1]显然，道安曾经暂栖的王屋山正在古怀州之西。

所以，尽管道安是否到过怀州我们无从考据，但其行踪却是从邺城沿太行山南下，经古怀州之西渐渐向南迁移的。这似乎也说明，这一带山林之中应该有寺院，而且很可能就是佛图澄时代即已建立起来的寺院。古怀州之西的王屋山、女林山都有寺院，其怀州之中心地带，即今武陟县一带，在佛图澄时期可能曾经建有诸多寺院亦是可以推知的。

2. 五级佛塔的流行

《法苑珠林》描述的古怀州妙乐寺塔为五级石塔。而《水经注》中所提到的平晋城内的浮图塔也是五级。《水经注》中还提到沿肥水的一座五层佛塔：“北出西南流迳导公寺西。寺侧因溪建刹五层，屋宇间敞。”[2]说明这一时期建造五层佛塔是一种时尚。

释道安带领弟子到达襄阳之后立檀溪寺，“安以白马寺狭，乃更立寺，名曰檀溪，即清河张殷宅也。大富长者，并加赞助，建塔五层，起房四百。”[3]其寺的中心当是一座五层佛塔。道安弟子慧远之徒释僧彻曾住江陵五层寺：“远亡后，南游荆州，止江陵城内五层寺，晚移琵琶寺。”[4]这座寺院也是在道安的影响下所建，而道安在长安城内所住寺院亦称“五重寺”或“五级寺”：“既至，住长安五重寺，僧众数千，大弘法化……是日斋毕，无疾而卒，葬城内五级寺中。是岁晋太元十年也，年七十二。”[5]

道安是佛图澄的大弟子，他及他的弟子所建的寺院或常住的寺院，多是以“五重”或“五级”命名，说明其寺院主体多是一座五层的佛塔。这也从一个侧面反映了，自十六国至南北朝很可能许多寺院，特别是在佛图澄影响下所建的寺院多采取了以五层佛塔为中心的寺院格局。联想到《水经注》提到佛图澄在平晋城所建寺院也是以五层佛塔为特征，或可以为我们将妙乐寺塔的始创与佛图澄联系在一起，增加了一点可信性。

此外，如《比丘尼传》中提到：建福寺比丘尼明感“因得习诵，昼夜不休，愿得还家，立五层塔”[6]。东青园寺比丘尼宝英：“英建塔五层，阅理有勤，蔬食精进，泰始六年卒[7]。”及《续高僧传》中提到的天皇寺：“昔日导因，今天皇寺是也，见有柏殿五间两厦。梁右军将军张僧瑶，自笔图画。殿其工正北卢舍那相好威严，光明时发，殿前五级亦放光明[8]。”这三所都是南朝寺院。由此，也可以从侧面看出，以五层佛塔为中心的寺院是十六国与南北朝时期十分流行的寺院形式。

六、始创于北魏时期的可能性分析

然而，如前所述。古怀州妙乐寺塔的始创年代还存在另外一个可能，那就是十六国之后的北朝时期。主要是北魏、东魏与北齐时期。

1. 关于“妙乐”的讨论

我们可以从“妙乐”这一寺名的来历做一番分析。“妙乐”一词绝非中土固有的术语，而是随着佛教的传入与佛经的翻译而出现的。因为遍查中国本土儒教

---

❶ 文献[2].［唐］释道世．法苑珠林．卷八十四．禅定部第五．感应缘．齐沙门释僧稠．四部丛刊景明万历本．

❷ 文献[2].［北魏］郦道元．水经注．卷三十二．清武英殿聚珍版丛书本．

❸ 文献[2].［南北朝］释慧皎．高僧传．卷五．义解二．释道安一．大正新修大藏经本．

❹ 文献[2].［南北朝］释慧皎．高僧传．卷七．义解四．释僧彻十五．大正新修大藏经本．

❺ 文献[2].［南北朝］释慧皎．高僧传．卷五．义解二．释道安一．大正新修大藏经本．

❻ 文献[2].［南北朝］释宝唱．比丘尼传．卷一．建福寺康明感尼传五．大正新修大藏经本．

❼ 文献[2].［南北朝］释宝唱．比丘尼传．卷二．东青园寺业首尼传十七．大正新修大藏经本．

❽ 文献[2].［唐］释道宣．续高僧传．卷第三十三．感通篇中．荆州内华寺释慧耀传二十一．大正新修大藏经本．

十三经及相关注疏中，从来未见“妙乐”一词。

妙乐一词，最早出现在十六国后秦时期天竺僧人鸠摩罗什所译《妙法莲华经》：“佛告诸比丘：未来世中，若有善男子善女人，闻妙法华经提婆达多品，净心信敬，不生疑惑者，不堕地狱饿鬼畜生，生十方佛前。所生之处，常闻此经。若生人天中，受胜妙乐❶。”其意是说，曾经听闻过《妙法莲华经》中提婆多达品的人，转生来世后，如果转生人天就能够享受极其妙乐的世界。

其后南朝宋时译出的《佛说观无量寿佛经》中，也出现了“妙乐”这个词：“如来今者，教韦提希，及未来世一切众生，观于西方极乐世界。以佛力故，当得见彼清净国土。如执明镜，自见面像。见彼国土极妙乐事，心欢喜故，应时即得无生法忍。”❷这里说的是阿弥陀佛所住的西方净土世界，这是一个十分妙乐的世界。这里的“乐”字当发欢乐之“乐”音。

可以说，“妙乐”一词应有两种解释：一种是“美妙欢乐”之意，如前面所引佛经中说的“受胜妙乐”“妙乐国土”。另一种是“美妙音乐”之意，如《大方广佛华严经》中有“百万乾闼婆王。以妙乐音。歌咏赞叹。”❸“我于衢路。奏妙乐音。烧一丸香。而以供养。”❹这里的“乐”字，当发音乐之“乐”音。

汉地本土文献使用“妙乐”一词，最早也仅见于东晋时期。东晋释僧睿：“借座于灯王，致饭于香积，接大众于右掌，内妙乐于忍界，阿难之所绝尘，皆其不可思议也。”❺这显然也是受了鸠摩罗什影响所用的词汇。

如果我们将怀州妙乐寺与佛教西方极乐世界之受胜妙乐的境界联系在一起，则其音应读为欢乐之“乐”。前面已经提到，妙乐一语最早出现在鸠摩罗什的翻译之中，鸠摩罗什的生卒时间为344—413年，其译出《妙法莲华经》的时间大约在十六国时的后秦时代（394—399年）。

从这一角度出发，就出现了两种可能：一是，先有佛图澄所建之五级浮图，但其寺名已被人遗忘，至北朝时又依塔建寺，其寺名妙乐；二是，寺与塔是同时建造的，其寺其塔建造之始就冠之以“妙乐”之名，则古这座塔的始创年代，应该在《妙法莲华经》译出并开始流行之后。

就第二种情况而言，则佛图澄活动于十六国初期，其时代比鸠摩罗什翻译《妙法莲华经》早了70多年。从这一角度看，古怀州妙乐寺及塔始创的最大可能时段应该是北朝时期，包括北魏、东魏与北齐。

以“妙乐”一词为佛寺命名在佛教史上并非孤例，如北宋时的常州就曾有过妙乐寺：“常州妙乐寺僧湛然见如来性，传左溪之法门。”❻宋代还有以“妙乐”为庵名者，如“妙乐庵：‘三年时得憩圆庵，有客禅机不在谈；妙乐佳名人不会，府中无事画潭潭。’”❼有趣的是，“妙乐”一语并非仅仅用于佛寺，唐代时的道教宫观中甚至曾经出现过“妙乐观”：“《妙乐观》（一作题王乔观传傅道士所居）：王乔所居空山观，白云至今凝不散，坛场月路几千年，往往吹笙下半天。”❽当然，

❶ ［后秦］鸠摩罗什．妙法莲华经．卷四．提婆达多品第十二//大正新修大藏经．法华部全 华严部（上、下）．河北：河北省佛教协会，2009.

❷ 文献[2].［南北朝］畺良耶舍．佛说观无量寿佛经．大正新修大藏经本．

❸ ［唐］般若．大方广佛华严经．入不思议解脱境界普贤行愿品//大正新修大藏经．法华部全 华严部（上、下）．河北：河北省佛教协会，2009.

❹ ［唐］般若．大方广佛华严经．入不思议解脱境界普贤行愿品//大正新修大藏经．法华部全 华严部（上、下）．河北：河北省佛教协会，2009.

❺ 文献[2].［清］严可均．全上古三代秦汉三国六朝文．全晋文．卷一百六十．释氏四．释僧睿．毗摩罗诘提经义疏序．民国十九年景清光绪二十年黄冈王氏刻本．

❻ 文献[1]．集部．别集类．北宋建隆至靖康．［宋］苏轼．栾城集．后集卷二十四．杂文五首．

❼ 文献[2].［宋］赵抃．清献集．卷第五．妙乐庵．明汪旦嘉靖四十一年刻本．

❽ 文献[2].［清］曹寅．全唐诗．卷八百零九．妙乐观．清文渊阁四库全书本．

所有这些以“妙乐”为名的寺院、道观，都是在鸠摩罗什译出《妙法莲华经》之后是没有疑问的。此外从佛教史料中看，以妙乐为名的寺院似乎并不多，而古怀州妙乐寺无疑是以此为名的佛寺或道观中最为古老者。

2. 关于“涌出”之说

道宣撰《广弘明集》，谈到“略列大唐育王古塔来历并佛像经法神瑞迹：……怀州东武陟县西七里妙乐寺塔……古老传云：其塔基从泉上涌出。云云。”[1]道世则说：“道俗自见，咸惊讶其神鬼所造，其下不测其底。古老相传塔从地涌出，下有大水，莫委真虚。有刺史疑僧滥饰，乃使人傍基掘，下至泉源，犹不见其际。”[2]两者都借用了传说中的“从地涌出”之说。

那么，这一说法从何而来，又暗含什么意义呢？

其实“宝塔从地涌出”的概念，最早也是从鸠摩罗什所译《妙法莲华经》中来的，其第四卷中有：“尔时佛前有七宝塔，高五百由旬，纵广二百五十由旬。从地涌出，住在空中。”[3]而第五卷中另有：“从地涌出品第十五”一节。说明道宣或道世所说妙乐寺塔“从地涌出”这一概念也来自鸠摩罗什所译佛经。这或也可以成为其塔应该创建于鸠摩罗什译出《妙法莲华经》之后，而非其前的另一个旁证。

此说或也可以说明，初创之妙乐寺塔与《妙法莲华经》中所描述的佛塔在外观比例与形式上可能比较接近。

3. 石塔建造技术

怀州妙乐寺塔是一座五层石塔，其“以石编之。石长五尺，阔三寸，已下极细密。”[4]那么，南北朝或更早时期是否有石塔建造的证据呢？这显然是需要一些石筑技术的。中国最早的佛塔，如笮融所建塔可能是木构佛塔。而前述黄河北岸平晋城内佛图澄所建五级浮图，从其在北魏时“浮图已坏，露盘尚存”的描述看，仅仅百余年，浮图就已残坏，亦可能是木造佛塔。

但从史料中可知，北魏时期石构佛塔与建筑已较多见。《水经注》中提到北魏时期已有精致的石塔例子：“水右有三层浮图，真容鹫架，悉结石也。装制丽质，亦尽美善也。东郭外，太和中，阉人宕昌公钳耳庆时，立祇洹舍于东皋，椽瓦梁栋，台壁棂陛，尊容圣像，及床坐轩帐，悉青石也。”[5]显然，不仅三层塔是结石而造，连佛殿（祇洹舍）及殿内的装饰，雕像也“悉青石也”。

另北朝时人似乎相信西域塔多为石造且多灵验。“又按道人竺法维所说，佛钵在大月支国，起浮图，高三十丈，七层，钵处第二层，金络络锁县钵，钵是青石。或云悬钵虚空。”[6]“按《释法显行传》，西域有爵离浮图，其高与此相状。东都、西域，俱为庄妙矣。”[7]“雀离浮图南五十步有一石塔，其形正圆，高二丈，甚有神变，能与世人表吉凶，触之，若吉者，金铃鸣应；若凶者，假令人摇撼，亦不肯鸣。”[8]这些思想也多少会影响到佛教北朝时期对于石造佛塔的态度。

另《水经注》中提到，北魏洛阳城内“又南，迳皇舅寺西，是太师昌黎王冯晋国所造，有五层浮图，

---

[1] 文献[2].［唐］释道宣．广弘明集．卷十五．佛德篇第三．列塔像神瑞迹并序唐终南山释氏．四部丛刊景明本．

[2] 文献[2].［唐］释道世．法苑珠林．卷三十八．感应缘（略引二十一验）．隋怀州妙乐寺塔．四部丛刊景明万历本．

[3] ［后秦］鸠摩罗什．妙法莲华经．卷四．见宝塔品第十一 // 大正新修大藏经．法华部全 华严部(上、下)．河北：河北省佛教协会，2009.

[4] 文献[2].［唐］释道宣．广弘明集．卷十五．佛德篇第三．列塔像神瑞迹并序唐终南山释氏．四部丛刊景明本．

[5] 文献[1].史部．地理类．［北魏］郦道元．水经注．卷十三．漯水．

[6] 文献[2].史部．地理类.［北魏］郦道元．水经注．卷二．河水二．

[7] 文献[2].史部．地理类.［北魏］郦道元．水经注．卷十三．谷水．

[8] 文献[2].［南北朝］杨衒之．洛阳伽蓝记．卷五．城北．四部丛刊三编景明如隐堂本．

其神图像，皆合青石为之，加以金银火齐，众采之上，炜炜有精光。”[1]显然，这可能也是一座五层石塔。

北魏统治者尤其喜欢建造石塔：如在五台山“上有小石浮图，其量千计。即是魏文帝宏所立也。”[2]北魏之“皇兴中，又构三级石佛图。榱栋楣楹，上下重结，大小皆石，高十丈。镇固巧密，为京华壮观。”[3]

当然，这些并不能成为妙乐寺所造五级石塔是北朝所建之旁证，但至少可以说明，北朝时人们对于石造佛塔的态度以及这一时期石塔建造技术相对已经比较成熟。

4. 北魏时期亦曾多建五级浮图

如前所述，十六国石赵的佛图澄及其弟子道安都倾向于建造以五层佛塔为中心的寺院中。这一遗风很可能也影响到了北魏时期。

北魏立国之初，在平城建佛寺，就在寺中设置了五级浮图：“是岁，始作五级佛图、耆阇崛山及须弥山殿，加以缋饰。别构讲堂、禅堂及沙门座，莫不严具焉。”[4]北魏洛阳城中也多流行五级寺，如前引《水经注》：“又南，迳皇舅寺西，是太师昌黎王冯晋国所造，有五层浮图。”[5]此外，洛阳城中的瑶光寺内“有五层浮图一所，去地五十丈。仙掌凌虚，铎垂云表，作工之妙，埒美永宁讲殿。”[6]庄严寺“中有五层浮图一所，修刹入云，高门向街。佛事庄饰，等于永宁。”[7]东、西秦太上公寺“各有五层浮图一所，高五十丈，素采布工，比于景明。”[8]冲觉寺“为文献追福，建五层浮图一所，工作与瑶光寺相似也。”[9]

5. 妙乐寺塔可能始创于神龟元年（518年）

重要的是，由于北魏统治者重视佛教，因而可能将这一佛寺制度推广到其统治下的各州，从而形成北魏地方州城寺院的一种定制。从史料中可知，那位建造了史上最高木构佛塔——北魏洛阳永宁寺塔的灵太后，曾经在各州推行五级浮图的建造：“灵太后锐于缮兴，在京师则起永宁、太上公等佛寺，功费不少，外州各造五级佛图。”[10]也就说，灵太后时，在北魏所辖各州州城中，曾被要求各建五级浮图。《北史》中也记录了这件事情：“时太后锐于兴缮，在京师则起永宁、太上公等佛寺，工费不少，外州各造五级佛图。又数为一切斋会，施物动至万计。”[11]这里所说之“时”，从上下文看是北魏神龟元年（518年）。

从时间上看，古怀州妙乐寺塔最有可能是灵太后时“外州各造”的五级浮图之一。灵太后薨于神龟二年（519年）。由上面的分析，唐代僧人道宣与道世所称阿育王古塔的古怀州妙乐寺塔始创年代，因其使用了“妙乐”一词，故应该是在鸠摩罗什译出《妙法莲华经》（约413年）之后。因去隋不久的初唐道宣与道世称妙乐寺为“古老传云”“古老相传”，故其应创于隋代之前。在鸠摩罗什之后隋代之前，最有可能在包括怀州在内的北魏所属各州建造五层佛塔的正是“锐于兴缮”的北魏灵太后谕令“外州各造五级佛图”的神龟元年（518年）。怀州是北魏时期的重要州城且

---

[1] 文献[1]. 史部．地理类．[北魏]郦道元．水经注．卷十三．漯水．

[2] 文献[2]. [唐]道世．法苑珠林．卷三十九．伽蓝灾第三十六．四部丛刊景明万历本．

[3] 文献[2]. [南北朝]魏收．魏书．卷一百一十四．志第二十．释老十．清乾隆武英殿刻本．

[4] 文献[2]. [南北朝]魏收．魏书．卷一百一十四．志第二十．释老志．清乾隆武英殿刻本．

[5] 文献[1]. 史部．地理类．[北魏]郦道元．水经注．卷十三．

[6] 文献[2]. [南北朝]杨衒之．洛阳伽蓝记．卷一．城内．四部丛刊三编景明如隐堂本．

[7] 文献[2]. [南北朝]杨衒之．洛阳伽蓝记．卷二．城东．四部丛刊三编景明如隐堂本．

[8] 文献[2]. [南北朝]杨衒之．洛阳伽蓝记．卷三．城南．四部丛刊三编景明如隐堂本．

[9] 文献[2]. [南北朝]杨衒之．洛阳伽蓝记．卷四．城西．四部丛刊三编景明如隐堂本．

[10] 文献[2]. [南北朝]魏收．魏书．卷十九中．列传第七中．清乾隆武英殿刻本．

[11] 文献[2]. [唐]李延寿．北史．卷十八．列传第六．景穆十二王下．清乾隆武英殿刻本．

距离北魏统治中心洛阳并不很远，灵太后谕令“外州各造五级浮图”之时，同时也应该在怀州建造了这座名为“妙乐”的佛寺及寺中的五级石塔。这应该是一个比较合乎逻辑的推断。因而在不能确定这座妙乐寺是北朝时在前代旧有寺基基础上重建并重新命名这一前提下，笔者认为，怀州妙乐寺及塔最大可能始创时间应该是北魏神龟元年（518 年）。

还有一条资料对于证明古妙乐寺塔始创于北魏年间，而非其后的北齐时代，或能有所帮助。据孟丹、王光先主编《妙乐寺真身舍利塔》，武陟县妙乐寺内曾经存有一块北齐时期的断碑，河南财经学院柴道琳教授 1994 年游妙乐寺塔回忆录云：“一九六〇年武陟县文化馆以石块加固塔之基层。一九九三年修塔，便被拆掉，保存砖壁原貌。一九九四年游塔，在所拆之堆石中发现很古的断裂碑两块，缺乏头尾，字迹模糊。擦拭一块能看到‘北齐天保七年十一月二十七日’这几个字迹。另一碑块也只是看到二十四位的比丘名号，所不同者有两位比丘冠以郡都僧官之职，一位是河内郡都昙乐，一位是武德郡都沙门昙聪。”❶

从零散记忆的碑文内容可以看出此碑并非初建塔时记录建塔之功的石碑，而是记录日常寺事之碑，所以才会有诸多比丘名号及僧官职称之记。这些零星记述说明了这时的妙乐寺中已经有不少僧人。北齐天保七年为 556 年，距离北魏神龟元年（518 年）约 38 年。因东魏存世时间很短（534—549 年）且多战乱。由此也可以推测，这座在北齐时已存在且有多名僧人生活其中的妙乐寺，应该在其前的北魏朝而非东魏朝就已建成。这或可以从一个侧面为这座古怀州妙乐寺塔始创于北魏神龟元年，提供一点佐证。

6. 妙乐寺塔与阿育王塔关系再议

关于怀州妙乐寺始创于北魏神龟元年（518 年）之推测，仍有一点令人质疑之处，即为什么初唐时的道宣与道世都将这座寺院及塔归在阿育王名下？

关于阿育王在中土各地建塔一事，最早见于北齐人所撰《魏书》：“塔亦胡言，犹宗庙也，故世称塔庙。于后百年，有王阿育，以神力分佛舍利，于诸鬼神，造八万四千塔，布于世界，皆同日而就。今洛阳、彭城、姑臧、临淄皆有阿育王寺，盖成其遗迹焉。释迦虽般涅槃，而留影迹爪齿于天竺，于今犹在。中土来往，并称见之。”❷

更早的文献如《水经注》中提到：“获水自净净沟东，迳阿育王寺北，或言楚王英所造，非所详也。盖导育王之遗法，因以名焉。”❸这里给出了有关中土佛塔与阿育王塔关系的一种相对合理的解释。因为这些塔采用了“育王之遗法”，也就是说，《魏书》或《法苑珠林》中所列诸阿育王塔只是建造得较早，且制度上更接近天竺“遗法”而已。

但即使在北齐人所撰《魏书》中，也仅仅提到了“洛阳、彭城、姑臧、临淄”四个地方可能有阿育王塔。洛阳、彭城是佛教东汉初传之地，其塔古老自不待言。姑臧属十六国时期的北凉之地，临淄大约也在十六国时期石赵的统治范围之内，故其寺、其塔都可能创建于约 4 世纪初的十六国时期，这在 6 世纪初的北齐人看来，已属古老，自不待言。但北齐时，尚未将怀州妙乐寺塔归在阿育王塔之列。直至 200 年后初唐时，道宣与道世才模仿北齐《魏书》作者之说，煞有介事地列出了 19 个中土阿育王塔，目的也是为了游说唐统治者佛教如何古老、如何重要。

这或也可以为怀州妙乐寺塔并非始创于十六国石赵时期而可能始创于北朝时期的推论，找到另外一个旁证。如果说妙乐寺塔始创于十六国时期，在北齐人

---

❶ 孟丹，王光先．妙乐寺真身舍利塔[M]．郑州：华夏出版社，2013：65-66.

❷ 文献[2]．[南北朝]魏收．魏书．卷一百一十四．志第二十．释老十．清乾隆武英殿刻本．

❸ 文献[1]．史部．地理类．[北魏]郦道元．水经注．卷二十三．阴沟水、汳水、获水．

所撰《魏书》中就有可能将其与同是十六国时期所创“姑臧、临淄”之“阿育王塔”相提并论了。北魏创塔与北齐初列“阿育王塔”时间距离过近，北齐人自然不可能将其归在“古老”之列，也就不可能将之归在阿育王塔之列了。

而在事过200年之后的初唐时期，在道宣与道世眼中，怀州妙乐寺塔已属“古老”，且有相关“传云”。而且，其塔制度似也显古老如育王“遗法”，故被归在了与“洛阳、彭城、姑臧、临淄”等佛教初传时期各塔相类似的“阿育王塔”名下就是可以理解的了。

七、五代后周重建妙乐寺塔

1. 寺内存碑与塔刹上的描述

事情又过了近300年，至五代后周显德二年（955年），也就是在妙乐寺塔可能的初创之年437年之后，妙乐寺塔经历了一次重建。

关于这次重建在正史中并没有留下什么痕迹，佛教史传资料如《大宋高僧传》中也未见记载。但据说寺内存后周显德二年所立《妙乐寺重修真身舍利塔碑并序》，其中有：“自周广顺三年癸丑岁兴工，至显德元年甲寅岁毕工。不□二载，□成□塔。□身高一百尺，相轮高二十三尺，纵广相称，层层离地，岌岌耸空。”[1]其碑是说，塔重建于后周显德元年（954年）。但其书中另引《塔尖铭刻》：“显德二年岁次乙卯二月庚子朔二十一庚申建”。[2]说明塔刹上有后周重建之铭文。从这两个方面可以证实，现存武陟妙乐寺塔重建于五代后周显德二年（955年）应该是没有什么疑问的。

从外观看这是一座砖筑塔，平面为方形，造型为十三层密檐式塔。显然，这座塔保存了唐代佛塔之遗韵。因为我们所熟知的五代时塔，如南京栖霞寺舍利塔、杭州钱塘江畔的闸口白塔、杭州灵隐寺双石塔以及著名的苏州虎丘云岩寺塔都是八角形平面的楼阁式塔。而这座妙乐寺塔的方形平面、十三层密檐造型显然更接近如嵩山法王寺塔等唐代密檐塔的形式。但从细部上看似比唐塔更多了几分精致，如其首层叠涩檐上用了一圈山花蕉叶雕饰；其塔顶四角各用了一尊铁狮子，用来固定拉结塔刹的铁链；其塔身曲线也比一些常见的唐代密檐塔更为柔美曲缓。此外各层塔身四面凿有龛状假门，龛内供有佛像。塔身四角另有陶制力士八尊。塔刹在整体造型与制造工艺上也十分精美。这些都凸显出其上承唐风、下启宋韵的历史性地位。

2. 实测妙乐寺塔尺寸分析

关于现存武陟后周妙乐寺塔，从实测的角度观察，有三个重要尺寸。

（1）塔刹高度

据孟丹、王光先的观点，妙乐寺塔“塔身以上部分为风磨乌金刹，刹高6.74米。刹底风磨乌金须弥座，上有相轮七重。其上为八角形宝盖万水烟，皆锯有火焰纹饰，再上为仰月和三重宝珠组成。”[3]

这里给出了塔刹的实测高度：6.74米。

（2）现存塔高与首层塔边长

据孟丹、王光先的观点，现存妙乐寺塔“塔身为13层迭涩式密檐砖砌建筑，平面正方形，中空，呈桶状。通高34.19米，底部每边长均为10米。”[4]然而，这里并没有给出各层高度与宽度的详测尺寸，只说：“全塔由塔身和塔刹两部分组成，最底层较高，上部各层高度和平面体积逐层递减，外轮廓呈优美的抛物线形。”[5]云云。据此，我们似无法对全塔比例造型作进一步的

[1] 孟丹，王光先．妙乐寺真身舍利塔[M]．郑州：华夏出版社，2013：25.

[2] 孟丹，王光先．妙乐寺真身舍利塔[M]．郑州：华夏出版社，2013：22.

[3] 孟丹，王光先．妙乐寺真身舍利塔[M]．郑州：华夏出版社，2013：61.

[4] 孟丹，王光先．妙乐寺真身舍利塔[M]．郑州：华夏出版社，2013：3.

[5] 孟丹，王光先．妙乐寺真身舍利塔[M]．郑州：华夏出版社，2013：3.

深入分析。

此外，焦作市文物局等编《妙乐寺塔碑刻发掘成果报告》也说，“现妙乐寺仅存一塔，高 34.19 米。”[1]这一点与孟丹等的说法相同。但两者所说，都应该是妙乐寺塔被淹，地面抬高后的现存高度，而非塔的真实高度。

（3）相关尺寸的分析

前文中的后周妙乐寺塔重建碑刻中给出了几个尺寸。一是塔身的高度为 100 尺；二是塔刹的高度为 23 尺。我们或可以依据这两个尺寸结合实测尺寸做一点分析。

先来看塔刹尺寸，以其实测高度除以记录高度：

6.74 米 ÷23 尺＝ 0.29304 米 / 尺

可知，这座后周重建妙乐寺塔用尺为：1 尺＝ 0.293 米。而这恰与我们所熟知的唐代常用尺，1 尺 ＝ 0.294 米十分相合。五代后周时，很可能还使用唐尺。而每把尺可能有些许误差，这把建塔尺应为一把唐尺，其折合约为 1 尺＝ 0.293 米。

以此为依据，我们可以试推一下塔身高度。

实测妙乐寺塔地面以上高度为 34.19 米，减去塔刹的高度 6.74 米，则塔身高度为 27.45 米。以 1 尺＝ 0.293 米折合，27.45 米 ÷0.293 米 / 尺＝ 93.68 尺。而后周建塔碑中明确提到了塔身高 100 尺，以造塔尺折算之，则 0.293 米 / 尺 ×100 米＝ 29.3 米。

如此可知，塔下被现存地面至少掩埋了 1.85 米。如果塔身之下还有塔基，则整座塔被埋的深度可能还要略深一些。

另外，首层塔每面实测宽度为 10 米，折合北周建塔尺为 10 米 ÷0.293 米 / 尺＝ 34.13 尺。

这显然不合乎造塔时的实际尺寸。因为塔首层用尺应该为一个整数。我们不妨猜测塔首层每面设计宽度为 35 尺。若果如此，现在测得的尺寸是因为被掩埋了 1.85 米之后的塔体宽度。而塔身是有收分的，则可以推测其首层塔身根部的每面宽度为 35 尺，折合当为 35 尺 ×0.293 米 / 尺＝ 10.255 米。当然，这需要将塔身全部发掘出来之后再做进一步的验证。

（4）塔身设计比例分析

如果我们推测的后周重建妙乐寺塔用尺为 1 尺＝ 0.293 米成立，且依据其塔身高 100 尺（29.3 米）推算出其首层塔根部各面长宽 35 尺（10.255 米），并结合塔刹高 23 尺（6.74 米）的尺寸数据大约可以得出这座塔的大致比例。

其塔总高 123 尺，首层塔根部长宽 35 尺，则塔总高是塔身首层长宽的 3.5 倍左右。塔身高 100 尺，又是塔身首层长宽的 2.857 倍。塔刹高 23 尺，塔总高是塔刹高的 5.35 倍。塔身高约是塔刹高度的 4.35 倍。塔首层边长是全塔总高的 0.285，是塔身高度的 0.35。显然，这些都是刻意设计的结果。

这里唯一不能确定的是，塔身下是否有塔基，塔基高度是算在了塔身高度 100 尺之内还是没有算在其内。但这一点需要将来的考古发掘来加以补充与印证。

（5）“汉侍御苏允年”之辩

孟丹、王光先主编的《妙乐寺真身舍利塔》提及明万历十九年《武陟县志》中的一条史料：“舍利塔在县西十里张村，高插云汉，雄峙一方。汉侍御苏允年有记。”[2]这同一条信息在其所引清康熙《武陟县志》中记为：“舍利塔在县西十一里张村，怀城西南。高凌云汉，雄峙一方，建自唐，后周显德二年重修。侍御苏允平有记，今字勒磨不可考也。”[3]这里出现了两个名字，一个是苏允年，并称其为“汉侍御”；另一个

[1] 焦作市文物局，等．妙乐寺塔碑刻发掘成果报告（未刊稿）：34.

[2] 孟丹，王光先．妙乐寺真身舍利塔[M]．郑州：华夏出版社，2013：15.

[3] 孟丹，王光先．妙乐寺真身舍利塔[M]．郑州：华夏出版社，2013：15.

是苏允平，只称其为“侍御”。遍查汉代史料，似未见有一位名叫苏允年的人。而在宋代文献中却可以找到“苏允平”，且其恰好是重建妙乐寺塔的后周时人：“后周苏允平，尝宰澶渊之临黄，刮剔旧弊，以身正民。事有妨蠹，虽郡侯不能易其令，义苟利物，纵灼身无以惧其心。”[1] 显然，是明代万历时人搞错了，误将后周时人苏允平当作了苏允年，并将之套在近千年前的“汉”代的名下。这或许也是今人将古怀州妙乐寺塔硬推到东汉献帝时期的原因之一，更可以看出其说之谬了。

八、古怀州妙乐寺塔可能外观造型猜测

为了以合乎逻辑的方式推证出古妙乐寺及其初塔的始创年代，前面已经做了大量严肃、缜密的分析工作。下面不妨做点不那么严肃的事情：为初建的古妙乐寺塔的可能性原状，做一点推测与设想。

中国人有个习惯，那就是喜欢“打破砂锅问到底”。在花费了那么大篇幅，厘清了古怀州妙乐寺塔的始创年代之后，人们总会好奇地期待：这座被人们杜撰为阿育王所建的古塔，究竟是什么样子的呢？

客观上说，这是一个无解的难题。第一，没有一个可供复原参考的遗址；第二，缺乏足够的有关这座塔的三维信息数据；第三，对于这座塔的造型，我们一无所知。所以我们不可能在这里做出一个有严格科学意义的复原。

但是，建筑有其自身的材料、结构与造型规律。不同时代、不同类型的建筑，也各有其相应的参考资料。利用既有的、十分有限的资料，对这座古塔的可能原状做一点试探性的猜测与设想，以一种尽可能有逻辑的分析方式推测出一个最接近其可能原状的建筑形象，虽然不可能真正还原这样一座古老建筑的原初形态，却也多少能够给予人们一点点想象的空间。

首先，这里有几个与此塔有关的基本数据：

一是，道宣《广弘明集》中提到的：“方基十五步，并以石编之。石长五尺，阔三寸，已下极细密。”

二是，道世《法苑珠林》中提到的：“见有五级白浮图塔，方可十五步，并是侧石编砌。石长五尺，阔三寸以下，鳞次葺之，极细密。”

这里给出了几个基本信息：

① 塔为方形平面，高五层。

② 塔基每面边长为 15 步。

③ 塔是条形石砌筑。条石长 5 尺，厚 3 寸。

以北朝时期度量衡，一步为 5 尺。则塔基方为 75 尺。以砌塔条石长 5 尺，厚 3 寸。可知，其塔在平面尺寸上，应以 5 尺为一个模度，而在高度尺寸上，大约应该是 3 尺（3 寸）整数为主。

以道宣“方基十五步”，说明塔下有基，而这也是早期佛塔常见的做法。这样不仅比例优雅也有利于塔身结构的坚固耐久。如此，则塔首层平面应当小于 15 步。而以道世“五级白浮图塔”之说，则应为一座楼阁式塔而非一座印度式窣堵坡塔。因是楼阁式塔，参考西安兴教寺玄奘塔（图 2–27）及香积寺塔（图 2–28），则即使是用石砌，大约也会有壁柱的使用，以使整座佛塔更像一个楼阁。因而，我们也须用楼阁式塔的理念大致分划出其开间及柱高等尺度。以下部分，则多以推测为主：

① 因砌塔之条石为 5 尺（1 步），我们即以 5 尺为一个模度，来进行推测设计。

② 设想其塔基边长为 75 尺（15 步），高 5 尺（1 步）。

③ 假设塔身两边线与塔基边缘的距离为 5 尺（1 步），则首层塔身长宽距离为 65 尺（13 步）。

④ 因其是古塔，且可能受到鸠摩罗什《妙法莲华经》的影响。《妙法莲华经》中恰恰给出了一个“涌出宝塔”的理想比例：“尔时佛前有七宝塔，高五百由

[1] 文献 [2]. [宋] 张咏. 乖崖集. 卷第六. 杂著. 苏公堰铭. 清文渊阁四库全书本.

图 2-27 西安兴教寺玄奘塔（王南 摄）

图 2-28 西安香积寺塔（王南 摄）

旬，纵广二百五十由旬。从地涌出，住在空中。”[❶]另有：“诸佛灭后，各起塔庙，高千由旬，纵广正等五百由旬。以金银琉璃，砗磲码瑙，真珠玫瑰，七宝合成。”[❷]以及“宝塔高妙，五千由旬。纵广正等，二千由旬。”[❸]最后所引一个为佛之偈语，文字必须简练，故可将“五千由旬”与“二千由旬”理解为是一种与前文所述比例相同的省略性说法。那么大致可以理解为，《妙法莲华经》上所说从地涌出的宝塔，其高度与塔身宽度的比例大约为2∶1（高500由旬，纵广250由旬；或高1000由旬，纵广500由旬）。

⑤ 古怀州妙乐寺塔，也被想象为从地下涌出，且与古阿育王塔联系在一起，其“妙乐”之名又源自《妙法莲华经》。我们有理由猜测，这座塔有可能在最大程度上，模仿了《妙法莲华经·见宝塔品第十一》中所描述的，同样是从地下涌出的，高度（应含塔刹的高度）与塔身纵广之比为2∶1的造型比例。如此，则其塔高应该是首层宽度的2倍，即130尺（合13丈）。

我们即可以根据这两个基本尺度，来进行我们的

❶ ［后秦］鸠摩罗什．妙法莲华经．卷四．见宝塔品第十一//大正新修大藏经．法华部全 华严部（上、下）．河北：河北省佛教协会，2009.

❷ ［后秦］鸠摩罗什．妙法莲华经．卷三．药草喻品第五//大正新修大藏经．法华部全 华严部（上、下）．河北：河北省佛教协会，2009.

❸ ［后秦］鸠摩罗什．妙法莲华经．卷一．序品第一//大正新修大藏经．法华部全 华严部（上、下）．河北：河北省佛教协会，2009.

推测性设计，即：

首层长宽为 65 尺（13 步）；塔基以上的总高度为 130 尺（13 丈）。

这也是一组有趣的数据，塔身根部长宽各 13 步，塔身总高 13 丈。这无疑是一组与佛教教义有关的吉祥数字，且与后来的后周显德二年重建妙乐寺塔用了 13 重密檐的做法之间可能存在某种暗合关系。当然，这组数据只是笔者的一种推测。

现存南北朝时期砖石塔多为单层塔（图 2–29）。云冈石窟中所建石塔（图 2–30），其实是一种木塔形式的再现，亦无法作为直接的复原参考依据。时代上比较接近的砖石塔形式，是西安兴教寺玄奘塔。然而这是一座墓塔，其高虽然亦为五层，但比例比较高峻。

图 2-29　山东历城神通寺四门塔（王贵祥 . 匠人营国——中国古代建筑史话 [M]. 北京：中国建筑工业出版社，2015.）

图 2-30　云冈石窟北魏石塔造型（傅熹年 . 中国古代建筑史 · 第二卷 [M]. 北京：中国建筑工业出版社，2001.）与图 2-1 同

大约接近 3∶1。以这样的比例来推测妙乐寺塔，即使以其首层宽为 65 尺计，其高度也有 195 尺，显然是一个过高的尺寸，在当时并非首都的怀州地区建造这样的高塔似乎不太可能。

另外还有一个疑问是，为什么要在塔下设台基而非直接以长宽 15 步来展开这一推测？其一，这时的塔几乎全有塔基；其二，道宣原文中说到了“方基十五步”；其三，以 15 步为首层塔的长宽基数，其塔高度至少 30 步（即 150 尺），这仍然是一个过大、过高的尺寸，其比例也稍嫌臃肿。如此高大的佛塔在当时历史条件下，用石材建造亦有一定难度。

关于其外观特征，我们在敦煌壁画中找到了一座三层砖楼阁式砖塔的造型（图 2–31）。据说出现在五代壁画中，但可以相信这应该是唐代时就曾存在过的砖石塔形象。其塔最大的特点有两个，一是塔顶为印度窣堵坡式覆钵造型，二是塔各层屋檐上，都用了山花蕉叶的装饰做法。而在南北朝时期可能较多出现的使用印度窣堵坡式覆钵塔顶造型的佛塔（图 2–32），很可能与传说中的早期阿育王塔有所关联。而这座妙乐寺塔恰恰被《法苑珠林》中所描述为是中土所建阿育王塔中的第 16（其实是第 15）座，正可以与这种造型相契合。

值得注意的是，敦煌壁画中所表现的这座塔不仅

图 2-31　莫高窟第 61 窟西壁所绘五代砖石塔（孙儒僩，孙毅华．敦煌石窟全集 · 建筑画卷 [M]. 香港：商务印书馆，2001.）

图 2-32　南北朝时期带有覆钵式塔顶的阿育王塔造型（萧默．敦煌建筑研究 [M]. 北京：机械工业出版社，2003.）

在塔下有台基、栏杆，而且在每层檐上用了类似山花蕉叶的装饰性处理，各层并用了勾栏，其壁画时间虽然是五代时期，可是表现之石塔的建造年代却应该早于五代时期。此外这种在檐上用山花蕉叶的装饰处理不仅与一些唐代砖石塔（如北京云居寺北山唐代小塔）（图 2–33）的做法接近，也与后周显德二年重建妙乐寺塔首层檐上的山花蕉叶（图 2–34）之间产生了某种关联。所以可以将之作为妙乐寺古塔复原推测的一个参考依据。

表 2–1 中给出了复原想象方案一的基本数据，或可以看作为对基于史料基本数据的一个想象图。

图 2-33　北京房山云居寺唐代小石塔（刘敦桢 . 中国古代建筑史 [M]. 北京：中国建筑工业出版社，1984.）

图 2-34　妙乐寺塔首层檐上山华蕉叶装饰（作者自摄）

表 2-1　古怀州妙乐寺塔推测想象复原参考数据

单位（尺）

项目	纵广长宽	高度	当心间	次间	稍间	备注
台基	75 （合 15 步）	5				方基 15 步
首层塔身	65 （合 13 步）	15	15	13	11.5	壁柱宽 1 尺
首层塔檐	每两层石叠涩出挑 1 尺	3				叠涩 10 层石 每层厚 3 寸
首层塔顶	山华蕉叶装饰及起坡	4				
二层塔身	60	14	14	12.5	10	壁柱宽 1 尺
二层塔檐	每两层石叠涩出挑 1 尺	3				叠涩 10 层石 每层厚 3 寸
二层塔顶	山华蕉叶装饰及起坡	4				
三层塔身	55	13	13	12	8.5	壁柱宽 1 尺
三层塔檐	每两层石叠涩出挑 1 尺	3				叠涩 10 层石 每层厚 3 寸
三层塔顶	山华蕉叶装饰及起坡	4				
四层塔身	50	12	12	11	7.5	壁柱宽 1 尺
四层塔檐	每两层石叠涩出挑 1 尺	3				叠涩 10 层石 每层厚 3 寸
四层塔顶	山华蕉叶装饰及起坡	4				
五层塔身	45	11	11	10	6.5	壁柱宽 1 尺
五层塔檐	每两层石叠涩出挑 1 尺	3				叠涩 10 层石 每层厚 3 寸
五层塔顶	山华蕉叶装饰及起坡	14.5				
塔刹高度	山花蕉叶、起坡 刹基及相轮	22.5				
总高	自塔基上皮 至刹尖高度	130 （即 13 丈）				其下塔基 另高 5 尺

注：以上推测数据，为参考历史文献及相关资料的一种推想，不具有严格意义上的科学复原意义，仅供参考。

依据前文推测列出的上表中与古怀州塔有关的基本数据，笔者绘制出了古怀州妙乐寺塔两种可能造型的复原推测想象图。方案一（图 2–35）的主要数据如表 2–1，这是一个更接近古代中原汉地佛塔造型（图 2–36，图 2–37）的复原，其收分较小一些，与上文提到的敦煌壁画中所表现的带有覆钵式塔顶与山花蕉叶塔檐的五代壁画中所表现的石塔造型比较接近。但考虑到这是一座石塔，从石结构的稳定性方面考虑，石塔各层收分可以更明显一些，故笔者又绘制出了复原想象方案二（图 2–38）。这种收分特别明显的石塔，在中原汉地实物中较为罕见，但却多见于朝鲜半岛地区受到南北朝影响的一些古石塔造型（图 2–39，图 2–40）。中国古代石塔实例中，虽然没有见到这种造型的佛塔，但在刘敦桢先生所著《中国古代建筑史》

图 2-36　中原汉地早期佛塔的收分比例（刘敦桢 . 中国古代建筑史 [M]. 北京：中国建筑工业出版社，1984.）

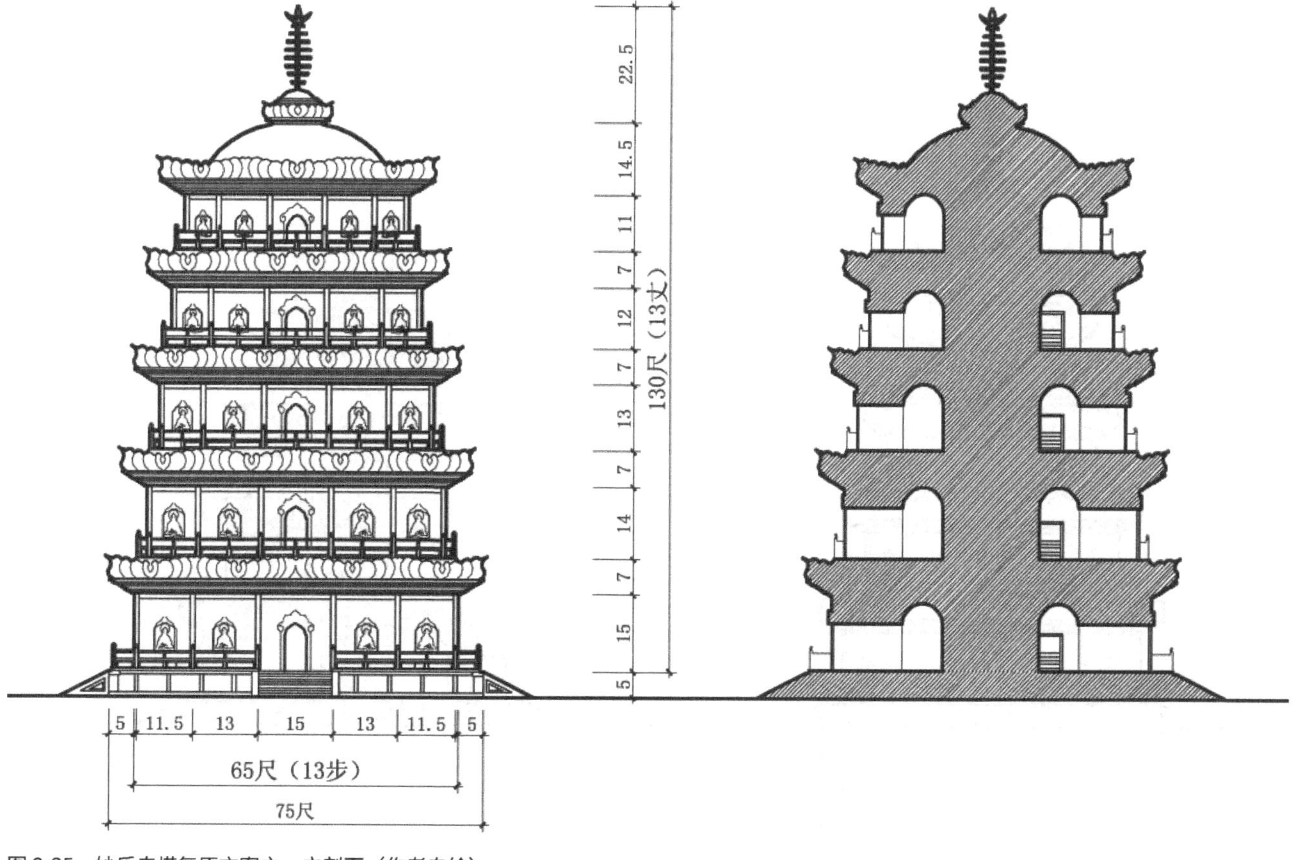

图 2-35　妙乐寺塔复原方案之一立剖面（作者自绘）

图 2-37　云冈石窟第 39 窟中心塔柱（傅熹年 . 中国古代建筑史 · 第二卷 [M]. 北京：中国建筑工业出版社，2001.）与 2-11 同

图 2-39　韩国百济时代所建弥勒寺石塔（文化财厅，弥勒寺址舍利庄严，2009）

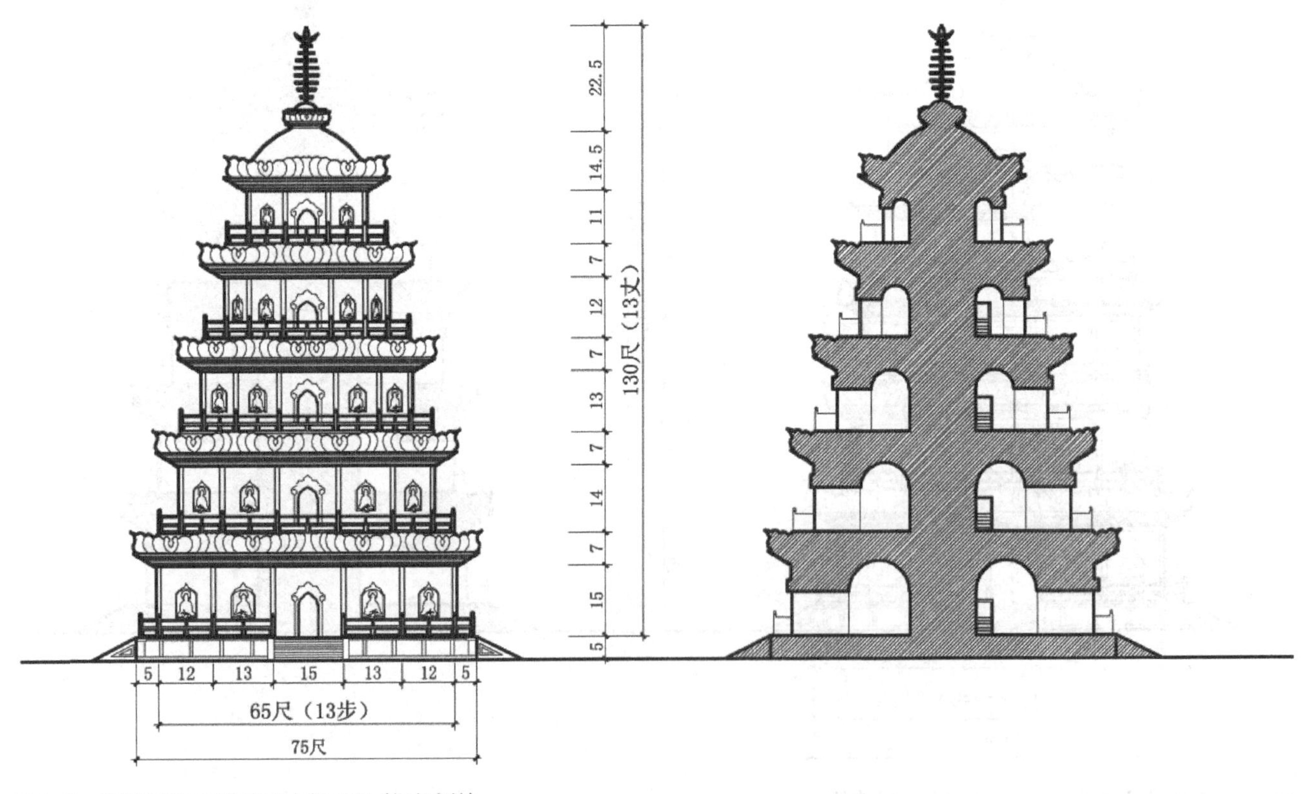

图 2-38　妙乐寺塔复原方案二立剖面图（作者自绘）

图 2-40　韩国百济定林寺塔（白昭薰 摄）

中收入的河北涿县旧藏北朝石造像碑[1]中所表现的佛塔（图 2-41），也显示为明显的收分做法，说明这种有明显收分比例的石塔造型也是一种可能的石塔结构。

[1] 刘敦桢．中国古代建筑史 [M]．北京：中国建筑工业出版社，1984：108.

图 2-41　河北涿县旧藏北朝石造像碑上表现的佛塔（刘敦桢．中国古代建筑史 [M]. 北京：中国建筑工业出版社，1984.）

当然，如此绘出的推测图不具有严格意义上的古建筑复原性质，更像是作者根据相关史料所做的大致合乎建筑或结构逻辑的推测，目的主要是给予读者一个大略可以感觉到的形式，或可聊补人们对于这座古塔的好奇之心。

第三章

隋唐洛阳宫几座建筑的复原研究

第一节
洛阳隋乾阳殿与唐乾元殿复原探讨

隋大业元年（605 年），炀帝登基之初即开始了新的洛阳城市及宫殿的营造。此后 300 年间，这座洛阳城曾作为隋唐两代的东都，而隋唐洛阳城中也上演了一系列大规模宫殿营造的大戏。在宫殿建筑营造史上，在位于隋唐洛阳宫殿外朝正衙的主殿位置上，在自隋炀帝大业年间到唐玄宗开元年间短短的 100 余年间，谱成了中国古代建筑史上一曲极其罕见的宏大乐章。

先是隋炀帝大业年间始建的洛阳宫正殿乾阳殿。这座大殿即使从大业初年即已建成计，也仅存在了不足 18 年，至唐武德四年（621 年），即由秦王李世民焚毁。又过了 9 年，到唐太宗贞观四年（630 年），太宗李世民又想在原址上重建乾阳殿，但遭到了大臣张玄素的极力反对，遂又罢止。至乾阳殿被毁 35 年之后的高宗显庆元年（656 年），终于敕司农少卿田仁汪，因旧殿余址重修了洛阳宫中的这座正殿，称为乾元殿。

又过了 32 年，至武则天垂拱四年（688 年）二月，拆除了这座正殿乾元殿，于其地造明堂。这座位于外朝正衙之位上的明堂建筑仅存在了不足 7 年，于武则天证圣元年（695 年）焚毁。但被毁之后的第二年，即武则天万岁通天元年（696 年）三月，重新建造的明堂落成。焚毁后重建的武则天明堂仅存在了 21 年，至唐玄宗开元五年（717 年），以武太后所造明堂有乖典制，遂拟拆除明堂，依旧建乾元殿。诏将作大匠康訾素往东都毁之，康訾素以毁拆费工，乃奏拆去上层但留下层为正殿。一说康氏拆除武则天明堂上层是在开元二十六年（738 年），如此，则武则天明堂存在了 42 年，至开元二十七年（739 年），在明堂旧址上恢复了乾元殿其实只是对武则天明堂原有结构的一个改建。

从大业元年（605 年）至开元二十七年（739 年），在 134 年间，在洛阳宫同一个基址上，先后存在了隋乾阳殿、唐乾元殿、武则天明堂、焚毁后重建的武则天明堂及拆除明堂上层改建的唐玄宗乾元殿等 5 座大规模的殿堂。这样以国家之力在皇家宫殿的正衙之位上大规模进行的跌宕起伏的大型木结构殿堂建造，不得不说是中国古代建筑史上的一个奇观。

所幸的是，我们从历史文献还可以找到有关这几座大型古代殿堂的一些基本量度关系记载，以及今日的考古发掘描述，若加以分析梳理，或可以从中看出当年这几座大型殿堂之平面、结构及形式的蛛丝马迹。考虑到已有多位当代学者对武则天明堂进行了较为详尽的分析与复原研究，这里的讨论仅仅集中在建造于同一基址之上，相隔 35 年的隋乾阳殿与唐（高宗）乾元殿上。

一、隋乾阳殿

在这个基址上建造的第一座大殿是隋代洛阳宫的正殿——乾阳殿，关于这座殿的描述，史籍上往往极言其大，如唐人张玄素在劝谏唐太宗不要再重修乾阳殿时曾经提到：

"臣又尝见隋室初造此殿，楹栋宏壮，大木非随近所有，多自豫章采来。二千人曳一柱，其下施毂，皆以生铁为之，中间若用木轮，动即火出，铁毂既生，行一二里即有破坏。仍数百人别赍铁毂以随之，终日不过进三二十里。略计一柱已用数十万功，则余费又过倍于此。"[1]

首先这座大殿的柱子巨大，一根柱子的原材需要 2000 人拖拽，一根柱子的用功已有数十万之多。其建筑物体量的巨大是可以想见的。较为详细地记载了这

[1] 文献 [2].［清］董诰．全唐文．卷一百四十八．张元素．谏修洛阳乾阳殿书．清嘉庆内府刻本．

座大殿基本量度的是去隋未远的唐代人杜宝所撰《大业杂记》：

“永泰门内四十步有乾阳门，并重楼。乾阳门东西亦轩廊周匝，门内一百二十步有乾阳殿。殿基高九尺，从地至鸱尾高一百七十尺，又十三间，二十九架，三陛（一作阶）轩。文栌镂槛，栾栌百重，粢栱千构，云楣绣柱，华榱碧档，穷轩甍之壮丽。其柱大二十四围，绮井垂莲，仰之者眩曜。南轩垂以珠丝网络，下不至地七尺，以防飞鸟。”❶

这里给出了这座乾阳殿建筑本身的几个尺寸关系：

① 殿基高 9 尺；

② 从地至鸱尾高 170 尺；

③ 面广 13 间；

④ 进深 29 架；

⑤ 三陛（或阶）轩；

⑥ 柱大 24 围。

此外，就是这座殿的一些形象上的描述，如“栾栌百重，粢栱千构”是说斗栱铺作出跳之多，层叠之厚；“绮井垂莲，仰之者眩曜”是说室内空间极其高大，仰首翘望而至头晕目眩，且有华丽的藻井等装饰。至于“南轩垂以珠丝网络，下不至地七尺，以防飞鸟”。虽然是说在大殿前檐廊下距离地面 7 尺高的地方挂有珠丝网这样一种装饰，也从侧面说明了大殿前轩柱廊十分高敞，鸟儿很容易飞进去。

然而，这些记载中缺乏一些最为基本的数据，如建筑物总面广与总进深的尺寸是多少？还有一些令人未解的描述，如“三陛（一作阶）轩”究竟是指什么？是大殿基座的阶级数量，还是另有所指？而“其柱大二十四围”也是一个需要做出解释的数据。但在高度上的两个尺寸却是十分明晰的，一个是殿基的高度，一个是从地至鸱尾的高度，且面广的间数与进深的架数也非常明确。即使是这样，我们依然很难想象出这座建筑的基本形态。

二、唐乾元殿

隋乾阳殿仅存在了不足 18 年，其间还曾被隋末战乱中拥兵自重的王世充所占据。至唐武德四年（621 年），唐兵克世充所据之洛阳宫，“秦王世民观隋宫殿，叹曰：‘逞侈心，穷人欲，无亡得乎！’命撤端门楼，焚乾阳殿，毁则天门及阙。”❷然而事情仅仅过去了 9 年，至贞观四年（630 年），太宗李世民又萌生了重建乾阳殿的念头：

贞观四年，诏发卒修洛阳宫乾阳殿，以备巡幸。张元（玄）素上书极谏云：“阿房成，秦人散；章华就，楚众离；乾阳功毕，隋人解体。且以陛下今时功力何如隋时役疮痍之人，袭亡隋之敝，恐甚于炀帝。”太宗曰：“卿谓我不如炀帝，何如桀纣。”对曰：“若此殿卒兴，所谓同归于乱。”太宗叹曰：“我不思量，遂至于此。所有作役，宜即停之。”❸

张玄素对唐太宗的劝谏确实危言耸听：“张元（玄）素曰：‘自古未有如隋乱者，得非君自专，法日乱乎？造乾阳殿，伐木于豫章，一材之费已数十万工，乾阳功毕，隋人解体。’”❹显然，张氏是把隋王朝的灭亡简单地归咎于乾阳殿的建造之上了。然而太宗纳谏如流，名彪史册，但其所云“我不思量，遂至于此”之语颇有一点意味，这里的意思似乎是说，他悔不该轻易举役于大型土木之功，但其隐含的意思或许是后悔当时

❶ 文献[1]. 子部 . 杂家类 . 杂纂之属 . 说郛 . 卷一百十上 .

❷ 文献[2]. [宋]司马光 . 资治通鉴 . 卷第一百八十九 . 唐纪五 . 四部丛刊景宋刻本 .

❸ 文献[2]. [宋]孔平仲 . 续世说 . 卷十 . 直谏 . 清嘉庆宛委别藏本 .

❹ 文献[2]. [宋]洪迈 . 容斋随笔，容斋续笔 . 卷第五 . 秦隋之恶 . 清修明崇祯马元调刻本 .

洛阳的鲁莽一炬，亦未可知。这件事情也成了后人说事的口实，如北宋大儒程颐在“崇政殿说书”时上疏曰：“以唐太宗之英睿，躬历艰难，力平祸乱，年亦长矣，始恶隋炀侈丽，毁其层观广殿，不六七年，复欲治乾阳殿，是人心果可常乎？”❶

然而，据北宋王溥《唐会要》记载，事情又过了26年，到高宗显庆元年（656年）：

“显庆元年，敕司农少卿田仁汪，因旧殿余址，修乾元殿，高一百二十尺，东西三百四十五尺，南北一百七十六尺，至麟德二年二月十二日，所司奏，乾元殿成。”❷

在其他的文献中也有类似的记载，如《册府元龟》的记载为：

“显庆元年，敕司农少卿田仁汪，因事东都旧殿余址，修乾元殿，高一百二十尺，东西三百四十五尺，南北一百七十六尺。”❸

《历代帝王宅京记》的记载为：

“高宗本纪曰：显庆元年，敕司农少卿田仁汪，因东都旧殿余址，修乾元殿，高一百二十尺，东西三百四十五尺，南北一百七十六尺。”❹

《河南志》则载为：

“乾元门内正殿曰含元殿。（隋之乾阳殿。武德四年平王世充，遂焚之。麟德二年，命司农少卿田仁汪因旧址造乾元殿成。高一百二十尺，东西三百四十五尺，南北一百七十六尺。）”❺

这些记载大概都是同一个来源，《历代宅京记》所本为“高宗本纪”，当是来自《旧唐书》或《新唐书》，但现存的两个文本中并没有这一记载。《旧唐书》上只是简单地记录了“二年春正月……东都造乾元殿成。”❻而王溥是五代末宋初时人，其记载可能是当时唐人的资料所本的。这几条记述的基本观点是一致的：

① 唐乾元殿是因隋乾阳殿旧址（旧殿余址）而建；

② 乾元殿高120尺；

③ 乾元殿东西通面广345尺；

④ 乾元殿南北通进深176尺。

这里没有殿基的高度，也没有面广开间数，亦没有进深开间及椽架数，但却有了精确记载的东西总面广尺寸与南北总进深尺寸。这恰恰与仅有面广开间数与进深椽架数的隋乾阳殿形成了互补。历史似乎要在这里暗喻些什么。

三、一个假设

隋乾阳殿是当时等级最高的建筑物，且规模宏伟，而高宗显庆元年（656年）开始在旧址上新建乾元殿时距离该殿焚毁的时间仅有35年，其基址又在宫禁的范围之内，且自武德四年遭焚毁后，这座大殿的台基上并没有任何其他建设活动，因此可以肯定其基址保存得比较完好。这一点或者可以从乾阳殿遭焚毁仅仅9年之后的“贞观四年，诏发卒修洛阳宫乾阳殿”

❶ 文献[2].[宋]李焘．续资治通鉴长编．卷三百八十一．哲宗元祐元年．清文渊阁四库全书本．

❷ 文献[2].[宋]王溥．唐会要．卷三十．清武英殿聚珍版丛书本．

❸ 文献[2].[宋]王钦若．册府元龟．卷十四．明刻初印本．

❹ [清]顾炎武．历代宅京记．卷十一．洛阳四．北京：中华书局，1984.

❺ 文献[2].[元]佚名．河南志．卷四．唐城阙古迹．清光绪藕香零拾本．

❻ 文献[2].[五代]刘昫．旧唐书．卷四．本纪第四．高宗上．清乾隆武英殿刻本．

一事中看出，特别需要注意的是，太宗诏书里用的是“修”而不是“建”乾阳殿。似乎也从侧面说明，这座大殿的基址（甚至部分残存结构）应该保存得相当完好。而以乾阳殿柱子所用之宏巨，其柱下的石础也应该是巨大的，若没有人为扰动，地面以上的一时之火对于石质柱础的影响应该比较小，至少其相对位置不会有什么变动。因此，我们在这里不妨做一个大胆的假设：

唐高宗时所建的乾元殿，是完全沿用了隋代乾阳殿既有柱础的平面而建造的，也就是说，唐乾元殿与隋乾阳殿采用了完全相同的开间与进深的平面布置方式。

如果这一假设能够成立，那么关于这两座大殿的相关记录就可以综合在一起进行分析：

① 隋乾阳殿很可能具有与唐乾元殿相同的总面广尺寸与总进深尺寸；

② 同样道理，唐乾元殿很可能具有与隋乾阳殿相同的总开间数和总进深椽架数；

③ 两者共享了同一座大殿基座，唐乾元殿也应该是“殿基高九尺”。

目前两者在建筑量度上的唯一明显区别是高度。隋乾阳殿“从地至鸱尾高一百七十尺”，而唐乾元殿“高一百二十尺”，其间有50尺的高度差。这也从侧面说明，两座建筑在结构与造型形式上是有明显区别的。也就是说，两座大殿共用了相同台基与同样长度的面广与进深，及相同的开间、进深等柱网布置，但两座建筑物却有截然不同的高度。我们将这一问题留待下一步详加论述。

这里要讨论的一个问题是，这两座大殿之间是否在基本尺寸上有着密切的联系。除了上面的分析之外，还有一个有趣的关联可以验证两者的关系。关于隋乾阳殿的南北进深，文献中记载了“二十九架”而没有具体的尺寸，而唐乾元殿却只有“南北一百七十六尺”的实际进深尺寸却没有进深的椽架数。然而这两组数据之间是否会存在什么联系呢？如我们所推测的，两座沿用同一基础的建筑采用了相同的进深，那么两者之间使用相同的椽步架数也是可能的。如此我们只要证明了这两组数据之间存在着密切的关联，也就能够证明这两座建筑之间在基本尺寸上的相互关联性。

如果假定乾阳殿也采用了南北176尺进深尺寸，我们忽略因斗栱出挑产生的尺寸微差，将其前后檐的总距离也粗略地看作176尺，并将其平均分布在29步椽架上，则每一步椽架之间的水平距离约为6.07尺。

我们知道，宋李诫编撰的《营造法式》中对椽架的距离尺寸有比较明确的规定：

“用椽之制：椽每架平不过六尺。若殿阁或加五寸至一尺五寸，径九分至十分。”[1]

也就是说，按照北宋时期官方建筑的规则，椽架的水平间距应该控制在6尺左右，殿阁可以到6.5~ 7.5尺。椽架距离是一个多年积累的经验尺寸，其间不会因时代不同而有太大的变化。进深176尺分布在29步椽架上，水平距离为6.07尺，若加上前后檐的斗栱出挑增加值，其实际的椽架距离还会略大于这个数值，恰与宋《营造法式》规定的用椽之制相吻合。这是否从侧面验证了这两座建筑物之间的尺寸关联呢？

我们还可以对乾阳殿的面广13间与乾元殿的东西广345尺进行粗略的分析。如果将总面广345尺按相等的间广均匀分布在13间上，则每间的间广约为2.65丈。乍一看来，这是一个偏大的开间尺寸。因为据记载，同是唐高宗时期设计的总章明堂：“堂每面九间，各广一丈九尺。”[2] 也就是说，总章明堂的开间是

---

[1] 文献[2].[宋]李诫．营造法式．卷五．清文渊阁四库全书本．

[2] 文献[2].[五代]刘昫．旧唐书．卷二十二．志第二．礼仪二．清乾隆武英殿刻本．

按1.9丈设计的。事实上，一般建筑的开间控制在1.5~2丈是一个适宜的量度。这不仅是出于木材材料结构性能的考虑，更主要的是出于建筑立面比例的考虑。如果一般建筑开间偏大，则其柱高也应该加高，这无疑会带来材料的浪费和建筑比例的失调。但这是否说明隋唐时人将最高等级建筑的开间也只设在1.9丈呢？

值得注意的是，总章明堂开间定为1.9丈，出于其特殊象征意义方面的考虑："按《尚书》，地有九州，故立九间。又按《周易》，阴数十，故间别一丈九尺，所以规模厚地，准则阴阳，法二气以通基，置九州于一宇。"❶而且，这一柱间距无疑与柱子及门窗的高度有着密切的关联，而在总章明堂的设计中："堂周回十二门，每门高一丈七尺，阔一丈三尺……又按《周易》，阴数十，阳数七，故高一丈七尺。"❷这一门高尺寸也是出于象征意义的考虑，同时对柱子的间距与高度形成了限定。由此，可以反证间广1.9丈并不一定是隋唐时期最高等级建筑开间的必要性限定条件。实际的开间尺寸，在可能的材料先决条件下，无疑与建筑的等级与用料的大小及对于建筑物体量、高度的要求有着密切的关联。

关于房屋的柱子间距，宋代大儒朱熹在《朱子仪礼释宫》中有过一段分析：

"屋制修广之数，虽不见于经，但据士之婚丧祭礼，以其室中所容之人与器物约之，其修必二丈，广则二丈一尺；或中一间稍宽，则广二丈五尺。旁四间，广各二丈。"❸

朱熹所分析的不过是常人居处的屋舍，且仅五间而已，其当心间面广已应在2.5丈，则作为隋唐时代最高等级的皇宫正衙，其开间约在2.65丈显然也在情理之中。而且，能够说明其开间在2.65左右的合理性的还有建筑物的高度，这两座大殿无疑都是单层空间的大型殿堂建筑，而其高度却极其宏伟。若以总章明堂1.9丈的柱子间距，其柱高也应在1.9丈左右，则无论如何是不可能建构起"高一百二十尺"的结构体的。关于这一问题，我们还可以在后面的分析中做进一步的验证。

但无论如何，从上面的分析中可以基本得出一个结论：利用隋乾阳殿旧殿余址所建造的唐乾元殿，与隋乾阳殿在平面的面广、进深尺寸与开间数、椽架数及台基高度方面的数据具有共享性：

① 面广为13间，东西广345尺；

② 进深为29架，南北深176尺；

③ 基高为9尺。

我们可以根据这些基本数据，进一步展开分析。

四、隋乾阳殿与唐乾元殿的外观形式

这里面临的一个问题是，隋乾阳殿与唐乾元殿两者间存在一个明显的高度差异：

① 隋乾阳殿从地至鸱尾高170尺；

② 唐乾元殿高120尺。

以中国古代建筑木构架的基本概念来判断，两座相同等级且同是单层空间的建筑，如果其平面尺寸相同或接近，这种明显的高度差就不应该简单地体现在柱子的高度与屋顶梁架的举折上。仅由经验推测就可以知道，造成这种差异的最大可能性应该在建筑物的外观檐口数量上。因此，以上面这两座殿堂的高度数据为基础我们先提出一个假设：

如果说，仅高120尺的唐乾元殿采用的是皇家宫殿正衙应该采用的标准的重檐结构与造型，那么，从地至鸱尾高170尺的隋乾阳殿就有可能是采用了三重

---

❶ 文献[2].[五代]刘昫.旧唐书.卷二十二.志第二.礼仪二.清乾隆武英殿刻本.

❷ 文献[2].[五代]刘昫.旧唐书.卷二十二.志第二.礼仪二.清乾隆武英殿刻本.

❸ 文献[1].经部.礼类.礼仪之属.钦定仪礼义疏.卷首下.朱子仪礼释宫.

檐的结构与造型形式。

这一推测也不是空穴来风。让我们再来回顾一下有关隋乾阳殿的基本记载：“殿基高九尺，从地至鸱尾高一百七十尺，又十三间，二十九架，三陛（一作阶）轩。”有一个特别引人注目但却明显不同于唐乾元殿的表述是“三陛（一作阶）轩”。从字面上讲，所谓“三陛轩”似乎可以理解为殿基由三重台阶组成。然而，在这一整句的记录中最先提到的是“殿基高九尺”，而“三陛轩”并没有紧接殿基的描述而展开，反而与有关高度、殿身、殿顶构架等的记述：“从地至鸱尾高一百七十尺，又十三间，二十九架，三陛（一作阶）轩”紧密地连接在一起，似乎都是在描述台基之上的殿身、屋顶的高度关系。

我们再从字面意义上来看这句话的可能意义。这句话的核心词是“轩”。轩的本义是指古代士大夫所乘坐的车并演化为对于车子的通称。在古代建筑中，轩可以指窗、指长廊，或指以敞亮通透为特点的园林景观建筑物，有时还含有高敞的意义，轩也可以用作书斋、茶馆的字号。特别应该提到的是，在有关乾阳殿的记载中也用了“轩”字，即“南轩垂以珠丝网络，下不至地七尺，以防飞鸟”。这里的“南轩”无疑是建筑“南立面之檐下”的意思。无论如何，轩有几个十分重要的意义是与“层”“檐”密切联系在一起的，我们来看一看《汉语大词典》中的相关解释[1]：

屋檐。《集韵·元韵》：“轩，檐宇之末曰轩，取车象。”《文选·沈约〈应王中丞思远咏月〉》：“网轩映珠缀，应门照绿苔。”张铣注：“轩，屋檐也。以网和珠缀而饰之。”

殿堂前檐处。《正字通·车部》：“轩，殿堂前檐特起曲椽无中梁者亦曰轩。”唐许敬宗《尉迟恭碑》：“著恭肃于轩陛，驰声猷于藩岳。”

楼板，建筑物的上层结构部分。《楚辞·招魂》：“高堂邃宇，槛层轩些。”王逸注：“轩，楼板也。言所造之室，其堂高显，屋甚深邃，下有槛楯，上有楼板，形容异制且鲜明也。”《文选·王中〈头陁寺碑文〉》：“层轩延袤，上出云霓。”李善注引王逸曰：“轩，楼板也。”《后汉书·班彪传》：“于是左（墄）右平，重轩三阶。”

再来看一看“陛”或“阶”的含义：陛的核心意思是阶梯，特别是指帝王宫殿的台阶。但其中无疑也隐含了“层”的意思，在古代甚至可以转义为官阶等级。如《汉语大词典》有关“陛”的注释中引《楚辞·大招》：“举杰压陛，诛讥罢只。”王逸注：“陛，阶次也。”洪兴祖补注：“压抑无德，不由阶次之人。”[2]阶次，与层级显然在意义上是相同的。

因原典文献中为“三陛（一作阶）轩”，说明古人对这里的意思也存疑问。另有“三阶轩”的传本。“阶”的字面含义与“陛”十分接近，故《说文》有“阶，陛也”之解，因而也可以引申为等级、层级之意。《玉篇·阜部》：“阶，级也。”

在“三陛（一作阶）轩”这句话中，其主词是“轩”，而“陛”或“阶”都是修饰“轩”的，则由“轩”为檐，“陛”与“阶”为层级意，则无论是“三陛轩”还是“三阶轩”都可以解作：三层（重）檐。而以檐口的层数来观察隋乾阳殿与唐乾元殿的差别，则单层结构“三层（重）檐”的隋乾阳殿，其“从地至鸱尾高一百七十尺”比可能是宫殿正衙中常见的单层结构两重檐大殿形式的“高一百二十尺”的唐乾元殿高出了“五十尺”，从比例上看颇合乎逻辑。当然，进一步的尺寸分析还要留待后面的深入讨论之中。由此，我们基本可以得

[1] 《汉语大字典》编辑委员会．汉语大字典．第5卷．武汉：湖北辞书出版社；成都：四川辞书出版社，1988.

[2] 《汉语大字典》编辑委员会．汉语大字典．第5卷．武汉：湖北辞书出版社；成都：四川辞书出版社，1988.

出结论：

① 大业元年（605年）所建隋洛阳宫正殿乾阳殿是一座单层三重檐大殿；

② 显庆元年（656年）在其旧殿余址上重建的唐洛阳宫正殿乾元殿是一座单层二重檐大殿。

我们以这一推测为基础深入讨论。

五、隋乾阳殿与唐乾元殿的平面推测

基于前面所分析的，隋乾阳殿与唐乾元殿是利用同一座殿堂的基座先后建造的两座建筑，其基本的尺寸可能是相互吻合的，我们可以设想，这两座建筑采用了同样的柱网平面来建构其殿堂。因为，唯有这样才能最有效地利用既有的殿堂基座与基础。

需要说明的一点是，这里所做的分析是建筑学意义上的，即基于建筑学逻辑基础之上的合理性与可能性探索，而不是考古学意义上的真实复原，故其着眼点在于透过对从历史文献中获得的一个基本尺寸框架内部相互逻辑关系的分析，来看其是否符合一般古建筑的平面柱网分布规则与柱、檐、屋顶的高度规则。

首先，我们先对这两座殿堂的基本柱间距加以分析。因为这两座殿堂都是大尺度的建筑物，其总面广为345尺，其正面的开间数为13间，即使按照完全相等的开间间距来分布，每一开间的间距也在26.54尺左右。考虑到这种大型殿堂无疑应该是“周匝副阶”的做法，而副阶柱与殿身柱的间距一般应该小于殿身柱相互之间的间距，殿身柱之间的间距就应该大于这个平均值。我们取整数27尺为殿身柱子间距的基本值，可将殿身的进深方向分为5间，开间均为27尺，则殿身总进深为135尺。这样，以包括副阶在内的总进深176尺推之，前后檐尚余41尺平均划分，则前檐廊副阶柱和后檐廊副阶柱与殿身柱的间距均为20.5尺，这也可以看作整座大殿周匝的副阶柱与殿身柱的间距。

1. 进深方向的开间与椽架推测

接着，我们可以通过对大殿进深方向的尺度分析对这一柱间距进行验证：如前所述，以大殿进深为29架，总进深为176尺，平均每一步椽架的水平间距为6.07尺。但实际的椽架分布是包括了前后檐的檐口出挑的。所以进深29架的前后总距离应该大于176尺，因而每一步架的实际间距也应该大于6.07尺。根据《营造法式》的规定，殿阁建筑的椽步架应该在6.5~7.5尺。

我们取一个接近其下限的保守值，设定其椽架间距为6.75尺。按照我们所了解的古代木构架，其进深方向的步架缝与进深柱缝往往是重叠的，也就是说，可以将殿身进深方向的开间做等距离的划分以布置承椽的槫架，并分布椽步架。因此以殿身基本柱间距为27尺计，若每一椽架为6.75尺则恰可分为4步椽架。在进深方向的殿身5间间缝内，约可以分布20个椽架。前后檐廊，以其20.5尺的柱间距，约各可分布3个椽步架。这样，从副阶前檐柱缝到副阶后檐柱缝总共可以布置26个椽步架。

这里出现了一个问题，即前后檐柱间总椽步架数仅为26架，如何与记载中的“进深二十九架”相吻合呢？我们注意到，这里的26步椽架完全是在前后檐柱缝以内，而前、后副阶檐柱各有出挑的铺作斗栱。

为了厘清这3个步架之差，我们不得不先来讨论一下铺作问题。作为最高等级的建筑，这两座大殿的殿身外檐斗栱无疑应该采用最高等级的八铺作，而参照宋《营造法式》的规定：

> “凡楼阁上屋铺作，或减下屋一铺。其副阶缠腰铺作，不得过殿身，或减殿身一铺。”[1]

也就是说，副阶铺作可以与殿身铺作相同也可以

---

[1] 文献[2].[宋]李诫．营造法式．卷四．大木作制度一．总铺作次序．清文渊阁四库全书本．

减殿身一铺。我们可将这两座大殿的外檐副阶斗栱均设定为七铺作，然后参照宋《营造法式》中有关七铺作的斗栱出挑情况来推断余下的3个椽架问题。参照宋《营造法式》的规定：

“一曰华栱：……与泥道栱相交，安于栌斗口内。若累铺作数多，或内外俱匀，或里跳减一铺至两铺。其骑槽檐栱，皆随所出之跳加之。每跳之长，心不过三十分；传跳虽多，不过一百五十分。”❶

也就是说，一组最高等级的斗栱可以有5跳、八铺作。每跳为30分，则总出跳距离为150分。若副阶斗栱为七铺作出4跳，其最大的出跳距离为120分。然而《营造法式》还相应地规定了：

“若铺作多者，里跳减长二分。七铺作以上，即第二里外跳各减四分。六铺作以下不减。若八铺作下两跳偷心，则减第三跳，令上下两跳交互斗畔相对。”❷

也就是说，如果是七铺作斗栱，其总出跳距离数应该减掉3个4分，而实际的总出跳距离尺寸应为108分。那么这里的一分相当于多少呢？我们知道，宋《营造法式》中规定的一等材的尺寸为9寸。而按照中国古代建筑史的发展趋势来看，唐代的材分值应该比宋代大，而唐尺却又比宋尺略短，故而我们设想：隋乾阳殿或唐乾元殿所用的一等材应该为隋（唐）尺的一尺多，例如，1.5隋（唐）尺应是很可能的。因为没有进一步的资料支持，我们就假设为1.5尺。参照《营造法式》的规定，每一材可以分为15份，每一份为一分。既然假设这两座殿用1.5尺为一材，那么一分即为0.1隋（唐）尺。由此可以推测出前后副阶檐柱柱头铺作斗栱的出挑距离为10.8尺。

有趣的是，我们将前后檐柱缝之外的两个出挑椽架距离10.8尺用刚才推算的一步椽架为6.75尺来除，其值恰为1.6。也就是说，在这两座大殿前后檐柱缝之内已经覆盖的26个椽架之外，大殿前后副阶檐还各自向外出挑了1.6个椽架，合起来为3.2个椽架，再加上前后副阶檐柱缝以内的分布的26个椽架，恰好为29.2个椽架。这里余下的问题可能是两个：一是隋唐时代的出挑不一定与宋《营造法式》完全相合，故其七铺作的出挑距离可能恰好可以折算在1.5个椽架的范围之内；二是隋时人忽略了这一点微差将前后檐总进深的距离29.2椽架简略地记载为“二十九架”。

这里需要说明的一点是，殿身在上檐外檐柱头上也有向外的斗栱出挑，但因为是与下檐副阶的椽架相平行并且重叠的，故无须计算在建筑物的总进深中。由这一点或也可以反向推测：古人在进深方向计算椽架数时是一个距离概念，而不是一个真实的椽架数量概念。但无论如何，从这样的分析中已经可以看出我们前面设定的有关这两座大殿进深方向的几组数据是与历史记载高度吻合的：

① 殿身部分在进深方向分为5间，每间间距为27尺，殿身总进深为135尺。

② 副阶柱与殿身柱的间距为20.5尺。

③ 一步椽架的水平距离为6.75尺，殿身柱进深方向每一开间可以分为4步椽架，副阶柱与殿身柱之间的距离可以分为3个椽架，则前后副阶檐柱柱缝以里，是总进深为26个椽架的距离，即175.76尺。这个距离与大殿总进深176尺基本相合。

④ 副阶檐柱柱头出七铺作，总出跳108分，按一等材为1.5隋（唐）尺计，出挑的距离为1.6椽架，前后檐向外出挑距离总和为3.2个椽架，故由副阶外檐铺作上的前后橑檐方（或橑风槫）缝之间所覆盖的大殿总进深为29.2个（或取其整数为29个）椽架的

❶ 文献[2].［宋］李诫．营造法式．卷四．大木作制度一．栱．清文渊阁四库全书本．

❷ 文献[2].［宋］李诫．营造法式．卷四．大木作制度一．栱．清文渊阁四库全书本．

距离。

2. 面广方向的开间推测

关于这两座大殿在面广方向的柱子分布，就是要将面广 345 尺的长度分配在 13 间的范围之内。进深方向已经确定了两个柱距：一个是殿身柱的柱间距为 27 隋（唐）尺；另外一个是副阶檐柱与殿身柱的间距为 20.5 隋（唐）尺。这两个数据对应了面广方向当心间以外的次间、梢间与尽间的开间。正立面上东西两端的两个尽间，即大殿两山副阶檐柱与殿身柱之间的间距，其开间与前后檐一样为 20.5 尺；位于当心间两侧与两尽间之间的次间、梢间可以参照进深方向的两山殿身柱距设定为 27 尺。余下的问题就是当心间间距了。

由于总面广为 13 间总长 345 尺，其中两尽间长度之和为 41 尺；左右两侧次间与梢间共 10 间总长为 270 尺。两者之和为 311 尺。所余 34 尺就应该是当心间的间距。也就是说，隋乾阳殿与唐乾元殿当心间间距为 3.4 丈。这确实是一个很大的数字，但相对于其最高等级的建筑物本身，特别是相对于文献记载的面广与进深尺寸，非用这样的开间宽度是不能够在给定的总面广与总进深尺寸及开间数的前提下使大殿柱网在整体上得到恰当适配的。

此外，还有一个至关重要的问题需要预先提出来：在文献记载中，这两座大殿有着非同寻常的高度。如果没有相当的当心间开间宽度，则正立面上的柱子高度也自然会受到极大的限制，而被压低了的檐柱高度无论如何也不可能使大殿梁架与记载的高度相吻合。所以无论从记载中的面广尺寸分布逻辑，还是建筑物高度比例逻辑上看，这个 3.4 丈的当心间间距都是可能的。

还可以找到一个参考的数据。我们知道，现存中国古代建筑等级最高、结构尺寸规模最大的单体建筑是明清故宫正衙太和殿（图 3–1，图 3–2，图 3–3）。

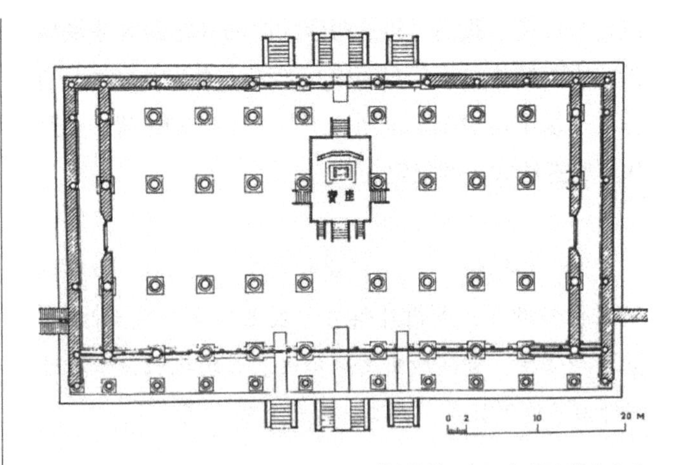

图 3-1 明清故宫正殿太和殿平面图（刘敦桢 . 中国古代建筑史 [M]. 北京：中国建筑工业出版社，1984.）

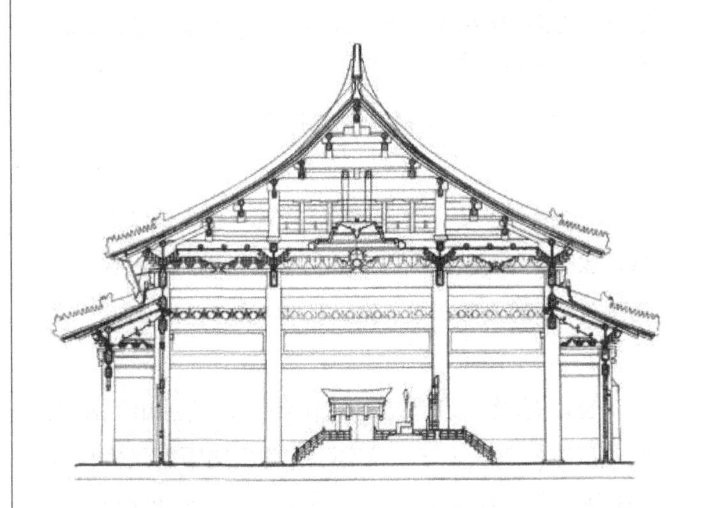

图 3-2 明清故宫正殿太和殿剖面图（刘敦桢 . 中国古代建筑史 [M]. 北京：中国建筑工业出版社，1984.）

图 3-3 明清故宫正殿太和殿（张振光 . 中国古代建筑图片库 • 宫殿装饰 [M]. 北京：中国建筑工业出版社，2010.）

这是一座11开间的大殿，殿身9开间，我们来看一看这座古代建筑实例的开间尺寸：

“工部等衙门谨奏……太和殿一座计九间，东西二边各一间。内明间面阔二丈六尺三寸五分，八次间各面阔一丈七尺三寸，两边间各面阔一丈一尺一寸，通面阔十八丈六尺九寸五分。山明间阔三丈四尺八寸五分。两次间各阔二丈三尺二寸七分，前后小间各阔一丈一尺一寸，通进深十丈三尺五寸九分。”❶

这里的正面当心间面广仅有2.635丈，从尺寸上讲与我们分析的隋乾阳殿或唐乾元殿殿身柱距相当（因为清尺明显大于隋尺或唐尺，故实际间距应略大于隋唐两殿殿身柱距），比隋唐两殿当心间3.4丈的间距还是要小许多。但我们注意到，太和殿山面明间的间距为3.485丈，是一个与隋唐两殿明间数值相当的开间距离，而考虑到清尺与隋唐尺的差别，这是比隋（唐）洛阳宫正殿当心间间距更宽的开间尺寸。从这一点我们至少可以知道，中国古代木结构建筑使用3.4丈左右的开间跨度上完全可能做到。

我们再回到面广的尺寸上。需要特别提及的是，现存明清故宫正殿太和殿并非明代永乐年间最初设计建造的样子。其中仅明代就经历了三次大火和三次大规模重建。而文献中记载的永乐北京宫殿正殿“原旧广三十丈，深十五丈云”。❷这一尺寸大约相当于现存太和殿（通面阔18.695丈，通进深10.359丈）的1.5倍，设想一下，如果仍按太和殿十一开间的面广分布简单地将其开间乘以1.5的倍数，则明永乐故宫正殿奉天殿明间间广就达到了3.95丈，次间达到了2.6丈，尽间则为1.67丈。这一组数据中，明间的面广间距已经明显大于我们前面分析的隋唐洛阳宫正殿当心间的面广。如果将这一数值向尽间稍作均匀，则与我们上面分析的隋乾阳殿与唐乾元殿正立面方向各开间的间距尺寸就基本一致了。

从整体尺度上看，面广30丈、进深15丈的明代故宫正殿与面广345尺（34.5丈），进深176尺（17.6丈）的隋乾阳殿或唐乾元殿完全是在同一个结构层级上的。因为明代大殿仅11间，其略小于面广13间的隋唐洛阳宫正殿是完全合乎逻辑的。还有一点值得注意的是，两者的进深与面广之比均为1：2左右，这也说明古人在这种大型殿堂中采用的比例是接近的。

3. 平面柱网与柱径

现在，我们可以将山面与正面的柱子开间分布综合在一起，形成一个完整的平面。隋乾阳殿与唐乾元殿都是面广13间、进深7间的大规模殿堂。其面广方向的当心间间广为34尺，当心间两侧总为10间的次、梢间间广均为27尺，左右两尽间间广21.5尺；其进深方向，中间5间间广27尺，前后两尽间间广20.5尺。如此而形成了一个柱网格局。

这里的问题是，在这一基本的网络下有什么变化的情况。我们知道，唐宋时代最高等级的殿堂往往采用宋《营造法式》中所说的“金箱斗底槽”的做法，就是将柱子网络的中心部分留空形成隆重的室内空间。现存最早的唐代大型木构殿堂——五台山佛光寺大殿就用了这种“金箱斗底槽”式的平面。也唯有这种平面，才可能使得室内有空敞、隆重的空间产生。

我们先在这里假设隋乾阳殿与唐乾元殿也采用了金箱斗底槽的平面，这样就需要将这一密集网格中的当中两排柱子拔去，除了副阶柱之外殿身在南北与东西方向上均仅设两排柱子，形成“金箱斗底”的平面格局，这样可以在大殿中央留下南北两排，东西8列的柱位空缺形成一个高大宽敞的室内空间。然而这里产生了一个问题：构成大殿中心空间的前后两根殿身

❶ 康熙三十四年（1695年）江藻《太和殿纪事》，转引自刘畅．北京紫禁城[M]. 北京：清华大学出版社，2009:116-117.

❷《明世宗实录》，转引自刘畅．北京紫禁城[M]. 北京：清华大学出版社，2009:113.

内柱之间的距离达到了81尺，从而也会在大殿结构中出现8根长度达到81尺的大型梁栿。以每间4个椽架计，这8根梁将达到“十二椽栿”的规模。这在结构上的确是一件十分大胆的事情。考虑到隋唐时代建筑技术及木材的来源，用长81尺的大梁应该是一件极其困难之事，而《隋书》中极言柱子的尺寸之大、用功极巨，却没有谈及梁栿。说明乾阳殿中似没有使用特别超尺度的大梁。因此，我们设想在中央空间中再加一排柱子，使中央空间在剖面上成为八椽栿对四椽栿的格局，这样整体的殿身剖面从前至后就可能形成：四椽栿、八椽栿、四椽栿、四椽栿的布置方式。最大的明栿仅为八椽栿。这里的八椽栿长54尺，应该还在隋唐时期可能建构起来的梁栿长度范围之内。

接着我们来看一下这两座大殿的柱径。值得注意的是，在有关隋乾阳殿的记录中有两处涉及柱子，其一是：

“其柱大二十四围，绮井垂莲，仰之者眩曜。”❶

这一条记录说明其柱子之粗细达到24围，而且从殿内望去其柱子极高，且室内有藻井装饰，因而人们在大殿内向上仰望会有头晕目眩之感。其二是：

“二千人曳一柱，其下施毂，皆以生铁为之，中间若用木轮，动即火出，铁毂既生，行一二里即有破坏。仍数百人别赍铁毂以随之，终日不过进三二十里。略计一柱已用数十万功……。”❷

这里说的是柱子极其巨大，需要两千人才能够拖得动一根柱子。这与前文中提到的，在建筑物建成之后，人们向上仰望时有眩曜之感是统一的，都说明其用柱不仅粗巨而且高大。关于柱子的高度，我们留待下一节讨论，这里关注的是柱径。而其核心点，也恰在于如何理解“其柱大二十四围”一语。据《汉语大字典》，“围”字条目的解释：

量词……计量圆周的约略单位，指两只胳膊合围起来的长度，也指两只手的拇指和食指合围的长度。《古今韵会举要·微韵》：“围，一围五寸。”又，“一围三寸，一抱谓之围。”❸

显然，乾阳殿的柱子不会是由24个人合抱而成的尺度。因而只有两种可能：一种是每围为5寸；另一种是每围为3寸。以每围为5寸计，则柱子的周长12尺，直径为3.82尺。以隋开皇尺为0.294米计，约合今尺1.123米；以每围为3寸，则其周长为7.2尺，直径为2.29尺，合今尺为0.67米。依据现代柱径尺寸的常识可推想这里应该采取的是“一围五寸”的计量方式。唯有其径达到一米余，在古人的眼中才会有极其粗巨、需要两千人来拖拽的感觉，并“令人眩晕”。因此我们将隋乾阳殿殿身柱中支撑第三重檐屋顶柱子的直径定为径3.82尺。

其殿身柱中支撑第二重檐的柱子要低矮一些，柱径也应该相对较小一些。而其副阶檐柱最为低矮，柱径也应该最细。但因考虑到建筑物的柱径与所用材的高度是相关联的：

“凡用柱之制，若殿阁，即径两材两栔至三材；若厅堂柱即径两材一栔，余屋即径一材一栔至两材。”❹

这里并没有区分出殿阁造中的殿身柱与副阶柱的

❶ 文献[1]．子部．杂家类．杂纂之属．说郛．卷一百十上．

❷ 文献[2]．[清]董诰．全唐文．卷一百四十八．张元素．谏修洛阳乾阳殿书．清嘉庆内府刻本．

❸《汉语大字典》编辑委员会．汉语大字典．第5卷．武汉：湖北辞书出版社；成都：四川辞书出版社，1988.

❹ 文献[2]．[宋]李诫．营造法式．卷五．大木作制度二．柱．清文渊阁四库全书本．

粗细差别。而且在一座建筑中其用材应当是一致的。从这一角度我们将隋乾阳殿的柱径由内向外分别按0.9做折损，即殿身内柱（上檐柱）柱径3.82尺；殿身檐柱（中檐柱）柱径3.44尺；副阶檐柱（下檐柱）3.1尺。唐乾元殿因为仅有两重檐，所以可以将最为粗巨的支撑第三重檐的柱径尺寸排除，亦即与乾阳殿殿身檐柱取齐，均为3.44尺，其副阶柱取其九折为3.1尺以维系这两座建筑在基址与尺度上的一致性。这虽然是一种主观的推算，但在没有进一步的数据支持的前提下，加上前面提到的一系列限定因素，也只能以此为据来绘制推想图了。

至于其柱网平面，考虑到两座建筑采用了同一个基座，又可能采用了相同的面广与进深尺寸，其柱网可以设定为是完全相同的：殿身柱为内外两圈形成金箱斗底槽的格局，并在其前内柱以里再加一排殿身内柱，以缩小殿内主要梁栿的跨距，并增加前导的空间深度，在大殿横切面上形成前檐4排柱，后檐3排柱的平面格局（图3–4，图3–5）。

六、隋乾阳殿与唐乾元殿的剖面推测

1. 副阶柱与殿身柱高度推测

在前面的分析中，我们已经推测了隋乾阳殿应是三重檐的外观形体。这一点还可以通过对其剖面的推测与分析加以验证。

首先要确定副阶檐柱的高度。一个很重要的依据是宋《营造法式》中所规定的：

> “若厅堂等屋内柱，皆随举势定其短长，以下檐柱为则。若副阶廊舍，下檐柱虽长不越间之广。”❶

这其实是一个中国古代建筑中的基本规则，即在视觉近距离可及的首层或副阶层，其柱子的高度不应该大于开间的宽度。一般情况下，由于一座殿堂有许多开间，当心间要比次间或梢间宽阔一些，那么问题就是如何控制“下檐柱虽长不越间之广”了。从现存唐辽宋金时期的木构建筑实例中，我们注意到一个特点，开间较少者，其当心间的开间宽度比柱子的高度要大，如蓟县独乐寺山门的当心间开间是其柱高的$\sqrt{2}$倍（图3–6）。而随着开间的增多柱子高度与当心间开间宽度的比例也越趋近，至当时辽宋时期最高等级的9开间大殿时，其当心间的柱子高度与开间宽度大约呈1∶1的比例，如现存最早的两座辽代9开间大殿山西大同华严寺上寺大殿与辽宁义县奉国寺大殿（图3–7）都是如此。❷

隋乾阳殿是当时最高等级的建筑，且有13开间之多，其副阶柱高度显然应该既不会超过当心间的间距，也不会小于当心间的间距，而我们前面推定的大殿当心间宽34尺，其副阶檐柱的高度也应该是34尺高。

接下来需要确定的是殿身檐柱的高度。根据傅熹年先生的研究，在元代以前的大木结构建筑中，由于斗栱所占的高度比重比较大，单层重檐大殿的殿身檐柱的柱高往往恰好是其副阶檐柱高度的2倍：

> “檐柱之高也是重檐建筑的扩大模数。从历代实例中可以看到，元以前重檐建筑的比例是上檐柱高为下檐柱高的一倍，即上檐柱高以下檐柱为模数。辽之应县木塔、北宋之太原晋祠圣母殿、南宋之苏州玄妙观三清殿、元之曲阳北岳庙德宁殿都是这样。”❸

由此可以推知，隋乾阳殿殿身檐柱的高度是两个副阶檐柱的高度，即$34\times2=68$尺。以此类推，其殿身内柱，亦即第三重檐檐柱应该是副阶柱的3倍，也就是$34\times3=102$尺。

---

❶ 文献[2].［宋］李诫．营造法式．卷五．大木作制度二．柱．清文渊阁四库全书本．

❷ 参见王贵祥．唐宋单檐木构建筑比例探析//杨鸿勋．营造．第一辑．北京：北京出版社、文津出版社，2001:226-247.

❸ 傅熹年．中国古代城市规划建筑群布局及建筑设计方法研究[M].上册．北京：中国建筑工业出版社，2001：89.

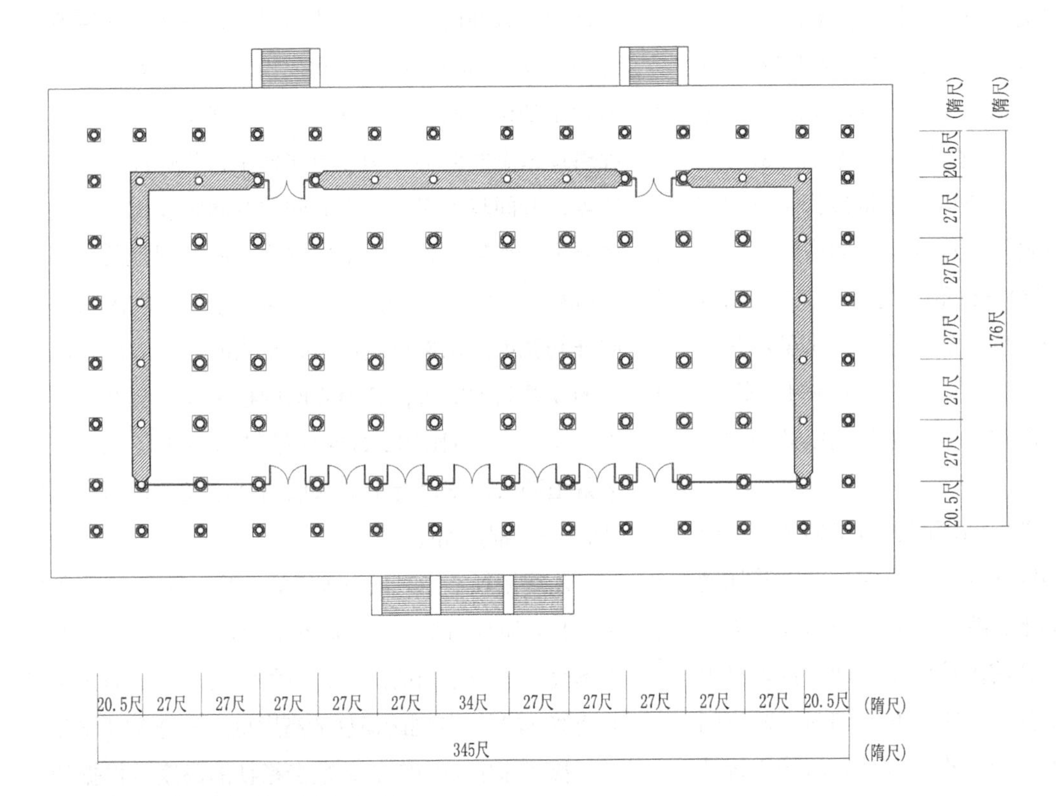

图 3-4　隋乾阳殿平面推想图（作者自绘）

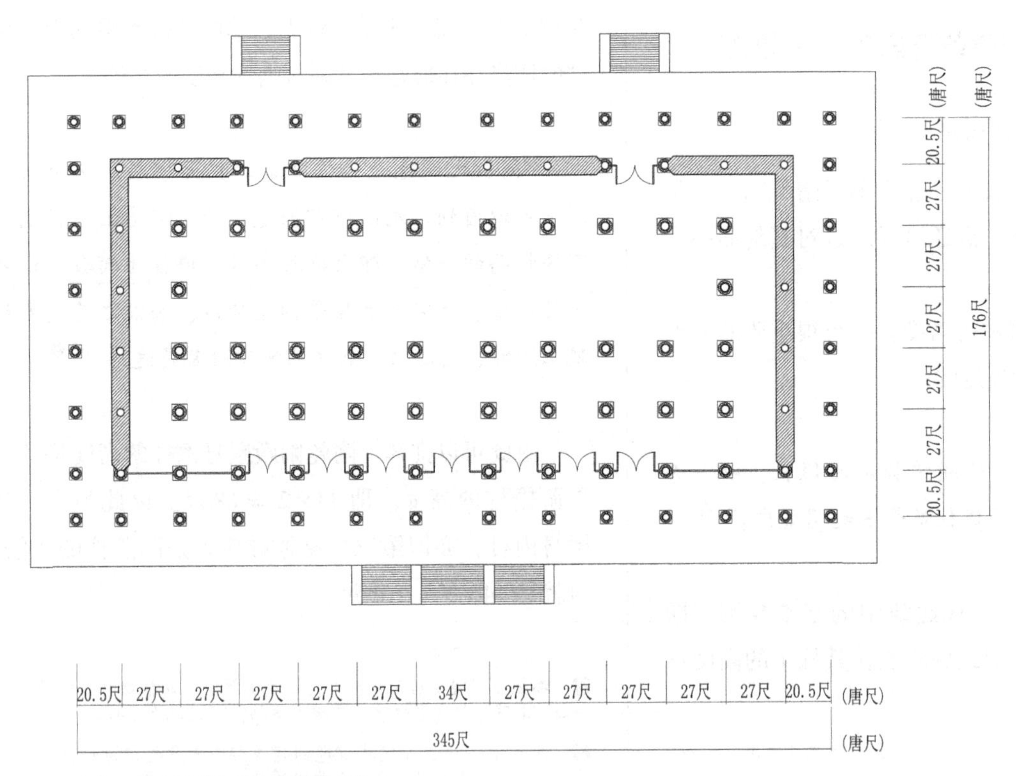

图 3-5　唐乾元殿平面推想图（作者自绘）

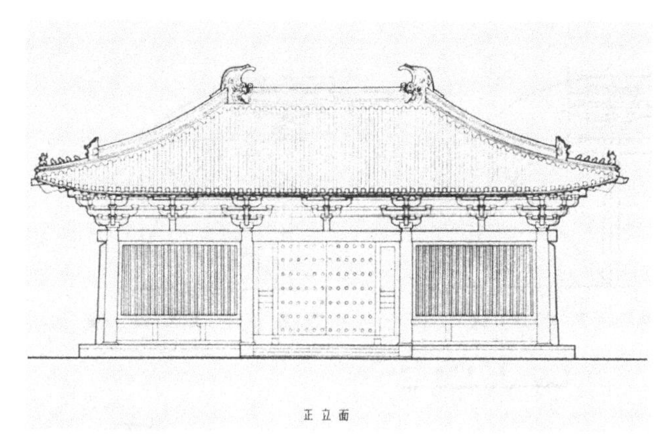

图 3-6　蓟县独乐寺山门立面图（刘敦桢．中国古代建筑史 [M]．北京：中国建筑工业出版社，1984.）

图 3-7　义县奉国寺大殿外观（黄文镐 摄）

唐乾元殿为重檐大殿，考虑到唐乾元殿与隋乾阳殿可能使用了相同的开间与进深尺寸，其当心间开间也应该是 34 尺，则其副阶檐柱高也可以定为 34 尺，而其殿身檐柱与内柱也当控制为副阶檐柱高的两倍，即高 68 尺。

2. 副阶檐下与殿身檐下所用铺作形式与材高

随之而来的问题就是柱头之上的铺作形式与高度了。参照宋《营造法式》，最高等级的殿堂，其殿身应该用一等材八铺作斗栱；而其副阶减殿身一铺应为七铺作，但仍用一等材。则乾阳殿殿身内柱斗栱（第三重檐下）为八铺作，用双杪三昂；殿身檐柱斗栱（第二重檐下）亦为八铺作，用双杪三昂；只有副阶檐柱斗栱（第一重檐下）为七铺作，用双杪双昂。

这里的核心问题就是其所用一等材的材高。按照宋代官式建筑的规定，材分八等，一等材高 9 寸，宽 6 寸。那么隋唐时代的一等材究竟如何定呢？如果仍然以 9 寸计，则因隋唐尺小于宋尺，其一等材无疑会小于宋代之一等材，而其铺作亦会小于同样等级的宋代铺作。这显然与我们所熟知的斗栱随时代变化而日趋变小的趋势相矛盾。依据建筑史的常识，我们可以肯定，隋唐时代建筑的铺作高度一定会大于宋代同样等级建筑的铺作高度。由此推知的一个结论是，隋唐时代的材等一定比同样等级的宋代材等尺寸大。那么如何确定其一等材的用材高度与厚度呢？

在拙论《唐宋单檐木构建筑比例探析》[1] 一文中，笔者从对唐宋辽金时期诸多建筑实例分析的基础上，得出结论认为这一时代可能在檐高（橑檐方或橑风槫上皮距离地面的高度）与柱高（含柱础高度的副阶或单檐建筑的檐柱高度）之间存在 $1:\sqrt{2}$（1.414）的高度比例关系（图 3–8）。

但在实例中，由于唐代建筑的实例过少，而唯一的一座大型殿堂建筑——五台山佛光寺大殿，其柱高（4.99 米）与檐高（7.48 米）的比率约为 1：1.5。如此我们可以通过两种选择来确定其橑檐方（或橑风槫）上皮距离地面的高度，然后反推其材高。其一是将橑檐方（或橑风槫）上皮高度定为柱子高度的 1.414 倍；其二是将其橑檐方（或橑风槫）上皮高度定为柱子高度的 1.5 倍（图 3–9）。

据前文分析，我们设定乾阳殿副阶柱子高度等于其当心间的开间宽度，即高 34 尺（含柱础高）。那么在其檐高为柱高的 1.414 倍时，其橑檐方（或橑风槫）

[1] 见王贵祥．唐宋单檐木构建筑比例探析 // 杨鸿勋．营造．第一辑．北京：北京出版社、文津出版社，2001:226-247. 另见王贵祥．$\sqrt{2}$与唐宋建筑柱檐关系 // 中国建筑学会建筑历史学术委员会．建筑历史与理论．第三、四辑．南京：江苏人民出版社，1984：137-144.

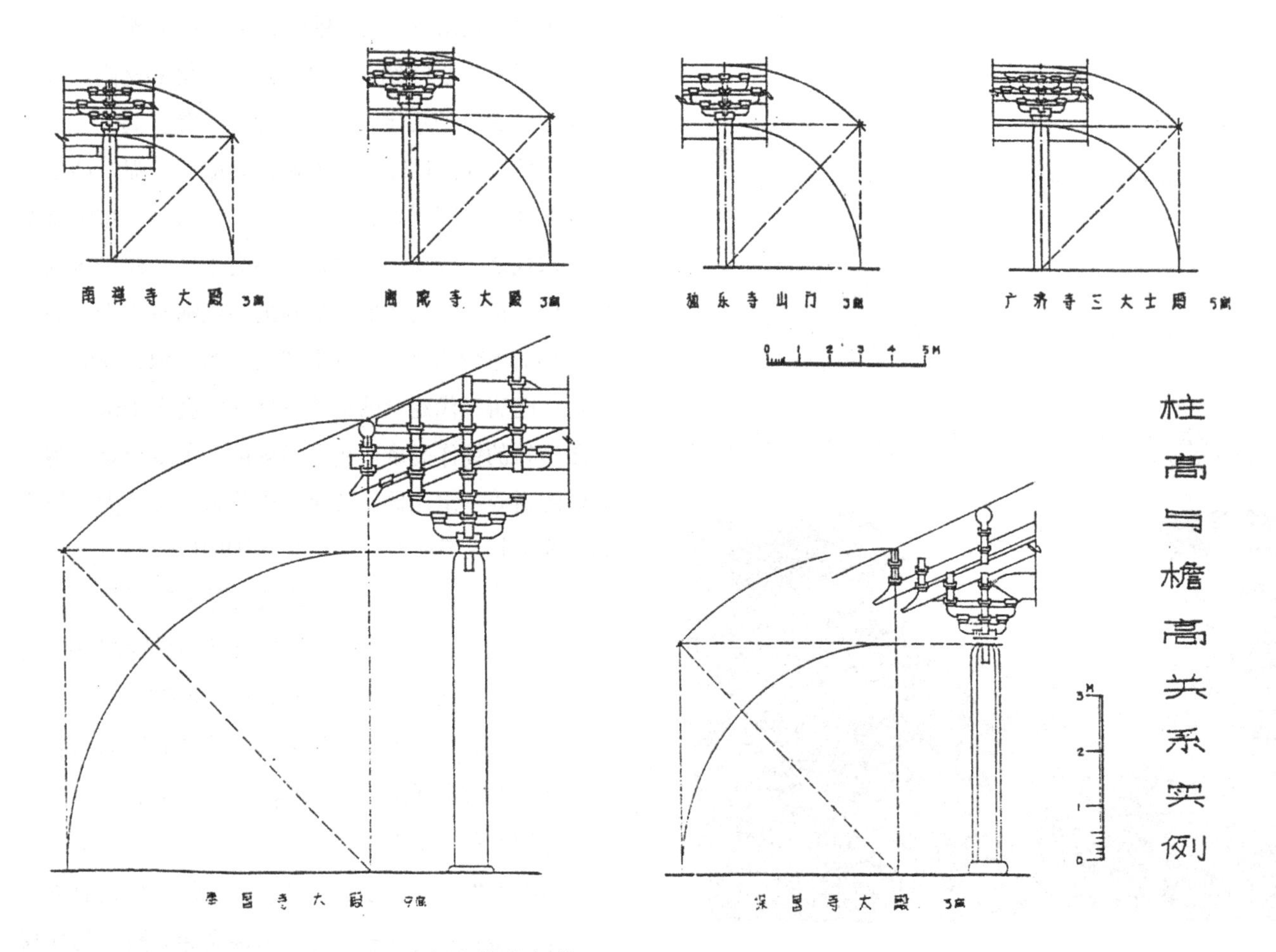

图 3-8　唐宋建筑柱高与橑檐方上皮高度比例实例（作者自绘）

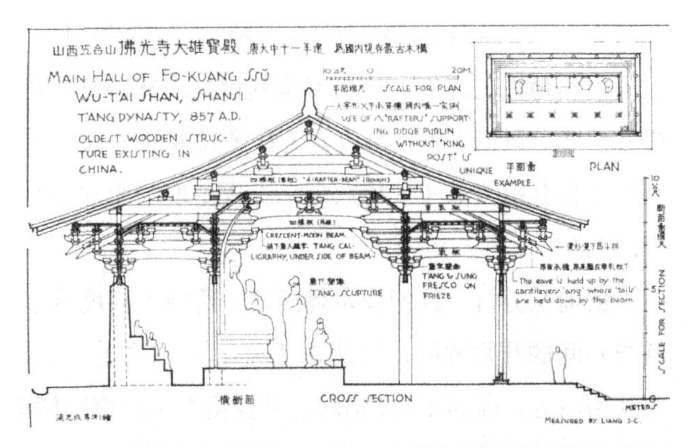

图 3-9　五台佛光寺大殿剖面，图 2-6 宋代殿堂建筑屋顶举折（梁思成 . 梁思成全集 · 第八卷 [M]. 北京：中国建筑工业出版社，2001.）

上皮距离大殿基座地面的高度为 48.1 尺，因此从栌斗底到橑檐方（或橑风槫）上皮的铺作总高度为 14.1 尺。而在其檐高为柱高的 1.5 倍时，橑檐方（或橑风槫）上皮距离殿基座地面的高度为 51 尺，因此从栌斗底到橑檐方（或橑风槫）上皮的铺作总高度为 17 尺。

按照我们的推测，大殿副阶应该使用的是比殿身铺作减一铺的七铺作双杪双下昂，则其基本的高度为“五材五栔＋栌斗平欹＋橑檐方（或橑风槫＋替木）高度”。以每材高 15 分，“五材”总高 75 分；每栔 6 分，五栔总高 30 分；栌斗平欹高 12 分。所余就是橑檐方（或橑风槫＋替木）高度。关于橑檐方高，宋《营造法式》只有一处明确提到：

“凡橑檐方，（更不用橑风槫及替木），当心间之广加材一倍，厚十分；至角随宜取圜，贴生头木，令里外齐平。”[1]

这里关于橑檐方高度的叙述有一些令人不解之处，如何谓“当心间之广加材一倍”？从上下文来看，似乎是说当心间处间广尺寸较大需要加材一倍。但从这里得到的唯一肯定信息是，橑檐方的高度为两材（30分）而其厚度与一材的厚度相当。这样我们就可以将七铺作的总高推算出来：

75分（五材）＋30分（五栔）＋12分（栌斗平欹）＋30分（橑檐方）＝147分

以檐高为柱高的1.414倍时，其每一分的高度为14.1尺 ÷147分＝0.096尺/分，则一材的高度为1.439尺。而以檐高为柱高的1.5倍时，其一分的高度为17尺 ÷147分＝0.1156尺/分，则一材的高度为1.73尺/分。从推测中得出的这两个分值与材高值都是一些十分琐碎的小数。因实际操作上的麻烦，这显然不会是古人可能采取的数值。但值得注意的是，这两个材高值，恰好在1.5尺的上下徘徊。也就是说，如果我们将当时使用的一等材高度定为1.5尺，则既可以与我们所期望达到的檐高与柱高的比例十分接近，又将材分值控制在一个十分便利的范围之内。故我们设定这两座大殿采用的是每材高1.5尺，每分高0.1尺，则大殿副阶檐柱上铺作总高为14.7尺。

由此反推，我们可以将隋乾阳殿和唐乾元殿所用一等材的材高确定为前面所设想的1.5尺（15寸），则其一分的高度为0.1尺（1寸），而其材厚为1尺（10寸），栔高为0.6尺（6寸）。这显然是一个非常便利于施工的材分值。

3. 隋乾阳殿与唐乾元殿剖面推测

（1）隋乾阳殿剖面

隋乾阳殿副阶檐柱柱头橑檐方（或橑风槫）上皮距地高度为：34尺＋14.7尺＝48.7尺；副阶柱头铺作橑檐方（或橑风槫）缝出挑总距离为108分，合10.8尺，加上副阶柱与殿身柱间距20.5尺，则橑檐方（或橑风槫）缝距殿身檐柱缝距离为31.3尺；而殿身檐柱缝在副阶檐上端举折的最高点上，参考唐代建筑举折按总跨度的1/5.6举，则副阶檐应向上举起（31.3尺 ×2）÷5.6＝11.18尺，即副阶檐柱应该落在殿身檐柱59.88尺的高度上，其上距柱头部位余8.12尺，可用作泥背、瓦垄与博脊的高度，并会露出一些上檐柱柱头高度。

殿身檐柱柱头（第二重檐下）用八铺作双杪三昂。其高度应该在七铺作的高度上加上一材一栔，即六材六栔，再加栌斗平欹高度和橑檐方（或橑风槫＋替木）高。一材一栔高21分，加上前面所计算的七铺作总高，则其和为147分＋21分＝168分。以一材为1.5尺，一分为0.1尺计，殿身檐柱柱头铺作高16.8尺，故第二重檐檐下橑檐方（或橑风槫）上皮距地面的高度为68尺＋16.8尺＝84.8尺。

八铺作橑檐方（或橑风槫）缝总出挑距离为134分，合为13.4尺。也就是说，殿身檐柱（第二重檐）铺作橑檐方（或橑风槫）缝与殿身内柱（第三重檐）缝的距离为两柱间距和铺作橑檐方（或橑风槫）缝总出挑距离之和，即：27＋13.4＝40.4尺。

再以殿身内柱缝为第二重檐椽尾最高点，按照1/5.6的起举高度，则应为（40.4尺 ×2）÷5.6＝14.43尺。第二重檐椽尾下皮所在高度应为84.8尺＋14.43尺＝99.23尺。殿身内柱（第三重檐柱）总高102尺，则余2.77尺可以作为泥背、瓦垄和博脊的高度。实际上，由于八铺作斗栱用下昂者在第三跳跳头上有调节性的下沉，加之这一重檐的起举坡度还可以再缓一些，仍可以使第二重檐在柱头部位留有比较充足的余地。

（2）隋乾阳殿屋顶举折

再来看屋顶部分。殿身内柱，即乾阳殿第三重

[1] 文献[2]．[宋]李诫．营造法式．卷五．大木作制度二．清文渊阁四库全书本．

檐檐柱总高 102 尺。檐上用一等材八铺作双杪三下昂斗栱，其橑檐方（或橑风槫）上皮距离柱头的总高度为 168 分，合为 16.8 尺。第三重檐檐下铺作橑檐方（或橑风槫）上皮距离台基地面的总高度为 102 尺＋16.8 尺＝118.8 尺。其柱头上八铺作橑檐方(或橑风槫)缝总出挑距离为 134 分,合为 13.4 尺。前后橑檐方(或橑风槫）缝总距离为 13.4 尺＋ 27 尺 ×3 ＋ 13.4 尺＝107.8 尺。再按唐代建筑可能的屋顶起举比例 1/5.6 推算，则其屋顶脊槫上皮应该举起 19.25 尺。以屋顶起举高度加上第三重檐檐下铺作橑檐方（或橑风槫）上皮距离地面高度即是屋顶距离大殿台基地面的高度：19.25 尺＋ 118.8 尺＝ 138.05 尺。

据《大业杂记》的记载，乾阳殿“殿基高九尺，从地至鸱尾高一百七十尺”。这里的从地到鸱尾应该是指从台基之下的地面到鸱尾顶端的高度，其中包含有：①殿基高度；②鸱尾高度；③正脊高度。其中殿基高 9 尺，则从地面至脊槫上皮高度为 138.05 尺＋ 9 尺＝ 147.05 尺，与记载中的高度还有 22.95 尺。若因其殿身很高，相应的殿正脊高度也比较高，以从脊槫上皮至正脊上皮的高度为 7 尺则余 15.95 尺，若计为鸱尾的高度似乎有些偏高。

为此我们来参考一下实例。中国古代建筑中，如此大型殿堂中唯一的例证是明清故宫太和殿正脊，从脊檩上皮到鸱吻上端的高度差有近 5 米，从脊檩上皮到正脊上皮大约为 2.1 米高，以隋开皇尺(唐尺)为 0.294 米计，合 7.14 余尺；而从正脊上皮至鸱吻上端的高度约为 2.4 米，合隋开皇（唐）尺为 8.16 尺。两者相合的总高约为 15.3 尺，则与记载的高度还有 7.65 尺的高差。

这 7 尺余的高差，如果不是从殿身内柱的高度上调节，则或许只能从其第三重檐屋顶的举高上来调节了。关于隋代大木结构屋顶举折，我们没有实例的支持很难有一个准确的推测。但从这座建筑的实际情况出发做一些分析也许可以算得上是一条路径。隋乾阳殿是一座三重檐大型殿堂，按照我们前面的分析，其第三重檐屋顶应该是从距离大殿台基地面 118.8 尺的高度上起举的，且因为用了三重檐，其第三重檐屋顶所覆盖部分的进深也大大减小。若仍以如唐代佛光寺大殿 1/5.6 的比率起举，势必由于上檐屋顶过于低缓而在视觉效果上大打折扣。所以从纯粹视觉效果上考虑，这里的屋顶也应该稍微峻起一些。我们设想隋人也考虑到了这一点，为了使这座大殿在进入殿前庭院做稍近距离的观察时上层屋顶不会有低陷感，有可能在乾阳殿第三重檐的屋顶举折上采用了略为陡峻的处理。也就是说，这座大殿的第三重檐屋顶可能使用了比我们所熟知的唐代木构大殿略为高峻的屋顶起举。但这种高峻又不可能是与宋代以降的木构建筑殿堂相比较，只是在较低缓的基础上略加提升而已。

故我们尝试以比宋代殿堂与厅堂建筑都要低缓却比唐代建筑略显高峻的比例，如以前后橑檐方（或橑风槫）缝距离的 1/4 来定其举高,以其前后橑檐方（或橑风槫）缝距离为 107.8 尺，则其屋顶举起的高度则为 107.8 尺 ÷4 ＝ 26.95 尺。再将此数据折入乾阳殿的总高度中：大殿台基地面距离脊槫上皮的高度差为 118.8尺＋ 26.95 尺＝ 145.75 尺,再加上台座的高度9尺，大殿脊槫上皮距离地面的高度为 154.75 尺，与记载中的地面至鸱尾的高度 170 尺之间相差 15.25 尺，恰与前面分析的将清太和殿正脊高度与鸱吻高度之和折合为隋开皇（唐）尺约为 15.26 尺相合。显然在乾阳殿第三重檐屋顶上采用前后橑檐方（或橑风槫）缝距离的 1/4 来确定屋顶举高是一个恰当的选择。而由所余尺寸还可推测，这 15.25 尺的高度正可以作为正脊高度（7 余尺）与鸱尾高度（8 余尺）来计入总高，则其高度与记载的数据就恰相吻合了(图 3-10,图 3-11,图 3-12)。

（3）唐乾元殿剖面

我们先分析文献中有关唐乾元殿的高度记载：“因东都旧殿余址，修乾元殿，高一百二十尺。”这里没

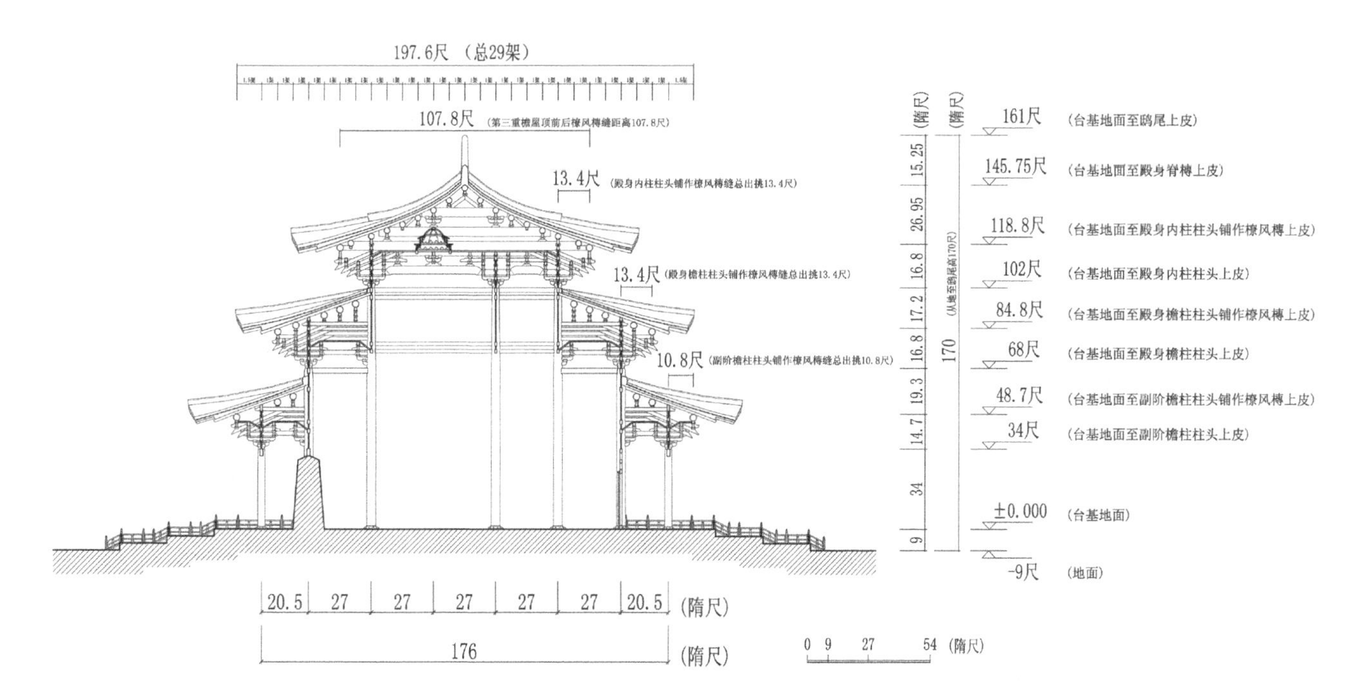

图 3-10　隋乾阳殿横剖面推测图（作者自绘）

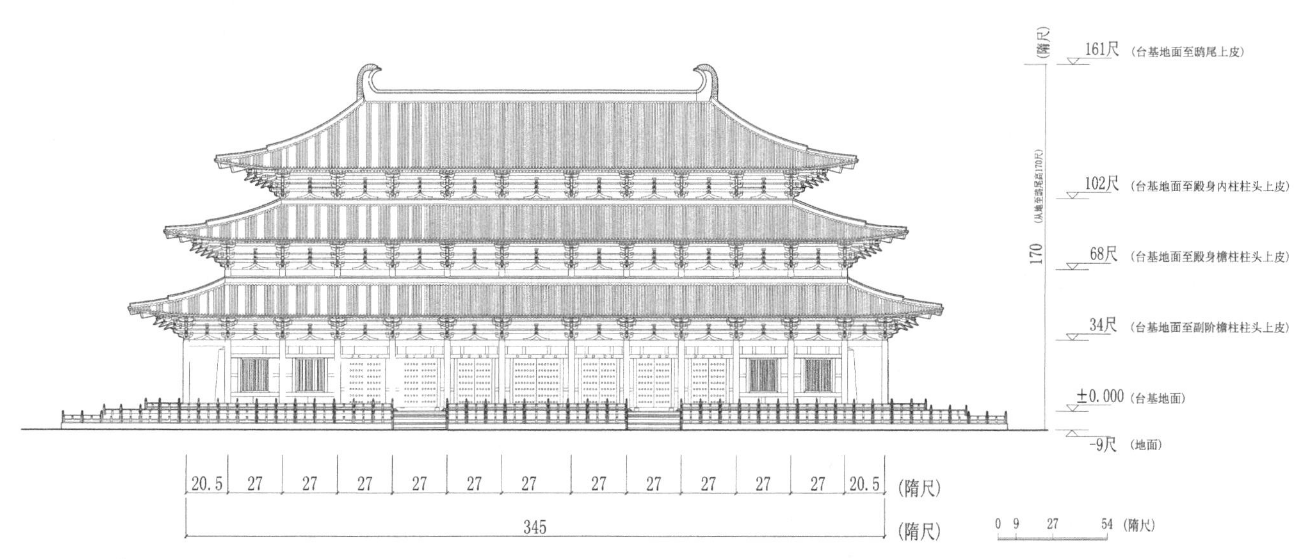

图 3-11　隋乾阳殿正立面推测图（杨博绘）

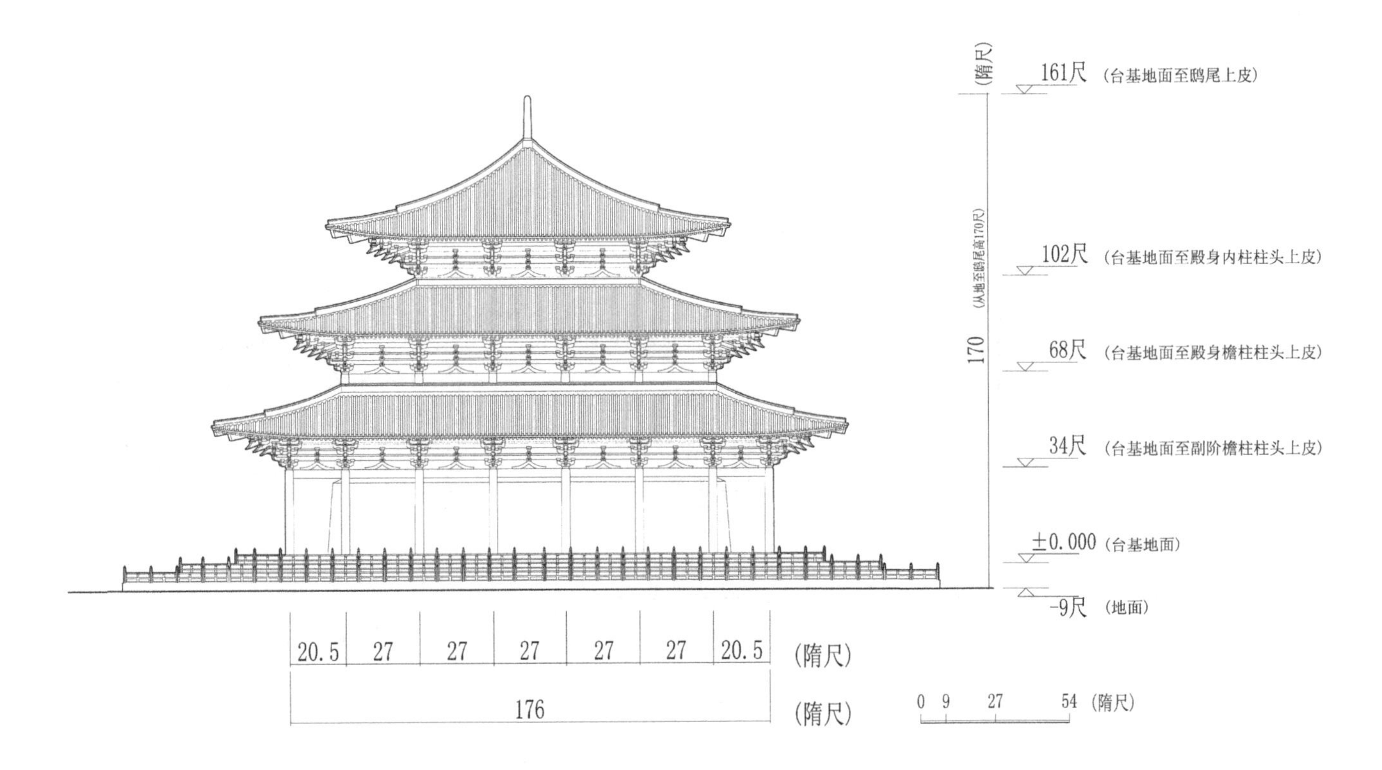

图 3-12 隋乾阳殿侧立面推测图（杨博绘）

有像隋乾阳殿一样特别提到“从地至鸱尾高 170 尺”，应该是习惯上所指称的从台基地面至屋顶正脊上皮的高度。

我们可以将前面对隋乾阳殿剖面的分析用在唐乾元殿的横剖面推测上：

其副阶檐下用一等材七铺作双杪双昂，其橑檐方（或橑风槫）上皮高度及檐椽椽尾下皮起举高度完全与乾阳殿相同，分别为 48.7 尺和 59.88 尺。

第二重檐檐下用一等材八铺作双杪三昂，铺作总高 16.8 尺，加上殿身檐柱高度 68 尺，其橑檐方（或橑风槫）上皮距离大殿台基地面高度为 16.8 尺＋ 68 尺＝ 84.8 尺。屋顶部分是在殿身檐柱（第二重檐）上向外出挑 13.4 尺，前后橑檐方（或橑风槫）缝总距离为 13.4 尺＋ 27 尺 ×5 ＋ 13.4 尺＝ 161.8 尺。因为这里的屋顶进深明显比较深，而屋顶距离地面的高度也比三重檐的乾阳殿上檐屋顶低很多，不需要做视觉误差调整的处理，故采用唐代建筑可能的屋顶起举比例 1/5.6 来推算，其屋顶脊槫上皮应该举起 28.89 尺。

以此屋顶起举高度加上上檐铺作橑檐方（或橑风槫）上皮距离大殿台基地面高度：28.89 尺＋ 84.8 尺＝ 113.69 尺。这一高度与记载中的乾元殿高 120 尺仅有 6.31 尺之差，而这 6.31 尺的高度用作大殿正脊的高度（参考清代太和殿正脊高度，约 7 尺）是一个相当接近的尺寸（图 3–13，图 3–14，图 3–15）。

（4）剖面数据整理

我们可以将推测出的隋乾阳殿与唐乾元殿主要剖面相关数据梳理如下：

● 隋乾阳殿（图 3–10）

① 大殿台基高 9 尺；

② 副阶檐柱高 34 尺（忽略至角生起）；

③ 副阶檐柱柱头铺作为七铺作双杪双昂，高 147 分，合 14.7 尺；

④ 副阶檐柱柱头铺作橑檐方（或橑风槫）缝总出

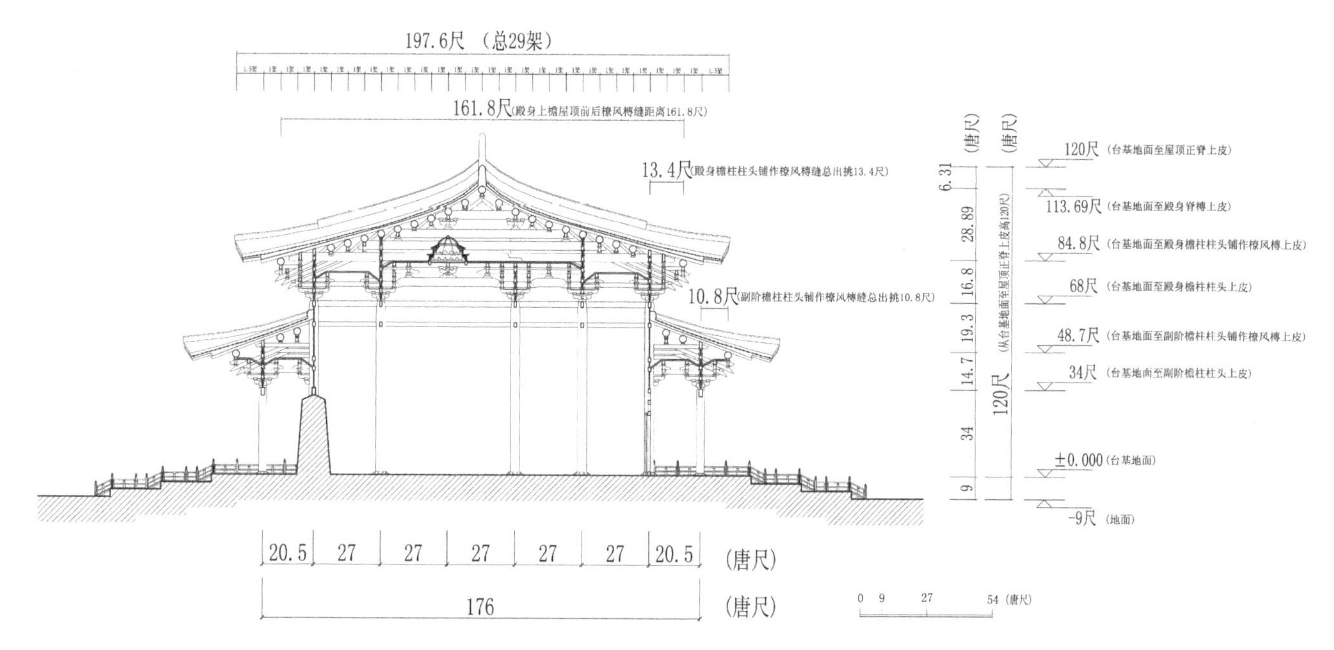

图 3-13　唐乾元殿横剖面推测图（作者自绘）

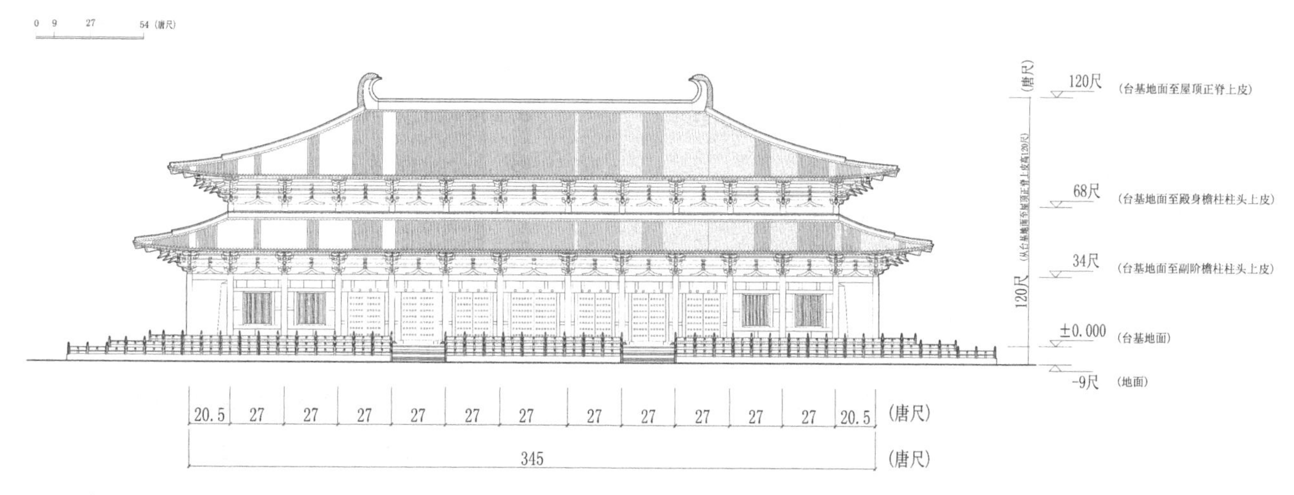

图 3-14　唐乾元殿正立面推测图（杨博绘）

挑 108 分，合 10.8 尺；

⑤ 副阶檐柱柱头铺作橑檐方（或橑风槫）上皮距台基地面 48.7 尺；

⑥ 副阶檐椽椽尾下皮至殿身檐柱（第二重檐下）缝处的举起标高为 59.88 尺；

⑦ 殿身檐柱（第二重檐柱）高 68 尺（忽略至角生起）；

⑧ 殿身檐柱柱头铺作为八铺作双杪三昂，高 168 分，合 16.8 尺；

⑨ 殿身檐柱柱头铺作橑檐方（或橑风槫）上皮距台基地面 84.8 尺；

⑩ 殿身檐柱柱头铺作橑檐方（或橑风槫）缝总出挑 134 分，合为 13.4 尺；

⑪ 殿身檐柱椽尾下皮至殿身内柱（第三重檐下）

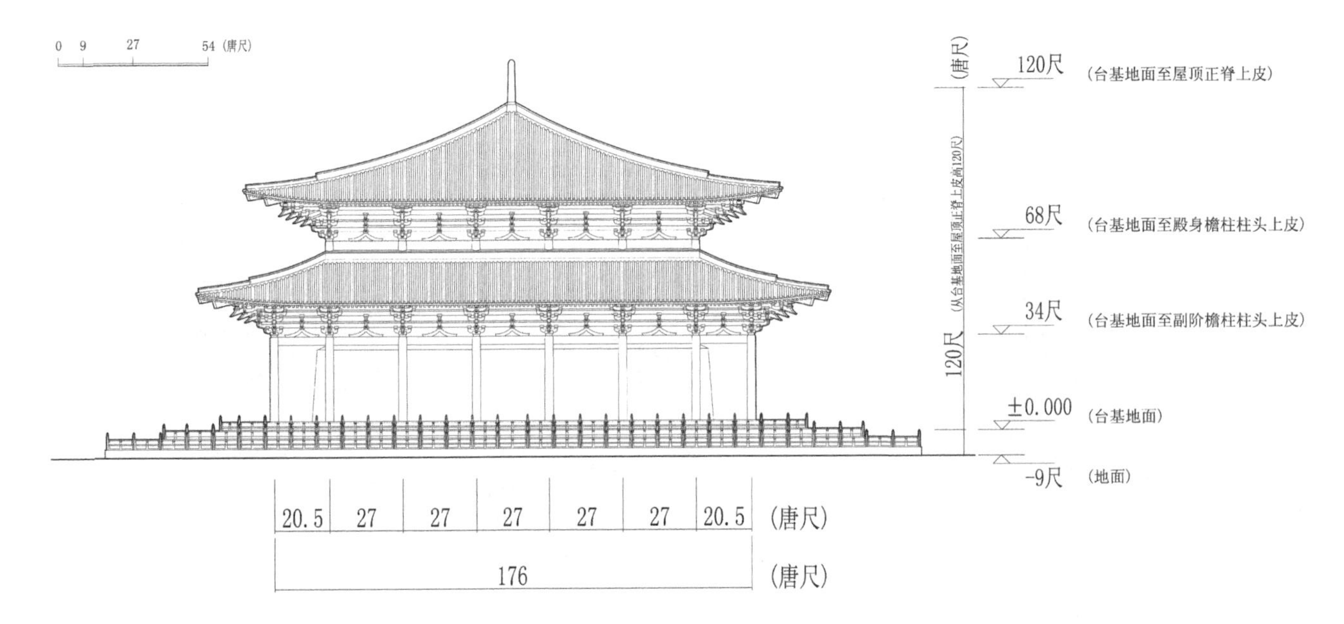

图 3-15 唐乾元殿侧立面推测图（杨博绘）

缝处的举起标高为 99.23 尺；

⑫ 殿身内柱（第三重檐柱）高 102 尺（忽略至角生起）；

⑬ 殿身内柱柱头铺作为八铺作双杪三昂，高 168 分，合 16.8 尺；

⑭ 殿身内柱柱头铺作橑檐方（或橑风槫）上皮距台基地面 118.8 尺；

⑮ 殿身内柱柱头铺作橑檐方（或橑风槫）缝总出挑 134 分，合为 13.4 尺；

⑯ 第三重檐屋顶前后橑檐方（或橑风槫）缝距离 107.8 尺；

⑰ 第三重檐屋顶举起高度 26.95 尺（按前后橑檐方 [或橑风槫] 缝距离的 1/4 计）；

⑱ 大殿脊槫上皮距台基地面 145.75 尺；

⑲ 大殿正脊与鸱尾总高（脊槫上皮至鸱尾上端）15.25 尺；

⑳ 大殿"从地至鸱尾高 170 尺"。

● 唐乾元殿（图 3-13）

① 大殿台基高 9 尺；

② 副阶檐柱高 34 尺（忽略至角生起）；

③ 副阶檐柱柱头铺作为七铺作双杪双昂，高 147 分，合 14.7 尺；

④ 副阶檐柱柱头铺作橑檐方（或橑风槫）缝总出挑 108 分，合 10.8 尺；

⑤ 副阶檐柱柱头铺作橑檐方（或橑风槫）上皮距台基地面 48.7 尺；

⑥ 副阶檐椽椽尾下皮至殿身檐柱（第二重檐下）缝处的举起标高为 59.88 尺；

⑦ 殿身檐柱(上檐檐柱)高 68 尺(忽略至角生起)；

⑧ 殿身檐柱柱头铺作为八铺作双杪三昂，高 168 分，合 16.8 尺；

⑨ 殿身檐柱柱头铺作橑檐方（或橑风槫）上皮距台基地面 84.8 尺；

⑩ 殿身檐柱柱头铺作橑檐方（或橑风槫）缝总出挑 134 分，合为 13.4 尺；

⑪ 殿身檐（上檐）屋顶前后橑檐方（或橑风槫）缝距离 161.8 尺；

⑫ 上檐屋顶举起高度 28.89 尺(按前后橑檐方 [或橑风槫] 缝距离 1/5.6 计）；

⑬ 大殿脊槫上皮距台基地面 113.69 尺；

⑭ 大殿正脊高（脊槫上皮至正脊上皮）6.31 尺；

⑮ 大殿“高 120 尺”（从台基地面至屋顶正脊上皮）。

（5）关于副阶檐下铺作的讨论

这一系列数据中，有一组数据可能会引起疑问。即副阶檐下用一等材、七铺作双杪双昂，其铺作总高 147 分（14.7 尺），而其橑檐方（或橑风槫）缝总出挑 108 分（10.8 尺），这一副阶檐的椽尾在殿身柱上的举起高度为 11.18 尺落在距台基地面 59.88 尺的标高上。这一高度与殿身檐柱柱头的标高（68 尺）之间有 8.12 尺的高差。这似乎是有一定的差距，而如果我们在副阶檐下也采用八铺作斗栱，则其铺作总高达到 168 分（16.8 尺），其橑檐方（或橑风槫）缝总出挑 134 分（13.4 尺），这样其椽尾的举起高度是（20.5 尺 + 13.4 尺）÷ 5.6 = 6.05 尺，可以使其椽尾落在殿身柱距离地面 34 尺 + 16.8 尺 + 6.05 尺 = 56.85 尺的标高处，其副阶檐椽屋距离殿身檐柱柱头的高度差为 68 尺 − 56.85 尺 = 11.15 尺。这应该是一个相当适当的高度差，既可以充分地布置副阶檐的斗栱，也可以与殿身檐有十分恰当的立面衔接（图 3–16，图 3–17）。

但是，这样做却会带来另外两个问题：其一是如何体现副阶斗栱比殿身斗栱减一铺的规则，或者说是否在唐代建筑中尚无这一规则？其二是如果副阶檐下采用了八铺作，其橑檐方（或橑风槫）缝总出挑距离就达到了 134 分，折合为 13.4 尺，将其与前面推测的大殿采用每椽步架为 6.75 尺比较这一出挑距离就达到了 1.99 个椽步架，前后副阶檐下总出挑距离接近 4 个椽步架。而前后副阶檐柱之间的距离已经分为了 26 个椽架，若再加上 4 个外挑的椽架，其总进深应该是

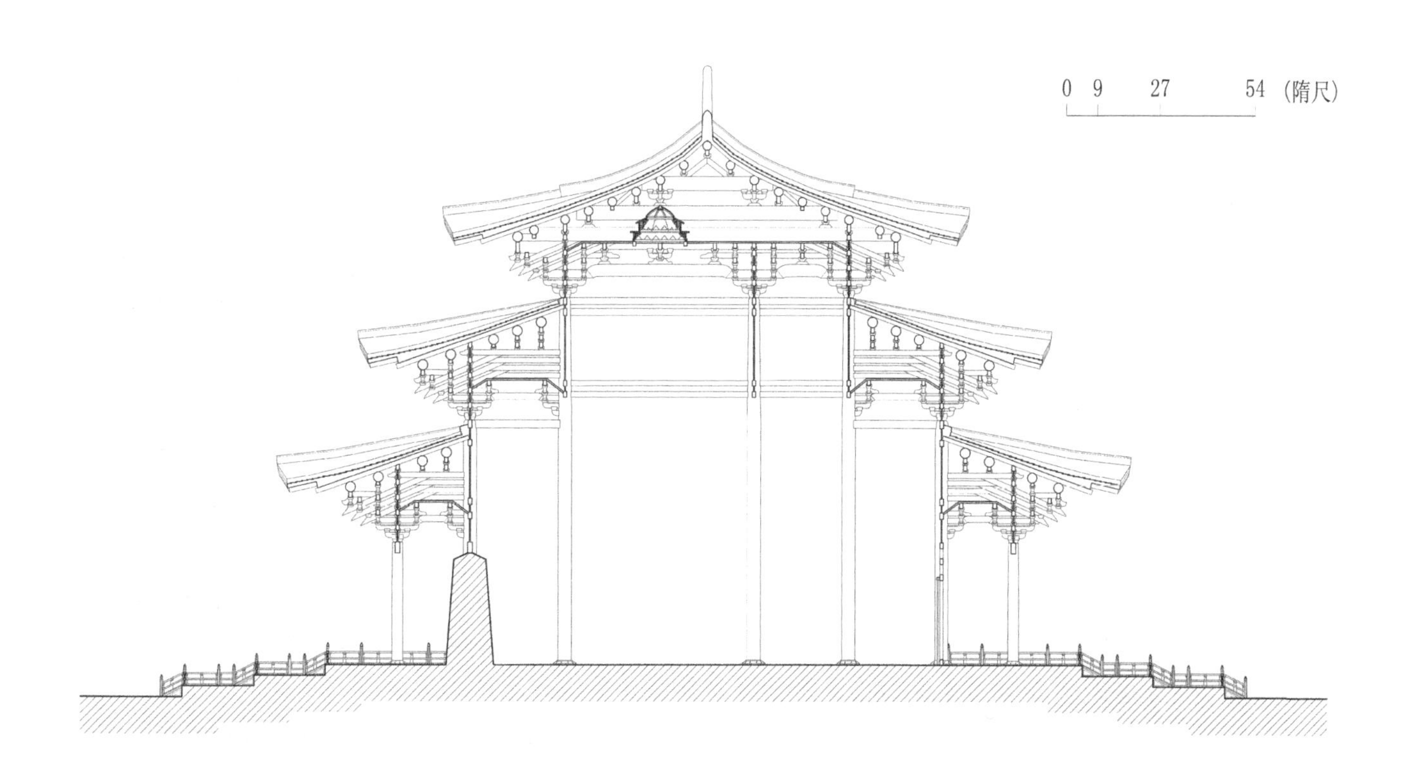

图 3-16 副阶为八铺作的隋乾阳殿横剖面（作者自绘）

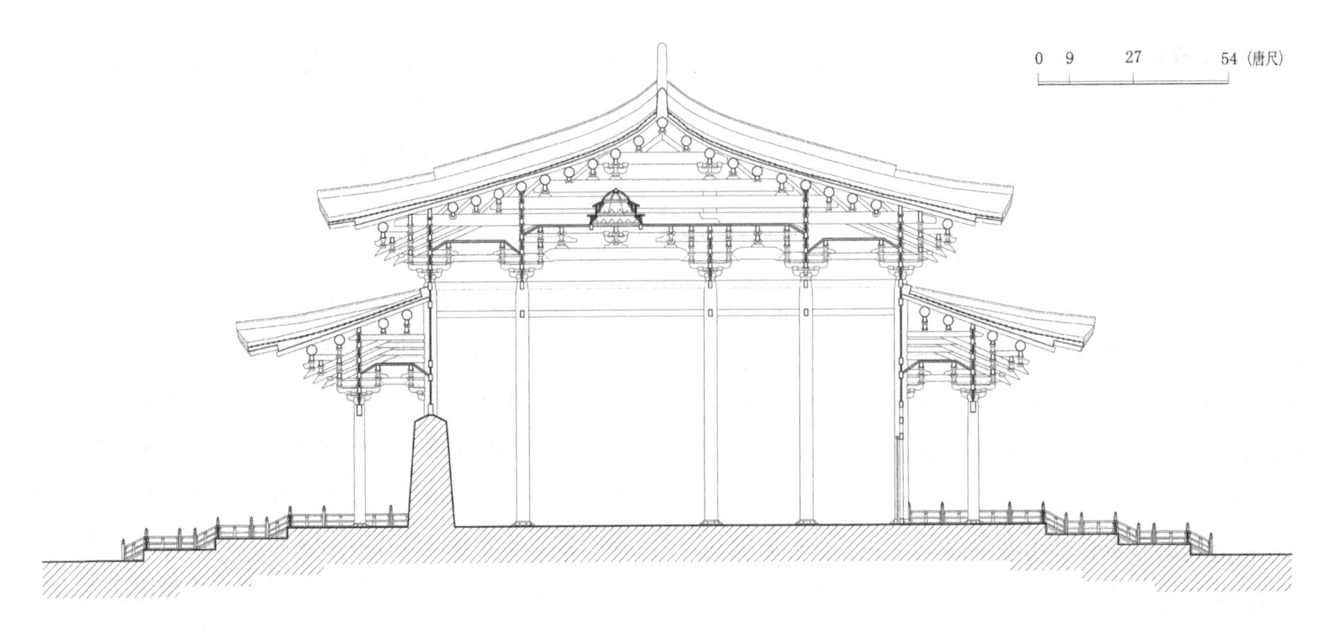

图 3-17　副阶为八铺作的唐乾元殿横剖面（作者自绘）

30 个椽架与记载中的进深“二十九架”相矛盾，因此我们仍应在副阶柱头上采用与宋《营造法式》相合的比殿身铺作减一铺的做法，这样既与唐宋建筑的规则性做法相吻合，也恰好与记载中的进深“二十九架”的基本尺度相合。至于副阶檐博脊上皮比殿身柱头略高出一些也是古建筑中常见的做法。

七、隋乾阳殿（或唐乾元殿）庭院空间

在公元 7 世纪初的一个晴朗的冬至日，新登基不久的隋炀帝坐在刚刚落成的洛阳宫殿主殿乾阳殿上俯瞰着前来朝贺的群臣，扫视着殿前开阔的庭院、庭院中对峙而立的钟鼓楼，和两侧挂满了彩旗的修长回廊，不由生出一种君临天下的满足，也触景生情地吟出了几句诗：

“……新邑建嵩岳，双阙临洛阳。圭景正八表，道路均四方。碧空霜华净，朱庭皎日光。缨佩既济济，钟鼓何锽锽。文戟翊高殿，采眊分修廊。……”❶

隋乾阳殿和唐乾元殿都不是一座孤立的单座建筑物，而是布置在一个庞大的隋唐洛阳宫殿建筑群中的主殿。因此要对这两座建筑物做整体的观察，我们也应当对其所在的宫殿庭院空间有一点了解。当然，关于隋唐洛阳的整体情况，已经有学者做了较为全面的系统复原研究（图 3–18），这里仅结合我们的单体原状推测，将环绕乾阳殿（乾元殿）的庭院情况做一点简单分析，推想一下这两座宏伟建筑物所在的空间环境。

我们可以先从历史文献的记载与描述中看一看这组宫殿建筑群的大致组成情况：

“南面四门：正门曰则天门，门有两重观：上曰紫微观。左右连阙，阙高一百二十尺。南取端门五百步……东曰兴教门，去则天门二百步。留守居于门外……又东曰泰和门，去兴教门二百步，并重观……西曰光政门，去则天门二百步。”❷

由此可知，隋初建洛阳宫城在南面设了四座门。

❶　文献 [2]. [明] 张溥 . 汉魏六朝一百三家集 . 卷一百十四，隋炀帝集 . 清文渊阁四库全书本 . 另见文献 [1]. 子部 . 类书类 . 御定渊鉴类函 . 卷三百四十二 . 居处部三 . 殿一 .

❷　文献 [2]. [元] 佚名 . 元河南志 . 卷三 . 清光绪藕香零拾本 .

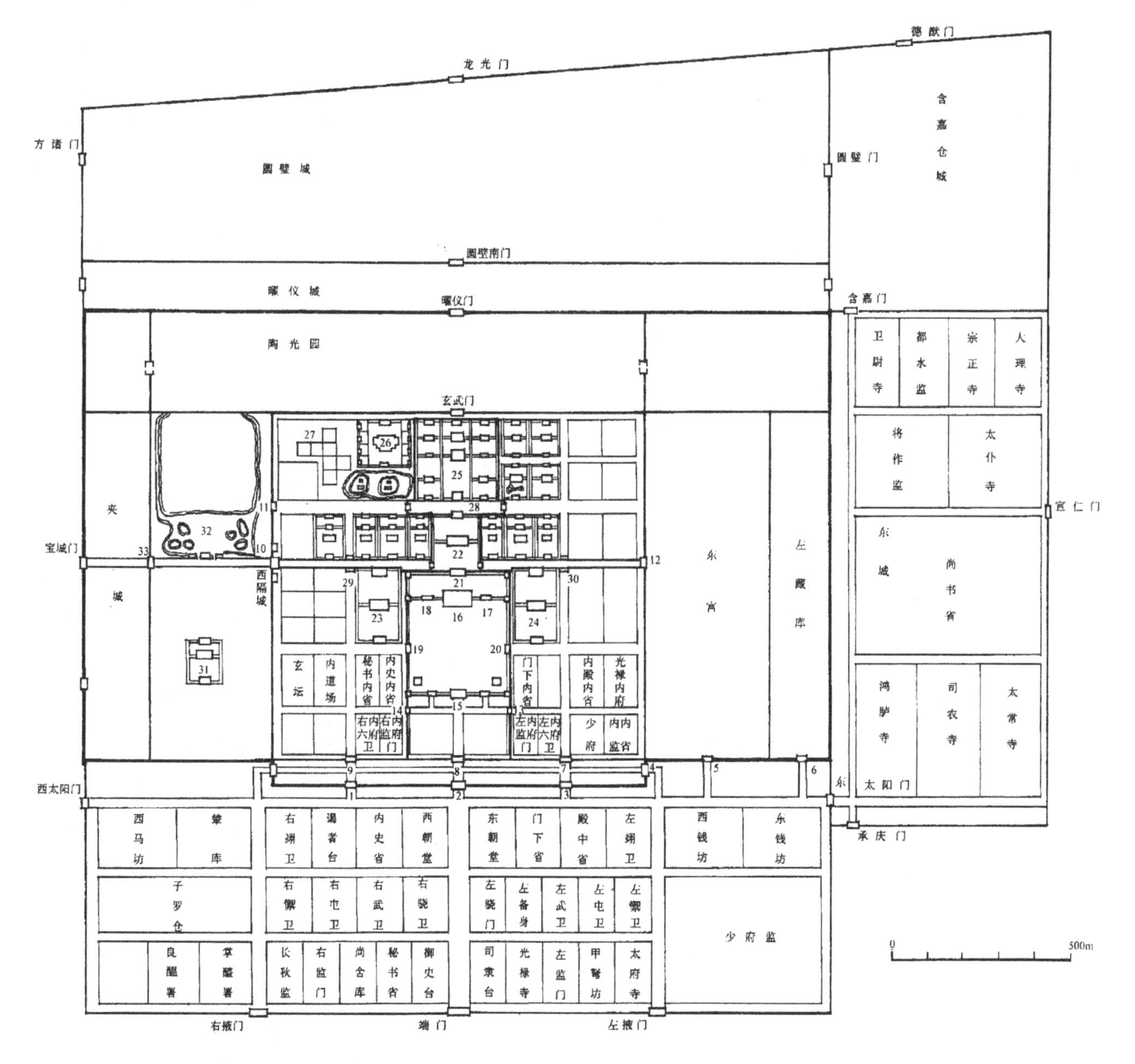

图 3-18　隋洛阳宫复原示意图（傅熹年．中国古代建筑史·第二卷 [M]. 北京：中国建筑工业出版社，2001.）

居中者为则天门，门前左右连阙，阙高 120 尺。则天门距离其正南的皇城端门为 500 步。则天门左右对称布置两门：东为兴教门、西为光政门，两门距离则天门均为 200 步。我们再来看一看宫城内的情况：

“则天门北曰永泰门。（相去四十五步。王世充改曰建明门。）……永泰门北曰乾阳门。（相去四十步。并重楼，东、西轩廊周匝。）正殿曰乾阳殿。（去乾阳门一百二十步……庭东、西有钟楼、重楼。漏刻在楼下，左右各有大井，井面阔二十尺。）

东、西上阁。（在乾阳殿北各十二步。）大业门。（在乾阳殿北三十步。）门内大业殿。（相去四十步。其规

制类乾阳而小。)” [1]

从这段文字可以看出隋乾阳殿前后的大致情况：

进入宫城正门则天门后，在距离则天门 45 步处布置有永泰门。永泰门的两侧布置有东西横门，分别为东华门与西华门（这一记载与其他文献中提到的东、西华门在乾阳门以内，东、西上阁南 60 步的记载是矛盾的）。永泰门往北 40 步处布置有隋代宫殿正殿乾阳殿前的大门乾阳门。乾阳门为重楼形式，门两侧有东西轩廊，应该是形成了一个环绕乾阳殿的大型回廊院。

进入乾阳门内 120 步处是洛阳宫殿正殿乾阳殿。乾阳殿南悬挂有如帘幕一样的珠丝网络。殿前东西对称布置重楼，一悬钟、一悬鼓（据《河南通志》引《大业杂记》)。重楼的下层为计时用的漏刻。殿前左右各有大井一口，每口井的直径为 20 尺。有开如此大的井口，其庭院的空间尺度之大也是可以想见的。

在正殿乾阳殿之北 12 步远的地方设有东、西上阁。这应该是两座小型的楼阁。在东、西上阁之北，距离乾阳殿北侧 30 步远的地方是大业门，是洛阳宫殿中第二座殿前之门。大业门内 40 步远处为大业殿。从乾阳门、乾阳殿，到大业门、大业殿形成了宫城内的建筑主轴线。可惜的是关于洛阳宫殿中轴线上建筑物的记载到这里就戛然而止了。

从这些极其有限的材料中我们可以知道几个尺度：

洛阳宫殿正门则天门左右各有一座门，分别为兴教门（东）与光政门（西),两门距离则天门各 200 步。兴教门东 200 步处另有一门曰泰和门。此外，还有一些与“二百步”有关系的尺寸记录：“兴教门北曰会昌门，去会昌门二百步。”[2]“光政门北曰景运门。（相去二十步。在永泰门西二百步，与会昌门并。”[3]“次北曰显福门。（去景运门二百步，入内命妇，入朝学士进书，皆由此门入。)”[4]显然，200 步的距离在隋代洛阳宫的最初规划中是一个大尺度的重要模数单元。特别是在中轴线两侧，分别距离 200 步远处各有一个次轴线的门。这是否暗示着位于中轴线上的洛阳宫中心庭院的宽度恰为 200 步呢？

我们暂时将乾阳殿两侧庭院的宽度定为 200 步（两廊外侧计）。乾阳殿居中，其东西长 345 尺，合 69 步。殿两侧距其庭院外侧分别为 65.5 步。殿前有乾阳门，乾阳门与乾阳殿的距离为 120 步。如果，我们设想乾阳殿东西山墙外各延伸出 5.5 步（27.5 尺，约近乾阳殿殿身柱一个标准柱距的宽度）为大殿的台基边缘，则乾阳殿台基东西两侧距离这座中心庭院两侧边缘的距离亦各为 60 步（图 3-19）。

我们还从《大业杂记》中注意到：“乾阳殿东有东上阁，阁东二十步又南行六十步，有东华门……乾阳殿西，有西上阁入内宫，阁西二十步又（南）行六十步，有西华门。”[5]我们知道乾阳殿其正门乾阳门的距离为 120 步，则东、西华门恰好位于乾阳门与乾阳殿中间的位置上。而且似也看出，在这座巨大的宫殿庭院中，60 步也可能是一个在其设计中曾经使用过的模数值。而其东西上阁，则位于距离大殿 40 步距离侧廊 20 步的位置上（均以轴线位置确定距离）。

关于东、西上阁，在文献中仅见于清人徐松整理前人资料而成的《河南志》，且亦误作“东、西上阁”。因而只能作为一个参考的资料。按照《河南志》：乾阳殿的东、西上阁，“在乾阳殿北各十二步”，这句话十分令人费解。因为从《大业杂记》中我们知道：

“大殿北三十步有大业门，门内四十步有大业殿，规模小于乾阳殿而雕绮过之。乾阳殿东有东上阁……

[1] 文献 [2].［元］佚名．元河南志．卷三．清光绪藕香零拾本．

[2] 文献 [2].［元］佚名．元河南志．卷三．清光绪藕香零拾本．

[3] 文献 [2].［元］佚名．元河南志．卷三．清光绪藕香零拾本．

[4] 文献 [2].［元］佚名．元河南志．卷三．清光绪藕香零拾本．

[5] 文献 [2].[清］王士俊．(雍正）河南通志．卷七十九．清文渊阁四库全书本．

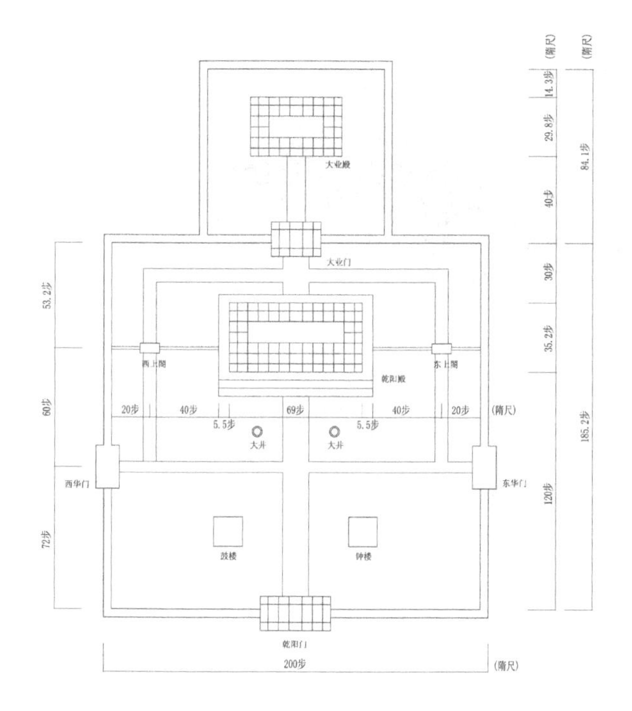

图 3-19　隋洛阳宫乾阳殿庭院平面推想之一（总宽 200 步）

乾阳殿西有西上阁……”❶

这里既说明在乾阳殿北 30 步处有大业门，又说明东、西上阁分别位于乾阳殿东、西两侧，显然与《河南志》所谓东、西上阁“在乾阳殿北各十二步”的记述相矛盾。而所谓“阁”，据《汉语大字典》，其意是大门旁的小门，或是宫中的小门。❷显然应该布置在一座主要殿堂或门殿的两侧。所以我们仍采《大业杂记》的记载将东、西上阁设置在乾阳殿东、西两侧，但或可将《河南志》的“殿北各十二步”理解为从乾阳殿正面向后推 12 步远的位置上，布置东、西上阁。

如我们所分析的，乾阳殿或乾元殿南北向的总进深是 176 尺，合为 35.2 步。若以殿前檐檐柱缝向后计 12 步设置东、西上阁，阁后 23.2 步到大殿后檐柱缝，则殿东、西的两座小门约在这座大殿南北向偏南约 1/3 的位置上，这应该还是一个适当的布置旁门的位置。如此，若我们将乾阳殿前檐柱缝与其前乾阳门的距离推定为 120 步，则殿前两侧的东、西华门也应略向北推，东、西华门北距东、西上阁各 60 步，则南距乾阳门当为 72 步。

据记载，乾阳殿北 30 步远为大业门。这一距离显然应该是从乾阳殿北缘计算的，如我们从殿北副阶檐柱缝计算，加上殿本身的进深 35.2 步，再加上殿前至乾阳门的 120 步，则整座乾阳殿庭院的总进深为 30 步＋ 35.2 步＋ 120 步＝ 185.2 步。若将庭院按照 60 步的模数进行划分，则大殿前庭空间占有了整座庭院前部 2/3 的空间，而乾阳殿本身及殿后的空间占有了整座庭院后部约 1/3 强的空间。同样，由东、西上阁，及两侧可能存在的宫墙将这座庭院也分为了前后两部分，其前距离庭院南缘（乾阳门）132 步，其后距离庭院后缘（大业门）53.2 步。

大业门内 40 步处是洛阳宫的又一座重要殿堂——大业殿（唐代贞观殿）。大业殿的尺度比起乾阳殿要明显小，在此殿之后，唐代还有徽猷殿。从而在唐代时形成了乾元（曾改为含元）、贞观、徽猷三座大殿的形式与后世明清故宫三大殿的格局已经有了某种联系。但由于缺乏进一步的资料其空间与尺度十分难以确定（图 3-20，图 3-21）。

乾阳殿前，与乾阳殿在一条轴线上的有隋代乾阳门、永泰门和则天门。则天门距永泰门 45 步，永泰门距乾阳门 40 步。因此乾阳殿与宫殿南门则天门的距离为 205 步。我们在南北方向上，基本可以探知乾阳殿与其前后门殿楼阁的空间尺度关系。

但在围绕大殿这一基本的庭院空间中及其前后序列中，仍然存在一些疑难的问题：

首先，这座围绕大殿的中心庭院，其东西方向的距离没有详细的记载，我们前面推测的 200 步的东西宽度，既缺乏历史文献的支持也缺乏考古资料的佐证，

---

❶ 文献［1］. 子部 . 杂家类 . 杂纂之属 . 说郛 . 卷一百十上 . 大业杂记 .

❷ 《汉语大字典》编辑委员会 . 汉语大字典 . 第 5 卷 . 武汉：湖北辞书出版社；成都：四川辞书出版社，1988.

图 3-20　隋洛阳宫乾阳殿（后为大业殿）庭院空间想象图（按庭院总宽 200 步绘制）（笔者工作室绘制）

图 3-21　唐洛阳宫乾元殿（后为贞观殿）庭院空间想象图（按庭院总宽 150 步绘制）（笔者工作室绘制）

在相关数据分析的逻辑上也显得比较不充分。

其二，关于乾阳殿前的空间序列中，有一个记载，即乾阳门与永泰门的距离为 40 步。而永泰门与宫城正门则天门的距离为 45 步，这两个紧邻的空间，在古代建筑的空间序列设计上其进深尺度相差如此之小，似乎有一些令人不解。

其三，无论是乾阳殿还是乾元殿都坐落在一个大型的殿堂台基基座之上，那么，这个基座的尺寸如何确定也是一个疑难问题。

关于第一个疑问，我们或可以从另外一条记载中得出不同的结论：

据《大业杂记》的记载，其东、西上閤与两侧廊子的距离均为 20 步。如果按照一般的空间逻辑，这两座小型宫门应该定位在其所处宫墙左右居中的位置上，若其与侧廊的距离从门之中线计，则其与大殿山墙的距离也应该是从门之中线计为 20 步。也就是说，这座大殿两侧分别距离东西两廊 40 步。而大殿本身的东西宽度 345 尺合为 69 步。这 69 步是东西山墙的轴线距离，则加上墙的厚度（设为一步，即 5 尺，即两山每侧自山面柱柱轴线向外推 2.5 尺），则大殿东西总宽度恰为 70 步，加上殿两侧与两廊的距离 80 步，总计为 150 步（750 尺，约合今 220 米左右），也是一个合乎逻辑的推测。当然这里的 150 步应该以两侧廊子的内侧起算比较合理（图 3–22）。

关于第二个疑问，当代学者的研究中已经有了缜密的分析，傅熹年先生即认为永泰门至乾阳门的距离“四十步”有可能是“一百四十步”之误[1]。若采用此推测，则永泰门与乾阳门距离为 140 步，而乾阳殿与宫殿南门则天门的距离应为 305 步。这样的空间尺度是比较符合古代大型宫殿建筑的前导空间序列的。

关于第三个疑问，从我们所了解的古代建筑大殿，其殿基座的左右与前后方向习惯上都会有一些向外的延伸。特别是在前后方向上，往往在其前有一个大型的月台可以进行礼仪性的活动。然而从考古资料上来看，乾阳殿（乾元殿）的基座却很难确定。据傅熹年先生在《中国古代建筑史》第二卷中谈及的经考古发掘探明的乾阳殿基址（图 3–23），其残存的尺寸为东西 102.5 米，南北 47 米。[2] 将这两个尺寸折合为隋开皇尺（或唐尺，以 0.294 米计），则其东西长 348.64 尺，南北宽 159.86 尺。其东西方向似乎仅仅能够将乾阳殿（或乾元殿）东西 345 尺的长度（若计山墙厚，至少应该为 350 尺）布置进去，殿两侧几乎没有向外延伸

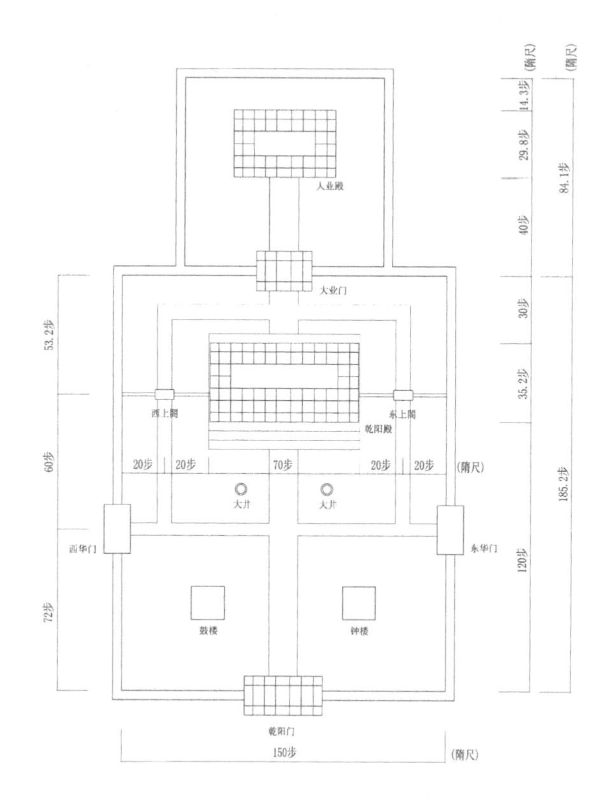

图 3-22　隋洛阳宫乾阳殿庭院平面推想之二（总宽 150 步）（作者自绘）

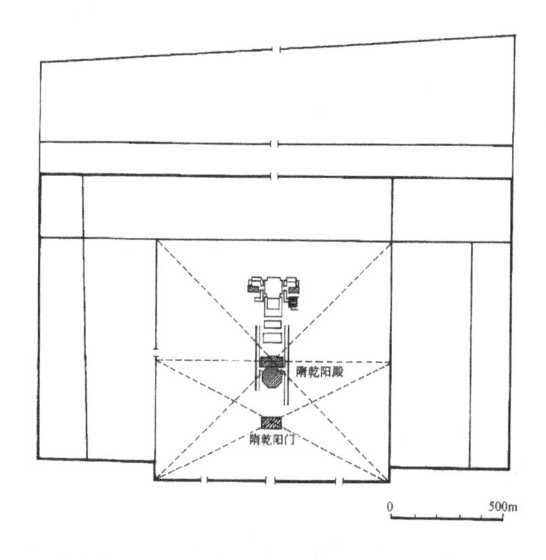

图 3-23　隋唐洛阳宫殿遗址实测平面示意（傅熹年 . 中国古代建筑史 · 第二卷 [M]. 北京：中国建筑工业出版社，2001.）

出去的台基；而其南北方向，则无法将乾阳殿（或乾元殿）南北 176 尺的宽度布置进去，残存的遗迹与记载的尺寸之间至少还有 16.14 尺的差距。

[1] 傅熹年 . 中国古代建筑史 [M]. 第二卷 . 两晋、南北朝、隋唐、五代建筑 . 北京：中国建筑工业出版社，2001 : 373. 注 [13].

[2] 傅熹年 . 中国古代建筑史 [M]. 第二卷 . 两晋、南北朝、隋唐、五代建筑 . 北京：中国建筑工业出版社，2001 : :371

但我们知道，仅隋唐两代在洛阳宫乾阳殿的位置上就有过多次大规模的拆毁与重建工程，最为著名的是武则天的明堂，就是在高宗乾元殿的位置上拆除了乾元殿而兴建的，而且又在经历了一场大火之后重新建造。之后，又有玄宗朝关于乾元殿的恢复工程以及五代与宋代的建设。因而，其乾阳殿与乾元殿所用的最初殿基无疑是遭受过反复扰动的。特别是从考古发掘看，武则天明堂的位置是在隋乾阳殿（唐乾元殿）的南侧[1]，而这又是一座中心构图的大规模楼阁式殿堂，其基座的要求无疑比较高，因而有可能严重侵蚀了原乾元殿的台基。使其台基残迹在南北方向大大的减小。

至于其东西方向，因为是夯土台基，即使没有大型工程的侵蚀也会因为历史的久远与自然及人为的剥蚀而有所减少的。但就其与记载中的大殿东西面广345尺十分接近这一点来分析，则很可能其两山确实没有明显向外延伸的台座，即可能在大殿两山山墙外，已经接近其台基的两端了。由此分析，则将大殿庭院总宽（以院两廊内缘计）推测为150步，将大殿两侧的东、西上阁布置在山墙与侧廊之间的正中位置（与大殿山墙和侧廊分别距离20步），其可能性还是十分大的。

此外，还有一个问题。即在唐代的文献记载中，没有提及位于宫城正门则天门与大殿庭院正门乾元门之间曾经存在过的隋之永泰门。究竟是宫殿空间规制的变动还是历史记载的疏漏皆不可知。因此，我们在绘图中，也只能将空间限定在在文献记载上相对比较肯定的环绕大殿的中心庭院的范围之内了。

八、关于本研究之可能的驳难与试解

对于见于历史记载的隋唐时期洛阳宫殿两座正殿隋乾阳殿与唐（高宗）乾元殿平面、结构与形式的可能状态之研究无疑是一个历史难题，是一件令人战战兢兢、如履薄冰且充满风险的探索性工作。其中的任何一个细节都可能遭致质疑或驳难，在这里将可能出现的驳难加以尝试性的解答，或许可以作为一个预防性的辩驳。

首先，需要对一些非常表面性的东西加以解释。如有人会问，唐代建筑应该可能是有角柱生起与侧脚的处理的，而本文的文字中没有提到，插图中也没有表达出来？

这的确是一个问题。需要解释的是，本文的着眼点是对其平面、结构剖面与外观形式的基本面的一个还原性探索，不涉及细部做法的精准性。而且由于缺乏充分的资料，我们对隋唐时代建筑物的角柱生起与侧脚处理的实际做法并不清楚，若参照宋《营造法式》的做法，则在13间的正立面柱头上会有比较明显的曲线产生，似乎与唐代建筑比较钢劲的外观风格有违，因此本文只求其平剖面尺寸与历史典籍的勘合，及对其外观形式可能的基本样式之探索，故而忽略了角柱生起与侧脚的细微处理。

其次，会有人质疑这两座大殿的台基。这样两座巨大的殿堂，其台基应该是十分巨大而宏伟的，特别是在大殿前部应该有巨大的月台。

这也是一个十分合乎情理的问题。但相关历史文献只提到了大殿的基高9尺。其余的外延尺寸都没有涉及。而对现存遗址的发掘也仅仅能够满足记载中的大殿长宽尺寸，并没有前后方向上的台基延展。其原因有可能是后世大规模建造活动的扰动，特别是在其殿基南部的武则天明堂的反复建造很可能是导致乾阳（元）殿前月台等基座部分消失的原因。在没有更进一步资料的情况下，本文没有涉及台基在平面方向的详细尺寸。

此外，围绕大殿平面、剖面、高度与斗栱等方面仍然可能会有一些驳难，在这里或可做一些尝试性的

[1] 傅熹年．中国古代建筑史[M]．第二卷．两晋、南北朝、隋唐、五代建筑．北京：中国建筑工业出版社，2001:367．河南洛阳唐洛阳宫实测平面图．

解答：

1. 平面尺寸分布问题

驳难：

文章中所分析的平面尺寸中将殿身柱间距定为27尺，副阶柱与殿身柱间距定为20.5尺，从而出现了面广方向当心间间广34尺，这个尺寸是否偏大？

应答：

这是一个逻辑推测的结果，先由进深方向总尺寸176尺推测的殿身五间各深27尺，前后檐副阶进深20.5尺，并将其应用在面广方向次、梢间为27尺，东西尽间为20.5尺上，从而得出的当心间间距34尺，从平面柱网的总体分布上是合理并合乎中国建筑的结构逻辑的。而从明永乐北京北故宫正殿"原旧广三十丈，深十五丈云"，以其面广30丈，按十一间平均分配，每间的间距应为27.3尺，与乾阳（元）殿的殿身柱柱距相当，而假定其殿身柱距也是27尺，尽间开间距离（两山副阶柱与殿身柱距）也是20.5尺，则其明间的间距就会达到43尺。而将明间定为34尺，次间与梢间定为28尺，尽间开间21尺，才会与总面广30丈，十一开间的格局相吻合。两相印证，说明隋唐洛阳宫正殿的面广开间分布是合乎古代建筑结构逻辑的。而现存故宫清代太和殿山面正中一间的间距为34.85尺，更进一步证明了这一开间宽度在实际木结构中应用的可能。

2. 柱子高度问题

驳难：

文章中所推定的柱子高度，以乾阳殿为例，其檐柱高34尺、殿身檐柱高68尺、殿身内柱高102尺。其柱子的高度非同寻常。而由"其柱大二十四围"推测出的其最大柱径为3.82尺，以隋开皇尺为0.294米计约合今尺为1.123米。这样的柱径与柱子高度是否过于巨大？

应答：

隋乾阳殿柱子的巨大在史籍上也是明确提出了的，所谓"楹栋宏壮，大木非随近所有，多自豫章采来。二千人曳一柱，其下施毂，皆以生铁为之，中间若用木轮，动即火出，铁毂既生，行一二里即有破坏。仍数百人别赍铁毂以随之，终日不过进三二十里。略计一柱已用数十万功。"需要两千人拖拽的大木，其尺寸无疑是极其巨大的。最后成形的柱子底径3.82尺（1.123米）、高102尺（约30米）计，其体积约为29.7立方米。

我们知道木材之容积比重是依树种不同而异，可由0.1 g/ cm^3（白塞木）至1.3 g/cm^3（愈疮木）不等，也会依个体及部位不同而有所差异。举出几种不同树种的例子：

红松0.440g/cm^3；马尾松0.533g/cm^3；云南松0.588g/cm^3；红皮云杉0.417g/cm^3；兴安落叶松0.625g/cm^3；

为了分析的方便我们假定所用木料为松木类，其比重取中间数为0.5g/cm^3。由此推出其每立方分米的重量为500克，而每立方米就为500kg。由此可以推测出这根巨大木柱的大致重量为500kg/cm^3 × 29.7m^3 = 14850kg。也就是说，约15吨的重量。如果将这个重量分配在2000人身上，每人拖动7.5kg的重量前进。7.5kg是木材垂直向下的力，而其拖动主要是克服木材与地面的摩擦力，滑动摩擦力的公式为：$F = \mu N$，其中μ为动摩擦因数，F为摩擦力，N为垂直向下的重力。摩擦因数会因坡度、地面材料、木材与地面的接触面大小等有很大的变化。若以其为$\mu = 1$时，7.5kg重物的滑动摩擦力也就是7.5kg。如再加上在其下垫的铁毂，有了滚动摩擦的受力，拖拽的力似乎还要省一些，但每个人的实际拖拽力量在这里无法做出精确的判断。实际的重量与拖拽力，因木材的不同或地面的不平整而有大幅的变化。然而，平均每人是在拖着至少7.5kg的重量在崎岖不平的道路上前进是没有疑问的，也是可以做得到的。但从这根木材的粗细（直径1.123米）、长短（约30米）和重量（约15吨）来推测，关于其基本的尺度大小、所用人力及运输之困难的史籍记载应该是契合的。从而这里所设定的柱子高度也接近历史事实。

3. 材高问题

驳难：

文章中设定的大殿所用铺作为隋唐时代的一等材，其单栱断面为高1.5尺，厚1尺。如此也就将隋唐时期的一等材的材高确定为了15寸，材厚为10寸，而其分值为1寸。这样的材高是否过大?

应答：

这的确是本文中风险最高的一个假设。因为现存建筑中没有中唐以前的实例，而文献中也没有发现与隋唐建筑材分制度有关的记载。这里只能依赖于尝试性的推测。以我们所熟知的宋《营造法式》中规定的材分值，一等材为高9寸、厚6寸，其分值为材高的1/15，即以6分为一分。依据我们对中国建筑史上的斗栱发展趋势的了解，隋唐建筑斗栱的材分应该比宋代要大。关于这一点，在笔者30年前所从事的有关五代末吴越王时期所建造的福州华林寺大殿中出现的部分栱断面高度为32cm，其中还出现了个别断面高度为34cm华栱的现象。而同在30余年前，笔者与恩师莫宗江先生考察蓟县独乐寺观音阁时，曾进入屋顶构架中，偶然发现一个用作支垫构件的旧栱，当时所量其断面高度亦为34cm。莫先生判断这可能是独乐寺在辽人改建之前的旧构中所用之斗栱。也就是说，在中晚唐时的独乐寺中很可能也采用了34cm的栱断面高度，以唐尺为0.294米记，其高度已相当于1.16尺，亦即采用了高于宋代一等材材分制度的规则。这或许可以作为隋唐时代建筑材分制度中,一等材大于宋《营造法式》所规定的0.9尺的一个佐证。

而在大于0.9尺的高度之上，以比较整齐而可能作为材高的数据，当有1尺、1.2尺和1.5尺几种可能。而以隋唐时的1尺为一等材，其断面高度不会比以宋尺0.9尺为一等材的实际断面高度大，因而也不符合历史真实，故只有1.2尺和1.5尺为一等材这两种选择更为合理。从前面提到的五代末宋初时的两组材高34cm（1.16唐尺）的实例看，以1.2尺为一等材似乎仍嫌偏低，故似乎只有以1.5尺为一等材断面高度是最佳的选择了。

此外，若以1.5隋唐尺为一等材材高用在这两座殿的下檐铺作中，恰可以在七铺作的条件下使其檐高与柱高的关系控制在与佛光寺大殿檐高与柱高关系的1.5倍左右，同时采用了1.5尺为一材所构成的铺作与披檐，也使各层檐在檐子起坡高度与柱子高度，乃至屋顶高度上取得了一致，这恐怕也不会是一种巧合。如果换成较小的材高值，这一切高度的相互匹配是不可能的。换句话说，对隋乾阳殿和唐（高宗）乾元殿的复原推测恰从反面证明了隋唐时代一等材的最大可能高度是15寸。

笔者在这里还有一个推想：隋唐时人将一等材定为15寸，从而将1分定为材高的1/15，使建造中大量使用的分值为一个整数值：1寸。这或许为宋代虽然将一等材的材高定为9寸但仍然沿用了将分值确定为材高的1/15的做法，找到了一种可能的解释。当然，这一假说还需要在今后的深入研究中才可以做进一步的验证。

4. 屋顶梁架问题

驳难：

本文将隋唐两代的两座建筑采用类似的梁架建构方式，即在平棊或平闇下使用明栿，而在平棊或平闇的标高以上使用草栿，并分别采用了1/4和1/5.6的屋顶起举比例，这是否是在暗示隋代与初唐时期建筑在屋顶处理上与晚唐的建筑十分接近?

应答：

本文所绘屋顶梁架主要是参照唐佛光寺大殿的梁

架特征绘制的，也参考了唐末五代或宋初建筑的一些局部做法。但这绝不是说隋唐时期的屋顶梁架就是这个样子，只是因为没有进一步的资料，只能以最接近那个时代的形式来表达。但涉及相应的尺寸，如屋顶的起举高度、举折的曲线都是参照了唐宋时代建筑，特别是宋《营造法式》的规则推算与绘图的，可以说在基本结构与做法逻辑上与中国古代建筑的一般原则是吻合的。

此外，本研究的核心是依据既有的数据对隋唐时期的这两座大型殿堂的基本结构与形态进行还原性探索，而不是考古学意义上的单体建筑复原。要是证明这两座建筑的基本形式与体量关系而不是具体的做法与构造的准确。在这一点上，笔者的着眼点主要是在推证过程的逻辑合理性与和唐宋时代木结构建筑的建构逻辑合理性两个层面上，而不在点滴的细节考证上。

5. 建筑开间问题

驳难：

按照傅熹年先生根据考古资料进行的复原研究，同样是国家最高等级的大型殿堂建筑且与隋乾阳殿和唐乾元殿建造时间最为接近的唐长安大明宫含元殿，其面广与进深两个方向的主要开间仅为 18 唐尺，何以乾阳殿与乾元殿的主要开间为 27 隋（唐）尺，而其当心间甚至达到了 34 隋（唐）尺？

应答：

这确实是一个极其尖锐的问题，也是笔者反复斟酌思索的问题。因为从建筑逻辑上讲，这个问题一语中的，可以彻底颠覆笔者前面所做的所有尝试性努力。正是由于这个经常萦绕心头的问题，笔者曾经几次辍笔不敢向前。但又找不到更为强有力的逻辑力量推翻笔者既有的平面尺度推测结论，所以只好在这里如履薄冰般地作以尝试性回答。

首先，可以明确的一点是，建筑物的开间尺度取决于用地基址与所用材料两个因素。以相同的建筑等级而言，用地基址的大小已经不成其为约束条件，那么，影响建筑开间尺度的主要因素就是建筑材料了，特别是柱子用料的高低和粗细。用料粗巨的檐柱与殿身柱，对殿堂开间的大小无疑具有根本性影响。无论是明清故宫太和殿还是尚存的武当山明代道教建筑遗构，如紫霄宫大殿，其明间都使用了大于 26 明尺的开间规模，这说明以 27 隋（唐）尺（实际开间尺寸应小于 26 明尺）作为这两座大殿的基本开间尺度是不违背中国古代木构建筑的结构逻辑的。而如前所述，明初永乐年间建造的面广 30 丈、进深 15 丈的奉天殿，因总面阔与总进深与隋乾阳殿或唐乾元殿十分接近，故无论是殿身开间还是明间开间都应该与两座隋唐大殿十分接近。这又从另一个侧面证明了这两座隋唐大殿在结构逻辑上的可信度。

此外，即使是 34 尺的开间，从阑额的受力来说也不难找到相应的木料，但若不使用十分粗大的柱子就没有必要将开间尺度设计得过大。所以，开间尺度的决定性因素取决于对建筑高度与体量的追求而确定的柱子的高低与粗细。隋代建洛阳乾阳殿，因隋炀帝过于铺张，建筑高度与体量巨大，其用料尺度也可能超出了当时一般宫殿正衙应有的规模。正因如此，其木材来源在隋时已经变得十分困难。史料上极力描述其木料来源之远、运输之难、用工之巨，就是一个明证。以其柱子采自豫章（江西），柱径大至 24 围，需要两千人拖拽，一柱之功几达数十万确实也是史上罕见的工程，这才令李世民在惊叹之余将其烧毁。

而新立国的唐王朝，在长安新建大明宫时，一方面，因长安城远居西岐之地距当时还可以采伐到大木料的豫章地区更为遥远，水运也不如洛阳方便，另一方面则因为汲取了隋代的教训，并没有在其宫殿正衙上追求大肆铺张尺度的强烈动力。还有一个更为具体的原因是，据当代学者的研究，唐长安大明宫含元殿有可能是在原有射殿的基础上改建而成的。故“它有可能是在旧基址上重建的，其木构部分可能是利用了旧有建筑。”[1]若这种可能成立，则初唐时期建造的含元殿，在开间尺度上有可能受到了其前射殿的结构之局限，故其基本的基址与开间是一般建筑中较为常见的尺度。而作为正殿的含元殿也会对大明宫内其他殿堂的尺度确定造成一定影响，因此唐长安大明宫的几座主要殿堂，包括含元殿与麟德殿，其主要开间尺寸就都可能在18唐尺左右徘徊了。

长安大明宫含元殿的建造年代是高宗龙朔二年（662年）比唐洛阳宫乾元殿的建造仅晚了6年，在刚刚完成像乾元殿这样一座大型殿堂的建造之后，以初唐时期百废待兴的经济实力，新开始建造的一座大殿，无论从材料来源方面，还是从财力物力的支撑方面都会面临比较窘迫的局面。如果说唐乾元殿及隋乾阳宫的基址及可能尚存的主要结构构件尚可资利用，且洛阳距离当时尚能产出大木的豫章地区较近，并有比较方便的水道，而这一切有利于大尺度建筑建造的条件在大明宫含元殿的建设中都不具备，这或许也是导致含元殿开间尺度较小的一个原因。

第二节
唐洛阳宫武氏明堂的建构性复原研究

一、隋唐统治者的明堂情结

作为中国古代社会最高等级的礼制象征，明堂成为历代统治者特别关注的建筑，尤其是那些并非世袭正承的帝王，由于内心深处对于其问鼎大宝过程的不甚合乎情理及对其所处权力中心之合法性的焦虑，往往希望通过借助建造表征天子礼仪的明堂建筑来伸张自己的合法性，并在一定程度上洗刷由于某种原因而逆承登基这一事实所给予他自己及他的臣民所造成的心理阴影。

僭其婿之位而登基的隋文帝在平陈以后，诸项典礼粗备，“唯明堂未立。开皇十三年(593年),诏命议之。礼部尚书牛弘、国子祭酒辛彦之等定议，事在弘传。后检校将作大匠事宇文恺依《月令》文，造明堂木样，重檐复庙，五房四达，丈尺规矩，皆有准凭，以献。高祖异之，命有司于郭内安业里为规兆。方欲崇建，又命详定，诸儒争论，莫之能决。”[2]这是一座重檐两层的楼阁式明堂，内有五室，中央太室可以通达四方。到了隋炀帝大业年间，“恺又造《明堂议》及样奏之。炀帝下其议，但令于霍山采木，而建都兴役，其制遂寝。”[3]这说明有隋一代，明堂的建造虽经两位帝王的过问却最终搁浅了。

刚刚从隋末战争的疮痍中复苏的唐武德、贞观两朝，还无暇顾及明堂建设之事。高宗永徽、乾封间，关于郊祀礼仪，诸儒之间就有诸多争论但始终未有定论。如永徽二年（651年），曾敕曰：“其明堂制度，令诸曹尚书及左右丞侍郎、太常、国子秘书官、弘文馆学士同共详议。”[4]永徽三年（652年）六月，“内出九室样，仍更令有司损益之。有司奏言：内样：堂基三重，每基阶各十二。上基方九雉，八角，高一尺。中基方三百尺，高一筵。下基方三百六十尺，高一丈二尺。上基象黄琮，为八角，四面安十二阶。请从内样为定[5]。”这是一座内部空间为“九室”的方案。“太室在中央，方六丈。其四隅之室，谓之左右房，各方二丈四尺。当太室四面，青阳、明堂、总章、玄堂等室，各长六丈，以应太室；阔二丈四尺，以应左右房。

[1] 傅熹年. 唐长安大明宫含元殿原状的探讨//傅熹年. 傅熹年建筑史论文集[M]. 北京：文物出版社，1998：184.

[2] 文献[2].［唐］魏征. 隋书. 卷六. 志第一. 礼仪一. 清乾隆武英殿刻本.

[3] 文献[2].［唐］魏征. 隋书. 卷六. 志第一. 礼仪一. 清乾隆武英殿刻本.

[4] 文献[2].［五代］刘昫. 旧唐书. 卷二十二. 志第二. 礼仪二. 清乾隆武英殿刻本.

[5] 文献[2].［五代］刘昫. 旧唐书. 卷二十二. 志第二. 礼仪二. 清乾隆武英殿刻本.

空间并通巷，各广一丈八尺。其九室并巷在堂上，总方一百四十四尺，法坤之策。”❶这一建筑方案，经过了进一步的修改完善，不仅有了具体的室内分隔而且有了一些详细的构件尺寸与柱网分布及间架结构，如“外有柱三十六，每柱十梁。内有七间，柱根以上至梁高三丈，梁以上至屋峻起，计高八十一尺。上圆下方，飞檐应规……其屋盖形制，仍望据《考工记》改为四阿，并依礼加重檐，准太庙安鸱尾。堂四向五色……其四向各随方色。请施四垣及四门。”❷以其柱为36根计，平面为9开间，而从“内有七间”推知这是一座殿身7间，副阶9间的建筑物，其上檐为圆形，下檐为方形。但这圆形的上檐屋顶，如何能够成就“四阿”和“安鸱尾”的造型是一个令人不解的问题。但由于群儒纷争，九室、五室各执异议。高宗甚至在观德殿中按照两种不同意见的设计加以张设，并亲自与公卿观之，最终还是因为争论不下，莫衷一是。

乾封二年（667年），高宗又旧事重提，希望能够详宜略定“斟酌前载，制造明堂”。❸乾封三年（668年），又下诏“以明堂制度历代不同，汉、魏以还，弥更讹舛，遂增损古今，新制其图。下诏大赦，改元为总章元年。二月戊寅，幸九成宫。己卯，分长安、万年，置乾封、明堂二县，分理于京城之中。”❹总章者，明堂建筑内一个房间的名称。这说明高宗不仅对拟建的明堂进行了设计，而且还通过更改年号及更改长安城内两县的县名来表达他意欲建造明堂的决心。

总章二年（669年）三月，高宗下诏正式颁布了经过修订的明堂规制（《通志》中记为总章三年三月）。这一次的诏书中，详细描述了新设计明堂的详细规制与尺寸。其详细的程度几乎是中国历史文献中有关一座建筑最为细致的记载。笔者曾经用了若干年的时间对这座建筑进行复原研究，初步的研究成果刊载在《建筑史》第22辑上，这里不再做详细的描述。但需要提到的一点是，总章二年诏定明堂是一座单层重檐木结构大殿，平面为八角形，下层屋檐为八角形，上层屋檐为圆形（图3-24）。然而，“诏下之后，犹群议未决。终高宗之世，未能创立。”❺历史开了一个不大不小的玩笑，隋唐两代统治者的明堂之梦最终却是由代唐而立的武则天在她所僭称的武周王朝时所圆的：“则天临朝，儒者屡上言请创明堂。则天以高宗遗意，乃与北门学士议其制，不听群言。”❻

图3-24　唐高宗总章明堂外观（笔者复原）

二、武氏明堂及其建造始末

武则天在登基前后大动干戈地建造明堂，毫不掩饰她的佞佛之举，其内在的心理情结与我们前面所提到的那种因其统治的合法性不甚明了而产生的焦虑是分不开的，她千方百计地要为自己代唐而立的行为寻求儒学与佛学的法理依据，急不可耐地建造明堂正是

❶ 文献[2].［五代］刘昫.旧唐书.卷二十二.志第二.礼仪二.清乾隆武英殿刻本.

❷ 文献[2].［五代］刘昫.旧唐书.卷二十二.志第二.礼仪二.清乾隆武英殿刻本.

❸ 文献[2].［五代］刘昫.旧唐书.卷二十二.志第二.礼仪二.清乾隆武英殿刻本.

❹ 文献[2].［五代］刘昫.旧唐书.卷五.本纪第五.高宗下.清乾隆武英殿刻本.

❺ 文献[2].［五代］刘昫.旧唐书.卷二十二.志第二.清乾隆武英殿刻本.

❻ 文献[2].［五代］刘昫.旧唐书.卷二十二.志第二.清乾隆武英殿刻本.

这一急切心理的一个反映。

武则天的明堂建设一扫群儒纷争的阴霾，旗帜鲜明地提出了“自我作古”的主张：

“比者鸿儒礼官，所执各异，咸以为明堂者，置之三里之外，七里之内，在国阳明之地。今既俯迩宫掖，恐黩灵祇，诚乃布政之居，未为宗祀之所。朕乃为丙巳之地，去宫室遥远，每月所居，因时飨祭，常备文物，动有烦劳，在于朕怀，殊非所谓。今故裁基紫掖，辟宇彤闱，经始肇兴，成之匪日。但敬事天地，神明之德乃彰；尊祀祖宗，严恭之志方展。若使惟云布政，负扆临人，则茅宇土阶，取适而已，岂必劳百姓之力，制九筵而御哉！诚以获执苹蘩，虔奉宗庙故也、时既沿革，莫或相遵，自我作古，用适于事。”[1]

这是武则天为自己“自我作古”进行明堂建设的一个辩解。在她看来，不管群儒及历史典籍中如何说，她并不在意古代坟籍中所要求的将明堂建造在城市南郊的旧有规制，而是要自作主张地建造在紫掖之中、彤闱之内，其公开的理由是便于因时飨祭，减少远距离祭祀的烦劳。而且在建筑造型上，她也主张“时既沿革，莫或相遵。”时代已经变了，为什么还要循规蹈矩呢？因而在形式上，武则天也不顾群儒的所谓五室、九室之争而是建造了一座具有多层空间的楼阁式建筑：

“今以上堂为严配之所，下堂为布政之居，光敷礼训，式展诚敬。来年正月一日，可于明堂宗祀三圣，以配上帝。宜令礼官、博士、学士、内外明礼者，详定仪礼，务从典要，速以奏闻。”[2]

[1] 文献[2].[五代]刘昫.旧唐书.卷二十二.志第二.清乾隆武英殿刻本.

[2] 文献[2].[五代]刘昫.旧唐书.卷二十二.志第二.清乾隆武英殿刻本.

也就是说，武则天明堂至少有专门用于祭祀昊天上帝的“上堂”和专门用于布政、起居的“下堂”两个空间与两种功能。上堂祭祀空间中还有配享祭祀的“三圣”，即初唐的三位皇帝——高祖、太宗与高宗。下堂如何用于布政、起居就不详细了。而实际的建造中，武则天却建造了一座有三层之多的大型楼阁建筑，如果说这里的“上堂”是指建筑物的最高层，“下堂”是指建筑物的首层，那么中间那一层又作何解释呢？其功能又是做什么的呢？这确实是一个令人存疑的问题。我们先来看看文献中关于这座武则天“自我作古”的明堂建筑的基本描述：

“垂拱三年（687年）春，毁东都之乾元殿，就其地创之。四年（688年）正月五日，明堂成。凡高二百九十四尺，东西南北各三百尺。有三层：下层象四时，各随方色；中层法十二辰，圆盖，盖上盘九龙捧之；上层法二十四气。亦圆盖。亭中有巨木十围，上下通贯，栭、栌、樘、梍，藉以为本，亘之以铁索，盖为鸑鷟，黄金饰之，势若飞翥，刻木为瓦，夹纻漆之。明堂之下施铁渠以为辟雍之象，号万象神宫。”[3]

《唐会要》中也记录了武则天明堂的大致情形，内容上没有什么增加，只是提到了“令沙门薛怀义充使。”[4]另外，也提到了在明堂落成之后左史直宏文馆刘允济曾上《明堂赋》，百官亦上表，表中多少有一点涉及明堂的描述，如：“臣闻上帝居高，悬太微之府；先王建国，辟宗祀之堂。不有大圣，谁能经始……故能上合乾象，下符坤策，柱将扶而已立，石未凿而悬开。

[3] 文献[2].[五代]刘昫.旧唐书.卷二十二.志第二.礼仪二.清乾隆武英殿刻本.

[4] 文献[2].[宋]王溥.唐会要.卷十一.明堂制度.清武英殿聚珍版丛书本.

丹鸑踶甍，似鸣岗而远至，苍虬绕栋，疑出河而欲飞。”❶这里的“上帝居高，悬太微之府”似乎是指明堂的上层空间。也就是说，其上层是用来祭祀昊天上帝的；而“先王建国，辟宗祀之堂”是指用来在祭祀礼仪中为唐王朝的开创者高祖、太宗及高宗的严配之所，似乎亦应在上层。

其“上合乾象，下符坤策”之语显然说的是上圆下方的建筑造型。而其三层结构中的上两层均为圆顶只有底层为方形屋顶，与这里的描述相合。至于“柱”与“石”的描述，其柱者自不待言，因为整座明堂建筑是由大木结构而成的，但这里的“石未凿而悬开”不知道是指建筑物的什么地方，若没有特别的指称，我们只能理解为这座大型木构建筑是坐落在一个石筑的台基之上的。而“丹鸑踶甍”中的甍者指屋脊，或屋栋，这里或许是指屋顶之最高的部分；踶者，踢也，蹋也。《通俗文》云：“小蹋谓之踶。”❷而丹鸑当指其屋顶最高处的“鸑鷟”形脊饰。鸑鷟，其意为凤凰的一种，则丹鸑者就是丹凤之意，而丹鸑踶甍，就是丹凤踩踏在屋脊之上的意思。这只远飞而至的凤凰，正翘首踶足于屋脊之上。“苍虬绕栋”也是古代建筑描绘中常用的术语，苍虬者，苍龙；绕栋者，环绕的梁栋。这里的苍虬可能仅仅是指与屋栋相互穿插交错的梁栿。

我们再来看一看刘允济的《明堂赋》，搜寻一下其中可能隐藏的有关武氏明堂的点滴信息：

大哉乾象，紫微疏上帝之宫；邈矣坤舆，丹阙披圣人之宇……度七筵以垂宪，分四室而通辅。合宫之典，郁乎轩邱；重屋之仪，崇于夏禹。因殷成于五帝，继周道于千古。统正朔之相循，起皇王之踵武……望仙阁之秀出，瞻月观之宏峙；镂红玉以图芳，肃龟坛而荐祀……顺春秋之左右，法天地之圆方。成八风而统刑德，观四序而候炎凉；跨东西而作甸，掩二七以疏疆。下临星雨，傍控烟霜。翔鹍坠于层极，宛虹拖于游梁。昆山之玉楼偃蹇，曾何仿佛；沧海之银宫焕烂，安足翱翔……❸

这篇《明堂赋》中多少也隐含了一些有关武氏明堂建筑的信息，如“度七筵以垂宪，分四室而通辅”可能隐含了这座建筑的一些尺度与空间，在首层的四隅可能有“四室”，中央太室可度为“七筵”。至于赋中的“仙阁秀出”“月观之宏峙”都是极言明堂建筑的华美与巨大。而“顺春秋之左右”似指明堂中特有的“左个”“右个”；“法天地之方圆”则指建筑物上圆下方的外观。“八风”“四序”也是就其方位象征而言的。而“下临星雨”极言其高；“翔鹍坠于层极”仍然是指屋脊处的凤凰雕饰；“宛虹拖于游梁”都是就建筑物内部造型优雅的虹梁而言的。

刘允济另有《万象明堂赋》，其中有“访夏后之轨仪，云广四而修一；彼宗周之有制，闻或九而或七……粤正月庚午，始创明堂之制焉……穆穆四门，坐纳四气；明明八窗，均调八风”❹等句，说明明堂四面有4座门而每面似有8个窗子。这样，若设想在首层平面的每一个面上，有11个开间，其当心间为门，两侧各有4间设窗，总为9间，在通面广为11间的两端尽间则用墙加以围护。其“广四修一”来自古代有关夏人世室的记录，而“或九或七”，参考《周礼·冬官考工记》：“周人明堂，度九尺之筵，东西九筵，南北七筵。堂崇一筵，五室，凡室二筵。”而这里似乎只是比附周礼以说明武氏明堂如何地符合正典。

令人不解的是，当时人所写《明堂赋》中似乎并

❶ 文献[2].[宋]王溥．唐会要．卷十一．明堂制度．清武英殿聚珍版丛书本．

❷《汉语大字典》编辑委员会．汉语大字典．第5卷．武汉：湖北辞书出版社；成都：四川辞书出版社，1988.

❸ 文献[2].[清]董诰．全唐文．卷一百六十四．刘允济．万象明堂赋．清嘉庆内府刻本．

❹ 文献[2].[清]董诰．全唐文．卷一百六十四．刘允济．万象明堂赋．清嘉庆内府刻本．

没有特别提到其结构与造型有三层之多，只是强调武氏明堂与殷人的重屋相似，有上堂与下堂的区分，有上圆下方的造型特征，而且反复提到其屋顶上有一个凤鸟式的雕刻脊饰以及在室内有宛转的虹梁。更重要的是，赋中特别强调了建筑物的高大与宏丽。关于这一点，在《唐摭言》中也有提到，其中皇甫湜答李生二书中的第一书中有："明堂之栋，必挠云霓；骊龙之珠，必锢深泉。"❶ 这位皇甫湜（777—835年）是唐代散文家，其生活的时间去武周时代不远，且当时洛阳明堂还存在，他提到明堂中的最重要特征是其梁栋所处的高度可与云接。这些都从一个侧面证明了《旧唐书》中有关武则天明堂一些基本尺度与造型特征方面记载的可信性。

这座明堂建筑建成于垂拱四年（688年）春，永昌元年（689年），即载初元年（689年）正月，武则天亲享明堂并于当年"九月九日壬午，革唐命，改国号为周"，❷ 复改元为天授。天授二年（691年）、三年（692年）、长寿二年（693年）、三年（694年）的正月，武则天都曾亲享明堂。但在这座大型建筑建成后的第八年，即证圣元年（695年），"丙申夜，明堂灾，至明而并从煨烬。"❸ 大火焚毁了这座巨大的明堂建筑"则天寻令依旧规制重造明堂，凡高二百九十四尺，东西南北广三百尺。上施宝凤，俄以火珠代之。明堂之下，圜绕施铁渠，以为辟雍之象。天册万岁二年（696年）三月，重造明堂成，号为通天宫。"❹ 也就是在明堂被焚毁后仅仅一年之后的"春三月，重造明堂成。夏四月，亲享明堂，大赦天下，改元为万岁通天，大酺七日。"❺

这座重新建造的明堂一直沿用到玄宗时期。事情过了20年，到了玄宗开元五年（717年），玄宗诏曰："今之明堂，俯邻宫掖，比之严祝，有异肃恭，苟非典章，将何轨物？由是礼官博士公卿大臣广参群议，钦若前古，宜存露寝之式，用罢辟雍之号。可改为乾元殿，每临御依正殿礼。"❻ 到了开元十年（722年）冬十月，玄宗不知何故又将"乾元殿依旧题为明堂。"❼ 到了开元二十七年（739年）"冬十月，毁东都明堂之上层，改拆下层为乾元殿。"❽ 毁拆之后的乾元殿仍十分宏伟，这一点也见于《封氏闻见记》：

"开元中，改明堂为听政殿，颇毁彻，而宏规不改。顶上金火珠，迥出空外，网之赫然。省司试举人作《明堂火珠》诗。进士崔曙诗最清新，其诗云："正位开重屋，凌空大火珠。夜来双月满，曙后一星孤。天净光微灭，烟生望若无。还知圣明代，国宝在神都。"史贼入洛阳，登明堂，仰窥栋宇，谓其徒曰："大好舍屋。"又指诸鼎曰："煮物料处亦太近。"洎残孽奔走，明堂与慈阁俱见焚烧。"❾

封氏的记录中也告诉了我们有关武则天明堂的最后结局，即在安史之乱中遭到了叛贼史思明的焚毁。史思明于肃宗乾元二年（759年）九月庚寅攻陷洛阳，至上元二年（761年）三月被其子所杀。这一年也应该是史贼败落之年，也就是说，武则天明堂彻底焚毁

❶ 文献[2]. [五代]王定保. 唐摭言. 卷五. 切磋. 清学津讨原本.

❷ 文献[2]. [五代]刘昫. 旧唐书. 卷六. 本纪第六. 则天皇后. 清乾隆武英殿刻本.

❸ 文献[2]. [五代]刘昫. 旧唐书. 卷六. 本纪第六. 则天皇后. 清乾隆武英殿刻本.

❹ 文献[2]. [五代]刘昫. 旧唐书. 卷二十二. 志第二. 礼仪二. 清乾隆武英殿刻本.

❺ 文献[2]. [五代]刘昫. 旧唐书. 卷六. 本纪第六. 则天皇后. 清乾隆武英殿刻本.

❻ 文献[2]. [五代]刘昫. 旧唐书. 卷八. 本纪第八. 玄宗上. 清乾隆武英殿刻本.

❼ 文献[2]. [五代]刘昫. 旧唐书. 卷八. 本纪第八. 玄宗上. 清乾隆武英殿刻本.

❽ 文献[2]. [五代]刘昫. 旧唐书. 卷九. 本纪第九. 玄宗下. 清乾隆武英殿刻本.

❾ 文献[2]. [唐]封演. 封氏闻见记. 卷四. 明堂. 清文渊阁四库全书本.

于761年。以其在万岁登封元年（696年）重建时计，这座建筑存在了66年。若以其初建的垂拱四年（688年）算起，这座唐代历史上最为高大宏伟的木构建筑存在了74年。

三、武氏明堂的乖戾形式与武则天的佞佛之举

1. 明堂形制的历史之争

最为令人不解的是武周明堂的建筑形式。历史上有关明堂建筑的争讼，一般集中在两个问题上：一是五室、九室之争；二是单层、复层之争。自《周礼·冬官考工记》记载的殷人礼祀建筑为“重屋”形式之后，历史上就有过多次将明堂建为重层建筑的尝试。最为典型的是汉武帝时所建的汶上明堂：“上欲治明堂奉高旁，未晓其制度，济南人公玉带上黄帝时明堂图。明堂图中有一殿，四面无壁，以茅盖，通水，圜宫垣为复道，上有楼，从西南入，命曰昆仑，天子从之入，以拜祠上帝焉。于是上令奉高作明堂汶上，如带图。”❶这显然是实际建造起来的一座楼阁式明堂建筑，从文献描述的情况看，这是一座两层的楼阁，在西南方位有登上二层的楼梯。

另外一座可能是楼阁式明堂建筑，由隋代的宇文恺所设计，他为此制作了木质模型：“造明堂木样，重檐复庙，五房四达。”这里的“重檐复庙”中之重檐可能是指其主要空间的屋顶为重檐，而复庙则可能暗示这是一座两层的建筑物。此外，在历代的文献中，有关明堂建筑就鲜有涉及楼阁式造型的记录了。如南北朝的明堂是一字排开为十二间，如一般矩形平面的大型殿堂的形式。而高宗总章二年诏建明堂虽然可能是建造在一个有平坐的基台上并且可能是重檐屋顶，但其室内的空间仅为单层。

❶ 文献[2].［汉］司马迁．史记．卷十二．孝武本纪第十二．清乾隆武英殿刻本．

即使是突破历史上九室、五室之争的惯例，至多也只应该建造一座内部空间为二层的建筑以应殷人的“重屋”之说。但武则天明堂却破天荒地建造为三层。“下层象四时，各随方色；中层法十二辰，圆盖，盖上盘九龙捧之；上层法二十四气。亦圆盖。”即其下层是一个正方形，中层则可能是十二边形，而上层则有二十四边形之多。下层的屋顶是常见的方形四坡屋顶，而中层与上层却是圆形屋顶，在二层的屋顶之上似乎还盘有九条龙，以九龙捧珠的形式捧着上层二十四边形圆盖的亭子形建筑。

这实在是在中国历代文献及相关图形资料中从未见过的乖戾建筑形式。其首层平面为四方是一个常见的形式，但第二层的十二边形就比较少见了。实例建筑中，只有建于北魏正光四年（523年）且离洛阳不远的河南登封嵩岳寺塔为十二边形的平面（图3-25，图3-26）。另一个典型的例子是明嘉靖时改建的北京天坛祈谷坛大殿。这座建筑最初也是以明堂的名义建造的，其平面亦为十二边形并以周围12棵檐柱与12棵金柱，中央4棵钻金柱所构成的。当然由于技术的进步，明清时代已经可以将大尺度的额枋弯折成弧形，从而使整座建筑的平面显示为圆形（图3-27，图3-28）。但其基本周回十二间的平面象征意义与武氏明堂二层平面却可能是相同的。

最早与数字十二发生关联的明堂建筑是文献记载中的周代明堂：“近郊三十里之地为明堂，以祀文王，享上帝。（高三丈，东西九筵，南北七筵，堂崇一筵。九堂十二室。每堂四户、八牖。）”❷另有记载似乎也是谈的周代明堂：“明堂高三丈，东西九筵，南北七筵，上圆下方，四堂十二室，四户八牖，其宫方三百步，在近郊三十里。”❸另外，汉代文献《三辅黄图》中也

❷ 文献[2].［元］佚名．元河南志．卷二．清光绪藕香零拾本．

❸ 文献[2].［元］马端临．文献通考．卷七十三．郊社考六．引明堂月令．清浙江书局本．

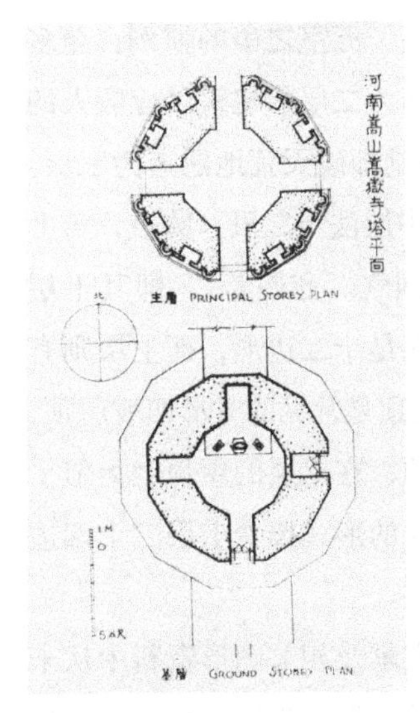

图 3-25　河南登封嵩岳寺塔（刘敦桢．中国古代建筑史 [M]. 北京：中国建筑工业出版社，1984.）

图 3-26　河南登封嵩岳寺塔立面（刘敦桢．中国古代建筑史 [M]. 北京：中国建筑工业出版社，1984.）

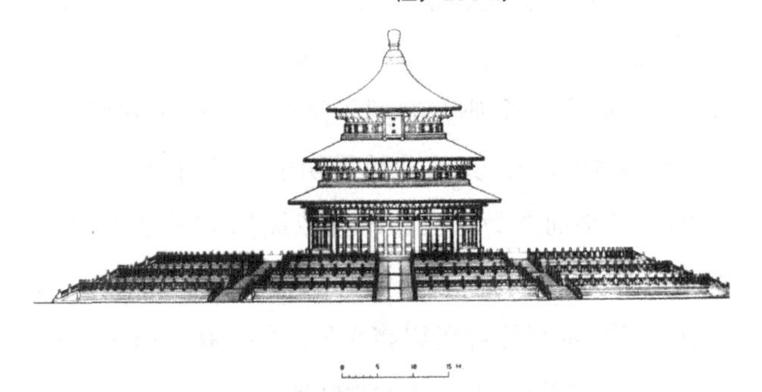

图 3-27　北京天坛祈年殿立面（刘敦桢．中国古代建筑史 [M]. 北京：中国建筑工业出版社，1984.）

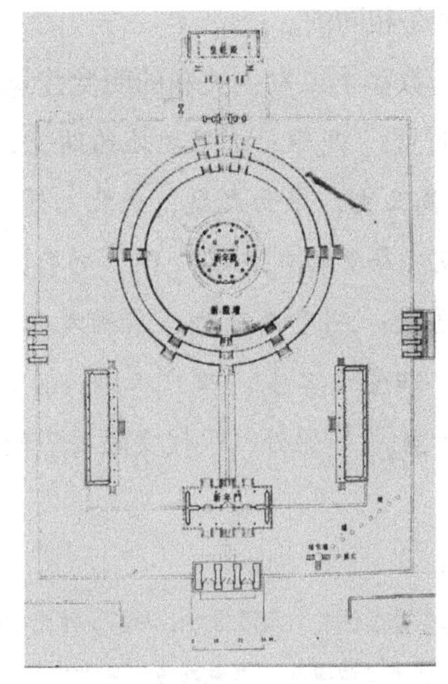

图 3-28　北京天坛祈年殿平面（刘敦桢．中国古代建筑史 [M]. 北京：中国建筑工业出版社，1984.）

提到了“明堂有十二室，法十二月。”[1] 东汉《三辅旧事》中还提到了，“光武之兴，宗庙为墟。乃聚十二庙合于高庙，作十二室。”[2] 其中，与武氏明堂关联最为密切的似乎就是前文《文献通考》所引《明堂月令》中“上圆下方，四堂十二室，四户八牖”的描述。

去唐不远的南朝，也同样采取了明堂十二室的规制。南齐时，曾“毁宋太极殿，以其材构明堂十二间，基准太庙。”[3] 同样，“陈制，明堂殿屋十二间。”[4] 隋灭陈而未及建造明堂，初唐三位皇帝也未曾建造明堂，因此武则天明堂的直接承继物，即是南陈的明堂。故其二层的平面为十二边形，恐怕正是出于比附一年十二个月令的明堂十二间这一原因。其上层为二十四边则可能与一年的二十四个节气有关。因为，在高宗总章二年所颁布的明堂形制中，有“堂周回二十四窗，高一丈三尺，阔一丈一尺，二十三棂，二十四明。按《史记》，天有二十四气，故置二十四窗。”[5] 那么，武氏明堂上层平面为二十四边形，最大的可能也是为了象征这一年的二十四节气。如此来看，其明堂以上圆下方的形式象征的是天和地；以首层四方、二层十二边、三层二十四边象征的是一年的四季、十二月、二十四节气。

2. 武氏明堂与佛教影响因素

但仍令人感到奇怪。如果仅仅为了达到如上的象征性目的，以两层的结构同样可以达到上圆下方的目的，也不违背古代典籍中固有的“重屋”之制。而“十二

❶ 文献 [2]. [唐] 欧阳询．艺文类聚．卷六十四．居处部四．清文渊阁四库全书本．

❷ 文献 [2]. [宋] 程大昌．雍录．卷八．蔡邕庙寝游衣冠说．明古今逸史本．

❸ 文献 [2]. [唐] 魏征．隋书．卷六．志第一．礼仪一．清乾隆武英殿刻本．

❹ 文献 [2]. [唐] 魏征．隋书．卷六．志第一．礼仪一．清乾隆武英殿刻本．

❺ 文献 [2]. [五代] 刘昫．旧唐书．卷二十二．志第二．礼仪二．清乾隆武英殿刻本．

月”“二十四气”这些象征，通过柱子数、门窗数是完全可以实现的。那么为什么武则天一定要突破中国明堂至多两层的旧有规制，也打破传统之上圆下方的“重屋”式格局，建造一座在史上几乎没有任何先例可依的两层圆顶覆盖一层方顶的三层楼阁呢？

既然我们在中国的文化传统中找不到武则天明堂之乖戾造型的依据，我们是否可以从武则天的个人性格中去寻找一下呢？

武则天个人性格中最为突出的一点是佞佛无算。“初，则天年十四时，太宗闻其美容止，召入宫，立为才人。及太宗崩，遂为尼，居感业寺。”❶咸亨三年，敕洛阳龙门山镌石龛卢舍那佛像，高八十五尺。传武后助钱两万贯。❷中宗嗣圣元年，即则天光宅元年(684年)，高宗卒后百日，为立大献佛寺，度僧二百人以实之，后改为荐福寺。❸垂拱元年（685年），修东都故白马寺，以僧怀义为寺主。怀义与洛阳诸大德在内道场念诵，威势凌人，王公朝贵皆匍匐礼谒，人称薛师。❹这位僧怀义既是武则天的嬖臣，也是武则天明堂建造的工程主持人。载初元年（690年），也就是在武氏明堂建成后的第三年，僧怀义与法明等十人进《大云经》四卷陈符命，言则天是弥勒下生，当代唐作阎浮提主，制颁于天下，因令天下各置大云寺，并改国号周，加尊号曰圣神皇帝。❺天授二年（691年），则天以释教开革命之阶，令释教在道法之上，僧尼处道士、女冠之前。并令神秀禅师入京行道，肩舆上殿，则天亲加跪礼，王公士庶竞至礼谒，望尘拜伏，日有万计。❻

不用做过多的引述，我们已可以清楚地观察到，在武则天的精神世界中，佛教因素的影响及对佛的信仰占了很大的比重。她既要利用佛教为自己代唐而立的做法寻求法理的依据，又希望通过佞佛之举获得神佛的护佑以维系其统治的久远。这与她建造明堂，礼祀中国儒家传统中的昊天上帝，并礼祀配享上帝的高祖、太宗、高宗等做法，以表征她统治的正统一样，两件事如出一辙，都是为了消解她自身因逆承大宝所带来的心理焦虑。有趣的是，在建造以儒家思想与礼仪为中心的明堂建筑时，武则天所依赖的主要工程主管僧怀义在名义上却是一位佛教徒。那么在武则天所创建的明堂中是否隐含着某种佛教的空间观或宇宙观呢？

与中国儒家天覆地载的二元空间观不同，佛教宇宙观对于外在世界的空间理解远为复杂得多。比如，唐代来自中印度的僧人般剌密帝所译佛教经典《楞严经》中有对于“众生世界”的理解，世者，时间之过去、现在、未来；界者，空间之上、下及东、西、南、北、东南、西南、东北、西北总为十方也：

“云何名为众生世界？世为迁流，界为方位；汝为当知，东、西、南、北、东南、西南、东北、西北、上、下为界，过去、未来、现在为世；方位有十，流数有三，一切众生，织妄相成，身中贸迁，世界相涉；而此界性，设虽十方，定位可明。世间只目东西南北，上下无位，中无定方。”❼

这一上、中、下十方的概念与中国人天覆地载的概念是不同的，而《楞严经》在唐代初译而成，很可

❶ 文献[2]．[五代]刘昫．旧唐书．卷六．本纪第六．则天皇后．清乾隆武英殿刻本．

❷ 范文澜．唐代佛教[M]．重庆：重庆出版社，2008：123．隋唐五代大事年表．

❸ 范文澜．唐代佛教[M]．重庆：重庆出版社，2008：127．隋唐五代大事年表．

❹ 范文澜．唐代佛教[M]．重庆：重庆出版社，2008：127．隋唐五代大事年表．

❺ 范文澜．唐代佛教[M]．重庆：重庆出版社，2008：129．隋唐五代大事年表．

❻ 范文澜．唐代佛教[M]．重庆：重庆出版社，2008：129-130．隋唐五代大事年表．

❼ 文献[2]．[唐]般刺密帝．大佛顶如来密因修证了义诸菩萨万行首楞严经．卷四．大正新修大藏经本．

能对唐代人的空间观念会产生一定的冲击。而这种上、中、下十方的观念，还在佛教“三界”思想中得到了进一步的延伸。所谓三界就是将世界万物生死往来之世界分为三个层次，第一为欲界，是供离不开食色之欲的凡俗有情之住所；第二为色界，在欲界之上，属于有形之物质的世界；第三为无色界，是为无物质之世界。而有情所居之欲界亦分为地居天与空居天，其中包括三个空间层次，上至六欲天、中至人界之四大部洲、下至无间地狱都属于欲界的范畴。[1] 这在一定程度上，加强了佛教思想将外在宇宙理解为上、中、下三个层次的观念。

对应于这一三界思想以及世界，特别是欲界的三层空间分划，佛教中还有三身，即法身、报身、应身三身佛的思想。法身佛为毗卢遮那佛(又称大日如来)，报身佛为卢舍那佛，应身佛为释迦牟尼佛。三身佛又有各自的佛土，称三佛土。如自性身之法性土，报身受用之受用土，应化身所居之变化土等。[2] 而法、报、应三身之佛果，又称三佛菩提。[3] 甚至，连佛教寺院之门虽只有一门亦呼为三门：

“凡寺院有开三门者。只有一门亦呼为三门者何也。佛地论云：大宫殿三解脱门为所入处。大宫殿喻法空涅槃也。三解脱门谓空无相无作。今寺院是持戒修道求至涅槃人居之，故由三门入也。”[4]

当然，佛教宇宙观所内蕴的空间结构极其复杂而富于变化，不是我们这里所讨论的范畴。然而武则天作为一位普通的佛教徒不会不对我们这里所提到的三界、三身佛之思想有所了解。而在唐代最为流行的《妙法莲华经》中还包含了笃信佛法，可以为三界统治者寻求佛教理论支持的思想，如：“是诸众生脱三界者，悉与诸佛禅定解脱等娱乐之具，皆是一相一种。”[5]“以禅定智慧力得法国土，王于三界，而诸魔王不肯顺伏，如来贤圣诸将与之共战……。”[6]“于三界中为大法王，以法教化一切众生。”[7]

据台湾学者古正美的研究，在武则天登上最高统治宝座前后，她思想中充斥了以佛教法王观念统治阎浮提世界的观念。如她最初所特别崇信的僧怀义为其主张的《大方广佛华严经》[8] 中有：

“于中有一王都城，名众香光摩尼幢。具足妙宝所庄严，人天见者皆欢悦。彼时有一转轮王，名广大身为世主。三十二相皆圆满，种种随好以严身。真金妙色光明聚，清净莲花之所生。腾空自在放光身，其光普及阎浮界。”[9]

永昌元年（689 年）正月，武氏明堂建成后的第二年，武则天曾命僧人在洛阳宫玄武门内建华严高座八会道场讲经，集僧尼众数千人共设斋会。[10]

垂拱三年（687 年），武则天毁乾元殿开始其明堂建造的同一年，南天竺沙门菩提流支抵达东都洛阳被武氏安置在福先寺译经。菩提流支主持翻译的伪经《宝雨经》中有“第四、五百年中，法欲灭时，汝于

---

[1] 丁福保．佛学大辞典[M]．北京：文物出版社,1984:158. 三界．

[2] 丁福保．佛学大辞典[M]．北京：文物出版社，1984：151．法报应三身．

[3] 丁福保．佛学大辞典[M]．北京：文物出版社，1984：151．三佛菩提．

[4] 丁福保．佛学大辞典[M]．北京：文物出版社,1984:154. 三门．

[5] 文献[2].［南北朝］迦叶摩腾．妙法莲华经．卷第二．譬喻品第三．大正新修大藏经本．

[6] 文献[2].［南北朝］迦叶摩腾．妙法莲华经．卷第五．安乐行品第十四．大正新修大藏经本．

[7] 文献[2].［南北朝］迦叶摩腾．妙法莲华经．卷第五．安乐行品第十四．大正新修大藏经本．

[8] 古正美．从天王传统到佛王传统[M]．台北：台湾商周出版社,2003：286.

[9] ［唐］般若．大方广佛华严经．卷十九 // 大正新修大藏经．法华部全 华严部（上、下）．河北：河北省佛教协会，2009.

[10] 范文澜．唐代佛教[M]．重庆：重庆出版社，2008：128．隋唐五代大事年表．

此瞻部洲东北方摩诃支那国，位居阿鞞跋致，宝是菩萨，故现女身为自在主。”[1]这一点无疑正可用于消解武氏因其统治之合法性而引起的内心焦虑。而载初元年（690年）僧怀义与僧法明等所进《大云经》，又上表言武则天是弥勒下生，当代唐作阎浮提主。[2]亦与《宝雨经》之伪称相合。这些都催进了武则天信佛佞佛的速度。

如在僧怀义献《大云经》之后，武则天即改元为“天授”（689—692年）。而《宝雨经》中有“时伽耶山有一天女，名曰长寿。久住此山，率其并众，将诸眷属，来诣佛所……此天女有大威德，于贤劫中供养诸佛，于此佛刹当现等觉，号长寿如来应正等觉。”[3]故《宝雨经》被译出后，武则天又改元“长寿”（692—694年）。至长寿二年（693年）九月，武则天加封号“金轮圣神皇帝”，长寿三年（694年），加尊号“越古金轮圣神皇帝”，而至证圣元年（695年），更加尊号为“慈氏越古金轮圣神皇帝”。所谓慈氏指佛教中的弥勒佛。显然武则天就是将自己看作弥勒佛下世的法轮王了。

武氏佞佛最为激越那些年也正是武则天前后建造了两座明堂的那几年。这两者之间不会没有关联。有件事是可以肯定的，即武氏建造明堂时，在其建筑制度的确定上完全不理睬儒臣的意见却主要依赖了与其相近的近臣甚至嬖臣：

“太宗、高宗之世，屡欲立明堂，诸儒议其制度，不决而止。及太后称制，独与北门学士议其制，不问诸儒。诸儒以为明堂当在国阳丙己之地，三里之外，七里之内。太后以为去宫太远。（垂拱四年）二月，庚午，毁乾元殿，于其地作明堂，以僧怀义为之使，凡役数万人。”[4]

北门学士是武则天时期所特有的一股势力，武则天允许自己特别信任的文臣可以从北门出入以作为自己的智囊。这些人虽然也提出过一些好的治国建议，但其主要作用是为武氏登基及巩固其统治出谋划策、制造舆论。而僧怀义与北门学士的关系也非同一般，如怀义曾遭当朝儒臣之殴，诉于武则天，武氏却说：“阿师当于北门出入，南牙宰相所往来，勿犯也。”[5]显然，北门学士与僧怀义不仅可以共同出入一个门，而且彼此之间的关系也比较和洽。

在这样一个背景下，我们可以设想武则天在构想其明堂建筑的时候，是想将其对佛教观念的理解与中国儒家的明堂理念结合为一体。也就是说，在其明堂建筑的设计中包含有某些佛教思想。武氏指派佛教僧徒怀义来主其事，而在建造明堂的同时又在其后建造佛堂（又称天堂），其中还特别设置了当时所能够建造的最高的大佛，似乎是想暗示出她所建造明堂的真实意义。这些史实都可能从侧面来印证我们提出的这一设想。

四、多宝塔（七宝塔）与武氏明堂

1. 多层楼阁与多宝塔

中国古代建筑除了景观性的建筑物，如黄鹤楼、滕王阁之属外，鲜有多层楼阁的建造。一般居住建筑多为庭院式组合的单层建筑，偶然会有望楼、角楼可以是多层结构。宋代以来的城市街道上，为了充分利用地皮确实曾经出现过“三楼相高，五楼相向”的临街商业市肆建筑，甚至出现过多层的楼阁式园林建筑。但在唐代的里坊中，却有明令禁止建造楼阁以防止临

---

[1] 转引自：古正美．从天王传统到佛王传统[M]．台北：台湾商周出版社，2003：290.

[2] 范文澜．唐代佛教[M]．重庆：重庆出版社，2008：129．隋唐五代大事年表．

[3] 转引自：古正美．从天王传统到佛王传统[M]．台北：台湾商周出版社，2003：294.

[4] 文献[2]．[宋]司马光．资治通鉴．卷二百四．唐纪二十．垂拱四年．四部丛刊景宋刻本．

[5] 文献[2]．[宋]司马光．资治通鉴．卷二百三．唐纪十九．垂拱二年．四部丛刊景宋刻本．

视他人宅院或里坊的规定。唐代宫殿建筑中，虽然曾经有过楼阁，如长安兴庆宫中的花萼相辉楼与勤政务本楼，但也一般控制在两层。

古代礼制建筑多属于儒家的思想范畴，故其建筑必须依据于古代的坟典，因而会有更多的限制因素。如明堂建筑一般为单层重檐的做法，因古代典籍中有“殷人重屋”的说法所以历史上偶然也曾出现过二层楼阁式的明堂建筑方案。但三层楼阁的明堂建筑既不见之于坟典也没有任何现实建造的历史记录。

但多层楼阁在西来且已中土化的佛教建筑中，却是一种极其常见的建筑形式。如各种各样的楼阁式佛塔以及楼阁式佛堂，如弥勒阁、观音阁等都是佛教建筑中经常见到的形式（图 3–29）。在各种各样的佛教楼阁中，结构为三层的塔或阁也是十分常见的一种（图 3–30，图 3–31，图 3–32）。如南朝梁简文帝曾在建康城中，“于长干寺造三层塔，塔成之后，每夕放光。”❶唐五台山清凉寺僧道义曾经目睹一幻化之寺，“见大阁三层，上下九间，总如金色，闪烁其目。”❷现存五台山金阁寺的前身就是唐代人根据这一幻像蒙敕而建的。唐五台山佛光寺中，曾“建三层七间弥勒大阁，高九十五尺。”❸

如前所述，武则天在建造明堂前后的一段时期中十分崇信华严经，且希望自己能够依华严经义，以弥勒佛下世及女转轮王的姿态治理国家❹。而正是在这部华严经的内容中，一方面鼓吹弥勒为转轮王之功德（“或见弥勒为转轮王，十善化世。”❺）以及弥勒的种种无边神力与庄严妙相；另一方面则大量描述了诸佛所居的华严世界中的种种妙宝楼阁，如杂宝香华楼阁、普满庄严楼阁、宝华楼阁、无量华楼阁、无量宝幢楼阁、阿僧祇楼阁、乘栴檀楼阁，以及金刚楼阁、摩尼楼阁、宝衣楼阁，如此等等，不一而足。这些楼阁都是佛的象征，“随其所应悉现其前。现处处庄严。不离佛所，不离楼阁座，而普现十方。或放化身云，或现无二身，游行十方教化众生。”❻华严经中还描绘了“如来所处宫殿楼阁，广博严丽，充遍十方……堂榭楼阁，阶砌户牖。凡诸物像，备体庄严。宝树枝果，周回间列。”❼

在隋唐时代流行的《妙法莲花经》中，特别提到了七宝塔与多宝塔：

“尔时宝塔中出大音声叹言：善哉善哉！释迦牟尼世尊，能以平等大慧教菩萨法佛所护念妙法华经为大众说。如是如是，释迦牟尼世尊，如所说者，皆是真实……尔时佛告大乐说菩萨，此宝塔中有如来全身。乃往过去东方无量千万亿阿僧祇世界，国名宝净，彼中有佛，号曰多宝。其佛行菩萨道时，作大誓愿，若我成佛，灭度之后，于十方国土，有说法华经处，我之塔庙，为听是经故，踊现其前为作证明。”❽

我们可以设想，当时武则天沉浸在浓厚的佛教思想氛围中，采用释迦如来与多宝如来全身常住之证明的七宝塔与多宝塔，对于暗喻或昭示武则天的佞佛之心无疑是一种恰当的方式。而华严世界中的那些妙宝楼阁成了武则天的心驰神往之所。她不将明堂建造在南郊而建造在宫掖之内，甚至在明堂之后又建佛堂，

❶ 文献 [2]．[南北朝] 释慧皎．高僧传．卷十三．兴福第八．释慧达一．大正新修大藏经本．

❷ 文献 [2]．[宋] 释赞宁．大宋高僧传．卷二十一．感通篇第六之四．唐五台山清凉寺道义传．大正新修大藏经本．

❸ 文献 [2]．[宋] 释赞宁．大宋高僧传．卷二十七．兴福篇第九之二．唐五台山佛光寺法兴传．大正新修大藏经本．

❹ 古正美．从天王传统到佛王传统 [M]．台北：台湾商周出版社，2003：285.

❺ 佛驮跋陀罗．大方广佛华严经．卷五十九．入法界品第三十四之十六 // 大正新修大藏经．法华部全 华严部（上、下）．河北：河北省佛教协会，2009.

❻ 佛驮跋陀罗．大方广佛华严经．卷四十五．入法界品第三十四之二 // 大正新修大藏经．法华部全 华严部（上、下）．河北：河北省佛教协会，2009.

❼ 文献 [2]．[唐] 实叉难陀．大方广佛华严经．卷十一．卷一．世主妙严品第一之一．大正新修大藏经本．

❽ [后秦] 鸠摩罗什．妙法莲花经．卷四．见宝塔品第十一 // 大正新修大藏经．法华部全 华严部（上、下）．河北：河北省佛教协会，2009.

图 3-29　敦煌壁画中表现的楼阁建筑（孙儒僩，孙毅华 . 敦煌石窟全集 · 建筑画卷 [M]. 香港：商务印书馆，2001.）

图 3-30　敦煌壁画中的三层楼阁（贺世哲 . 敦煌石窟全集 · 法华经画卷 [M]. 香港：商务印书馆，1999.）

图 3-31　敦煌壁画中的楼阁式三重塔（孙儒僩，孙毅华 . 敦煌石窟全集 · 建筑画卷 [M]. 香港：商务印书馆，2001.）

图 3-32 三层造型的普陀山多宝塔（罗哲文 . 中国古塔 [M]. 北京：外文出版社，1994.）

在很大程度上应该只是借高宗时所拟建造的明堂之意向，为自己建造佛国楼阁提供一个平台而已。也就是说，在武则天内心深处，未必真的是要按照儒家经典建造一座明堂，而是要在现实世界中再现佛教经典中的妙宝楼阁以实现她希望真正成为阎浮提世界之主的转轮王之梦。

2. 犍陀罗遗迹与敦煌壁画中的佛教塔阁

从图像及实例资料中，我们也能看到许多形制为上圆下方甚至恰好为三层的佛教塔阁例证。将一座窣堵坡式塔建造成为上圆下方的形式，最早的例子见之于与中国早期佛教关联十分密切的犍陀罗文化。位于今巴基斯坦首都伊斯兰堡西北约 50 千米处的塔克西拉，曾经是犍陀罗佛教艺术的中心之一也是唐代高僧玄奘曾经到过的地方，他的《大唐西域记》将其地名译作“呾叉始罗”。玄奘描述当时的呾叉始罗是“地称沃壤、稼穑殷盛。泉流多，花果茂。气序和畅。崇敬三宝”。[1]在塔克西拉的焦里安寺院遗址中，尚存有几座公元 3—4 世纪时用石头及灰泥建造的四层窣堵坡，其中两座保存得比较完整，我们可以清晰地看到，其上层为圆形的平面，有柱子作为间隔，柱子之间是拱形的佛龛，其上为圆形坡屋顶，檐下有如椽子一样的叠涩砖悬出承托其上的圆檐，与中国圆形木结构式屋顶十分相像(图 3–33,图 3–34)。这座窣堵坡的第一、二、三层均为方形平面，每层均有自己的柱子与佛龛。但第一层和第二层各有自己的基座，而第三层则直接叠压在第二层的屋顶之上，很像中国重檐式屋顶的处理。这样看来，这又像是一座结构为三层，形式为上圆下方的窣堵坡。

敦煌壁画中亦有下层为方形四坡屋顶，上层为多（八？）角形屋顶的楼阁式佛塔形式，如萧默先生所归纳出的几座“密宗塔”造型，包括中唐第 461 窟与西夏第 306 窟及五代第 61 窟的几座塔。[2]这几座塔共同的特点是：上下层均为木结构，上层木构多角亭阁坐落在下层屋顶上的平坐之上。而其塔刹又都与各檐角用铁索悬亘，檐角下悬铎。这种塔虽然不是三层，但其上为多边形平面，下为正方形平面，并且用木梁柱结构搭造的形式与我们这里讨论的武则天明堂十分接近。

敦煌莫高窟第 446 窟南壁盛唐时期的壁画中，有一座亭阁与武则天明堂的形式更为接近。可惜的是亭阁的下半部分被其前所绘的佛座华盖所遮挡，看不清这座建筑的底层究竟是一个方形坡顶的形式还是仅仅落在了一个回廊的转角之上。但其二层和三层都清晰地展示了一个坐落在屋顶平坐上的结构。平坐由栏板环绕，二层圆屋顶上还用了放射形分布的戗脊，使其在结构上更像是多角形的做法。但其顶层屋顶上似乎未用戗脊，只显示为一个圆形的屋盖形式。顶层屋顶

---

[1] 文献 [2]. [唐]释玄奘. 大唐西域记. 卷三. 八国. 呾叉始罗国. 四部丛刊景宋藏经本.

[2] 萧默. 敦煌建筑研究. 北京：机械工业出版社，2003：155.

图 3-33 塔克西拉的焦里安寺院遗址窣堵坡（（巴基斯坦）穆罕默德 · 瓦利乌拉 · 汗 . 犍陀罗 [M]. 北京：五洲传播出版社，2009.）

图 3-34 塔克西拉的焦里安寺院遗址窣堵坡—2（（巴基斯坦）穆罕默德 · 瓦利乌拉 · 汗 . 犍陀罗 [M]. 北京：五洲传播出版社，2009.）

的攒尖处用了一个火珠造型的结顶（图 3–35）。

3. 新罗庆州佛国寺多宝塔

我们惊奇地发现，在结构与空间形式上与武则天明堂建筑最为接近的是现存韩国庆州市佛国寺大雄殿前的三层石造仿木结构的多宝塔（图 3–36）。佛国寺建造于朝鲜半岛统一新罗时代的景德王十年（751 年），这一年是中国唐代天宝十年。这座多宝塔的建造年代略晚于寺院的建造年代，1966 年韩国学者从与之相

图 3-35 敦煌壁画中的多层亭阁与火珠顶饰（孙儒僩，孙毅华 . 敦煌石窟全集 · 建筑画卷 [M]. 香港：商务印书馆，2001.）

图 3-36 韩国庆州佛国寺多宝塔（谢鸿权 摄）

对峙的同样也是三层的释迦塔二层塔身舍利洞内发现《无垢净光大陀罗尼经》及一卷韩纸的墨书铭，确定该塔的建造年代是新罗惠恭王（758—780年）时期。推测这两座塔大约建造于这一时期[1]相当于中国唐代的肃宗（756—761年）与代宗（762—779年）时期。

从高宗及武后时期开始的有唐一代，新罗与唐之间的交往十分频繁，如垂拱二年（686年），新罗王向唐索求《礼记》一部及杂文章，武则天令所司写《吉凶要礼》及《文馆词林》五十卷赠之。[2]而据朝鲜《三国史记》记载，卒于长寿三年（694年）的新罗儒者金仁问，曾七度入唐，前后在中土生活了22年。[3]那么反推他在中土的时间，也应该是在高宗、武后时期。圣历二年，中国华严宗的大德法藏撰《授玄疏》成，致书新罗僧人义湘并托人送副本与之。[4]而在玄宗开元十六年（728年）新罗派使者，请允许新罗人至唐学经教，从之。[5]同是这一年，新罗僧人无相到达中国的长安，还受到了玄宗的召见。[6]天宝十五年（756年），避难成都的唐玄宗，还迎新罗僧人金禅师入成都大慈寺内供礼。[7]这些都说明，在佛国寺及寺内多宝塔建造之时，新罗与唐之间有着密切的交往。

这座仿木结构的多宝塔，底层为方形平面，用四根方形的石柱支撑一个四坡且有角翘的屋顶。底层方形四坡屋顶之上是一个仿木勾栏式的平坐栏杆。平坐之上是一个八角形平面的台阁，这一层没有用屋顶而是直接在八角形墙柱之上覆盖了一个平坐，平坐周围亦用勾栏环绕形成了第三层的地面。在这个平坐之上又是一个八角形的亭阁，用八棵圆柱支撑着一个仰莲平台，平台上用八个向外弯卷如动物头颈一样的圆润的石刻造型，我们不妨将其想象成为擎托着上层屋顶的龙首的简化形式（图3-37）。

图3-37　韩国庆州佛国寺多宝塔顶层檐下处理（国立文化财研究所建筑文化财研究室．庆尚北道的石塔[M]．大田：国立文化财研究所建筑文化财研究室，2013.）

[1] 庆尚北道的石塔．第266页．（韩国）国立文化财研究所．2007~2009年．

[2] 范文澜．唐代佛教[M]．重庆：重庆出版社，2008：127．隋唐五代大事年表．

[3] 范文澜．唐代佛教[M]．重庆：重庆出版社，2008：132．隋唐五代大事年表．

[4] 范文澜．唐代佛教[M]．重庆：重庆出版社，2008：134．隋唐五代大事年表．

[5] 范文澜．唐代佛教[M]．重庆：重庆出版社，2008：154．隋唐五代大事年表．

[6] 范文澜．唐代佛教[M]．重庆：重庆出版社，2008：154．隋唐五代大事年表．

[7] 范文澜．唐代佛教[M]．重庆：重庆出版社，2008：171．隋唐五代大事年表．

上层屋顶是一个八角坡形的屋顶，顶上用一个八角形须弥座承托另外一个圆形覆莲座，其上又用一个如山花蕉叶一样的台座承托相轮柱。从外观上看，这很像是一座四层塔，但其第一、二、三层结构中，在柱子以内都有空间，而第四层却是实心无空间的做法也没有平坐栏杆的处理，更像是将第三层处理成用仰莲座承托一个屋顶的复合式屋顶的做法（图 3–38）。另外一个重要的特征是，这座多宝塔的中心有一个巨大的方形塔心柱。这个通贯上下的塔心柱更突出了它与那一时代十分流行的有中心塔柱的木构楼阁塔之间的相互关联性。

这座比武则天明堂建造时间晚近百年的新罗多宝塔，有好几处与记载中所描述的武氏明堂十分相近（图 3–39，图 3–40，图 3–41，图 3–42，图 3–43）：

图 3-38 韩国庆州佛国寺多宝塔顶层（谢鸿权 摄）

图 3-39 韩国庆州佛国寺多宝塔立面（国立文化财研究所建筑文化财研究室 . 庆尚北道的石塔 [M]. 大田：国立文化财研究所建筑文化财研究室 , 2013.）

① 均为三层楼阁式建筑；

② 首层均为方形平面，四坡屋顶的做法；

③ 二层与三层均为多角形平面；

④ 建筑物的中心均有粗大的中心柱。

另外一个特点是这座多宝塔顶层屋盖下如动物头颈之曲线一般的石刻承檐结构部分，似乎多少可以引起人们与武则天明堂二层屋顶“圆盖，盖上盘九龙捧之”的联想（图 3–44）。

4. 长安千福寺多宝塔

当然，我们无法证明新罗庆州多宝塔与武则天明堂之间有任何的联系。但我们知道，在唐代的中土地区，多宝塔的建造也是比较多见的。这一时期的一座著名多宝塔位于西京长安千福寺。这座多宝塔由玄宗

图 3-40　韩国庆州佛国寺多宝塔剖面（国立文化财研究所建筑文化财研究室 . 庆尚北道的石塔 [M]. 大田：国立文化财研究所建筑文化财研究室 , 2013.）

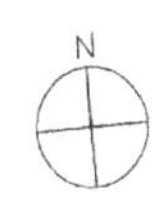

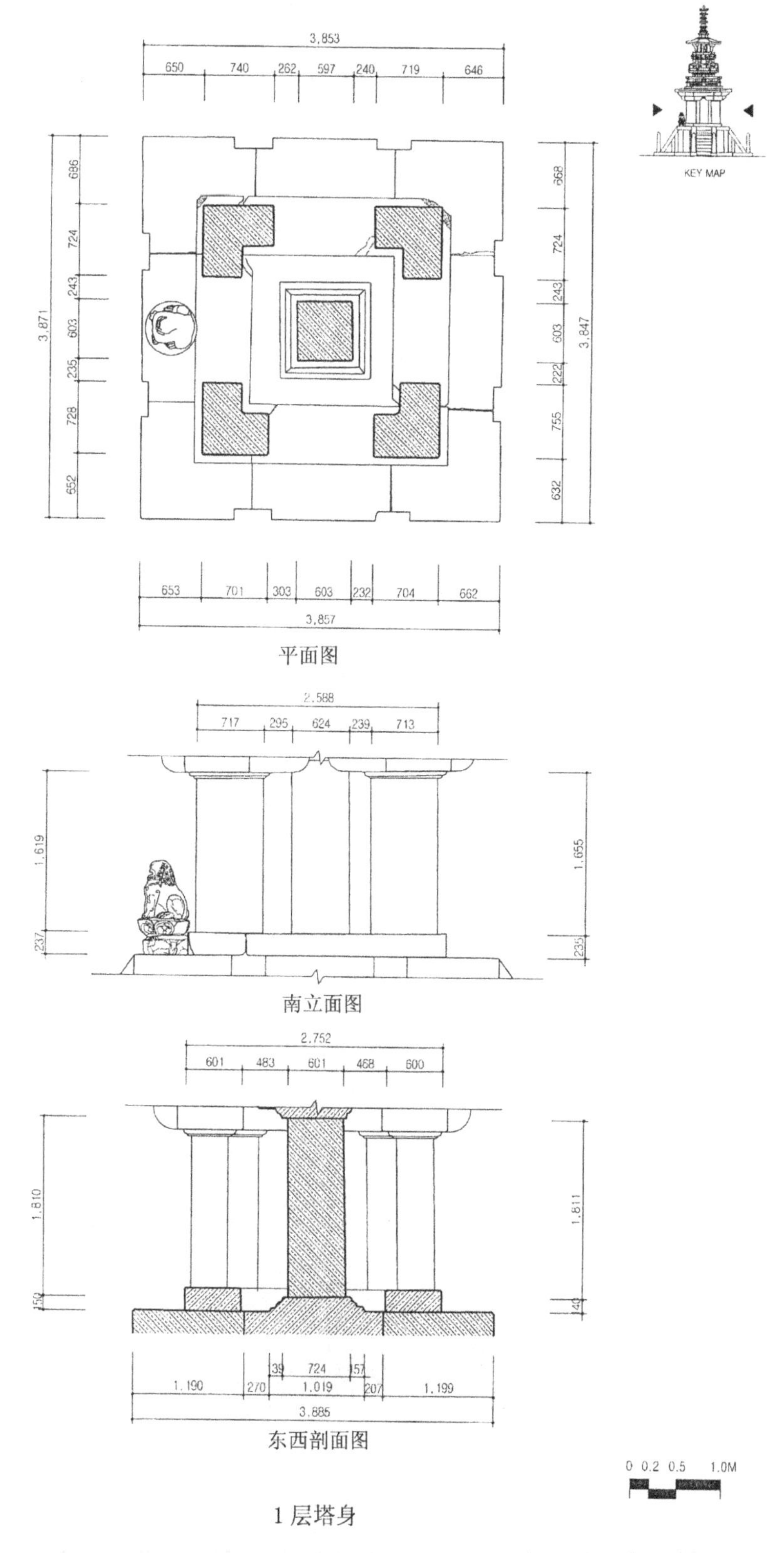

图 3-41 韩国庆州佛国寺多宝塔首层平面（国立文化财研究所建筑文化财研究室 . 庆尚北道的石塔 [M]. 大田：国立文化财研究所建筑文化财研究室 , 2013.）

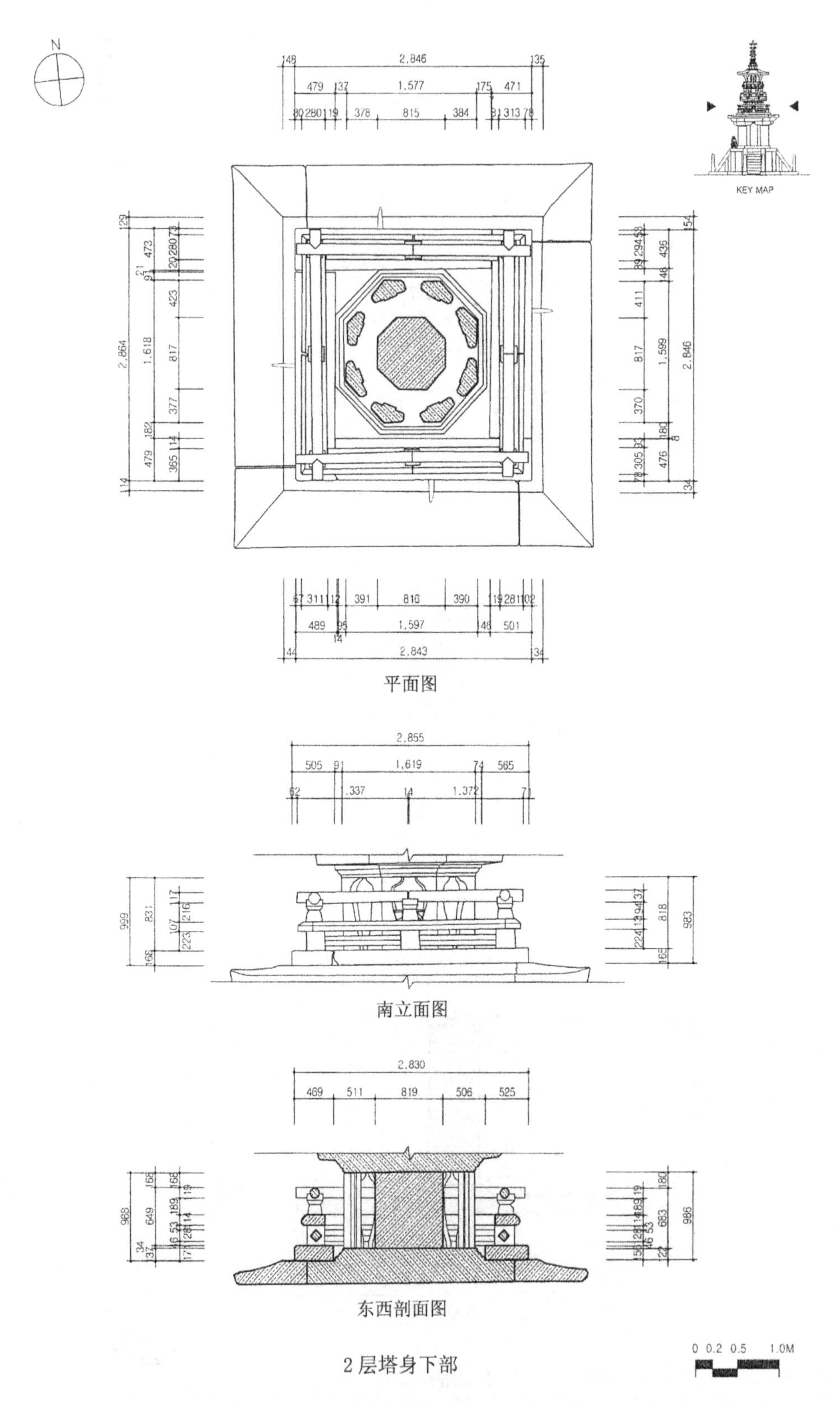

图 3-42　韩国庆州佛国寺多宝塔二层平面（国立文化财研究所建筑文化财研究室 . 庆尚北道的石塔 [M]. 大田：国立文化财研究所建筑文化财研究室 , 2013.）

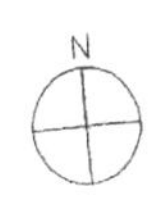

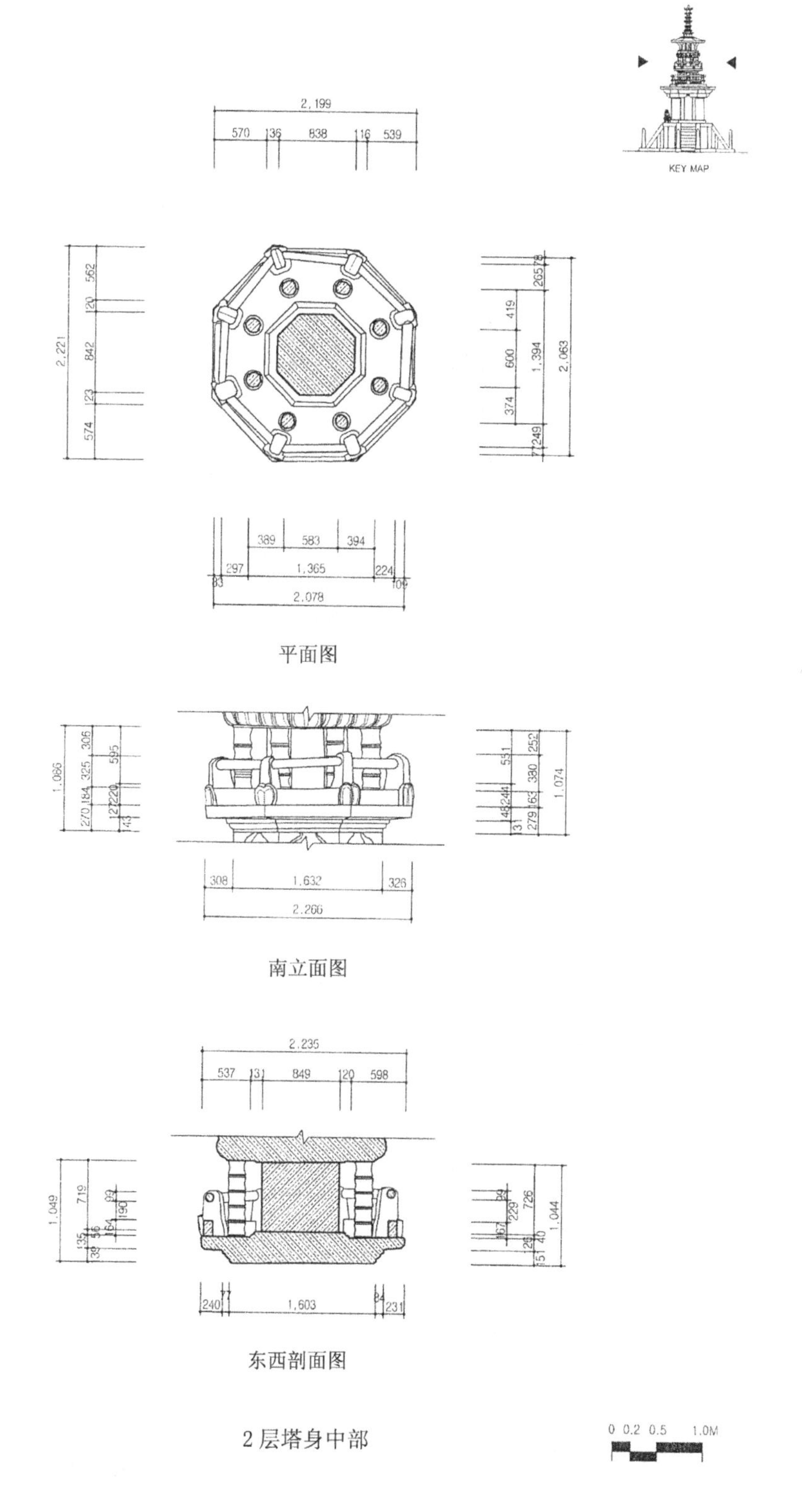

图 3-43　韩国庆州佛国寺多宝塔三层平面（国立文化财研究所建筑文化财研究室 . 庆尚北道的石塔 [M]. 大田：国立文化财研究所建筑文化财研究室 , 2013.）

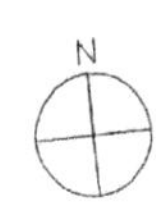

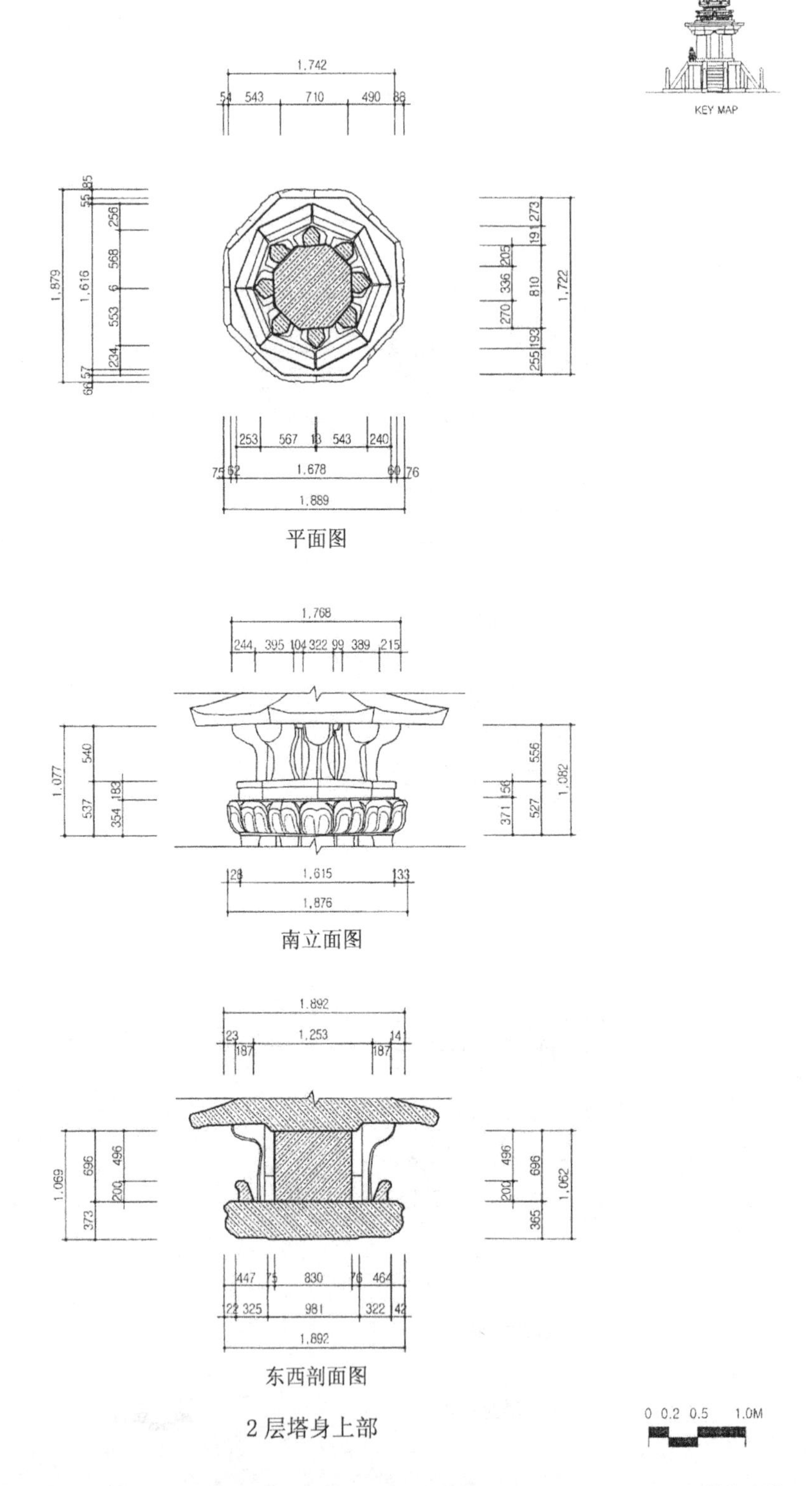

图 3-44　韩国庆州佛国寺多宝塔顶层屋顶檐下（国立文化财研究所建筑文化财研究室 . 庆尚北道的石塔 [M]. 大田：国立文化财研究所建筑文化财研究室，2013.）

天宝年间的禅师楚金所建。关于这座佛塔的形式，唐人的描述十分模糊：

“尔其为状也，则岳耸莲披，云垂盖偃，下歘崛以踊地，上亭盈而媚空，中晻晻其静深，旁赫赫以弘敞。碝碱承陛，琅玕綷槛，玉瑱居楹，银黄拂户。重檐叠于画栱，反宇环其璧珰。坤灵赑屃以负砌，天祇俨雅而翊户。或复肩拏鸷鸟，肘擐修蛇，冠盘巨龙，帽抱猛兽，勃如战色，有爽其容，穷绘事之笔精，选朝英之偈赞，若乃开扃鐍，窥奥祕，二尊分座，疑对鹫山；千帙发题，若观龙藏。”❶

在碑文的结束部分，还有几句关于这座多宝塔的描述：

“缅想宝塔，思弘胜因。圆阶已就，层覆初陈……轮奂斯崇，为章净域。真僧草创，圣主增饰。中座耽耽，飞檐翼翼。”❷

从这种文学化的描述中，我们很难准确地了解这座塔的结构与造型，但字里行间透露出一些信息。如其造型很高峻，如五岳之耸；其屋顶很大而飘逸，如云垂盖偃；其上部应为一个多角形的亭阁，且四面透空，显得十分轻盈、妩媚而空灵；这里用了“上亭”与《旧唐书》中谈武则天明堂时用了“亭中有巨木十围”，两者都用了一个“亭”字，也说明了这两座建筑在造型上的相似性。其塔可能亦为三层，故有“上亭盈而媚空”（上层），“中晻晻其静深”（中层）的描述。既有上与中则必有下。晻，同暗也，说明其中层的室内空间很大显得幽暗静深。而且第一层的空间还比较弘敞（“旁赫赫以弘敞”）。因为，旁有相辅、相依之意，似指其底层两侧相辅的空间赫赫而弘敞。另外，在古文中“旁”与“方”在字义上是相通的，❸则还可能透露出了另外一个信息：这座多宝塔的首层平面很可能也是方形的。这座多宝塔用了绘有彩绘的斗栱，斗栱承托重檐反宇式的坡屋顶。塔的基座是石砌的，基座上刻有石制的赑屃，塔身的门户旁绘有护持的天神。天神的形象威猛异常。而“圆阶已就，层覆初陈”似乎是说这座塔中有圆形的台座，是否暗示了其中层与上层有平坐且平面为圆形呢？其塔身是层层叠覆的。而其“中座耽耽，飞檐翼翼”中的耽耽似有垂覆、承担之意，可以推想为塔内中央有高大如悬垂的佛座，而塔身的各层屋檐，悬挑深远，舒展如翼。

从这一推测中，我们多少也可以看出来，唐西京长安千福寺的这座多宝塔，也有几处与新罗庆州佛国寺多宝塔相似的地方：

① 底层为石筑的阶砌；

② 塔分为上、中、下三层；

③ 上层为空灵通透而显轻盈的多角形亭阁；

④ 顶层可能为重檐的处理；

⑤ 其首层平面可能为方形。

如果我们不否认，交往密切的新罗人与唐代中土人在多宝塔的造型上可能有某种相互的影响与借鉴的话，那么从现存庆州佛国寺多宝塔中，我们或许多少可以看到一点唐天宝年间西京长安城千福寺多宝塔的影子。不同的是，唐千福寺多宝塔是木构楼阁式塔，其尺度恢宏而空间弘敞。且在唐长安千福寺多宝塔上使用了斗栱及丰富的石刻与彩绘，而庆州佛国寺多宝塔则为仿木石结构塔规模与尺度都较小，故造型简约、洗练，没有真实的斗栱。除了曾经浮摆的四个石狮子外，并没有在塔的基座上施加写实的雕刻，亦没有在

❶ 文献[2].［清］董诰．全唐文．卷三百七十九．岑勋．西京千福寺多宝佛塔感应碑．清嘉庆内府刻本．

❷ 文献[2].［清］董诰．全唐文．卷三百七十九．岑勋．西京千福寺多宝佛塔感应碑．清嘉庆内府刻本．

❸《汉语大字典》编辑委员会．汉语大字典．第5卷．武汉：湖北辞书出版社；成都：四川辞书出版社，1988.

门户的两侧绘制有神像彩绘。

有一点需要说明的是，从岑勋的碑文中似乎看不到其塔内有中心柱的描述。当然我们也无法肯定地说塔中没有塔心柱，因为从其中层幽暗深静的空间感来看，说明这座建筑的结构很宏大，其耽耽中座未必一定要放置在塔的中央。也有可能是背依着一个中心结构而设的高大佛座，亦未可知。

唐长安千福寺多宝塔建成于天宝四年（745年），建成之日，万众瞻礼。❶史料中还透露出了这座塔主要建造者的信息，“造塔人木匠李伏横、石作张爱儿。”❷也从一个侧面证明了这是一座木构佛塔，而其基座则是石头雕凿与砌筑的。其碑由时人岑勋撰文并由大书法家颜真卿为之书写。显然这在当时也曾是轰动一时的大事件。仅以颜真卿书写碑文这一件事看，来往于中土与新罗之间的学者与僧人们是不会不注意到这座令万人瞻礼的多宝塔的。唐千福寺多宝塔建成约6年后的751年，新罗宰相为其父母檄福而建造了佛国寺，又过了十余年约在765年前后，即唐西京千福寺多宝塔建成20年之后，新罗首都庆州的佛国寺中建造了这座仿木石结构多宝塔。以那一时代的信息传递速度及建造的过程看，我们推测建造时间比长安千福寺多宝塔仅仅晚了20年的新罗佛国寺多宝塔，很可能受到了因万众瞻礼及颜真卿书写碑文而闻名遐迩的唐西京千福寺多宝塔的影响。

5. 武氏明堂与多宝塔

那么，长安的这座高大弘敞的多宝塔与武则天明堂之间是否会有什么联系呢？如果说，长安千福寺多宝塔确实与新罗庆州佛国寺多宝塔在造型上有接近之处，如其外观为三层，其顶层为多角形平面的亭阁，其中层为幽暗深静的空间，其底层可能为方形，而其屋顶为飞檐翼翼的造型，其赫赫弘敞的空间，“岳耸莲披，云垂盖偃”的姿态，“轮奂斯崇”的气势，似乎都具有唐代大型楼阁建筑的造型与结构意蕴。那么，与这座大尺度的木构楼阁式多宝塔似乎更为接近的，恰恰就是造型同为三层，底层为方形，中层与上层为多角形平面与圆形屋盖，室内空间既弘敞又幽深的洛阳武则天明堂。而且两者间的建造时间仅仅相差57年。也就是说，建造长安千福寺多宝塔时的人有可能目睹过武则天明堂。因为据《旧唐书》的记载，在武氏明堂刚刚落成的永昌元年（689年），武则天曾在明堂中“飨群臣，赐缣纁有差。自明堂成后，纵东都妇人及诸州父老入观，兼赐酒食，久之乃止。”❸这样一座任由京师及诸州的妇女、老人参观过的巨大建筑物在两京百姓的心目中造成深刻的印象。故不多久后长安的楚金禅师拟建造千福寺多宝塔时，有可能参考了两京百姓间口碑相传的洛阳武则天明堂建筑的某些基本的造型特征，如三层楼阁、底层为方、中层幽深、三层为亭、使用圆阶等是有可能的。

据佛经上的解释，释迦牟尼佛在灵鹫山说法华经时，忽然地下有安置多宝如来全身舍利的宝塔出现于空中，塔中发声赞叹释迦证明法华经。佛并且告诉菩萨说，多宝塔中有如来全身。❹多宝塔又称为七宝塔。据《正法华经》：“七宝塔寺现大圣前。高广无极莫不见者，而宝塔寺自然出声。赞曰善哉！何所感动而有此瑞。世尊则告大辩菩萨。此宝塔寺有如来身。完具一定而无缺减……吾七宝塔，踊现诸佛所说经处，其舍利身在七宝塔。”❺故而可知，无论多宝塔还是七宝塔都是佛如来的身体象征。其依据的主要是唐代时特

❶ 范文澜．唐代佛教[M]．重庆：重庆出版社，2008：165. 隋唐五代大事年表．

❷ 文献[2]．[清]徐松．唐两京城坊考．卷四．西京．清连筠簃丛书本．

❸ 文献[2]．[五代]刘昫．旧唐书．卷二十二．志第二．礼仪二．清乾隆武英殿刻本．

❹ 丁福保．佛学大辞典．北京：文物出版社，1984:528. 多宝塔．

❺ [西晋]竺法护．正法华经．卷六．七宝塔品第十一 // 大正新修大藏经．法华部全 华严部（上、下）．河北：河北省佛教协会，2009.

别流行并受到广泛崇信的法华经。多宝塔就是为了证明释迦牟尼佛讲解法华经的正确而涌现的。

这里透露了多宝塔的两种象征意义：一是多宝塔（或七宝塔）是佛（如来）之身体的象征；二是多宝塔是作为释迦佛弘扬法华经之证明而从空中涌现的。因而多宝塔不同于一般的佛塔，而应该负载有更多的象征意义，如人体的象征，天地的象征，佛宇宙的象征等。

我们还可以举出其他一些多宝塔的例子来观察多宝塔中可能存在的这种象征性特征。

日本长谷寺藏有一幅铜版千佛多宝佛塔图，其塔为三层木构楼阁式塔造型。其下层有三间，上层以圆形屋盖，中间之连接部位为窣堵坡覆钵形式，从外观上更像是两层。现存日本高野山瑜只塔（图3–45）及高野山金刚三昧院塔（图3–46）比较完整地体现了这种日本式多宝塔的造型。从日本高野山所存一幅塔

图3-45　日本高野山多宝塔（瑜只塔）（王贵祥.当代中国建筑史家十书——王贵祥中国古代建筑史论选集[M].沈阳：辽宁美术出版社，2013.）

图3-46　日本高野山金刚三昧塔立面（王贵祥.当代中国建筑史家十书——王贵祥中国古代建筑史论选集[M].沈阳：辽宁美术出版社，2013.）

图中，亦可看到一座底层为方形平面，二层为圆形平面，并无中间的覆钵的较为纯粹的木构楼阁式塔，似也应属于这类多宝塔中的一种（图3–47）。但从总体上看，日本多宝塔在造型上更接近于将印度的窣堵坡与日本木构楼阁结合为一体。但其底层为方形，方形屋盖上用窣堵坡覆盖，窣堵坡顶上用平坐、栏杆支撑圆形平面的顶层，但顶层屋顶却用了屋檐深远的四坡屋盖。其象征意义上似乎也未离开顶层为天（圆形平面屋身），底层为地（方形平面屋身），中层用窣堵坡式覆钵，更强调了整座多宝塔是佛之身体的象征意义。从中国壁画资料中所透露出来的早期中国塔，其底层为方形四坡屋顶，屋顶上出平坐，平坐之上起印度式窣堵坡，顶上设塔刹的做法，与日本高野山瑜只塔在

图 3-47　日本高野山塔图中的木构楼阁式（大塔）（王贵祥 . 当代中国建筑史家十书——王贵祥中国古代建筑史论选集 [M]. 沈阳：辽宁美术出版社，2013.）

造型上十分接近，很可能也是一种中国式早期多宝塔的形式之一（图 3–48）。

而在中国晚期多宝塔中，有两座建造于清代皇家园林。一座是长春园后山的法慧寺多宝塔，毁于 1900 年的八国联军之火；另外一座是颐和园万寿山后山的多宝塔。这两座塔在造型上有一些相似的地方，如都为细长挺拔造型精美的楼阁式琉璃塔。都分为三层，上层均为三重檐屋顶，首层与二层均为两重檐屋顶。一层坐落在台基之上，二层与三层都坐落在一个平坐之上，平坐四周有栏杆。但两座塔又有一些明显的不同，长春园法慧寺多宝塔上层平面为圆形，其三层屋檐亦为圆形屋盖，中层平面为八角形，其两层屋檐亦为八角形；而其底层的平面为四方形，屋檐用的是四坡顶（图 3–49）。而颐和园塔则各层均为四方抹角而略呈八角形的平面，各层屋檐也用了八角形。只是在琉璃的用色上，颐和园塔的顶层屋身柱为蓝色琉璃，中层屋身柱为赭色琉璃，而底层屋身柱为黄色琉璃（图 3–50）。因长春园法慧寺塔已无存，我们也只能

图 3-48　壁画中表现的早期中国式多宝塔造型（萧默 . 敦煌建筑研究 [M]. 北京：机械工业出版社，2003.）

图 3-49　长春园法慧寺多宝塔（马斯 · 查尔德拍摄于 1877 年）

图 3-50　颐和园万寿山多宝塔（曹昌智 . 中国建筑艺术全集 · 佛教建筑（一）（北方）[M]. 北京：中国建筑工业出版社，2000.）

找到黑白照片，故无法判断其琉璃的用色。

显然，这里通过中国人的象征式建筑语言表达了一种明显的象征性意义。其顶层三层屋檐及蓝色琉璃柱象征了天。因为中国人以阳数“三”为天的象征，北京天坛祈年殿就是这种象征式建筑语言的一个典型例子。其中层两层屋檐及赭色琉璃柱可能象征了佛教中的虚空；而其底层两层屋檐及黄色琉璃柱则明显象征了大地。因为在中国人的象征系统中，阴数“二”为地的象征。而紧紧环绕这座塔的方形小院似乎也是刻意地在强化这种大地的象征意义。

在两座塔中，长春园法慧寺塔在造型语言上更接近我们前面所分析的象征意义，如其平面为圆形的第三层，用了三层重檐圆顶，看起来活脱脱一个缩小了的天坛祈年殿被放置在塔的上层，这无疑是天的象征。其中层的屋身与屋盖均为八角形且用了重檐屋顶。其底层为四方形平面且用了重檐方形屋盖的形式。其象征大地的意义也是再明显不过的了。可以说，这两座清代皇家所建的多宝塔都是通过特有的象征意义来象征天地宇宙，象征佛如来的身体并象征无边的佛法的。

从清代帝王所理解的多宝塔中，我们似也看到了唐长安千福寺多宝塔、新罗庆州佛国寺多宝塔及武则天明堂的影子，其三层的架构，顶层以三层屋檐（或直接用圆檐）象征天，底层用方形屋檐象征地，中层八角形屋檐，也与上述两座多宝塔及武氏明堂中层的造型与象征意义大略相近。这说明古人对于多宝塔的理解在造型与象征意义上是大致相近的。

值得注意的是，武则天对于佛教各派宗旨与宗教典诰也比较关心，如《楞伽师资记》记载：

> 则天大圣皇后问神秀禅师曰：“所传之法，谁家宗旨？”答曰：“禀蕲州东山法门。”问：“依何典诰？”答曰：“依文殊说般若经一行三昧。”[1]

由此可以看出，武则天对于当时流行的各种佛典可能是熟悉的，那么是否有一种可能：在武则天明堂的建筑设计中借鉴了某些佛教多宝塔的基本思想或意义呢？也许我们可以做一个假想性的推测：笃信佛教的武则天，相信自己是弥勒下世，以女王身为阎浮提主。故而在她意欲问鼎大宝的时刻，借用高宗一直想建造的明堂建筑之名，实际上想建造一座象征佛身体与佛宇宙的多宝塔，以期既能够证明自己对佛的笃信又如多宝塔之作为释迦佛弘传法华经之证明的本意一样，来证明自己是真正的转轮王下世且笃信佛法。

6. 诡异的 294 尺之高

武氏明堂中还有一个令人不解的问题，其首层平面在东西南北两个方向上均为 300 尺（东西南北各三百尺）。这一整数尺寸显然是刻意设计的结果，也是容易令人理解的。例如，早在高宗永徽三年（652 年）

---

[1] 楞伽师资记. 自大正. 八五 · 一二九〇上—中，转引自印顺. 中国禅宗史 [M]. 北京：团结出版社，2010：38.

所出明堂内样就有："中基方三百尺，高一筵。"[1]武氏明堂底层面广、进深方300尺当是沿用了高宗永徽明堂方案中的中基尺寸，说明这一尺寸其来有自。但武则天明堂高294尺（凡高二百九十四尺）就有一点令人匪夷所思了。

我们知道，作为最高等级的明堂建筑是一种祭祀性礼制建筑。而礼制建筑的重要特点之一就是它的象征性。其建筑的造型、开间、间数、户牖数及主要高度、面广、开间尺寸都隐含着某种象征意义。如高宗永徽明堂样，"柱根以上至梁高三丈，梁以上至屋峻起，计高八十一尺。上圆下方，飞檐应规。"[2]这个81尺，肯定与其内涵的重阳之数的象征意义有关。后来的高宗总章二年明堂，"堂上栋，去基上面九十尺。按《周易》，天数九，地数十，以九乘十，数当九十，故去基上面九十尺。所以上法圆清，下仪方载，契阴阳之至数，叶交泰之贞符……檐，去地五十五尺。按《周易》，大衍之数五十有五，故去地五十五尺。"[3]可见，唐人对明堂高度上的象征性作用是看得很重的。

那么，武氏明堂之"凡高二百九十四尺"又有什么象征性含义呢？是否这只是建构过程中偶然凑成的一个数据？这种偶然说恐怕不太可能，因为中国木构建筑不仅会事先做"木样"，还会以缩小的比例尺画出侧样，即"画宫于堵，盈尺而曲尽其制，计其毫厘而构大厦，无进退焉"[4]故这种偶然凑成的数字既不符合中国古代建筑的建构规则也不符合明堂建筑特有的象征性特征。更为重要的是，在武氏明堂遭焚毁后重建的明堂虽然将其脊饰涂金铁凤凰改为了铜火珠，但仍然保持了"高二百九十四尺，方三百尺"的规制，也说明这个294尺之高并非偶然之数。

当然，在儒家的经典中也有可能找到某种与"二九四"这一数字有所关联的表述，如《大戴礼记·明堂第六十七》：

"明堂者，所以明诸侯尊卑。外水曰辟雍，南蛮、东夷、北狄、西戎。明堂月令，赤缀户也，白缀牖也。二九四七五三六一八。堂高三尺，东西九筵，南北七筵，上圆下方。九室十二堂，室四户，户二牖，其宫方三百步。在近郊，近郊三十里。"[5]

但从其上下文中看，这里的"二九四"并不具有"二百九十四"的意义，而是一组单个数字的组合。这组数字是中国古代的一个幻方，其横三、纵三的排列使各个方向的三个数字之和均为15，这一数字排列方式因其奇妙而成为了古人心目中神秘图案——洛书的表述，而洛书又象征了圆形进而象征了天。这里的意思是否是将一座明堂的九室按照这一组数字之象征意义加以排列，从而隐含某种象征性的内涵，还无法得知。也许武则天正是取了这一组数字中的前面三个数，将其衍生为"二百九十四尺"的高度以象征天，亦未可知。

除此之外，在古代与明堂相关的儒家象征体系中，实在很难找到与294这个数字相关的象征性意义内涵。特别是古人在屋顶的数字象征中一般倾向于用阳数，如八十一尺、五十五尺等。即使总章二年明堂的上栋用了九十尺这个阴数，其内涵的意义还是以阳数九与阴数十相乘而得，以求得阴阳交泰的象征意义。但294这个数字中却很难发现这种内在的阴阳相契关系。

考虑到武则天与佛教之间的不解之缘，我们是否

[1] 文献[2].[五代]刘昫．旧唐书．卷二十二．志第二．礼仪二．清乾隆武英殿刻本．

[2] 文献[2].[五代]刘昫．旧唐书．卷二十二．志第二．礼仪二．清乾隆武英殿刻本．

[3] 文献[2].[五代]刘昫．旧唐书．卷二十二．志第二．礼仪二．清乾隆武英殿刻本．

[4] 文献[1]．子部．类书类．[明]唐顺之．稗编．卷四十六．柳宗元．梓人传．

[5] 文献[2].[汉]戴德．大戴礼记．明堂第七十六．四部丛刊景明袁氏嘉趣堂本．

可以从佛教典籍中所透露出来的某种数字象征意义上寻找一下这一高度数字可能的意义内涵呢?

我们从汉译佛经中，常常可以看到一些有关佛塔的高度等描述，如唐代僧人道世所撰《法苑珠林》中有“维处亦其宝塔，高三十九仞。(一仞七尺。)”[1]道世正是唐高宗时人，在高宗显庆年间（656—661年），还曾被高宗诏入宫内并曾参与了为皇太子所造的西明寺建设。而《法苑珠林》成书于总章元年（668年）早于武则天建造明堂20年，相信这本佛教典籍对于当时人，甚至对武则天都会有一些影响。至少可以说明，这一时期的人是将一仞按七尺计量的。

道世在这里不仅向我们提供了一座佛塔的高度而且也明确了一种当时计算高层建筑的量度单位——仞。如果说一仞为7尺，那么武则天明堂的294尺高度恰好可以折算为42仞。那么数字42是否有什么特别的含义呢?

毋庸置疑，在佛教典籍中“四十二”是一个内涵有某种意义的数字。比如，最早翻译引进中国的一部佛教经典就是东汉西域僧人竺法兰翻译的《四十二章经》。而佛经上涉及数字四十二的地方远不止这一处。如《无量寿经》中当佛被问及“彼佛国土,寿量几何?”时,佛言:“其佛寿命四十二劫。”[2]《维摩诘所说经》中有“过四十二恒河沙佛土，有国名众香，佛好香积，今现在，其国香气，比于十方褚佛世界人天之香，最为第一。”[3]这里已经将数字“四十二”与佛教中的时间与空间观念都联系在一起了。

此外《维摩诘所说经》还有一个有趣的概念，即现世的娑婆世界与其上方的世界之间，恰好也相隔四十二恒河沙佛土:“佛告之曰：下方度如四十二恒河沙佛土,有世界名娑婆。佛号名释迦牟尼。”[4]也就是说，现世的人与比之高一层级的上方世界之间有四十二恒河沙佛土的间隔。这样的例子还可以举出一些，如佛经上讲到一位礼佛的女子进入了入定的状态而无法出定，“世尊云:‘下方去四十二恒河沙国，有罔明菩萨，能出此女子定。’”[5]佛还认为“人眼所见,知四十二万由旬。”[6]显然，四十二是佛教中一个颇具空间象征意义的数字。

更为重要的是，正是在与武则天同时代人释道世所撰的《法苑珠林》中，引经据典地将佛教三界划分成为四十二个居止处:

> 问曰:“未知四十二居止云何分别?”答曰:“如《楼炭经》说，谓欲界之中有二十居止，色界中有十八，无色界中有四,三界合论有四十二居止处。”[7]

居止处当是三界之天人或有情的生活起居之所，因而也与佛教思想中的宇宙观难解难分。而这些与数字“四十二”有关的种种佛教空间观念也正是在唐代得以充分传入并为中国人所知道的。这些思想不会不为笃信佛教的武则天所知道，也不会不为参与武则天明堂建设的僧怀义等所了解。如果说武则天的明堂建造，其中暗含了某种佛教观念，那么，在其设计中以“明修栈道，暗渡陈仓”的方式将一座儒家观念中的明堂建筑与一座暗含佛教塔阁意义的楼阁式多宝塔结合而为一体，并在其中应用了具有佛教空间象征意义的“四十二仞”这个数字，亦不是不可能的。这至少对武氏明堂为什么采用的294尺之高提供了一种可能

[1] 文献[2].[唐]释道世.法苑珠林.卷五十三.舍利篇第三十七.分法部.四部丛刊景明万历本.

[2] 文献[2].[三国]康僧铠.无量寿经.卷上.大正新修大藏经本.

[3] 文献[2].[后秦]鸠摩罗什译.维摩诘所说经.卷下.大正新修大藏经本.

[4] 文献[2].[后秦]鸠摩罗什译.维摩诘所说经.卷下.大正新修大藏经本.

[5] [宋]赜藏主.古尊宿语录.卷二十五.北京:中华书局，1994.

[6] 文献[2].[唐]释道世.法苑珠林.卷四.四部丛刊景明万历本.

[7] 文献[2].[唐]释道世.法苑珠林.卷七十.住处部第十二.四十二居止住处第四.四部丛刊景明万历本.

的解释。

7. 中心柱、铜火珠与佛教因素

武则天明堂中有几个特点是在中国汉地明堂中从未见过的做法，例如，其中心部位施用了巨大的中心柱。自南北朝至唐，中心柱一直是佛塔建筑中所独有的结构形式，其作用不仅仅是结构性的也带有通天之宇宙柱的佛教象征意义。❶武则天本来是将其明堂屋顶脊饰用了凤凰雕刻作为结顶处理，这显然是为了突显自己作为女皇帝的性别特征。但在明堂被焚毁并重建之后，她却将明堂的屋顶脊饰改为铜火珠。

“武后为天堂以安大像,铸大仪以配之。天堂既焚，钟复鼻绝。至中宗欲成武后志，乃斫像令短，建圣善寺阁以居之。今明堂始微于西南倾，工人以木于中荐之。武后不欲人见，因加为九龙盘纠之状。其圆盖上本施一金凤，至是改凤为珠，群龙捧之。”❷

而《资治通鉴》中更具体地描述为：

“丁巳，新明堂成，高二百九十四尺，方三百尺，规模率小于旧。上施金涂铁凤,高二丈,后为大风所损；更为铜火珠，群龙捧之，号曰通天宫。赦天下，改元万岁通天。”❸

由此可知，原来的凤凰脊饰是铁制涂金的，高2丈。后来改为“铜火珠”且用“群龙捧之”，并且将明堂改名为通天宫。宝珠，尤其是火珠应是浮屠塔刹中所特有的装饰构件，因而也是佛刹之象征。如唐代高僧玄奘《大唐西域记》记载的西域梵刹：“静夜遥望，见彼国佛牙窣堵波上宝珠，光明离然，如明矩之悬烛也。”❹《大慈恩寺三藏法师传》中也记录了这件事情：“每夜静无云时，遥望见彼佛牙窣堵波上宝珠，光明莹然，状似空中星烛。”❺而以火珠作为塔刹或攒尖屋顶的脊饰，在南北朝与隋唐时代的佛教建筑中尤其多见，这一点从敦煌壁画中看得十分清楚。而中心柱之佛教宇宙柱的象征意义，与武则天最终将这座明堂改名为“通天宫”甚至为此而改其年号为“万岁通天”，或许都从侧面证明了武则天明堂中所隐含的本来象征意义。也许正是因为这个原因，武则天几乎在建造明堂的同时，“则天又于明堂后造天堂，以安佛像，高百余尺。”❻这一乖戾的举动恰恰暴露了武则天内心的矛盾，她既想建造象征佛身体与佛宇宙的多宝塔，又似乎师出无名只能建造明堂，为了表彰自己的真实意图，她同时想建造一座真正的佛阁来弥补这种缺憾。

或者我们还可以做一个逆向的推测：武则天最初建造明堂时，参照了佛教经典中有关佛浮屠的一些描述及僧人所了解的多宝塔的形式，从西域佛塔中已有的上为圆形，下为方形的佛塔形式中找到了某种启发，并相信这一上圆下方，制为三层的建筑形式是可以与中国明堂之上圆下方、天覆地载的明堂的造型与象征相契合的。因而“自我作古”地建造了这座形制乖戾的明堂，希冀将具有佛教宇宙象征意义的佛塔与具有中国儒家宇宙象征意义的明堂来一个融合，将两者所共有的“天圆地方，上圆下方”的造型与象征理念应用在了这座古怪的建筑物上。

而正因为武则天的这座明堂与佛教观念中的多宝塔同样有“天圆地方、上圆下方”之造型与象征需求，且制度也同为三层，故当武氏明堂建成，并为各级官

❶ 王贵祥．东西方的建筑空间——传统中国与中世纪西方建筑的文化阐释．天津：百花文艺出版社，2006：138.

❷ 文献[2].[唐]刘餗．隋唐嘉话．卷下．明顾氏文房小说本．

❸ 文献[2].[宋]司马光．资治通鉴．卷二百五.万岁通天元年．四部丛刊景宋刻本．

❹ 文献[2].[唐]释玄奘．大唐西域记.卷十.十七国.折利呾罗国．四部丛刊景宋藏经本．

❺ 文献[2].[唐]释慧立．三藏法师传.卷四．大正新修大藏经本．

❻ 文献[2].[五代]刘昫．旧唐书．卷二十二．志第二．礼仪二．清乾隆武英殿刻本．

吏及两京与各州妇女、父老所参观之后，为当时的佛教徒所熟知。故后来的西京千福寺禅僧建多宝塔时，可能依据百姓口碑相传的武氏明堂，而参与西京千福寺多宝塔建造的木匠李伏横、石作张爱儿的父兄之辈也有可能参与过武则天明堂的建造而且印象深刻，故有可能参照了这座与佛教多宝塔概念十分接近的明堂建筑，作为西京多宝塔的原型。故使两者之间，有了某些相似之处。

当然，这一推测并没有任何历史资料的支持，在这里也不具有推理证据的作用。只是对巧合的几个历史事件加以分析，以期对事件之间在逻辑上可能存在的某种关联加以推想，或能起到启发思考的作用。

五、武氏明堂复原研究枚举

鉴于武氏明堂是中国建筑史上曾经建造过的规模宏大，造型奇特且有一定文献记录支持的建筑实例，颇为引起中国建筑史学者的关注。梁思成先生在他所著的《中国建筑史》中已经注意到了这座建筑，并引述了《旧唐书·武后本纪》中有关这座建筑的记载。[1]最早尝试对武则天明堂进行复原研究的是王世仁先生。他在其论文集《理性与浪漫的交织》中以《明堂形制初探》一文中推证了武则天明堂的可能造型。

按照王世仁先生的复原，其平面为面广进深各十一间，方300尺。按照唐宋时代习见的柱高尺度，王文认为文献记载中的“二百九十四尺”过高不符合一般唐宋木构建筑的结构规律，故而王文推测文献中记载的“二百九十四尺”的高度可能是“一百九十四尺”的传抄之误。根据这一推断，王文对武则天明堂加以了复原设计（图3–51）。

其平面十一间中，中央七间分别为三门四牖，而两侧的稍间与尽间均为加固墩的做法，即用实体的土石砌筑以保证建筑的整体稳固。王世仁先生复原的明堂，其三层均为重檐屋顶总为三层六檐。第一层为重檐四方，四角用十字脊作为屋顶两端的结束。第二层多角形平面坐落在一个平坐之上，亦为重檐，其下檐似为八角形屋盖，上檐为圆形屋盖以与记载相合。其顶层也是坐落在一个平坐之上，平面为圆形，其上为重檐屋顶均为圆盖。屋脊攒尖用火珠，当是按照后来将凤凰脊饰改为宝珠脊饰的形式绘制的。

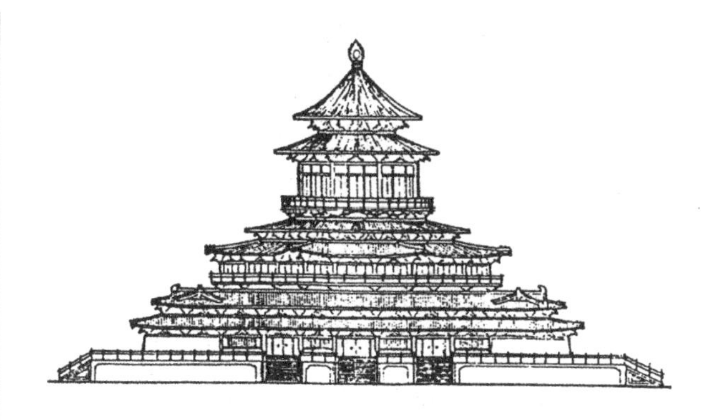
图3-51　王世仁先生复原之武氏明堂立面（王世仁 绘）

作为第一次对武则天明堂进行复原研究的尝试，王文做了很多有价值的分析与推测并初步推演出了其可能的建筑形式。但其“二百九十四尺”为“一百九十四尺”之误，显然有一点武断。而其所推想的各层均为重檐的做法并无历史文献的支持。而其顶层攒尖屋顶的举折显得过于高峻，与我们熟悉的唐代木构建筑的举折比较平缓的史实不相吻合。但其将首层分为开间与进深各十一间，以笔者的分析，还是比较适当的，而其将第二与第三层均放置在一个平坐结构之上的建构性做法也是与唐宋时代的木结构特征十分契合的。

其后对武则天明堂进行复原研究的是傅熹年先生。傅先生撰著的《中国古代建筑史》第三章第三节中，对武则天明堂进行了一些概念性的复原分析。根据唐高宗乾元殿为十三间的记录，以及武则天明堂总面阔与总进深（300尺）与高宗乾元殿总面广（345尺）比较接近的史料依据，傅文将武氏明堂亦分为面广、进深各十三间。并根据文献记载，将第一层定为方形，第二层为十二边形，第三层为二十四边形，首层为四

---

[1] 梁思成．梁思成全集．第四卷．北京：中国建筑工业出版社，2001：60.

坡檐，二层与三层均为圆形屋盖，与文献的记载是十分契合的。而其按照明堂五室的规则，对武氏明堂首层平面所做的平面分划与中国古代明堂的一般规则也是相当吻合的。其屋顶攒尖部分用了火珠结顶并用悬索将火珠与屋角相接，这些也都是与文献的记载相吻合的。因此傅文中对武则天明堂的复原推测是截至目前为止在造型上与古代文献的记载最为相契，且在结构方式上，也是相当符合唐代木构建筑的一般规则的（图 3–52）。遗憾的是，关于武氏明堂复原仅为书中的一节，故属概述的性质而非一篇专门的复原研究文章，尚未来得及对其所复原之方案的建筑剖面进行推敲。其底层方形四坡屋顶为了将就二层十二边形的形体而呈曲折的屋脊，似也缺乏唐代相关建筑形象资料的支持。

另一位对武氏明堂进行过复原研究的学者杨鸿勋先生对遗址的考古发掘资料进行了比较详细的分析，他根据发掘简报中有关夯土层分成若干个深浅度与坚实度不同的圈的描述，将夯土层较松软的部分视作庭院，从而形成了中心二十四边形楼阁与其外十二边形楼阁及外围环绕的四座长方形殿堂与四角折廊组成的组合式结构（图 3–53，图 3–54）。

这样做事实上是将文献中记载的三层楼阁在平面上也分为了三个空间层次，内外空间之间设有两圈八个天井。从内部结构上看，其中心部分几乎是一座高台建筑的基座，中间没什么可利用的空间，文献记载中提到的二三层楼阁之间的盘龙，在这里也被特别地加以了强调形成支撑上层平坐之斜撑的装饰。这一点

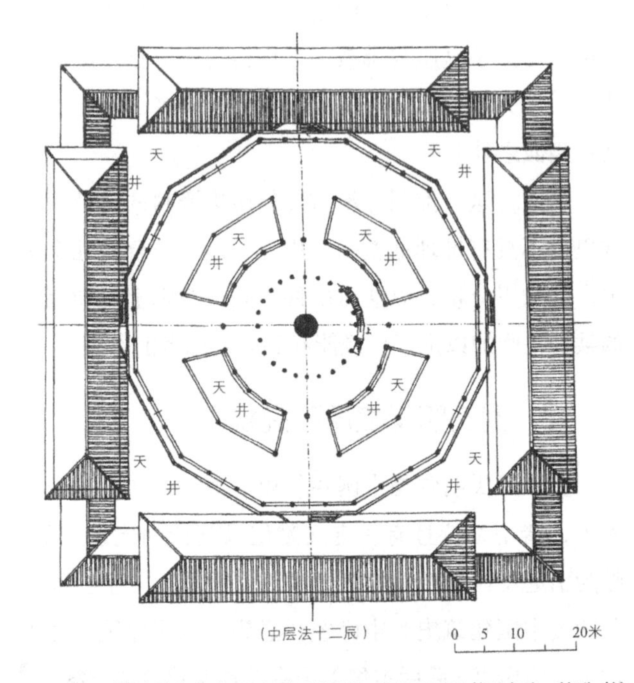

图 3-53　杨鸿勋先生复原之武氏明堂二层平面图（杨鸿勋．营造（第一辑）[C]. 北京：北京出版社，文津出版社．)

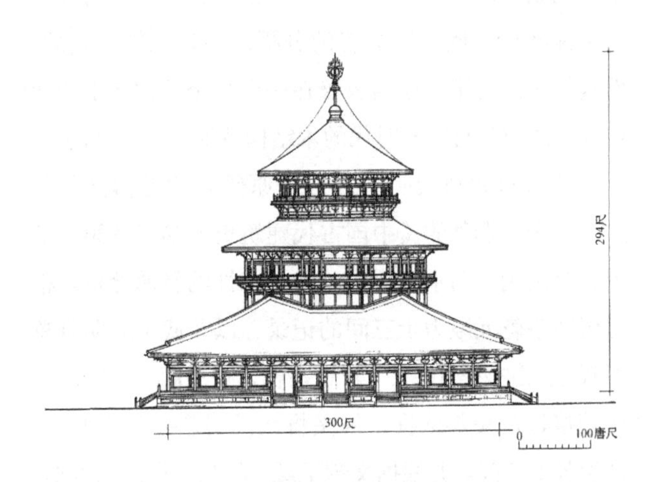

图 3-52　傅熹年先生复原之武氏明堂立面（傅熹年．中国古代建筑史·第二卷 [M]. 北京：中国建筑工业出版社，2001.）

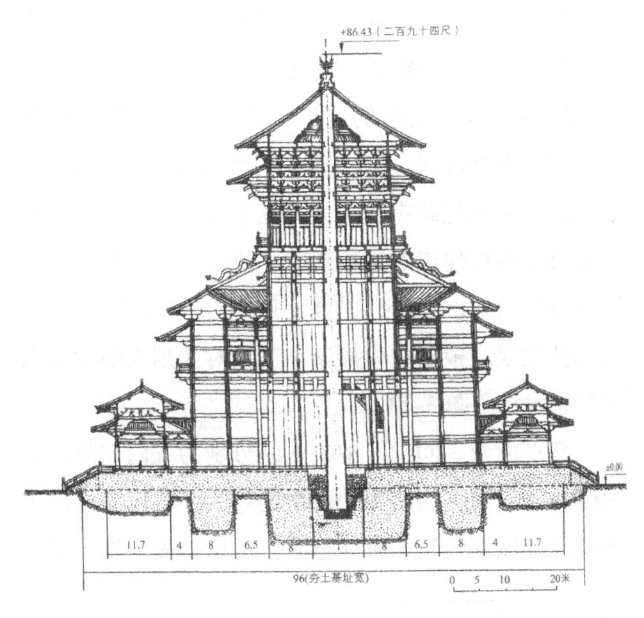

图 3-54　杨鸿勋先生复原之武氏明堂剖面（杨鸿勋．营造（第一辑）[C]. 北京：北京出版社，文津出版社．)

似乎与记载中的武则天在明堂建成后，为了将对上层加以修缮的痕迹进行掩饰而加“盘龙”的做法有一些相悖（图 3–55）。

在如此大的结构体中，中心部分的空间几乎不加以利用而只将其处理成上层建筑的台座，这与武则天曾经在这座明堂的端扆殿中向群后布政的记载也不十分吻合。因从唐人诗句中的“端扆朝四岳，无为任百司”(《全唐诗》，第二卷：李世民，《幸武功庆善宫》)，“衢室凝旒，大庭端扆”(《全唐诗》，第十三卷：《郊庙歌辞·享太庙乐章·景云舞》) 等句，可知既言“端扆”，其位置应该是在中央的，且空间应该比较宏敞，如此才可以做布政之所。密排柱子的高台基座恐与这一空间概念不符。

此外，其内外两圈 8 个天井对雨水的排放也增加了问题，如果没有在夯基中发现明显的排水管道痕迹，“天井”一说似乎也有一点站不住脚。更重要的是，这样一种复原思考，既没有充分利用乾元殿中旧有殿堂梁柱材料，也不见有唐辽时期多层楼阁中常见的插柱造、缠柱造，及暗层的做法，也有一些令人不解之处。

这一复原也采用了两层平坐及每层与重檐屋顶的处理，在总体上也形成了三层四檐的造型（图 3–56）。杨先生的文章中还披露了一些发掘简报中没有记录的细节，如其中心坑底有木炭灰堆积，内含白灰渣、铁钉、铁锔子及少许残瓦而且还发现了铁渣。[1] 这一细节反而从侧面验证了我们所推测的，武氏明堂中心木是一个由多根柱子组成的组合柱的想法，这些铁锔子是中心结构之木构件连接时必不可少的构件。

由于武氏明堂在历史上的重要性，除了中国建筑史专家之外，一些从事历史研究的学者也参与到了对于这座建筑的复原探讨之中。如深圳博物馆的张一兵

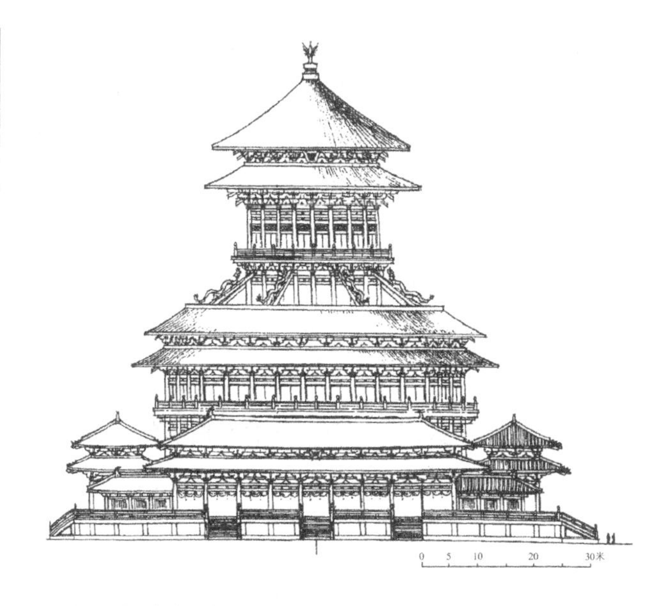

图 3-55　杨鸿勋先生复原之武氏明堂立面（杨鸿勋 . 营造（第一辑）[C]. 北京：北京出版社，文津出版社 .）

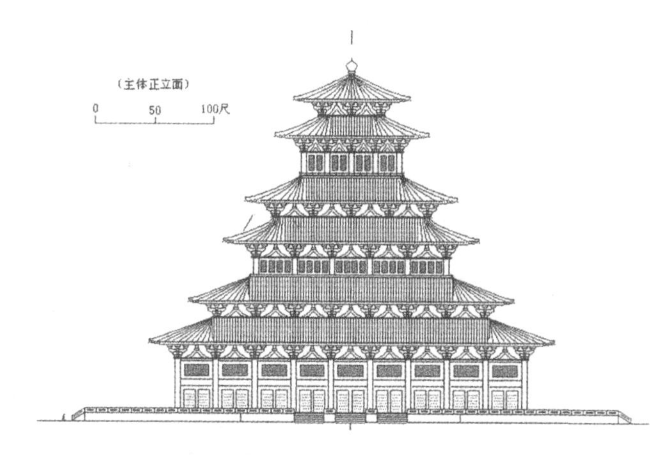

图 3-56　张一兵先生复原之武氏明堂立面（张一兵 绘）

先生所撰《乾元殿考》，其中就涉及了武氏明堂的原状问题，该文发表于中国文物学会传统建筑园林委员会第十五届学术研讨会上。[2] 作者对于武则天毁乾元殿而建明堂一事颇有自己的见解，他引用了元人刘永益的一段话：“‘二月，太后毁乾元殿作明堂。’书法：书‘毁乾元’，何诛心也！武氏坚冰之坤，以阴代阳，乾元之号，非其意明矣。于是议立明堂，太后因行其

[1] 杨鸿勋．杨鸿勋建筑考古学论文集[M]．增订版．北京：清华大学出版社，2008：500.

[2] 张一兵．乾元殿考．中国文物学会传统建筑园林委员会第十五届学术研讨会会议文件．

计，毁乾元殿，以其地为之。《纲目》书曰‘毁乾元殿作明堂’，诛心也。”[1] 认为武氏毁“乾元殿”而建明堂，是发之于其内心深处对男性所主导社会之“乾元”思想的深深恐惧与愤恨，故而毁之，代之以明堂。这点还是很有意思的，只是所引元人之语似去唐太久，仍属后人臆测之话，不足以证明什么问题。不过也从侧面说明了武氏明堂之建造并非仅仅是完成高宗之遗愿那么简单。

张文中引了武则天明堂遗址的发掘情况，并据此推测出唐营造尺折合公制为 0.20 米。同时，依据这一“唐营造尺”对武则天明堂的平面与立面做了一个复原想象。其复原为在一个八角形台基上坐落了一个方形的殿堂，以其每尺为今尺 0.20 米计，其殿总面广仅为 60 米，总高亦不过 58.8 米。似乎是一个在当下看来能够建成的木构殿阁。据此，张一兵绘制了一个各层均为重檐的屋顶的三层六檐楼阁，其底层平面通面广与通进深仅为 9 间。张氏的这一复原，除了底层为 9 间与王世仁复原设计之 11 间的平面不同外，其余如各层均为重檐的做法显然是抄自王文的（图 3–57）。然而，王文之符合结构逻辑的基本做法，如二、三层

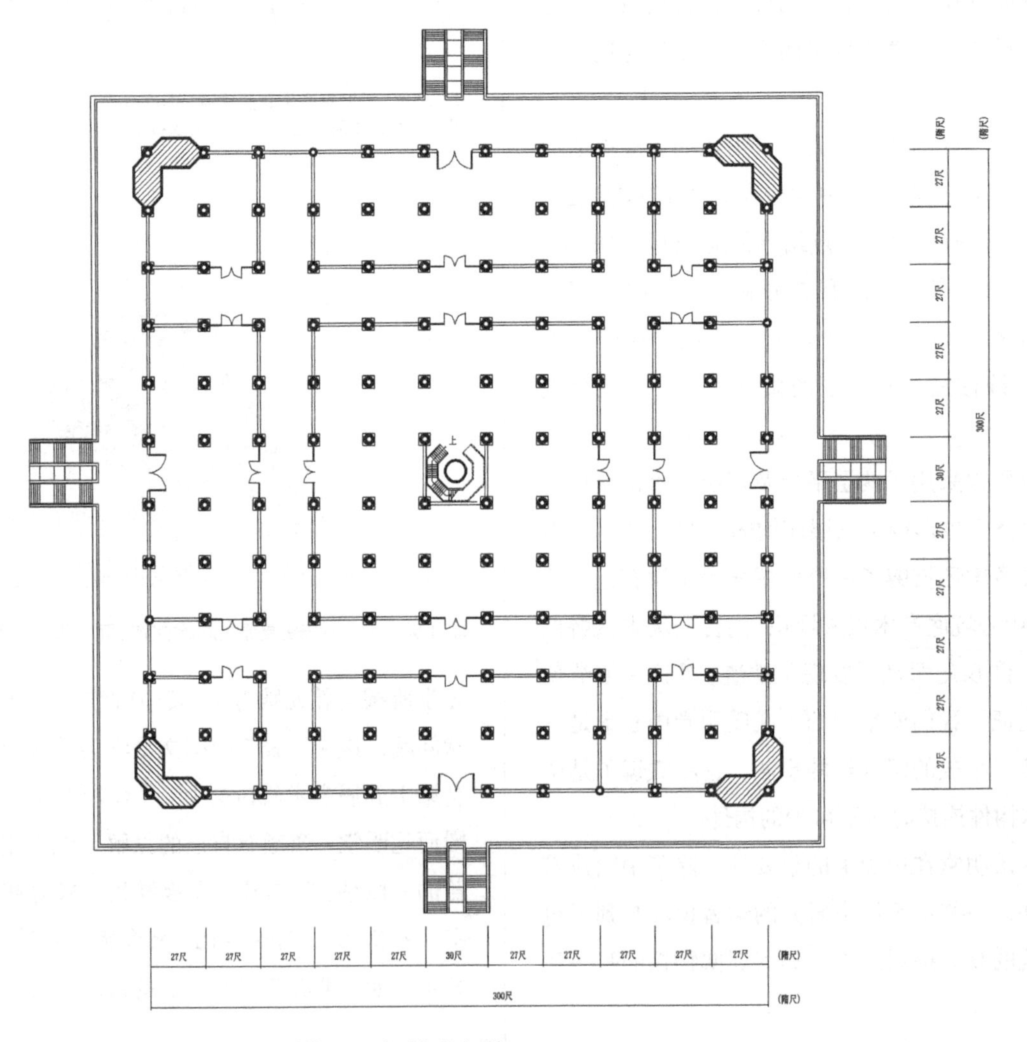

图 3-57　武氏明堂复原推想图（首层平面）（作者自绘）

[1] 转引自张一兵．乾元殿考．中国文物学会传统建筑园林委员会第十五届学术研讨会会议文件，2004.

均用平坐，张文却因苦于不懂只好舍弃。而其各层屋顶之莫名其妙的形式更为令人不解。

因张氏非建筑学专业背景，我们不好对其毫无中国古建筑建构逻辑的复原设计做过多的苛责。但其所推测的一唐营造尺为今 0.20 米的结论，显然有一些武断。这不仅不符合唐宋时期一般建筑遗存的基本尺度规则，而且与唐宋时期所依赖的材分制度之一等材为 9 寸的规定完全相悖。按照他的逻辑，唐代一座最高等级的木构建筑，其斗栱断面高度仅为 0.18 米，这与实际建筑遗例的事实及中国建筑史的发展规律相去太远。同样，按照他的这一逻辑，唐总章二年诏颁明堂的开间为 1.9 丈，合今尺仅有 3.8 米，长安大明宫正殿之每开间为 1.8 丈的间距，合今尺仅为 3.6 米，而现存唐代三间殿山西五台南禅寺大殿当心间面广为今尺 5.1 米，佛光寺大殿当心间亦为 5.1 米。居于偏远山区的佛寺小殿居然会比最高等级的明堂与皇宫正殿的开间还要大，这在逻辑上是无论如何也说不通的，故其谬已不必在这里细加剖析了。

张氏另有一文，是他于 2004 年完成的吉林大学博士论文。其基本的观点及所推测复原之图与上面所提到的《乾元殿考》无异，或者说上文只是这篇博士论文的部分摘录。其文其图几乎没有什么差别。只是他在博士论文中，对从隋乾阳殿、高宗乾元殿与武则天明堂之建造做了一个梳理，令人不解的是仅仅根据元人王士点《禁扁》中一句“麟德二年作乾元殿，长寿三年改作明堂，其北造天堂，证圣二年火，更造明堂，号通天宫。”竟然就引经据典地证明了：“似乎垂拱四年的明堂就是原封不动地利用乾元殿，未加改造，更未拆毁[1]。”对于撰写时间更早的正史《旧唐书》中“垂拱三年（687 年）春，毁东都之乾元殿，就其地创之”之语视而不见，却依据晚了数百年的元代人文字中的一句“麟德二年作乾元殿，长寿三年改作明堂”中的“改作”之误读，就大胆地认为垂拱四年只是利用了旧乾元殿而未加拆毁，这种草率的论证似乎显得太幼稚了一些。

但其文最大的问题还不在于此，而是对建筑历史这样一个需要科学、技术、艺术与历史综合知识的，特别是需要深厚建筑学功力之积淀的复杂问题，却试图仅仅借助于咀嚼几句古文就想轻易揭开其中的奥秘，颇有一点“隔山打牛”的味道。

六、武氏明堂的建构性复原

基于如上分析，我们初步厘清了武则天明堂的基本造型：三层，下层为方，四坡顶；中层为十二边形，圆盖；上层为二十四边形，亦圆盖。并从唐人的文献中了解了这座建筑的两个基本尺度：高 294 尺，东西南北各 300 尺。下面的问题就是如何从这极其有限的数据中，按照唐代建筑的建构逻辑将其搭造起来，使其既符合这两个基本数据又与我们所理解的唐代建筑的建构逻辑相契合。

在展开这一分析之前，有一个前提必须加以说明：这座武则天明堂是在拆毁了高宗时建造的唐洛阳宫乾元殿的前提下建造的。而唐乾元殿又是在其前不久被战争所摧毁的隋洛阳宫乾阳殿的旧基上建造的。隋乾阳殿是史上最为宏伟的建筑物之一，其屋脊的高度距地 170 尺，一根柱子就有“二十四围”之粗，柱子的原木是从当时尚属偏远的江西一带采伐而来，每运一根柱子就需要 2000 人之众。而在其旧基上建造的唐乾元殿，尺度也很巨大，其东西面宽 345 尺，南北进深 176 尺。

关于这两座建筑，笔者已经做了专门的复原研究[2]。笔者的一个基本观点是，唐乾元殿可能采用了

---

[1] 张一兵．明堂制度研究——明堂制度的源流．吉林大学博士论文，2004：160.

[2] 王贵祥．关于隋唐洛阳宫乾阳殿与乾元殿的平面、结构与形式之探讨 // 王贵祥，贺从容．中国建筑史论汇刊．第三辑．北京：清华大学出版社，2010：97.

隋乾阳殿的基本平面规制与结构尺度，甚至可能直接沿用了隋乾阳殿的旧有基础及部分未被焚毁的大木构件。故而这两座建筑在平面的开间进深、檐柱、内柱的用材及高度，以及柱上斗栱铺作的设置上可能是一致的，都采用了当时最高等级的做法。唯一的区别是，隋乾阳殿为三重檐，脊高 170 尺；而唐乾元殿为两重檐，脊高为 120 尺。

按照一系列分析而建构起来的隋乾阳殿与唐乾元殿也获得了一些基本的数据，如这两座建筑的柱网分布，柱间距，柱子的粗细与高度推测，建筑所用材的高度，及各层檐的斗栱铺作情况等。经过一番自洽性的分析之后，笔者认为这两座建筑的建构相承关系及基本构件与尺度的相沿关系是合乎唐宋时期建筑的结构逻辑的，因而在对继之不久而建造的武则天明堂之基本构件与尺度的确定上也拟沿用如上的方式，以寻求这几座建筑物在建构逻辑上的一贯性。因此，在如下的分析中，笔者所采用的隋乾阳殿和唐乾元殿的一些基本数据都是依赖于笔者在发表于《中国建筑史论汇刊》中的拙文《关于隋唐洛阳宫乾阳殿与乾元殿的平面、结构与形式之探讨》一文的分析，这里不再赘述。

1. 首层平面柱网（正方形）

先看柱网。以其总面阔与总进深均为 300 尺，则平面的铺展长度与其前的乾元殿十分接近。据北宋王溥《唐会要》，高宗显庆元年（656 年）：

“敕司农少卿田仁汪，因旧殿余址，修乾元殿，高一百二十尺，东西三百四十五尺，南北一百七十六尺，至麟德二年二月十二日，所司奏，乾元殿成。”❶

也就是说，武则天明堂总面广为 300 尺而高宗乾元殿总面广（总进深）为 345 尺，两者相差 45 尺。而根据唐人的记载，隋乾阳殿面广 13 间，由此推测沿用其旧址而建的唐乾元殿亦为 13 间。

那么就出现了两种可能的情况：

① 一种是武则天仍然沿用高宗乾元殿的制度，将其明堂按照面广与进深均为 13 间来布置柱网。这样的结果是缩小了旧有的柱网间距，但仍然保留了旧有的建筑开间制度。

② 另外一种可能则是尽可能沿用旧有的建筑间距，从而最大限度地利用旧有的柱额、梁栿等构件。

比较而言，后者的可能性较大。因为中国木构建筑是可以拆卸装配的。如果沿用旧有建筑的基本柱网，则从其建筑物上拆卸下来的柱、额、梁、枋，甚至斗栱铺作，大部分是可以照原样继续使用的。这样就可以充分利用旧有构件。据拙文《关于隋唐洛阳宫乾阳殿与乾元殿的平面、结构与形式之探讨》，隋乾阳殿与高宗乾元殿为：

“面广 13 间、进深 7 间的大规模殿堂。其面广方向的当心间间广为 34 尺，当心间两侧总为 10 间的次、梢间间广均为 27 尺，左右两尽间间广 21.5 尺；其进深方向，中间 5 间间广 27 尺，前后两尽间间广 20.5 尺。”❷

也就是说，其面广方向除了当心间为 34 尺，两尽间为 21.5 尺外，其余 10 间的开间均为 27 尺。而在进深方向，除了南北两尽间为 20.5 尺外，中间 5 间亦均为 27 尺。也就是说，27 尺的柱间距是高宗乾元殿中使用最多的，按照这一柱间距配置的大木构件也应该是最多的。故我们假设武则天明堂同样以这一间距为其柱网中的主要柱间距。

以东西、南北各广 300 尺记，若其次、稍间主要

❶ 文献[2].[宋]王溥.唐会要.卷三十.清武英殿聚珍版丛书本.

❷ 王贵祥.关于隋唐洛阳宫乾阳殿与乾元殿的平面、结构与形式之探讨//王贵祥，贺从容.中国建筑史论汇刊.第三辑.北京：清华大学出版社，2010：110.

柱网为27尺，则10间即为270尺，仅余30尺可计为当心间的间距。如此，则可以推测出武氏明堂的柱网为：

“面广与进深均为11间，两个方向的当心间间距均为30尺，两个方向上当心间以外总数为10间的次、稍、尽间的柱间距不再做变化，而是均匀地分为27尺，合计为270尺，加上当心间的30尺，恰为300尺”（图3-58）。

这样的柱网分划，既符合当心间比次、稍间要宽的规则又最大限度地利用了旧乾元殿柱网下的旧构件。如其阑额、内额、地栿，及柱头方、罗汉方、橑檐方以及部分柱间的梁栿及其上的斗栱铺作等，均可以最大限度地利用旧有构件。基于这样一判断，笔者以为，武则天明堂采用的是面广与进深均为11间的格局，以期和高宗乾元殿的柱网有最大程度的契合。

当然，这里还有一个问题：为什么尽间、次间和稍间采用了相同的开间？而高宗乾元殿的尽间明显小

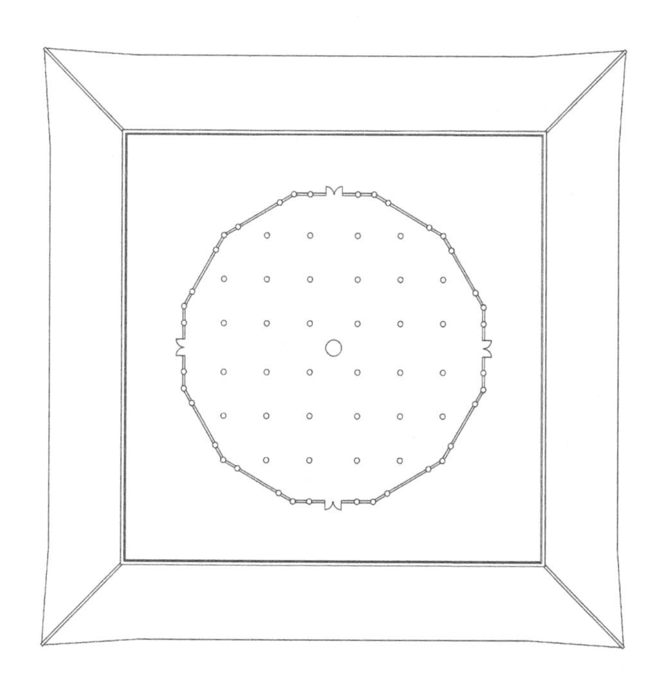

图3-58　武氏明堂复原推想方案一（二层平面）（作者自绘）

于次、稍间。其原因也可以归在建筑结构上。乾元殿（及乾阳殿）为天子的正衙，需要有“周匝副阶”的制度性做法。其最外一圈柱子是环绕大殿的围廊，故其柱距自然要小一些。但历代明堂建筑的描述中似无周围廊的记载，无需将建筑物四周最外一圈柱子的间距作特别缩减，故其尽间与次、稍间均采用27尺的柱间距是可能的。

考虑到其建筑体量的宏大与结构的复杂，我们暂时不考虑室内柱网中的减柱问题，也就是说，首层平面在柱网轴线的所有交点上都布置了柱子。

2. 中心柱结构

在柱网中，由位于平面中心彼此间距为30尺的4根柱子形成了一个中心空间。据史书所载，这座建筑物，“亭中有巨木十围，上下通贯，栭、栌、樘、棍，藉以为本。”也就是说，武氏明堂的中心有一根中心柱，这根中心柱上下通贯，应该是贯穿了三层结构，并与其周围的结构以“栭、栌、樘、棍”的相互穿插交错形成了一个坚固的中心结构，以作为整座殿阁的结构之骨干（“藉以为本”）。这里的“栭、栌”是指斗栱，而“樘”（音撑），其意同“樘”，意为支柱、支撑。至于“棍”，《二十五史》中用了棍字，而其他文献中则用另外一个字，其“木”字旁之右侧的上部似为烟囱之“囱”，下为“比”，音披，字库中没有这个字，其意为“连檐”。显然这个字用在中心结构中有一些怪异，可能是文人故弄玄虚的结果。而以“棍”解，则为杆状的木件，或枝柯。如《集韵·爻韵》：“棍，木柯曰棍。”[1]柯，如枝茎，因此，做“棍”解更贴切一些，即其中心结构是由斗栱，支撑的支柱、斜撑，及如枝杈一样的木棍所构成的。

这一中心结构是一个中心柱。这一点从《旧唐书》开元二十五年“乃奏请且拆上层，卑于旧制九十五尺。

[1]《汉语大字典》编辑委员会．汉语大字典．第5卷．武汉：湖北辞书出版社；成都：四川辞书出版社，1988

又去柱心木”的记载中看出来。柱心木者似非一根柱子而是一个中心结构。而其中心结构又攀附在那根上下贯通的“巨木十围”上。这里的“围”显然是指柱子的粗细。关于围有多种解释,“计量圆周的约略单位,指两只胳膊合围起来的长度，也指两只手的拇指和食指合围的长度。《古今韵会举要·微韵》:‘围，一围五寸。’又，‘一围三寸，一抱谓之围。’”❶若以一围5寸或3寸，其十围之木的周长不过5尺或3尺，直径亦不会超过50厘米，显然不能算得上是一根巨木。而以一围为一个人的合抱长度，则以一个人两臂合围为1.5米计，十围之柱的周长为15米，则其柱径接近4.8米。这样的巨木在自然界中也很难发现。

然“围”字还有一解:《庄子·人间世》记载，有一棵栎社树“其大蔽数千牛，絜之百围。”陆德明释文:“‘百围’，李云径尺为围，盖十丈也。”❷也就是说，还可以将直径方向的每一尺看作一围，则十围可以理解为这根巨木的直径为10尺。这样一根巨木仍然是极其巨大的。以拙文《关于隋唐洛阳宫乾阳殿与乾元殿的平面、结构与形式之探讨》按照每围5寸推算的隋乾阳殿中二十四围粗的柱子，柱径为3.82尺，按一尺为0.295米计，合为1.13米。这样一根柱子，在隋代时已经很难找到，是从远在千里之外的豫章地区（今江西）采伐，并通过二千夫挽一材的长途运输而来的。那么柱径为10尺（直径约2.95米）的大木，即使能够找到，其采伐、运输几乎都是不可思议之事。因此我们可以将这根“柱心木”理解成为一根组合柱，即由几根柱子依附在一起而形成的一个中心柱形结构。

还可以通过几条史料对武则天明堂中的巨木做进一步的观察。据《新唐书》中有关薛怀义督作明堂之事的记载:“至是护作，士数万，巨木率一章千人乃能引。”❸《旧唐书》中还形象地记录了施工时将大木竖立起来的过程:“垂拱四年，拆乾元殿，于其地造明堂，怀义充使督作。凡役数万人，曳一大木千人，置号头，头一阙，千人齐和。明堂大屋凡三层，计高二百尺。”❹

章者，材也。以《营造法式·大木作制度一·材》:“材，其名有三:一曰章，二曰材，三曰方桁。”当然，这里的章、材是就营造法式的材分制度而言的，但由此可知，在古人眼里章和材有相通的意思。前文中提到隋炀帝建乾阳殿时,“二千夫挽一材”。那么,其“一材”之意为一根柱子。由此推测，这里的“巨木率一章千人乃能引”的“一章”，也应该是指一根柱子。也就是说，每引一根柱子需要千人之力。而僧怀义督造明堂时，置号头，号头一吼，千人齐和，指的就是这种情况。这可能是树立大木时的情形。只是,从“率一章千人能引”中来看，似乎不是仅指一根柱子而是指很多柱子。其意为:每引一柱，需要千人之力。

以高宗乾元殿（部分沿用了隋乾阳殿的构件）的每根柱子亦在直径一米余，要想竖立起来也需要千人齐和的力量方可。那么武则天明堂的柱心木（中心柱）有可能就是由几根这样的大木组合在一起而构成的。我们以其径为10尺计，至少需要六至七根柱子紧紧地依附在一起才有可能形成一个直径为10尺（约2.95米）的中心结构。其上层还需要做接续的处理而非一根柱贯通至顶。

但无论如何，这座建筑物的中心确有一个直径约3米的巨大的结构性柱子，即古人所称之为的柱心木。这组木柱可能一直贯通到明堂建筑的顶端。这样我们或可以将这座建筑物的中心结构理解成由位于中央的4根间距为30尺的柱子与一个位于中心的直径为10尺的组合柱所形成的中心结构。这4根柱子与中心柱

---

❶《汉语大字典》编辑委员会．汉语大字典．第5卷．武汉：湖北辞书出版社；成都：四川辞书出版社，1988.

❷《汉语大字典》编辑委员会．汉语大字典．第5卷．武汉：湖北辞书出版社；成都：四川辞书出版社，1988.

❸ 文献[2].[宋]欧阳修．新唐书．卷七十六．列传第一．后妃上．清乾隆武英殿刻本．

❹ 文献[2].[五代]刘昫．旧唐书．卷一百八十三．列传第一百三十三．外戚．薛怀义附．清乾隆武英殿刻本．

之间有斗栱、斜撑及枝柯状的木杆件交叉错落地拉结在一起，形成了一个完整的中心结构体，从而使这座巨大的木构亭阁得以稳定而坚固。或者如我们所臆测的，在周围4棵柱与中央柱心木之间可能还设有楼梯，以利各层的联系与交通。

3. 中层平坐与二层平面柱网（十二边形）

从《旧唐书》所记载的“中层法十二辰，圆盖，盖上盘九龙捧之”。可以推想，这座明堂建筑的第二层应该是一座十二边形的平面，其上屋顶为圆形。

从平面作图的方式可以知道，在面广、进深各为11间的平面柱网中，以中心点向外绘制一个十二边形，则在每侧的第三个次间外缘的柱缝上可以与底层柱网上的柱子有最大的重叠性。其中，有4根柱子完全与下柱柱位吻合，另外有8根柱子的柱缝与下层柱缝仅有近半个柱径，即1.7尺（0.5145米）的缝隙。这样高度重合的柱位应该是最好的设置上层结构的柱位。故按照这一作图推测方式将明堂第二层的十二边形柱网设在距离中心柱四周的第四条柱缝线上，以使二层结构与下层柱网有最大程度的契合（图3-59）。

以尚存古代建筑实例来看，唐辽时期的楼阁建筑均为在逐层之间加平坐的做法。现存天津蓟县辽代独乐寺观音阁与山西应县佛宫寺释迦塔是这一结构的典型代表（图3-60，图3-61）。这一做法也见于敦煌唐代壁画中的楼阁（图3-62）。故明堂第二层应该落在位于第一层屋顶之上的平坐上。

图3-59　蓟县独乐寺外观（二层落在平坐上）（辛惠园 摄）

由于武氏明堂第二层为十二边形，这个十二边形的柱网可以有两种结构方式：

第一种方式是将第二层十二边形檐柱的柱位延伸到下层，从而使这个十二边形结构体上下通贯，这样的好处是既可以使上下结构对位更精准也可以为首层的建筑提供较为灵活的空间。但带来的问题是，首层柱网发生了紊乱，梁栿、斗栱的架构都变得极为复杂且与唐、辽多层楼阁建筑的习惯做法也不相同。更重要的是，这样对柱子高度的要求也比较高，需要上下通贯的柱子来保持上下结构的连贯。

第二种方式则是仍然保持首层柱网的方整严密性，在首层柱顶以上部分通过柱缝的细微偏移，将第二层的柱子叠上去。这一柱缝的偏移可以发生在平坐层柱根或上层的柱根部位，即在上部柱子的柱根处，通过扶脚木的方式与下部结构连接在一起，并通过在平坐下暗层中加斜撑等方式使平坐形成上部结构的一个坚实稳固的基座，为上层柱的叠加奠定基础。这样的处理方式见于辽代建造的蓟县独乐寺观音阁中。其第二层前后檐柱，从平坐层柱根开始就向内移了一个柱缝的距离，并用扶脚木将柱根与下层铺作、梁方等拉结在一起（图3-63）。

据作图所得，这里的第二层十二边形柱网，在四个主要方向上也向内移了不足一个柱径的距离，若使用与蓟县独乐寺观音阁相同的方式，将其平坐檐柱根通过扶脚木与下层铺作、梁方等联系在一起并将平坐暗层用斜撑加以撑扶，可以形成一个坚固的平坐层结构，从而为上层的十二边形结构提供一个坚实的基座。

按照上文中所分析的第二种方式，将首层柱网不作任何减柱，首层柱顶以上，凡可以与下层柱位相吻合处均采用宋《营造法式》平坐柱中的叉柱造做法，使上下柱子对位。而在上层十二边形四个正方位的檐

图 3-60　应县木塔南立面图（各层均设平坐）（笔者主持测绘）

图 3-61　敦煌壁画中楼阁建筑的平座（孙儒僩，孙毅华．敦煌石窟全集·建筑画卷 [M]. 香港：商务印书馆，2001.）

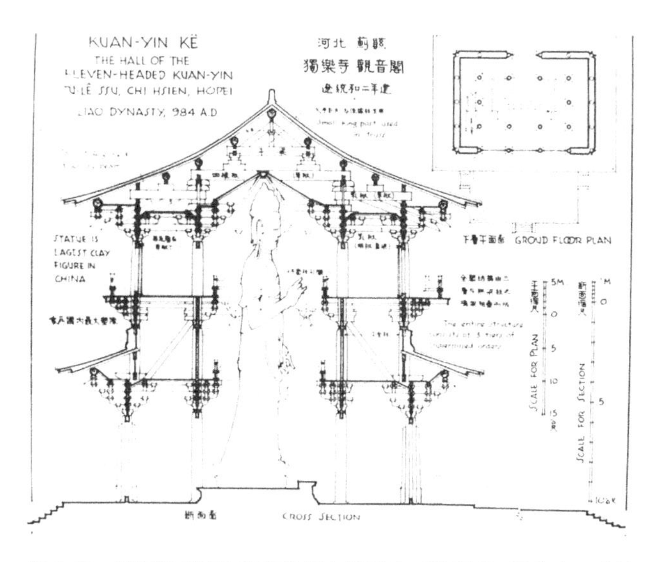

图 3-62　蓟县独乐寺观音阁暗层与扶脚木（梁思成．图像中国建筑史 [M]. 北京：生活·读书·新知三联书店，2011.）

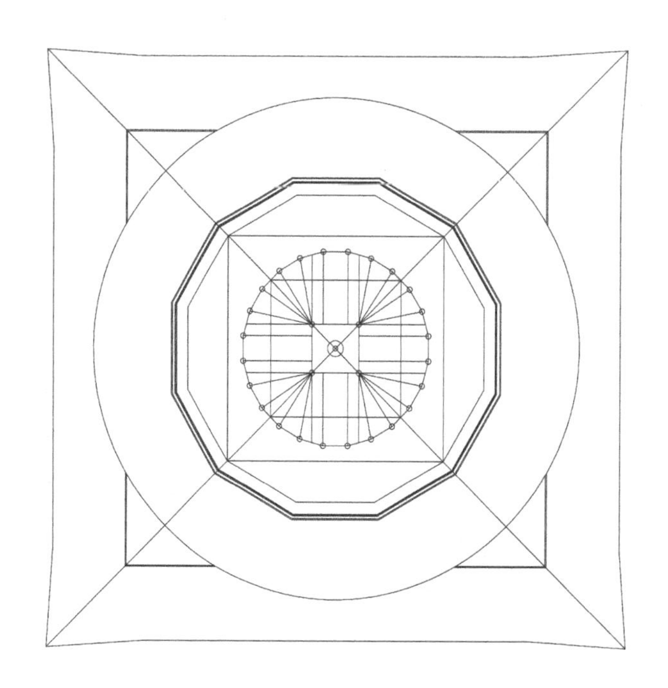

图 3-63　武氏明堂复原推想方案一（三层平面）（作者自绘）

柱柱缝上，因为要向内退不到一个柱径的间距，故可以在平坐层柱根处（或第二层檐柱柱根处）通过扶脚木的做法固定在其下部的结构上。

明堂第二层十二边形的柱网中，因其每边的总面广达到了 50.5 尺之多，故对应于其下当心间柱间距为 30 尺需要将每一面分为三间，其当心间仍为 30 尺，以与下柱对应，两次间各为 10.25 尺。

由于十二边形平面出现了非正交斜向柱缝，需要在其柱缝下相应的位置上添加抹角栿，这种做法在现存结构中确实未见实例，但其做法并不难实现且还是合乎这一时期结构逻辑的。从平坐层开始，其平坐柱及上层的个别檐柱就需要落在这几根抹角栿上。

经过了设置平坐层为上层结构增加了一个基座，形成了明堂的第二层结构。这是一个十二边形的结构体。十二边的每一边分为三间，当心间为 30 尺，两次间各约为 10.25 尺。同时，在第二层檐柱十二边形轮廓之内，仍然保持了一个严整正交东西南北各五间的柱网并有一个巨大的中心柱结构。这个方正柱网的四根角柱恰好与十二边形的4根主要角柱相重合。由这个十二边形的二层结构之檐柱与中心方正的柱网构成了第二层十二边形的殿堂空间。我们可以设想其4个正方向上的每面当心间可以设一个门，两次间为两个窗牖，其余6个方向则可以逐间设窗牖。

4. 上层平坐与三层平面柱网（二十四边形）

从“上层法二十四气。亦圆盖”中可以知道这座明堂建筑的第三层为二十四边形，圆形屋顶。同样以作图的方式，在由位于中央的面广与进深各三间的正方形柱网的4根角柱的位置上找出了一个接近圆形的二十四边形轮廓线。其中的4根柱子恰好与这个面广与进深均为三间的中心柱网的4根角柱相重合。此外，另有8棵柱子落在了下层柱网的柱缝上，故而可以由其下的梁栿所承托。然而，还有12根柱子却是无论如何也无法与下层柱子的柱位或柱缝发生联系。也就是说，这12根柱子只能落在其下柱顶之上的诸如抹角梁或递角梁的梁缝之上了。

但有一点可以肯定的是，这个通过作图方式找出的二十四边形是与下部柱网的柱位与柱缝契合程度最高的。与第二层结构一样，真正承托这个二十四边形上部结构的，应该是这个二十四边形外轮廓以内位于下层柱网中央的面广与进深各为3开间的由正交16根柱子组成的柱网结构体（图3-64）。

这个二十四边形的上层亭子式结构也是落在下层十二边形的结构所构成的一个十二边形的上层平坐之上的。这一平坐层的结构柱要比其下十二边形结构的檐柱向内退进一个柱间距。这样形成的平坐层柱网中有8根柱子与其下的柱缝完全吻合（柱位稍有偏离），而其余4根柱子正好在其下中央方形柱网4个角柱的递角栿上，因而使其平坐结构在结构上显得十分贴切。这一平坐层柱网因与其下层柱网的柱缝相重合，可以按照插柱造的方式与其下梁方及铺作相连接。即其柱根可以插在下层铺作的斗栱与枋子之上。

将这个十二边形的上层平坐作为一个基座就可以

图3-64　武氏明堂复原推想方案一（屋顶平面）（作者自绘）

建构这座明堂第三层的亭子了。其顶层柱网是在一个面广、进深各3间的方形正交柱网的基础上环绕了一圈24根檐柱。为了保证这个二十四边形的亭子在4个正交方位上可以开门窗，需要将4个正交方向的面都设置为当心有开间。这样，其下方形面广与进深均为三开间之正交柱网的4根角柱在顶层亭子中则不需要再向上延续了。同时，考虑到明堂顶层的结构载荷已经比较轻，为了保证上层亭子在空间上比较通透，需要减除这中心三开间正交柱网上的8根柱子只留下位于中心柱四周的4根柱子就可以了。如此则形成了一个由二十四边形（或圆形）外檐柱缝所包裹的以4根柱子与一个柱心结构组合的中央结构体。其四周二十四根柱子或者同这4根柱子直接用如同递角栿一样的斜梁联系或者同这4根柱子柱顶之上的梁栿以丁栿的方式联系，然后，再在其上形成顶层的圆形屋盖结构（图3-65）。

5. 武氏明堂的剖面与外观

将这三层结构的柱网平面推测出来之后，接踵而至的就是其剖面的建构了，这也是这一复原推测中最为关键的一步。不同的剖面会直接影响到其建筑造型。

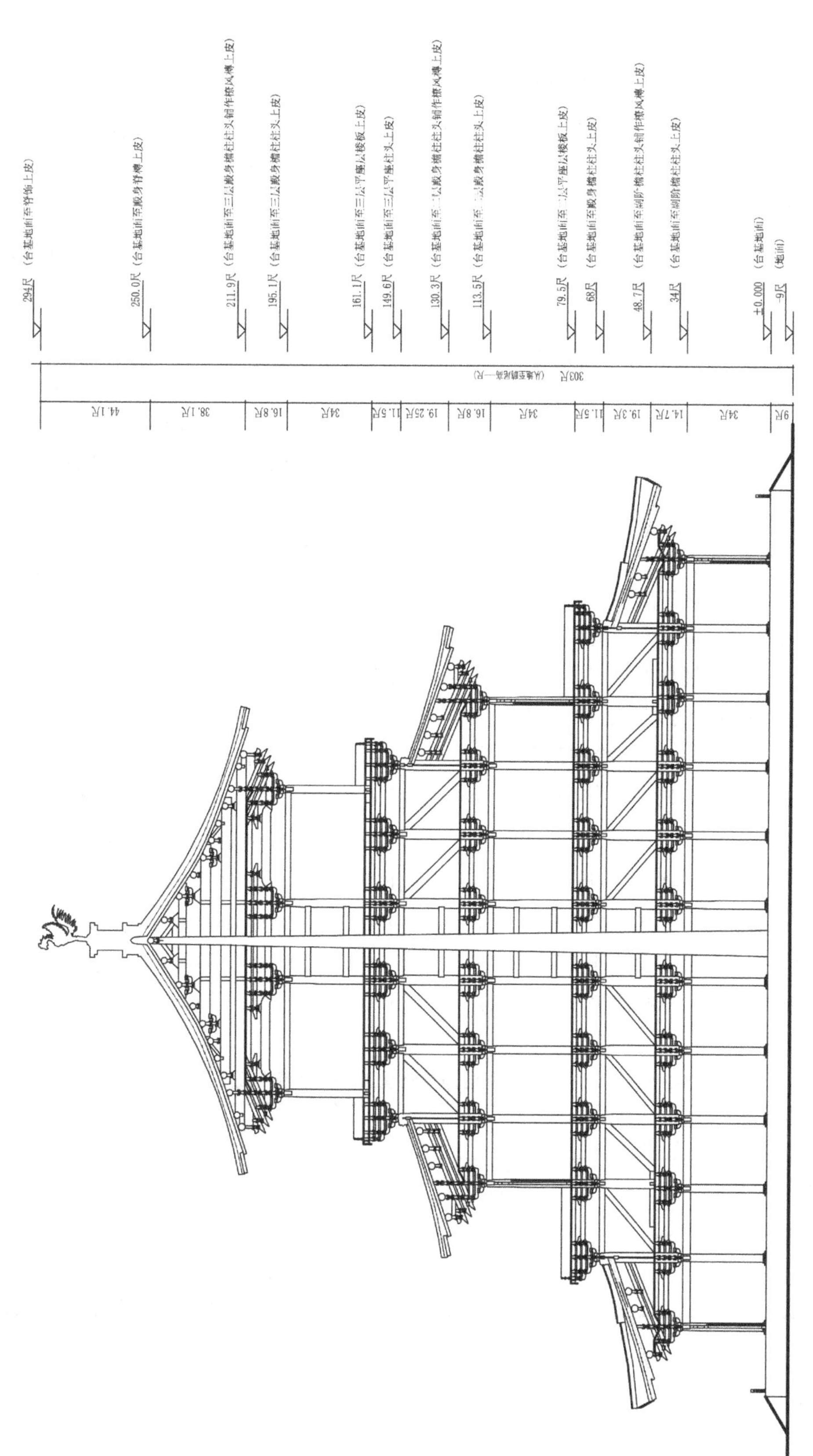

图 3-65　武氏明堂复原推想方案之一（剖面）（段智钧绘）

根据分析，我们做出两种可能的武氏明堂剖面形式：一种是将各层檐柱高度定为与高宗乾元殿檐柱相同的34尺的高度，如此构成的建筑，其三层均为单檐屋顶；另外一种是将各层檐柱定为与其首层主要开间间距相同的27尺的高度，这样的结构使其首层可以形成重檐的屋顶，其二层与三层仍然是单檐屋顶。

（1）复原推想方案一：以34尺为檐柱高度的剖面

拙论《关于隋唐洛阳宫乾阳殿与乾元殿的平面、结构与形式之探讨》（以下简称“乾文”）中，推测隋乾阳殿与唐高宗乾元殿当心间的间距为34尺，并根据这一推测及唐宋时代一些大型木构建筑实例中檐柱柱高等于其当心间面广的做法，将这两座建筑的檐柱定为34尺高。

同时，根据宋《营造法式》中的规定，其殿身檐铺作应比副阶檐多一铺，高宗乾元殿（乾阳殿）下檐为七铺作双杪双昂，上檐为八铺作双杪三昂。同时考虑到乾元殿（乾阳殿）结构十分宏伟，故采用了15寸为一材的斗栱形制。根据这一推测绘制的唐高宗乾元殿与隋乾阳殿的剖面，都达到了相当好的自洽程度[1]（图3-66）。

武则天明堂系拆除高宗乾元殿并就其址而建的，故应该是最大限度地利用了其旧有结构构件。基于这一推测，可认为武氏明堂有可能也是采用了首层檐柱为34尺，其上用七铺作双杪双昂的做法。在第一层之上通过暗层的处理，在向内退进一个柱间距的位置上形成一个方形平面的平坐层。并在这一平坐层中，通过以叉柱造等方式与下层柱子发生联系，建构起其上十二边形结构的柱网。

第二层十二边形的柱网坐落在这个方形的平坐之上。其檐柱仍按34尺计算，其上用八铺作双杪三昂，承托其上的圆形屋盖。在这个十二边形结构的屋盖之上又形成了第上层平坐，平坐的平面亦为十二边形。然后，再在这个位于二层屋顶之上的十二边形平坐之上建构起第三层二十四边形的顶层结构。

顶层结构中，除了其中心由四柱与中心柱形成的中心结构外，为了保持室内的空敞，可将这个中心结构以外的8根柱子省去，使四周的二十四根檐柱通过梁栿、斗栱等，直接与中心结构发生联系。

最后，在这个二十四边形的结构之上，通过梁栿等结构手段形成了一个圆形的屋盖。

简单地说，这样建构的三层均为单檐屋顶。据《营造法式》：“凡用柱之制……若厅堂等屋内柱，皆随举势定其短长，以下檐柱为则[2]”的规则，可知下檐柱高度的确定对于整座建筑物的各部分尺寸具有决定性的作用。这里，我们仍然沿用此前所推测的高宗乾元殿外檐檐柱的高度，将每层结构的外檐柱均定为34尺高。以此为基础，试以列表3-1将其各个不同高度计算并罗列出来：

表3-1　按明三层暗二层底层为单檐屋顶的明堂结构高度推算表

序号	位置	高度差（尺）	距离台基地面标高（尺）	推算方式	备注
1	地面	9	－9	参照高宗乾元殿（隋乾阳殿）旧基	
2	台基地面	0	±0	以台基地面为 ±0.00	
3	首层檐柱柱头	34	＋34	沿用高宗乾元殿副阶檐柱	
4	首层檐柱橑檐方上皮	14.7	＋48.7	以七铺作双杪双昂计，为： 五材五栔＋栌斗平欹＋橑檐方高 总分为147分，以一材为1.5尺（一分为1寸）计，总为14.7尺	参见乾文

❶ 王贵祥．关于隋唐洛阳宫乾阳殿与乾元殿的平面、结构与形式之探讨 // 王贵祥，贺从容．中国建筑史论汇刊．第三辑．北京：清华大学出版社，2010：97-141．

❷ 文献[2].［宋］李诫．营造法式．第五卷．大木作制度二．柱．清文渊阁四库全书本．

续表

序号	位置	高度差（尺）	距离台基地面标高（尺）	推算方式	备注
5	中层平坐柱柱头	19.25	＋67.95	以橑檐方缝距檐柱缝10.8尺，檐柱缝距平坐柱缝27尺，合37.8尺，将其乘以2，并按1/5.6高度起举，为13.5尺，其上加椽、望、瓦、泥背及博脊，总高为5.75尺（依作图获得），合为： 13.5尺＋5.75尺=19.25尺	
6	中层平坐地面	11.5	＋79.45	以六铺作出三杪计，为： “五材四栔＋栌斗平欹＋地面版厚” 75分＋24分＋12分＋4分=115分（寸） 据《营造法式》： “楼阁上平坐内地面版：每广一尺，厚二寸”，因为是大型楼阁，这里加厚一倍为4寸	
7	二层檐柱柱头	34	＋113.45	与首层檐柱高度取齐	
8	二层檐柱橑檐方上皮	16.8	＋130.25	以八铺作双杪三下昂计，为： 六材六栔＋栌斗平欹＋橑檐方高 总为168分，计为16.8尺	参见乾文
9	上层平坐柱头	19.25	＋149.5	与中层平坐柱同高	
10	上层平坐地面	11.5	＋161.0	与中层平坐铺作与地面同高	
11	三层檐柱柱头	34	＋195.0	与首层、二层檐柱高度取齐	
12	三层橑檐方上皮	16.8	＋211.8	与二层檐柱铺作同，为八铺作双杪三下昂： 六材六栔＋栌斗平欹＋橑檐方高	
13	三层屋顶举高	38.1	＋249.9	以外檐柱缝总间距为152.48尺 30尺＋27尺×2＋17.4尺×2＋16.8尺×2=152.4尺 因其跨距小，且位置高，故按1/4举计： 152.48尺÷4=38.1尺	参见乾文
14	脊饰上皮（从栋极上皮至脊饰上皮距离）	44.1	＋294	据《资治通鉴》： “上施金涂铁凤,高二丈,后为大风所摧;更为铜火珠。”故金凤（或火珠）高20尺，余22.1尺，中含椽、望、顶层木瓦厚度及脊饰座	
15	总高		303	外观为三层，逐层单层，共三檐	

从表3–1可以看出，每层柱子高度与其前所推测的高宗乾元殿檐柱的高度相同，为34尺，并将各层均按单檐形式处理，同时沿用此前所推测的乾元殿之一等材为15寸的做法，并严格按照唐代建筑较为平缓的举折比例推算，即各层檐均按1/5.6举，但顶层因跨度较小且位置较高，从视觉调整的角度将其举折高度作适当的增加，采用1/4举，但仍明显低于宋代殿阁造建筑之1/3举的做法。由此获得的剖面图与文献中记载的武则天明堂之各项关键尺寸有相当大程度的契合。这至少是一个可能的原状形式。只是其大木结构累计尺寸之外所余脊饰的高度偏高，这一脊饰更像是佛塔之塔刹的脊饰高度。

（2）复原推想方案二：以27尺为檐柱高度的剖面（图3–67，图3–68，图3–69，图3–70，图3–71，图3–72）

但以高宗乾元殿檐柱高度34尺为一个基本参数而加以建构复原的这座明堂建筑还有一些明显的问题难以回避。例如，高宗乾元殿34尺高的檐柱高度是与乾元殿当心间的间距为34尺而确定的。其立面之当心间的比例为方形与《营造法式》中规定的“若副阶廊舍，下檐柱虽长，不越间之广”[1]。但在武氏明堂中情况已经发生了变化，以我们的推测，其当心间间广为30尺，其次、稍、尽间的间广均为27尺。如仍然采用34尺的柱高，立面上各间的柱高都明显地高

[1] 文献[2].[宋]李诫．营造法式．第五卷．大木作制度二．柱．清文渊阁四库全书本．

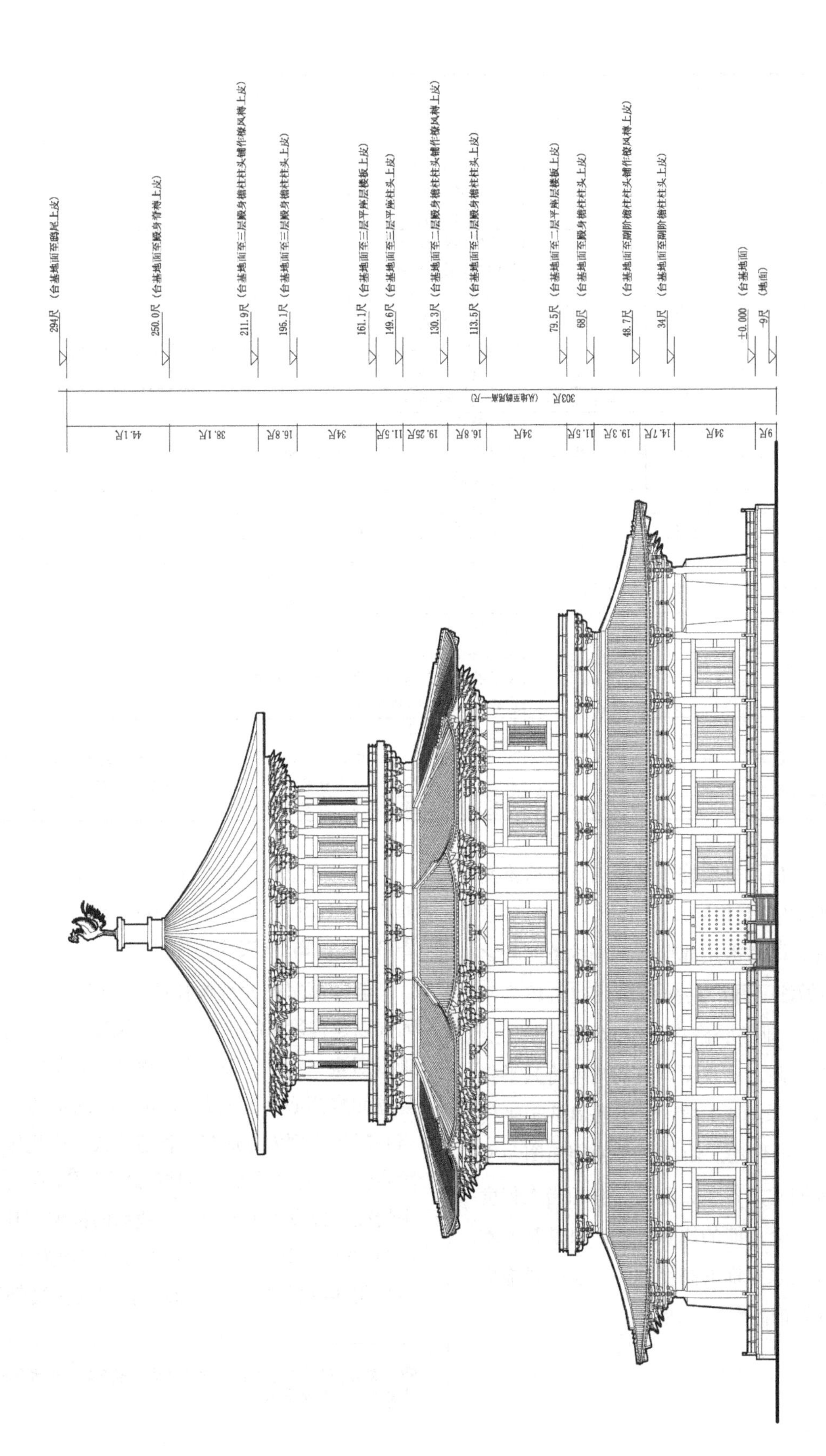

图 3-66 武氏明堂复原推想方案之一（立面）（段智钧绘）

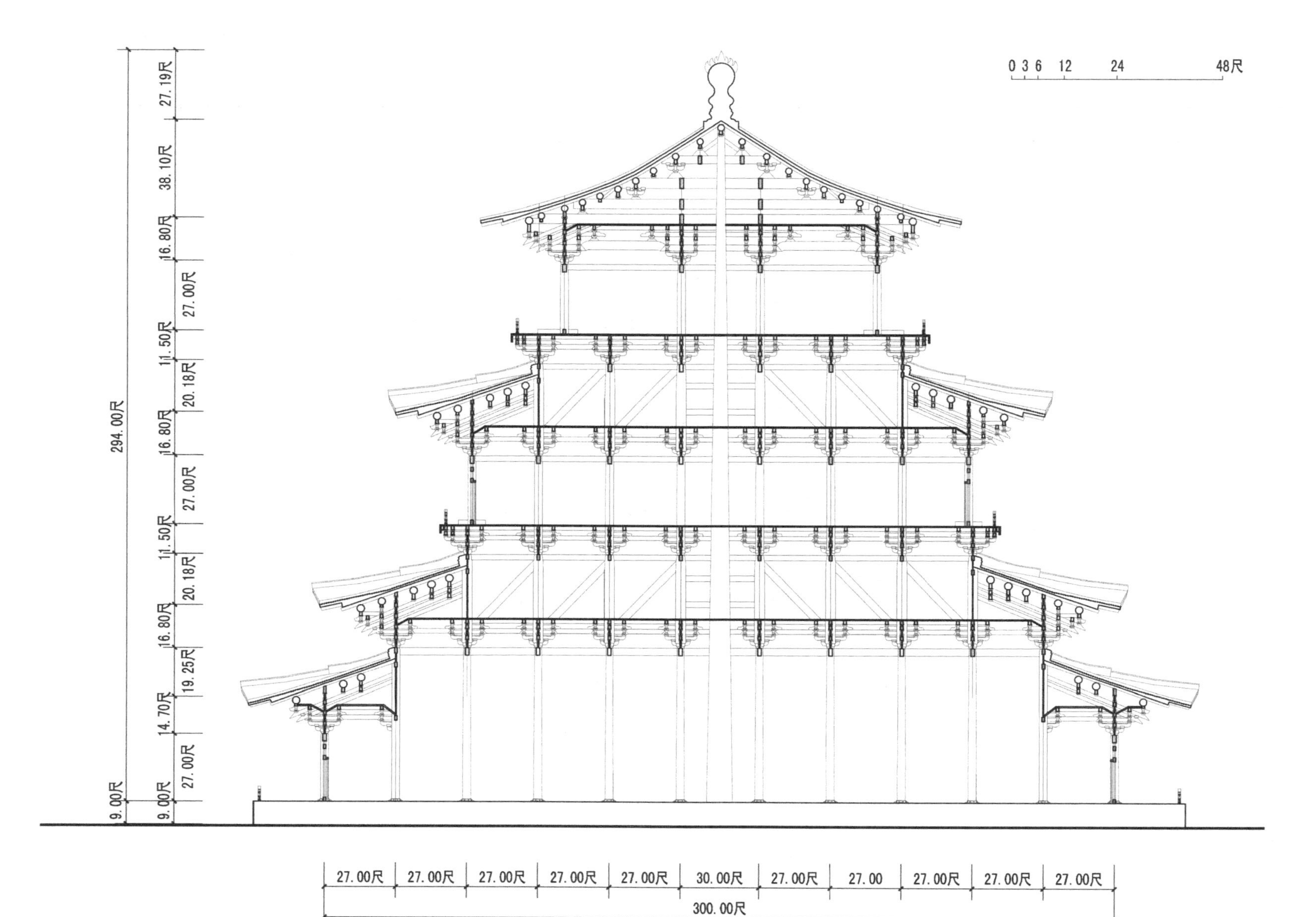

图3-67 武则天明堂复原推想方案之二（剖面）（作者自绘）

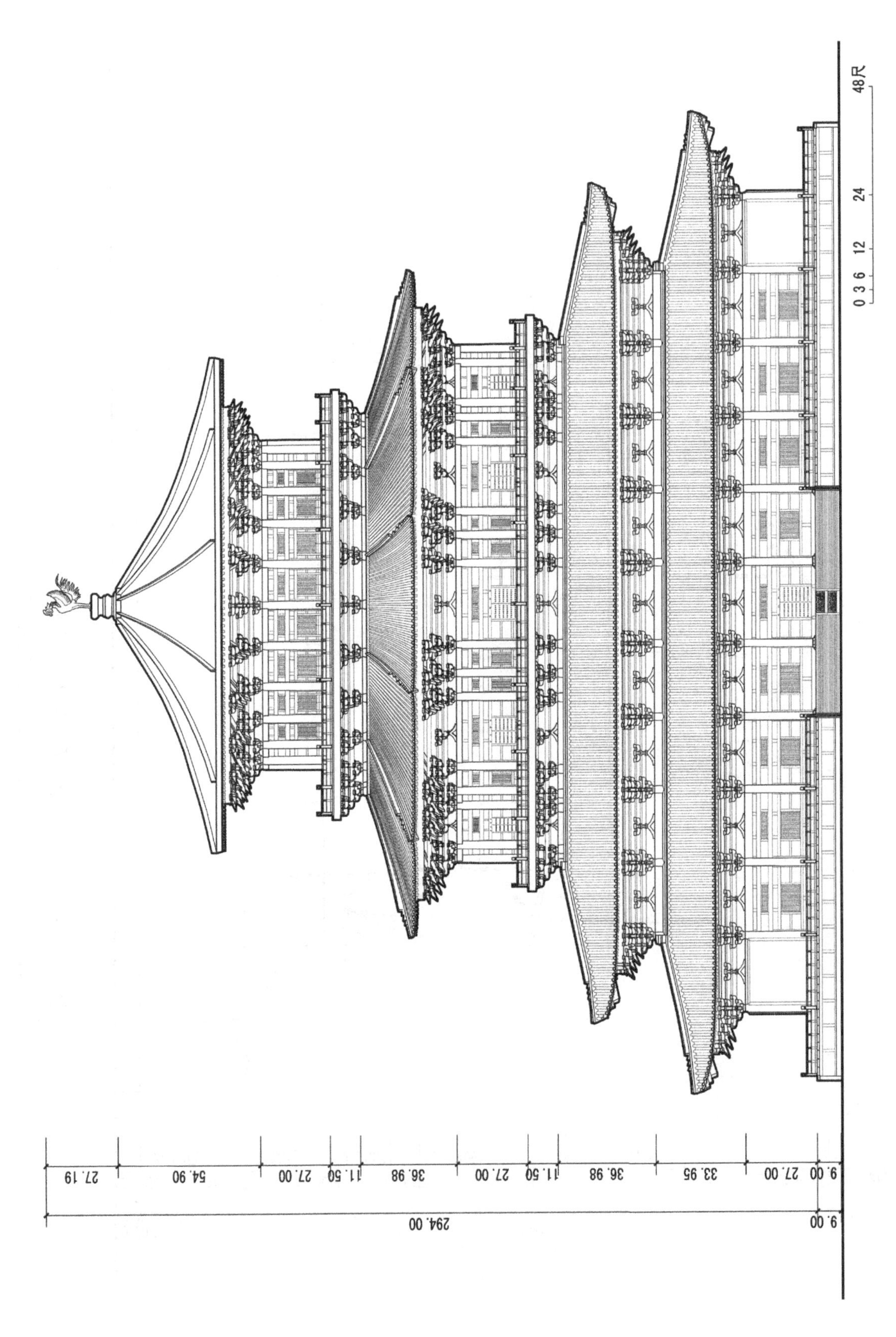

图 3-68　武氏明堂复原推想方案之二（用凤凰脊饰立面）（袁琳绘）

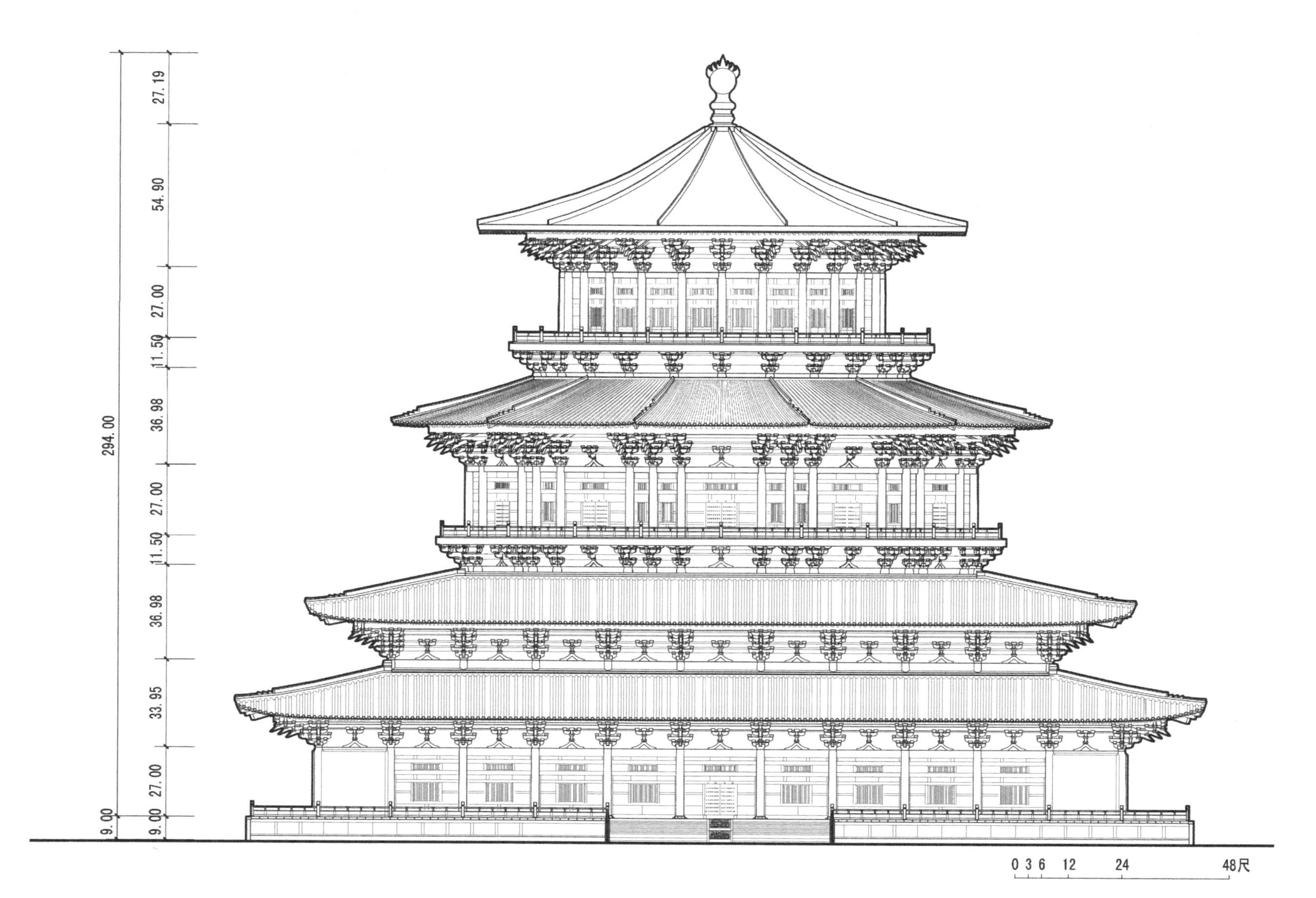

图 3-69　武氏明堂复原推想方案之二（用火珠脊饰立面）（袁琳绘）

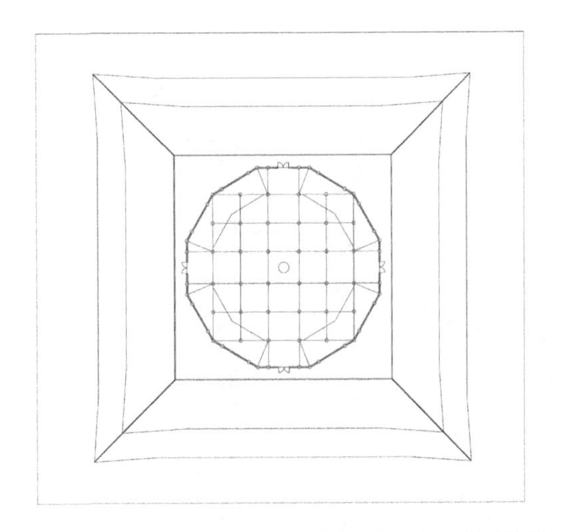
图 3-70　武氏明堂复原推想方案二（二层平面）（作者自绘）

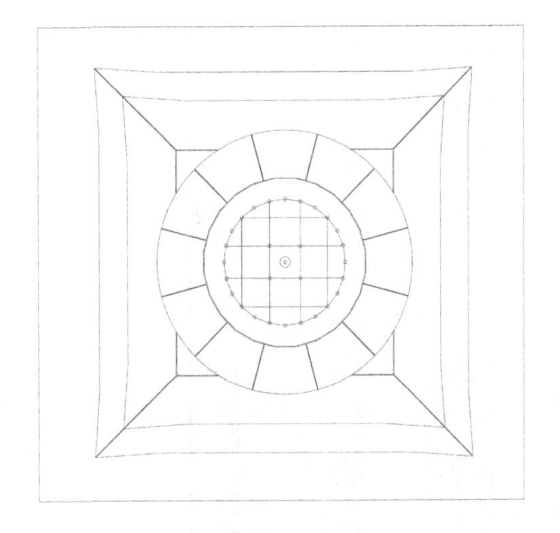
图 3-71　武氏明堂复原推想方案之二（三层平面）（作者自绘）

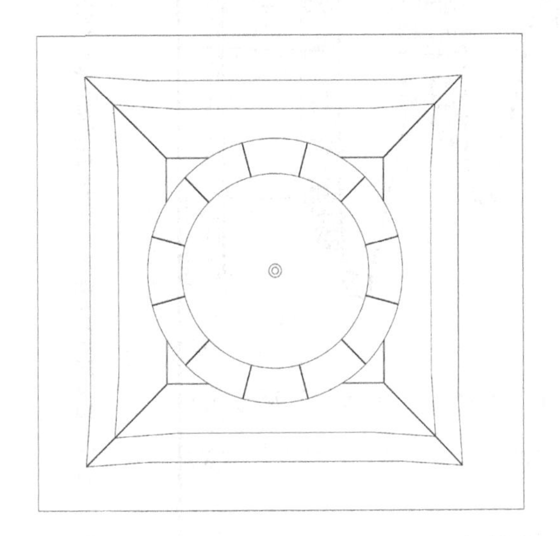
图 3-72　武氏明堂复原推想方案之二（屋顶平面）（作者自绘）

于开间，使其立面比例显得有些不协调。

此外，由于这座建筑的面广与进深均为 11 间，而第二层十二边形的殿阁向内收进了两开间。故如果首层仅用单檐屋顶，则上层平坐处形成了一个至少有 27 尺宽的平台。这样的大平台，其作用已经超出了一般楼阁之平坐的功能，在历史文献中也没有任何提及之处。而其上层平坐的外缘与三层檐柱的距离却有明显的缩短，仅两个平坐却有如此明显的差别显得不甚合乎逻辑。另外还有一个问题是，按逐层均为单檐的处理，其首层室内空间显得比较低矮而这与其巨大的室内面积之间是有矛盾的。

基于如上原因，可以尝试着将檐柱柱高降低，如此则有可能将首层结构变成重檐屋顶，这样既可以提高建筑物首层的室内空间也可以将其上的平坐变成一个标准的楼阁平坐。经过降低的柱高，也可以消除因为柱子过高而使檐下比例不甚协调的问题。那么，下面的问题就是如何确定檐柱的高度了。

当然，我们仍然可以采用此前乾阳殿或乾元殿之柱高推测方法，以当心间的间广为檐柱的高度。即将其柱高定为 30 尺。这样的柱高在唐代实例中也是采用过的，如《旧唐书》载：高宗永徽三年（652 年）六月所出明堂“内样：外有柱三十六，每柱十梁。内有七间，柱根以上至梁高三丈，梁以上至屋峻起，计高八十一尺。”❶这是一座单层建筑，其外檐为 9 间，周回 36 柱，则外柱为副阶柱而高度为三丈（30 尺）之柱应是其殿身檐柱。这说明 30 尺是唐代时可能采用的柱高尺寸。

但因其外檐柱缝与殿身檐柱缝之间的距离为 27 尺，因而其殿身檐柱高度会比副阶檐柱缝与殿身檐柱缝距离仅有 20.5 尺的高宗乾元殿有明显的增高。带来的问题就是，高宗乾元殿旧有的殿身檐柱高度无法使

❶ 文献 [2]. [五代] 刘昫. 旧唐书. 卷二十二. 志第二. 礼仪二. 清乾隆武英殿刻本.

用在这一新的建筑物中。为了能够尽可能多地使用乾元殿的旧柱子，将武氏明堂外檐柱的高度降下来是一个办法。因此，我们尝试采用与明堂首层次、稍、尽间间距相同的尺寸，即27尺为首层檐柱的柱高。同时，也将这一柱高应用在二层檐柱与三层檐柱上。

这里试以每层结构外檐柱为27尺高为基础，再以列表形式将各层的各个不同高度计算并罗列如下：

表3-2 按明三层暗二层底层为重檐屋顶的明堂结构高度推算表

序号	位置	高度差（尺）	距离台基地面标高（尺）	推算方式	备注
1	地面	9	－9	参照高宗乾元殿（隋乾阳殿）旧基	
2	台基地面	0	±0	以台基地面为±0.00	
3	首层下檐檐柱柱头	27	＋27	沿用高宗乾元殿副阶檐柱	
4	首层下檐檐柱橑檐方上皮	14.7	＋41.7	以七铺作双杪双昂计，为： 五材五栔＋栌斗平敧＋橑檐方高 总为147分，以一材为1.5尺（一分为1寸）计，总为14.7尺	参见乾文
5	首层上檐檐柱柱头	19.25	＋60.95	以橑檐方缝距檐柱缝10.8尺(七铺作),檐柱缝距平坐柱缝27尺,合37.8尺,将其乘以2，并按1/5.6高度起举，为13.5尺，其上加椽、望、瓦、泥背及博脊，总高为5.95尺（依作图获得），合为： 13.5尺＋5.75尺=19.25尺	
6	首层上檐檐柱橑檐方上皮	16.8	＋77.75	以八铺作双杪三下昂计，为： 六材六栔＋栌斗平敧＋橑檐方高 总为168分，计为16.8尺	
7	中层平坐柱柱头	20.18	＋97.93	以橑檐方缝距檐柱缝13.4尺(八铺作),檐柱缝距平坐柱缝27尺,合40.4尺,将其乘以2，并按1/5.6高度起举，为14.43尺，其上加椽、望、瓦、泥背及博脊，总高为5.75尺（依作图获得），合为： 14.43＋5.75=20.18（尺）	
8	中层平坐地面	11.5	＋109.43	以六铺作出三杪计，为： “五材四栔＋栌斗平敧＋地面版厚” 75分＋24分＋12分＋4分=115分（寸） 据《营造法式》： “楼阁上平坐内地面版：每广一尺，厚二寸”，因为是大型楼阁，这里加厚一倍为4寸	
9	二层檐柱柱头	27	＋136.43	与首层檐柱高度取齐	
10	二层檐柱橑檐方上皮	16.8	153.23	以八铺作双杪三下昂计，为： 六材六栔＋栌斗平敧＋橑檐方高 总为168分，计为16.8尺	参见乾文
11	上层平坐柱头	20.18	＋173.41	与中层平坐柱同高	
12	上层平坐地面	11.5	＋184.91	与中层平坐铺作与地面同高	
13	三层檐柱柱头	27	＋211.91	与首层、二层檐柱高度取齐	
14	三层橑檐方上皮	16.8	＋228.71	与二层檐柱铺作同，为八铺作双杪三下昂： 六材六栔＋栌斗平敧＋橑檐方高	参见乾文
15	三层屋顶举高	38.1	＋266.81	以外檐柱缝总间距为152.48尺 （30尺＋27尺×2＋17.4尺×2＋16.8尺×2=152.4尺） 因其跨距小，且位置高，故按1/4举计： 152.48尺÷4=38.1尺	
16	脊刹柱（从栋极上皮至刹顶距离）	27.19	＋294	据《资治通鉴》： “上施金涂铁凤，高二丈，后为大风所摧；更为铜火珠。”故金凤（或火珠）高20尺，余7.19尺为椽、望、覆瓦厚度及脊饰基座	
	总高		303	外观三层，底层为重檐，共四檐	

显然，这样两种建构方式都符合唐宋时代建筑营造方式的可能形式。其中的推测尺寸中一些细微尺寸肯定是不确定的，如椽、望、泥背、瓦及博脊所积累的各层高度对上层平坐柱子高度是通过作图的方式获得的，多少会有一些误差。但严格按照唐宋建筑的法式制度累加起来的主要大木结构尺寸应该不会有太大的偏差。

（3）明堂顶端的脊饰高度

武则天明堂剖面294尺的总高中，应该包括了攒尖屋顶上之脊饰部分的高度。在明清时代的攒尖式殿堂中，这里一般是处理成为宝顶的形式。以清代天坛祈年殿的宝顶为例，其攒尖顶蓝色须弥座以上宝珠部分（含宝珠下金色须弥座）的高度为3.552米，其下包裹着雷公柱的蓝色琉璃宝顶基座之中心结构高度约为3.968米（由雷公柱外帮衬的高度推知）❶，故屋脊栋极以上总高约为7.52米，折合唐尺约为25.5尺。我们可以将这一高度作为一个参考数据。

另外，从文献记载可知，武氏明堂屋顶脊饰原为一涂金铁凤，高二丈。后因被大风所摧，改为铜火珠。也就是说，其脊饰的高度为20尺。栋极之上所余尺寸为屋顶椽、望、覆瓦及脊饰的基座。参考清代祈年殿的比例，则两个复原设计中的后者，即外观三层四檐，底层为重檐的造型可能更接近历史上这座建筑的真实存在。其脊饰高度为27.19唐尺（合今尺约为8.02米）与祈年殿宝顶总高（含蓝色琉璃须弥座）7.52米，（可折合为25.5唐尺）十分接近。

此外，另有一记载认为明堂上所施铁凤的高度仅有一丈，如《资治通鉴》：

“辛亥，明堂成，高二百九十四尺，方三百尺。凡三层：下层法四时，各随方色。中层法十二辰，上为圆盖，九龙捧之。上层法二十四气，亦为圆盖，上施铁凤，高一丈，饰以黄金。中有巨木十围，上下通贯，栭栌□□，藉以为本。下施铁渠为辟雍之象，号曰万象神宫。”❷

如将铁凤定为一丈（10尺）高，则所余的高度为17.19尺，作为支撑铁凤的基座及立杆从比例上似也还比较适当。当然，关于铁凤高度的两种记载究竟以哪一种为准，确实也是一个需要存疑的问题。

前者之外观为三层三檐，底层为单檐的造型，因其檐柱较高，立面比例偏于高峻且屋顶平台过大，以及大木结构累计尺寸之外所余的脊饰高度偏高，故离历史上的真实建筑距离稍远。其脊饰部分，若去除20尺的铁凤（或铜火珠），所余仍有24.1尺，或去除10尺（以铁凤高一丈计），余34.1尺（约10.06米）。即使换一种思路，如将其明堂基座计入累计高度中，其脊饰总高度仍余35.1尺，去除20尺（以铁凤高二丈计）仍余15.1尺（约4.45米），唯一的一种可能是当时人就是将其作为一座佛塔而建造的，其脊饰的处理等同于一个塔刹的造型。若果如此，即使是44.1尺的高度也不算过高。然而尽管我们分析了这一建筑与佛塔的种种不解之缘，但其建造之名义仍然是一座儒家礼祀性的明堂建筑。欲盖弥彰的武则天，本意可能是“明修栈道，暗渡陈仓”，所以她用了铁凤这种汉魏时期建筑屋顶上的装饰手法，后来改用了似乎更接近佛教内涵的铜火珠，但记载中并见有关塔刹中必不可少的铜盘等构件，所以似难于将其复原为一个塔刹的造型。

由此可知，尽管这样两个复原设计都有可能。但两相比较之下，后者，即外观为三层四檐，底层为重檐的复原，更贴近唐辽时代大木结构的既有规则，其屋顶脊饰也更符合中国楼阁式屋顶脊饰而非佛塔塔刹的造型比例，因而应该更为贴近历史真实。

---

❶ 王贵祥．北京天坛[M]．北京：清华大学出版社，2009：152.

❷ 文献[2]．[宋]司马光．资治通鉴．卷二百四．唐纪二十．垂拱四年．四部丛刊景宋刻本．

6. 利用旧料的推证

为了对两种复原方案做进一步的推证，我们还可以将之与其前所拆用的高宗乾元殿旧有结构中大木构件的利用率再做一点分析。

据笔者的拙论，高宗乾元殿为重檐大殿，其总高120尺，檐柱高34尺，殿身内柱高68尺。以其平面为面广13间（殿身11间），进深7间（殿身5间），身内三柱，则：

① 其高度为68尺的殿身内柱总数为64根，高度为34尺的殿身檐柱为40根，总柱数为104根。其柱子应该被充分利用。

② 其副阶檐柱与殿身檐柱柱间距为27尺的开间、进深总数为60间，即有60间的阑额及外檐柱头、补间铺作可以被利用。

③ 其殿身内柱与殿檐柱在进深、开间方向间距为27尺的总间数为36间，其柱间梁栿可以被利用。

在如上的两个复原设计中：

① 前者，即外观为三层三檐，逐层单檐者，各明层的柱高均为34尺，但若计入叉入下层铺作的部分，其柱高则为43.5尺余，而暗层的柱高为24尺计入叉柱造之伸入下层铺作部分的高度，总高约为34尺。其中，首层柱子数为144根（另有暗层144根），二层柱子数为72根（另有暗层72根），三层柱子数为28根。其中，二层与三层明层柱，因与下层有叉柱造的连接，除檐柱外，其身内柱的柱子高度均为43.5尺。

如此推算，其高度为34尺的柱子，需要：

（首层下檐）144＋（中层平坐下）73＋（上层平坐下）28＋（三层外檐）24=269根

高度为43.5尺的柱子，需要：

（二层下檐身内及檐柱）72＋（三层身内柱）4=76根

另外还需8根中层平坐下不能向下插的约22.5尺高的柱子。

柱子总数为353根，其中43.5尺的大柱需要76根，部分可以从乾元殿68尺高柱子中截取，其余需要专门搜寻。

② 后者，即外观为三层四檐，首层为重檐，二、三层为单檐者，其首层下檐，及二、三层柱高为27尺，首层身内柱柱高约为61尺，首层与二层暗层柱高均为34尺（含叉柱造之伸入下层铺作部分的高度）。其中高度为27尺的首层檐柱总数为44根，高度约为61尺的首层身内柱为100根。以上各层，情况与前者同。

如此推算：其高度为61尺的柱子，需要：

（首层身内柱）100根

高度为34尺的柱子，需要：

（中层平坐柱）64＋（上层平坐柱）36=100根

高度为27尺的柱子，需要：

（首层下檐檐柱）44＋（二层檐柱）36＋（三层檐柱）24=102根

后一种建构复原，由于加了首层殿身檐柱，使中层平坐的面积缩小，用柱数明显减少。柱子总数仅为302根，其中高度为61尺者可利用乾元殿高度为68尺之旧柱稍加斫削，高度为34尺者亦可利用乾元殿旧柱，余高度为27尺者则比较容易找到。唯一的问题是要再寻找30余根高度为61尺的大木。

③ 但是，两者在乾元殿之旧有阑额、梁栿的利用上，几乎是一样的。

据分析，两种复原设计都可以较为充分地利用高宗乾元殿的旧有柱子与阑额、梁栿，但后一种建构复原对于乾元殿旧料做了更充分的利用。

而前一种情况中，对乾元殿之68尺高的殿身内柱不得不加以大幅度截短，而无法充分利用，而其二、三层明层柱，若计叉柱造做法的延伸长度，柱高为43.5尺，数量有70余根，实质上又增加了对于高大柱子的原料需求。而其柱高为34尺的首层柱及二、三层暗层柱，在总量上，亦比后者的需求量大，这些都使柱子用料无论从柱高尺寸上还是从新增较大柱子的需求数量上都明显高于后者。如此分析，仍可以从一个侧面证明，后一种复原设计，即三层四檐，首层为重檐的复原方案，应该更接近历史的真实。

此外，明堂中心所用之大木无疑需要另寻新料，故不在这里的讨论范围中。

7. 拆改之后的玄宗乾元殿（图 3-73，图 3-74，图 3-75）

古代中国社会，在重大的礼仪活动及与这种礼仪相关联的礼仪建筑，必须要获得坟典的支持，也就是说必须要符合儒家经典的种种规则。这也是为什么历代儒生对于明堂建筑的制度往往争论不休却不得其果的原因所在。武则天这种"自我作古"希冀将佛教象征与儒家信仰结合为一的明堂（通天堂）建筑，在当时正统儒家看来，无疑是一种有违典制，形制乖戾的做法，故在唐玄宗时：

"开元五年（717 年），行幸东都，将行大享之礼，以武太后所造明堂，有乖典制，遂折，依旧造乾元殿。二十五年，驾在西京，诏将作大匠康□[1]素往东都毁之。□素以毁折费工，乃奏请且拆上层，但留下层以为正殿。从之。复依旧改为乾元殿。"[2]

《旧唐书》中的记载中还涉及拆去上层改建之后的乾元殿的形式：

"二十五年，驾在西京，诏将作大匠康□素往东都毁之。□素以毁拆劳人，乃奏请且拆上层，卑于旧制九十五尺。又去柱心木，平坐上置八角楼，楼上有八龙，腾身捧火珠。又小于旧制，周围五尺，覆以真瓦，取其永逸。依旧为乾元殿。"[3]

《资治通鉴》中也记录了这件事情，开元二十五年（737 年）："是岁，命将作大匠康忞素之东都毁明堂。忞素上言：'毁之劳人，请去上层，卑于旧九十五尺，仍旧为乾元殿。'从之[4]"。其上层实际上是在两年之后的开元二十七年（739 年）拆除的。这一过程也从另外一个侧面，可以看出时人对武则天明堂之有乖儒家典制之造型的一种反对。

这一次拆改有三个大的动作：一是拆除了上层二十四边形的园亭，其下的平坐无疑也拆去了；二是去除了柱心木，这一来是因为建筑低矮了不需要特别的中心结构来加强，二来也可以消除与佛教塔阁之塔心柱之关联性的嫌疑；三是将二层的十二边形圆盖的楼阁改成了一个八角楼，即在平坐之上建造了一座八角形的殿堂。这里的"平坐上置八角楼"显然是在平坐上又重新建构了一座八角楼之意。

更为重要的是，这里特别提出了改造之后的乾元殿高度比原来的武氏明堂矮了 95 尺，即其高为 199 尺。这一数字很可能也是刻意为之的，因这是 100 与 99 两数之和，参照高宗总章二年明堂去基上面 90 尺，即以阴数 10 与阳书 9 两数之积作为明堂高度象征天地和合，阴阳交泰。那么改造之后定为以重阴之数 100 与重阳之数 99 之和，为新的乾元殿高度取得某种更为符合儒家思想的象征意义不是不可能的。

重要的是，这样一个"卑于旧九十五尺"的记载，可以为我们提供对上面提出的武氏明堂的建构复原推测加以进一步验证的机会。武氏明堂的二层，原为一个十二边形的殿堂，其面广与进深总为 7 间，前后檐柱缝的总间距有 192 尺加上其檐柱上所用八铺作的斗

---

[1] 此字在《旧唐书》《通典》中为"上巩下言"，字库中无此字，故用□号代之。在《资治通鉴》中用"忞"字。

[2] 文献[2].［唐］杜佑．通典．卷四十四．礼四．沿革四(吉礼三)．大享明堂．清武英殿刻本．

[3] 文献[2].［五代］刘昫．旧唐书．卷二十二．志第二．礼仪二．清乾隆武英殿刻本．

[4] 文献[2].［宋］司马光．资治通鉴．卷二百一十四．开元二十五年．四部丛刊景宋刻本．

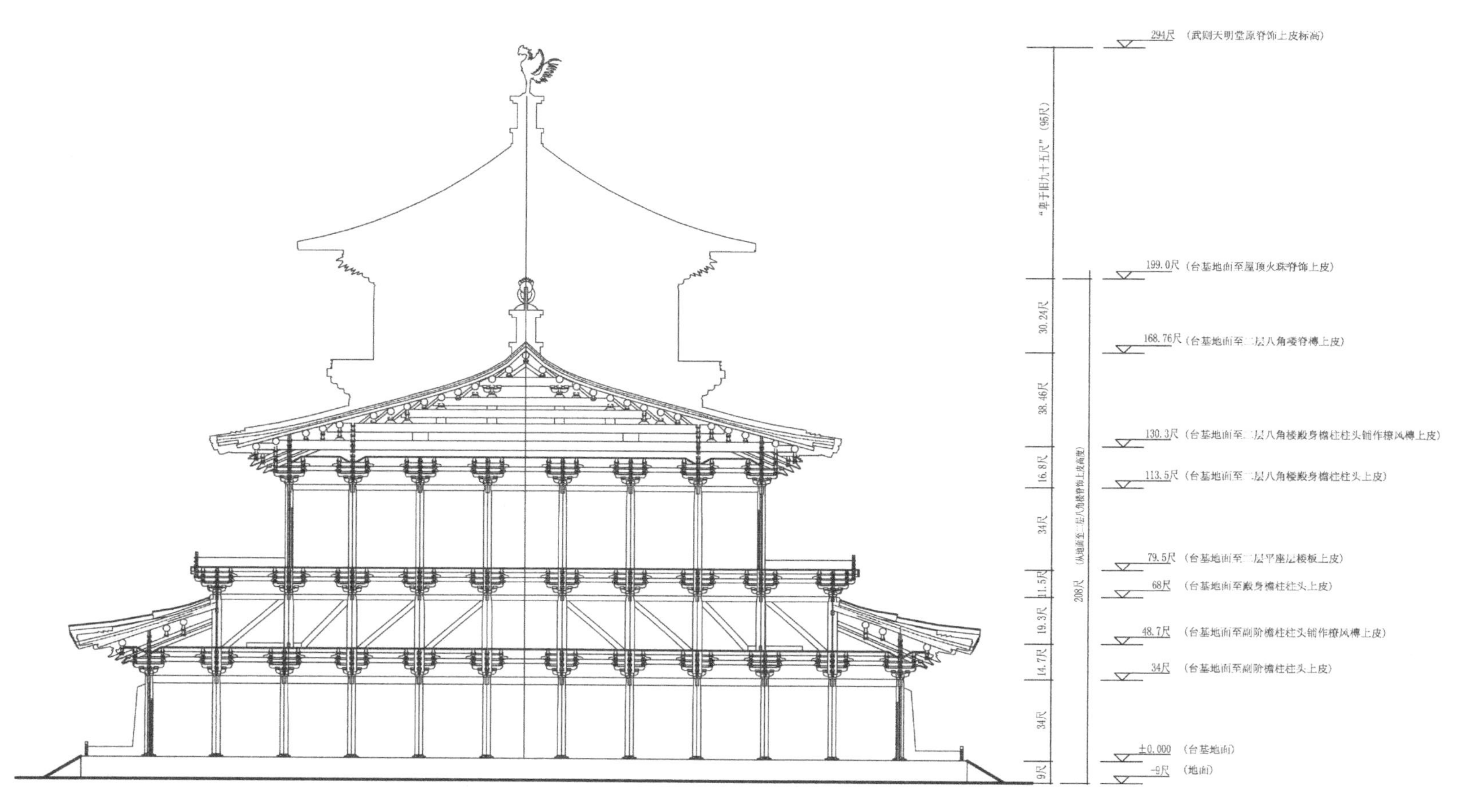

图 3-73　玄宗乾元殿推想剖面之一（作者自绘）

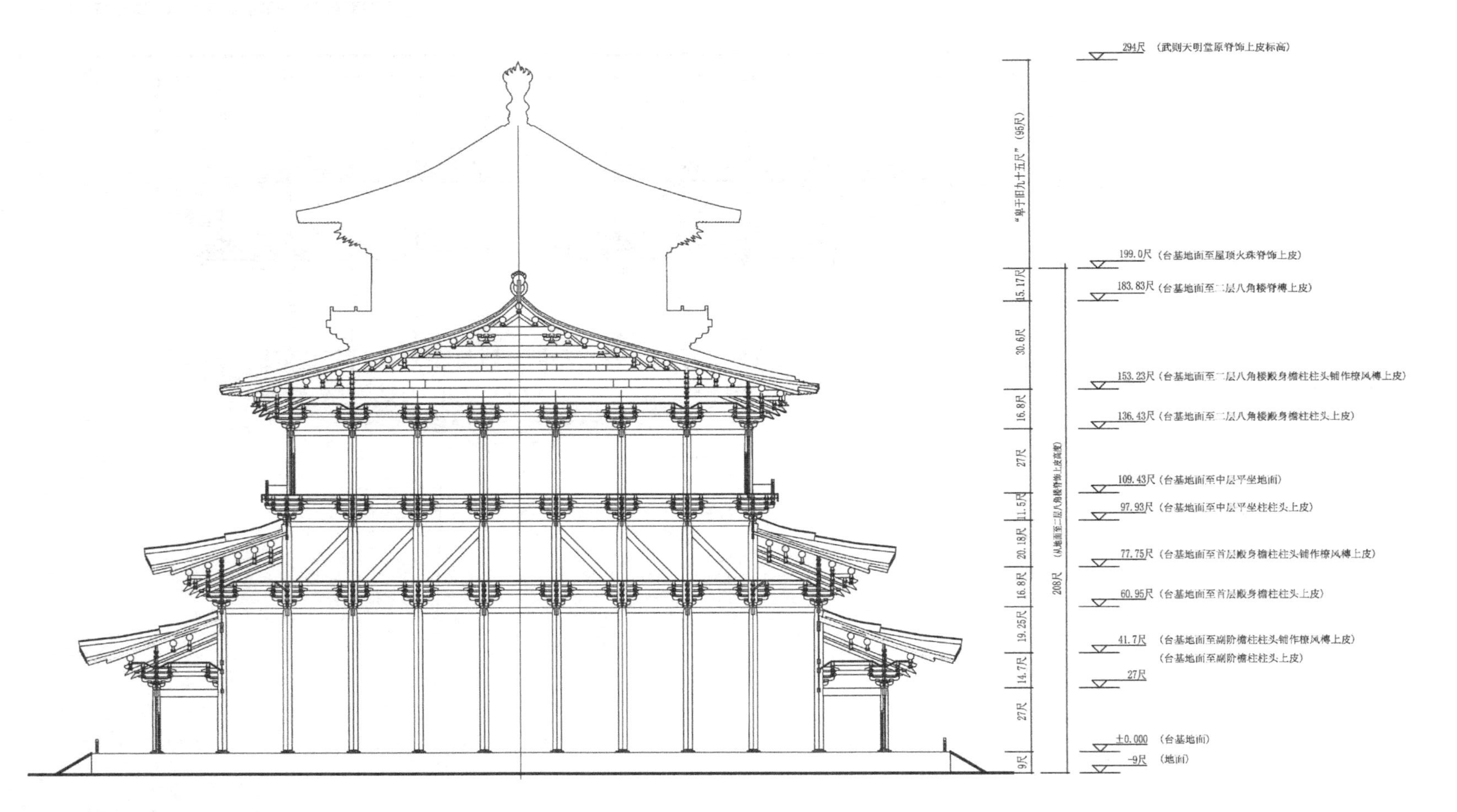

图 3-74 玄宗乾元殿推想方案之二（剖面）

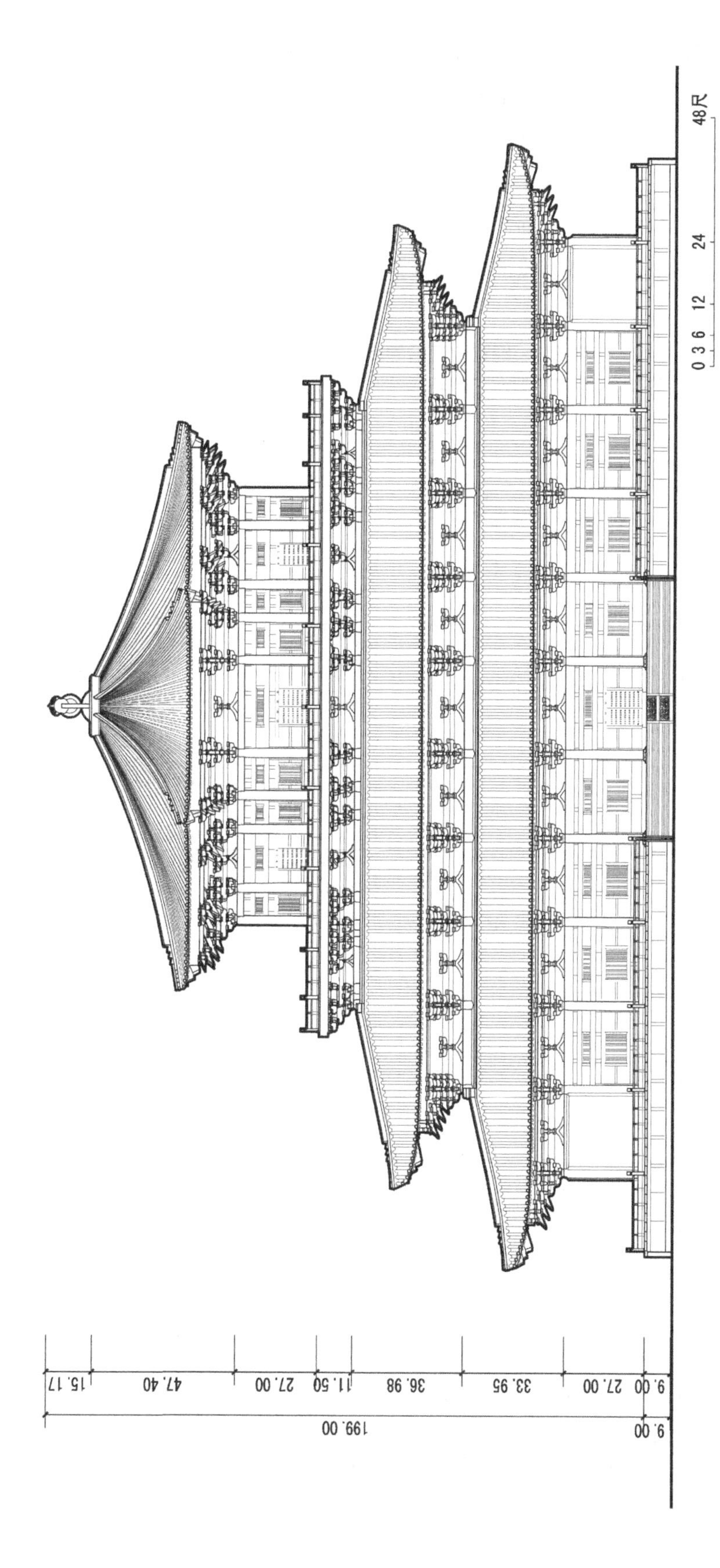

图 3-75　玄宗乾元殿推想方案之二（立面）

栱，各出檐 16.8 尺，前后橑檐方缝间距为 225.6 尺，如果以此跨度结顶，其屋顶偏大，甚至比隋乾阳殿进深 176 尺的屋顶还要大，相应也需要大尺度的梁栿。故我们设想这座经过拆改的二层八角楼是在各个方向上将檐柱向内缩了一间，形成了一个总面广与总进深各为 5 间的八角形殿堂。这座八角形殿堂的外檐柱缝正好与其下中央 5 个开间的方形柱网的外缘柱缝相叠，只需要在 4 根 45° 方向的递角梁上各加一根柱子就能够很容易地形成上层八角形殿堂的外檐柱，结构上也很容易实现，而其前后檐距离明显缩小在建造上会容易得多。

我们仍以列表的方式来加以推算（表 3–3）：

表 3-3 经过改造后的玄宗乾元殿结构高度推算表

序号	位置	高度差（尺）	距离台基地面标高（尺）	推算方式	备注
1	地面	9	－9	与武则天明堂同	
2	台基地面	0	±0	以台基地面为 ±0.00	
3	首层下檐檐柱柱头	27	＋27	与武则天明堂同	
4	首层下檐檐柱橑檐方上皮	14.7	＋41.7	以七铺作双杪双昂计，为：五材五絜＋栌斗平欹＋橑檐方高 总为 147 分，以一材为 1.5 尺（一分为 1 寸）计，总为 14.7 尺	参见乾文
5	首层上檐檐柱柱头	19.25	＋60.95	以橑檐方缝距檐柱缝 10.8 尺（七铺作），檐柱缝距平坐柱缝 27 尺，合 37.8 尺，将其乘以 2，并按 1/5.6 高度起举，为 13.5 尺，其上加椽、望、瓦、泥背及博脊，总高为 5.95 尺（依作图获得），合为：13.5 尺＋ 5.75 尺 =19.25 尺	
6	首层上檐檐柱橑檐方上皮	16.8	＋77.75	以八铺作双杪三下昂计，为：六材六絜＋栌斗平欹＋橑檐方高 总为 168 分，计为 16.8 尺	
7	中层平坐柱柱头	20.18	＋97.93	以橑檐方缝距檐柱缝 13.4 尺（八铺作），檐柱缝距平坐柱缝 27 尺，合 40.4 尺，将其乘以 2，并按 1/5.6 高度起举，为 14.43 尺，其上加椽、望、瓦、泥背及博脊，总高为 5.75 尺（依作图获得），合为：14.43 尺＋ 5.75 尺 =20.18 尺	
8	中层平坐地面	11.5	＋109.43	以六铺作出三杪计，为："五材四絜＋栌斗平欹＋地面版厚" 75 分＋ 24 分＋ 12 分＋ 4 分 =115 分（寸） 据《营造法式》："楼阁上平坐内地面版：每广一尺，厚二寸"，因为是大型楼阁，这里加厚一倍为 4 寸	
9	二层檐柱柱头	27	＋136.43	与首层檐柱高度取齐	
10	二层檐柱橑檐方上皮	16.8	153.23	以八铺作双杪三下昂计，为：六材六絜＋栌斗平欹＋橑檐方高 总为 168 分，计为 16.8 尺	参见乾文
11	二层八角楼屋顶举高	30.6	183.83	以外檐柱缝总间距为 138 尺 30 尺＋ 27 尺 ×4 ＋ 16.8 尺 ×2=171.6 尺 按 1/5.6 举计：171.6÷5.6=30.6 尺	
12	脊刹柱（从栋极上皮至刹顶距离）	15.17	＋199	据《旧唐书》："楼上有八龙，腾身捧火珠。又小于旧制，周围五尺。"	
	总高		208	外观二层，底层为重檐四坡，二层单檐八角	

显然，经过拆改后的玄宗乾元殿，其高199尺，按照武氏明堂各层累计高度，仅将二层改为八边形并向内缩一间，其栋极的位置距离其总高余15.17尺明显比武氏明堂的脊饰低矮，但考虑到低矮的建筑其顶饰适当降低一点也是合理的，且《旧唐书》在谈到这个捧火珠的顶饰时，明确说明其“小于旧制”且火球的周围仅为5尺，这里的“周围5尺”似为直径5尺，只是古人习惯上用“围”，而围一尺亦有径一尺之义，已如前述。

以这样一个5尺直径的火珠放在15.17尺高的顶饰中，其比例似乎还是适当的。当然，各层的实际建造尺寸都可能会有一些与本推测研究不尽相同的地方，其所余尺寸也会不那么确定。但从纯粹的逻辑推断上，我们从拆改后所建造的玄宗乾元殿之与记载的高度吻合又可以进一步反证前面所推测的三层四檐之武氏明堂复原建构的真实性。

由此记载，还可以反证武氏明堂的顶饰比较高，特别是其铜火珠，直径应该大于5尺。

七、根据遗址发掘所做的验证

1988年第三期《考古》杂志上发表了中国科学院考古研究所洛阳唐城队撰写的《唐东都武则天明堂遗址发掘简报》。其发掘报告有几点值得我们注意。一是其遗址中心有一个圆形的柱坑，坑口直径9.8米，向下呈斜收状，底内径6.16米，坑底距夯土层面4.06米。其坑底为4块大青石构成的巨型柱础，青石的厚度有1.5米，由青石形成的圆形柱础，外圈直径4.17米，内圈直径3.87米。柱石中心还有一个方形槽，边长0.78米，深0.4米。按照发掘简报，在柱石的西北、东南、西南三块石板上分别凿有一个圆形柱孔，直径均为0.3米，西北一孔深0.16米；东南一孔深0.23米；西南一孔深0.25米。[1]

从这个柱坑、柱坑底部内径3.87米的柱础，柱础中央长宽0.78米，深0.4米的中心柱坑以及中心坑周围三个径为0.3米，深0.20米左右的小孔来看，这些现象都验证了我们前面的那个设想，即武则天明堂中心柱是由一组木柱紧密依托在一起的组合柱，其中心是一根比较粗大的木柱，直径可能在1米左右，为了防止这根中心柱的任何位移将其根部削成0.7米左右的方形柱榫深深地插入这个柱坑中，在这个中心柱的四周应该有一圈稍细一些的木柱，例如直径为0.6~0.8米不等的辅柱，其中较粗的辅柱亦须生根，故在中心柱坑西北、东南、西南三个方位的小孔应该就是为几根较粗的辅柱准备的。这样一组由中心主径一米余，四周辅柱径0.8左右的柱群形成了一个巨大的中心组合柱，其组合在一起的直径应该接近3米，也就是直径10唐尺左右。这可能就是文献记载中的“亭中有巨木十围，上下通贯”之柱心木结构。由于柱子是上细下粗，这个中心结构也应该是上细下粗，并且环绕这个中心柱的四周几根柱子之间用横撑斜撑、木棍枝柯及连接这些构件用的斗栱形成了一个“栭、栌、欂、棍，藉以为本”的中心结构体。所谓“本”者，就是可以供建筑物周围结构所依托的主干之意。

我们再来看一看发掘简报中有关明堂台基的描述：

“在整个殿基夯土面上，出现四条边线，即夯土与夯土之间有一条宽3~5厘米的松软土，土色也稍有不同，将殿基自中心柱坑至外边缘分为五部分，经钻探证明各部分夯土厚度不同。自柱坑边缘至第一条线，宽约8米，夯土坚硬、纯净，夯层厚0.08米，总厚10米；第二部分，宽6.5米，夯打硬度较差，夯层厚0.08米，总厚1.2米；第三部分，宽7.9~8米，夯土质量与第一部分相同，总厚4.8~8米；第四部分，宽3.8~4米，夯土质量与第三部分相同，总厚1.3~1.4米；第五部分（即殿基最外部分），宽11.6~11.7米，夯土颜色较杂，局部地方含有生土块、瓦片和白灰渣等物，夯层

---

[1] 中国科学院考古研究所洛阳唐城队．唐东都武则天明堂遗址发掘简报[J]．考古，1988（04）：227.

厚 0.08~0.15 米，总厚 1.50~4.2 米。”[1]

发掘这一遗址的考古学者推断说，上面描述的各部分夯土质量、厚度不同可能与建筑物各部分承重不同有关。这一推断无疑是十分有见地的。根据发掘简报的描述，除了中心柱坑之外，第一圈、第三圈、第四圈都是夯土质量较高的地基，其中第一、第三圈的夯土厚度在 4.8~8 米，直至 10 米，这与我们分析的二层十二边形阁落在中心结构外第三圈柱子上的推测是吻合的。其中第一圈夯土层最厚，恰好也是在我们推测的三层二十四边形亭阁的柱网范围之内。第四圈夯土质量与第一、第三圈相同，说明这一圈仍然起承重的作用只是因为这里仅有一层，故夯土厚度也只有 1.3~1.4 米。至于第五圈，其夯筑厚度为 1.5~4.2 米，无疑也是建筑物的地基，而其夯土中掺杂了生土块、瓦片、白灰渣等，其实也是符合唐宋时期的地基处理规则的。据宋《营造法式》：“凡开基址，须相视地脉虚实，其深不过一丈，浅止于五尺或四尺。并用碎砖瓦、石札等，每土三分内添碎砖瓦等一分。”[2] 其厚 4.2 米，大于一丈，与宋《营造法式》的规定相去亦不远，这说明这一部分夯土地基适用于一般高度的殿堂，这与我们关于武氏明堂第四、第五圈柱网是仅为一层高的四坡屋顶部分之地基的推测是吻合的。由此可知，只要复原的柱网落在考古发掘中所认定的第一、三、四、五圈夯土基的范围之内就是适当的柱网位置。我们可以将考古发掘所探知的这几圈夯土基与我们所推测的柱网位置加以比较见表 3-4（图 3-76）：

这里唯一的问题是，按照每唐尺为 0.294 米推算出来的第五圈柱网，落在了第五圈夯土的范围之外约一米处。带来的可能性只有两个：其一是因为历代的人工扰动，明堂基座外缘已经受到了严重的剥蚀，故其外缘已非原明堂基址的外缘而是向内有所偏离；其二是我们的复原设计所用每唐尺为 0.294 米偏大。以唐尺的范围在 0.280~0.313 尺之间，[3] 我们也可以尝试

表 3-4　武氏明堂首层柱网与考古发掘地基夯土情况比较（以每唐尺合 0.294 米计）

序号	夯土圈（米）	复原柱网（唐尺）	柱网折合今尺 （每唐尺 0.294 米）	柱网所落位置
1	中心柱坑口 9.8 米 距中心点 4.9 米	当心间柱距 30 尺	8.82 米 距中心点 4.41 米 中心柱以外四柱在柱坑圆周之外	在与中心柱坑圆周相切的方形内，在柱坑外第一圈夯基范围内
2	第一圈距中心坑边线 8 米 距中心点 12.9 米	第一圈柱距当心间四柱 27 尺	7.938 米 距中心点 12.348 米	在第一圈夯基内
3	第二圈距第一圈边线 6.5 米 距中心点 19.4 米	第二圈柱距第一圈柱 27 尺	7.938 米 距中心点 20.286 米	在第三圈夯基内
4	第三圈距第二圈边线 8 米 距中心殿 27.4 米	第三圈柱距第二圈柱 27 尺	7.938 米 距中心点 28.224 米	在第四圈夯基内
5	第四圈距第三圈边线 4 米 距中心点 31.4 米	第四圈柱距第三圈柱 27 尺	7.938 米 距中心点 36.162 米	在第五圈夯基内
6	第五圈距第四圈边线 11.7 米 距中心点 43.1 米	第五圈柱距第四圈柱 27 尺	7.938 米 距中心点 44.1 米	与第五圈夯基外缘相切

[1] 中国科学院考古研究所洛阳唐城队．唐东都武则天明堂遗址发掘简报[J]．考古，1988（04）：227.

[2] 文献[2]．[宋]李诫．营造法式．第三卷．壕寨制度．筑基．清文渊阁四库全书本．

[3] 刘敦桢．中国古代建筑史[M]．北京：中国建筑工业出版社，1984：421．历代尺度简表．

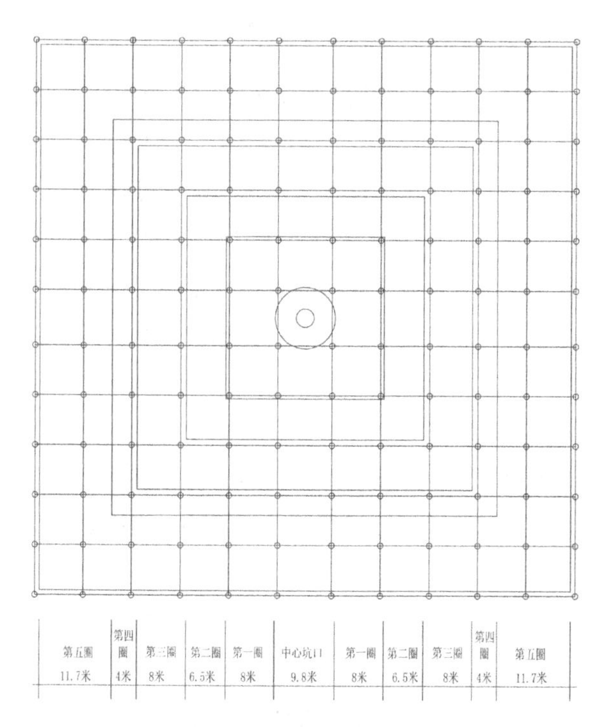

图 3-76　武氏明堂遗址夯基线与柱网线关系示意（作者自绘）

着将复原设计的用尺缩小一点。但若取其下限，以每唐尺合今尺 0.280 米计，第二圈柱子会落在第二圈夯土范围内，而第二圈夯土夯打硬度较差，不像是地基的位置，故试以每唐尺 0.283 尺推算见表 3–5。

以每唐尺合 0.283 米计，确实使每一圈柱网都与考古发掘的夯基分圈相合，但第二、三两圈柱网与夯基分圈的边缘过于接近。从分圈位置看，似乎以每唐尺 0.294 米为佳，虽然第五圈在夯土层的最外圈之外，但其他各圈柱网所落的柱位都比较适当。因此，还不能完全排除第一种可能性，即现存地基因为人为的扰动，其外缘已经向内有所偏移。但无论如何，这两种情况都大略地与考古发现的遗址有非常大程度的契合。特别是其夯土基各圈的夯筑深度，与我们所推测的武氏明堂柱网中不同高度部分的结构柱子分布范围有相当大的契合，也从一个侧面证明了我们的推测与历史的真实是十分接近的。

八、几个与武氏明堂相关的问题

文献记载中的武则天明堂中，还有几个细节问题在这里需要做一点说明。

1. 中层平坐下的盘龙

《旧唐书》在有关武则天明堂的记载中，提到了其“中层法十二辰，圆盖，盖上盘九龙捧之；上层法

表 3-5　武氏明堂首层柱网与考古发掘地基夯土情况比较（以每唐尺合今尺 0.283 米）

序号	夯土圈（米）	复原柱网（唐尺）	柱网折合今尺 （每唐尺 0.283 米）	柱网所落位置
1	中心柱坑口 9.8 米 距中心点 4.9 米	当心间柱距 30 尺	8.49 米 距中心点 4.245 米 中心柱以外四柱在柱坑圆周之外	在与中心柱坑圆周相切的方形内，在柱坑外第一圈夯基范围内
2	第一圈距中心坑边线 8 米 距中心点 12.9 米	第一圈柱距当心间四柱 27 尺	7.641 米 距中心点 11.886 米	在第一圈夯基内
3	第二圈距第一圈边线 6.5 米 距中心点 19.4 米	第二圈柱距第一圈柱 27 尺	7.641 米 距中心点 19.527 米	在第三圈夯基内
4	第三圈距第二圈边线 8 米 距中心殿 27.4 米	第三圈柱距第二圈柱 27 尺	7.641 米 距中心点 27.168 米	在第三圈夯基内
5	第四圈距第三圈边线 4 米 距中心点 31.4 米	第四圈柱距第三圈柱 27 尺	7.641 米 距中心点 34.809 米	在第五圈夯基内
6	第五圈距第四圈边线 11.7 米 距中心点 43.1 米	第五圈柱距第四圈柱 27 尺	7.641 米 距中心点 42.45 米	在第五圈夯基内

二十四气。亦圆盖。”❶司马光的《资治通鉴》中也提到了这件事。不过这两条记载都不是出自唐代人之手。而在唐人刘餗的《隋唐嘉话》中则有较为详细的记载：

“武后初为明堂，明堂后又为天堂五级，则俯视明堂矣。未就，并为天火所焚。今明堂制度卑狭于前，犹三百余尺。武后为天堂以安大像，铸大仪以配之。天堂既焚，钟复鼻绝。至中宗欲成武后志，乃斫像令短，建圣善寺阁以居之。今明堂始微于西南倾，工人以木于中荐之。武后不欲人见，因加为九龙盘纠之状。其圆盖上本施一金凤，至是改凤为珠，群龙捧之。”❷

刘餗为唐代中宗、睿宗时人，其文多记太宗、高宗、武后时事，虽然其记载有采自坊间传闻的感觉，对一些事实的记载未必准确，如关于天堂、明堂高度的说法等。但他关于事件发生之时间顺序及因果的描述，应该比后世人所撰《旧唐书》与《资治通鉴》更要接近历史真实一些。从这里的记述中可知明堂中层平坐下的九龙并非明堂初建时就有的，而是在最初所建明堂被焚并重建后出现了向西南方向的轻微倾斜，工人不得已采取了一些支垫的处理，而武则天不希望这一重要礼仪建筑上的瑕疵被人看见才加了九条龙形雕刻加以掩饰。同时还将明堂顶端的凤凰装饰改为铜火珠，火珠下亦以群龙捧之。这火珠下的龙形雕饰可能也是为了与中层下掩饰支垫倾斜部分的九龙造型相呼应才加以修改的。

由此可以知道，这撑托中层平坐的“九龙盘纠之状”是一个附加上去的雕刻装饰品，本身并不具有结构的作用，故本文的建构性复原设计图中亦忽略了这一细部。

❶ 文献[2].[五代]刘昫．旧唐书．卷二十二．志第二．礼仪二．清乾隆武英殿刻本．

❷ 文献[2].[唐]刘餗．隋唐嘉话．卷下．明顾氏文房小说本．

2. 端扆殿及明堂内部的空间分划

《旧唐书》中提到在天册万岁二年（696年）三月重建明堂成，四月武则天亲享明堂，并改元万岁通天：“翼日，则天御通天宫之端扆殿，命有司读时令，布政于群后。”❸武则天所御之端扆殿应该是明堂内的一个殿堂。元代人王士点在其所著《禁扁》中也提到了这个殿堂：“含元：即隋乾阳，武德四年焚。麟德二年作乾元殿，长寿三年改作明堂，其北造天堂，证圣二年火，更造明堂，号通天宫，其中号端扆殿，开元五年为乾元殿，十年复为明堂，二十七年毁明堂之上层为新殿，明年改含元。”❹王士点认为端扆殿是明堂的中殿。

以文献记载的武氏明堂，“上堂为严配之所，下堂为布政之居”，而武后在端扆殿中“布政于群后”，可以推测这个端扆殿应该在明堂的首层。

关于武则天明堂的室内划分，文献中没有任何记载，我们只能参照唐代有关明堂的讨论中所涉及的一些描述加以推测。如高宗永徽二年所出明堂内样中有：“其安置九室之制，增损明堂故事，三三相重。太室在中央，方六丈。其四隅之室，谓之左右房，各方二丈四尺，以应左右房。室间并通巷，各广一丈八尺。”❺我们可以按照这样一种空间分割的方式将武则天明堂首层平面加以分划。只是武则天明堂在空间尺度上要比永徽明堂样大许多。我们可以将其5个开间见方的部分设定为太室；四个方向的各面广5间，进深两间的部分分别为青阳、明堂、总章、玄堂四室；四室两侧各有面广进深均为2间的左右房。在中央太室与四隅之室间以及四室与左右房间，各有宽为一开间的通巷。

❸ 文献[2].[五代]刘昫．旧唐书．卷二十二．志第二．礼仪二．清乾隆武英殿刻本．

❹ 文献[1]．史部．地理类．宫殿簿之属．禁扁．卷二．扁第五上．殿．唐．含元．

❺ 文献[2].[五代]刘昫．旧唐书．卷二十二．志第二．礼仪二．清乾隆武英殿刻本．

在这样一种分划中，唯一的可能是将中央太室命名为“端扆殿”。扆者，背屏也。端扆当是指皇帝的宝座之位。事实上，端扆在本意上就有居中之意。古代乐府诗中有“升旒综万机，端扆驭八方”❶之句。唐太宗李世民亦有诗句：“端扆朝四岳，无为任百司。”❷但武则天明堂的中央是一个巨大的中心柱。我们可以想象，武则天是围绕中心柱设背屏举行布政仪式的。故端扆殿当指武氏明堂首层的中央太室。

至于武氏明堂中层与上层的空间划分，由于没有任何记载，这里亦不做讨论。

关于武氏明堂室内，还有一点要提及的是其室内楼梯的设置。作为一个楼阁建筑，无疑需要楼梯的设置。中国古代楼阁一般会将楼梯设置在稍加隐蔽的地方，楼梯的宽度比较狭窄，梯身也比较陡峭；各层之间的楼梯还会变换位置，以确保结构的平衡与稳定。因此，这座巨大的明堂建筑中，在可以与上层相接的任何一个角落都有可能设置楼梯。当然以笔者的管见，设置楼梯的最恰当位置是中心巨木与其四周的四根柱子之间的空隙。这里，在中心木与四柱之间每侧都有7尺余（约2.5米）的空隙，恰可以设置一道楼梯，并在其平衡位置上用斜撑、横枋，使楼梯与周围四柱拉结成一个紧凑的中心结构整体。在中央四柱的四周还可以用屏墙围护，既遮蔽了中心结构又起到皇帝宝座之后之屏扆的作用，恰如在佛殿中常见的于佛座背光之后设置楼梯的做法一样。

3. 铁渠、九鼎与夹纻漆木瓦

与武则天明堂有关的还有几件事情需要稍加提及：其一是在“明堂之下施铁渠以为辟雍之象”；其二是在明堂四周的庭院中设置九鼎；其三是明堂屋顶用了夹纻漆木瓦的瓦顶做法。

辟雍与明堂一样也是一个诉讼千古的话题。如认为辟雍就是明堂或辟雍是天子讲学之处等。但其基本的含义是外圆内方的形式。故汉代以来的明堂建筑中，往往用圆形的水池环绕中央方形的明堂以呈辟雍之象。所以武氏明堂既然称之为明堂也要通过刻意添加的辟雍之象来表达其明堂之含义，即在一个方形的形体之外环绕一道圆形的铁渠。因此，最大的可能就是环绕明堂建筑建造了一个环形的水渠，水渠的断面是用铁水浇铸而成的。若果如此，则是一个很大的工程。但若考虑到武则天时曾大规模地铸造过诸如九鼎、天枢❸之类的东西，那么这个平面为圆形的环绕明堂的铁渠就不是不可能的了。当然这需要考古发掘的进一步验证。因为这一事件与明堂的建构性复原没有什么关联，故这里也不做深究。

另外一件与明堂关联不大的事情是九鼎的铸造。武则天万岁通天二年（697年）也就是重建之明堂落成的第二年，“夏四月，铸九鼎成，置于明堂之庭。”❹武则天甚至想在新铸的九鼎之上涂金，因谏臣的反对而未果。关于这九鼎，《旧唐书》中有一些记载：

“其年，铸铜为九州鼎，既成，置于明堂之庭，各依方位列焉。神都鼎高一丈八尺，受一千八百石……其八州鼎高一丈四尺，各受一千二百石。司农卿宗晋卿为九鼎使，都用铜五十六万七百一十二斤。鼎上图写本州山川物产之像……”❺

---

❶ 文献[2].[南北朝]萧子显．南齐书．卷十一．志第三．乐．圣主曲．清乾隆武英殿刻本．

❷ 文献[2].[清]曹寅．全唐诗．第一卷．李世民．幸武功庆善宫．清文渊阁四库全书本．

❸ 文献[2].[宋]欧阳修．新唐书．卷七六．后妃传．则天顺圣皇后武氏传．清乾隆武英殿刻本：“延载二年，武三思率蕃夷诸酋及耆老请作天枢，纪太后功德，以黜唐兴周，制可。使纳言姚璹护作。乃大裒铜铁合冶之，署曰‘大周万国颂德天枢’，置端门外。其制若柱，度高一百五尺，八面，面别五尺，冶铁象山为之趾，负以铜龙，石鑱怪兽环之。柱颠为云盖，出大珠，高丈，围三之。作四蛟，度丈二尺，以承珠。其趾山周百七十尺，度二丈。无虑用铜铁二百万斤。乃悉镂群臣、蕃酋名氏其上。”

❹ 文献[2].[五代]刘昫．旧唐书．卷六．本纪第六．则天皇后．清乾隆武英殿刻本．

❺ 文献[2].[五代]刘昫．旧唐书．卷二十二．志第二．礼仪二．清乾隆武英殿刻本．

九鼎之铸与明堂之建一样都是为了消解武则天因逆登大宝所造成的内心焦虑。因其与明堂建构本身的关联不大，这里仅仅提及亦不做任何进一步的探究。

与明堂建筑关联最为密切的是其明堂屋顶“刻木为瓦，夹纻漆之。”所谓“夹纻漆之”是一种古代工艺，主要用于佛像的塑造。一般是先用泥塑成胎，再用漆将麻布粘贴在泥胎之外；待漆干后，再反复加以涂盖；待夹纻漆像成型并干透之后，将其内的泥胎取空，形成一个内空的塑像。这里的夹纻漆之，应该是把这一佛像塑造工艺应用在屋瓦之上，即先用木瓦覆盖屋顶，在瓦上用漆将麻布层层粘贴形成一道坚硬而防水的外壳。这样的屋顶处理在中国古代建筑中并不多见。其原因恰如傅熹年先生所推测的，因为其顶层为圆形屋顶而唐时人还不会用直径渐变的屋瓦来覆盖圆形屋盖，故想出了这么一种权宜的做法。因此可知，这种夹纻漆木瓦应该只会用在武氏明堂第三层的圆形屋顶之上。其第一与第二层屋顶则应该是用普通瓦覆盖的。

4. 武则天明堂在洛阳宫中的位置

文献中只提到武氏明堂是在洛阳宫乾元殿的旧基上就其地而创的，并没有更为详细的记载。据《唐东都武则天明堂遗址发掘简报》：“由应天门至夯土遗址实测距离为 405 米，且恰在中轴线上。”[1]

唐洛阳宫宫城正门应天门在隋代时称则天门，据清代徐松《河南志》：“则天门北曰永泰门。（相去四十五步。王世充改曰建明门。）……永泰门北曰乾阳门。（相去四十步。并重楼，东、西轩廊周匝。）正殿曰乾阳殿。（去乾阳门一百二十步。）”[2] 由此推知，乾阳门距应天门为 85 步，以一步为 5 尺，一唐尺为 0.294 米计，约为 124.95 米。而据考古发掘，武则天明堂夯土遗址距应天门为 405 米，则距其前的乾阳门应为 280.05 米。

而据傅熹年先生所引《大业杂记》时的推测，记载中的永泰门与乾阳门之“四十步”的距离可能有误，比较大的可能是“一百四十步”。[3] 由此推算的乾阳门与应天门距离总为 185 步，合今尺为 271.95 米，则武氏明堂遗址距乾阳门应为 133.05 米，合唐步约为 90.5 步。也就是说，武氏明堂的南缘（？）比隋乾阳殿（高宗乾元殿）南缘（？）向南推了 29.5 步。

以武氏明堂东西南北各 300 尺，合为 60 步，而乾阳殿（乾元殿）南北进深 176 尺，合为 35.2 步。明堂的中心位置大约在乾元殿的前檐副阶柱缝稍向内处，明堂后檐柱缝距乾元殿后檐副阶柱缝偏南约 4.7 步（23.5 尺）。而武氏明堂东西面广为 300 尺，比乾元殿东西面广（345 尺）少了 45 尺，若居中计，其东西两侧亦各有 22.5 尺的退进，这说明武则天明堂确实是在乾元殿旧基上所建造的，而且最大限度地利用了乾元殿的旧基（图 3-77，图 3-78），只在北、东、西三侧留出了一个宽度为 6 米余的平台（当然，若考虑到乾元殿原有台座边缘距殿副阶檐柱缝还有一定的宽度，则这一平台的实际宽度可能还要宽一些，或有可能将原台座向内作了适当的收缩，也未可知）。如此推测，在明堂基址向前伸出部分的东、西、南三面也应该有相应的平台宽度，只是平台部分因为没有上部的荷重，故地基夯筑十分松散，加之后世的反复建造及人为扰动可能难见其痕迹了。但无论如何，将这一复原设计放置在笔者在此前有关隋乾阳殿与唐乾元殿复原研究中所分析的总平面建筑空间中，还是十分契合的（图 3-79，图 3-80），而这座经过严格按照唐辽时代木构楼阁建筑规则所做的建构性复原的建筑物不仅结构宏伟、尺度巨大，而且在造型上也是十分优美壮观的，应当能够代表初唐时代建造技术与建筑艺术的真实水平（图 3-81，图 3-82）。

[1] 中国科学院考古研究所洛阳唐城队．唐东都武则天明堂遗址发掘简报[J]．考古，1988（04）：229.

[2] 文献[2]．[元]佚名．元河南志．卷三．清光绪藕香零拾本．

[3] 傅熹年．中国古代建筑史[M]．第二卷．北京：中国建筑工业出版社，2001：373．注[13]：《大业杂记》：“永泰门内（一百）四十步有乾阳门，并重楼。”

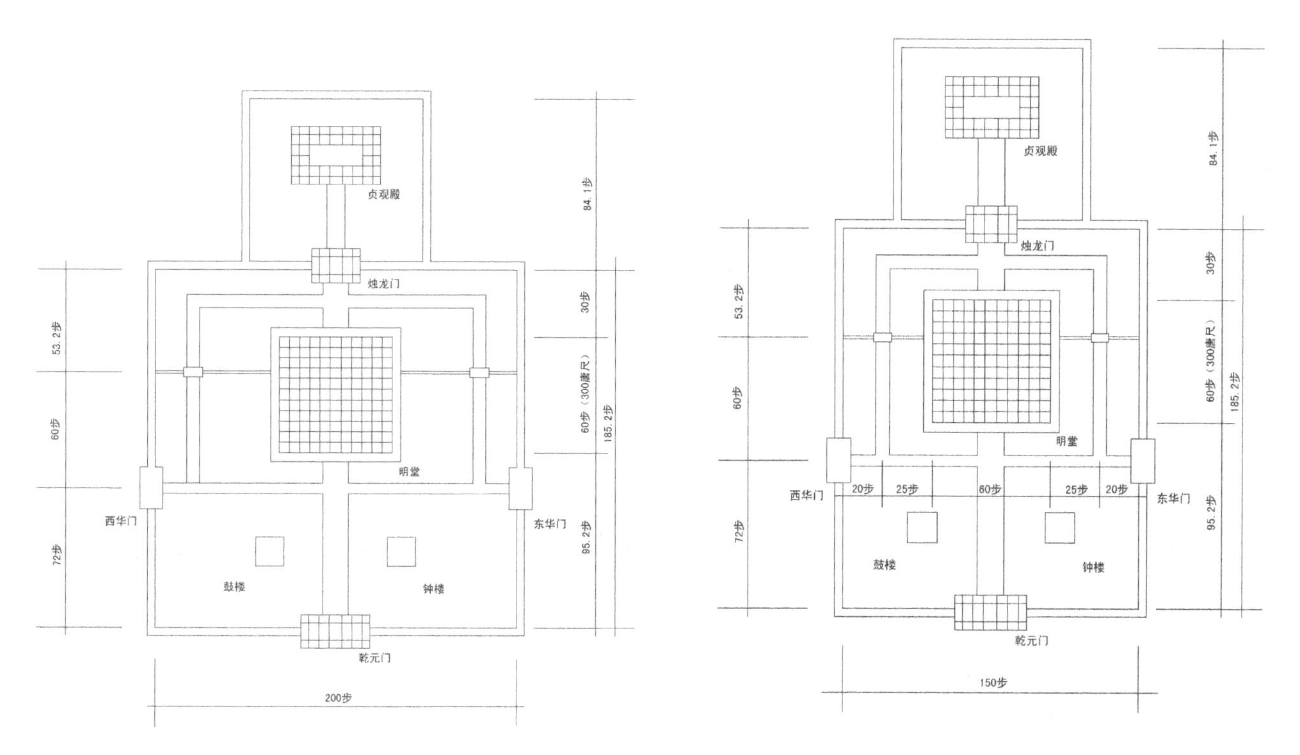

图 3-77　武氏明堂总平面推想图之一（作者自绘）

图 3-78　武氏明堂总平面推想图之二（作者自绘）

图 3-79　武氏明堂建筑组群（凤凰顶饰）（笔者工作室绘制）

图 3-80　武氏明堂建筑组群（火珠顶饰）（笔者工作室绘制）

图 3-81　武氏明堂透视之一（凤凰顶饰）（笔者工作室绘制）

图 3-82　武氏明堂透视之二（火珠顶饰）（笔者工作室绘制）

第四章

隋唐长安及五台山几座建筑的复原研究

第一节
唐总章二年诏建明堂方案建筑形式研究[1]

唐总章二年明堂是一座中国古代文献记载的最为详细的初唐大型皇家象征性与祭祀性建筑，是唐代最高规格的拟建建筑之一，具有重要意义。总章明堂方案设计是一个完整的建筑群设计，其中记录了总章明堂的院落大小与门堂尺度，为我们探求建筑基址规模增添了一个重要的国家祭祀性建筑实例。

一、与总章二年明堂有关的文本

据史书记载，黄帝创合宫拜祀上帝，唐虞祀五帝于五府，三代则有夏世室、殷重屋、周明堂之设，秦在咸阳宫殿中设极庙。秦火以后，上古典籍多有遗失，对于三代明堂已不甚了了。西汉武帝元封五年建汶上明堂时，因不晓制度用了济南人公玉带所上黄帝明堂图[2]。后汉、魏晋、南北朝间，明堂代有兴造，但围绕制度问题的争论迄未停止。隋初文帝时，将作大匠宇文恺曾据《月令》设计了明堂木样，“重檐复屋，五房四达，丈尺规矩，皆有准凭”[3]，唐初的几位帝王仍十分热衷于此事，至唐高宗李治年间，关于明堂制度的争论引发了数个明堂设计方案的出台，皇帝也屡下诏书颁布由内廷所出的式样，但诸儒争辩，莫衷一是。

永徽二年（651年），“下诏造明堂，内出九室样。堂三等，每等阶各十二。上等方九雉，八角，高一尺。中等方三百尺，高一筵。下等方三百六十尺，高一丈二尺。上等象黄琮，为八角，四(阶)[面]安十二阶。”[4]其大略的形式是：在八角三层的台基上，设一座重檐四阿，上圆下方的殿堂，内分九室，外环水以象辟雍。屋顶施以鸱尾，堂四向各依方色，周环四垣四门。[5]然而，永徽明堂终因“群儒纷竞，各执异议，不定且止。”[6]

乾封间复议立明堂，众臣因五室、九室而争论不休。高宗为此而寝食不安[7]，令在宫中的观德殿，依照两种意见用帐幕张设了两种明堂的形式，亲自与众臣观议，高宗自己倾向于五室的方案，但众议不止未定而休。乾封三年（668年），高宗似乎下了决心要建造明堂，因而改元总章，分万年县，置明堂县。翌年（总章二年[8]，669年），确定了明堂规制并下诏书。[9]

唐高宗李治先后发布了《敕建明堂诏》与《定明

---

[1] 本文属国家自然科学基金项目，项目名称“合院建筑尺度与古代宅田制度关系以及对元大都及明清北京城市街坊空间影响研究”，项目批准号为50378046。

[2] 文献[2].[唐]杜佑．通典．卷四十四．礼四．吉三．清武英殿刻本．

[3] 文献[2].[唐]杜佑．通典．卷四十四．礼四．吉三．清武英殿刻本．

[4] 文献[2].[唐]杜佑．通典．卷四十四．礼四．吉三．清武英殿刻本．

[5] 文献[2].[唐]杜佑．通典．卷四十四．礼四．吉三．清武英殿刻本：“上圆下方，飞檐应规。……其屋盖制，据《考工记》改为四阿，并依礼加重檐，准太庙安鸱尾。堂四向各依方色。请施四垣四门。及辟雍，……。”

[6] 文献[2].[唐]杜佑．通典．卷四十四．礼四．吉三．清武英殿刻本．

[7] 文献[2].[宋]王钦若．册府元龟．卷五百六十四，明刻初印本：“乾封二年二月详议明堂……朕所以日昃忘疲，中霄辍寝，讨论坟籍，错综群言，采三代之之精微，探五皇之至赜，斟酌前载制造明堂栋宇方圆之规……。”

[8] 据文献[2].[五代]刘昫．旧唐书．卷二十二．志第二．清乾隆武英殿刻本：“……于是大赦天下，改元为总章。分万年，置明堂县。明年三月，又具规制广狭，下诏曰……其明堂院每面三百六十步，当中置堂……。”明堂规制的颁布是在总章二年。而据文献[2].[唐]杜佑．通典．卷四十四．礼四．吉三．清武英殿刻本：“总章三年三月，具明堂规制，下诏：其明堂院，每面三百六十步，当中置堂。……”则记为总章三年。据李崇智．中国历代年号考．北京：中华书局，1981:99.唐总章年号，始于公元668年二月，止于公元670年二月，随之改元为“咸亨”。故《通典》“总章三年三月”当为“总章二年三月”之误。宋司马光著《资治通鉴》，则直接将此事记入总章二年：“二年春，……丁亥，诏定明堂制度：其基八觚，其宇上圆，覆以清阳玉叶，其门墙阶级，窗棂楣柱，枊楶枅栱，皆法天地阴阳律历之数。”见文献[2].[宋]司马光．资治通鉴．卷二百一．唐纪十七．四部丛刊景宋刻本．

[9] “……改元总章，分万年，置明堂县，示欲必立之，而议者纷然，或以为五室，或以为九室，而高宗依两议，以帟幕为之，与公卿临观，而议益不一，乃下诏，率意班其制度。”见文献[2].[宋]欧阳修．新唐书．卷十三，礼乐志第三．清乾隆武英殿刻本．

堂规制诏》，详细颁布了总章明堂的钦定规制细节。[1]正如傅熹年先生在《中国古代建筑史》第二卷所指出的："这是史书上记载最详细的一个明堂设计方案。大约是为了避开五室、九室的争论，此方案不提属于几室，只记柱网及部件尺寸位置。"[2]《旧唐书》卷二十二礼仪志中与《通典》卷四十四，"大享明堂"节中及清人董诰所辑《全唐文》卷十三唐高宗的《定明堂规制诏》中等，对于总章明堂都有十分详细的记载。而《旧唐书》与《通典》的记载，在建筑部件的称谓上有一些个别的不同。也许是因为记载过于繁琐，《新唐书》卷十三，"礼乐志"第三中竟不载，只是简略地记录了事情的发生，却留下了更多的疑问：

"高宗时改元总章，分万年，置明堂县，示欲必立之而议者益纷然，或以五室，或以为九室。而高宗依两议，以帟幕为之，与公卿临观，而议益不一，乃下诏，率意班其制度。至取象黄琮，上设鸱尾，其言益不经，而明堂亦不能立。"[3]

《新唐书》中仅仅提到了该方案是"取象黄琮，上设鸱尾"，即平面为八角的形式，屋顶有脊，脊端有鸱尾。但这一记述似乎又与有关永徽明堂的记述相混淆，例如有关鸱吻的记述仅见于永徽明堂，在更为详细的有关总章明堂的文本记述中却不曾见。比较之下，《通典》与《旧唐书》的记载要详细得多。为了便于分析，这里将与《旧唐书》《全唐文》有明显差别、但行文较简单的《通典》中的记载加以整理后，简列如下，所列内容出自清咸丰九年崇仁谢氏仿武英殿本《通典》卷四十四"大享明堂"节[4]：

其明堂院，每面三百六十步，当中置堂。

自降院每面三门，同为一宇，徘徊五间。

院四隅各置重楼，其四墉各依方色。

基八面。高丈二尺，径二百八十尺。

每面三阶，周回十二阶。

基上一堂，其宇上圆。

堂每面九间，各广丈九尺。

堂周回十二门，每门高丈七尺，阔丈三尺。

堂周回二十四窗，窗高丈三尺，阔丈一尺，棂二十三，二十四明。

堂心八柱，长五十五尺。

堂心之外置四辅。

八柱四辅之外，第一重二十柱。

第二重二十八柱。

第三重三十二柱。

外面周回三十六柱。

八柱之外，柱修短总有三等，都合百二十柱。

其上槛周回二百四柱。

重楣，二百一十六条。

大小节级栱，总六千三百四十五。

重干，四百八十九枚。

下枊，七十二枚。

上枊，八十四枚。

枅，六十枚。

连栱，三百六十枚。

小梁，六十枚。

枅，二百二十八枚。

---

[1] 两诏书分别见于周绍良．全唐文新编．第1册．长春：吉林文史出版社，2000：165-166.

[2] 傅熹年．中国古代建筑史．第二卷，北京：中国建筑工业出版社，2001：409-410.

[3] 见文献[2].［宋］欧阳修．新唐书．卷十三，礼乐志第三．清乾隆武英殿刻本．

[4] 原文见文献[2].［唐］杜佑．通典．卷四十四．清武英殿刻本．，原文中的每一句话后，均有详细的数字象征的意义说明。此处只引本义文。在此后的具体分析中，将摘引相关的数字比像文字来对原文加以补充说明。目前较易查阅的《通典》岳麓书院本中，有关这一文献的讹误较多，如将"上枊"与"下枊"写成"上柳"与"下柳"，又如将"枅，二百二十八枚"记成"枅枅，二百二十八枚"等。故需依据较早的版本。

方衡，一十五重。

南北大梁，二根。

阳马，三十六道。

椽，二千九百九十根。

大梠，两重，重别三十六条，总七十二。

飞檐椽，七百二十九枚。

堂檐，径二百八十八尺。

堂上栋，去阶上面九十尺。

四檐，去地五十五尺。

上以清阳玉叶覆之。

《旧唐书》与《全唐文·定明堂规制诏》中的记载比较接近，与《通典》在主要内容与文字叙述上大略相同[1]，但仍有几处重要差别。《通典》中的“枅，二百二十八枚”，在《旧唐书》与《全唐文》中为“(左木右牵)，二百二十八枚”。《通典》中飞檐椽为“七百二十九枚”，而《旧唐书》与《全唐文》中为“九百二十九枚”。《通典》中所说：“大小节级栱，总六千三百四十五。”在《旧唐书》与《全唐文》中则为：“大小节及栱，总六千三百四十五。”两者之间在意义内涵上有明显区别。而《通典》中“四檐，去地五十五尺”似乎明确是四方形伸展的屋檐。在《旧唐书》与《全唐文》中，则为“檐去地五十五尺”，并没有肯定是四方形屋檐。比较之下，虽然《通典》是唐人的著述，而《旧唐书》与《全唐文》是后人的纂辑，但《通典》有明显删减的痕迹，而《旧唐书》辑于唐末五代，去唐未远，文字较详细，与《全唐文》两相印证可能更接近原始文本。

二、总章明堂建筑群的基址规模

结合本书的主旨，在对总章明堂建筑造型与构造进行条分缕析地研究之前，窃意先将总章明堂的基址规模加以分析。文献记载的总章明堂位于一座由墙体与门殿围合而成的方形平面院落之中，其院落尺度记载详细而分明：

其明堂院，每面三百六十步，当中置堂。自降院每面三门，同为一宇，徘徊五间。院四隅各置重楼，其四墉各依方色。

以唐尺为今 0.295 米计，一步为 5 尺，则这座明堂建筑的院落边长为 531 米，可知这座建筑之院落的占地面积约为今日的 28.2 万平方米，即 28 公顷有余。若仍用唐代的步亩为计，则其基址面积当为 12.96 万平方步，合为 540 亩。显然这座明堂建筑群的规模相当大，其基址面积为 360 步见方，而唐代长安城内皇城南朱雀大街两侧的里坊规模为 350 步见方，合为 510 余亩。这座明堂建筑仅为一座建筑物，其周围院落的面积就有 540 余亩。两者相较，或可想象唐人在建筑上的空间尺度概念了。

明堂建筑本身立在一座八角形的台座之上，其台座高 12 尺，台座直径为 280 尺，以八角形的面积计约 10.8 亩，折合为今尺约 5652.45 平方米，算得上是一座尺度宏伟的建筑物了。将一座基座面积为 10.8 亩的建筑物置于一个围合面积有 510 亩的巨大院落之中，其院落面积为明堂建筑基座的近 50 倍，由此也可以想象这座建筑的空间是如何的平阔而空灵了（图 4–1，图 4–2）。

三、关于原状平面的探讨

为了便于进一步的分析，我们可以先将总章二年诏定明堂制度的主要造型特征、尺寸及主要构件数量列于表 4–1 及表 4–2 中。

[1] 《旧唐书》的文字叙述，特别是对于数字象征意义的描述，比《通典》复杂细致，《通典》的文字相对比较简约。由此推测，《旧唐书》中的记载，可能更接近总章二年所颁明堂制度的原文。

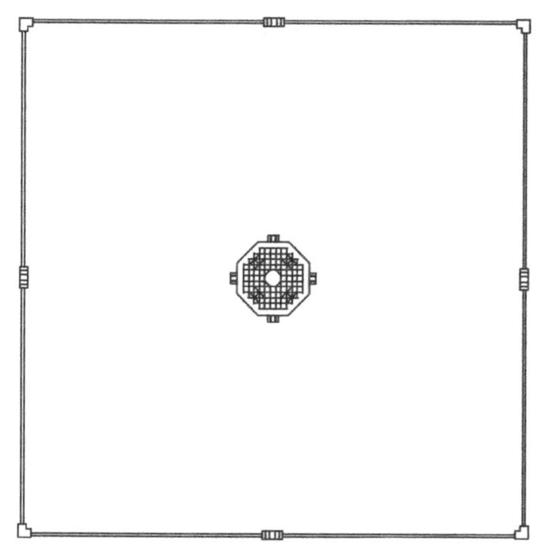

图 4-1　唐总章诏定明堂总平面图（作者自绘）

为了研究的方便，我们需要将古代文本中的长度单位“尺”换算成便于制图的“米”。我们知道一唐尺合 0.280~0.313 米。[1] 为了简化换算，我们将复原研究的长度单位、设定为每一唐尺合 0.30 米。这虽然未必是当时真实的单位长度，但我们的复原之要在于保证一个相对的尺度与比例关系，尺寸小有误差在所难免，不会影响对整座建筑物的研究分析。

根据文字描述及上表显示，我们可以确切地知道，这座建筑物的基座是一个平面为八角形的平台。不同

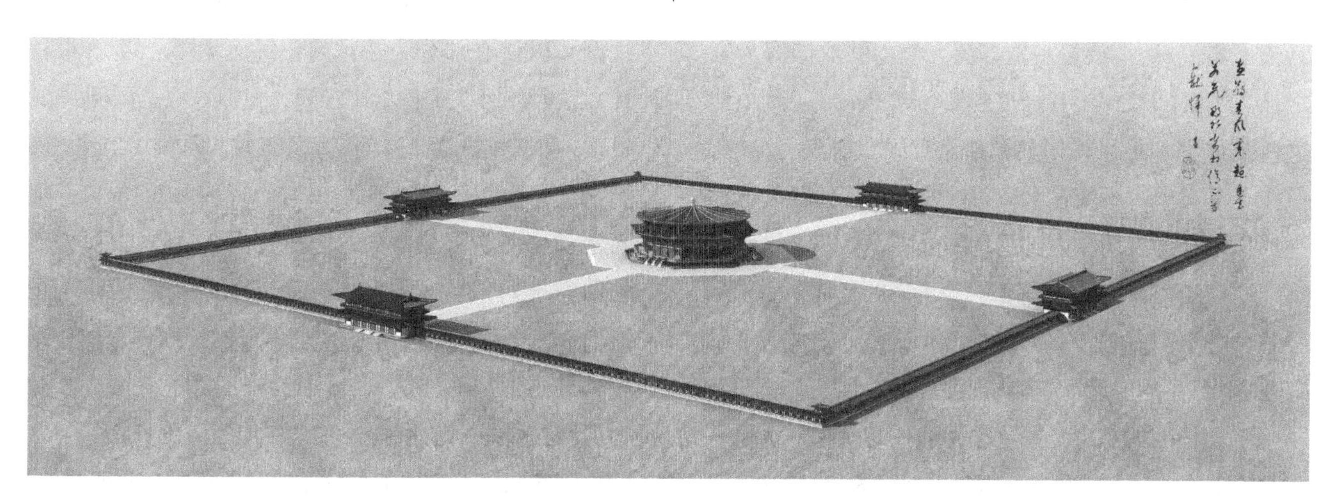

图 4-2　唐总章明堂庭院透视图之一（笔者工作室绘制）

表 4-1　基本造型与尺寸

	基座	堂心柱	堂心辅柱	开间	门	窗	檐	第一重柱	第二重柱	第三重柱	外面周回	其上槛
形状	八角						上檐圆盖					
高（尺）	12	55			17	13	外檐距地 55					
径或宽（尺）	280				13	11	288					
数量		8 根	4 根	9 间	12 扇	24 扇	两重檐（单檐？）	20 根	28 根	32 根	36 根	204 柱
间距（尺）				19								

表 4-2　主要构件名称与数量

堂心以外柱	枅	南北大梁	小梁	重楣	下枊	上枊	阳马	重干	连栱	大小节及栱	枅（左木右牵）	方衡	大梠两重	椽	飞檐椽
120 根	60 枚	2 根	60 根	216 枚	72 枚	84 枚	36 道	489 枚	360 枚	6345	228	15 重	72 根·重别 36 根	2990 根	929 根或 729 根

[1] 刘敦桢．中国古代建筑史[M]．北京：中国建筑工业出版社，1984：421.

于唐高宗永徽二年明堂内样三重台基的做法[1]，而是仅有一层台座，高约3.6米。与永徽明堂一样，台座的平面呈八角形以象八琮。《旧唐书》记载："基八面，象八方。按周礼黄琮礼地……又按汉书，武帝立八觚坛，以祀地。登地之坛，形象地。故令为八方之基，以象地形。基高一丈二尺，径二百八十尺。"[2]黄琮是周礼中用以礼祀大地的礼器，取像黄琮的八角形平面台基象征大地。

不像永徽明堂，这座殿堂并没有分成九室或五室的空间。从文字叙述的上下文来看，总章明堂可能是一个完整的空间。据《通典》："基上一堂，其宇上圆。按《道德经》：'天得一以清，地得一以宁，王得一以为天下贞。'……故置一堂以象元气，并取四海为家之义。"[3]据《旧唐书》："以通基置九州于一宇。"[4]虽然这些描述都不足以说明其原始设计中室内没有分隔，但在上下文中，不像在永徽明堂或唐初其他明堂记述中那样详细谈及明堂内部屋室的分隔，只字未提诸如"太室""玄堂""青阳""总章"等房间的名称，而着意强调"一宇""一堂"的"一"字，这很可能是为了回避九室、五室的争论而将其内部设置为一个完整的空间。

平面柱网的布置是原状探讨的核心所在，也是平面复原的根本问题。因此，需要进行极为小心的推证。不仅要从平面柱网关系上，而且要从相关的结构构件及建筑的重要尺寸上进行推演。

据《通典》与《旧唐书》的记载，这座明堂建筑的柱网是："堂心八柱，各长五十五尺……堂心之外，置四柱为四辅……八柱四辅之外，第一重二十柱……八柱四辅外第二重二十八柱……八柱四辅外第三重三十二柱……外面周回三十六柱……八柱之外，修短总有三等……八柱之外都合一百二十柱。"按照这一记述，再比照此段文字之前关于开间的描述："堂每面九间，各广一丈九尺……堂周回十二门，每门高一丈七尺，阔一丈三尺……堂周回二十四窗，高一丈三尺，阔一丈一尺，二十三棂，二十四明。"[5]最为直接而符合逻辑的柱网分布是：从第一圈由8根堂心柱与4根辅柱组成的面阔与进深各三开间的核心出发，以19尺（约合5.7米）的柱距按方形平面一重一重地布置柱网。以核心部分为3开间，每面4柱，共12根柱计，堂心外第一重柱为5开间，每面6柱，周圈共20根柱；第二重柱为7开间，每面8柱，周圈共28根柱；第三重柱为9开间，每面10柱，周圈共36根柱。但问题是原文本记载中的第三重柱为32根。按照方形柱网的排列，在这一重柱位上，用32棵柱子是不可能形成一个完整的柱圈的，也不可能按照正常的柱距在其外再形成一个周回36柱的柱圈。解决的办法是在两圈柱子之间的中线位置上再加上一圈柱网，但这圈柱网在四角处是不能设柱子的，即每面7开间8柱，共32柱。这实际上形成了一个由标准柱距的四圈之间，夹设一个辅助柱圈的柱网格局（图4-3）。但是，这种柱网格局与原文本有比较大的冲突：原文中比较正式的"八柱四辅之外，第三重三十二柱"被降格为辅助柱圈；而原文中处于比较次要地位的"外面周回三十六柱"反而升格为标准柱圈。

如何处理位于辅助柱圈中32柱所形成的这四个转角柱的缺失呢？比较直接且合乎逻辑的方法有两个：一是将这个没有角柱的转角与外圈柱网的角柱所

---

[1] 文献[2]．[五代]刘昫．旧唐书．卷二十二．志第二．礼仪二．清乾隆武英殿刻本："永徽二年七月二日敕曰，……务依典礼，造立明堂，……有司奏言，内样堂基三重，每基阶各十二，上基方九雉，八角，高一尺；中基方三百尺，高一筵；下基方三百六十尺，高一丈二尺。……"但永徽明堂在设计方案一颁布，即引起了争论，又将台基改为高9尺，边长为148尺的方形，并取消了下面的两层台基。详见《旧唐书》卷22。

[2] 见文献[2]．[五代]刘昫．旧唐书．卷二十二．志第二．礼仪二．清乾隆武英殿刻本．

[3] 见文献[2]．[唐]杜佑．通典．卷四十四．清武英殿刻本．

[4] 见文献[2]．[五代]刘昫．旧唐书．卷二十二．志第二．礼仪二．清乾隆武英殿刻本．

[5] 见文献[2]．[五代]刘昫．旧唐书．卷二十二．志第二．礼仪二．清乾隆武英殿刻本．

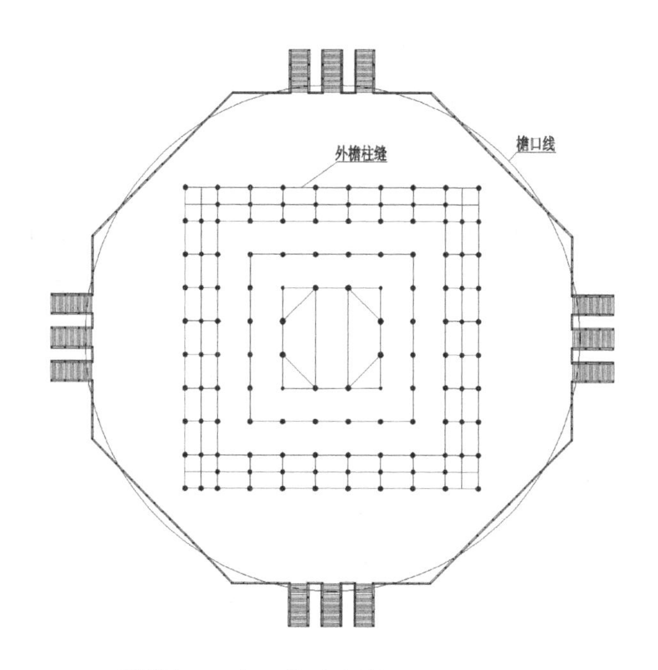

图 4-3　明堂推想平面之一（作者自绘）

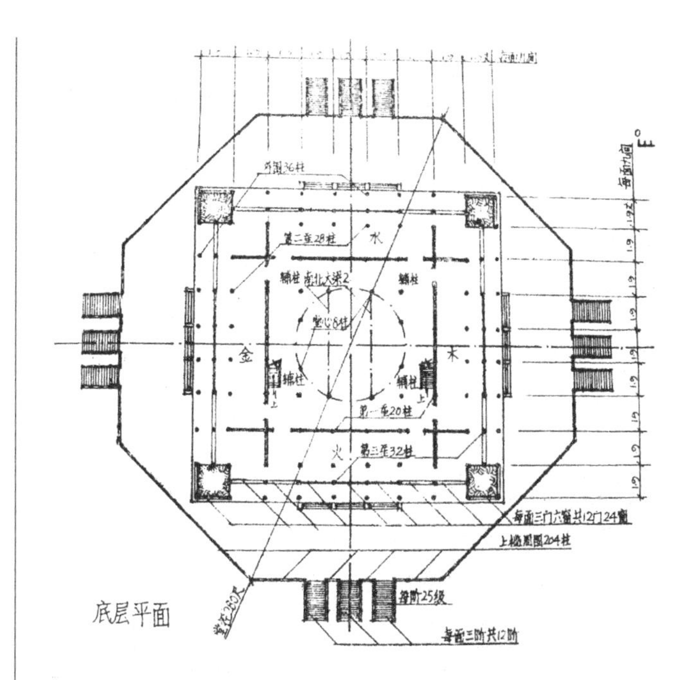

图 4-4　建筑史学者总章明堂复原想象平面图之一（王世仁 . 理性与浪漫的交织 [M]. 天津：百花文艺出版社，2005.）

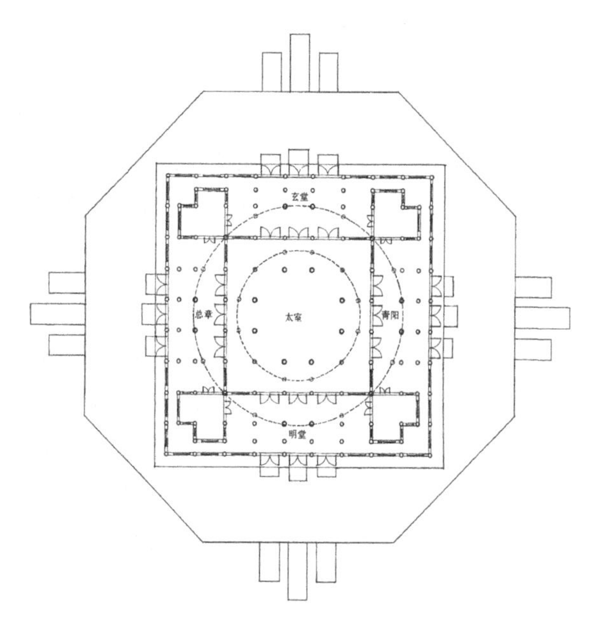

图 4-5　建筑史学者总章明堂复原想象平面图之二（傅熹年 . 中国古代建筑史 · 第二卷 [M]. 北京：中国建筑工业出版社，2001.）

围合而成的方形用夯土填实，形成一个位于转角处的巨大土墩（图 4–4）。这对于撑持整座建筑物的结构，无疑是有利的。[1] 从早期建筑的实例中也可以看到类似的处理方式。另一个思路是将第三圈柱网与第四圈柱网之间，理解成一个比较狭窄的通道。而这个转角处的方形空间，正好是通道尽端的一个较为开敞的空间。[2]（图 4–5）这也是一种符合建筑内部的功能与空间关系之内在逻辑的设计原状探讨的思路。而且，这两种思路在平面柱网的排列上没有什么根本的区别，只是在空间理解上，第二种思路更符合建筑设计的内在逻辑。

仅仅从文献中对于柱子的描述，结合古代明堂建筑的一般性规则，如上这两种原状平面柱网形式即使与原文本的记述有一点矛盾，但仍是无可挑剔的。但是，在古代文本中，还含有更多的内容，还有更为复杂的参照系统。只有将这些参照系统的全部，至少是主要部分纳入我们的分析研究中，才能得出一个更接近历史真实的原状结果，也才能从古人的记述中，发掘出真正为我们所需要或可理解的唐代木构建筑的重

[1] 王世仁 . 理性与浪漫的交织 . 北京：中国建筑工业出版社，1987.

[2] 傅熹年 . 中国古代建筑史 . 第二卷，北京：中国建筑工业出版社，2001 : 412.

要信息。

这里有一个十分明显的矛盾：按照9开间的布局，每间19尺（约5.7米），总面阔为171尺（约51.3米）。而总章二年诏定的明堂规制中，屋檐径为288尺（约86.4米）。以这座建筑的方形最大外围，即总面阔计，两者的差距为117尺，也就是说，建筑的外檐出挑距离，从柱中心线计为58.5尺（约17.55米），这在结构上几乎是完全不可能的事情。傅熹年先生敏锐地发现了这一矛盾，明确地指出："……其外形将是一个巨大的圆顶下面罩住一个小方房子，不仅不符方堂圆盖外形，在结构上也极不合理。"❶

我们不得不改变角度去思考。比如，唐初的几位帝王，在明堂问题上被诸儒纷争纠缠得筋疲力尽。太宗朝时的魏徵就在明堂设计问题上提出了"我自作古"❷的主张。高宗李治更是下定了要建造一座明堂的决心，甚至在殿堂内张设不同方案的帟幕模型，请众臣议论，但始终不能得出一个统一的意见，因而尝试着摆脱古代坟典对明堂布局的种种各自矛盾的界说，自己创造一座既符合明堂的象征意义，又不受古代文献中关于五室、九室布局的纠葛。唐高宗李治的这一特点，在其他细节问题上也可以看出来，如永淳元年在为皇太孙"开府置寮"的问题上，由于臣僚的反对，他就曾重拾魏徵在太宗朝有关明堂建设所提的"我自作古"的主张："上曰：自我作古，可乎？亦可。"❸在《改元总章大赦诏》中，高宗又曾明确地表白了自己的心迹："……创此宏模，自我作古，因心既展，情礼获申……宣命有司，及时赴作……"❹在经过永徽明堂的反复争论之后，下定决心要建造明堂的高宗在总章年间的明堂规制的制定上更倾向于"自我作古"的态度，是可以想见的。这从关于明堂规制的整篇叙述中，只字不提九室、五室，不提太室、玄堂、总章等的字样可以看出这种心理趋向。既然是这样，整座建筑的柱网平面不一定必须按照方形布局、五室或九室分布的形式排列是合乎逻辑的。

我们注意到，这是一座设在八角形台基上的建筑，中心部分由八棵堂心柱组成，因而也围合成一个八角形的空间。从上下文中的"大梠两重"或"上法圆清，下仪方载"❺仅从直觉推测这很可能是一座重檐建筑。但我们缺乏更为可靠的证据来确认这究竟是一座单檐大殿还是一座重檐殿堂。关于这一问题，还需要作进一步的论证。但有一点值得特别注意的是，在《通典》和《旧唐书》中的记载中它的堂檐尺寸都是用"径"来表述的，即："堂檐，径二百八十八尺。"而这里所说的檐"径"为288尺比台基径280尺还要多8尺，且距地面（而不是台基面）仅有55尺，指的或是单檐建筑之屋盖的边缘，或是重檐屋顶的下檐部分，也就是建筑之最外圈柱子所承挑的屋檐。如此，我们可以推测：既然这层屋檐是用"檐径"来表述的，承挑这屋檐的外圈柱网就不一定是方形，而可能是圆形或八角的形状。

按照古人的行文，八角形平面也是可以用"径"来表述其大小的，如同在这篇文献中，关于台基的部分就用了"基八面，像八方……基高一丈二尺，径二百八十尺"。所以其以"径"表述的单层屋顶的屋檐或重檐屋顶的下层檐，如果不是圆形，则应当与同样是用"径"来表述的八角形台基的形状更为接近，而不应该是四方形。八角形，还兼有了方形的大地象征性，而且与在其上部的圆形屋顶可以有比较适宜的

❶ 傅熹年．中国古代建筑史．第二卷，北京：中国建筑工业出版社，2001：411.

❷ 魏徵主张明堂"其高下广袤之规，几筵尺丈之制，则并随时立法，因事制宜，自我而作，何必师古"。见文献[2].［五代］刘昫．旧唐书．卷二十二．志第二．清乾隆武英殿刻本．

❸ 见文献[2].［五代］刘昫．旧唐书．卷六．本纪第五．高宗下．清乾隆武英殿刻本．

❹ 见文献[2].［清］董诰．全唐文．卷十二．高宗皇帝．改元总章大赦诏．清嘉庆内府刻本．

❺ 见文献[2].［五代］刘昫．旧唐书．卷二十二．志第二．礼仪二．清乾隆武英殿刻本．

形式与结构的过渡，这与“上法圆清，下仪方载”的记述并不矛盾。

由如上的分析，我们可以尝试着按如下的方式排列柱网：

先按柱距19尺（合5.7米）排列柱网，并确定一个由8棵柱子（所谓“堂心八柱”）组成的中心空间。在这个空间的四角布置四棵较细的柱子，作为中心8柱的4辅柱。这是一个开间与进深都为3间、总面阔为57尺（合17.1米）的中心核。这个中心核由一圈12棵柱子组成。其中，由8棵堂心柱组成了一个八角形的平面。我们需要特别注意行文中强调的“堂心八柱”，因为如果加上四角的四辅柱，其实是一个由12棵柱子组成的方形的中心空间，但在这个设计中，产生方形平面的四角柱是起辅助作用的，而真正的空间与结构的中心是构成八角形平面的“堂心八柱”。

按照柱距19尺向外排列柱网可以排列成一个由20棵柱子围合而成的方形平面。但如果拔掉其四围的16棵柱子，将这一圈四角的4棵柱子与下一圈的四面各4棵柱子连缀成一圈，同样可以组成一个由20棵柱子围合成的柱圈，其平面恰好是与堂心八柱吻合的八角形。这也可以构成“八柱四辅之外，第一重二十柱”,其平面及所围合的空间与“堂心八柱”更为吻合。

同样，我们在这个八角形二十柱的柱圈之外，再用标准的19尺方形柱距,按八角形平面布置一圈柱网，就构成了“八柱四辅之外，第二重二十八柱。”当然，在东南、西南，与东北、西北四个亚方向上，柱距会呈现如标准19尺柱网所成方格的对角线的长度。接着，按照同样的方式向外再布置一圈，可以恰好构成“八柱四辅之外，第三重三十二柱”。这就解决了按方形平面布置柱网时，在第三重上无法布置32棵柱子的问题。最后，在紧接着的最外一圈柱网上刚好可以布置36棵柱子,构成文献中所说的“外面周回三十六柱”的情形。

至少，目前这种柱网布置方式与原文描述没有丝毫的矛盾。不仅使“八柱四辅”的堂心结构得到了合理的解释，也使建筑物内的空间充分合理化，即由第一重二十柱围合的部分与中心八柱构成的“堂心”形成了一个比较空敞的室内主空间。用这个空间来象征坟典明堂中的“太室”应该是非常理想的。

如果我们沿第三圈三十二柱，按标准19尺柱网的格局作垂直与水平的墙体连缀，则周围的四个正方位上形成四个凸出的矩形空间，正可比象青阳、总章、玄堂、明堂，四个正方位的四室。四个亚方位上，也可以形成各自的“夹室”或“左个、右个”。这时，我们可以发现，在沿第三重三十二柱作垂直与水平的连缀后，所围合成的四个正方向上形成了四个垂直折角的界面，每面有11开间。如果将两个尽端开间，看作如宋代建筑的“龟头殿”或清代建筑“抱厦”的空间形式，则其两侧应该是实墙。这样，每一个正方向上就只有9个投影开间。沿着每一方向的9开间可以开启三门、六窗，正好与原文中周回十二门、二十四窗的情形吻合（图4–6）。

特别值得一提的是，原文叙述并没有强调每面几门几窗，而是用了“……以通基置九州于一宇。堂

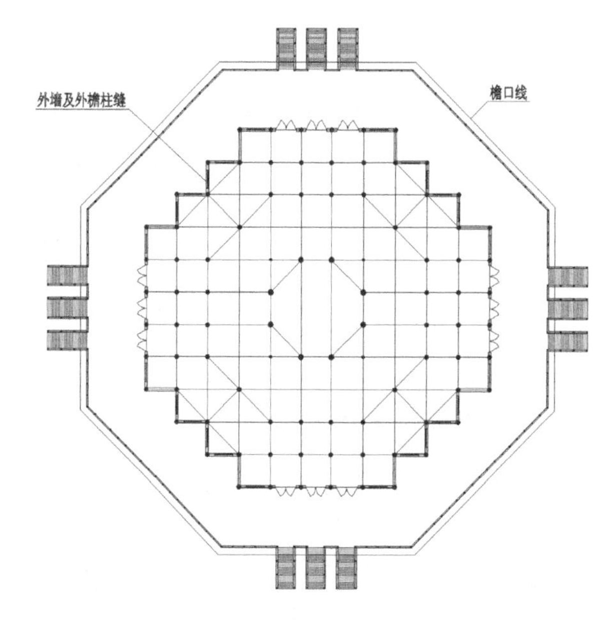

图4-6　明堂推想平面之二（作者自绘）

周回十二门，每门高丈七尺，阔丈三尺……堂周回二十四窗，窗高丈三尺，阔丈一尺，棂二十三,二十四明……”的叙述方式，这也恰好说明在原设计中，并不一定是四个单纯的面，而是一个“周回”的柱网所合成的面。这些布置门窗的墙面，都是标准的19尺开间，在四个投影面上，形成四个11开间的面。但在四个不含两尽端，凸出部分的较严格意义上的建筑立面上各是一个有着三门、六窗的9开间立面（图4–7）。[1]

至于最外面一圈36柱，从原文本的行文中来看也是有一些特殊之处的。前面的三重柱子都是用了“八柱四辅之外，第 × 重 ××× 柱”的表述形式，说明这些部分与堂心八柱有着密不可分的联系，而最外面一圈柱只用了“外面周回三十六柱”的叙述形式，甚至没有列入“第 × 重”的范畴之内。显然，这是一个比较特殊的柱圈，是需要作进一步深入讨论的。

但有一点可以肯定，这样围绕中心八柱，按照八角形布置的平面，首先是使屋檐部分比较容易形成一个八角形或圆形的屋盖。同时，由于按八角形分布，在满足第 × 重 ××× 柱的基础上，使建筑物的外围边界明显地向外扩，因而比较接近径为280尺的八角形台基与径为288尺的可能也是八角形的下层檐的外檐檐口边际的尺寸。如按第三重32柱的柱中线计，其围合成的八角形径为209尺（19尺 ×11=209尺，合62.7米）。每侧距离台基边缘距离为35.5尺（合10.65米）；距离外檐檐口线的距离为39.5尺（合11.85米），从比例来看，至少比前面所说的方形平面更接近一座大型唐代建筑的可能出檐比例。若按外面周回36柱的柱中线计，其围合成的八角形，径为247尺（19尺 ×13=247尺，合74.1米）。每侧距离台基边缘距离为16.5尺（合4.95米）；距离外檐檐口线的距离为20.5尺（合6.15米）。如果将出檐从柱外缘算起，其外檐的出挑距离还要小一些，如以1米的柱径算，外檐出挑距离仅为5.65米，这无论从出檐比例还是从结构可能性上，都是一个非常恰当的尺寸。因此，我们可以推测：这座唐代明堂建筑的原设计方案是一座周围外檐柱为32棵柱子或36棵柱子的八角形平面的大型殿堂（图4–7，图4–8）。

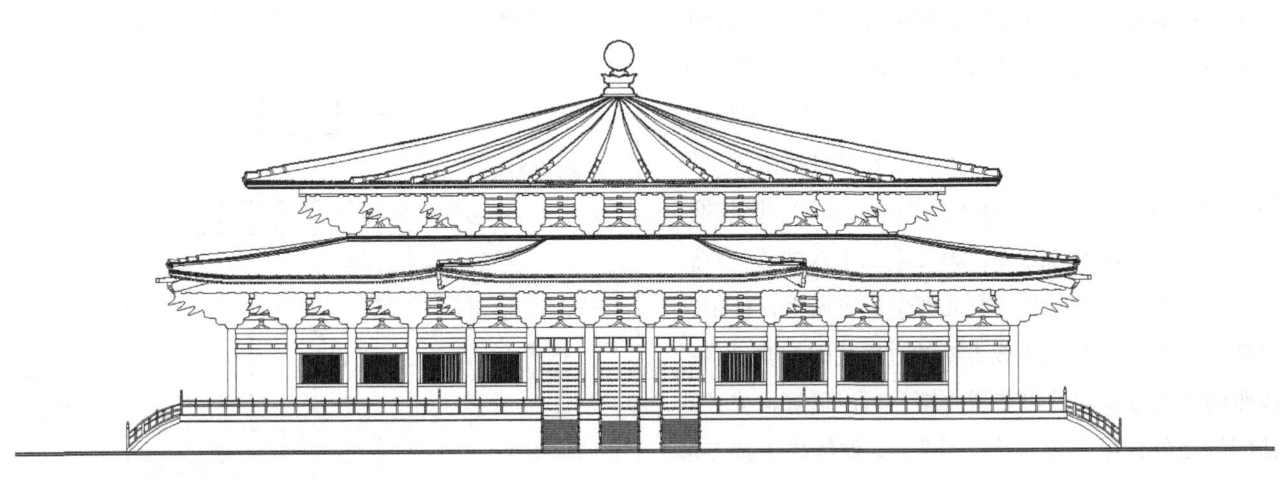

图4-7　总章明堂立面示意（包志禹绘）

[1] 当然，批评者可以轻易地对这一点提出反驳。因为原文中确实有“堂每面九间，各广一丈九尺，按尚书，地有九州，故立九间”的记述。但我们也知道，中国古代建筑的间数，在文字的表述上常常有不很确切的地方。如有时用“楹”数代表间数，有时在描述一座主要建筑时，只计主体部分的开间，不计副阶或挟屋的开间数，而这座建筑的主体部分，即具有重檐屋盖的上檐部分，将如后文所分析的，位于周回第二重，二十八柱的位置上，其每面的投影开间数，正好是9间。而具有11间的下檐部分，位于这座建筑的副阶层上。

图 4-8 总章明堂外观透视图（笔者工作室绘制）

四、关于原状剖面几种可能性的探讨

关于这座建筑的原状探讨，也许最困难的就是它的剖面。首先，我们需要确定，这是一座单檐大殿还是一座重檐殿堂；此外，我们还需要确定，它的最外圈 36 柱究竟是周匝副阶廊柱还是承托木台座的永定柱。所有推论都必须与原文所提供的建筑结构的构件数量相印证，才可能得出比较接近历史真实的结论。

我们不妨分别按照重檐与单檐两种屋顶形式，及周回 36 柱为副阶柱或台座永定柱两种情况作一些不同的可能原状剖面探讨。

1. 剖面形式一：重檐屋顶 · 副阶单间周匝 · 副阶檐柱缝设门牖 · 周围永定柱承平坐木台基（图 4-9）

从原始记载的上下文中，容易得出一个“重檐”

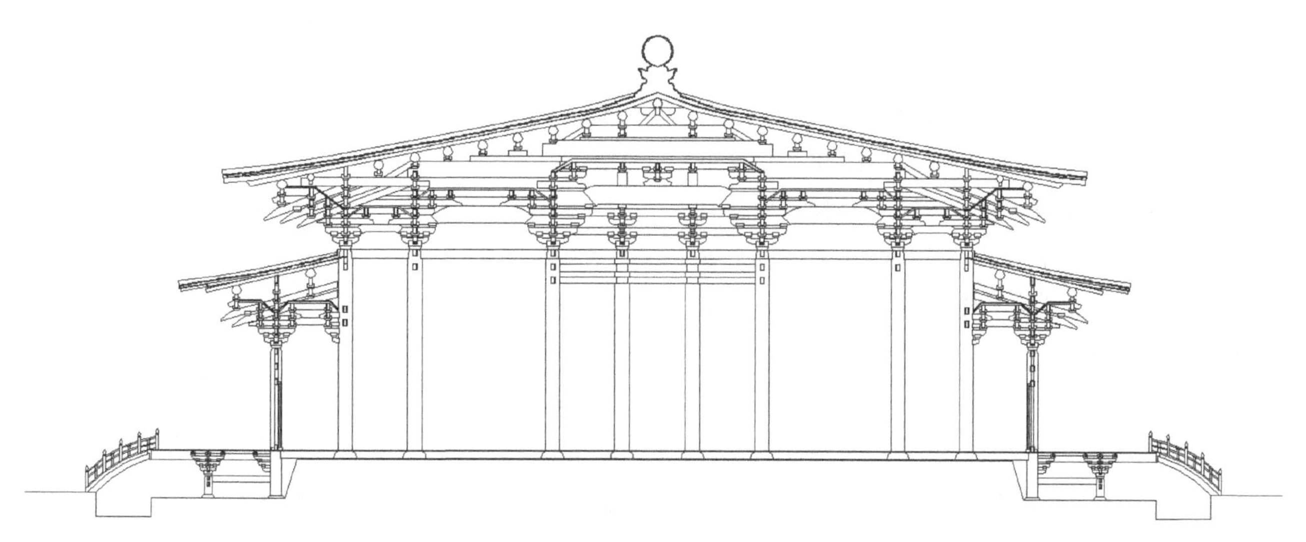

图 4-9 明堂剖面之一（作者自绘）

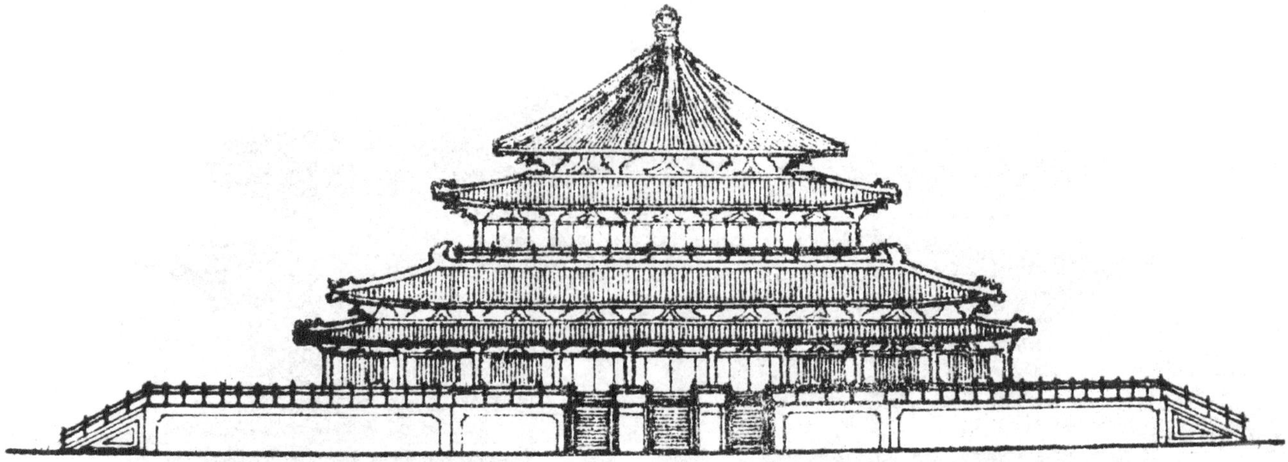

图 4-10　建筑史学者总章明堂复原想象立面图（王世仁．理性与浪漫的交织 [M]. 天津：百花文艺出版社，2005.）

殿堂的概念，因为，上下文中有“大梠两重”或“上法圆清，下仪方载”的话，在此之前设计的永徽明堂，在群臣的争论中，还特意在原有设计的基础上“并依礼加重檐”，因而，总章明堂用重檐屋顶也是顺理成章之事。已有的复原研究中，似乎都比较肯定这是一座重檐大殿。更有将这座殿堂的复原设想为四重檐的形式，所依据的资料尚不清楚（图 4–10）。

从原文本中提交的一些构件反推，比较直接的重檐屋顶剖面形式可能是：将第二圈 28 根柱，作为上檐考虑，由此形成一个上层的圆形屋盖。再将第三圈 32 根柱作为下层檐，形成一个四方折角“亞”字形的屋檐。外面周回的 36 棵柱子，可以理解成支撑大殿台基的“永定柱”。这样的剖面形式，在下层檐有 28 个转角，而支撑上层圆形屋顶的柱子是按 8 个角分布的，上下檐正好需要设置 36 道阳马。这样一种剖面（图 4–9），与前面提到的平面 9 间的围合方式也十分吻合。这似乎也印证了《通典》中所谓“四檐，去地五十五尺”的说法。

我们似乎还可以找到一定的文献依据来肯定这一推测。如《册府元龟》中有：“总章二年三月丁亥诏曰：……架序仪天，疏基象地，窗达齐布……导辟水以环阶，应旋衡而结极，重阿复道，用循测管之模，上圆下方，仍准分耆之数。木工不琢，土事无文，丰约折衷……于是博考经籍为明堂制度颁下……”[1]这说明是一座“上圆下方”的重檐建筑（“重阿复道”），也是一座攒尖屋顶的建筑（“旋衡而结极”）。[2]其台基很可能是木结构的，这从“重阿复道”记述中似可推知。这里所谓的“复道”，很可能指的就是这座由周回的 36 棵柱子架起的木构八角形台基。《旧唐书》中还有：“结栋分间，法五行而演秘；疏楹叠构，叶生数以成规”[3]的说法，似乎更证明了其基座可能是放置在四周的短柱上的，因而才可能形成“疏楹叠构”的效果。

---

[1] 这是唐高宗《敕建明堂诏》中的一段话，见文献 [2]．[宋] 王钦若．册府元龟．卷五百六十四．明刻初印本．同时可见于文献 [2]．[清] 董诰．全唐文．卷十三．敕建明堂诏．清嘉庆内府刻本．

[2] 当然，这一推测与前文所引《新唐书》“取象黄琮，上设鸱尾”的说法相矛盾。但是，《新唐书》与《旧唐书》相比，时间上要晚出，而且，对整个事件的记述十分简单。其叙述方式是简述太宗、高宗朝有关明堂建设的争论，并未细分每一明堂方案。在谈论完太宗朝诸臣的争论后，直叙“高宗时改元总章，……”完全忽略永徽、乾封间议立明堂之事，略去永徽明堂方案，又将乾封间在观德殿张设帟幕之事，安在了“改元总章”这一时间之后，且用蔑视的语词说到高宗时期明堂制度“其言益不经”。这说明《新唐书・礼乐志》的作者，对于这一系列历史事件十分轻蔑，也无意一一澄清。因而，很可能是作者将高宗永徽二年所设计的明堂中使用鸱尾一事，叠叙在了这里。

[3] 文献 [2]．[五代] 刘昫．旧唐书．卷二十二．志第二．礼仪二．清乾隆武英殿刻本．

关于这种剖面形式的一个更为可信的验证是，原文本中“小梁六十枚”与“重楣二百一十六条”的构件数量，与这一剖面复原形式恰好吻合：以小梁计，在堂心柱与第一圈 20 柱之间，每面有 4 根梁，合为 16 根梁；第二圈柱与第三圈 28 柱之间，在四个正方位上有 16 根梁，在四个亚方位上有 12 根梁，共 28 根梁；而在第三圈 28 柱与第四圈 32 柱之间，仅有在四个正方位上的 16 根梁，其余则为阑额。这三圈柱子之间的小梁总数恰好为 60 根。这些小梁并不是一个统一长度的构件，只是相对于两根“南北大梁”而言都是“小梁”而已。

我们再以重楣数量作一统计：楣为梁间的横木，位于外檐柱头上者，清代称为额枋，宋代称为阑额。位于内柱柱头上者，称为内额。唐代建筑中，一般用双层阑额，这也许就是总章明堂中的所谓“重楣”。按如上的平面与剖面，在堂心 8 柱之间有 8 根内额，在 4 辅柱与 8 根堂心柱之间也有 8 根内额，合为 16 根；在八柱四辅外第一圈 20 柱之间，有 20 根内额；第二圈 28 柱应当为建筑之重檐主体部分的外檐，有 28 根外檐阑额；在第三圈 32 柱及与第二圈 28 柱所形成的折角平面中有 44 根下层檐外檐阑额。总计有 108 根阑额或内额，如果重而设之，恰为 216 根，与“重楣二百一十六条”相合。正因为如上分析，笔者在最初着手这一题目研究时，就十分乐观地认为这应当是正确的复原结果，并据此绘出了剖面图与立面草图（图 4–11，图 4–12）。

但是，这种剖面形式的复原，存在的矛盾还是相当多的。首先，出檐的距离就是一个大问题。如果将周回的 36 棵柱子置于台基永定柱的地位，将不会与屋檐发生联系，则屋檐只能从堂心外第三圈 32 柱的位置上挑出，其出挑的距离，以柱中线计为 39.5 尺（合 11.85 米），这样的外檐出挑距离恐怕是当时的木结构技术不可能达到的。其次，按照原文本的记载，有 72 枚下昂，其可能的结果是：在 36 棵柱子上每柱出双下昂；或者，在 32 棵柱子每柱出双下昂的基础上，再在八个转角柱上每柱之上另加一个由昂。但这与有 28 个折角的平面很不吻合。文中所谓“大梠，两重，重别三十六条，总七十二”中，上下两层的大梠，下层为 32 柱，亞字形平面周回 44 个开间，上层为八角形平面 28 个开间的情况下，如何按每层 36 条分布也是

图 4-11　笔者 1985 年绘制的复原设计立面草图

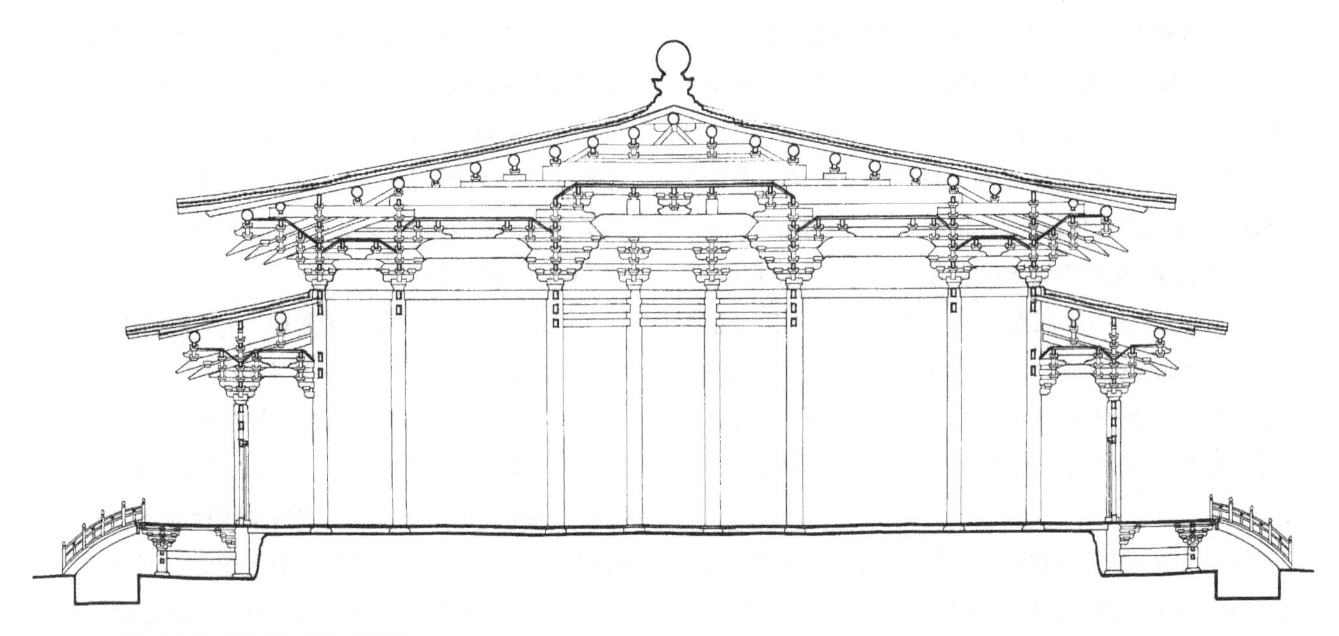

图 4-12　笔者最初绘制的复原设计剖面图

一个存疑很大的问题。至于其他构件的数量，如飞檐椽、椽子的数量等，也很难吻合。这也是笔者初步得到这样一个结论后，在一个时期内没有能够继续推进这项研究的原因之一。

2. 剖面形式二：重檐屋顶 · 副阶进深两间 · 周匝一间为廊（图 4-13）

第二种可能的剖面形式是：将周围 36 棵柱子作为副阶柱。但考虑到原文本中，明确指出了在八柱四辅之外，柱子的高度分三等。按照剖面一的做法，有殿身柱、副阶柱与基座永定柱三种高度，与原文吻合。而在剖面二中，如果将周回 36 棵柱作为副阶柱，而将堂心外第三圈 32 棵柱拉长为殿身柱的高度，就只有殿身柱与副阶柱两种柱高形式，除非在殿身内再分出两种不同的柱子高度，否则，不可能出现三种柱子

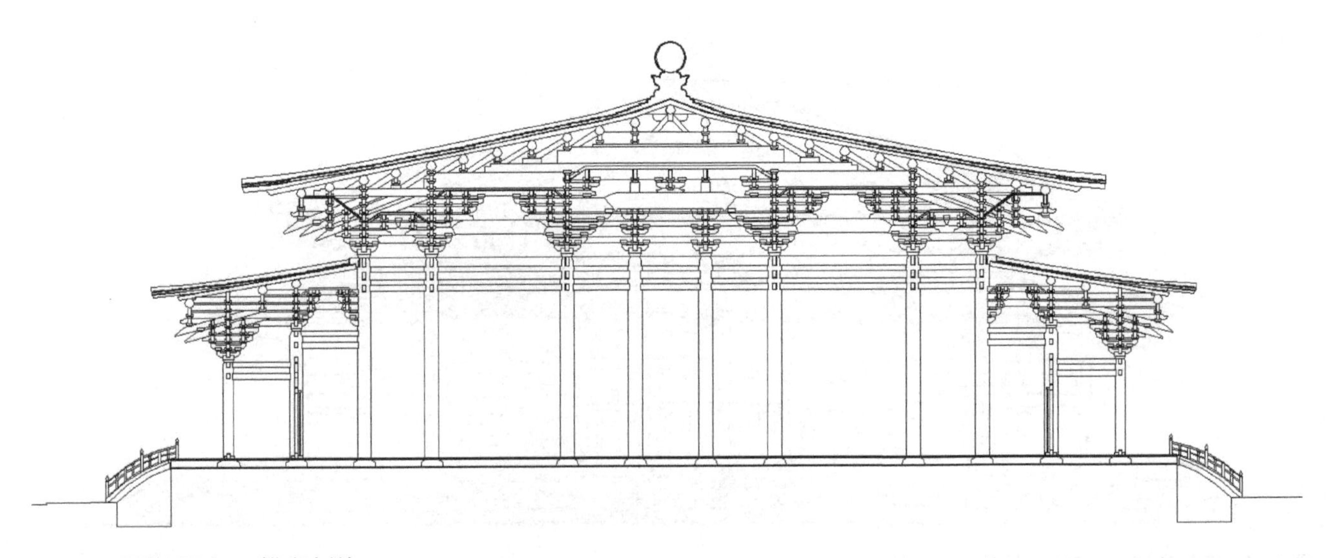

图 4-13　明堂剖面之二（作者自绘）

高度。这样的柱子高度布置方式不符合我们所知的唐代大型殿堂结构规则。因而，唯一可能的方式是，将副阶檐的覆盖面考虑为进深两间，即堂心外第三圈32柱与外面周回36柱都属于副阶檐覆盖的范围，只将堂心外第二圈28柱生起为殿身柱（图4–13，图4–14）。

这样的剖面设置，使建筑的下层檐的外檐部分可以从最外一圈柱子的柱头上挑出，其出挑的距离明显缩小。以柱子的外缘计约5.65米，完全符合唐代大型殿堂出檐规则与结构逻辑。而殿身设在堂心外第二圈28柱的位置上，如果我们假设原文本中的"下枊（昂）"与"上枊（昂）"与宋代人的理解不同，将文献中的"下枊"理解为"下檐之昂"，将"上枊"理解为"上檐之昂"，假设上下檐柱的转角均不设由昂，则下檐每柱用双昂，周回36柱，共有72枚昂；上檐每柱用三昂，一圈28柱，共有84昂，似与原文记载中的"下枊，七十二枚；上枊，八十四枚。"正相吻合。

但如果作进一步的深究，仍有一个重要的问题没有解决，就是飞檐椽的数量问题。原文本中所记载的飞椽数有两个，一个是《通典》中所记载的729枚，另一个是《旧唐书》上记载的929枚。《全唐文》卷十三中的《定明堂规制诏》中所记也是929枚。我们可以依据飞椽数作一个外檐长度的分析。我们先设想为两重檐，且上下檐口都有飞椽，并按照与柱子对应的开间数对飞檐椽数做一个分布。按照这种剖面形式，其上重檐为28间，呈圆形檐的形式；其下重檐为36间，呈八角形檐的形式。根据记载，下檐的外缘直径是288尺，合86.4米，其周长为271.4米。上檐的直径以第二圈28柱的柱心线向外出挑5.65米计，合为62.6米。[1] 其周长约为196.7米。上下檐的总延伸长度为468.1米。以929枚飞檐椽计，则两椽椽心之间的距离为0.503米，是一个过于稀疏的飞檐椽的分布

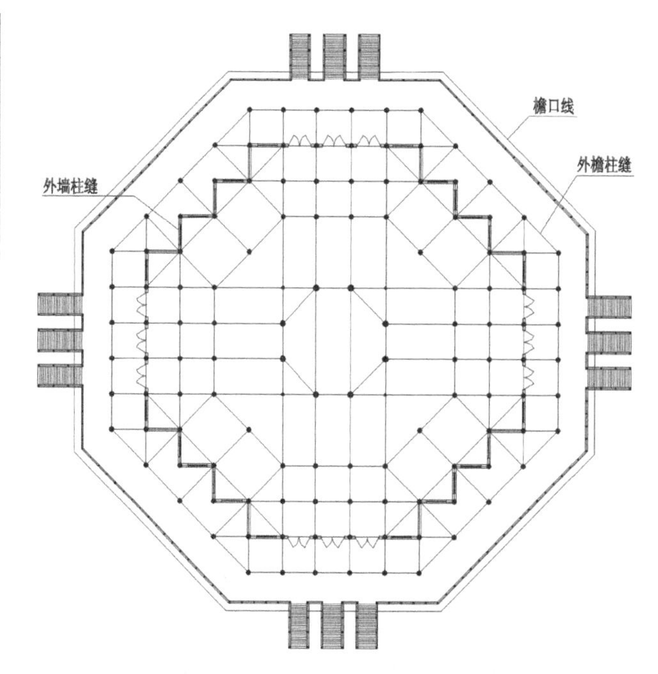

图4-14　明堂推想平面（作者自绘）

距离。

按照宋《营造法式》的规定两椽之间的距离，"其稀密以两椽心相去之广为法：殿阁，广九寸五分至九寸；副阶，广九寸至八寸五分；厅堂，广八寸五分至八寸；廊库屋，广八寸至七寸五分。"[2] 即最大椽心距为不足1尺，即不会超过0.3米，以《营造法式》规定的最大的椽距为0.95尺计，仅为0.285米。即使我们假定唐代建筑的椽距可能略大一些，但无论从结构受力，还是从视觉效果，都不可能达到0.5米的椽距。如果按照重檐屋顶作原状的探讨，并且假定上檐檐口与下檐檐口都分布有飞椽，只有这种分布才会与原文的记载相符。

3. 剖面形式三：单檐屋顶·无副阶檐·周匝一间为廊（图4-15）

既然重檐屋顶的外檐檐口延伸长度与原文本中的

---

❶ 第二圈柱子所围合的外径为171尺，合51.3米，加上外挑的距离，约为62.6米。

❷ 文献[2].［宋］李诫．营造法式．卷五．大木作制度二．椽．清文渊阁四库全书本．

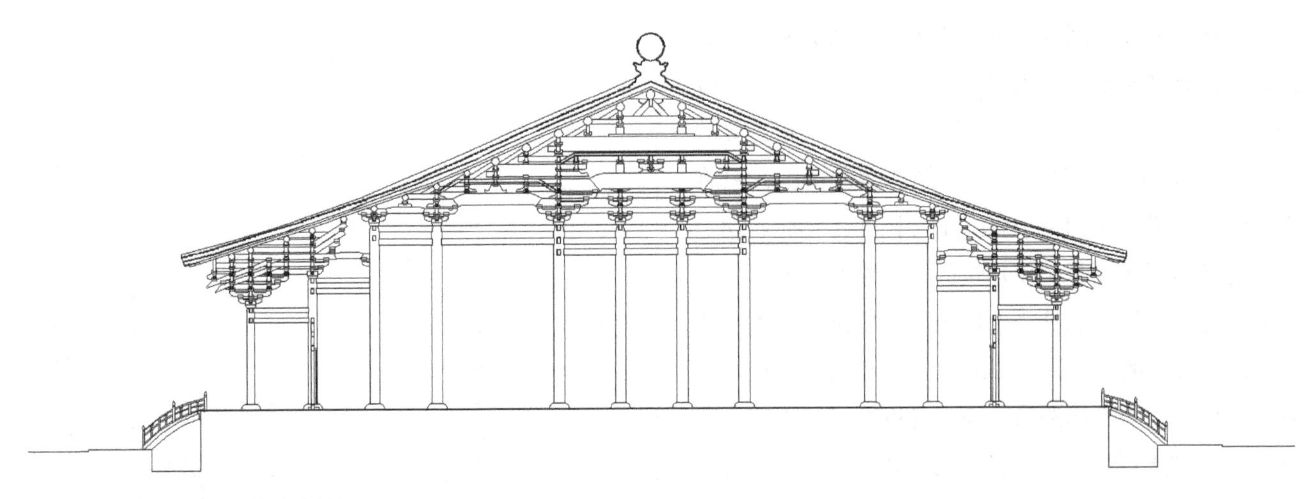

图 4-15 明堂剖面之三（作者自绘）

飞檐椽的数量之间有较大的矛盾，我们不妨尝试着作一个单檐屋顶的复原设想。首先，我们将 929 枚飞椽分布在直径为 288 尺的外檐上，直径 288 尺，合 86.4 米，其圆周的长度为 271.4 米。将 929 枚飞椽分布在 271.4 米的圆周长度上，其两椽之间的距离（以椽中心线之间的距离计）为 0.292 米，合唐尺为 9 寸 7 分。这与宋《营造法式》中规定的最高规格的建筑——殿阁建筑殿身部分外檐“两椽心相去之广”的距离（9 寸 5 分）基本吻合。由此推测，这座建筑是一座大型单檐殿堂的可能性很大。由飞檐椽的分布与记载中的外檐径吻合这一事实，也同时说明《旧唐书》与《全唐文》中 929 枚飞檐椽的记载比《通典》中 729 枚飞檐椽的记载更接近历史真实。

如果我们假定这是一座单檐殿堂，相关的一些问题，也应做出相应的思考。比如，原文本中的下昂数为 72 枚与外檐柱为 36 棵恰相吻合。我们可以假设该建筑是七铺作双杪双下昂的做法，每柱柱头出 2 枚下昂。因为是圆形屋顶，没有转角铺作也无须作转角由昂。文献记载中的上昂数为 84 枚，可以与堂心外第二圈 28 柱发生联系，即在第二圈柱与第三圈柱之间用了三枚上昂。这也可以说明第二圈柱与第三圈柱的柱高不一样。同时，也排除了前文中将唐代人所说的“上昂”解释成“位于上檐的下昂”的可能，而是具有同宋《营造法式》中同样的“上昂”的意义。

虽然这些资料都导向于八角形单檐殿堂的设想，我们仍需要作进一步慎重的分析。这里我们通过文献记载中椽子的数量及对椽子分布状况的分析，来看看究竟应该是单檐屋顶，还是重檐屋顶。

按照原文本的记载，整座建筑的椽子总数为 2990 根。我们先按照单檐屋顶的椽子的分布规律进行分析：

这座建筑的椽子分布可以分成如下几段。第一段，从屋脊部分，即大殿中心至堂心八柱柱缝；第二段，从堂心八柱柱缝至堂心外第一圈 20 柱柱缝；第三段，从堂心外第一圈 20 柱缝至第三圈 32 柱缝；第四段，从堂心外第三圈柱缝至外檐檐口处。具体分布如下：

第四段：在单檐的情况下，外檐投影平面应为圆形，檐口外径 288 尺，合 86.4 米，圆周长 271.4 米，以 929 枚飞檐椽分布，应当分布同样数量的檐椽，计 929 枚，其两椽之间的中线距离为 0.292 米，合唐尺为 9 寸 7 分。

第三段：堂心外第三圈 32 柱缝，在直径为 209 尺（合 62.7 米）的八角形柱网平面的外接圆上，圆周长为 197 米，如果参照外檐檐口的分布及宋《营造法式》的规定，椽距约为 0.285 米（合唐尺 9 寸 5 分），当有 691 枚椽子。

第二段：堂心外第一圈 20 柱缝，在直径为 133 尺

（39.9 米）的八角形柱网平面的外接圆上，圆周长为 125.3 米，以椽距为 0.285 米计，当有 440 枚椽子。

第一段：堂心八柱柱缝，在直径为 57 尺（17.1 米）的八角形柱网平面的外接圆上，圆周长为 53.7 米，以椽距为 0.285 计，当有 188 枚椽子。

将上面的椽子分布数统计起来，总计有 2248 枚椽子，与原文本所说的 2990 枚，尚差 742 枚。相差数量如此之大的椽子数，显然不是分布密度上的问题。这里又回到了原来的问题，究竟这是一座单檐屋顶建筑，还是一座重檐屋顶建筑？

4. 关于大殿剖面形式的进一步分析

就椽子分布所出现的问题，加之前面的一系列分析，我们又回到了前面的问题，并得出一个较为可能的结论：这更可能是一座重檐屋顶大殿，但在重檐屋顶上层檐的檐口上没有布置飞檐椽，仅仅布置在下层檐的檐口上。这一结论既解决了重檐屋顶上下檐飞檐椽总数不足的问题，也解决了单檐屋顶与原文本所记载的椽子总数不吻合的问题。为此，我们再做一次重檐屋顶椽子的分布状况分析：

下檐部分分为两段：

下檐第二段是从堂心外第三圈柱缝到檐口上。虽然考虑到“上圆下方”的象征性造型，下檐檐口线应按八角形平面布置，但为了简化考虑仍按圆形推算。檐口位于直径为 288 尺的圆周上，椽子比飞子要缩进一些，这样的大型殿堂如按比例缩进 7 尺考虑，则外檐檐椽位于直径在 274 尺的圆周上，直径合 82.2 米，周长为 258.2 米。下檐外檐檐椽数量应该与飞椽数量一致为 929 根，如果忽略角梁的因素，椽心距应当为 0.278 米，合唐尺 9 寸 2 分。我们可以将此椽距作为进一步分析的基础。

下檐第一段椽子从堂心外第二圈 28 柱缝到堂心外第三圈 32 柱缝，分布在直径为 209 尺（合 62.7 米）的八角形柱网的外接圆上，圆周长为 197 米，椽距仍按 0.278 米计，当有 709 根椽子。

作为副阶部分的下檐屋顶合计分布有 1638 根椽子（929 + 709 = 1638）。

上檐部分分为三段：

第一段从堂心至堂心八柱缝，在直径为 57 尺（17.1 米）的八角形柱网平面的外接圆上，圆周长为 53.7 米，仍以椽距为 0.278 计，当有 193 根椽子。

第二段从堂心 8 柱缝至堂心外第一圈 20 柱缝，在直径为 133 尺（39.9 米）的八角形柱网平面的外接圆上，圆周长为 125.3 米，以椽距为 0.278 米计当有 451 根椽子。

第三段从堂心外第一圈 20 柱柱缝至堂心外第二圈 28 柱柱缝外的挑檐檐口处，参照下檐出挑距离，以从柱心线出挑 5.65 米计，上檐檐口应位于直径为 62.6 米，周长为 196.7 米的外接圆上，按 0.278 米的椽心距可布置 708 根椽子。

作为殿身部分的上檐屋顶合计分布有 1352 根椽子（193 + 451 + 708 = 1352）。上、下檐合计椽子总数为 2990 根（1638 + 1352 = 2990）与原文本的记载恰好相符（图 4–16，图 4–17）。实际的分布，因角梁等因素的影响，在每一段上可能会有一些小的误差，但那只是分布方式的些微差别。无论如何，如上的分

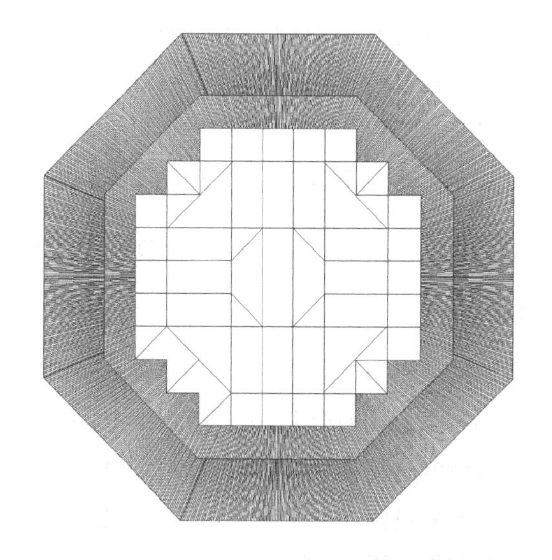

图 4-16　明堂下檐 929 枚飞椽（檐椽同）示意图（作者自绘）

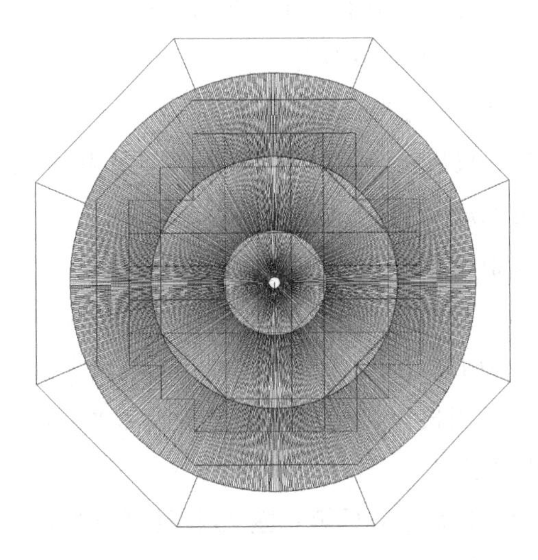

图 4-17　明堂上檐屋面椽子示意图（作者自绘）

析都足以证明我们的推断：这是一座重檐大殿，其下檐檐口使用了飞椽，而上檐檐口则没有使用飞椽。这也从另一个侧面证明了，下檐应该是两间进深，即檐椽应该是从外面周回 36 柱的柱缝上向外出挑的。

上檐檐口不使用飞檐椽的可能原因之一是：上檐是圆形屋檐，周圈需要均匀分布的视觉效果，不需要过分强调它的屋檐起翘；而下檐是八角直檐，在转角处需要有翘角，因而在直檐部分必须通过飞椽以形成屋檐起翘的效果。从现有的资料看，云冈石窟中所表现的北魏建筑，都是没有飞椽只有檐椽的形式（图 4–18）。现存最早的唐代木构建筑之一山西五台山佛光寺东大殿也没有布置飞椽（图 4–19），这说明总章二年明堂上檐不设置飞椽是完全可能的。

由如上分析，可能的剖面形式为剖面形式二。

五、对于总章二年明堂造型与结构的文本验证

我们所假设的总章二年诏建明堂建筑原状，比较接近原始文献记载的结论是：其造型是一座平面为八角形的大型重檐殿堂，坐落在一个大型八角形台基上；大殿外面四周设围墙，围墙四面设门，院落四角设角楼。由于我们复原探讨的重点是在位于中心的明堂主殿，因而对于围墙、门楼与角楼的情况暂且略而不谈。下面我们对以“剖面形式二”为基础形成的八角形平面，两进副阶，周匝一间檐廊、重檐屋顶的殿堂造型做进一步的验证，并将原始文本中的构件数量及相应尺寸与我们的复原设计探讨作一些比较与分析：

图 4-18　云冈石窟中表现的北魏建筑檐椽情况（云冈石窟文物保管所 . 中国石窟 云冈石窟 二 [M]. 北京：文物出版社，1994.）

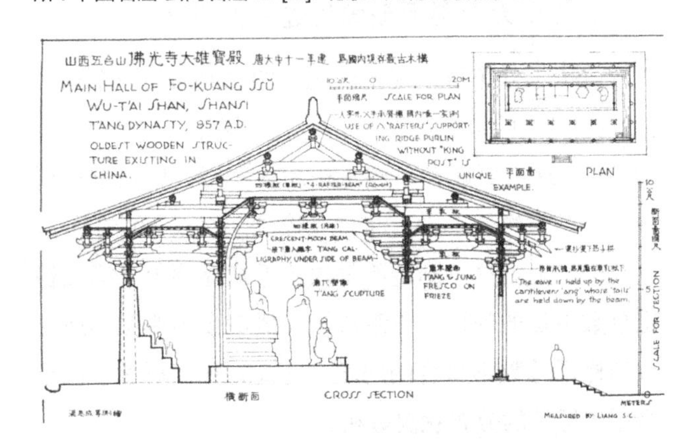

图 4-19　五台山佛光寺剖面中看到的檐椽情况（梁思成 . 梁思成全集 · 第四卷 [M]. 北京：中国建筑工业出版社，2001.）

① 下枊（昂）72 枚为下层檐柱，即副阶檐柱柱头上的铺作之昂，72 枚的数量与下层檐外檐 36 棵檐柱吻合，每柱为双下昂。值得注意的是，按照这样一种分布方式，其转角铺作上没有再加设一枚由昂。如果这种推测无误，则可以设定，在转角铺作中加设由昂是晚于初唐以后的铺作构造做法。由此推测：在转角铺作加设由昂的主要原因当是檐部转角起翘减趋明显的结果，而初唐时的屋檐转角起翘尚不十分明显。

② 上柳（昂）84 枚，为殿身檐柱或上檐柱，即堂心外第二圈 28 柱柱头上的铺作之昂，即上层檐外檐铺作昂，84枚的数量与堂心外第二圈28棵柱相吻合，每柱为三下昂。这说明初唐时,所称“上昂”意为“上檐之昂”。

③ 小梁 60 枚（图 4-20）。情形与剖面形式一或剖面形式三一样。其前提是：在下层檐外檐 36 柱与设门窗的堂心外第三圈 32 柱之间，不用小梁，只用斜昂、角梁与顺栿串（疑即原文本中的“梓”）。这样的结构方式，在现存的相当于隋唐时代的日本大型殿堂建筑中尚可见到。这种结构形式也为在原文叙述中，将外檐柱不表述为“第 × 圈”，而表述为“外面周回三十六柱”的叙述方式找到了一种可能的解释。外檐柱因为起到了周回檐廊的作用，无论从建筑空间上，还是从结构体系上，都是不能与殿身部分相等同的。

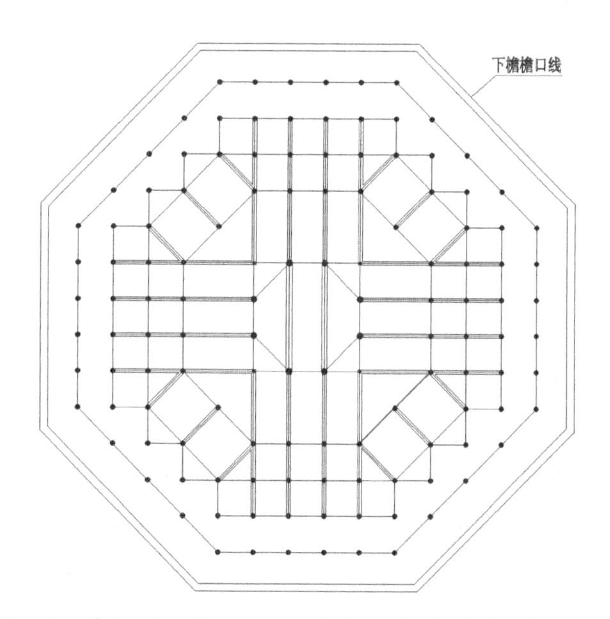

图 4-20　南北二根大梁与六十根小梁分布示意图（作者自绘）

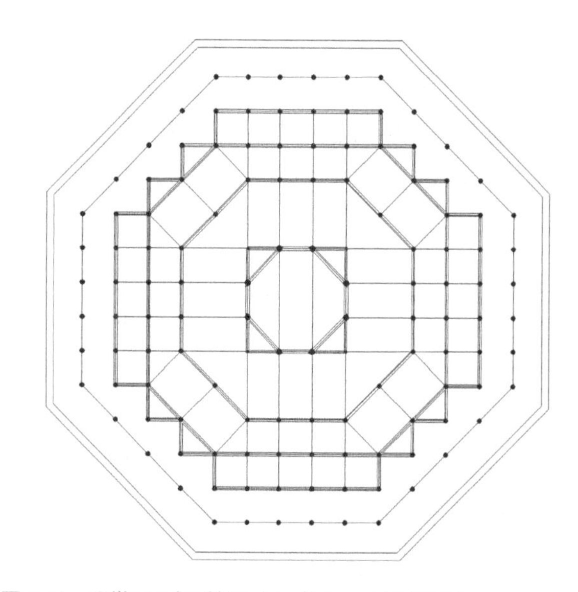

图 4-21　明堂 216 根重楣分布示意之一（作者自绘）

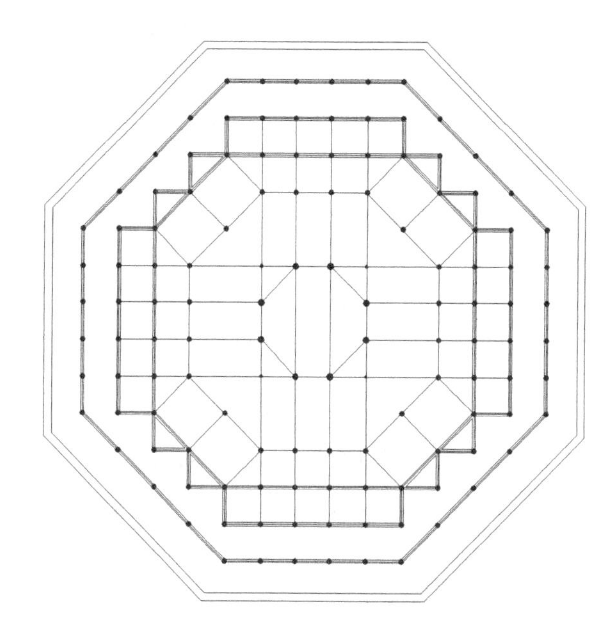

图 4-22　明堂 216 根重楣分布示意之二（作者自绘）

④ 重楣 216 条(图 4-21,图 4-22)。宋《营造法式》中关于“楣”有不同的界说，如为“栋”(樽)或为“梠”(檐)[1]但由“总释下·檐”条所引“《仪礼》：宾升，主人阼阶上，当楣。”其疏曰：“楣，前梁也”可知，楣的一种解释是位于檐柱柱头之间的前梁或阑额。在这里，我们将“重楣”理解为位于柱头之间的双重阑额或内额：以下层檐外檐 36 棵柱及周回 36 间计，每间设双阑额，有阑额 72 条；以堂心外第三圈 32 柱，及位于这一柱圈的门窗所构成的亞字形平面计，周回

[1] 见文献[2].[宋]李诫．营造法式．卷二．总释下．总例．清文渊阁四库全书本．

当有44个开间。每间设双阑额，有阑额88条。再计入上层檐，即堂心外第二圈28柱柱头上的内额，以每间双内额计当为56条内额，总计为216条。这也与“重楣216条”的原文记载构件数量相吻合。

⑤ 阳马36道（图4–23）。据宋《营造法式》，卷五，“大木作制度二·阳马”条，阳马即角梁。总章明堂采用重檐屋顶，上层檐用圆形屋顶，檐口不设飞檐椽，但为保持圆形屋檐檐口的均匀与完整，需要在每一棵柱子柱头的铺作之上都用角梁，周圈共28棵柱。因此，上檐屋面应有28道角梁。下层檐外檐柱为八角形平面有8个转角，故设角梁8道。上下檐角梁（阳马）的总数为36道与原文本记录吻合。

⑥ 八柱之外，柱修短总有三等。堂心柱、四辅柱、第一圈20柱、第二圈28柱，即殿身部分，柱头标高在一个高度上，即柱高55尺。因为屋檐的关系，位于副阶檐下的第三圈32柱低于第二圈28柱；外面周回36柱又低于第三圈32柱。这样的柱子高度形式，正与原文所说的“八柱之外，柱修短总有三等”的记录相符。

⑦ 棒，二百二十八枚。这里，我们采用《旧唐书》与《全唐文》记载中的（左木右牵），而不采用《通典》中所记载的“枅”。棒的准确含义虽然不尽明确，但从字义上推测，则可能为柱与柱之间的拉结性构件。据《汉语大字典》棒条引《广韵》：“（左木右牵），横（左木右牵）木”；同条并引《集韵》：“棒，横木。”宋《营造法式》，卷5，“大木作制度二·梁”条中，在“三曰劄牵”下，提到了一个构件叫“草牵梁”。[1]这个所谓的“草牵梁”起到拉结（牵）梁的作用，很可能与唐人的“（左木右牵）”是类似的构件。我们似乎可以将之理解为后来的“顺栿串”。既然是顺栿串，则可能在每一根梁栿之下都会设置。因而，有可能设置顺栿串的地方有：第三圈32柱以内各柱间的60枚小梁下；外面周回36柱与堂心外第三圈32柱之间。除此之外，为了结构的整体性，我们需要在某些特殊的部位增加一些起拉结作用的牵梁。如在第三圈32柱的8根转角柱上，在不设角梁与斜昂的顺身方向两柱间各增加一道与外檐柱之间的牵梁，周回共有8处需设牵梁的位置。同样，在第二圈28柱的8根转角柱上，也需要沿顺身方向与第三圈32柱之间加一道牵梁，这相当于一根抹角梁。8根角柱共有8处需设这种牵梁的位置。另外，在堂心的两根南北大梁下另设两道顺栿串。总计所有这些必需的顺栿串与牵梁共有114处。每处重叠设置两道共有228枚。如果上面的推测与假设无误，这一数字与原文的记述也是恰相吻合的。

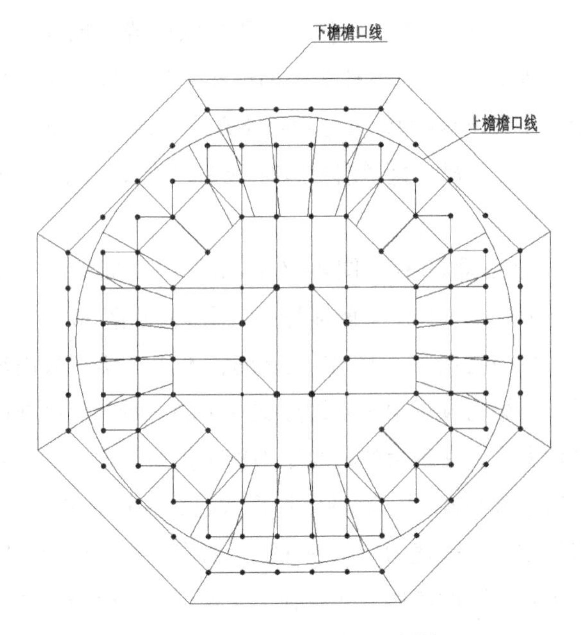

图4-23　明堂上下檐阳马分布示意图（作者自绘）

⑧ 方衡，一十五重。仅从行文中我们已经可以猜测出，这是一条与斗栱、铺作、柱头方等有所关联的构件描述。宋《营造法式》，卷四，“大木作制度一·材”条：“材，其名有三：一曰章，二曰材，三曰方桁。”“桁”与“衡”音同，“方衡”很可能是指“方桁”，即“材”。材的应用以柱头之上的铺作中为最著，宋《营造法式》中往往以“× 铺作 × 材 × 栔”来表述铺作的。梁思

❶ 文献[2]. [宋]李诫．营造法式．卷五．大木作制度二．梁．清文渊阁四库全书本．“三曰劄牵：若四铺作至八铺作出跳，广两材；如不出跳，并不过一材一栔。草牵梁准此。”

成先生《营造法式注释》中总铺作次序条的解释，铺作数与铺作中所包含的栱或方的层数是一致的❶，而每一栱或方的断面高度，即为一材。据此，我们可以推测原文本中的“方衡，一十五重。”可能指的是外檐铺作的数量。由下檐36柱72昂，我们推知下檐可能为七铺作双杪双下昂；由上檐28柱84昂，我们推知上檐可能为八铺作双杪三下昂合为15层铺作，故称方衡（桁）一十五重（图4-13）。

⑨ 大梠，两重，重别三十六条，总七十二。据宋《营造法式》，卷5，“大木作制度二·檐”条：“檐，其名有十四：一曰宇，二曰檐……六曰梠……”《汉语大字典》“梠”字条下，引《说文·木部》：“梠，楣也。”并引《方言》卷13：“屋梠谓之棂。”郭璞注：“雀梠，即屋檐也。”这里用“条”作为大梠的数量单位疑指屋檐上的主要构件——大连檐。以下檐为八角出檐，周回36间，每间对应一条大连檐，有36条大连檐是恰当的；上檐为圆形屋檐，在一个连续的圆屋檐上，为了数字上的象征需要，将大连檐按36段分划也是恰当的。无论从“屋檐”还是从“大连檐”的角度理解“大梠”，这里的两重都更强调了重檐屋顶的特征。

⑩ 飞檐椽，九百二十九枚。与柱径288尺，圆（实为八角）檐周长约271.4米吻合，已如前述（图4-16）。

⑪ 檐椽二千九百九十根与重檐屋顶上下檐的椽子分布数量吻合，且椽心距在唐尺9寸2分左右，其疏密程度也很恰当。

⑫ 大小节及栱总六千三百四十五。与栱联系最为密切的构件当为斗。宋《营造法式》，卷4，“大木作制度一·斗”条：“斗，其名有五：一曰楶，二曰栭，三曰栌……”斗的别称之一为“楶”，而“楶”与“节”音同，梁思成先生在《营造法式注释》中即以“节”注“楶”：“楶，音节。”❷因而，原文本中“大小节及栱”很可能是“大小楶及栱”之误，或这里的“节”即指“楶”，其意即斗。斗有位于柱头上的尺度较大的栌斗，也有诸如交互斗、齐心斗、散斗等小尺度的斗；栱也有长短、位置的区别，故称“大小楶及栱”。从数量上讲，考虑到唐代建筑内外柱头上的斗栱都很复杂，我们将6345枚斗栱平均分布在128棵内外柱头之上，每柱柱头上约有斗及栱49枚。以一组普通的斗栱推算，有栌斗1枚，泥道栱及斗8枚（含泥道瓜栱与泥道慢栱各一，或单栱素方两重，2栱6斗），有华栱8枚（柱头出两跳华栱，2栱6斗），有内外跳横栱16枚（内外第二跳头上设瓜子栱与慢栱各一，4栱12斗），有内外跳头上的令栱10枚（2栱8斗），再有出跳下昂之间上的横栱及斗约8枚，则当在49枚左右。这显然是比较稀疏的铺作形式，与唐代硕大疏朗的斗栱构造比较接近。当然，每一铺作的真实情况，当在此数量上有很大的浮动，因为我们很难弄清当时的内外柱斗栱的真实情况，这只能作为分析的参考。这一结论的前提是，这座殿堂没有设置补间铺作，然而，不设补间恰与我们所知道的唐代早期建筑的情况是相符的。

⑬ 其上槛周回二百四柱。无论《旧唐书》还是《通典》都用了“其上槛周回二百四柱。”的表述方式，但在其后的文字叙述中，又有“……环回契辰象之规，结构准阴阳之数，又基以象地，故叶策于坤元……”的话。❸据《汉语大字典》，“槛”的一个字意是“栏干”，那么这里的“周回二百四柱”相当于栏杆或勾栏上的望柱数。在这座八角形台基上，如果我们在没有踏阶的四个亚方向上各布置19根望柱，以由作图得出的边长34.7米，两望柱的间距为1.93米计；在设有三

❶ 见梁思成．梁思成全集．第七卷，北京：中国建筑工业出版社，2001：104.

❷ 梁思成．梁思成全集．第七卷，北京：中国建筑工业出版社，2001：103.注2.

❸ 文献[2].[五代]刘昫．旧唐书．卷二十二．志第二．礼仪二．清乾隆武英殿刻本．

个踏阶的四个正方位上，沿台基边沿设置16根望柱，柱间距为2.0米；踏阶边沿每侧设3根望柱（不含在台基边线上的），共18根望柱，柱间距为2.4米。这样总计的望柱数为：212根。除去各角共用的8根望柱恰好为204根台基及踏阶栏杆望柱。各方向上所分布的望柱的间距距离与唐代栏杆比较舒展的比例也似恰当。

除如上的一系列数据的分析与验证外，在原文本中还记录了一些我们目前不是很清楚的构件，我们只能给予某种猜测：

⑭ 枅，六十枚。据《汉语大字典》，“枅”字条引《字汇·木部》：“枅，俗枅字。”即枅与枅字义相同。《说文·木部》：“屋枅，屋栌也。”段玉裁注：“有枅，有曲枅。枅者，《苍颉篇》云：‘柱上方木也。’”《营造法式》，卷2，“总释下·门”条注：“门上木谓之枅。”因而，这里的枅，所指可能有三：一是指柱头上的栌斗；二是指柱上之梁架间所用的短柱，即《营造法式》所谓的“侏儒柱”；三是门或窗的上槛。若是指栌斗，数量上很难相合，大殿有柱128根，每一柱头上都应有栌斗，且此前所谓“大小节及栱”已经包含了“大楶”即栌斗，这里不应重复。从门窗的数量上看，在建筑的四周共设门12个、窗24个，总计36个。除非在内柱间再有24个门窗，否则在数量上似与门窗无关。而《汉语大字典》引《淮南子·主术》：“短者以为朱儒枅栌。”也是说“枅”与“侏儒柱”是在形式上很接近的构件。因此，如果将“枅”理解成“侏儒柱”，则在这样一座大型殿堂中，用60根“侏儒柱”还是很有可能的。例如：在与堂心外第三圈32柱相接的梁栿上，以及在与堂心外第二圈28柱相接的梁栿上，如果各置一枚侏儒柱则恰好是60枚。而这两圈柱子正位于柱顶标高变化较大的位置上，需要用侏儒柱的可能性也相当大。

⑮ 连栱，三百六十枚。《营造法式》不见“连栱”一词。“连”与建筑发生联系仅见于《楚辞·招魂》：“网户朱缀，刻方连些。”王逸注：“横木关柱为连。言门户之楣，皆刻镂绮文。”[1] 这里的连似乎是指门楣。而连栱似与门无关联。因而，只能认为连栱是栱的一种形式，但不在柱头之上的“大小楶及栱”的范围之内。这里，笔者猜测有两种可能：一种是指直接从柱身上伸出的“插栱”或“丁头栱”，取其与柱身相连之意也；另一种是指见于唐代壁画中的“人字栱”，取两木相连成“人”字形意。从结构需要上看需要设插栱的位置似乎没有那么多。可能设人字栱的位置则比较多，如副阶外檐36间，大殿四周设门窗及外墙处有44间，殿身上檐28间，堂心外第一圈20间，堂心八柱及四辅柱围合而成的12间，合计为140间，每间各设人字栱2枚（在双阑额间及阑额与第一层柱头方间各一，共两重），总计280枚；在比较近人的副阶外檐36间与设有门窗及外墙的44间处每间各增设一枚，即设三重人字栱，则可再增加80枚，合计为360枚人字栱。似与原文本中“连栱”的记载数量相符。

⑯ 重干，四百八十九枚。《营造法式》中并无称为“重干”的构件，仅从字面上推测，这里的“重干”很可能是指柱头上的方子，包括柱头方、罗汉方、平綦方等。从剖面上来看，堂心8柱及4辅柱柱头之上（围绕八柱四辅周围12间及堂心八柱的抹角4间，共16个开间），堂心外第一圈20柱柱头之上（20个开间），堂心外第二圈28柱柱头之上（28个开间）以及外面周回36柱柱头之上（36个开间），共100个开间的柱头上，都应有比较规则的柱头方。以每间有柱头方4枚，共有400枚。堂心外第三圈32柱所围合而成的折角形外墙，共有44个开间，这一圈柱子的柱头上不能设完整的铺作，故柱头方也相对较少，以每间上设置2枚柱头方，共有88枚。合计488枚柱头方。与重干489枚的记载仅差1枚。当然这只是一个粗略的估算。实际柱头上方子的分布远比如上所说的要复杂。但从

---

[1] 《汉语大字典》编辑委员会. 汉语大字典. 第5卷. 武汉：湖北辞书出版社；成都：四川辞书出版社，1988.

数量上看，由如上的推测，就这些柱子与开间的情况，在这些柱子的柱头上设置 489 枚方子是一个相差不会很远的数字。

当然，对于最后这几种构件的推测带有很强的猜测性，权且作为一个分析的过程记录在这里。也许将来会有学者推翻这一猜测与分析的结果，给出一个更为合乎唐代木构建筑的结构逻辑的，也更接近历史真实的结论，笔者期待。

六、关于这一研究的意义

对一座从未实际建造的建筑进行设计原状的方案探讨（图 4–24，图 4–25），这其中的意义究竟在哪里呢？以笔者的拙见，这仍然是一件十分有意义的研究。我们目前所知的唐代木构建筑遗存有如凤毛麟角。而且，现存实例都是中、晚唐时期的建筑，对于初唐与盛唐的建筑，我们只能从敦煌唐代洞窟的壁画中略窥一点风采。而壁画留给我们的只是造型上的零星信息，对于初唐与盛唐时期大型木构建筑的许多结构、构造及建筑比例等方面的情况，以我们现在所掌握的资料还很难有一个比较深入的了解。

唐总章二年诏建明堂，是目前我们所知中国古代历史文献中记录最为详细的唐代大型木构建筑实例。

图 4-24　总章明堂外观透视图之二（笔者工作室绘制）

图 4-25　总章明堂庭院透视图之二（笔者工作室绘制）

如果我们上面的分析是正确的，使我们至少可以了解有关唐代建筑的一些重要特征：

① 目前我们所知唐代最早的八角形平面建筑是建于唐天宝五年（746年）的河南登封县嵩山会善寺的净藏禅师塔。[1] 如果总章二年（669年）明堂是如我们所分析的平面与造型，则在初唐时期就已经有了八角形平面的大型重檐木构殿堂,比净藏禅师塔早了近80年。

② 从陕西西安市大雁塔门楣石刻所示初唐佛殿建筑[2] 中可以知道，初唐时的木构建筑有一些重要特征，如两柱间不设补间铺作，檐口使用了飞檐椽，两柱柱头间使用双阑额，阑额上用人字栱等。这些构造特征都在总章明堂中得到了验证。从昂的数量上看，总章明堂同大雁塔门楣石刻佛殿一样，只在柱头上使用了出挑的斗栱。如果连栱确实是指“人字栱”，通过总章二年明堂可以知道在内外檐柱头上都曾使用了人字栱，而且在外檐还可能使用了多重人字栱。（这里，需要特别补充提出的一点是，在大雁塔门楣石刻佛殿柱头方上出现的斗子蜀柱的做法，令人觉得似与原文本中的“枅”有些关联，但从文献中所载枅的数量与石刻中出现的斗子蜀柱的位置来看，似乎又可排除这一关联。）

③ 如果我们的分析是正确的，可以比较肯定地说明在唐代圆形屋顶的檐口部分是不用飞檐椽的，而可能是在每一柱头的铺作之上设角梁。这样做的目的可能是为了保持圆形屋檐在造型上的均匀性，并解决了因不设飞椽而造成的屋檐的压抑感。

④ 按照我们的分析，可以推测唐代建筑在副阶檐柱与第一进内柱之间，或在沿周围廊的柱子上，可能不设乳栿类的小梁，而是用斜昂昂尾与内柱铺作所出的方子拉结而成。这种结构的遗存形式，还可以在五代末宋初时建造的福州华林寺大殿（964年）等建筑[3] 中见到。

⑤ 从分析中可以看出，总章二年明堂建筑的材分值大于我们所知道的宋代材分制度的最高等级。从剖面作图分析可知，总章二年明堂所用材的材高断面至少在45cm（约合1.5唐尺）以上，这远远高出宋《营造法式》的规定及我们所知道的唐代佛光寺大殿30cm的用材断面。可以推测，从初唐到中、晚唐，材高值可能呈逐渐降低的趋势。

⑥初唐时代的铺作斗栱的设置上，已经有了与宋《营造法式》中的一些规则相似的做法，如在重檐大殿中副阶铺作要比殿身铺作减一铺。而最高等级的铺作，如总章二年明堂的上檐所用已是八铺作双杪三下昂。下檐铺作比上檐减一铺为七铺作双杪双下昂。但是，需要特别引起注意的是转角铺作与柱头铺作的昂数一样似乎没有在转角增加一枚由昂的做法。如果这一点能够证实，则对古代斗栱发展史的研究具有重要意义。

⑦从总章二年明堂可知，在大型殿堂的台座周围及踏阶两侧都设有木制勾栏。栏杆望柱的间距在1.9米至2.0米左右，其造型是比较平疏的。

⑧由总章明堂可知，初唐时大型木构建筑的椽子与飞子的分布疏密程度与宋《营造法式》的规定已经十分接近。飞檐椽之间的椽心距在9寸7分左右，椽子之间的椽心距在9寸2分左右。

⑨总章二年明堂方案保存的建筑比例问题是比较可信的。例如没有明显的当心间与次间、梢间开间大小的差别。每一间的开间距离是相同且均匀分布的。建筑物的屋顶举折十分平缓，这与我们所知道的唐代早期建筑的情况是一致的，但现存实例是较小的建筑，而总章明堂提供了大型殿堂举折的实例。总章明堂在

---

❶ 刘敦桢．中国古代建筑史[M]．北京：中国建筑工业出版社，1980：133.

❷ 刘敦桢．中国古代建筑史[M]．北京：中国建筑工业出版社，1980：19.

❸ 见杨秉纶，王贵祥，钟晓青．福州华林寺大殿//清华大学建筑系．建筑史论文集．第九辑．北京：清华大学出版社，1989：10-12.

门、窗比例、内柱高与脊槫高比例，甚至副阶檐高度与台基高度等相关比例方面都有很具体的记录。

⑩由于总章二年明堂有十分详细的尺寸记载，有些尺寸可以验证中国古代建筑的一些基本比例规律。如王其亨先生发现的中国古代“千尺为势，百尺为形”[1]的设计规则，在这里就得到了充分的体现。堂自台阶面至脊栋下高90唐尺，如果再加上其上的攒尖宝顶等，其立面高度当恰好在百尺左右。而明清时期所建的天坛祈年殿，自台基至屋顶攒尖部分的高度也在百尺左右。这说明，自初唐至晚清，对于大型祭祀建筑的高度控制都没有超出“百尺为形”的规则范围。如对其建筑及空间比例进行更加深入的分析，当可发掘出一些较为重要的有关唐代木构建筑比例方面的规律。有关这一方面的结论有待以后进一步的深入研究。

当然，对于这样一座唐代大型殿堂的原状探讨绝不会是一件轻而易举之事。其中有许多几乎是无法解决的疑难问题。这里的研究也只能是一个十分初步的探索。尽管笔者尽力想把相关的记录数据与实际的复原研究相吻合，但其中的误差或臆断也是在所难免的。笔者不揣浅陋地提出如上这些粗疏的见解，希望能够引起诸位方家识者的关注，以期引出更为恰当正确的分析结果。

第二节
隋大兴禅定寺高层木塔形式探讨

中国佛教及其建筑，自西晋末十六国时期开始勃兴到南北朝时，达到其发展历史上的第一个高潮时期。佛教寺院建筑也多从东汉末、三国时期“以佛塔为中心”，周围环以廊阁、庑房的格局，渐渐向南北朝、隋代时，在佛殿前置佛塔的“殿前塔”式格局或在殿后设置讲堂的“前佛殿、后讲堂”式或“前佛塔、中佛殿、后讲堂”式等格局演进。同时特别值得注意的是，自南北朝至隋代的佛教寺院中出现了一个木构佛塔的建造热潮。

从古代文献的角度观察，自两晋时始，“塔寺”“塔庙”等词已经十分常见，如《晋书》中就曾多次提到修营“塔庙”。在提到赫连勃勃自诩其所建宫殿时，已经用“宝塔”一词来指代佛塔：“虽如来、须弥之宝塔，帝释、忉利之神宫，尚未足以喻其丽，方其饰矣。”[2]至南朝宋时，“佛塔”“塔寺”的数量已经相当多，谢灵运的《山居赋》中提到了“谢丽塔于郊郭，殊世间于城傍。”[3]说明这时的佛塔已经成为城市与乡村中的一种景观元素。而宋元嘉十二年（435年）丹阳尹萧摩之所说：“佛化被于中国，已历四代，形像塔寺，所在千数……”[4]这里的塔寺应该既泛指寺院，也特指有佛塔的寺院。以《辩正论》的统计，南朝宋共建寺院1913座，则这里所说有“千数”的塔寺至少占到了南朝宋所建全部寺院的50%。

南朝梁时，梁武帝曾“改造阿育王寺塔，出旧塔下舍利及佛爪发”[5]。而这一时期的阿育王塔尤其多，如《梁书》卷五十一提到“鄮县阿育王塔”卷五十四提到“洛下、齐城、丹阳、会稽并有阿育王塔”。

此外，自晋末十六国至南北朝以来，南、北方的佛寺中常常会出现“×重寺”或“×层寺”的名称，如《高僧传》卷五提到“长安五重寺”，卷七提到“江陵城内五层寺”“江夏郡五层寺”，卷十中提到江陵“三

[1] 见王其亨. 风水理论研究[M]. 天津：天津大学出版社，1992.

[2] 文献[2]. [唐]房玄龄等. 晋书. 卷一百三十. 载记第三十. 赫连勃勃. 清乾隆武英殿刻本.

[3] 文献[2]. [南北朝]沈约. 宋书. 卷六十七. 列传第二十七. 谢灵运传. 清乾隆武英殿刻本.

[4] 文献[2]. [南北朝]沈约. 宋书. 卷九十七. 列传第五十七. 夷蛮. 清乾隆武英殿刻本.

[5] 文献[2]. [唐]姚思廉. 梁书. 卷五十四. 列传第四十八. 诸夷. 清乾隆武英殿刻本.

层寺”;《比丘尼传》卷二中提到长安“六重寺”与“江陵三层寺”，卷三中提到“荆州三层寺”;《广弘明集》中提到荆州“城内有五层寺，寺有舍利塔”[1]。此外，《法苑珠林》中提到东晋时，荆州城内还有“四层寺”。我们或可推测这些“× 层寺”或“× 重寺”很可能是指寺中主要建筑——佛塔为“× 层”的意思。

《南齐书》中还记载了一则有趣的故事:“帝以故宅起湘宫寺，费极奢侈。以孝武庄严刹七层，帝欲起十层，不可立，分为两刹，各五层。”[2]《太平御览》中也提到了这件事情:“明帝以故宅起湘宫寺，费极奢侈。以孝武庄严寺刹七层，帝欲起十层，不可立，分为两刹，各五层。”[3]这恐怕是所记在一座寺院中建造两座佛塔的最早例子。后世在寺中对称布置双塔的做法很可能也肇始于兹。而其意却是两塔相加的层数之和。在佛教概念中，建塔越高或层数越多，则功德越大。这也很可能暗示了后世对称布置两座佛塔的做法似是出于建塔者希望建造的层数越多越好的结果。

此外，从《南史》中所载:“即迁舍利近北，对简文所造塔西，造一层塔。十六年又使沙门僧尚加为三层，即是武帝所开者也。”[4]《高僧传》也提到:释慧受常常梦见一条青龙从南方来，化为刹柱。就派沙弥试去江边寻觅，见一长木随流下来，“于是雇人牵上，竖立为刹，架以一层。”[5]说明在南朝时造单层塔也是一种选择。从如上所梳理的记载中，可以清晰地了解到，在南朝时，佛塔的形式可能有一至七层以及由两座五层塔所代表的“十层”的概念。

南北朝时佛塔建筑发展的重要特征，不仅体现在层数的不断增多也体现在佛塔在高度上的大胆尝试。最著名的例证就是由北魏宣武灵皇后胡氏于熙平元年(516 年)所建的洛阳永宁寺塔，事见《魏书》:“世宗、肃宗时，豫州人柳俭、殿中将军关文备、郭安兴并机巧。洛中制永宁寺九层浮图，安兴为匠也。”[6]北魏人杨衒之撰《洛阳伽蓝记》载:永宁寺“中有九层浮图一所，架木为之，举高九十丈。有刹复高十丈，合去地一千尺。去京师百里，已遥见之。”[7]这里似有夸张之嫌，但杨衒之是当时之人且极言其高，说明其真实高度是相当惊人的。同是北魏人的郦道元在其所撰《水经注》中也提到了这座塔:“水西有永宁寺，熙平中始创也。作九层浮图，浮图下基，方十四丈，自金露盘下至地四十九丈，取法代都七级而又高广之，虽二京之盛，五都之富，利刹灵图，未有若斯之构。”[8]以北魏尺约合今尺 0.273 米计，这座塔自塔刹以下至地面的高度约为 133.77 米。若再加上塔刹，总高度或可达到 150 米余。从古代木构建筑的角度，这确实是一个空前绝后的木构佛塔建筑案例，从而也反映了六世纪初时，中国高层木构建筑可能达到的极限水平。

一、隋东、西禅定寺与两寺中的双木浮图

无论是在东汉末年以来的“以塔为中心”寺院格局中，还是在南北朝以来的“殿前塔”式寺院格局，或“讲堂前设佛殿，佛殿前设佛塔”的寺院格局中，佛塔都是寺院中最重要的建筑物之一。由于隋代国祚较短，隋代佛寺在空间格局上的变化比起南北朝时期并没有十分明显的变化。但隋代，佛教得到了文、炀二帝的大力扶植与提倡，佛寺建造的数量之多，单座

---

❶ 文献[2].[唐]释道宣.广弘明集.卷十二.四部丛刊景明本.

❷ 文献[2].[南北朝]萧子显.南齐书.卷五十三.列传第三十四.良政.清乾隆武英殿刻本.

❸ 文献[2].[宋]李昉.太平御览.卷六百五十八.释部六.寺.四部丛刊三编景宋本.

❹ 文献[2].[唐]李延寿.南史.卷七十八.列传第六十八.夷貊上.清乾隆武英殿刻本.

❺ 文献[2].[南北朝]释慧皎.高僧传.卷十三.兴福第八.释慧受四.大正新修大藏经本.

❻ 文献[2].[南北朝]魏收.魏书.卷九十一.列传术艺第七十九.清乾隆武英殿刻本.

❼ 文献[2].[南北朝]杨衒之.洛阳伽蓝记.卷一.城内.四部丛刊三编景明如隐堂本.

❽ 文献[1].史部.地理类.[后魏]郦道元.水经注.卷十六.谷水.

佛寺所占基址的规模之大，却比南北朝时期有了较为明显的发展。

隋文帝时期，尤重佛教寺塔的建造。他当政之初就大规模营造了新都城——大兴城，并在新城之内有意识规划布置了一些重要的大型佛寺与道观。如对称布置于皇城之南朱雀大街两侧的玄（元）都观与大兴善寺就是各占一坊之地的大型国家性道观与佛寺。据《唐会要》:“初，宇文恺置都，以朱雀街南北尽郭，有六条高坡，象乾卦，故于九二置宫阙，以当帝之居。九三立百司，以应君子之数。九五贵位，不欲常人居之，故置元都观、兴善寺以镇之。”❶

隋大兴城（唐长安城）的规划者宇文恺，除了刻意在朱雀大街两侧对称设置玄都观、兴善寺，以镇城中六冈之一的九五贵地外，在后来的仁寿三年（603年），还从城市空间的角度，在地势较为低洼的大兴城西南隅建造了一座大寺院——禅定寺，寺中设立了一座高层木塔：

“次南永阳坊（坊之西南即京城之西南隅）：半以东大庄严寺（隋初置宇文政别馆于此坊。仁寿三年，文帝为献后立为禅定寺。宇文恺以京城之西有昆明池，地势微下，乃奏于此寺建木浮图，崇三百三十尺，周回一百二十步，大业七年成。武德元年改为庄严寺。天下伽蓝之盛，莫盛于此寺。)”❷

炀帝时期在这座禅定寺的西侧又建立了另外一座规模与之相当的大型寺院，也称为禅定寺：

“半以西大总持寺（隋大业三年，炀帝为文帝所立。初名大禅定寺。寺内制度与庄严寺正同。武德元年改为总持寺。庄严、总持，即隋文、献后宫中之号也。)”❸

这里提到了大兴（长安）城西南隅永阳坊的两座寺院，一座是文帝于仁寿三年（603年）为献后所建的东禅定寺（大庄严寺）；另外一座是炀帝为文帝所建的西禅定寺（大总持寺）。其中，东禅定寺（大庄严寺）中有一座高330尺、周回120步的高层木塔，而《长安志》中并没有提到西禅定寺（大总持寺）中是否有木塔。但据清人徐松《唐两京城坊考》却有：“西，大总持寺。（隋大业三年，炀帝为文帝所立，初名大禅定。寺内制度与庄严寺正同，亦有木浮图，高下与西浮图不异。武德元年改为总持寺。)”❹ 也就是说，在西禅定寺中可能也有一座与东禅定寺高低、大小相同的高层木塔。

关于这两座寺院与佛塔的更早记录，见之于唐人韦述所撰《两京新记》:

“次南曰和平坊，坊内南北街之东筑大庄严寺，街西筑大总持寺。次南曰永阳坊，坊西南即京城之西南隅也。半已东大庄严寺，隋初置，仁寿三年，为献后立为禅定寺。宇文恺以京城西有昆明池，地势微下，乃奏于此建木浮图，高三百三十仞，周匝百二十步。寺内复殿重廊，天下伽蓝之盛，莫为与比……半已西大总持寺，隋大业元年炀帝为父文帝立。初名禅定寺，制度于庄严寺同，亦有木浮图，高下与西木浮图不异，武德元年改为总持寺。”❺

由韦述所记，可知这两座寺院各占和平、永阳南北两坊的半坊之地，则每一座寺院的总面积当为一坊之地（图4-26）。以永阳坊、和平坊都是规模较大的

❶ 文献[2].[宋]王溥．唐会要．卷五十．观．清武英殿聚珍版丛书本．

❷ 文献[1]．史部．地理类．古迹之属．[宋]宋敏求．长安志．卷十．唐京城四．

❸ 文献[1]．史部．地理类．古迹之属．[宋]宋敏求．长安志．卷十．唐京城四．

❹ 文献[2].[清]徐松．唐两京城坊考．卷四．西京．清连筠簃丛书本．

❺ 文献[2].[唐]韦述．两京新记．清佚存丛书本．

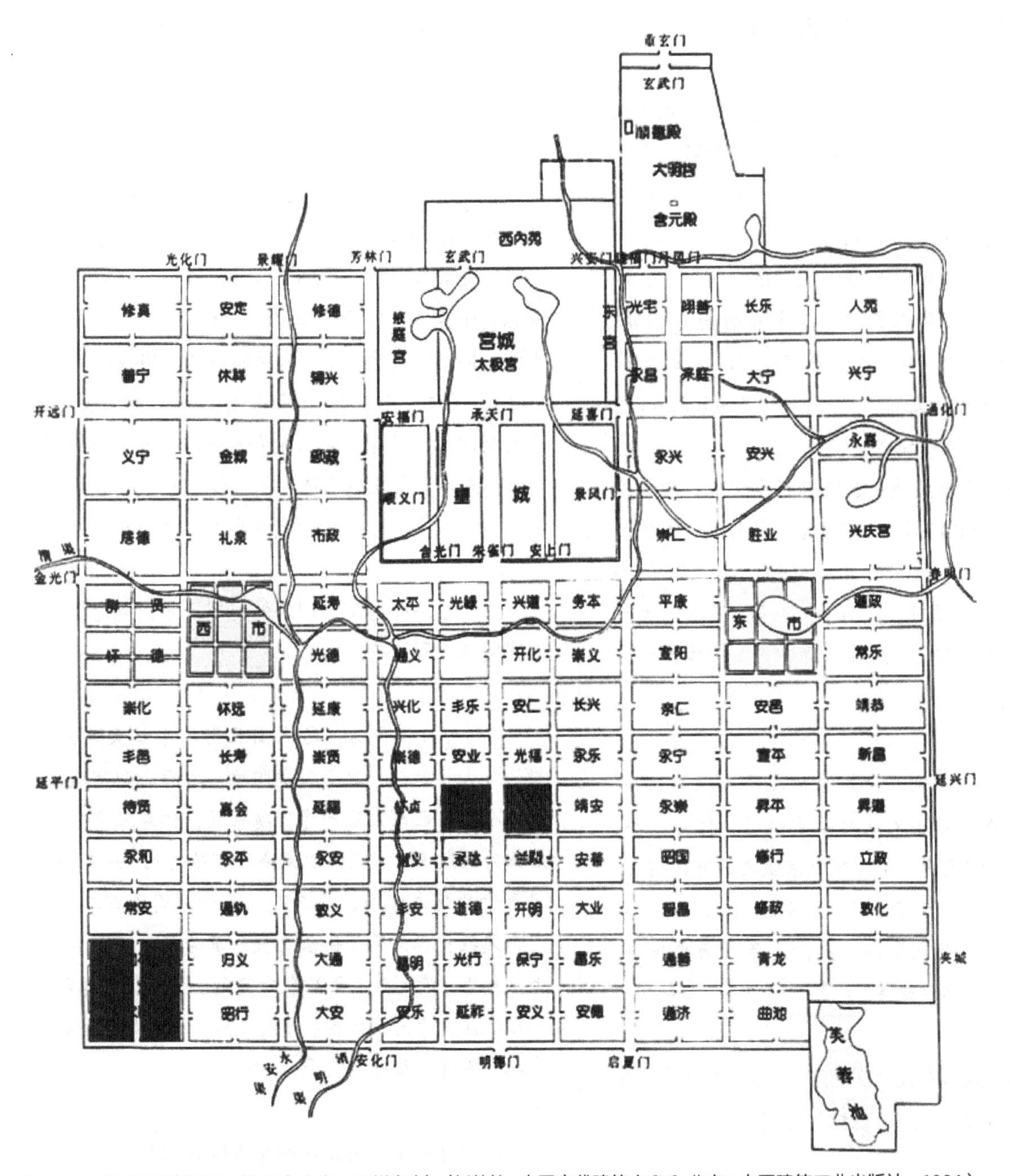

图 4-26　隋唐长安城平面（左下角为东、西禅定寺）（刘敦桢 . 中国古代建筑史 [M]. 北京：中国建筑工业出版社，1984.）

坊，东西 650 步，南北 350 步。若不考虑南北两坊之间及坊内南北向的道路因素，两座寺院分别为约南北长 700 步、东西宽 325 步的大寺。每座寺院的总面积约为 227500 平方步，以一亩为 240 平方步计则每座寺院的面积约为 948 唐亩。以一唐尺为今尺 0.294 米折算，一唐亩的面积为 518.6 平方米。如此推算出两座寺院，各自的基址规模合今尺约为 491632.8 平方米，约近 50 公顷，显然是一座规模相当大的寺院。难怪唐人韦述会有“寺内复殿重廊，天下伽蓝之盛，莫为与比”的感慨，唐宣宗更有:“其寺复殿重廊,连甍比栋,幽房秘宇，窈窕疏通，密竹翠松，垂阴擢秀，行而迷道，天下梵宫，高明寡匹。”❶可见其寺中建筑之繁复丛密。

韦述《两京新记》明确记录了东、西禅定寺（大庄严寺与大总持寺）内各有一座木浮图，两座浮图的高度与制度相同。这一点印证了清人徐松的描述。两者之间在木塔塔身基座周回尺寸上的记述全然相同，均为 120 步，但在木塔高度的描述上却有一个重要的差别：韦述的记载为 330 仞，而徐松的描述为 330 尺。

“仞”作为一个长度单位，按周尺计，有 8 尺之长；按汉尺计，有 7 尺之长；即使以汉尺推算，高 330 仞也有 2310 尺，以一隋开皇尺为 0.294 米计，高度有 679.14 米。这显然是一个不可能的高度。因此我们可以初步推定，韦述所谓 330 仞的木浮图高度很可能是 330 尺的一种夸张说法。而徐松所说的 330 尺高则是较为接近事实真相的。

关于这两种记载中有关木塔高度所用度量单位的差异，我们或可以通过去唐不远的宋释赞宁所撰《宋高僧传》的描述加以分析。据《宋高僧传》：

“大中七年宣宗幸庄严寺，礼佛牙，登大塔。宣问耆年，乃赐紫衣。其年六月，敕补（慧）灵为新寺上座矣。帝望寺西北废总持寺，乃下敕曰：‘朕以政闲赏景，幸于庄严，其寺复殿重廊，连甍比栋，幽房秘宇，窈窕疏通，密竹翠松，垂阴擢秀，行而迷道，天下梵宫，高明寡匹。当建之时，以京城西昆明池势微下，乃建木浮图，高三百尺。藩邸之时，游此伽蓝，见斯胜事。其总持寺，大业中立，规制与庄严寺正同，今容像则毁，忍草随荒，香径芜侵，尚存基址。其寺宜许重建，以副予心。’三月十一日，今三教首座，辩章勾当修寺，及毕工，推灵为纲任，崇圣寺赐紫睿川充寺主，福寿寺临坛大德赐紫玄畅充都维那。灵居寺职，清众咸序，帝所钦重。寺中常贡梨花蜜，其色白，其味愈常，蜡房所取者。灵居新寺终矣。”❷

由此可知，隋代所建东禅定寺（大庄严寺）木塔至晚唐宣宗大中七年（853 年）时还岿然屹立于寺中。且当时的寺中“复殿重廊，连甍比栋，幽房秘宇，窈窕疏通，密竹翠松，垂阴擢秀，行而迷道，天下梵宫，高明寡匹。”不仅说明这座寺院规模宏伟，空间繁复，也说明晚唐会昌灭法并没有对这座寺院产生重大影响。同时可知，宣宗时还很可能将是在会昌灭法时遭到毁弃的大总持寺（隋代西禅定寺）加以重建，并委任了新的寺主与维那。但寺中木塔是否曾废圮亦是否曾重建，这里都没有提到。重要的是，这里对东禅定寺（大庄严寺）木浮图的描述为“高三百尺”。尽管这是一个约略的数字，但却从一个侧面证明了韦述所谓塔高“330 仞”其实应该是“330 尺”之误。

与东禅定寺（大庄严寺）有关的信息还见于另外两条记载，其一是《隋书》中所记：“初建禅定寺，其中幡竿高十余丈，适遇绳绝，非人力所及，诸僧患之。（沈）光见而谓僧曰：‘可持绳来，当相为上耳。’诸僧惊喜，因取而与之。光以口衔索，拍竿而上，直至龙头。系绳毕，手足皆放，透空而下，以掌拒地，倒行数十步。观者骇悦，莫不嗟叹。”❸寺中幡竿的高度也有十余丈（百余尺）。这或许是与高度 330 尺（33 丈）相匹配的幡竿高度。

其二是《旧唐书》所载：“大历十年二月，庄严寺佛图灾。初有疾风，震雷薄击，俄而火从佛图中出，寺僧数百人急救之，乃止，栋宇无损。”❹说明隋仁寿三年（603 年）所建木塔，在大历十年（775 年）时，

❶ 文献[1]．子部．释家类．[宋]赞宁．宋高僧传．卷十六．唐京兆圣寿寺慧灵传．

❷ 文献[1]．子部．释家类．[宋]赞宁．宋高僧传．卷十六．唐京兆圣寿寺慧灵传．

❸ 文献[2]．[唐]魏征．隋书．卷六十四．列传第二十九．沈光传．清乾隆武英殿刻本．

❹ 文献[2]．[五代]刘昫．旧唐书．卷三十七．志第十七．五行．清乾隆武英殿刻本．

曾遭雷击而起火但很快被僧人扑灭。再结合上文所述，宣宗于大中七年（853 年）登塔之事，可知这座隋代所建东禅定寺高层木塔至宣宗时已经存在了 251 年之久。而宣宗时尚保存良好的庄严寺，以及这一时期重建的总持寺，很可能一直存在到了唐代末年。若假设这两座寺院及寺中的高层木塔，是伴随唐代的灭亡（907 年）而遭毁圮的，则至少可以推知，隋代所建的这座东禅定寺木塔（很可能也包括西禅定寺木塔）曾经在隋大兴（唐长安）城这座中古时代世界上最伟大城市的东南隅屹立了 305 年之久。

二、禅定寺塔的台基与塔身首层平面

两座创建于公元 7 世纪初的高层木结构佛塔曾经屹立于中国佛教史上最为鼎盛的隋唐两代京城之内的西南隅。而且两座佛塔存在的时间也相当长，至少其中一座屹立于世有 305 年之久。这在古代史料所记录的高层木塔中也是十分罕见的。例如，前面谈到的北魏永宁寺塔，虽然在规模与高度上达到了空前绝后的水平，但其存世的时间却十分短暂。另外一座著名的高层木塔是北宋汴梁城中的开宝寺塔，虽然始创于北宋初年，但在北宋庆历四年（1044 年）就毁于雷击之火，存世时间不会超过 80 余年。而存世于隋唐两代的长安庄严寺塔（隋禅定寺塔）不仅屹立于世 305 年，而且，虽然亦遭雷火之击，居然安然渡过难关。由此，更令我们对于这样一座非同凡响的中国古代高层木构建筑充满了景仰、憧憬与遐思。这或许就是笔者希望对其原初形式与结构加以探究的重要原因之一。

现在，我们有了两个基本数据：

① 塔高 330 尺；

② 塔周回 120 步。

尽管对于描述一座佛塔建筑的外观形式而言，这是一组少得可怜的数据，但也是一组十分关键性的基础数据。首先我们有了塔的总高度，其次有了塔的周回尺寸，这就有可能使我们推测出塔身基座的平面边长尺寸。而有了塔基边长与塔身总高这两个最重要的基础性数据，再从隋唐时代建筑之结构与造型的逻辑本身出发，科学推测出其原初造型的可能形式并非完全是水中捞月之举。

1. 木塔首层平面

《长安志》中明确记载了禅定寺木浮图“周回一百二十步”，《两京新记》中则说是“周匝百二十步”。这两条史料相互印证，说明禅定寺塔塔基部分的周回尺寸为 120 步。如我们所知的南北朝至隋代的木构佛塔多为正方形平面。一个周回 120 步的正方形，其边长显然应该是 30 步。由于佛塔是一种变截面的建筑物，越向上部其结构尺寸越向内收，故这里的“周回”尺寸应该是木塔底部的尺寸。

从史料中可知，汉步一步为 6 尺，唐步一步为 5 尺。如据《唐六典》：“凡天下之田，五尺为步，二百有四十步为亩，亩百为顷。”[1]但隋代所用步为几尺，史料中并没有较为明确的记述。而我们知道，唐尺主要沿用的是隋开皇九年（589 年）平陈之后所定之“开皇尺”，每尺为 0.294~0.295 米。由此可推知，唐步亦有可能是沿用自隋步，也就是说隋步应与唐步相同，即一步为 5 尺。

抑或有云，这一说法难以得到印证。但有一点是可以确知的，最早较为清晰地记录了隋大兴禅定寺双塔（唐长安大庄严寺塔、大总持寺塔）塔基周回尺寸的是盛唐至中唐时人韦述，这时长安大庄严寺塔、大总持寺塔依然屹立，如果隋代用步与唐代不同，韦述也会用唐步加以纠正的。也就是说，韦述所说的“周匝百二十步”很可能表达的是“唐步”，即一步为 5 尺的概念。

如此，我们可以将步换算成尺，即隋禅定寺木塔塔身基座的周回尺寸为

---

[1] 文献 [2]．[唐] 李林甫．唐六典．卷三．尚书户部．明刻本．

120 步 ×5 尺 / 步= 600 尺

以禅定寺塔应为正方形平面，则其塔身底部的边长为 120 步 ÷4 = 30 步，换算成尺则为

30 步 ×5 尺 / 步= 150 尺

由此，我们可以从 150 尺这个数字开始我们的分析。首先遇到的问题是：周回 600 尺，边长 150 尺，究竟是塔身首层木结构的尺寸还是塔下台基的尺寸？显然，一座木构佛塔建筑必有其土石所筑的台基。以历史上的其他建筑记录案例为例，如北魏郦道元所著《水经注 · 谷水》中提到了北魏洛阳永宁寺塔："浮图下基方十四丈"，对永宁寺塔考古发掘的数据也证明了这一点。这里明确说，其记录的尺寸是塔下的台基。这至少从一个侧面说明，古人在描述一座佛塔建筑时，其平面尺寸描述可能是指塔身下的台基。

我们也可以从尺寸本身来看问题。如果说边长 150 尺是指禅定寺塔塔身首层木结构外廓尺寸，则其高 330 尺仅仅是塔首层边长的 2.2 倍。这样臃肿的比例似乎与我们所知的隋唐时代多层楼阁式佛塔，如初唐时所建长安兴教寺玄奘塔那种高耸挺拔的建筑造型大相径庭。由此，我们可以较为肯定地推测：文献中所谓周回 120 步应该指的是禅定寺塔塔身之下的建筑基座尺寸。也就是说，禅定寺塔基座是一个边长为 150 尺（30 步）的方形台基，禅定寺塔就是坐落在这一台基之上的。

那么，作为佛塔最重要量度的塔身首层木结构尺寸应该怎样确定呢？这一问题只能通过古代木构建筑之结构与比例的内在逻辑来逐步加以推证。

首先，对于木构建筑来说，最重要的是要确定其支撑结构的柱网体系。这是一座方形平面的木构建筑，其东西与南北两个方向的柱网开间尺寸应该是相互对应的。因此只要明确了一个基本的开间柱网就能够将这一结构的平面确定下来。而一般木构建筑柱网平面的确定，最重要的是确定其当心间的开间尺寸。那么这座木塔首层当心间开间的面阔尺寸应该是多少呢？我们只能从隋唐时期建筑的实例开间尺寸中寻找依据。

见于史料记载的建筑物开间尺寸与这座木塔时代比较接近的是《旧唐书》卷二十二提到的唐高宗于总章二年颁布的明堂建筑，这座明堂"堂每面九间，各广一丈九尺"[1]。总章明堂九开间是按等分划分开间的，每间的面阔为 1.9 丈。由此推测，1.9 丈左右很可能是一个比较适合隋唐时期木构建筑的面阔尺寸。现存最早的木构殿堂山西五台南禅寺大殿，当心间面广为 4.99 米，据建筑史学家傅熹年先生的推测，大殿所用营造尺可能是 0.275 米 / 尺，则其当心间开间面阔为 4.99 米 ÷0.275 ≈ 1.8 丈。其两稍间为 3.3 米约合 1.2 丈。同是唐代所建的五台山佛光寺大殿，当心间与两侧两个次间的开间均为 5.04 米，以一唐尺为 0.294 米推算，其开间亦为 5.04 米 ÷0.294 ≈ 1.7 丈。只有两端稍间稍狭为 4.4 米，约合唐尺 1.5 丈。[2] 这说明，面阔 1.7~1.9 丈是隋唐时期木构建筑物当心间与次间可能的开间尺寸选择范围，而稍间的开间尺寸应该在 1.2~1.5 丈。

这样，我们可以将隋禅定寺木塔首层面广与进深方向当心间的面阔尺寸暂时设定为 1.8 丈。以此为基础，再向次、稍间推演。

以其台基边长为 15 丈，若台基每侧留出一定的宽度，如 1.5~2 丈，则塔身首层的边在 11~12 丈。据以上分析，开间尺寸以 1.8 丈左右计算，则以 11~12 丈的边长，木塔首层平面的东西、南北两个方向至多能够布置 7 间。因而，我们设定塔首层平面的面阔与进深各为 7 间。但考虑到这是一座高层木塔，若各层均为 7 间塔身比例会比较臃肿。而按照隋唐辽宋时期木构楼阁建筑特征，塔身首层有可能设置"周匝副阶"，则第二层以上的塔身结构，开间数应减少为 5 间。也

---

[1] 文献 [2].［五代］刘昫．旧唐书．卷二十二．志第二．礼仪二．清乾隆武英殿刻本．

[2] 参见傅熹年．中国古代建筑史．第二卷．北京：中国建筑工业出版社，2009：522-530.

就是说，减除副阶之后塔身各层面阔与进深方向的开间应各为 5 间。

这样，我们以塔身为 5 间来思考：若设当心间为 1.8 丈，参照佛光寺大殿做法，两次间开间面阔尺寸与当心间同亦为 1.8 丈；两稍间开间面阔则需要有所减少，仍参照佛光寺大殿两稍间做法，将塔身面广与进深方向两侧稍间设为 1.5 丈，则首层塔身结构 5 间总面阔与总进深均为

1.8 丈 ×3 + 1.5 丈 ×2 = 8.4 丈

如前所述，高层木塔首层有可能设置“周匝副阶”，副阶的进深尺寸应当再做减少。首层两侧副阶相当于首层平面的尽间，故我们参照南禅寺两稍间的尺寸设定隋禅定寺塔首层副阶柱与殿身柱间距，即首层平面两端两尽间的开间面阔为 1.2 丈。则首层木构柱网的轴线总面阔与总进深均为

8.4 丈 + 1.2 丈 ×2 = 10.8 丈

但这里还有一个需要探讨的问题：如果我们联想到，这座塔的中心部位有一根塔心柱。以塔心柱根部的直径为 5 尺计，其四周 4 棵柱子的直径为 3 尺，则周围柱与塔心柱之间的间距就显得十分拥挤。若其中再设楼梯，则空间更为狭小。此外，由于古代高层木塔各层有收分，而各层收分累计的结果会对当心间的开间面阔造成挤压，从而会使木塔顶层的当心间面阔变得很小。为了避免这一情况发生，可以考虑将这座高层木塔首层当心间两柱的间距做适当的放大，如将其开间面阔设定为 2.0 丈，既可以使中心塔柱与周围四柱的距离不会过于拥挤，也可以使各层因收分累积的内收尺寸不会造成顶层塔当心间过于狭小。这样这座塔首层木结构的边长就成了

2.0 丈（当心间）+ 1.8 丈 ×2（次间）+ 1.5 丈 ×2（稍间）+ 1.2 丈 ×2（尽间）= 11 丈

前面已经谈到，禅定寺塔塔基的尺寸为周回 120 步合 600 尺（60 丈），其每面边长为 30 步合 150 尺（15 丈）。这应该是塔身下台基的长、宽尺寸。若木塔首层柱网总面阔与总进深均为 110 尺（11 丈），不仅恰好合其总高度的 1/3 与初唐所建长安兴教寺玄奘塔的比例大略接近，而其两侧所余尺寸也恰为 40 尺。也就是说，塔首层副阶檐柱中心线与塔身台基边缘的距离各为 2.0 丈，这样较为整齐的台阶宽度数字似乎更接近原初的设计。

从实际绘图来看，按照如上的开间尺寸布置，不仅使塔的整体造型更接近这一时期的佛塔建筑，其所用尺寸显得整齐合理，而且其塔当心间开间尺寸在各层收分累计的结果下，至塔顶层时，反而与次间、稍间彼此较近，且其塔心柱周围空间自下而上亦略显宽展，应该是一个合理的开间尺寸选择（图 4-27）。

2. 木塔二层至七层的平面柱网尺寸

从所见北朝时石刻佛塔造型可知，隋唐木构楼阁式塔自下而上应有收分的处理，也就是说，上层塔身应比下层塔身向内收进。由于此塔开间较多，通面阔较宽，故这里采取的收分方式是每层塔身柱向内退一尺。同时，每层塔身内次间柱也向内收进一尺。但考

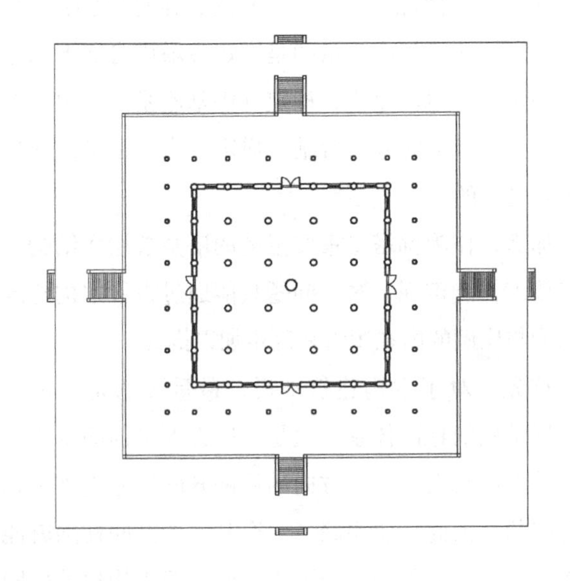

图 4-27　隋禅定（唐大庄严）寺塔平面复原图（作者自绘）

虑到，如果将每层塔身内柱的当心间与次间柱同时向内收进，则最终会将塔身四个方向的内收尺寸累积在塔的中心结构中，从而使塔心柱与其周围四柱的间距越往上层越显狭小。这显然是一种不合理的收分方式。

因此，我们将塔心柱周围四柱及各层当心间柱内收的幅度减缓，即每两层向内收一尺。而将各层塔身檐柱与塔身身内次间柱按逐层内收的处理，从而使二层以上逐层的间距得到比较合理的递减。且柱子内收的处理只发生在各层塔身柱上，每层塔身柱上的平坐柱与其下塔身柱上下完全对应。当然，这里忽略了柱子可能发生的侧脚处理。

如此，我们就可以将各层塔平面的柱网尺寸推算出来：

第二层塔身，檐柱与次间柱同时向内收一尺，而当心间柱不向内收，从而使内收的一尺落在次间间距之内，故其柱网尺寸为

2.0 丈（当心间）+ 1.7 丈 ×2（次间）+ 1.5 丈 ×2（稍间）= 8.4 丈

第三层塔身，檐柱、次间柱与当心间柱同时向内收一尺，从而使两侧向内各收的一尺落在当心间间距之内，故其柱网尺寸为

1.8 丈（当心间）+ 1.7 丈 ×2（次间）+ 1.5 丈 ×2（稍间）= 8.2 丈

第四层塔身，檐柱与次间柱同时向内收一尺，当心间柱保持不收，从而使内收的一尺落在次间间距之内，故其柱网尺寸为

1.8 丈（当心间）+ 1.6 丈 ×2（次间）+ 1.5 丈 ×2（稍间）= 8.0 丈

第五层塔身，檐柱、次间柱与当心间柱同时向内收一尺，从而使两侧向内各收的一尺落在当心间间距之内，故其柱网尺寸为

1.6 丈（当心间）+ 1.6 丈 ×2（次间）+ 1.5 丈 ×2（稍间）= 7.8 丈

第六层塔身，檐柱与次间柱同时向内收一尺，当心间柱保持不收，从而使内收的一尺落在次间间距之内，故其柱网尺寸为

1.6 丈（当心间）+ 1.5 丈 ×2（次间）+ 1.5 丈 ×2（稍间）= 7.6 丈

第七层塔身，檐柱、次间柱与当心间柱同时向内收一尺，从而使两侧向内各收的一尺落在当心间间距之内，故其柱网尺寸为

1.4 丈（当心间）+ 1.5 丈 ×2（次间）+ 1.5 丈 ×2（稍间）= 7.4 丈

也就是说，二层塔平面比首层塔平面两侧各向内收进了一个副阶的进深宽度，同时又将塔身两侧檐柱各收进一尺，总收入幅度为

（1.2 丈+ 0.1 丈）×2 = 2.6 丈

而顶层塔身，即第七层塔平面边长为 7.4 丈。前面已知，底层塔边长为 11 丈，则第七层塔平面比首层塔身平面共向内收进了

1.2 丈 ×2 + 0.2 丈 ×6 = 3.6 丈

从这一逐层收分的推算可知，其当心间若按每两层内收一尺，到达第七层时，其间距尚余 1.4 丈，与开间为 1.5 丈的次间和稍间面阔十分接近。这说明了两个问题：

① 这种将当心间按照每两层内收一次的做法是适当的；

② 首层平面将当心间设定为 2.0 丈而不是 1.8 丈，也是一个恰当的选择。

因为，如果当心间柱也与檐柱与次间柱同时内收，则檐柱与次间柱的柱间距会保持不变，而当心间柱间距，在第七层时会缩至 0.8 丈；而如果首层当心间间距设定为 1.8 丈，则即使按照当心间每两层内收一尺的处理，至第七层时其当心间间距也会仅余 1.2 丈。而这两种情况都与因逐层内收而形成的第七层稍间与次间间距均为 1.5 丈的平面尺寸是不相匹配的。这一点为前面所讨论的首层柱网间距的合理性提供了反证。

3. 塔心柱问题及各层柱径

史料所知的南北朝与隋唐时期佛塔一般都设有塔心柱。因而，这座禅定寺塔应该也不例外。塔心柱设在由塔中央4棵间距为2.0丈的柱子所围合成的正方形中心。塔心柱从塔基开始一直贯通到顶层屋顶之上的塔刹之中。底层柱应该较粗，向上各层逐渐减细。塔心柱周围的4棵柱子与这根塔心柱之间可能会有纵横交叉的木方，以形成一个坚固的中心结构，或者也可能会在这4棵柱子与塔心柱之间设置各层之间相互联系的木制楼梯。但因不确知隋代佛塔的楼梯设置方式，故本文的附图将忽略平面与剖面图中的楼梯。

关于柱径，因为是高层木塔，从受力的角度分析，首层塔所用柱子的柱径应该较粗，越往上层柱径应略细一些。此外，首层副阶柱，因其受力较小，则应比首层塔身柱略细一些。从垂直方向来看，第二层以上塔身各层平面中所用柱子的柱径比首层所用柱径亦应渐有缩小，越向上层越呈递减趋势。

参照宋《营造法式》规定："凡用柱之制，若殿阁，即径两材两栔至三材，若厅堂柱，即径两材一栔，余屋即径一材一栔至两材。"[1]按照《营造法式》的分类方法，这座木塔结构可以归在"殿阁"式的范畴，其用柱应较粗。比如，其首层结构用柱至少应该在"两材两栔至三材"左右。作为一座高等级建筑，这座塔所用材高不会低于一唐尺，则其首层的柱径设定为3尺左右应该是一个适当的比例。《营造法式》中在讨论柱础的时候，也谈到了柱径问题："造柱础之制：其方倍柱之径。（谓柱径二尺，即础方四尺之类。）方一尺四寸一下者，每方一尺厚八寸，方三尺之上者，厚减方之半。方四尺以上者，以厚三尺为率。"[2]这或可从一个侧面证明，唐宋时期用柱柱径可以在二尺、三尺，甚至四尺以上之间选择。

具体的柱子粗细这里不做深究，只在绘图时加以适当的区分即可。如塔心柱根部柱径设为5尺，向上渐成收分的处理。首层平面除塔心柱之外的塔身柱，因负荷有较大的重量，故设其柱径为2.5尺。首层副阶檐柱径设为2尺。至顶层时，塔身平面所用柱子的柱径均减为1.8尺。当然这些柱径的设定并非通过受力计算得出的结果，而是参考一般唐辽时代多层木构建筑用柱粗细，大略推定的。

此外，据傅熹年先生的描述，隋大兴禅定寺塔在"文化大革命期间，塔基遭到破坏，出土石础全部被挖出运往别处。础方1.4米左右，一辆卡车只能载运石础两枚。"[3]这显然是一件令人扼腕之事。但这里透露出的一点重要信息，即其柱础为1.4米见方，以一隋尺为0.273米计约合5.1尺。以础方倍尺之径反推，则其柱径不会低于2.5尺是可以肯定的。

4. 木塔台基高度

南北朝时期的佛塔一般有两层台基。如考古发掘中发现的北魏洛阳永宁寺塔就有上下两层台基。其底层台基东西广101米、南北宽98米、高2.5米。位于下层台基中央的上层台基，长宽均为38.2米、高2.2米。以其塔基方14丈计，则其所用尺约为273厘米/尺。如此推算出的下层台基高度约为9尺，但从下层台基四周没有发现踏阶或坡道的情形分析，下层台基当时露出地面的高度不会很高。在四个方向上曾设有坡道的上层台基高度约为8尺余（图4-28）。

这种在佛塔之下用两重台基的做法也多见于时代较为接近的朝鲜半岛百济时期寺院的佛塔中。考古发现的百济佛塔多用两层台基，下层台基平面铺展的稍大，高度却十分低矮，上层台基与塔身平面接近而略宽，台基高度较高（图4-29），与我们分析的永宁寺

---

[1] 文献[2].［宋］李诫．营造法式．第五卷．大木作制度二．柱．清文渊阁四库全书本．

[2] 文献[2].［宋］李诫．营造法式．第三卷．壕寨制度．柱础．清文渊阁四库全书本．

[3] 傅熹年．中国古代建筑史．第二卷．北京：中国建筑工业出版社，2009：506.

图 4-28　洛阳北魏永宁寺塔塔基遗址（谢鸿权 摄）

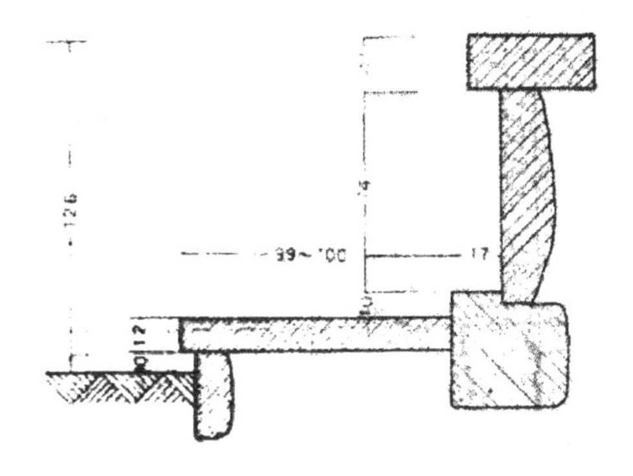

图 4-29　百济时期佛塔台基断面示意（玄胜旭提供）

塔台基高度处理方式基本一致。

然而不同的情况也是有的，如大同出土的北魏曹天度九层造像石塔却仅用了一层台基。同是北魏时所立的嵩岳寺塔也仅用一层台基，基高约 1 米。但只能说明，这两座塔是设置在这层可见的台基之上的，也很可能如永宁寺塔或百济佛塔一样，在露出地面的上层台基之下还有一个埋入地下的更大的下层夯土基。

考虑到两重台基做法，不仅出现在永宁寺塔中而且在考古发现的百济佛寺中十分多见，与其时代较为接近的隋代，其塔基用两重的可能性亦比较大。因此，可以理解为为了结构的稳固起见，南北朝时期佛塔可能使用两层塔基，其中下层塔基多埋在地面以下露出地面的部分并不很高，从而形成如百济佛塔下层一样的较低台基，其上则承托有较高的上层台基。由此，我们参照百济佛塔台基的做法设想隋禅定寺塔为两层台基。假设底层台基露出地面的部分仅高 2 尺；上层台基较高，假设其高度为 9 尺。则两层台基露出地面的总高度为 11 尺。

这里将上层台基设定为 9 尺高，其可能性亦是很大的。如考古发掘的北魏永宁寺塔，底层台基高度为 9 尺，上层台基高度接近 9 尺。而文献中记载隋炀帝所建洛阳宫乾阳殿，其台基高度亦为 9 尺。由此可知，数字“9”具有阳数之极的象征性，作为等级较高的建筑物台基高度量度，在南北朝及隋唐时期可能是一个高等级建筑物常用的台基高度数字。

在 9 尺高的上层台基之下再添加一个 2 尺高的下层台基，使高层木塔在结构与造型上都显得比较稳固。而其总高度为 11 尺仍然是一个阳数，也与同时代百济佛塔上、下层台基的高度比例较为接近。

因此，本研究设定的木塔台基为上、下两层，下层台基高 2 尺，上层台基高 9 尺，两层台基总高 11 尺。文献中所谓“周回一百二十步”描述的是木塔主台基，即高为 9 尺的上层台基的周回尺寸。

三、禅定寺塔的层数问题

关于隋大兴禅定寺塔的层数，我们可以从两个角度加以推测：一个是从高度比例的分析角度，另外一个是从历史文献的角度。

从南北朝至隋代的史料可知，这一时期的佛塔，若是楼阁式塔，则其层数从一至七层乃至九层、十一层不等。而密檐塔的层数更多，甚至可以达到十五层。

禅定寺塔是一座木塔，据文献记载，唐宣宗时曾经登塔远眺，说明这是一座楼阁式塔。那么它的层数就会受到各层层高等因素的限制。如前所述，木塔总高 330 尺。若参照北魏杨衒之撰《洛阳伽蓝记》描写的永宁寺塔塔身与塔刹的高度比例，设想塔刹高度大约是塔身总高的1/10，则刹高约33尺；而塔基已如前面分析，约设定为11尺，则所余塔身高度为286尺。那么，余下的问题就是286尺的塔身高度可以划分为几层？

我们前面提到，塔身首层副阶当心间与次间开间面阔为2.0~1.8丈。按照唐宋建筑的比例规则，副阶部分柱子的高度一般不会超过当心间与次间的间广。则副阶柱柱高亦应为1.8丈。这也就设定了一个基本的柱子高度。其余塔层的柱子高度应该是在1.8丈的基础上做适当的递减。

此外，柱头之上有斗栱铺作，已知唐代木构建筑柱顶之上铺作的高度大约相当于柱子高度的1/2。所以首层铺作外跳最高处，即橑檐方上皮，距离地面的高度大约为

1.8丈+0.9丈=2.7丈

每层塔檐从橑檐方上皮向上斜置檐椽。其斜向提升的高度大约在铺作高度的1/3。则一层塔檐，加上柱高、铺作高、塔檐斜起的高度大约为

1.8丈+0.9丈+0.3丈=3.0丈

此外，作为一座楼阁式塔，塔身各层应有可以凭栏远眺的平坐。故下层塔檐之上与上层柱子之下，还应该加上平坐的高度。平坐之高是由平坐柱加上平坐斗栱高度以及地面板的厚度而形成的，粗略地估计，如平坐铺作高0.6丈，其下平坐柱距离下层塔檐上槫上皮的距离大约也有0.5丈，则平坐结构的高度约为1.1丈。由此，从最一般意义的角度看，这座禅定寺塔每层塔身结构的平均高度大约有

3.0丈+1.1丈=4.1丈

我们将这一高度作为一个标准楼层的高度来加以分析。即塔身总高286尺，一层塔的基本高度为41尺，可以推算如下：

286丈÷41丈≈7

由此可知，其塔身大略可以均分为7个楼层。如果考虑到，二层以上各层塔的柱子高度会有所递减，而首层塔身内柱却还要加上比副阶柱高出许多的塔身柱的柱高，塔身柱上亦有斗栱铺作。这一减一加，两相折合，则其286尺的总高大致划分在7个塔层之中的可能性是十分大的。因此，从塔身各层高度的大略分析中，我们初步可以推测出这是一座高为7层的木塔。

此外，我们也需要从史料的角度做一些观察。从史料中，我们注意到自隋文帝开皇年至隋炀帝大业年先后建有几座高层塔。如炀帝在藩时就曾建有一座高十一层的佛塔：

"开皇十一年，晋王镇总杨越。为造露盘并诸庄饰，十四年内方始成就。举高一十一级，竦耀太虚，京邑称最。尔后嚫遗相接，众具繁委。王又造佛堂僧院，并送五行调度，种植树林等事。并委僧众，监检助成。"[1]

从建造时间上看，这座高达11层的佛塔似乎与《长安志》中提到的隋炀帝在大业三年为文帝所立的总高330尺的永阳坊西浮图不是一座塔。因为若塔总高度在330尺，按十一层分划，每层平均33尺，去掉基座与塔刹的高度，平均每层不足30尺。这不符合一座由柱、斗栱、檐口及平坐组成的木构楼阁式塔的单层高度，故这座十一层佛塔并非隋大兴城永阳坊的西禅定寺塔似是可以确知的。

另据《辩正论》："大业元年为文皇帝造西禅定寺。并式规大壮，备准宏模；起如意之台，列神通之室。仁祠切汉，灵刹干霄。宝树八行，和铃四角。巃嵸三层之格，悬自响之钟；布护千叶之莲，捧飞来之座。危吞琅琊之殿，陵夸鲁恭之空，尽世珍奇，具诸文物。"[2]这里所说"巃嵸三层之格"似是指寺内有隆耸而起的三层之"阁"，这里是将"阁"误写为了"格"。其中所云"仁祠切汉，灵刹干霄"，应该是指寺内高大无

---

[1] 文献[2].[唐]释道宣.续高僧传.卷十七.隋京师清禅寺释昙崇传.大正新修大藏经本.

[2] 文献[2].[唐]释法琳.辩正论.卷三.十代奉佛上篇第三.大正新修大藏经本.

比的佛塔，其建造年代为大业元年，恰是在献后与文帝刚刚薨后不久且是对西禅定寺内高塔的描述，因而很可能指的就是那座高达330尺的木浮图。

那么这座西禅定寺木浮图以及后来在与之毗邻的东禅定寺所建制度相同的东禅定寺木浮图，究竟是多少层呢，有一条史料或可以回答这一问题。

这条史料说的是大兴城胜光寺僧人释慧乘，在大业初年分别为隋代的两位皇帝：隋文帝与隋炀帝建造的两座塔。释慧乘是一位名僧，大业六年（610年）时，炀帝要求各郡分别选派三名佛教大德到东都洛阳，馆于东都的"四方馆"中。慧乘就是其中之一，他因善于讲论佛经而被炀帝封为"大讲主"，曾经奉敕为高昌王麹氏讲《金光明经》令麹氏大为折服。正是这位释慧乘：

"至（大业）八年（612年）帝在东都，（慧乘）于西京奉为二皇双建两塔七层木浮图。又敕乘送舍利瘗于塔所，时四方道俗、百辟诸侯，各出名珍。于兴善寺北，天门道南，树列胜场三十余所，高幢华盖，接影浮空。宝树香烟，望同云雾，迎延灵骨至于禅定。"❶

从上下文中看，这两座塔似乎正是建在了大兴城西南永阳坊的禅定寺内。永阳坊内的两座禅定寺，分别是隋文帝（半以东的禅定寺）与隋炀帝（半以西的大禅定寺）先后所建的，故上所引文云慧乘"迎延灵骨至于禅定"并不特别指两座中的哪一座，因为两座寺院在隋代时同称"禅定"。在这两座禅定寺中，为两位帝王各建一座七层木构舍利塔以彰显隋代二帝兴佛、护佛的功绩是完全可能的。当然，据后世的文献，如宋人的《长安志》所载，西禅定寺（唐代大总持寺）塔似是文帝为献后所建，而东禅定寺（唐代大庄严寺）才是炀帝为文帝所建。

然而文帝献后崩于仁寿二年（602年），两年以后的仁寿四年（604年）隋文帝亦薨，所以，无论是为献后所建的西禅定寺塔，还是为隋文帝所建的东禅定寺塔，在更大可能上都是在隋炀帝当政的大业年间才开始建造的。唐人韦述的《两京新记》：

"次南曰和平坊，坊内南北街之东筑大庄严寺，街西筑大总持寺。次南曰永阳坊，坊西南即京城之西南隅也。半已东大庄严寺，隋初置，仁寿三年，为献后立为禅定寺。宇文恺以京城西有昆明池，地势微下，乃奏于此建木浮图，高三百三十仞，周匝百二十步。寺内复殿重廊，天下伽蓝之盛，莫为与比……半已西大总持寺，隋大业元年炀帝为父文帝立。初名禅定寺，制度于庄严寺同，亦有木浮图，高下与西木浮图不异，武德元年改为总持寺。"❷

《两京新记》提到，西禅定寺内的木浮图，始建于大业元年。另据《续高僧传》："释童真，姓李氏，远祖陇西……大业元年，营大禅定，下敕召真为道场主。"❸又有："释灵干，姓李氏，金城狄道人……大业三年置大禅定，有敕擢为道场上座。"❹这里所说先后于大业元年与大业三年所建大禅定寺很可能就是西、东禅定寺。而上文中所说大业八年由释慧乘"双建两塔七层木浮图，又敕乘送舍利瘗于塔所……迎延灵骨至于禅定。"❺很可能暗示了禅定寺双塔是于大业八年建成的并瘗灵骨于塔内的情况。这里所说为二皇建双塔，与前面所说，分别为献后、文帝建塔似乎有一些矛盾，但事情发生在炀帝时期，而文、炀二帝又都是佛教史上受到尊崇的帝王，故唐人写《续高僧传》，

❶ 文献[2].[唐]释道宣．续高僧传．卷二十四．唐京师胜光寺释慧乘传．大正新修大藏经本．

❷ 文献[2].[唐]韦述．两京新记．清佚存丛书本．

❸ 文献[2].[唐]释道宣．续高僧传．卷十二．隋西京大禅定道场释童真传．大正新修大藏经本．

❹ 文献[2].[唐]释道宣．续高僧传．卷十二．隋西京大禅定道场释灵干传．大正新修大藏经本．

❺ 文献[2].[唐]释道宣．续高僧传．卷二十四．唐京师胜光寺释慧乘传．大正新修大藏经本．

将这两座塔，冠于文、炀二帝的头上也是情理之中的事情。至于建塔之人，先后算在了释童真、释灵干、释慧乘头上也是因时而异的结果，可能始建之时童真为寺院主持，之后是灵干，而在塔建成且瘗藏灵骨时，禅定寺的主持人可能已经是释慧乘了。

当然，这些并不是本文所要讨论的话题，关键的问题是，通过这几条史料，我们大约可以知道，西、东禅定寺塔，于大业元年（605年）、大业三年（607年）先后开始建造，并于大业八年（612年）建成，并在其中瘗藏了灵骨。如此可知，这两座塔应该就是大业八年释慧乘“于西京奉为二皇双建两塔七层木浮图”。其塔为七层也是可以确知的了。

从文中看，这两座塔以及为迎舍利而在皇城南门至兴善寺北之间，树立起由幡幢华盖组成的30余处临时道场，这一隆崇盛大的仪式过程都是奉敕而为的。因此，我们也可以将这两座塔看作是隋炀帝特别为献后、文帝敕建而成的。

在敦煌地区唐与五代时期壁画中恰好绘制了两幅七层木楼阁式塔，一幅是莫高窟第323窟北壁初唐时期所绘的七重塔（图4–30）；另一幅是榆林窟第33窟南壁所绘的七重塔（图4–31）。禅定寺塔自隋至唐末，前后存在了300余年，又位于大唐的京师。所以这两幅初唐与五代时所绘的七重塔，是否也在一定程度上反映了当时人们可能在京师见到的禅定寺七层木塔的外观形象，亦未可知。

图4-30　莫高窟第323窟北壁所绘七重塔（孙儒僩，孙毅华.敦煌石窟全集·建筑画卷[M].香港：商务印书馆，2001.）

图4-31　榆林窟第33窟南壁所绘的七重塔（孙儒僩，孙毅华.敦煌石窟全集·建筑画卷[M].香港：商务印书馆，2001.）

四、禅定寺塔的结构与造型

1.木塔斗栱用材

比较确知的北宋《营造法式》所用材等，其一等材的高度为9寸。而以唐尺折算，9寸仅合今尺26.46厘米。这显然不是唐代一等材所用的材分。因为唐代所建七开间佛光寺大殿，其材高尺寸已有30厘米，合唐尺约为1.02尺。而建造在偏远的五台山中，且仅有七开间的佛光寺大殿所用材也绝非是唐代木构建筑的一等材。换句话说，唐代斗栱用材一定比宋代为大。

在有关隋乾阳殿与唐乾元殿的复原分析中，笔者曾经提出一个假设，即唐代一等材的高度可能是1.5唐尺（0.294米×1.5＝0.441米）。这样，若将一材分为15分，则一分为1唐寸，是一种十分便利的折算方式。笔者推测，这可能正是北宋时人将一材的高度划分为15分的最初原因之一。若以隋尺计，一隋尺为0.273米，则一等材应为1.5隋尺（0.273米×1.5＝0.41米）。

以我们所假设的，这座隋代木塔首层当心间面阔为20尺。而据傅熹年先生的研究，唐代木构建筑当心间面广一般约为其斗栱用材之材分的250分。[1]如佛光寺大殿当心间、平顺天台庵大殿当心间都用了250分的开间间距。那么按此反推，若禅定寺塔当心间面广为2丈，其斗栱所用材之分则应为其当心间开间尺寸的1/250。那么以此推算，禅定寺塔斗栱用材分值为

20尺÷250＝0.08尺

而一材应为15分，则禅定寺塔斗栱用材高度为

0.08尺×15＝1.2尺

因此禅定寺塔所用材高可能为1.2(隋)尺。当然，我们也可以以当心间面阔设定为18尺计算：

18尺÷250＝0.072尺

由此反推出其所用材高：

0.072尺×15＝1.08尺

但若以隋尺合今尺0.273米计，则1.08尺的材高仅为今尺的0.295米，连晚唐佛光寺大殿的材等高度都达不到。而且在实际高度推算中，我们发现用1.08尺的材高在塔身高度与塔檐比例中都显得比较小，难以与塔身总高330尺相匹配，反之若采用1.2尺的材高，其材高折算今尺为0.328米略大于佛光寺大殿用材，且其推算与绘图的结果可以使塔身各层高度与比例以及塔身总高都达到了令人惊异的高度吻合。故我们设定隋禅定寺塔斗栱用材高度为1.2尺，并将以此用材高度来推算禅定寺塔各层檐下与平坐下所用铺作的高度。同时，或也可以由此印证隋禅定寺塔当心间面阔为20尺是较为恰当的开间尺寸选择。

2. 首层副阶檐柱柱高

我们需要首先从塔首层副阶檐柱的高度开始我们的分析。据宋《营造法式》：“若副阶廊舍，下檐柱虽长，不越间之广。”[2]也就是说，唐宋时期的木构建筑在视觉比较容易捕捉到的单层立面或上层副阶立面中，当心间或次间的开间面阔应该大于或等于其柱子的高度。实例也证明了这一点，如唐代佛光寺大殿，当心间与次间的开间面阔与其平柱的高度是相等的都为1.7丈，从而使柱高与开间的比例大略形成一个方形。当然，也有当心间面阔略大于柱高的情况，如同是唐代所建的五台南禅寺大殿就是一个例子。

从这一角度分析，我们可以根据首层平面当心间或次间的间广来确定副阶柱的高度。这里有两个选项：一是，参照首层当心间间距为20尺，设定副阶檐柱的高度为20尺；二是参照首层次间间距为18尺，设定副阶檐柱的高度为18尺。

其实这两个副阶柱子的高度对塔身总高的影响并不大，也就是说两者的可能性都是有的。但是考虑到塔身二层的柱子需要做明显的减小。而且自二层以上逐层要做递减。所以首层副阶柱的柱高与二层柱高之间的高度差不应过大。从作图所得的二层柱高，以15尺为宜（这一点后面还要谈及），则两相比较，首层副阶柱用18尺似比用20尺在整体比例上更为协调。

基于这一分析，我们设定隋大兴禅定寺塔首层副阶柱的柱高为18尺，这是一个与其次间开间面阔相等的高度尺寸。

3. 木塔首层副阶外檐铺作

副阶檐柱上无疑应该有外檐斗栱。关于隋代木构

[1] 傅熹年．中国古代建筑史．第二卷．北京：中国建筑工业出版社，2009：531．

[2] 文献[2]．[宋]李诫．营造法式．第五卷．大木作制度二．柱．清文渊阁四库全书本．

建筑外檐斗栱，我们所知的实例并不很多。从南北朝至隋代的一些石窟中的石刻或用于陪葬的陶屋等明器中，我们注意到这一时期的外檐斗栱有几个特征：

① 一般只有柱头铺作，而无补间铺作。补间位置上多用人字栱；

② 柱头上往往直接承托栌斗，再在栌斗中加木方，形成在栌斗之上设置阑额的做法，但这一做法的具体构造我们不很清楚，因为栌斗与柱子之间不知道是如何连接以保证柱子的稳定与坚固的；

③ 石刻中所见北朝时期建筑中，多在柱头之上，栌斗之下加一块“皿板”，形成“皿斗”的做法（图 4–32）；

④ 石刻中所建出檐较小的建筑，多在柱头上采用“一斗三升”不出跳的做法，偶尔也有“斗口跳”的做法，故其斗栱比较简单；

⑤ 在河南省博物馆所藏北朝或隋代陶屋中已经出现了连续挑出三跳华栱的实例，但其斗栱的出跳部分仅用偷心斗栱而未见横栱之设（图 4–33）；

⑥ 北朝至隋代的外檐斗栱中似未见有下昂的设置。但在大约相当于隋代的日本奈良飞鸟时代建筑法隆寺金堂檐下却出现了大尺度的下昂做法；

⑦ 其转角铺作仅在 45 度斜向布置有偷心斗栱，而不见列栱的做法。

⑧ 在初唐时的大雁塔门楣石刻所表现的佛殿中，在出跳偷心斗栱的最外端已经出现如令栱般的横栱，或在最外跳华栱上设替木以呈橑风槫的做法，同时在转角铺作中也已出现了列栱的做法（图 4–34）。

另一个问题就是外檐铺作的高度。一般唐宋建筑外檐铺作从栌斗底至橑檐方或橑风槫上皮的高度为其下柱子高度的 0.4 或 0.5 左右。若取其中，以 0.45 计，则此塔副阶柱上斗栱的高度约为

18 尺 ×0.45 = 8.1 尺

根据如上的分析，我们将塔首层副阶檐柱柱上斗栱的高度设定为其柱子高度的 0.45 倍，其高约为 8.1 尺，则按其材高为 1.2 尺，栔高为 6 分，折合为 0.48 尺记，

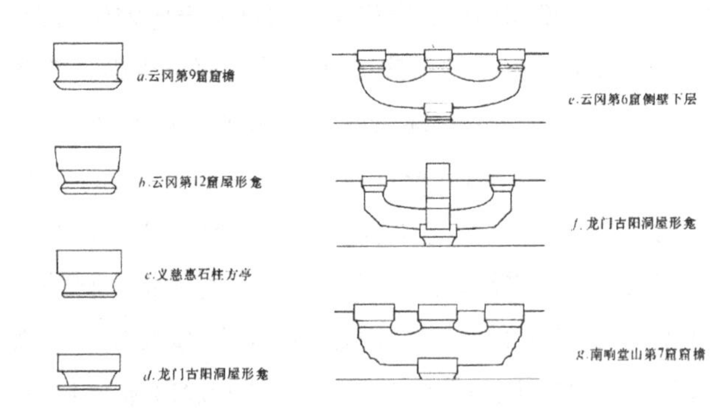

图 4-32　北朝时期的皿斗（傅熹年 . 中国古代建筑史 · 第二卷 [M]. 北京：中国建筑工业出版社，2001.）

图 4-33　河南博物馆藏北朝或隋代陶屋（傅熹年 . 中国古代建筑史 · 第二卷 [M]. 北京：中国建筑工业出版社，2001.）

图 4-34　大雁塔门楣石刻佛殿图（刘敦桢 . 中国古代建筑史 [M]. 北京：中国建筑工业出版社，1984.）

则其高度大略为 4 材 3 栔，再加上栌斗平、欹的高度，其高 12 分约 0.96 尺，这些数字的叠加大约就是一组六铺作的材栔组成高度，其铺作高度约为

1.2 尺 ×4 + 0.48 尺 ×3 + 0.96 尺= 7.2 尺

檐柱斗栱华栱最外跳跳头上应承橑檐方或橑风槫。按《营造法式》,其槫径一般为“一材一栔”或“加材三分”，取其较小数字则应该为

1.2 尺＋ 0.08 尺 ×3 ＝ 1.44 尺

此外，其下还应再加上一个皿板的厚度，我们设定皿板厚 5 分约为 0.4 尺。由此可知塔首层副阶檐柱柱头斗栱，自栌斗下皿板底至橑风槫上皮的距离按照斗栱叠加的推算大约应该是

0.4 尺＋ 7.2 尺＋ 1.44 尺＝ 9.04 尺

按照前面的分析，副阶檐铺作高按照副阶柱高的 0.45 计大约为 8.1 尺，若加上皿板的厚度，应为 8.5 尺，与计算所得的 9.04 尺之间还有 0.54 尺的差距。这说明，需要将橑风槫的下皮略向下压以嵌入其下的栱方之中。我们压下一个皿板的厚度，即 0.4 尺，从而使其标高控制在 8.64 尺。这样既比较接近以柱高 45% 的高度计算而出的铺作高度再加一个皿板的厚度，又考虑了北朝至隋代因附加皿板而造成的比唐代铺作高度值偏高的情况，则既可以使铺作斗栱构成合理，也可以使檐口高度与北朝与隋唐建筑斗栱造型规则互相接近。

由此推测出来的隋禅定寺塔首层副阶檐柱柱头铺作，可以为自栌斗口出六铺作三跳偷心华栱，在第三跳华栱跳头上用替木呈橑风槫。橑风槫径用“加材三分”的做法约 1.44 尺。其槫下皮嵌入第三跳华栱所承出挑木方中使其高度略加降低，以使其皿斗与铺作的总高度不超过 8.64 尺。

4. 木塔副阶屋檐

以副阶檐柱柱头出六铺作三跳偷心华栱，因为没有下昂故不考虑第二跳以上向内缩，每一跳均按出跳 30 分记，三跳华栱总出跳距离为 90 分，以一分为 0.08 尺计，三跳总距离为 7.2 尺。若再加上副阶柱与塔身稍间柱的柱间距 12 尺，则此塔首层屋檐自塔身柱至副阶檐柱上橑风槫中线的距离为

12 尺＋ 7.2 尺＝ 19.2 尺

我们知道，清式建筑屋顶举架往往是根据其举起的高度与椽架的距离之比，而以“X 举”推算的。而其起步的第一步，多是用“四五举”或“五举”，即其举起的高度为其椽架距离的 4.5/10 或 5/10。之后，则有“六举”“七举”“八举”“九举”的举高幅度。而唐宋建筑是先计总举高，然后逐步下折。故其举起的坡度较缓。

由于无法按照唐宋建筑先定举高，再向下折的举折方式，故只能参照一般唐宋建筑的举折方式加以推算。推算的结果按照举折所推出的唐宋建筑屋顶，其檐口处第一步架的起举高度大约相当于其步架距离的 0.35，类似于清式建筑的“三五举”，也就是说，将其尾端向上抬升起其距离的 0.35 倍的高度。以其距离为 19.2 尺，则其举起的高度应为

19.2 尺 ×0.35 ＝ 6.72 尺

根据宋《营造法式》的规则,其檐出依据所用椽径，椽径较粗者檐出可大至 4.5 尺，檐椽外复加飞子，以“每檐一尺，出飞子六寸[1]”的尺度确定，则檐口处总出檐距离为 7.2 尺。当然从现有的资料观察，隋代似无飞子之用，所以其檐口是将檐椽直接伸至檐口最外缘的。且从唐代遗构观察，唐时的出檐十分深远，所以我们在这里取较大的值，即以檐椽平出 7.2 尺为据。以上各檐亦按照这一檐出距离出檐。

5. 木塔首层塔身柱柱高

确定了副阶檐柱柱高、副阶檐外檐皿斗与铺作高及副阶屋檐起举高度，就可以确定木塔首层塔身柱的柱高了。这里唯一的问题是，如何确定副阶屋檐后部承托檐椽尾部的平槫上皮距离首层塔身柱顶上皮标高之间的距离。

在副阶檐上所覆檐椽，椽径为 10 分，合 0.8 尺，其上加望板、泥背，及仰瓦、覆瓦的厚度至少应在 1.2

---

[1] 文献 [2]. [宋] 李诫 . 营造法式 . 第五卷 . 大木作制度二 . 檐 . 清文渊阁四库全书本 .

尺，其上再用搏脊，因其有副阶故檐坡较大，粗估的搏脊高度约为 1.8 尺。搏脊上沿与塔身檐柱柱头阑额相贴，其上与柱顶的距离留出一材，即 1.2 尺。当然，因其受力特征，实际的阑额高度应该比 1.2 尺要高一些，如将此塔的阑额高度定为 1.5 尺，但这并不影响其外露部分，仅余一材之高的外观处理，即在搏脊上皮再加上一材的高度就应该是木塔首层塔身檐柱柱顶的高度，其计算方法如下：

18 尺＋ 8.64 尺＋ 6.72 尺＋ 1.2 尺＋ 1.8 尺＋ 1.2 尺＝ 37.56 尺

这应该就是首层塔身檐柱柱顶距离塔基表面的高度。其中，若减除副阶檐柱上的皿板厚度（0.4 尺）及塔身檐柱上外露出的一材高的阑额高度（1.2 尺），则其高度约近 36 尺，而这正是副阶檐柱柱高（18 尺）的两倍。而据傅熹年先生的研究，唐辽宋金时期殿堂建筑副阶檐柱的柱高大约是其殿身檐柱柱高的 1/2。而唐代斗栱已无皿斗之用且其用材及出跳比北朝与隋代建筑更为精准，故排除上述这两个因素，这里所显示的尺寸应与傅先生的推测十分接近。

6. 木塔二层平坐柱柱顶上皮标高

其塔身首层檐柱铺作自柱头上应是用皿板，其上承栌斗，栌斗中连续出挑偷心斗栱，斗栱上再承二层平坐斗栱，平作斗栱上置二层平坐。参照宋《营造法式》："凡楼阁，上屋铺作或减下屋一铺。其副阶、缠腰铺作不得过殿身，或减殿身一铺。"[1] 则其塔身首层檐柱铺作应该比副阶檐柱多出一铺。副阶檐柱用六铺作出三杪，则塔身首层檐柱就应该用七铺作出四杪的做法，并在第四跳跳头施令栱，栱内承替木，上承橑风槫。这里仍然不采用下昂的处理。

七铺作出四杪，上承令栱，其高度大约为六材五栔，其下加皿板的厚度 0.4 尺与栌斗平、欹的高度 0.96 尺，其上再加替木与橑风槫。且橑风槫槫径仍按"加材三分"的做法，则其铺作自栌斗底至橑风槫上皮的高度大约为

1.2 尺 ×6 ＋ 0.48 尺 ×5 ＋ 0.4 尺＋ 0.96 尺＋ 1.44 尺＝ 12.4 尺

但考虑到其橑风槫仍需向下做适当的压嵌，其压嵌的方式仍参照副阶檐柱的做法，即向下压嵌 0.4 尺，则其斗栱自栌斗底至橑风槫上皮的总高度为 12.0 尺。

四跳华栱由于没有使用下昂，故其第二、第三、第四跳跳头不做向内收缩，每跳出挑仍按 30 分计，总出跳距离为 120 分合 9.6 尺。由于这里的出檐仅仅是从柱中心线向外出挑，距离较短，故其起举的高度亦应较小，我们以其出挑长度的 0.325 设定其举高，从而确定承托其屋檐檐椽尾部的平槫上皮标高

9.6 尺 ×0.325 ＝ 3.12 尺

其上再加塔身檐柱屋檐所覆檐椽，椽径为 10 分合 0.8 尺，椽上加望板、泥背，及仰瓦、覆瓦的厚度，厚度应为 1.2 尺，其上再用搏脊，因其檐坡较短，搏脊亦相应较低，故设其高度为 1.0 尺。搏脊上沿与塔身檐柱柱头阑额相贴，其上与柱顶的距离，留出一材，即 1.2 尺。即檐椽尾部的平槫上皮至首层塔身檐柱柱顶距离为

0.8 尺＋ 1.2 尺＋ 1.0 尺＋ 1.2 尺＝ 4.2 尺

则首层塔身檐柱上所用平坐柱柱顶上皮距离塔身檐柱柱顶上皮的高度差为

12.0 尺＋ 3.12 尺＋ 4.2 尺＝ 19.32 尺

7. 木塔二层平坐斗栱

既然禅定寺塔是可以登临的木构楼阁式塔就有可能在二层以上设置平坐。从史料中可知，隋代建筑物应已有平坐之设：如隋炀帝时，在何稠的建议下，"乃广为盘舆，别构栏楯，侍臣立于其中。于内复起须弥

[1] 文献 [2].［宋］李诫．营造法式．第五卷．大木作制度二．总铺作次序．清文渊阁四库全书本．

平坐，天子独居其上。”[1] 这里虽然说的是车舆，也从一个侧面证明隋代建筑中应该已有平坐之设。

据宋《营造法式》，平坐又称为“飞陛”“阁道”等。《晋书》中提到：“兰宫秘宇，雕堂绮栊，云屏烂旰，琼壁青葱，应门八袭，□台九重，表以百常之阙，圜以万雉之墉。尔乃峣榭迎风，秀出中天，翠观岑青，彤阁霞连，长翼临云，飞陛陵山，望玉绳而结极，承倒景而开轩。”[2] 这里的“飞陛”指的就是建筑物上的平坐。说明在时代更早的晋代建筑中亦设有平坐。

宋《营造法式》中描述了平坐的一般做法：“造平坐之制，其铺作减上屋一跳或两跳。其铺作宜用重栱及逐跳计心造作。凡平坐铺作，若叉柱造，即每角用栌斗一枚，其柱根叉于栌斗之上。若缠柱造，即每角于柱外普拍方上安栌斗三枚。”[3] 这里说的是北宋木构建筑之平坐的一般做法，如将上屋柱脚按叉柱造或缠柱造的处理，平坐斗栱铺作数减上屋铺作一跳或两跳等。

从造型计算的角度，我们的关注点主要在于其铺作的做法及其高度。同是在《营造法式》中，特别指出了：“凡铺作并外跳出昂，里跳及平坐只用卷头。”[4] 说明平坐斗栱只用华栱不用下昂的做法。且平坐斗栱应该比其上屋斗栱减一铺。

《营造法式》中另外还规定了：“凡楼阁，上屋铺作或减下屋一铺。其副阶缠腰铺作不得过殿身，或减殿身一铺。”[5] 按照此规则，我们将首层塔身檐柱柱头铺作定为七铺作出四杪，其下副阶檐柱减塔身首层檐柱一铺为六铺作出三杪；同样，二层塔身檐柱铺作亦应该比首层塔身檐柱减一铺，亦为六铺作出三杪的做法。

如此，按照平坐铺作比上屋铺作减一铺的规则，则二层平坐斗栱应为五铺作出二杪，在两跳华栱之上，承地面方及地面板，高一材，则其铺作高度应为三材两絜；其下再加栌斗平、欹的高度，其高 12 分约 0.96 尺；栌斗下仍用皿板，厚 0.4 尺；地面方上承铺版方上覆地面板。考虑到各层塔满铺的楼板具有塔身整体的加固作用，铺版方与地面板总厚度控制在 0.7 尺。如此，则从平坐柱柱顶上皮至二层地面的高度差为

0.4 尺（皿板）+ 0.96 尺（栌斗平欹）+ 1.2 尺 ×3（三材）+ 0.48 尺 ×2（二絜）+ 0.7 尺（铺版方与地面板）= 6.62 尺

8．木塔第二层至第七层的柱高

南北朝时期的楼阁式佛塔，在各层层高的设置上有一个明显的特点，即每上一层的层高比其下一层的层高略低一点。也就是说，各层层高自下而上呈递减的趋势。这一点从山西大同云冈石窟中所表现的诸多北魏石刻佛塔（图 4-35）以及大同出土的北魏曹天度造像塔（图 4-36）中可以明显地看出来。

层高的逐层递减，首先表现在各层柱子高度的递减。如云冈石窟第 39 窟五层中心塔柱，从首层向第五层，各层柱子之间表现出微小而有节奏的递减（图 4-37）。初唐时的楼阁式塔也有类似的情况，如陕西西安兴教寺五层玄奘塔（图 4-38），从第一层向第五层无论是层高还是其隐刻的柱子高度也都呈现明显而有节律的递减。

由于缺乏实测数据，我们还无法准确地将北魏云冈石窟中的中心塔柱或初唐兴教寺玄奘塔做精确的分析，只能从视觉感觉上，觉出其高度差既不是很大却也有明显的节律感。我们不妨将这一感觉推延到这座禅定寺塔中。

如前面所推测的，禅定寺塔首层副阶柱的高度设

---

[1] 文献[2].[唐]魏徵．隋书．卷六十八．列传第三十三．何稠传．清乾隆武英殿刻本．

[2] 文献[2].[唐]房玄龄．晋书．卷五十五．列传第二十五．张载传．清乾隆武英殿刻本．

[3] 文献[2].[宋]李诫．营造法式．第四卷．大木作制度一．平坐．清文渊阁四库全书本．

[4] 文献[2].[宋]李诫．营造法式．第四卷．大木作制度一．总铺作次序．清文渊阁四库全书本．

[5] 文献[2].[宋]李诫．营造法式．第四卷．大木作制度一．总铺作次序．清文渊阁四库全书本．

定为 1.8 丈。则第二层柱子的高度应该适当缩短。而第二层至第五层亦呈渐次缩短的形式。从现存山西应县辽代木塔来看，其首层副阶柱与第二层塔的柱高似有较为明显的高度差。也就是说，首层与第二层之间的高度差可能会稍微大一些，而第二层与第七层之间的高度差相比于第一与第二层之间的柱子高差要显得小而均匀。

这样，我们先设定第二层塔的檐柱比首层塔副阶

图 4-35　云冈石窟北魏石塔造型（傅熹年．中国古代建筑史 · 第二卷 [M]. 北京：中国建筑工业出版社，2001.）

图 4-36　大同出土北魏曹天度塔（傅熹年．中国古代建筑史 · 第二卷 [M]. 北京：中国建筑工业出版社，2001.）

图 4-37　云冈石窟第 39 窟中心塔柱（傅熹年．中国古代建筑史 · 第二卷 [M]. 北京：中国建筑工业出版社，2001.）

图 4-38　西安兴教寺玄奘塔（傅熹年．中国古代建筑史 · 第二卷 [M]. 北京：中国建筑工业出版社，2001.）

檐柱的高度短2尺，即设想其为1.6丈。其上各层，以每层1尺的高度逐层递减。亦即，第三层塔身檐柱的高度减为1.5丈，第四层塔身檐柱的高度减为1.4丈，第五层塔身檐柱的高度减为1.3丈，第六层塔身檐柱的高度减为1.2丈，第七层塔身檐柱的高度减为1.1丈。这应该与前述北魏云冈石窟塔心柱石塔或初唐兴教寺玄奘塔递减比例较为接近，逐层间高差既不很大又有明显节律感的递减方式。而首层副阶柱高与二层檐柱柱高的明显高差又与应县木塔的做法相契合。

9. 木塔第二层至第六层外檐铺作与屋檐

如前所述，按照宋《营造法式》的规定："凡楼阁，上屋铺作或减下屋一铺。其副阶缠腰铺作不得过殿身，或减殿身一铺。"[1]二层塔身檐柱柱头铺作应该比首层塔身檐柱所用七铺作出四杪的做法减一铺，即第二层外檐铺作应为六铺作出三杪。

但若在三层以上继续以"减一铺"的做法，则至第五层将无出跳斗栱可减。从这一角度来看，三层以上不宜再做减铺的处理。也就是说，自第二层之上的各层都应按照比首层塔身檐柱铺作减一铺的做法，即都使用六铺作出三杪的斗栱形式。

既然是用了与第二层塔身檐柱柱头铺作相同的铺作数与铺作方式且使用的材等亦会保持一致，则第三层至第六层塔身柱外檐铺作的高度和其塔檐的起举高度及屋檐尾部平槫上皮距离其上层平坐柱柱顶上皮之间的高度差，都应该与第二层塔身外檐铺作高度、塔檐起举高度，檐尾平槫上皮距上层平坐柱柱顶高度差相同，三者分别是：

（1）外檐铺作（六铺作出三杪，下用皿板）高度：

0.4尺（皿板）+ 0.96尺（栌斗平欹）+ 1.2尺 ×4（四材）+ 0.48尺 ×3（三栔）+ 1.44尺（橑风槫径）− 0.4尺（橑风槫下凹深度）= 8.64尺

（2）塔檐起举高度：

以第二层塔身檐柱柱头出六铺作三跳偷心华栱，每跳按出跳中线30分记，总出跳距离90分；以一分为0.08尺计，三跳总出跳距离7.2尺。因其塔檐较短，故若其椽尾仍按两者距离的0.35起举，则举起坡度过于低缓，故将起举高度调至其两槫水平距离的0.38，其椽尾平槫上皮距离铺作外跳橑风槫上皮高度差为

7.2尺（两槫水平距）×0.38 = 2.74尺

（3）檐尾部平槫上皮距上层平坐柱柱顶高度差：

0.8尺（椽径）+ 1.2尺（望板、覆瓦）+ 1.0尺（搏脊）+ 1.0尺（阑额出露）= 4.0尺

也就是说，自第二层塔身檐柱柱顶至第三层平坐柱柱顶高度差为

8.64尺（铺作高）+ 2.74尺（塔檐椽尾）+ 4.0尺（椽尾平槫上皮距平坐柱顶）= 15.38尺

这一高度适用于第二至六层塔身檐柱外檐铺作，自铺作底部皿板至上层平坐柱顶的高度差。

10. 塔第二层至第六层平坐柱与平坐斗栱

同样，按照平坐斗栱比其上屋斗栱减一铺的做法，木塔第三层以上的各层平坐亦应比第三层以上各层所用的外檐六铺作出三杪的做法少一铺，即使用与第二层平坐斗栱相同的五铺作出双杪的平坐斗栱。则从平坐柱柱顶上皮至其上一层地面的高度差为

0.4尺（皿板）+ 0.96尺（栌斗平欹）+ 1.2尺 ×3（三材）+ 0.48尺 ×2（二栔）+ 0.7尺（铺版方与地面板）= 6.62尺

这一高度适用于第二至六层平坐斗栱，自平坐柱柱顶上皮至其上一层地面的高度差。

11. 塔七层的屋顶举折与梁架

木塔第七层铺作与第二至六层铺作相同，亦为六铺作出三杪的做法，其铺作高度，即从柱顶上皿板底至最外跳华栱跳头上所承橑风槫上皮的高度差，亦为8.64尺。而其自第七层塔身檐柱缝至橑风槫缝之间的

[1] 文献[2]．[宋]李诫．营造法式．第四卷．大木作制度一．总铺作次序．清文渊阁四库全书本．

水平间距亦为 7.2 尺。

如前所述，由于塔身檐柱自第二层开始逐层向内收进，至第七层时，以塔身檐柱缝确定的第七层塔身边长，即东、西檐，或南、北檐檐柱，中线至中线的距离为 74 尺。

如果忽略各层檐柱与塔内次间柱可能存在的侧脚，则禅定寺塔第七层塔檐下前、后（或左、右）橑风槫缝，即可能决定塔顶起举高度的塔身最外缘橑风槫中至中的距离为

7.2 尺 + 74 尺 + 7.2 尺 = 88.4 尺

下面的问题就是如何确定塔顶的起举高度了。关于唐宋时期木构建筑屋顶的起举高度，我们有三个选项（图 4–39）：

① 参照宋式殿堂式建筑的举折规则，其举起高度为前后橑风槫（或橑檐方）距离的 1/3；

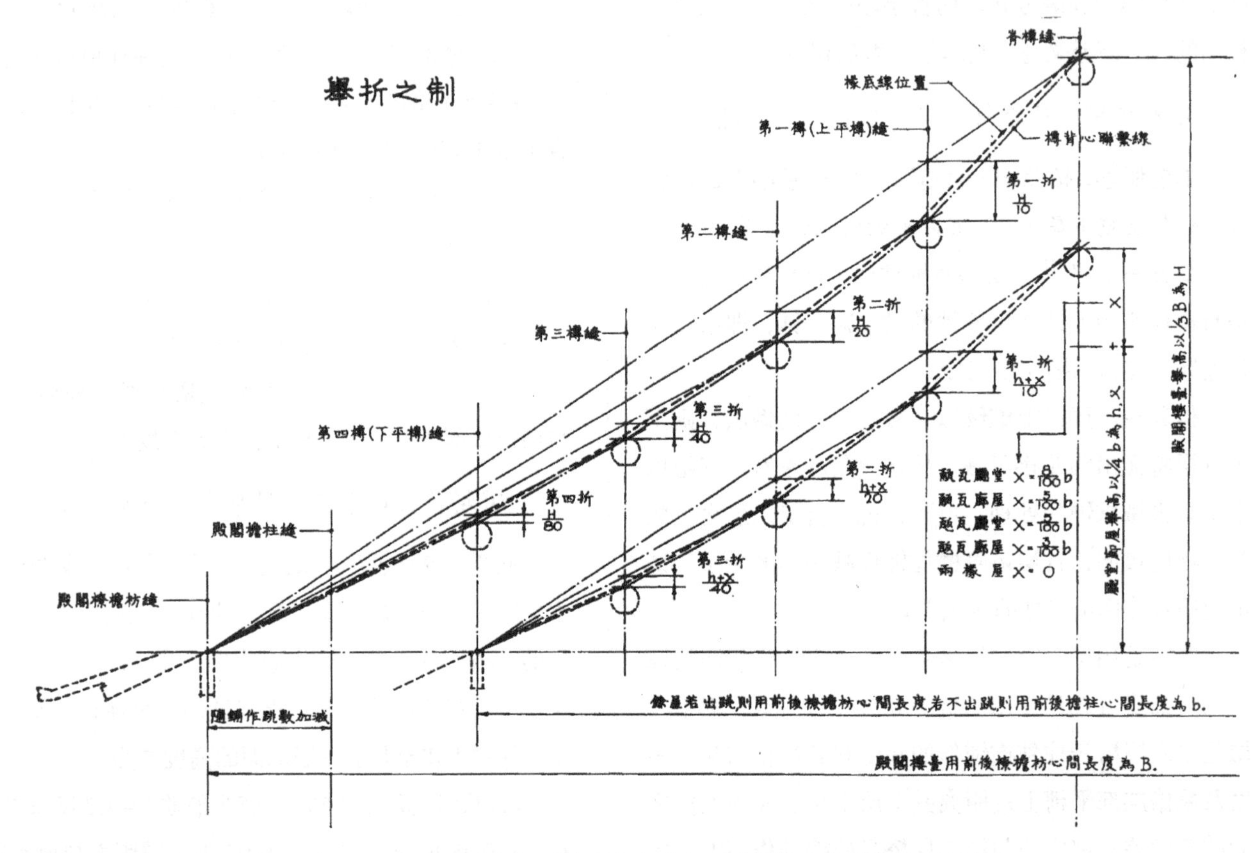

图 4-39　宋代殿堂与厅堂建筑屋顶举折（梁思成．梁思成全集 · 第七卷 [M]. 北京：中国建筑工业出版社，2001.）

② 参照宋式厅堂式建筑的举折规则，其举起高度为前后橑风槫（或橑檐方）距离的 1/4,并在此基础上，按照不同建筑等级做适当的增加；[1]

③ 参照唐代现存遗构，如佛光寺大殿屋顶举折做法，其举起高度为前后橑风槫（或橑檐方）距离的 1/5。[2]

考虑到禅定寺塔是一座高 300 余尺的高层木塔，若其塔顶举折仍然按照唐代实例中以前后橑风槫（或橑檐方）距离的 1/5 计算，则塔顶坡度会十分平缓，

---

[1] 文献 [2]. [宋] 李诫 . 营造法式 . 第五卷 . 大木作制度二 . 举折 . 清文渊阁四库全书本 .

[2] 傅熹年 . 中国古代建筑史 . 第二卷 . 北京：中国建筑工业出版社，2009：605.

从透视的角度会觉得塔顶太矮。从初唐所建长安兴教寺玄奘塔塔顶看，其塔顶起举高度并不低缓，也就是说，并非是按照前后檐距 1/5 的比例确定其举折高度的。

但若取宋式建筑 1/3 的举起高度，似又有一些陡峻，似与唐代建筑之举折方式有较大差异，故我们这里取其中而略加减损，即按照前后檐风槫（或橑檐方）距离的 1/4.2，但不加入宋式厅堂建筑在起举中所需的增加值。即以此前、后（或左、右）檐距的 1/4.2 为比例确定禅定寺塔第七层塔顶的起举高度：

88.4 尺 ÷4.2 = 21 尺

禅定寺塔第七层塔顶的椽步架是参照宋《营造法式》：“用椽之制：椽每架平不过六尺。若殿阁或加五寸至一尺五寸，径九分至十分。若厅堂，椽径七分至八分，余屋径六分至七分。长随架，斜至下架。”❶禅定寺塔当属殿阁式建筑，故其椽步架定为 7 尺，即在每架平 6 尺的基础上加 1 尺。因为唐尺或隋尺较宋尺要短，故这应该是一个略大于宋代标准的“平不过六尺”的椽步架。椽径取 10 分合 0.8 尺。具体举折方式亦参照《营造法式》第五卷，“大木作制度二 · 举折”部分处理。

12．塔刹问题

关于塔刹的高度，史料中所见的描述多为虚词，但或也可以从一些描述中略窥一斑，如北魏杨衒之撰《洛阳伽蓝记》，谈到洛阳永宁寺塔：“中有九层浮图一所，架木为之，举高九十丈。上有金刹，复高十丈，合去地一千尺。”❷这里的高度描述虽然是夸张之语，但也大致给出了塔刹与塔身的高度比例，也就是说塔刹大约是全塔高度的 1/10。这应该是一个参考的比例。

实际的塔刹高度应该是因塔而异的。如笔者于 1992 年主持了山西应县佛宫寺木塔的现状测绘。实际测得的塔高，自地面至塔刹顶端的宝珠总高 65.88 米，而其上塔刹高度，自塔顶出口“南天门”上槛下皮至刹尖宝珠上皮总高 11.74 米（图 4-40）。若减除刹基的高度，则塔刹本身的高度为 9.44 米。这几个数据都是笔者亲自参与测绘，笔者借助脚手架直接将测尺触摸到了塔刹最顶端宝珠上皮，且所有标高数据全部用水平仪测获得，因而相当精准。

由此可知，尚存唯一的古代木构楼阁式佛塔——山西应县木塔，其塔刹自刹基上匹至刹顶的高度与塔总高之间的比例为

9.44 米 ÷65.88 米= 0.14

也就是说，应县木塔塔刹的高度大约是全塔总高的 1.4/10，这显然是一个比北魏永宁寺塔要高的

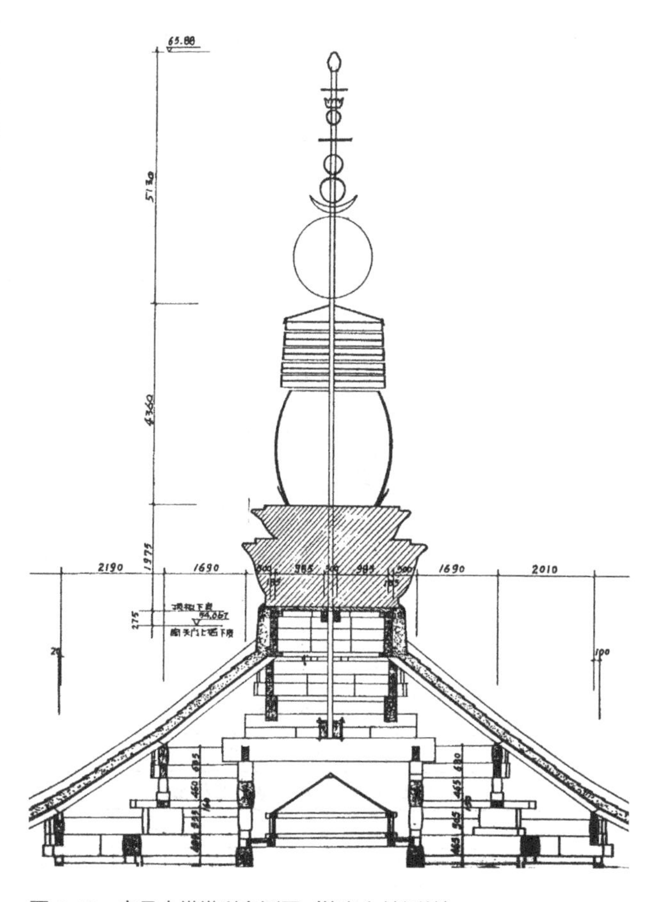

图 4-40　应县木塔塔刹实测图（笔者主持测绘）

---

❶ 文献[2].[宋]李诫．营造法式．第五卷．大木作制度二．椽．清文渊阁四库全书本．

❷ 文献[2].[南北朝]杨衒之．洛阳伽蓝记．卷一．城内．四部丛刊三编景明如隐堂本．

塔刹高度比例。因此，将其刹高控制在塔总高度的10%~14%之间，应该是一个适当的选择。

以禅定寺塔总高330尺计，其塔刹的高度若设置为33尺（10%）至46.2尺（14%）之间应是一个可以接受的比例范围。

由如上推算，减除如上各层结构累积的高度应该就接近禅定寺塔的塔刹高度了，我们可以做一个简单的推算：

11尺（基座）＋37.56尺（首层塔身柱高）＋19.12尺（二层平坐柱顶）＋6.62尺（二层平坐斗栱）＋16尺(二层柱高)＋15.38尺(三层平坐柱顶)＋6.62尺（三层平坐斗栱）＋15尺（三层柱高）＋15.38尺（四层平坐柱顶）＋6.62尺（四层平坐斗栱）＋14尺（四层柱高）＋15.38尺（四层平坐柱顶）＋6.62尺（四层平坐斗栱）＋13尺（五层柱高）＋15.38尺（四层平坐柱顶）＋6.62尺（四层平坐斗栱）＋12尺（六层柱高）＋15.38尺（六层平坐柱顶）＋6.62尺（六层平坐斗栱）＋11尺（七层柱高）＋8.64尺（七层外檐铺作）＋21尺（七层屋顶举高）＝294.94尺

也就是说，自地面至第七层塔脊栋下皮的总高为294.94尺。而记载中的禅定寺塔总高为330尺，则其塔刹的高度为

330尺－294.94尺＝35.06尺

这大约相当于塔总高的11%。实际塔刹的高度还应该包括刹基，而刹基的高度不会落在第七层屋顶举高的最高点上而应该有适当的下沉，从作图所得的下沉幅度约为3.45尺，则由此得到的塔刹总高约为38.51尺大约相当于塔总高的12%。若减除塔基的高度（余319尺），只从塔身的比例观察，则塔刹高度还会略高于塔身总高的12%，这应该还算是一个适当的比例（图4-41,图4-42,图4-43）。

五、禅定寺塔各层结构尺寸表列

表4-3　禅定寺塔各分位高度差与标高一览

单位（尺）

序号	标高位置	高度差	标高	备注
1	下层塔基上皮	2	−9	下层台基高
2	上层塔基上皮	9	±0	上层台基高
3	首层副阶檐柱顶	18	18	副阶檐柱高
4	首层副阶檐柱橑风槫上皮	8.64	26.64	副阶铺作高
5	首层副阶塔檐椽尾平槫上皮	6.72	33.36	
6	首层塔身檐柱柱顶	4.2	37.56	首层塔身柱高
7	首层塔身檐柱橑风槫上皮	12	49.56	首层塔身柱铺作高
8	首层塔身檐柱塔檐椽尾平槫上皮	3.12	52.68	
9	二层平坐柱顶	4.0	56.68	
10	二层地面板上皮	6.62	63.3	二层楼面标高
11	二层柱顶	16	79.3	二层柱高
12	二层塔身檐柱橑风槫上皮	8.64	87.94	二层铺作高
13	二层塔身檐柱塔檐椽尾平槫上皮	2.74	90.68	
14	三层平坐柱顶	4.0	94.68	
15	三层地面板上皮	6.62	101.3	三层楼面标高

续表

序号	标高位置	高度差	标高	备注
16	三层柱顶	15	116.3	三层柱高
17	三层塔身檐柱橑风槫上皮	8.64	124.94	三层铺作高
18	三层塔身檐柱塔檐椽尾平槫上皮	2.74	127.68	
19	四层平坐柱顶	4.0	131.68	
20	四层地面板上皮	6.62	138.3	四层楼面标高
21	四层柱顶	14	152.3	四层柱高
22	四层塔身檐柱橑风槫上皮	8.64	160.94	四层铺作高
23	四层塔身檐柱塔檐椽尾平槫上皮	2.74	163.68	
24	五层平坐柱顶	4.0	167.68	
25	五层地面板上皮	6.62	174.3	五层楼面标高
26	五层柱顶	13	187.3	五层柱高
27	五层塔身檐柱橑风槫上皮	8.64	195.94	五层铺作高
28	五层塔身檐柱塔檐椽尾平槫上皮	2.74	198.68	
29	六层平坐柱顶	4.0	202.68	
30	六层地面板上皮	6.62	209.3	六层楼面标高
31	六层柱顶	12	221.3	六层柱高
32	六层塔身檐柱橑风槫上皮	8.64	229.94	六层铺作高
33	六层塔身檐柱塔檐椽尾平槫上皮	2.74	232.68	
34	七层平坐柱顶	4.0	236.68	
35	七层地面板上皮	6.62	243.3	七层楼面标高
36	七层柱顶	11	254.3	七层柱顶
37	七层塔身檐柱橑风槫上皮	8.64	262.94	七层铺作高
38	第七层塔屋顶脊栋下皮	21	283.94	塔身结构总高
39	塔刹刹基下皮	-3.45	280.49	低于塔身结构最高点
40	塔刹刹顶	35.06	319	塔刹总高 38.51
41	禅定寺塔总高（含塔基）	+11（塔基）	330（总高）	地面至刹尖总高

六、禅定寺塔的可能用尺

关于隋代用尺，在隋开皇九年以前，曾用北周建德六年所颁铁尺，其长合今尺约为0.245米。至开皇九年平陈之后，改用北周市尺，大约是北周铁尺的1.2倍，即合今尺约0.294米。这一开皇尺亦成为唐代所用尺。

但隋代建筑中所用营造尺究竟是多长，我们并不清楚。吴承洛《中国度量衡史》中，关于隋代用尺，不仅列出了开皇尺的长度0.295米，也列出了一个相当于今尺约0.272米的用尺长度。[1] 据刘敦桢《中国古代建筑史》第421页，附录三中所列《历代尺度简表》中，将隋代用尺列为合今尺0.273米与吴承洛所用长0.272米的隋尺接近。而据傅熹年先生的研究，现存最早的木构建筑实例山西五台南禅寺大殿所用尺疑为古尺，每尺合今尺0.275米。[2] 这似乎是一个与吴承洛

[1] 吴承洛．中国度量衡史[M]．上海：上海书店，1984：192-193.

[2] 傅熹年．中国古代建筑史[M]．第二卷．北京：中国建筑工业出版社，2009：494.

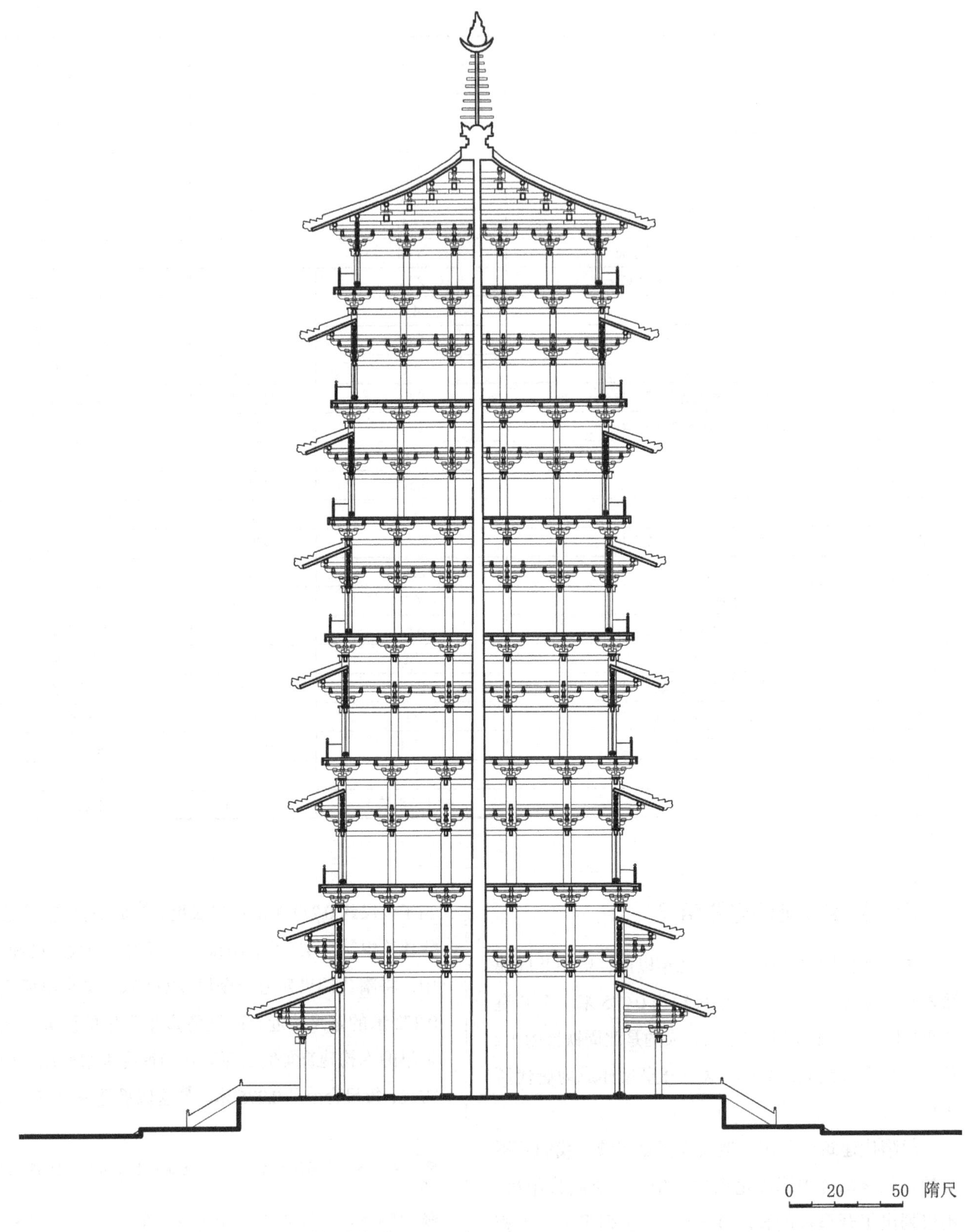

图 4-41 隋禅定（唐大庄严）寺塔剖面复原（作者自绘）

图 4-42 隋禅定（大庄严）寺塔立面复原（敖仕恒绘）

图 4-43　隋禅定（唐大庄严）寺塔复原外观透视（笔者工作室绘制）

或刘敦桢所列隋尺最为接近的尺。由此或可推测，在隋及初唐时期，一些地方很可能还将这一长度为 0.273 米左右的隋尺作为营造用尺使用。

但从实测数据上发现，现存最重要的唐代建筑山西五台佛光寺大殿可能使用的是合今尺为 0.294 米的唐尺，亦说明唐代建筑营造用尺中也可能会是沿用了开皇尺的唐尺。如此，则这座禅定寺塔就有两种用尺可能：一是用长度为 0.273 尺的隋营造尺，二是用长度为 0.294 尺的开皇尺。

前面的分析，我们并没有涉及用尺，因为所有的分析都是以“尺”作为计量单位的。因此，文中的数据本身并没有什么矛盾。只是用不同的尺进行推测绘图，其折合成的现尺尺度是不一样的。简单地说，我们可以从周回长度、首层塔边长与塔总高度三个数据加以了解。

① 用合今尺为 0.273 尺的隋营造尺：

塔基周回 120 步，600 尺，合今尺 163.8 米；

塔基边长 30 步，150 尺，合今尺 40.95 米；

塔首层副阶平面边长 110 尺，合今尺 30.03 米；

二层塔基高 11 尺，合今尺 3.003 米；

塔第七层屋顶脊栋下标高 283.94 尺，合今尺 77.52 米；

塔总高 330 尺，合今尺 81.9 米。

② 用合今尺为 0.294 米的隋开皇尺：

塔基周回 120 步，600 尺，合今尺 176.4 米；

塔基边长 30 步，150 尺，合今尺 44.1 米；

塔首层副阶平面边长 110 尺，合今尺 32.34 米；

二层塔基高 11 尺，合今尺 3.234 米；

塔第七层屋顶脊栋下标高 283.94 尺，合今尺 83.48 米；

塔总高 330 尺，合今尺 97.02 米。

显然，这两把用尺反映在建成尺度上都应该是可能的木构高塔尺度。以笔者的管见，两者之中，以长度为 0.273 尺的用尺，似乎更接近我们所熟知的应县木塔的平面与高度结构尺寸。[1] 如应县木塔首层副阶八角形平面的直径约为 30.27 米，五层实测塔高 65.88 米（折合每层平均高度 13.2 米），两层台基总高约 2.1 米。而以 0.273 米 / 尺折算的隋禅定寺塔，首层副阶方形平面边长 30.03 米，七层塔高 81.9 米（折合每层平均高度 11.7 米），两层台基总高 3.0 米。这几个基本尺寸相互间都比较接近。或也可以从一个侧面将本文依据历史碎片拼接起来的这一推测性复原研究与历史真实之间的距离，拉得稍微近了一些。

[1] 本文复原图用尺，是以 1 隋尺等于 0.273 米计算的，故图中数据，可以以此尺换算。

第三节
唐长安大兴善寺大殿及文殊阁可能原状初探

一、大兴善寺大殿

古长安城内朱雀大街东侧靖善坊一坊之地的大兴善寺是隋唐两代的国家寺院。寺初创于西晋武帝时，初名遵善寺。隋代建大兴城，将寺移至皇城之南改称大兴善寺。寺中除大殿外还有一些楼阁建筑，如“唐元和四年建修转轮藏经阁；太和二年，得梵像观音，移大内天王阁于寺中，作大士阁。唐末独二阁存焉。”[1]

据《陕西通志》，至清代寺院规模依然很大。顺治五年（1648年），“重修方丈、大雄殿，周垣四百丈。”以其规模之大，可以想象寺中主要建筑大兴善寺大殿尺度亦十分宏巨。关于这座大型殿堂更早的记载见于唐人撰《续高僧传》，其中有：

“时京师兴善有道英神爽者，亦以声梵驰名。道英喉颡伟壮词气雄远，大众一聚其数万余声调棱棱高超众外。兴善大殿铺基十亩，棂扇高大非卒摇鼓。”[2]

这里给出了大兴善寺大殿占地面积，其殿基总面积有10亩。因释道英是唐代人，且大兴善寺大殿在唐代曾重建，其殿基面积应以1唐尺＝0.294米计，一亩合今518.62平方米，10亩殿基，面积约为5186.2平方米。若设其殿为13间，以平均每间为今尺7.5米计通面广接近100米，则参照早期木构建筑平面实例，其通进深长度应约为其通面广长度的1/2亦可能为50米左右，面积约为5000平方米，相当于现存面积最大之古代木构建筑北京紫禁城太和殿(约2377平方米)面积的两倍以上。

再以尺计，以一唐亩为240方步，一唐步为5唐尺，则一方步应为25方步。由此可推出大兴善寺10亩之基约为60000平方尺，大约是一个245尺见方的正方形，即：

245尺 ×245尺＝60025平方尺

如上分析，这样一座大型殿堂不可能是一个正方形平面，依据唐辽时期大型殿堂平面比例规则，应是一个进深与面广之比为1∶2的长方形。历史实例中，堪与其相较者可推唐高宗所建造洛阳宫正殿乾元殿，其殿“东西三百四十五尺，南北一百七十六尺”[3]。其面积为：345尺 ×176尺＝60720平方尺，似略大于大兴善寺大殿殿基面积。

参照唐乾元殿的长宽尺寸，或可以推想，大兴善寺大殿亦可能是一座面广13间，通阔345唐尺，通进深约170唐尺左右的大型木构殿堂（345尺 ×170尺＝58650平方尺，接近10唐亩的面积）。显然，这一尺寸几乎与通面广345尺，通进深176尺的唐洛阳宫正殿乾元殿不相上下。其高度似也不会比两重屋檐，高为120尺的乾元殿矮多少。或可以参照此前复原的乾元殿尺寸绘制出这座大殿的平面、立面与剖面（图4–44，图4–45，图4–46）。

宋人撰《长安志》中有关大兴善寺一条，谈到：“大兴善寺尽一坊之地。寺殿崇广为京城之最。（号曰大兴佛殿，制度与太庙同。）”[4]太庙无疑是唐代最高等级建筑物，这从一侧面说明大兴善寺大殿采用了唐代最高等级的建筑规制。

由此似也可以一窥隋唐佛寺建筑尺度之巨大、规模之宏伟。从而了解到，隋唐时代最高规格的建筑，无论是皇宫正殿，还是皇家寺院主殿，或宫廷太庙主

---

[1] 文献[1]. 史部. 地理类. 都会郡县之属. [清]陕西通志. 卷二十八. 祠祀一(寺观附).

[2] 文献[2]. [唐]释道宣. 续高僧传. 卷三十. 隋京师日严道场释慧常传. 大正新修大藏经本.

[3] 文献[2]. [宋]王溥. 唐会要. 卷三十. 洛阳宫. 清武英殿聚珍版丛书本.

[4] 文献[1]. 史部. 地理类. 古迹之属. [宋]宋敏求. 长安志. 卷七. 唐京城.

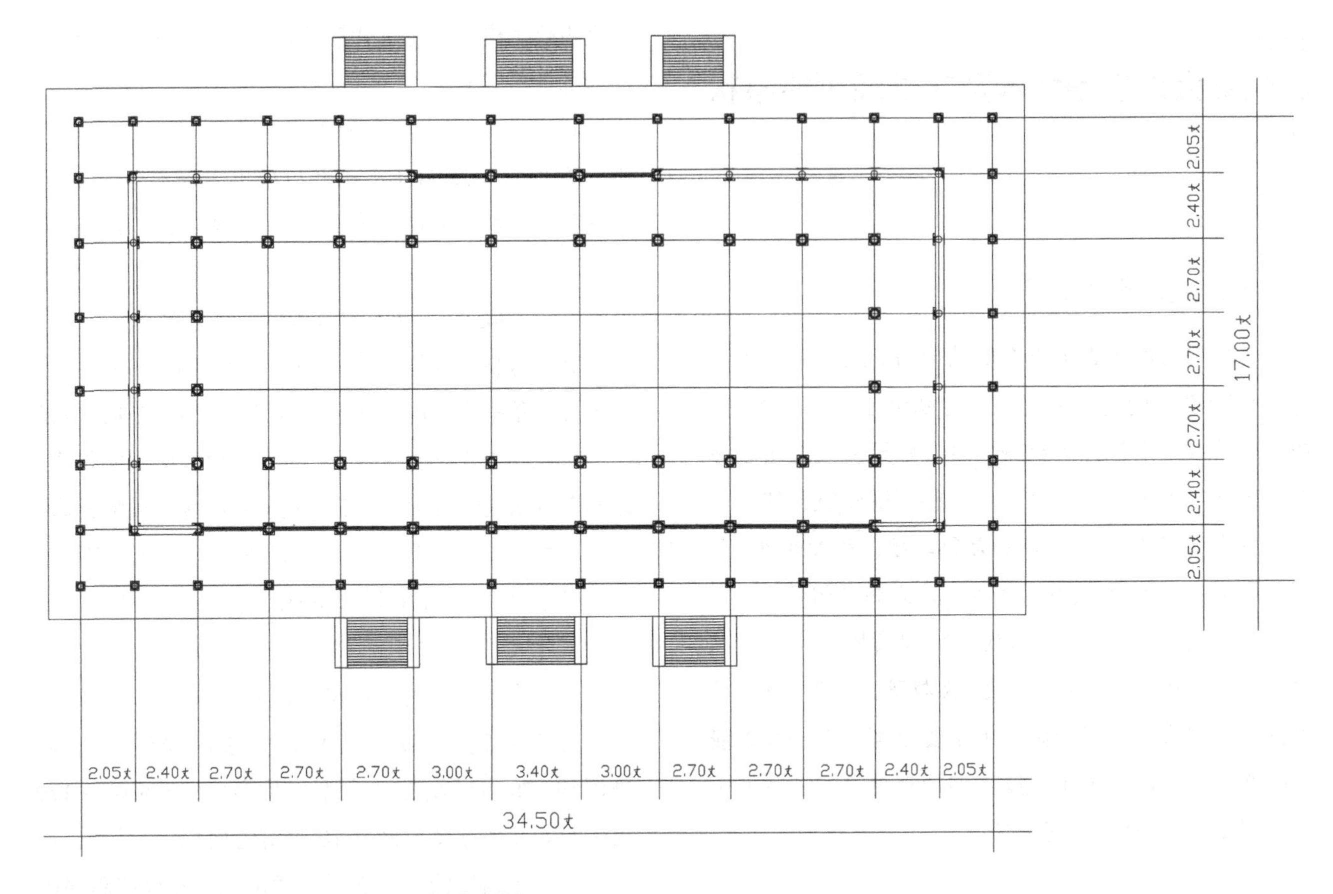

图 4-44　唐长安大兴善寺大殿平面推想图（作者自绘）

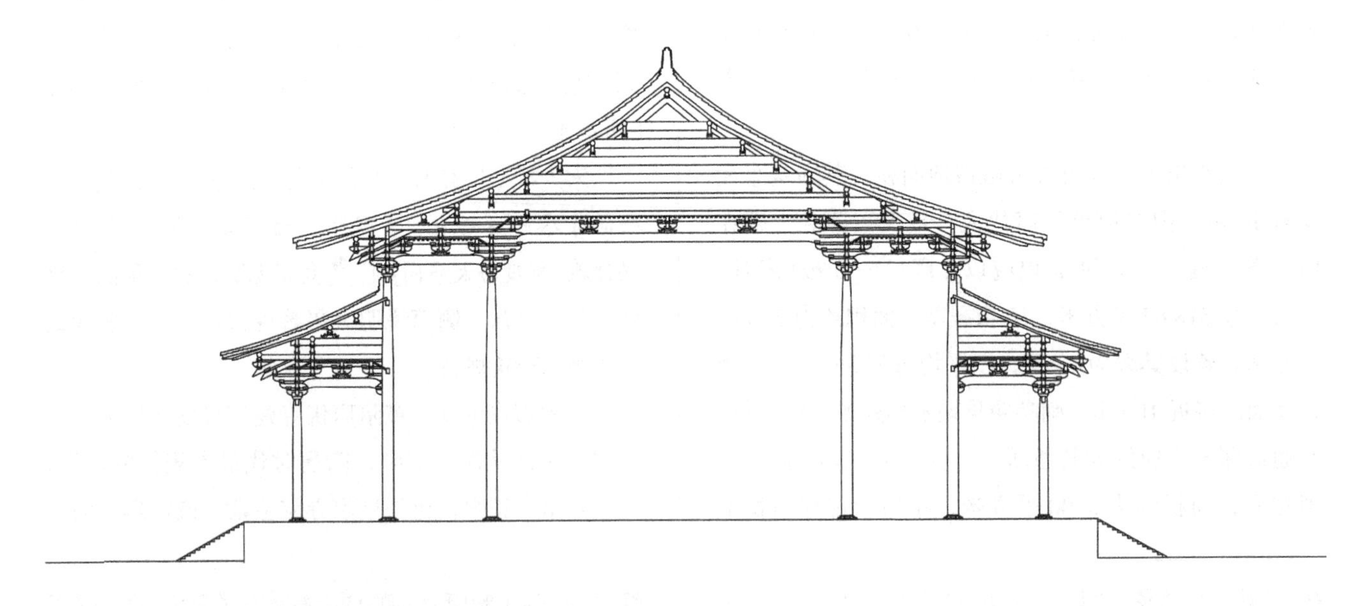

图 4-45　唐长安大兴善寺大殿剖面推想图（作者自绘）

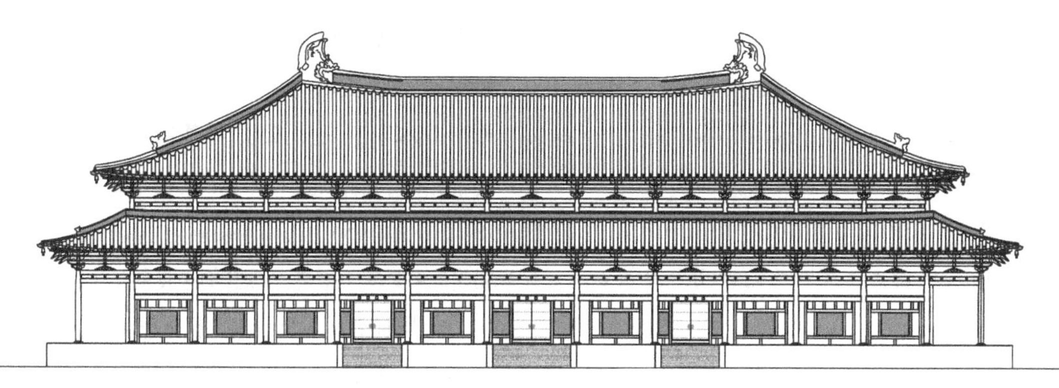

图 4-46 唐长安大兴善寺大殿立面推想图（作者自绘）

殿，其体量都可能达到面广 13 间，殿基面积近 10 亩，约合今尺 5000 多平方米的宏大尺度与规模。

二、大兴善寺文殊阁

关于大兴善寺文殊阁，清华大学建筑学院毕业的李若水博士在读博期间做了比较详细的复原研究，其文发表在《中国建筑史论汇刊》总第 6 辑（2012 年）上。该文的基本复原方式是合乎唐代木构楼阁建筑的结构逻辑的，故这里也作为一个已经消逝的唐代建筑案例加以列举，希望不要将这座由唐代佛教密宗大师不空三藏创建，在中国佛教建筑史上具有一定影响的建筑实例遗漏，且聊以对本书在唐代建筑复原案例的数量上有所补充。

长安大兴善寺不仅规制与尺度与太庙相同，殿基有 10 亩之大的佛殿，以及高大为天下之最的“天王阁[1]”，唐代宗大历八年（773 年）还在史称“开元三大士”之一的印度高僧不空三藏主持下，于寺内翻经院修造了一座文殊阁。阁建成于大历十年（775 年）。同年四月，参与修建文殊阁的释秀俨与释慧胜向皇帝上《进造文殊阁状》，详细记录了文殊阁建造经费及材料使用情况。

根据这篇《进造文殊阁状》，可以大略了解，为了建造这座楼阁寺院大约购入了：“方木 610.5 根，椽柱槐木 804 根，砖瓦鸱兽 55698 口，木栈 700 束，以及造门窗钩栏等用的柏木。”[2] 其文还具体记录了文殊阁中所使用材料的一些基本情况，这里择其要者引之：

“大兴善寺翻经院，造大圣文殊师利菩萨阁……应造大圣文殊师利菩萨阁，破用及见在数如后：

……

八十千文，造阁上下两层风筝八枚等用。

……

右具破用数如前，应买入、杂施入，迴殘见在，如后：

合入方木六百八十五根半，七十五根外施入，

六百一十根半买入，四百八十七根半造阁用讫。

一百二十七根出卖讫，七十一根见在。

合入槫柱二百四十四根，一百四十八根外施入，

九十六根买入，一百七十三根造阁用讫，七十一根见在。

合入椽二千四百一十四根，一千五百七十根外施入，

八百四十四根买入，一千八百五十四根造阁用讫，五百六十根见在。

合买入栈七百束，三百五十束造阁用讫，

[1] ［宋］宋敏求．长安志．卷七．唐京城．次南兴善坊：“天王阁，长庆中造，本在春明门内与南内连墙。其形高大，为天下之最。太和二年，敕移就此寺。”自文献［1］．史部．地理类．古迹之属。

[2] ［唐］圆照．代宗朝赠司空大辨正广智三藏和上表制集．卷第五．进造文殊阁状 // 大正新修大藏经．史传部 四．河北：河北省佛教协会，2009.

三百五十束见在。

合入胶六百八十三斤，六百斤敕赐入，四十斤外施入，四十三斤买入，造阁用讫。

合入蜡六百二十斤，六百斤敕入，二十斤买入，并造阁用尽。

右具通造阁所入钱物方木等，及诸杂用外见在数，如前谨录。”

由上文透露出来的信息，较为准确推知的是：文殊阁为两层，平面为矩形，每层四角各悬一枚风（筝？）铎，共8枚风铎。此外还知道这座楼阁使用了478.5根方木，173根槫与柱，1854根椽子，350束木栈以及胶、蜡、金属等物。

依据这些似乎毫无头绪的数字，并参照时代较近的长安青龙寺复原研究平面，如前所述，清华大学建筑学院毕业的李若水博士在其研究生阶段，进行了专题的复原研究，初步确定其阁为一座面广五间，进深五间，阁内前部有前厅空间，二层有平坐的楼阁建筑❶。推定其平面柱网的主要依据是以面阔五间、进深五间、屋顶为十椽架推算，每层用柱30根，以首层柱、平坐层柱、二层柱合用柱90根，而二层屋顶用槫59根，首层腰檐用槫20根，其用槫（79根）与柱（90根）的总数为169根。与《进造文殊阁状》所载总用槫与柱173根在数量上十分接近。李文认为多出的4根可计入施工过程中的损耗。这在逻辑上似也合理。

其文未给出平面柱网的尺寸与各层柱子的高度，主要原因是原始文献中缺乏相关数据。我们可以考古发掘及实例中唐代建筑开间与进深多为1.8丈作为一个参考数据，并将各间面广做均等的处理。

这里参照宋《营造法式》用椽之制，对其复原加以检验。一般用椽，每架平不过6尺。殿阁椽架可达6.5或7.5尺。殿阁椽径约在9分至10分。椽距：“其稀密以两椽心相去之广为法。殿阁广九寸五分至九寸，副阶广九寸至八寸五分，厅堂广八寸五分至八寸，廊库屋广八寸至七寸五分。”❷以其上层屋顶为10椽架，其中自六椽栿以上3个椽架为两坡，其东西横长约为：18尺 ×3 = 54尺，以椽距为0.9尺计，合用椽每坡：60根 ×3 = 180根，则前后坡共用椽360根。

上层屋顶自六椽栿以下至檐口，亦为3个椽步（含出挑椽步），沿上层屋顶四周布置，以檐柱缝计，其长：18尺 ×5 = 90尺，以其屋顶起坡至角长度渐上渐短，两端各减1/4间，合减半间，约9尺，则每侧长按81尺计，四坡共按约81尺 ×4 = 324尺。但仍以椽距为0.9尺计，四檐约用椽：324尺 ÷0.9尺 ×3 = 1080根。其副阶部分只能用一步椽架，仍以四檐布椽长度约为324尺计，约应用椽：324尺 ÷0.9尺= 360根。

如此粗略推算的上下层檐用椽总数约为：360根 + 1080根 + 360根 = 1800根。以总用椽数为1854根计，两者间仅有54根之差。由此粗略推算，可知李文推测的这座开间与进深各为5间，上下两层，中设平坐、腰檐，顶用单檐九脊形式的木楼阁（图4-47，图4-48，图4-49），与不空三藏所建长安大兴善寺文

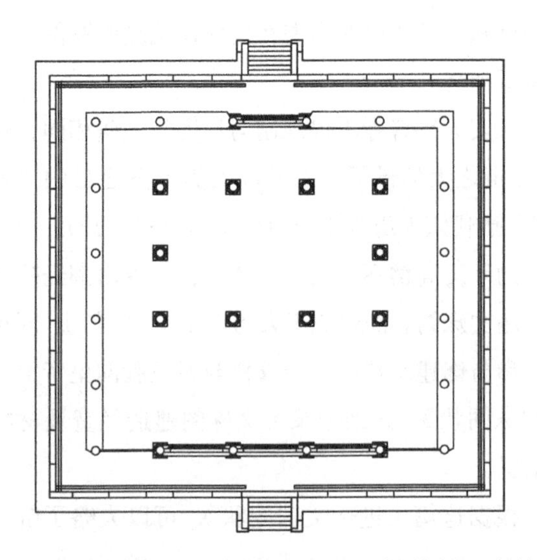

图4-47 唐长安大兴善寺文殊阁平面推想图（李若水复原并绘图）

❶ 参见李若水．唐长安大兴善寺文殊阁营建工程复原研究 // 王贵祥，贺从容．六北京：中国建筑工业出版社，2012：135-158.

❷ 文献[2]．[宋]李诫．营造法式．第五卷．大木作制度二．椽．清文渊阁四库全书本．

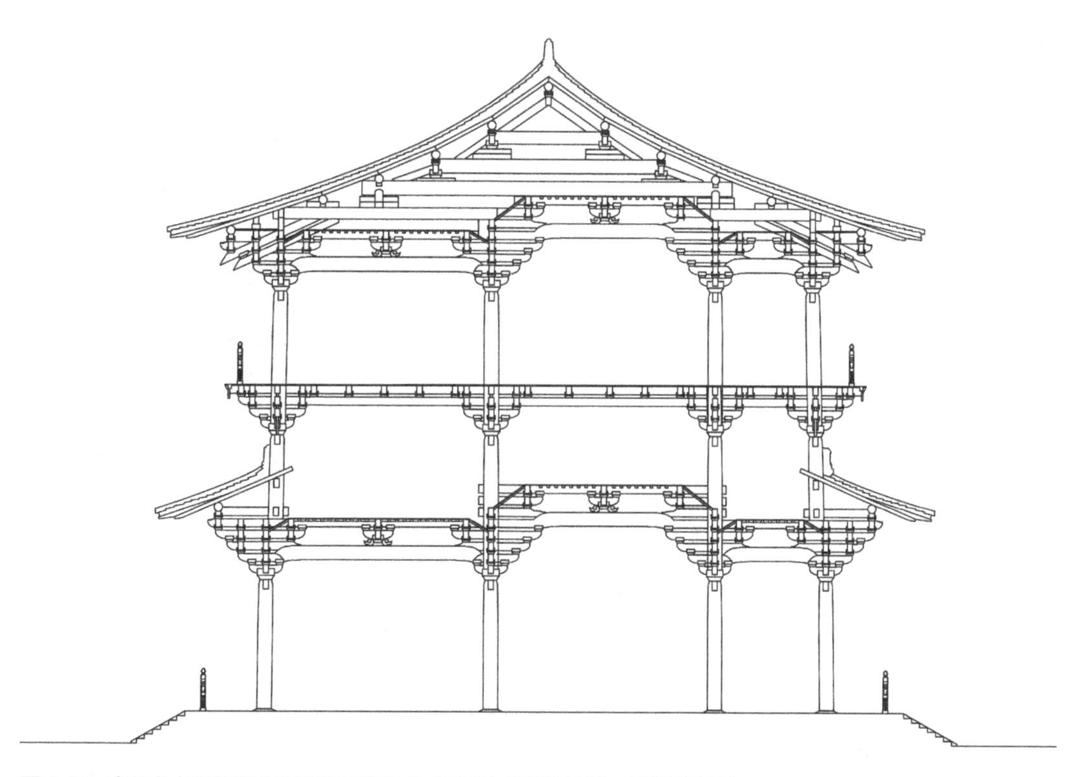

图 4-48　唐长安大兴善寺文殊阁剖面推想图（李若水复原并绘图，王贵祥修改）

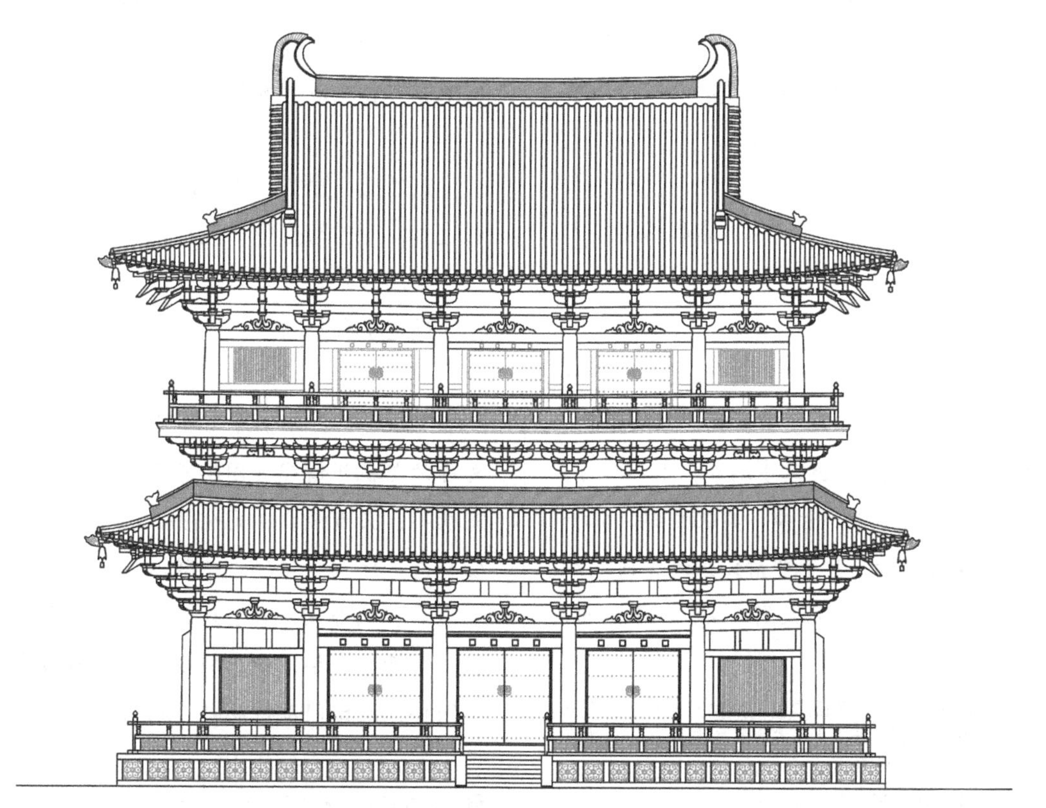

图 4-49　唐长安大兴善寺文殊阁正立面推想图（李若水复原绘图）

殊阁在结构与造型上十分接近。同时也证明了，笔者猜测的以面广与进深各用1.8丈间距布置文殊阁的柱网亦可能比较接近历史真实。

据文献："敕检大兴善寺文殊镇国阁中，奉（敕）素画文殊六字，菩萨一铺九身。阁内外壁上，画文殊大会圣族菩萨一百四身。今并成就。"❶以其阁内仅有一铺造像，可知文殊阁室内可能与辽代所建蓟县独乐寺观音阁相似，为室内空间上下贯通的形式。

第四节 唐五台山金阁寺金阁与佛光寺弥勒阁可能原状探讨

一、五台山金阁寺金阁

明代所建武当山金顶铜殿是用铜建造建筑物，并在铜表面鎏金而创造的金色建筑物的著名例子（图4-50）。而以铜为瓦，铜上涂金的做法，至迟在唐代五台山金阁寺的金阁中就已经出现。

《旧唐书》载："五台山有金阁寺，铸铜为瓦，涂金于上，照耀山谷，计钱巨亿万。"❷《大宋高僧传》中提到了这座寺院最初建造的起因：

"释道义，江东衢州人也。开元中至台山，于清凉寺粥院居止，典座普请运柴，负重登高，颇有难色。义将竹鞋一緉转贸人荷檐，因披三事纳衣。东北而行，可五里来，于楞伽山下，逢一老僧，其貌古陋，引一童子名字觉一。老僧前行，童子呼请义东边寺内啜茶去，乃相随入寺，遍礼诸院。见大阁三层，上下九间，

图4-50　武当山金顶明代金殿（中国建筑工业出版社．中国美术全集·建筑艺术编·宗教建筑[M].北京：中国建筑工业出版社，2004.）

总如金色，闪烁其目。老僧令道义早还所止，山寒难住。唯诺辞出寺，行及百步，回顾唯是山林，乃知化寺也。却回长安大历元载，具此事由奏宝应元圣文武皇帝，蒙敕置金阁寺，宣十节度助缘。遂召盖造都料，一僧名纯陀，为度土木，造金阁一寺。陀元是西域那烂陀寺喜鹊院僧。寺成后，敕赐不空三藏焉。"❸

这条史料是说，寺之起因是僧道义在五台山上巧遇化寺，寺中有金色大阁三层，上下九间。他将此事报告了唐代宗，代宗敕建金阁寺。关于这件事情，后世的描述小有差别：

"金阁寺在南台西北岭畔。唐开元二十四年，道义禅师与杭州僧守真同游五台，徐行林中，一童子招义饮茶，行百余步，见金桥，随登入大寺，殿堂僧舍皆金色，地铺碧琉璃。义随入东厢第一院，见老僧坐金绳床，义叩问和尚：说何法？曰：春树弥陀佛，秋花观世音。茶毕，童子引令恭堂，遍历十二院。义忽思同伴，潜出门度桥招之，回首即失其境。后人建金

❶ [唐]圆照．代宗朝赠司空大辨正广智三藏和上表制集．进兴善寺文殊阁内外功德数表一首（并答）//大正新修大藏经．史传部四．河北：河北省佛教协会，2009.

❷ 文献[2].[五代]刘昫．旧唐书．卷一百十八．王缙传．清乾隆武英殿刻本．

❸ 文献[2].[宋]释赞宁．大宋高僧传．卷二十一．感通篇第六之四．唐五台山清凉寺道义传．大正新修大藏经本．

阁寺以识焉。”❶

这里提到，道义所进的化寺之中有12座院落，如“东厢第一院”等。疑是在中轴线两侧，沿东西厢，各有若干院落的空间组织方式。这可能代表了一种常见的唐代寺院空间模式。

据《大宋高僧传》的记载，金阁寺的建造得到了10位节度使的助缘。但关于寺院建造经费的问题亦另有一说，即唐代宗时：“元载、王缙、杜鸿渐为相，三人皆好佛；缙尤甚，不食荤血，与鸿渐造寺无穷……造金阁寺于五台山，铸铜涂金为瓦，所费巨亿，缙给中书符牒，令五台僧数十人散之四方，求利以营之。”❷这里是说，建造金阁寺的经费是宰相王缙命令五台山僧人到四方去求索而来的。

释道义所见化寺中有“大阁三层，上下九间，总如金色”。后来唐代所建金阁寺中有一座高为三层，上下九间的金阁，正是依据道义所见幻景中的描述建造起来的。建造这座金阁的人是一位来自印度那烂陀寺喜鹊院的僧人纯陀。这座辉煌宏丽的金阁寺建成之后，代宗将寺赐予了西域来唐密宗高僧不空三藏。

从上文中亦可知，其寺的创建年代为唐代宗大历二年（767年），比现存最早木构建筑实例，建于德宗建中三年（782年）的山西五台南禅寺大殿仅早了15年。然而中土史料中，关于金阁寺及寺中金阁的描述多数都不甚了了，进一步的相关资料几乎如凤毛麟角。但值得庆幸的是，时隔约70年后的文宗开成五年(840年)，日本访唐僧圆仁大师拜谒五台山，曾到过金阁寺，其《入唐求法巡礼行记》中有关于五台山金阁寺金阁的较为详细的描述，圆仁写道：

“开金阁，礼大圣。文殊菩萨骑青毛狮子，圣像金色，颜貌端严，不可比喻。又见灵仙圣人手皮佛像及金铜塔；又见辟支佛牙、佛肉身舍利。当菩萨顶悬七宝伞盖，是敕施之物。阁九间，三层，高百余尺，壁椽檐柱，无处不画，内外庄严，尽世珍异。颗然独出树林之表。次上第二层，礼金刚顶瑜伽五佛像。斯乃不空三藏为国所造，依天竺那烂陀寺样作，每佛各有二胁士，并于板墙上列置。次登第三层，礼顶轮王瑜伽会五佛金像，在佛前，面向南立。佛菩萨手印、容貌，与第二层像各异。粉壁内面画诸重曼荼曼，填色未了，是亦不空三藏为国所造。”❸

由圆仁的描述中可知，金阁寺以寺中金阁为名，阁以铜为瓦，瓦面涂金。阁的形式，虽没有进一步描述，从其上下文中可以大略得出一个印象：这是一座三层楼阁；首层供奉文殊师利菩萨，菩萨骑青毛狮子，上覆皇帝敕施的七宝伞盖；二层，供奉密宗金刚顶瑜伽五佛像，每佛各配置有两位胁士；三层，供奉顶轮王瑜伽会五佛金像。值得注意的是，这三层的佛造像都是以单铺单尊或单铺多尊造像为主要形式的。如首层仅由一尊骑狮文殊造像，其像上方是一把七宝伞盖。二层为密宗五佛及其胁士的造像，因为五佛造像可以集中配置，这组造像同样可以布置在一个紧凑的佛座上。三层的情况与二层差不太多，表达的都是密宗五佛的主题。因而三层的佛造像都可以布置在位于阁内中央的一铺佛座之上。如此可以推测出其阁的平面应当是一个集中式的空间构图形式。

楼阁总高约为100余尺，以1唐尺＝0.294米计，约高30余米。问题是如何确定其开间、进深的间数。从圆仁所记：“阁九间，三层，高百余尺。”从字面上看，像是一座面阔“九间”的大型楼阁。但从高度与层数观察，很难想象一座九开间大型楼阁仅高100余

❶ 文献[1]. 史部. 地理类. 都会郡县之属. 山西通志. 卷一百七十一. 寺观四.

❷ 文献[2]. [宋]司马光. 资治通鉴. 卷二百二十四. 唐纪四十. 代宗睿文孝武皇帝中之上. 大历二年（丁未）. 四部丛刊景宋刻本.

❸ [日]圆仁. 入唐求法巡礼行记. 卷3. 上海：上海古籍出版社，1986.

尺。因为即使按每间面阔仅1丈计，其面阔长度就有90尺几乎与高度一样。这不符合古代楼阁一般结构与造型规则。故我们可以采纳前面的推测，将其阁的室内想象成为一个集中式的空间形态。

也就是说，需要换一个角度来思考：若以“四柱为间”的古代建筑空间原则，可将其推想为面阔与进深各3间建筑。阁内以“九宫格”形式围合为9个以“间”为单位的空间，这样既与前文推测的各层佛造像按集中式空间构图形式布置相契合，又能够与圆仁“阁九间”的描述吻合。

后世文献中在提到金阁寺的建造情况时，还提到了金阁内首层所塑文殊造像的高度：

“资治通鉴，唐代宗大历二年，造金阁寺于五台山，铸铜涂金为瓦，所费巨亿。时王缙为相，给中书符牒，令五台僧数千人，散之四方，求利以营之。清凉山志则云，唐代广德元年，修五台文殊殿，铸铜为瓦，造文殊像高一丈六尺，镀金为饰。今寺有鎏金立佛，高五丈许，或后人更为增饰。”❶

《清凉山志》即是山志记录，当有古代事迹之传承，其中可能记录了唐代金阁寺的真实情况，亦未可知？

其文所云，金阁首层的文殊像高1.6丈。这一高度记载，或来自清代以前的山志的记载，应该还是有一定可信度的。这样一种方形的平面亦可与圆仁对各层所供奉像设内容与规模、尺度相合。如首层主供文殊菩萨，在这样一个“九宫格”式的中央空间中设置文殊菩萨坐狮子像，以约2丈见方的空间范围内，用1.8丈余的檐柱高度可以得到2.5~3丈余的室内空间。在这样一个空间大小内布置一铺骑青毛狮子，高约1.6丈的文殊菩萨造像应是适当的。而若将其布置在一字排开9间的空间中，则文殊像两侧各有4开间空间会显得过于空阔。这也可以验证前文的推测、分析。

基于这一分析，可以将金阁寺想象成一座面广、进深各3间，高3层，约100余尺的木构楼阁，阁顶用铜瓦涂金的造型，应该是比较接近历史真实的。

至于其开间尺寸，由于缺乏进一步的数据或也只能采用现存唐、辽时期建筑遗存中较为习见的尺寸，如这一时期一般木构建筑的当心间往往采用1.8丈左右的开间尺寸。著名的唐代长安东内主殿大明宫含元殿亦采用了1.8丈的柱子开间间距，而文献中记载的唐总章二年明堂设计采用的是1.9丈的开间尺寸。说明1.8丈左右是当时较为常见的开间尺寸选择。故可以将其当心间面广定为1.8丈，两次间面广为1.5丈，进深方向亦然，两山中一间深1.8丈，前后间各深1.5丈。这样就形成了一座深、广各为4.8丈的方形楼阁平面（图4–51）。

古代建筑首层，一般情况下，宜采取“柱虽高不逾间之广”的原则，则其首层柱高亦可定为1.8丈。按逐层递减规则，二层柱高为1.6丈，三层柱高为1.4丈。其铺作材分，以佛光寺大殿所用材高尺寸为参考并参照南禅寺大殿所用斗栱，首层用六铺作斗拱承挑

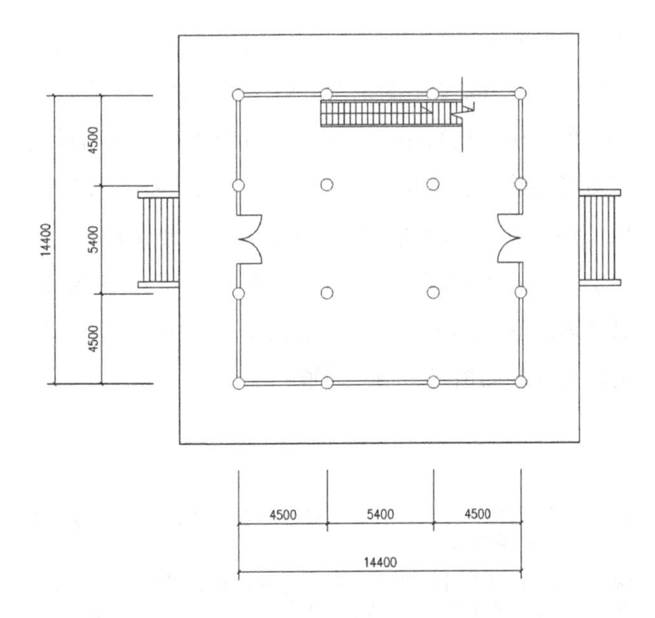

图4-51　唐五台山金阁寺金阁平面推想图（作者自绘）

---

❶ 文献[1].史部.传记类.杂录之属.[清]高士奇.扈从西巡日录.

出檐，二层比首层减一铺为五铺作，三层仍用六铺作，各层平坐斗栱亦用五铺作。加上各层铺作、平坐及按照前后橑檐方距离 1/5 起举的屋顶高度，按照如此方式得出的其阁脊栋总高在 10.5 丈左右，接近圆仁描述的五台山金阁寺金阁的高度与造型（图 4–52，图 4–53，图 4–54，图 4–55）。

重要的是，关于这一通过建筑空间与结构逻辑推测而来的建筑原状探讨，可从敦煌壁画中发现一个辅助性的证明。考古学家徐苹芳先生撰写的《中国历史考古学论集》中恰好有一幅摹自五台山第 61 窟中的金阁寺图（图 4–56），其中大略描绘了唐代金阁寺的基本空间形式。这是一座回廊环绕的院落。院落中央是一座两层楼阁式大殿，殿前有两座左右对称的配楼。回廊四隅各有一座角楼。

更为重要的是，在回廊之后有一座三层楼阁。这表现的应该就是金阁寺的金阁。从这幅图中看得十分清楚，这是一座面广与进深均为三开间的三层木楼阁。从这张图，可以将我们前面所推测的，所谓金阁为九间实际为“九宫格”式的面广与进深各为三间，室内为 9 个四柱围合而成的“间”，提供了充分的证明。

关于寺院的平面，这张图所表达的应该是一个简略的示意。但可以肯定的是，寺院形式为唐代典型的回廊院形式。寺中另有三门、主殿、配殿与金阁。那座著名的高大金阁其实是坐落在寺院主要庭院之后的。从一般寺院空间逻辑上推测，其主要庭院周围还可能有院落，如释道义所见化寺中的“东厢第一院”。甚至，主要庭院之后的金阁很可能也会坐落在一个庭院之中。但这些都无从证明。所以在中心庭院之后，布置一座三层高阁是这座金阁寺的大致空间布局形态。

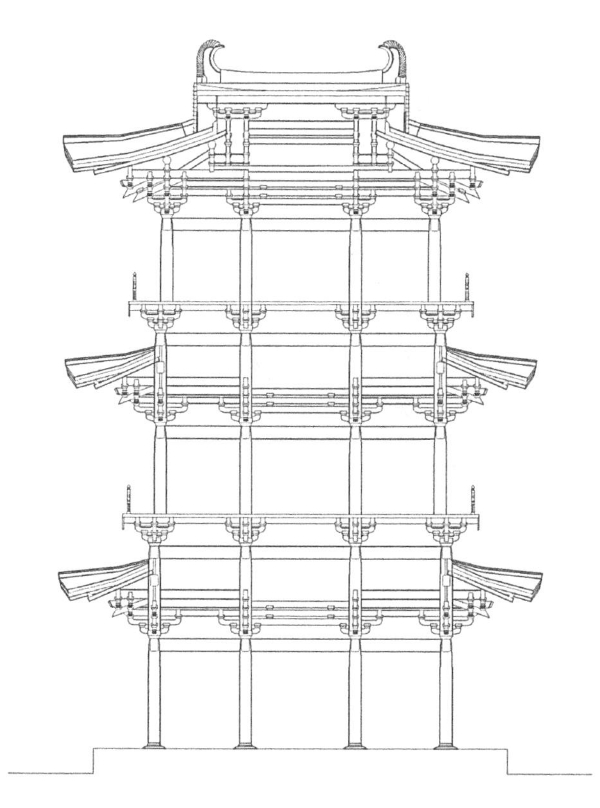

图 4-52　唐五台山金阁寺金阁剖面推想图（作者自绘）

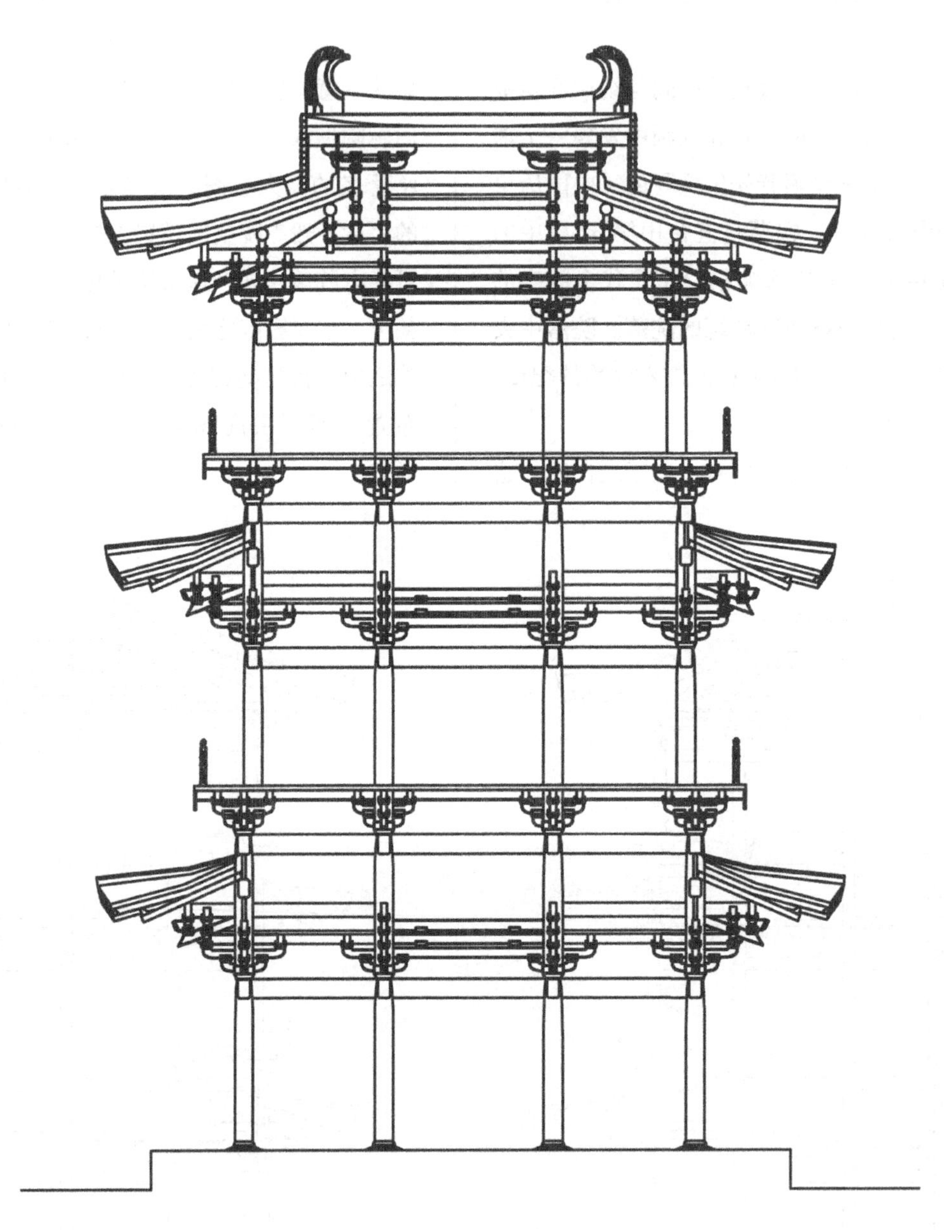

图 4-53　五台山金阁寺金阁复原推想纵剖面图（作者自绘）

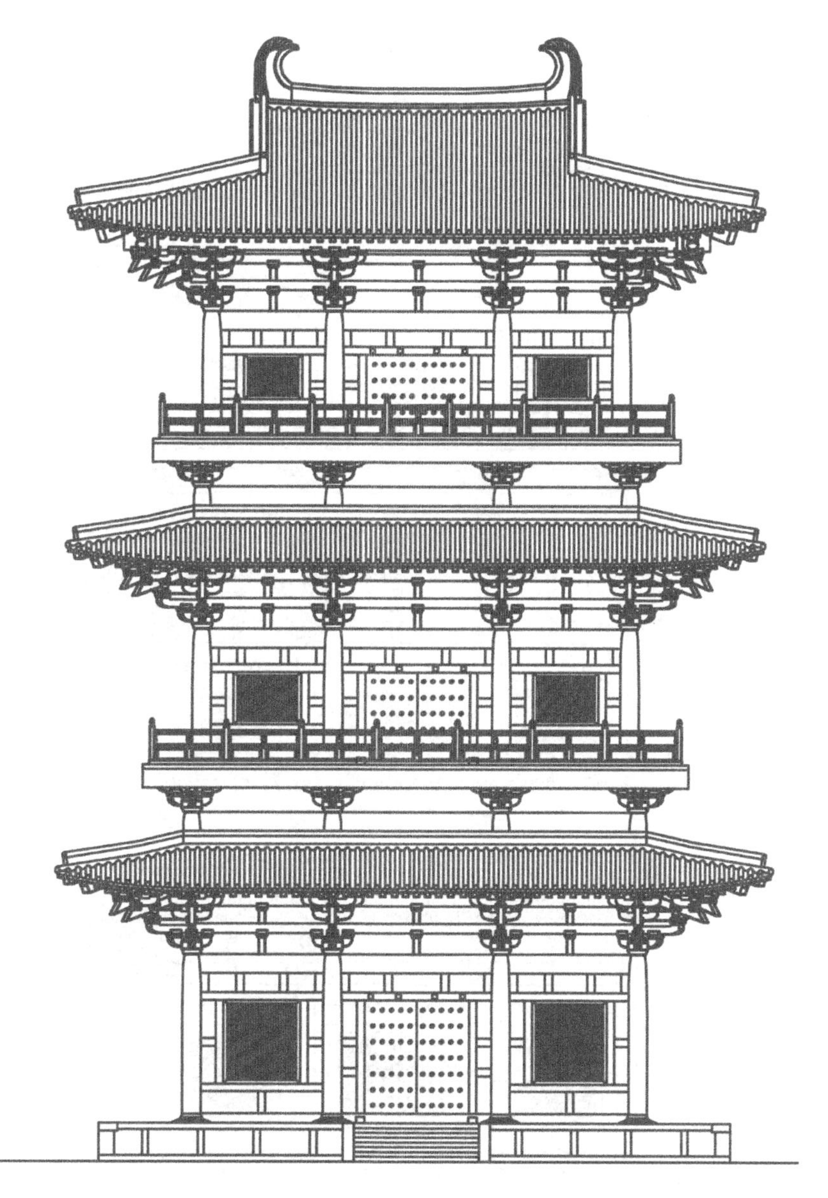

图 4-54　五台山金阁寺金阁正立面复原推想图（作者自绘）

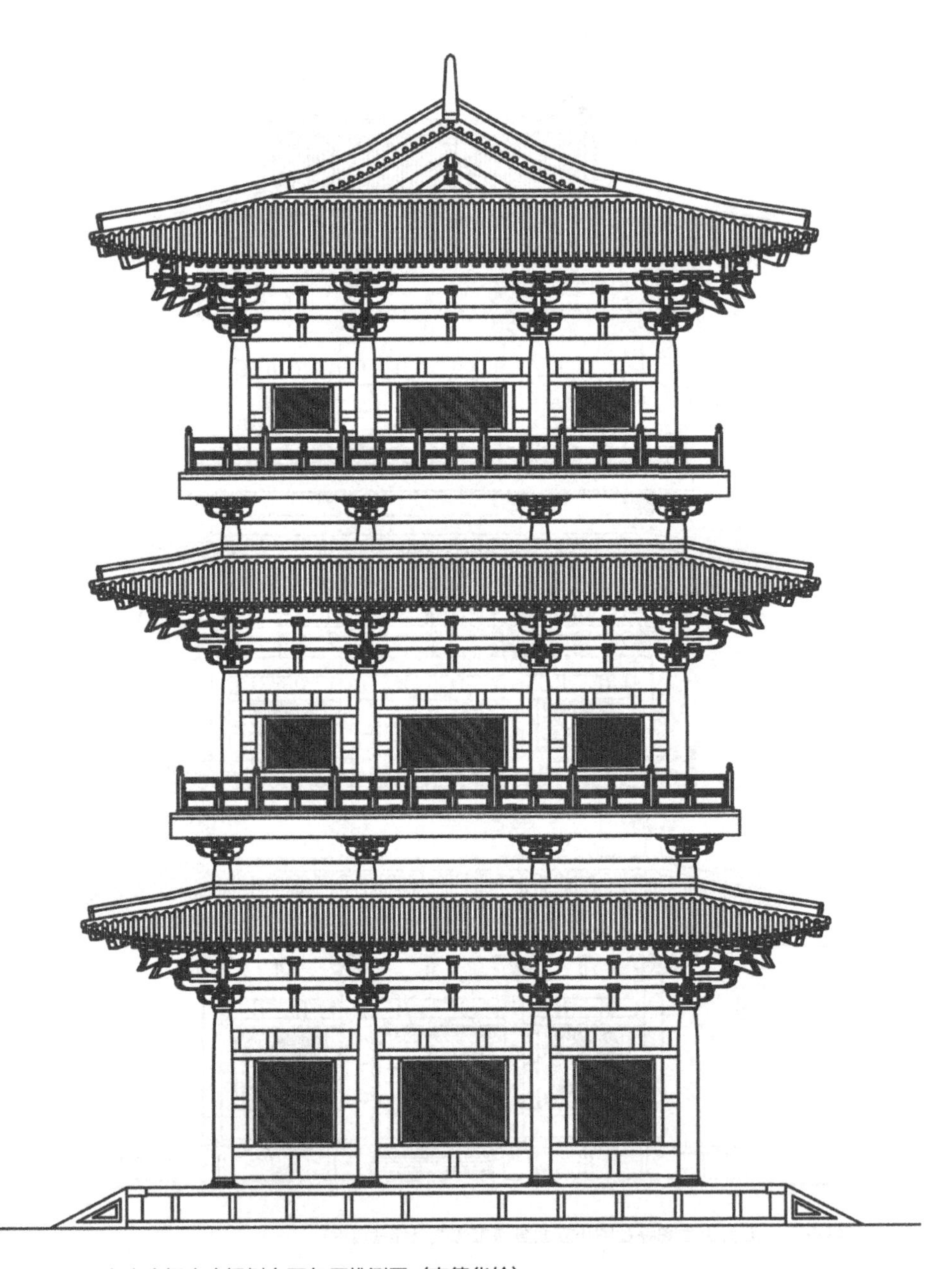

图 4-55　五台山金阁寺金阁侧立面复原推测图（李德华绘）

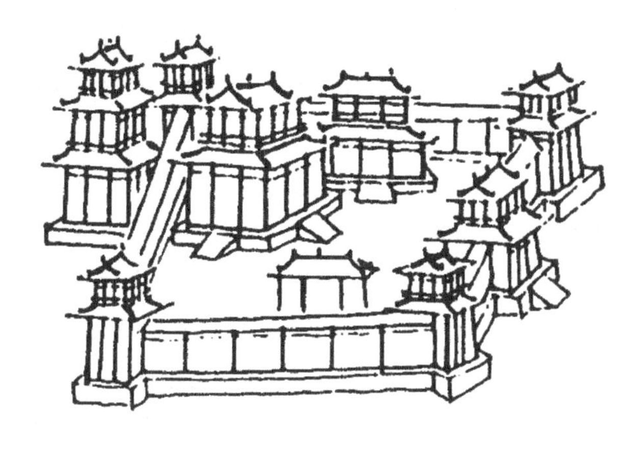

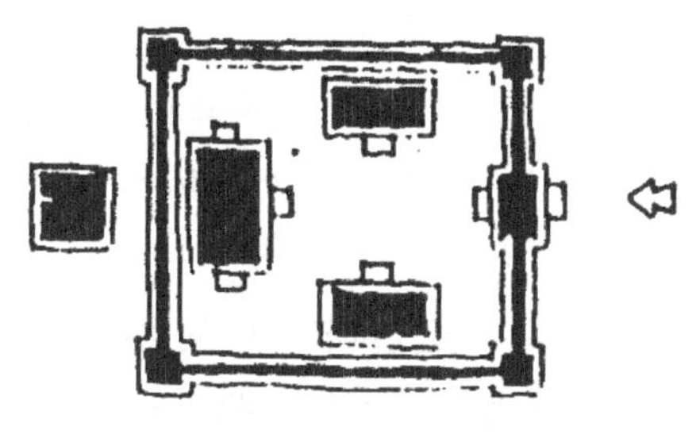

图 4-56　敦煌第 61 窟五台山图中表现的金阁寺（徐苹芳 . 中国历史考古学论集 [M]. 上海：上海古籍出版社，2012.）

在敦煌研究院孙儒涧、孙毅华两位研究员所著的《敦煌石窟全集》第 21 册，《敦煌建筑画卷》中，可以注意到他们二人也曾经关注了五台山金阁寺，并且绘出了根据壁画还原的金阁寺平面图（图 4–57）。但其文认为，五台山图中的金阁寺比其他寺院的规模要大。原因可能也是因为在寺院主要庭院之外另有一座楼阁。也就是说，在主要庭院之外还有另外一个空间单元的存在。实际上，唐代寺院就是由许多这样的回廊院式空间单元组合而成的。只是这不是本文讨论的主题。

当然五台山金阁寺今日尚存，寺中确实有一个大庭院。目前有一座清代所建的大殿。周围有庑房环绕，空间形态上与敦煌壁画中所绘的大金阁寺图十分接近，只是在大殿之前似乎没有留出足够的配殿空间，这说明主要庭院中的大殿是向前移了。但即使这样，似乎仍然大致保留了唐代寺院的空间格局。只是庭院之后的高阁早已不存，空留人们的感叹与想象了（图 4–58，图 4–59，图 4–60）。

二、五台山佛光寺弥勒阁

自鸠摩罗什翻译《妙法莲华经》并引入有关弥勒信仰的观念之后，自南北朝至唐，在中土汉传佛教寺

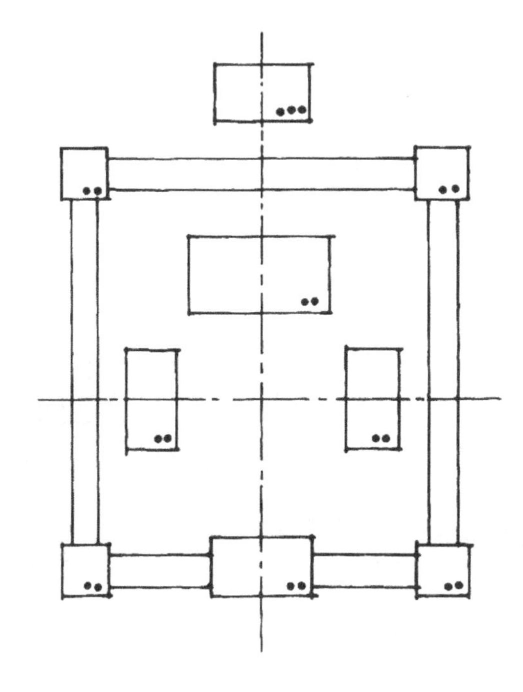

图 4-57　五台山唐代金阁寺平面示意图（孙儒僩，孙毅华 . 敦煌石窟全集 · 建筑画卷 [M]. 香港：商务印书馆，2001.）

图 4-58　五台山金阁寺现状山门（资料来源 -http//:www.fjdh.commffztfjhyahsy201210220700187256.html）

图 4-59　五台山金阁寺旧影（法国汉学家沙畹 1907 年拍摄）

图 4-60　五台山金阁寺现存重檐主殿大悲殿（中国建筑艺术全集编辑委员会 . 中国建筑艺术全集 · 佛教建筑 1 · 北方 [M]. 北京：中国建筑工业出版社，2000.）

院中，弥勒信仰一度十分流行。唐代寺院中多有建造与弥勒信仰有关的建筑，如弥勒阁、弥勒殿、弥勒塔等。如《唐会要》所载："贞元十三年四月敕：'曲江南弥勒阁，宜赐名贞元普济寺。'"[1]《大唐新语》也提到："太史令傅奕，博综群言，尤精《庄》、《老》，以齐生死、混荣辱为事。深排释氏，嫉之如仇。尝至河东，遇弥勒塔，士女辐辏礼拜，奕长揖之曰：'汝往代之圣人，我当今之达士。'"[2] 傅奕是初唐武德、贞观间人，由这一记载可知在初唐时已有弥勒塔的建造，善男信女们对于弥勒塔往往会辐辏礼拜。

此外，寺院中还会建造弥勒堂、弥勒殿。据《续高僧传》，早在北齐时，就已经有了弥勒堂的建造，北齐僧人释法上"所得世利造一山寺，本名合水，即邺之西山，今所谓修定寺是也。山之极顶造弥勒堂，众所庄严备殚华丽。"[3] 修定寺在今日安阳附近，寺内尚存一座唐代重建之单层塔（图 4-61），塔后有土台及山丘，其丘是否就是当年弥勒堂的所在？尚未可知。《酉阳杂俎》中提到，在长安道政坊宝应寺中有"弥勒殿，齐公寝堂也。东廊北面，杨岫之画鬼神。齐公嫌其笔迹不工，故止一堵。"[4]

然而，在有关唐代佛教寺院的史籍文献中，见到更多的似乎是弥勒阁。据唐人撰《吴地记》中所记南朝梁天监十年（511 年）所建之昆山县慧聚寺，"唐大中七年重修，内有弥勒阁，殿柱四壁有张僧繇画龙，

图 4-61　河南安阳修定寺塔（王贵祥 . 中国汉传佛教建筑史 [M]. 北京：清华大学出版社，2016.）

[1] 文献 [2]. [宋] 王溥 . 唐会要 . 卷四十八 . 议释教下 . 寺 . 清武英殿聚珍版丛书本 .

[2] 文献 [2]. [唐] 刘肃 . 大唐新语 . 卷十 . 厘革第二十二 . 清文渊阁四库全书本 .

[3] 文献 [2]. [唐] 释道宣 . 续高僧传 . 卷八 . 义解篇四 . 齐大统合水寺释法上传 . 大正新修大藏经本 .

[4] [唐] 段成式 . 酉阳杂俎 . 续集卷五 . 寺塔记上 . 北京：中华书局，1981.

仿佛存焉。”[1]另宋人所辑《宝刻丛编》中收有《唐神德寺弥勒碑》：“唐杜鼍撰马顺书弥勒阁者，开元中沙门会觉所立。天宝十一载冯翊人张祥德重建碑，以十二年立在华原。”[2]《宋高僧传》亦载唐梓州慧义寺释清虚，于长安二年（702 年）游蓝田悟真寺上方北院，“即入弥勒阁内焚香……”[3]说明唐代寺院中亦有弥勒殿、弥勒阁之设。日本奈良飞鸟时代所创室生寺内有镰仓时代建造的弥勒堂应该是保存了早期寺院的布局方式。

清人徐松撰《唐两京城坊考》谈到了唐长安曲池坊，“东北隅，废建福寺。（龙朔三年为新成公主所立。其地本隋天宝寺，寺内隋弥勒阁，崇一百五十尺。）”[4]又长安东南隅之曲江内有“贞元普济寺。（在曲江之南，贞元十三年以弥勒阁赐名。）”[5]清人重考据，故这两则事例应是可以相信的。由此知唐代寺院中不仅多见弥勒阁的设置，而且这种建筑类型自隋代就已经开始了。以一隋开皇尺为 0.294 米计，这座隋代的弥勒阁高度达到了 44.1 米，是一座十分雄伟高大的木构楼阁建筑。

现存最重要的唐代木构建筑实例是唐代大中十一年所建的五台山佛光寺东大殿。在这座大殿之前，尚存一座金代所建的文殊殿以及一座时代较为久远的祖师塔，除此之外，寺内所存其他建筑多已是明清等晚近时代的遗存了。值得注意的是，这座著名的唐代寺院中还曾经矗立过一座高大的木构楼阁——弥勒阁。

这座弥勒阁，在会昌灭法之前，还应该矗立在佛光寺内。《大宋高僧传》中提到了这座弥勒阁并给出了基本的开间与尺寸：“释法兴，洛京人也……来寻圣迹，乐止林泉，隶名佛光寺……即修功德，建三层七间弥勒大阁，高九十五尺。尊像七十二位，圣贤、八大龙王，罄从严饰。”[6]这区区数言似乎就是有关五台山佛光寺弥勒阁的全部信息。但无论如何，我们由此可知，这是一座面广七开间，有三层之高的木构楼阁建筑，楼阁的结构总高度为 95 唐尺。

值得庆幸的是，在敦煌唐代壁画中所描绘的五台山“大佛光之寺”中赫然展现了一座楼阁建筑。这是一座木构楼阁，外观为两层，开间与进深各为三间（图 4-62）。而且在这幅壁画中，这座楼阁是“五台山大佛光寺”中最主要的一座建筑。由此推测，这里描绘的这座楼阁很可能就是唐代僧人释法兴所创建的五台山佛光寺弥勒阁。这座两层三间的楼阁应该是这座弥勒大阁的示意性描绘。但由此亦可以得出两点信息：

①这是一座面广与进深相同，平面为方形的楼阁；

②这座楼阁的上层比下层有明显的收进，上层结构坐落在位于下层屋顶之上的平坐上，这说明这座楼阁是逐层内收的，层与层之间有过渡性的平坐。

基于这样一个分析，我们可以参照唐代木构建筑

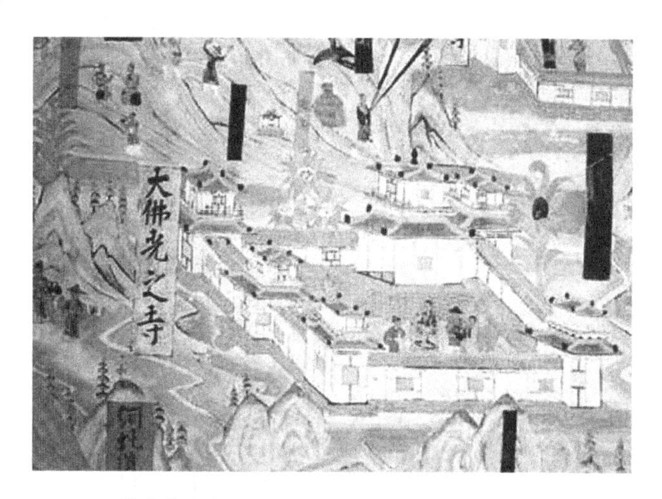

图 4-62　莫高窟中的五台山大佛光寺图（王贵祥．中国汉传佛教建筑史 [M]. 北京：清华大学出版社，2016.）

---

❶ 文献 [2].［唐］陆广微．吴地记．后集．清文渊阁四库全书本．

❷ 文献 [1]．史部．目录类．金石之属．［宋］陈思．宝刻丛编．卷十

❸ 文献 [2].［宋］释赞宁．宋高僧传．卷二十五．唐梓州慧义寺清虚传．大正新修大藏经本．

❹ 文献 [2].［清］徐松．唐两京城防考．卷三．西京．曲池坊．清连筠簃丛书本．

❺ 文献 [2].［清］徐松．唐两京城防考．卷三．西京．曲江．清连筠簃丛书本．

❻ 文献 [2].［宋］释赞宁．宋高僧传．卷二十七．兴福篇第九之二．唐五台山佛光寺法兴传．大正新修大藏经本．

的一般开间尺寸，假设其首层面广与进深各为7间的柱网平面。例如，设定其当心间柱距为1.8丈，两侧次间、梢间与尽间，渐次递减。可以分别为1.6丈、1.4丈、1.2丈。这样的开间尺寸，在唐代木构建筑中出现的可能性是很大的。如此推测出的通面广与通进深则为10.2丈，折合今尺约近30米。这样一个平面长宽尺度，对于一座三层楼阁而言还算是比较适当的。

然后，在从其阁总高9.5丈入手，将首层柱子高度定为1.4丈，其上用六铺作出双杪的斗栱，其上再用五铺作平坐斗栱，二层柱子高度为1.3丈，三层为1.2丈。每层向内收进一个开间，如敦煌壁画所示。如此绘制出这座楼阁的结构剖面示意图。

这里仍然以一唐尺为0.294米计，则这座三层七间的弥勒大阁以其高为95尺，折算成今尺，其高度约为27.93米（图4-63, 图4-64 图4-65）。其外观则是一座逐层向内递收的三层木构楼阁。五台山图中显

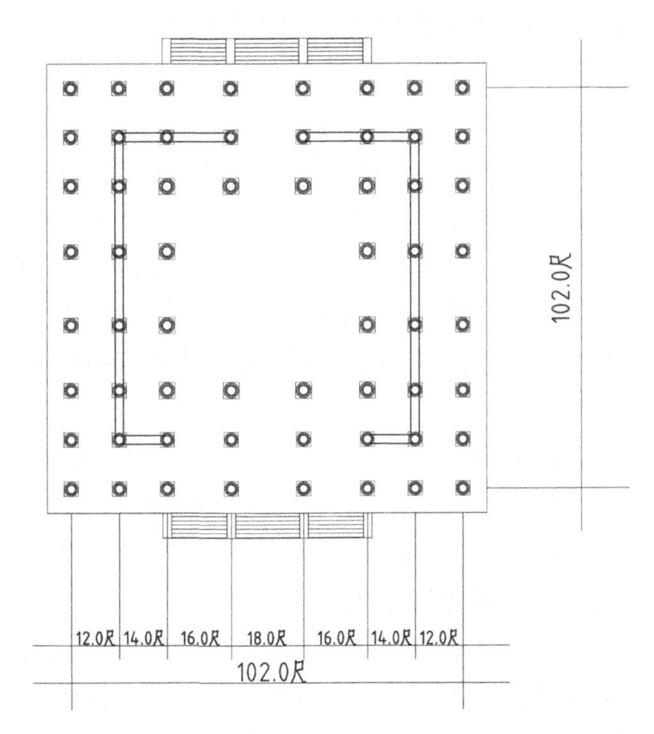

图4-63 唐五台山佛光寺弥勒阁首层平面（作者自绘）

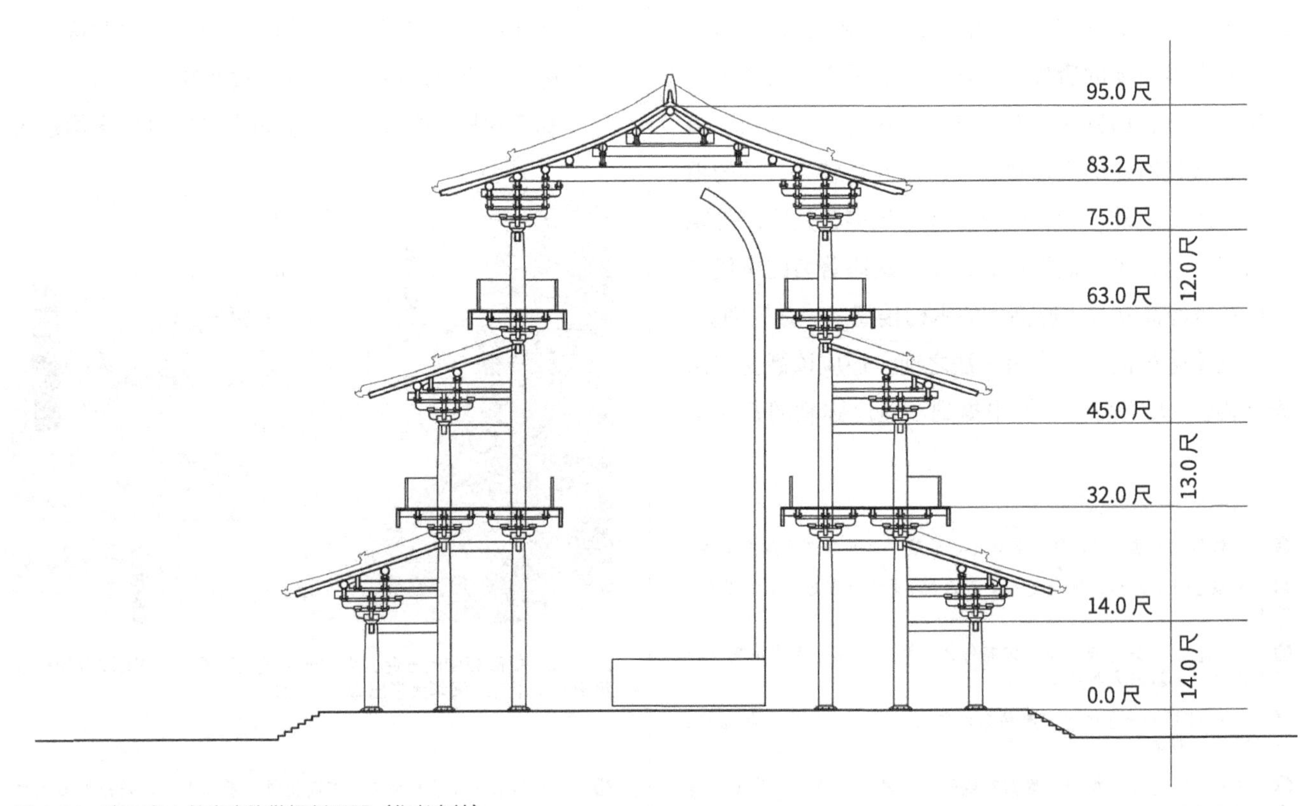

图4-64 唐五台山佛光寺弥勒阁剖面图（作者自绘）

图 4-65　唐五台山佛光寺弥勒阁正立面（作者自绘）

示的楼阁屋顶为五脊殿形式应与现存的佛光寺东大殿是一致的。但因五台山图也是一种示意的画法，究竟是五脊殿屋顶还是九脊殿屋顶并没有更为详细的文献资料证明。这里的研究，只是希望给出这座历史上曾经存在过的楼阁建筑之大致的高低尺寸与外观样态，并不具有真实的复原意义，故这里将这座楼阁绘制成九脊厦两头造的做法以期使这座唐代楼阁建筑的屋顶轮廓线略显丰富一些。其内部的情况，更无从知道，因为是弥勒阁，如正定隆兴寺内专门供奉弥勒造像的慈氏阁那样，阁内有可能会供奉一尊高大的弥勒佛立像，故这里的剖面图也采取了三层贯通的中空形式。

这一原状探讨，虽不能说是严格意义上的复原，却也给出了这座楼阁建筑合乎当时历史真实情境的基本尺度与造型，从而给予读者某种想象的空间。

第五章

唐宋时期几座佛教寺院平面的复原探讨

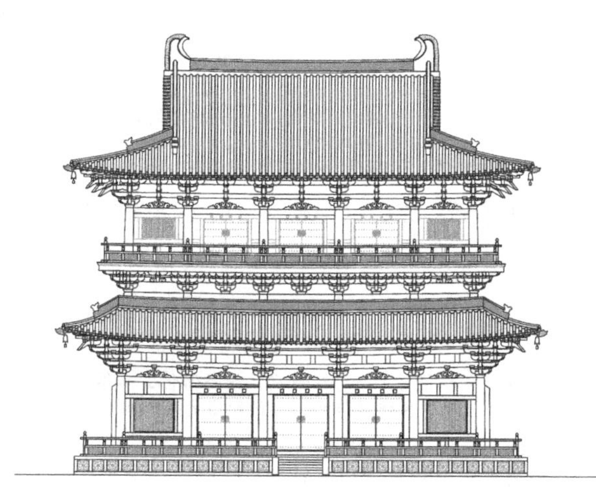

第一节
唐长安靖善坊大兴善寺大殿及寺院布局初探

一、大兴善寺始创沿革

位于隋唐长安城朱雀大街东侧靖善坊内占有一坊之地的大兴善寺是隋唐两代的国家寺院。据清代方志的说法，寺初创于西晋武帝时，隋代建大兴城将寺移至皇城之南改称大兴善寺。又有一说，认为寺曾初名遵善寺。史料中还透露出，这座寺院历史上似亦曾称过陟岵寺、舍卫寺、酆国寺等。

关于寺史沿革，相关史料极少，清人徐松《唐两京城坊考》云："初曰遵善寺。隋文承周武之后，大崇释氏，以收人望。移都先置此寺，以其本封名焉。神龙中、韦庶人追赠父贞为邓王，改此寺为酆国寺，景云元年复旧。"❶可知在徐松看来，寺在隋代之前曾称遵善寺，隋代因隋文帝为北周所封大兴公，故以其本封之名而改称"大兴善寺"。唐神龙中曾一度改为酆国寺，后来又改回大兴善寺名。但这两条资料都出自晚近的清代，这些果真是大兴善寺始创与沿革的大略史实吗？我们不妨再做一点梳理。

1. 关于寺之始创年代

关于寺始创于西晋武帝之时的说法，仅见于《陕西通志》的一条描述："兴善寺，在永宁门外五里，今靖善坊。创自晋武。初名遵善寺。隋开皇间额曰大兴善寺，诏僧徒二十余万实之。"❷这里提到了寺初创于西晋武帝（265—290年）时。然而这条资料出现较晚，并不足以为据。结合《唐两京城坊考》的说法，两者的共同点是，在隋初，该寺改名为"大兴善寺"。而这一时期，寺院中的僧人甚至达到了20万人。当然这条记载也颇令人质疑。因隋初整个大兴城中的人口恐怕也只能以10万为一个基数来统计，全城总人口也不过有数十万，一个寺院中如何能有20万僧人之众？但据此描述，大兴善寺规模宏大，僧人众多，却是可以推知的。

关于该寺曾称"舍卫寺"的说法也仅见于《大宋高僧传》中的一条记录："又长安大兴善寺，本隋舍卫寺也，至唐先天中火灾，殿宇荡然，唯遗基耳。"❸这一说法似与其他资料中一致认为的，隋时寺称"大兴善寺"，唐代亦沿用此名的说法相左。或只是隋时该寺寺名的一种别称，亦未可知。至于寺名曾称酆国寺很可能是因为唐中宗之女安乐公主的驸马武三思之子武崇训曾封酆国公，故中宗后韦氏改其寺名为酆国寺。这应该是曾经使用得十分短暂的一个寺名。

值得注意的是，在较早的佛教史传资料中，可知，大兴善寺的前身还曾经叫过陟岵寺。事见唐初释道宣所撰《续高僧传》：僧释猛"于大象二年。敕住大兴善寺。讲扬十地。寺即前陟岵寺也。声望尤著，殊悦天心。"❹北周大象二年为公元580年。显然，这条史料至少可以证明，大兴善寺在隋代建立之前就已经存在而非始创于隋。

关于陟岵寺同是道宣所撰的《广弘明集》中提到其创始年代，从其上下文看，始创时间似乎在北周武帝灭法之后："（周武）帝已行虐三年，关陇佛法，诛除略尽。既克齐境，还准毁之。帝以为得志于天下也。未盈一年，疠气内蒸，身疮外发，恶相已显，无悔可销。遂隐于云阳宫，才经七日，寻尔倾崩。天元嗣历，于东西二京，立陟岵寺，罚菩萨僧用开佛化。"❺这里

---

❶ 文献[2]. [清]徐松. 唐两京城坊考. 卷二. 西京. 外郭城. 次南靖善坊. 清连筠簃丛书本.

❷ 文献[1]. 史部. 地理类. 都会郡县之属. [清]陕西通志. 卷二十八. 祠祀一（寺观附）.

❸ 文献[2]. [宋]释赞宁. 宋高僧传. 感通篇第六之四. 唐成都府法聚寺法江传. 大正新修大藏经本.

❹ 文献[2]. [唐]释道宣. 续高僧传. 卷第二十三. 护法上. 隋京师云花寺释僧猛传六. 大正新修大藏经本.

❺ 文献[2]. [唐]释道宣. 广弘明集. 卷十. 辨惑篇第二之六. 周祖平齐召僧叙废立抗拒事. 大正新修大藏经本.

唯一令人不解之处在于“天元嗣历”一说。因为这一说法十分含混，可以指北周武帝殁后的北周宣帝嗣位之时，但也可以指北周初嗣西魏大位之时，甚至是指更早的帝王嗣位之时。

果真，在佛教史传资料中实实在在地提到了西魏大统五年（539 年）在长安建立陟岵寺的事情：“己未，大同五年。西魏，大统五年。东魏，兴和元年。西魏沙门道臻，博通经义，文帝尊之为师傅。长安立大中兴寺居臻，为魏国大统，大立科条，由是佛教再兴。帝复起大乘、陟岵二寺。”❶ 由此上下文推知的大兴善寺前身陟岵寺应是在西魏大统五年为释道臻创立大中兴寺之后不久所创。这里虽然没有准确的年代但也不会距离西魏大统五年太久。

这时的陟岵寺应该还在西汉以来所建的旧长安城内。至隋代建立大兴城方迁至新城之内的靖善坊，并依据隋文帝之“大兴公”的本封改名为大兴善寺。基于如上的分析，我们或可将长安陟岵寺初立之西魏大统五年（539 年）看作是后来的隋唐长安大兴善寺的始创年代。

2. 关于寺之前身名称辨析

关于大兴善寺的前身，目前已经有了两个名称：一个是陟岵寺，另一个是遵善寺。关于陟岵寺的始创年代及其与大兴善寺的关系，距隋不远的初唐史料中记述似比较清楚，因而较清代人的记载更为可信。只是“陟岵”二字源出何处？其意为何？似不明晰。

其实，陟岵一词，典出中国古代《诗经》。《诗经·魏风》中有《陟岵》诗一首：“陟彼岵兮，瞻望父兮。父曰：嗟！予子行役，夙夜无已。上慎旃哉，犹来！无止！陟彼屺兮，瞻望母兮。母曰：嗟！予季行役，夙夜无寐。上慎旃哉，犹来！无弃！陟彼冈兮，瞻望兄兮。兄曰：嗟！予弟行役，夙夜必偕。上慎旃哉，犹来！无死！”❷ 显然，这是一首感念前辈先贤的古诗。可以推测，这座寺院的建立与西魏文帝元宝炬感念其前辈先帝的心情有关。或者，更隐含了其对刚刚灭亡与分裂的北魏王朝的历史悲剧深感悲叹的心境。故而，将自己所创的这座皇家寺院命名为陟岵寺。而后，北周沿用了这一寺院，直至隋文代周，才将其迁至大兴城中，仍为国寺，改称大兴善寺。

此外，史料中所见的大兴善寺前身中似还被称过“遵善寺”。然而，直接提到遵善寺与大兴善寺之间关系的，主要是清代文献，如清徐松的《唐两京城坊考》及清代人所编的《陕西通志》。从早期资料中，似乎不见有关大兴善寺曾被称为遵善寺的相关记录。

与隋唐长安佛教有关的史料中，只是在初唐僧人道宣的相关文献中，提到了他曾在一个称为遵善里的地方建立过寺院：“维唐乾封二年仲春八日，京师西明寺沙门释道宣，乃与宇内岳渎诸州沙门，商较律议，讨击机务。敢于京南远郊，沣福二水之阴，乡曰清官，里称遵善，持律众所，建立戒坛。”❸ 其时间是唐高宗乾封二年（667 年），其地点在长安之南的远郊之地，其乡名清官，其里名遵善。因而道宣建立戒坛的这座寺院，并非长安城内的大兴善寺而是位于长安城南靠近终南山郊野之处的一座寺院。

堪为这一资料加以补充的是唐代诗人卢纶的一首诗，《春日陪李庶子遵善寺东院晓望》。诗中云：“映竹水田分，当山起雁群。阳峰高对寺，阴井下通云。雪昼唯逢鹤，花时此见君。由来禅诵地，多有谢公文。”❹ 卢纶一个时期的诗多是围绕长安周围的寺院与景观，如《同钱郎中晚春过慈恩寺》《曲江春望》《华清宫》

---

❶ 文献[2]．[元]释觉岸．释氏稽古略．卷二．西魏．大正新修大藏经本．

❷ 文献[2]．[汉]毛亨．毛诗．卷五．四部丛刊景宋本．

❸ 文献[2]．[清]董诰．全唐文．卷九百十一．道宣（三）．开坏创筑戒场坛文．清嘉庆内府刻本．

❹ 文献[2]．[清]曹寅．全唐诗．卷二百七十九．卢纶．春日陪李庶子遵善寺东院晓望．清文渊阁四库全书本．

《题兴善寺后池》等。故这首《春日陪李庶子遵善寺东院晓望》诗中提到的遵善寺很可能也在长安附近。从其文“映竹水田分”说明，其寺在郊野，再从其文“当山起雁群。阳峰高对寺”可知其寺近山。这些都从一个侧面佐证了，这座遵善寺并非位于高墙环绕、里坊棋布的长安城内，更有可能指的是道宣曾经创立戒坛的那座郊区寺院。

另外，《大宋高僧传》中也提到了遵善寺：“释昙一，姓张氏，盖韩人也……又遇遵善寺尼慈和，歌曰：‘昙一师，解毗尼，大聪明，更无疑。’为达人之所谚多矣。”[1]这位释昙一是会稽开元寺的僧人，但曾“西游长安”。故不清楚这座遵善寺是长安南郊之遵善寺，还是会稽地区另有遵善寺。但这座寺院亦非长安大兴善寺之前身亦是可以推知的。

由此推测，清代人徐松《唐两京城坊考》中所谓大兴善寺“初曰遵善寺”很可能是本自《陕西通志》的说法：“创自晋武，初名遵善寺。”然而，《陕西通志》中的这两个信息，都不确切。其一，说寺创自晋武，没有更早的史料根据；其二，说寺初名遵善寺，亦可能仅仅是因“遵善”与“兴善”音近而误将唐长安南郊遵善寺套在了大兴善寺的头上，并讹称其为“初名”。其实，《陕西通志》及《唐两京城坊考》中有关大兴善寺初创于晋武及之前称“遵善”的两个说法都是没有任何早期史料支持的，故难以采信。

二、大兴善寺基址规模

关于寺院的选址，史料中多有提及，如：“初，隋氏营都，宇文恺以朱雀街南北有六条高坡，为乾卦之象，故以九二置宫殿以当帝王之居，九三立百司以应君子之数，九五贵位，不欲常人居之，故置玄都观及兴善寺以镇之。”[2]这里说明了寺院的位置与重要性。

寺位于长安城内皇城之南朱雀大街之东自北向南数第五坊——靖善坊内。皇城之南纵列九坊，而设置有兴善寺的靖善坊，与设置有玄都观的崇业坊恰好位于朱雀大街两侧居南北之正中的第五坊位置上，如此也可以了解这两座寺观在隋唐长安城中的地位（图 5–1）。

关于这两座中心性国家寺观的基址面积规模，史料中亦多有提及，即大兴善寺占朱雀大街东侧一坊之地。玄都观似乎没有那么大，据《唐两京城坊考》，玄都观所在的崇业坊内似还有福唐观、新昌观及若干唐代官员的家庙建筑。

但大兴善寺基址为一坊之地似乎没有什么疑问。这样就可以大致推出它的用地面积。以靖善坊位于大兴城皇城之南，朱雀大道之东，其坊平面为一个正方形，尺寸为东西长与南北宽各350步。以一隋开皇尺（亦即一唐尺）为 0.294 米计，其坊长宽尺寸约为

$$0.294 \text{ 米/步} \times 5 \times 350 \text{ 步} = 514.5 \text{ 米}$$

如果去掉坊墙宽度，这座隋唐时代皇家寺院基址面积约为 500 米见方。折合成今尺，约有 25 公顷之大，有 375 亩的用地面积，显然是一座规模不小的寺院。

据《陕西通志》，至清代这座寺院的规模依然很大。顺治五年（1648 年），“重修方丈、大雄殿，周垣四百丈。康熙二十四年，憨休和尚增修山门。三十年约恭和尚募修方丈、殿廊及钟鼓楼[3]。”清代时的寺院中有山门、钟鼓楼、方丈院，大雄殿及殿廊等。俨然一座清代寺院标准配置。以一清尺为 0.32 米计，其周垣有 400 丈的规模，周回长度约为 1280 米。也就是说，即使以方形平面的用地计算，清代时这座寺院基址面积还有 320 米见方，约近 150 亩。今天大兴善寺占地

[1] 文献[2].［宋］释赞宁．大宋高僧传．卷十四．明律篇第四之一．唐会稽开元寺昙一传．大正新修大藏经本．

[2] 文献[2].［唐］李吉甫．元和郡县志．卷一．关内道（一）．京兆府（雍州）．清武英殿聚珍版丛书本．

[3] 文献[1]．史部．地理类．都会郡县之属．［清］陕西通志．卷二十八．祠祀一（寺观附）．

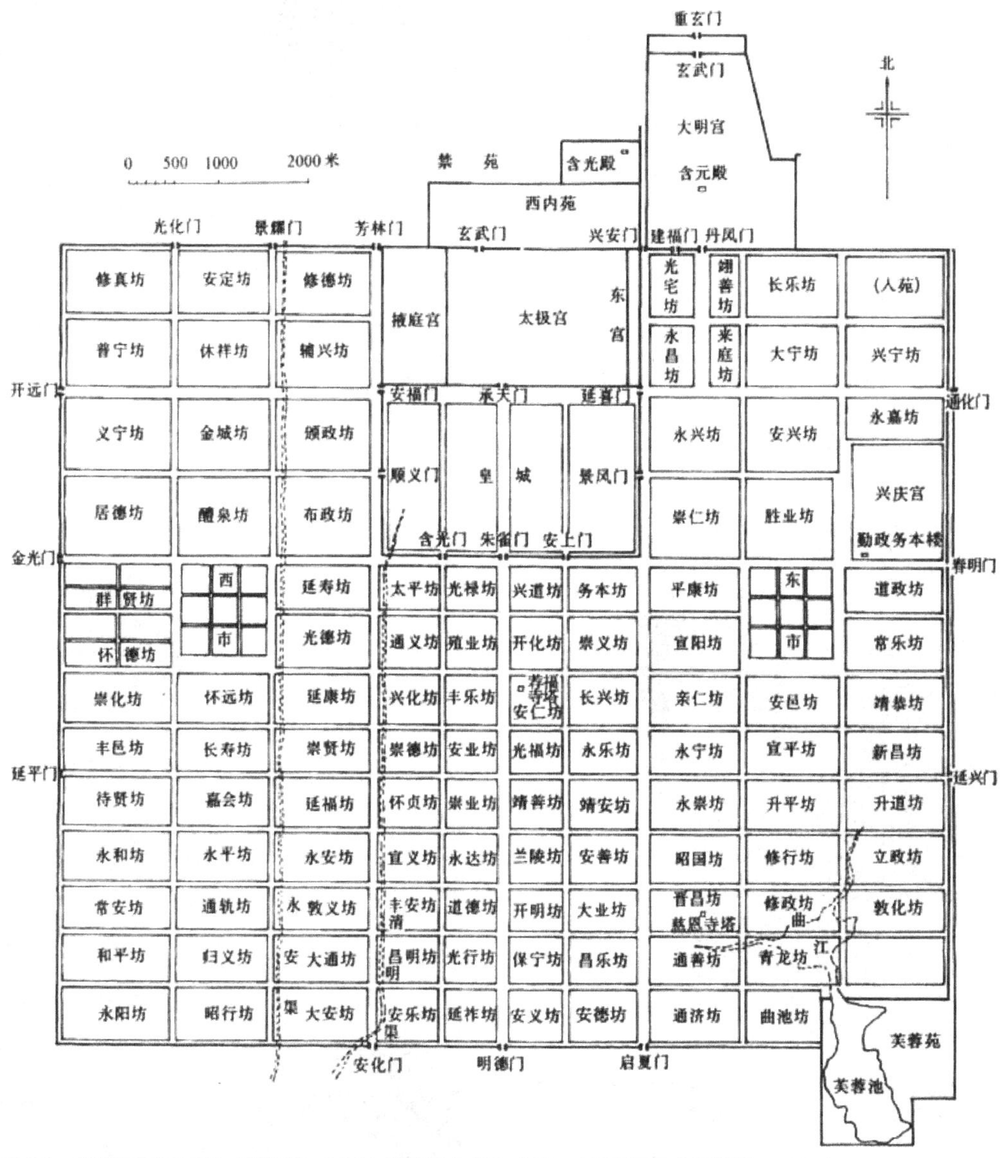

图 5-1　唐长安城平面图（刘敦桢 . 中国古代建筑史 [M]. 北京：中国建筑工业出版社，1984.）

120 亩，僧舍 243 间。主要景点有天王殿、大雄宝殿、观音殿，东西禅堂和法堂，此外，还有一座清代所建的舍利塔（图 5–2，图 5–3，图 5–4，图 5–5，图 5–6）。也就是说，今日的大兴善寺与清代中叶时大兴善寺规模相差亦不很大。但比起隋唐时期的大兴善寺似已缩小了许多，仅相当于唐代寺院基址面积三分之一左右的规模。

三、大殿平、剖、立面探讨

以其寺院基址规模之大可以想象，寺中主要建筑大兴善寺大殿尺度亦应十分宏巨。然而，史料中很难查到有关大兴善寺大殿的具体描述。较为接近其建筑大略尺度规模的记载，见于唐人释道宣所撰《续高僧传》，其中有：

图 5-2　西安大兴善寺现状（贺从容 摄）

图 5-3　西安大兴善寺碑刻中所见寺院现状空间（王贵祥，贺从容 . 中国建筑史论汇刊 · 第拾辑 [M]. 北京：清华大学出版社，2014.）

图 5-4　西安大兴善寺现状局部（贺从容 摄）

图 5-5　西安大兴善寺天王殿（贺从容 摄）

图 5-6　西安大兴善寺现状中的清式舍利塔（贺从容 摄）

“时京师兴善有道英神爽者，亦以声梵驰名。道英喉颡伟壮，词气雄远，大众一聚，其数万余，声调棱棱，高超众外。兴善大殿，铺基十亩，棂扇高大，非卒摇鼓。”❶

---

❶ 文献 [2]. [唐] 释道宣 . 续高僧传 . 卷三十 . 隋京师日严道场释慧常传 . 大正新修大藏经本 .

这里给出了大兴善寺大殿的占地面积，其殿“铺基十亩”，即大殿基础的面积有 10 亩之大。因释道英是唐代人，且这座大殿在唐代曾重建，殿基面积以 1 唐尺＝0.294 米计，一亩合今 518.62 平方米，10 亩殿基面积约为 5186.2 平方米。

我们或可基于这一面积数据，对大殿的可能平面布局做一点推测性探讨。例如，假设其殿通面阔为当时最高等级的 13 间，以平均每间为 7.5 米计，通面广接近 100 米，则其通进深约为通面广的 1/2，亦可能有 50 米左右。大约相当于现存面积最大的中国古代木构建筑北京故宫太和殿（约 2377 平方米）（图 5-7，图 5-8）面积的两倍以上。

推测其殿通面阔有 13 间之大，并非空穴来风，或可依据《长安志》说法：“次南靖善坊：大兴善寺，尽一坊之地。寺殿崇广为京城之最（号曰大兴佛殿，制度与太庙同）。总章二年，火焚之，更营建。又广前居十二亩之地。”[1] 其意思是说，大兴善寺大殿的制度等级与帝王太庙的制度等级是一样的，而太庙无疑是唐代最高等级建筑物。这从侧面说明大兴善寺大殿采用了唐代最高等级的建筑规制，因而是长安城内规模最为宏大的殿堂之一。

这座大型殿堂，在总章二年遭火焚之后又被重新加以营建。新建大殿规模比起之前“铺基十亩”的旧殿更为宏大。当然，我们或也可以将其文义理解为又增加了 12 亩之地。但这种说法似乎不很确切。因为大兴善寺占地为一坊，寺院本身已没有增加用地可能。故这里较大可能是指大殿本身的殿基面积较前有所增加。根据上下文推测，新殿殿基较前为广，占有 12 亩之地。而以之前殿基为 10 亩，则增至 12 亩应是一个恰当的重建扩张幅度。

鉴于本文的关注点是寺院内部的空间配置。故本文仅就之前的 10 亩殿基加以分析，不再深究 12 亩殿基的建筑平面。

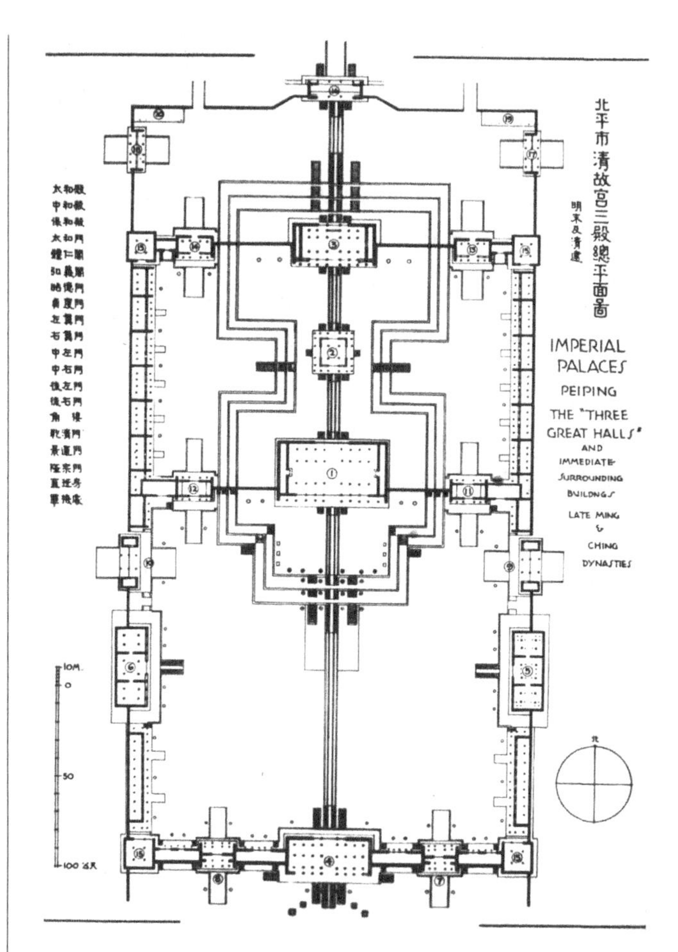

图 5-7　明清北京故宫太和殿及其广场平面（自清华大学建筑学院资料室）

图 5-8　北京明清故宫主殿太和殿外观（张振光．中国古代建筑图片库•宫殿装饰 [M]. 北京：中国建筑工业出版社，2010.）

[1] 文献[1]．史部．地理类．古迹之属．[宋]宋敏求．长安志．卷七．唐京城．

以其殿基为10亩再以尺计，以一唐亩为240方步，一唐步为5唐尺，则一方步应为25方尺。由此可推出大兴善寺10亩之基约为60000平方唐尺，大约是一个245唐尺见方的正方形，即：245唐尺 ×245唐尺＝ 60025平方唐尺。

但这样一座大型殿堂不可能是正方形平面，依据唐、辽时期大型殿堂平面比例规则，应是一个进深与面广比为1：2的长方形。历史实例中，堪与其相比较者，可推唐高宗所建造的洛阳宫正殿乾元殿，据《唐会要》的记载，这座乾元殿："东西三百四十五尺，南北一百七十六尺。"[1]其面积为：345唐尺 ×176唐尺＝60720平方唐尺。这座唐代洛阳宫主殿乾元殿是在隋洛阳宫主殿乾阳殿的旧基上重建而成的，两者采用了相同的平面与殿基（图5-9）。而乾阳殿或乾元殿的殿基规模只是稍稍略大于大兴善寺大殿的规模。

这里可以看出，唐洛阳宫乾元殿面积似也可以纳入10唐亩殿基规模的范畴之内。由此或也可以得出一个信息：隋唐时代高等级殿堂建筑很可能是以殿基所占亩数作为一个基本计量单位的。而基址面积为10唐亩的殿堂当时属于最高等级的建筑物。当然，后来的重建中又增至12唐亩，但大约仍在这一等级范畴的范围之内。

参照唐乾元殿的长宽尺寸可以推想，大兴善寺大殿亦可能是一座面广13间，通面阔345唐尺，通进深170唐尺的大型木构殿堂（345尺 ×170尺＝58650平方尺，接近10唐亩的面积）。显然，这一尺寸几乎与通面广345尺，通进深176尺的唐洛阳宫正殿乾元殿不相上下。其高度似也不会比用重檐屋顶、高为120尺的乾元殿（图5-10，图5-11）低多少。或可以参照此前复原的乾元殿尺寸绘制出这座大殿的平面、

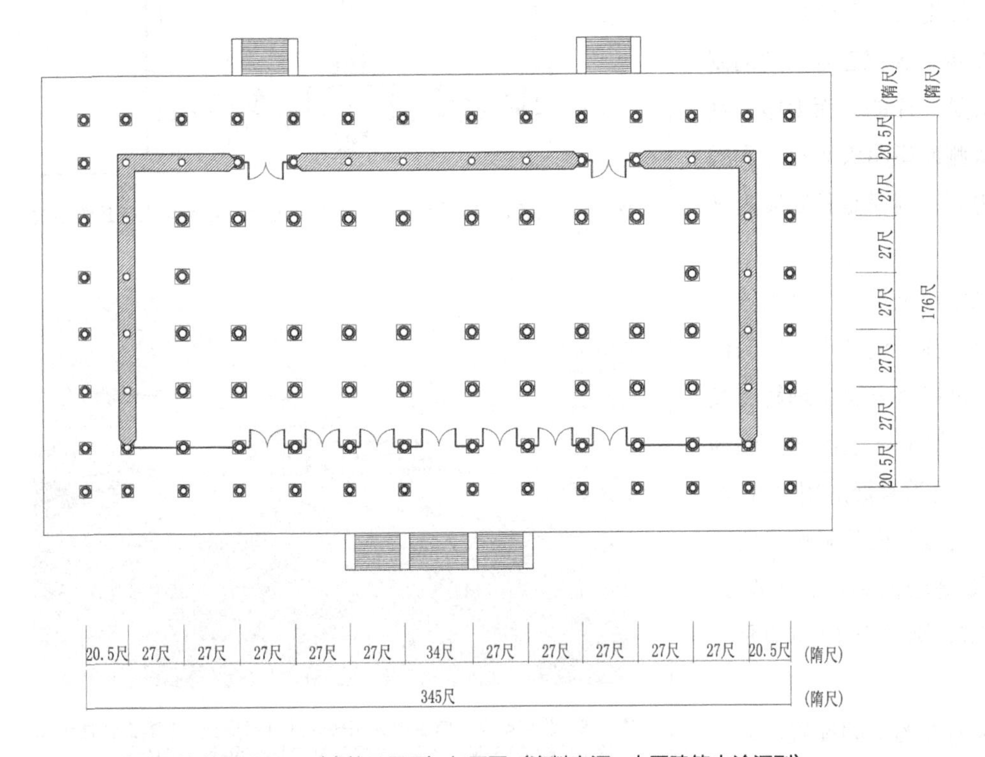

图5-9　隋洛阳宫乾阳殿平面（唐乾元殿同）复原图（资料来源 - 中国建筑史论汇刊）

[1] 文献[2]．[宋]王溥．唐会要．卷三十．洛阳宫．清武英殿聚珍版丛书本．

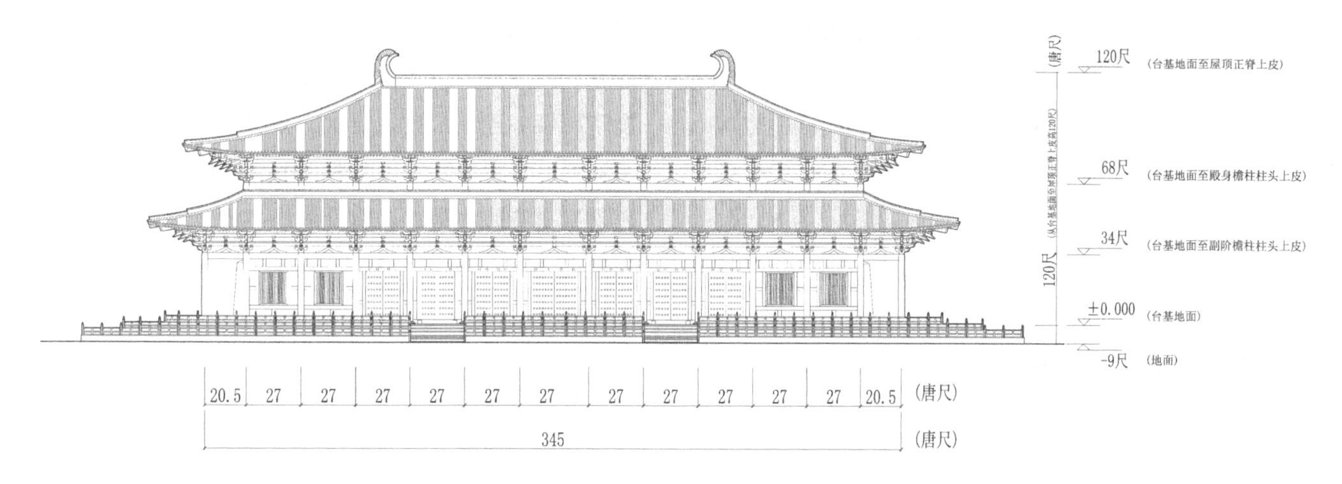

图 5-10　唐洛阳宫乾元殿立面复原（资料来源 - 中国建筑史论汇刊）

图 5-11　唐洛阳宫乾元殿外观透视图（资料来源 - 中国建筑史论汇刊）

立面与剖面。

参照笔者拙稿《关于隋唐洛阳宫乾阳殿与乾元殿的平面、结构与形式之探讨》[1]，则乾元殿通面阔 345 尺，按 13 间分划；通进深 170 尺，进深 5 间。

先从进深方向来推测其开间。参照洛阳宫乾元殿进深方向，其主要开间为 27 尺，前后檐副阶开间为 20.5 尺，则大兴善寺大殿前后檐副阶廊各为 20.5 尺，中间三间各为 27 尺，前、后两稍间各余 24 尺。其通进深则为：

20.5 尺（副阶）+ 24 尺（山面稍间）× 2 + 27 尺（山面当心间与次间）× 3 = 170 尺

依照这样一个进深柱距可以推测出大兴善寺大殿

[1] 王贵祥．关于隋唐洛阳宫乾阳殿与乾元殿的平面、结构与形式之探讨 // 王贵祥，贺从容．北京：清华大学出版社，2010.

面阔方向的开间柱距：正、背面上东西两端两个尽间，即大殿两山副阶，开间与前后檐副阶一样，各为20.5尺；从结构逻辑的角度分析，正、背面稍间间距也应与两山稍间相同，各为24尺。当心间开间仍参照乾元殿当心间设为34尺，当心间两侧两次间为30尺，次间之外的另外3个次间，则参照进深方向的标准柱距定为27尺。则其通面阔为：

20.5尺（副阶）×2＋24尺（稍间）×2＋27尺（次间）×6＋30尺（次间）×2＋34尺（当心间）＝345尺

这样处理的柱网，既保持了通面阔为345尺，通进深为170尺的接近（略小于）10唐亩的殿堂面积又与唐时木构殿堂建筑的基本结构逻辑相吻合。根据这一面阔与进深开间尺寸分布可以绘出其柱网平面（图5-12）。并参照现存五台山唐代所建佛光寺大殿的立面与剖面绘制出这座"铺基十亩"的大兴善寺大殿的立、剖面图（图5-13，图5-14）。由此似也可以一窥隋唐佛寺建筑尺度之巨大，规模之宏伟。并从侧面了解到，隋唐时代最高规格的建筑，无论是皇宫正殿，还是皇家寺院主殿，或宫廷太庙主殿，其体量可以达到殿基10亩，面广13间，约合5000多平方米的尺度与规模。

四、大殿前的庭院空间尺度探析

长安大兴善寺占靖善坊一坊之地，据《长安图志》：隋唐长安"皇城之南，东西四坊，以象四时，南北九坊，取周礼王城九逵之制。其九坊，但开东西二门，中有横街而已。盖以在宫城正南，不欲开北街，泄气以冲城阙。棋布栉比，街衢绳直，自古帝京未之比也。城图云：皇城之南三十六坊，各东西二门，纵各

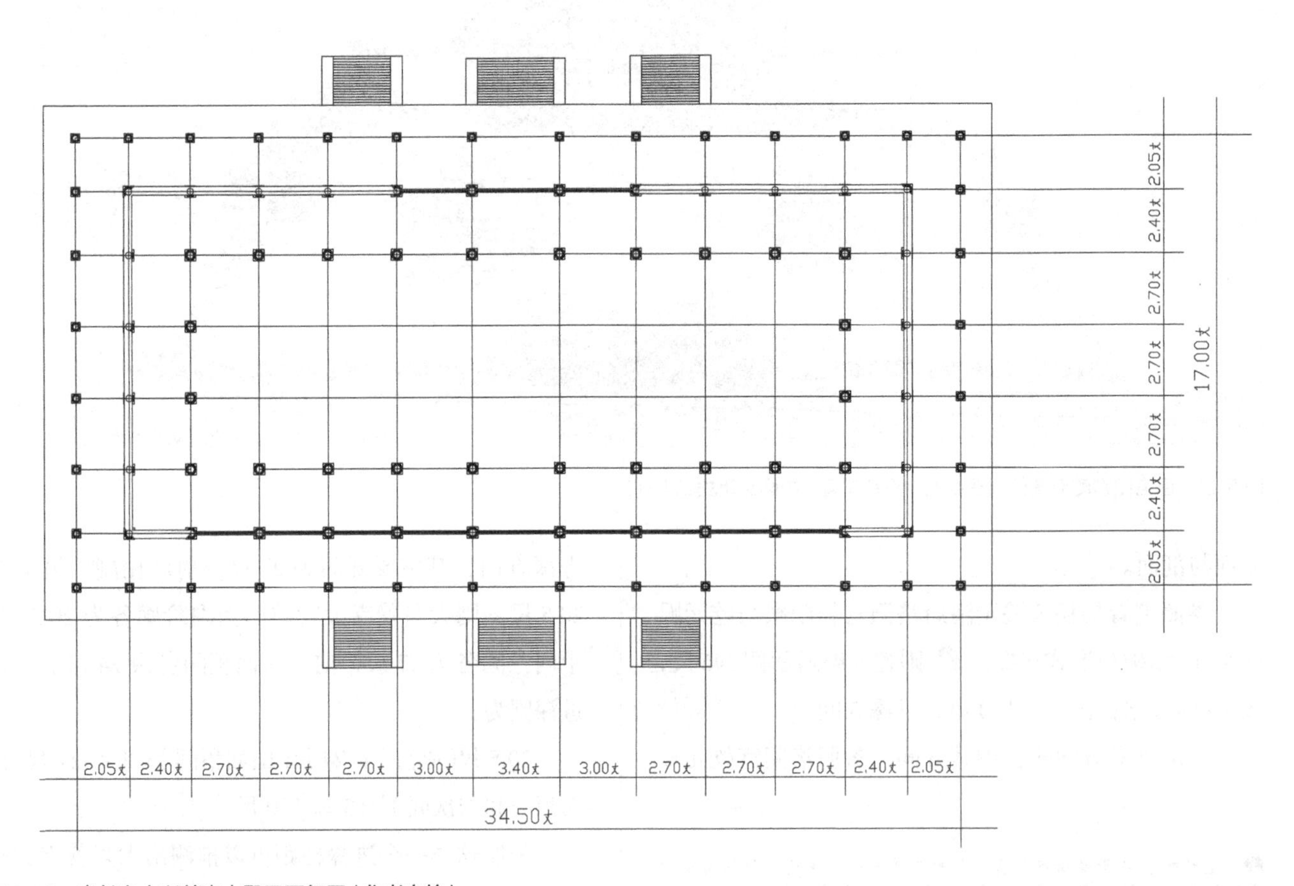

图5-12　唐长安大兴善寺大殿平面复原（作者自绘）

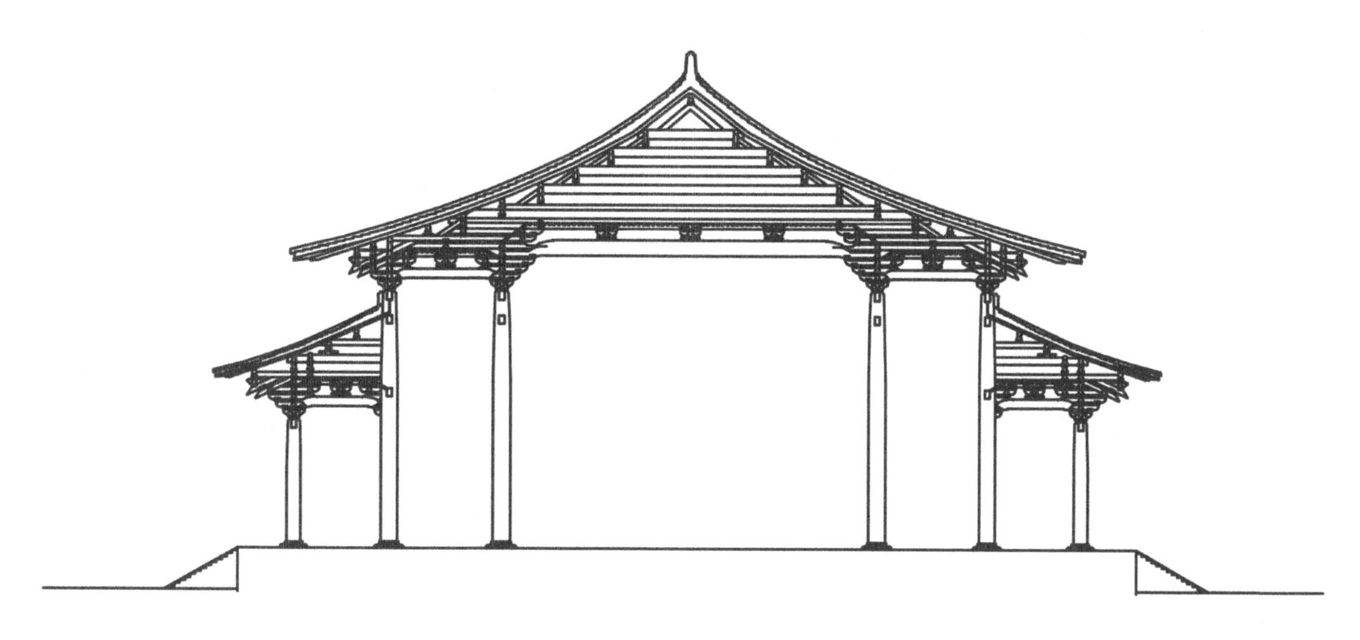

图 5-13　大兴善寺大殿原状推测剖面示意图（作者自绘）

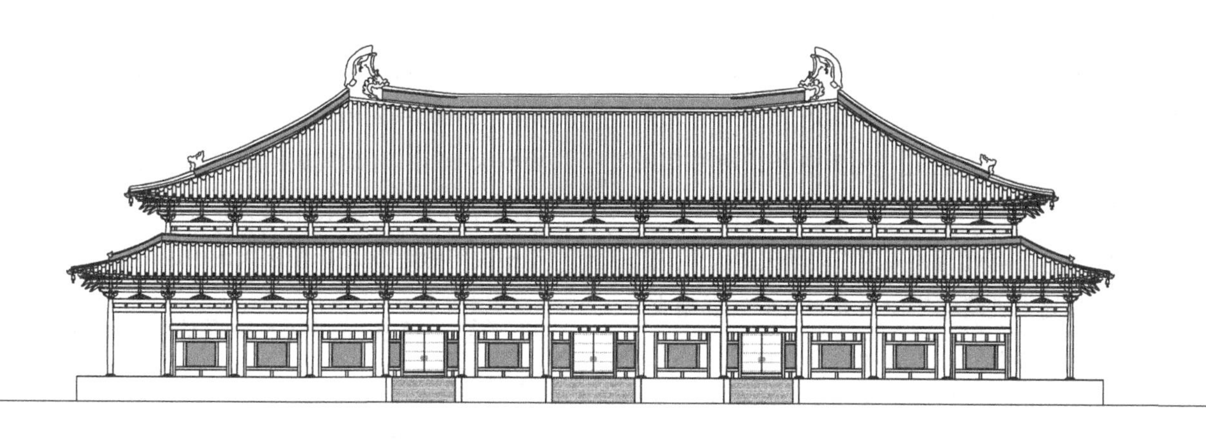

图 5-14　唐长安大兴善寺大殿立面复原（作者自绘）

三百五十步。中十八坊，各广三百五十步；外十八坊，各广四百五十步。”[1]《长安图志》所本应是唐人韦述的《两京新记》，故这一里坊制度似已成为学界共识并已为考古发掘所证实。

靖善坊位于皇城之南属于朱雀大街两侧“中十八坊”中的一坊，故其坊面积当为东西 350 步，南北 350 步。这一区域的一般里坊只开东西二门，坊内有一条横街。但若其中有佛寺者，情况是否有所不同，史料中并未详细谈及。只能借助于进一步的分析。

如前所述，大兴善寺大殿为一座通面阔 345 尺、通进深 170 尺的大型殿堂。其殿规模宏大，则殿前庭院也应该十分巨大。然而我们没有关于其殿前庭院的任何相关数据资料。唯一可以参考的是与大兴善寺对峙而立的朱雀街西的玄都观。根据史料透露，这座道观建筑群中有一个巨大的庭院。

[1] 文献[1]. 史部. 地理类. 古迹之属. [清]长安图志. 卷上. 城市制度.

唐人刘禹锡曾经有过两首游玄都观的诗，其一《元和十年自朗州召至京戏赠看花君子》云："紫陌红尘拂面来，无人不道看花回。玄都观里桃千树，尽是刘郎去后栽。"[1] 这里提到了玄都观中桃树有上千棵之多，桃花盛开之时引来长安城中熙熙攘攘的看花人潮。从观中有上千棵桃树的描述推知，其中的庭院空间应是很大的。

而其诗之二《再游玄都观绝句并序》云："……重游玄都，荡然无复一树，惟兔葵燕麦，动摇春风耳。因再题二十八字，以俟后游，时太和二年三月也。诗云：百亩中庭半是苔，桃花净尽菜花开。种桃道士归何处？前度刘郎今又来。"[2] 从这些描述中不难看出，玄都观内的空间之宏大与空阔，故而之前会有"观里桃千树"，之后又有"惟兔葵燕麦，动摇春风耳"。前者如林木森森，后者如一片田野，观内空间十分空阔。为什么会有这种空阔感呢？从诗句"百亩中庭半是苔"中可以看出一点端倪。也就是说玄都观的中庭有百亩之大。故而显得空阔、旷远才会有"兔葵燕麦，动摇春风"的田野之感。

如前所述，玄都观与大兴善寺是隋初所立的两座国家寺观。其规模大略相当似乎大兴善寺还要略大一些。两座寺观还都兼有居长安城"九五贵位"的堪舆性功能。且都是最高等级的宗教建筑。如果说，玄都观的中庭有百亩之大，那么大兴善寺大殿前的庭院或寺内的"中庭"也应该有不小于百亩的规模。

故而，可以假设这座通面阔为345尺通进深为170尺的大兴善寺大殿是布置在了其面积大约接近100唐亩的一个中心庭院中。以中国古代一亩为240平方步计，100唐亩应为24000平方步。将这一面积开平方是一个长宽接近155步的方形空间。这里取一个整数，假设150步为这座中心庭院的边长。

以大殿通面阔长345尺，合69步。放在一个宽150步的大庭院中，其两侧各余40.5步，即200余尺（折合约为50米），这应该是一个适当的空间比例。大殿应位于这一中心庭院的北部。以大殿通进深170尺，则合约34步。如果殿身后留出与庭院北缘16步的距离，则总共有50步深。这就是说，殿前可以有深100步（折合为500尺，约为147米）的庭院空间。如此，大殿之前就可以有一个东西宽150步（约220米）、南北深100步（约147米）的大庭院，可以与街对面玄都观内的"百亩中庭"相对应。当然去掉庭院四周回廊的宽度，这一庭院还会略小一点。但这依然是与基址面积为10亩（5000多平方米）的大殿在尺度上相匹配的一个中心庭院（图5-15）。

从玄都观"百亩中庭"推测而出的围绕大兴善寺大殿的中庭亦为百亩的空间格局，若为确实的话，我们或还可以得出一个推测，即唐代建筑的庭院空间与其庭院内的主要殿堂面积是相对应的，若其主殿殿基面积为10亩，环绕其殿的庭院就应有接近100亩之大。其中应有1∶10的比例关系。当然这一比例可能仅限于最高等级建筑之规模宏大的中心庭院之中。

五、有关大兴善寺寺内建筑与空间的基本信息

基于这样一个基本分析之后，我们再来看一看史料中透露出的有关大兴善寺内部建筑与空间的一些基本信息。清代人徐松《唐两京城坊考》中大致梳理了这座寺院在唐时的基本情况：

"次南靖善坊。大兴善寺，尽一坊之地……《寺塔记》云：不空三藏塔前多老松……东廊素和尚院庭有青桐四株……天王阁，长庆中造。本在春明门内，与南内连墙。其形高大，为天下之最。大和二年，敕移就此寺……行香院堂后壁有梁洽画双松，发塔内有

---

[1] 文献[2].[宋]尤袤.全唐诗话.卷三.刘禹锡.明津逮秘书本.

[2] 文献[2].[宋]尤袤.全唐诗话.卷三.刘禹锡.明津逮秘书本.

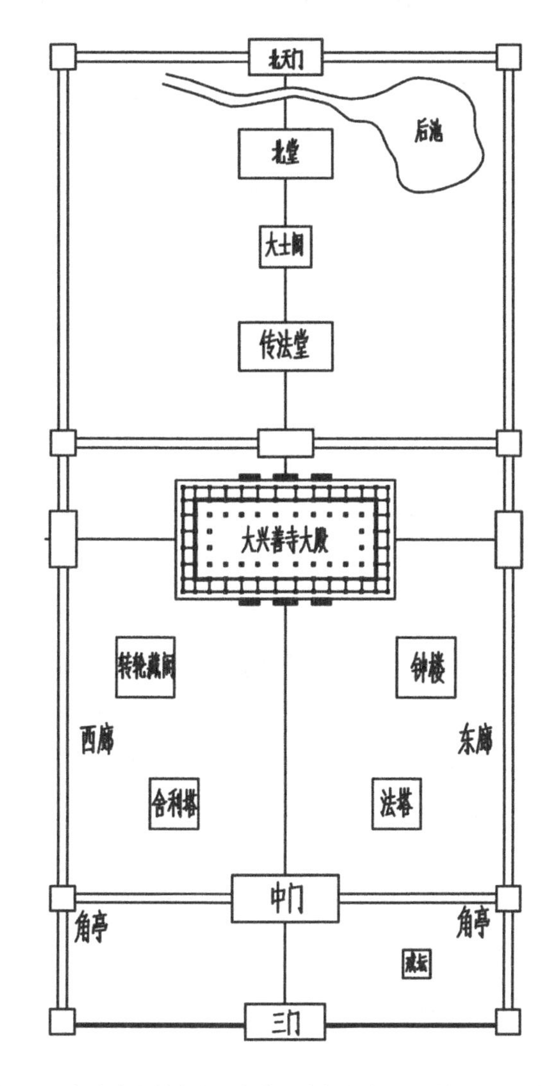

图 5-15　长安大兴善寺主殿中庭及中轴线空间与建筑布局示意（作者自绘）

隋朝舍利旃檀像，堂中有隋时写《时非时经》。”[1]

基于这一基本描述并结合其他史料可以大略推知唐代大兴善寺内有：

① 素和尚院：《宋高僧传》中有“唐京兆大兴善寺守素传”。素和尚当指释守素，曾住大兴善寺三十年。关于此院《太平广记》中亦有记：“长安兴善寺素和尚院庭有青桐数株，皆素之手植。唐元和中，卿相多游此院。”[2]说明寺中有素和尚院。

② 天王阁与大士阁：天王阁是从寺外移入的一座大型楼阁，此外大兴善寺中还有一座大士阁，据史料记载，至唐末时寺内仅存的建筑物就是这两座楼阁：“唐元和四年建修转轮藏经阁；太和二年，得梵像观音，移大内天王阁于寺中，作大士阁。唐末独二阁存焉。”[3]这里其实提到了三座楼阁：天王阁、大士阁、转轮藏经阁。

③ 翻经院与文殊阁：大兴善寺中另有文殊阁一座。据《宋高僧传》：“空进表请造文殊阁，敕允奏。”[4]时天竺高僧不空三藏法师正在大兴善寺。“大兴善寺翻经院，造大圣文殊师利菩萨阁。[5]说明寺中还曾有翻经院。

④ 行香院：寺内另有行香院。从字面上理解，这里可能是来寺礼佛的香客们活动的空间。据《御定佩文斋书画谱》：“梁洽（宪宗时人）：大兴善寺行香院堂后壁上元和中，画人梁洽画双松，稍脱俗格。”[6]因行香院中有堂，似应是一座独立的院落，且处在较靠近寺门或坊门的位置，以方便香客行香。

⑤ 食堂：唐大历“四年冬，空奏天下食堂中置文

---

❶　文献[2].[清]徐松.唐两京城坊考.卷二.西京.外郭城.次南靖善坊.清连筠簃丛书本.

❷　文献[2].[宋]李昉.太平广记.卷九八.异僧十二.素和尚.民国景明嘉靖谈恺刻本.

❸　文献[1].史部.地理类.都会郡县之属.[清]陕西通志.卷二十八.祠祀一（寺观附）.

❹　文献[2].[宋]释赞宁.宋高僧传.卷一.译经篇第一之一.唐京兆大兴善寺不空传.大正新修大藏经本.

❺　[宋]圆照.代宗朝赠司空大辨正广智三藏和上表制集.卷第五.进造文殊阁状 // 大正新修大藏经.史传部　四.河北：河北省佛教协会，2009.

❻　文献[1].子部.艺术类.书画之属.[清]御定佩文斋书画谱.卷四十七.画家传三.唐（中）.梁洽.

殊菩萨为上座，制许之。”[1]时不空在大兴善寺，不空倡天下寺院中的食堂中置文殊菩萨为上座，则其首倡之地大兴善寺内亦应有食堂，食堂内上座位置供奉有文殊菩萨像。

⑥ 阿育王像（殿？）：据《广弘明集》：“扬州长干寺阿育王像者。东晋咸和中，丹阳尹高悝见张侯浦有光，使人寻之，得一金像……自晋、宋、齐、梁、陈、隋、唐七代，无不入内供养，光瑞如别。今在京师大兴善寺，摸写殷矣。真身在庐山峰顶寺[2]。”说明寺中供奉有阿育王像。是否有相应的殿堂？未可知。

⑦ 栴檀佛像堂：据《法苑珠林》：“荆州前大明寺栴檀像者，云是优填王所造……至隋开皇九年，文祖遣使人柳顾言往迎……即今西京大兴善寺像是也。”[3]像为栴檀木雕制，并以漆布漫之。据《酉阳杂俎》：“栴檀像堂中有《时非时经》，界朱写之，盛以漆龛。僧云隋朝旧物。”[4]从前文引“发塔内有隋朝舍利旃檀像，堂中有隋时写《时非时经》。”[5]可知，其像似供奉在寺中的“发塔”内，但塔内亦有殿堂空间。

⑧ 西南舍利塔、东廊从南第三院与三藏院：据《历代名画记》：“兴善寺殿内壁画至妙……西南舍利塔内曹画，西面尹琳画。东廊从南第三院小殿柱间，吴画神，工人装损。三藏院阁画至妙，失人名。”[6]这里提到了几个方面的信息：一是寺内大殿内部有壁画；二是舍利塔在寺之西南，塔内有壁画，说明其塔有内部空间；三是寺院东廊从南数第三院有小殿，则东廊之东至少有不少于三座的院落；四是寺内有三藏院，院内有楼阁一座。

⑨ 大教注顶院：据清人所撰《六艺之一录》：“兴善寺普照大师碑：给事中张同撰，礼部侍郎崔厚书。大师名智慧轮，姓丁氏。京兆杜陵人，善西域咒法。咸通中，赐号遍觉大师。名所居曰：大教注顶院。僖宗初谥普照大师，塔曰彰化，碑以乾化四年立。”[7]

⑩ 中门：大兴善寺中有中门，“景玄元和初应举，住龙兴寺，犹有尹老者年八十余，尝云：‘吴生画兴善寺中门内神圆光时，长安市肆老幼士庶竞至，观者如堵。’”[8]

⑪ 寺内有钟与鼓：《广弘明集》中收有：“大唐兴善寺钟铭”，其中有：“欲使云和之乐，共法鼓而同宣；雅颂之声，与梵音而俱远。乃命凫氏，范兹金锡。响合风雷，功侔造化。”[9]参见同时代的建筑资料，有钟则当有钟楼或钟台之属，但唐时似未见有鼓楼之设，所说之法鼓可能设置在寺内的某座建筑物内。而当时与钟楼对峙而置者多为藏经楼。

⑫ 寺内有“四时屏风”：因是生活用品，当时的寺中似还没有后世寺院常见的方丈院之设，故疑其为驻寺高僧所住之房舍中物：“又于兴善寺见画四时屏风，若移造化，风候云物，八节四时，于一座之内，妙之至也。山水松石，并上上品。”[10]

⑬ 寺有后堂，堂后有水池：“题兴善寺后池：‘隔窗栖白鹤，似与镜湖邻。月照何年树，花逢几遍人。岸莎青有路，苔径绿无尘。永愿容依止，僧中老此

---

[1] 文献[2].[宋]释赞宁.宋高僧传.卷一.译经篇第一之一.唐京兆大兴善寺不空传.大正新修大藏经本.

[2] 文献[2].[唐]释道宣.广弘明集.卷十五.佛德篇第三.列塔像神瑞迹并序唐终南山释氏.四部丛刊景明本.

[3] 文献[2].[唐]释道世.法苑珠林.卷十四. 感应缘 .四部丛刊景明万历本.

[4] [唐]段成式.酉阳杂俎.续集卷五.寺塔记上.北京：中华书局，1981.

[5] 文献[2].[清]徐松.唐两京城坊考.卷二.西京.外郭城.次南靖善坊.清连筠簃丛书本.

[6] 文献[2].[唐]张彦远.历代名画记.卷三.记两京外州寺观画壁.西京寺观等画壁.明津逮秘书本.

[7] 文献[1].子部.艺术类.书画之属.[清]倪涛.六艺之一录.卷七十八.石刻文字第五十四.唐碑.释氏四.兴善寺普照大师碑.

[8] 文献[2].[唐]朱景玄.唐朝名画录.正文.神品上一人（吴道玄）.清文渊阁四库全书本.

[9] 文献[2].[唐]释道宣.广弘明集.卷二十八.大唐兴善寺钟铭.四部丛刊景明本.

[10] 文献[2].[宋]李昉.太平广记.卷二百一十三.画四.王宰.民国景明嘉靖谈恺刻本.

身。'"❶唐人李端亦有《宿兴善寺后堂池》诗，诗中有"草堂高树下，月向后池生。野客如僧静，新荷共水平"❷。说明寺有后堂，池在后堂附近。其池如镜湖，其岸有路，有树。故疑寺中可能会有园池之设。

⑭ 寺内有崔律师院：唐人刘得仁撰《冬日题兴善寺崔律师院孤松》："为此疏名路，频来访远公。孤标宜雪后，每见忆山中。静影生幽藓，寒声入迥空。何年植兹地，晓夕动清风。"❸可知寺内还有一座崔律师院。

⑮ 寺内有"广宣上人竹院"：见唐人杨巨源撰《春雪题兴善寺广宣上人竹院》诗。诗中有："竹内催淅沥，花雨让飘飖。触石和云积，萦池拂水消。"❹句。疑院内有山池之设。

⑯ 寺中有"英律师院"：见唐人马戴撰《题僧禅院》(一作题兴善寺英律师院)诗。中有"虚室焚香久，禅心悟几生。滤泉侵月起，扫径避虫行。树隔前朝在，苔滋废渚平。我来风雨夜，像设一灯明。"❺疑院中有堂，堂中有像，庭中有树，有径，并似有泉水。

⑰ 寺内有"僧道深院"：见张乔《题兴善寺僧道深院》诗。诗中有："院栽他国树，堂展祖师真。"❻其院中有堂、有树。另据唐诗《和(一作同)薛侍御题兴善寺松》："何年劚到城，满国响(一作向)高名。半寺阴常匝，邻坊景亦清。"❼可知这棵古松的树冠十分大。

⑱ 寺内有寂上人院：见唐人郑谷《题兴善寺寂上人院》诗。诗中有："客来风雨后，院静似荒凉。罢讲蛩离砌，思山叶满廊。"❽可知其院有廊，应该也是一个回廊院式的格局。

⑲ 寺内有隋松院：见唐人崔涂《题兴善寺隋松院与人期不至》❾诗。院中当有松树。

⑳ 寺内有双塔：此或可从唐人张乔《兴善寺贝多树》诗中所云："势随双刹直，寒出四墙遥。带月啼春鸟，连空噪暝蜩。远根穿古井，高顶起凉飙。影动悬灯夜，声繁过雨朝❿。"推测出来。

㉑ 寺中有传法堂：见《西京兴善寺传法堂碑铭(并序)》，碑文中有："王城离域，有佛寺号兴善寺，(寺)之坎地，有僧舍名传法堂。先是大彻禅师晏居于是寺说法，于是堂因名焉。"⓫坎地者，北方之谓。故其堂在寺内的北侧疑在寺大殿之后。

㉒ 寺内另有曼殊堂：事见《酉阳杂俎》："靖善坊大兴善寺……曼殊堂工塑极精妙，外壁有泥金帧，不空自西域赍来者。发塔有隋朝舍利塔……"⓬曼殊堂中有精美的塑像。

㉓ 大兴善寺内的装饰可能十分华丽：如《剧谈录》中所载："咸通、乾符中，兴善寺复有阿阇黎，以教法传授，都下翕然宗之。所居院金碧华焕，器用具是宝玉。"⓭

㉔ 疑寺内应有供奉观音菩萨的殿堂：据宋人吴曾《能改斋漫录》："天下寺立观音像，盖本于唐文宗好

---

❶ 文献[2].[清]曹寅.全唐诗.卷二百七十九.卢纶.题兴善寺后池.清文渊阁四库全书本.

❷ 文献[2].[清]曹寅.全唐诗.卷二百八十五.李端.宿兴善寺后堂池.清文渊阁四库全书本.

❸ 文献[2].[清]曹寅.全唐诗.卷八百八十四.刘得仁.冬日题兴善寺崔律师院孤松.清文渊阁四库全书本.

❹ 文献[2].[清]曹寅.全唐诗.卷三百三十三.杨巨源.春雪题兴善寺广宣上人竹院.清文渊阁四库全书本.

❺ 文献[2].[清]曹寅.全唐诗.卷五百五十五.马戴.题僧禅院(一作题兴善寺英律师院).清文渊阁四库全书本.

❻ 文献[2].[清]曹寅.全唐诗.卷六百三十八.张乔.题兴善寺僧道深院.清文渊阁四库全书本.

❼ 文献[1].集部.总集类.[清]御定全唐诗.卷六百四.许棠.和(一作同)薛侍御题兴善寺松.

❽ 文献[2].[清]曹寅.全唐诗.卷六百七十四.郑谷.题兴善寺寂上人院.清文渊阁四库全书本.

❾ 文献[2].[清]曹寅.全唐诗.卷六百七十九.崔涂.题兴善寺隋松院与人期不至.清文渊阁四库全书本.

❿ 文献[2].[清]曹寅.全唐诗.卷六百三十九.张乔.兴善寺贝多树.清文渊阁四库全书本.

⓫ 文献[2].[清]董诰.全唐文.卷六百七十八.白居易.西京兴善寺传法堂碑铭(并序).清文渊阁四库全书本.

⓬ [唐]段成式.酉阳杂俎.续集卷五.寺塔记上.北京:中华书局,1981.

⓭ 文献[2].[唐]康骈.剧谈录.卷下.清文渊阁四库全书本.

嗜蛤蜊。一日，御馔中有擘不开者，帝以为异。因焚香祝之，乃开。即见菩萨形，梵相具足。遂贮以金粟檀香合，覆以美锦，赐兴善寺。仍敕天下寺，各立观音像。”❶既然是天下寺院皆立观音像而事又起于西京大兴善寺，则寺内亦当立观音像，故可能亦有观音殿或观音堂之设。

㉕寺中有“方等戒坛”：代宗永泰元年（765年）九月，“敕大兴善寺建方等戒坛。立临坛大德十人。”❷说明中唐以后的大兴善寺中设置有“方等戒坛”。

六、大兴善寺内庭院与殿堂、塔阁的可能分布

1. 大兴善寺中的院落分布

结合上面爬梳罗列的史料，大致可以知道唐时大兴善寺内似有不少于11座的院落，分别是：素和尚院、行香院、三藏院、大教注顶院、广宣上人竹院、崔律师院、英律师院、僧道深院、寂上人院、隋松院，以及翻经院。因为文献记录了不同时代的院名，可以推测这11座院落很可能并非同时存在于大兴善寺中。但从《历代名画记》中所描述的“东廊从南第三院小殿柱间，吴画神，工人装损。”❸既然是说“从南第三院”而不说“东廊北院”可以推知可能还会有从南第四院。也就是说，至少在寺院东侧有不少于4或5座庭院的设置。则结合前面提到的11座院落，大兴善寺中心庭院两侧可能曾经有过不少于8~10个院落。可以暂按东廊与西廊各有5座院落，即在中路之外的东西两路，共有10座院落推进本文的分析。

为什么要推定其东西廊可能各有近5座院落呢？原因之一是前面所说“东廊从南第三院”，透露出两个信息，一是寺中没有贯通全坊的东西向横街。因为如果要有横街，就会从横街自南向北数了。如《唐两京城坊考》中屡屡用到了：“十字街北之东尚书左仆射、郇国公韦安石宅。”❹“十字街北之东，证空尼寺。”❺等说法，因而不太可能隔着横街排“从南第三院”。但这并不是说，寺院所在的里坊没有东、西坊门。因为长安朱雀大街之南的诸坊都开有东、西坊门，故设置有寺观的靖善坊与崇业坊似也应该有东、西坊门。既有东、西坊门，则其寺院南北方向居中的位置上就不太会是一道分割两个院落的墙或廊而应该是一座院落。如此，则可能在寺之东西廊各有5个院落，其在南北方向居中的院落恰与东、西坊门相接。

这样一种布置，也解释了为什么会用“东廊从南第三院”来描述一座院落。因为如果仅有4座院落，则可能表述为“东廊从北第二院”比较合理。但若有5座院落，则无论“东廊从北第三院”或“东廊从南第三院”都是可以的，故这里用了从南数的序列。

2. 寺中双阁与双塔

文献中还提到了寺内的一些重要建筑物，如天王阁、大士阁、文殊阁三座楼阁。另有不空三藏塔、舍利塔两座塔以及唐诗中提到的寺中“双刹”。

这里的问题是，这些楼阁与塔是如何布置的？这应该是大兴善寺寺院空间中的一个重要问题。从点滴的史料文献中或可以看出一点端倪。

（1）天王阁

从文献可知，唐太和二年（828年）将南内连墙的天王阁，移到了大兴善寺中。但天王阁的位置是一个问题。因其形体高大，号称“天下之最”，且是从大

❶ 文献[2].[宋]吴曾. 能改斋漫录. 卷二. 事始寺立观音像. 清文渊阁四库全书本.

❷ 文献[2].[宋]释志磐. 佛祖统纪. 卷四十一. 法运通塞志第十七之八. 代宗. 大正新修大藏经本.

❸ 文献[2].[唐]张彦远. 历代名画记. 卷三. 记两京外州寺观画壁. 西京寺观等画壁. 明津逮秘书本.

❹ 文献[2].[清]徐松. 唐两京城坊考. 卷三. 西京. 清连筠簃丛书本.

❺ 文献[2].[清]徐松. 唐两京城坊考. 卷四. 西京. 清连筠簃丛书本.

内中移来，从逻辑上推测，只应该布置在中轴线上。故这座天王阁，似应有一个可能位置，即布置在大兴善寺大殿之前，相当于庭院正门的位置上，参照后世往往将天王殿布置在大殿之前的做法，这座天王阁设置在大殿之前的可能性还是有的。但是，这与前面所说的寺院“中门”位置相左。另外，也没有资料证明，唐代时已经有了在寺院中轴线前部设置天王殿的做法。

因此，关于天王阁的位置，需要做一点分析。先来看一看四天王概念在唐代的情况：

第一四天王者，依《长阿含经》云：“东方天王名提多罗咤，此云治国主……南方天王名毗琉璃，此云增长主……西方天王名毗留博叉，此云杂语主……北方天王名毗沙门，此云多闻主。”[1]

显然《法苑珠林》撰于初唐时期，可知四天王的概念唐代时已传入中国，其中的北方天王毗沙门曾经显现过神迹，从而在唐代受到了特别的尊崇，如：

州郡置毗沙门天王之始。按，《僧史》：“唐天宝元年壬子，西蕃五国来寇安西……近臣奏且诏不空三藏入内持念。明皇秉香炉，不空诵《仁王护国陁罗尼》，方二七遍，帝见神人可五百员，带甲荷戈在殿前。帝问不空，对曰：‘此毗沙天王第二子独健，副陛下心，往救安西也。’其年四月，安西奏：‘二月十一日巳时后，城东北三十里，云雾冥晦中，有神可长丈余，皆被金甲。至酉时，鼓角大鸣，地动山摇。经二日，蕃寇奔溃。斯须，城楼上有光明天王现形。谨图样，随表进呈。’因敕诸道节镇，所在州府，于城西北隅，各置天王形像。至于佛寺，亦敕别院安置。”[2]

近人所撰《宋平江城坊考》中也特别提到了唐代建筑中的这一特点：

“毗沙”，为护法天神，一称“毗沙门天”，唐代祀之以天王堂……引《僧史》谓“天宝初，毗沙门天王第二子，曾救安西之番乱，因敕州府塑天王形像，后并流入军营。”[3]

由如上资料推知，唐代流行毗沙门天王信仰，其天王阁中可能仅仅供奉毗沙门天王。而毗沙门为北方天王为其塑绘的造像及殿堂所处位置亦应布置在城市或寺院之北部，如：“青龙寺西廊近北，有绘释氏部族曰毗沙门天王者，不详谁氏笔迹，而精妙如动，祈请辐辏，传有神异。”[4]这一制度一直沿用到宋代：“宋制，军营中有天王堂，小说亦屡载之，不知何天王也……后安西奏见神人破贼，城上天王见形，图形上进，因诏诸节镇所在州府，于城西北隅各立天王像，佛寺亦然，宋时沿之入军营也。又《括异志》言：宋建炎中，敌将屠秀州，天王现于城上，若数间屋大，惧而引去，因建天王楼于城西北隅。”[5]因此，唐宋时期的天王堂、天王殿、天王阁主要供奉北方毗沙门天王，其造像及殿堂位置一般会在城市、军营或寺院西北隅。

由此推知，自大内迁入大兴善寺中的这座天王阁亦有可能供奉的是北方毗沙门天王，故而可能布置在寺院北部偏西的位置上。

（2）大士阁

大士，在中国古代佛教寺院中可能有两个方面的含义。一是指西方三大士，主要是指西方净土世界的阿弥陀佛及其左右胁侍菩萨、观世音与大势至。正如

---

[1] 文献[2].［唐］释道世．法苑珠林．卷二．三界灾第二．第二诸天部．会名部第二．四部丛刊景明万历本．

[2] 文献[2].［宋］吴曾．能改斋漫录．卷二．事始．天王视形．清文渊阁四库全书本．

[3] 王謇．宋平江城坊考．卷三．东南隅．天王堂．南京：江苏古籍出版社，1999.

[4] 文献[2].［唐］高彦休．唐阙史．卷下．梦神医病者．明万历十六年谈长公钞本．

[5] 文献[2].［清］王士禛．香祖笔记．卷八．清文渊阁四库全书本．

佛经中所说："说是语时，无量寿佛，住立空中，观世音、大势至，是二大士，侍立左右。"❶ 二是指以文殊、普贤、观音三位菩萨，统称三大士。如元代赵孟頫撰《大普庆寺碑铭》有："其南为三门，直其北为正觉之殿，奉三圣大像于其中。殿北之西偏为最胜之殿，奉释迦金像，东偏为智严之殿，奉文殊、普贤、观音三大士。"❷ 天津宝坻广济寺中曾经保存至20世纪中叶的辽代所建三大士殿中亦曾供奉文殊、普贤、观音三大士造像。

不过，大兴善寺中的大士阁或许还存在一种可能，即为了纪念曾经驻锡大兴善寺的不空三藏，因为不空本人亦被后人喻为"开元三大士"之一。是否有可能是在晚唐时期，为不空三藏建造了一个设置有其造像的楼阁呢？据笔者的意见，开元三大士之称，应是唐代以后之人的说法。此外，从佛教史的角度观察，即使不空三藏地位再高，在其在世或刚刚圆寂之后的唐代，也很难成为寺院中某座殿阁中供奉的主尊。

但从前文所引"太和二年，得梵像观音，移大内天王阁于寺中，作大士阁。"❸ 可知，太和二年（828年）所作大士阁源起于"得梵像观音"，则可以推知其阁中供奉的应该是包括观音大士在内的文殊、普贤、观音三大士。

根据已有的资料显示，无论是供奉西方三大士的弥陀殿或是供奉三大菩萨的大士阁，其殿堂的位置都有可能是布置在中轴线上的。前面提到的辽代宝坻广济寺三大士殿就是一个例子。偶然可能也有例外，如前文所引元代大都城中的大普庆寺就将三大士殿布置在了东偏的位置上。

❶ 文献[2]．[南北朝]畺良耶舍．佛说观无量寿佛经．大正新修大藏经本．

❷ 文献[2]．[清]于敏中．日下旧闻考．卷五十二．城市．内城．西城三．赵孟頫．大普庆寺碑铭．清文渊阁四库全书本．

❸ 文献[1]．史部．地理类．都会郡县之属．[清]陕西通志．卷二十八．祠祀一（寺观附）．

（3）三藏院、文殊阁与不空三藏池

据唐代高僧不空《进造文殊阁状》："大兴善寺翻经院，造大圣文殊师利菩萨阁。"❹ 说明寺中有院，名翻经院，院中有不空所建造的文殊阁。根据史料可知，文殊阁建成于唐大历十年（775年）。显然，这座文殊阁并没有布置在寺院中心庭院的大殿之前。但翻经院的位置从史料中却很难弄清。

但在《历代名画记》中有一条信息："兴善寺殿内壁画至妙……三藏院阁画至妙，失人名。"❺ 这座三藏院亦应该是大兴善寺中的一座院落，而且这应该是与驻寺高僧不空三藏有关联的一座院落。而这座院落中有一座楼阁，楼阁中的绘画十分精妙，但却无法得知绘画者的名字。

因为不空三藏是以翻译密教经典而著名。前面所说的大兴善寺翻经院很可能就是不空三藏曾经驻锡其中的院落。这座院落中原有一座由不空主持建造的文殊阁。清华大学建筑学院博士研究生李若水根据《进造文殊阁状》中的相应记载，推测复原出了这座大兴善寺文殊阁的平、立、剖面❻ 可以使我们大略了解其可能的形象（图5-16，图5-17，图5-18）。

那么，是否可以设想在不空圆寂后这座院落就被改名为三藏院，院中有不空三藏塔，此外，还有一座不空建造的文殊阁。因此，这里所说的"三藏院阁"很可能指的就是这座文殊阁。

从《西京兴善寺传法堂碑铭》中所云："元和四年，宪宗章武皇帝召见于安国寺。五年问法于麟德殿，其年复灵泉于不空三藏池。十二年二月晦，大说法于是

❹ [宋]圆照．代宗朝赠司空大辨正广智三藏和上表制集．卷第五．进造文殊阁状//大正新修大藏经．史传部 四．河北：河北省佛教协会，2009.

❺ 文献[2]．[唐]张彦远．历代名画记．卷三．记两京外州寺观画壁．西京寺观等画壁．明津逮秘书本．

❻ 李若水．唐长安大兴善寺文殊阁营建工程复原研究//王贵祥，贺从容．中国建筑史论汇刊．第六辑．北京：中国建筑工业出版社，2012：135.

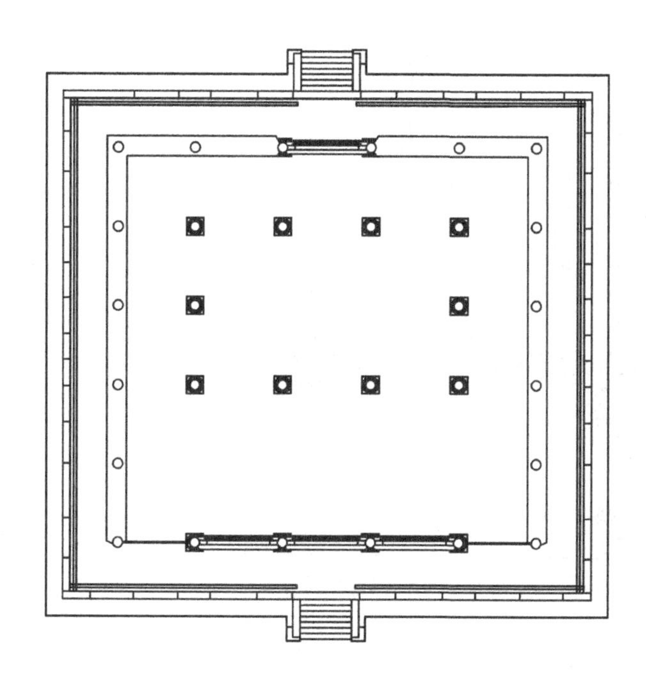
图 5-16　唐长安大兴善寺文殊殿平面复原（李若水复原并绘图）

堂，说讫就化。其化缘云尔。”❶可知，大兴善寺中有一池称“不空三藏池”。从逻辑上推，不空三藏池亦应在三藏院中，池中有泉眼，元和五年（810 年）池中之泉在曾经干涸之后，再一次涌出了泉水，从而成了于寺内传法堂弘法的惟宽法师的灵验事迹之一。

（4）寺中双塔

此外，从唐人张乔诗句中的“势随双刹直，寒出四墙遥”推测，大兴善寺中是否可能布置在中轴线两侧的双塔？或者，诗中所指的“双刹”可能仅仅指的是隋代的舍利塔与唐代的不空三藏塔。据《全唐文》所收黄滔《答陈磻隐论诗书》，张乔大约是晚唐懿宗咸通时人。也就是说，晚唐时的大兴善寺中仍然矗立着双塔。从时代上讲，隋舍利塔与唐不空三藏塔在晚唐时都已经存在，上述情况是可能存在的。但仍然还

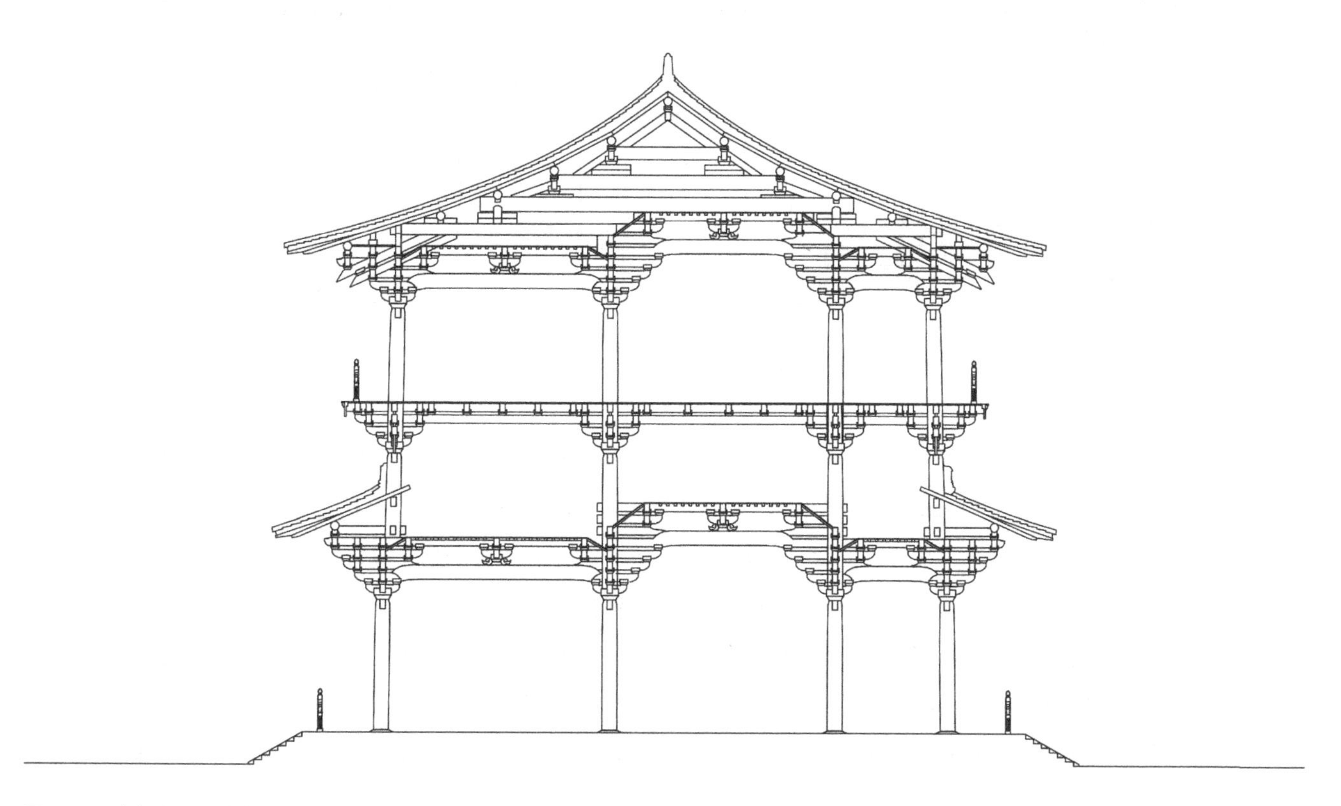
图 5-17　唐长安大兴善寺文殊阁复原剖面（李若水复原并绘图，王贵祥修改）

❶ 文献[2]．[清]董诰．全唐文．卷六百七十八．白居易．西京兴善寺传法堂碑铭．清嘉庆内府刻本．

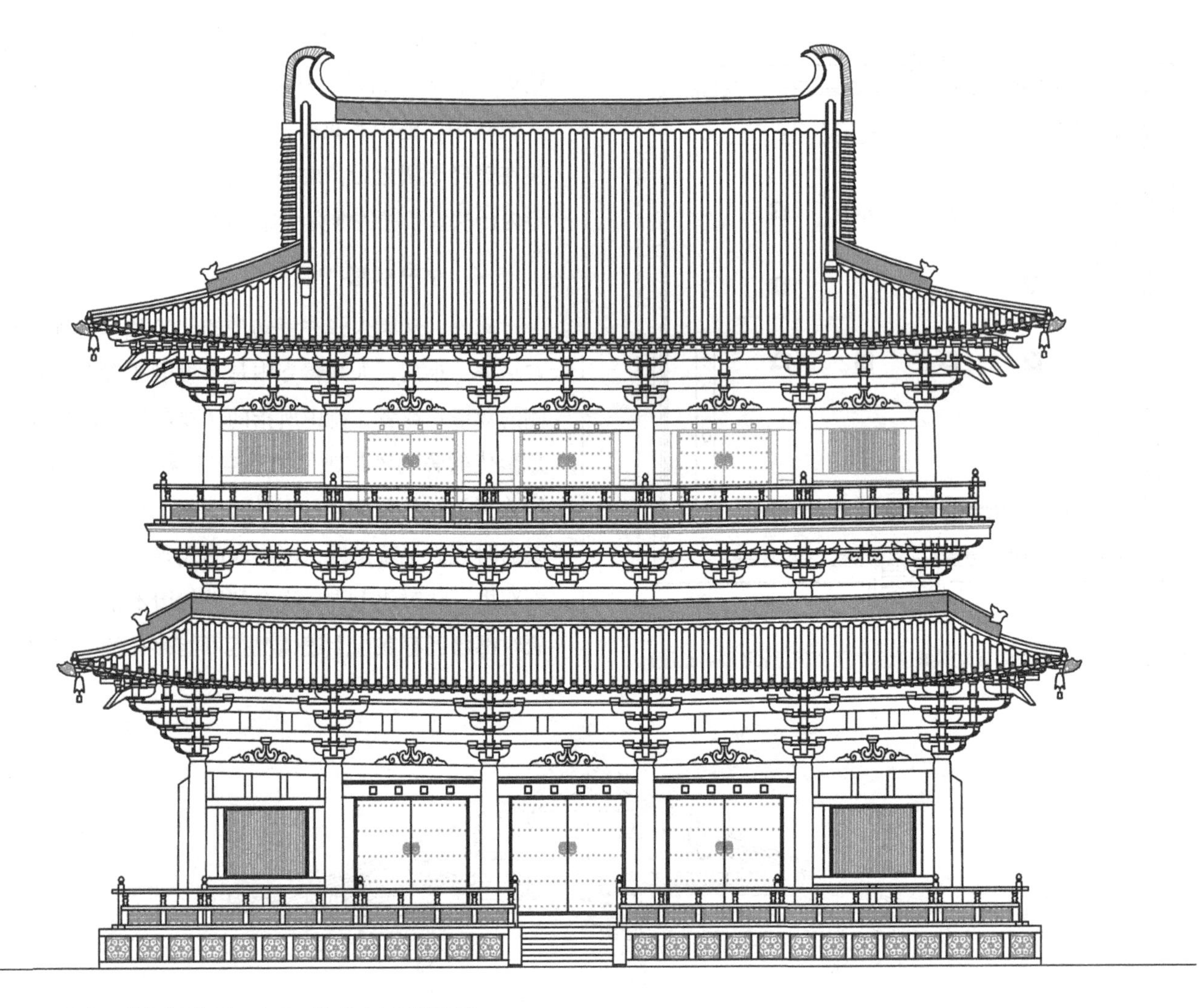

图 5-18 唐大兴善寺文殊阁立面复原（李若水复原并绘图）

有一些存疑之处。

大兴善寺内有舍利塔。事见明代人撰《书诀》："殷仲容，令名子，官至礼部郎中，传家学。张怀瓘称其大字尤善，有骥腾凤翥之势。小楷大兴善寺舍利塔铭，中楷流杯亭侍宴诗，在西安府。"[1] 另见《法苑珠林》："高丽、百济、新罗三国使者将还，各请一舍利于本国起塔供养。诏并许之。诏于京师大兴善寺起塔，先置舍利於尚书都堂。"[2] 这座舍利塔可能就是隋文帝诏于寺内所建的舍利塔。隋代仁寿年间，在全国范围内建造了一百多座舍利塔，从一般有关隋代舍利塔的记载推测其塔应该有一定的高度。

另外，寺中还有"不空三藏塔"。这应该是为纪念唐代密宗高僧天竺僧人不空三藏的灵骨塔。不空三藏在《宋高僧传》中有传，寺中及五台山金阁寺的一

❶ 文献[2].［明］丰坊．书诀．唐人法帖．民国四明丛书本．

❷ 文献[2].［唐］释道世．法苑珠林．卷四十．舍利灾第三十七．感应缘．庆舍利感应表（并答隋安德王雄百官等）．四部丛刊景明万历本．

些重要建置都与不空法师有关。据有关唐塔的一般知识，高僧塔多为单层砖石塔，如河南登封会善寺净藏禅师塔（图 5-19）、山西平顺海会院明惠大师塔（图 5-20）、山东长清灵岩寺慧崇塔（图 5-21）等，一般不会特别高大。因此，两座塔中的不空三藏塔亦有可能不会太高。

宋代《册府元龟》记录了大兴善寺中的一座佛塔：唐大历三年（768 年）二月“是月，兴善寺不空三藏上言：寺院佛塔，先因地震陷折，今将增修，下见古埏，得一小棺，其长尺余。发而视之，凡积十余重棺，皆金宝装饰，中有舍利骨及佛发一条。色青而拳，其长数尺，每棺一锁，规制妙绝。”❶在不空三藏自己的上言中，用了“寺院佛塔”，而非舍利塔。也就是说，不空主持大兴善寺时，寺院中可能另有佛塔。另《唐两京城坊考》中所云：“发塔内有隋朝舍利，堂中有隋时写《时非时经》。”暗示了寺内有一座“发塔”且塔中还有可以供奉旃檀像的内部空间。这座“发塔”是否就是不空三藏增修时发现有“舍利骨及佛发”的“寺院佛塔”呢？这佛塔或发塔与前面提到的舍利塔是否是同一座建筑？亦未可知。

图 5-19　河南登封会善寺唐代净藏禅师塔（辛惠园 摄）

图 5-20　平顺海会院明惠禅师塔（刘敦桢．中国古代建筑史 [M]. 北京：中国建筑工业出版社，1984.）

图 5-21　山东长清灵岩寺慧崇塔（王贵祥．中国汉传佛教建筑史 [M]. 北京：清华大学出版社，2016.）

因此，张乔诗中的“双刹”有无可能指的是隋代的“舍利塔”与藏有旃檀像的“发塔”（或不空三藏增修的“寺院佛塔”）这两座塔呢？或者，因大兴善寺是国寺，或许这二塔本来就是隋仁寿间所建造的对峙而立于大兴善寺中的双塔呢？从张乔“势随双刹直，寒出四墙遥。”似可猜测，有势而直，其塔是有一定的高度的。再从“双刹”对“四墙”的对仗形式亦似暗示双塔可能大略呈现了对称布置的格局？

这里可以参考一下唐代长安城中其他寺院的例子，如长安怀远坊东南隅大云经寺。“寺内有浮图，东西相值。东浮图之北佛塔，号三绝塔，隋文帝所立，塔内有郑法轮田僧亮、杨契丹画迹，及巧工韩伯通塑作佛像，故以三绝为名。”❷此寺中有三座塔，其中“东西相值”的两座浮图应是唐代寺院双塔形式的典型例子之一。既然隋文帝时能为一座普通寺院对称布置双塔，那么作为国家级寺院的大兴善寺，在隋文帝立舍利塔时，将其设置为在大殿前对峙双塔的格局也是有可能的。

（5）寺中三阁的可能布局

基于如上的分析，可将这几座塔、阁的可能布局

❶ 文献[2]．[宋]李昉．册府元龟． 卷五十二． 帝王部．崇释氏第二．明刻初印本．

❷ 文献[1]．史部．地理类．古迹之属．[宋]宋敏求．长安志．卷十．唐京城四．

与空间关系做一个推测。以寺中有三座重要楼阁，从敦煌壁画中所见，唐代寺院多为对称布局的形式推测，这三座楼阁中有两座可能是对称分布在寺院中轴线两侧的别院中的，另外一座有可能布置在寺院中轴线上。

从史料中所知，天王阁似应布置在寺之西北方位故可以尝试将天王阁布置在大兴善寺西廊从北第二院中，这里是寺院之西略偏北的位置是唐宋时代寺院、城市或军营中布置北方毗沙门天王殿阁的恰当方位。

另外一个较为肯定的是布置在别院中的楼阁应是不空三藏所建的文殊阁。这座楼阁在不空在世时布置在不空所在的翻经院中。在不空圆寂之后，这座翻经院有可能更名为三藏院，院中有阁，见于《历代名画记》的记载。则这座“三藏院阁”很可能就是不空所建的文殊阁。从与寺院西廊天王阁对称布置的逻辑推测，有楼阁的三藏院（翻经院）亦有可能布置在寺院东廊的某个别院，如东廊从北第二院中。从《历代名画记》的描述：“东廊从南第三院小殿柱间，吴画神，工人装损。三藏院阁画至妙，失人名。”[1]是在紧接着“东廊从南第三院”之后就提到了三藏院阁，这或也为我们的推测提供了一点支持。

从寺院空间的对称格局推测，这里将设有文殊阁的翻经院（三藏院）布置在东廊从北第二院（从南第四院）中，恰可以造成一种如道宣《祇洹寺图经》或《戒坛图经》中所描述的，在中心佛院的大佛殿（或前佛殿）东西两侧对称布置坐北朝南的楼阁相一致的做法。

如此布置，尚余一座大士阁在寺院中没有确定的位置。以供奉文殊、普贤、观音三大士的殿阁，从其重要性上加之寺院空间的对称原则有可能布置在寺院中轴线上。再参考道宣《祇洹寺图经》与《戒坛图经》，其中心佛院在中轴线的后部都设有楼阁。在《祇洹寺图经》中，在第二大复殿之后设置了一座三重阁（图 5-22）。而在《戒坛图经》中，在佛说法大殿之后设置了一座三重楼，在楼后又设置了一座三重阁（图 5-23）。

据明代人撰《石墨镌华》“……置玄都观、兴善寺以镇之。观当在寺西。寺东又有裴度宅……今观、宅皆废，独寺存。寺后阁巍然。铜佛像并转经藏疑皆昔时物。阁前有唐大德禅师碑额。阁上有故按察刘公余泽诗。”[2]这座在明代时还存在的寺后高阁很可能就是布置在寺院中轴线后部的一座楼阁，而从前面的分析中可以推知，位于中轴线后部的楼阁，最为可能是供奉有文殊、普贤、观音三大士的大士阁。

基于这样一种分析，我们可以将大士阁布置在大兴善寺沿中轴线偏后位置的传法堂之后。这似乎恰好与道宣《戒坛图经》在佛说法大殿之后布置三重楼的

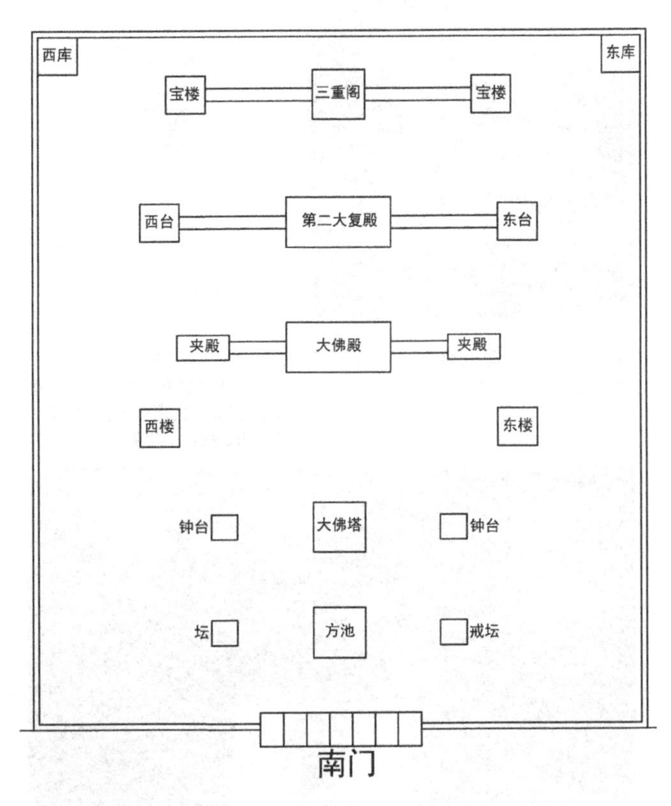

图 5-22　道宣祇洹寺图经中心佛院建筑配置示意图（李菁绘）

---

❶ 文献[2].［唐］张彦远．历代名画记．卷三．记两京外州寺观画壁．西京寺观等画壁．明津逮秘书本．

❷ 文献[1]．史部．目录类．金石之属．［明］赵崡．石墨镌华．卷七．访古游记．三．游城南．

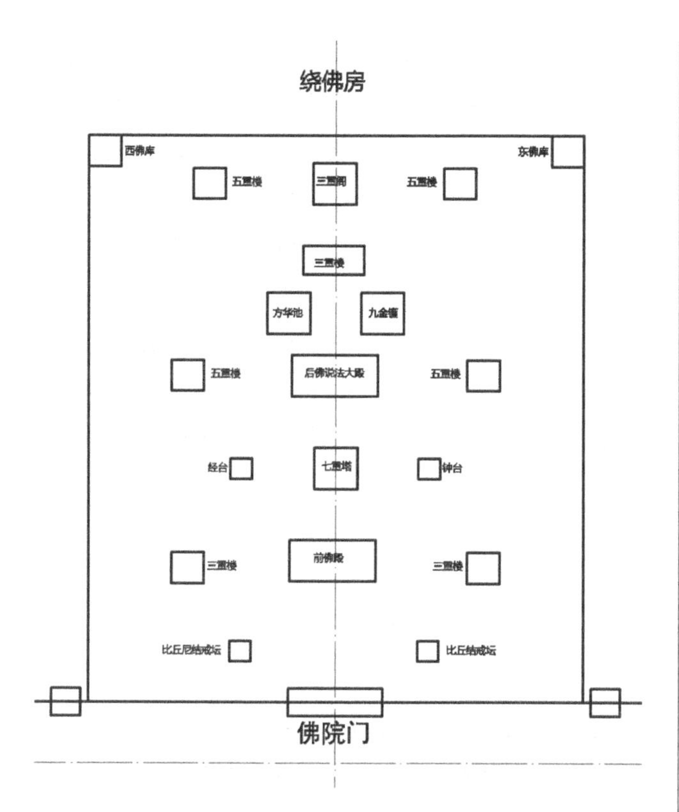

图 5-23　道宣戒坛图经中心佛院建筑布局示意图（李菁绘）

做法相合。这里甚或可以推测，道宣在撰写两部图经，特别是《戒坛图经》时可能参考了长安城中一些大寺院的格局。大兴善寺是当时的国家寺院，其空间布局所代表的规模与等级或恰可以作为道宣心目中典型佛院的参考性蓝本。

（6）寺中诸塔的位置

此外，关于寺中舍利塔、不空三藏塔与双刹的位置还需要做一些分析。寺中有密教高僧不空三藏的灵骨塔，塔似应在不空曾经驻锡的翻经院（疑即后来的三藏院）中，已如前述。此外可能还有两座塔：一座是因地震陷折，不空上言增修的寺院佛塔（或即文献中所说的“发塔”）；另外一座是“诏于京师大兴善寺起塔，先置舍利于尚书都堂”❶的大兴善寺舍利塔。

据《历代名画记》：“兴善寺殿内壁画至妙……西南舍利塔内曹画，西面尹琳画。”❷可知，大兴善寺内的舍利塔布置在寺院西南部。这里亦有两种可能，一是塔在中心庭院中位于庭院西南隅。二是塔在寺内西南部的别院中。由于在史料中，从未提及大兴善寺内有“塔院”，故可将这里的“西南舍利塔”设想为位于寺内中心庭院之西南隅的舍利塔。其在院中西南隅，在院中东南隅亦应对称有塔。

参考时代比较接近的韩国庆州佛国寺殿前对称布置双塔（图 5-24）的做法，以及联想到前文所引唐人张乔诗句中的“势随双刹直，寒出四墙遥”句，在大兴善寺中心庭院内的西南隅与东南隅对称布置两座佛塔（双刹）的可能性是很大的。

大兴善寺是当时的国家寺院，寺院空间规模宏大，大殿建筑的尺度与规模都位列当时建筑物的最高等级。因此，其寺院大殿前有可能是在中心庭院两侧对称布置双阁，殿后再布置一座高阁并在中心庭院之内对称峙立双塔。以这样的空间组织方式才可以使得规模宏大的大兴善寺寺院正殿，显得气势磅礴，从而与

图 5-24　韩国庆州佛国寺殿前双塔格局（王贵祥，贺从容．中国建筑史论汇刊·第拾辑 [M]. 北京：清华大学出版社，2014.）

❶　文献 [2]．[唐] 释道世．法苑珠林．卷四十．舍利灾第三十七．感应缘．庆舍利感应表（并答隋安德王雄百官等）．四部丛刊景明万历本．

❷　文献 [2]．[唐] 张彦远．历代名画记．卷三．记两京外州寺观画壁．西京寺观等画壁．明津逮秘书本．

其国家寺院的等级身份相匹配。

3. 寺中的殿堂、转轮藏阁、钟楼与戒坛

文献中提到了一些殿堂，分别是：阿育王像（殿？）、栴檀像堂、后堂、传法堂、曼殊堂、观音像殿，可能还有食堂。其中的后堂、传法堂应该是位于中轴线上的殿堂。其中的阿育王像（殿？）亦可能布置在了中轴线上。栴檀像堂应是前文所提到的“发塔”中的一个内部空间，其余的曼殊堂、观音殿与食堂则可能是位于中轴线两侧院落中的殿堂。

另据《陕西通志》：“兴善寺……唐元和四年建修转轮藏经阁……明永乐时，云峰禅师重葺殿堂钟楼，稍复旧制。”❶这里提到了唐元和四年（809年）所修转轮藏经阁，结合前文所引铸钟之事及后世“重葺殿堂钟楼”的史实，可以推测，寺中当有钟楼与转轮藏经阁。唐代实例中，钟楼与经阁多是对峙而立于寺内大殿之前的。据当地旅游资料中说：“寺院至今保留着唐代转轮藏经殿遗址，高出地平面1米，略呈方形。”❷亦可以为寺内曾有转轮藏阁做一佐证。故而可知，唐代时的大兴善寺大殿前可能对峙而立有转轮藏经阁与钟楼。

在寺院主殿前对称布置双阁再在阁前对称布置双塔的做法，在唐代并非孤例。如魏州开元寺，代宗时获舍利：“遂于寺内起塔二所，而分葬焉。入塔之辰，见祥云灵鹤，徘徊其上，百千人俱叹未曾有，得不谓道心纯至，而冥佑荐委耶？公又以此寺经典，旧多残缺，哀彼学徒，访闻无所，乃写《一切经》两本，并造二楼以贮之……噫！建三门惠也，制双塔诚也，缮群经智也，度幼子慈也。”❸这无疑是经一次建造而成的双塔并布置在寺内两侧。同时，还建造了用于储存经藏的二楼（双阁）与三门等（图5-25），说明前文所推测的在大兴善寺中庭大殿之前对称设置双阁、双塔等是唐一代一种可能的寺院布局方式。

此外，还有一座戒坛，参照道宣《祇洹寺图经》与《戒坛图经》，戒坛亦可能布置在寺院大殿之前。若果如此，大殿之前有了对峙而立的转轮藏经阁与钟楼且还有戒坛之设，则可以为天王阁与文殊阁不大可能是对峙而立于大殿之前，找到了一点依据。

4. 位于中轴线上的中门、传法堂、北堂、北池与北天门

（1）中门与三门

中轴线上的核心建筑物是大殿。按照建筑史学家

图5-25　敦煌壁画中所表现的殿前双阁布局（孙儒僩，孙毅华．敦煌石窟全集·建筑画卷[M].香港：商务印书馆，2001.）

❶ 文献[1]．史部．地理类．都会郡县之属．陕西通志．卷二十八．祠祀一（寺观附）．

❷ 慧海佛教资源库．密宗祖庭．西安大兴善寺．自 http://fo.ifeng.com/chaosheng/zuting/detail.

❸ 文献[2]．［清］董诰．全唐文．卷四百四十．［唐］封演．魏州开元寺新建三门楼碑．清嘉庆内府刻本．

傅熹年先生的研究，中国古代建筑群中的主殿往往会布置在该建筑群的几何中心位置上。如果按照这一思路，大兴善寺大殿有可能布置在以靖善坊四周坊墙为边界的方形平面的中央。其前为一座大庭型院，其后有一些堂阁。这样的布置，在大的空间感觉上恰与唐释道宣《祇洹寺图经》与《戒坛图经》中所描述的佛院格局十分接近。

大殿之前有一个巨大的庭院，庭院内对称布置有钟楼、藏经阁与双塔。参考《戒坛图经》，戒坛位置似亦可能在大殿之前。隋唐时期寺院前多设中门。日本飞鸟时代的法隆寺就保持了这一格局。从前面所集史料中知道大兴善寺是有“中门”的。而法隆寺中门正是环绕金堂与五重塔的法隆寺中心庭院的正门（图 5-26）。由此推知，大兴善寺大殿前的中心庭院之正门应是大兴善寺中门。

既有中门就应还有南门。故在大兴善寺中心庭院之前还应该有一道门。接近靖善坊南垣的一道寺院外门或为南门。尽管基于靖善坊所处的位置是否有南门有令人存疑之处。但这里既然提出了“中门”的概念，设定中门之前另有门也不会出入太大。

（2）传法堂、后堂与北池

大殿北面的情况，据前文引：“有佛寺号兴善寺，（寺）之坎地，有僧舍名传法堂。”[1]大殿之后有一座传法堂。另据前文所引资料，其寺有后堂，位置似应在传法堂之后，后堂之后，则是园林化的后池空间。

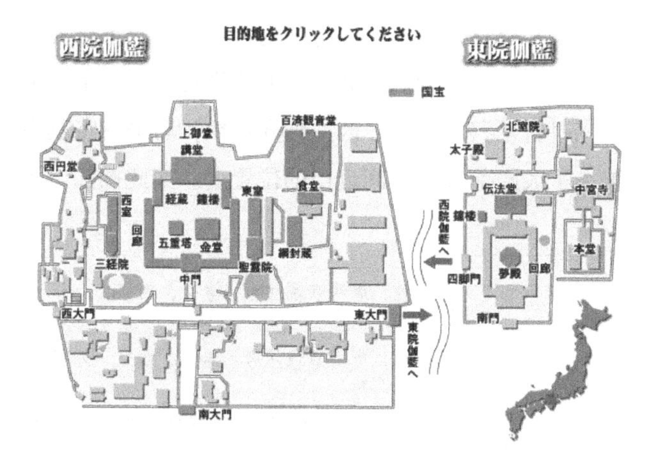

图 5-26　日本奈良法隆寺平面示意（王贵祥，贺从容 . 中国建筑史论汇刊 · 第拾辑 [M]. 北京：清华大学出版社，2014.）

文献记述，大兴善寺北部后堂之北有水池。关于这一点，还可以举出一些文献依据，如《酉阳杂俎》中亦提到：“靖善坊大兴善寺……寺后先有曲池，不空临终时，忽时涸竭。至惟宽禅师止住，因潦通泉，白莲藻自生。今复成陆矣。”[2]可知池在寺后，且曲蜿如湖。

（3）寺北门？北天门？

在北池之北，即寺院的北垣上是否有门是一个问题。有一条史料似乎透露出可能有寺之北门的信息：

“至八年帝在东都。于西京奉为二皇双建两塔七层木浮图。又敕乘送舍利瘗于塔所，时四方道俗，百辟诸侯，各出名珍。于兴善寺北天门道南。树列胜场三十余所。高幢华盖，接影浮空。宝树香烟，望同云雾。迎延灵骨，至于禅定。”[3]

这里说的是隋大业八年（612 年）于西京禅定寺建塔之前，自兴善寺迎送舍利之事。但这里提到了“于兴善寺北天门道南，树列胜场三十余所”。这句话似乎包含两种可能解释：其一，在兴善寺的“北天门”前有道路，在路之南，树列胜场；其二，在兴善寺之北，“天门道”之南，树列胜场。

首先，兴善寺之北是光福坊。这是一座普通的居住性里坊，除了永寿公主庙等级稍微高一点外就是驯州流人窦参宅、检校司空贾耽宅、翰林学士李必宅、右卫上将军伊慎宅、太子宾客刘禹锡宅、礼部尚书权

---

[1] 文献[2]．[清]董诰．全唐文．卷六百七十八．白居易．西京兴善寺传法堂碑铭（并序）．清嘉庆内府刻本．

[2] [唐]段成式．酉阳杂俎．续集卷五．寺塔记上．北京：中华书局，1981．

[3] 文献[2]．[唐]释道宣．续高僧传．卷第二十四．护法下．正传五．唐京师胜光寺释慧乘传二．大正新修大藏经本．

德舆宅、充山南西道节度使王起宅、周皓宅等。[1]按照隋唐时的规则，长安皇城之南的各个里坊，原则上是不设南北向街道的。故这座光福坊并没有南门更不会有所谓“天门”。

而隋唐长安城内，可以称之为天门的只有皇城以内的西内太极宫正门承天门。这是一座宏大的门但距离兴善寺太远，在承天门与皇城之南诸里坊之间还隔着皇城正门朱雀门，及其两侧的安上门、含光门等，故不可能用“兴善寺北，承天门道南”来描述这件事情。

此外，佛舍利很可能是从当时的皇家寺院大兴善寺送往长安西南隅的禅定寺的。也就是说舍利需要出兴善寺的北门，故相应的佛教仪式也会在这里举行。因此这里的文意比较大的可能是“在兴善寺之北天门的道路之南”的意思。兴善寺很可能有北门，作为国家寺院的北门被称为“北天门”亦非不可能之事。寺之北天门前有道路（坊门之南，寺门之北的顺坊路？或靖善坊北门之北，光福坊之南的坊间路？），在这条道路之南，为了迎送佛舍利而“树列胜场三十余所”。

如此推测，则有了两种可能：

一是，在大兴善寺所在的靖善坊之北垣正中开设了一个门，并将此门称为了兴善寺的北天门。北门之北是一条里坊间的道路。这里距离宫城位置较近，对于来自宫内的人较为近便，其道之南恰恰是可以举行迎送舍利之仪式的场所。

二是，在坊北门之南，寺院北门之北，与寺院有一墙之隔的“顺坊街”街道之南。这里紧临寺院，又离坊门较近，故在这里树列了30多个由高幢华盖组成的道场，以迎送舍利，这样既方便仪式的进行也不影响坊间道路上车马人流的过往。如此，则寺之北门就是上文中所说的“北天门”。

对于如上的分析也可能会有质疑，认为在朱雀大街之南的诸里坊不允许开设北门。这确实也是长安城最初规划时的一个规定性概念。但从史料上看却并非绝对如此。特别是寺院很可能不受这一规则影响。如著名的荐福寺，位于皇城之南的开化坊，坊之“半以南，大荐福寺”[2]。寺之南为安仁坊：“次南安仁坊（本名安民，永徽元年改）。西北隅，荐福寺浮图院（院门北开，正与寺门隔街相对）。”[3]显然，荐福寺有南门，而位于其南安仁坊中的荐福寺浮图院则开有北门，两门恰好隔街相对。

（4）阿育王像（殿？）

此外，需要对阿育王像（殿？）做一点说明。关于这尊阿育王像，《法苑珠林》中有较详细的描述：“昔游天竺，得阿育王像……令有司造坐像形相，使其同立本像，送兴善寺。像既初达，殿大不可当阳，乃置北面。及明，乃处正阳。众虽异之，还移北面，至明还南如初。众咸愧谢轻略，今现在图写殷矣。”[4]

《续高僧传》中有关于这件事的类似记载：“其相还如育王本像。送兴善寺。既达此寺。形相伟壮不会即机。遂置于北面。及明见像乃在南面中门。众咸异焉。还送北面坚封门钥。明旦更看像还在南。佥皆愧悔谢其轻侮。即见在寺。”[5]这里所说的“南面中门”，疑为其殿本身的南面居中之门而非寺院前的“中门”？

从上文中所谓“殿大不可当阳”句猜测，殿指的正是大兴善寺大殿。唐代仿制的这尊阿育王像最初可能布置在大殿之背阳的北侧，但造像自己会在第二天天亮时自动移之南面。因此神异现象，后来就将其布置在了大殿前部当心间近门的位置上。如此推知，大

---

❶ 文献[2]. [清]徐松. 唐两京城坊考. 卷二. 西京. 外郭城. 次南光福坊. 清连筠簃丛书本.

❷ 文献[2]. [清]徐松. 唐两京城坊考. 卷二. 西京. 外郭城. 次南开化坊. 清连筠簃丛书本.

❸ 文献[2]. [清]徐松. 唐两京城坊考. 卷二. 西京. 外郭城. 次南安仁坊. 清连筠簃丛书本.

❹ 文献[2]. [唐]释道世. 法苑珠林. 卷十三. 敬佛灾第六. 感应缘. 四部丛刊景明万历本.

❺ 文献[2]. [唐]释道宣. 续高僧传. 卷第二十九. 兴福篇第九. 周鄜州大像寺释僧明传二. 大正新修大藏经本.

兴善寺中并没有特别设置阿育王像殿?

5. 素和尚院、崔律师院、广宣上人院、僧道深院、寂上人院、英律师院等

（1）素和尚院

《全唐诗话》中引唐人段成式《酉阳杂俎》："靖恭坊大兴善寺东廊之南，素和尚院，庭有紫桐四株，素之手植。"[1]可知素和尚院在寺内东廊之南，或可以推想为是东廊从南第一院。院内有4株紫桐树。院内还曾种有牡丹："长安兴善寺素师院牡丹，色绝嘉。元和末，一枝花合欢。"[2]可知素和尚是元和末（820年）时人，且曾经在寺中驻锡30余年。

（2）东池、孤松与崔律师院

寺内另有一院，院中有"东池"与孤松，见唐人无可《寄兴善寺崔律师》，诗中有"从来居此寺，未省有东池。幽石丛圭片，孤松动雪枝。"[3]东池疑在寺之东侧，且有石，有孤松，是一处园池景致。另有唐人刘得仁撰《冬日题兴善寺崔律师院孤松》[4]说明东池有可能位于崔律师院中，如此，则崔律师院亦应该是寺院东廊一系列院落中的一座。

考虑到大兴善寺北堂之后有池，说明其水系可能位于寺院北部，故一种可能就是崔律师院及东池是在寺内东廊从北第一院。这样，北池与东池在水系上可以相通，不至于在夏季干涸。

崔律师应是开成、大中、咸通时（836—874年）人（曾为崔律师题诗的刘得仁："得仁，贵主之子。自开成至大中三朝，昆弟皆历贵仕，而得仁苦于诗，出入举场三十年，卒无成。"[5]）与曾在大兴善寺中生活了30年的素和尚所处的时代接近。两人所居非一座院落可知也。

（3）广宣上人竹院

另外，从唐人杨巨源诗《春雪题兴善寺广宣上人竹院》："皎洁青莲客，焚香对雪朝。竹内催淅沥，花雨让飘飖。触石和云积，萦池拂水消。只应将日月，颜色不相饶。"[6]可知广宣上人所住的院落中亦有水池及叠石，是一个园林化的院落空间。

广宣似是宪宗元和（806—820年）时人（广宣，蜀僧。元和中，住长安安国寺，寺有红楼，宣有诗名，号《红楼集》。[7]因与素和尚同时，可知其院与素和尚院并非一院。而崔律师院中有东池、孤松，似与以竹子取胜的广上人竹院亦非同一座院落。

如果排除广宣上人与崔律师非同时代人可能曾在一个院落中驻锡的因素，则较大的可能是，有池有竹的广宣上人院应位于距离水系较近的寺院北部区域。可设想其院位于西廊从北第一院，可能恰与有东池、孤松的东廊崔律师院相对应。

（4）僧道深院

唐代诗人张乔有《题兴善寺僧道深院》诗："江峰峰顶人，受法老西秦。法本无前业，禅非为后身。院栽他国树，堂展祖师真。甚愿依宗旨，求闲未有因。"[8]这座僧道深院中似没有水池只有树木，并设有祖师堂。故这可能是一座禅院。

---

❶ 文献[2].[宋]尤袤.全唐诗话.卷四.段成式.明津逮秘书本.

❷ 文献[2].[宋]李昉.太平广记.卷四〇九.草木四.合欢牡丹.民国景明嘉靖谈恺刻本.

❸ 文献[2].[清]曹寅.全唐诗.卷八百十四.无可.寄兴善寺崔律师.清文渊阁四库全书本.

❹ 文献[2].[清]曹寅.全唐诗.卷八百八十四.刘得仁.冬日题兴善寺崔律师院孤松.清文渊阁四库全书本.

❺ 文献[2].[宋]尤袤.全唐诗话.卷四.刘得仁.明津逮秘书本.

❻ 文献[2].[清]曹寅.全唐诗.卷三百三十三.杨巨源.春雪题兴善寺广宣上人竹院.清文渊阁四库全书本.

❼ 文献[2].[唐]韩愈.韩昌黎诗集编年笺注.卷八.清乾隆卢见曾雅雨堂刻本.

❽ 文献[2].[清]曹寅.全唐诗.卷六百三十八.张乔.题兴善寺僧道深院.清文渊阁四库全书本.

僧道深是元和时（806—820年）人。[1]故僧道深与素和尚、广宣上人都是同时代人，且因其院有引种自国外的树木，其院中并未提及有竹、桐之事，故三人在大兴善寺中所驻留之处似不应是同一座院落。我们不妨将其设想在与素和尚院相对应的寺之西廊从南第一院中。

（5）寂上人院

唐人郑谷有《题兴善寺寂上人院》："客来风雨后，院静似荒凉。罢讲蛩离砌，思山叶满廊。腊高兴故疾，炉暖发余香。自说匡庐侧，杉阴半石床。"[2]从这首诗中，我们无法厘清寂上人曾经在哪座庭院中驻锡。以"院静似荒凉"可知其离主要街道朱雀大街应该较远，故在寺之东廊的可能性较大。从"思山叶满廊"知其院周围有廊，这也为其他院落周回以廊提供了支持。此外唐人还有《寂上人院联句》诗，如皮日休有："瘿床空默坐，清景不知斜。暗数菩提子，闲看薜荔花。"及"石形蹲玉虎，池影闪金蛇。经笥安岩匼，瓶囊挂树桠。"陆龟蒙有："有情惟墨客，无语是禅家。背日聊依桂，尝泉欲试茶。"[3]

文中透露出，这是一座禅院，院中有桂树、花草、泉池等。且从皮日休与陆龟蒙而推知，寂上人似是咸通时人（860—874年）与崔律师生活的时代接近。然其院中树木滋茂、泉池丰沛且有桂树、花草，而非崔律师院中的东池与孤松，故可知两人所居非一座院。由其树、其泉、其池与繁茂的花草推测，这座院落可能与树木比较繁茂的素和尚院相毗邻，亦未可知。故暂将其推想为是在与素和尚院相邻的东廊从南第二院中。

（6）英律师院

唐人马戴有《题僧禅院》（一作题兴善寺英律师院）："虚室焚香久，禅心悟几生。滤泉侵月起，扫径避虫行。树隔前朝在，苔滋废渚平。我来风雨夜，像设一灯明。"从明末清初人贺贻孙撰《诗筏》所云："中唐如韦应物、柳子厚诸人，有绝类盛唐者；晚唐如马戴诸人，亦有不愧盛唐者。"[4]可知诗人马戴是晚唐时人，与广宣上人与寂上人大约同时。故其在大兴善寺中应另有院。从诗中观察，英律师虽是一名律僧也是一位禅僧，故暂假设性地将其布置在设置有祖师堂的僧道深院附近，即寺院之西廊从南第二院中。

然而，无论是僧道深、寂上人还是广宣上人，都不像素和尚那样，在大兴善寺中一住就是30年。广宣上人还曾在长安安国寺红楼院驻锡，僧道深亦曾驻锡长安青龙寺。寂上人曾驻锡瑶台寺30年。当然这些都不是我们讨论的重点。

6. 大教注顶院、隋松院与食堂

前面提到的文献中所见11座院落：素和尚院、行香院、三藏院、大教注顶院、广宣上人竹院、崔律师院、英律师院、僧道深院、寂上人院、隋松院及翻经院，其中，推测三藏院与翻经院因同与不空三藏有关而为一座院落。其余10座院落中，大致推测了其可能所在的位置，此外尚有两座院落，即大教注顶院与隋松院还没有找到其在寺院中的位置。

清人所撰《六艺之一录》中提到的《兴善寺普照大师碑》中谈到，大兴善寺中曾有普照大师驻锡的大教注顶院。关于这件事情，唐人所撰《剧谈录》中有记载："咸通、乾符中，兴善寺复有阿阇黎，以教法传授，都下翕然宗之。所居院金碧华焕，器用具是宝玉。语人云：'焚香结坐，每告西方。'及迁化，谥为普照大

[1] 见文献[2].［清］董诰. 全唐文. 卷六百七十八. 白居易. 唐抚州景云寺故律大德上宏和尚石塔碑铭. 清文渊阁四库全书本."元和十一年春，庐山东林寺僧道深……，来诣浔阳府，请司马白居易作先师碑，会有故不果。"

[2] 文献[2].［清］曹寅. 全唐诗. 卷六百七十四. 郑谷. 题兴善寺寂上人院. 清文渊阁四库全书本.

[3] 文献[2].［清］曹寅. 全唐诗. 卷七百九十三. 寂上人院联句. 清文渊阁四库全书本.

[4] 转引自：陈增杰. 唐人律诗笺注集评. 杭州：浙江古籍出版社，2003：879.

师，信者咸为出涕。”❶ 显然，这位普照大师所在的院落，建筑十分奢华。但从这些记录中我们无法弄清其院在寺中的位置所在。

因其生活于咸通、乾符间（860—879 年），时代与前面提到的晚唐诸僧十分接近。故其院似与上面所说的诸禅院、律师院并非是相同的院落。然而以其善西域咒法，且其院名“大教注顶”似乎与不空三藏所弘传的唐代佛教密宗比较相近。而不空三藏生活的时代在玄、肃、代三朝（779 年之前）远比普照大师要早。故而或可以推测这位普照大师可能生活在不空三藏曾驻锡过的有文殊阁的三藏院中。而这座院落在晚唐时，因密宗大师普照驻锡其中，可能曾被称之为大教注顶院。院中有三藏塔和不空三藏池。

此外，大兴善寺还有“隋松院”，显然是以其院中有隋代古松而命名的。从唐人刘得仁撰《冬日题兴善寺崔律师院孤松》诗，诗中有：“孤标宜雪后，每见忆山中。静影生幽藓，寒声入迥空。何年植兹地，晓夕动清风。”❷ 句，可知崔律师院亦有松树，且是孤然而立的古松，故似可推测，崔律师院与隋松院很可能是同一座院落。

如上空间分布中尚有一座建筑物的位置不甚明了，即其寺院之食堂的所在。以其寺院之大似不应只有一座食堂。但不空三藏曾经“奏天下食堂中置文殊菩萨为上座”❸，可知其驻锡的大兴善寺内亦应有食堂，且置有文殊菩萨的造像。但是在各院中有自己的食堂，还是有一个集中设置的食堂，因没有任何史料加以透露本文只能将这一问题搁置起来。

❶ 文献[2].［唐］康骈．剧谈录．清文渊阁四库全书本．

❷ 文献[2].［清］曹寅．全唐诗．卷八百八十四．刘得仁．冬日题兴善寺崔律师院孤松．清文渊阁四库全书本．

❸ 文献[2].［宋］释赞宁．宋高僧传．卷一．译经篇第一之一．唐京兆大兴善寺不空传．大正新修大藏经本．

七、大兴善寺内庭院空间的可能分布一览

在经过了如上一系列文献的搜寻与空间的分析之后，我们或可以将前面大致推测出大兴善寺的空间格局，做一个扼要的梳理。

1. 中轴线

中轴线上的核心庭院是大兴善寺大殿所在的中庭。其尺度规模为长宽各 150 步。

院落偏后位置为面广 345 唐尺、进深 170 唐尺的大兴善寺大殿。

院落正前方为中门，中门之前为唐代寺院习见的外门，一般称为“三门”。

大殿之前，左右峙立着钟楼与转轮经藏阁。据《唐两京城坊考》引《酉阳杂俎》：“《酉阳杂俎》曰：寺之制度，钟楼在东，惟此寺缘李林甫宅在东，故建钟楼于西。”❹ 故这里设定钟楼在东，转轮经藏阁在西。大殿前的双阁之南再峙立双塔。其院西南隅为隋代所建之舍利塔，其院东南隅为不空三藏曾经修葺过的佛塔（或供奉有旃檀像的发塔）。双塔为诗人“势随双刹直，寒出四墙遥”的诗句提供了景观背景。

参考傅熹年先生的研究成果（图 5-27，图 5-28），大兴善寺大殿位于整座寺院建筑群的几何中心位置上因而也是在靖善坊的几何中心位置上。其左右两侧各有门殿与东西两廊的两个居中的别院相接。两个居中别院各有东西向门殿，可以与其外靖善坊的东西两门相接。

参照敦煌壁画中寺院两廊在转角处的处理方式，中心庭院四周用回廊环绕，回廊至角，结以方亭，形成中庭的转角建筑物。寺院其余主要转角部位，亦设角亭，以彰显出其寺院的等级之高，规制之严。

大兴善寺大殿之后，在中庭北廊之上有一道过厅式门殿。门殿之后，则为寺之后院。院中前部为传法堂。

❹ 文献 [2].［清］徐松．唐两京城坊考．卷三．西京．平康坊．清连筠簃丛书本．

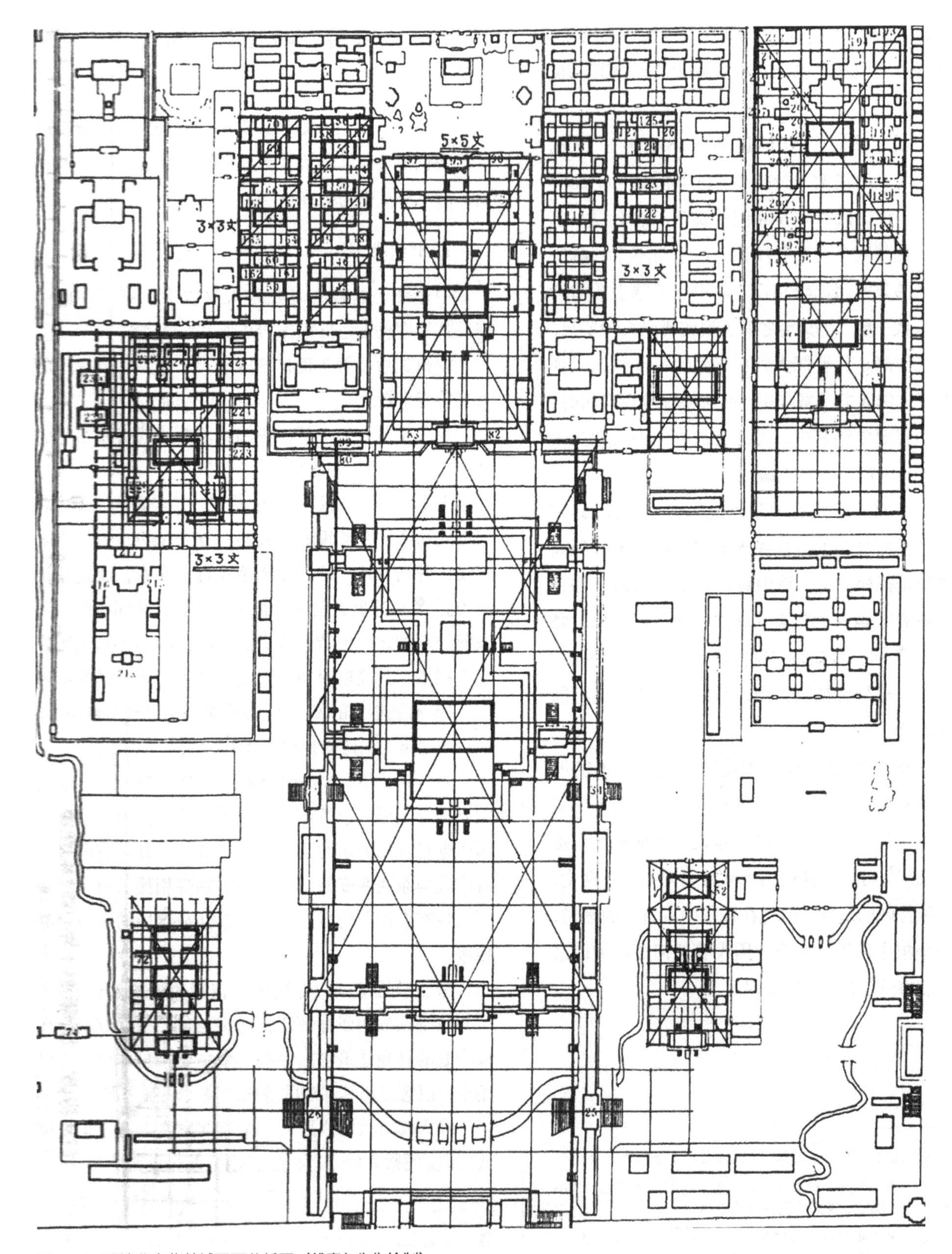

图 5-27　明清北京紫禁城平面分析图（傅熹年先生绘制）

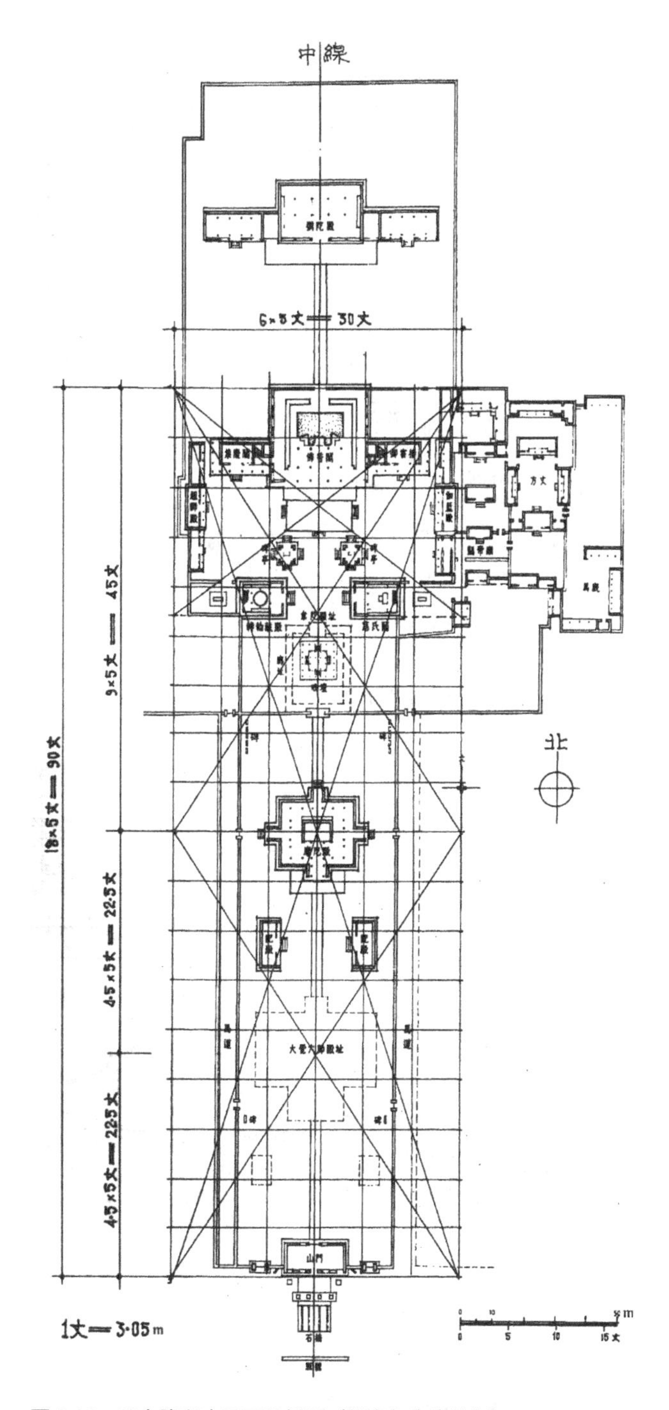

图 5-28　正定隆兴寺平面分析图（傅熹年先生绘制）

其院中心位置，布置有供奉文殊、普贤、观音三大菩萨的大士阁。大士阁之后，即为寺院的后堂。后堂之后及附近，是后池的所在。推测整座寺院之后廊的中央为寺院的后门——北天门（？）。门外为顺坊北街，街之北另有靖善坊之北门。

2. 东廊之东诸院

东廊之东分为 5 个院落，从南第一院为素和尚院，这座院落中有素和尚亲手栽植的 4 株紫桐树另还有牡丹花。

东廊从南第二院可能是寂上人院。院内有桂树，有泉池。

东廊从南第三院，院中有小殿。

东廊从北第二院，可能是三藏院，这里可能曾经是不空三藏驻锡的翻经院，院中有“三藏院阁”，应当即是不空三藏所建造的文殊阁。另有三藏塔、不空三藏池。这座院落后来曾因密宗大师普照的驻锡，而被名为“大教注顶院”，院内殿堂的装饰十分豪奢。

东廊从北第一院，猜测为崔律师院，这座院落中有东池，疑与中轴线北部的北池在水系上是相通的。

3. 西廊之西诸院

西廊之西亦分为 5 个院落。西廊从南第一院疑为僧道深院，院内有祖师堂。院内还栽有从其他国家引入的树木。

西廊之西从南第二院疑为英律师院。院内应有修禅打坐的禅室。

西廊之西从南第三院疑为行香院。因为这里距离朱雀大街最近且与靖善西坊门相邻，也是香客最容易到达的院落，故有可能是为来寺行香的香客们提供行香的空间。

西廊之西从北第二院可能是天王阁院。唐代天王阁中多供奉北方毗沙门天王，毗沙门天王造像在唐宋时代的城市、军营、寺院中都有供奉，且一般是布置在位于其空间组群之西北方向位置上。故推测这里可能是天王阁院。

天王阁院与三藏院对称布置，从而使天王阁与文殊阁形成对称布置的格局恰与位于中轴线后部的大士阁构成了拱卫在大殿之后的三座楼阁对称布置格局。

西廊之西从北第一院疑为广宣上人院。院中有水池与竹木是一处园池滋茂的院落。故可能距离水系较为丰沛的寺院北部区域比较接近。

如上当是本文所推测的这座隋唐时期著名的国家寺院——长安大兴善寺的大致建筑格局于庭院空间尺度（图 5-29，图 5-30）。

4. 尚难厘清的问题

基于极其有限史料进行初步分析基础上推演出来的院落空间，其大致的建筑分布应当只是对这座历史上十分重要寺院之可能历史原状的初步推测。尽管这一推测可能距真实原貌有一定的差距，但就目前所知的资料，这可能已是最接近史料描述的一种庭院空间与建筑分布模式。

当然，即使是这样的一种推测，仍有几个难以厘清的问题需要特别提出来：

一是，为什么不将寺院的四至围墙直接贴在坊墙上，而是要在寺院四周留出一圈顺坊街？这是因为唐两京里坊中，一般都有顺坊街的布置。这其实给予了每一个院落较为便捷的出入路径。如果将顺坊街完全取消，靠近坊内角落上的院落只能穿越其他院落出入寺院及坊门，似乎不太合乎史料中有关唐代里坊生活的一般性描述与空间逻辑。

二是，见于文献的几处建筑为什么没有在这些空间中表现出来？如唐文宗以后，诏天下寺院中立观音像，究竟是设置了专门的殿堂还是仍然沿用了大士阁中的观音像礼拜仪式？此外，关于食堂的位置以及有“四时屏风”的僧人生活殿堂，史料中都未给出其可能的方位与特征，因而本文亦无法回答这一问题。唯一的可能回答是，由于寺中院落很多每座院落中的建筑物也应该较多（如上只是概念性空间分布），故只能认为，这些建筑物可能就分布在这些院落之中。

三是，位于中轴线上的北院显得比较空阔。这或可能说明，在寺院北部有可能出现横向划分的院落。但从敦煌壁画及道宣所撰《祇洹寺图经》与《戒坛图经》中，所看到的院落空间都十分简洁明快，似没有

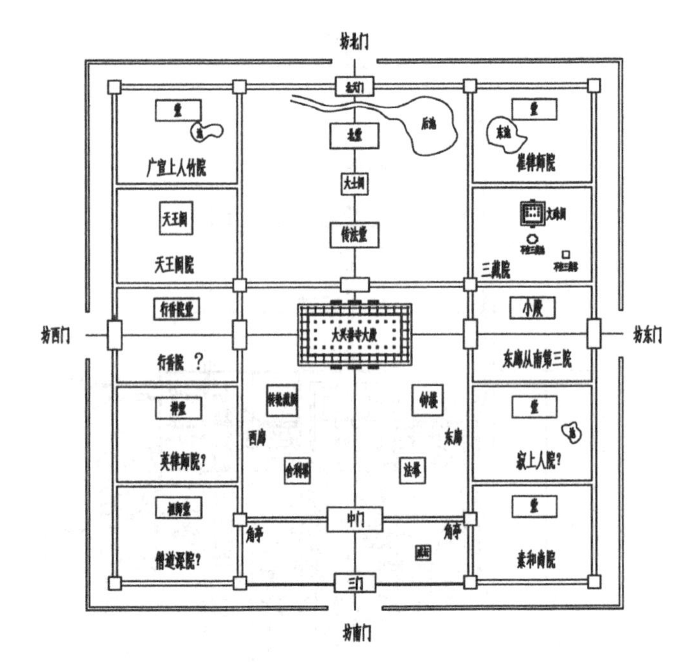

图 5-29　长安大兴善寺想象平面（作者自绘）

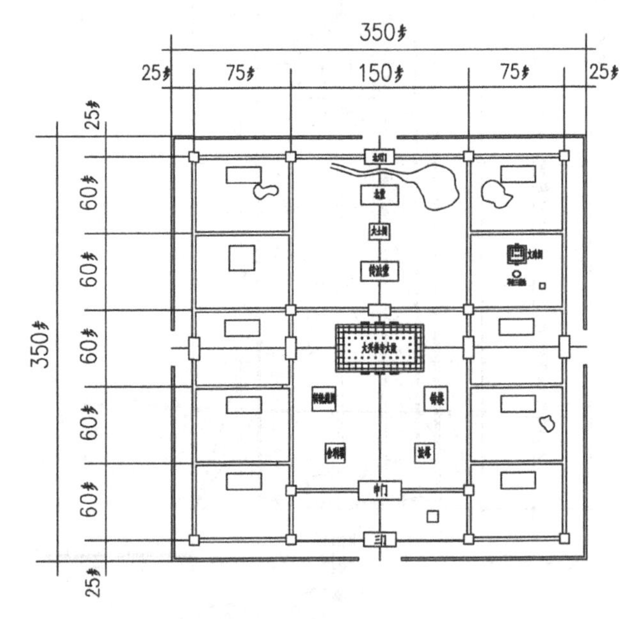

图 5-30　长安大兴善寺寺院主要庭院空间尺度推想示意图（作者自绘）

太多曲折，故这里暂不考虑北部有横向密集布置院落的可能。

四是，代宗永泰元年（765 年），曾“敕大兴善寺

建方等戒坛”[1]。但如上的推测中未能为这座“方等戒坛”找到一个恰当的空间定位。据初唐道宣撰《祇洹寺图经》与《戒坛图经》，在佛院主要殿堂之前的中心空间前部会对称设置两座戒坛，东为比丘戒坛，西为比丘尼戒坛。但这里只提到了一座戒坛，若布置在中心庭院中的前部，似与道宣所描述的理想寺院空间难以契合。

然而，在道宣的两部《图经》中，在中心佛院之外，设置有专门的“戒坛院”。故这样一个独立的“方等戒坛”是有可能设置在中心佛院之外的某个院落中的。此外，道宣将戒坛院布置在佛院的东侧，或可以猜测，这座戒坛也可能是布置在中心庭院之外偏东的某个院落中。这里将其布置在三门以内，中门以外，偏东南隅的位置上，权做聊胜于无的理解。

第二节
五代十国闽福州报恩定光寺及多宝塔

五代十国时期的福建地区是在地方割据政权王审知的统治之下。而王审知也十分关注佛教事务。这一时期建造的福州报恩定光寺是一座寺院空间与建筑布局十分特殊的寺院。从规模上看，这座寺院比唐代长安、洛阳的寺院规模要小很多，从布局上看，这座寺院似乎也不像自东晋至唐以来寺院那样中规中矩。

《十国春秋》中提到了这座寺院中的一座多宝塔：“天祐元年太祖建报恩定光多宝塔以资司空暨太夫人冥福。”“是岁建报恩定光多宝塔于福州焉。”[2]而这里的天祐元年为公元904年，应该还属于唐末时期。故其寺有碑曰《大唐福州报恩定光多宝塔碑记》。但其时的闽地，已经为割据一方的王审知所统治，故称其为“太祖”，且塔亦为“太夫人”所建。因而这座寺院及多宝塔似仍应归在五代十国时期所建寺院及佛塔的范畴之列。

一、福州报恩定光寺

晚唐五代时的闽人黄滔在《大唐福州报恩定光多宝塔碑记》中，粗略载了这座福州报恩定光寺的大致空间格局：

“其东则翼以经藏焉。其藏也，外构以扃，八角两层。刻栴檀，镂金铜，饰朱漆之炳焕。仍卫以华堂七间，名之转经焉……又感应天王殿一间两厦……其西则翼之别殿曰塔殿。其塔也，我公萌誓愿之先，因心以制十有三层之妙形。匪伟而诚，有为(去声)殿斯奇而塔斯处。其北则报恩变相堂九间……又僧堂五间，上五门。下之，与茶堂五间，直联曲交，冬温夏凉。又华锺之楼……长明灯之台……其东南之臂，复建地藏殿一间两厦，功德堂五间，僧堂五间。张如别构，而制匪异。其殿也，坐以菩萨之丽，若欲飞动。其堂也，骈错仪像，或金范，或辐缋，千形百质……公厅四门一厦，或备旌钺之觏止……又库厨五间，浴室三间，接以井，井重以楼焉。环周辐辏之行廊，凡三十有三间。”[3]

显然，在这座寺院的中心部位布置有一座高为七层的多宝塔。塔之东侧有一座七开间的转经堂，堂内有八角两层的转轮经藏。塔前有一座天王殿，殿的形式为“一间两厦”。塔西侧有一座塔殿，似为在殿中复设一塔，其塔有十三层，可能是一座雕凿玲珑却并不高大(“匪伟而诚”)的小塔。因是与转经殿对称布置，

---

[1] 文献[2].[宋]释志磐.佛祖统纪.卷第四十一.法运通塞志第十七之八.代宗.大正新修大藏经本.

[2] 文献[1].史部.载记类.[清]吴任臣.十国春秋.卷九十.太祖世家.

[3] 文献[2].[清]董诰.全唐文.卷八百二十五.黄滔(四).大唐福州报恩定光多宝塔碑记.清嘉庆内府刻本.

其殿亦可能为七开间。在寺院中心多宝塔的两侧分别布置有一座内有转轮藏的转经殿，与一座内有十三层塔的塔殿形成了一种十分特别的寺院格局。

中心多宝塔的北侧应该是寺院的正殿，称为“报恩变相堂”。其殿为九开间。正殿两侧似乎呈两厢式配置，分别有“僧堂”与“茶堂”，各为五间。其殿之前复对峙设立有“钟楼”与“灯台”。寺院的东南隅还有地藏殿一座，地藏殿之前，又一次呈现两厢式格局，东西配置有“功德堂”“僧堂”各五间。此外，还有一座四面开门的“公厅”，这可能是一座专门用来接待政府官员的建筑物。

除此之外，寺院中还有一些服务性的建筑物，如库厨五间，浴室三间，以及为寺院提供水源的井楼之设。

透过这一描述，可以使我们注意到几个方面的问题：

其一，这座寺院并非严格沿着一条中轴线对称布置。虽然环绕中心多宝塔，有殿有堂，但可能是因应山地地形，寺内建筑采取了“直联曲交”的方式。

其二，寺院中开始专设了地藏殿，说明地藏信仰在晚唐时期已经相当流行。该寺是王审知为其母而建，意在报恩，设地藏殿有表示孝道的意思。这应该是史料中所知最早建立的地藏殿。

其三，其寺主殿为“报恩变相堂”主题仍然是报恩，且用了“变相堂”是否是与地藏菩萨有关的“地狱变相”故事有关，未可知。但这座寺院的主殿供奉的不一定是阎浮提世界的总教主释迦牟尼佛似乎是可以推知的。这也说明，晚唐五代时的寺院仍有许多灵活的处置。但以其殿（堂）为九间，殿前设塔的做法看，这时的寺院仍保留有早期寺院之“殿前塔”式格局的遗痕。

其四，晚期寺院之对称布置钟鼓楼的做法，这时还没有完全形成，故其寺的主殿之前设有钟楼，与之相对应者却仅为灯台。

其五，寺院中的转经殿与塔殿对称布置。转经殿内设置八角两层的转轮藏，塔殿内则设置有一座十三层檐匪伟而诚的玲珑小塔。这样一种设置在历史上也比较少见。

其六，寺院中出现了“僧堂”“功德堂”“公厅”等建筑。僧堂是宋代寺院较为多见的一种建筑类型，而这座寺院的僧堂应当是佛教建筑史上较早的例子。其功德堂中，则“骈错仪像，或金范，或辐缋，千形百质。”很可能与后世功德堂有相通之处，是为香客提供供奉祖先灵位的空间，其中布置有许多香客供奉的祖先仪像。公厅则可能是寺院对外的接待空间。

其七，寺院中明确设置了库厨、浴室等服务性建筑。这与后来受到宋代闽浙寺院影响的日本寺院中的伽蓝七堂之设中，有浴室、净室、厨库的做法相吻合。这座报恩定光寺应该是这种伽蓝七堂制度的一种早期形式。

此外，位于寺东侧的经藏阁似乎独立成为一个院落，其中心为八角二层的经藏阁，阁之北是一个七开间的华堂。而在这座经藏阁的南部即相当于经藏阁院前门位置上，设置了一座天王殿：“又感应天王殿一间两厦。其天王也，变毗沙之身于感通之年，现神质为龟城之助。绛腰衣褐，屣足乘云。双吐目光，两飞霞彩。乃千百亿化身之一，为寿山草木之应。今塑于此，厥感宁亡。”[1]这种一间两厦的做法，其实也是一个门殿的处理模式，因而其设置可能是为了护佑寺院中的经藏的。这也许是将天王殿布置在一组寺院建筑群中轴线上之门户位置的最早实例之一。然而从历史背景来看，这座小小的天王殿中，供奉的可能仍是北方毗沙门天王而非后世意义上的四大天王。

[1] 文献[2].［清］董诰．全唐文．卷八百二十五．黄滔（四）．大唐福州报恩定光多宝塔碑记．清嘉庆内府刻本．

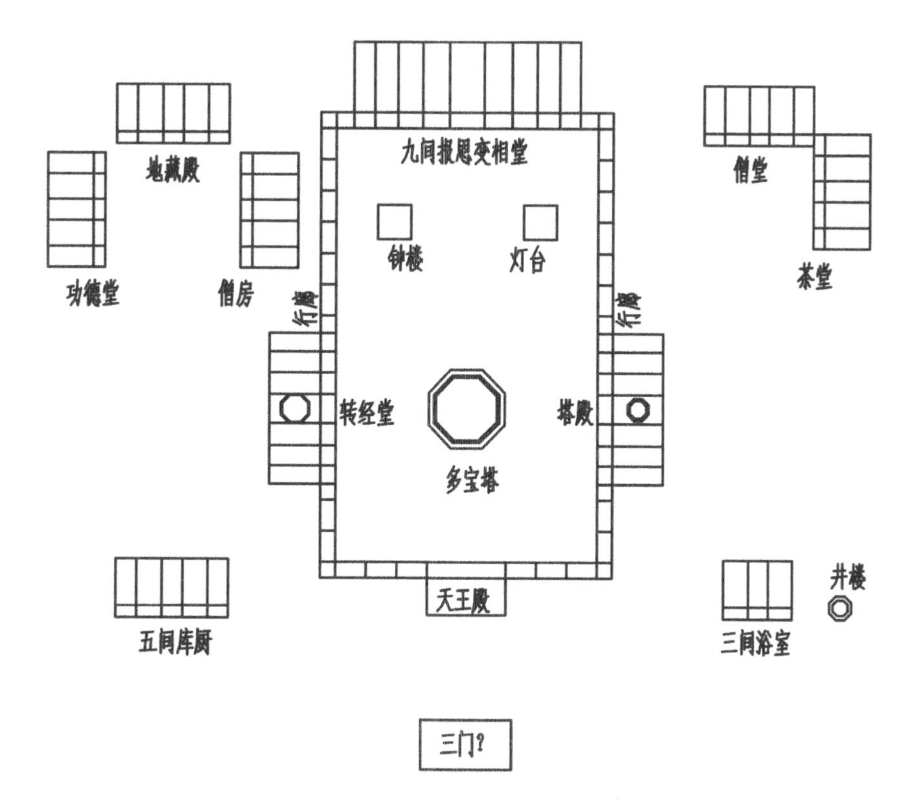

图 5-31　五代闽王所建福州报恩定光寺平面格局示意（作者自绘）

环绕上面所说的主要建筑，寺内还布置有一个周回的连廊，将寺院中轴线部分与周围附属建筑群连接成一个紧凑的建筑组群：“环周辐辏之行廊，凡三十有三间，惣费财六万余贯，如山之迭，如洞之浚。”❶这里的“惣”即为“总”，意为总共花费了 6 万余贯的费用。除此之外，在寺院南端，还应该有一座寺门——三门殿，或称三门楼。如此，可以大致勾勒出这座晚唐寺院的基本平面格局（图 5–31）。

二、福州报恩定光寺多宝塔

再来看一下位于这座寺院中心部位的报恩定光多宝塔。这座塔“七层八面……方七十有七尺，高二百尺，相轮之四十尺，参之也，悬轮之铎一百九十，悬层之铎，五十有六，角瓦之神，五十有六，其内也则门门面面，缋以金像，不可胜纪。”❷从文献中可知，这座多宝塔的结构形式有可能是为砖心木檐式，但外观当与一般的木构楼阁式塔无异。其塔的平面为八角形，平面的面广与进深均为 77 尺。塔高为 7 层，约 200 唐尺，其上有刹，亦高 40 尺（图 5–32，图 5–33，图 5–34）。

塔刹之上悬有铃铎共有 190 个。以每层塔为 8 根屋顶戗脊算，7 层塔共有 56 根戗脊，故而有 56 个角翘，每角各有一个套兽，称为角瓦之神。每个转角套兽下，悬有铃铎一个，共 56 个。显然，这座七层塔的每一

❶ 文献[2].［唐］黄滔．黄御史集．唐黄先生文集．卷之五．碑记铭．大唐福州报恩定光多宝塔碑记．四部丛刊景明本．

❷ 文献[1]．集部．别集类．汉至五代．［唐］黄滔．黄御史集．卷 5．碑记铭．大唐福州报恩定光多宝塔碑记．

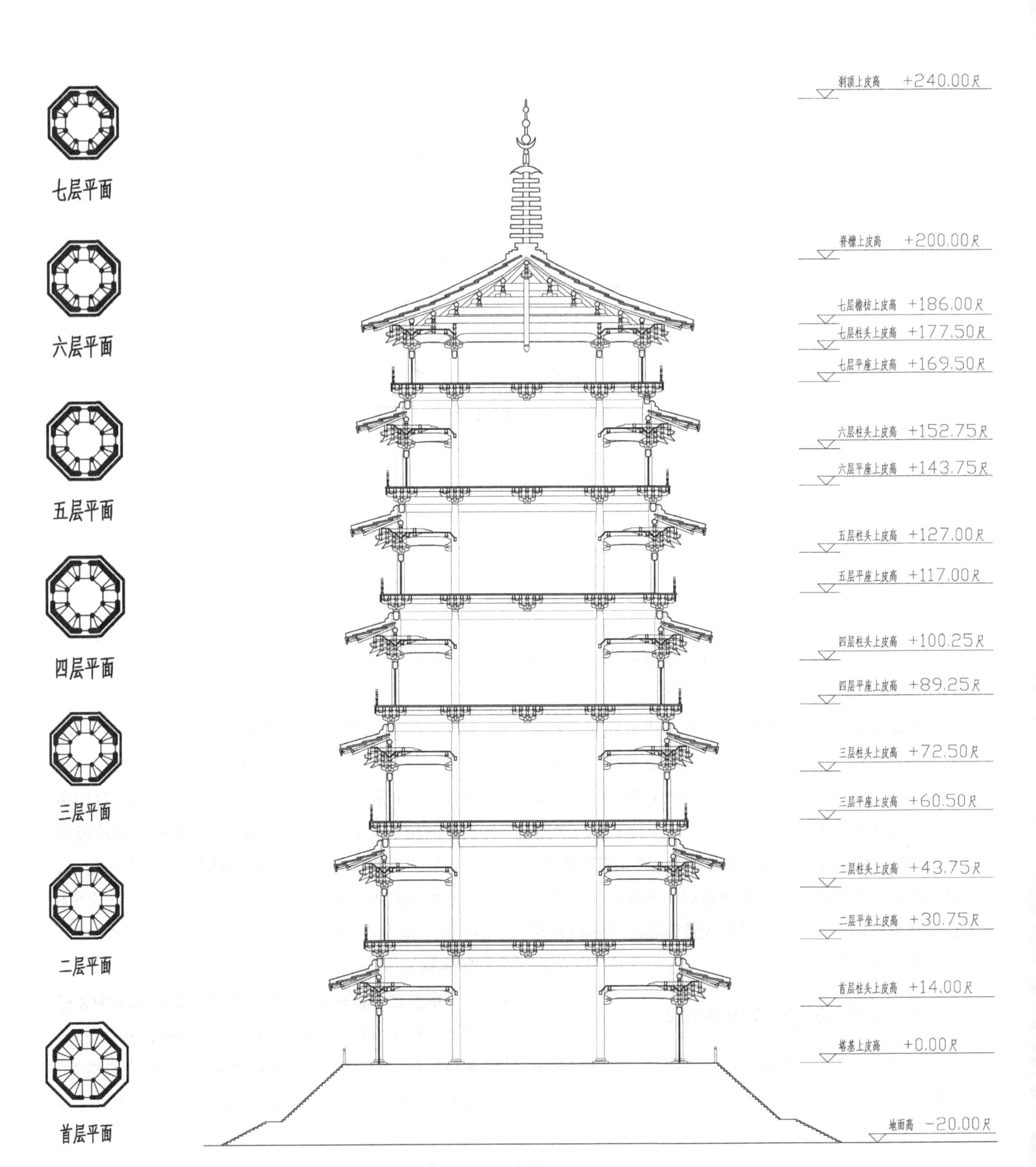

图 5-32 五代福州报恩定光多宝塔各层平面示意(作者自绘)

图 5-33 王五代福州报恩定光多宝塔剖面（作者自绘）

图 5-34　五代福州定光多宝塔立面（吴嘉宝绘）

层都是单檐，首层或顶层没有设置重檐。

根据碑记的记载，大致可知这是一座平面为八角形，八角形的斜径约为77尺（以一唐尺为0.294米计，合今尺约22.638米），高七层，约200尺（合今尺约58.8米），其上相轮复高40尺（合今尺约11.76米），故其塔总高约240尺，合今尺高度为70.56米。塔下似另有塔基："塔之科也，恐山之偏，忧地之入，将堑平壤，五十尺之深，百有余尺之阔，杵土积石而上。（上声）逮二十尺，瞀然虹见，莹然穴贮。"[1]也就是说，塔基约高20尺合今尺约为5.88米，可知塔的总高度应为260尺合今尺约为76.44米。以其底径为22米来看，这似乎是一座比例修长而峻峭的佛塔，由此我们可以推想塔的大致形象。

第三节
北宋东京大相国寺寺院配置初探

一、寺之初创与沿革大略

河南开封大相国寺是一座古寺，宋人的资料中提到了大相国寺的前身："旧传东京相国寺乃魏公子无忌之宅，至今地属信陵坊，寺前旧有公子亭，丁谓开保康门，对寺架桥，始移亭子近东寺，基旧极大，包数坊之地，今南北讲堂巷即寺之讲院，戒身巷即寺之戒坛也。"[2]据《史记》："魏公子无忌者，魏昭王子少子而魏安釐王异母弟也。"[3]魏公子是战国时的贤人，颇受汉高祖的敬重。其时，开封称大梁，"高祖始微少时，数闻公子贤。及即天子位，每过大梁，常祠公子。"[4]汉高祖过大梁时所祠处，应为魏公子之旧宅。所以大相国寺的前身，战国时为魏公子宅，西汉时，似为魏公子祠。这为其后成为具有礼拜奉祀意义的佛教寺庙或也奠定了基础。

寺始建于北齐年间的说法，出自宋人所撰《宋高僧传》："景云元年，云于寺东廊南隅造别殿安圣容。始云治材，方议版筑，檀越众议纷纭，未成建树。至二年辛亥，于福慧寺经坊北贸新安典午郑景宅。方事兴工，掘得古碑，则北齐天保六年乙亥岁置建国寺，乃高欢嗣子文宣帝也。"[5]由此可知，北齐天保六年（555年）可能是相国寺前身建国寺的首创之年。

唐睿宗景云元年（710年）人们在寺中东廊造别殿安置睿宗圣容时，发现了寺院在北齐初创时的碑刻，故睿宗将北齐所建开封建国寺的寺额更名为相国寺。更名的原因是，睿宗曾被封为"相王"，由相王之位而龙飞为帝，故称相国寺。可知自唐睿宗景云元年（710年），寺名正式更为相国寺。

另有一说，唐睿宗延和元年（712年），汴州采访使王志暗，因奉诏毁拆无额祠庙，从而拟将建国寺毁拆并将其寺弥勒像移至安业寺，但虽动用万人，像仍难以移动，佛像上亦现瑞光，经奏准皇帝后才将这座建国寺改名为大相国寺，并将其西的安业寺并入了新赐额的大相国寺中。

据宋人的文献记载，宋代时的大相国寺基址规模十分宏大，据说曾占有数坊之地。最初由惠云重建的建国寺已变成了大相国寺中的"药师院"。因建国寺在唐汴州安业寺的东偏，故可知，这座相国寺药师院亦应在大相国寺内的东偏位置。由惠云铸造的、曾显现瑞像的弥勒像则被布置在了寺内大殿之中。在公元

---

[1] 文献[2].［清］董诰．全唐文．卷八百二十五．黄滔（四）．大唐福州报恩定光多宝塔碑记．清嘉庆内府刻本．

[2] 文献[2].［宋］魏泰．东轩笔录．卷十三．明刻本．

[3] 文献[2].［汉］司马迁．史记．卷七十七．魏公子列传第十七．清乾隆武英殿刻本．

[4] 文献[2].［汉］司马迁．史记．卷七十七．魏公子列传第十七．清乾隆武英殿刻本．

[5] 文献[2].［宋］释赞宁．宋高僧传．兴福篇第九之一．唐今东京相国寺慧云传．大正新修大藏经本．

8世纪初，唐睿宗曾给汴州建国寺赐额，称之为“大相国寺”，此实乃寺称大相国之始，这一点似乎没有太大疑问。

宋代时大相国寺虽称大寺，但相比于唐时的古寺规模已经缩小了许多，这一点见之于北宋时人魏泰的描述：“旧传东京相国寺乃魏公子无忌之宅，至今地属信陵坊，寺前旧有公子亭，丁谓开保康门，对寺架桥，始移亭子近东寺，基旧极大，包数坊之地，今南北讲堂巷即寺之讲院，戒身巷即寺之戒坛也。”[1] 由上面这条史料可知，宋以前的相国寺曾有东寺，基址规模极大，包有数坊之地。如北宋时代的南北讲堂院、戒身巷曾都是寺内的空间。此或可以为相国寺曾有64院之说做一个旁证。

关于宋以后相国寺的状况，清人钱泳《履园丛话·相国寺》条，有一个大概的记录：“在开封府城内，齐天保六年始建，名建国寺。唐睿宗时改为相国寺，明成化间更名崇法寺。崇祯十五年，贼李创以黄水灌城，遂湮没。本朝顺治十六年，巡抚贾公汉复捐俸重建，今仍曰相国寺。”[2] 可知，相国寺在明代时曾改为崇法寺，明末又遭水淹，清代的相国寺是在顺治十六年（1659年）时重建而成的，此后又经历了乾隆、光绪两朝的重修，才成为了如今所见的这个样子（图5-35，图5-36）。

图5-35　开封相国寺八角殿（王贵祥，贺从容．中国建筑史论汇刊·第玖辑[M]．北京：清华大学出版社，2014.）

图5-36　开封相国寺大雄宝殿（北京古今慧海文化信息交流中心）

二、寺内建筑的大略配置

1. 寺中轴线主要建筑配置

（1）晚唐时期寺中心部位建筑格局

据史料，玄宗登基之初（712年），太上皇睿宗为相国寺御书寺额送到了开封相国寺：“玄宗即位，至八月十五日，上皇御书寺额，奉诏令大德真谛并弟子二人、品官一人，赍敕赐幡花及寺额至，迎受悬挂……云去世后，天宝四载造大阁，号排云。肃宗至德年中造东塔，号普满者，至代宗大历十年毕工[3]。”天宝四年（745年），寺中建造了一座高大楼阁，称“排云阁”。肃宗至德年间（756—758年）又建造了东塔，称“普满塔”。

晚唐昭宗大顺二年（891年），相国寺发生一次火

---

[1] 文献[2].［宋］魏泰．东轩笔录．卷十三．明刻本．

[2] 文献[2].［清］钱泳．履园丛话．卷十八．古迹．相国寺．清道光十八年述德堂刻本．

[3] 文献[2].［宋］释赞宁．宋高僧传．兴福篇第九之一．唐今东京相国寺慧云传．大正新修大藏经本．

灾："当大顺二年，灾相国寺，重楼三门，七宝佛殿，排云宝阁、文殊殿里廊，计四百余间，都为煨烬。"❶可知相国寺在唐代时的规模已经十分大，寺中有三门、七宝佛殿、排云阁、文殊殿及其内廊等建筑。在另一条史料中可知其寺建筑大致次序："大顺二年七月，汴州相国寺佛阁灾。是日晚，微雨、震电，寺僧见块火在三门楼藤网中，良久，火发，复飞越前殿，延烧佛阁，二夕方止。"❷由此大致可以看出：

① 寺院前部为三门。

② 三门之内为前殿。结合前文所引，这座前殿与七宝佛殿似乎为同一座建筑。

③ 前殿之后为佛阁可能是排云阁。

④ 另有文殊殿及其廊舍，其位置应在寺之别院。

⑤ 寺东有普满塔，塔似乎位于东塔院中。

⑥ 寺之东偏的古建国寺成为寺内的药师院。说明寺东有别院。相对应之寺西也可能有别院，比如前面提到"文殊殿里廊"可能所在的院落？另外，对应于东塔院是否亦留出了西塔院的空间？

这应该是晚唐时代相国寺寺院中心部分建筑配置的大致格局（图 5-37）。

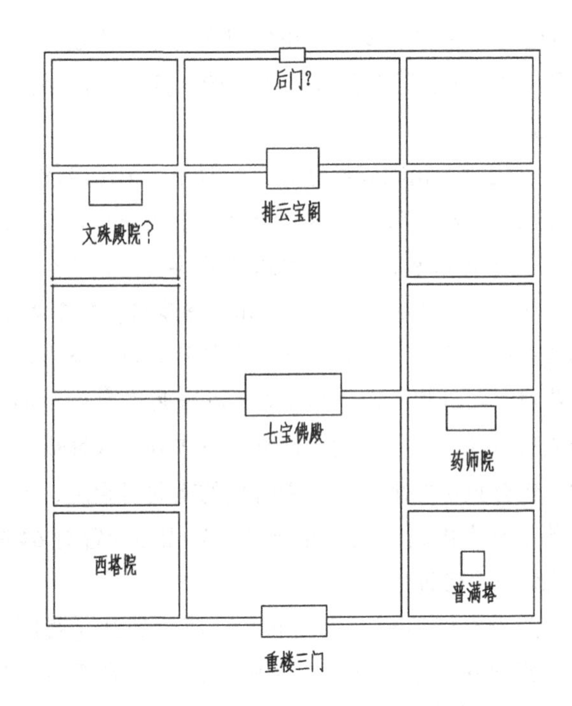

图 5-37　唐代天顺二年相国寺平面推测图（作者自绘）

（2）北宋时期寺中轴线基本格局

《东京梦华录》中关于大相国寺的描述，较多涉及了寺院中轴线上的建筑与空间：

"相国寺每月五次开放，万姓交易。大三门上皆是飞禽猫犬之类，珍禽奇兽，无所不有。第二三门皆动用什物……近佛殿，孟家道院王道人蜜煎……占定两廊，皆诸寺师姑卖绣作……绦线之类。殿后资圣门前，皆书籍玩好图画及诸路罢任官员土物香药之类。后廊皆日者货术传神之类。寺三门阁上并资圣门，各有金铜铸罗汉五百尊、佛牙等，凡有斋供，皆取旨方开。三门左右有两缾琉璃塔。寺内有智海、惠林、宝梵、河沙东西塔院，乃出角院舍，各有住持僧官……大殿两廊，皆国朝名公笔迹，左壁画炽盛光佛降九曜鬼百戏，右壁佛降鬼子母揭盂。殿庭供献乐部马队之类。大殿朵廊，皆壁隐楼殿人物，莫非精妙。"❸

这里提到了大三门（三门阁）、第二三门（中门）、佛殿、佛殿前两廊、殿后资圣门、后廊、三门内两缾左右对峙的琉璃塔、东西塔院及住有僧官的角院舍。此外，大殿左右有朵廊、殿前东西有两廊及"殿庭"，或称中庭。中庭规模很大，可以"供献乐部马队"。清华大学建筑学院博士研究生李德华对北宋大相国寺大三门做了一个复原研究，可以帮助我们略窥其可能的原貌（图 5-38，图 5-39）。

①资圣门？资圣阁？

---

❶ 文献 [2].［宋］释赞宁．宋高僧传．后唐东京相国寺贞峻传．大正新修大藏经本．

❷ 文献 [2].［宋］王溥．唐会要．卷四十四．火．清武英殿聚珍版丛书本．

❸ 文献 [2].［宋］孟元老．东京梦华录．卷三．相国寺内万姓交易．清文渊阁四库全书本．

图 5-38　三世佛造像之一（杨大禹 . 云南佛教寺院建筑研究 [M]. 南京：东南大学出版社，2008：223.）

图 5-39　三世佛造像之二（吴立旺 . 神奇佛国九华山 [M]. 合肥：黄山书社，2007.）

先来看资圣门，其他文献中提到了资圣阁："楼阁最高而见存者：相国寺资圣阁、朝元宫阁、登云楼。资圣阁雄丽，五檐滴水，庐山五百铜罗汉在焉。国初曹翰所取者也。"[1] 这里说宋代大相国寺中的资圣阁十分高大有五重屋檐。

关于资圣阁，宋人晁载之所做《续谈助》中有较为详细的记载：

"奉先资圣禅院，乾德二年置，有宣祖昭宪皇后庆基殿。大相国寺，唐延和元年立今额（本北齐大建国寺，后废。唐为歙州司马郑审之宅，因疾施为招提坊，复置寺。睿宗以旧封相王改曰相国，事具《汴京记》。一云郑景之宅）。至道中增修(《修寺记》,宋白撰）。太宗御题额(《手额记》,吕夷简撰）。正殿北资圣阁(按：寺旧有重阁高三百尺，故扬州西灵塔。唐大顺初灾后，唐长兴二年复修构。咸平中改曰资圣。又重楼三门至道元年造）。"[2]

庆基殿似为皇后之御容殿，据《宋史》："神御殿，古原庙也，以奉安先朝之御容。宣祖、昭宪皇后于资福寺庆基殿。"[3] 而且帝王的神御殿往往有多座。皇后的神御殿也不会仅有一座。《宋史》中说到了资福寺中有宣祖昭宪皇后的庆基殿，而所引上文中提到，宋乾德二年曾置奉先资圣禅院，院中亦设置有昭宪皇后庆基殿。

从上下文中似可推知，大相国寺中的资圣阁似与宣祖昭宪皇后有所关联。这位皇后是北宋开国时两位皇帝宋太祖与宋太宗的母亲，地位之高无可置疑。故其殁后，太祖乾德二年（964 年）为其设置了奉先资圣禅院，并建有庆基殿，以奉安昭宪皇后御容。至北宋真宗咸平中（998—1003 年）又将大相国寺中正殿之北的后唐长兴二年（931 年）所建高阁，更名为资圣阁。故资圣之名应与奉安昭宪皇后御容的奉先资圣禅院有所关联。

由此还可以了解到一条信息：资圣阁是在晚唐大顺二年（891 年）遭火灾而被焚毁的排云宝阁的旧基上重建而成的。宋人撰《癸辛杂识》中，还提到了另外一处与大相国寺相关的史料："闻汴有大殿九间者五，相国、太乙、景德、五岳，尽雕镂，穷极华侈，塑像皆大金时所作，绝妙……如资圣阁、登云楼覆压

---

❶ 文献 [2]. [宋] 周密 . 癸辛杂识 . 别集上 . 汴梁杂事 . 清文渊阁四库全书本 .

❷ 文献 [2]. [宋] 晁载之 . 续谈助 . 卷之二 . 清十万卷楼丛书本 .

❸ 文献 [2]. [元] 脱脱 . 宋史 . 卷一百九 . 志第六十二 . 礼十二(吉礼十二). 神御殿 . 清乾隆武英殿刻本 .

岁久，今其地低陷甚多。”❶这里给出了两条信息：一是宋代相国寺大殿为九间大殿；二是宋代资圣阁已是古阁，因覆压岁久，其地已变得低陷。

据《图画见闻志》：“相国寺资圣阁院有所画屏风。”❷说明资圣阁是位于一座院落之中的。另据《汴京遗迹志》：“资圣阁，既相国寺之后阁，都人夏日于此纳凉。八景中，资圣、薰风是也。”❸关于资圣阁是北宋都人夏日纳凉处，还见于另外一条史料：“蔡（鲁公）后以太师、鲁国公致仕，居京师。一日，在相国寺资圣阁下纳凉……”❹

资圣阁前是一个热闹场所，据《东京梦华录》：“资圣阁前安顿佛牙，设以水灯，皆系宰执、戚里、贵近占设看位。最要闹：九子母殿及东西塔院，惠林、智海、宝梵，竞陈灯烛，光彩争华，直至达旦。”❺这里又透露出相国寺中的另外一座建筑：九子母殿。

另有史料也提到了资圣阁：“先君有博古之名，丙戌秋，游相蓝于资圣阁后画肆，获吴生胡部才一幅尔，水墨成之，细如丝，硬如铁者……”❻这里暗示了，资圣阁位于寺院后部，其后几乎已经与街道市肆紧密相邻。

问题是资圣阁与资圣门的区别是什么？《东京梦华录》中说：“寺三门阁上并资圣门，各有金铜铸罗汉五百尊、佛牙等……”说明了资圣门也是一座楼阁，阁上布置有铜铸五百罗汉造像。而《癸辛杂识》说：“资圣阁雄丽，五檐滴水，庐山五百铜罗汉在焉。国初曹翰所取者也。”❼显然这里说由五重屋檐的资圣阁，在楼上亦有五百罗汉造像。这两条史料，说明了资圣阁与资圣门其实是同一座建筑。李德华也对这座资圣门进行了复原，可以作为我们了解这座建筑的一个参考（图5–40，图5–41）。

此外，从前面所引《续谈助》中有说：“正殿北资圣阁❽”之语可知，在正殿与资圣阁之间似乎并没有特别设置的门殿。可以推想，资圣阁是大相国寺中轴线上最后一座主要建筑，恰好与寺之北垣临近，人

图5-40　宋画中表现的主殿旁加挟屋做法（清华大学建筑学院资料室提供）

图5-41　善化寺大雄宝殿及其两侧朵殿（辛惠园 摄）

❶ 文献[2].[宋]周密.癸辛杂识.别集上.汴梁杂事.清文渊阁四库全书本.

❷ 文献[2].[宋]郭若虚.图画见闻志.卷四.纪艺下.明津逮秘书本.

❸ 文献[1].史部.地理类.古迹之属.[明]李濂.汴京遗迹志.卷八.

❹ 文献[2].[宋]钱世昭.钱氏私志.清文渊阁四库全书本.

❺ 文献[2].[宋]孟元老.东京梦华录.卷六.正月.十六日.清文渊阁四库全书本.

❻ 文献[1].子部.艺术类.书画之属.[明]张丑.清河书画舫.卷四上.

❼ 文献[2].[宋]周密.癸辛杂识.别集上.汴梁杂事.清文渊阁四库全书本.

❽ 文献[2].[宋]晁载之.续谈助.卷之二.清十万卷楼丛书本.

们出入寺院可能穿资圣阁而过，与同是一座楼阁的寺南大三门相对应，故被俗称为“资圣门”。这或也解释了，位于寺内深处的资圣阁何以成为汴京人夏日纳凉的地方。因为阁所处位置恰在寺之北门附近，紧邻寺后街道市肆，便于人们出入。而若游人登阁，阁之各层诸门窗格扇皆洞开之时高阁凉风正可以成为都人纳凉之所。

② 弥勒大殿及两侧挟屋

据日本僧人成寻（1011—1081 年）撰《参天台五台山记》，其中提到了一些与大相国寺寺院空间有所关联的描述：

“喫了，出院，向大相国寺。经八里，到寺大门，四重阁也。从胁门入，于大门内点茶。先礼弥勒大殿，丈六佛也。西弥陀，东千百亿释迦，庄严甚妙。次礼卢舍那大殿，左右渡殿各五间，立雕花岩大石，高七尺许。四面廊各二百间许。次登大殿高阁上，礼五百罗汉，金色等身像，中尊释迦等身像，烧香了。西楼上有文殊宝殿，师子、眷属皆具。东楼上有普贤像，白象、眷属皆具足。”[1]

这里提到大相国寺大门（大三门）为四重阁。门两侧有胁门。进入大三门后是供奉有僧惠云所铸弥勒瑞像的大殿，称之为弥勒大殿。西侧设置西方净土世界主尊阿弥陀佛造像。东侧为所谓“千百亿释迦”。佛经中所谓千百亿释迦主要与佛教密宗主佛毗卢遮那佛或卢舍那佛相联系。其表现形式较大可能应是“千佛”造像，故而不大可能与单一的弥勒佛造像、阿弥陀佛造像置于同一座殿堂之中。按这一理解，在中央主殿弥勒大殿的两侧另还有两座辅殿，西为弥陀殿、东为千佛殿。

前文所引已经提到相国寺大殿为九开间。如在其左右添加辅殿，那么可能有几种形式。其一是在主殿前加东西配殿；其二是在主殿左右加朵殿；其三是直接在主殿两侧贴建挟殿，宋代称之为“殿挟屋”。从相关文献中知道，弥勒大殿前已经有配殿，第一种可能已被排除。而对于一座面广为九开间的大殿来说，若两侧再加朵殿，势必更能增加这一组建筑之总面阔的长度。但如果是采用“殿挟屋”的形式，则会既增加主殿之气势也不至于使其总面广过宽。

由此推知，在中间九开间单檐大殿两侧可能对称配置两座挟殿，形成“殿挟屋”形式（图 5-42）。殿挟屋不同于主殿两旁的朵殿（图 5-43），两侧挟屋山墙可以与中央主殿山墙相接，其间不留缝隙，看起来就像是一座大殿一样，只是两侧挟屋进深稍浅、屋顶稍低。

如果将相国寺大殿想象成中央为一座九开间单檐大殿，两侧各贴建五开间东西挟殿。其主殿内配置僧惠云所创弥勒瑞像，西侧挟殿配置阿弥陀佛造像，东侧挟殿配置千佛造像，可以较容易理解日僧成寻“先礼弥勒大殿，丈六佛也。西弥陀，东千百亿释迦，庄严甚妙。”[2]这一礼佛过程的描述。

③ 寺院中庭尺度推测

大殿前庭院应该很大。这里所说“四面廊各二百间许”，如果是指一座院落每个面各有 200 间廊似乎是一个不太可能的尺度。以廊子每间开间为 8~10 尺记，其院每面至少有 160 丈或 200 丈长，折合约为 320~400 步，比唐代洛阳城内一个里坊的尺度（300 步见方）都要大了。这样空旷的单一院落放在一座城市内密集街坊中的可能性不大。

从行文看，这里其实提到了两个院落，一个是最先礼拜的相国寺正殿弥勒大殿之前的院落；另一个是

[1] ［日］成寻．参天台五台山记．石家庄：花山文艺出版社，2008.

[2] ［日］成寻．参天台五台山记．石家庄：花山文艺出版社，2008.

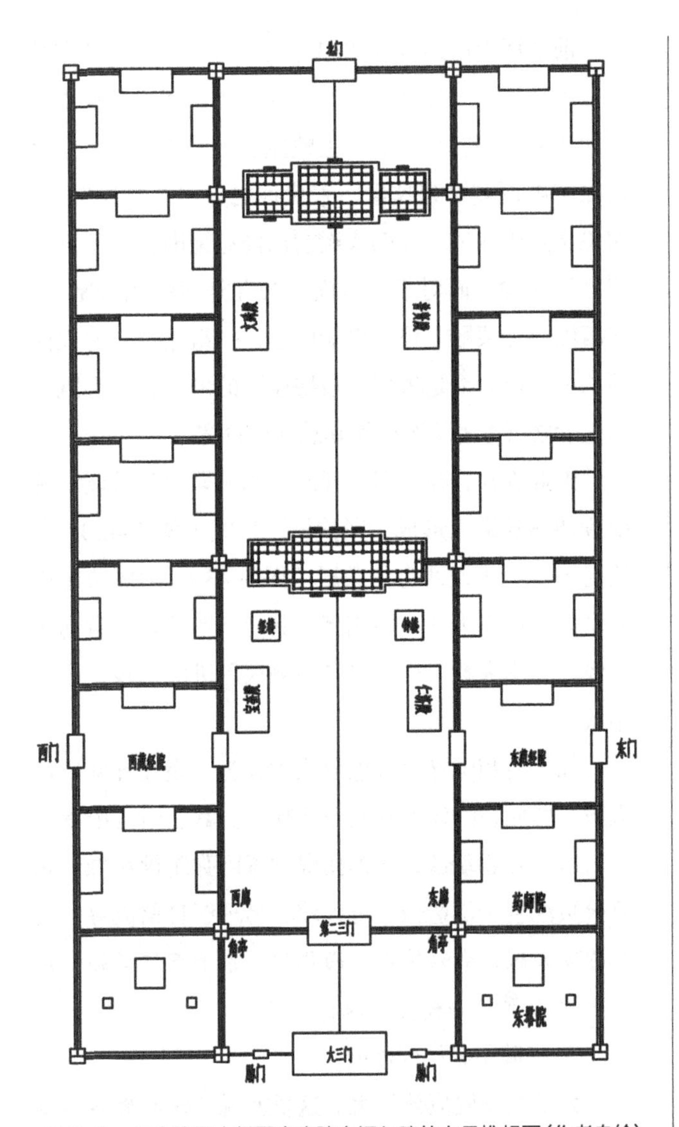

图 5-42　北宋汴梁大相国寺庭院空间与建筑布局推想图（作者自绘）

次后礼拜的卢舍那大殿。在描述完他在这两座殿的礼佛仪式之后，紧接着用了“四面廊各二百间许”，显然这里的“各二百间许”应该指的分别是弥勒大殿前庭院的四面与卢舍那大殿前庭院的四面。其意是说，这两个院落之四面廊的开间数各有 200 间左右，即每座院落各有 200 间四面环绕的廊。

如此，若考虑到院之前后有殿堂，殿堂两侧各有若干间朵廊，所余的多数廊子应该分布在庭院两侧，故东西两廊的开间数应该会多一些。比如，猜测东西两廊各有 72 间廊，以每间间距为 1 丈则庭院总进深

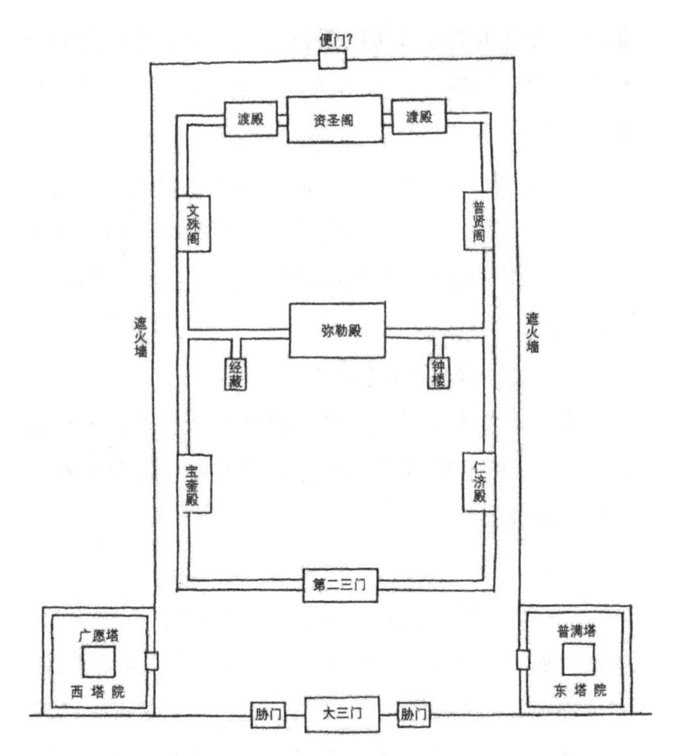

图 5-43　徐苹芳先生复原的大相国寺平面（徐苹芳．中国历史考古学论集 [M]. 上海：上海古籍出版社，2012.）

约为 72 丈（合 144 步）。如果考虑到其院两侧可能有门舍，其院南北长度应大于 144 步。故可以推测其院东西廊南北轴线长度为 150 步（75 丈）。

至于其院南北廊东西轴线宽度，以其主殿面广 9 开间推算，加上两侧挟屋各 5 间，总为 19 间，假设平均间广为 1.7 丈，其通面广约近 32.3 丈折合为 64.6 步。主殿和挟屋两侧还应留出可以布置若干“朵廊”的距离。故可以猜测其院东西宽度，大约是南北长度的 2/3，以其院南北长 150 步计，院东西宽约为 100 步（50 丈）。去掉大殿及挟殿东西面宽 64.6 步的总长度尚余 35.4 步，则大殿两侧各有近 17.7 步（8.85 丈）的长度余量可以用来布置朵廊。每侧大约可以布置 8 间廊，则其院北有廊 16 间，其院南中央是第二三门，门殿开间会略小，以平均间广为 1.5 丈计，以 7 开间设置，通面广约为 10.5 丈（合 21 步），两侧尚余 79 步（39.5 丈）。仍以每间廊为 1.0 丈计，可布置 40 间廊，即在门两侧各布置 20 间廊。如此，则其院南北两端共有廊 56 间

加上东西两侧各72间廊，其院周回廊子的开间总数恰好为200间。这可能是与宋代建筑空间与结构逻辑较相契合的主庭院围廊配置模式。

如此推测出的大相国寺弥勒大殿前中庭尺度约为南北150步长（75丈）、东西100步宽（50丈）。以这样一个尺度，其中能够“供献乐部马队”及后文所引其“中庭两庑可容万人”[1]等描述，应该不是虚言。

④ 资圣阁及其朵殿、庭院

据《参天台五台山记》，弥勒大殿之后为卢舍那大殿，殿中供奉卢舍那大佛。殿两侧各有一座五间渡殿。这里的“渡殿”可以理解为“朵殿”。大殿和朵殿矗立在一个高为7尺的石筑雕花台座上。

其文中最令人难以理解的是：“次登大殿高阁上，礼五百罗汉，金色等身像，中尊释迦等身像，烧香了”[2]一句。从其行文看，在拜谒了卢舍那大殿之后，紧接着礼拜的五百罗汉应是位于寺后部资圣阁楼上。因为，文献中所知大相国寺内只有大三门楼上与资圣阁楼上有五百罗汉造像。故这里所说“大殿高阁”应是指资圣阁。但其阁与卢舍那大殿是什么关系令人有些费解。

从前面所见的诸多史料中，可以注意到，在拜谒了卢舍那大殿之后紧接着就“次登大殿高阁”，似乎这座高阁就在卢舍那大殿之上。由于没有直接文献说明，在寺内正殿与寺之后阁资圣阁之间还存在有一座大殿。从相关叙述中，也难见另有卢舍那大殿庭院的描述。是否可以这样推测：卢舍那大殿其实是资圣阁的首层。在日僧成寻于阁之首层殿堂内拜谒了卢舍那大佛之后，又登上了“大殿高阁”，也就是卢舍那大殿的二层。这里恰是供奉五百罗汉等身像与中尊释迦牟尼等身像的资圣阁第二层。

关于阁两侧东西朵（渡）殿中的造像，上文中并没有提到，但却肯定地说明了，其东西朵殿各为5开间。这为推测其院东西宽度提供了进一步资料。以东西朵殿各5间，总为10间。则居于中央的资圣阁，因为是楼阁，约有7间的宽度。因其两侧是朵殿而非挟屋，所以在两侧朵殿与中央高阁之间还应留有一个开间的距离。由此推知，资圣阁与两侧朵殿（含殿与阁之间的空隙）总面广相当于17间面广长度。仍以平均间广1.7丈推算，则三座建筑的总面宽为28.9丈折合约为57.8步。以其庭院东西总宽100步计两侧尚余42.2步，每侧还有21.1步（约10.55丈）的距离。这一情况与其前弥勒殿及两侧挟殿及朵廊的尺寸大致是相近的。朵殿两侧可以各布置10间朵廊。

至于资圣阁前庭院的南北长度，我们不妨将其看作与弥勒大殿前庭院南北长度相同，亦为150步。则其院同样有南北150步（75丈）、东西100步（50丈）的空间尺度。也就是说，其庭院的空间规模与其前弥勒大殿中庭庭院规模是相同的。

⑤ 资圣阁与弥勒大殿前东西配楼

《参天台五台山记》中还提到在“大殿高阁”的左右各有东西二楼。西楼为文殊殿；东楼为普贤殿。从其所称“西楼”或“东楼”可知，这两座配殿应该是两座楼阁。文殊与普贤二殿应在楼阁二层，故称“西楼上有文殊宝殿”“东楼上有普贤像”。

除了资圣阁前有东西配楼之外，在正殿弥勒大殿前亦有相应配殿设置。关于这一空间的建筑配置可借助清代人钱熙祚所辑《守山阁丛书》的描述：

正殿北资圣阁（按：……又重楼三门至道元年造）。其南仁济、宝奎二殿（东曰仁济立铜人式并刻《针灸图经》于石，有仁宗御篆，夏竦撰序；西曰宝奎，有仁宗飞白书，章得象篆额，晏殊撰记；宝奎北有经藏，天圣初降《真宗御集》）。[3]

---

[1] 文献[2].［宋］王栐．燕翼诒谋录．卷一．明历代小史本．

[2] ［日］成寻．参天台五台山记．石家庄：花山文艺出版社，2008.

[3] 文献[2].［宋］晁载之．续谈助．卷之二．清十万卷楼丛书本．

从上下文看，这里所说的“其南仁济、宝奎二殿”应该指的是大殿之南。东为仁济殿，殿中设有中医诊疗用的铜人式，西为宝奎殿。这两座殿很可能是位于相国寺正殿前东西两侧的配殿。此外，宝奎殿之北的西侧另有经藏阁。在其相对应的东部亦应对峙有钟楼。经藏阁与钟楼，位于庭院之内比配殿稍偏北的位置。

⑥ 中轴线主要建筑与空间归纳

结合前面所引史料，可以做一点归纳性推测，北宋大相国寺中轴线上的空间格局为：

第一，寺前为大三门是一座楼阁，阁之上层有五百罗汉造像。

第二，大三门两侧各有胁门一座。

第三，大三门内庭院中两侧对峙而立有两座琉璃塔。以其用“两琉璃塔”描述，而缾者，瓶也。故可推知，这可能是两座窣堵坡式琉璃塔。

第四，大三门之后为寺院的第二三门，相当于唐代寺院前的中门。

第五，门内有两廊与门正对者为弥勒佛殿。这应该是前文所引的正殿及殿前庭院，或称中庭。

第六，正殿前左右峙立着仁济、宝奎二配殿。西为宝奎殿，东为仁济殿。

第七，配殿稍北，庭院内弥勒大殿之前，左右对峙有经藏楼与钟楼。

第八，主殿弥勒大殿为 9 开间，其两侧各有挟殿 5 间，左为弥陀殿，右为千佛殿。挟殿之外复有朵廊各 5 间。

第九，中庭两侧各有 80 间廊，其间似应有与两侧别院相通的门舍。

第十，正殿之后有殿阁，其殿为卢舍那大殿，大殿之上有五百罗汉造像，可知这是一座楼阁建筑，即资圣阁。

第十一，资圣阁为寺之北阁，其阁邻近寺院北垣。资圣阁两侧各有朵（渡）殿 5 间。东西朵殿之外，各有朵廊5间。殿前有庭院，院两侧亦有东西两廊各80间。

第十二，资圣阁前东西两侧对峙而立有东西配楼，“西楼上有文殊宝殿”而与之相对应的“东楼上有普贤像”。[1]

第十三，在寺院前部中轴线两侧有东西塔院，院中除了唐代所建的东塔（普满塔）与宋代所建的西塔之外似乎另有 4 座小型僧塔？分别是“智海、惠林、宝梵、河沙”四塔？

第十四，至寺内各角落各有角院，院中有僧舍，每院都有各自的住持僧官。

这里并没有详细说明大相国寺中轴线两侧还有哪些院落。但从后面所引资料中可以知道，相国寺内除中轴线上的两座主要廊院之外还有许多不同的院落。其寺是一个由十数座甚至数十座院落组成的大寺院（图 5–44）。

2. 寺中双塔及东西塔院

寺内前部两侧有东西塔院及双塔。前文已提到唐至德年间（756—758 年）所建东塔，称普满塔。据宋

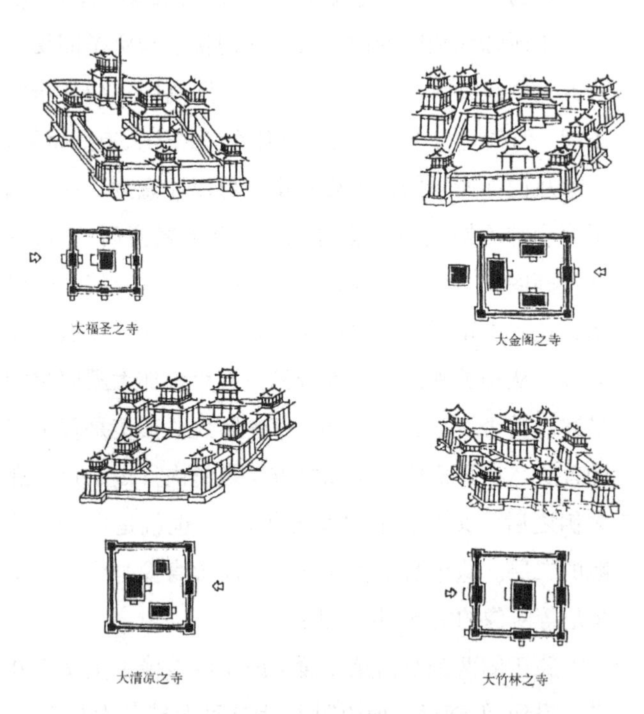

图 5-44　敦煌第 61 窟表现的五台山佛寺（徐苹芳 . 中国历史考古学论集 [M]. 上海：上海古籍出版社，2012.）

[1] ［日］成寻. 参天台五台山记. 石家庄：花山文艺出版社，2008.

人撰《梦溪笔谈》提到，宋熙宁中（1068—1077年），一座佛寺中所藏佛牙上生出了佛舍利，这件事情：盛传于公卿间。后有人迎至京师，执政官取入东府，以次流布士大夫之家，神异之迹，不可悉数。有诏留大相国寺，创造木浮图以藏之，今相国寺西塔是也。”❶此为相国寺西塔建造之缘由。

另据宋人文献：“李后主手书金字《心经》一卷，赐其宫人乔氏。乔氏后入太宗禁中，闻后主薨，自内廷出其经，舍在相国寺西塔以资荐，且自书于后曰：‘故李氏国主宫人乔氏，伏遇国主百日，谨舍昔时赐妾所书《般若心经》一卷在相国寺西塔院。’”❷这段史料说明，早在北宋熙宁间建藏佛舍利的木浮图之前，相国寺中已有西塔及西塔院。

宋代文献中在谈到东西塔院时曾提到有“智海、惠林、宝梵、河沙”四塔，似乎暗示了东西塔院中并非各有一塔。东塔院有一座唐塔，称普满塔。西塔院原来也应有一座唐塔，故五代末宋初，李后主的《般若心经》才会被藏在“西塔院”中。而宋熙宁时，又在西塔院中建造了一座专门用来藏佛舍利的木塔。但东西塔院中，除了各有一座唐塔之外可能至少还有4座塔，从塔的名称看，这4座塔很像是高僧墓塔。

3. 大相国寺的门及寺前之桥

大相国寺有三门，三门位于寺院之南相当于南门。其内有第二三门，大约相当于寺院中门。从文献中可知，相国寺还设置有北门。据《类说》：“王嗣宗为御史中丞；真宗一日幸相国寺，回自北门。嗣宗上言：‘天子行黄道，岂可由后门？’上给内帑三千缗以自罚。北门由是不长开。”❸真宗为了节省回宫的路程，从寺之北门离开遭到了儒臣的批评，可知相国寺有北门。北门位置，应在寺之北阁——资圣阁之北不远处。

另外，苏东坡也提到了一件事情：

德公欲访此本而不可得，方苫卧柩前，而外甥进士师续假寐于侧，忽惊觉曰：“吾梦至相国寺东门，有鬻姜者云：‘有此经。’梦中问曰：‘非咸平六年本乎？’曰：‘然。’‘有《居道传》乎？’曰：‘然。’此大非梦也！”❹

可知北宋时代，汴梁大相国寺是有东门的。由此可以推测，在与东门相应的位置亦可能有寺院西门。

此外，寺院之前还有桥：“秋，七月，戊辰，新作保康门于朱雀门东，徙汴河广济桥于大相国寺前，榜曰延安，又作桥跨惠民河，榜曰安国。”❺可知寺前桥名为延安桥。《东京梦华录》中也提到了相国寺桥：“大内前州桥之东，临汴河大街，曰相国寺，有桥平正，如州桥，与保康门相对。”❻说明这座相国寺桥是在位于大内之前的州桥之东。两座桥都是跨越汴河而建的。

4. 寺中院落

（1）相国寺中院落数量

大相国寺东西两侧除东西塔院外还另有院落。据《五灯会元》：“元丰五年，神宗皇帝下诏，辟相国寺六十四院为八禅二律，召师为慧林第一祖。既至，上遣使问劳。阅三日，传旨就寺之三门为士民演法。”❼这里说，在北宋元丰五年（1082年），宋神宗下诏将相国寺中的64个院落分为了10组，其中有8禅院、2律院。

关于这件事情，《僧宝传》中也有记载：“未几神宗皇帝。辟相国寺六十有四院为八。禅二律六。以中

---

❶ 文献[2].[宋]沈括．梦溪笔谈．卷二十．神奇．四部丛刊续编景明本．

❷ 文献[2].[宋]王铚．默记．卷中．清知不足斋丛书本．

❸ 文献[2].[宋]曾慥．类说．卷四十五．天子不由后门．清文渊阁四库全书本．

❹ 文献[1]．集部．别集类．北宋建隆至靖康．东坡全集．卷一百一．

❺ 文献[2].[清]毕沅．续资治通鉴．卷三十．清嘉庆六年递刻本．

❻ 文献[2].[宋]孟元老．东京梦华录．卷三．大内前州桥东街巷．清文渊阁四库全书本．

❼ 文献[2].[宋]释普济．五灯会元．卷十六．云门宗．青原下十一世．天衣怀禅师法嗣．惠林宗本禅师．宋刻本．

责人梁从政、董其事。”[1]这两条史料说的是同一件事情，但两者记载稍有不同。从行文感觉，《僧宝传》的记述似乎更为确切。也就是说，汴梁大相国寺原有64座院落。在北宋神宗时，将这64座院落辟为8组，其中6组为律院、2组为禅院。

前者的分法，比较难以理解；后者的分法，可以理解为每一组有8座院落，共分有8组。则大相国寺有6组共48个院落属于律宗；另有2组16个院落属于禅宗。全寺总有64座院落。

当然我们很难明确地判断出，这8组64座院落是否都集中在大相国寺中心庭院的四周。真正厘清这一问题还需要大量的史料支持。所以本文不拟对这一问题进行深究。而且唐宋时代佛寺，其下辖有若干个子院是常有之事。这些子院未必一定要布置在主寺周围，只是在寺院管理归属上属于某个寺院。

（2）相国寺两侧庭院梳理

但汴梁大相国寺周围无疑是有一些院落的。文献中可以梳理出一些院落的名称：

① 药师院：“梁开平二年戊辰岁，止相国寺药师院，首讲所业。至后唐长兴二年辛卯岁，门徒相续请其训导，已周一十九遍，升其堂者二十余人。”[2]五代梁开平二年（908年），相国寺中有药师院。这座药师院应该就是在前文中提到的位于寺内东偏的建国寺旧址上改建的。

② 文殊殿院：从史料所云“当大顺二年……文殊殿里廊，计四百余间，都为煨烬。”[3]寺后部资圣阁前有西楼，楼上有文殊宝殿。但这座文殊殿位于中庭内的西楼之上，似乎不再会有廊子环绕。从上文的叙述，似乎另有以文殊殿为主的一座院落，院落中有“文殊殿里廊”，即环绕文殊殿的内廊。

③ 文英院：“周显德二年，宰相李榖征淮南，昉为记室。世宗览军中章奏，爱其辞理明白，已知为昉所作，及见《相国寺文英院集》，乃昉与扈蒙、崔颂、刘衮、窦俨、赵逢及昉弟载所题，益善昉诗而称赏之曰：‘吾久知有此人矣。’”[4]五代时的相国寺中，有文英院。

④ 智海院：“刘季高侍郎宣和间尝饭于相国寺之智海院……”[5]另《僧宝传》有：真如喆禅师，北宋“绍圣元年有诏，住大相国寺智海禅院。”[6]

⑤ 净土院：“王端，字子正，瓘之子，工画山水。专学关同，得其要者惟刘永与端耳。相国寺净土院旧有画壁，惜乎主僧不鉴，遂至圬墁。”[7]另有：“王仁寿，汝南宛人，业儒，性通敏，颇涉文史，亦潜心绘画。初学吴生，长于佛像鬼神及马等。仁寿尝于京师大相国寺净土院大殿前画八菩萨，今见存焉。”[8]另外，唐代雕塑家“（杨）惠之尝于京兆府长乐乡北太华观塑玉皇尊像，及汴州安业寺净土院大殿内佛像（睿宗延和元年七月二十七日改为大相国寺）及枝条千佛……”[9]可知净土院中有大殿。

⑥ 西经藏院：“灵隐德章禅师，初住大相国寺西经藏院。”[10]

⑦ 东经藏院：“……东经藏院殿后三门二神，当殿维摩居士像。又于河南府广爱寺三门上五百罗汉，乃

---

❶ 文献[2].[宋]释惠洪．僧宝传．卷十四．慧林圆照本禅师．清文渊阁四库全书本．

❷ 文献[2].[宋]释赞宁．宋高僧传．卷二十八．兴福篇第九之三．晋今东京相国寺遵诲传（彦求）．大正新修大藏经本．

❸ 文献[2].[宋]释赞宁．宋高僧传．后唐东京相国寺贞峻传．大正新修大藏经本．

❹ 文献[2].[元]脱脱．宋史．卷二百六十五．列传第二十四．李昉传．清乾隆武英殿刻本．

❺ 文献[2].[宋]徐度．却扫编．卷下．清文渊阁四库全书本．

❻ 文献[2].[宋]释惠洪．僧宝传．卷二十五．大沩真如喆禅师．清文渊阁四库全书本．

❼ 文献[2].[宋]郭若虚．图画见闻志．卷四．纪艺下．明津逮秘书本．

❽ 文献[2].[宋]刘道醇．五代名画补遗．人物门第一．妙品四人．王仁寿．宋刻本．

❾ 文献[2].[宋]刘道醇．五代名画补遗．塑作门第六．神品三人．杨惠之．宋刻本．

❿ 文献[2].[宋]释普济．五灯会元．卷十二．临济宗·南岳下十一世．灵隐德章禅师．宋刻本．

山亭院楞伽山，皆惠之塑也。”[1]另有“大相国寺东经藏戒律院圆则座主来，以照大师切切乞受法花法，照大师示云：‘只观无常迅速，一心要持经修行，数年讲法花，念诵法花人也者。’以廿六日庚子日可授内约子。”[2]这里又将东藏经院称为“东经藏戒律院”。

⑧ 西法华院：“其西法华院有佛牙碑，太宗真宗仁宗御制颂偈赞（……[其按略]）。”[3]可知寺西有法华院。

⑨ 罗汉院：“塔旁罗汉院有桂籍堂（案：新赐第进士多集于此，揭碑以刻御诗并题名云云。寺中又有设粥院记，宋绶撰；资圣阁新院记，李淑撰；裕堂记，吴育撰）[4]。”说明寺塔附近另有罗汉院。另“宋元符间，襄阳米芾游京师，于相国寺罗汉院僧寿许见阳冰供御墨一巨铤，其制如碑，高逾尺而厚二寸……”[5]证明了罗汉院的存在。

⑩ 三觉院：“十二日，丙戌，天晴。大相国寺三觉院讲经论传戒紫善凑送斋请……”[6]

⑪ 佛牙院：“……其文云：‘善凑启，取二月十五日，释迦弥勒圆寂之辰，取十三日夜，就大相国寺佛牙院忏悔圆戒……’请了。”[7]“崇福院主妙因大师赐紫尼法贵送斋请，于大相国寺佛牙院备斋，二人侍者同来，使行者与三十文了。”[8]

⑫ 烧朱院：《禅林僧宝传》有载：“上大悦、有旨馆于大相国寺烧朱院。王公贵人争先愿见。”[9]这座烧朱院，其名称十分奇怪。[10]

⑬ 星辰院：“相国寺星辰院，比丘澄晖，以艳娼为妻。每醉，点胸曰：‘二四阿罗，烟彩释迦。又没头发娘子，有室如来。快活风流，光前绝后。’忽一少年，踵门谒晖，愿置酒参会梵嫂。晖难之。凌晨，但见院牌用纸漫书曰：‘敕赐双飞之寺。’”[11]相国寺中有星辰院，其院有牌，因寺僧秽乱被称为“双飞之寺”。

如上所列是见于文献中之大相国寺中13座院落，如果再加上东西塔院，名称比较确定的院落有15处。当然我们很难对这些院落所处的位置逐一落在实处。

此外，若果如前面引文所述，大相国寺中有院落64座之多，那么这里所能揭示的也仅仅是冰山一角。其中透露出一些信息仅可以作为理解寺院空间的点滴线索，如寺之东西两廊之外，应各有东藏经院与西藏经院。这或许与东、西塔院是相对应的。如前所述，寺内有禅院亦有律院。如上文所引的智海院就是一座禅院。这里还透露出，寺内还有净土院、药师院。此外除了在大三门及资圣门楼阁之上都设置了铜铸五百罗汉，在寺中还特别设置了罗汉院。这些似乎是在禅、律之外特别的子院。这些院落可能就布置在寺院中庭东西两廊附近。

从另一条史料中可知，大相国寺内的庭院中有很好的园林绿化布置：“扈载，少好学，善属文，赋颂碑赞尤其所长。广顺初，随计于礼部，文价为一时之最，是岁升高等。载因游相国寺，见庭竹可爱，作《碧鲜赋》题其壁。”[12]相国寺庭院中种植了不少竹子。

---

[1] 文献[2].[宋]刘道醇．五代名画补遗．塑作门第六．神品三人．杨惠之．宋刻本．

[2] [日]成寻．参天台五台山记．石家庄：花山文艺出版社，2008.

[3] 文献[2].[宋]晁载之．续谈助．卷之二．清十万卷楼丛书本．

[4] 文献[2].[宋]晁载之．续谈助．卷之二．清十万卷楼丛书本．

[5] 文献[2].[元]陆友．墨史．卷上．唐．清知不足斋丛书本．

[6] [日]成寻．参天台五台山记．石家庄：花山文艺出版社，2008.

[7] [日]成寻．参天台五台山记．石家庄：花山文艺出版社，2008.

[8] [日]成寻．参天台五台山记．石家庄：花山文艺出版社，2008.

[9] 文献[2].[宋]释惠洪．僧宝传．卷二十．华严隆禅师．清文渊阁四库全书本．

[10] [宋]张舜民《画墁录》云：相国寺烧朱院，旧日有僧慧明善庖，炙猪肉尤佳。烧朱，谐音烧猪也。

[11] 文献[2].[宋]陶穀．清异録．卷一．民国景明寶颜堂秘籍本．

[12] 文献[2].[宋]薛居正．旧五代史．卷一百三十一（周书）．列传十一．扈载传．百衲本景印吴兴刘氏嘉业堂刻本．

（3）寺中的一些建筑

相关的史料文献中还提到了大相国寺中一些建筑物的名称或可聊作对于前面建筑分布方面的一点补充。

① 佛殿与僧舍："自诛史宏肇后，京城士庶，连甍恐悚，允每朝退，即宿于相国寺僧舍。及北军入京师，允匿于佛殿藻井之上，坠屋而卒，时年六十五。"❶另"《大相国寺碑》，称寺有十绝……其四，佛殿内有吴道子画文殊、维摩像，为一绝。"❷寺中有佛殿与僧舍应是无疑的。

② 弥勒大殿："《大相国寺碑》，称寺有十绝。其一，大殿内弥勒圣容，唐中宗朝僧惠云于安业寺铸成，光照天地，为一绝。"❸此乃寺之正殿，应该即是前面所说的佛殿。

③ 相国寺阁："彭乘，字利建，益州华阳人。少以好学称州里，进士及第。尝与同年生登相国寺阁，皆瞻顾乡关，有从官之乐，乘独西望，怅然曰：'亲长矣，安敢舍晨昏之奉，而图一身之荣乎！'"❹此应即是相国寺内的后阁——资圣阁。

④ 相国寺楼："（登相国寺楼）冬日大梁城，郊原四望平。云开太行碧，霜落蔡河清。欲问征西路，兼怀吊古情。夷门名尚在，无处觅侯嬴。"❺诗作者西斋和尚（1296—1370年）是元代人，说明元时相国寺中仍有楼阁，也许这里的相国寺楼仍是指资圣阁。

⑤ 太宗御书殿："是日，上谓辅臣曰：'昨造一小殿禁中，而有司不喻朕意，过为侈丽，然不欲毁其成功，今大相国寺方造殿藏太宗御书，寺额可迁置之。'"❻疑即后面提到的寺之正殿前的西配殿——宝奎殿。

⑥ 宝奎殿："辛未，以大相国寺新修太宗御书殿为宝奎殿。"❼又"仁宗摹太宗御书大相国寺额于石，即寺为殿而藏之。御飞白名曰宝奎殿。"❽

⑦ 仁济殿："王应麟《玉海》曰：天圣五年十月壬辰，医官院上所铸腧穴铜人式二。诏一置医官院，一置大相国寺仁济殿。"❾此即为前文所说弥勒佛殿前的东配殿。

⑧ 资圣阁："韩宗绪龙图贽之子，以父任补将作监主簿，皇祐秋镇厅预荐，偶于相国寺资圣阁前见其家旧使老仆，呼谓曰：'若非某乙乎？死久矣，何得在此？'"❿显然，资圣阁是北宋时，汴梁人经常去的地方。

⑨ 大悲阁："客素与方务德相善，每休沐，辄出访寻。是时半岁无声迹，皆传已死。偶出游相国寺，遇之于大悲阁下，视形模容色，疑为鬼。"⓫此条史料的作者是南宋时人，但所记之相国寺事，其时当是在金人的统治之下。疑宋、金时期寺内有大悲阁。因前文所说，元、明时寺中仍有资圣阁，故这里的大悲阁与资圣阁并非一座建筑物。由前文分析可知，寺院中轴线上已无任何楼阁的信息，故这座大悲阁有可能坐落在寺内的某一别院中。大悲阁一般会设置在大悲院或观音院中。或可推测，寺中可能有一座专门供奉观音菩萨的院落，院中主要建筑为大悲阁。

⑩ 排云宝阁："《大相国寺碑》，称寺有十绝……

---

❶ 文献[2].［宋］薛居正．旧五代史．卷一百八（汉书）．列传五．张允传．百衲本景印吴兴刘氏嘉业堂刻本．

❷ 文献[2].［宋］郭若虚．图画见闻志．卷五．故事拾遗．相蓝十绝．明津逮秘书本．

❸ 文献[2].［宋］郭若虚．图画见闻志．卷五．故事拾遗．相蓝十绝．明津逮秘书本．

❹ 文献[2].［元］脱脱．宋史．卷二百九十八．列传第五十七．彭乘传．清乾隆武英殿刻本．

❺ 文献[2].［宋］晁载之．续谈助．卷之二．清十万卷楼丛书本．

❻ 文献[2].［宋］李焘．续资治通鉴长编．卷一百三十三．仁宗庆历元年．清文渊阁四库全书本．

❼ 文献[2].［宋］李焘．续资治通鉴长编．卷一百三十五．仁宗庆历二年．清文渊阁四库全书本．

❽ 文献[2].［宋］王应麟．困学纪闻．卷二十．杂识．四部丛刊三编景元本．

❾ 文献[2].［清］永瑢．四库全书总目．卷一百三．子部十三．医家类一．铜人针灸经．七卷．清乾隆武英殿刻本．

❿ 文献[2].［宋］张师正．括异志．卷五．韩宗绪．宋钞本．

⓫ 文献[2].［宋］洪迈．夷坚志．夷坚支乙卷第五．杨戬馆客．清景宋钞本．

其六，明皇天宝四载乙酉岁，令匠人边思顺修建排云宝阁，为一绝；其七，阁内西头有陈留郡长史乙速令孤为功德主时，令石抱玉画《护国除灾患变相》，为一绝。”❶此阁为唐代楼阁，于晚唐昭宗大顺二年（891年）已遭焚毁。

⑪ 桂籍堂，从前文“塔旁罗汉院有桂籍堂”❷，说明罗汉院内有堂，曰桂籍堂。据《七修类稿》“故宋制进士及第，必赐名于桂籍堂，拟唐慈恩之题耳。”❸或可以为这条史料做一补充。这里也明确了罗汉院所处的位置，似在寺之东塔院或西塔院的附近。

⑫ 西库：“《大相国寺碑》，称寺有十绝……其八，西库有明皇先敕车道政往于阗国传北方毗沙门天王样来，至开元十三年封东岳时，令道政于此依样画天王像为一绝……其十，西库北壁有僧智俨画《三乘因果入道位次图》，为一绝也。”❹西库应该位于寺院的西部，库内绘制了毗沙门天王像，而一般毗沙门天王应该布置在寺之西北隅，故其库位置也应在寺院西廊偏北的位置上。

⑬ 东廊障日：“其九，门下有瑰师画《梵正帝释》及东廊障日内有《法华经二十八品功德变相》，为一绝。”❺显然，在寺之东廊有“障日”，这里的障日可能是在东廊上设置的一条遮阳板。其作用很可能是为了防止西晒而设的。也就是说，在西廊上未必一定有相对应的西廊障日。因为防西晒是北方人常见的做法。

5. 考古学家徐苹芳的研究与启示

已故中国著名考古学家徐苹芳先生所撰《北宋开封大相国寺平面复原图说》对北宋大相国寺中轴线上建筑复原研究逻辑清晰、空间序列恰当（图 5-45）。参考徐先生的研究，笔者得到了诸多启示。

（1）史料上的重要弥补

徐先生所引的资料中，披露了一些笔者不曾发现的空间与建筑，可弥补一些空间分析上的不足：

① 广愿塔：笔者一直没有找到西塔的名称资料。据徐先生所引资料：“东塔曰普满，唐至德二载建，开宝六年太祖修。西塔曰广愿，元祐元年僧中慜立。”❻

② 双塔相对：“寺两塔相对，相轮上铜珠尖，左暗右明。”❼这条资料对于双塔的关系给予了更明确的表述。但这两塔究竟是东西塔院的双塔还是《东京梦华录》中所提到了三门左右的两瓶琉璃塔，这里并没有做出表述。

③ 钟楼：笔者关于寺中钟楼的推想，依据了寺院建筑的空间配置逻辑，但没有找到直接的文献依据，而徐先生的研究，关于这一点却有文献的直接支持：“岳立正殿，翎翼长廊；左钟曰楼，右经曰藏。”❽钟楼恰好位于正殿前的东侧。

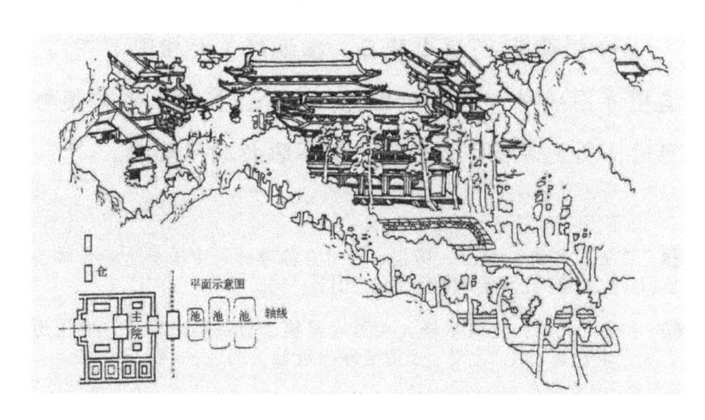

图 5-45　元代王蒙太白山图卷中表现的寺院楼阁（徐苹芳 . 中国历史考古学论集 [M]. 上海：上海古籍出版社，2012.）

---

❶ 文献[2].[宋]郭若虚.图画见闻志.卷五.故事拾遗.相蓝十绝.明津逮秘书本.

❷ 文献[2].[宋]晁载之.续谈助.卷之二.清十万卷楼丛书本.

❸ 文献[2].[明]郎瑛.七修类稿.卷二十.辩证类.雁塔题名.明刻本.

❹ 文献[2].[宋]郭若虚.图画见闻志.卷五.故事拾遗.相蓝十绝.明津逮秘书本.

❺ 文献[2].[宋]郭若虚.图画见闻志.卷五.故事拾遗.相蓝十绝.明津逮秘书本.

❻ 事物纪原（惜阴轩丛书本）.引宋会要.转引自徐苹芳.中国历史考古学论集[M].上海：上海古籍出版社，2012：443.

❼ 楼钥.北行日录（知不足斋丛书）.转引自徐苹芳.中国历史考古学论集[M].上海：上海古籍出版社，2012：444.

❽ [宋]宋白.大宋新修大相国寺碑铭.转引自徐苹芳.中国历史考古学论集[M].上海：上海古籍出版社，2012：445.

④ 相国寺北廊：“……相国寺北廊高僧，乃（陈）坦所画。”[1]说明寺院之北有廊。其廊或应在寺之北阁——资圣阁之北？廊中仍有壁画。

⑤ 北便门：“岳立正殿，舒翼长廊……后拔层阁，北通便门。”[2]这座便门或与前文中所说的北门是同一座门。

⑥ 泗州院与遮火墙：“（熙宁）九年五月十四日，提举在京寺务司言：‘大相国寺泗州院近火发，虽即行扑灭，缘僧院与寺庭闾阎相接，深为未便，乞拆僧院逼近之屋，绕寺高筑遮火墙。’从之。”[3]说明寺中有泗州院。后来又增加了一圈遮火墙。

⑦ 文殊院（与净土院）：“相国寺文殊院由净土弥勒下生二壁，净土院有八菩萨像及有征辽猎渭等图，传于世。”[4]

⑧ 维摩院：“治平三年夏，得洪君于京师，始合同舍之士，听其琴于相国寺之维摩院。”[5]说明寺中有维摩院。

⑨ 慧林禅院与寂照塔：“大观二年十月三十日，诏大相国寺慧林禅院住持长老元正坐化，赐绢三百匹，钱三百贯，赐寂照之塔，看塔人间岁度僧一名。”[6]

⑩ 景德院：“烜出疆日，往返经（大相国）寺门，遥望浮图峻峙，有指示曰：此旧景德院也。匆匆揽辔经过，所见者栋宇宏丽耳。固不暇指顾问处所。”[7]

❶ 图画见闻志．卷三．陈坦．转引自徐苹芳．中国历史考古学论集[M]．上海：上海古籍出版社，2012：446.

❷ [宋]宋白．大宋新修大相国寺碑铭．转引自徐苹芳．中国历史考古学论集[M]．上海：上海古籍出版社，2012：448.

❸ 宋会要辑稿．职官．转引自徐苹芳．中国历史考古学论集[M]．上海：上海古籍出版社，2012：448.

❹ [宋]郭若虚．图画见闻志．转引自徐苹芳．中国历史考古学论集[M]．上海：上海古籍出版社，2012：449.

❺ [宋]曾巩．元丰类稿．卷十三．相国寺维摩院听琴序．转引自徐苹芳．中国历史考古学论集[M]．上海：上海古籍出版社，2012：449.

❻ 宋会要辑稿．道释．转引自徐苹芳．中国历史考古学论集[M]．上海：上海古籍出版社，2012：450.

❼ [宋]周煇．清波别志．知不足斋丛书本．转引自徐苹芳．中国历史考古学论集[M]．上海：上海古籍出版社，2012：450.

⑪ 讲院与戒坛：“旧传东京相国寺乃魏公子无忌之宅，至今地属信陵坊……寺基极大，包数坊之地，今南北讲堂巷即寺之讲院，戒身即寺之戒坛也。”[8]

⑫ 花木：“广庭之内，花木罗生。中庑之外，僧居鳞次。”[9]前面提到了，相国寺庭院中有庭竹，这里更进一步描述了其主要庭院中花木罗生，是一个园林滋茂的场所。

从这些史料中所见，加强了对于大相国寺空间的认知，如文殊院证实了笔者前文有关“文殊殿院”的推测。此外，又增加了泗州院、维摩院、景德院、讲院、慧林禅院5座院落，从而将前文所列的相国寺周围院落数，从15座增加到了20座。如果再加上可能布置有大悲阁的“大悲院（？）”，亦可增至21座。若将东西两廊之外的院落加以排列，（仅仅作为空间想象之参考）可能的院落位置是：

东廊之东有：①东塔院；②（近塔之）罗汉院；③（由东偏唐代建国寺所改之）药师院；④东经藏院（或东经藏戒律院？）；⑤近经藏院之讲院？⑥（近寺院中庭之）泗州院。

西廊之西有：①西塔院；②（近藏有自佛牙上生出舍利之西塔院的）佛牙院；③西法华院；④西经藏院；⑤（近西侧文殊殿之）文殊院；⑥绘有毗沙门天王像（应位于寺之西北）之西库所在院位置很难推定，但应靠近东西两廊者可能有：佛牙院、三觉院、净土院、文英院、维摩院、景德院、智海禅院、慧林禅院等。而所谓烧朱院、星辰院等名称怪异或出现违背佛教戒律之僧侣的院落，是否只是寺之下辖的子院未必一定在靠近寺院中庭两廊左右的位置上，亦未可知。

另外，徐先生所发现的资料中证实了相国寺“北廊”的存在，结合北廊与北门（或便门），可以确知，

❽ [宋]魏泰．东轩笔录．卷十三．转引自徐苹芳．中国历史考古学论集[M]．上海：上海古籍出版社，2012：451.

❾ [宋]宋白．大宋新修大相国寺碑铭．转引自徐苹芳．中国历史考古学论集[M]．上海：上海古籍出版社，2012：451.

在寺之北阁资圣阁以北还设置有一道廊与门，或者说在资圣阁以北还可能存在一进院落。

（2）观念上的重要启发

徐先生的研究，还有几点令笔者感到有所启发。

① 第二三门

在最初读到第二三门时，笔者将断句断在了“第二,三门”处，认为在寺之大三门内，可能有第二门、第三门。从而将第二门看作是相国寺的中门，将第三门看作是主殿弥勒大殿前的寺院中庭之门。这样，其实是在大三门与中庭之间增加了一进院落。但在其他史料中，再难发现在大三门与寺院中庭之门之间有任何门或庭院的描述。

读到徐先生的文章，他将这句话断为“第二三门”意为第二座三门。这符合唐宋时人将寺院之门（后世所谓的“山门”）称为三门的做法，前为“大三门”，其内则为“第二三门”，从理解上是恰如其分的。

这一理解上的启发，使笔者对后来在相国寺院落空间尺度上的分析也变得更合乎古代建筑的空间构图逻辑。因为寺之前部，在大三门与第二三门之间，有一进庭院；而在寺之后部，在资圣阁与后门与后廊之间亦有一进庭院。在中轴线上的前后两个庭院之间，另有弥勒大殿前庭院与资圣阁前庭院两个大庭院，从而使寺之主殿，恰好位于了整座寺院的几何中心部位，而这也恰与建筑史学家傅熹年先生分析的，中国古代建筑群的空间比例规律之间（图 5–46，图 5–47），找到了某种呼应关系。

② 关于智海、惠林、宝梵、河沙

《东京梦华录》中所引“寺内有智海、惠林、宝梵、河沙东西塔院，乃出角院舍，各有住持僧官。”[1]笔者理解为在东西塔院中有智海、惠林、宝梵、河沙等 4 座高僧墓塔。尽管在其他引文中，笔者也注意到了诸如：智海禅院、慧林禅院（或惠林禅院）的描述，但仅仅从上面所引文字本身的上下文中，将智海、惠林，都想象成为曾在寺中修持的禅僧，其在世时有各自的禅院，圆寂之后也会有自己的僧塔。

关于这一段话，徐先生所引时有自己的思考：“寺内有智海、惠林、宝梵、河沙（疑有脱误）东西塔院，乃出角院舍，各有住持僧官。”也就是说，徐先生认为，这段话在传抄的过程中产生了脱误。其中还应该有一些字。这句话就有可能理解为：寺内有智海、惠林、宝梵、河沙诸禅院了。而其他文献中，有关智海禅院、慧林（惠林）禅院的描述也可以和这一条相印证了。

这样一种理解，还可以暗示出，相国寺内另外还有宝梵禅院、河沙禅院等空间。

但关于这一理解似还有令人存疑之处。从徐先生所引史料：“大观二年十月三十日，诏大相国寺慧林禅院住持长老元正坐化，赐绢三百匹，钱三百贯，赐寂照之塔，看塔人间岁度僧一名。”[2]可知，宋代时高僧圆寂是有在寺中赐建僧塔的传统的。那么，上面所引之文，也可能被理解为在寺中有智海、惠林、宝梵、河沙等高僧的墓塔。如果再加上这里刚刚提到的寂照之塔，寺内可能有不少于 5 位高僧的墓塔？这样理解还比较容易与其后紧接而来的“东西塔院”之间建立起一种上下文联系，如“寺内有智海、惠林、宝梵、河沙（诸僧塔，在）东西塔院，乃出角院舍，各有住持僧官。”当然，这只是一种猜测。

但徐苹芳先生能够判断出在这句话中可能有脱误，本身就是深厚语言功力的表现。

③ 关于资圣门的理解

《东京梦华录》：“殿后资圣门前，皆书籍玩好图画及诸路罢任官员土物香药之类。后廊皆日者货术传神之类。寺三门阁上并资圣门，各有金铜铸罗汉五百

[1] 文献[2].[宋]孟元老.东京梦华录.卷三.相国寺内万姓交易.清文渊阁四库全书本.

[2] 宋会要辑稿.道释.转引自徐苹芳.中国历史考古学论集[M].上海：上海古籍出版社，2012：450.

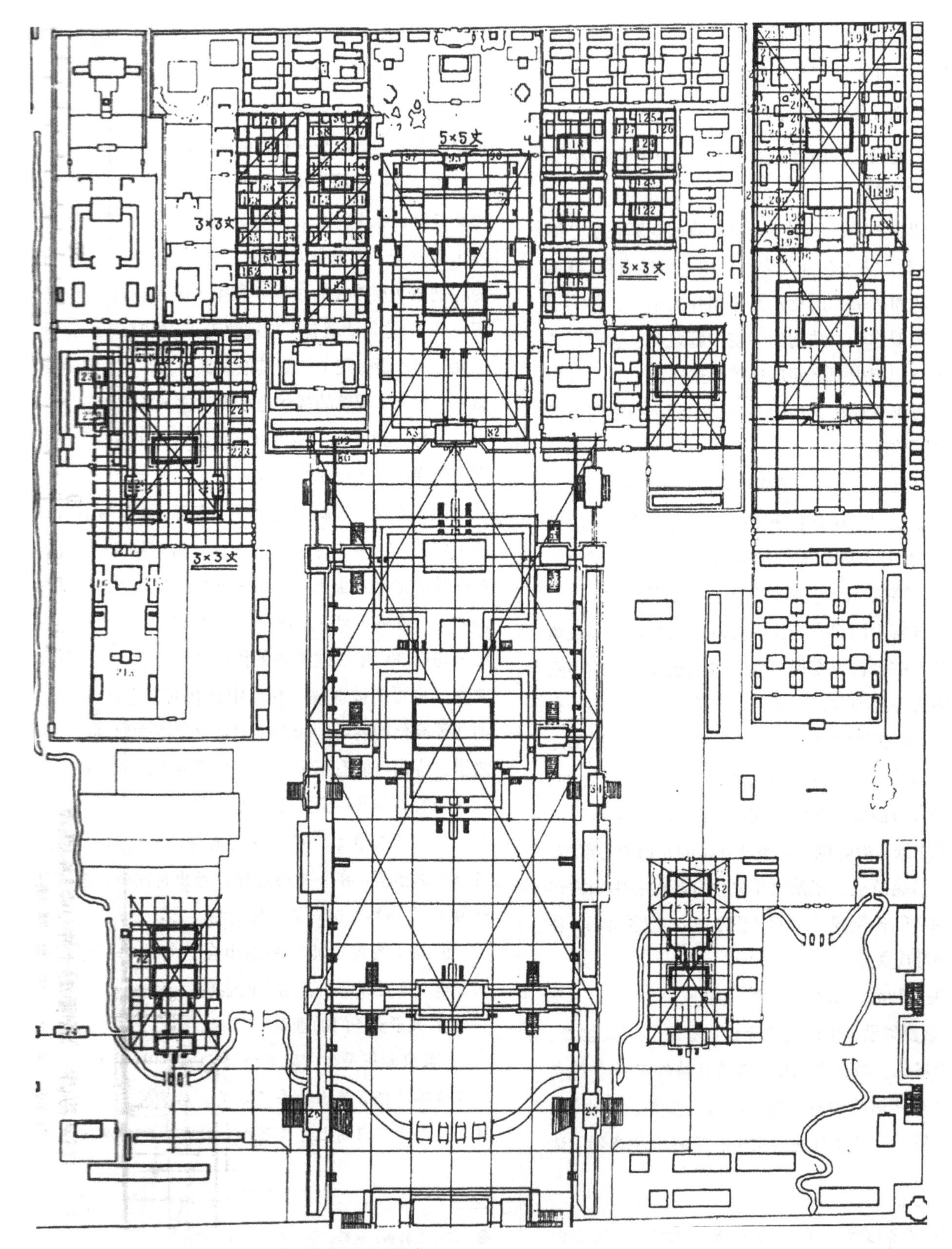

图 5-46　明清北京紫禁城平面分析图（傅熹年先生绘制）

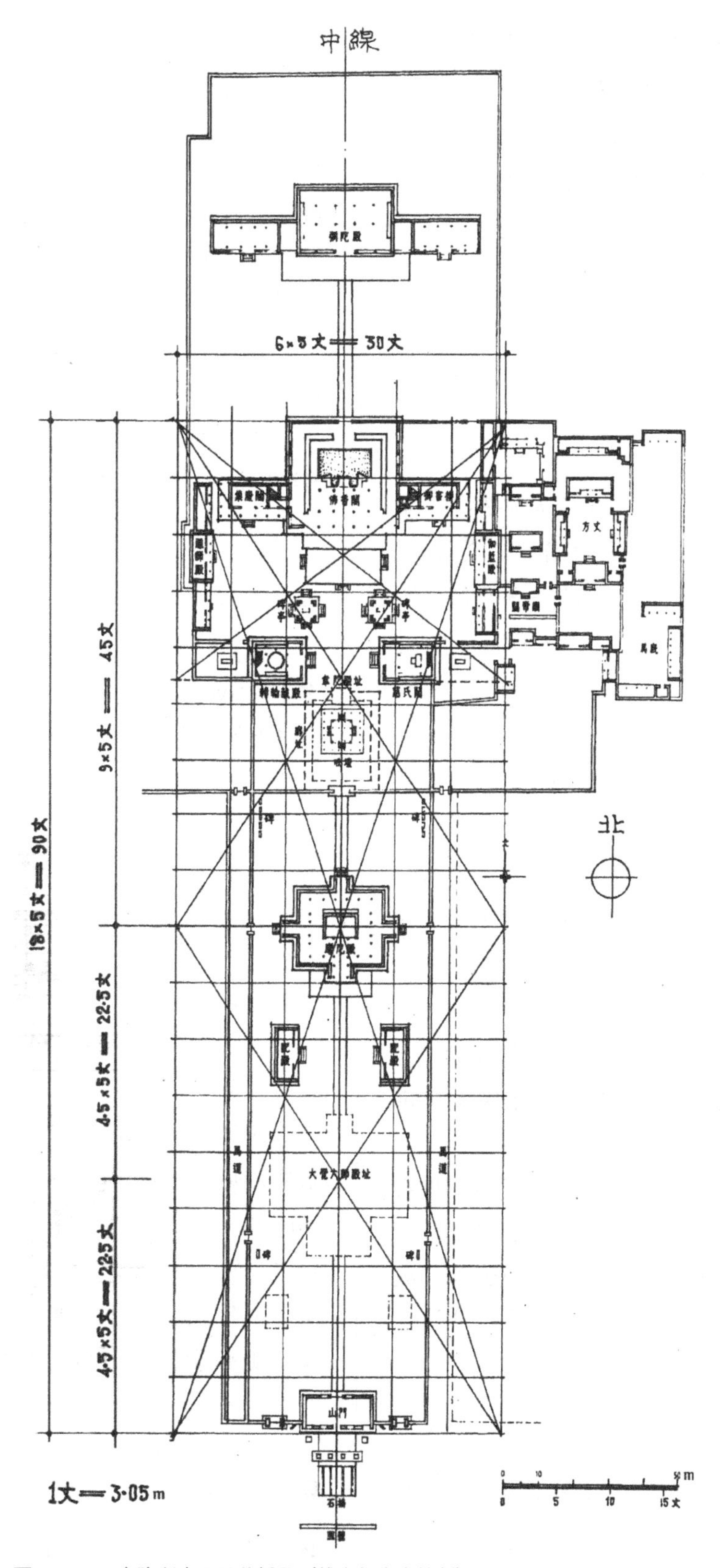

图 5-47　正定隆兴寺平面分析图（傅熹年先生绘制）

尊、佛牙等，凡有斋供，皆取旨方开。”[1]这里所说为“资圣门”。而其他文献中另有“资圣阁”。

笔者一直迷惑于其门、阁的差异。最初，笔者以为在资圣阁前有一门构成资圣阁前庭院的正门。但从资圣门上有五百罗汉这一事实，似乎资圣阁与资圣门又为同一座建筑。故后来笔者将资圣阁理解为，这是位于寺院北部的一座楼阁，因其距离寺北门较近，出入方便，很可能也成了通过性的建筑。且其阁与寺南之大三门阁南北呼应，时人很可能亦以“门”呼之。

徐先生对于这句话的理解是：“（相国寺）三门阁上并资圣阁（原误作门），各有金铜罗汉五百尊。”[2]显然，徐先生很肯定地将“资圣门”看作是“资圣阁”之误写。这种可能性是存在的，而这样一种理解显然没有什么问题，也省去了分析中的许多周折。当然，这种果断的判断，需要有十分的学术自信才能够做到。

④ 笔者的一点歧见

徐苹芳先生文章中还表达了一个观点，即《东京梦华录》中所说的“三门左右有两缾琉璃塔。”[3]徐先生十分肯定地将这两座塔与寺前部三门左右东西塔院的两座主塔看作是一回事。即东琉璃塔是普满塔，寺右是西琉璃塔是广愿塔。

这样一种理解应该是无可厚非的，因为其文“三门左右”在空间的想象上，很容易与东西塔院联系在一起。且其他文献中也不再有有关东西塔院双塔的进一步描述。

但是这里依然有令人存疑之处：首先这两座塔有两个基本特征，一是二者都是琉璃塔；二是从其称谓“两缾琉璃塔”看，这很像是两座西域覆钵式塔，故而才会用“缾（通瓶）”而不用习惯上的两“座”来称之。

而相国寺东西塔院中的两座塔，东塔——普满塔创建于唐肃宗至德年间（756—758年）。根据中国古代建筑史上所了解到的常识，这一时期的建筑中使用琉璃是十分奢侈的事情。从考古发掘来看，唐代大明宫中也鲜见琉璃瓦件。皇家宫殿建筑中都难见琉璃的使用，遑论一般寺院中的塔幢了。

当然，普满塔在北宋开宝六年（973年）曾经加以修葺，但史料中并没有说这次维修中增加了琉璃饰面。且若原塔没有用琉璃，北宋初年（开宝六年）的修缮中似乎也不大可能再添加琉璃饰面，因为这样做似乎比重建一座塔还要困难一些。而况宋初时在琉璃的使用上也不能够与北宋中期，如北宋仁宗庆历间（1041—1048年）建造开封佑国寺塔时相比。

而相国寺西塔院的西塔虽然建造于北宋神宗熙宁中（1068—1077年），但其文献中明确记载为“有诏留大相国寺，创造木浮图以藏之，今相国寺西塔是也。”[4]也就是说，西塔肯定是一座木塔而非琉璃塔。

此外，东塔普满塔与西塔广愿塔建造时间相差很久。两座塔在造型上无疑是不会完全相同的。然而，在《东京梦华录》中所说“三门左右有两缾琉璃塔”的描述中，似乎暗示了这是对称布置的两座造型相同的琉璃塔。

另外，从宋人周煇《清波别志》中所说“……经（大相国）寺门，遥望浮图峻峙。”[5]可知，相国寺东、西塔院的双塔很可能是十分高峻的楼阁式塔，高出寺墙很多，所以才会给予匆匆路过寺门的人以“浮图峻峙”的印象。这种高峻的印象，绝非寺门两侧的“两缾琉璃塔”所能够造成的。因为，一般覆钵式瓶式塔在造型高度上，比起中原汉地常见的楼阁式塔多给人以敦实、低矮而非高峻、挺拔的感觉。

---

❶ 文献[2].[宋]孟元老.东京梦华录.卷三.相国寺内万姓交易.清文渊阁四库全书本.

❷ 见徐苹芳.中国历史考古学论集[M].上海：上海古籍出版社，2012：443.

❸ 文献[2].[宋]孟元老.东京梦华录.卷三.相国寺内万姓交易.清文渊阁四库全书本.

❹ 文献[2].[宋]沈括.梦溪笔谈.卷二十.神奇.四部丛刊续编景明本.

❺ [宋]周煇.清波别志.知不足斋丛书本.转引自徐苹芳.中国历史考古学论集[M].上海：上海古籍出版社，2012：450.

因此笔者认为，北宋末年人印象中的“三门左右有两缾琉璃塔”应该是对称布置于寺之前部，大三门与第二三门之间，或者第二三门以内的庭院中，位于三门两侧的两座对称布置的覆钵式琉璃塔。其塔的高度应该不会很大。因其小巧玲珑，造型又如瓶状（覆钵式），故时人称之为“两缾琉璃塔”。

6. 相国寺主要庭院布局与尺度推测

基于如上一系列史料爬梳与建筑及空间分析，大略可以推测出汴京大相国寺可能的庭院尺度关系：

以其寺前后两个主要庭院，弥勒大殿前庭院与资圣阁前庭院分别为南北长 150 步、东西宽 100 步计。两座中心院落的总进深约为 300 步。其中存在着一个 50 步的模数单位，因而可以想象在寺院中轴线两侧的庭院都是以南北深 50 步来布置的。

也就是说，在中轴线上的两个主要庭院两侧可以各布置 6 座进深各为 50 步的小型别院。这些别院的东西方向不会受到这个 50 步模数的制约，可以想象别院在横向略宽一点，比如院东西宽 60 步。这样加上中心庭院 100 步的宽度使寺院总面宽约为 220 步。

同样，将寺院前部大三门与第二三门之间的庭院进深也设定为 50 步。同时，将寺院后部资圣阁与后廊及后门之间的庭院进深也设定为 50 步。同样，其两侧的别院，亦深 50 步。如此，则相国寺总进深为 400 步总面阔为 220 步（图 5–48）。

中轴线上共有 4 进院落，分别是：

① 大三门与第二三门之间的寺之前院；

② 第二三门之内，弥勒大殿之前的寺之正殿中庭；

③ 弥勒大殿之后，资圣阁之前的寺院后部中庭；

④ 资圣阁之后，后廊及后门之前的寺之后院。

在中轴线庭院两侧各有 8 座庭院，每座庭院的进深为50步，庭院面阔假设为60步。左右共有 16 座庭院。这样一种庭院布置，不仅是与中轴线上的主要庭院在尺度上相对应，而且也与《禅林僧宝传》中所云：“辟相国寺六十有四院为八。禅二律六。”[1] 的做法多少有一点契合。或许后来相国寺辟 64 院的时候，恰是以寺之东西廊原本各有 8 院为基数从而渐次扩展而来的，亦未可知。

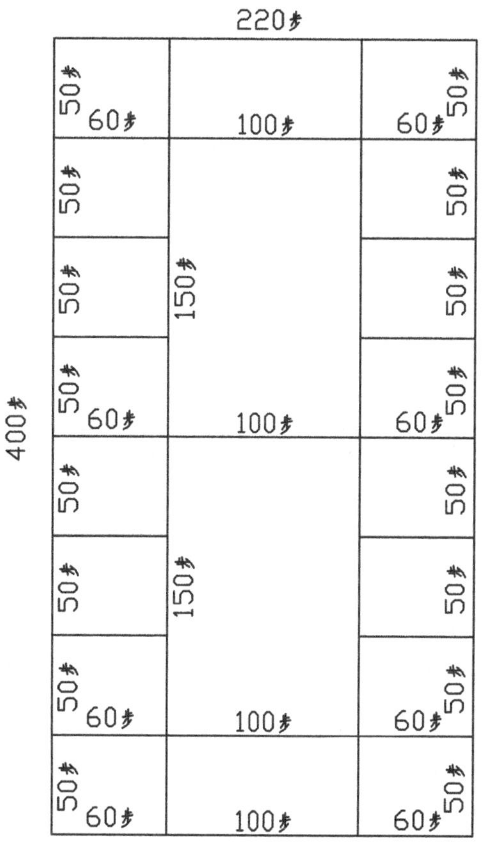

图 5-48　北宋汴梁大相国寺庭院基本尺度推测图（作者自绘）

另外，在笔者对于大相国寺的原状推测中没有考虑史料中提到的环绕寺院主要空间的“遮火墙”问题。因为这毕竟是在寺院建成之后，因频发火灾而后加的一道墙，与寺院原来的空间布局与构想没有直接的关系。而本文主要是对寺院曾经形成的可能空间形态进行的探讨，故对于这种因偶发性的特别原因，而非寺院本身建筑空间规划设计原因造成的添加性设施未加

[1] 文献[2].［宋］释惠洪．僧宝传．卷十四．慧林圆照本禅师．清文渊阁四库全书本．

以特别地关注。

当然，这一有关庭院空间的假设性推测只是基于如上一系列分析基础上，通过建筑的空间与结构逻辑得出的推测，仅具有方便读者对于寺院空间之理解与想象的辅助性意义。或亦能够引起人们对这座北宋名寺的某种空间遐想，亦可称为幸事。

第四节
见于史料记载的几座两宋寺院格局之复原探讨

两宋时期寺院保持较为完整者似乎仅有河北正定隆兴寺。其寺前为山门，山门以内为大觉六师殿（遗址），其后为寺院中的正殿摩尼殿，正殿之后是一座清代所建的戒坛，与戒坛相对峙的是寺院后部的主阁——大悲阁及两侧的挟阁，东为御书阁，西为集庆阁。大悲阁前左右对峙有双阁，即慈氏阁（东）与转轮藏殿（西）。其中大觉六师殿布置在寺院中轴线上，这样的例子在两宋寺院中比较少见；主殿之后的法堂位置上布置了戒坛应该是后世修改的结果；方丈院没有布置在寺院中轴线的后部。除了以上这三个方面的差异之外，山门的主体部分为金代遗构，其余如主殿、大悲阁、大悲阁两侧的左右挟阁、大悲阁前对峙的双阁等都体现了宋代寺院的典型特征。

时代大约接近者有几座辽金时代寺院，如蓟县独乐寺、大同善化寺、朔州崇福寺等还较多地保存了一些辽金时代寺院主体部分的建筑与空间配置关系，其他两宋辽金时期佛教寺院内的木造建筑遗构多已经是隐藏于经过重建或改造的后世寺院格局中的孤零零的单体了。也就是说，即使一座寺院中有一或两座两宋或辽金时期的单体建筑，但其寺院内的基本建筑配置与空间格局很可能已经是明清时代重建后的产物了，其中究竟尚存有多少两宋或辽金时代寺院布局的基本特征仍是一个难以厘清的问题。因而，从史料的记载中，发现并梳理出若干这一时期有关寺院内建筑配置与空间格局描述的记载，并对其可能的原状进行探索，对于更为深入地理解两宋时期寺院建筑布局特征应该是有一定的帮助的。

基于上面的分析及有限的史料记载，我们可以尝试着对几座史料记载稍微详细一点的寺院平面做一个简单的分析与还原，以弥补现存实例在两宋寺院遗存上的过分缺失。

一、见于记载的几座寺院布局探讨

自唐以来，佛教寺院就开始出现一些以较为规整的院落为基本空间单元的组织形式。如唐代长安、洛阳城内的一些寺院，原本就布置在城市方整的里坊之内，寺院格局也比较方正。著名的长安大兴善寺就是这类寺院的一个典型例子，而长安西明寺，因其占有四分之一坊的面积，其寺院空间也因占有里坊内的1/4区块而变成了东西较长、南北较狭的格局，从而使寺院不仅在纵向上并且在横向上都被分割成若干个庭院。

也许正是因为唐代城市里坊中这种规整寺院的影响，后世两宋辽金时期寺院，在条件许可的情况下往往也表现出一种较为规整的空间布局模式。如寺院中的主要殿阁一般会沿一条中轴线设置，形成前后排列的若干院落，而在中轴线院落的两侧则会设有东西跨院，如果地形允许，东西跨院也有可能呈规整的排列，只是院落空间尺度可能会比中轴线上的院落要小一些。

如此形成的寺院地块，大致会是一个南北略长、东西略狭的平面形式。史料中提到了一些寺院基址的长宽尺度，如在一些情况下，其基址地块图的东西宽度大约相当于其南北长度的2/3。例如，一座寺院南北若长90丈，其东西的宽度会在60丈左右，其南北长与东西宽的比例约为1.5∶1。

还有一个有趣的例子，或也可以说明这种南北较长、东西较狭，两者之间可能存在某种比例关系的情况，在两宋时代的建筑组群设置中可能是一种刻意的设计。如史料中提到的北宋东京著名的玉清昭应宫，其基址也是一个南北较长、东西稍狭的地块："凡宫之东西三百一十步，南北四百三十步……凡宫殿门名无虑五十余所，皆御制赐名，亲书填金。"❶ 值得注意的是，这块有 500 多亩大小的地块，其南北的长度是东西宽度的 1.4 倍左右。也就是说，这座巨大道宫基址的南北长度与东西宽度的比例大约为 1.4∶1。

这样一种地形比例，其实又与古代人习惯的方圆相涵的思想产生了某种联系。因为，以其宽度为一个方形，这个方形的斜长或者说这个方形外接圆的直径恰恰是其边长的 1.4 倍左右。此即宋《营造法式》上所提到的"取径图"："若用旧例，以围三径一、方五斜七为据，则疏略颇多。今谨按《九章算经》及约斜长等密率修立下条：诸径围斜长依下项：圜径七，其围二十有二。方一百其斜一百四十有一。"❷ 所谓方五斜七，或方一百其斜一百四十有一，其实指的都是古代中国人所习用的方圆相割之术。这一比例被广泛地应用于建筑平面与剖面、立面的各种尺度比例中。从玉清昭应宫地块中大略近似的这一长宽比，或也可以隐约发现其中可能存在了这种设计意向。

如论如何，两宋时代人，在建筑组群中可能会将一座建筑群的南北长度设置为大约相当于其东西宽度的 1.4 或 1.5 倍，从而有利于其用地范围内的建筑空间组织。这样的地块，一般都可能形成一个有中心庭院与中轴线庭院序列、同时亦有尺度稍小的两侧跨院的布局模式。关键是这种模式尤其适合于佛教寺院的空间组织。

这样一种对称化、规整化、庭院化的空间组织模式一直影响到后世明清建筑组群的空间模式。中国古代建筑在空间组织上的这一特点曾被我们的东邻朝鲜王朝时期的著名学者朴趾源所注意，他特别谈到了两国建筑在空间组织上的差别：

"中原屋宇之制，必除地数百步，长广相适，铲划平正，可以测圭安针盘，然后筑台。台皆石址，或一级，或二级三级，皆砖砌，而磨石为甃。台上建屋，皆一字，更无曲折附丽。第一屋为内室，第二屋为中堂，第三屋为前堂，第四屋为外室，前临大道为店房，为市廛。每堂前左右翼室，是为廊庑寮厢，大抵一屋，长必六楹、八楹、十楹、十二楹。两楹之间甚广，几我国平屋二间，未尝随材长短，亦不任意阔狭，必准尺度为间架，皆五梁或七梁，从地至屋脊，测其高下，檐为居中，故瓦沟如建瓴，屋左右及后面冗檐，以砖筑墙，直埋椽头，尽屋之高，东西两墙，各穿圆窗，西南皆户，正中一间，为出入之门，必前后直对。屋三重四重，则门为六重八重。洞开则自内室门至外室门，一望贯通，其直如矢。所谓"洞开重门，我心如此"者，以喻其正直也。"❸

关于这种由中轴线庭院系列附带左右跨院系列的空间模式，也在宋代僧人赞宁的《宋高僧传》中加以了暗示。赞宁在提到北宋东京观音禅院时，描述这座寺院："慈柔被物，暨乎自狭而广，实三院一门也。二堂东西，恒不减数百众。五十年盼，计供僧万百千数。京城禅林，居其甲矣。"❹ 这显然也是一座规模颇为宏大的禅院，但这里的"三院一门，二堂东西"的空间表述不正暗示了其一座三门之内有包括中轴线庭院与

---

❶ 文献[2].［宋］李攸．宋朝事实．卷七．道释．清武英殿聚珍版丛书本．

❷ 文献[2].［宋］李诫．营造法式．营造法式看详．取径图．清文渊阁四库全书本．

❸ ［朝鲜］朴趾源(1737—1805年)．热河日记[M]．四册．首尔：文艺院，2012:58．转引自：白昭薰．明朝与朝鲜王朝地方城市及建筑规制比较研究[D]．清华大学，2013．

❹ 文献[2].［宋］释赞宁．宋高僧传．卷二十八．兴福篇第九之三．大宋东京观音禅院岩俊传．大正新修大藏经本．

两侧跨院在内的三路庭院，正与“三院一门”的空间格局相吻合；而其两侧可能各有一堂，例如，西为僧堂，东为斋堂，恰好也构成了“二堂东西”的建筑配置。

1. 晋州玉兔寺

《全宋文》中收入了令狐杲于北宋乾德三年（965年）所撰《大宋晋州神山县重镌玉兔古寺实录》，可知这是在一座唐武德二年（619年）所创道观——玉兔观的基础上，于武则天圣历元年（698年）改道观为佛寺的。北宋初年，这座寺院又得到了重修，相关记述中与寺院规模与空间有关的描述十分简单：“玉兔寺者，元即玉兔观也……其寺周围一里二百五十步矣。”[1] 这里唯一能够确定的数据是，这座寺院周回的长度有1里250步。以北宋初年的一里为360步推算，这座寺院的周回长度为610步（305丈）。

这样一个面积，可以暂时想象为152.5步左右见方的一块方形地块。以5尺为一步，152.5步合762.5尺（即76.25丈）。想象其主殿可能是一座5开间殿堂，五开间的通面广约7~9丈，则主殿之前的庭院至少可能是宽15丈、深18丈的尺度，两侧再有庑房，以庑房进深为4.5丈计则两侧庑房总进深为9丈，如此可以将这座寺院基址的宽度推测为大约24丈（折合为48步），则其寺院基址的纵深就可以有257步（约128.5丈）。当然，这里所说的仅仅是按单一轴线布置其纵深方向的建筑的情况，实际上，如前面所分析的，两宋寺院往往至少有三条纵向的轴线，包括中轴线一路以及两侧跨院的两路纵轴线。以保证可以有足够的空间，为寺院配置相应的服务性、功能性建筑。

假设其中轴线上布置有三门、佛殿、法堂、方丈等建筑大约组成了4进院落。而横长方向则可以组织三组院落。以中轴线院落宽度为24丈，先将中轴线上主要建筑控制在依序有5座殿堂4进院落的基本格局上，其主殿面广为5间，通面广约在9丈，进深仍可以在7丈左右；其前三门为3间，面广约5丈余，暂定进深3丈左右，两者间主庭院的宽度可能为15丈，两侧庑房总深9丈，寺院总宽可以达到24丈。第一进院落总进深约为25丈。而此后的第二、第三进院落分别适当加大，如法堂进深5.5丈，其前庭院进深15丈，经藏阁（或大悲阁、毗卢阁等）进深6丈，其前院落进深16丈，方丈寝堂进深3丈，其前庭院仍保持12丈进深。相应建筑尺度不做大的调整。则寺院总进深正可控制在92.5丈。

如此算下来的寺院周回余量为120丈以2相除，则面广为60丈。减去前面设定的寺院中轴线部分总面宽24丈尚余36丈。与寺院中轴线两侧总面宽为24丈相比较，如果做对称式处理，或可以将两侧跨院的面宽控制在18丈。如此则可以使其寺通进深为92.5丈（185步）、通面广为60丈（120步）。从而保证了寺院周回总长度为305丈（610步）。

两侧跨院前后可以均分为5个院落，每进院落的通进深（包括建筑物）为18.5丈（37步）与其宽度18丈大体相洽。两侧庭院中，大致可以按照西僧堂、东斋堂布置，紧邻僧堂可以设经堂，而接待游方僧人的云水堂则可以配置在斋堂附近。此外，还可以按在西侧设罗汉堂，东侧设水陆院，并将僧寮布置在西侧，而将库院、厨房布置在东侧的大致规律来配置。而三门内主佛殿之前左右还可以对峙设立两座楼阁，这样就可以大致构成一座较为规整的、与其“周回一里二百五十步”的记载在空间与尺度上比较接近的北宋早期寺院的基本空间格局（图5-49，图5-50）。

2. 沅州同天寺

湖南麻阳，北宋时曾称锦州城，隶沅州所辖。锦州城内有寺，熙宁八年（1075年）创寺，赐额“同天”：“八年，即城之东隅为浮屠寺，诏赐额同天……又因寺之故基，增斥而芟除荒秽，筑垣而基之者，纵

[1] 文献[2]. [清]胡聘之. 山右石刻丛编. 卷十一. 清光绪二十七年刻本.

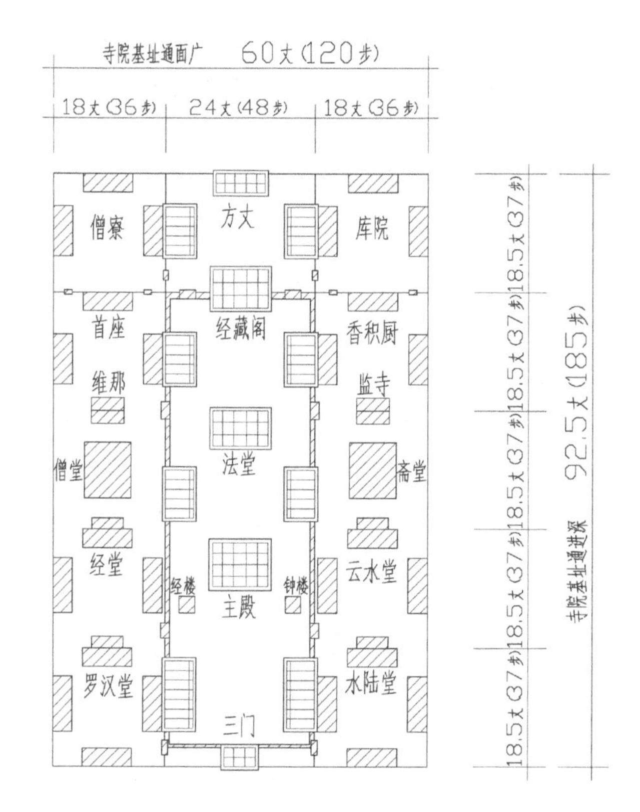

图 5-49　晋州玉兔寺平面推测复原（作者自绘）

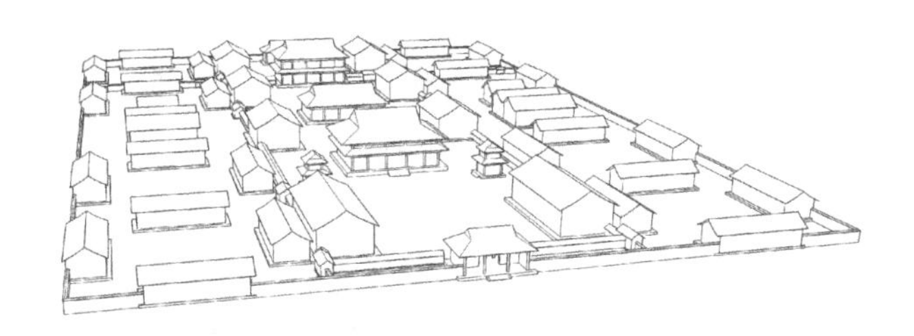

图 5-50　北宋晋州玉兔寺复原鸟瞰外观示意（吴嘉宝绘）

一百八十三步，其广一百二十四步。伐木于山，役工于徒，凡朴斫甄治、板籍汙漫之事，与夫土木金甓、髹彤黝垩之费，未尝以干吾民。至是二十年，而栋宇穹然崇成，自门闼至殿寝，与夫庖厨湢库庾、便斋宴室，以数计之，为屋二百四十有五。”[1]

这座寺院在平面尺度上的记述几乎是最为精准的。其寺基址范围为通进深 183 步、通面广 124 步。以两步为一丈计，其寺通进深为 91.5 丈、通面广为 62 丈。从上下文看，这应该是一个南北长、东西狭的矩形。我们仍然以前面所用的空间逻辑来推测，参照其文字中所记载的“自门闼至殿寝，与夫庖厨湢库庾、便斋宴室，以数计之，为屋二百四十有五”将寺院分为沿中轴线布置的诸院落及两侧跨院。

中轴线上应有三门、大殿、法堂、大悲阁（或毗卢遮那殿及卢舍那殿与经藏阁）、方丈，共有 5 座建筑，4 进院落。以其寺三门为 3 开间，进深 3.5 丈；寺主殿为 7 开间，面广 10 丈余，进深 6 丈；殿前庭院进深 25 丈，面广 18 丈。法堂为 5 开间，进深亦为 6 丈，其前庭院为 15 丈；其后大悲阁进深 6 丈，其前庭院 15 丈；再其后方丈寝堂，进深 3 丈，其前庭院 12 丈。如此分配的寺院通进深恰好可以控制在 91.5 丈。再来看面广。其寺主殿为 7 开间，假设平均每间为 1.55 丈的间广，总面广为 10.85 丈。其前可能有左右对峙的双阁，如经阁与钟阁。则其前庭院的宽度约为 18 丈，两侧各有廊屋，进深为 4 丈，合为 8 丈，则中轴线及两庑总宽度为 26 丈。以寺基总宽为 62 丈，则两侧各余 18 丈的宽度。故可以认为两侧跨院面广各为 18 丈。将两侧进深方向，按 91.5 丈的纵深长度均分为 5 个院落，则每个院落的进深为 18.3 丈。也就是说，中轴线主要建筑两侧各有 5 个长 18.3 丈、宽 18 丈的较小的跨院。其中布置有庖室、厨房、斋堂、库院、宴室、客堂等服务性、后勤性建筑。可能还会有僧堂、寮房、首座、维那、监院等起居性或管理性用房。

这样的布置，使这座长 183 步（91.5 丈）、宽 124 步（62 丈）的寺院基址恰好与当时寺院的基本建筑配置相吻合。由此或也可以从一个侧面说明，这种透过寺院规制与空间逻辑及建筑与庭院的基本尺度关系所进行的探讨性复原推测，是能够在一定程度上接近历史真实的（图 5-51，图 5-52）。

前面分析的晋州玉兔寺，经过分析其基址南北长

[1] 文献[2].［清］曾国荃.（光绪）湖南通志．卷二百四十．方外志三．清光绪十一年刻本．

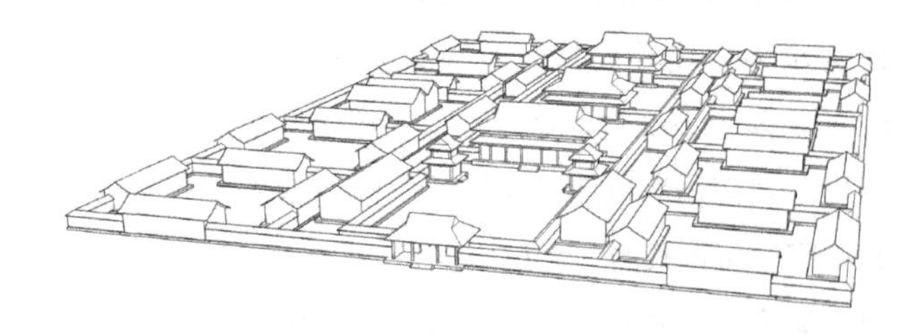

图 5-51　宋代湖南沅州同天寺复原鸟瞰外观示意（吴嘉宝绘）

图 5-52　沅州同天寺平面推测复原（作者自绘）

92.5 丈、东西宽 60 丈（总面积为 5550 平方丈，合约 92.5 亩），与这座南北长 91.5 丈、东西宽 62 丈（5673 平方丈，约合 95 亩）的寺院，在基址规模与建筑及庭院空间配置上是十分接近的，也就是说，这座同天寺的精准记录对于我们前面依据寺院周回尺寸所作的空间分析，在一定程度上得到了验证。相同的规模还见于明代人所记载的另外一座唐宋古碑中记录的禅寺："大风折古桑一株，旦而发之根柢，得古负重断碑，披而读之，乃唐中和间居士吴言舍舍为寺，其基广九十三亩，时刺史王公表请额，为景清禅院，而天圣，则宋时重建，以年为号者，非此莫知其原。"❶

因其面积与晋州玉兔寺、沅州同天寺基本相同，相信也是一座纵深约为 90 丈、面广 60 丈左右，可以将中轴线分为 4 进院落，并将两侧跨院分为若干个院落的寺院。由这样三座时代比较接近、分布地域距离相对较远，基址面积却几乎相同的宋代寺院记载，或也可以猜测，至少在北宋时期这种通进深约为 90 丈、通面广约为 60 丈、基址面积 90 亩左右、大致分为三路、4~5 进院落的寺院很可能是一种比较常见的寺院形式。

3. 建康保宁禅寺

据宋人周应合撰《景定建康志》，宋代建康城内的保宁禅寺前身为三国时所创的建初寺，南北朝时寺侧建有凤凰台。并且曾先后更名为祇园寺、白塔寺，说明寺内曾有白塔。北宋太平兴国间（976—984 年）赐额保宁禅寺，其后"祥符六年增建经、钟楼、观音殿、罗汉堂、水陆堂、东西方丈，庄严盛丽，安众五百，又建灵光、凤凰、凌虚三亭，照映山谷，围甃砖墙五百丈，茂林修竹，松桧蓊蔚。"❷

至南宋建炎元年，这座寺院曾一度改为行宫，之后，曾经做过大规模重建："留守马光祖重建殿宇，及方丈、观音殿、水陆堂、厨堂、库院，移钟楼冠青龙首，增建廊屋横直一十八间。"❸ 此外，宋人叶梦得曾撰《轮藏记》："建康府保宁寺当承平时于江左为名刹……堂殿门庑，追复其旧而一新之。最后作转轮藏。"❹ 这些就是有关建康保宁寺的大致历史记载。

---

❶ 文献 [2]. [明] 释德清 . 憨山老人梦游集 . 卷十一 . 序 . 清顺治十七年毛褒等刻本 .

❷ 文献 [1]. 史部 . 地理类 . 都会郡县之属 . [宋] 周应合 . 景定建康志 . 卷四十六 . 寺院 .

❸ 文献 [1]. 史部 . 地理类 . 都会郡县之属 . [宋] 周应合 . 景定建康志 . 卷四十六 . 寺院 .

❹ 文献 [1]. 史部 . 地理类 . 都会郡县之属 . [宋] 周应合 . 景定建康志 . 卷四十六 . 寺院 .

这是一座有经阁、钟楼、转轮藏殿、观音殿、罗汉堂、水陆堂、东西方丈的寺院，其四周环绕的砖墙有500丈之长。即使按一个方形的平面推算，其每面的长度亦在125丈左右，合250步，快接近一里见方的大小了，折合约260亩，比晋州玉兔寺大了许多。

文献中所描述的这些建筑除了钟、经二楼可能位于寺院主殿之前，观音殿可能在寺院中轴线上之外，其余如罗汉堂、水陆堂、库院、东西方丈等，可能都布置在寺院两侧。因此仍然需要设定，这座寺院有前后三门、三门内有佛殿。因其是一座古寺，其前又曾被称为白塔寺，则佛殿前可能有一座佛塔，佛殿后为法堂，法堂之后为方丈，既有东西方丈，则中轴线上当设方丈寝堂。根据宋代建筑的一般布局规则，可以猜测其中轴线上依序为三门、佛塔、大殿、法堂、观音殿、方丈寝堂。其后可能还有灵光、凤凰、凌虚三座亭子。沿轴线大约有7座建筑，6进院落。在主殿前还对称布置有钟楼与经楼。以至其后来将钟楼移至了青龙之位，说明这座寺院的钟楼位于寺院主殿前的东侧。

寺院两侧的建筑，首先有罗汉堂、水陆堂，此外因其安众五百可能有规模较大的僧堂。另还有东西方丈、厨堂、库院。

先来看中轴线部分，仍然设想三门为5开间、进深4丈，其内为主殿，殿前有古塔，塔布置在三门与主殿之间，殿前左右还设置有钟楼与经楼。因为这是一座敕建名寺且曾经作为帝王的行宫，故推测其主殿为9间、面广约14丈、进深约9丈。其后为法堂因寺内僧众有500人且佛殿宏大，故其法堂为7间，堂进深约为7丈，其前庭院进深为18丈。法堂之后为观音殿，殿亦为5间，进深为6丈左右，殿前的庭院深15丈。其后为方丈寝堂进深约在4丈，寝堂前庭院为12丈。方丈之后设想为对称布置的三亭，其中央一亭，设想为6丈见方，假设其亭属于寺院后部的园林部分，则其亭与方丈间的距离应该较大，则可以将布置有亭子的后部园林空间的进深控制在25丈。将这一粗略估计的中轴线建筑尺度叠加则为151丈。将其数取整为150丈则推测其寺院总进深为150丈。如此若设想寺院平面为一个规整的矩形，以其寺周回500丈计，则其寺总面宽为100丈。

再来观察寺院中轴线建筑群的面宽。其寺主殿为9间、通面广约为14丈，其前庭院深为25丈，殿前两侧可能有新增廊屋“横直一十八间”。由于主殿前院落比较大，可以推测，这里应该是在每一侧有18间廊屋，两侧共有36间。由于主殿尺度较大，如果要围合成一座包括佛塔在内的大院落，则其廊屋的间距亦应该比较大。设想其间距为2丈，则两侧各有13间廊形成一个进深26丈的院落，所余5间廊分别布置在主殿与三门两侧。也就是说，主殿之前，三门之内，可形成一个廊院。廊院的进深约为26丈，殿前东西有钟楼与经阁且殿前还有塔，则其前廊院宽度亦应该比较宽。假设宽度亦为25丈。在廊院之前的两侧还可能有庑房，在庑房之南还需要布置一道门，这可以是一座面广三间的门殿，可以称之为外三门。以中心廊院及其前庑房的进深推算，则中轴线主要庭院总宽度可以控制在40丈左右。

如此，以寺院通面宽为100丈，则两侧跨院的宽度余量为60丈，可以均分为30丈宽。而寺院通进深为150丈，可以在30丈的宽度下延进深方向各布置若干个庭院，例如将纵深方向分为6个院落，平均每个院落的进深约为25丈。其中前5个院落，主要布置寺院内的功能性用房，在这左右10个院落中，左侧可以有水陆堂院、厨堂院、库院、东方丈院，右侧可以有罗汉堂院、转轮藏殿院、僧堂院、西方丈院。此外，当然还有如首座、维那、监院、客堂、祖师堂以及其他服务性、功能性的房间，大体上可以将两侧的院落充满。

两侧轴线的最后仍然是园林部分，可以将三座亭子分别设置在寺院三条轴线的末端，例如，其左为灵光亭，其右为凌虚亭，中央则为凤凰亭。环绕三座亭子等园林空间的院落亦可以有 25 丈的进深空间，从而将寺院后部整合为一个较为完整的寺院园林。

这样一种依据建筑与空间逻辑推测而出的寺院，与其寺周回总长大约为 500 丈、内有 500 僧人以及若干建筑物等的记述，大体上还是比较接近的（图 5-53，图 5-54）。

4. 四明天宁报恩禅寺

另一座见于文献记载的规模较大的宋代寺院是四明的天宁报恩禅寺："四明天宁报恩禅寺，直郡治西百武而遥，基广一顷三十亩有奇……日有所营，月有所建，岁有所成。积劳十年，外门、中殿、法堂、丈室、斋坐之宇，休息之寮，而观音阁，而净土院，庖廪、湢溷、轩廊、序房，昔庳者崇，昔隘者辟，昔黯黮者爽豁。至于像设，则位置整严，金碧绚烂。至于梵呗，则时节击撞，音奏洪远。"[1] 寺址在四明郡治之西不远处，基址面积为"一顷三十亩"。以一顷为百亩计，则其寺范围为 130 亩，较之前面提到的接近百亩的玉兔寺与同天寺，有其 1.5 倍左右的规模。

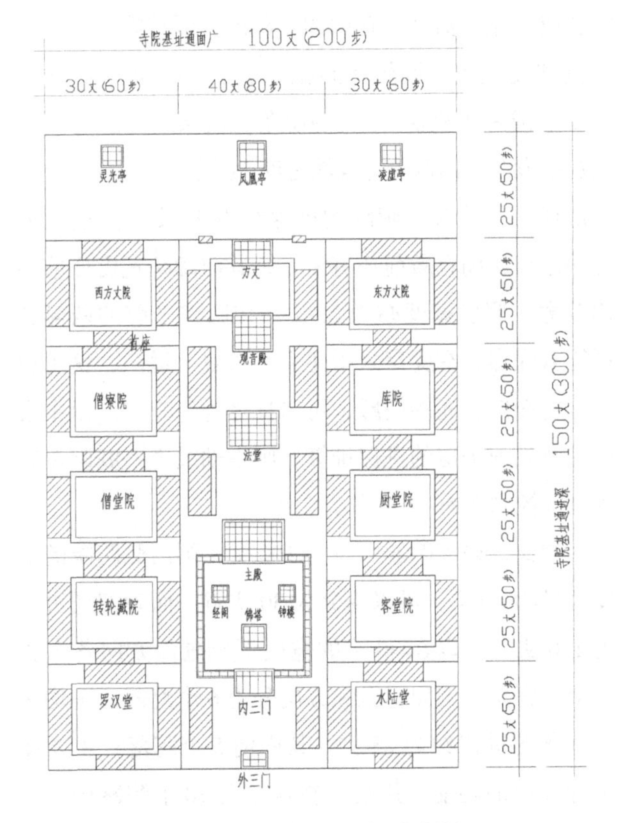

图 5-53　建康保宁禅寺平面推测复原（作者自绘）

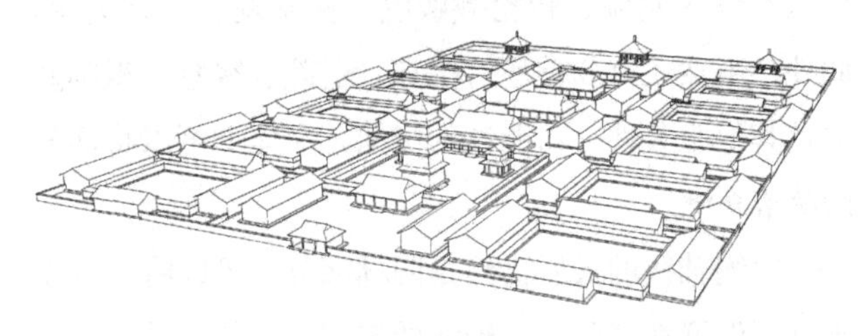

图 5-54　宋代建康保宁禅寺复原鸟瞰外观示意（吴嘉宝绘）

为了分析的方便，不妨先将这 130 亩的用地折算为平方丈，以一亩约为 60 平方丈计，130 亩可折合为 7800 平方丈。这里也许可以借鉴一下前面分析的几个寺院的长宽比例，如晋州玉兔寺南北长 92.5 丈、东西宽 60 丈；史料记载比较精准的沂州同天寺，南北长 91.5 丈、东西宽 62 丈；而通过其周回长度与空间逻辑分析而得出的建康保宁寺，南北长 150 丈、东西宽 100 丈。透过这三个寺院案例，可以看出如果将寺院基址范围的长宽比例控制在 3∶2 左右，似乎是一个比较适当的选择。

以其面积为 7800 平方丈，则若设定其南北纵深长度为 100 丈，而东西横长宽度为 78 丈，则恰好使其长宽尺寸与面积数吻合，而比例也大略接近 3∶2。且是一个比较容易把控的长宽尺寸。

仍以寺院中轴线上，在纵深方向的 6 座建筑物来作估算，其前为三门，以 5 开间计，进深约为 4 丈，其内主殿称为中殿，因寺院基址较大，这座中殿的规模似乎要稍大一些，仍以 7 开间计，面广可能有 10 丈余、进深约在 7 丈，其前庭院空间的纵深方向，应大约有 28 丈的长度，而面广方向可能有 24 丈左右。

中殿之后为法堂，以 5 开间计，其面广约 9 丈、

[1] 文献[2].[宋]陈着.本堂集.卷四十八.清文渊阁四库全书补配清文津阁四库全书本.

进深约6丈，其前庭院纵深可能有18丈左右。法堂之后可以配置一座楼阁，如其文中提到的观音阁。其面广进深可以为5间、长为9丈余、深为6丈左右，其前庭院进深长度约为16丈。寺院主阁之后可能是方丈，这里称为丈室。其开间可以为5间，进深4丈左右。其前庭院也控制在12丈。这样，建筑规格与庭院尺度的纵深累积长度恰好可以控制在100丈。

再来看东西横长方向。以其通面广约10丈的中殿之前庭院纵深接近28丈，则庭院宽度为24丈是一个适当的尺度选择。中殿两侧可以用廊屋（轩廊）与三门相接，廊屋的进深控制在3丈，则中轴线建筑群通面广可控制在30丈左右。中殿之后各院落的两侧可以用庑房，形成左右两序（序房）的合院效果。如此使得在东西宽度方向的余量为48丈，两侧均分，每侧可以有24丈的面宽。然后可以将纵深方向100丈的长度均分为4段，则两侧跨院的每一进院落可以有25丈的总进深。这左右8座院落中，在西侧可能有净土院、僧堂院和僧寮院（休息之寮）以及首座、维那的用房，在东侧可能有斋堂、庖厨（庖）、库院、客堂（斋坐之宇）或浴室（湢）、监院等接待、服务与管理性用房。至于东司（溷）、仓廪（廪），也可能分散在左右两侧（图5-55，图5-56）。

图5-55 四明天宁报恩禅寺平面推测复原（作者自绘）

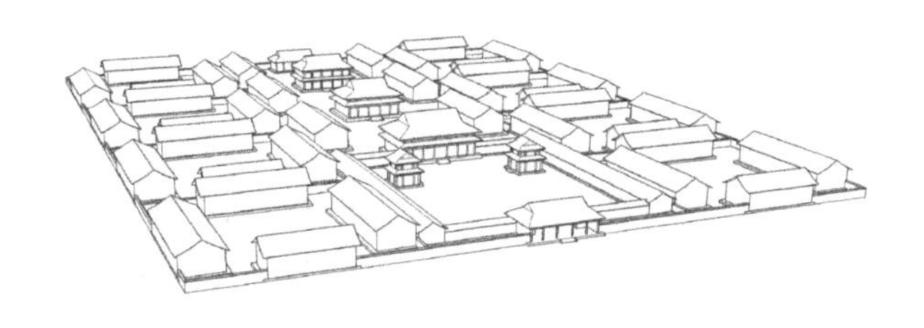

图5-56 宋代四明天宁报恩禅寺复原鸟瞰外观示意（吴嘉宝绘）

5. 淅川兴化寺

北宋文人欧阳修在明道二年（1033年）的一篇文字中记录了淅川县（今河南南阳）的一座称为兴化寺的寺院，据欧阳修的记述，这座寺院始创于隋仁寿四年（604年）：“号法相寺。太平兴国中改曰兴化，屋垣甚壮广。”❶

其文并没有详细描述寺院的基址与建筑，笔墨主要落在了寺院内新修的行廊上。其中仅仅描述了两侧廊子的具体间数，但细咀嚼之，或也有助于我们理解这座寺院空间布局的某些特征：“兴化寺新修行廊四行，总六十四间，匠者某人，用工之力凡若干，土木圬墁陶瓦铁石之费，匠工佣食之资凡若干。”❷

行廊，应当指的是寺院纵深方向布置的廊子。若分4行设置行廊，则似乎是在中轴线之外两侧各有一路跨院，也就是说，有3路庭院。大约每行应有16间廊子。以每间廊子的间距为1.5丈计，由行廊联系的前后进深约24丈。这或许揭示出了寺院前部主要

❶ 文献[1].[宋]欧阳修．欧阳文忠公集．外集卷第十三．四部丛刊景元本．

❷ 文献[1].[宋]欧阳修．欧阳文忠公集．外集卷第十三．四部丛刊景元本．

庭院的基本尺度。即其寺院中轴线前部为主殿，主殿前有一个24丈左右进深的庭院。为了保证寺院空间的整齐统一，其前部两侧的侧院也用了连廊，进深亦为24丈，共16间。

这样一种分析基于两个原因：一是，欧阳修提到，这座寺院的“屋垣甚壮广”，说明寺院基址规模是很大的。16间的行廊，很可能只覆盖了寺院主殿之前的空间；二是，这座寺院为隋代初创的古寺，其寺院空间很可能保持了隋唐两代寺院的一些特征，如唐代寺院习惯使用的回廊院做法。其中心廊院两侧还会有东廊院、西廊院。这里既然要修4行行廊，显然是要保持这种旧有的格局。

由此给予我们的暗示是，唐宋时期，较为规整的寺院很可能都是按左、中、右三路轴线铺展其前后院落的。中路为中轴线庭院组群主要布置三门、佛殿、法堂、方丈之属；左路为东侧组群布置斋堂、厨库、客堂之属，也许还包括水陆堂、云水堂等建筑；右路为西侧组群布置僧堂、寮房、罗汉堂以及转轮藏等建筑。

以其中心庭院面广24丈，则可以将两侧庭院控制在18丈，从而使寺院通面广控制在60丈左右。如此参考前面的寺院基址比例，还可以想象其寺院通进深大约在90丈。参照前面寺院空间的布局模式也可以大致推想出这座寺院后部的空间分布（图5-57，图5-58）。

这虽然不能算是一座完整的寺院，但其前部4条行廊将寺院划分成三路的空间特征，在一定程度上为对前面所分析的几座北宋寺院空间模式又进一步提供了的佐证。

6. 怀州十方胜果寺

古怀州为河内地，自十六国时期至南北朝的北魏、东魏、北齐时期直至隋唐五代，这里的佛教寺院建造活动就一直十分活跃。宋人李洵所撰《怀州修武县十方胜果寺记》记录了一座北宋寺院，使我们可以了解到古怀州地区宋代寺院的一些特征。

李洵的文字中描述的这座寺院，隋唐时代可能称为长寿寺，其寺的基本格局为“八院分处”，这显然是一种包括若干子院的唐代寺院格局，但北宋时期已经变成了一座十方禅寺：“前代本长寿之□，我朝锡胜果之号。仍旧贯有八院分处，从近制为十方住持……陶甓伐木，云集川流，起绍圣三年九月，止四年之二月日。”[1]重建工程始于北宋绍圣三年（1096年），完成

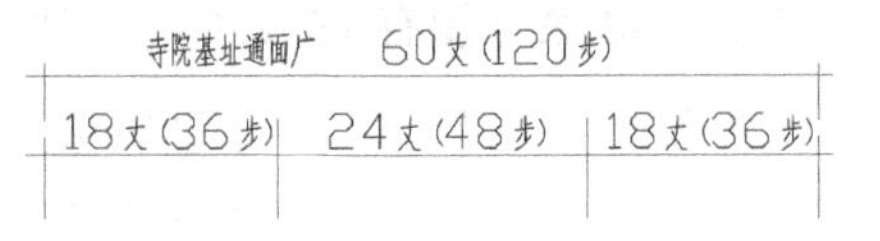

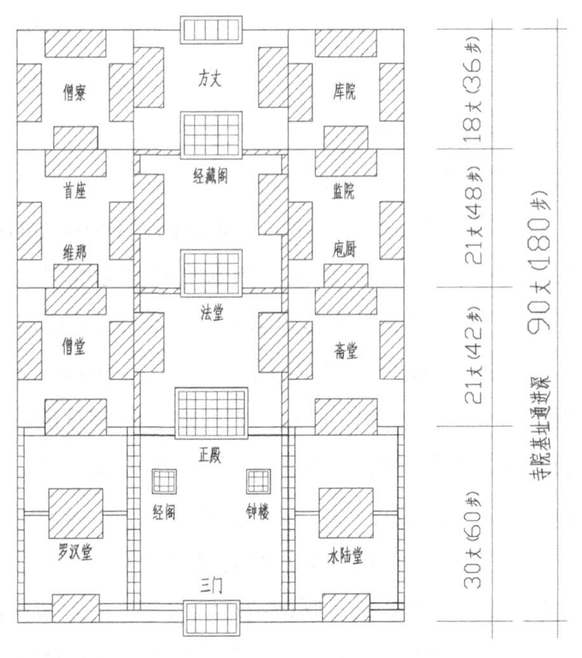

图5-57 浙川（南阳）兴化寺平面推测复原（作者自绘）

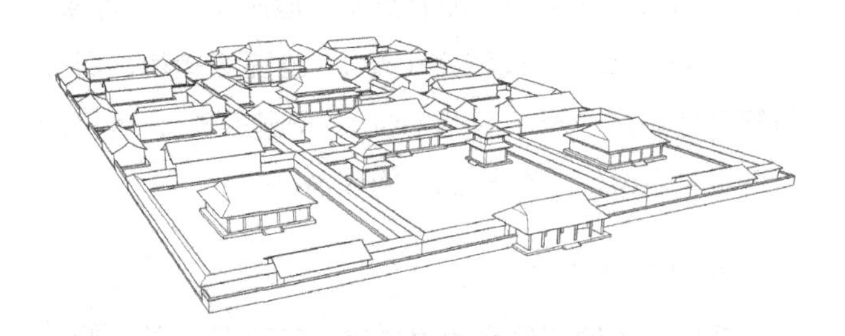

图5-58 宋代浙川（今南阳）兴化寺复原鸟瞰外观示意（吴嘉宝绘）

[1] 萧国桢．华北地方·第四八七号河南省修武县志 一、二、三．台北：成文出版社，1976.

于绍圣四年（1097 年）。

关于北宋这次重建，作者做了比较详细的描述："除前殿五间有三世像，后殿七间有千佛像，砖塔九层，大门五间，洎钟楼即旧外，为左右偏门六间，前殿东西□□□间，后殿东西挟室六间，左庑贯厅与讲堂二十有九间，右庑贯厅与僧堂二十有九间。钟楼在前庭之□□右□□城以偶之，厨库下舍，靡不完洁。总逾百楹，皆创置也。窈然其□深，焕然其严丽，风烟改色，梵呗联响。居者增精进之心，来者起歆慕之色。缭垣矗直，绳桓于外，纵为八十步，冲为四十五步。最厥费为缗钱二千有畸，何其用钜而功速欤？"[1]

先来看这座寺院的基址情况，其寺南北纵长为 80 步（40 丈）、东西横宽为 45 步（22.5 丈）。也就是说，这不是一座很大的寺院，或者说这里重建的只是其"八院分处"中的一座子院。寺基南北长 40 丈、东西宽 22.5 丈，用地面积大约为 15 亩。

再来观察寺院的建筑布局。寺院的前部为三门殿，三门为 5 开间；三门左右各有一座偏门所谓"左右偏门六间"，其实是每侧各为 3 开间。寺内有一座 9 层砖塔。这可能与前面提到的建康保宁禅寺一样是保持了隋唐时期"殿前塔"格局的一座寺院，故这座砖塔应是位于三门以内、前殿之前的位置上。寺院主殿似为前殿为 5 开间，前殿内供奉的是三世佛；前殿之后有后殿，后殿为 7 开间，后殿内供奉千佛，故称千佛殿。前殿与后殿的两侧各有挟屋，以"后殿东西挟室六间"的记述可以反推出前殿缺字部分记录了同样的事情。即前殿东西两侧各有挟屋三间。

在寺院中轴线之外各有左右庑房，其文所谓"左庑贯厅与讲堂二十有九间，右庑贯厅与僧堂二十有九间"说明左右庑房与贯厅呈对称式布置，相应的讲堂（左）与僧堂（右）亦呈对称式布置。下面面临的问题是，如何布置这对称设置的讲堂与僧堂及与之相连的庑房贯厅。

先从宽度上来分析，前殿为 5 开间，面宽可以控制在 7 丈左右，其左右有 3 间挟屋，面宽可以分别控制在 4 丈。这种殿挟屋的形式是可以紧贴在一起的，故前殿及其左右挟屋的通面广 15 丈余。这里不得不提其后殿，后殿为 7 开间，其面广约为 10 丈余，两侧亦各有 3 开间的挟屋，则每侧挟屋的面宽宜控制在 3 丈，从而使其通面广 17 丈余，如果将这看作是寺院中轴线建筑的面宽，因其东西总宽仅为 22.5 丈，故其两侧仅余 5.5 丈，也就是说，每侧各有 2.75 丈的余量。如果再在两侧廊房与后殿挟屋之间留出一点空隙，则两侧廊房的进深只能有 2.2 丈。可以在廊房之前留出一个 0.8 丈的前廊，则廊房进深仅有 1.4 丈。

这样狭窄的宽度，也说明了两侧的庑房、贯厅、讲堂、僧堂都不可能作跨院式的空间处理，而只能作东西两序南北顺身式的布置方式。故这里可以将讲堂与僧堂看作是两座东西向布置的配殿，配殿的南北两个方向上，连以庑房、贯厅。这里的贯厅或许可以理解为过厅。

由于讲堂与僧堂是比较正规的殿堂需要有一定的空间容量，不可能仅仅有 2.2 丈的进深。因此，可以理解为这是两座位于主要殿堂之前庭院两侧的配殿，其进深可以向庭院内凸进。而两侧庑房的进深则可以控制在 3~3.5 丈。然而已知其寺前殿之前有钟楼，与钟楼对峙而立的有另外一座楼阁，还有一座 9 层高的砖塔，故讲堂与僧堂的位置似乎只能布置在前后殿之间的庭院两侧了。

假设讲堂与僧堂分别位于寺院前后殿之间各为 5 开间，通面广亦为 7 丈左右，进深可以控制在 4.5 丈余。由于每侧庑房与贯厅共有 29 间，除去 5 间庑房还应有 24 间的贯厅需要布置。我们或可以把贯厅理解为前殿两侧挟屋与东西庑房之间的廊房贯通前后庭院空间。设想贯厅间广为 1.3 丈，24 间的通进深为 31.2 丈，加上讲堂、僧堂的面广长度，则左右庑房与贯厅（廊房）的南北总长约为 38 丈，与寺院 40 丈的通进深仅有 2 丈的余量。

由于前殿之前有九层砖塔及钟楼等建筑，则前殿

---

[1] 萧国桢．华北地方·第四八七号河南省修武县志 一、二、三．台北：成文出版社，1976.

之前的庭院南北总深（包括前后建筑的中线以内部分）为17.5丈左右。后殿至前殿南北总长（包括后殿进深及前殿进深的一半）为10丈。再加上三门、前殿、后殿的进深可以将寺院通进深控制在40丈以内（图5-59，图5-60）。

前殿之前，还布置有一座9层砖塔与左右双阁：其中一座阁为钟楼，另外一座文字缺失似乎为“□城”，两宋时代以“城”称阁者极为罕见，故这里无法弄清这是一座什么楼阁。但至少可以说明，在两宋寺院主殿前的双阁确实有多种可能的组合。

今日怀州胜果寺仅余前殿之前的九层八角楼阁式砖塔（图5-61），且因河水泛滥造成地表升高，其塔地面以上部分仅余8层。这座塔的高度，一说为27.26米（合宋尺8.71丈）；另外一说为26.15米（8.35

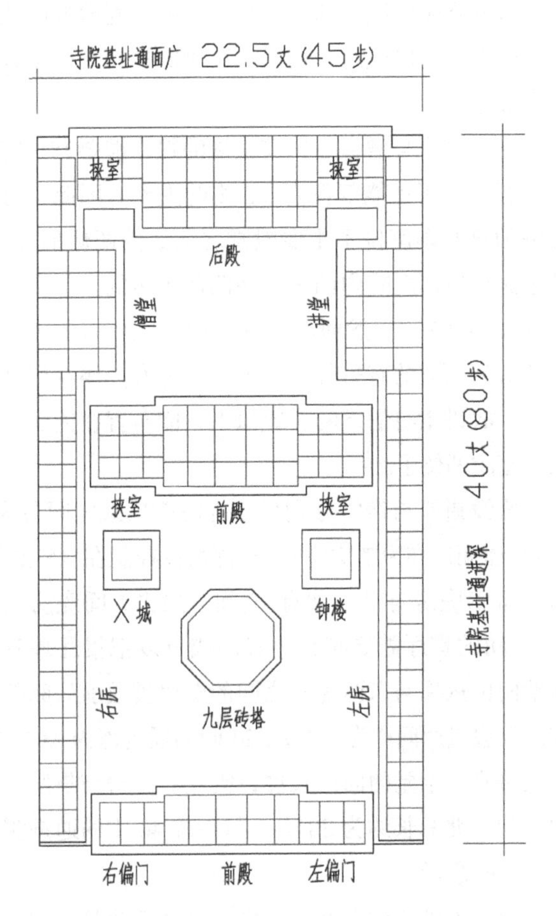

图5-59 怀州修武十方胜果寺平面推测复原（作者自绘）

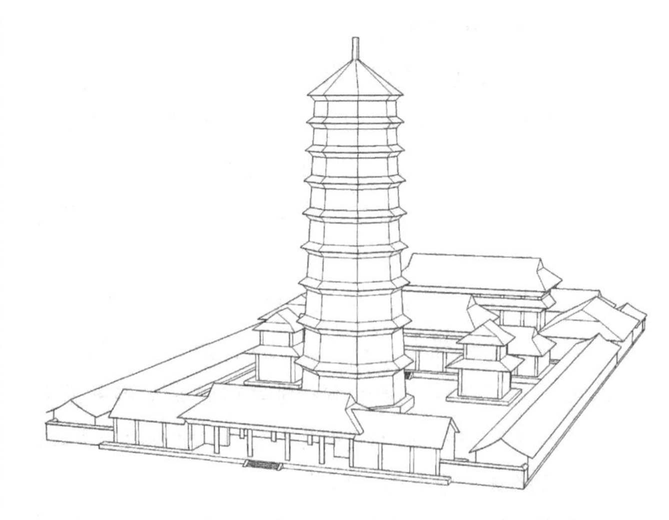
图5-60 北宋怀州修武县十方胜果寺复原鸟瞰外观示意（吴嘉宝绘）

图5-61 怀州修武县十方胜果寺塔现状外观（河南省文物局．河南省文物志[M]. 北京：文物出版社，2009.）

丈）。这样一个高度，与其长宽20丈左右的庭院空间应该是十分匹配的。这座塔的各层叠涩出檐、造型简洁、收分洗练颇具北宋砖塔的优雅风韵，或也可以使我们在一窥这座北宋寺院遗痕之时，对当时寺院的建筑与空间产生某种联想。

7. 汀州定光庵

福建龙岩市武平县岩前镇有一座均庆寺，传说北宋乾德二年（964年），福建同安人郑自严来到了这里的狮岩下结茅为庵，因其曾经灭蛟龙、降猛虎、除水患、兴修水利、拯救生灵受到了民众的崇拜与信仰，被信众称为定光古佛的化身。北宋真宗朝又敕封郑自严为“均庆护国禅师”，又为寺院赐额“南安均庆院”。

宋人周必大嘉泰三年（1203年）撰《汀州定光庵记》记录了这座寺院创建之始因：“按定光泉州人，姓郑，名自严。年十七为僧，以乾德二年驻锡武平县之南安岩，禳凶产祥，乡人信服，共创精舍，赐额‘均庆’。淳化二年，距岩十里别立草庵居之，景德初，又迁南康郡之盘古山。汀守赵遂良机缘相契，即州宅创后庵，延师往来，至八年终于旧岩。”[1]其文中也谈及南宋寺庵重建的简单情况：“庆元二年，郡守陈君晔增创拜亭及应梦堂……乃裒施利钱二千余缗，以明年三月十七日鸠工，为正殿三间，博四丈二尺，深亦如之；寝殿三间，博三丈，深居其半；应梦堂三间，廊庑等总十有八间，官无一毫之费。逮六月讫工。”[2]可知，庵重建于南宋庆元二年（1196年）。

这显然是一座小庵，主殿开间、进深均为3间，各为4.2丈。庵有寝殿，亦为3间，面广3丈，进深仅有1.5丈。另有应梦堂三间，尺寸不详。以其尺度可能会介乎寝殿与主殿之间，可以想象其殿面广、进深在3.6丈左右。此外还有一座拜亭，可能是布置在其庵的主殿之前的。遗憾的是，其文中再没有提到其他的建筑物，甚至不知道是否有三门之设。

其文中提到了两侧共有廊庑18间，或可以帮助我们推想一下其庵的纵向尺度。假设这18间廊庑，包括了主殿前两侧的庑房及连接庑房的庑廊，庑房亦设想为每侧3间，则每侧尚余廊子6间。如果将连廊的北端与应梦堂前檐找齐，将两侧庑房布置在主殿前与庵门之间的位置上，拜亭布置在主殿与庵门之间居中的位置上，大略是一个可能的布局。

设想主殿前两侧的3间庑房，面广4.8丈（当心间1.8丈，两侧各1.5丈），则庵门与主殿之间的庭院空间距离可以设想为7.2丈。其间可以布置一个2丈见方的拜亭。庑房以北有6间联廊，以每间廊间广为1.5丈计，则其长9丈。设想这6间侧廊位于主殿之后，应梦殿之前，故这一长度限定了应梦堂南檐与主殿南北中线的距离。主殿进深4.2丈，设想应梦殿面广三间、长3.6丈、进深3丈。主殿中线距离应梦殿前檐的距离为6间连廊的面广，共为9丈，其间当有6.9丈的庭院空隙。可以在这6.9丈的中间位置布置寝殿，其殿面广3丈、进深仅1.5丈。可知主殿与应梦殿之间还有5.4丈的纵深余量。平均分布在寝殿前后，则各有2.7丈的距离。

至于这座寺庵的面广，以主殿通面广4.2丈，设想其前两侧庑房的东西距离为7.2丈，庑房进深为3丈，则庵通面广为13.2丈。以其庵门面广3丈、进深为1.5丈，其应梦堂进深亦为3丈计，则从庵门前檐至应梦堂后檐的均庆庵通进深为22.8丈（图5-62，图5-63）。

这样一种推测性复原，只是尽可能接近其庵的原状。可以使我们对一座小规模的南宋佛教寺庵有一个大略的印象。好在这座均庆寺尚存，所存主殿是一座清代遗构，其格局也已经不再是南宋时的样貌了（图5-64）。

[1] 文献[2].[宋]周必大.文忠集.卷八十.清文渊阁四库全书本.

[2] 文献[2].[宋]周必大.文忠集.卷八十.清文渊阁四库全书本.

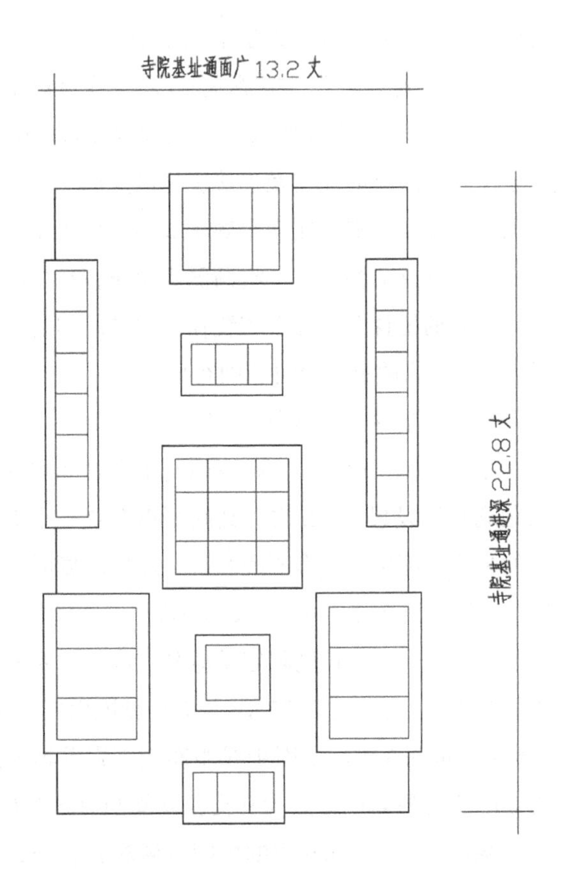

图 5-62　福建汀州定光庵平面推测复原（作者自绘）

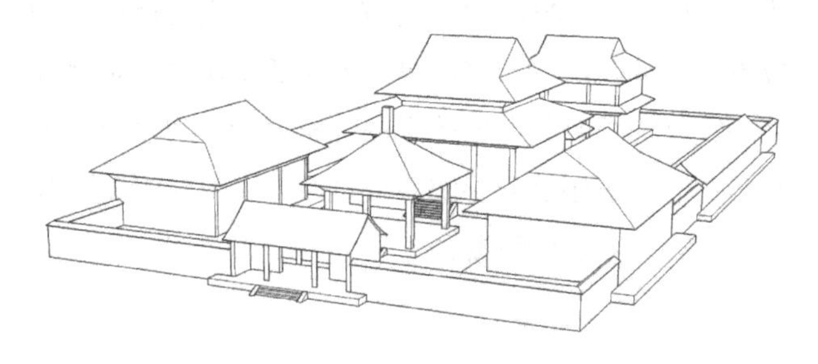
图 5-63　宋代福建汀州定光庵复原鸟瞰外观示意（吴嘉宝绘）

图 5-64　福建武平均庆寺现状外观（刘畅，曾朝，谢鸿权 . 福建古建筑地图 [M]. 北京：清华大学出版社，2015.）

第六章

史料所见两宋佛寺中部分建筑复原

第一节
史料中所见两宋寺院中几座木构佛殿的复原探讨

两宋时期佛教建筑的历史波澜壮阔，寺院数量众多，寺院建筑类型驳杂，在结构与造型上也出现了诸多前代所未曾有的创新，如将多座楼阁组合而为一座楼阁的做法，或就寺院三门与千佛阁、五百罗汉阁结合为一等，都是既不见于隋唐时代也不见于其后的元明清时代的，可见这是一个充满了怎样丰富而多样的创造性活力与实践的时代。然而令人遗憾的是，两宋时期的木构建筑遗存实例却少之又少，甚至无法与时代大约相同的北方辽金时期的木构建筑遗存同日而语，这也是前面有关寺院格局的叙述中不得不用一些晚期寺院建筑的图例来加以印证的主要原因之一。

为了弥补这一缺憾，我们从文献上爬梳出来了一些两宋时期佛教寺院中的单体建筑案例，这些案例的记录中尚保存了一些基本的量化关系，基于一定的分析或能够大略地还原其中的某些建筑单体的平面、剖面，甚至造型，从而不仅使我们对这一时期的佛教建筑有一个更为深入的了解，同时也在一定程度上可以弥补实例中两宋时期单体建筑案例遗存较少的缺憾。从而丰富我们对中国古代建筑史上这一重要时期的认识。

寺院中的佛殿往往是寺院中的中心建筑可以被看作是寺院中的正殿，其结构尺度、建筑空间以及室内外的装饰标准也往往都是最高的。文献中记录稍微详细一点的两宋寺院佛殿可以见于如下一些例证。

一、泰州报恩光孝禅寺最吉祥殿

寺在今江苏泰州市，初创于东晋时期，北宋崇宁二年(1103年)，赐额崇宁万寿寺。南宋绍兴八年(1138年)，为祭奠被掳去北方的徽钦二宗的亡灵诏赐报恩光孝寺，但却毁于绍兴三十一年（1161年）金人的兵火，史称辛巳之变："寺始为天宁万寿寺，今名盖用绍兴诏书改赐，亦火于辛巳之变……有巨钟千石，方寺坏于兵时，楼焚，钟堕扁而不坏……乃建楼百尺以栖钟。钟始铸，岁在乙卯，至是三乙卯矣，而楼成。"❶也就是说，在遭到兵灸30年后的庆元元年（1195年）开始对寺院进行复建，首先建造的是百尺高的钟楼。

由于钟楼高大，"人咸异之，遂议佛殿，殿之役最大，度费钱数千万……殿以崇成，为重屋八楹，东西百六十尺，南北九十六尺，高百一十尺，佛菩萨阿罗汉三十有一躯……而后使者韩公掩取《华严经》语，书殿之颜，曰'最吉祥殿'"。❷在百尺钟楼与八楹佛殿的基础之上，寺院长老德范师，"又为阁六楹，以奉今天子昔在潜邸赐前住持觉深'碧云'二大字。阁之广袤雄丽，亦略与殿称。余若方丈、寝堂、厨库、水陆堂、两庑，累数十年不能成者，皆不淹岁而备。最其费，为缗钱二十万。"❸

可见，这次重建工程之浩大，包括了钟楼、大殿、方丈、寝堂、厨库、水陆堂，两庑以及一座有五开间的御书阁。而其中最为重要的是寺内的大殿——最吉祥殿。总体上看，这座寺院中的单体建筑尺度都非常巨大，这座最吉祥殿也不例外。这里给出了寺院大殿的基本尺寸：殿为八楹，可知面广为七间；东西160尺，即大殿通面广为16丈。这里没有给出大殿的进深间数但给出了大殿南北96尺，即大殿通进深为9.6丈。此外还给出了大殿的高度，为110尺，即11丈。这一高度，相对于一座七开间大殿而言显然显得偏高。这里存在两种可能：一是这一高度中可能包含了大殿台基的高度；二是这一高度中也可能同时包含了大殿脊槫上皮以上的屋脊甚至鸱尾的高度。因此，大殿结

❶ 文献[2].[宋]陆游.渭南文集.卷第十六.泰州报恩光孝禅寺最吉祥殿碑.四部丛刊景明活字本.

❷ 文献[2].[宋]陆游.渭南文集.卷第十六.泰州报恩光孝禅寺最吉祥殿碑.四部丛刊景明活字本.

❸ 文献[2].[宋]陆游.渭南文集.卷第十六.泰州报恩光孝禅寺最吉祥殿碑.四部丛刊景明活字本.

构的实际高度应该小于这里记载的110尺的高度。

以大殿的高度推测，这应该是一座单层重檐大殿，即殿平面为周匝副阶的做法。先来看面广方向的开间尺寸。以大殿面广7间推算，其通面广为16丈，则平均每间开间为2.285丈有余。显然，这座大殿的开间是很大的。但其副阶的面广不能太大故要将其主要开间设想得大一点，假设其当心间开间最大，设定为3.0丈，则两次间、梢间的开间宽度递减。以每间减0.3丈计，则左右次间为2.7丈，左右梢间为2.4丈，这里可以使副阶的深度，即面广方向的左右尽间间广为1.4丈。按这样一个开间尺寸分配则其通面广恰好为16丈。

再来看进深方向的开间尺寸。从结构的对称性角度考虑，一座木结构在进深方向的前后两间，一般应该与其面广方向的左右尽间有相同的开间尺寸，这样才能保证其四个转角部分的结构能够呈45° 的递角栿或抹角栿，角梁也能够在45° 方向上向外伸出。如此，可以设定其进深方向为5间，前后间的间广各为1.4丈，这也是大殿副阶进深尺寸。而紧邻的两次间间广尽可能与面广方向的梢间接近，设想为2.2丈，则其进深方向的当心间间广为2.4丈。这样恰好能使大殿在通进深的长度上保持为9.6丈。

这样一种平面柱网有可能形成所谓“金箱斗底槽”的平面，中间的6棵柱子可以不用，通过4条5.8丈的大梁（六椽栿）形成一个紧凑的中空结构。内部布置有一铺31尊的佛、菩萨及罗汉造像。我们可以推测这座大殿的平面尺寸（表6–1，图6–1）。

表6-1　泰州报恩光孝寺最吉祥殿平面尺寸

单位（丈）

面	通面广	左尽间	左梢间	左次间	当心间	右次间	右梢间	右尽间
广	16.0	1.4	2.4	2.7	3.0	2.7	2.4	1.4
进	通进深	前间	次间		当心间		次间	后间
深	9.6	1.4	2.2		2.4		2.2	1.4

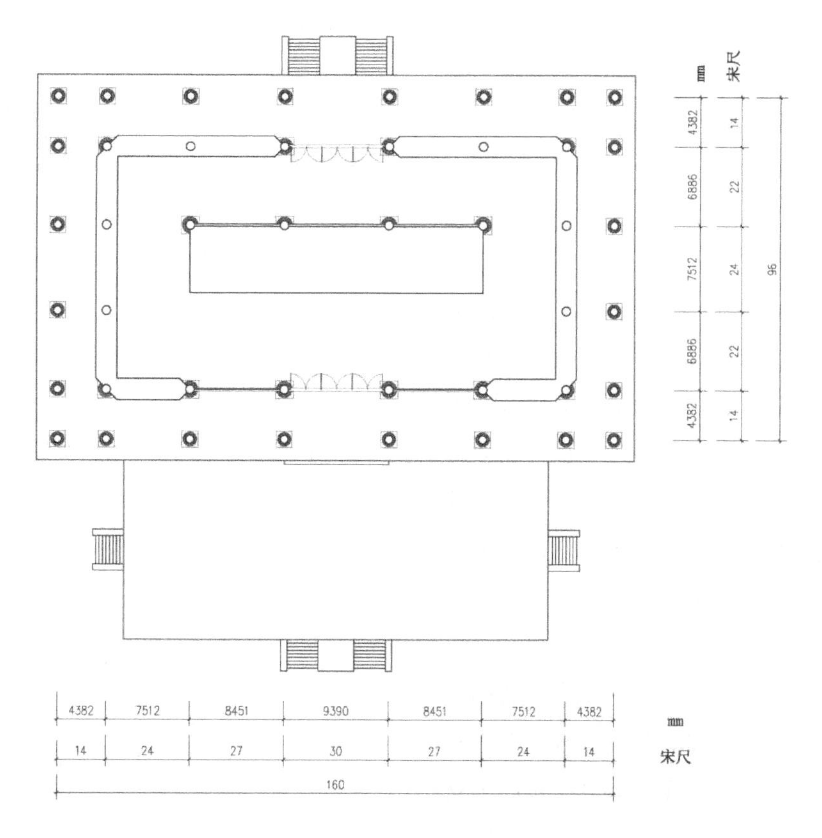

图6-1　泰州光孝报恩禅寺最吉祥殿平面（作者自绘）

前文假设这是一座单层重檐大殿，即使是这样其殿尺度仍然很高。故柱子的高度设定相应也要高一些。参照现存辽代9开间殿，其当心间柱高与间广取齐，则以其当心间面广为3.0丈可以假设其前后檐柱高度亦为3.0丈，外檐铺作亦取最高等级的，如用一等材，八铺作双杪三下昂。其铺作高应为七材六栔再加上栌斗平欹的高度12分以及栌斗下普拍方的厚度（普拍方厚一材一栔，高12.6寸），以其为一等材，材高9寸，栔高3.6寸，栌斗平欹高7.2寸。如此推算下来的铺作总高度（含普拍方厚）共为10.44尺（1.044丈）。可知副阶檐柱铺作橑檐方上皮标高为4.044丈。

上檐柱子或称殿身檐柱的高度，参照现有的研究有可能控制在副阶檐柱的2倍，即将殿身檐柱柱高设定为6丈。其上仍然用八铺作双杪双昂斗栱加普拍方，铺作总高亦为1.044丈，则殿身外檐斗栱橑檐方上皮标高为7.044丈。这一标高，正是可以获取屋顶举折高度的位置。

屋顶起举的高度计算是以外檐铺作前后橑檐方距离推算的，以八铺作斗栱，其外檐出挑的距离为5跳，第一跳为30分，以上逐跳为26分，则总出跳长度为134分，以一等材每分高度为0.6寸，则总出挑长度为8.04尺。

如前推定的殿身通进深为6.8丈，前后各出跳0.804丈，则前后橑檐方缝距离为8.408丈。以殿堂举高为前后橑檐方距离的1/3计算，则自橑檐方上皮至脊槫上皮的屋顶举折高度约为2.8丈左右。将这一高度加上殿身外檐铺作橑檐方上皮标高7.044丈，则其屋顶脊槫距离大殿台基顶面的高度为9.844丈。这距离文献中记载的殿高11丈，仍有1.156丈（11.56尺）的高度差。

我们可以将这一高度差推测为是大殿台基的高度及屋顶以上的殿脊高度。以殿基高度一般控制在大殿用材高度的5~6倍，这里取较高值，则其殿基高为材高的6倍，折合为5.4尺，则尚余高度6.16尺，以此高度作为大殿屋脊的高度应该还是一个适合的尺度。

基于这样一个简单的推算，可知这座大殿所用构件的尺度十分巨大，非现存所知的一般宋代遗构的木构件尺寸可以与之相称。以这一初步分析为基础，按照宋代大木结构及斗栱、梁架举折等方法，可以绘出这座建筑的基本平、立、剖面图（图6–2~图6–5）。

需要补充说明的一点是，现存泰州报恩光孝寺内仍存有一座最吉祥殿（图6–6），但这是否是南宋庆元元年（1195年）重建的原构，由于没有专门的研究资料加以证明尚令人存疑。如果能够证明现存最吉祥殿仍是初创于800多年前的南宋原构则可以成为中国古代建筑史遗构实例的一个重要补充。若能对其进行详细的测绘，或可以对本文的复原研究加以印证、纠正与完善。

二、温州开元寺大殿

北宋人苏颂于北宋熙宁十年（1077年）所撰《温州开元寺重修大殿记》中提到这座寺院重修的情况：“凡为殿之堂室，暨四旁环屋曰巡游者，总三十有一间。其崇七寻，其深倍之，其广益深之半。中楹塑大像者三，左右立像者十。妙严之相，高广之坐，璎珠之具，金采之饰，一仿其教之所述焉。”❶

由此可知，寺中的主殿高为7寻，以一寻为8尺则高5.6丈。按照上文的描述，其殿进深14寻（11.2丈），而殿的面广为进深的1.5倍，则其长21寻（16.8丈）。殿内佛座上供奉有一铺十尊造像，而主像为三尊当为三世佛的配置。从尺寸上看，这应该是一座面广9间，进深7间的单层单檐大殿。初步分配的面广与进深尺寸见表6–2。

❶ 文献[2]．[宋]苏颂．苏魏公集．卷六十四．清文渊阁四库全书补配清文津阁四库全书本．

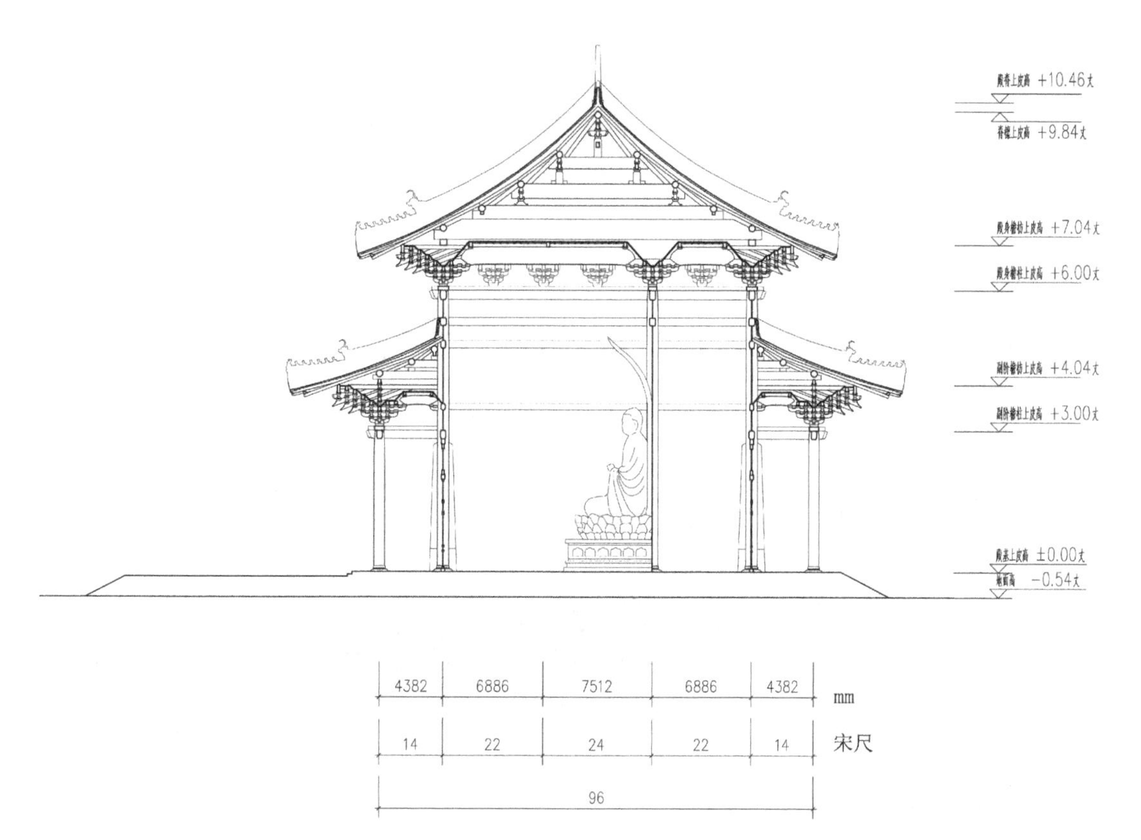

图 6-2 泰州光孝报恩禅寺最吉祥殿横剖面（吴嘉宝绘）

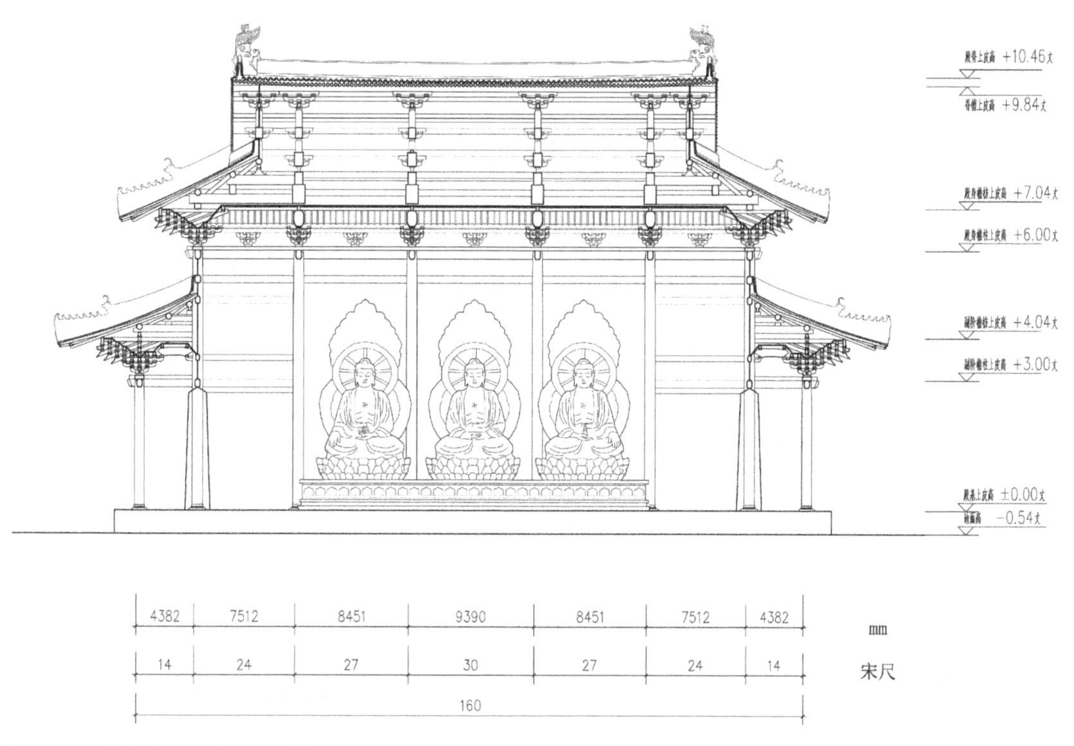

图 6-3 泰州光孝报恩禅寺最吉祥殿纵剖面（吴嘉宝绘）

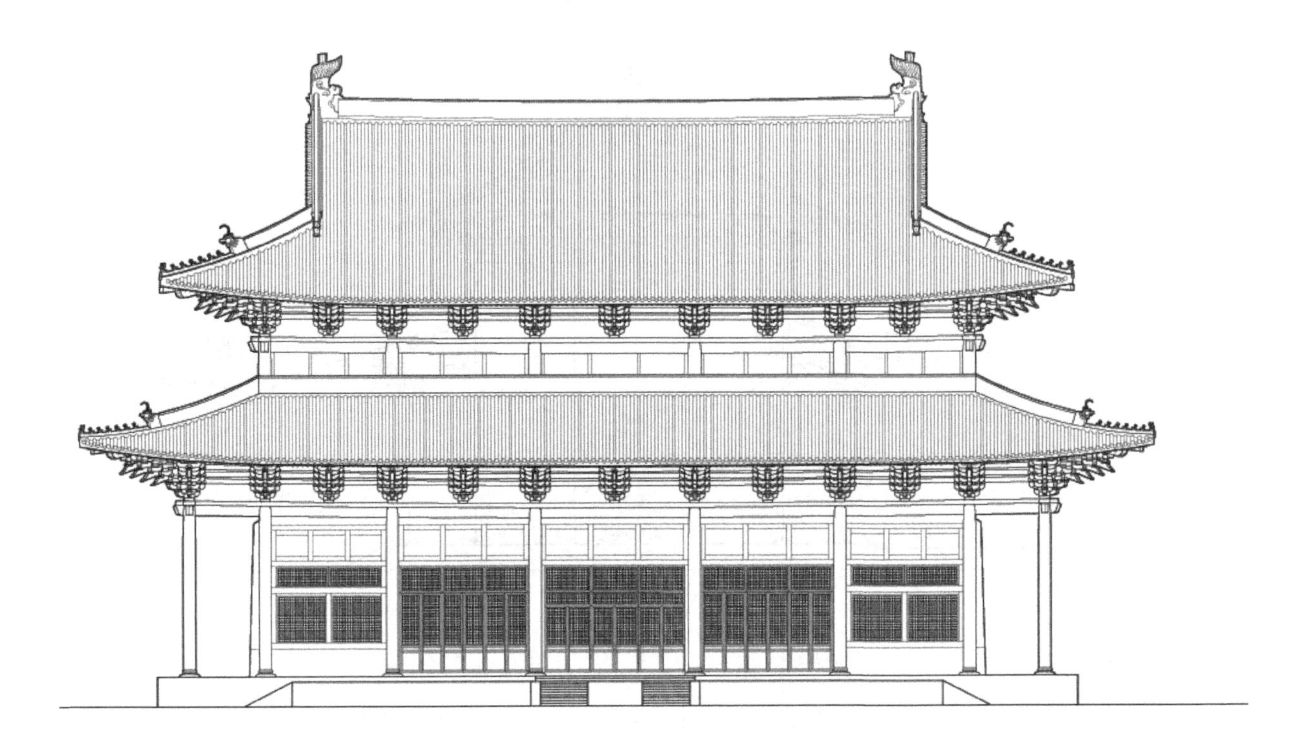

图 6-4　泰州光孝报恩禅寺最吉祥殿正立面（吴嘉宝绘）

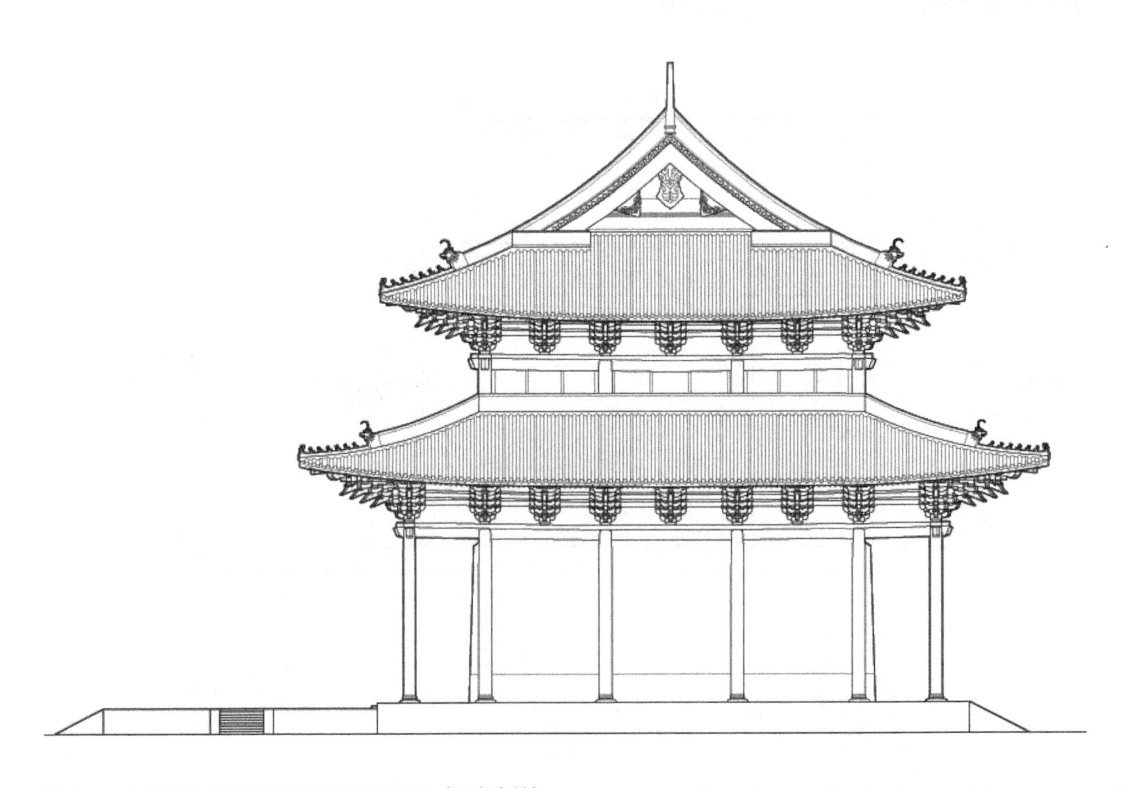

图 6-5　泰州光孝报恩禅寺最吉祥殿侧立面（吴嘉宝绘）

图 6-6 泰州报恩光孝寺最吉祥殿现状外观（王贵祥，贺从容 . 中国建筑史论汇刊 · 第拾壹辑 [M]. 北京：清华大学出版社，2015.）

但由于这座建筑的给定结构高度只有 5.6 丈，这对于一座进深有 11.2 丈的木构大殿而言，显然显得过于局促，也就是说仅以其通进深的 1/3 计算举折曲线，其屋顶也需要有近 4 丈的起举高度，所余给檐柱的高度不包括斗栱也仅有 1.6 丈，这显然不合逻辑。若以 1/4 强计算，柱子（包括斗栱）高度可以提高到接近 2.6 丈，但相比较屋顶至少有 3 丈的高度而言，其屋顶与檐下之比很不协调，这样处理的屋顶会十分厚重。

那么假设这是一座有周匝副阶，单层重檐的殿堂。先以其副阶仅为一间（间广 1.2 丈）计算，则所余 8.8 丈，其上屋顶举折高度至少不能低于 2.2 丈，所余 3.4 丈，要解决副阶檐柱的全部高度，即使按照梢间间距 1.8 丈来确定副阶檐柱柱高也难以将殿身檐柱橑檐方上皮标高控制在 3.4 丈。故可以尝试设想其副阶层进深为两间，如此，则要将面广方向左右梢间的间距改为 1.6 丈以保证副阶四个方向的结构上的平衡。

表 6-2 温州开元寺大殿平面尺寸

单位（丈）

面广	通面广	左尽间	左梢间	左次间	左次间	当心间	右次间	右次间	右梢间	右尽间
	16.8	1.2	1.8（1.6）	2.0（2.2）	2.2	2.4	2.2	2.0（2.2）	1.8（1.6）	1.2
进深	通进深	前间	前梢间		前次间	中间	后次间		后梢间	后间
	11.2	1.2	1.6		1.8	2.0	1.8		1.6	1.2

以副阶进深为两间 2.8 丈，则殿身进深方向所余尺寸约为 5.6 丈。这样其上檐斗栱与举折的高度可以控制在 2 丈左右，余下的 3.6 丈分解在殿身檐柱与副阶檐柱及腰檐的高度范围内是可能做到的。

故平面柱网需要调整，将面广两次间都改为 2.2 丈从而保证面广方向两梢间间广为 1.6 丈与进深方向的前后间及前后梢间间广取齐（图 6–7）。

再来看其高度方向，其文记载的结构高度为 5.6 丈。由于这座建筑给定的结构高度十分有限，故假设其外檐柱子的高度与梢间间广取齐，高为 1.8 丈。这

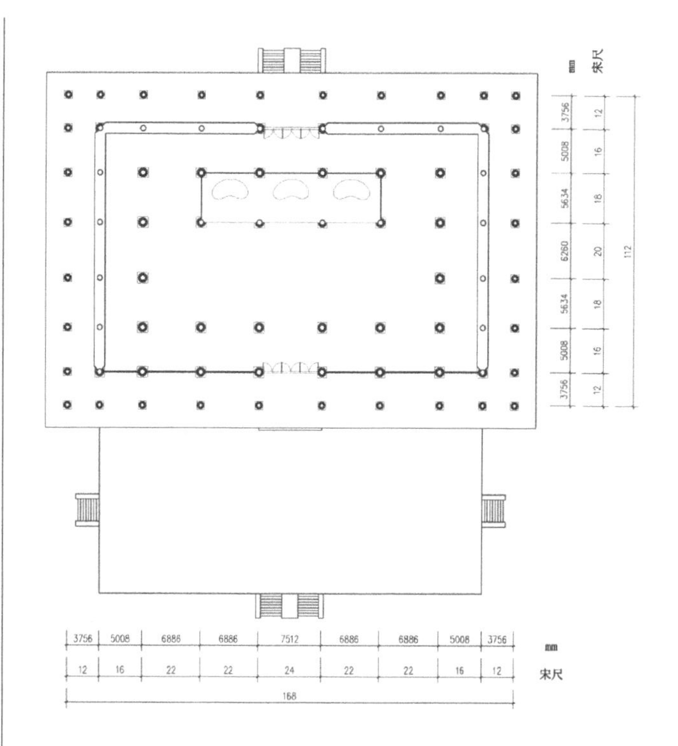

图 6-7 温州开元寺大殿平面复原图（作者自绘）

样可以将上檐柱，即殿身檐柱高度，控制为 3.6 丈。

由于副阶檐柱柱头与上檐柱子柱头的距离差仅有 1.8 丈，而上檐柱柱头距离屋顶脊槫上皮的距离差仅有 2 丈。故其柱头上的斗栱很难用较高的材等值也很难有较多的铺作出跳。否则，很难在这一高度范围内解决屋顶结构。

故将大殿斗栱用材设想为三等材，材高 7.5 寸。副阶铺作为四铺作出一杪且因是北宋中叶的建筑尚可以不用普拍方，则出跳华栱加上令栱及其上橑檐方的总高可以控制在 4.0 尺。即副阶橑檐方上皮距离殿基顶面高差为 2.2 丈。副阶进深 2.8 丈，以这一长度的 0.44 设想其腰檐上部高度（相当于清代建筑檐口处常用的 4.5 举坡度），则其腰檐椽尾距离副阶檐口橑方上皮高度差约为 1.24 丈，两者之和为 3.44 丈。低于前面提到的 3.6 丈的控制高度。

参照傅熹年先生的研究成果，可将上檐柱子的高度设定为副阶檐柱高度的 2 倍，则其殿身檐柱柱头高度为 3.6 丈。其上仍然用三等材五铺作单杪单昂，不用普拍方。斗栱高度约为 4.75 尺，即其殿身檐柱铺作橑檐方上皮距离殿基顶面高度为 4.075 丈。距离屋顶结构最高点 5.6 丈处还有 1.525 丈的高度差。

上檐五铺作斗栱出跳距离为 3.067 尺，前后总出跳距离约为 6.13 尺。加上殿身总进深 5.6 丈，则上檐前后橑檐方距离为 6.2 丈，按照厅堂的举折方式，以这一距离的 1/4 计算起举高度仍有 1.55 丈与前面所述剩余的 1.525 丈的高度差大体接近。也就是说，这样一种复原的思路，基本上是合乎这座平面尺度十分巨大，而屋顶高度又十分局限的北宋木构殿堂的（图 6-8~图 6-11）。

温州开元寺现已不存，其大殿遗址也未见相应考古发掘报告，这里根据史料进行的复原研究或能聊补这一缺憾。

三、镇江龙游寺佛殿

镇江金山龙游禅寺当是今日镇江金山寺的前身。寺初创于东晋，初名泽心寺，唐时称金山寺，宋代因宋真宗感梦而抵寺改称龙游寺。清代康熙时又赐额江天禅寺，俗称金山寺。据洪迈淳熙十四年（1187 年）撰《重建佛殿记》："寺旧名泽心，天禧中真宗皇帝感宵梦所抵，更为龙游……展前资以安耆旧，抗塔院以壮瞻睹。寿坊、经室、庖浴、厕荧，易翳为明，宽洁敞靓。江滨故址隘而不舒，累石拓基，堤护榆杨，作

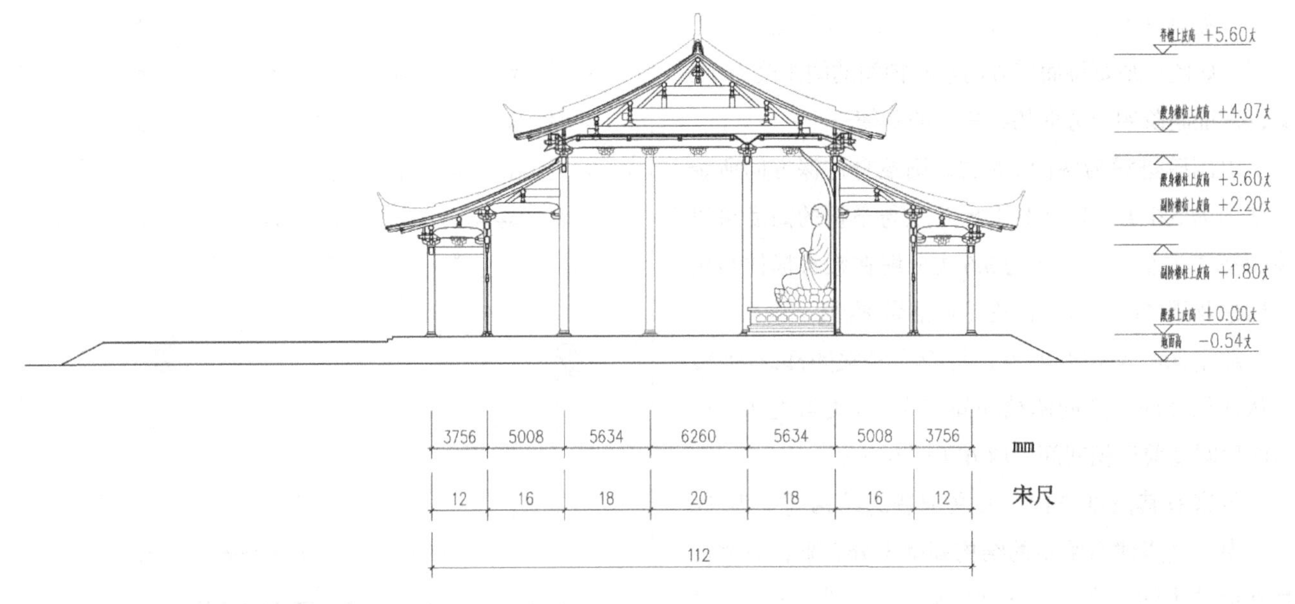

图 6-8　温州开元寺大殿横剖面复原（作者自绘）

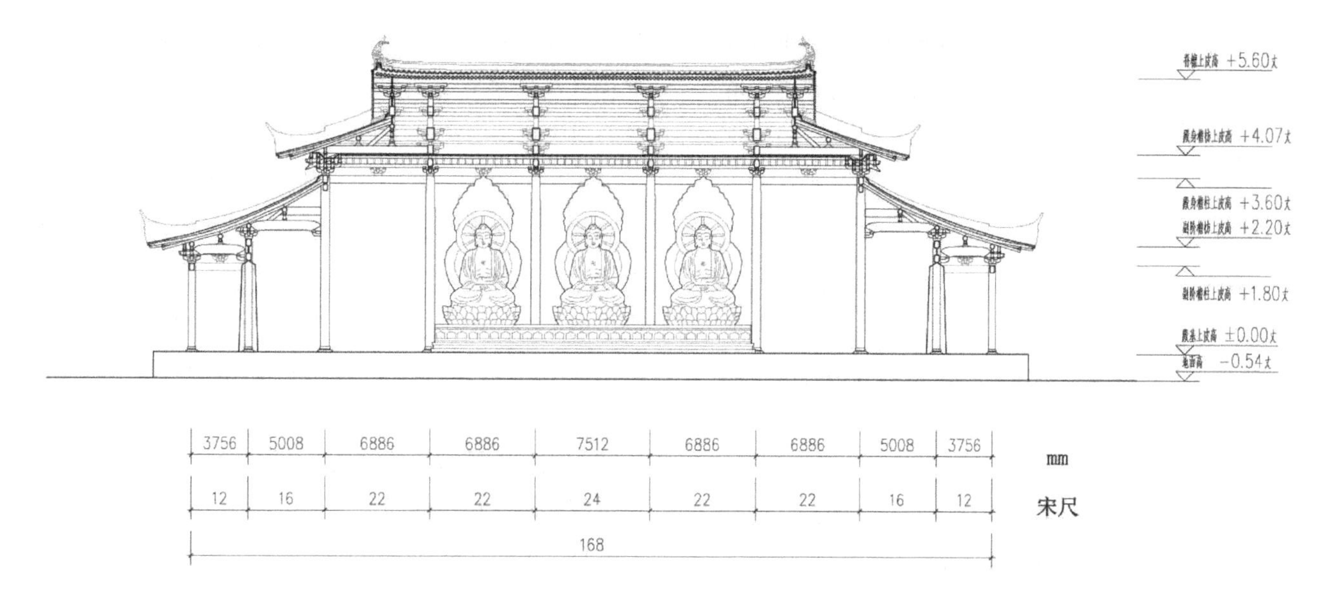

图 6-9　温州开元寺大殿纵剖面复原（吴嘉宝绘）

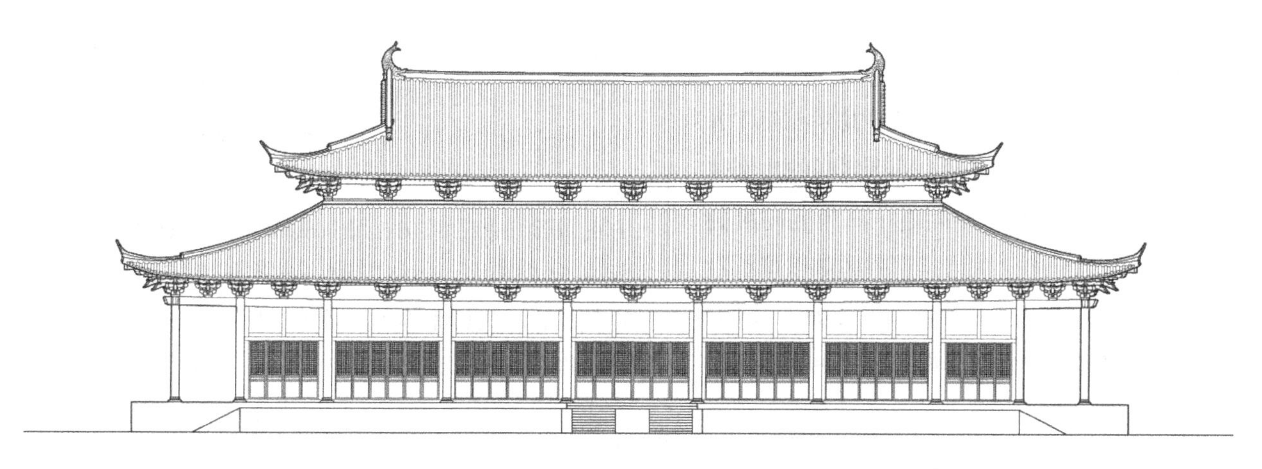

图 6-10　温州开元寺大殿正立面复原（吴嘉宝绘）

图 6-11　温州开元寺大殿侧立面复原（吴嘉宝绘）

屋二十四楹。中建亭，命曰‘烟雨奇观’……唯雄殿尊居，役钜费侈……度为崇五十有五尺，为广七十有四尺，糜钱六十万，阅四寒暑而成。”❶

重建工程是从淳熙四年（1177年）开始的。寺内建造了塔院，以及寿坊（延寿堂？）、经室（经堂）、庖厨、浴室及两侧厢房。并沿江建造了24间的滨江建筑，其中设有“烟雨奇观”亭。此外，寺内的主殿也在这一次工程中经过了重建。重建的寺内大殿，高有55尺，面广有74尺。

这里既没有给出进深的尺度也没有给出开间的间数。仅有两个尺度，即通面广长度与建筑高度。这里可以做一个概略性的分析。以其面广为7.4丈推测应该是一座5开间的大殿。设想其面广五间的开间宽度分配为：当心间面广2.0丈，两次间各广1.5丈，两梢间各广1.2丈。则与通面广7.4丈相合。

我们注意到辽宋时期五开间建筑，其平面面广方向的总长度与进深方面的总长度，两者之间的比例往往会控制在$\sqrt{2}:1$的比例范围左右。同为五间殿的辽代宝坻广济寺三大士殿、大同华严寺薄伽教藏殿以及《吴越备史》中记载的重栱殿都保持了这一比例。辽代著名的蓟县独乐寺观音阁平面尺寸中也有这个特点。也就是说，其面广可能是其进深的1.4倍左右或其通进深可能是其通面广的0.71左右。按着这一比例，如果其通面广为7.4丈，其通进深可能会在5.254丈。按着这一进深长度取整可以假设其进深为5.4丈。

按照这一通进深来推测一下进深方向开间尺寸。在进深方向的前后两间，间广也应该为1.2丈，则尚余3.0丈，再分为2间，则各为1.5丈。这样进深方向共有4间，且其开间正可以与面广方向的梢间与次间的间广保持一致。

再从高度方面做一些推测，假设其檐柱高度与其当心间面广尺寸相近，因其当心间面广为2.0丈，则其檐柱高度最高也只能设定为2.0丈。这样可以保证符合唐宋建筑中首层柱子高度不逾间之广的常见比例。

由这一高度，联想到其结构总高度为5.5丈。也就是说，去掉檐柱高度还有3.5丈的高度差。以唐宋时期单层单檐建筑的习惯比例，屋顶总高一般在檐柱高度的2倍左右。这里所余的高度差明显较大，因此我们推测这座大殿是一座单层重檐大殿。

既是这样，因其副阶间广为1.2丈，也就是说副阶柱与内柱，即殿身檐柱的距离比较小，因此我们或可以将其殿身檐柱的高度控制在副阶檐柱的1.75倍左右，即3.5丈左右。这样其柱头之上至脊槫上皮的高度差就可以控制在2.0丈左右了。

假设其副阶檐柱柱头斗栱用二等材，即材广约为0.825尺。因这座殿尺寸不是十分大，斗栱尺度也可以小一些。设定其副阶檐柱斗栱为五铺作出双杪。同样上檐也用二等材，但比下檐多一铺作，为六铺作单杪双昂。通过作图，可以将其上檐铺作总高（含普拍方的厚度）控制在6.5尺，从而使其上檐橑檐方上皮标高为4.15丈。而将其铺作出挑长度控制在4.6尺。也就是说，大殿上檐前后橑檐方距离为3.92丈。以这一长度的1/3确定其举高，则为1.32丈。从上檐橑檐方上皮4.14丈的标高，再向上起举1.32丈，则屋顶脊槫上皮的高度可以达到5.47丈，与文献记载的5.5丈总高已经十分接近。考虑到其中的积累误差，这一复原完全可以将屋顶结构高度控制为5.5丈。

如此可假设其面广5间，进深4间，平面为金箱斗底槽，周匝副阶，单层重檐，殿身内用两根长为3.0丈的六椽栿，而副阶柱与殿身柱之间则用两椽乳栿（图6–12）。这里将推测的柱网间距列于表6–3。

表6-3 镇江金山龙游寺佛殿平面尺寸

单位（丈）

	通面广	左梢间	左次间	当心间	右次间	右梢间
面广	7.4	1.2	1.5	2.0	1.5	1.2
	通进深	前间	次间		次间	后间
进深	5.4	1.2	1.5		1.5	1.2

❶［宋］洪迈．重建佛殿记[M]//曾枣庄，刘琳．全文宋．第222册．上海：上海辞书出版社；合肥：安徽教育出版社，2006：78.

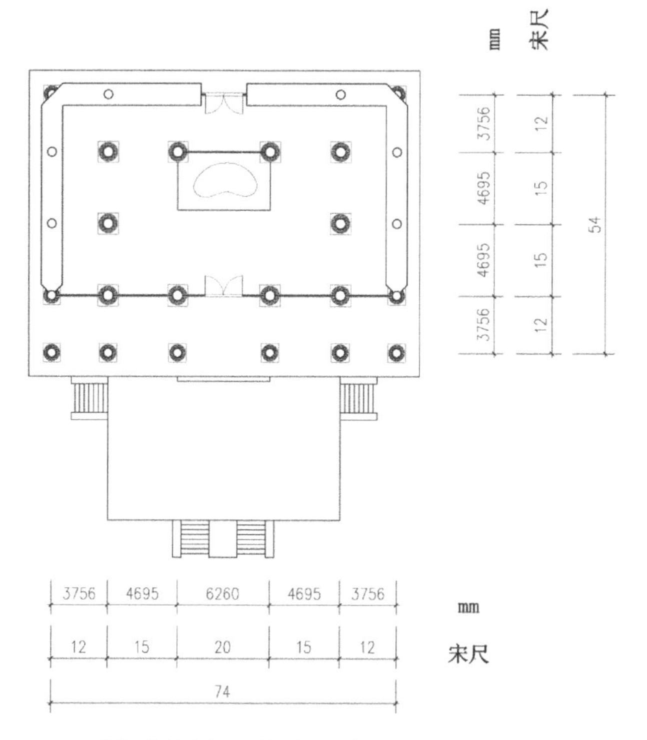

图 6-12　镇江龙游寺佛殿（作者自绘）

相应的柱子高度、铺作高度，斗栱出挑等，可通过作图方式得出，从而绘出这座木构佛教寺院大殿的基本平、立、剖图（图 6-13~ 图 6-16）。

现存镇江金山寺大雄殿（图 6-17）为后世重建，但仍然保留了面广五间的平面格局似应是在原镇江龙游寺佛殿的旧基上重建的。

四、泗州塔院大殿

据宋释赞宁《宋高僧传》中的“唐泗州普光王寺僧伽传”，唐代时来华的西域僧人僧伽为观音菩萨化身以比丘身得度，现为沙门相。至宋代，僧伽已经被尊为大圣，僧伽曾经驻锡其中的泗州普照（光）王寺内，曾立有僧伽塔。宋人苏轼撰有《泗州僧伽塔》，其弟苏辙则有《和子瞻泗州僧伽塔》，其中谈到：“城中古

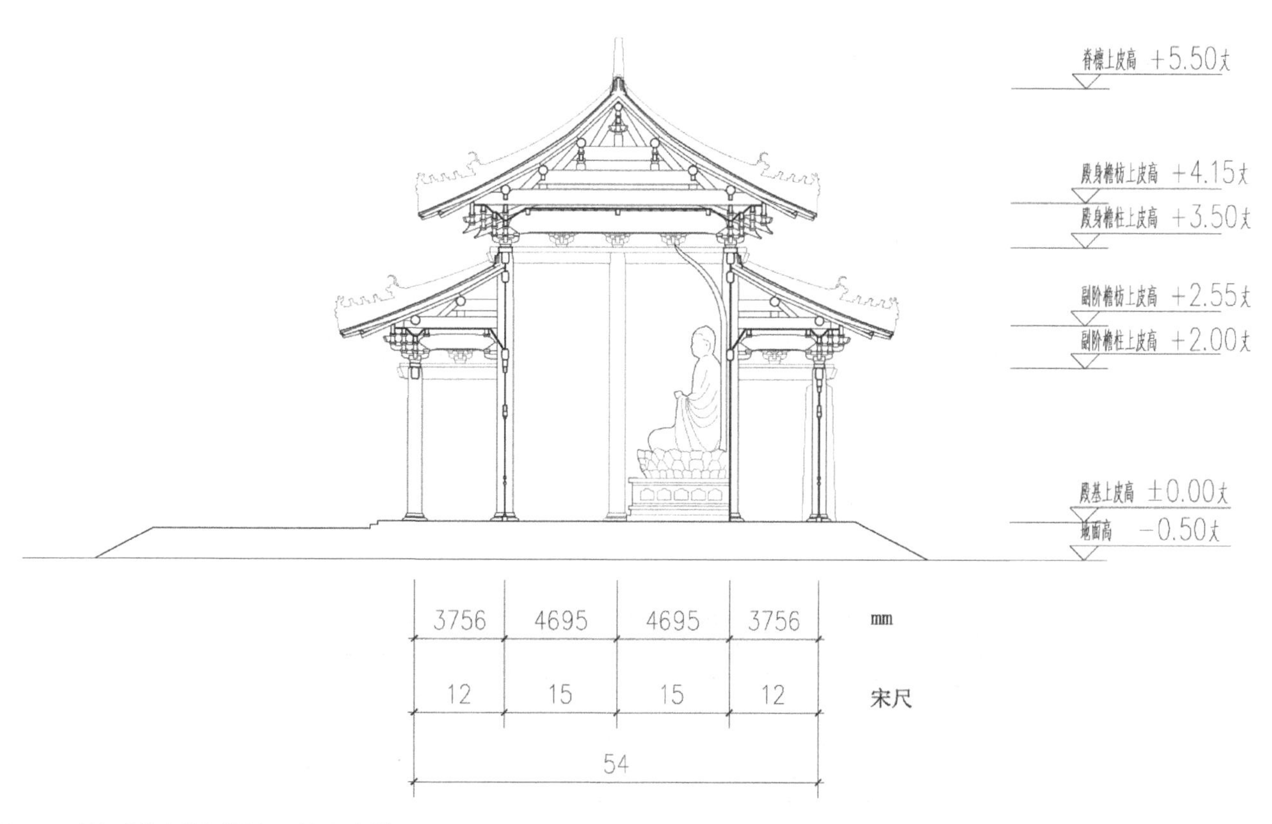

图 6-13　镇江龙游寺佛殿横剖面（作者自绘）

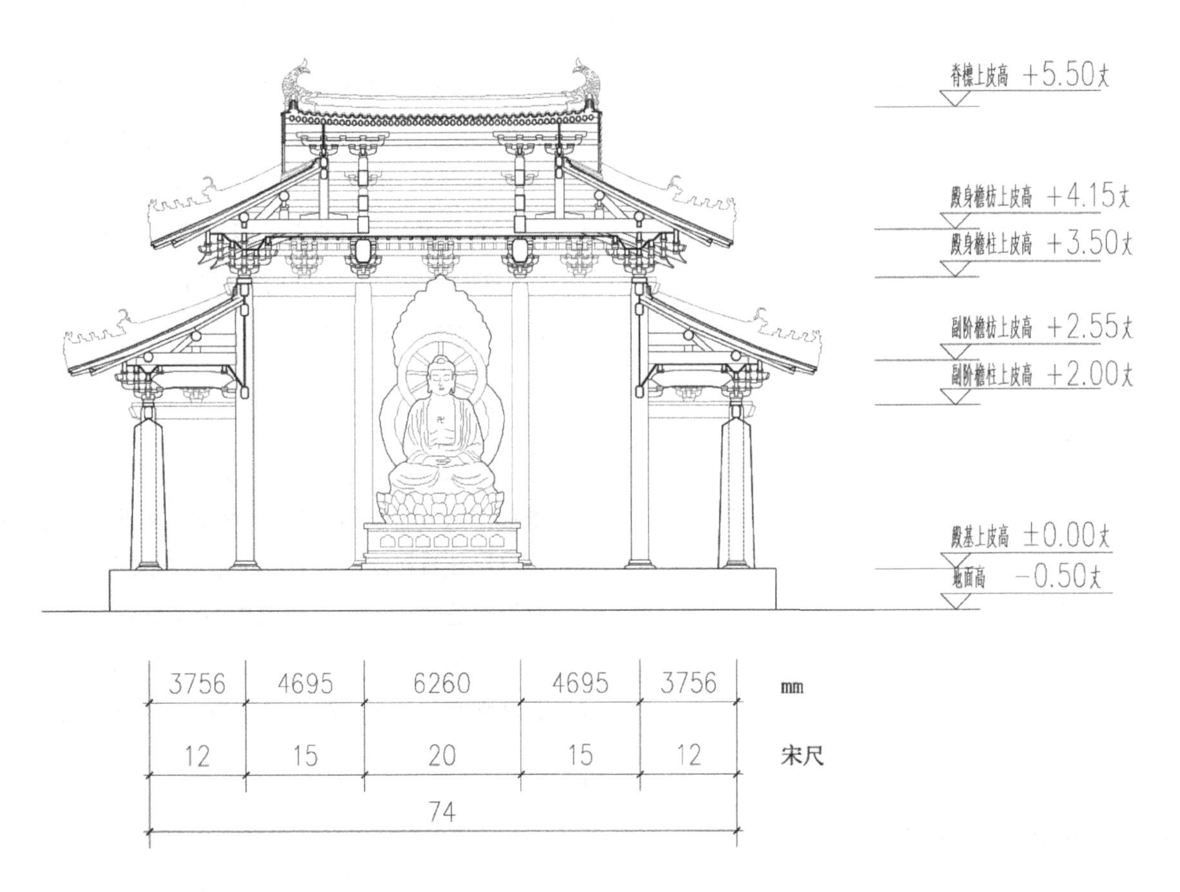

图 6-14 镇江龙游寺佛殿纵剖面（吴嘉宝绘）

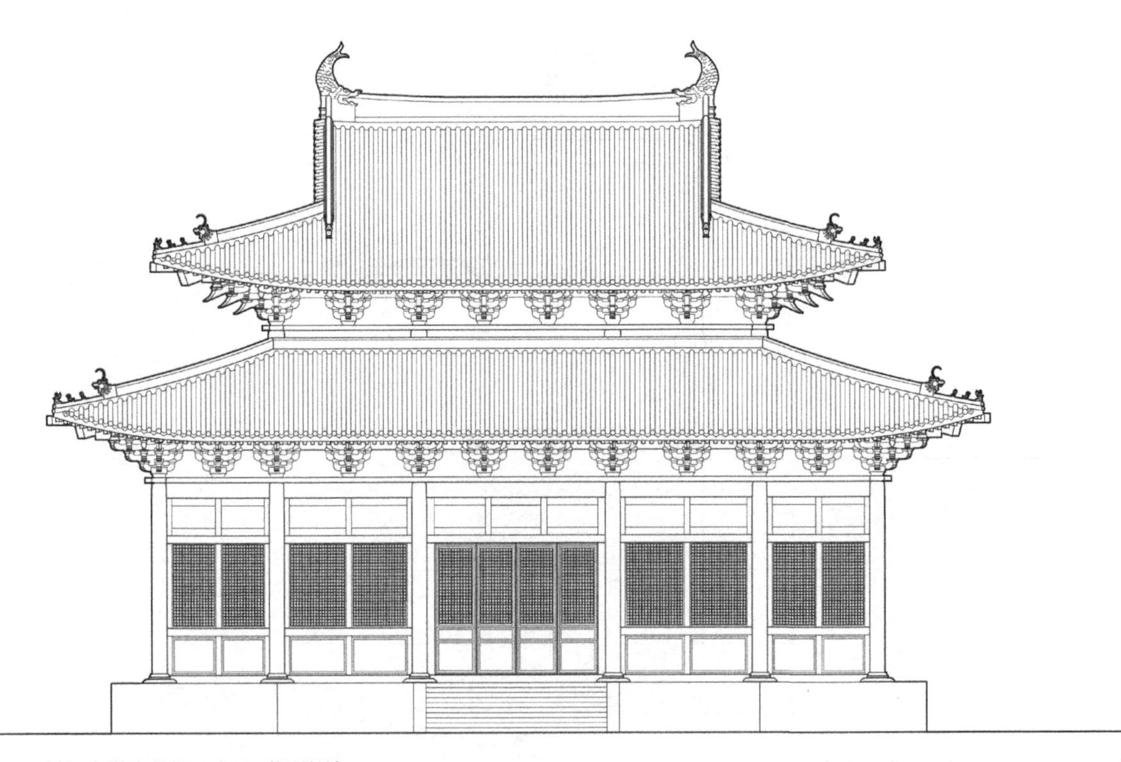

图 6-15 镇江龙游寺佛殿正立面（杨澍绘）

图 6-16　镇江龙游寺佛殿侧立面（吴嘉宝绘）

图 6-17　现存镇江金山寺大雄殿外观（王贵祥，贺从容．中国建筑史论汇刊 · 第拾壹辑 [M]. 北京：清华大学出版社，2015.）

塔高百尺，下有蜕骨黄金容。”[1]说明泗州僧伽塔高有百尺，在北宋时期仍然存在。

宋岳珂《泗州塔院记》提到他去泗州塔拜祀的情况：“余至泗，亲之僧伽塔下，中为大殿，两旁皆荆榛瓦砾之区。塔院在东厢，无塔而有院……殿上有十六柱，其大皆尺有半，八觚，色暗淡如晕锦，正今和州土玛瑙也，和之产绍兴间，始剖得之，不知中原何时已有此。前六条特异，皆晶明如缠丝，承梁者二，皆丈有六尺，其左者色正，红透时暑日方出，隐柱而观，焕然晃明，天下奇物也。泗人为余言，唐时张刺史建殿，而高丽有僧以六柱至，航海入淮。”[2]由此可知，南宋时的泗州僧伽塔似乎已经不存，但大殿依然屹立。这是一座唐代所建殿堂，但其殿柱为石构共有 16 根柱子。柱子的断面为八角形，断面直径约为 1.5 尺。柱子的高度为 1.6 丈。这或许就是这座大殿的全部信息。

这样一座大殿的原状探讨难度要更大一些，但通过某种合乎结构与建筑逻辑的分析，也有可能在最大程度上接近其本来的结构与形式。首先，这座大殿有

❶ 文献［2］.［宋］苏辙．栾城集．卷三．诗七十五首．和子瞻泗州僧伽塔．四部丛刊景明嘉靖蜀藩活字本．

❷ 文献［1］. 子部．小说家类．杂事之属．［宋］岳珂．桯史．卷十四．泗州塔院．

16根柱子，这说明这是一座三开间见方的方形殿堂，面广三间，共4柱，进深三间，亦有4柱，中心有4柱子，恰好形成左右两根大梁（四椽栿）的架构，与“承梁者二”的记载相吻合，且内外共有16柱。以其柱子高度皆为1.6丈，说明这是一座殿堂式结构的建筑内外柱子同高，柱子与梁架之间有一个铺作层。参照唐宋辽金时期三开间殿堂，如辽代所建蓟县独乐寺山门的比例，其当心间间广大约是其柱子高度的1.414（$\sqrt{2}$）倍，则其当心间间广约为2.25丈，而其左右次间的间广大约与柱子同高为1.6丈，则其通面广当为5.45丈。

由于有16棵柱子，说明其殿平面接近方形设定其为正方形，则其进深方向的尺寸亦可能是前、后间各广1.6丈，中间一间间广2.25丈，通进深为5.45丈（表6-4，图6-18）。

表6-4　泗州普光王寺塔院佛殿平面尺寸

单位（丈）

面广	通面广	左次间	当心间	右次间
	5.45	1.6	2.25	1.6
进深	通进深	前间	中间	后间
	5.45	1.6	2.25	1.6

在此基础上，参考蓟县独乐寺山门柱头铺作标高与当心间间广的比例接近为1，则可以设想其柱头之上的铺作高度约为檐柱高度的0.414倍左右，铺作总高为0.66丈，即外檐铺作橑檐方上皮距离地面的高度约为2.26丈左右，其斗栱出挑约在0.48丈左右，则前后橑檐方距离接近6.4丈。然而，这是一座唐代时的遗构，其屋顶举折无疑比较平缓，故以此可以推知，若以这一距离的1/5起举，则大殿脊槫上皮距柱头铺作橑檐方上皮高度为1.28丈，故其殿脊槫上皮距离大殿基座顶面的高度约为3.54丈左右。这样就可以绘出这座大殿的基本平面与立、剖面，而这一结构的平、剖，及立面比例（图6-19~图6-22），既合乎已知的基本数据又与唐宋时期三开间殿堂的基本比例相契合，应该比较接近其真实的结构与造型。

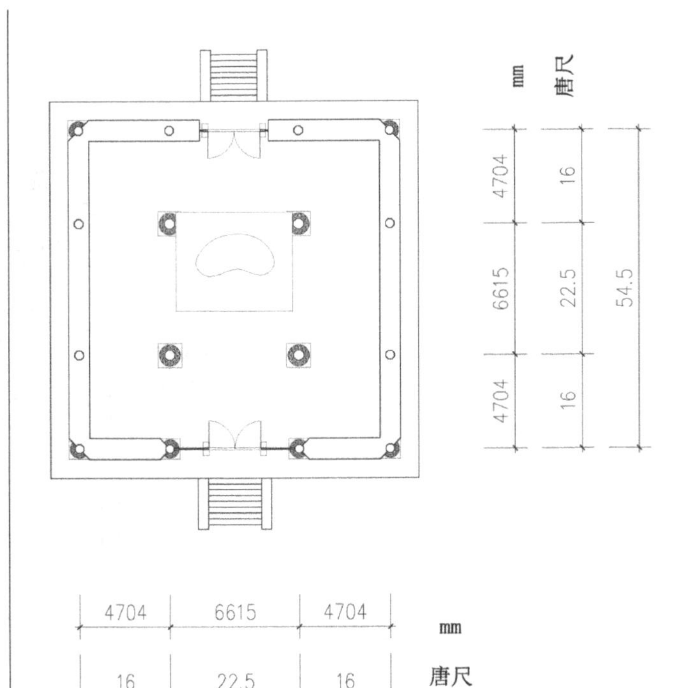

图6-18　泗州塔院大殿复原平面（作者自绘）

泗州普光王寺在历史上至少遭到过两次较为彻底的毁圮，现存普光王寺是后人在泗州临淮县重建而成的（图6-23），古泗州普光王寺包括寺中的塔院及院中唐代大殿的遗痕似乎早已很难寻觅了。

五、钜鹿三明寺大殿

今河北钜鹿县在北宋时期曾有三明寺，据李桓于宣和三年（1121年）撰《重建三明寺记》：“粤有大殿，正居寺地之中，南向有塔，旁有廊庑，而以众院环列于外……遂名曰行香大殿。大观二年秋河决旧堤，流行邑中，寺之所存，塔与罗汉阁尔……刻意完葺。凡六年，殿有堂有庖有室，率其法眷居之。”[1] 这座寺院

[1] ［宋］李桓．重建三明寺记//曾枣庄，刘琳．全宋文 第136册．上海：上海辞书出版社；合肥：安徽教育出版社，2006:347.

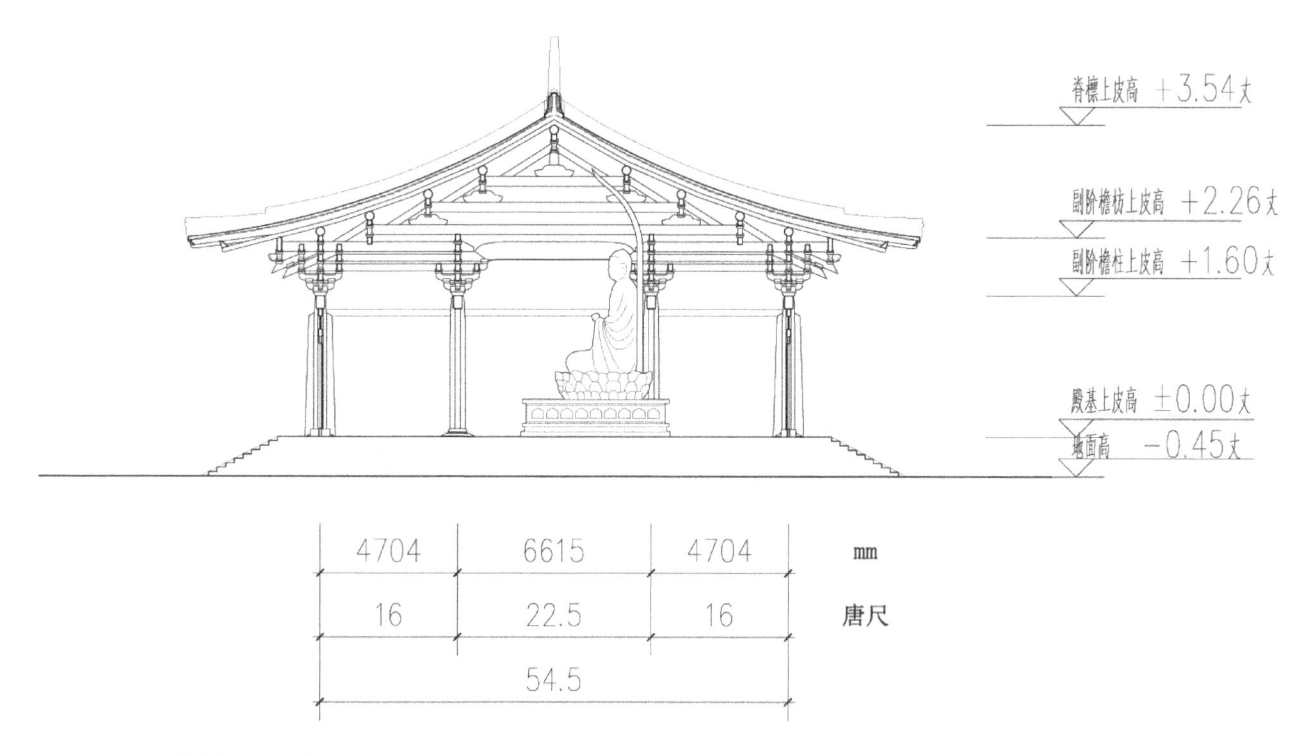

图 6-19 泗州塔院大殿复原横剖面（作者自绘）

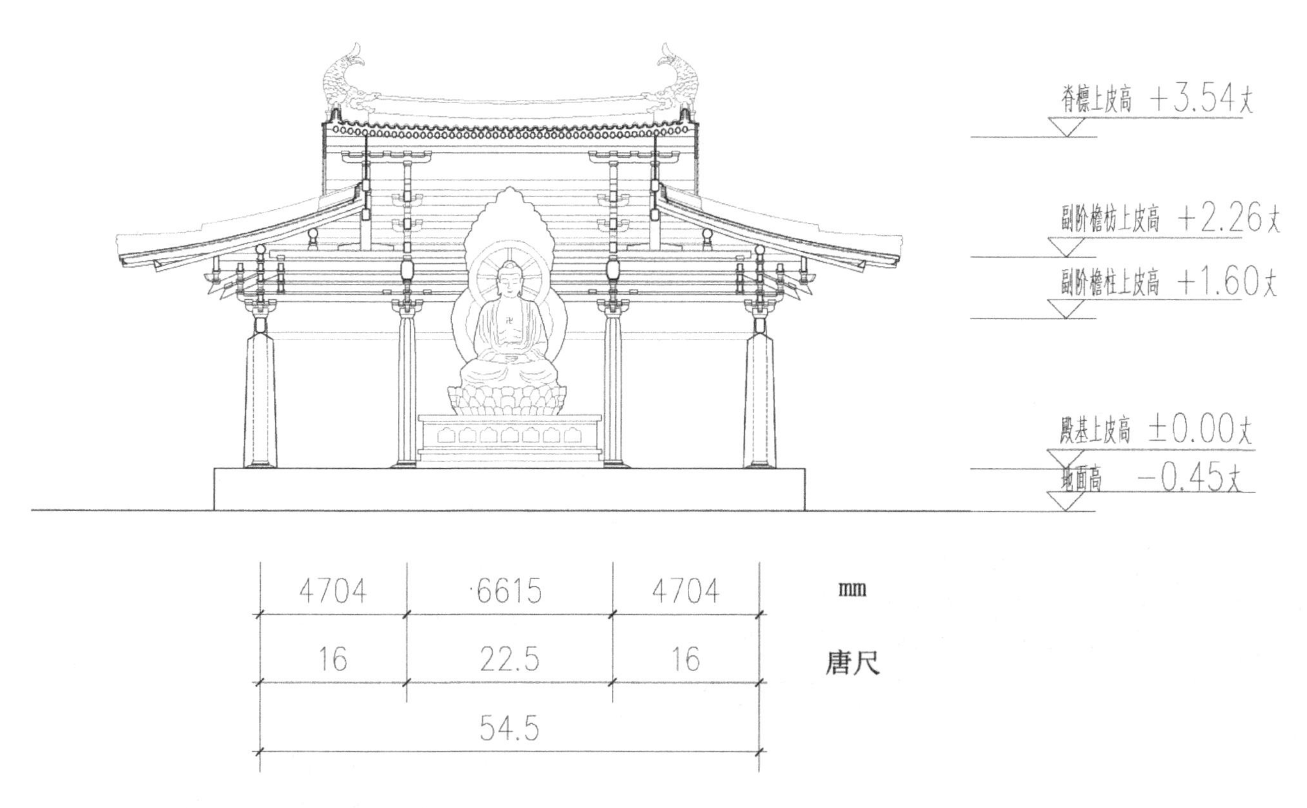

图 6-20 泗州塔院大殿复原纵剖面（吴嘉宝绘）

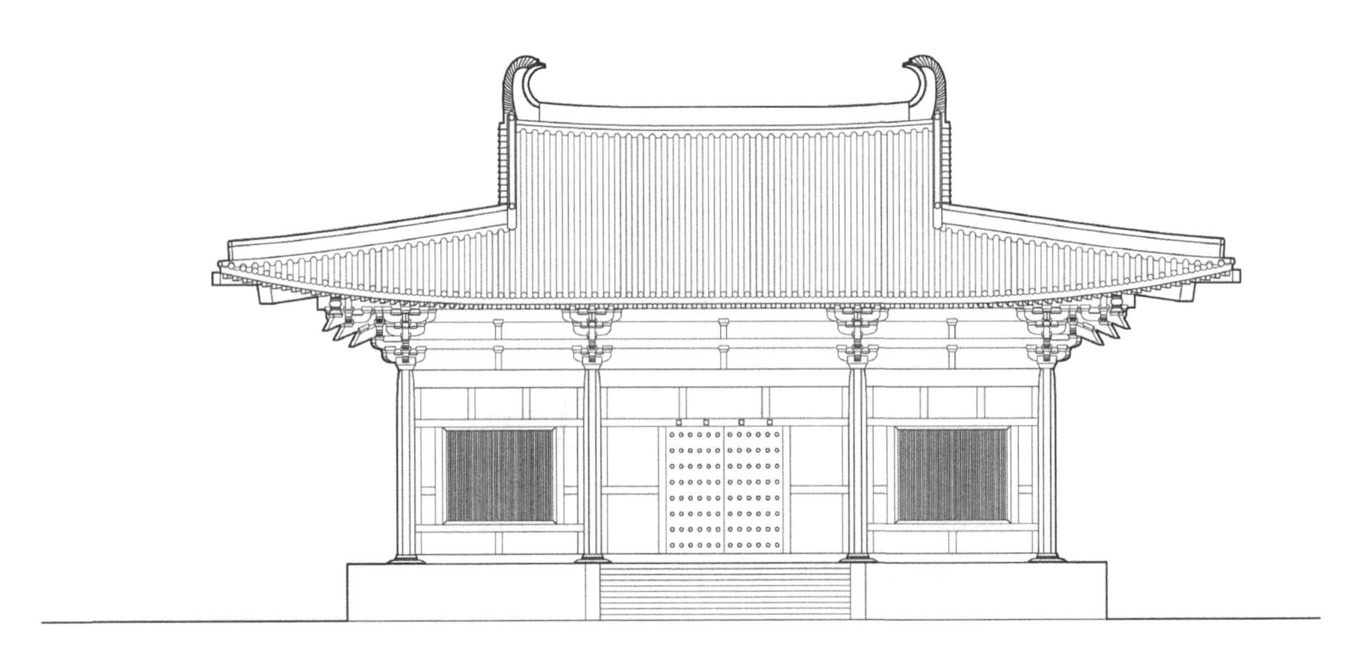

图 6-21 泗州塔院大殿正立面（杨澍绘）

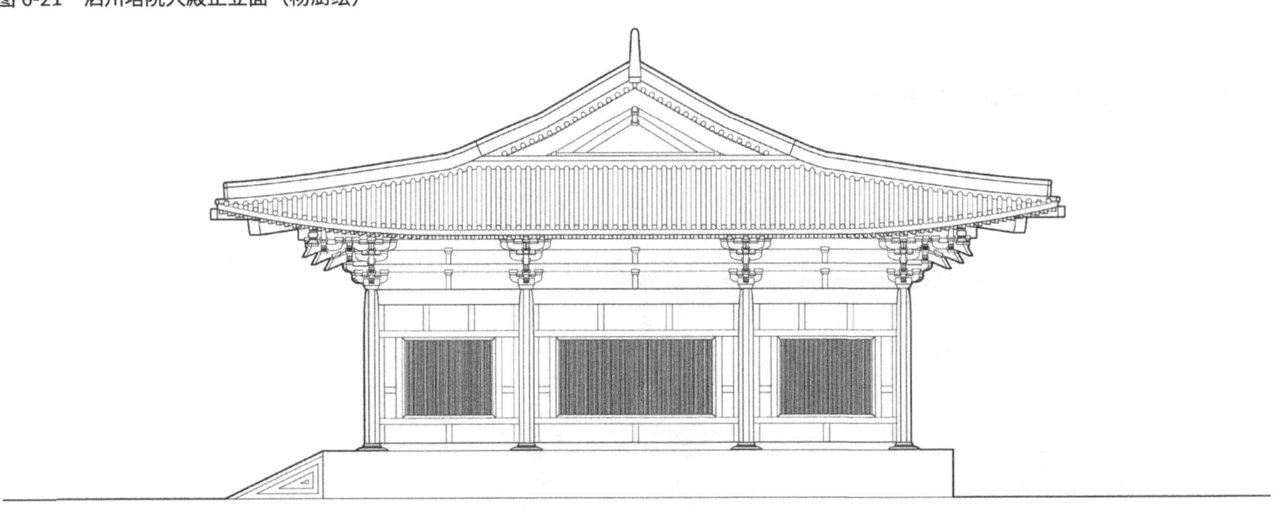

图 6-22 泗州塔院大殿侧立面（杨澍绘）

图 6-23 泗州普光王寺现状外观（王贵祥，贺从容 . 中国建筑史论汇刊 · 第拾壹辑 [M]. 北京：清华大学出版社，2015.）

的主殿称行香大殿位于寺之中央，殿南有塔，两侧又廊庑，说明这是一座“殿前塔”及“三门两庑”式，周围众院环列的寺院格局。由于洪水的破坏，在大观二年（1108 年）时，寺内仅存塔及罗汉阁。政和五年（1115 年）开始修葺，六年后（宣和三年）工程告毕。先后重建了大殿、法堂、庖厨、寝室等主要建筑。

其中规模最大者就是寺内的大殿：“大殿之役，尤不可缓，惟工用浩大，建立为难……越今年二月丁卯建木，而落成于六月之末。殿崇六十有五尺，其修七十有二尺，广八十有四尺。规模宏壮，气象高爽。有轮奂之美而不溢于华，有敦厚之势而不入于陋……塑迦蓝、释迦、弥勒佛于殿中，文殊、普贤、日光、月耀菩萨于左右，列图天官内院六事，因行西方净土九品化生于东西壁，以至三千化佛，十万菩萨，十六罗汉，各以其类，炳然见于绘色之图。”[1] 大殿不仅规模宏大，其内塑像的布置也很宏丽，主尊佛为三尊，分别是迦蓝、释迦、弥勒，这里的伽蓝不知何指，但释迦、弥勒，当是后世主殿内所塑三世佛造像之先声。此外则有文殊、普贤二菩萨及日光、月耀二菩萨。相当于一铺七尊的造像及殿内东西两壁上金碧辉煌的绘画。

寺中大殿的尺寸记载较为详细：其殿崇 65 尺、深 72 尺、广 84 尺。这就给出了这座建筑的三维尺寸。仍以丈计，其通面广为 8.4 丈，通进深为 7.2 丈，而其结构高度为 6.5 丈。这里虽然没有给出大殿的面广与进深的开间数，但根据宋辽时期寺院大殿开间尺寸的大致规律可以推算出这是一座面广 5 间，进深 4 间的大殿。

因其殿的高度较高，有 6.5 丈。也就是说，其檐口以下的高度大约应该在 3.2 丈左右。故其檐柱的高度不宜太低，由于当心间间广与柱子高度有一定的关系，故可以假设其面广方向的当心间间广为 2.4 丈，次间与梢间开间尺寸递减，如两次间为 1.6 丈，两梢间为 1.4 丈。进深方向前、后二间各广 1.4 丈，中间二间各广 2.2 丈（图 6–24）。其尺寸分布见表 6–5。

表 6-5　钜鹿三明寺大殿平面尺寸

单位（丈）

面广	通面广	左梢间	左次间	当心间	右次间	右梢间
	8.4	1.4	1.6	2.4	1.6	1.4
进深	通进深	前间	次间		次间	后间
	7.2	1.4	1.4	1.6	1.4	1.4

[1] ［宋］李桓．重建三明寺记 // 曾枣庄，刘琳．全宋文 第 136 册．上海：上海辞书出版社；合肥：安徽教育出版社，2006:347.

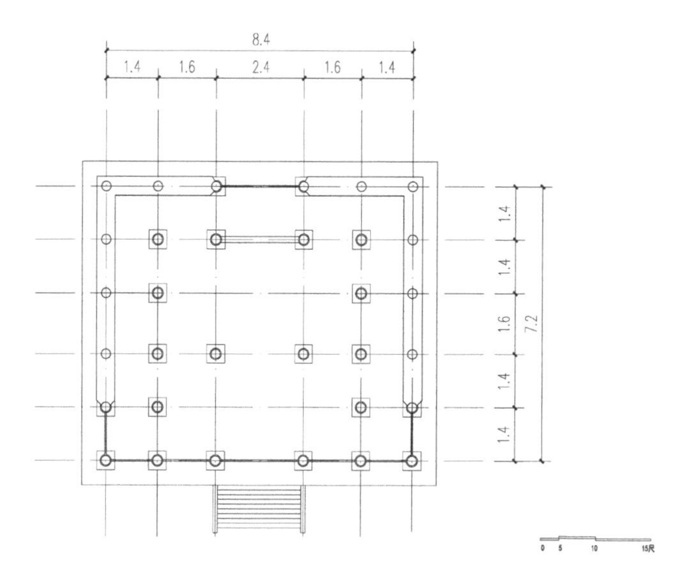

图 6-24　三明寺大殿复原平面（作者自绘）

再来观察其高度方向，因其是一座五开间殿，假设其柱子高度略小于当心间间广，因当心间间广为 2.4 丈，则其柱高取为 2.4 丈。由于这座大殿记载中的结构总高为 6.5 丈，这对于一座单檐建筑而言显然是比较高大的，故其柱头铺作上部橑檐方上皮的高度可控制在柱高的 1.414 倍，推测为 3.39 余丈，即外檐铺作高为 0.99 丈。以这样一个高度差，可设想其斗栱用一等材，并用了八铺作双杪三昂的做法，以其橑檐方挑出柱中线的距离约为 0.95 丈计，则前后橑檐方距离约在 9.1 丈，以大殿起举高度为这一距离的 1/3 算，则其举折总高接近 3.03 丈。两者相合的高度尺寸为 6.42 丈。这是一个比较接近文献中所录的 6.5 丈高的推测（图 6–25~ 图 6–28）。

六、豫章澄心寺佛殿

澄心寺在豫章（今南昌）之东约 60 里的山中，初创于唐懿宗初年（860 年），原名咸通寺，宋代赐额为澄心。寺前有方塘，一泓碧水春夏弥漫，水天一色，故曰澄心。“寺旧堂殿、廊庑、钟阁，色色具备。建炎己酉，北虏乱华扺江右，寺空于一烬，缁徒鱼惊鸟

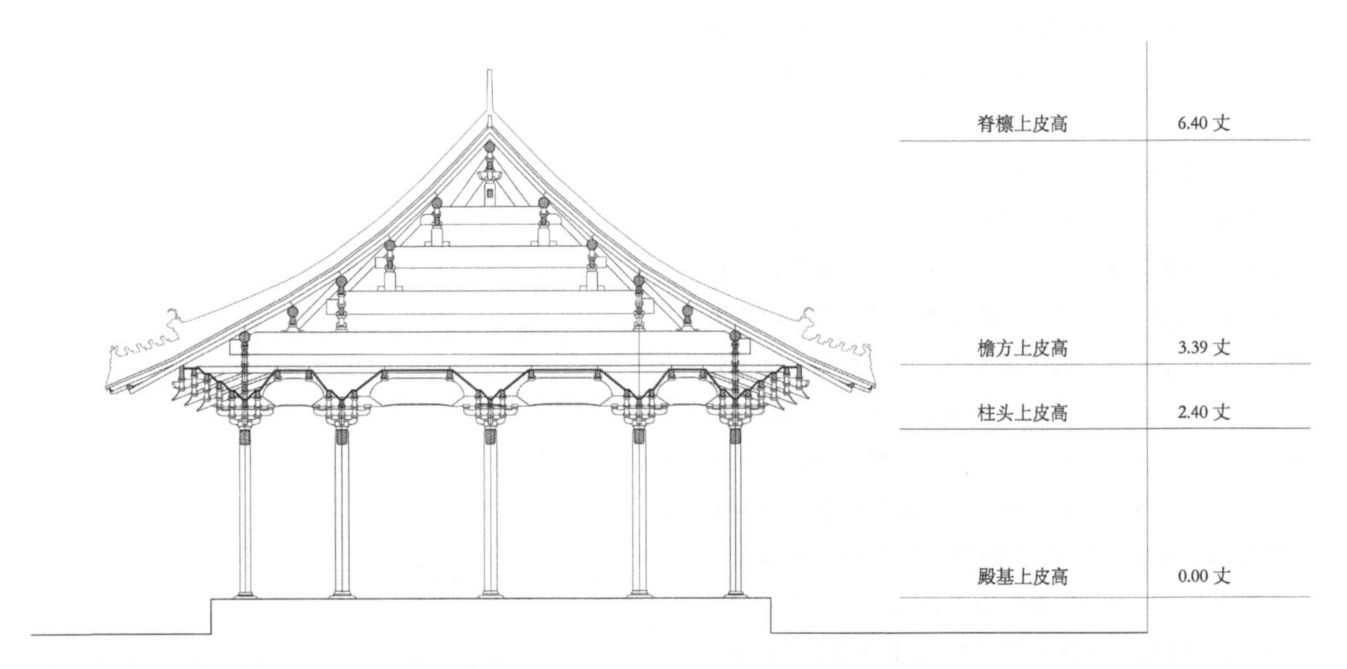

图 6-25　三明寺大殿剖面复原（作者自绘）

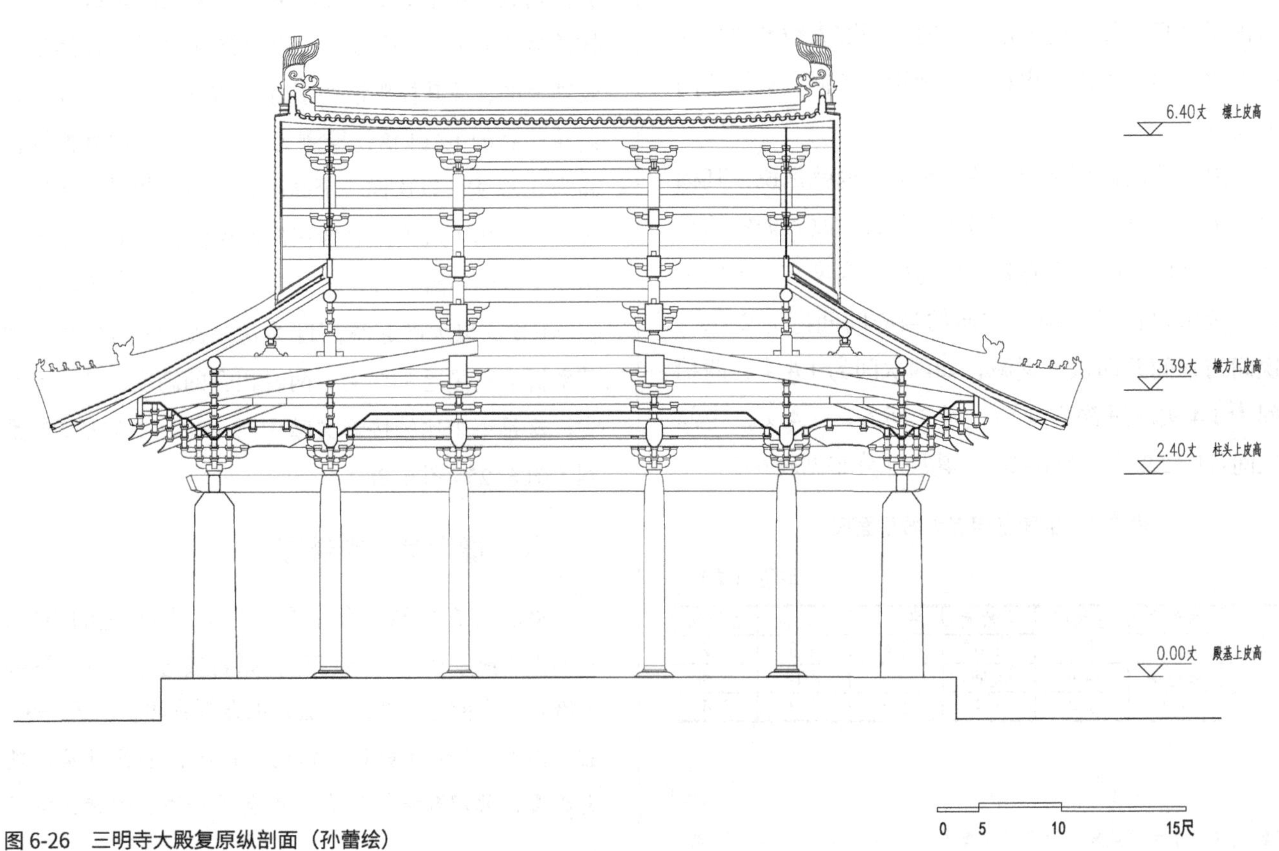

图 6-26　三明寺大殿复原纵剖面（孙蕾绘）

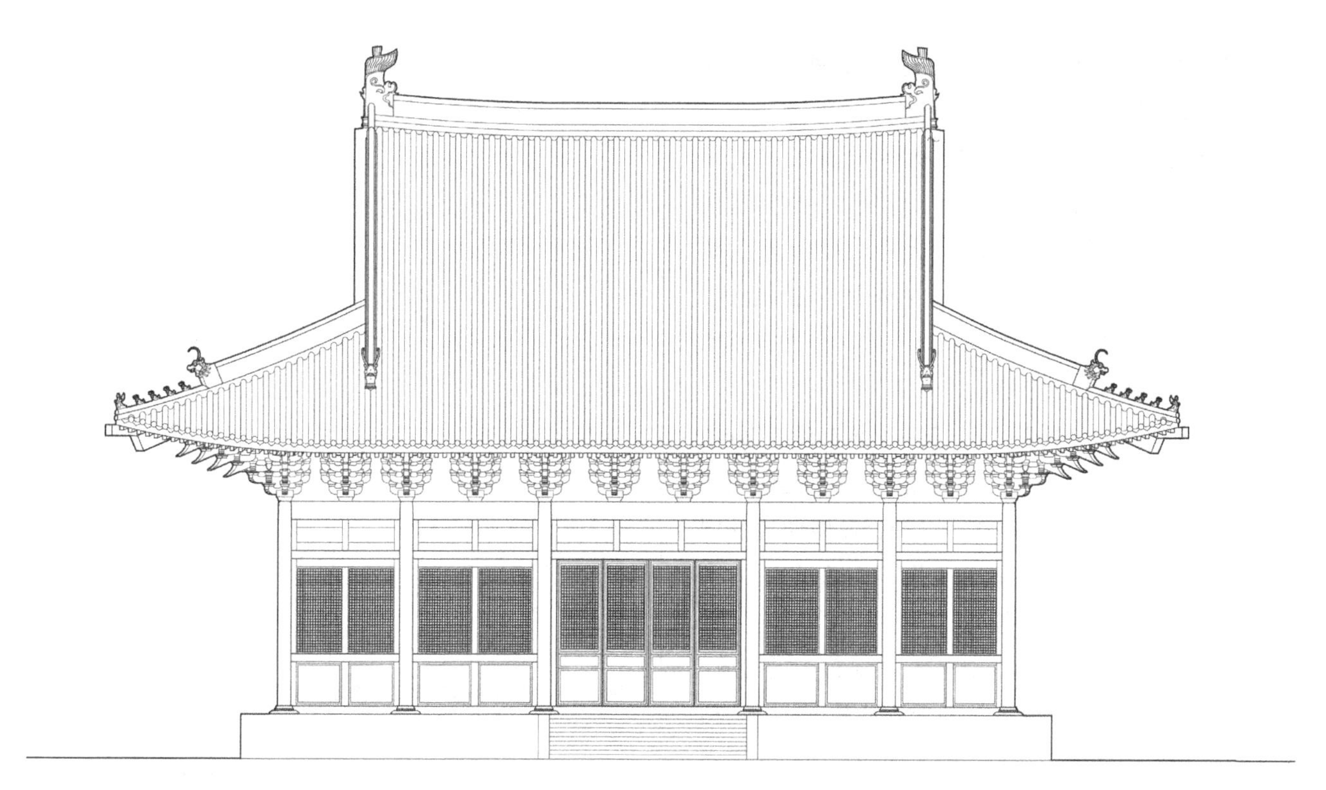

图 6-27　三明寺大殿正立面复原（杨澍绘）

图 6-28　三明寺大殿侧立面复原（杨澍绘）

渍。”❶说明寺中原有大殿、法堂、廊庑、钟阁，却毁于建炎三年（1129年）的金兵之火。

70年之后的庆元五年（1199年），开始了重建工程，嘉泰元年（1201年）工程大略完备，先后建立了寝堂、法堂、库堂，最后重建了大殿，这座大殿：“鹄立摩云，翚飞拂日，阶除结甃，平夷如镜，窗户髹漆，光彩荡目，高三十尺有奇，周广二十寻……塑大雄像于中，菩萨善神，翼卫于旁。”❷

这里仅仅给出了两个尺寸：其一是殿高度有30余尺，这其实也是一个令人质疑的数据；其二是殿周回尺寸有20寻。以8尺为一寻，可知这座殿四边的周长为160尺。也就是说，这座大殿四围总长为16丈可能是一个比较有价值的数据。

首先，从其周长可知，这不是一座很大的殿堂，至多是一座三开间的大殿。这里存在两种可能，一种是，这座殿的平面为正方形，则大殿的通面广与通进深都是4丈。另外一种可能是，这座殿的正面稍长两侧稍狭，假设其通面广为4.2丈，则其通进深所余的长度仅有3.8丈。这样我们可以得到如下开间与进深尺寸的一座小型殿堂（表6–6，图6–29）。

表6-6　豫章澄心寺佛殿平面尺寸

单位（丈）

面广	通面广	左次间	当心间	右次间
	4.2	1.2	1.8	1.2
进深	通进深	前间	中间	后间
	3.8	1.2	1.4	1.2

下面再来看其高度方向。按照其文字的记载，这座殿仅有30余尺高也就是说殿身结构的高度约为3丈有余。可以推想这座大殿柱子的高度不会太高，这里设定为1.2丈，其柱头以上铺作橑檐方上皮的高度按柱子高度的$\sqrt{2}$倍推测，约为1.6丈，即使如此，其

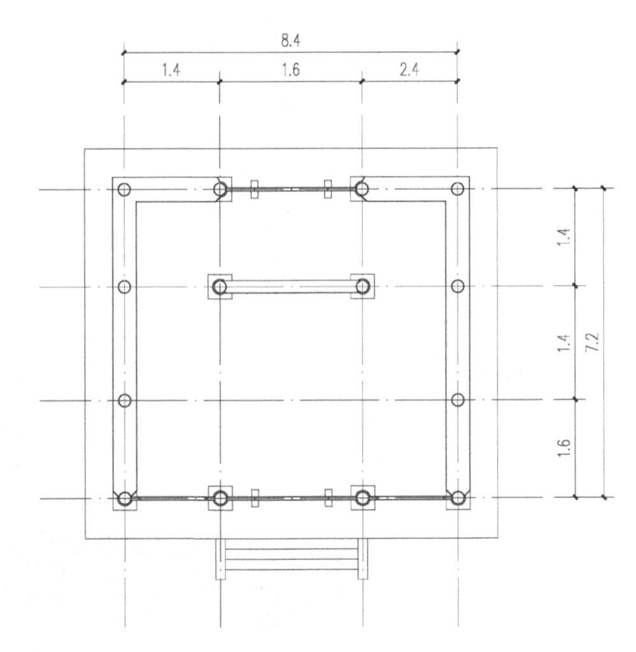

图6-29　豫章澄心寺佛殿平面复原图（作者自绘）

铺作总高也才有4.0尺，只能按二等材四铺作出一杪承令栱，则其外檐斗栱出挑约为1.6尺，从而得出其前后橑檐方距离为4.12丈，以其殿起举的高度为前后橑檐方距的1/3计算，则其屋顶举高约为1.37丈。因此其脊槫上皮距离大殿基座上皮的高度约为2.97丈余，在这一脊槫上皮标高上再加上椽子、望版，及脊饰，高度恰好超过3丈多一点，这应该是一个与文献记载“高三十尺有奇”相吻合的复原尺寸（图6–30~图6–33）。

国内尚存有马鞍山澄心寺，但尚未找到与豫章澄心寺有关的遗存证据，这座宋代古寺很可能已经毁圮不存了。

七、清远广庆寺飞来殿

今广东清远在北宋康定初年（1040年）新创一座敕建寺院，名广庆寺。寺中有殿，名飞来殿。北宋大观年间，寺殿已现倾圮之态，“乃募众缘，益之岁入，斤斧概集，据旧一新。广五丈五尺。深三丈四尺有奇，前崇四楹，左右翼如也。经始于大观戊子之初，告成

❶［宋］涂禹．重修澄心寺佛殿碑记//曾枣庄，刘琳．全宋文 第306册．上海：上海辞书出版社；合肥：安徽教育出版社，2006:51.

❷［宋］涂禹．重修澄心寺佛殿碑记//曾枣庄，刘琳．全宋文 第306册．上海：上海辞书出版社；合肥：安徽教育出版社，2006:51.

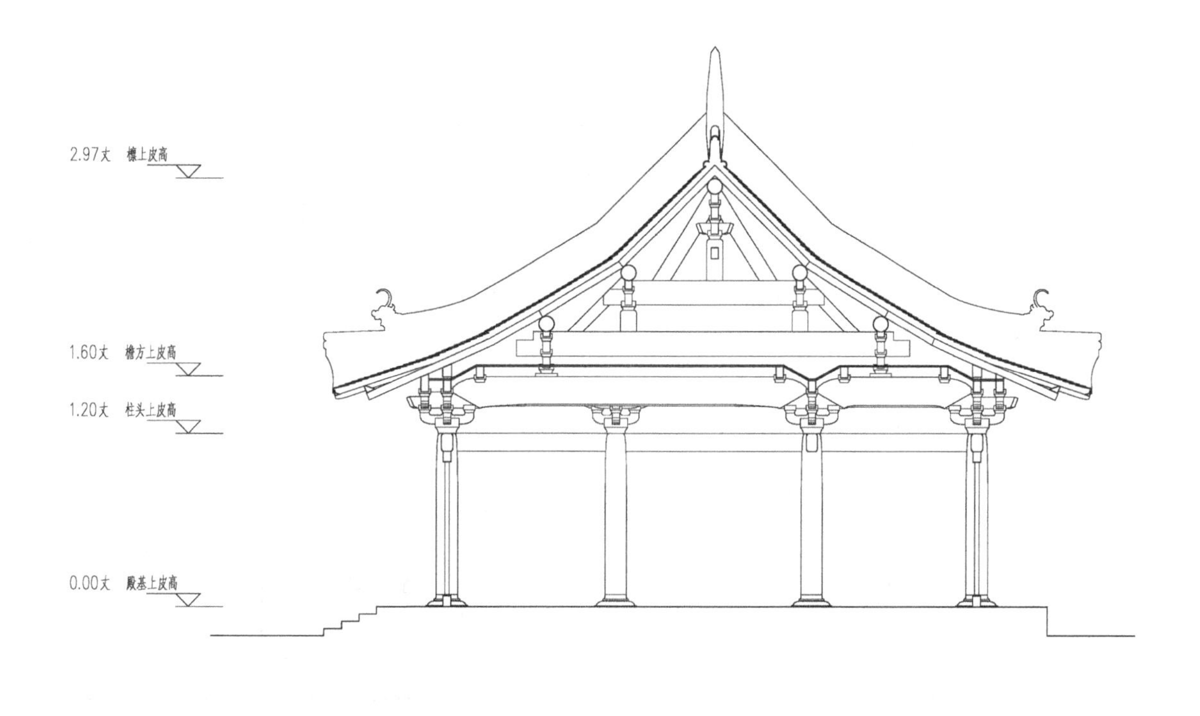

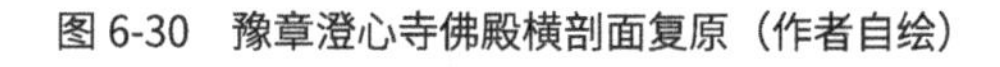

图 6-30 豫章澄心寺佛殿横剖面复原（作者自绘）

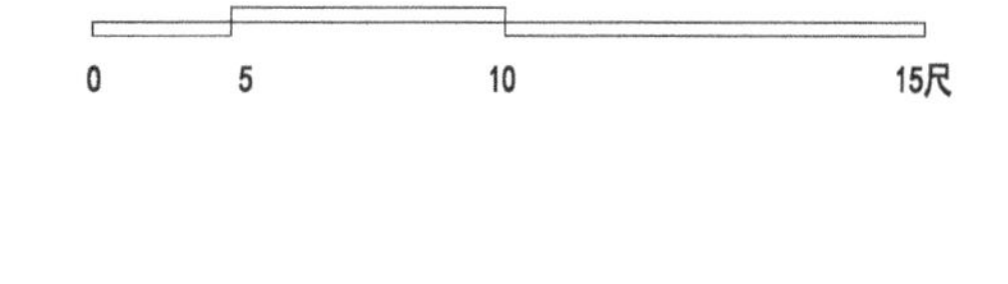

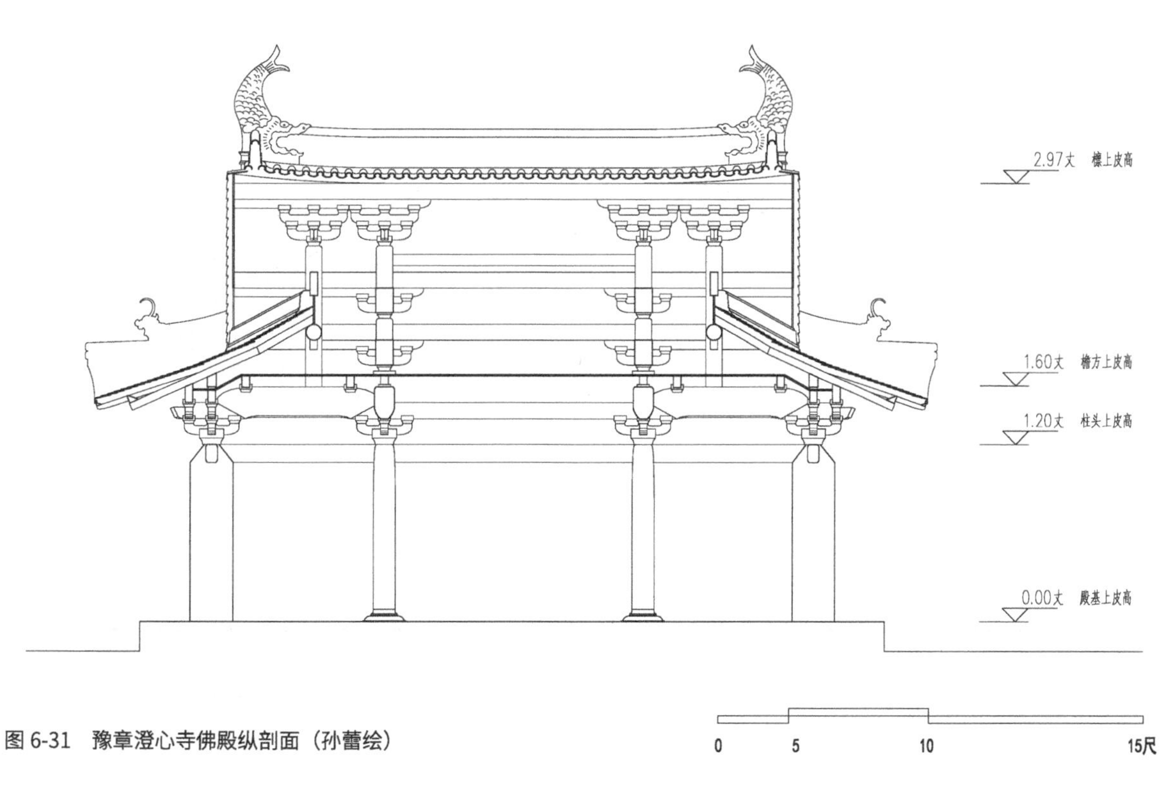

图 6-31 豫章澄心寺佛殿纵剖面（孙蕾绘）

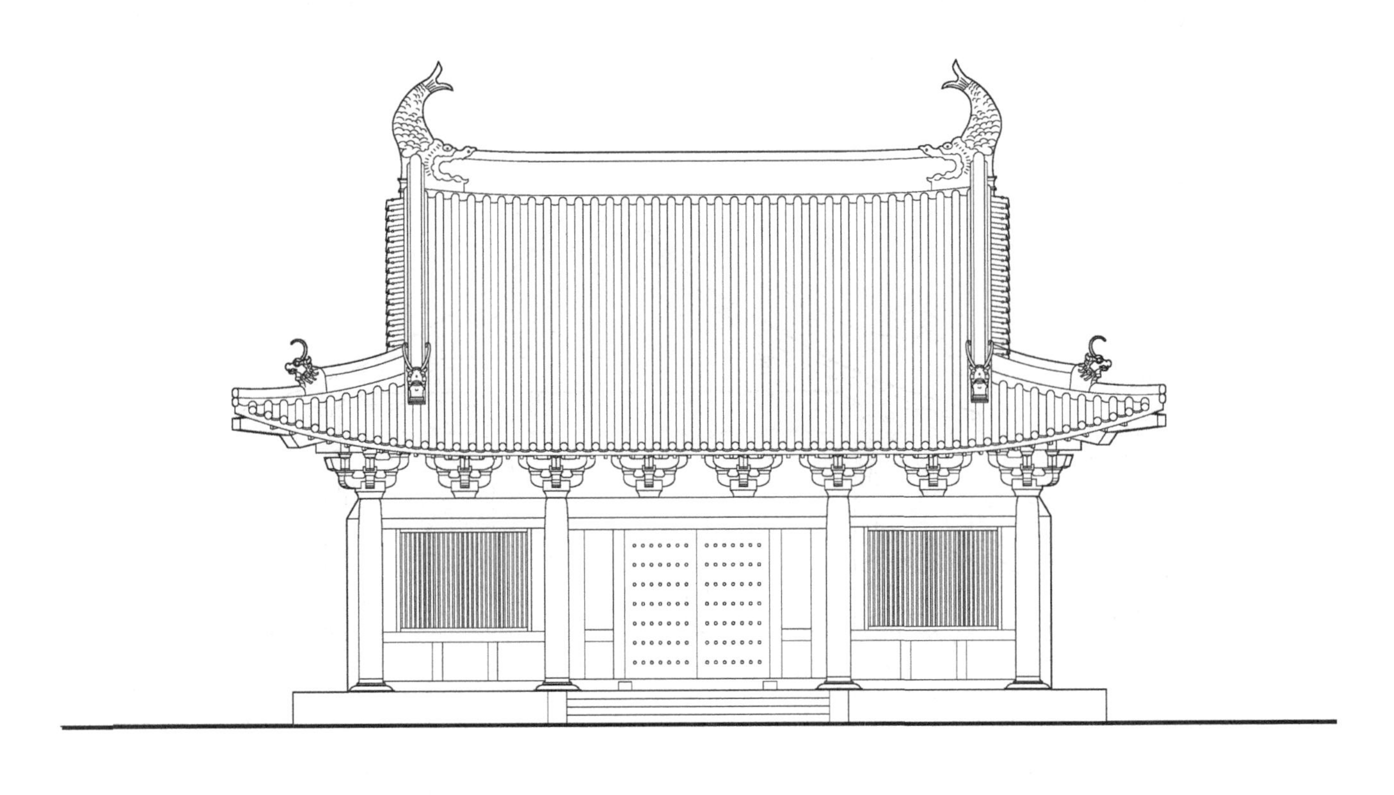

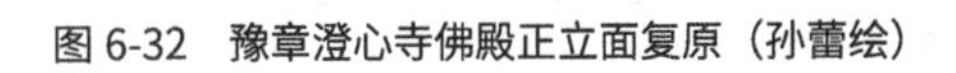

图 6-32　豫章澄心寺佛殿正立面复原（孙蕾绘）

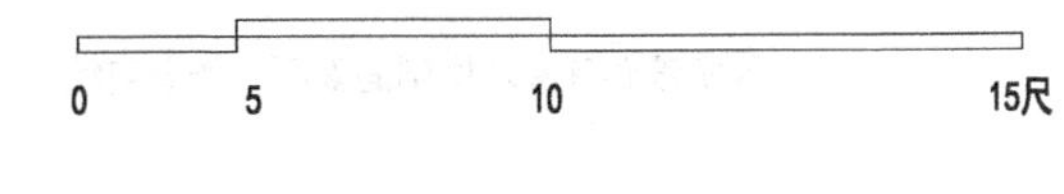

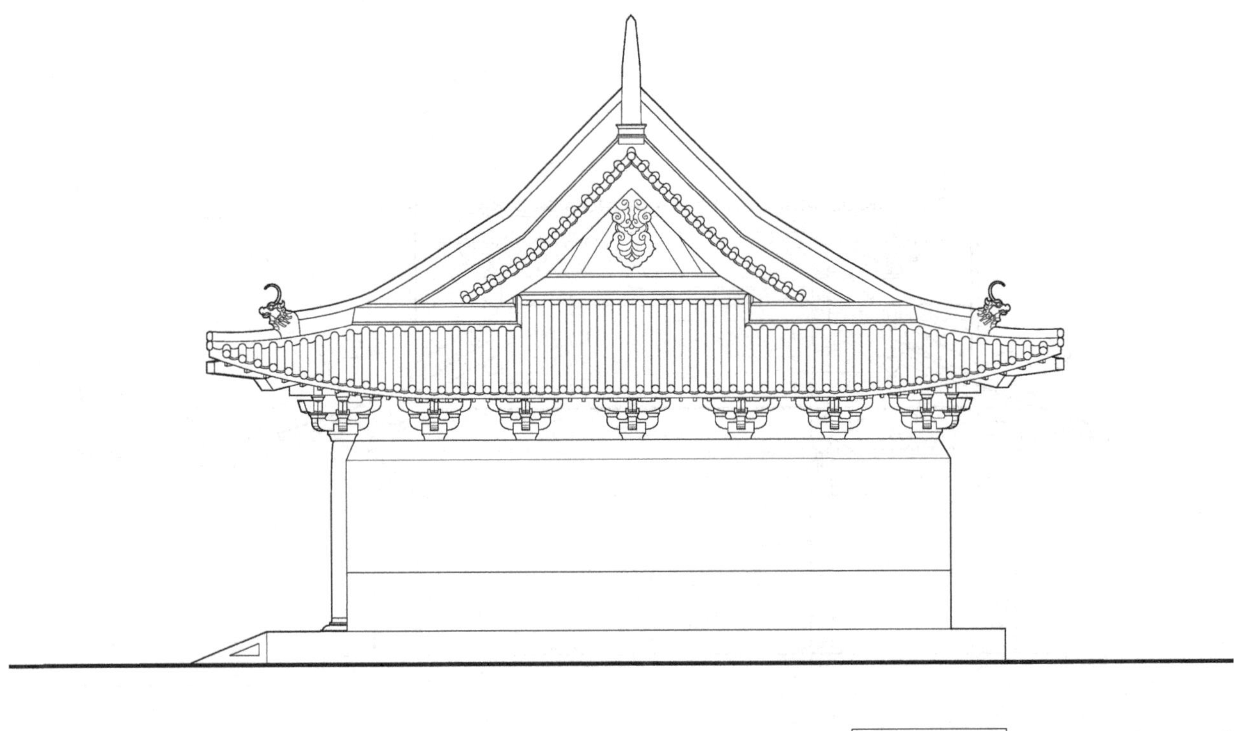

图 6-33　豫章澄心寺佛殿侧立面（孙蕾绘）

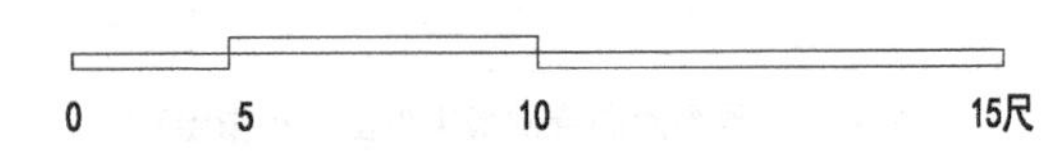

于九月之望、上栋下宇，咸饰以朱，日皎月辉，上薄云汉。”[1]

可知这座大殿重建于大观二年（1108年）。殿通面广5.5丈，通进深3.4丈余，前有4柱，当为三开间，但“左右翼如”像是在殿前部有抱厦为三间，左右还应各有一间才能够形成其殿“前崇四楹，左右翼如”的效果。

故设想其殿实际为五开间，前有一个三开间的抱厦，其当心间为1.5丈，左右次、梢间间广均为1丈，合为5.5丈。而其进深方向，应该在殿主体部分，深3.4丈，即其前、后两间进深各1丈，中间一间进深1.4丈。而其前抱厦进深当再有1丈。其平面的尺寸分布如下（表6-7，图6-34）。其中抱厦的进深为1.0丈，不单列。

表6-7　清远广庆寺飞来殿平面尺寸

单位（丈）

殿身	通面广	左梢间	左次间	当心间	右次间	右梢间
面广	5.5	1.0	1.0	1.5	1.0	1.0
殿身	通进深		前间	中间	后间	
进深	3.4		1.0	1.4	1.0	
抱厦	通面广		左次间	当心间	右次间	
面广	3.5		1.0	1.5	1.0	

遗憾的是，这样一座殿堂却没有给出其高度的尺寸，只能根据其平面间广尺寸及进深尺寸加以推测。以其当心间面广为1.5丈且是一座正面仅有三开间的殿堂，则其柱高应该不会与当心间间广尺寸相同，但因其当心间间广尺寸也偏小也不好按照典型的三开间殿堂比例来控制，故将其外檐檐柱高度设定为与这座殿堂尺度比较接近的1.2丈。

柱头之上铺作的高度仍然按照檐柱高度的$\sqrt{2}$倍推算，即其橑檐方上皮距离殿基面高约1.7丈。即外檐铺作高约0.5丈而外檐铺作橑檐方出跳的距离为0.32丈。这里用二等材五铺作出单杪单昂可以达到这样一个高度与出挑要求。其殿身主体部分进深3.4丈加上两侧斗栱各出挑0.32丈左右，则其前后橑檐方距离约为3.72丈。以这一距离的1/3计算屋顶举高，则为1.24丈。也就是说，其殿脊槫上皮的高度约在2.94丈左右。其前三开间的抱厦可按照宋代习惯的“龟头殿”造型，也就是说在3.5丈的左右柱距下再加上两侧出挑的斗栱，其脊槫高度也可以控制在2.94丈左右。其结构做法略似后世“十字脊”形式的交接方式（图6-35~图6-37）。

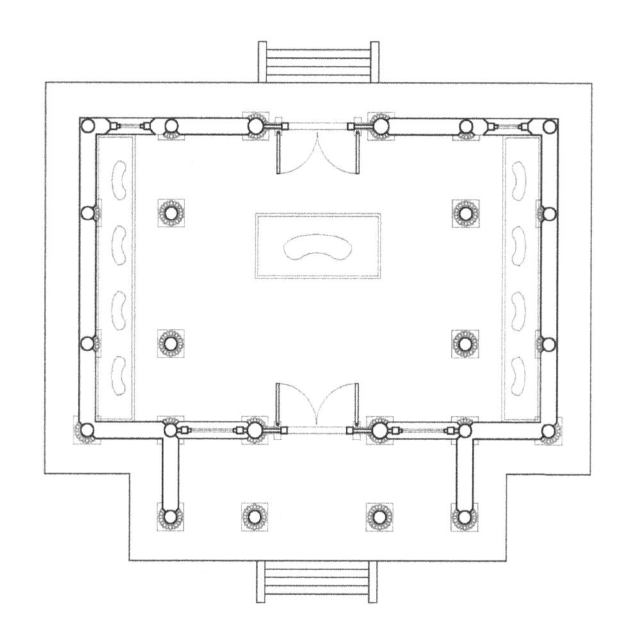

图6-34　清远广庆寺飞来殿平面复原（作者自绘）

现存广东清远飞来寺大雄宝殿（图6-38），疑即在宋代广庆寺飞来殿的旧基之上建造的，但却早已不复宋代的样貌。

八、衡阳观音寺殿

衡阳西湖有观音寺，寺中有殿，规模不是很大，绍兴二十四年（1154年）重建寺殿，据史料记载：“雁城西湖观音寺殿者，僧本慧所建也……殿高广三丈有五尺，自二十四年夏经始，至二十六年秋落成，其勤

[1] ［宋］胡愈．修飞来殿碑记//曾枣庄，刘琳．全宋文 第141册．上海：上海辞书出版社；合肥：安徽教育出版社，2006:86.

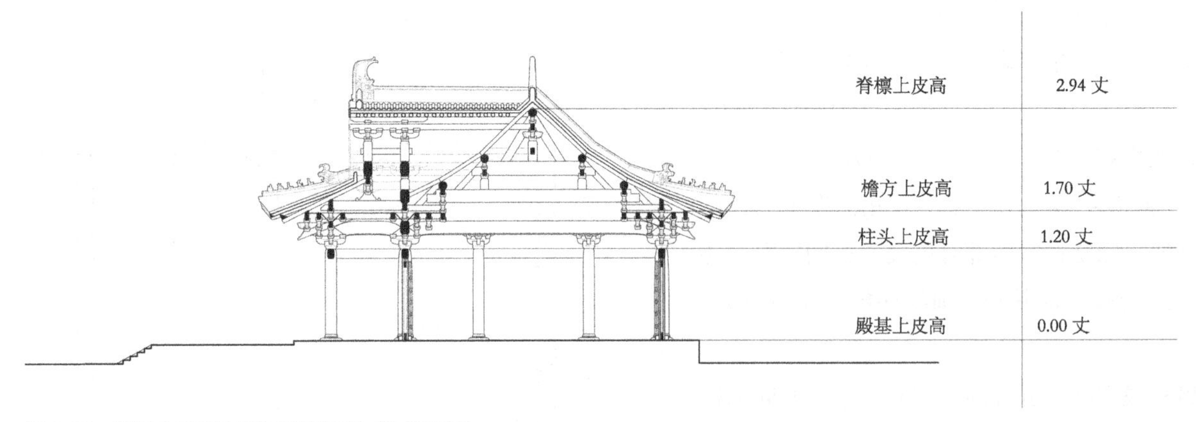

图 6-35　清远广庆寺飞来殿剖面复原（作者自绘）

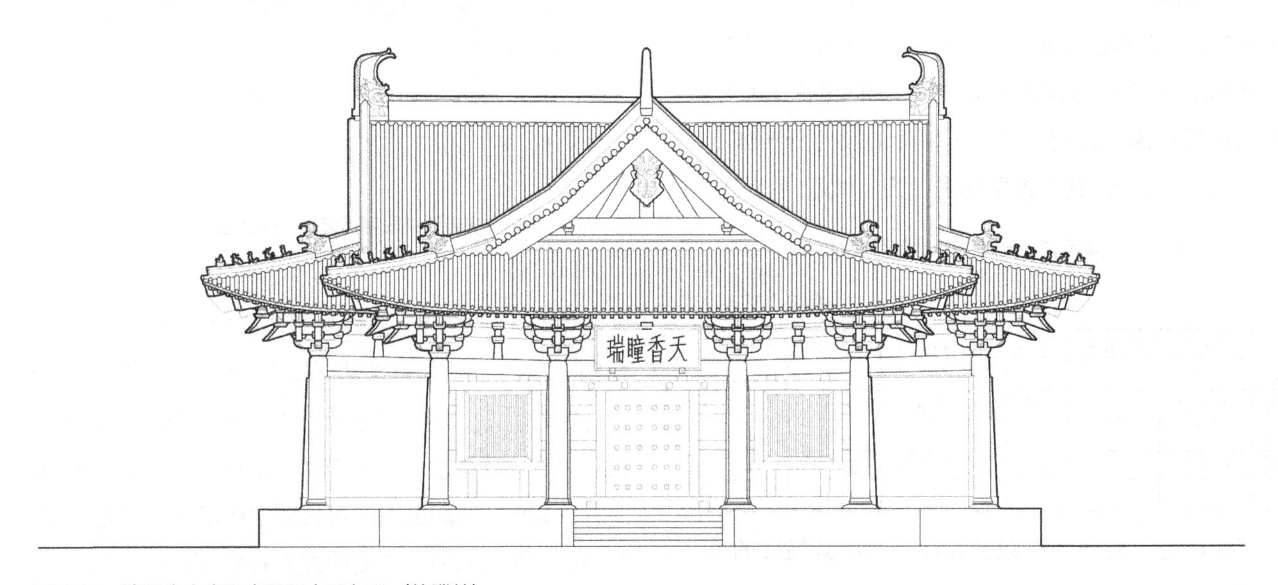

图 6-36　清远广庆寺飞来殿正立面复原（徐腾绘）

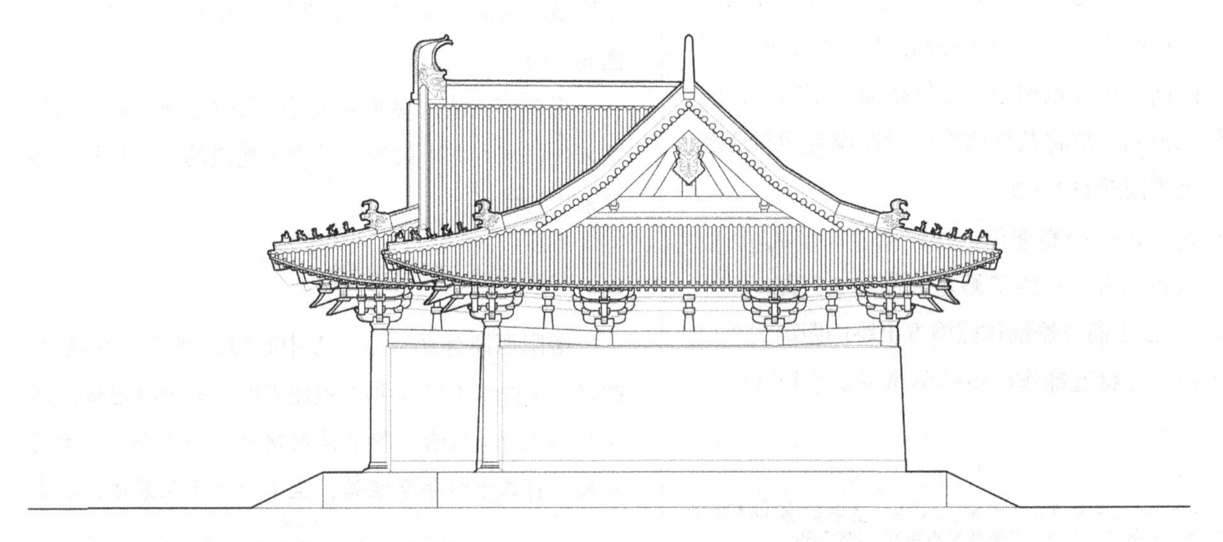

图 6-37　清远广庆寺飞来殿侧立面复原（徐腾绘）

图 6-38　广东清远飞来寺大雄殿现状（王贵祥，贺从容 . 中国建筑史论汇刊 · 第拾壹辑 [M]. 北京：清华大学出版社，2015.）

至矣。”❶

这里给出了两个维度的尺寸，一个是殿高 3.5 丈，另一个是殿面广 3.5 丈。没有给出殿进深方向的尺度。但考虑到这座大殿的面广仅有 3.5 丈，可知这应该是一座方形小殿，其进深也应该在 3.5 丈左右。

可以设想，这座大殿的当心间面广为 1.5 丈，左右次间面广各为 1 丈。当然也可将当心间设定为 1.3 丈，而两次间各位 1.1 丈。但按照上述尺寸分配的原因是，其殿高度有 3.5 丈，如果其当心间尺寸不够大则柱子的高度亦难以拔高，如此则屋顶高度达到 3.5 丈的难度就比较大。这是为什么将当心间设定为 1.5 丈的主要原因。

在进深方向也可以同样对待，即其前后间间广各为 1 丈，而其中间一间的间广为 1.5 丈。柱网的尺寸分配如表 6–8，图 6–39。

表 6-8　衡阳观音寺殿平面尺寸

单位（丈）

面广	通面广	左次间	当心间	右次间
	3.5	1.0	1.5	1.0
进深	通进深	前间	中间	后间
	3.5	1.0	1.5	1.0

再来分析其高度尺寸。以当心间面广为 1.5 丈，其柱子高度仍比这一间广值小，但由于文献中给出了屋顶高度为 3.5 丈，故其檐柱高度不能太低，否则很难达到这一屋顶高度。故暂设檐柱高为 1.4 丈。其上用斗栱，斗栱上部橑檐方上皮标高仍按柱子高度的 $\sqrt{2}$ 倍推测，则可以达到 1.98 丈的高度，即外檐铺作高为 0.58 丈，由于是三间小殿，可用三等材，斗栱为六铺作单杪双下昂恰好可以达到这一高度要求。斗栱前后出挑的总距离暂定为 0.46 丈，则前后橑檐方距离约为 4.42 丈。如此，则按 1/3 推算的其殿屋顶举高为

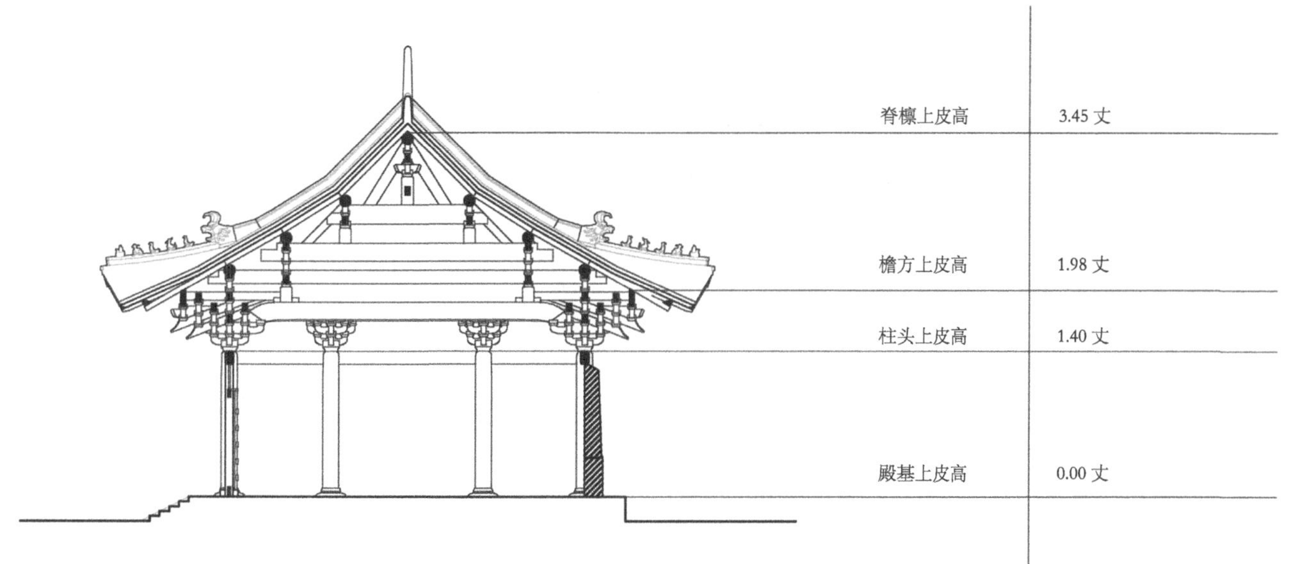

图 6-39　衡阳观音寺殿剖面复原（作者自绘）

❶ ［宋］胡铨 . 衡阳观音寺殿记 // 曾枣庄，刘琳 . 全宋文 第 195 册 . 上海：上海辞书出版社；合肥：安徽教育出版社，2006:389.

1.47 丈。两者相合的总高度为 3.45 丈。这距其文献中记载的殿高为 3.5 丈的记载仅有 0.5 尺的差别。当然，若考虑到结构的积累误差或包括角柱生起等因素，这 0.5 尺的高度误差是可能消解在实际的建造过程中的。

至少这应该算是一个相当接近其史料记载尺度的复原（图 6–40~ 图 6–43）。这座寺院的现状遗存情况不详。

九、参考案例：抚州祥符观三清殿

尽管我们遍览两宋时代的文献，有关寺院殿堂的详细记载毕竟如凤毛麟角般稀少。前面的一些分析也仅是在有限的数据基础上，根据宋代建筑的结构逻辑

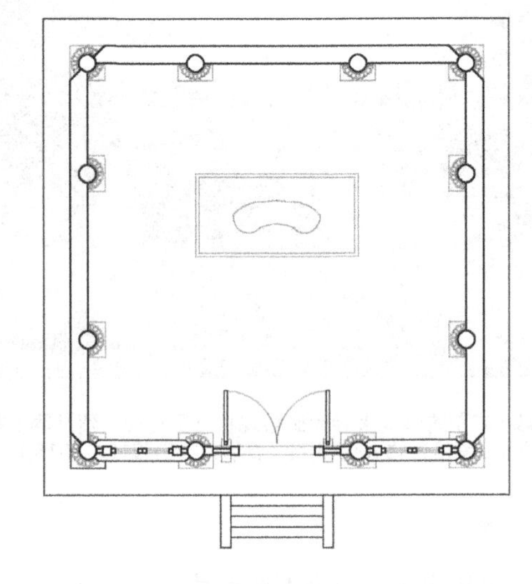

图 6-40　衡阳观音寺殿平面复原（作者自绘）

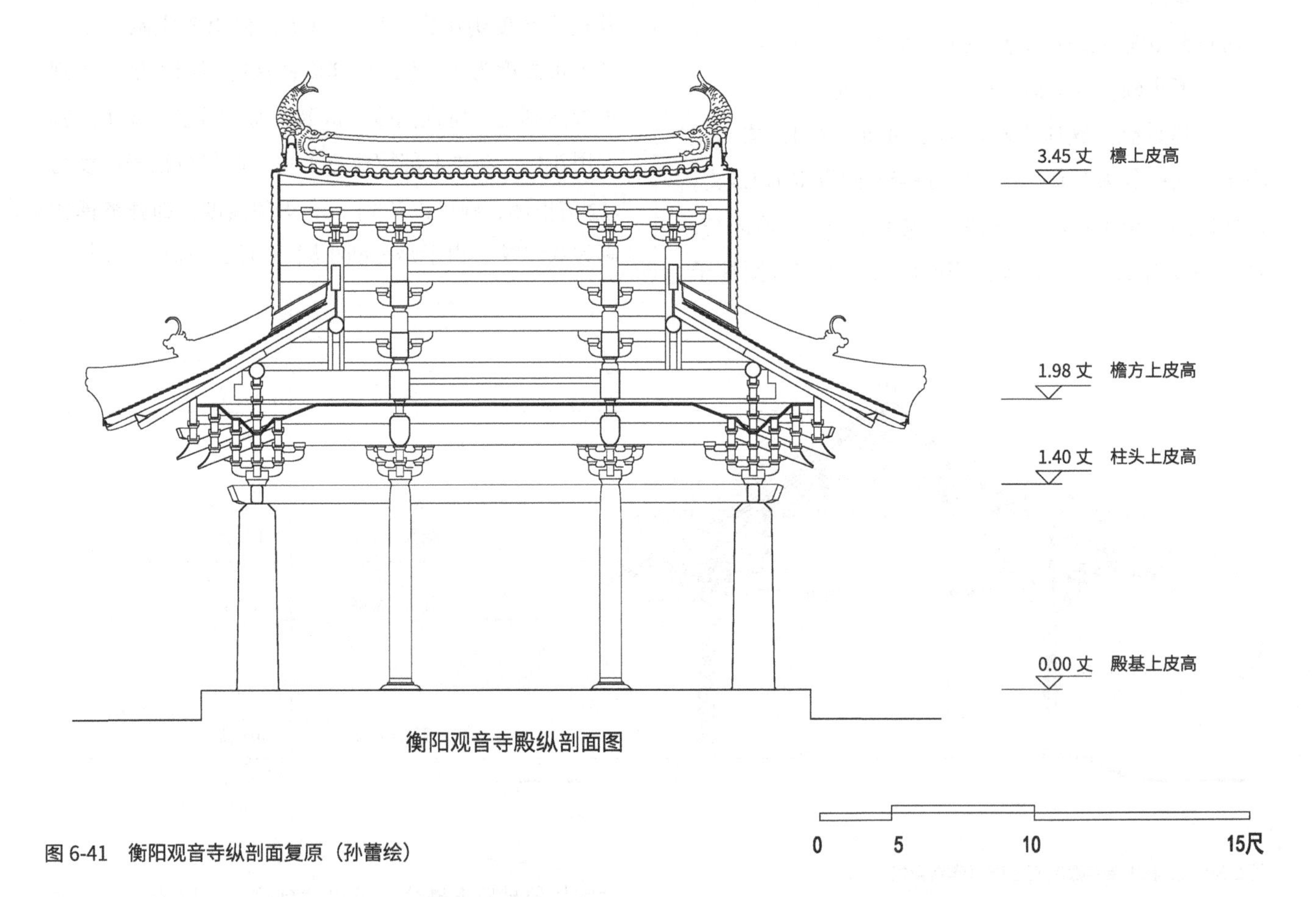

图 6-41　衡阳观音寺纵剖面复原（孙蕾绘）

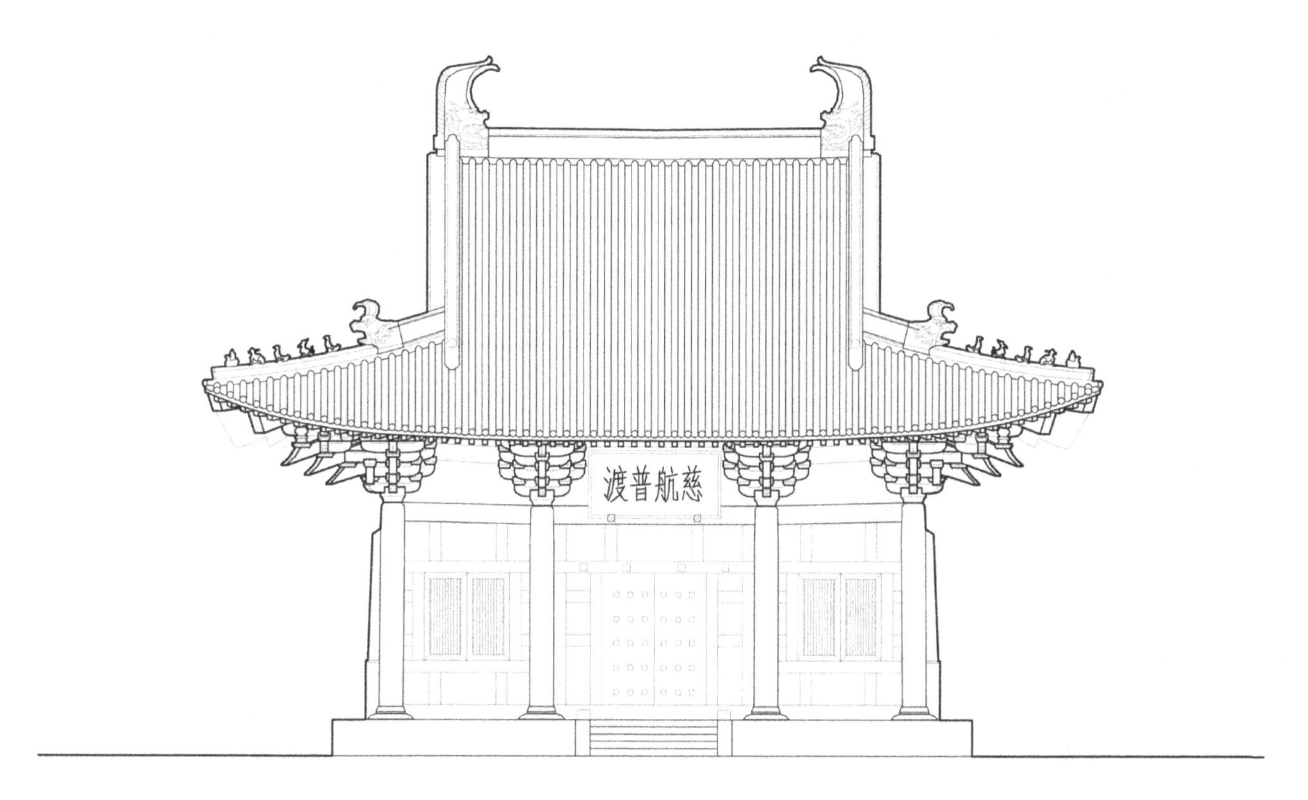

图 6-42　衡阳观音寺殿正立面复原（徐腾绘）

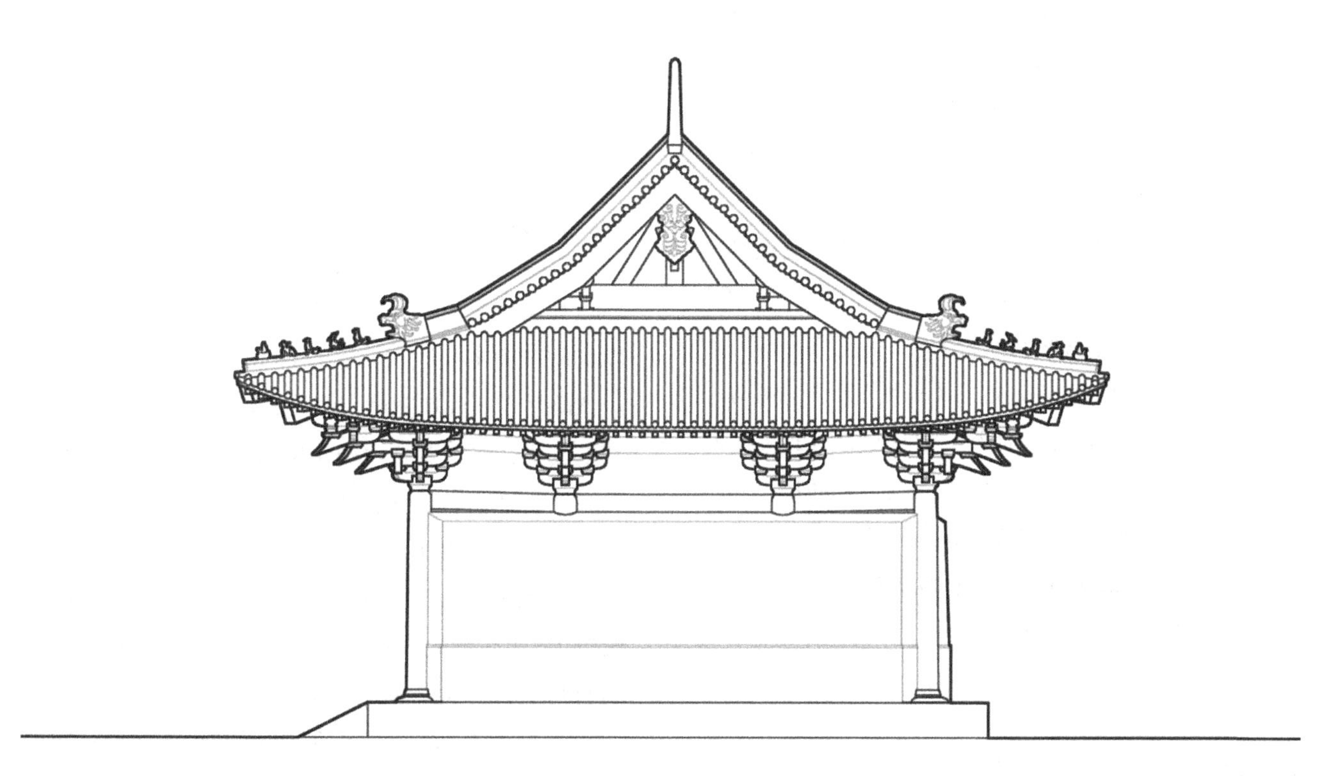

图 6-43　衡阳观音寺殿侧立面复原（徐腾绘）

与比例规则推测出来的，只能是大体上接近其原来结构与建筑的大致形态。

有趣的是，北宋时代的改革家王安石居然也记载了一座殿堂而且记载得相当详细。可惜的是，他所记载的不是一座佛殿，而是一座道教宫观中的主殿——三清殿。然而，就我们的知识而言，可以确信的是，在两宋时代佛教寺院的主殿与道教宫观的主殿，在结构上与建筑上没有什么区别。也就是说，这里记载的这座道教殿堂可能也代表了北宋时代佛教寺院主殿。故我们在这里作为一个参考案例来加以分析。

王安石记录的是抚州祥符观三清殿，其记录的时间是北宋皇祐二年（1050 年），然而其文中却没有给出这座殿堂的始创或重建年代，只是描述了其殿的主要尺寸："观之有屋四注，深五十五尺，广七十二尺。陛之高，居深十八分之一，楹二十有四，门两夹窗，中象三，旁象二十有六者，曰三清殿。"[1]

其殿通面广 7.2 丈，通进深 5.5 丈，共有 24 棵柱子。正立面上的中间为门，两侧有夹窗。殿内神台上有三清神像三尊，周围还有诸星宿之神 26 尊。重要的是，这里还给出了大殿台基的高度，其高位进深的 1/18，以其深 55 尺，基高约为 3.05 尺，约今日的 1 米高，应该是一个适度的台基高度。

现在来观察其面广，以通面广为 7.2 丈应该是一座五开间的殿堂，假设其当心间间广 1.8 丈，则按 0.3 丈的递减率，其左右两次间为 1.5 丈，左右两梢间为 1.2 丈，通面广恰好为 7.2 丈。以其有五开间，则每一柱缝上应该有 6 棵柱子。而其文中特别提到了共有 24 棵柱子，也就是说，最大的可能是这五开间用了 4 排柱子。如此，则在进深方向可能仅有 3 开间。以其前后间间广各为 1.2 丈计，则其进深方向的中间一间就比较大为 3.1 丈。这一间距，其实也是大殿内大梁的跨度。这正与一座"十架椽屋前后乳栿对六椽栿用四柱"的厅堂式建筑平面格局相吻合（表 6-9，图 6-44）。

表 6-9　抚州祥符观三清殿平面尺寸

单位（丈）

殿身面广	通面广	左梢间	左次间	当心间	右次间	右梢间
	7.2	1.2	1.5	1.8	1.5	1.2
殿身进深	通进深	前间		中间		后间
	5.5	1.2		3.1		1.2

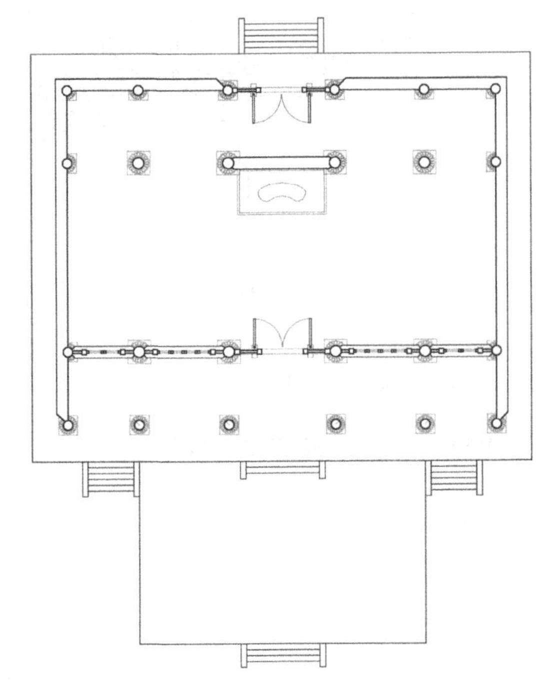

图 6-44　抚州祥符观三清殿平面复原（作者自绘）

其高度方向的尺寸仍需要从其当心间间广推出，以其间广为 1.8 丈，作为五开间的殿堂，其柱子高度应该略小于其间广宽度，假设其檐柱的高度为 1.6 丈。其上斗栱，用二等材六铺作单杪双下昂，可得到的铺作高度为 0.53 丈，则其橑檐方上皮高度约为 2.13 丈。其前后檐斗栱出挑距离可以达到 0.495 丈，前后檐出跳总和为 0.99 丈，则前后橑檐方距离约为 6.49 丈，则按 1/3 推算的大殿屋顶举高约为 2.16 丈，也就是说，其脊槫上皮距离大殿台基顶面的高度为 4.29 丈左右（图 6-45，图 6-46）。其屋顶是一个单檐四注坡（四阿）形式（图 6-47，图 6-48）。

[1] 文献 [2]．[宋] 王安石．临川集．卷第八十三．四部丛刊景明嘉靖本．

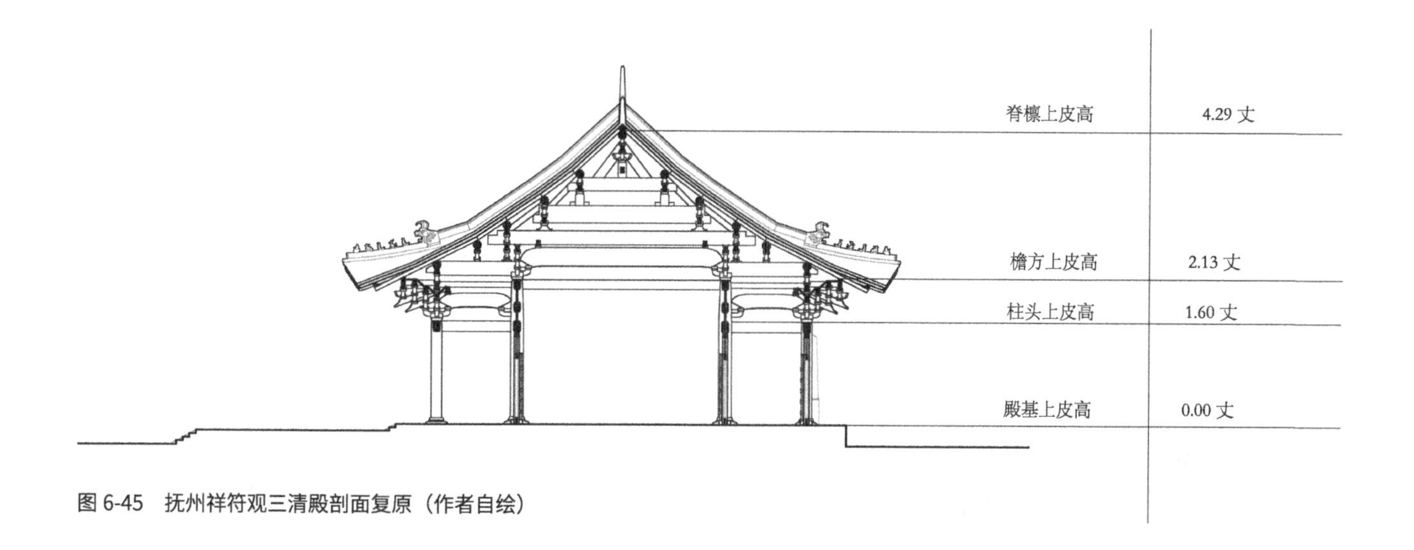

图 6-45　抚州祥符观三清殿剖面复原（作者自绘）

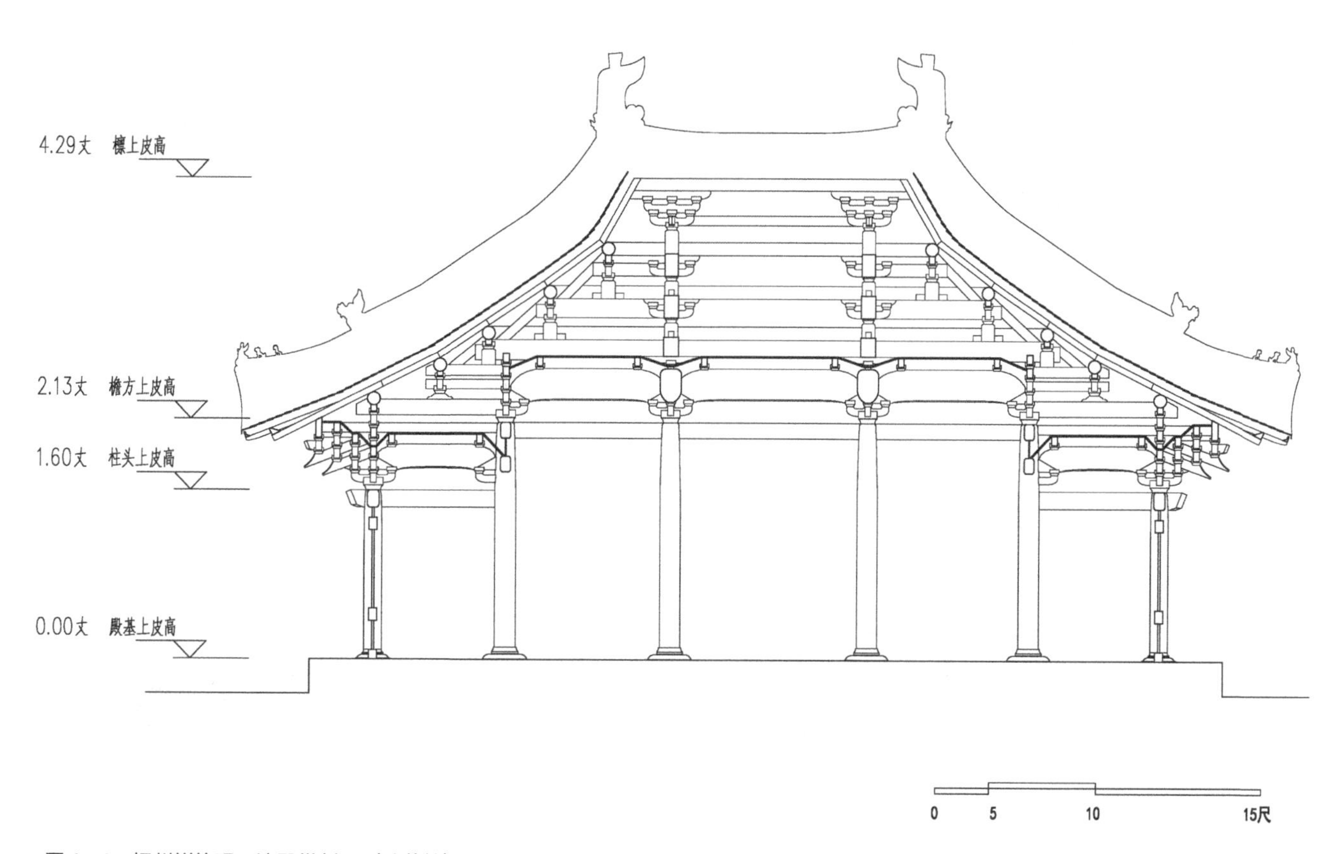

图 6-46　抚州祥符观三清殿纵剖面（孙蕾绘）

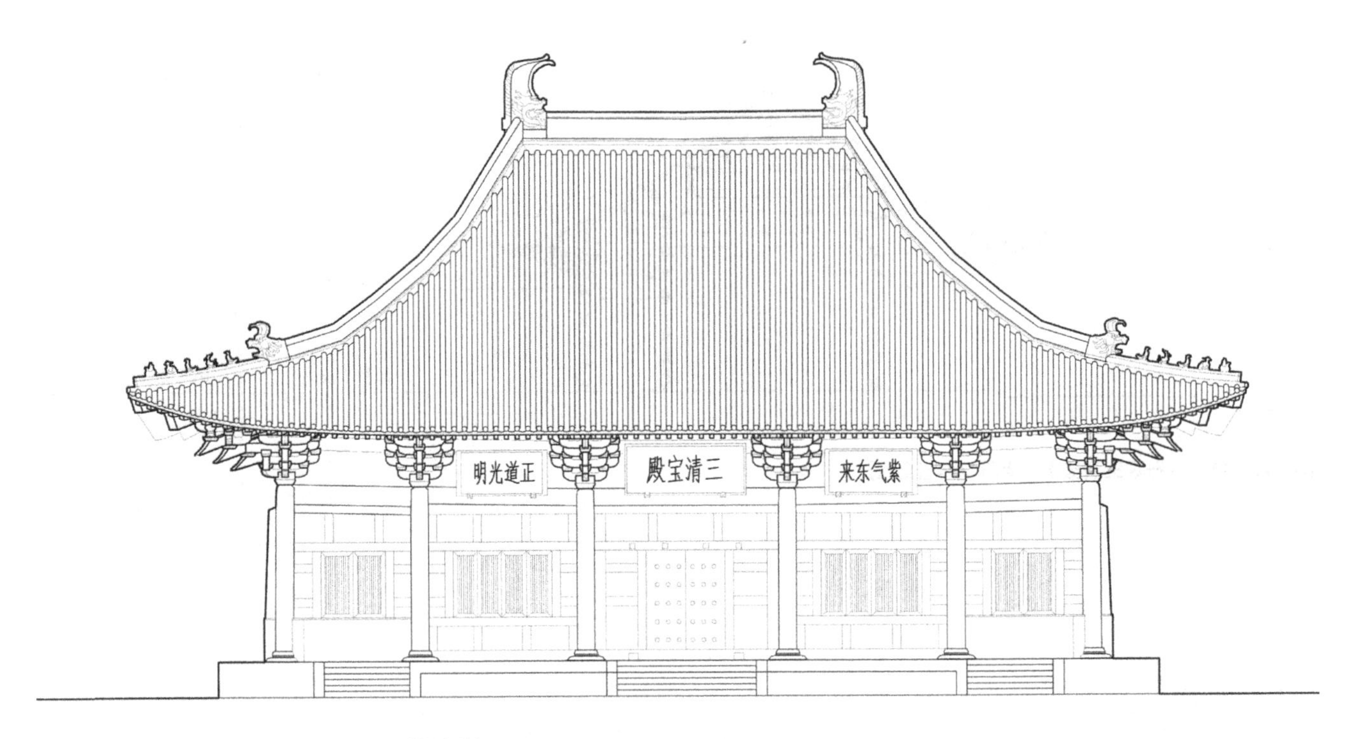

图 6-47　抚州祥符观三清殿正立面复原（徐腾绘）

图 6-48　抚州祥符观三清殿侧立面复原（徐腾绘）

第二节
史料中所见几座两宋佛寺圆通殿与法堂复原探讨

一、圆通殿

除寺院中的正殿——佛殿之外，寺院中还会有诸如圆通殿、弥勒殿、弥陀殿、观音殿、罗汉殿、毗卢殿、卢舍那殿等殿堂。这里这些殿堂可能位于寺中轴线上也可能位于寺院主殿前后的配殿位置上。本节介绍白云山慈圣院圆通殿。

浙江余姚白云山有一座始创于唐代的寺院，北宋治平年间（1064—1068 年）赐慈圣院额。嘉定十三年（1220 年）不戒于火，仅余法堂及观音大士造像。之后，就其旧址重建圆通殿，“端平三年（1236 年）孟秋告成，高深皆十寻，广七寻，瑞像端严，诸天拱护，金碧照烂，如入化城。仍塑三佛，以为过去、见在、未来种子，观者赞叹于越所未有。”[1]

这座圆通殿高 10 寻，以 1 寻长 8 尺，折合为 80 尺；深 10 寻，亦为 80 尺；广 7 寻，为 56 尺。换句话说，这座圆通殿是一座南北较长，而东西稍狭的殿堂，其通面广为 5.6 丈，而其通进深却为 8.0 丈，其总高亦为 8.0 丈。也就是说，这可能是一座以短向作为正立面的木构殿堂建筑。

因其高度为 8.0 丈，可知这很可能是一座重檐殿堂，甚至是三重檐的殿堂。因为单檐殿堂的结构尺寸是很难达到如此高度的。

如此我们先来观察其面广方向。以其通面广为 5.6 丈，可能分割成一个 5 开间的殿堂，但因为这是一座纵深方向较长的殿堂，故其中心的空间应该比较大，也就是说，这应该有一个中空的空间作为礼祀观音大士的场所。

可以推想，这是一座在面广方向殿身 3 间，副阶 5 间，而在进深方向，殿身 4 间，副阶 6 间的纵向布置的殿堂。如此，则其面广方向当心间间广为 1.6 丈，殿身两次间间广 1.2 丈，而两侧梢间为副阶，间广 0.8 丈；在进深方向上，前后两尽间为副阶，间距 0.8 丈，中间 4 间间广均分为 1.6 丈。殿身平面减去中心 2 柱可形成一个内为中空的平面柱网，大梁跨距约为 3.2 丈。其柱网尺寸如下（表 6-10，图 6-49）。

表 6-10　余姚白云山慈圣院圆通殿平面尺寸

单位（丈）

面广	通面广		左梢间（副阶）	左次间	当心间	右次间	右梢间（副阶）	
	5.6		0.8	1.2	1.6	1.2	0.8	
进深	通进深	前间（副阶）	殿身第一间	殿身第二间	中心为柱子	殿身第三间	殿身第四间	后间（副阶）
	8.0	0.8	1.6	1.6	0	1.6	1.6	0.8

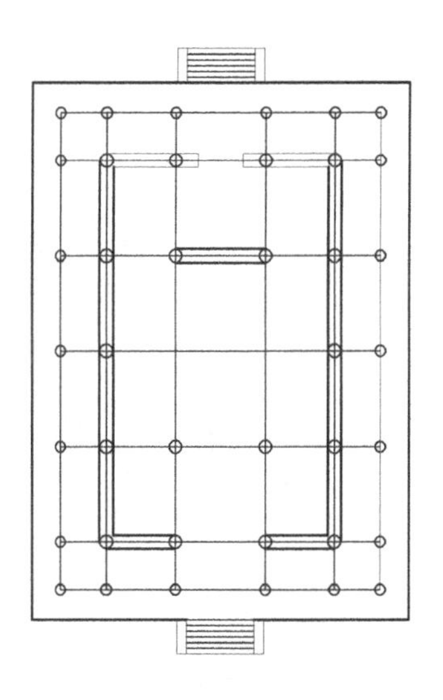

图 6-49　余姚白云山慈圣院圆通殿平面复原（作者自绘）

再来看高度方向，由于文献记载的屋顶高度为 8.0 丈，如果以这座殿堂的短向架构梁架，即以 5.6 丈的面广方向设置屋架，则很难使屋顶达到 8.0 丈的高度。因此，我们仍设定这座殿堂是按照进深方向设置屋架的，即整座屋顶是按照建筑物的南北长向起置梁架的。

[1] ［宋］楼杕．白云山慈圣院圆通殿记 // 曾枣庄，刘琳．全宋文 第 343 册．上海：上海辞书出版社；合肥：安徽教育出版社，2006:321.

以其面广方向的当心间间广为 1.6 丈，则其柱子高度也可以定为 1.6 丈，柱头上斗栱用二等材五铺作单杪单昂，以材高为 0.825 尺。加上普拍方的铺作高(橑檐方上皮）度为 0.60 丈，则橑檐方上皮距离殿基顶面高度约为 2.20。而其上檐口柱子高度约相当于檐柱高度的 2 倍，可暂定为 3.2 丈，其上斗栱用六铺作双杪单昂亦高 0.74 丈左右，则上檐（殿身檐柱）斗栱橑檐方上皮距离殿基地面的高度为 3.94 丈。

显然第二重屋檐橑檐方上皮标高 3.94 丈，距屋顶结构高度 8.00 丈，仍然有 4.06 丈的高度差，这说明这座圆通殿很可能是一座三重屋檐的殿堂。设想其殿身内柱柱头高度为殿身檐柱柱头高度的 1.75 倍，则可以将殿身内柱高度设定为 5.6 丈。其上用七铺作双杪双下昂斗栱，斗栱高度约为 0.81 丈，橑檐方缝与殿身檐柱缝之间的出挑距离为 0.66 丈。如此可知，其前后橑檐方的距离为 3.2 丈 +1.32 丈 =4.52 丈。以这一距离的 1/3 可以推出其起举的高度为 1.51 丈。

由其上檐的橑檐方上皮距离殿基顶面标高为 6.41 丈，则加上屋顶梁架的起举高度 1.51 丈，可以得出其脊槫上皮距离殿基顶面的高度差为 7.92 丈，这距离其文献中所载的其屋顶高度为 8.0 丈,仅有 0.08 丈(8 寸）之差。如果考虑其中可能存在的积累误差以及宋代建筑本来就有的角柱生起等处理手法，则其脊槫上皮上皮控制在 8.0 丈是没有问题的（图 6-50~ 图 6-53)。

由此推出的这座圆通殿是一座面广尺寸较小而进深尺寸较大，梁架沿进深方向架构并再用了周匝副阶、三重屋檐的做法。这样布局的殿堂是未曾在实例中见到过的。这或也为我们了解两宋时代木构建筑的多样性提供了一个案例。

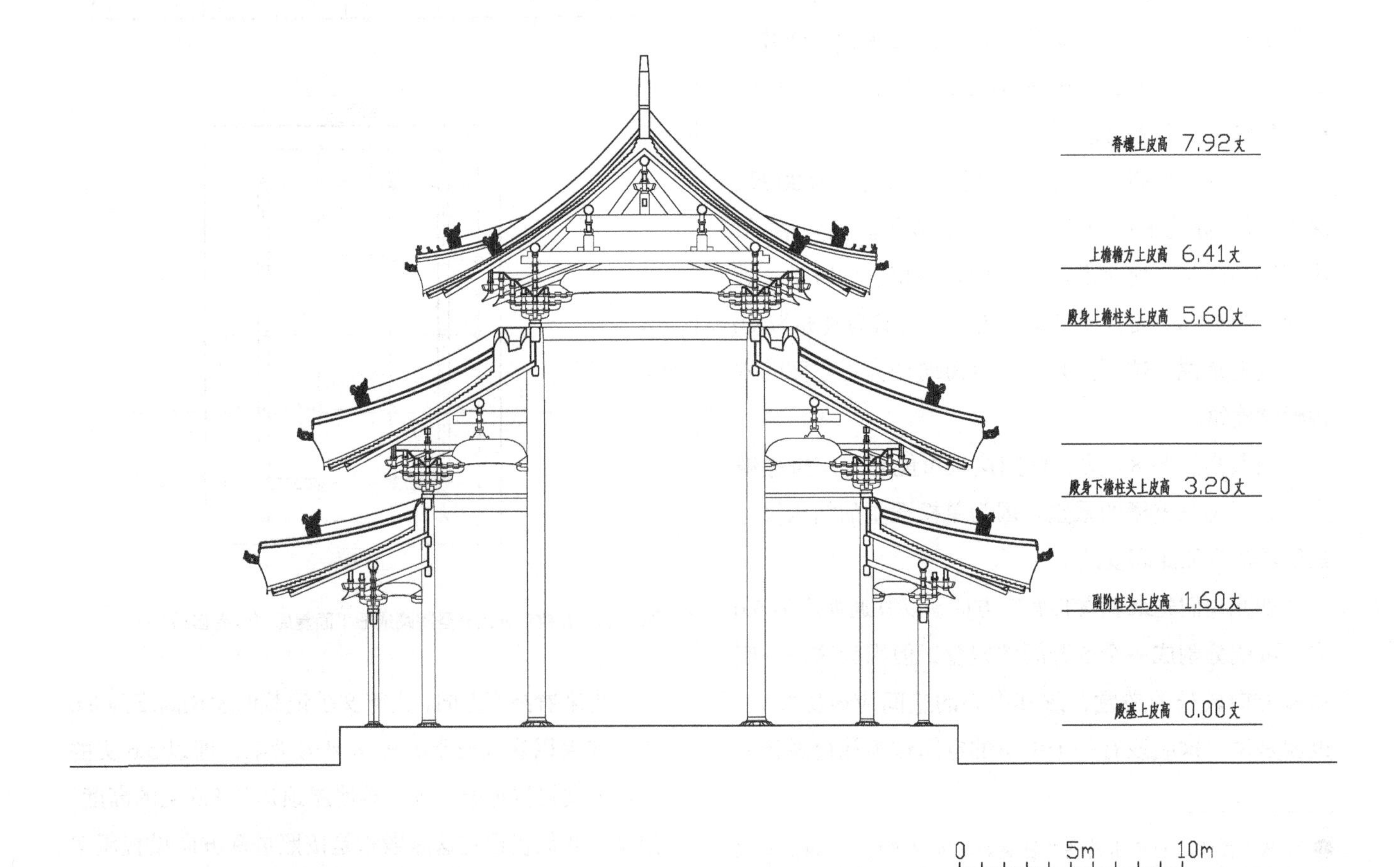

图 6-50　余姚白云山慈圣院圆通殿横剖面复原（作者自绘）

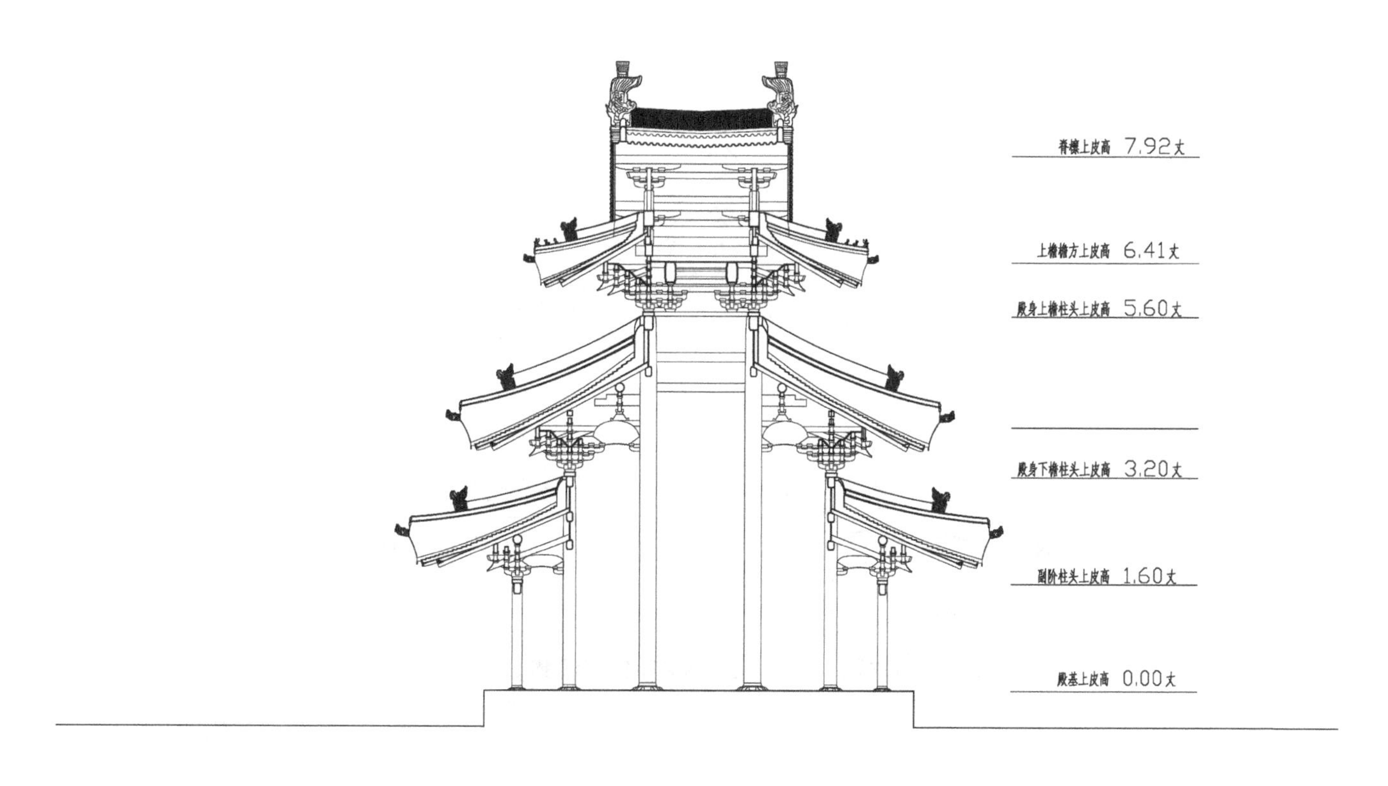

图 6-51 余姚白云山慈圣院圆通殿纵剖面复原（唐恒鲁绘）

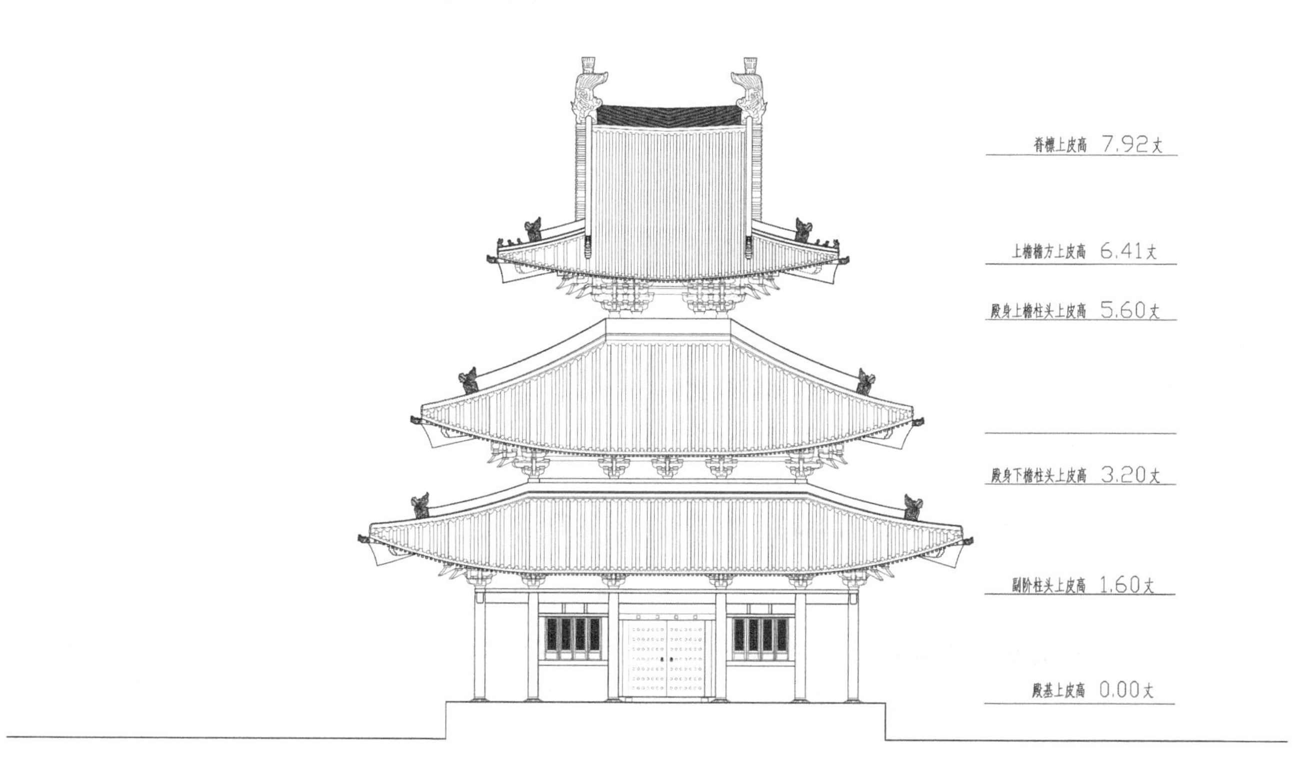

图 6-52 余姚白云山慈圣院圆通殿正立面复原（唐恒鲁绘）

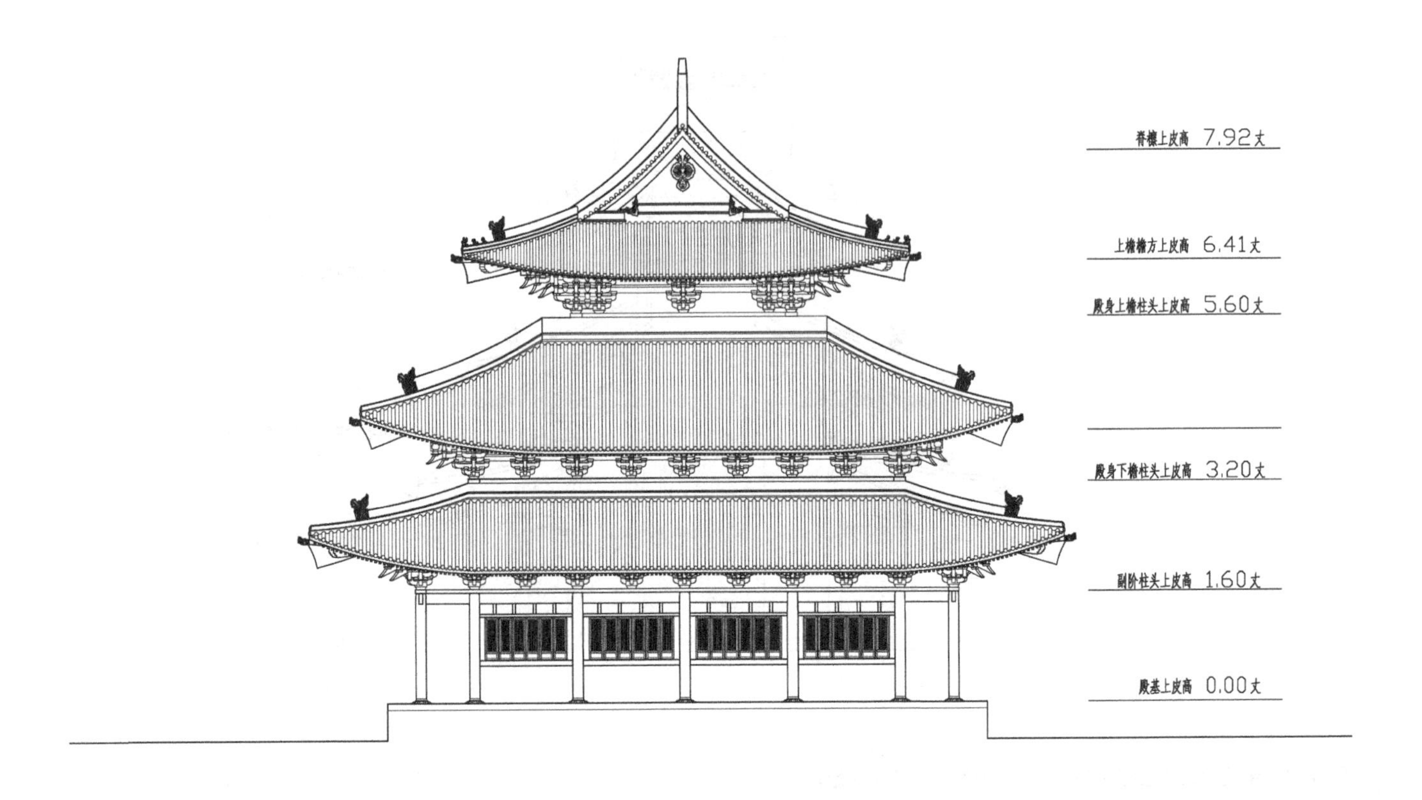

图 6-53 余姚白云山慈圣院圆通殿侧立面复原（唐恒鲁绘）

二、法堂

两宋寺院中的法堂具有重要地位，一般是被布置在寺院主殿之后。但现存宋代佛教寺院的法堂建筑，没有一座实例遗存，我们只能依赖文献的记载来了解这种类型建筑的大致规模与样貌。清华大学郭黛姮教授曾经依据《大宋诸山图》中所记载的临安径山寺法堂剖面示意图，对径山寺法堂进行了复原[1]，为我们增加了一座南宋法堂建筑的形象案例（图 6-54）。

1. 潮州开元寺法堂

潮州开元寺是一座唐代创建的古寺，寺院规模原本十分雄大，有36座子院。南宋绍兴年间，遭寇掠而焚，后来加以重建，寺之法堂是咸淳五年（1269 年）重建的。林希逸为此撰写了《潮州开元寺法堂记》：“后虽更造，仅有佛殿、罗汉堂、三门、两庑而已……捐俸金百万，俾就此役。为屋九间，其深丈有六，广三之。前后诸栋，皆易以石。”[2]

其文中所谓“其深丈有六，广三之。”可有两种理解：一是进深 1.6 丈，面广 4.8 丈。但这与其“为屋九间”的说法，相去太远；另一种理解，即其堂进深为 6.0 丈，面广为 18 丈。将 18 丈的面广分为 9 间，大致还是可行的，因此后一种推测似乎比较合理。

设想这是一座面广 9 间，通面广为 18 丈，进深 3 间，通进深为 6 丈的殿堂，无论其面广还是进深方向，

[1] 参见郭黛姮．中国古代建筑史 [M]. 第三卷．北京：中国建筑工业出版社，2003：438-439.

[2] [宋]林希逸．潮州开元寺法堂记 // 曾枣庄，刘琳．全宋文 第336册．上海：上海辞书出版社；合肥：安徽教育出版社，2006:21.

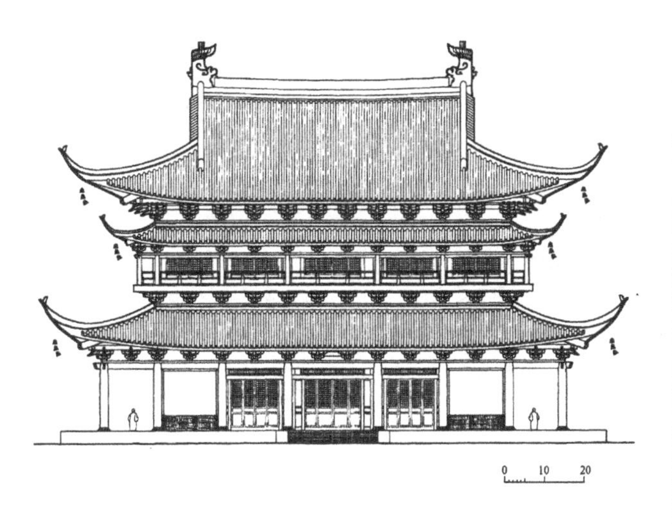

图 6-54 郭黛姮教授复原的临安径山寺法堂立面（自《中国古代建筑史》第三卷）

以平均每间间广为 2 丈来布置柱网似乎没有太大问题。但考虑到两个因素：一是现存辽宋殿堂多是从当心间向两侧递减的，越靠近中间者，开间越大一些；二是九间大殿应该比较高大，若当心间的间广偏小，柱子高度也会因此受到局限，建筑物整体高度也会被压低。

可以设想，其当心间间广为 2.4 丈，左右两次间为 2.2 丈，再两侧两次间为 2.0 丈，两梢间为 1.8 丈，最后的左右两尽间亦为 1.8 丈。则通面广为 18 丈，而在进深方向，可以分为 3 间，前后间各为 1.8 丈，以保持转角结构的对称，而当中一间为 2.4 丈，恰与面广方向的当心间间广相等。合为 6 丈。其平面柱网尺寸如下（表 6–11，图 6–55）。

表 6-11 潮州开元寺法堂平面尺寸

单位（丈）

面广	通面广	左尽间	左梢间	左次间	左次间	当心间	右次间	右次间	右梢间	右尽间
	18.0	1.8	1.8	2.0	2.2	2.4	2.2	2.0	1.8	1.8
进深	通进深	前间				中间				后间
	6.0	1.8				2.4				1.8

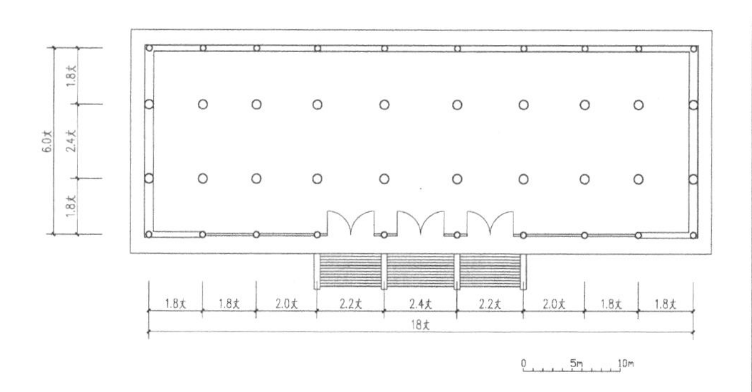

图 6-55 潮州开元寺法堂平面复原（作者自绘）

再来分析其殿堂高度。从文字描述及进深尺度观察，这是一座单层单檐大殿。面广 9 间，进深 3 间。其进深的跨度似乎也有一点偏小。在这种情况下要保持一定的屋顶高度比例还是有一定的难度的。

以其当心间间广为 2.4 丈，以现存辽宋时期的九开间殿，柱子高度一般与其当心间间广尺寸取齐，故可以设定其檐柱高度亦为 2.4 丈。同时参照现存辽宁义县奉国寺九间大殿，其上铺作橑檐方上皮标高是其柱子高度的$\sqrt{2}$倍。故这里采用了较高等级的斗栱，外檐柱头上用一等材，八铺作双杪三下昂的做法。这几乎达到了宋代斗栱铺作的最高等级。如此退出其铺作的高度为 0.91 丈，则其外檐铺作橑檐方上皮标高约为 3.31 丈，大略接近柱子高度的$\sqrt{2}$倍。

其斗栱出挑的最长距离也大约为 0.9 丈，则前后橑檐方距离则为 7.8 丈，取其 1/3 长度约 2.60 丈，以此为这座法堂建筑屋顶的起举高度，则屋顶脊槫上皮的标高，即距离法堂台基顶面的高度为 5.91 丈，如果加上屋顶瓦饰及屋脊部分的高度，则法堂外观总高约在 6 丈有余（不含鸱尾高度）（图 6–56~ 图 6–58）。这应是一个比较恰当的高度比例。

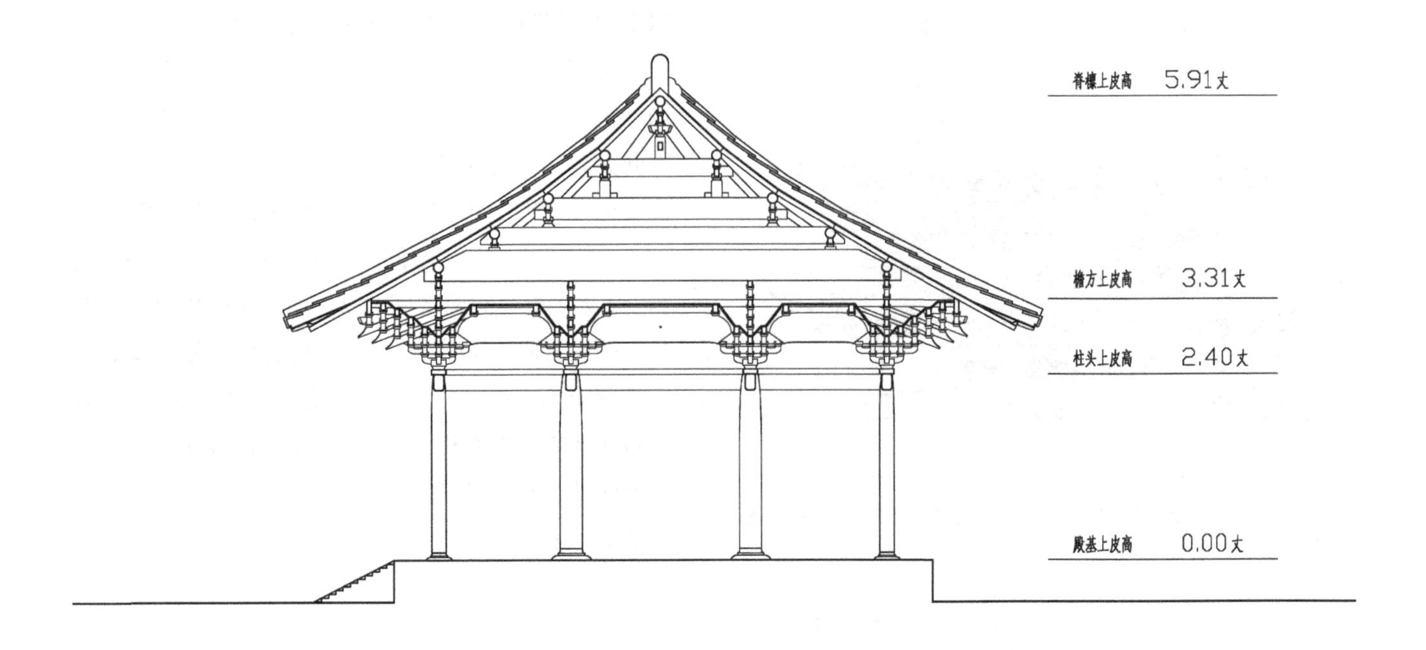

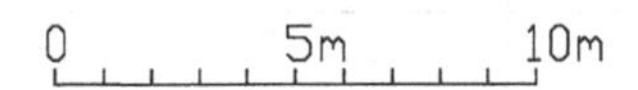

图 6-56 潮州开元寺法堂剖面复原（作者自绘）

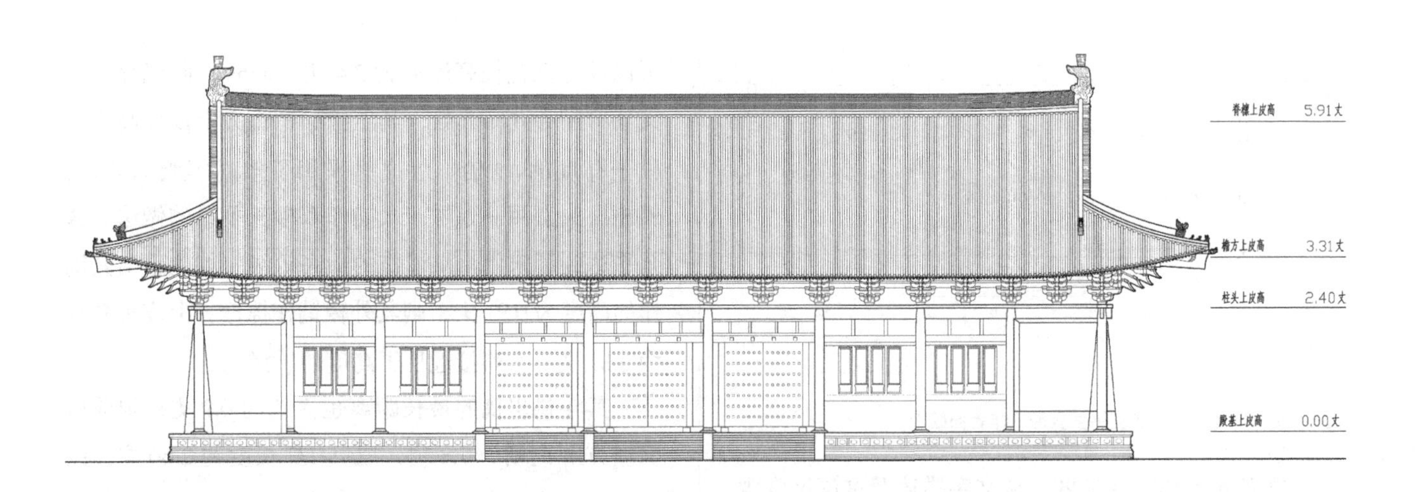

0 5m 10m

图 6-57 潮州开元寺法堂正立面复原（唐恒鲁绘）

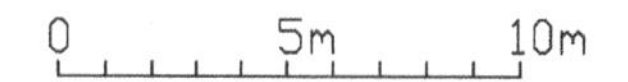

图 6-58 潮州开元寺法堂侧立面复原（唐恒鲁绘）

2. 东林善法堂

庐山东林寺是一座东晋古寺，北宋元祐二年（1087年）重建了寺内的善法堂："元祐二年七月八日，庐山东林禅寺善法堂成。其为间七，其高为丈者五，深而为尺者九十，其广十有一丈。"[1]其文中反复强调法堂所处的"正"位："且夫居其堂正则知其位正，知其位正则知其眼正，知其眼正则知其根正……"[2]可知这座法堂应是布置在寺内正殿之后中轴线上的正位上的。

这里给出了几个基本数据，法堂的面广为7间，通面广为11丈，通进深为9丈，高度（暂时假设为结构高度）为5丈。这里给出的是3个最基本也最有力的三维尺度数据。根据辽宋时期建筑，往往将当心间间广设置较大且向两侧递减，进深方向前后间的间距与面广方向两侧尽间间距相同，我门可推测出如下一个基本的平面尺寸（表6-12，图6-59）。

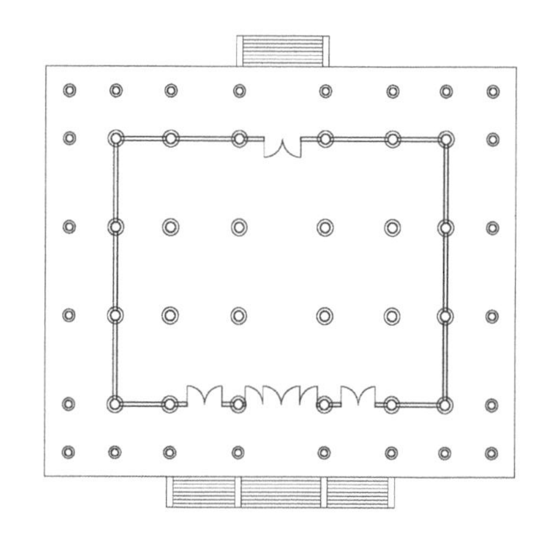

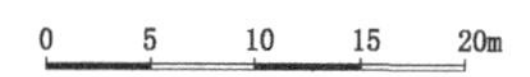

图 6-59 庐山东林善法堂平面复原（作者自绘）

[1] ［宋］张商英．东林善法堂记//曾枣庄，刘琳．全宋文 第102册．上海：上海辞书出版社；合肥：安徽教育出版社，2006:186.

[2] ［宋］张商英．东林善法堂记//曾枣庄，刘琳．全宋文 第102册．上海：上海辞书出版社；合肥：安徽教育出版社，2006:186.

表 6-12　庐山东林寺善法堂平面尺寸

单位（丈）

面广	通面广	左尽间	左梢间	左次间	当心间	右次间	右梢间	右尽间
	11.0	1.2	1.4	1.8	2.2	1.8	1.4	1.2
进深	通进深	前间		前次间	中间	后次间		后间
	9.0	1.2		2.2	2.2	2.2		1.2

再来分析其高度方向的尺寸。这是一座面广七间，进深五间的殿堂。面广方向当心间间广为 2.2 丈。就唐宋辽金时期，开间为七开间的殿堂，其柱子高度可能略小于当心间开间的宽度尺寸。由于文献中给出了屋顶高度，其屋顶高为 5 丈，这相对于一个进深为 9.0 丈的殿堂来说似乎显得略低。故需将其柱子高度与铺作高度都加以适当的控制。故设想檐柱的柱子高度与其次间间广尺寸取齐为 1.8 丈。其檐柱之上仅用一等材，五铺作单杪单昂的斗栱，则其橑檐方上皮标高大约可以控制在 0.57 丈。也就是说，其橑檐方上皮距法堂台基顶面的高度为 2.37 丈。

而其斗栱出挑总长度，即从橑檐方缝至檐柱缝的距离为 0.36 丈，则其前后橑檐方的距离就为 9.0 丈 + 0.36 丈 =9.36 丈。由于其记载的法堂高度较低，故这里仅能够按照其前后橑檐方的距离的 1/4（2.34 丈）作为法堂屋顶的起举高度的基础，再按照宋代厅堂的举折规则，加上一个适当的数值（2.34/10），则大约为 2.574 丈。如此可以推出，其脊槫上皮距离法堂台基顶面的标高约为 4.95 丈。这显然是一个与文献中所记载的屋顶高度为 5.0 丈十分接近的高度尺寸（图 6–60~ 图 6–63）。

3. 蕲州黄梅真慧禅院法堂

蕲州黄梅山真慧禅院是禅宗五祖弘忍的道场，可被看作是禅分南北的祖庭。其寺在唐代时就有，北宋宣和四年（1122 年），寺内法堂加以了重建：“堂之高五十有二尺，其深如之，其广倍之。修梁虹亘，层檐翚飞，宏博严丽，遂为淮右诸刹之冠。经始于宣和壬

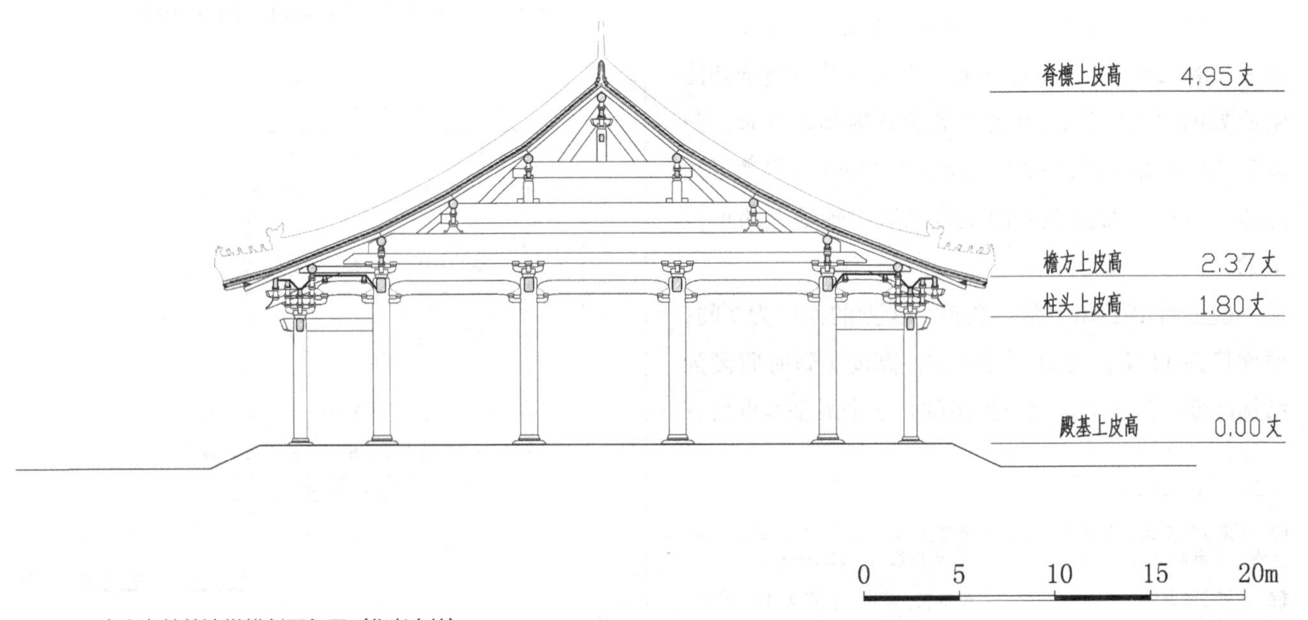

图 6-60　庐山东林善法堂横剖面复原（作者自绘）

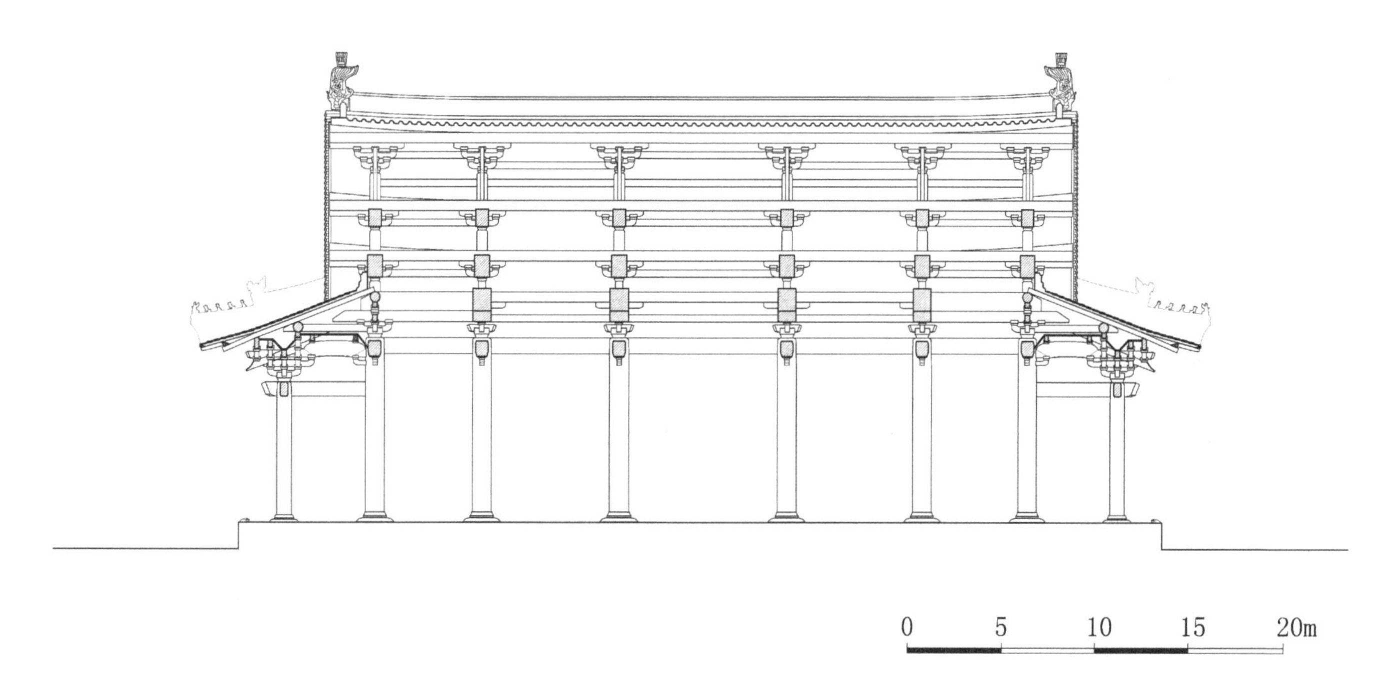

图 6-61　庐山东林善法堂纵剖面复原（李沁园绘）

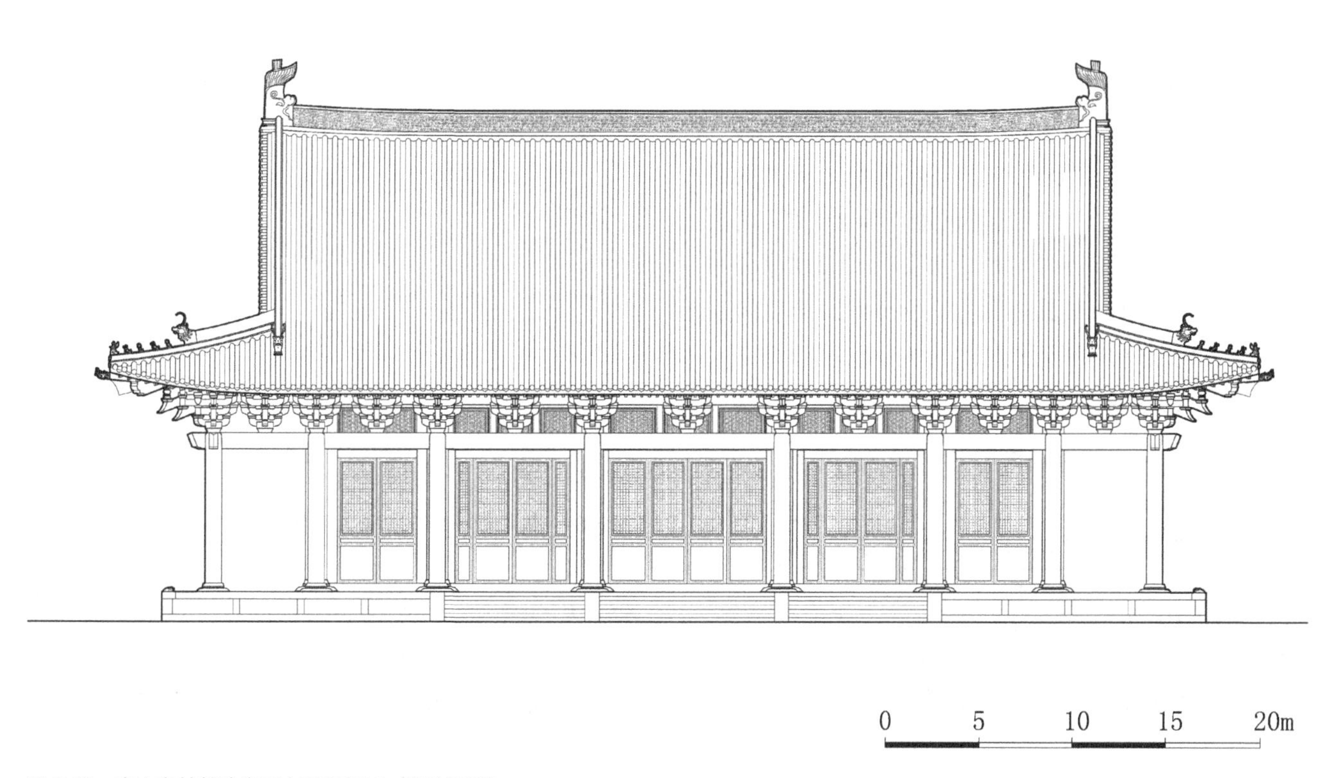

图 6-62　庐山东林善法堂正立面图复原（李沁园绘）

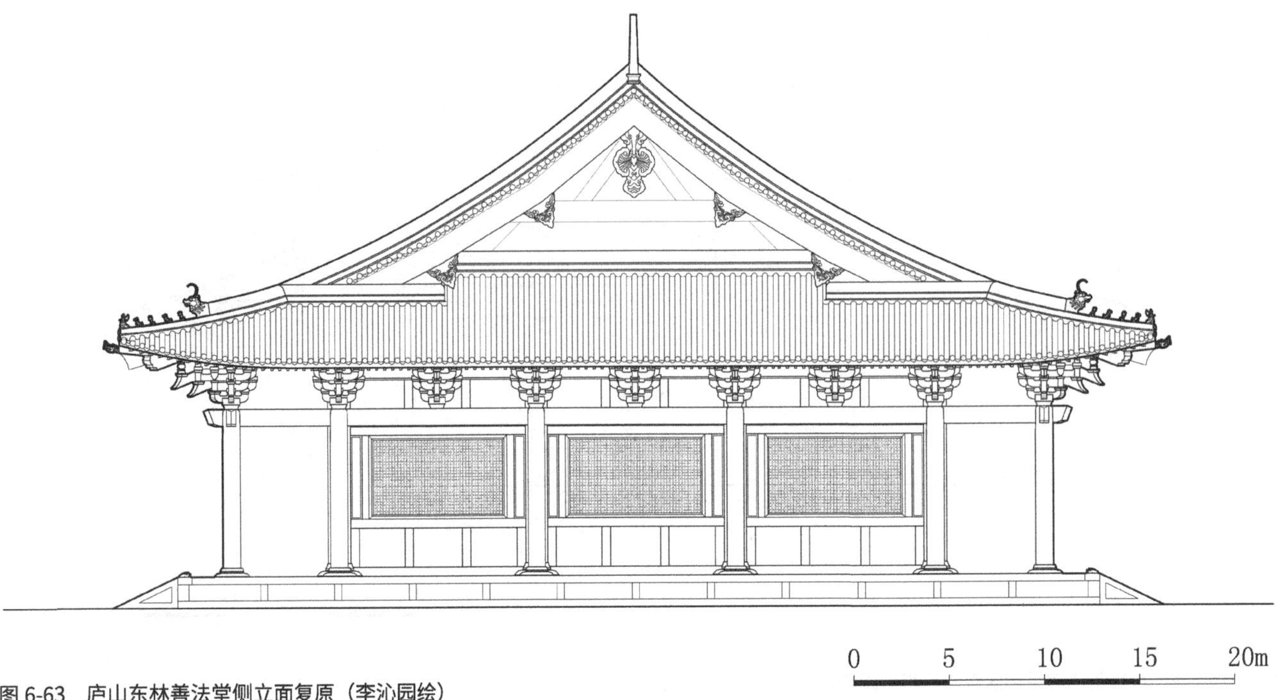

图 6-63　庐山东林善法堂侧立面复原（李沁园绘）

寅之秋，落成于乙巳之冬。”❶重建过程用了 4 年，宣和七年（1125 年）堂始落成。文献中给出了这座法堂的基本三维尺度：堂高 52 尺，广 104 尺，深 52 尺。

从其面广的长度来看，这可能是一座七开间的殿堂，通面广 10.4 丈。可按当心间面广为 2.0 丈，两次间为 1.6 丈，两梢间为 1.4 丈，两尽间为 1.2 丈来分布尺寸，合为 10.4 丈。其进深方向为 4 间，前后间间广各为 1.2 丈，中间两间间广各为 1.4 丈，合为 5.2 丈（表 6–13，图 6–64）。

表 6-13　蕲州黄梅真慧禅院法堂平面尺寸

单位（丈）

面	通面广	左尽间	左梢间	左次间	当心间	右次间	右梢间	右尽间
广	10.4	1.2	1.4	1.6	2.0	1.6	1.4	1.2
进	通进深	前间	前二间				后二间	后间
深	5.2	1.2	1.4				1.4	1.2

其高度方向，因其面广方向有七间，故柱子高度

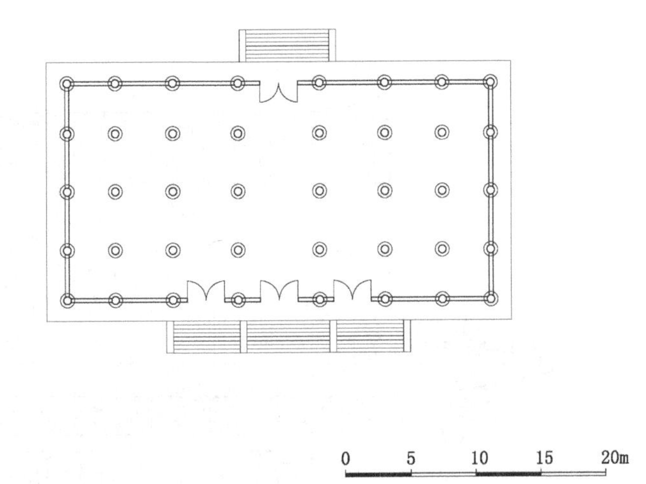

图 6-64　蕲州黄梅真慧禅院法堂平面复原（作者自绘）

应该接近或等于当心间间广为宜。仍假定其檐柱柱高为 2.0 丈，柱上斗栱用一等材，在柱头上用普拍方，上呈七铺作双杪双昂，通过绘图得出其铺作高度（以橑檐方上皮为准）为 0.83 丈，这样可以大略使其铺作橑檐方上皮的标高接近柱子高度$\sqrt{2}$倍左右。橑檐方上皮距法堂殿基高度为 2.83 丈。斗栱出挑总长约为

❶［宋］李纲．蕲州黄梅山真慧禅院法堂记 // 曾枣庄，刘琳．全宋文　第 172 册．上海：上海辞书出版社；合肥：安徽教育出版社，2006:210.

0.72 丈，则前后橑檐方距离约为 6.64 丈。按这一距离的 1/3 计算屋顶起举高度，则为 2.21 丈左右，两者相合的高度为 5.04 丈。距离记载中的高 5.2 丈,还有 0.16 丈的高度差。这一高度差可以理解为是脊榑上皮至屋顶瓦脊上皮的高度差。也就是说，文献中所记录的法堂高 5.2 丈的记载可以理解为是殿脊上皮的高度。

为了绘图的方便，本文中所涉及的所有复原研究都没有绘出屋角的生起，如若考虑到殿堂檐柱角柱一般都会有生起，则其脊榑上皮标高控制在 5.2 丈应该是没有问题的。也就是说，这里的基本架构尺寸还原与其文献中法堂高面广 10.4 丈，进深 5.2 丈，高度亦为 5.2 丈的记载还是相当吻合的（图 6-65~ 图 6-68）。

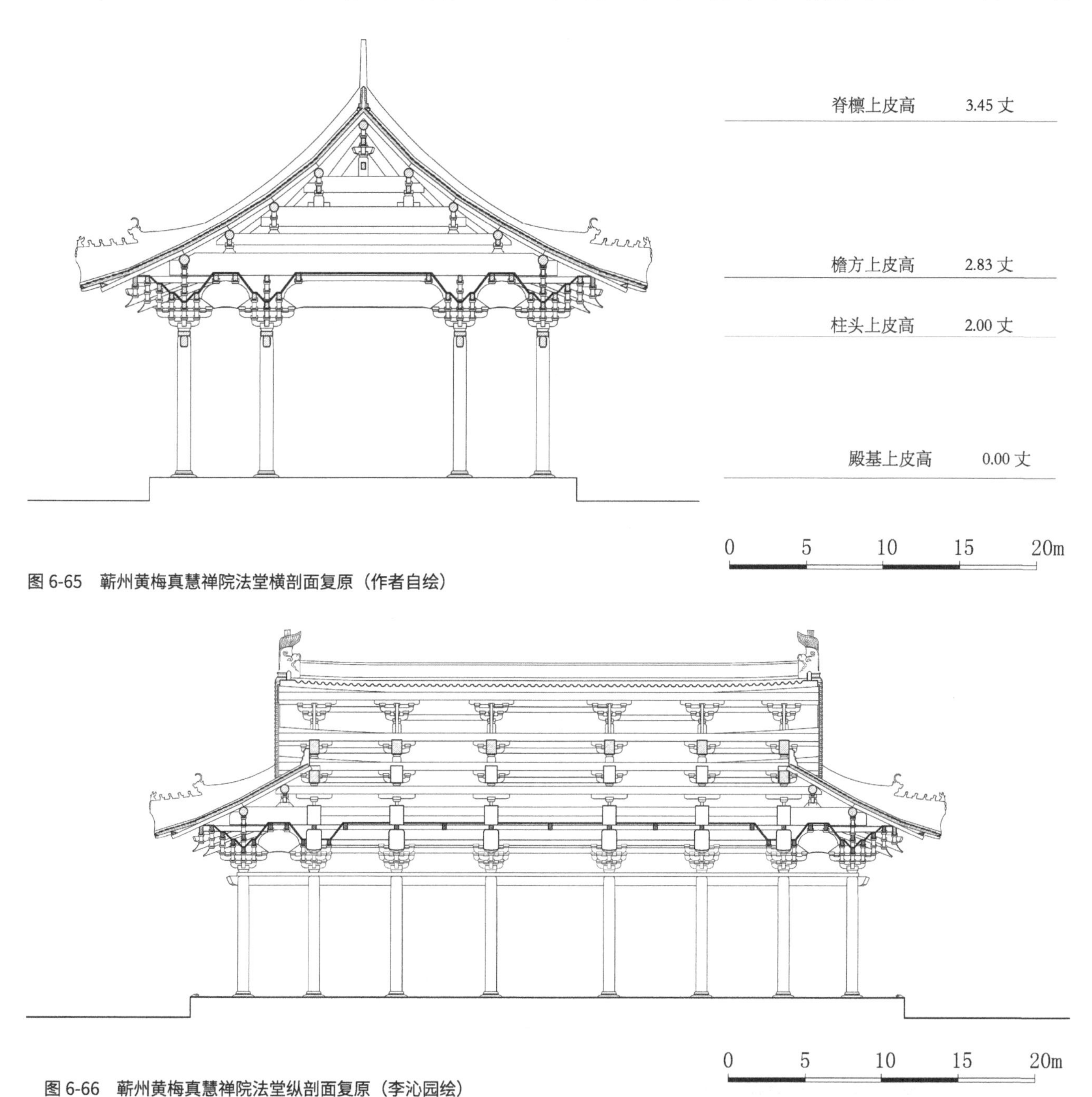

图 6-65 蕲州黄梅真慧禅院法堂横剖面复原（作者自绘）

图 6-66 蕲州黄梅真慧禅院法堂纵剖面复原（李沁园绘）

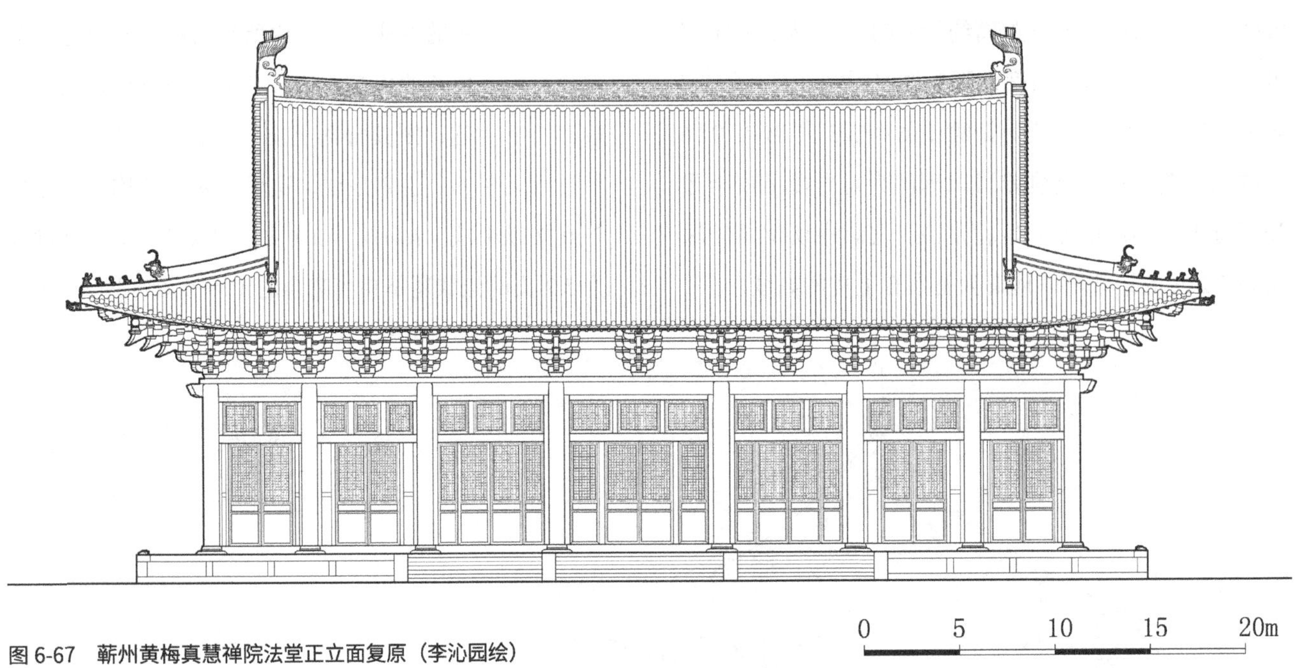

图 6-67　蕲州黄梅真慧禅院法堂正立面复原（李沁园绘）

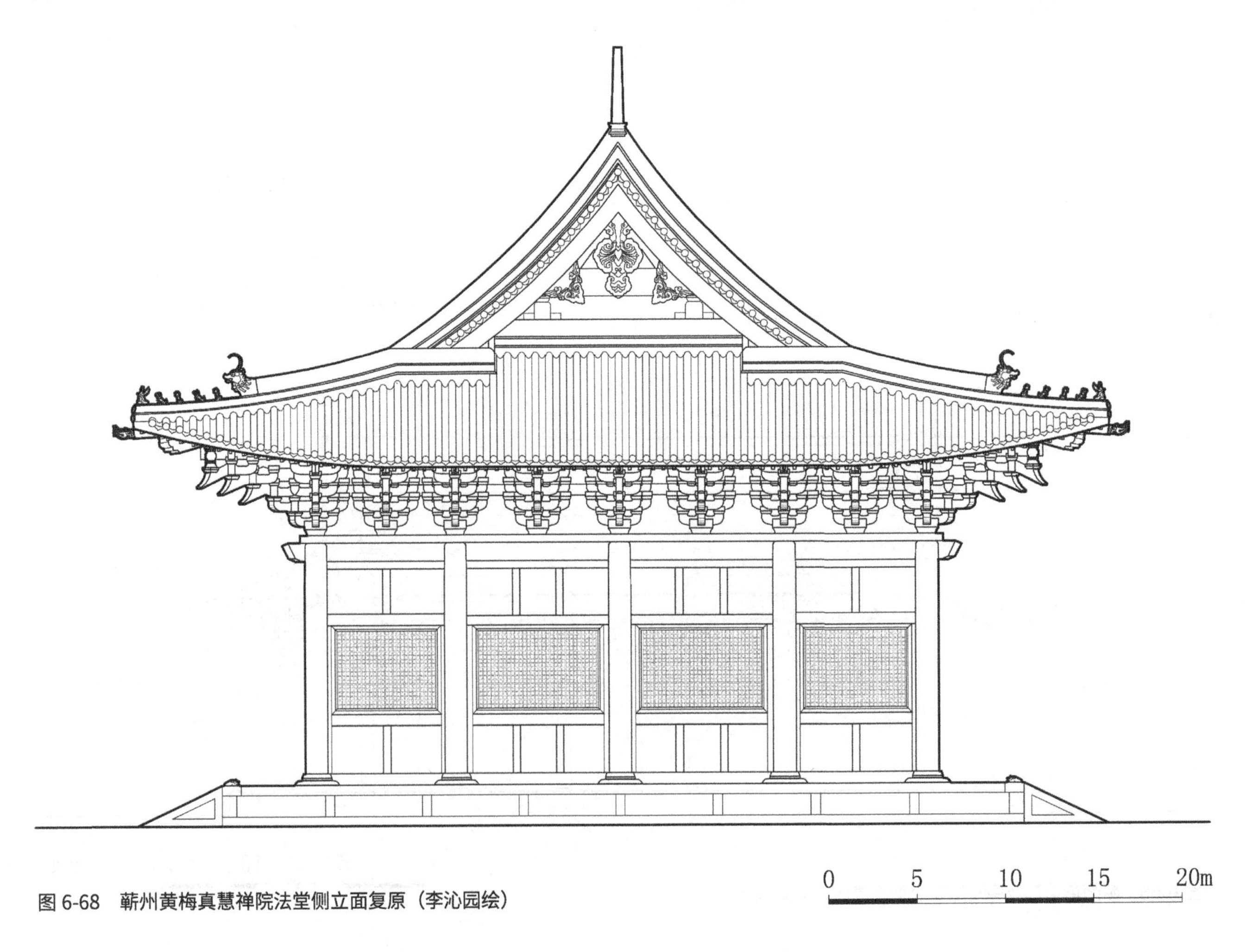

图 6-68　蕲州黄梅真慧禅院法堂侧立面复原（李沁园绘）

第三节 史料中所见两宋寺院中几座钟楼、僧堂与忏殿的复原探讨

一、钟楼

钟楼几乎是延续时间最长也最为常见的佛教寺院建筑，早在唐代的寺院中钟楼已经十分常见。现存正定开元寺钟楼就是一座尚存的晚唐时代钟楼建筑。几乎两宋时期的每一座寺院都有钟楼设置，但文献中记录了较为详细的尺寸者却如凤毛麟角。这里可以举一个例子。

南宋绍兴七年（1137年）灵峰院僧宝胜在寺院所处的山顶建造了一座钟楼："绍兴丁巳，灵峰院僧宝胜创建钟楼于院之山顶，越明年，楼成，其高七仞，纵广半之，壮丽轮奂，动人心目。"[1]

由于两宋时期历史上出现过多座称为灵峰寺或灵峰院的寺院。这里很难厘清这座灵峰院究竟位于哪里。从作者王咸久在南宋绍兴间曾经做过左朝奉郎，通判蜀州，或可以猜测，这里的灵峰院有可能是今日四川三台县的灵峰寺。

文中给出了钟楼的高度为7仞，面阔与进深为3.5仞。这里其实出现了两套数据，因中国古代的仞，或为1仞8尺，或为1仞7尺。以一仞为7尺计，则其楼高为4.9丈，楼广2.45丈，深2.45丈。而若以一仞为8尺计，则其楼高5.6丈，其楼广2.8丈，其楼深2.8丈。

相信这座钟楼应是一座面广与进深各为三开间的楼阁。以其平面深广为2.8丈推算，其尺度与一座小型楼阁建筑大略还是接近的。故这里假设1仞为8尺。由此推出这座小型楼阁的平面尺寸（表6–14，图6–69）。

表6-14 灵峰院钟楼平面尺寸

单位（丈）

面广	通面广	左次间	当心间	右次间
	2.8	0.8	1.2	0.8
进深	通进深	前间	中间	后间
	2.8	0.8	1.2	0.8

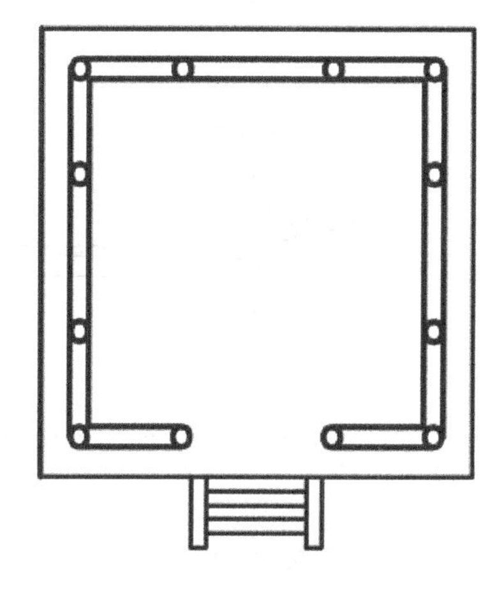

图6-69 绍兴灵峰院钟楼首层平面（作者自绘）

钟楼的结构高度为5.6丈。这相对于一座平面长宽仅为2.8丈的楼阁来说似乎有点高。说明这是一座瘦高的楼阁。因其较高，故设定其首层檐柱柱高为1.2丈，柱头上用三等材六铺作单杪双昂斗栱加上普拍方的厚度，斗栱总高约为0.6丈，铺作上以插柱造方式设平坐柱，柱头标高为2.4丈，其上用平坐斗栱及平坐板，使二层楼面标高控制在2.8丈。二层檐柱高为1.1丈。柱头上用三等材，五铺作单杪单昂，铺作橑檐方上皮的标高可以控制在4.48丈的高度。

橑檐方之上起钟楼屋顶。以前后檐柱距离为2.74丈（按两侧各向内收进0.03尺计）加上檐柱斗栱向外出跳的距离，每侧约0.33丈，共0.66丈。则前后橑檐方距离为3.4丈。以这一距离的1/3为楼阁屋顶的起举高度，则屋顶举起约1.13丈，也就是说，这座钟楼上层屋顶脊槫上皮的标高为4.48丈+1.13丈=5.61丈。这与文献记载的"其高七仞"，即5.6丈的记录是高度吻合的（图6–70，图6–71）。

[1] ［宋］张商英．东林善法堂记//曾枣庄，刘琳．全宋文 第206册．上海：上海辞书出版社；合肥：安徽教育出版社，2006:367.

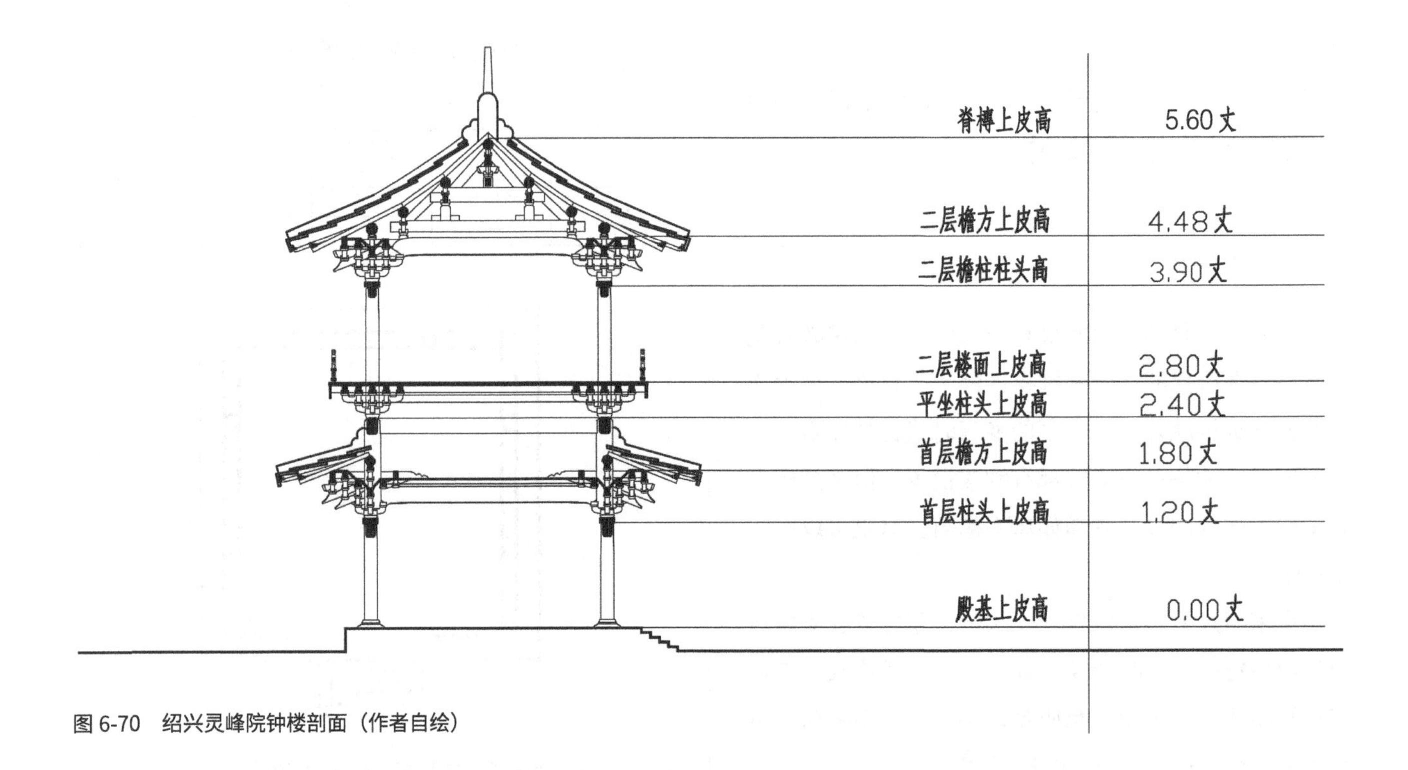

图 6-70　绍兴灵峰院钟楼剖面（作者自绘）

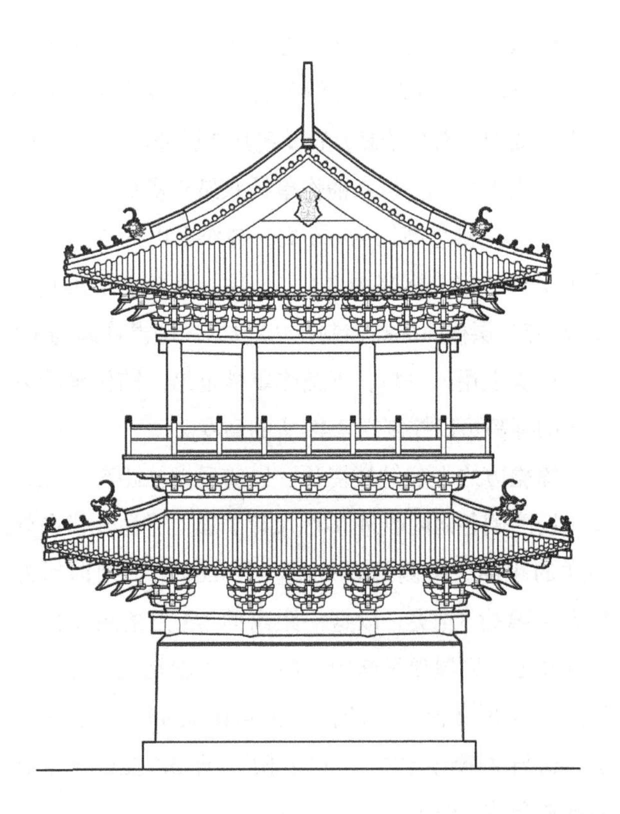
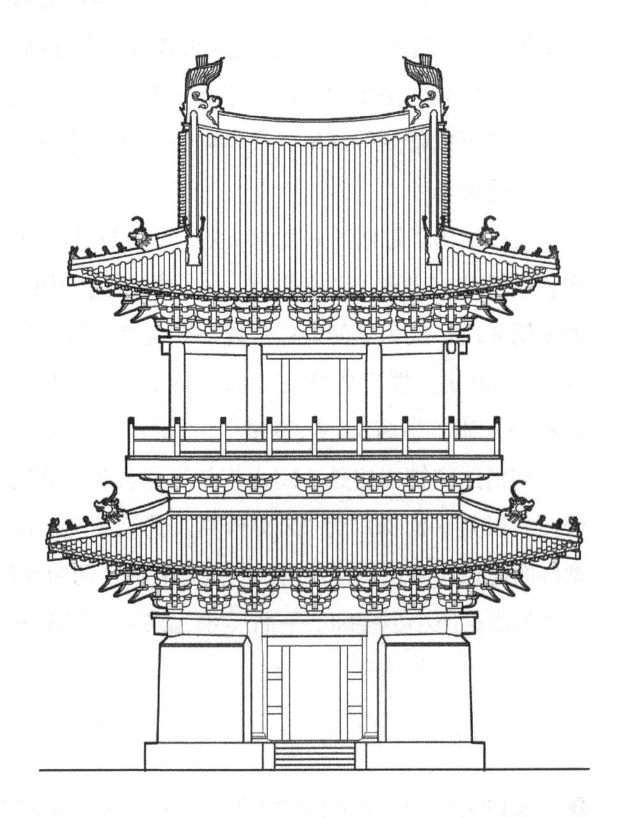

图 6-71　绍兴灵峰院钟楼正、侧立面（李菁绘）

二、僧堂

两宋时代寺院中，位于寺中轴线西侧的僧堂称为寺院僧人活动的中心，往往在寺院中具有十分重要的地位，故寺院中僧堂建筑的尺度与空间也比较大。南宋文献中记录的几座僧堂建筑可为我们了解两宋时代的僧堂建筑提供一个大致的参考。

1. 台州报恩光孝寺僧堂

南宋淳熙三年（1176年）一位钱姓的朝廷官员："施其私财于台州报恩光孝禅寺，复建僧堂……中为大屋七间，高七寻，其广四十有二尺，其深十寻。前列修廊，后布广庑，其楹高与广皆如其堂之数，而崇深杀之。贯三挟廊为二井匽。凡为屋之楹，大小二十有四，规橅雄壮，悉倍于旧。"❶陳耆卿《（嘉定）赤城志》中也收入了宋人尤袤所写的《报恩光孝寺僧堂记》，其中还特别提到："……乃立斯堂，其大七楹，高广深邃，寒温暑清，前荣后无，两倍其数，寢食有位，宴息有所，伟哉斯堂。"❷

从这一记载可以了解到，这座僧堂是一座7开间的建筑，其面广为4.2丈，高有7寻，以一寻为8尺，则其高为5.6丈。通进深有10寻，折合为8丈。

这里所说，其楹高与广皆如其堂之数，是从数字上说明三者的关系，即堂为7间，广为42尺，当是7的倍数，高为7寻。都与7这个数字相契合。而在僧堂的进深上，则谓"崇深杀之"，也就是说其堂的进深是小于面广的。然而，这座僧堂的实际进深，其实又明显大于面广。这里只能从"贯三挟廊为二井匽"来解释。也就是说，在僧堂的进深方向，穿插有两个天井。也就是说，在8丈长的通进深中应分为5段，其中有两个天井与三个有屋顶的房屋。设想每座房屋的进深，杀其面广之半，而定为2.1丈，中间插有两个宽0.85丈的天井。则其总进深与8丈合。

分析可知，这座僧堂是由三座面广4.2丈、进深2.1丈的较小房屋组成的，其间有两个天井，天井的宽度为0.85丈。而在这三座堂舍之间还贯穿有3条廊子，《全宋文》中说的是"挟廊"，但在清文渊阁四库全书本《（嘉定）赤城志》则用的是"夹廊"。但从概念上讲，在僧堂两侧贴建的挟廊以及中间一条贯通三座堂舍的穿廊，形成三条将三座堂舍贯穿一气的通道。

按七开间，面广4.2丈计，每间的间广仅为0.6丈。因此，也可以将两侧的挟廊与中间的穿廊也设定为0.6丈宽。由于其堂共有柱子24棵，也就是说每座堂舍各有8棵柱子。可将每座堂舍的柱子按如下距离排列。也就是说，每座堂舍的开间与柱子并不是一一对应的，例如两侧4棵柱子架构了2间房间，中间4棵柱子架构了3间房间（表6-15，图6-72）。

表6-15　报恩光孝寺僧堂平面尺寸

单位（丈）

面广	通面广	左次间		当心间	右次间	
	4.2	1.2		1.8	1.2	
进深	通进深	前间	天井	中间	天井	后间
	8.0	2.1	0.85	2.1	0.85	2.1

现在的问题是，这样一座由三座堂舍组合而成的僧堂如何形成高为5.6丈的结构？因为，理论上每座堂舍应该有各自的梁架。而仅仅2.1丈的进深是很难架构出比较高大的梁架结构的。唯一可能的解释是，这三座堂舍使用了一个完整的梁架体系，其天井只是在完整的梁架之下，在屋面上挖出来的两个天井而已。

如果真是这样，那么这是一个通进深为8.0丈的大型厅堂式构架。构架在进深方向共有6棵柱子，柱子在进深方向的间距就是前后与中间各有一个2.1丈的柱距，其间再嵌进两个0.85丈的柱距。柱子与柱子之间有类似乳栿或三椽栿的梁栿。中央两柱的上端为平梁。屋顶的起坡很可能从前、后两根檐柱就开始了。

❶［宋］尤袤．报恩光孝寺僧堂记//曾枣庄，刘琳．全宋文．第256册．上海：上海辞书出版社；合肥：安徽教育出版社，2006:236.

❷ 文献[2].［宋］陳耆卿.（嘉定）赤城志．卷二十七．寺观门一．清文渊阁四库全书本．

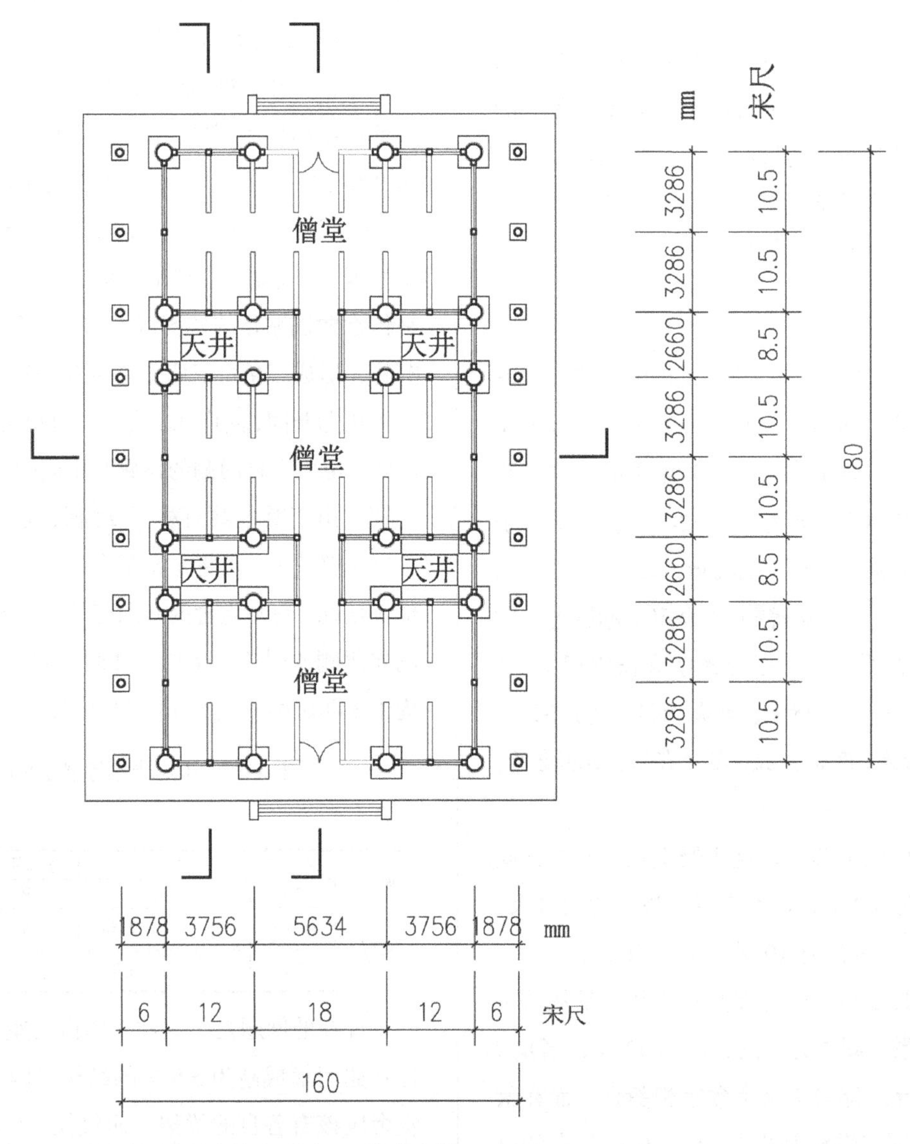

图 6-72　台州报恩光孝寺僧堂平面复原（作者自绘）

也就是说，可以按照前后檐外檐铺作上橑檐方上皮作为整座僧堂的屋顶起举点来计算这座大屋的屋顶举折曲线。

以前后檐柱的总柱距为 8 丈，考虑到僧堂在寺院中是一座等级较低的建筑，因其堂规模较大仍用一等材，但檐柱柱头上仅用四铺作出单杪的做法，即从栌斗口出一跳华栱，上承令栱、耍头，其上承橑檐方。则通过做图得出其前后檐各有 0.21 丈的斗栱出跳距离，则前后总出檐距离为 0.42 丈。再加上前后檐柱的距离 8.0 丈，则前后橑檐方距离应该有 8.42 丈。

因这座殿堂的名称为“僧堂”，故可以先按照厅堂结构的起举高度加以推测，亦以前后橑檐方距离的 1/4 再加上一个调解数字，即其举高的 1/10 来设定总起举高度。则其基本举高为 2.11 再加上 0.21，则其堂总举高为 2.32 左右。因其屋顶见于文献记录的总高为 5.6 丈，也就是说，其前后檐外檐铺作橑檐方上皮的标高至少应该控制在 3.28 丈的高度位置上。由前面所推四铺作出单杪的斗栱高度，因为用了一等材再加上柱头上所用普拍方的厚度，则从柱头上皮距离橑檐方上皮的高度差为 0.51 丈。将这一高度加在总举高上则为 2.83 丈，如此反推下来外檐檐柱的高度至少为 2.77 丈，这对于一座僧堂建筑而言，显然是一个过于高的柱高尺寸。

如此，我们只有变换思路，推测这座僧堂可能用了殿堂式结构的举折方式，即其屋顶起举高度为前后橑檐方距离（8.42 丈）的 1/3，即从橑檐方上皮至屋顶脊槫上皮的高度差为 2.81 丈。如此算下来，其橑檐方上皮标高控制在 2.79 丈，亦即其柱子高度控制在 2.28 丈就可以满足其屋脊上皮的高度（图 6–73~ 图 6–75）。

当然我们可以将柱子高度取整为 2.30 丈，加上柱头斗栱高度，其橑檐方上皮距离堂基表面高度差为 2.81 丈。其屋顶起举高度定为 2.79 丈与前面推算的 2.81 丈的起举高度仅差 0.02 丈，应该是一个可以接受的误差。故这里以檐柱高度为 2.30 丈推算。

如此形成的屋顶是比较大的，在这个大坡屋顶的两坡之上，再挖出两个宽度在 0.8 丈左右的天窗形成了两个小天井的效果，即可以达到“贯三挟廊为二井匽”的记载效果。同时，还以其巨大的屋顶，总体上达到了一个“中为大屋七间，高七寻”的厅堂建筑造型。大屋的左右两侧又两个挟廊，中间天井下也设有一个如廊子一样的屋顶，形成三挟廊的效果（图 6–76~ 图 6–78）。

在 2.1 丈的柱间距下应该用了板墙，而每个间距为 0.6 丈的位置上可能也会有隔板，以形成僧人分别修禅打坐的空间。这可能也是在 4.2 丈的面广长度上分成 7 间的原因。

2. 四明天童寺僧堂

南宋佛教五山之一的天童山景德禅寺内也有一座很大的僧堂，据释正觉《僧堂记》：“四明禅席，素号小庐山，郡东六十里，天童道场……十方来学，云趋水赴，屋不能容……础布楹列，梁横桷攒，棼橑翼张，

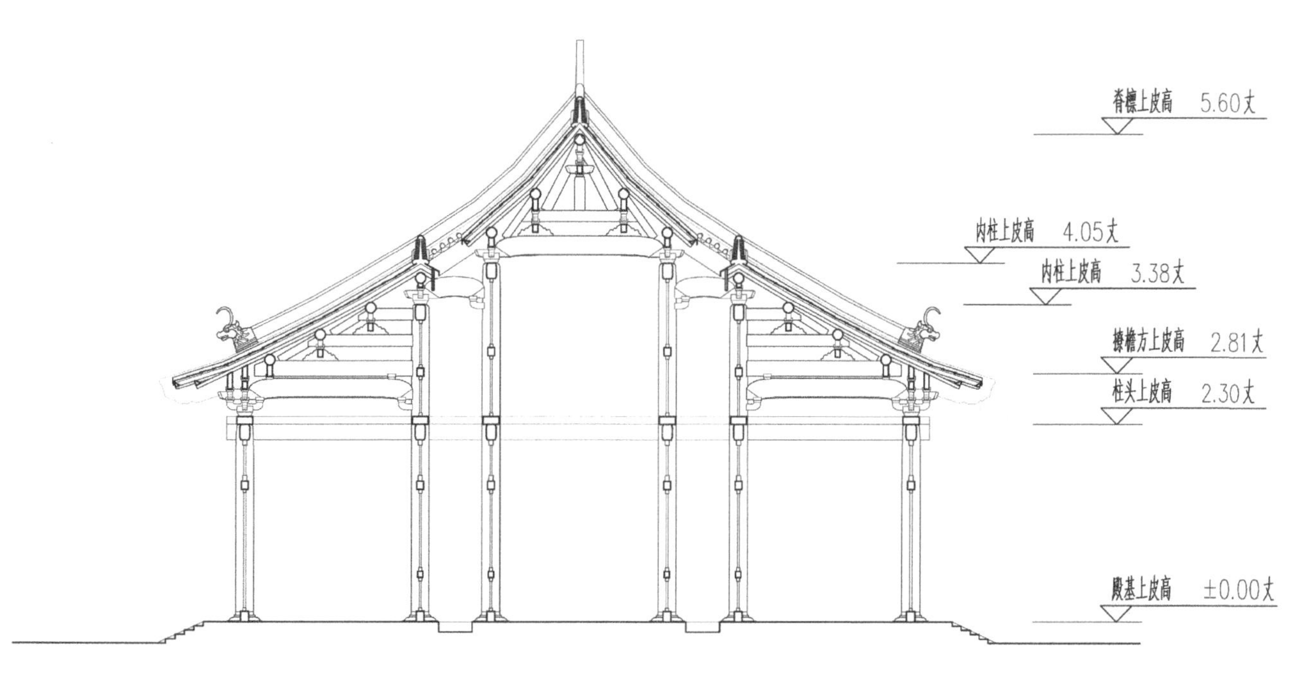

图 6-73　台州报恩光孝寺僧堂剖面之一（作者自绘）

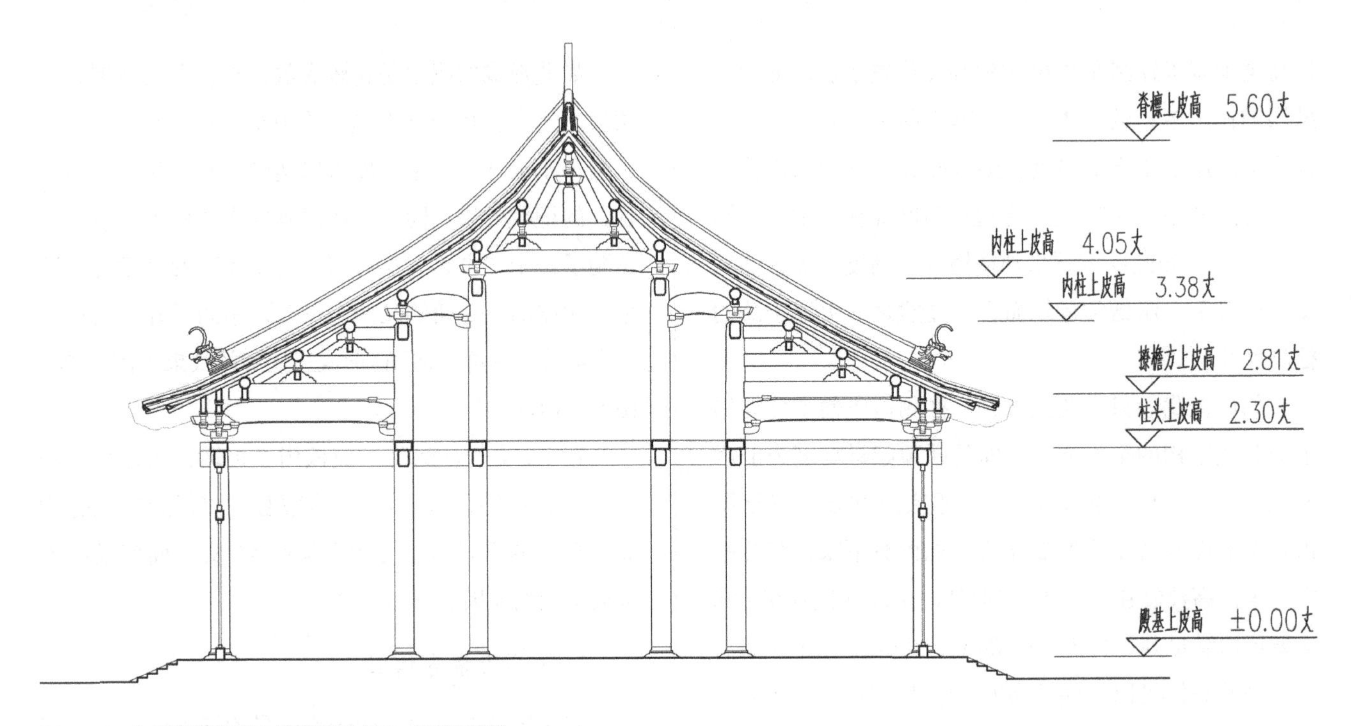

图 6-74 台州报恩光孝寺僧堂剖面之二（李德华绘）

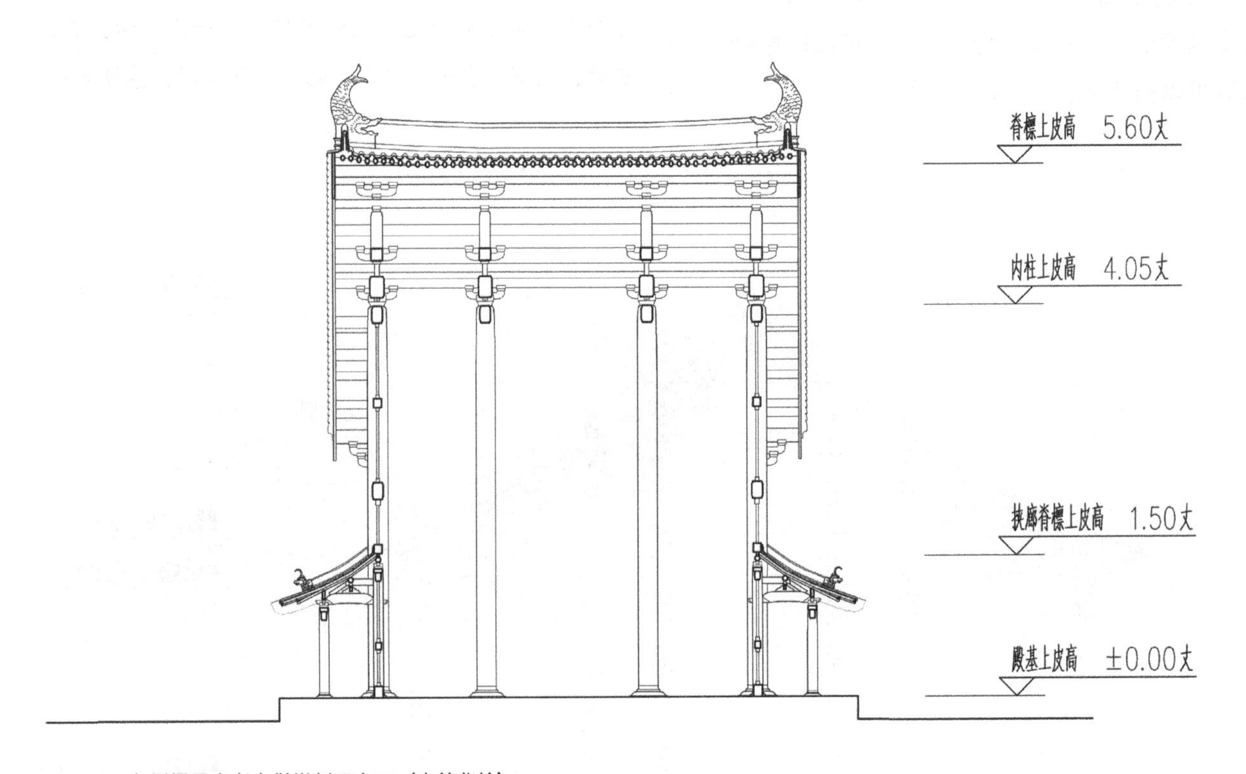

图 6-75 台州报恩光孝寺僧堂剖面之三（李德华绘）

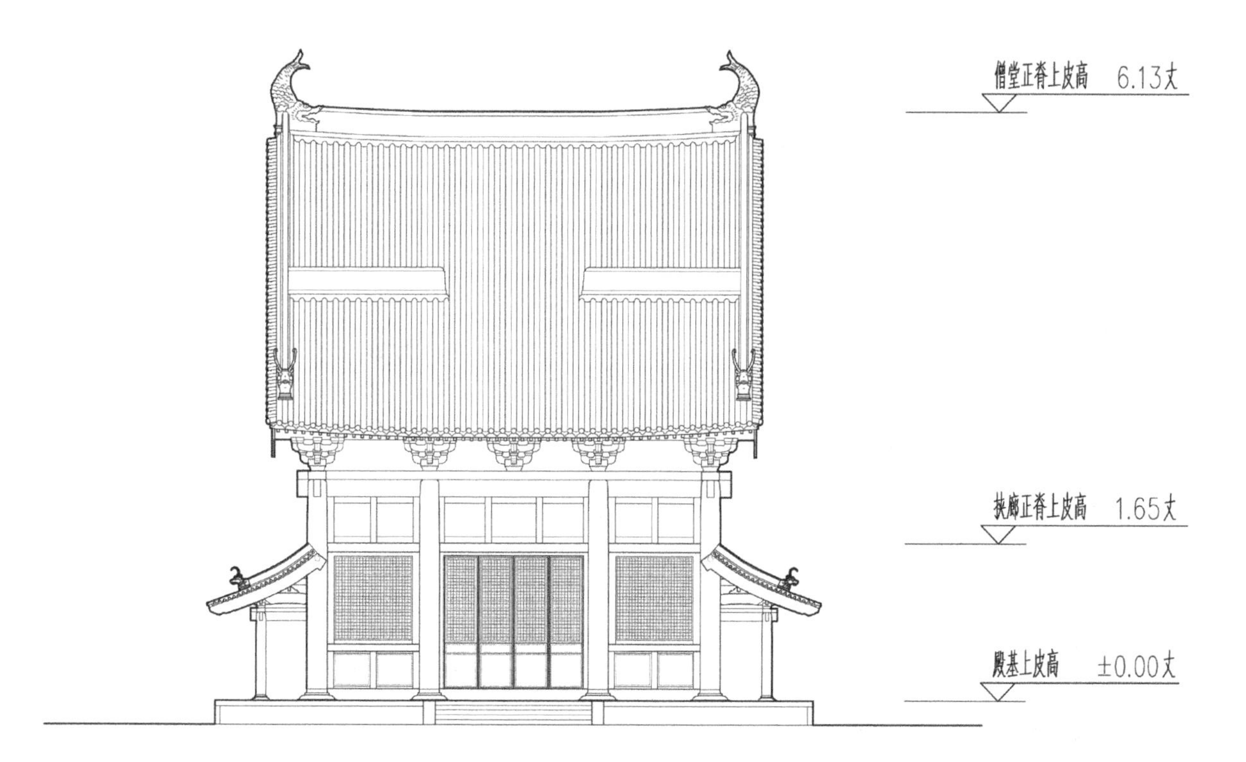

图 6-76　台州报恩光孝寺僧堂正立面复原（李德华绘）

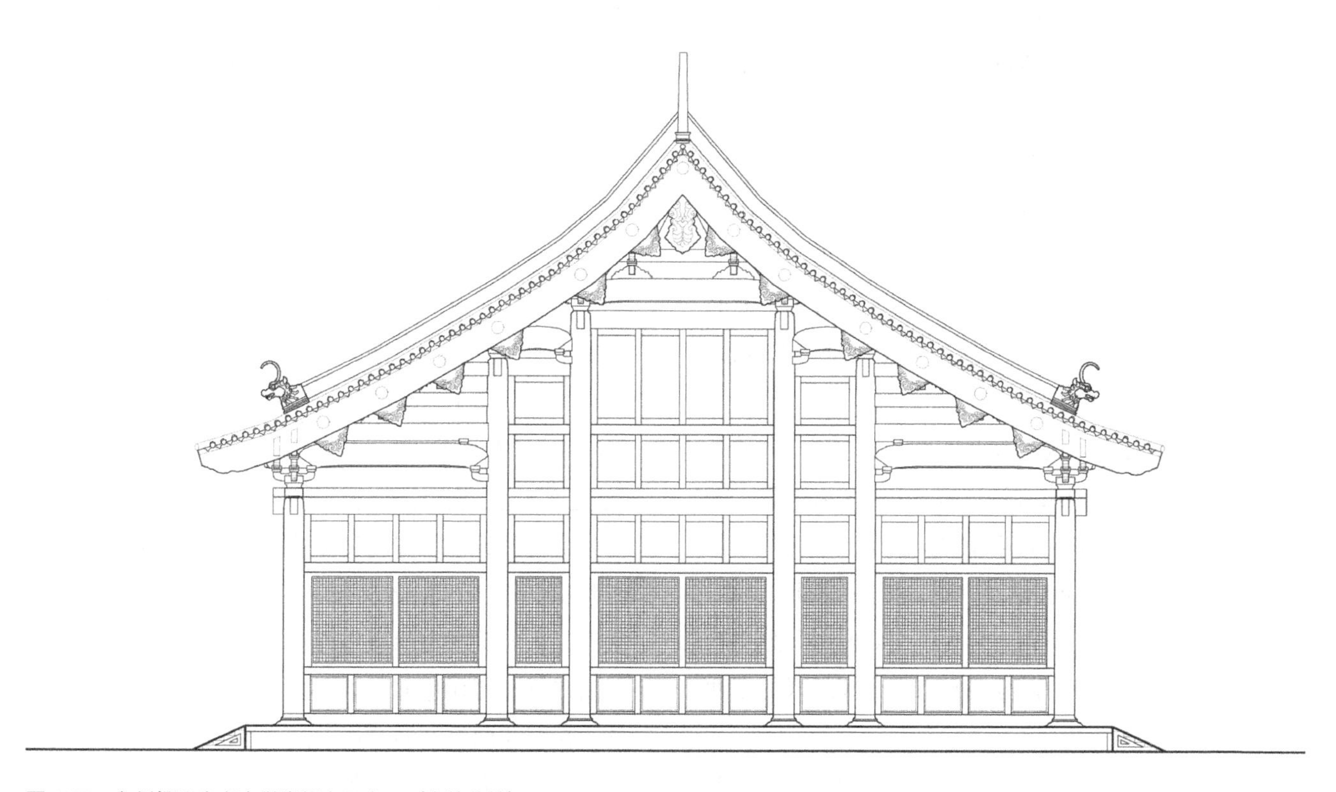

图 6-77　台州报恩光孝寺僧堂侧立面之一（李德华绘）

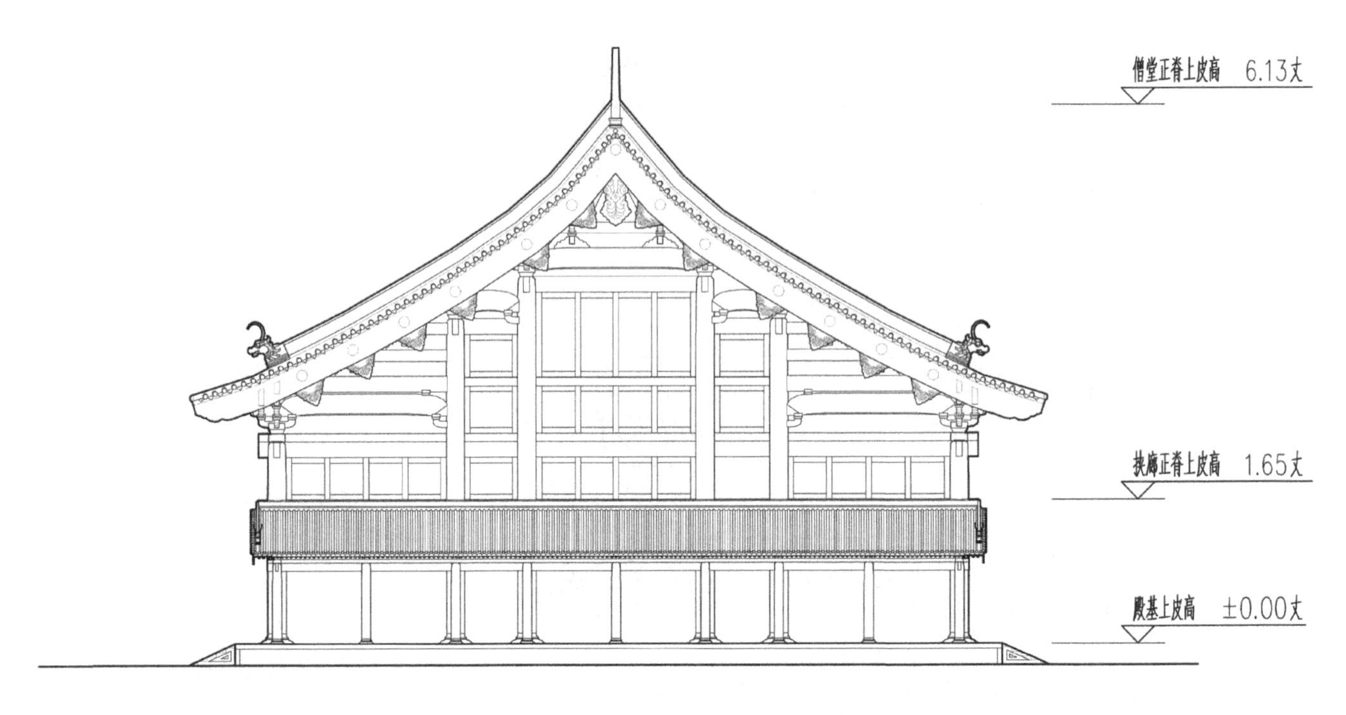

图 6-78 台州报恩光孝寺僧堂侧立面之二（李德华绘）

甍瓦鳞覆，前后十四间，二十架，三过廊，两天井，下无墙堵，纵二百尺，广十六丈。窗牖床榻，深明严洁，万指食息，超摇容兴。谋始于绍兴壬子之冬，工毕于甲寅之春。”[1] 由此可知，天童寺僧堂重建于绍兴二年（1132 年）建成于绍兴四年（1134 年）。

僧堂前后有 14 间，进深为 20 架，通进深 20 丈，通面广 16 丈。与台州报恩光孝寺相同的是，这座僧堂也有 2 个天井与 3 个过廊。这里用了“过廊”而非“挟廊”，或“夹廊”一语应该是一个更为准确的概念，相当于联络僧堂内部各空间的“过厅”。

令人疑惑的是，这里似乎只给出了进深方向的开间数：前后 14 间，但没有给出面广方向的开间数。好在现存南宋五山图中有天童寺图，图中位于寺院左侧的僧堂中标志出了柱网。从图中看，这是一座面广 7 间，进深 7 间的大堂舍。平面上分为了南北两部分分别被隔板分隔成了 7 间，两部分之间有一个穿过式的东西向通道。也就是说，所谓“前后十四间”，其实就是将室内分隔称为前后 14 个房间。

如此，我们可以将这座僧堂看做面广 7 间，通面广 16 丈，进深 7 间，通进深 20 丈的大型堂舍。参照天童寺图僧堂而推测出僧堂平面柱网分隔尺寸（表 6–16，图 6–79）。

表 6-16 四明天童寺僧堂平面尺寸

单位（丈）

面广	通面广	左尽间	左梢间	左次间	当心间	右次间	右梢间	右尽间
	16.0	2.2	2.2	2.2	2.8	2.2	2.2	2.2
进深	通进深	前间	前梢间	前次间	中间	后次间	后梢间	后间
	20.0	2.8	2.8	2.8	3.2	2.8	2.8	2.8

这显然是一个开间尺度较大的堂舍。但由于其中特别谈到了，这座僧堂有“两天井，三过廊”，其形式看起来似乎与台州报恩光孝寺是接近的。然而从所存南宋天童寺图中看，存在两种开挖天井的可能：一是，在南北向排列的前后七间堂舍之间的通道上挖出左右两个天井；二是，在东西向七间居中一个较大的

[1] ［宋］释正觉．僧堂记//曾枣庄，刘琳．全宋文 第 183 册．上海：上海辞书出版社；合肥：安徽教育出版社，2006:3.

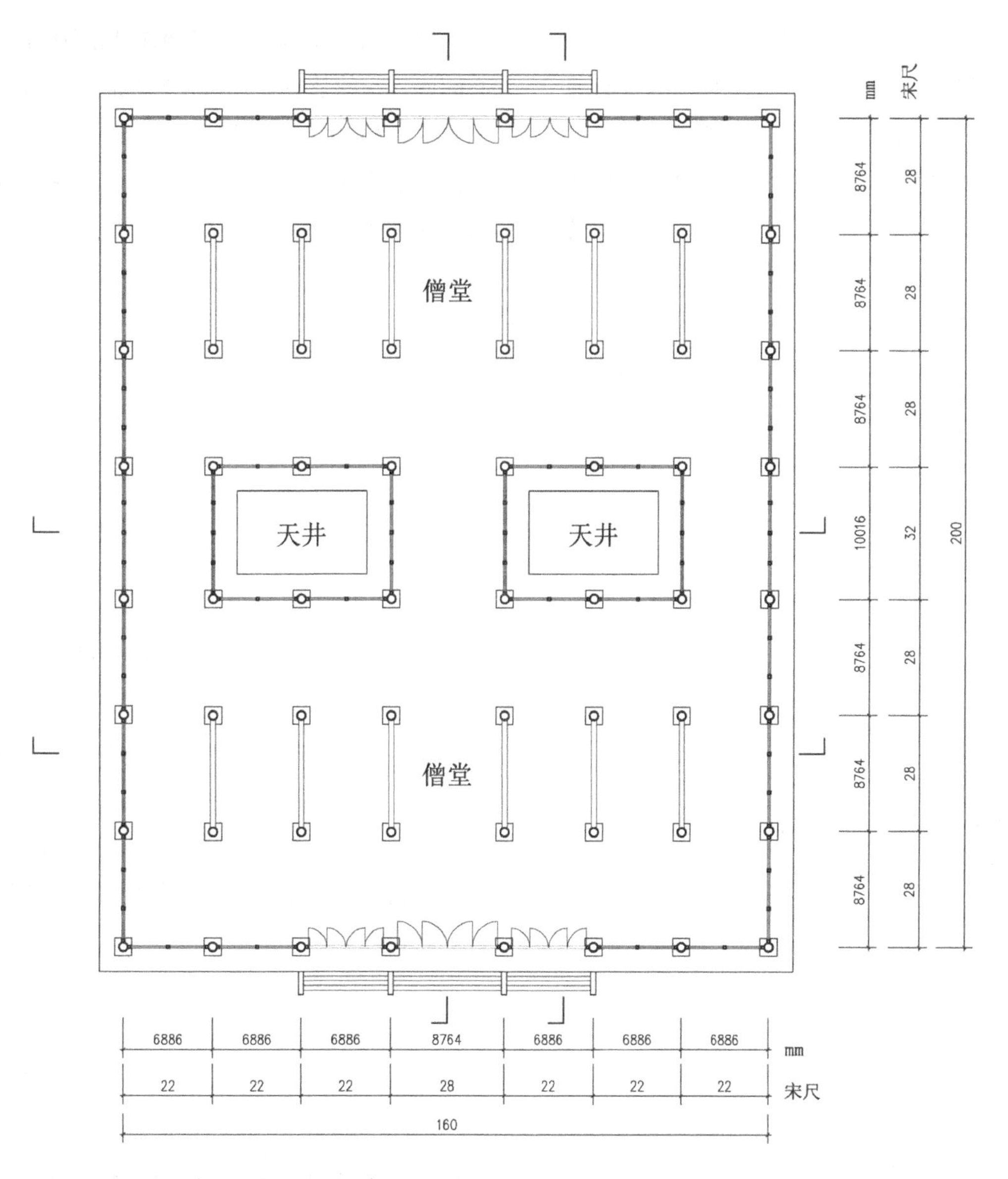

图 6-79　四明天童寺僧堂平面复原（作者自绘）

开间中挖出南北两个天井。三条过廊则是与天井呈垂直向布置的 3 条过道。

以对其空间的理解，笔者更倾向于是前者，即在中央东西通道上留出天井，并通过南北向布置的三条过廊将这个横长的天井分为东、西两部分，成为两个天井。

若果如此，则这座僧堂其实可以分为南北两个分别为面广 7 间，进深 3 间，通进深 8.4 丈的结构体。两个结构体各有自己的两梁架与屋顶且每个结构体有10 个步架的进深，总和而为 20 架。以其进深为 8.4 丈恰好可以分为 10 个水平距离为 0.84 丈的椽架。而按照宋《营造法式》，一般殿堂建筑："用椽之制：椽每架平不过六尺。"❶ 这里的椽架距离明显偏大，但似乎还在允许的范围之内。

再来看高度，据柱网的分布，可设定其檐柱高度

❶ 文献 [2]. [宋] 李诫 . 营造法式 . 第五卷 . 大木作制度二 . 椽 . 清文渊阁四库全书本 .

与面广方向的次间间广相同，取其高度为2.2丈。其柱上仍用斗栱，但因为是僧堂，建筑等级应该没有那么高，可将斗栱的等级降低，如仍按一等材四铺作出单杪加上普拍方的厚度，则其柱头上斗栱高度应该在0.51丈左右，也就是说，其外檐铺作橑檐方上皮标高约为2.71丈，而其斗栱出跳距离也在0.21丈，前后橑檐方出挑总距离为0.42丈，则屋顶起举所需要的总跨距为8.82丈。因僧堂属于厅堂建筑，其举折高度按其距离的1/4再加上这一数字的1/10确定，即为2.425丈。也就是说，屋顶脊槫上皮，距离僧堂地面的高度为5.14丈。屋顶形式，则取悬山的做法。两座悬山屋顶建筑物之间再连以三道过廊（图6–80~图6–85）。过廊的宽度与高度可按常规建筑尺度随宜处理。

3. 乾明寺僧堂

北宋人查道于大中祥符二年（1009年）所撰《乾明寺僧堂记》为我们保留了一座北宋僧堂的宝贵资料："乾明寺者，去郡百里，古曰石门，因敕易之……自雍熙三年参寻而至。后安禅之堂，卑隘坠坏，于是发心充构……召良工，市美材，迄景德三年始告成，凡五间十一架。"[1]

其文中提到，建造这座僧堂的僧守荣是于雍州出家的，这座去郡百里的乾明寺应该也在雍州（今关中）境内。堂建于景德三年（1006年），可算是一座北宋早期的北方木构厅堂建筑。

这里没有给出具体的尺寸，只说其堂"凡五间十一架"，故也只能参照一般的开间、椽架尺寸对这座北宋僧堂建筑作一个猜想。以宋代一椽架一般控制在6尺的水平间距考虑，这座僧堂的进深应该在6.6丈左右。其面广为5间，以唐宋时期较为常见的开间间广推测，假设其当心间间广1.8丈，两次间1.7丈，两梢间间广1.6丈，则其通面广为8.4丈（图6–86）。

以宋代五开间建筑，其檐柱高度往往略小于其当心间间广，故檐柱高度按1.7丈推算。因为是北宋早期建筑，故其铺作下不用普拍方，其斗栱用二等材，六铺作单杪双昂，通过作图得出其斗栱高度为0.63丈，则其外檐铺作橑檐方上皮标高，当为2.33丈。外檐斗栱出跳距离约为0.495丈，则其前后橑檐方距离为7.59丈（表6–17）。

表6-17 （雍州？）乾明寺僧堂平面尺寸

单位（丈）

阁面广	通面广	左梢间	左次间	当心间	右次间	右梢间
	8.4	1.6	1.7	1.8	1.7	1.6
阁进深	通进深	前间	前次间		后次间	后间
	6.6	1.6	1.7		1.7	1.6

这里仍然按照厅堂的举折高度推算其屋顶的起举高度，即取前后橑檐方距的1/4强，具体推算为2.087丈。这里按2.1丈的举高推算，则其屋顶结构最高点及脊槫上皮，距离僧堂地面的标高为4.43丈。由此绘出的平、立、剖面图（图6–87~图6–90），可从结构逻辑的角度，大体上接近这座五间十一架僧堂建筑的历史原貌。

4. 瑞岩寺僧堂

南宋僧人宝昙撰有一篇《瑞岩盖僧堂疏》记录了瑞岩寺的一座僧堂："历数□峰先圣□□□□□□□□□□□□□□之机。着得七间十三架僧堂，方称一日十二时禅宴，昔蛟龙不敢正视。将燕雀来贺新成。"[2]这里的瑞岩寺，不知何指？疑为被称为是日本曹洞宗祖庭之一的宋代台州瑞岩禅寺。这座寺院位于台州梅峰山。故上文所引之"□峰先圣"中的缺字，可能即是"梅峰"。

与乾明寺僧堂一样，这座僧堂同样没有给出相应尺寸却给出了开间数与椽架数。以其进深为13椽架，

---

[1] ［宋］查道．乾明寺僧堂记//曾枣庄，刘琳．全宋文．第8册．上海：上海辞书出版社；合肥：安徽教育出版社，2006:203.

[2] ［宋］释宝昙．瑞岩盖僧堂疏//曾枣庄，刘琳．全宋文 第241册．上海：上海辞书出版社；合肥：安徽教育出版社，2006:209.

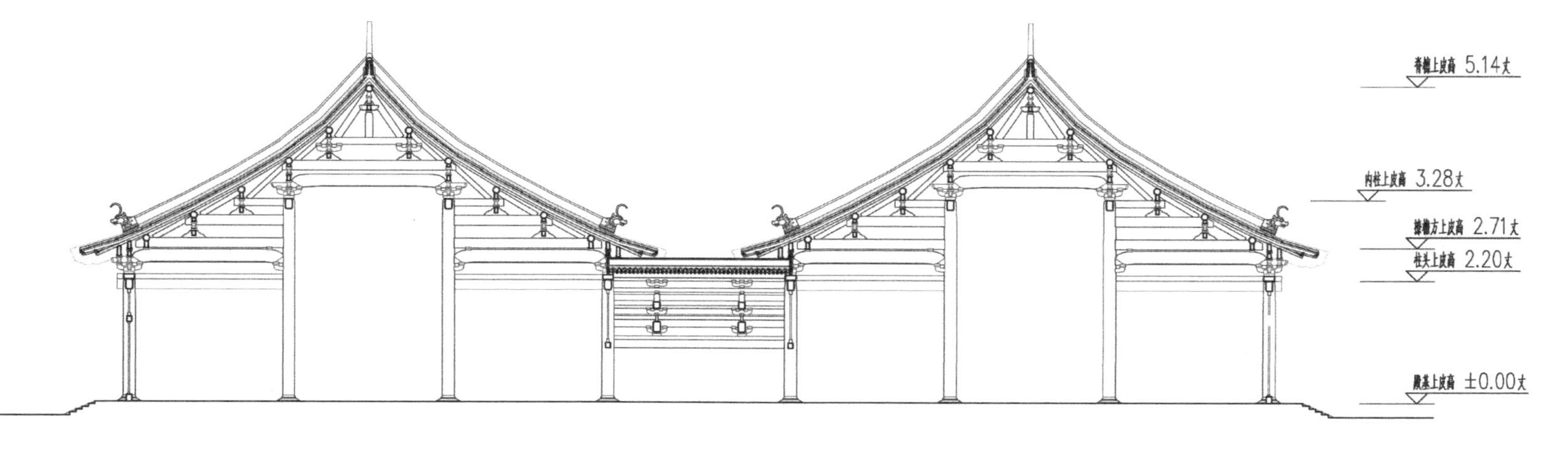

图 6-80　四明天童寺僧堂横剖面之一（作者自绘）

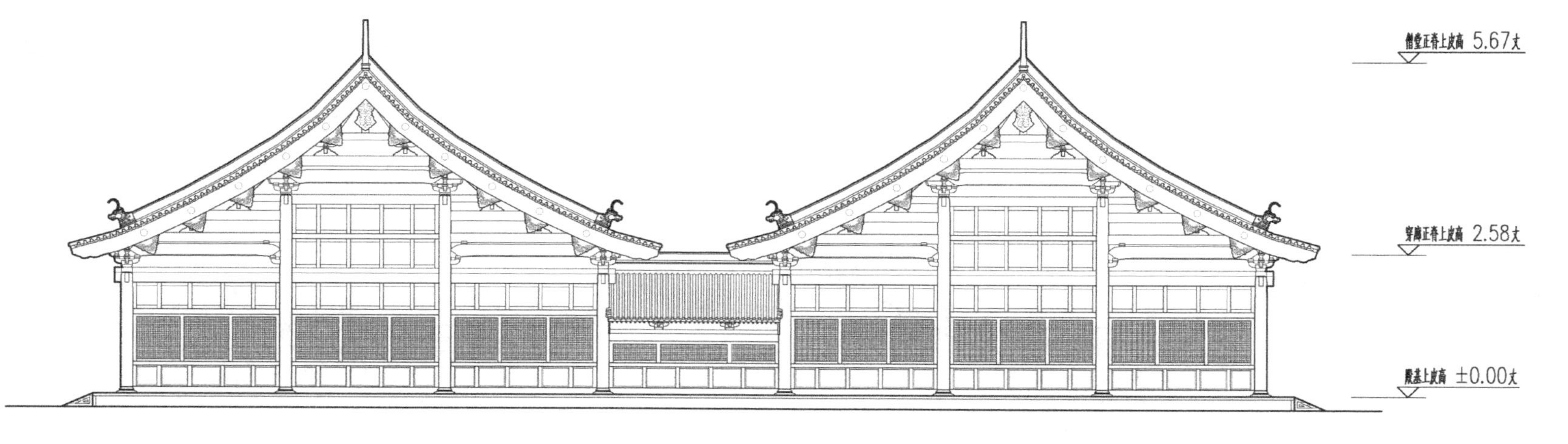

图 6-81　四明天童寺僧堂侧立面复原（李德华绘）

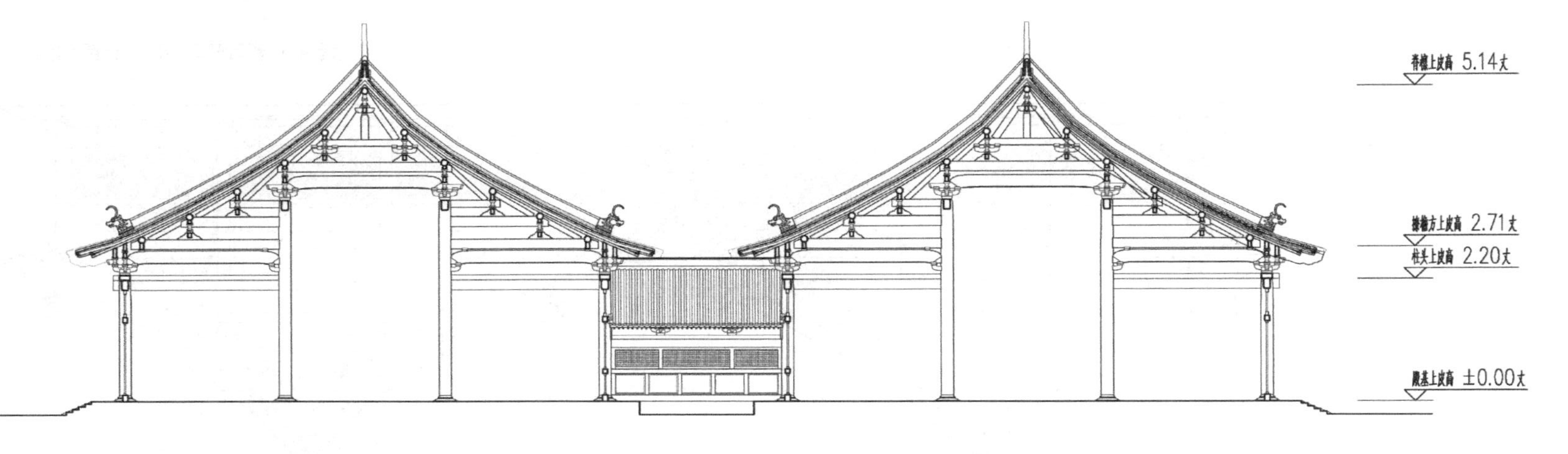

图 6-82 四明天童寺僧堂横剖面之二（作者自绘）

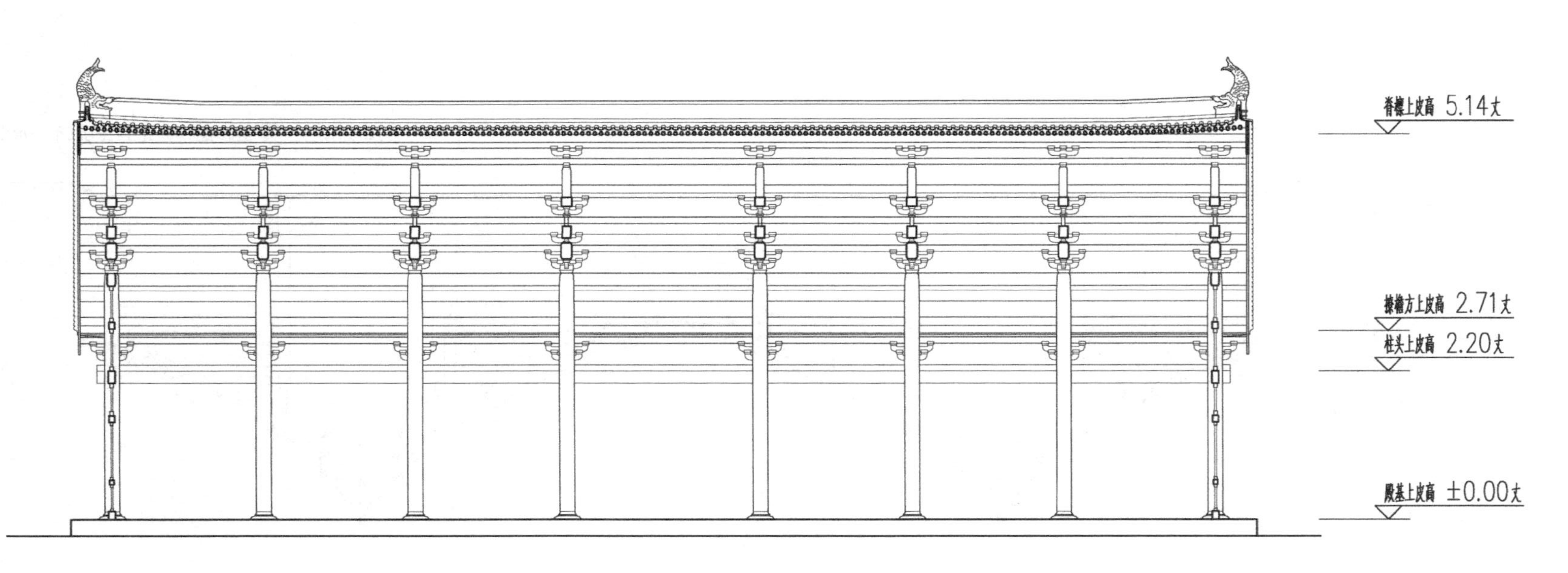

图 6-83 四明天童寺僧堂纵剖面（李德华绘）

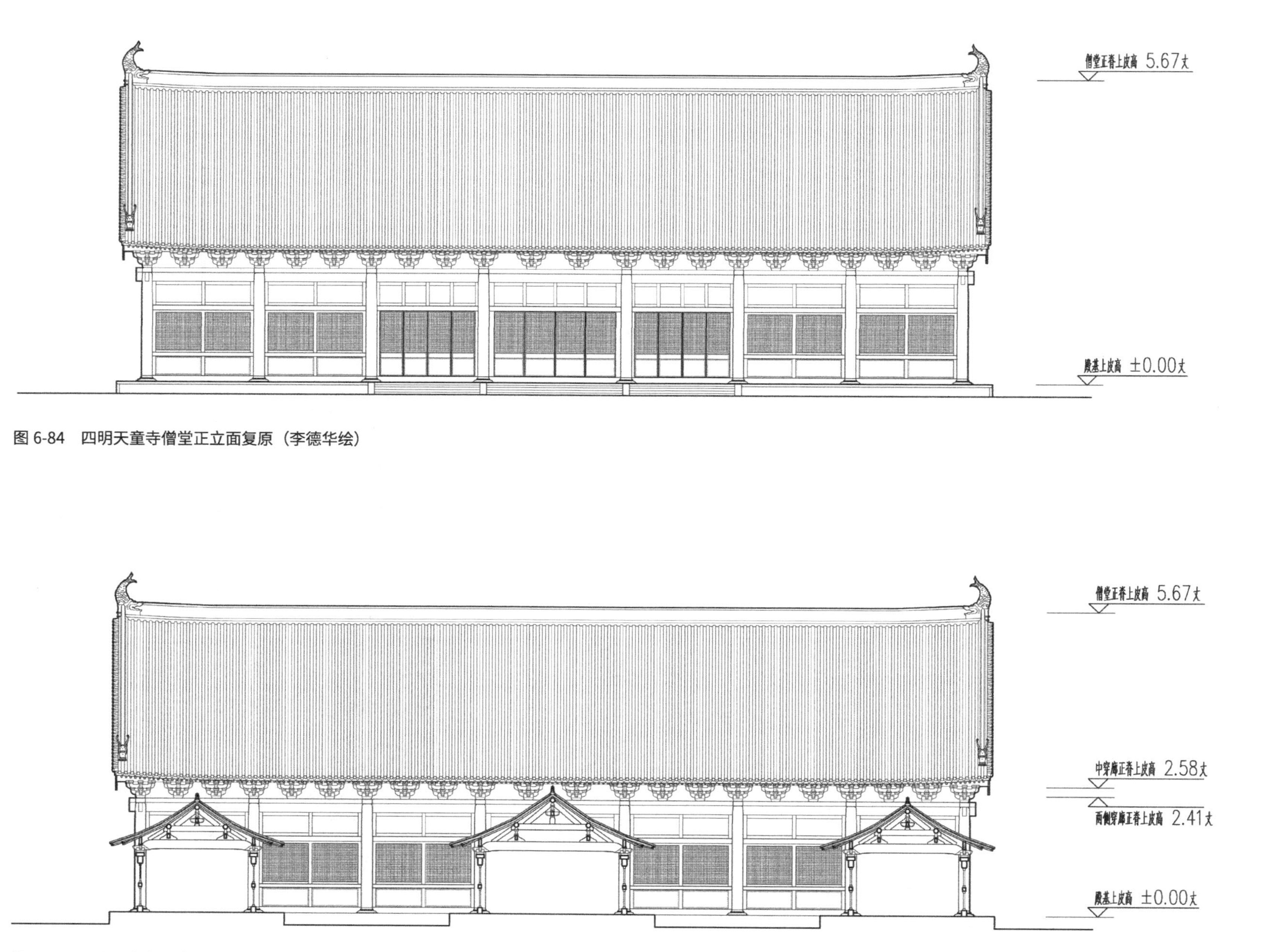

图 6-84　四明天童寺僧堂正立面复原（李德华绘）

图 6-85　四明天童寺僧堂剖立面（李德华绘）

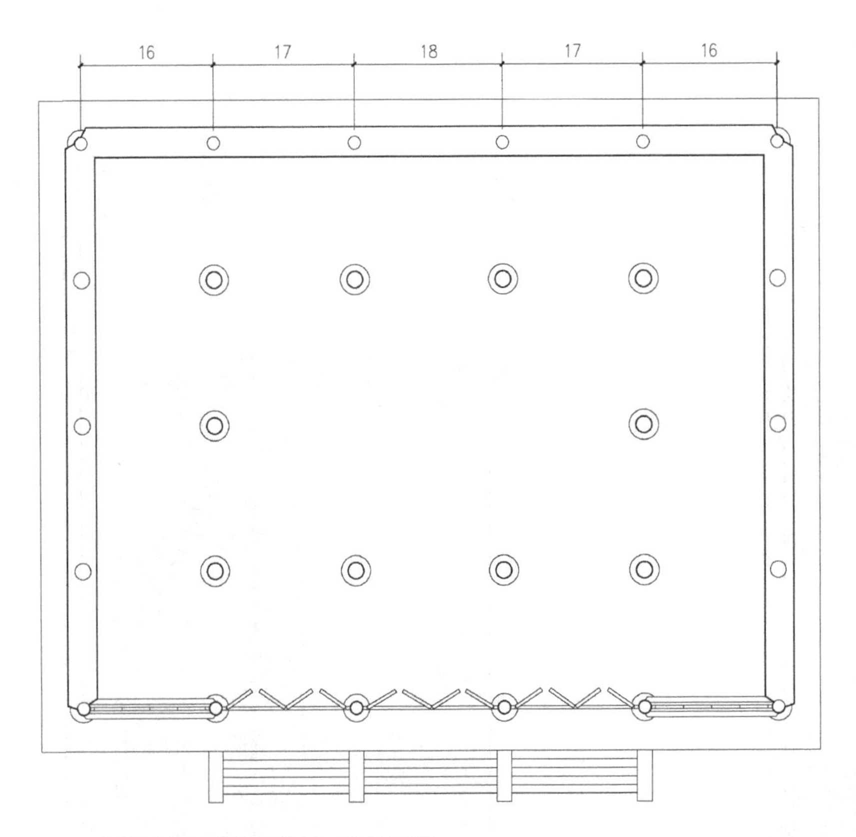

图 6-86　雍州乾明寺僧堂平面复原（作者自绘）

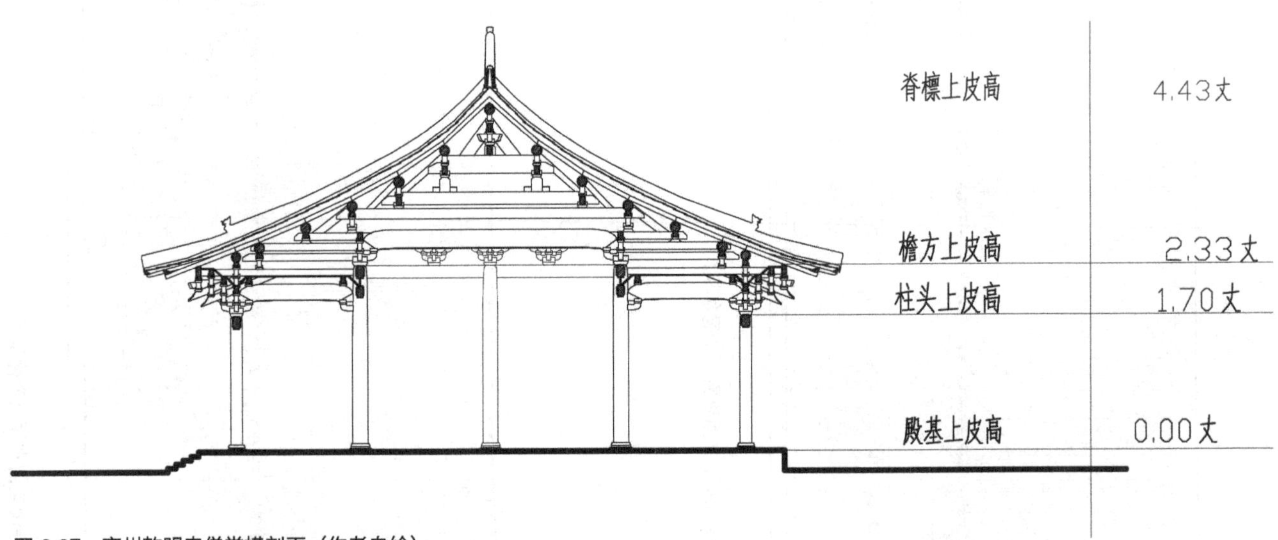

图 6-87　雍州乾明寺僧堂横剖面（作者自绘）

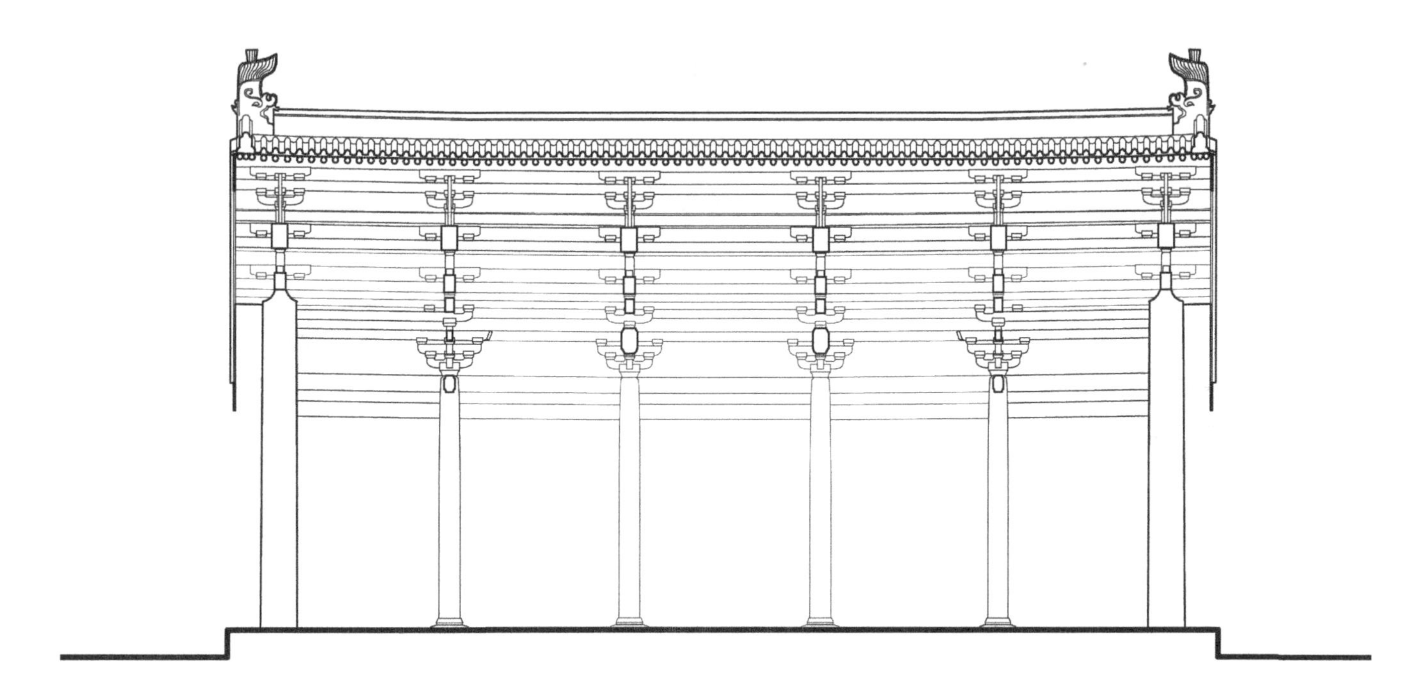

图 6-88　雍州乾明寺僧堂 纵剖面（辛惠园绘）

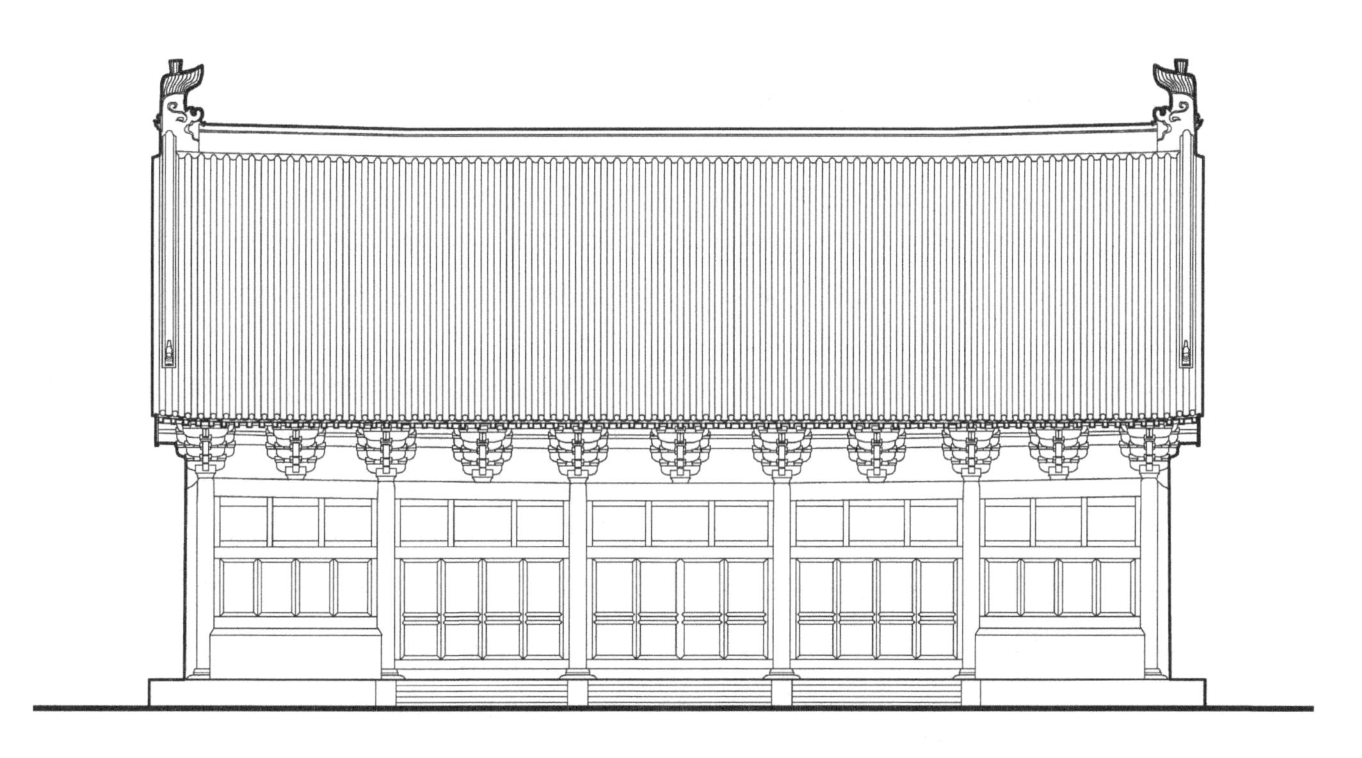

图 6-89　雍州乾明寺僧堂正立面（辛惠园绘）

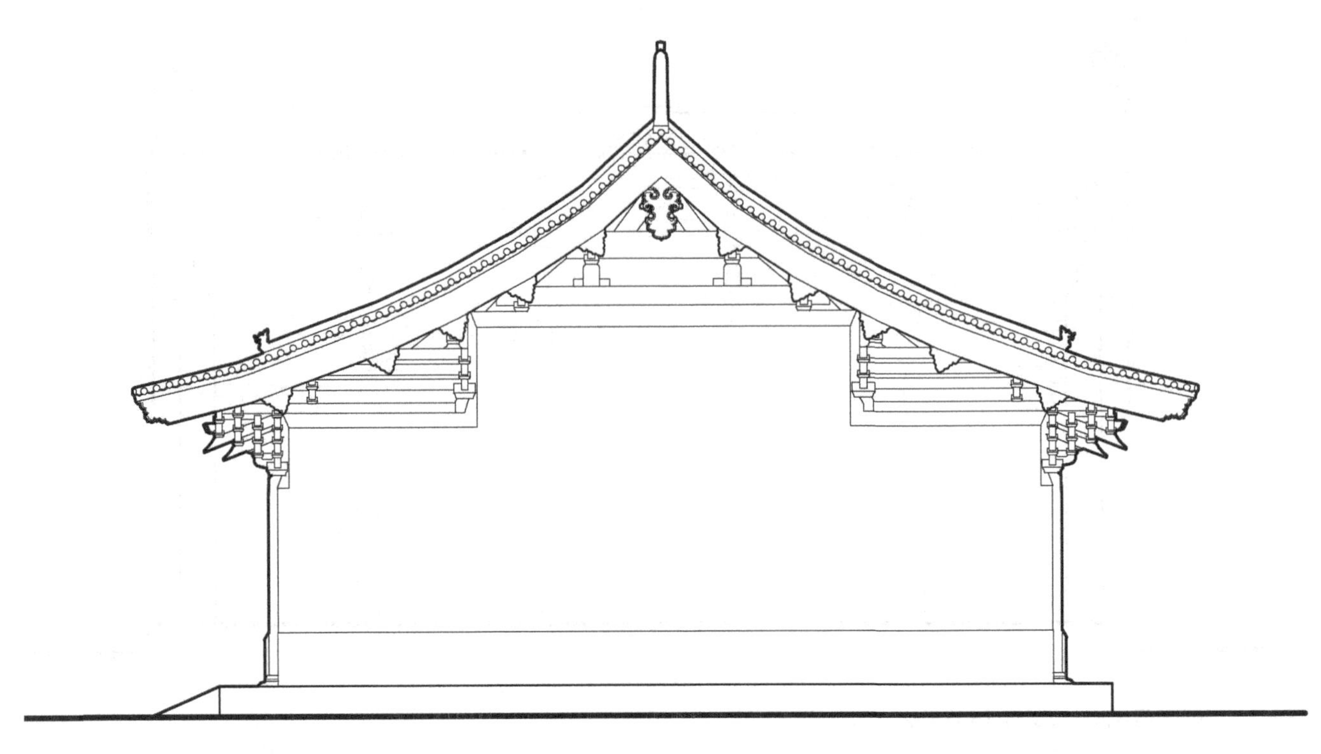

图 6-90　雍州乾明寺僧堂侧立面（辛惠园绘）

仍按每一椽架距离为 0.6 丈计算则通进深大约为 7.8 丈，假设其进深为 5 间则可以分隔出前后间为间广为 1.5 丈，中间三间间广为 1.6 丈的间广划分。

如此我们可以反推其 7 间面广的开间分隔，以两尽间各为 1.5 丈，以与进深前后间相合，则左右梢间间广为 1.6 丈，左右次间为 1.7 丈，当心间为 1.8 丈，通面广可以控制在 11.4 丈。其平面尺寸推测，可见表 6–18 及图 6–91。

表 6-18　（台州？）瑞岩寺僧堂平面尺寸

单位（丈）

面	通面广	左尽间	左梢间	左次间	当心间	右次间	右梢间	右尽间
广	11.4	1.5	1.6	1.7	1.8	1.7	1.6	1.5
进	通进深	前间		前次间	中间	后次间		后间
深	7.8	1.5		1.6	1.6	1.6		1.5

高度方向上，因其开间数较多，参照宋辽时期实例，可将其面广方向当心间间广距离作为外檐檐柱的柱高，即檐柱高 1.8 丈。考虑到这是一座僧堂，这里的斗栱用二等材，为六铺作单杪双昂的做法，通过作图推算出其柱头上的斗栱高度约为 0.63 丈，也就是说，其橑檐方上皮标高约为 2.43 丈。两侧出挑距离各为 0.495 丈。故其前后橑檐方距离为 8.79 丈。仍按厅堂建筑举折比例，即前后橑檐方距离的 1/4 强来计算举高，则假设这座僧堂的屋顶举高约为 2.42 丈，其结构总高度（脊槫上皮距离僧堂地面标高）为 4.85 丈（图 6–92~ 图 6–95）。

这样我们就可以得到这座面广七间，进深十三架僧堂建筑的基本梁架，如果假设即堂为九脊殿的形式就可以由此绘制其基本的外观立面造型。当然也有可能是悬山的屋顶性形式，但因其是等级稍低的僧堂建筑，故采用五脊殿的可能性则是不会很大的。

三、忏殿

1. 法慈寺忏悔殿

忏殿是两宋时期寺院中常见的建筑类型，但实例中却已见不到这种类宋代遗构了，使人们很难弄清这

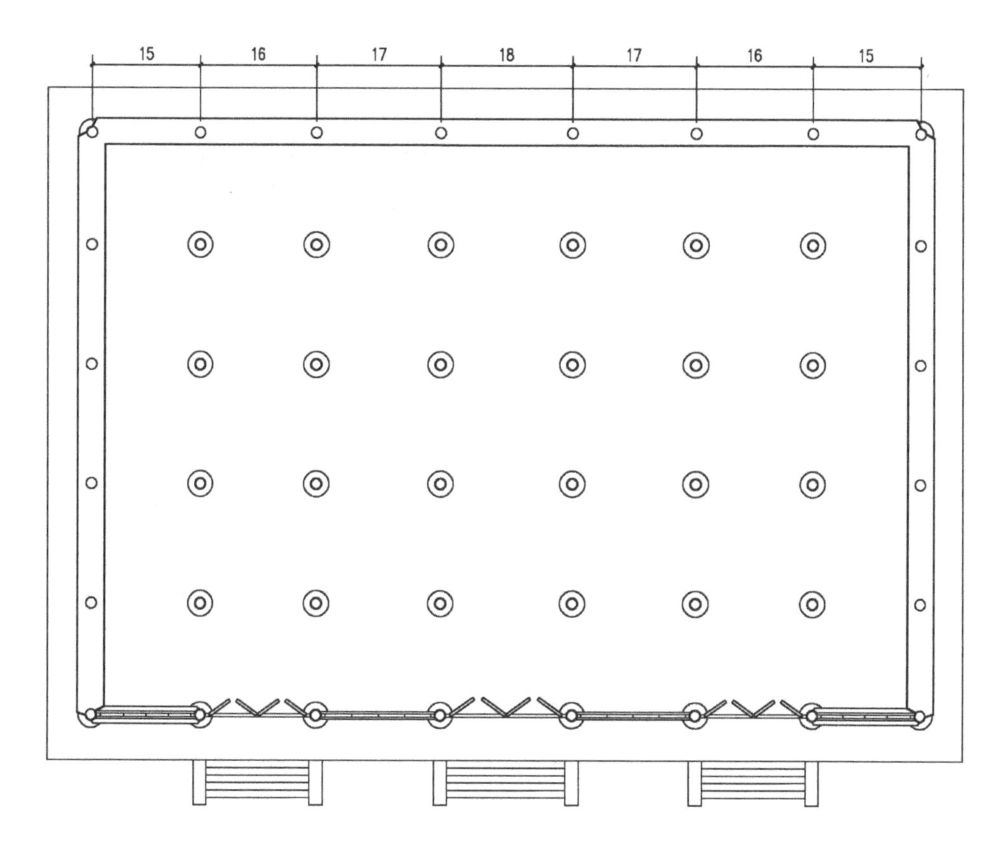

图 6-91　台州瑞岩寺僧堂平面复原（作者自绘）

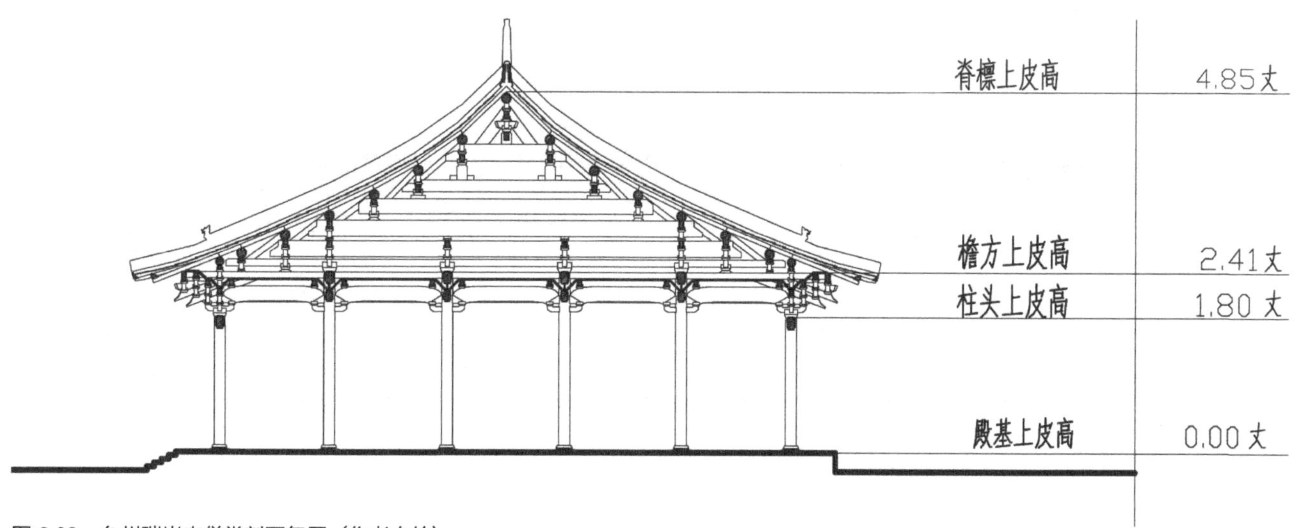

图 6-92　台州瑞岩寺僧堂剖面复原（作者自绘）

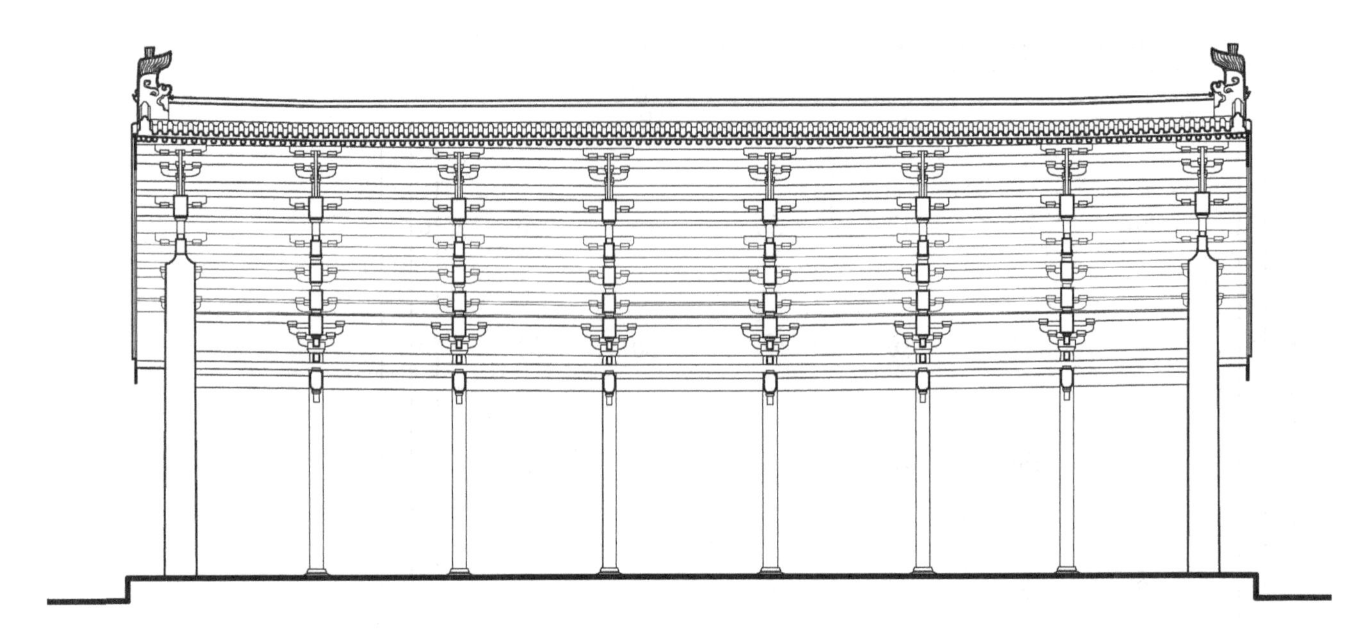

图 6-93　台州瑞岩寺僧堂纵剖面（辛惠园绘）

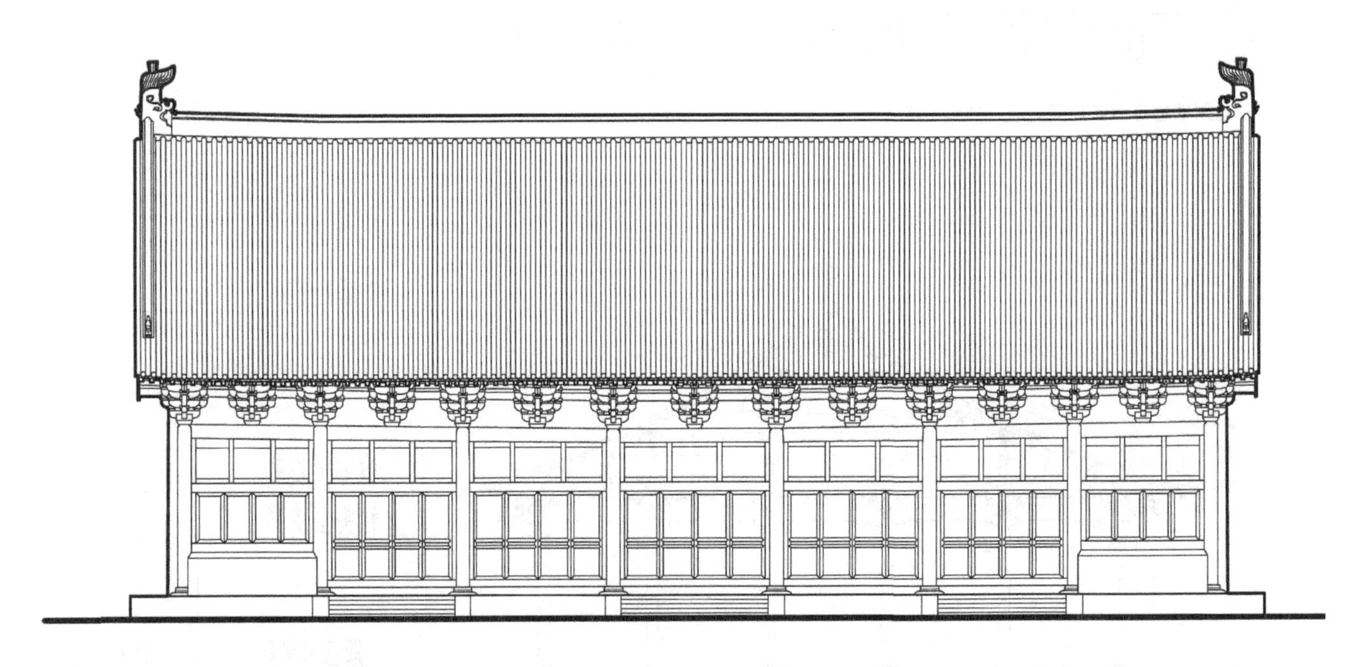

图 6-94　台州瑞岩寺僧堂立面复原（辛惠园绘）

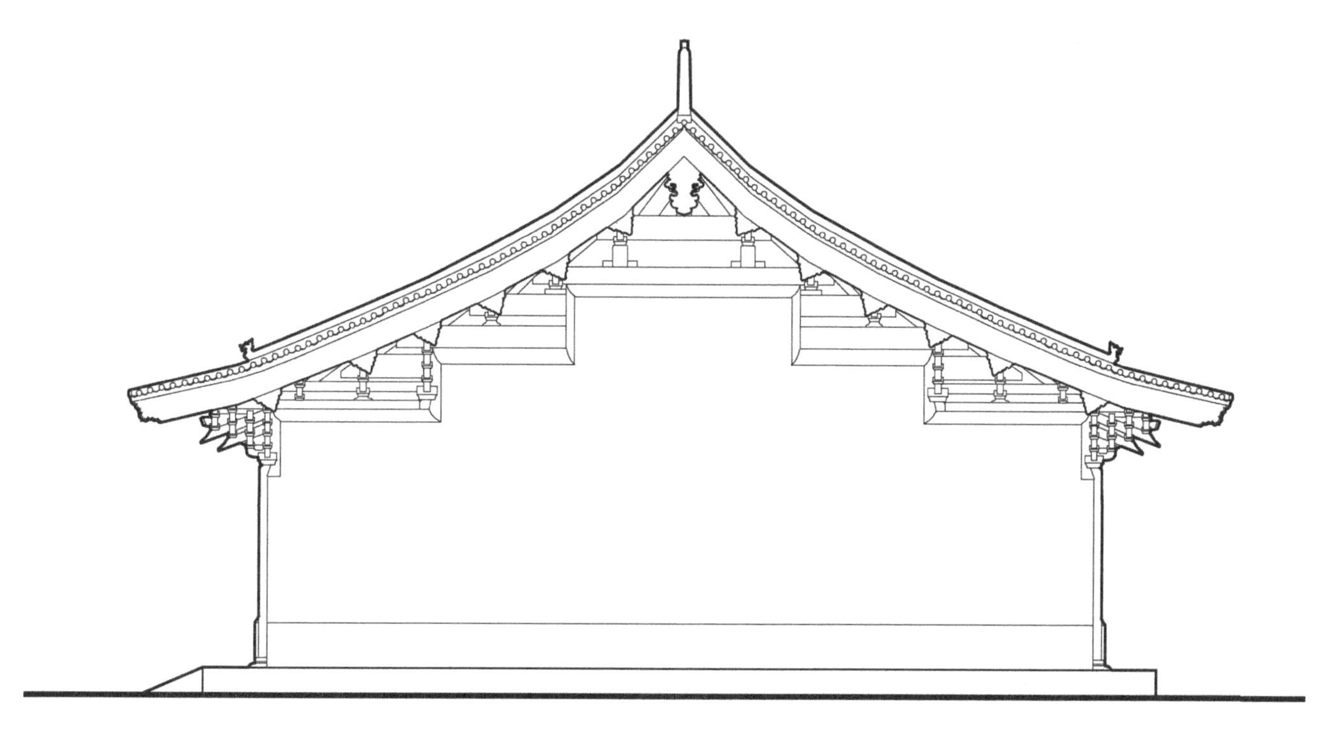

图 6-95　台州瑞岩寺僧堂侧立面复原（辛惠园绘）

是一个什么规模与尺度的寺院建筑。好在南宋文人陆游记载的一座创建于南宋绍熙三年（1192 年）的法慈寺忏殿可使我们大略推想出其可能的尺度与样态。

据陆游《法慈忏殿记》："东出庆元府五十里曰小溪，有僧舍曰法慈院……以绍熙壬子二月癸酉始土工，明年八月庚申始匠事，十一月土木皆告成。南北八丈六尺，东西五丈八尺，而栋之高四丈一尺。耽耽奕奕，穷极艺巧……奉释迦于中，而左则弥勒，右则无量寿，又以天地鬼神之像陪拥四旁。"[1] 可知，这座法慈院是在庆元府（即今宁波）东，院内有一座忏殿，南北 8.6 丈，东西 5.8 丈，结构最高点（脊栋上皮）距离地面的高度为 4.1 丈。这里给出的数据还是相当详细的。

虽然没有给出这座建筑的座向，但从给出的尺寸推测，由于其脊栋的高度仅有 4.1 丈，不大可能是一座以南北 8.6 丈为进深的建筑。也就是说，这很可能是一座位于配殿位置上的东西朝向建筑，其面广为 8.6 丈，进深为 5.8 丈。或也可以猜想，这可能是寺院中轴线上坐落的南北向主要建筑之前的一座配殿。

以其进深为 5.8 丈大约只能推出四间的进深，其中前后间间广 1.4 丈，中间两间间广 1.5 丈，由此可知其面广方向左右两梢间的间距亦为 1.4 丈，以与进深方向前后间相匹配。

基于这样一个推测，可假设其这座忏殿的面广为 5 间，所余三间的间广，左右次间为 1.7 丈，当心间为 2.4 丈，则可以满足其通面广为 8.6 丈的记录。

按照面广五间，进深四间，可推测如下柱网的基本尺寸（表 6-19，图 6-96）。

表 6-19　明州法慈寺忏悔殿平面尺寸

单位（丈）

阁面广	通面广	左梢间	左次间	当心间	右次间	右梢间
	8.6	1.4	1.7	2.4	1.7	1.4
阁进深	通进深	前间	前次间	中间	后次间	后间
	5.8	1.4	1.5		1.5	1.4

[1] ［宋］陆游．法慈忏殿记 // 曾枣庄，刘琳．全宋文 第 223 册．上海：上海辞书出版社；合肥：安徽教育出版社，2006:133.

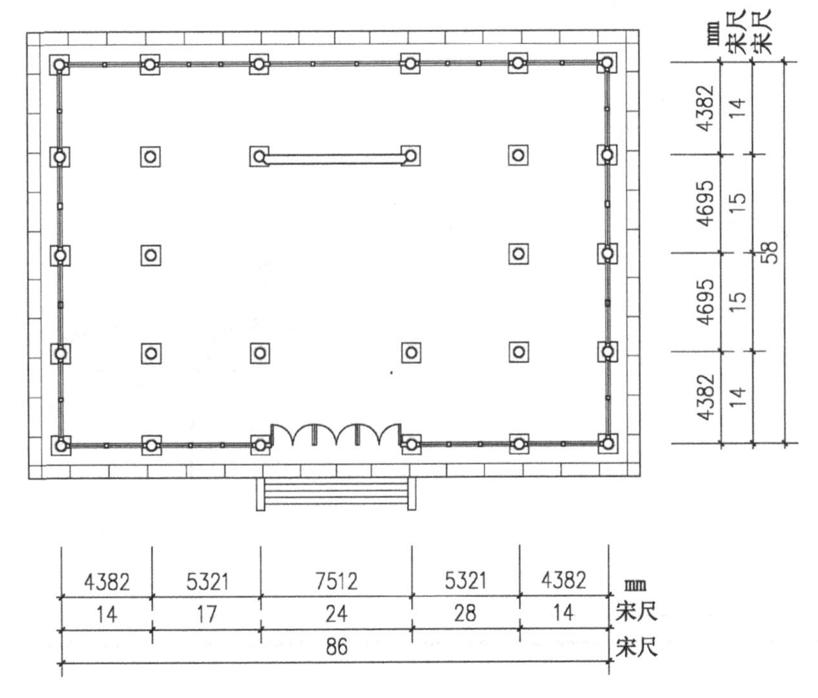

图 6-96　南宋明州法慈寺忏悔殿平面复原（作者自绘）

其高度方向，因为是五开间则可以按照其次间间广确定其檐柱高度，则将檐柱高度设定为 1.7 丈，柱头上不用普拍方，直接设置六铺作单杪双昂的斗栱。因为是等级稍低的配殿且只有五开间，故其斗栱用材仍二等材。如此可以跳过作图，推算出其铺作高度为 0.63 丈，故而使其檐柱橑檐方上皮标高确定为 2.33 丈。这时的斗栱出檐，可以控制在 0.495 丈，前后檐共挑出 0.99 丈。则外檐前后橑檐方距离为 6.79 丈。这时按 1/4 强计算屋顶的举折高度可将起举高度定为 1.87 丈，则脊槫上皮标高约为 4.2 丈，比起记载的尺寸高了 0.1 丈。

为了使其高度与记载尺寸相合，这里的唯一办法是将檐柱柱高减低为 1.6 丈，其上斗栱、屋顶起举等尺寸都不变，则其橑檐方上皮标高降为 2.23 丈，加上屋顶起举高度 1.87 丈可使其殿脊上皮的高度恰好控制在 4.1 丈，与相应的文献记载相合（图 6–97~图 6–100）。

第四节
见于史料记载的几座宋代佛教楼阁复原探讨

一、千佛阁、御书阁、毗卢阁

自隋唐时代，佛教寺院中就多有楼阁建筑的建造，寺院中的楼阁建筑大约可分为两种：一种是位于寺院中轴线上的较为重要的楼阁，一般如三门楼、千佛阁、五百罗汉阁等，宋代以来又出现有专门储藏帝王宸翰字墨的御书阁以及代表佛教法身佛的毗卢遮那阁或卢舍那阁。而且两宋时代还出现有将三门楼与千佛阁，或五百罗汉阁综合为一，或将毗卢阁或卢舍那阁与经藏阁综合为一的趋势；另外一种则是位于寺院两侧跨院中的主阁，如天王阁、弥勒阁等，或是直接布置在寺院主殿前两侧的左右配阁，如慈氏阁、观音阁、轮藏阁以及钟楼等。

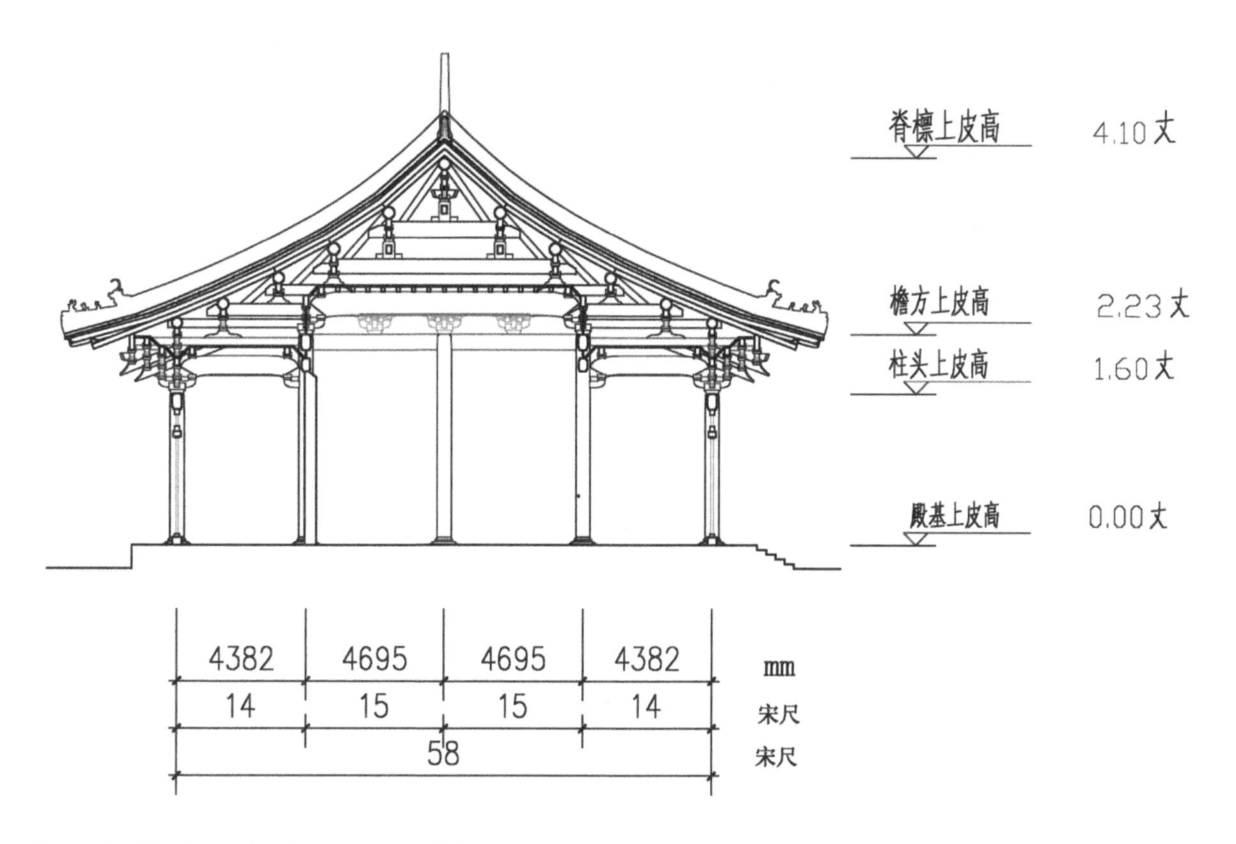

图 6-97　南宋明州法慈寺忏悔殿横剖面复原（作者自绘）

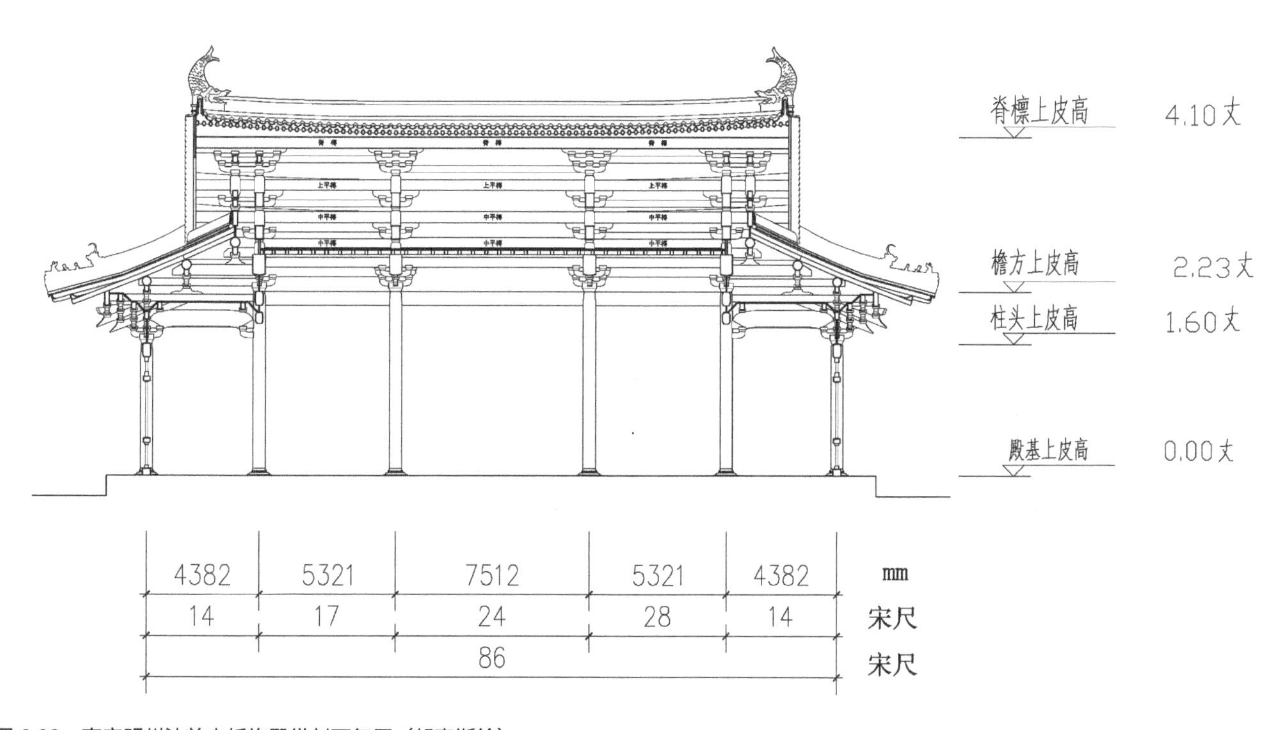

图 6-98　南宋明州法慈寺忏悔殿纵剖面复原（胡南斯绘）

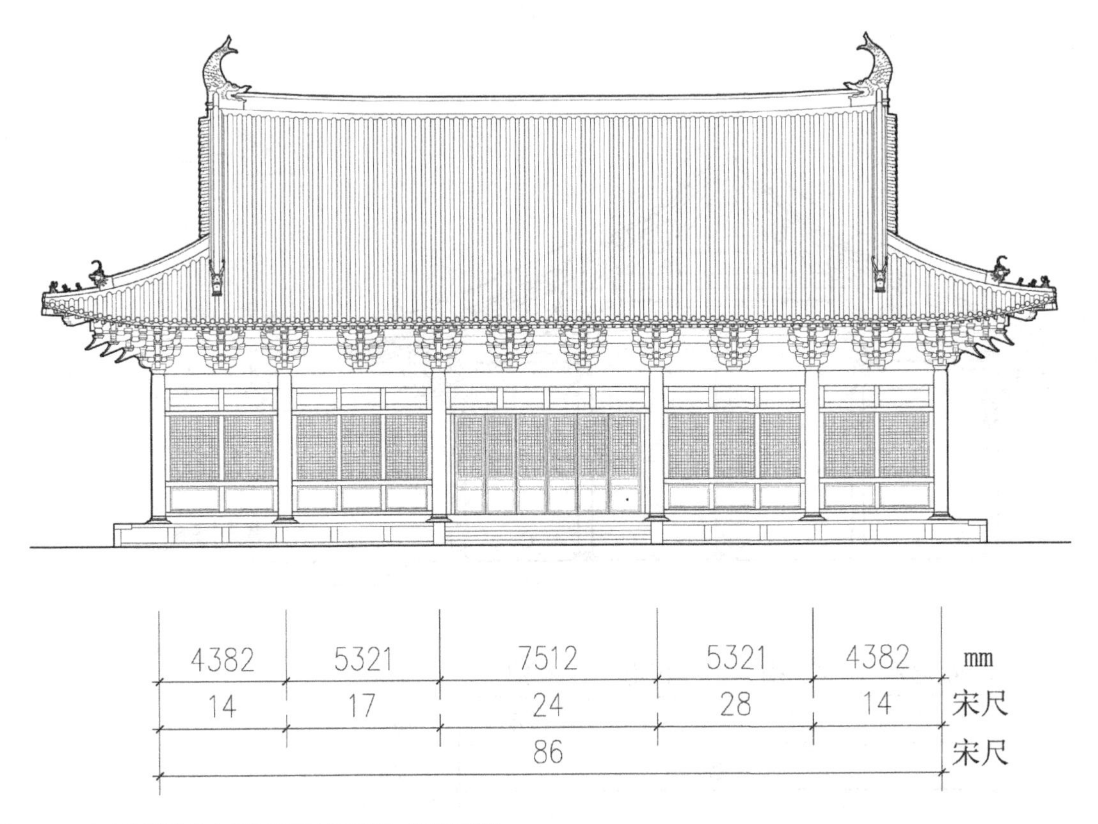

图 6-99　南宋明州法慈寺忏悔殿正立面复原（胡南斯绘）

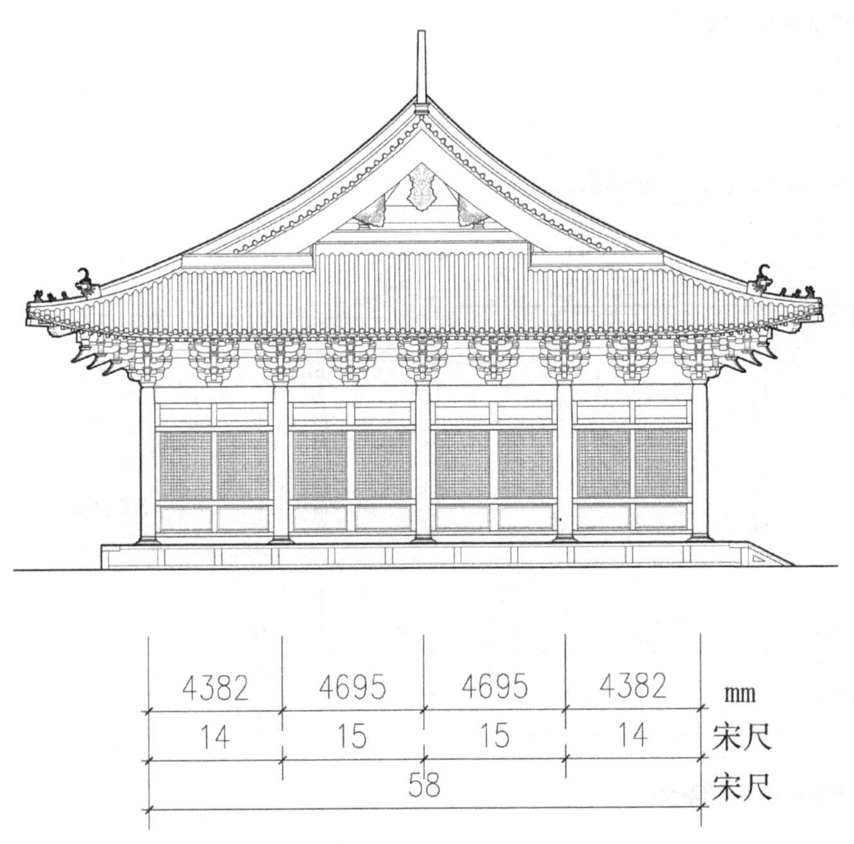

图 6-100　南宋明州法慈寺忏悔殿侧立面复原（胡南斯绘）

实例中还有将文殊阁、普贤阁对称布置在寺殿之前的做法。而两宋时代的文献中也记录了一些楼阁建筑实例，为我们提供了更多了解这一时期木构楼阁建筑的机会。

1. 金陵瓦棺寺升元阁

金陵瓦棺寺是一座东晋名寺，而寺中还曾出现过一座唐代名楼称升元阁。唐人诗歌中，以及宋代佛传文献，如《五灯会元》《林间录》中，甚至《宋史》中，都曾提到升元阁，可知其名声之大。

据《十国春秋》，此阁原名吴兴阁，五代南唐升元二年（938 年）时改名为升元阁。宋代祝穆《方舆胜览》中记载了升元阁的一些细节："升元阁，一名瓦棺阁，乃梁朝建，高二百四十尺。李白有'日月隐檐楹'之句。今之升元阁非古基矣。"❶祝穆为南宋时人，卒于 1255 年，说明其时升元阁还存世且似乎有 240 尺高，但已非南北朝或隋唐时的旧构。

《景定建康志》中也提到了升元阁高 240 尺。然而《景定建康志》中又有一个阁高 10 丈的说法："《南唐书》云，升元阁因山为基，高可十丈，平旦阁影半江。开宝中王师收复，士大夫暨豪民富商之家，美女少妇，避难于其上，迨数千人。越兵举火焚之，哭声动天，一旦而烬。今崇胜戒坛院近升元阁故基，建卢舍那佛阁，亦高七丈，俗呼为升元阁。"❷这里说得比较详细，五代南唐时的升元阁，高约 10 丈，五代末宋初的战争中，遭到兵火的焚毁。南宋时在升元阁主阁的故基临近处又建有一座卢舍那阁，其高度为 7 丈。

两宋之交时期的韩元吉（1118—1187 年）撰有一篇《崇胜戒坛记》也对升元阁的情况加以记载："唐贞观三年，造阁三成，高二十五丈，挟以东西二阁，通十有九楹，为一方雄杰之观。其后阁坏于南唐，又新之，号吴兴阁，而寺名升元……建炎渡江，兵寇杂扰，寺宇无一存者……悉力营焉。凡殿宇像设与夫讲授之堂、栖息之室、庖湢库廪，无不备具。乃致院事，以付其徒，甲乙传之……规制仅足，不侈不陋。亦建大阁，崇且百尺，造为千佛，以五时教法，置机轮之藏。"❸

显然这些信息有不甚准确之处。如果以韩元吉的记载为参考大约可知唐代贞观时，其阁有三层，高应该是 24 丈（而非 25 丈），东西有二阁相挟，共有 19 棵柱子。后来的 10 丈高升元阁应是南唐时的旧构，而南宋时代重建的卢舍那阁，所谓"崇且百尺，造为千佛"不知道是否指的是那座卢舍那佛阁，但其高度为 10 丈（"百尺"）则是与《景定建康志》的记载相吻合的。而《景定建康志》中提到的另外一座高为 7 丈的卢舍那佛阁大约也应该是可信的。也就是说，南宋时期，有可能既有那座高 10 丈的主阁也有高约 7 丈的东西辅阁。

无论如何，有关这座历史名阁的信息过于杂乱，如其高度就有 25 丈、24 丈、10 丈、7 丈等多种不同说法，即使确定了其高度确实曾为 24 丈，但所挟东西二阁的高度信息却无法知道，而所谓"通十有九楹"，其意似乎是说其阁通长有 19 间，这也似乎给人一个印象，即其中央楼阁为 9 间而两侧挟阁各为 5 间。若果如此，则其阁的规模与尺度之大在中国古代建筑史上也是空前的。

但若非此，似乎又难以找出第二种解释。诸如，设定其平面柱网中共有 19 棵柱子，这连一个（需 20 棵柱子的）广深各为 4 开间的方阁都难以架构起来如何能够有容纳数千人的空间。或有另外一种解释，即其中央 9 间其实是一个三开间见方的方阁，平面共有 9 个房间而已。如此，则两侧各有 5 间，如何布置平面？

❶ 文献[1]. 史部. 地理类. 总志之属. [宋]祝穆. 方舆胜览. 卷十四. 江东路.

❷ 文献[1]. 史部. 地理类. 都会郡县之属. [宋]周应合. 景定建康志. 卷二十一. 城阙志二. 楼阁.

❸ [宋]韩元吉. 崇胜戒坛记 // 曾枣庄, 刘琳. 全宋文 第 216 册. 上海: 上海辞书出版社; 合肥: 安徽教育出版社, 2006:189.

总不能中央楼阁为三开间见方（面广、进深均为三间，共有 9 间）而两侧附阁反而为五开间面广（至少两间进深，实际为 10 间房间）的楼阁形式吧？基于这样一种分析，这里的“通十有九楹”很可能是一字排开有 19 间的开间，则中央主阁为 9 开间，两侧辅阁各有 5 开间，这样一种布置的可能性是很大的。

也许是出于对于历史疑团的好奇，这里不妨做一个尝试性的复原探讨。即以韩元吉的记载为基础，设定这是一组中间有一座面广 9 开间的大阁，两侧各有一座面广 5 间的辅阁的建筑。关于其高度，可以先设定其总高度为 24 丈（或可以将结构高度设定为 24 丈，而将建筑高度，即屋脊上皮的高度设定为 25 丈，以求与两个史料记载都相吻合）来做一些分析。

先来看中央大阁，其阁为三层，面广九间。参考文献与图形上所见唐宋时期楼阁多是上一层比下一层在四个方向上向内各收入一间的造型做法，则可以理解成，其首层平面为面广 9 间，进深 7 间，周匝副阶的做法；第二层则变为了面广 7 间，进深 5 间，但仍然是周匝一圈回廊的形式；到了第三层，则可以形成一个面广 5 间，进深仅为 3 间的紧凑平面。这样一座九开间的楼阁，无论在结构上，还是在外观造型上以及室内空间组织上都是比较合理的。这或也解释了，其阁为什么会有 9 间之多。

按照这一逻辑，则两侧附阁可能是面广 5 间，进深亦为 5 间的格局，至第二层时，四个方向各向内收了一间成了面广 3 间，进深 3 间的平面。而附阁仅为二层高，从而形成如南北朝时期流行的在中殿两侧并峙东西堂式的三阁并列的空间形式。既是如此，则中央大阁及两侧辅阁的尽间或梢间的开间都不会太大，以便于上层向内的收入。

由于没有面广与进深的数据只能从唐代史料中所见的例子对其平面柱网的大略尺寸加以推测。已知的唐代建筑，无论是史料中所见还是考古发掘中所知，较为常见的柱子高度与开间尺寸为 1.8~1.9 丈。如《旧唐书》中所记明堂建筑：“堂每面九间，各广一丈九尺……堂周回十二门，每门高一丈七尺，阔一丈三尺。”[1] 门高 1.7 丈，其柱子的高度也应该在 1.9 丈左右。而考古发掘的唐代大明宫主殿含元殿，“中间九间每间间广 18 尺，两梢间及副阶间广 16.5 尺，外槽进深也是 16.5 尺，内槽深 33.5 尺。”[2] 故而，可将这里提到的两个比较接近的开间（间广 1.8~1.9 丈）与柱高尺寸（柱高 1.8~1.9 丈）作为一个参考的数据。

然而还有一个问题是，宋代史料中特别给出了这座楼阁的高度，其楼为 3 层，高度为 24 丈（或 25 丈），也就是说，每层平均的高度应该接近 8 丈才有可能实现这一高度记录。而如果仅仅是 1.8 或 1.9 丈的开间，即使将柱子有意识地拔高也无法达到这样的高度。故而只有预设性地加大开间与柱高尺寸才有拔高这座三层楼阁总高度的可能。故这里先假设升元阁中央大阁，面广 9 间，进深 7 间，面广方向当心间面广为 2.6 丈，这样可以将首层檐柱的高度至少设定为 2.6 丈。

柱上用斗栱，铺作橑檐方上皮的标高，按柱子高度的 $\sqrt{2}$ 倍取，高约 3.7 丈，而其上为内檐檐柱柱头，其标高大约相当于首层副阶柱高的 2 倍，可以推测为 5.2 丈高。柱头之上用平坐斗栱，其高可按柱头铺作高度的一半取，高约 0.55 丈，其上为二层楼面，设定二层楼面高距内柱柱头高度为 0.6 丈，则二层地面距离首层地面的高度为 5.8 丈。二层柱子的高度应该比首层柱子高度稍加减少可定为 2.4 丈，柱头上斗栱橑檐方上皮距离二层楼面标高仍按柱子高度的 $\sqrt{2}$ 倍取，则为 3.4 丈。而其内檐柱头高度亦可以假设为外檐柱高的 2 倍，即其内檐柱头与二层地面的高度差为 4.8 丈，其上有平坐仍按其下檐铺作高度的一半约为 0.5 丈计，加上楼面厚度约为 0.55 丈。也就是说，第三层楼面与

[1] 文献 [2]. [五代] 刘昫 . 旧唐书 . 卷 22. 志第二 . 礼仪二 . 清乾隆武英殿刻本 .

[2] 傅熹年 . 中国古代建筑史 [M]. 第二卷 . 北京：中国建筑工业出版社 .2001：380.

二层地面的高度差为5.35丈，即第三层地面与首层地面的高度差为11.15丈。第三层地面以上，柱子高度应略低于第二层柱子，设定为2.2丈高，其上有斗栱，仍按柱子高度的$\sqrt{2}$倍取，则第三层外檐铺作橑檐方上皮距离第三层地面的高度约为3.1丈。而其两侧向外的出挑距离，每侧约为0.9丈。

由于升元阁第三层平面的面广为5开间，进深仅为3开间，按照中间间广2.4丈，前后间间广2.2丈，其通进深为6.8丈再加上前后橑檐方的出挑距离共1.8丈，则前后橑檐方距离为8.6丈。按照宋代殿堂建筑的起举规则，以这一距离的1/3为上层阁顶的屋顶起举高度，举高为2.87丈左右。将这一起举高度与前面累积计算得出的三层地面高度11.15丈和三层柱头上铺作橑檐方上皮与三层地面的高度差（3.1丈）相加，总为16.12丈。这几乎已经是目前所知的结构条件下，这座楼阁所能够架构起来的极限高度了，却仍然与所谓高240尺或高25丈，有着8~9丈的高度差距。显然，基于这样一种结构逻辑的分析，可确定无疑地说，如果升元阁确实仅有3层的高度，那么，无论如何架构都难以达到两宋人所记载的24丈或25丈的高度。

由此得出的结论是，无论是《方舆胜览》所说的高24丈，还是韩元吉所记载的高25丈，仅是一种传说与猜测。由如上的分析出发，我们可以采用排除法将这两种可能性排除，则《景定建康志》所记录的“《南唐书》云，升元阁因山为基，高可十丈，平旦阁影半江。”[1] 即其阁的高度为10丈左右则变得比较可信了。这为前文中设想的，其中央主阁高为10丈，左右辅阁各高7丈，找到了一点逻辑基础。

如果仍然相信，其中央大阁与左右挟阁共有19间的面广，即其相应的平面关系不做改变的话，要将中央主阁高度控制在10丈左右，其相应的开间宽度、柱子高度等，都需要做适当的调整（表6-20，图6-101）。

表6-20 以高10丈推算的金陵瓦棺寺升元阁中央主阁平面尺寸

单位（丈）

阁面广	通面广	左尽间	左梢间	左次间	左次间	当心间	右次间	右次间	右梢间	右尽间
	16	1	1.2	1.4	1.6	1.8	1.6	1.4	1.2	1
阁进深	通进深	前间	前次间	前次间		中间		后次间	后次间	后间
	12.2	1	1.2	1.4		1.8		1.4	1.2	1

这里将首层副阶檐柱的高度设定为副阶左右次间间广宽度，即1.4丈，其上用五铺作单杪单昂斗栱及腰檐与内柱相接。为了降低其腰檐高度设定其斗栱用材为一等材。按照唐宋辽金时期的楼阁比例规则，其内柱（首层殿身檐柱）柱头标高通过作图得出的高度为3丈，其上用平坐，架构第二层楼面。以平坐斗栱与楼板高度之和有0.6丈计，则其二层楼面标高可以达到3.6丈。第二层外廊檐柱高度可以略低于首层副阶檐柱，设定为1.3丈，即其柱头标高为4.9丈。其内柱（即第二层殿身檐柱）柱头标高，通作图得出的高度为6.4丈，其上用平坐，约高0.6丈，则第三层地面标高为7丈；第三层外檐檐柱柱高可略低于第二层檐柱柱高定为1.2丈，其上用六铺作单杪双昂的斗栱，斗栱高度约为0.58丈，斗栱出跳0.46丈。也就是说，第三层檐柱外檐铺作橑檐方上皮标高为8.78丈。因第三层在进深方向仅有三间，通进深为4.6丈，加上前后檐出跳距离，前后橑檐方距离为5.52丈，因我们是按照宋代时可能存在的楼阁进行复原的，故其屋

[1] 文献[1]. 史部. 地理类. 都会郡县之属. [宋]周应合. 景定建康志. 卷二十一. 城阙志二. 楼阁.

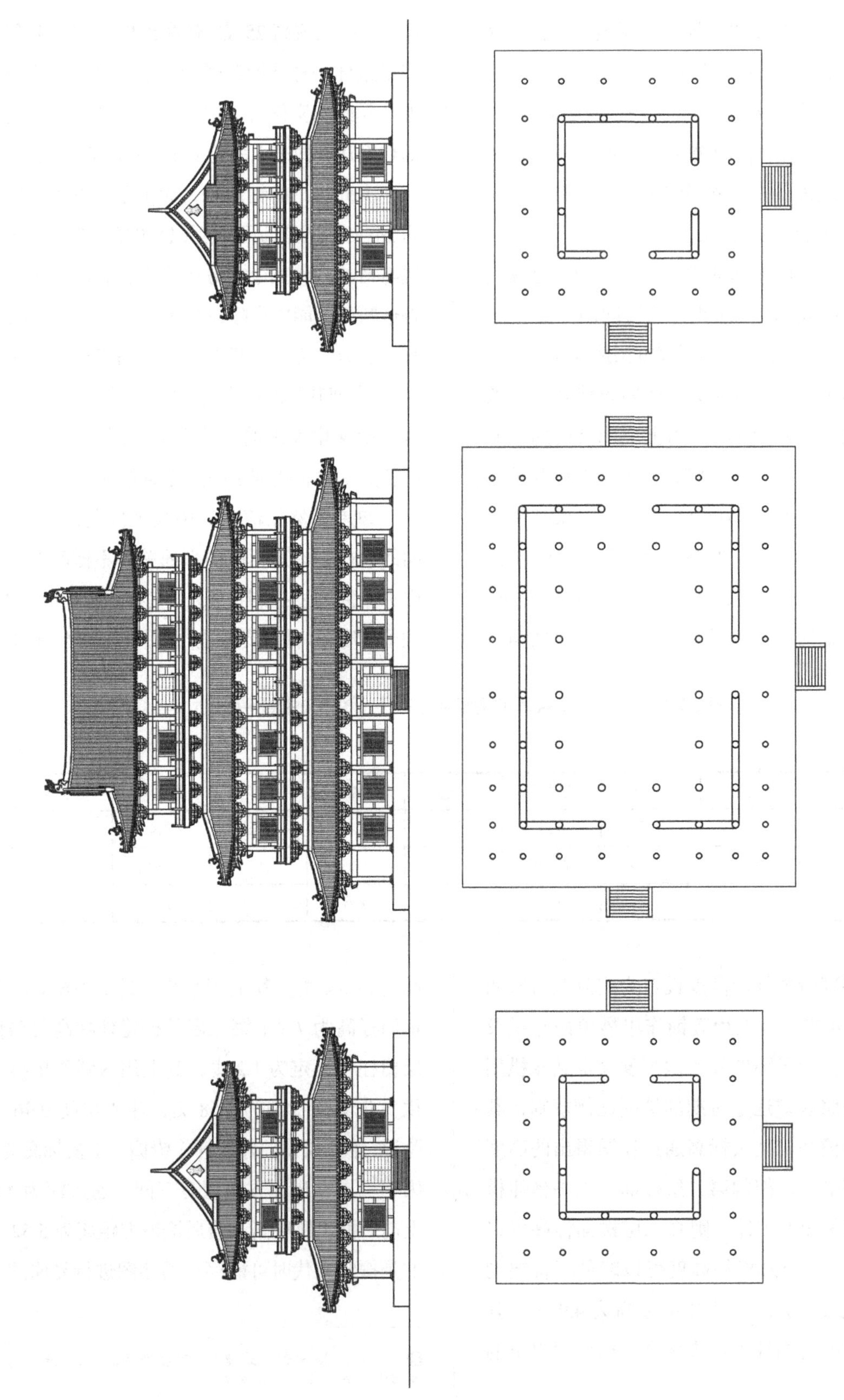

图 6-101　金陵瓦棺寺升元阁主阁与左右附阁平面（作者自绘）及组合立面（李菁绘）

顶当以殿阁式结构的屋顶举折方式按照前后橑檐方距离的 1/3 来设定屋顶起举高度，故其举高约为 1.84 丈。如此可以得出这座楼阁的脊槫上皮标高为 10.62 丈（图 6–102，图 6–103）。

如此推算的累积结果是，其楼阁第三层脊槫与阁基座顶面的高度差约为 10.62 丈。这样一种推算，应该是十分接近文献中关于这座楼阁为三层，高为 10 丈左右的记载的。再来看一看升元阁左右两侧附阁的平面与高度情况（表 6–21）。

表 6-21　以中央主阁高 10 丈推算的升元阁左右附阁平面尺寸

单位（丈）

附阁	通面广	左梢间	左次间	当心间	右次间	右梢间
面广	8.4	1.2	1.4	1.6	1.4	1.2
附阁	通进深	前间	前次间	中间	后次间	后间
进深	8.4	1.2	1.4	1.6	1.4	1.2

为了作图的方便也需要将两侧辅楼的高度作一个分析。辅楼应为二层，与主楼之间应该有一点距离。例如，考虑到两者都有出挑的檐口等，两者之间的柱缝距离可以假设为 2 丈，之间或可以用飞虹桥或平桥加以连接。

假设辅阁首层副阶柱子高度与其次间间广相同设为 1.4 丈，其内柱（首层殿身檐柱）柱头高度仍为 3 丈，加上一个平坐层的约 0.6 丈的高度，则第二层楼面标高为 3.6 丈；第二层檐柱高度为 1.2 丈，故其柱头标高为 4.8 丈。其上用斗栱，约高 0.58 丈，故其上檐铺作橑檐方上皮标高为 5.38 丈，斗栱出跳距离仍可估为 0.46 丈。以其上层平面通进深为 4.4 丈，前后橑檐方距离亦为 5.32 丈，屋顶起举高度仍按 1/3 计，则举高约为 1.77 丈，由此推算出的附阁二层屋顶脊槫上皮与台基顶面的高度差为 7.15 丈。这与其高约为 7 丈的史料记载大略是吻合的（图 6–104，图 6–105）。

也就是说，两侧辅阁结构总高度比中央主阁结构总高度约低 3.47 丈，而两侧辅阁第二层楼面标高（3.6 丈）与中央主阁第二层楼面标高（3.6 丈）是持平的。如果有需要的话，三阁之间或可架以平接的桥。但由于阁间距离较大，故其结构难度亦较大，所以亦可以忽略这种可能。

前文中提到，在南宋时代，升元阁遭到焚毁之后，在其基座上建造了一座卢舍那佛阁，高度为 7 丈。参照上面的数据分析，可以想象，这座高为 7 丈的佛阁大约与升元阁左右辅阁的尺度与高度相当，造型与结构很可能也比较相近。这里设想的三阁并立，中央主阁高为 10 丈，左右辅阁高为 7 丈的组合形式很可能也是升元阁历史上曾经存在过的一种形式。

2. 天童山千佛阁

四明天童景德禅寺位于南宋时期的五山之一，在宋代佛教史上具有重要的地位。其寺前的三门，同时也是一座千佛阁，据说连这座楼阁的主要木料都是由日本僧人荣西泛海运来的。以南宋史料所谓“越二年，果致百围之木凡若干，挟大船泛鲸波而至焉。”[1]说明这座楼阁的主要木料有百围之粗。可见其所用木料之巨。

关于这座千佛阁，宋人楼钥《天童山千佛阁记》有较为详细的记载：“门为高阁，延袤两庑，铸千佛列其上……凡为阁七间，高为三层，横十有四丈，其高十有二丈，深八十四尺，众楹俱三十有五尺，外开三门，上为藻井。井而上十有四尺，为虎座，大木交质，坚致壮密，牢不可拔。上层又高七丈，举千佛居之，位置面势无不曲当。外檐三，内檐四。檐牙高啄，直如引绳。”[2]

也就是说，这座楼阁面广 7 间，通面广 14 丈，通进深 8.4 丈，高为 3 层，结构总高为 12 丈，其中首层柱高 3.5 丈，中层结构高度 1.4 丈，上层高度 7 丈。这三个数据的总合为 11.9 丈与总高 12 丈十分接近。但需要注意的是，这里的高度没有特别提到其中的斗

[1] ［宋］楼钥．天童山千佛阁记//曾枣庄，刘琳．全宋文 第 265 册．上海：上海辞书出版社；合肥：安徽教育出版社，2006:25.

[2] ［宋］楼钥．天童山千佛阁记//曾枣庄，刘琳．全宋文 第 265 册．上海：上海辞书出版社；合肥：安徽教育出版社，2006:25.

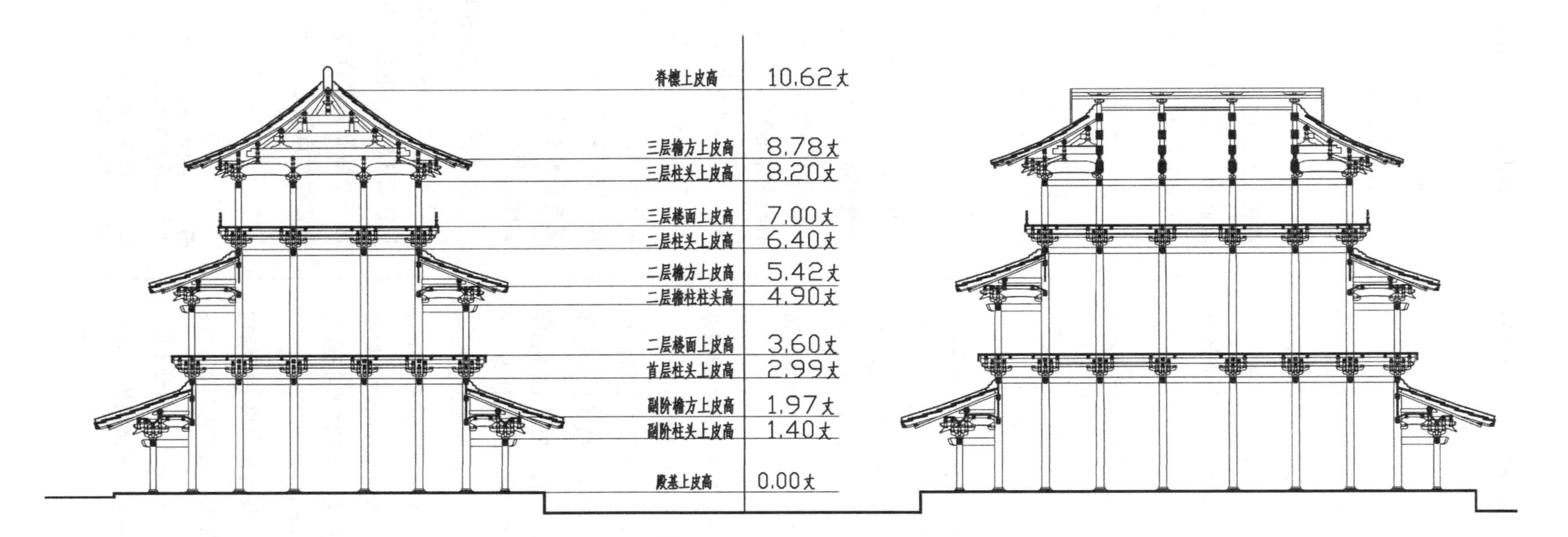

图 6-102 金陵瓦棺寺升元阁主阁横剖面（作者自绘）纵剖面（李菁绘）

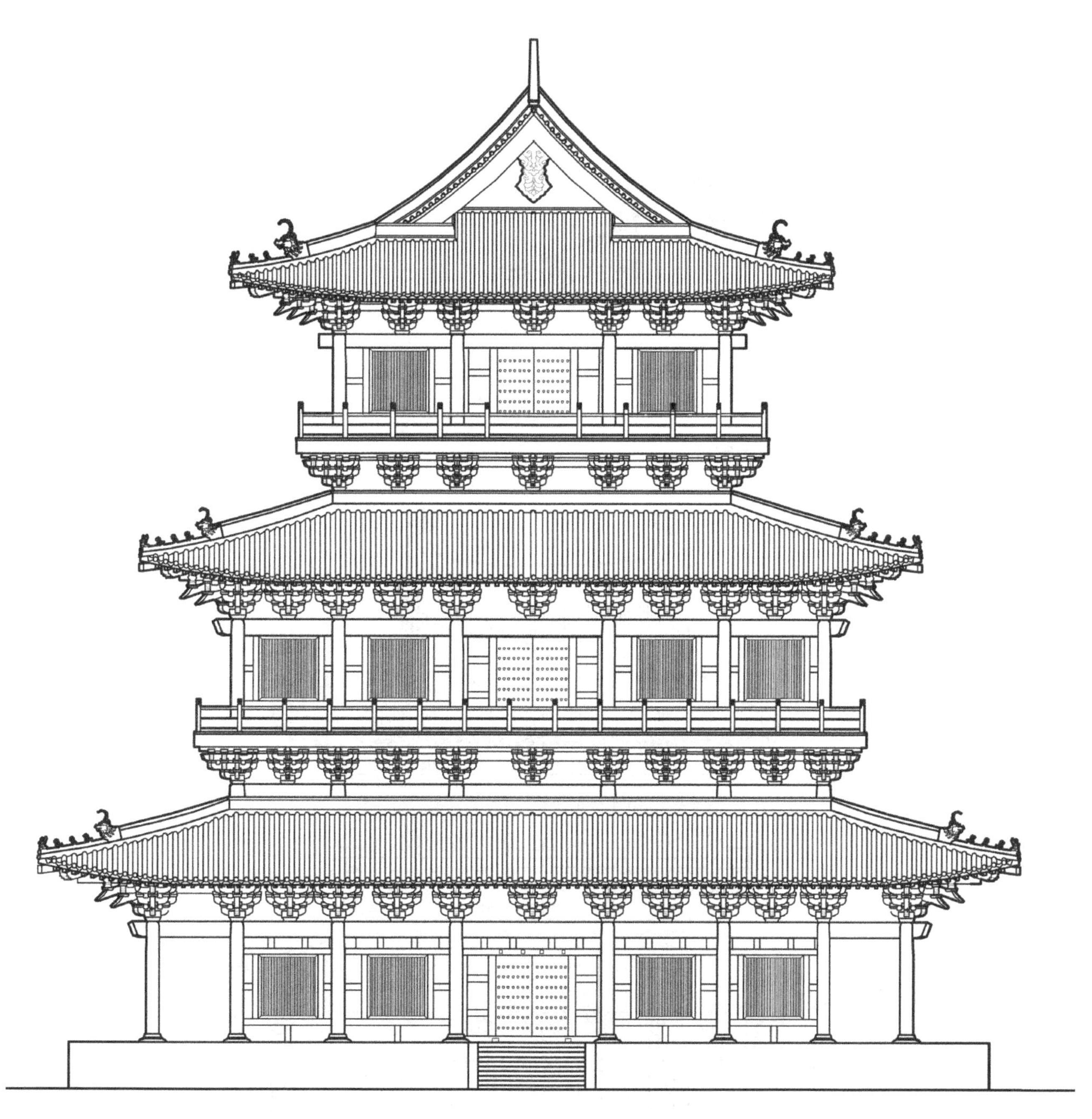

图 6-103　金陵瓦棺寺升元阁主阁侧立面（李菁绘）

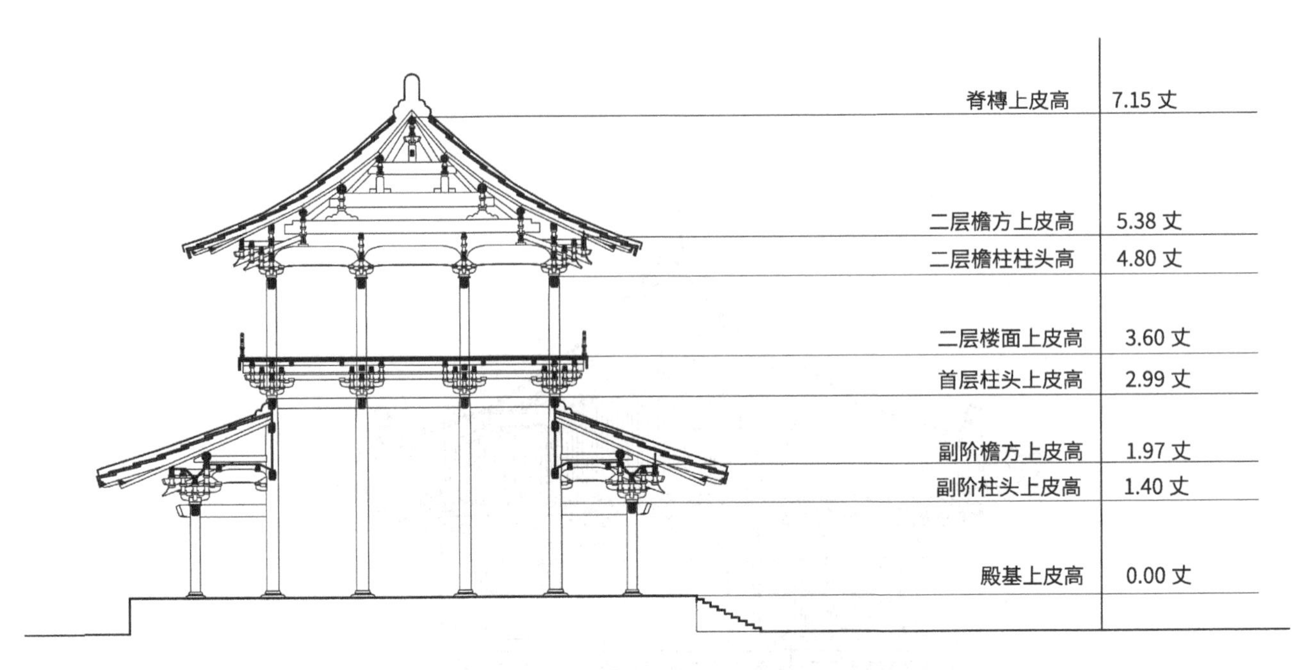

图 6-104　金陵瓦棺寺升元阁附阁剖面（作者自绘）

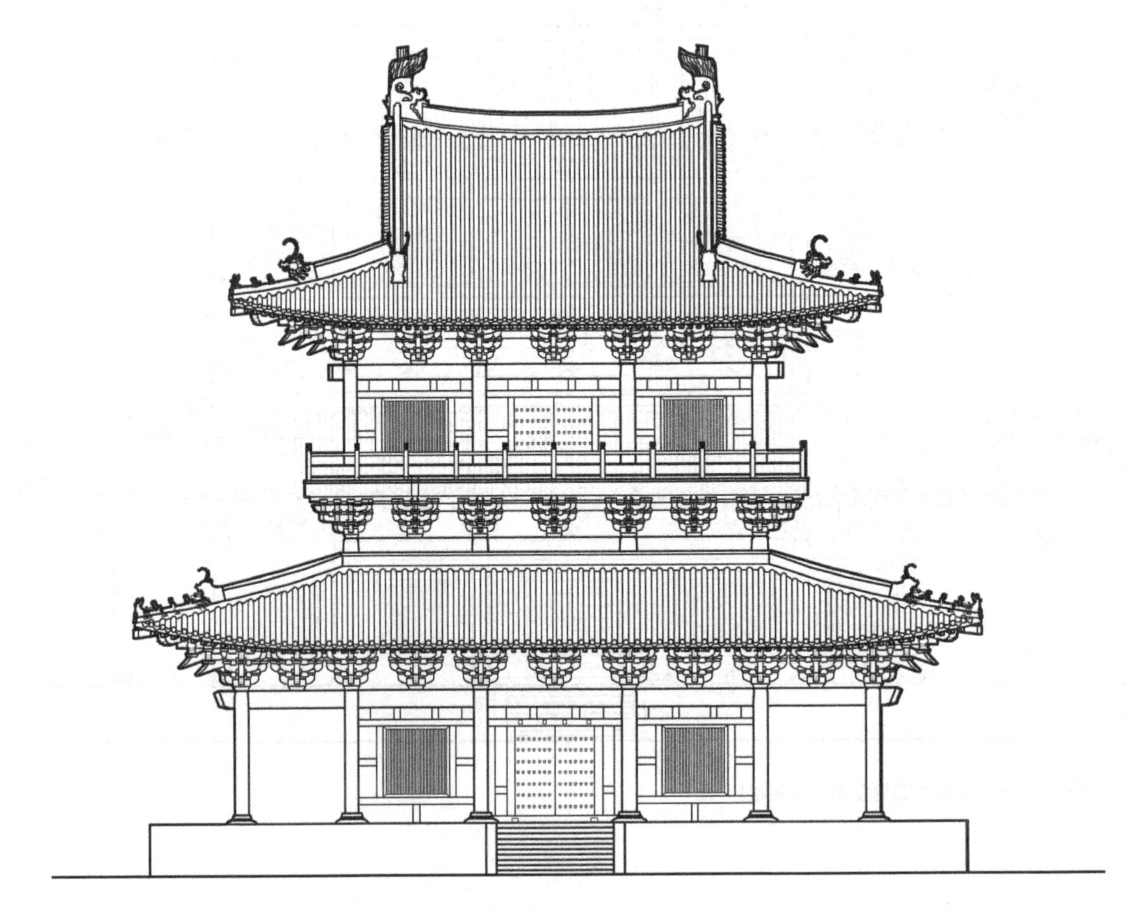

图 6-105　金陵瓦棺寺升元阁附阁立面（李菁绘）

栱、平坐等高度，及柱头上的斗栱铺作，其首层的总高应该明显高于3.5丈。而中层高1.4丈可能是一个平坐层的结构高度，其中既有平坐柱子高度也有平坐斗栱高度。因此似乎不能简单地将这些尺寸归在各层柱子的高度之上。

值得庆幸的是，日本所藏“五山十刹”图中的天童寺图给出了这座千佛阁的平面。从图中看，其面广7间，进深3间，呈身内双槽的平面格局。柱网中共有32棵柱子。透过图中显示的柱网关系，看起来其柱子开间与进深间距似乎是均匀分布的。也就是说，其面广的间距可以按每间间广2丈均匀分布，而其进深方向，因仅有三间，通进深为8.4丈，故可以按照间广2.8丈的间距布置（表6–22，图6–106）。

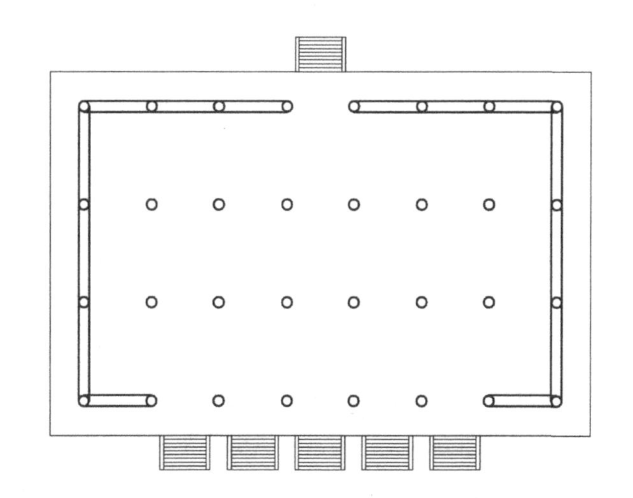

图6-106　四明天童山景德禅寺千佛阁平面（作者自绘）

表6-22　明州天童山景德禅寺千佛阁平面尺寸

单位（丈）

面广	通面广	左尽间	左梢间	左次间	当心间	右次间	右梢间	右尽间
	14	2	2	2	2	2	2	2
进深	通进深	前间			中间			后间
	8.4	2.8			2.8			2.8

因其屋檐为“前三后四”，可猜测其阁朝向寺内的一侧为四重屋檐，而其阁朝向寺外的一侧仅有三重屋檐。故其阁朝向寺内一侧可能有一排承托首层腰檐的柱子。先假设这排首层檐柱的高度与其面广方向各间间广宽度保持一致设定为2丈，其上用五铺作出双杪，上承耍头、橑檐方的斗栱做法。因文献记载，其阁用材巨大，故其斗栱用一等材。如此推算出其首层腰檐斗栱的高度为0.65丈，也就是说，其铺作橑檐方上皮标高为2.65丈。其上用叉柱造的做法呈托其上第二层腰檐的檐柱。第二层腰檐檐柱上皮标高为3.5丈，以期与“众楹俱三十有五尺”的记载相合。

同时，可以将其阁身内双槽首层柱子高度亦升至3.5丈的高度，将其阁朝向寺外一侧的外檐首层檐柱的柱高亦定为3.5丈。这样恰可以满足其史料所载的“众楹俱三十有五尺”。

在其阁朝向寺外一侧的外檐柱头上所用斗栱应与其阁朝向寺内一侧第二层腰檐檐柱柱头上的斗栱取齐，两者都用一等材五铺作单杪单昂的做法，斗栱上用腰檐。这是其阁内侧的第二重屋檐也是其阁外侧的第一重屋檐。在前后檐柱及内槽柱头之上用高为0.48丈的平坐斗栱与平坐地面板构成了第二层楼面的高度。

如此积累下来的第二层楼面高度为5丈。其上可以架构史料记载高度为7丈的上层结构。

其阁第二层的檐柱柱高可按1.8丈计，柱头标高为6.8丈，柱头之上用斗栱。其斗栱标准可略高于首层外檐斗栱，设定为一等材六铺作双杪单昂。通过绘图得出的斗栱高度为0.7丈，则其橑檐方上皮标高，可以达到7.50丈。以其斗栱承托上层屋顶的下檐檐口。这一层檐口相当于其阁朝向寺内一侧的第三重檐，同时，也相当于其阁朝向寺外一侧的第二重檐。

在第二层结构的下檐檐柱之上再用叉柱造做法，承托第二层结构的上层屋檐。第二层上檐檐柱的柱头标高为 8.2 丈。这同时也是二层前后内槽柱子的柱头标高。也就是说，楼阁第二层内柱的柱子高度为 3.2 丈。在这一柱头标高之上施六铺作双杪单昂斗栱以承托屋顶。以其为一等材六铺作双杪单昂的做法，通过作图可以得出，铺作高度亦为 0.7 丈。也就是说，楼阁二层上檐檐柱之上所施铺作的橑檐方上皮标高为 8.9 丈。这即是这座楼阁顶层屋顶举折的起举点标高。

依据作图方法，得出其斗栱出跳距离为 0.495 丈。而为了加强结构的稳定性，其第二层结构的上层外檐柱向内侧做了一些偏移。偏移的幅度为 0.045 尺。也就是说在其通进深 8.4 丈的基础上，两侧共收进了 0.09 尺，故其前后檐柱缝距离为 8.31 丈。在这一通进深基础上，再加上前后檐斗栱的出跳距离，则前后橑檐方距离为 9.3 丈。可以以此来推算屋顶的起举高度。

因为这是一座殿阁式建筑，且尺度巨大，故取其前后橑檐方距离的 1/3 为屋顶起举高度，其起举高度为 3.1 丈。由此可以得出其上层屋顶脊榑上皮距离阁基座地面的标高恰好为 12 丈，与史料文献的记载高度吻合。而其上层结构高度为 7 丈，也与文献的记载相合。

需要讨论的一个问题是，文献中记录了这座楼阁高为三层，但是又特别提到其外观造型为“外檐三，内檐四”，这多少令人不解。从上面的分析看，因为其首层柱子高度明确记载为 3.5 丈，而其二层结构又明确记载为 7 丈，故其结构高度不可能再出现一个楼层。所以所谓楼阁“高为三层”指的应该是其阁朝向寺外的立面上，有三重屋檐。而其所谓“内檐四”也正是在朝向寺内一侧的外檐部位加了一层腰檐檐柱，并在檐柱上施斗栱以承第一层腰檐，从而形成外侧立面为三重檐，内侧立面为四重檐的外观造型（图 6–107~图 6–110）。

由于从“五山十刹图”看到其柱网进深仅为三间，因此很难通过副阶的方式起架二层楼面，故这里的各层柱子都采用了叉柱造的做法，使上下二层在平面柱网上保持了一致。

3. 隐静山普惠寺御书阁、毗卢阁

今日安徽省繁昌县有一座山名隐静，山上曾有寺名普惠。南宋乾道三年（1167 年），这座寺院中的长老僧道恭：“筑大殿，植二楼，峙杰阁于南，辟丈室于背，周廊重庑，环室数百，无一椽一桷仍其旧者。”[1]寺内藏有三朝御书 120 轴，为了妥善保存这些宋代帝王的宸翰墨宝，北宋嘉祐三年（1058 年）寺内曾经建有一阁，此次也都易旧为新，新建之阁：“以楹数之从冲为七十四楹，以尺度之高下为七十尺。中以度御书，后为复阁，以安毗卢遮那次像。左右飞阁，道壁涌千佛，栏槛四合，可以周旋瞻望作礼，围绕在我教中毗卢遮那广大楼阁等一切处。”[2]

由如上的记述可以知道，这座寺院中为大殿，殿前对峙二楼与杰阁，殿北设方丈之室，周廊重庑，环室数百，是一座颇具规模的寺院。

先来分析一下这两座楼阁。按照文字的描述，可以推测出楼阁其实是 4 座，沿寺院中轴线有前后两座楼阁，前为御书阁用来珍藏皇帝御书，御书阁之后有一座复阁用来安置佛教法身佛毗卢遮那佛造像。在中间主阁即御书阁的左右，有两座辅阁称为左右飞阁，辅阁与主阁可与中央楼阁相连通。

再来看楼阁的柱网分布与尺寸关系。所谓“从冲为七十四楹”是指这组楼阁纵横共有 74 棵柱子。楼阁的最高部分高度达到了 70 尺。按照前后阁与左右

[1] ［宋］韩元吉．隐静山新建御书毗卢二阁记 // 曾枣庄，刘琳．全宋文 第 216 册．上海：上海辞书出版社；合肥：安徽教育出版社，2006:180.

[2] ［宋］韩元吉．隐静山新建御书毗卢二阁记 // 曾枣庄，刘琳．全宋文 第 216 册．上海：上海辞书出版社；合肥：安徽教育出版社，2006:180.

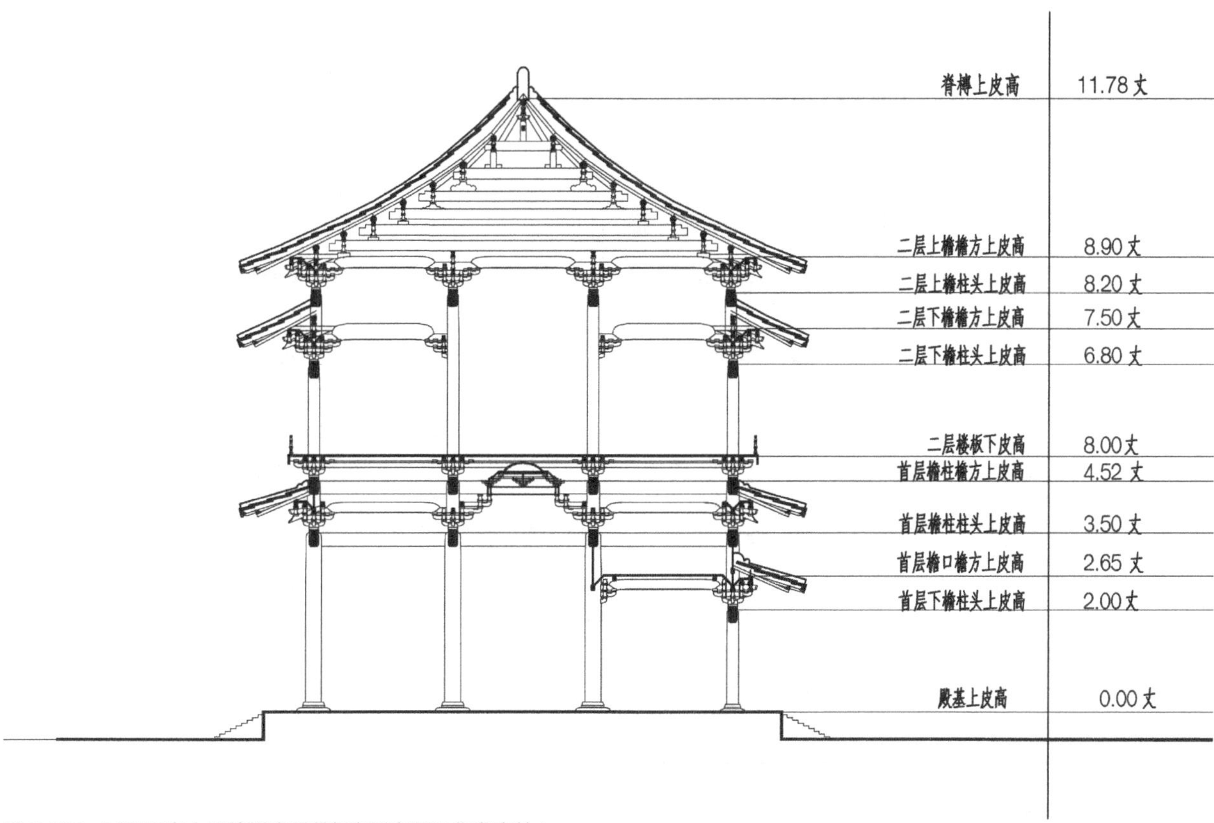

图 6-107　四明天童山景德禅寺千佛阁剖面复原（作者自绘）

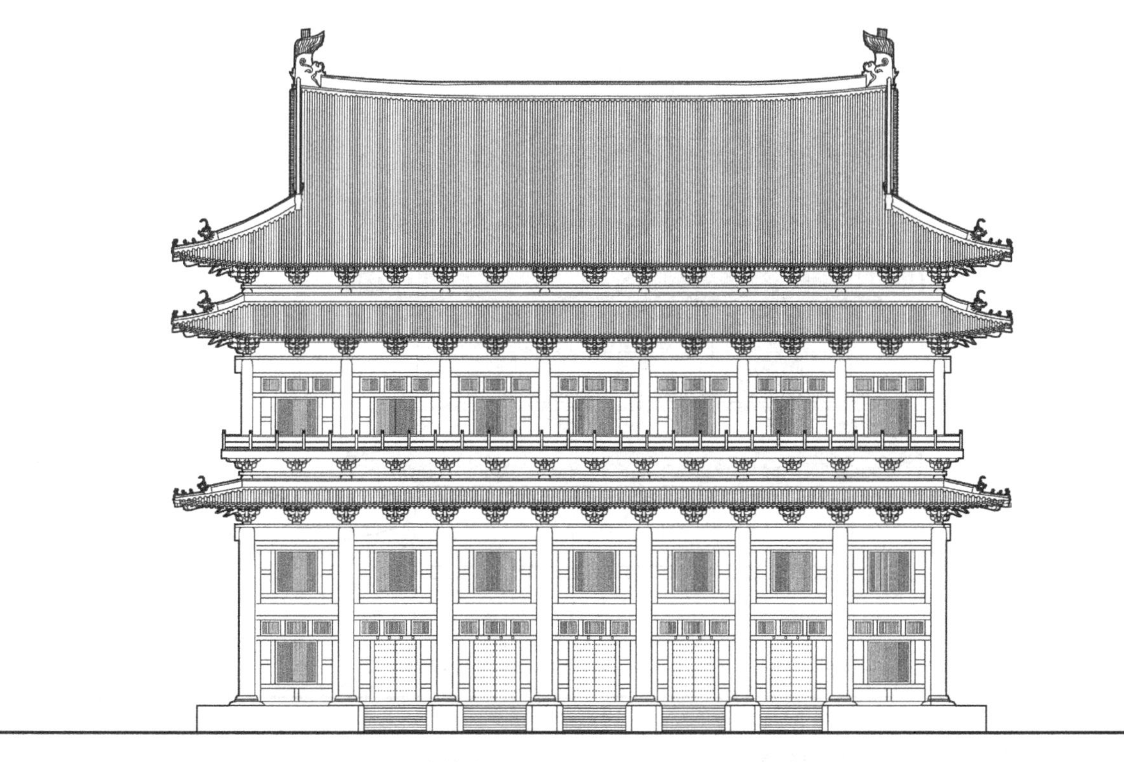

图 6-108　四明天童山景德禅寺千佛阁前立面（李菁绘）

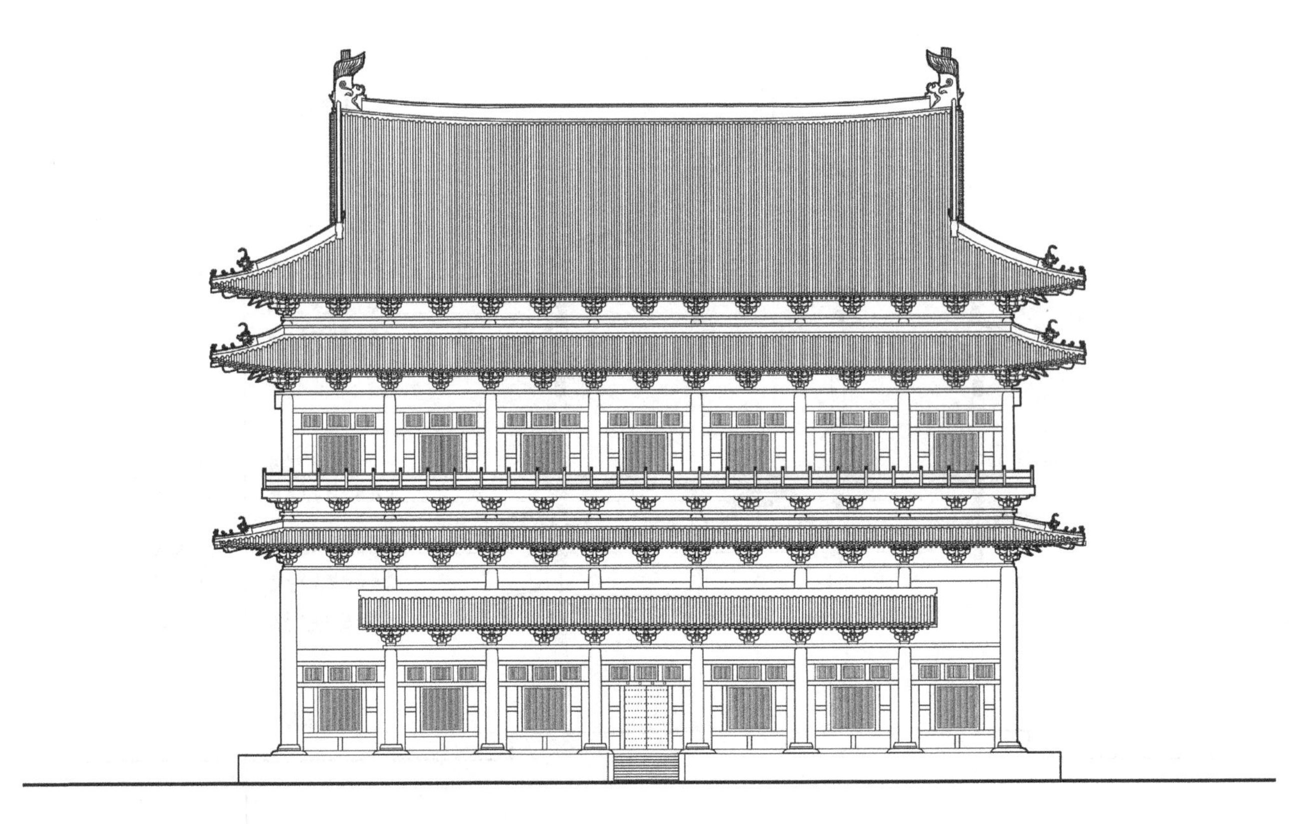

图 6-109　四明天童山景德禅寺千佛阁背立面（李菁绘）

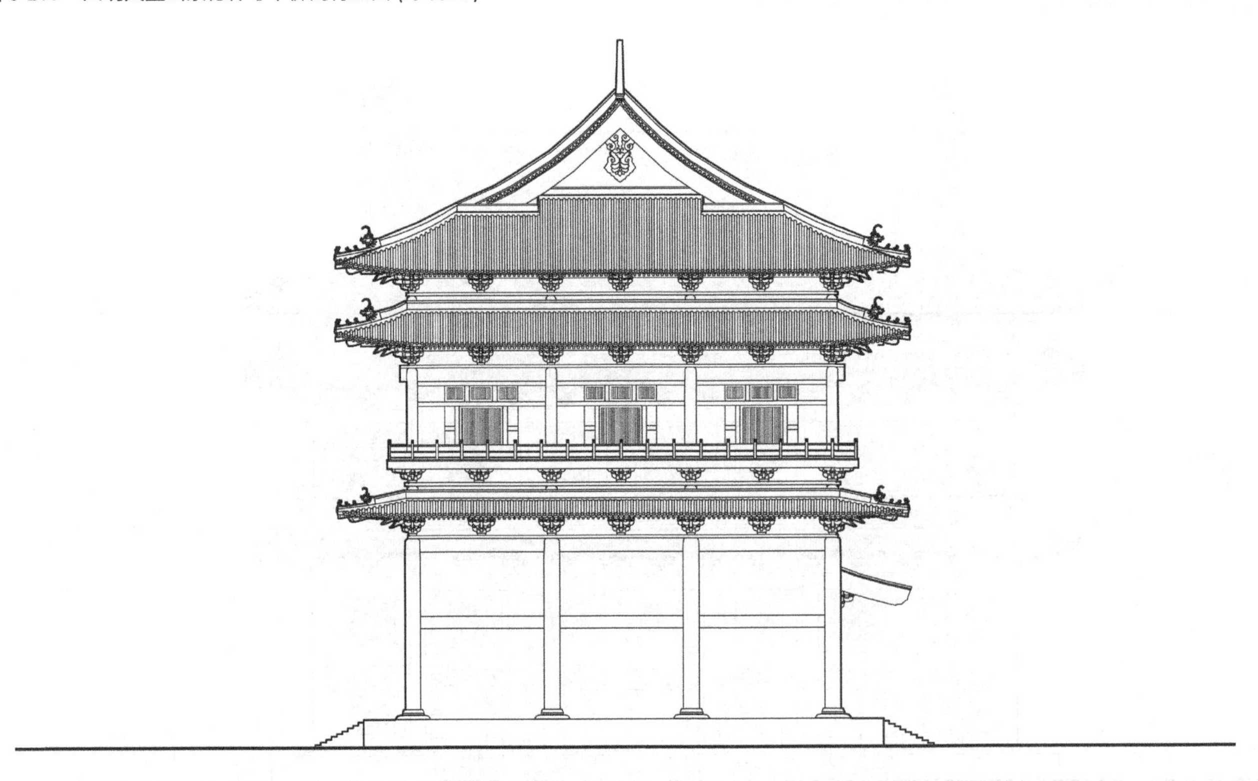

图 6-110　四明天童山景德禅寺千佛阁侧立面（李菁绘）

飞阁共74棵柱子，可以设想，位于前部中央的御书阁广为5间，深亦为5间，柱网上总共可能有36棵柱，以金箱斗底槽的方式，去掉位于柱网中心的4棵柱，共有32棵柱。主阁两侧各有一座广3间、深3间的飞阁，飞阁中心不设柱，每座有12棵柱子，合为24棵。御书阁之后为广3间深4间的复阁，柱网上共有20柱，仍可以去掉中央2柱以保持中空的效果，则共有18棵柱子。综合四阁柱网纵横柱子的总数恰为74棵柱。

这里没有给出面广与进深的尺寸，故只能够依据当时可能的间广尺寸加以推测。考虑到其主阁的高度为7丈，按楼阁建筑的规则，二层楼面标高一般为首层柱子高度的两倍左右，考虑到有屋顶的上层结构高度应该较首层结构为高，也就是说，二层楼面标高应该在3.2~3.3丈，则其首层柱子的高度应该不会高于1.6丈，以此推测出其首层柱网当心间间广亦应以1.6丈为思考的基准点。因五开间殿阁，当心间间广一般都比首层檐柱高度略大一些，故将其中央御书阁部分的正面当心间开间与进深方向中间一间间广均设定为1.8丈。两侧次间为1.6丈，梢间为1.4丈。这样设定可使其首层柱高在1.6丈左右浮动。

主阁之后的复阁为毗卢遮那佛阁，室内空间亦可能较大，但可以略小于中央主阁，故设定其当心间开间略小于其前主阁的当心间为1.6丈，两次间开间为1.4丈，进深方向的4间，间广均设为1.4丈。此外，主阁两侧的两座飞阁，各以当心间为1.6丈、左右次间为1.4丈来布置。三阁之间可以架以飞虹桥，以保持三阁的联系。其主阁的柱网平面尺寸如下（表6–23，图6–111）。

表6-23　隐静山普惠寺御书阁平面尺寸

单位（丈）

主阁面广	通面广	左梢间	左次间	当心间	右次间	右梢间
	7.8	1.4	1.6	1.8	1.6	1.4
主阁进深	通进深	前间	前次间	中间	后次间	后间
	7.8	1.4	1.6	1.8	1.6	1.4

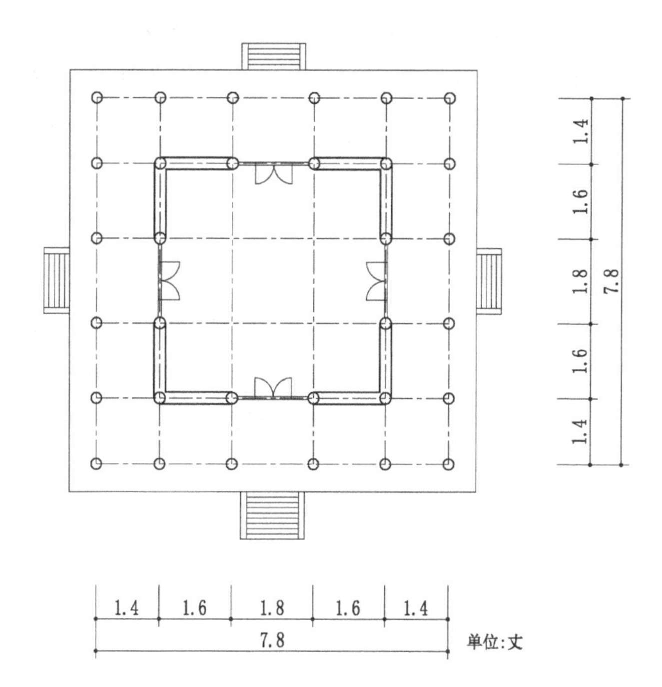

图6-111　安徽隐静山普惠寺御书阁首层平面（作者自绘）

再来看主阁的高度关系。以其阁总高为7丈，其副阶檐柱不能太高且在1.6丈左右，故设其柱高为1.5丈，其上用外檐铺作，铺作高度仍按柱子高度$\sqrt{2}$倍取值，斗栱用二等材六铺作单杪双昂，则其橑檐方上皮标高，恰为2.15丈。而其首层内柱柱头标高，一般情况下可以粗估为首层柱子高度的2倍，即高3丈，但考虑到其首层腰檐的起坡高度可能会对内柱高度有所要求，故可以通过作图的方式推定其殿身内柱首层柱子高度为3.1丈。柱子之上用平坐斗栱，平坐斗栱与二层地面板的厚度相加的总高约为0.49丈，也就是说，第二层楼面的标高为3.59丈。

这里忽略二层的可能向内收进，即二层仍按开间、进深各3间架构，柱网间距与首层相同。设定其二层檐柱中柱子高度为1.3丈。即其二层檐柱柱头标高为4.89丈。柱头之上斗栱用五铺作单杪单昂加上栌斗下普拍方的厚度，其斗栱高度可以达到0.62丈。也就是说，其上檐檐柱上所承铺作橑檐方上皮的标高为5.51丈。通过绘图方式，推出其斗栱出跳长度约为0.36丈，前后檐总出跳长度为 0.72 丈，三间通进深为 5 丈，则前后橑檐方距离为 5.72 丈。这一标高距记载中的屋顶高 7 丈仅有 1.49 丈的高度差，因而只能采用厅堂式建筑的屋顶举折方法。取其前后橑檐方距离的 1/4 再加上这一计算高度的 1 / 10 作为屋顶起举高度，则由此求得的屋顶起举高度为 1.57 丈。如此累积的高度，自阁顶脊槫上皮距离首层台基面的高度为 7.08 丈。当然，在实际绘图中，这 0.8 尺的误差是很容易消解掉的。这样一个高度，说明前面的数据推定大致上还是可信的（图 6–112~ 图 6–115）。

下面再列出其御书阁后的复阁，即毗卢遮那阁与御书阁两侧的左右飞阁的平面柱网尺寸（表 6–24，表 6–25）。

表 6-24　隐静山普惠寺御书阁后毗卢阁平面尺寸

单位（丈）

面广	通面广	左次间	当心间	右次间	
	4.4	1.4	1.6	1.4	
进深	通进深	前次间	前间	后间	后次间
	3.5	1.4	1.4	1.4	1.4

表 6-25　隐静山普惠寺御书阁两侧飞阁平面尺寸

单位（丈）

面广	通面广	左次间	当心间	右次间
	4.4	1.4	1.6	1.4
进深	通进深	前间	中间	后间
	3.5	1.4	1.6	1.4

先来看御书阁后复阁，即毗卢阁（图 6–116），设想其阁为两层中间有平坐，因其柱网面广方向仅为三开间，说明其上层不可能收进一间。也就是说，平坐

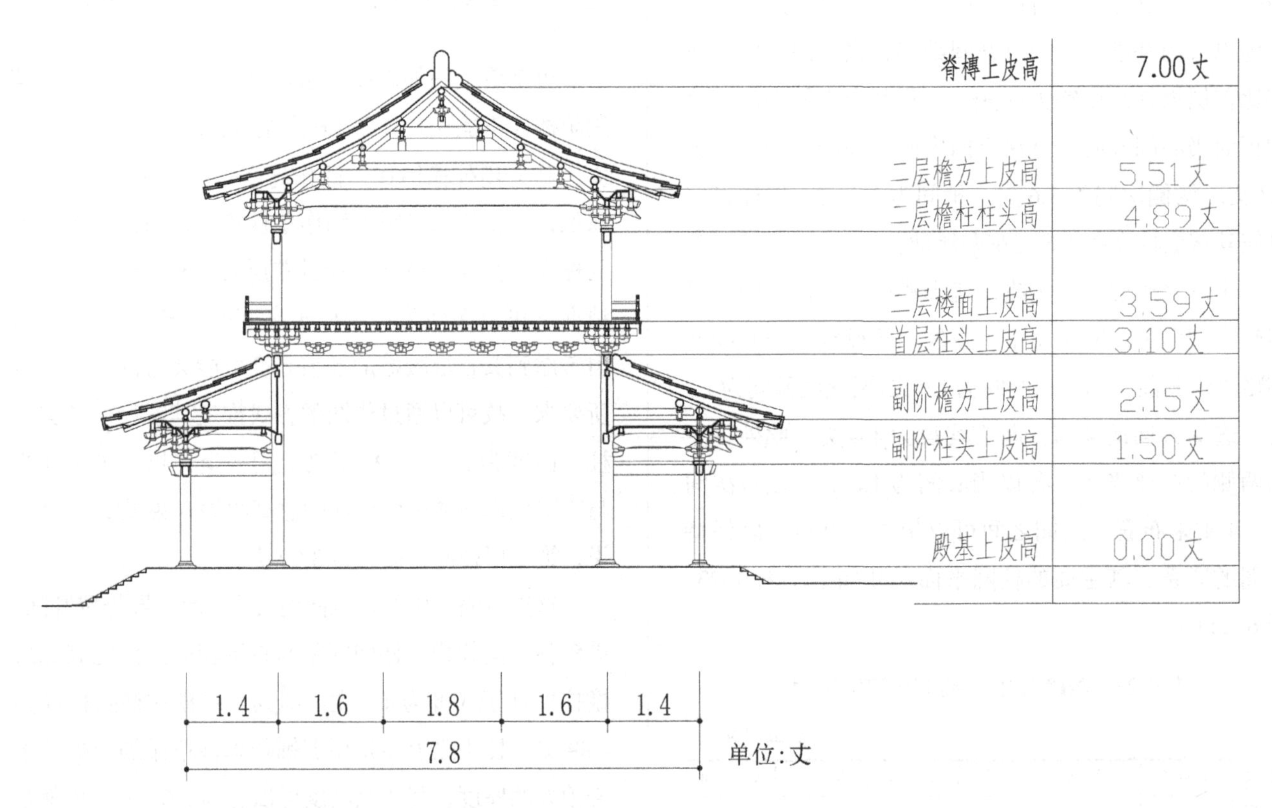

图 6-112　安徽隐静山普惠寺御书阁横剖面（作者自绘）

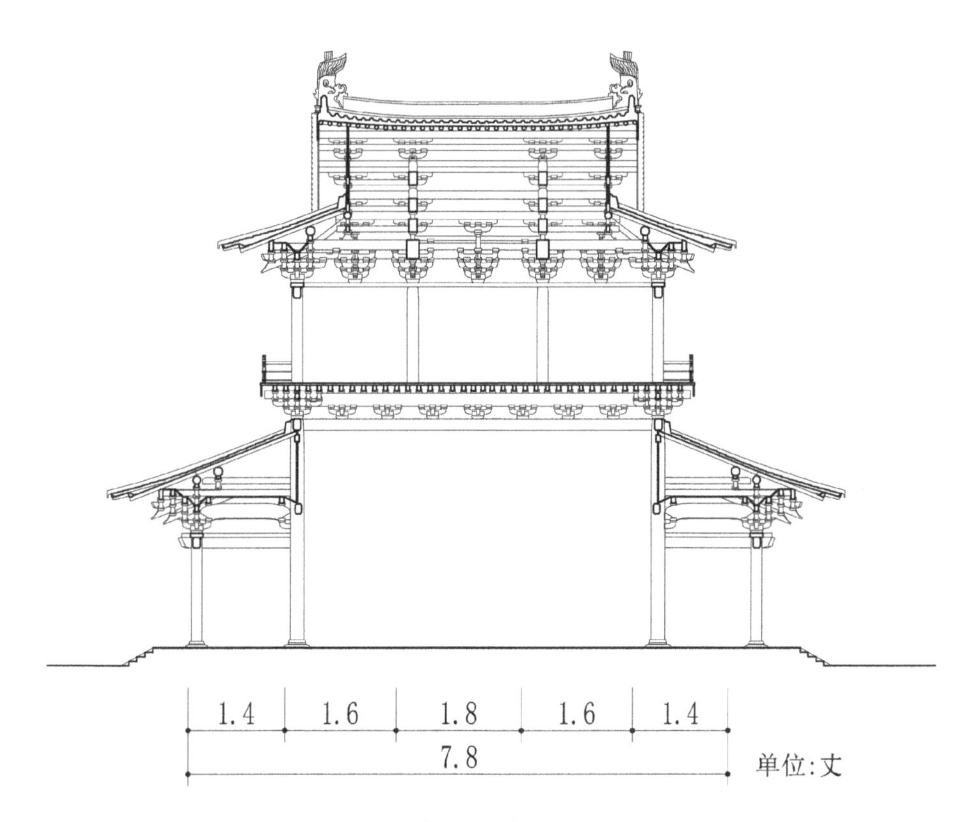

图 6-113　安徽隐静山普惠寺御书阁纵剖面（敖仕恒绘）

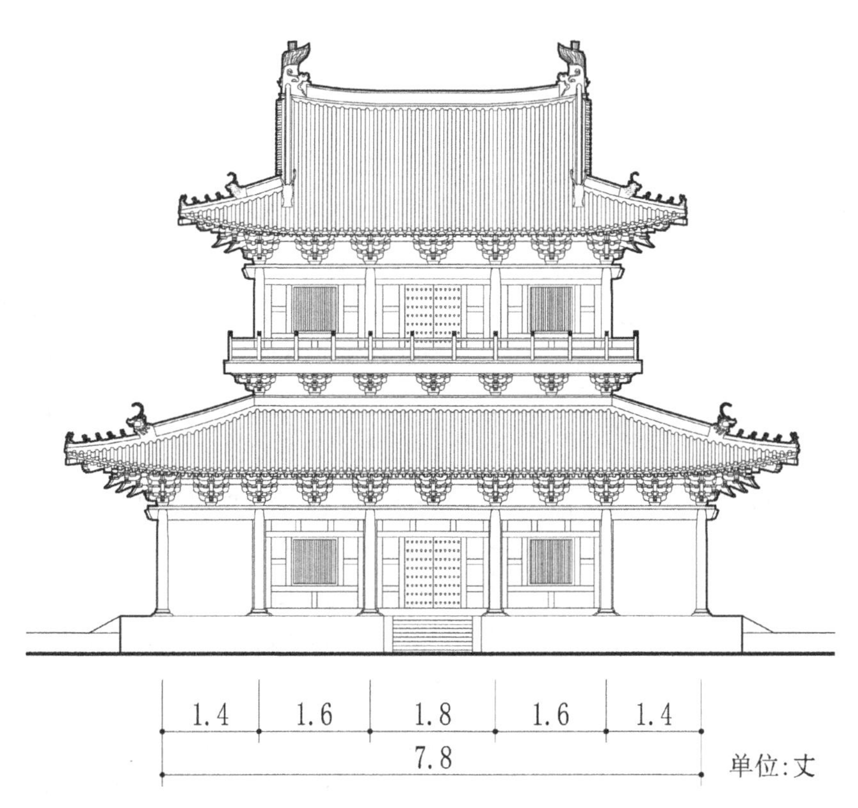

图 6-114　安徽隐静山普惠寺御书阁正立面（敖仕恒绘）

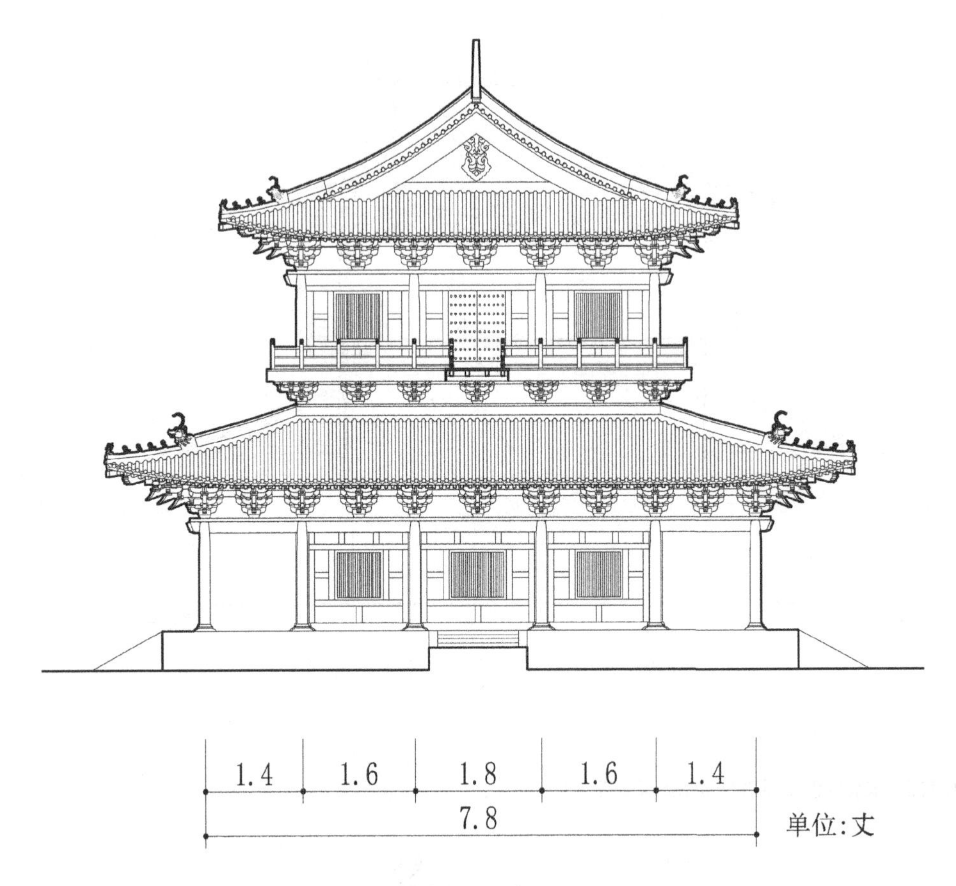

图 6-115　安徽隐静山普惠寺御书阁侧立面（敖仕恒绘）

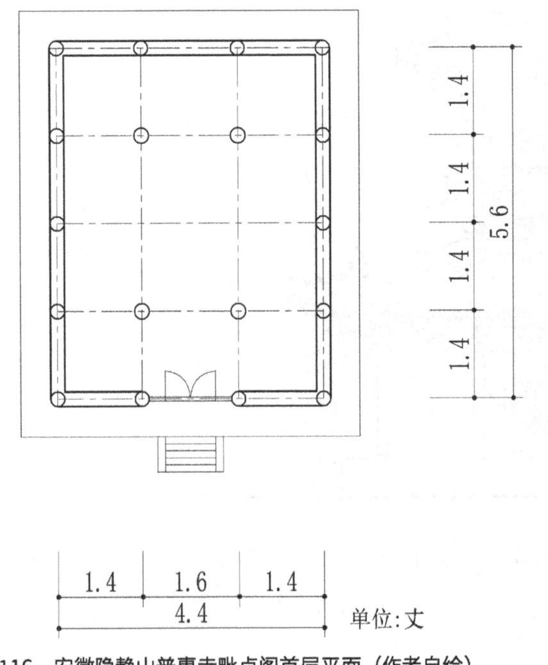

图 6-116　安徽隐静山普惠寺毗卢阁首层平面（作者自绘）

层是叠加在首层柱头之上的。假设其首层檐柱柱高为 1.5 丈，其上仍用六铺作单杪双昂斗栱，斗栱上以叉柱造方式承托平坐柱。平坐柱柱头标高设定为 2.8 丈，其上用五铺作出双杪的平作斗栱再加上二层楼面板，则斗栱与楼板的总高为 0.49 丈，可知二层楼面标高为 3.29 丈。

二层柱子高度为 1.3 丈，柱头标高为 4.59 丈。其上用五铺作单杪单昂的斗栱，斗栱高度为 0.62 丈，由此可以推出二层外檐铺作橑檐方上皮标高为 5.21 丈。这里即是屋顶举折的起举点。斗栱出跳距离为 0.36 丈，两侧共出跳 0.72 丈。

其二层柱网的前后柱距本应为 4.4 丈，但因为用了柱子叠加的结构方式，故在平坐柱处，四周平坐檐柱均向内收进了 0.022 丈，两侧总收进 0.044 丈。如果二层柱网不再向内收进，则其二层柱网前后柱缝的距离当为 4.356 丈，再加上前后斗栱的出跳距离，则其前后檩檐方的距离应为 5.08 丈。取其长度的 1/3 为屋顶起举高度，则其高约为 1.69 丈。也就是说，其阁顶脊槫上皮的标高约为 6.9 丈。这是一个略低于其前主阁御书阁的高度（图 6–117~ 图 6–119）。

再来看御书阁的左右附阁（图 6–120）。这也是一座二层楼阁且呈梁柱叠加的结构模式。假设其下檐檐柱高为 1.35 丈，其上仍用六铺作出单杪双昂斗栱，斗栱高度仍为 0.62 丈则其檩檐方上皮标高为 1.97 丈。

二层楼面标高，按照首层柱子高度的 2 倍推算可设定为 3 丈。其间是平坐柱与平坐斗栱。平坐柱亦向内收进 0.022 丈。二层柱子高度为 1.2 丈。其上用五铺作单杪单昂斗栱，其高 0.62 丈，则二层檩檐方上皮的标高为 4.82 丈。这里即是二层屋顶结构的起举标高。

以其经过收进后的前后柱距为 4.356 丈加上两侧的斗栱出跳距离共 0.72 丈，则其上檐斗栱前后檩檐方距离仍为 5.08 丈。这里以其长度的 1/4 强计算举高，则为 1.4 丈，也就是说，其屋顶脊槫上皮的标高为 6.22 丈。如此，可以绘出两座附阁的剖面与外观（图 6–121~ 图 6–124）。

由于这四座楼阁是一个紧凑的综合体，各楼阁之间可以连以飞虹桥（图 6–125~ 图 6–127）。这样一组由 4 座楼阁组成的造型丰富的楼阁建筑群（图 6–128，图 6–129）且布置在了寺院主殿的南侧，无论如何都为宋代佛教寺院建筑在造型的丰富性与多样性上添上了浓重的一笔墨彩。

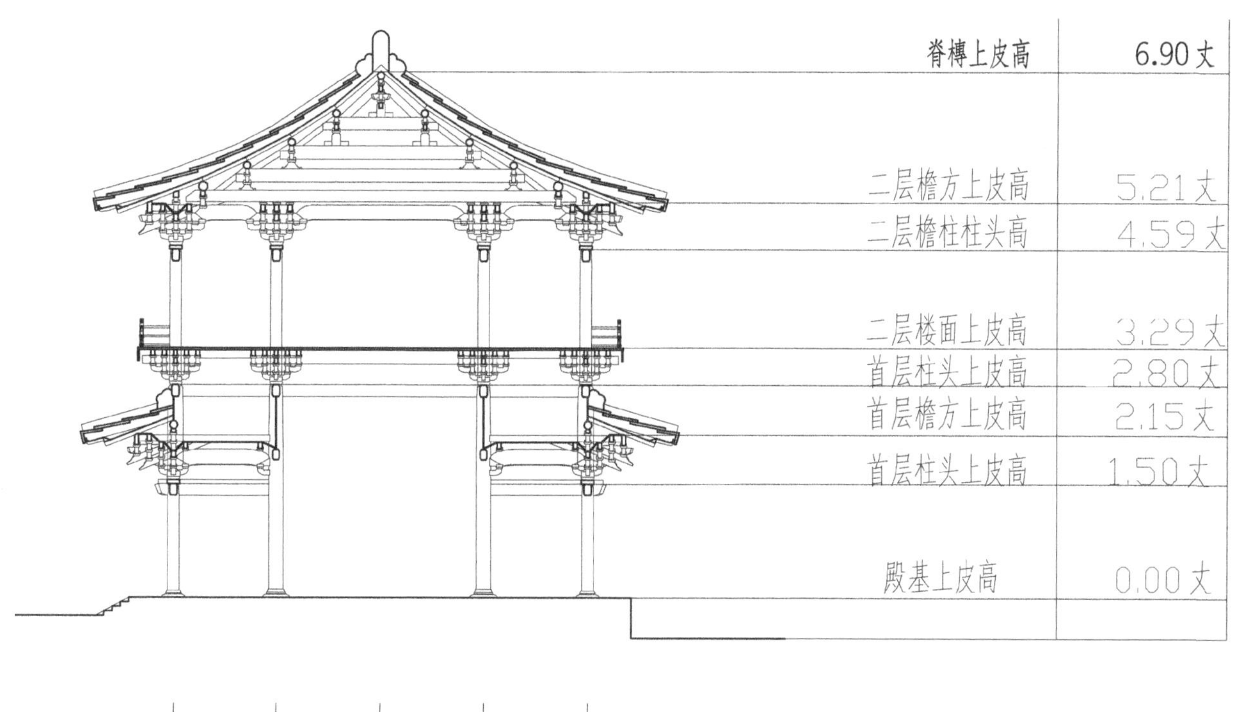

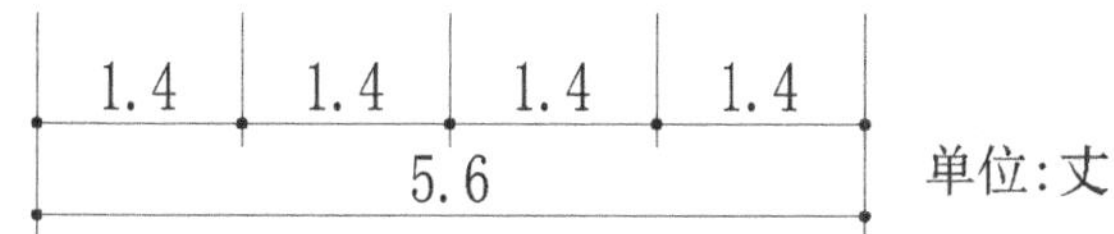

图 6-117　安徽隐静山普惠寺毗卢阁剖面（作者自绘）

图 6-118　安徽隐静山普惠寺毗卢阁正立面（敖仕恒绘）

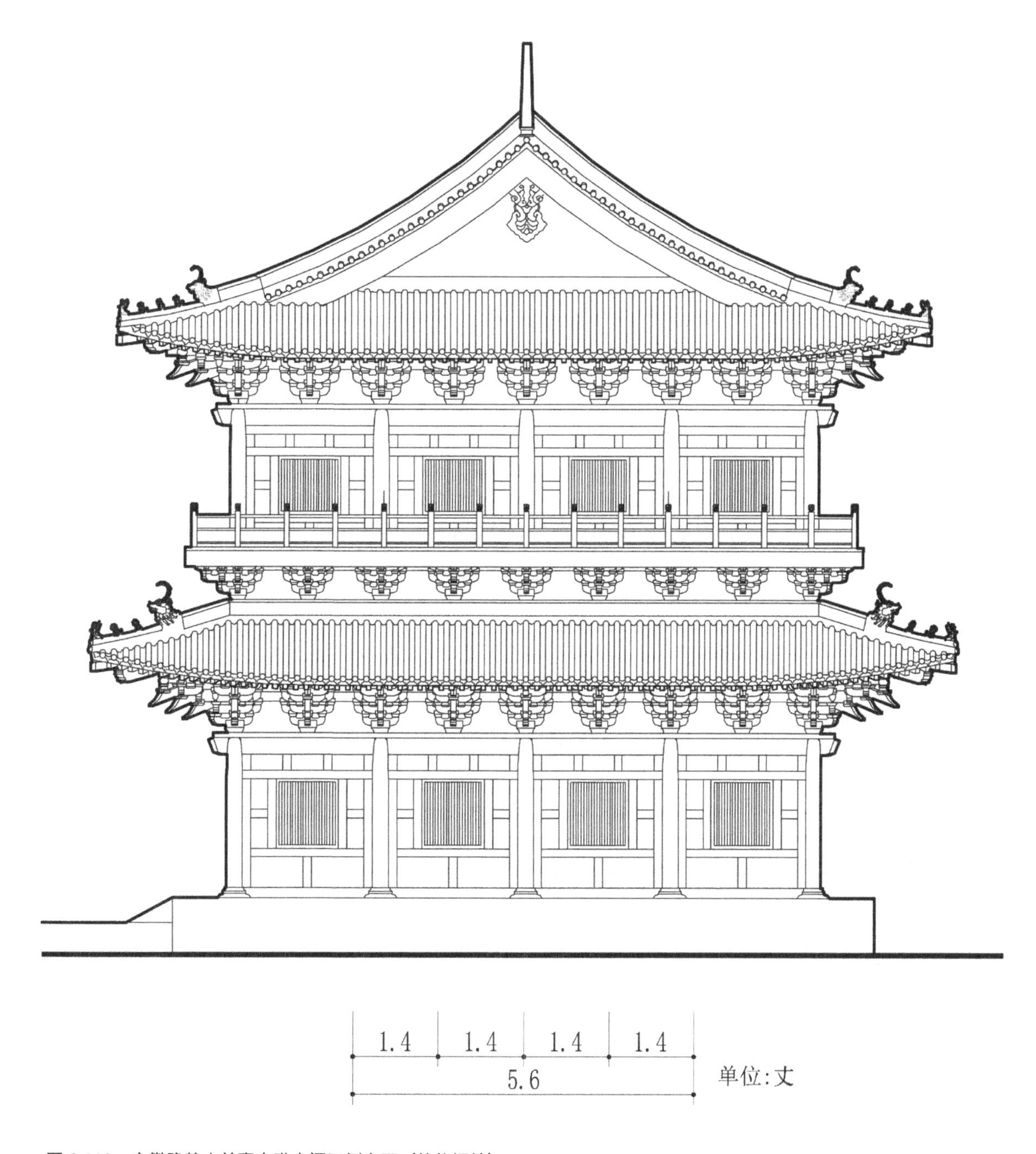

图 6-119　安徽隐静山普惠寺毗卢阁正侧立面（敖仕恒绘）

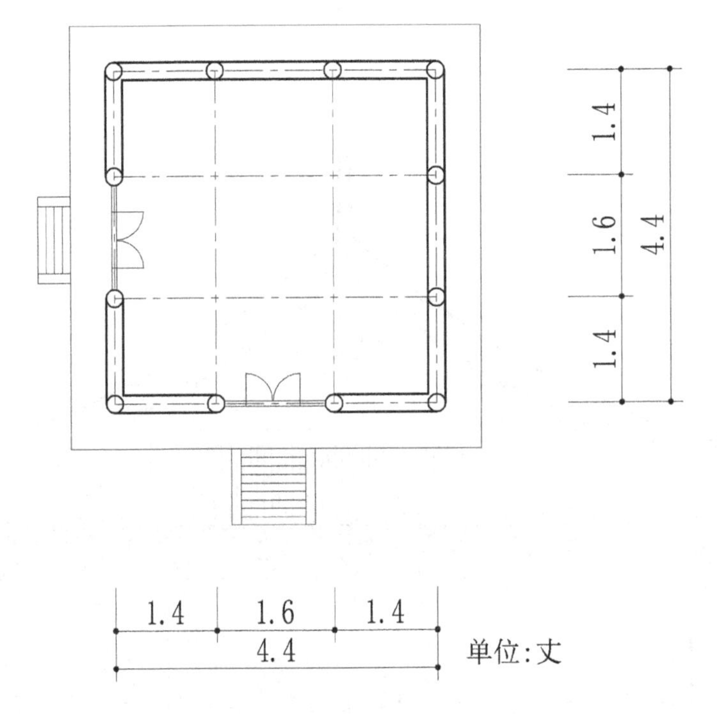

图 6-120　安徽隐静山普惠寺御书阁左右飞阁首层平面（作者自绘）

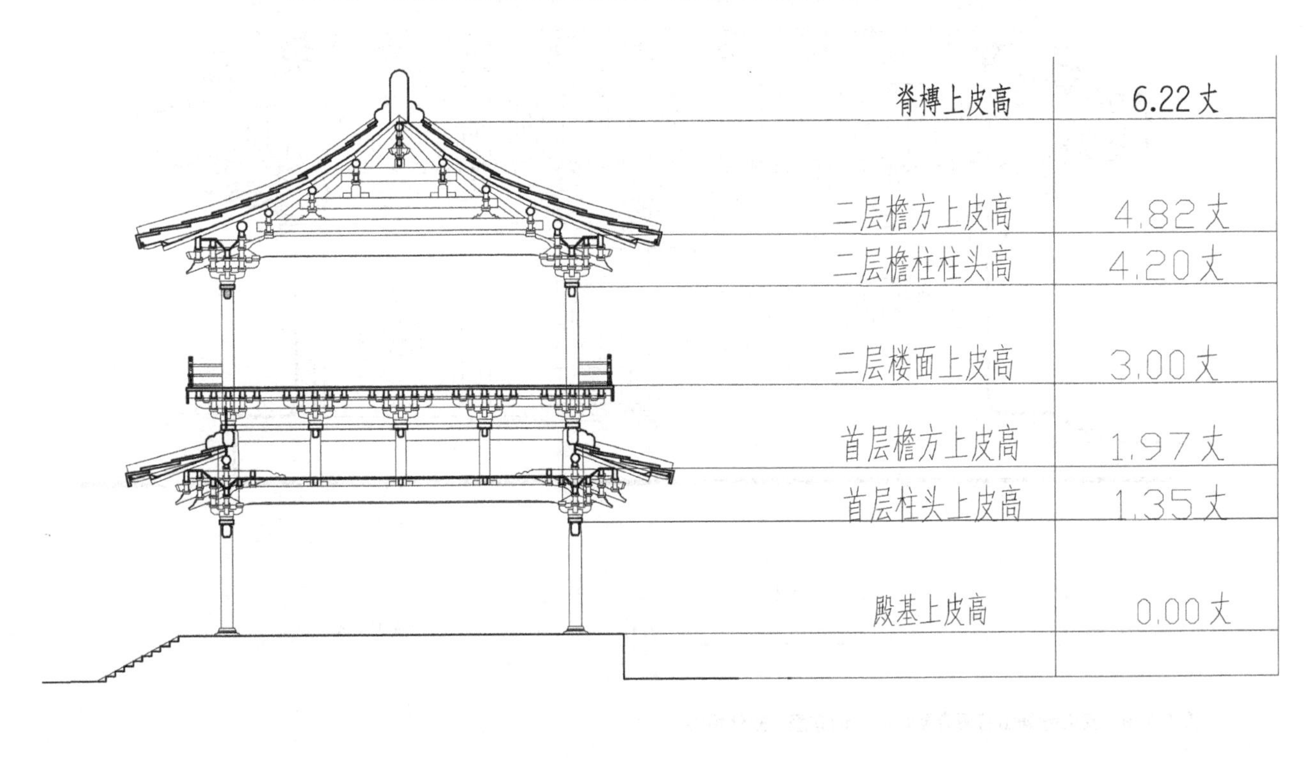

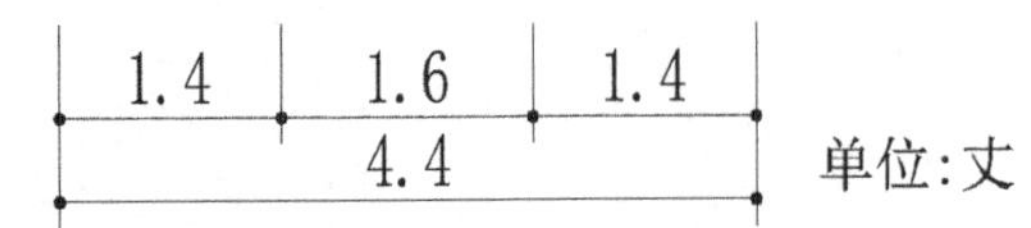

图 6-121　安徽隐静山普惠寺御书阁左右飞阁横剖面（作者自绘）

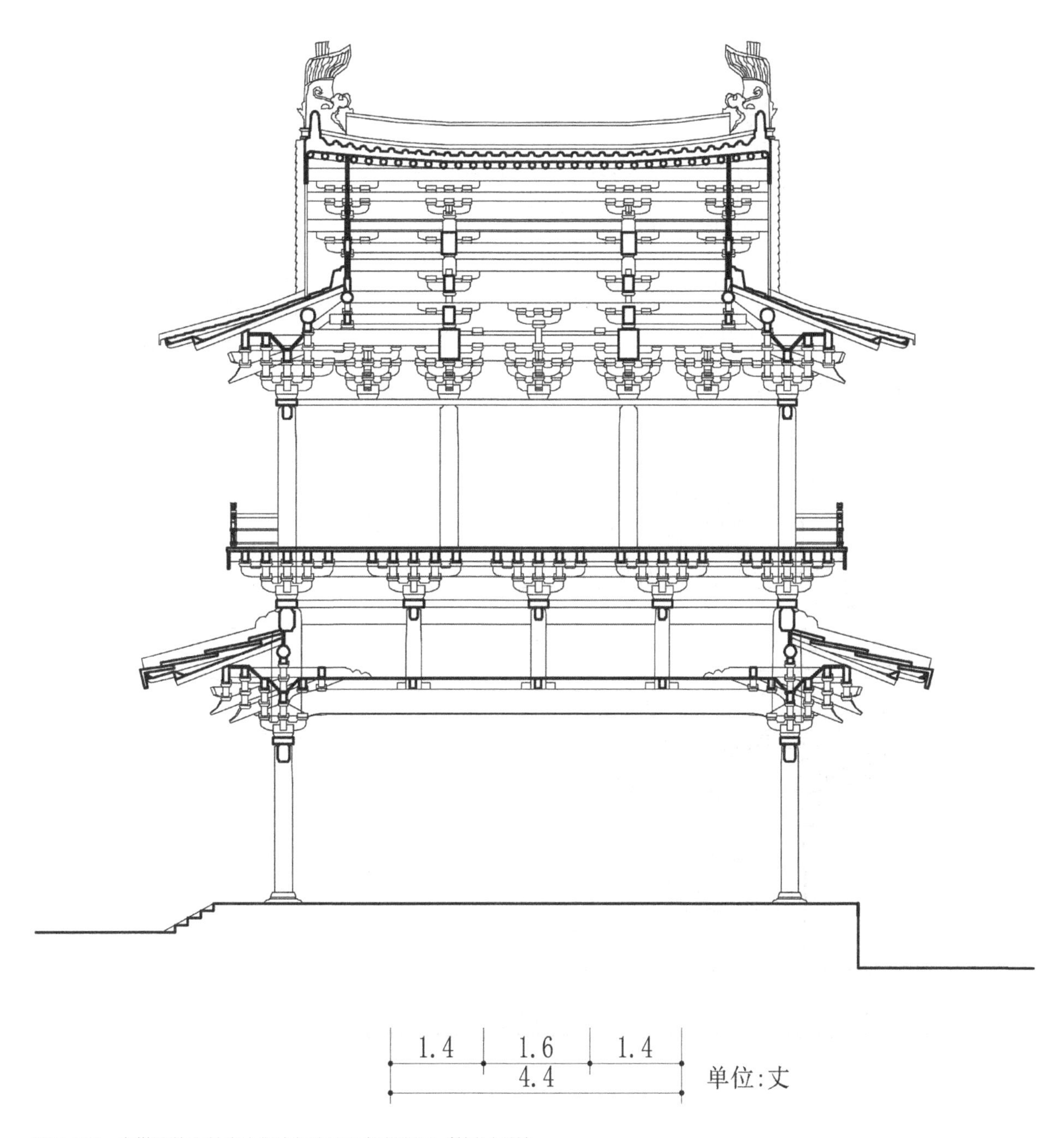

图 6-122　安徽隐静山普惠寺御书阁左右飞阁纵剖面（敖仕恒绘）

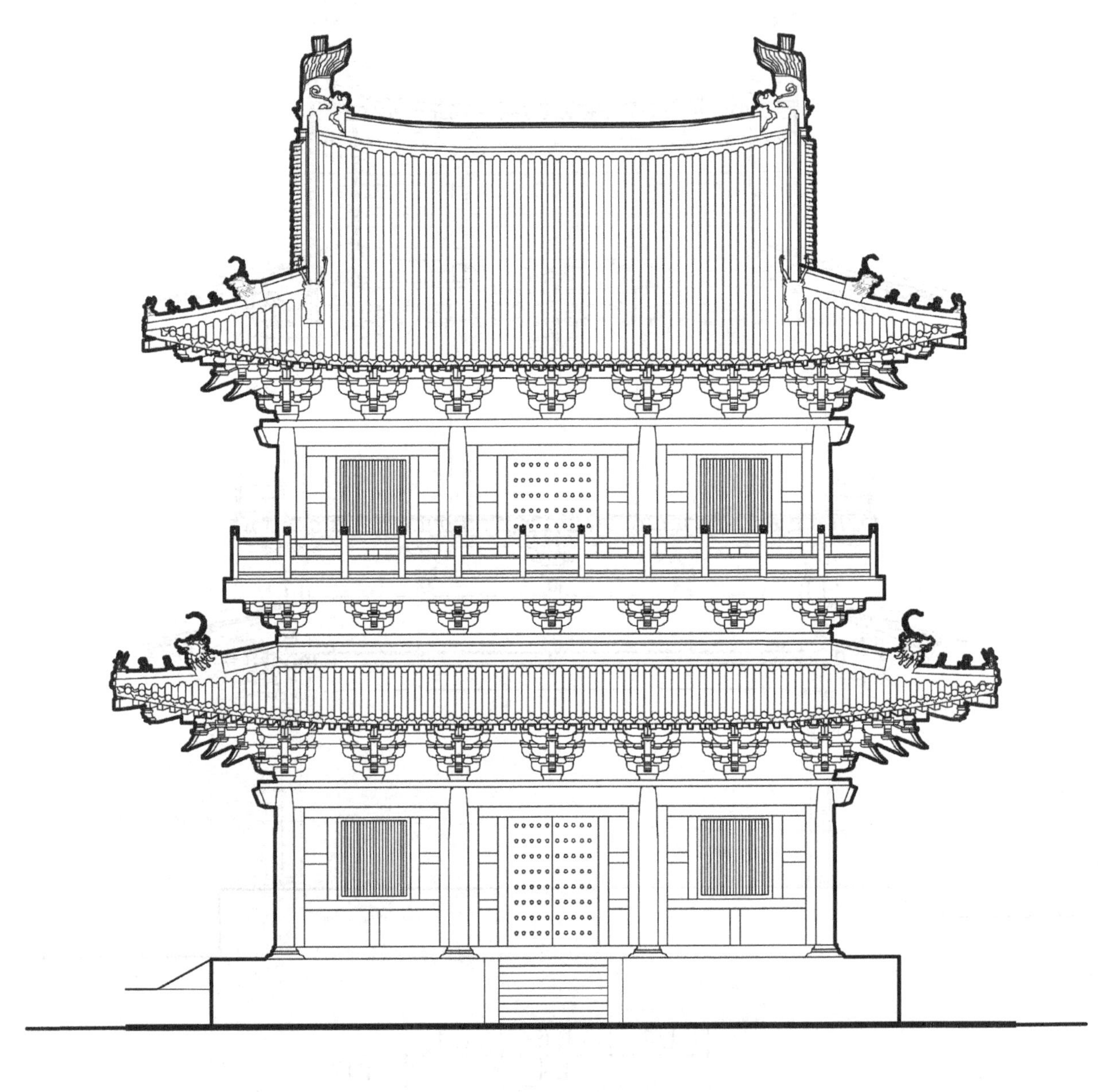

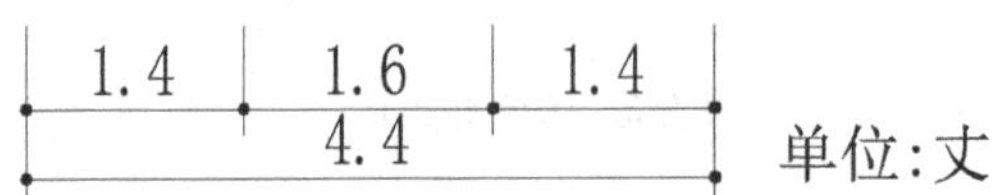

图 6-123　安徽隐静山普惠寺御书阁左右飞阁正立面（敖仕恒绘）

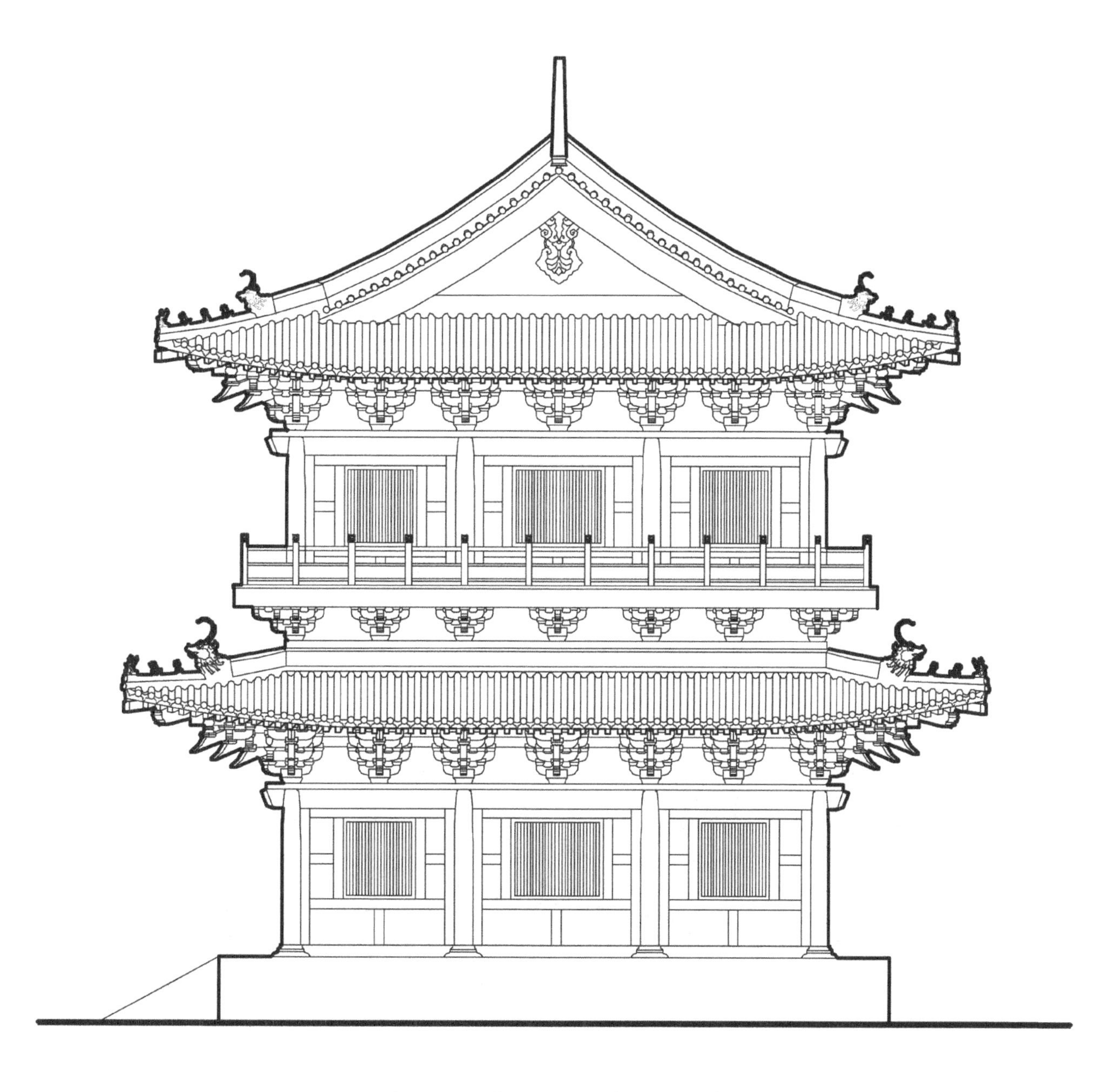

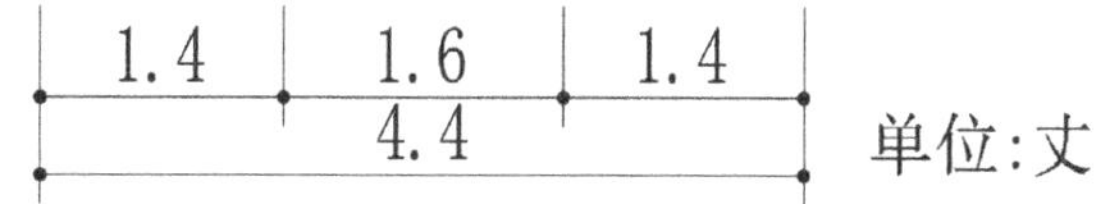

图 6-124　安徽隐静山普惠寺御书阁左右飞阁侧立面（敖仕恒绘）

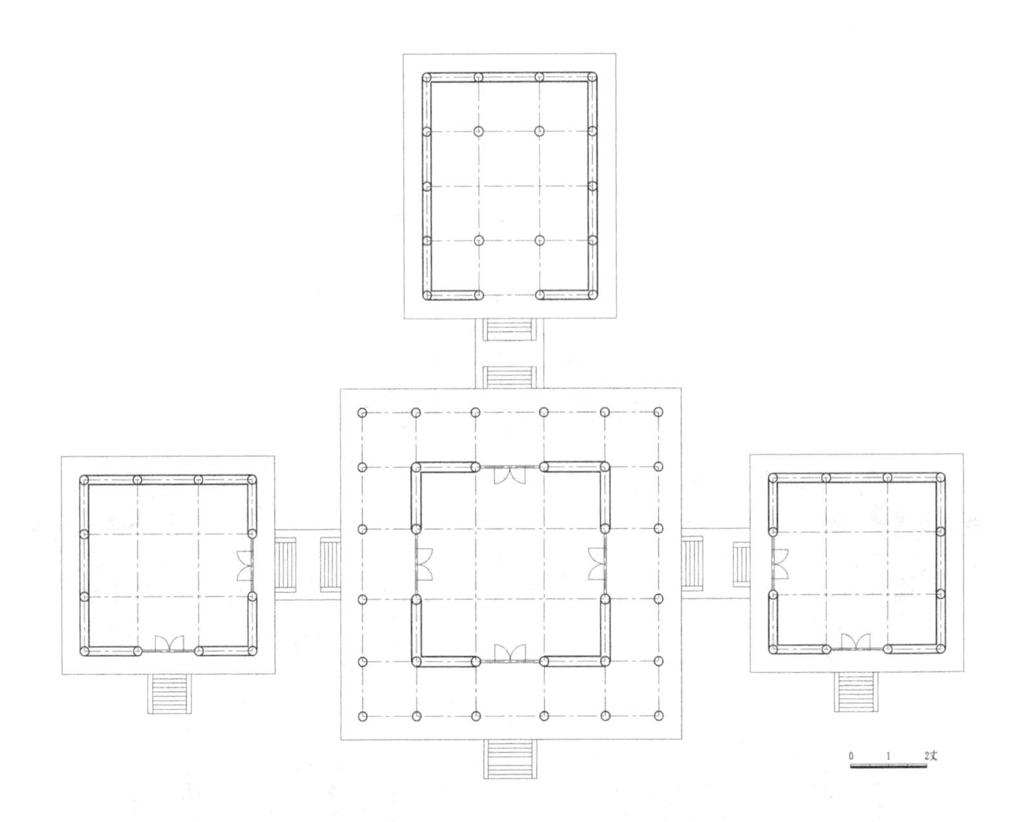

图 6-125　安徽隐静山普惠寺御书阁、毗卢阁及左右飞阁组合平面（作者自绘）

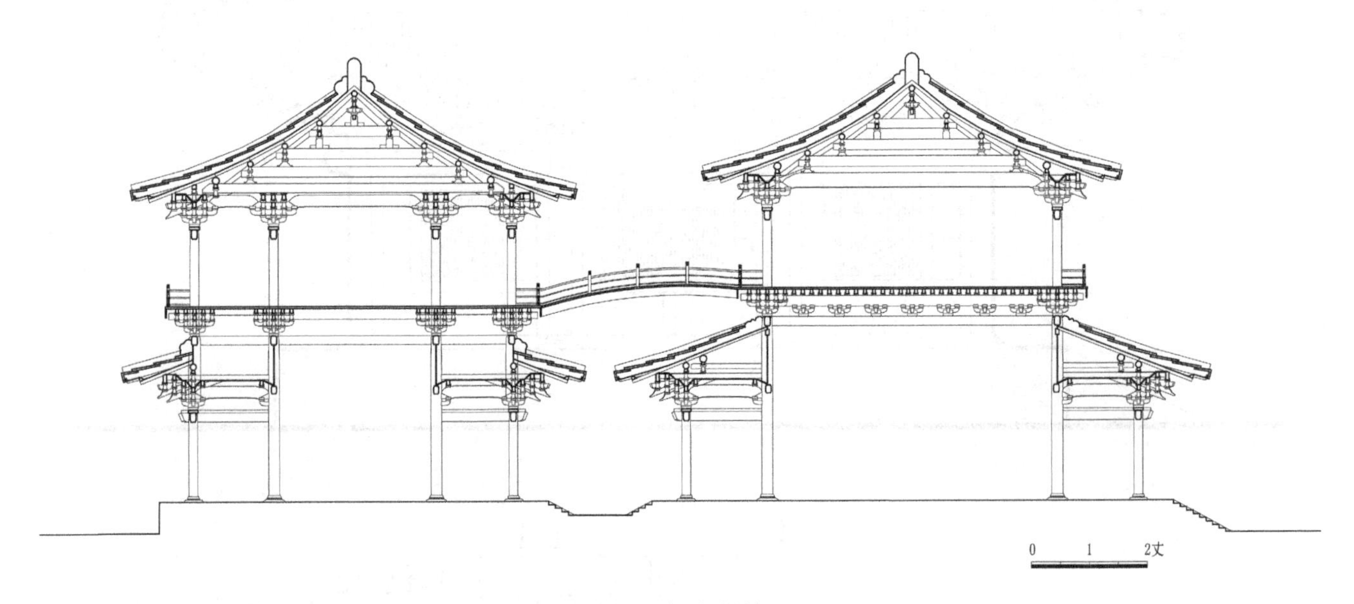

图 6-126　安徽隐静山普惠寺御书阁、毗卢阁及左右飞阁组合横剖面（作者自绘）

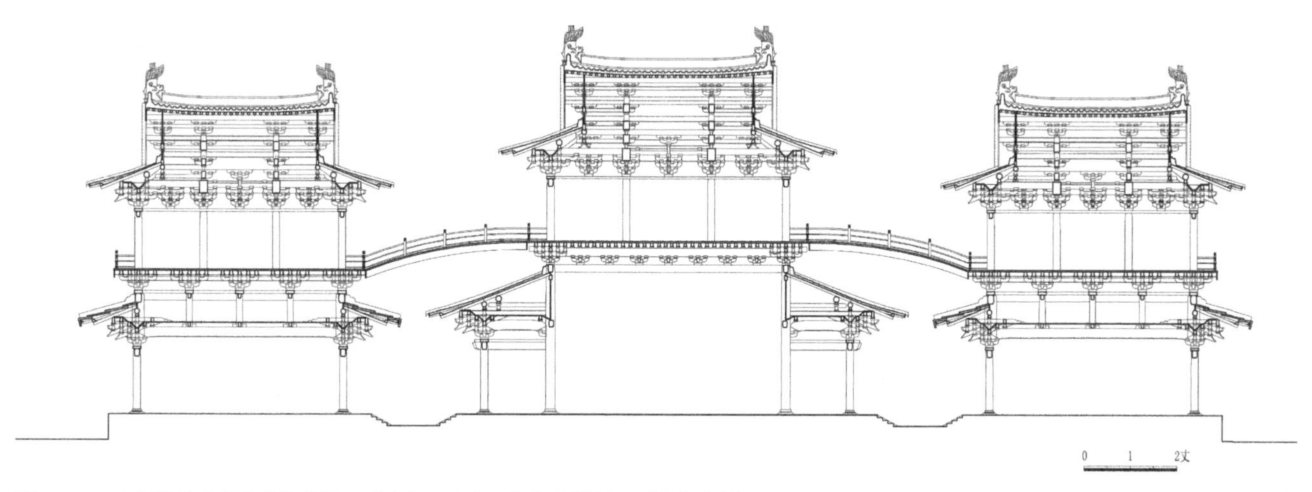

图 6-127　安徽隐静山普惠寺御书阁、毗卢阁及左右飞阁组合纵剖面（作者自绘）

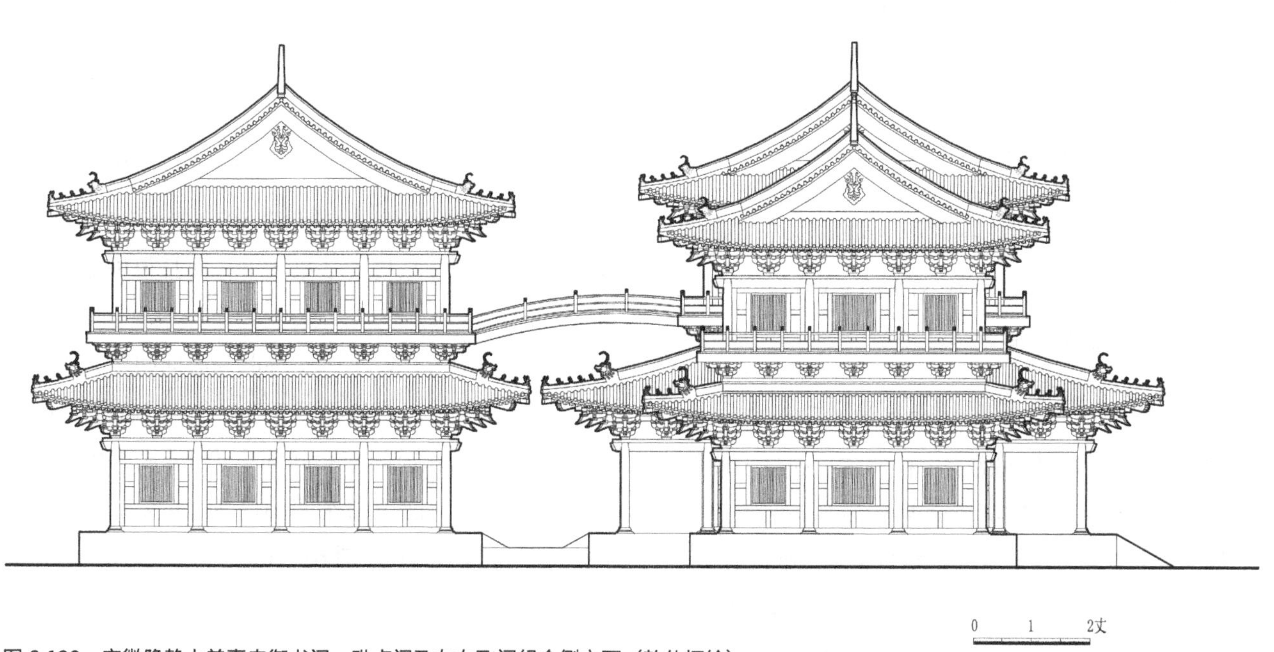

图 6-128　安徽隐静山普惠寺御书阁、毗卢阁及左右飞阁组合侧立面（敖仕恒绘）

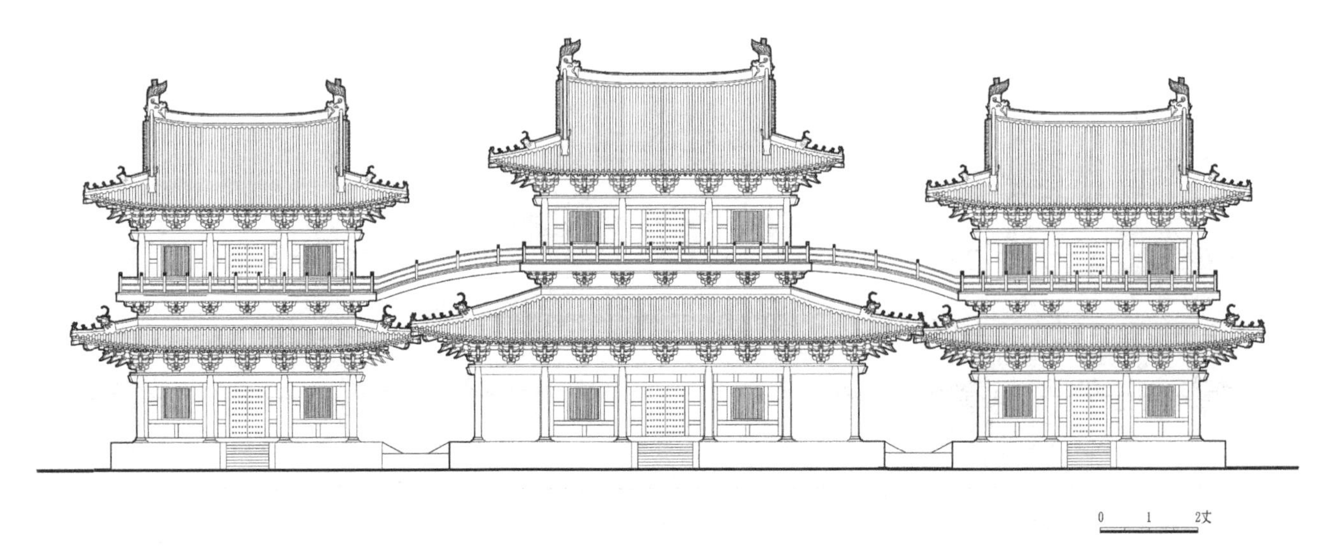

图 6-129 安徽隐静山普惠寺御书阁、毗卢阁及左右飞阁组合正立面（敖仕恒绘）

二、大悲阁

辽宋时代寺院中出现的大悲阁是以千手千眼观音菩萨为主尊的楼阁，且其观音造像又多为高大的立像，现存蓟县独乐寺观音阁，可以说大致代表了这一时期大悲阁的空间意向，即在楼阁的外观形式下，包裹的是一个完整而单一的室内空间。这为辽金、两宋时期的木构楼阁建筑的结构与造型提出了更高的要求。

实例中仅有正定隆兴寺大悲阁中的造像仍为北宋时的原作，但覆盖其外的楼阁，早已面目皆非。我们只能相信，其中空的内部建筑空间可能大略接近其北宋时期原创大悲阁的空间意向。

1. 成都[1]圣寿寺大中祥符院大悲阁

成都圣寿寺内有敕赐的大中祥符院，创建于五代时期，鼎盛时期院内有400余间殿堂屋舍。南宋绍兴十七年（1147年）春，于其院内："雕造千手千眼大悲像。至二十一年孟冬像成，立高四十七尺，横广二十四尺。复于二十二年季春，即故暖堂基而称像建阁。阁广九十尺，深七十八尺，高五十四尺。于绍兴二十二年三月七日阁就，奉安圣像于其中。"[2]

可知史料中记载的这座大悲阁的三维尺度十分明晰：面广90尺，进深78尺，高54尺。阁内有一尊千手千眼观音像：高为47尺，横广各为24尺，恰与阁相称。其阁内部无疑也是一个中空的完整空间。

从高度上看，这应该是一座外观为二层的楼阁。阁内有高4.7丈的观音造像。而阁顶结构的最高点为5.4丈，两者之间的高度差仅为0.7丈。这也说明观音像一直抵达屋顶结构的平梁之下，而且很可能设置有藻井。

阁通面广为9丈可分为5间，当心间间广为2.2丈，左右次间为2丈，两侧梢间为1.4丈，阁通进深为7.8丈亦分为5间，前间与后间间广为1.4丈，中央一间间广为1.8丈，前后两次间间广为1.6丈。其平面柱网尺寸可见表6-26及图6-130。

[1] 原为成都府，今属重庆。

[2] [宋]冯檝．大中祥符院大悲像并阁记//曾枣庄，刘琳．全宋文第181册．上海：上海辞书出版社；合肥：安徽教育出版社，2006:147.

表 6-26 成都圣寿寺大中祥符院大悲阁平面尺寸

单位（丈）

阁面广	通面广	左梢间	左次间	当心间	右次间	右梢间
	9.0	1.4	2.0	2.2	2.0	1.4
阁进深	通进深	前间	前次间	中间	后次间	后间
	7.8	1.4	1.6	1.8	1.6	1.4

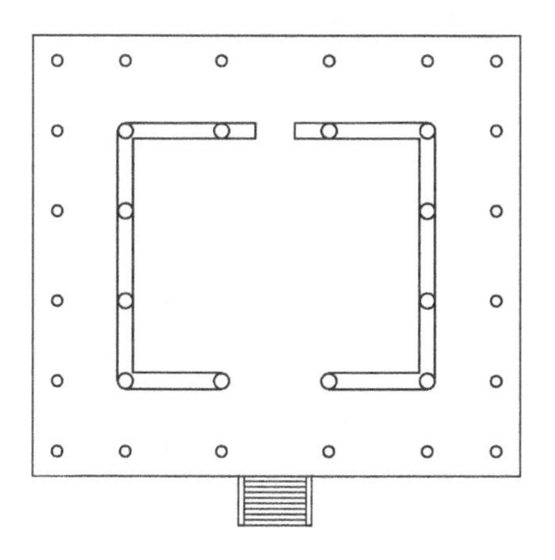

图 6-130 成都圣寿寺大中祥符院大悲阁平面（作者自绘）

再来看其高度尺寸。由于其总高较低，故其首层柱高可以设定为 1.8 丈，柱头之上铺作用二等材六铺作单杪双昂加上普拍方，铺作高度可以控制在 0.65 丈，则橑檐方上皮距离台基顶面的高度约在 2.45 丈。首层柱头上用腰檐直接伸至内柱柱身之上，因前后间进深为 1.4 丈，以其坡度推算，其内柱柱头高度可以控制在 3.5 丈，其上用上檐铺作。因总高的限制，上檐斗栱仅用四铺作出单昂上承耍头的做法，加上普拍方的斗栱高度为 0.5 丈，则上檐橑檐方上皮标高为 4 丈。两侧斗栱出跳距离为 0.228 丈，则前后总出跳距离为 0.456 丈。而其上檐通进深为 5 丈加上斗栱出跳长度，前后橑檐方距离为 5.456 丈，以其 1/4 强为屋顶起举高度，则举高为 1.5 丈，则两者之和，即阁顶脊槫上皮的标高应为 5.5 丈。考虑到积累误差，将这一标高控制在 5.4 丈左右应该没有问题。也就是说，这样一种剖面形式与史料中的记载数据大致相契合（图 6–131）。但如此处理，这座大悲阁二层是没有平坐的。外观上大约相当于一座重檐屋顶的殿阁（图 6–132，图 6–133）。

2．盐官安国寺大悲阁

北宋文人苏轼记录了浙江海宁盐官县安国寺内曾经建造的一座大悲阁："杭州盐官安国寺僧居则，自九岁出家……且造千手千眼观世音菩萨像，而诵其名千万遍……铢积寸累，以迄于成。其高九仞，为大屋

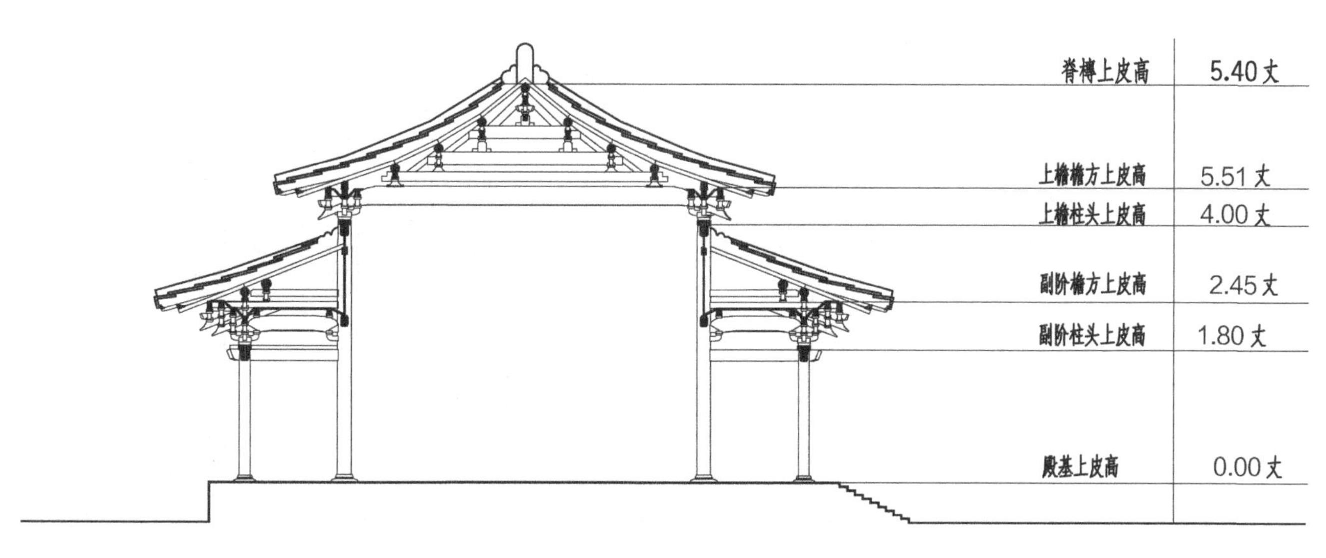

图 6-131 成都圣寿寺大中祥符院大悲阁剖面（作者自绘）

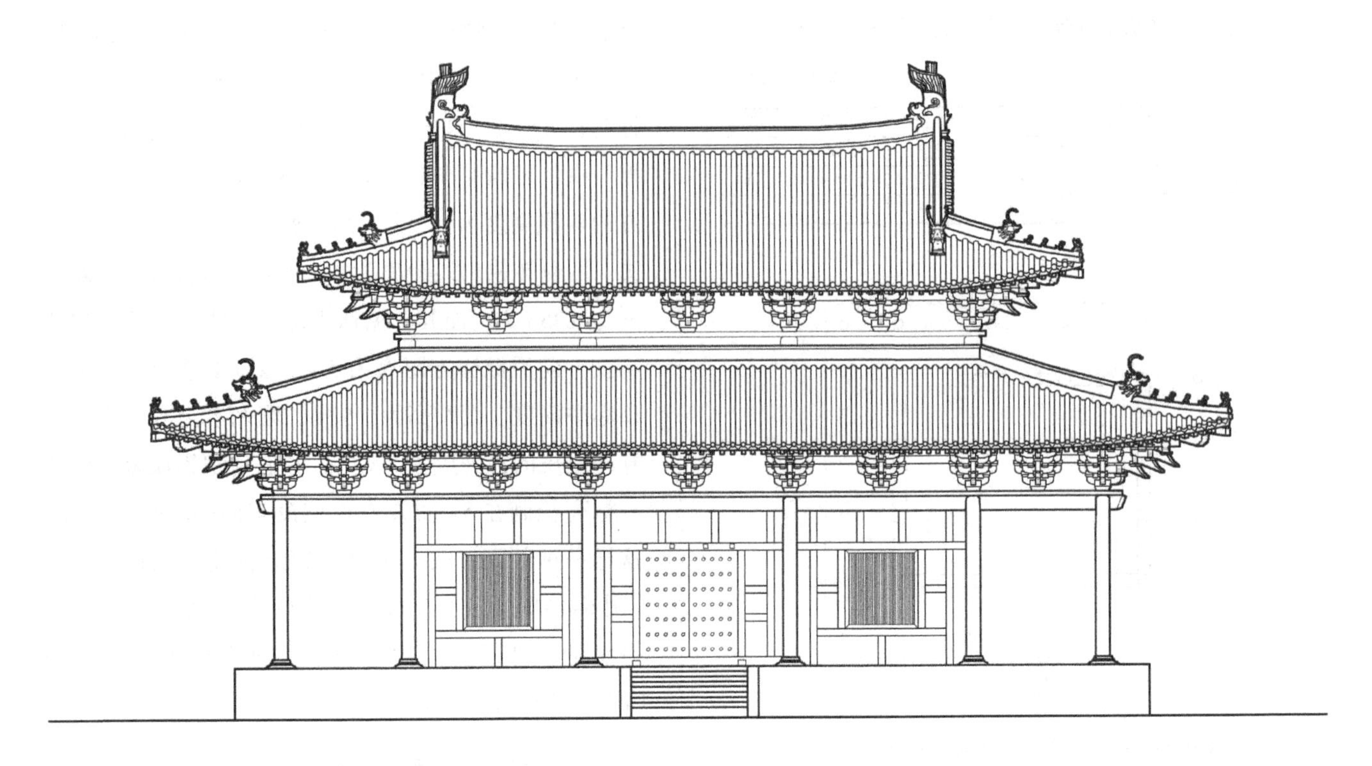

图 6-132　成都圣寿寺大中祥符院大悲阁正立面（李菁绘）

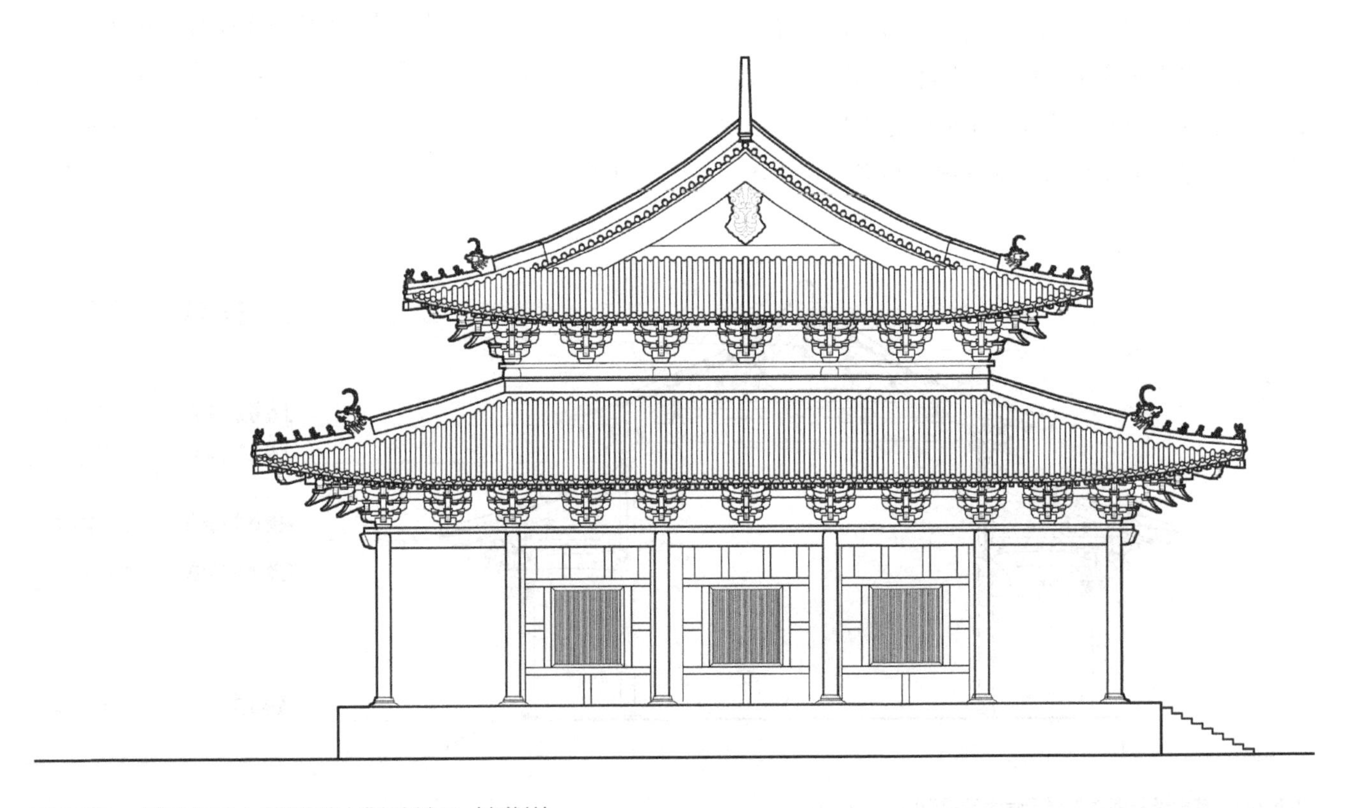

图 6-133　成都圣寿寺大中祥符院大悲阁侧立面（李菁绘）

四重以居之。”[1]

因苏轼（1037—1101年）所记，可知阁应是北宋中叶时的建筑。这里与大悲阁有关的信息除了阁内有千手千眼观音造像之外，只有两个与建筑有关的信息：其一是阁高9仞；其二是阁为四重屋檐。古代的1仞为8尺或7尺，因这座阁有4重屋檐，可知其阁的高度可能比较高，故以1仞为8尺来推测之。其阁高9仞则可推知阁的高度为7.2丈。

因其屋顶为4重屋檐推测可能是一个外观为2层的楼阁，每层各为一个重檐造型共为4重檐。则每层至多有3.6丈的高度且每层都需要安排两重屋檐，故两层柱子的高度都不会太高。先假设首层柱高为1丈，首层外檐柱头用二等材四铺作出单杪斗栱高为0.37丈，其上用腰檐，其檐伸至内柱上加上腰檐起坡的高度，其首层内柱柱头的标高可以控制在2.2丈。柱头上用二等材五铺作单杪单昂斗栱，斗栱高度为0.49丈，其上以叉柱造做法承平坐柱，平坐柱柱头标高可以控制在3.1丈，其上用斗口跳式的平坐斗栱承托平坐结构，使第二层楼面标高控制在3.4丈。

平坐之上用第二层柱，二层檐柱亦高1丈，其上仍用四铺作斗栱，斗栱高0.37丈再起腰檐，使二层内柱柱头标高控制在5.5丈。二层上檐柱头用五铺作单杪单昂斗栱承托顶层屋檐，斗栱高度仍为0.51丈。也就是说，顶层屋檐檐下斗栱橑檐方上皮距离二层平坐顶面的高度为2.1丈，而与阁首层台座地面的高度差为6.01丈。其上与脊槫上皮的高度差仅有1.19丈。二层上檐斗栱出跳距离约为0.36丈，两侧出跳为0.72丈。

假设其屋顶是按前后橑檐方距离的1/4再加上这一数值的1/10推算其起举高度的，即（1.19–0.119）×4= 4.284，则可以反算出其前后橑檐方的距离为4.284丈。减除两侧斗栱的总出跳距离0.72丈，则其顶层前后柱缝的通进深为3.564丈。考虑到诸如柱子侧脚及相应误差等因素可反推出其前后柱缝的距离为3.6丈。也就是说，如果假设其上层的柱网进深为三间可认为每间的间广各为1.2丈。

这样就可以将这个1.2丈的间广运用到首层，假设首层面广与进深各为7间，面广方向当心间间广为1.4丈，两次间为1.35丈，两梢间为1.25丈，两尽间为1.2丈，其通面广为9丈；在进深方向的逐间间广均为1.2丈，通进深为8.4丈。至二层平坐顶面时，柱网为面广进深各5间，二层通面广为6.6丈，通进深为6丈。这样就可以保证顶层屋檐前后檐间距离仅余3间共3.6丈的进深，从而将建筑的结构高度恰好控制在7.2丈。或者说这个广4.1丈、深3.6丈的中央空间，在这座大悲阁内是上下贯通的，其中空的高度至少可以达到5.4丈。故这座大悲阁内的中央空间若安置成都圣寿寺大中祥符院大悲阁内的那尊立高4.7丈、横广2.4丈的千手千眼大悲造像还是比较恰当的。

这是一种从其结构总高及出檐层数反推出来的平面关系，尽管未必完全可信但从结构逻辑上与其记载的高度及屋檐数还是比较吻合的，这也从侧面印证了这一平面可能已经比较接近历史真实（图6–134~图6–137）。按照如此方式推测出来的柱网尺寸如表6–27所示。

表6-27　盐官安国寺大悲阁平面尺寸

单位（丈）

面广	通面广	左尽间	左梢间	左次间	当心间	右次间	右梢间	右尽间
	9.0	1.2	1.25	1.35	1.4	1.35	1.25	1.2
进深	通进深	前间	前梢间	前次间	中间	后次间	后梢间	后间
	8.4	1.2	1.2	1.2	1.2	1.2	1.2	1.2

[1] ［宋］苏轼．盐官大悲阁记//曾枣庄，刘琳．全宋文第90册．上海：上海辞书出版社；合肥：安徽教育出版社，2006:426.

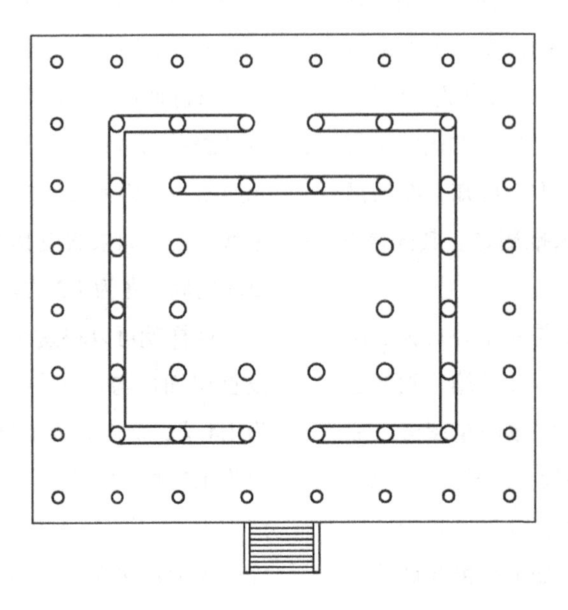

图 6-134　杭州盐官安国寺大悲阁平面（作者自绘）

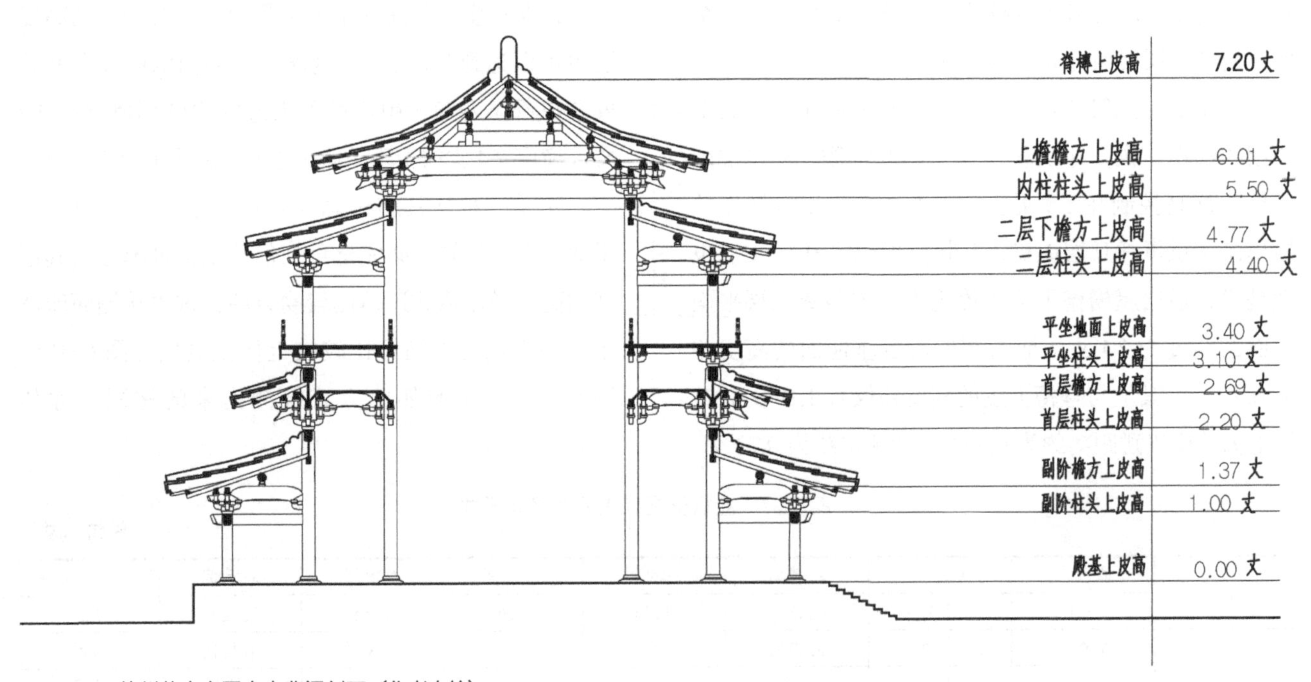

图 6-135　杭州盐官安国寺大悲阁剖面（作者自绘）

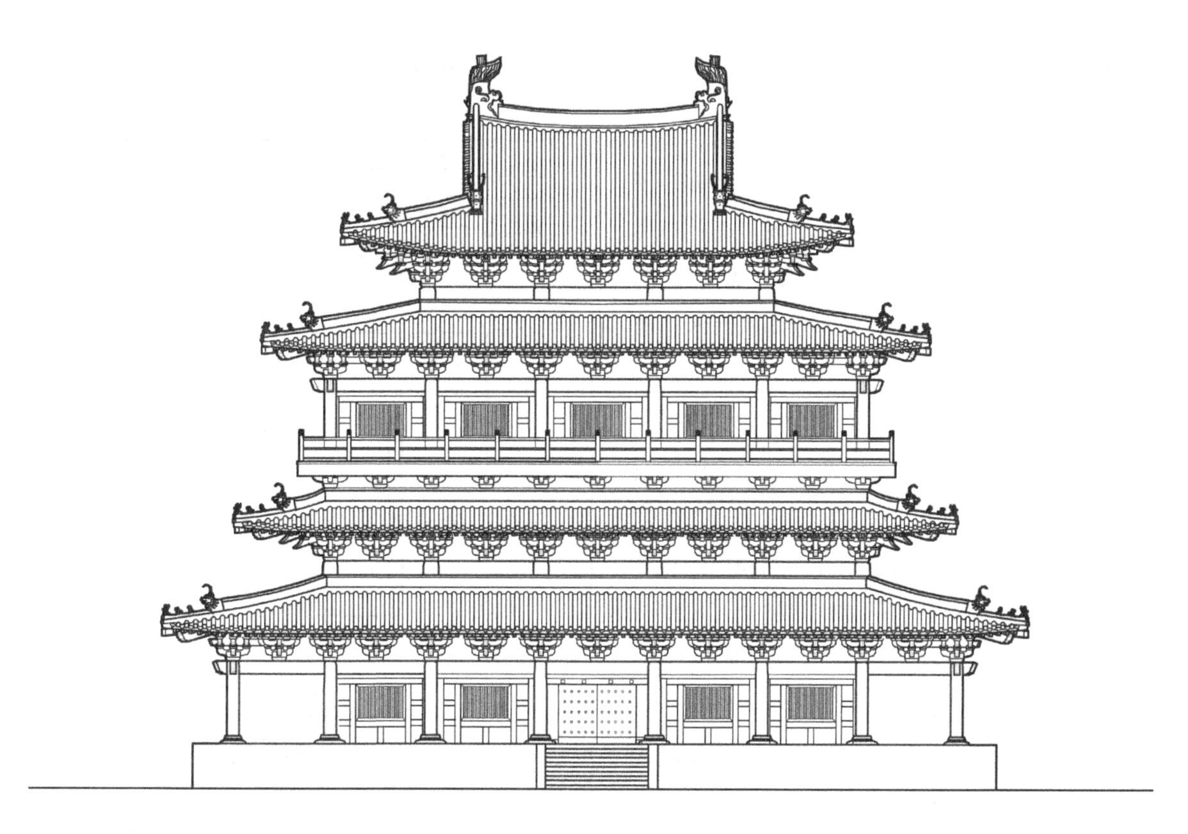

图 6-136　杭州盐官安国寺大悲阁正立面（李菁绘）

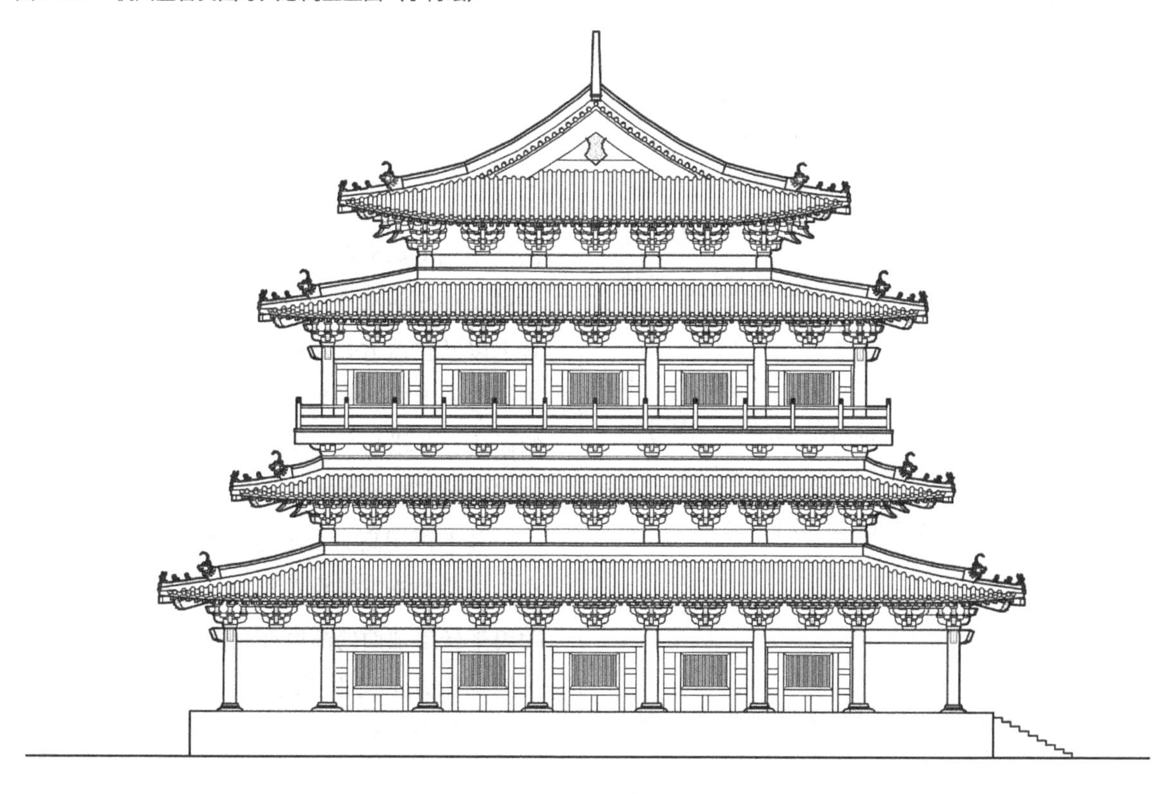

图 6-137　杭州盐官安国寺大悲阁侧立面（李菁绘）

3. 萧山觉苑寺大悲阁

北宋人沈辽于熙宁元年（1068 年）所撰《大悲阁记》，大略地记录了浙江萧山觉苑寺内的大悲阁："浙江南浒，其地名曰萧山……觉苑寺大悲阁者，沙门智源所造也……大启法席，以落其成。善哉！紫金之相，巍巍堂堂。千手应现，千眼光明。其崇三丈六尺，重构外周，宝华相鲜，厥容前具。"❶

这里仅给出了阁内所立的千手千眼观音造像的高度尺寸，其高为 3.6 丈。以前述成都圣寿寺大中祥符院的大悲阁内有立高"四十七尺，横广二十四尺"大悲造像的比例推测，这尊萧山觉苑寺大悲阁内的观音造像，其横广应该在 1.8 丈左右。也就是说，萧山觉苑寺内的大悲造像约是成都圣寿寺大中祥符院大悲阁内千手千眼观音像 3/4 的尺度。

如果将覆盖其外的大悲阁按同样的比例加以架构，则由成都圣寿寺大中祥符院的大悲阁"阁广九十尺，深七十八尺，高五十四尺"的记载可大略地推出，萧山觉苑寺大悲阁的外观尺寸有可能阁广 72 尺，阁深 60 尺，而阁高仅为 48 尺。这几乎是覆盖这尊横广 1.8 丈、高 3.6 丈的千手千眼观音造像的最小楼阁尺寸了。

在沈辽的记录中也特别提到了："其始小基近教院之法堂，而上人之道场也。"❷说明即使是当时人也觉得这座大悲阁规模不过相当于一座普通教院的法堂建筑。这至少说明这座楼阁的主要尺度确实较小。

出于好奇，我们不妨按这一较小的尺寸推想一下这座与教院法堂在尺度上比较接近的大悲阁。阁可按照金箱斗底槽平面，以面广 5 间、进深 4 间的平面进行布置，其平面尺寸可以见表 6-28 和图 6-138。

表 6-28　浙江萧山觉苑寺大悲阁平面尺寸

单位（丈）

阁面广	通面广	左梢间	左次间	当心间	右次间	右梢间
	7.2	1.2	1.5	1.8	1.5	1.2
阁进深	通进深	前间	前次间		后次间	后间
	6	1.2	1.8		1.8	1.2

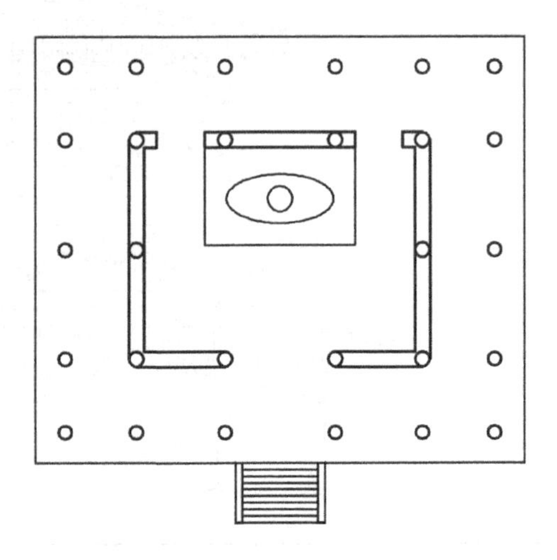

图 6-138　浙江萧山觉苑寺大悲阁平面（作者自绘）

从平面上看，这一大悲阁似乎与现存辽代蓟县独乐寺观音阁最为接近。再来看其高度方面，由于这里假设的楼阁总高仅为 4.8 丈，故只能设定其首层檐柱高为 1 丈，柱上用二等材五铺作单杪单昂斗栱，斗栱高度为 0.495 丈，平坐柱头标高为 2.4 丈，其上用斗栱及平坐板高 0.25 丈，则平坐地面板标高 2.65 丈。其上以叉柱造方式承托平坐柱，柱头标高控制在 1.99 丈，柱头上再用平坐斗栱承二层楼面，斗栱为斗口跳的做法，斗栱与二层楼面的高度为 0.32 丈，也就是说二层地面标高为 2.31 丈。

其上再用高为 1 丈的外檐檐柱，柱头标高为 3.31 丈。柱头上施五铺作单杪单昂斗栱并将其橑檐方上皮距离平坐层地面的高度控制在 1.29 丈，则累积高度即上檐橑檐方上皮距离阁基地面高度为 3.6 丈，距离初步设定的总高还余 1.2 丈，这作为屋顶起举的高度差显然是不够的。

❶［宋］沈辽．大悲阁记 // 曾枣庄，刘琳．全宋文第 79 册．上海：上海辞书出版社；合肥：安徽教育出版社，2006:197.

❷［宋］沈辽．大悲阁记 // 曾枣庄，刘琳．全宋文第 79 册．上海：上海辞书出版社；合肥：安徽教育出版社，2006:197.

以其二层前后檐柱的通进深为 6 丈，二层外檐所用二等材五铺作单杪单昂斗栱，其出跳距离为 0.33 丈，则前后檐距离为 0.66 丈，可知前后橑檐方的距离为 6.66 丈。这一距离的 1 / 4 为 1.665 丈，再加上这一数值的 1 / 10，则为 1.83 丈，这应是合理的起举高度。以上檐斗栱橑檐方上皮距离台基顶面高度为 3.6 丈计，则其脊槫上皮的标高应该为 5.43 丈。我们取其整数设定其脊槫上皮标高为 5.4 丈，相对于这座楼阁应该是一个适当的高度。也就是说，经过这一基于结构逻辑的分析与调整，这座萧山觉苑寺大悲阁很可能是一座面广 7 丈、进深 6 丈、高 5.4 丈的二层楼阁，阁内空间为中空，其中供奉有一尊横广各为 1.8 丈、高为 3.6 丈的千手千眼观世音菩萨造像（图 6–139~ 图 6–141）。

三、弥勒阁与弥陀阁

弥勒信仰的鼎盛期是唐代，唐长安城内就曾出现过高达 150 尺的弥勒阁。在两宋时代，特别是北宋的寺院中，作为一种寺院建筑类型，弥勒阁以及以阿弥陀佛信仰为基础的弥陀阁仍是常常出现的。有时弥勒阁又被称为慈氏阁。如现存正定隆兴寺内就存有一座北宋时代所创的慈氏阁。

1. 武功宝意寺弥勒阁

北宋至道三年（997 年）李德用撰写了一篇《京兆府武功县宝意寺重修装画弥勒佛阁记》。其中提到了这座弥勒阁的大致造型：“夫武功县者，唐高祖潜龙之地。宝意寺者，弥勒佛大像之居。名山隐映，镇于西城；丽水汪洋，遶其东□。矧兹佛也，身而百尺，阁就三层，度木鸠工，动盈万数。”[1]

这里给出的信息仅有两个：一是其阁外观有三层；其次阁内有一座弥勒大像，这可能是一尊立像，造像的高度为 10 丈。若此，弥勒佛底座的长宽尺度大约为 5 丈。其楼阁的高度不会低于 12 丈。

假设这一中空建筑的中央空间为宽 7.2 丈、深 6 丈，形成一个周围有回廊的金箱斗底槽平面形式。由于阁有三重屋檐，则其外至少有两圈回廊以保证上部

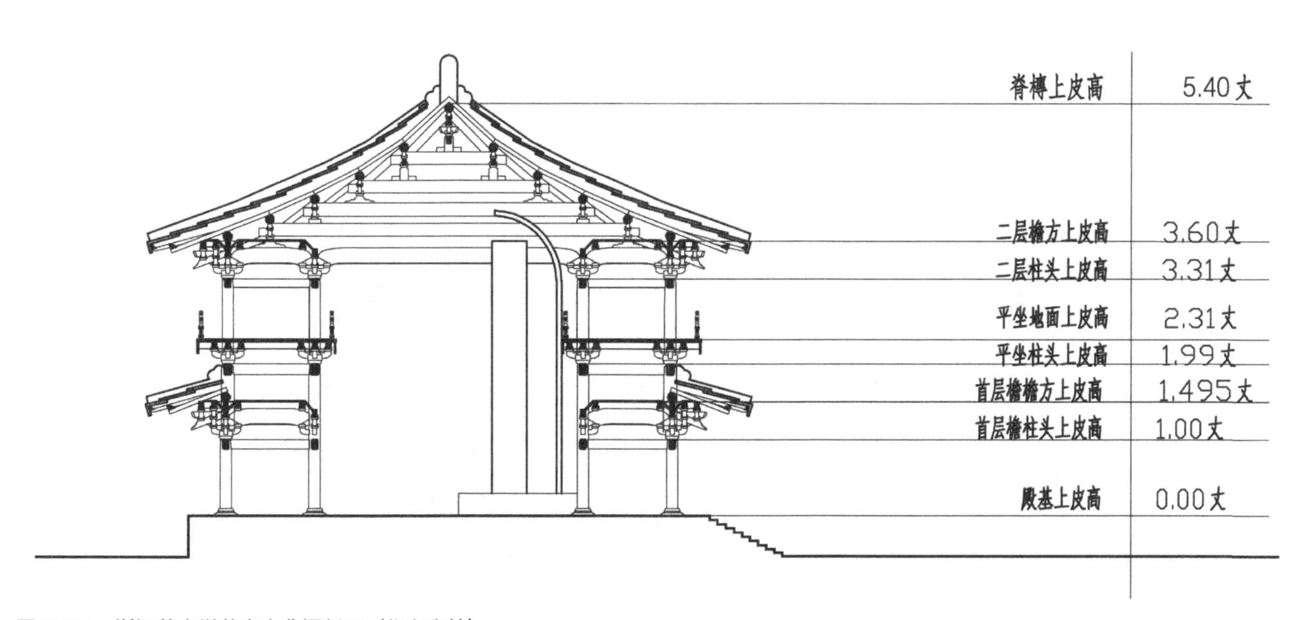

图 6-139　浙江萧山觉苑寺大悲阁剖面（作者自绘）

[1] ［宋］李德用．京兆府武功县宝意寺重修装画弥勒佛阁记 // 曾枣庄，刘琳．全宋文第 8 册．上海：上海辞书出版社；合肥：安徽教育出版社，2006:281．

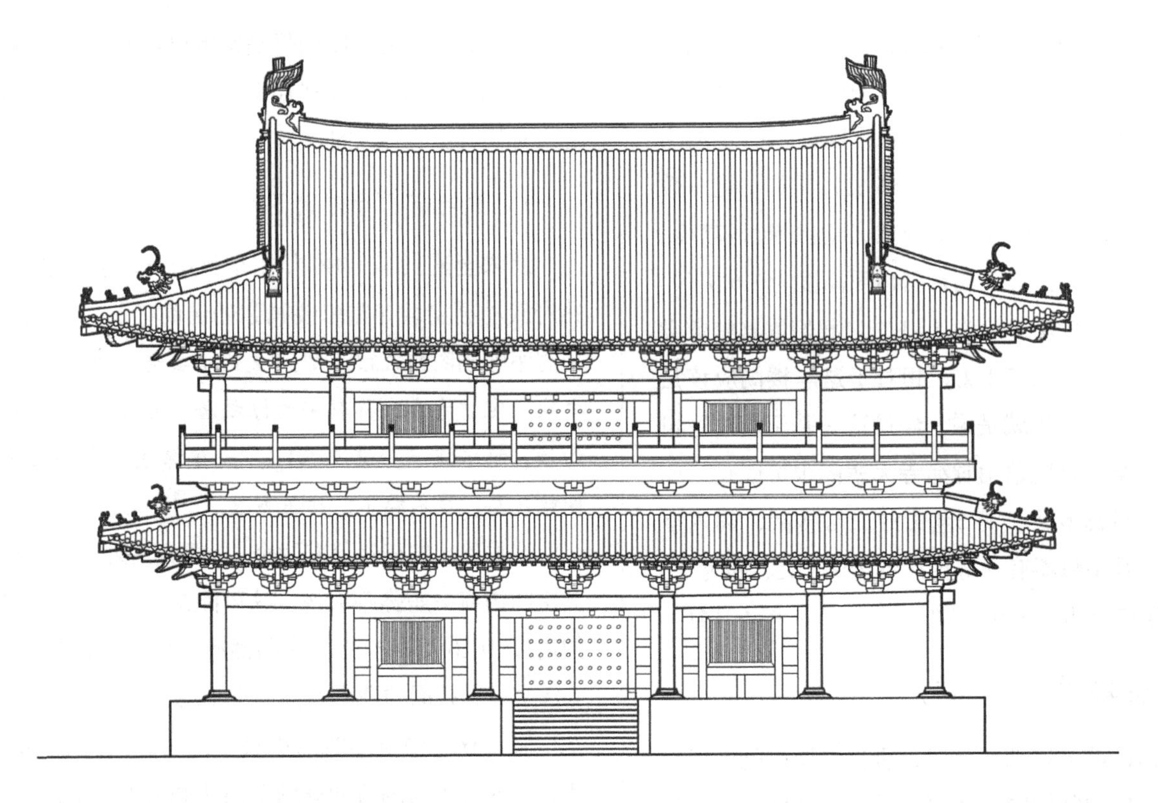

图 6-140　浙江萧山觉苑寺大悲阁正立面（李菁绘）

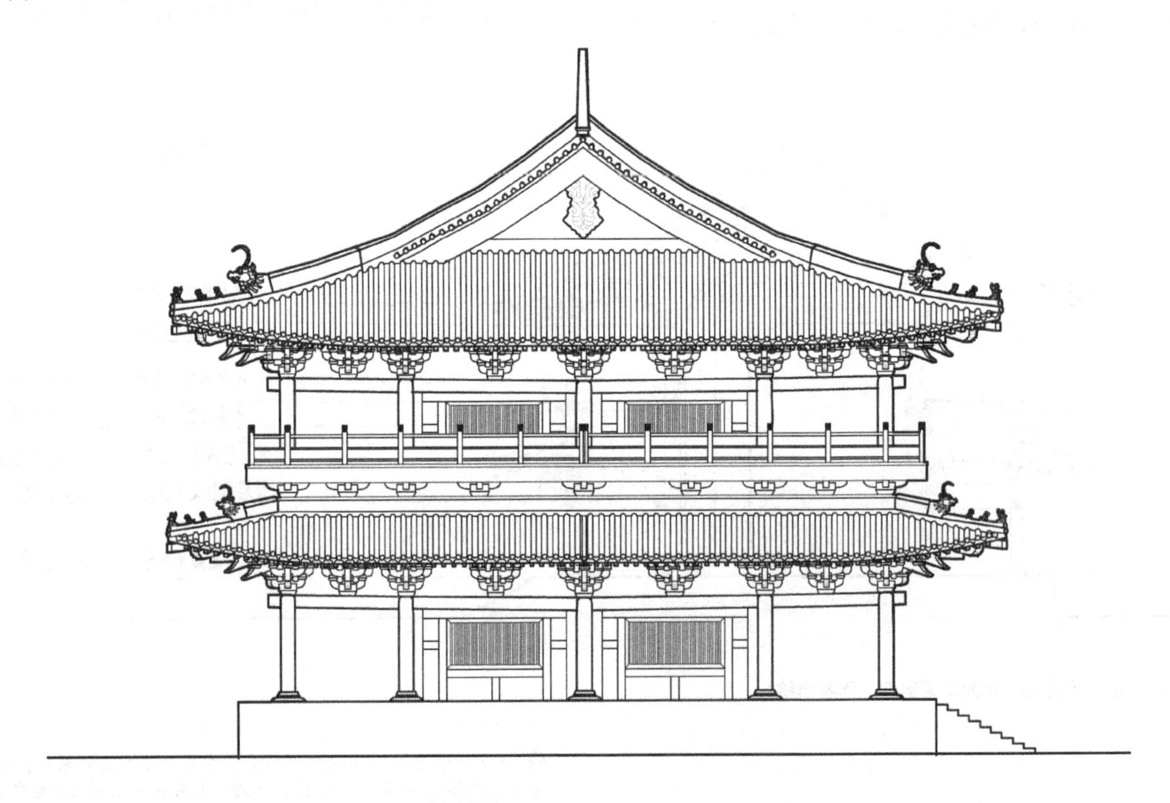

图 6-141　浙江萧山觉苑寺大悲阁侧立面（李菁绘）

的两层屋檐下各有一个回廊式空间的平坐层，如此推测出其阁通面广至少应为12丈，通进深至少应为10.8丈，阁的面广与进深各为7间（图6–142）。或可以以这样一个推测的长宽尺度及记载中的百尺高度来推想这座三重屋檐弥勒大阁的大致结构与造型（表6–29）。

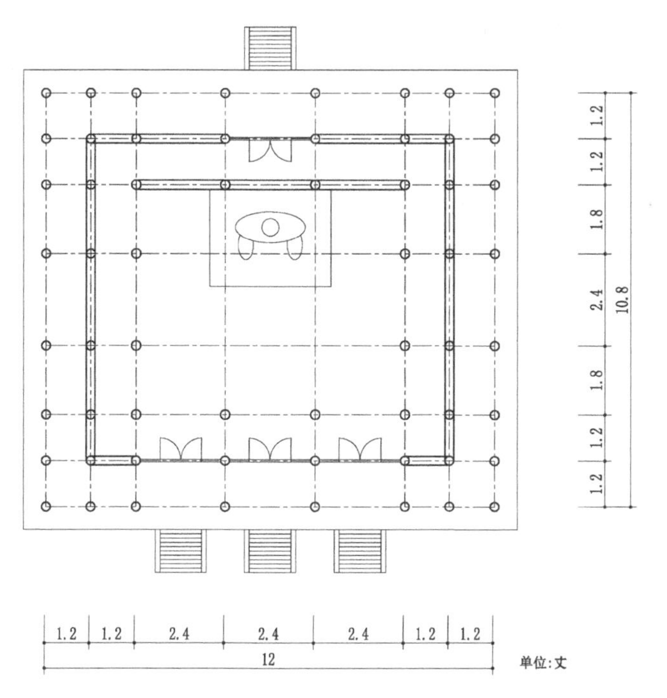

图6-142　京兆府武功县宝意寺弥勒阁首层平面（作者自绘）

表6-29　武功宝意寺弥勒阁平面尺寸

单位（丈）

面广	通面广	左尽间	左梢间	左次间	当心间	右次间	右梢间	右尽间
	12.0	1.2	1.2	2.4	2.4	2.4	1.2	1.2
进深	通进深	前间	前梢间	前次间	中间	后次间	后梢间	后间
	10.8	1.2	1.2	1.8	2.4	1.8	1.2	1.2

高度方向，仍以首层当心间广尺寸为则，首层檐柱柱高应略小于这一间广尺寸可设定为2丈，其上橑檐方高度2.64丈，首层内柱柱头高3.6丈，其上用平坐，平坐顶面高4.01丈，平坐上再用二层檐柱，柱高1.8丈，柱头上用铺作，铺作橑檐方上皮距平坐地面高2.28丈，距阁基地面标高为6.29丈。其上用插栱造做法，承托第二层平坐，平坐顶面标高为再用平坐，平坐顶面与二层平坐面高差为3.38丈，距离阁基地面标高为7.39丈。其上用檐柱高1.6丈，即二层殿身内柱柱头标高为2.99丈。柱头上用六铺作单杪双昂斗栱，二等材，铺作橑檐方上皮距离三层平坐顶面高度差仍可控制在2.28丈，这里就是屋顶起举的位置，其距离阁基地面的标高为9.67丈左右。

此时上檐前后檐柱缝的距离为6丈而其上檐口有斗栱出跳，每侧出跳的距离为0.49丈则上檐前后橑檐方的距离约为6.98丈，取其1/3为屋顶起举的高度，则为2.33丈。如此，则可推算出其阁顶脊槫上皮距离阁基地面的标高为12丈（图6–143~图6–145）。在这样一座高阁内，基本可以容纳一尊高约百尺（10丈）的弥勒佛立像，且其阁有三重屋檐，与记载中的“矧兹佛也，身而百尺，阁就三层”的描述基本契合。

2. 越州龙泉寺弥陀阁

释元照于大观元年（1107年）撰《越州龙泉弥陀阁记》：“……构立其阁，左右前后共五间。寺首覃悦以谓净土教观，方今盛行，仍出长财，雕造丈六弥陀妙相立于当中。旧有千佛画，大悲刻像，布列左右。重修双塔，增广堂舍，利成一院，揭号弥陀宝阁焉。”[1]

与武功宝意寺弥勒阁只给出楼阁的层数与高度不同的是，这里只给出了楼阁面广与进深的间数，同时给出的是弥陀造像的高度且仅为1.6丈。当然这里的弥陀像高度，不包括其下佛座的高度。

根据记载，其开间与进深各为5间，这可能是一座金箱斗底槽式平面，室内中空，可以布置佛像。按照唐宋时代较为常见的开间尺度将其平面尺寸推测如表6–30所示。

[1] ［宋］释元照．越州龙泉弥陀阁记//曾枣庄，刘琳．全宋文第112册．上海：上海辞书出版社；合肥：安徽教育出版社，2006:347.

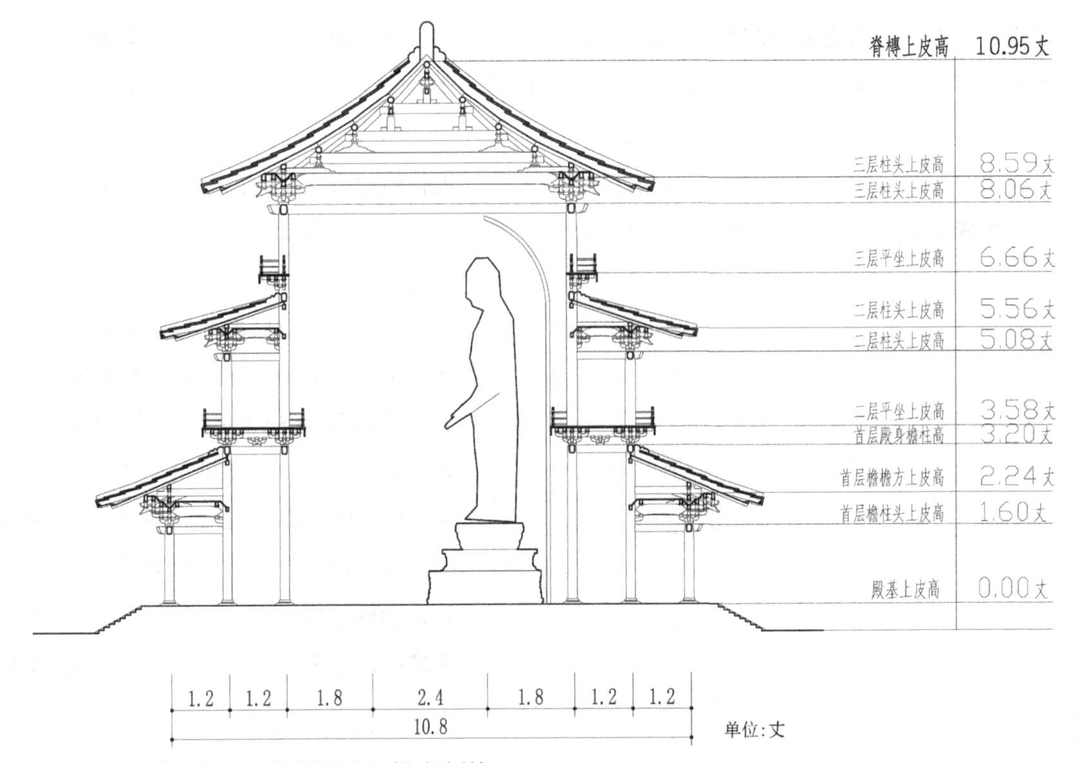

图 6-143 京兆府武功县宝意寺弥勒阁剖面（作者自绘）

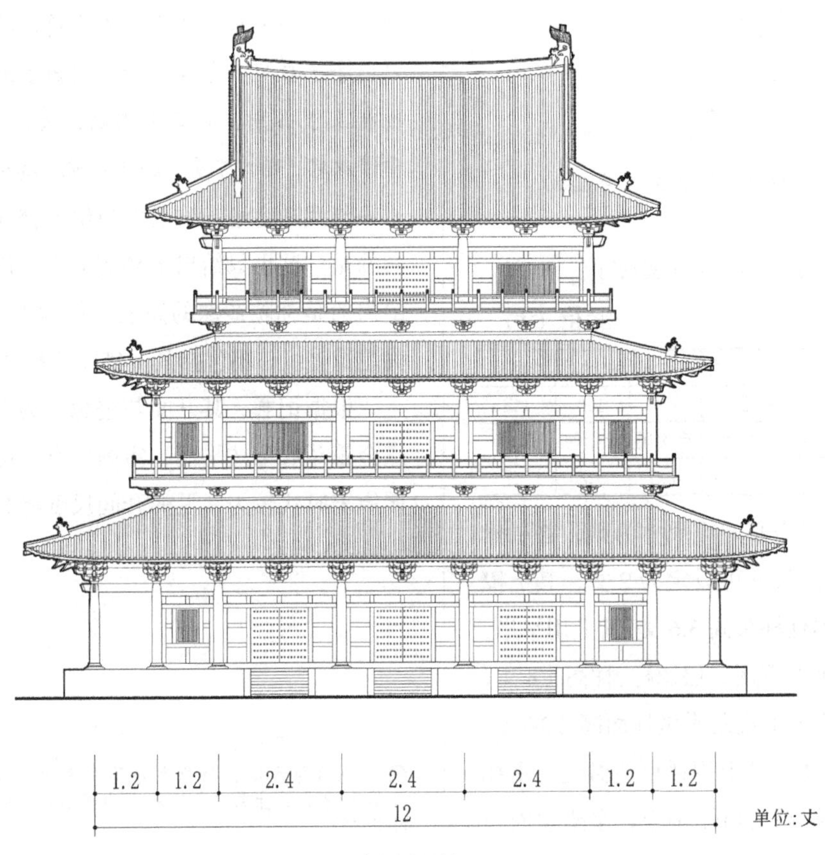

图 6-144 京兆府武功县宝意寺弥勒阁正立面（敖仕恒绘）

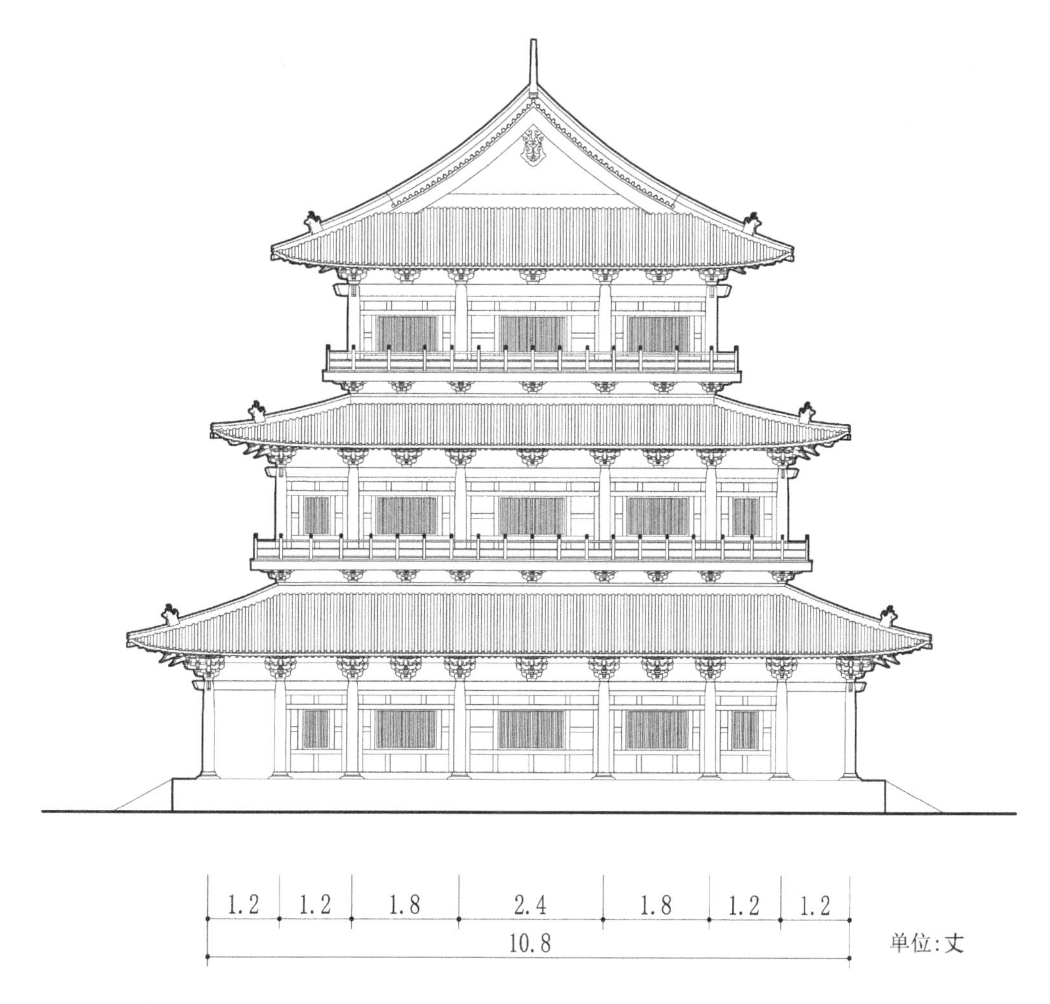

图 6-145　京兆府武功县宝意寺弥勒阁侧立面（敖仕恒绘）

表 6-30　越州龙泉寺弥陀阁平面尺寸

单位（丈）

阁面广	通面广	左梢间	左次间	当心间	右次间	右梢间
	7.2	1.2	1.5	1.8	1.5	1.2
阁进深	通进深	前间	前次间	中间	后次间	后间
	7.2	1.2	1.5	1.8	1.5	1.2

因其室内弥勒造像仅为 1.6 丈加上佛座至多也不过 2.6 丈左右。故其阁的高度应该不会太高。假设其首层檐柱与次间柱子同高为 1.5 丈，其上斗栱高度按橑檐方上皮标高为檐柱高度的$\sqrt{2}$倍推测约为 2.1 丈。既然称阁，其首层檐上可能有一个平坐承托平坐的首层内柱，同时也承托首层腰檐的尾部，故设定其柱头标高为首层檐柱高度的 2 倍，即首层内柱高为 3 丈（图 6–146）。

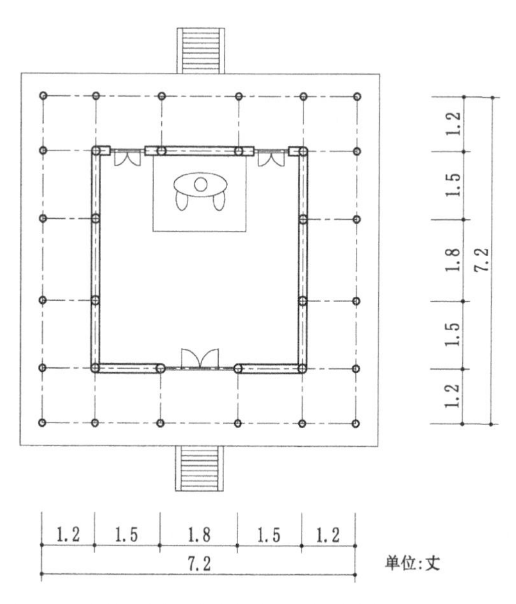

图 6-146　越州龙泉寺弥陀阁首层平面（作者自绘）

其上施平坐，平坐顶面的标高为 3.38 丈。平坐之上再用二层檐柱，柱高设定为 1.2 丈，其上用五铺作单杪单昂斗栱，二等材，二层外檐铺作橑檐方上皮与平坐顶面的高差为 1.7 丈。也就是说，这座楼阁是在标高为 5.08 丈的位置上推算屋顶举折的。其二层前后檐柱柱缝的距离本为 4.8 丈再加上上檐前后斗栱的出跳距离，以每侧出跳 0.33 丈推算，则两侧共出跳 0.66 丈，即楼阁上檐前后橑檐方的距离为 5.46 丈。以此尺寸的 1/3 推算其屋顶起举的高度则为 1.82 丈。也就是说，这座楼阁脊槫距阁基地面的高度为 6.9 丈。这应该就是这座楼阁的结构高度。首层与二层之间设有阶梯，二层仍然可以设置佛造像（图 6–147~ 图 6–149）。

四、华严阁

华严宗的主要殿阁华严殿或华严阁内一般供奉的是华严三圣。下面这个例子是一座南宋时期华严教院中的华严阁。

1. 真如教院华严阁

阁见于商逸卿嘉定五年（1212 年）所撰《真如教院华严阁记》，其院在嘉兴城南门外，阁建于南宋淳熙二年（1175 年）:“凡五间，阔六丈二尺，高六丈五尺，深四丈九尺，他如卢舍那殿、十六观堂及僧之居处一新之，至其具体有不可阙者，总为屋四十八间。”[1] 这里给出了这座华严阁相当详细的结构数据：阁为五间，

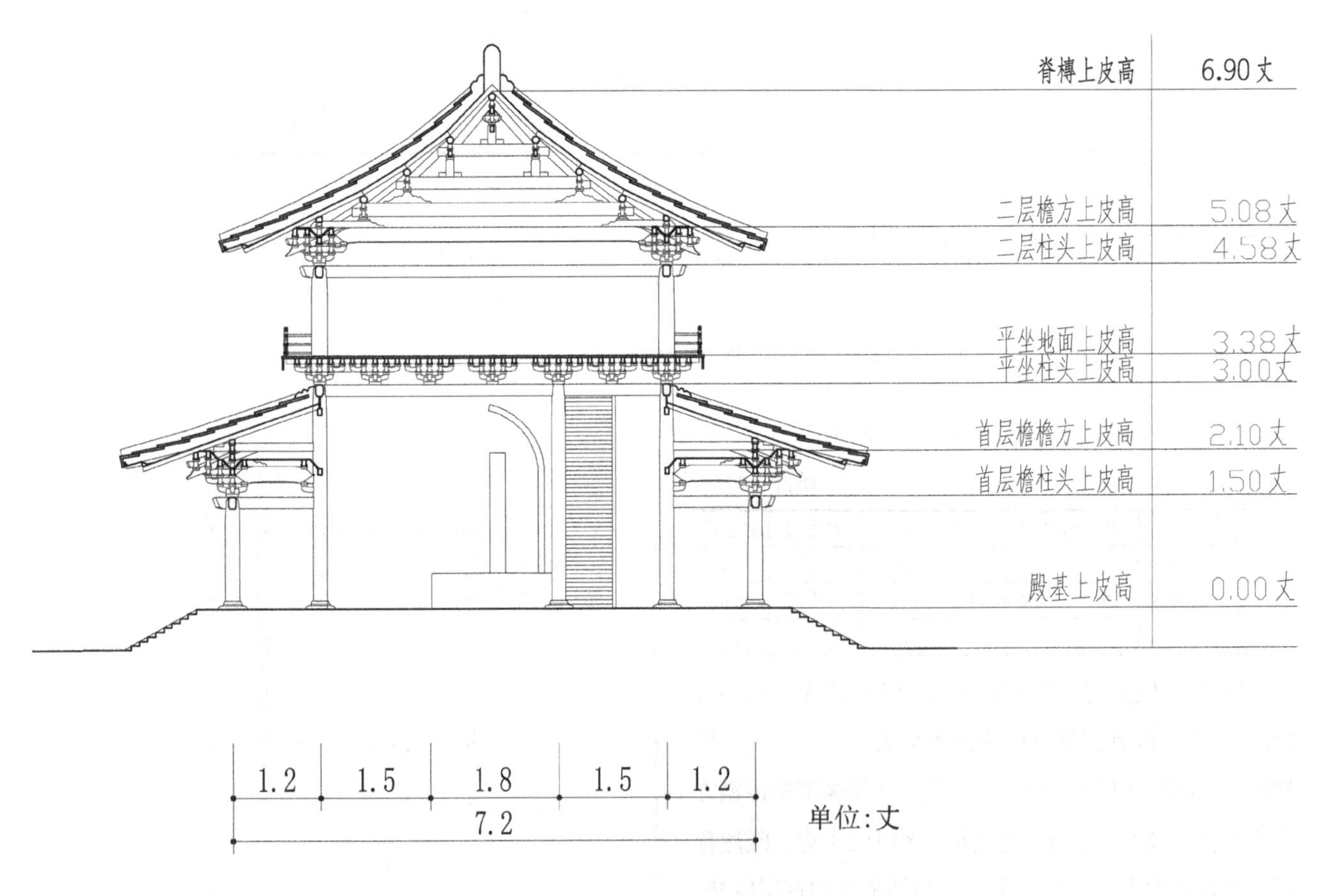

图 6-147 越州龙泉寺弥陀阁剖面（作者自绘）

[1] ［宋］商逸卿．真如教院华严阁记 // 曾枣庄，刘琳．全宋文第 287 册．上海：上海辞书出版社；合肥：安徽教育出版社，2006:218.

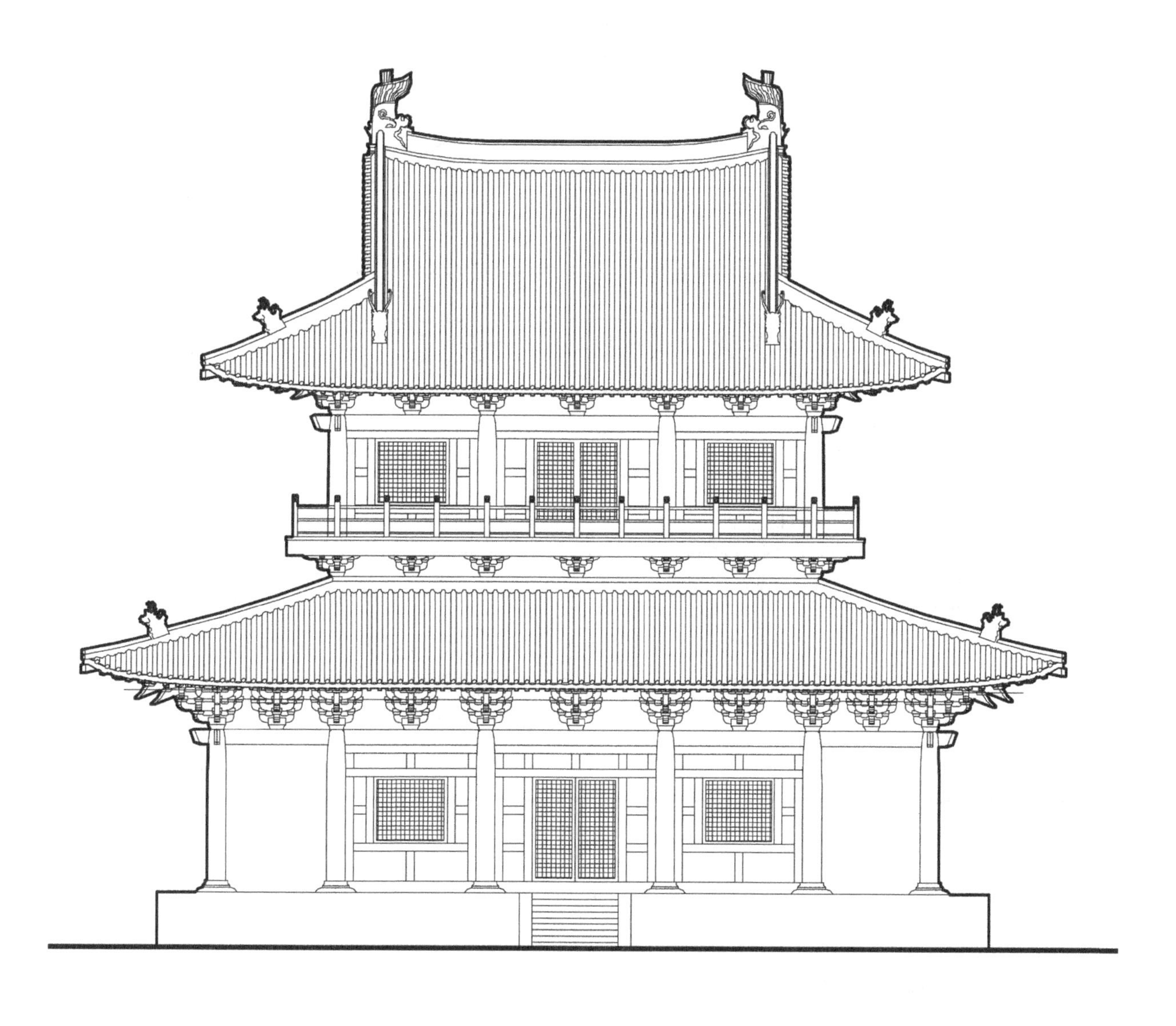

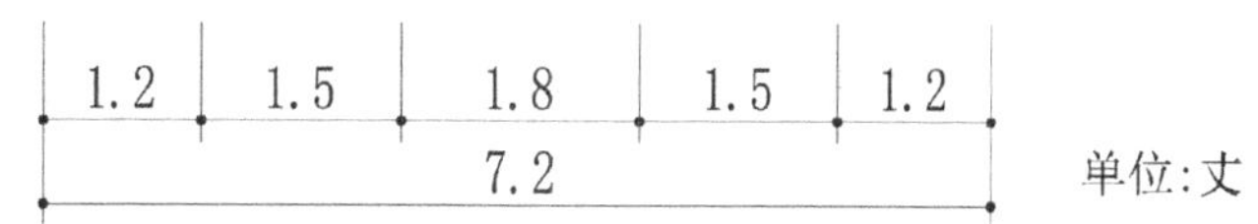

图 6-148　越州龙泉寺弥陀阁正立面（敖仕恒绘）

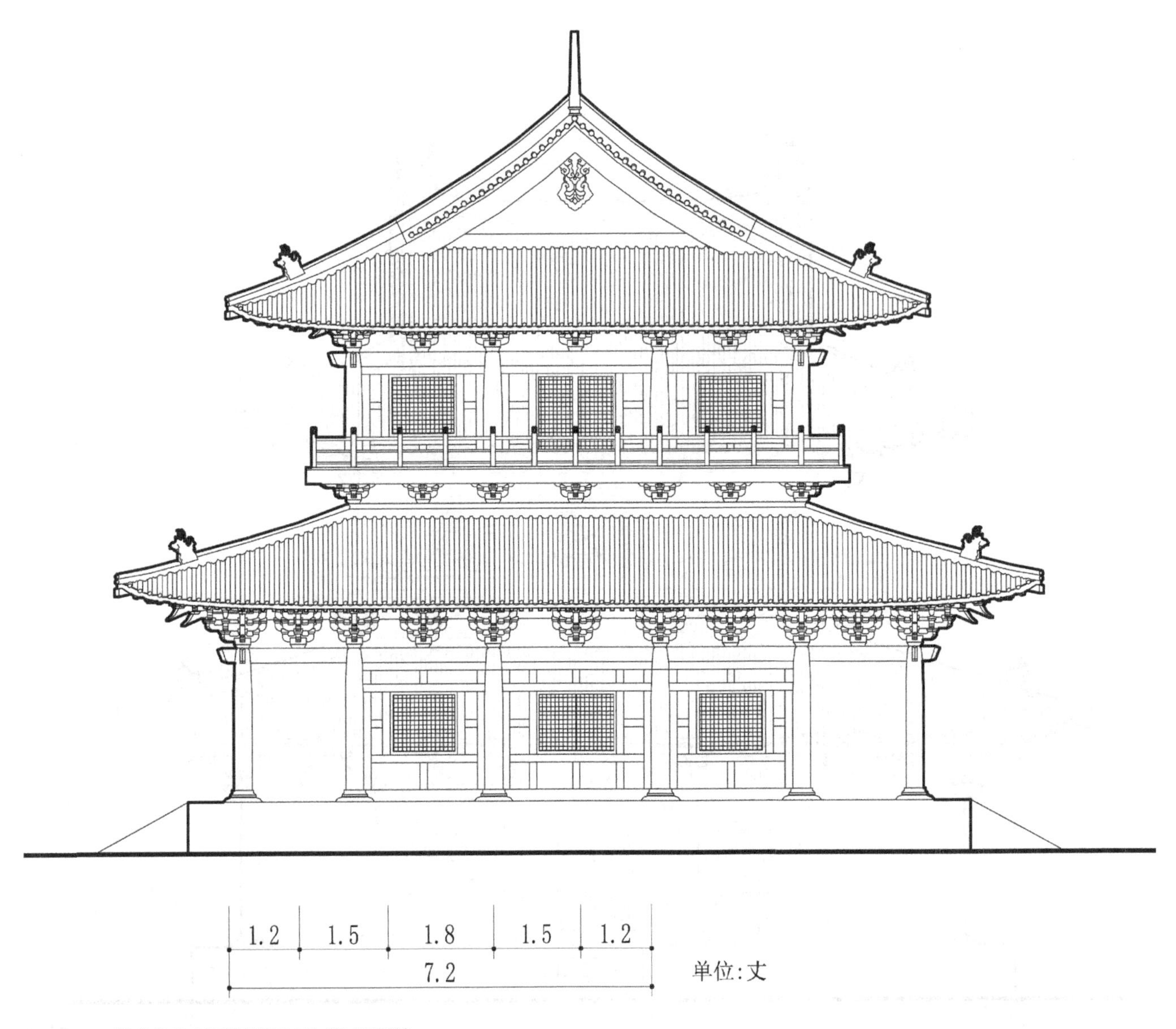

图 6-149　越州龙泉寺弥陀阁侧立面（敖仕恒绘）

通面阔为 6.2 丈，通进深为 4.9 丈，阁的结构高度为 6.5 丈。

设想其阁的五间间广按如下尺寸分布：当心间 1.5 丈，次间 1.3 丈，稍间 1.15 丈，通面广正与 6.2 丈合。而其进深似乎只有四间，其中前间与后间各为 1.15 丈，次二间各为 1.3 丈，通进深亦与 4.9 丈合。推测的平面柱网如下（表 6–31）。

表 6-31　嘉兴真如教院华严阁平面尺寸

单位（丈）

阁面广	通面广	左梢间	左次间	当心间	右次间	右梢间
	6.2	1.15	1.3	1.5	1.3	1.15
阁进深	通进深	前间	前次间		后次间	后间
	4.9	1.15	1.3		1.3	1.15

以其阁首层当心间间广为 1.5 丈，次间间广为 1.3 丈，参照唐宋时期五间殿阁的柱高与间广关系可取其

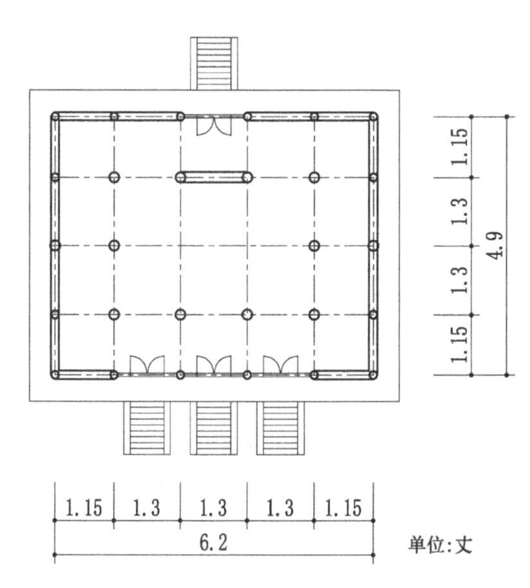

图 6-150　嘉兴真如教院华严阁首层平面（作者自绘）

次间间广为首层檐柱高度，即首层檐柱高 1.3 丈，柱上斗栱按$\sqrt{2}$的比例，采用二等材五铺作单杪单昂的做法使其外檐铺作橑檐方上皮标高控制在约 1.88 丈，并将其阁二层平坐的地面标高控制为 3 丈。

二层地面上起上层檐柱，柱高为 1.2 丈，其上仍然用五铺作单杪单昂斗栱使上檐铺作橑檐方上皮标高控制在距离二层地面 1.78 丈的高度上，则上檐屋顶起举的起点标高为 4.78 丈，也就是说，这一标高与记载中的结构最高点，即阁顶脊槫上皮之间有 1.72 丈的高度差。

已知阁前后檐柱缝距离为 4.9 丈，这一距离在上层可能会有一定的向内退进，如退入 0.09 丈。则前后檐柱缝距离为 4.72 丈。再加上上檐斗栱的出跳距离，以每侧出跳 0.33 丈算，共有 0.66 丈，则上檐前后橑檐方的距离为 5.38 丈，按 1/3 的起举高度约为 1.79 丈。这与前面分析的 1.72 丈的高度差十分接近（图 6–151~图 6–153），完全可以消解在作图中的细部尺寸上。

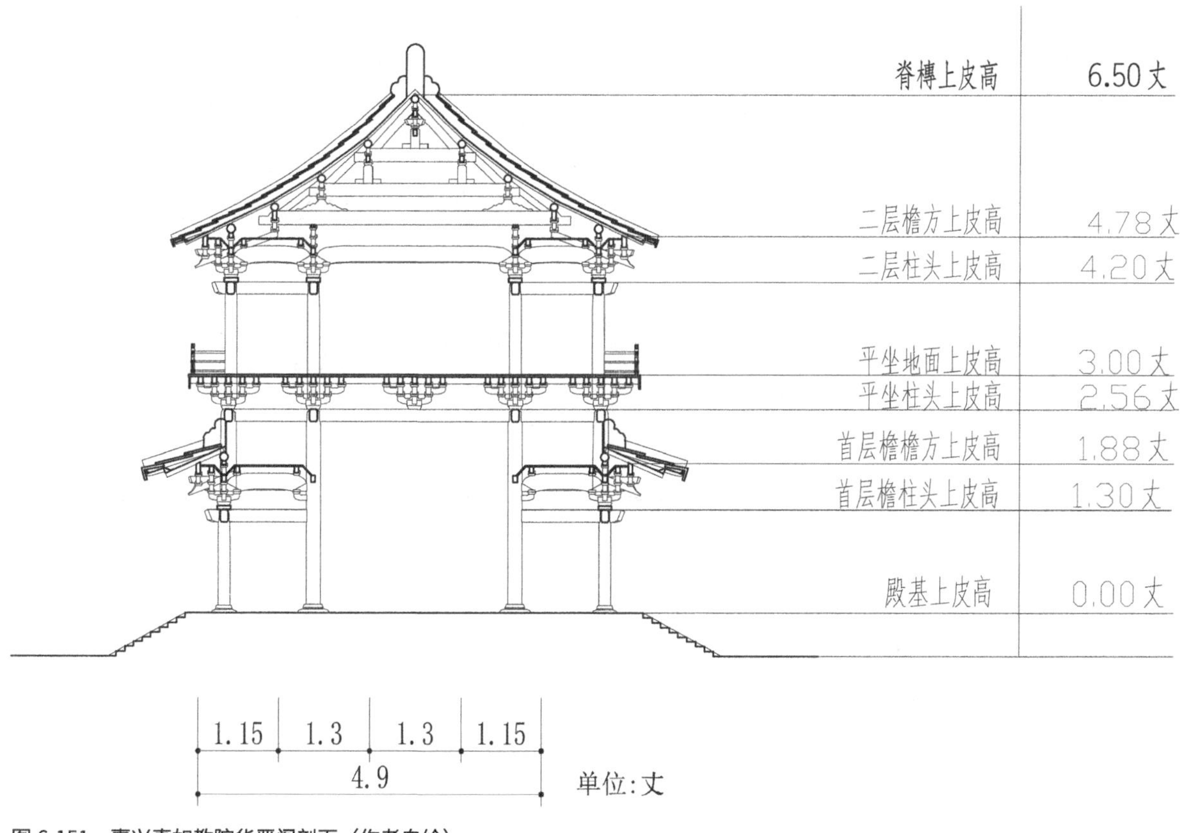

图 6-151　嘉兴真如教院华严阁剖面（作者自绘）

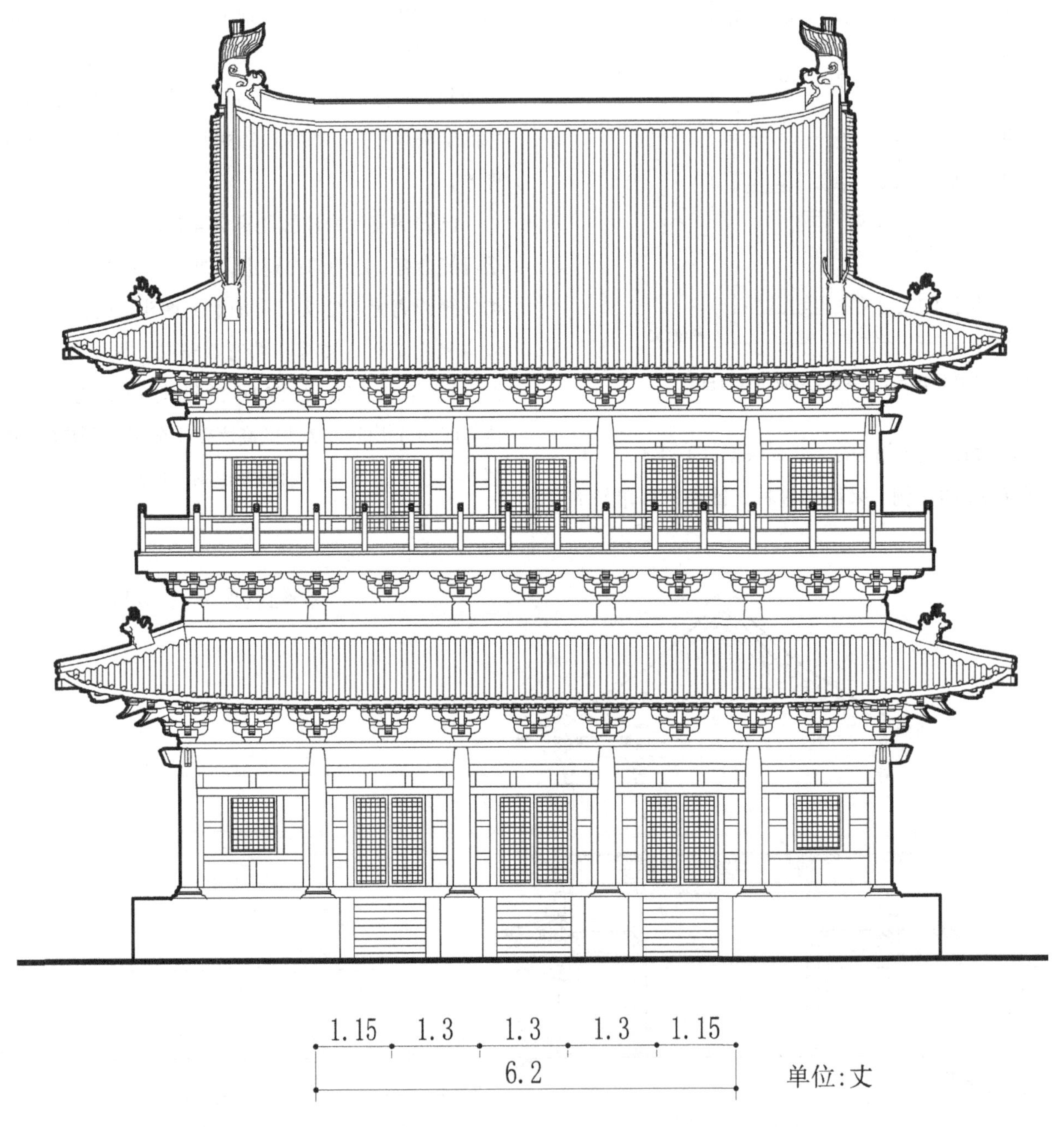

图 6-152　嘉兴真如教院华严阁正立面（敖仕恒绘）

图 6-153　嘉兴真如教院华严阁侧立面（敖仕恒绘）

这也说明，本文推测出的华严阁的基本高度、开间、斗栱尺度是比较接近历史真实的。

第五节
史料中所见两宋寺院中几座佛塔建筑的复原探讨❶

如果说，南北朝与隋唐时期，佛塔或舍利塔在寺院中几乎具有中心性的地位，那么两宋时代寺院中的佛塔则没有早期寺院那样多，有的位置没有那么重要，尺度上也没有南北朝与隋唐时期的佛塔那么高大和宏伟。但在两宋时期的史料中，我们还是可以发现一些佛塔或舍利塔的相关资料。

1. 润州甘露寺舍利塔

古润州大约相当于今日江苏省的镇江地区。北宋端拱元年（988 年）润州甘露寺内的东侧新建了一座舍利塔。据史料记载，其塔："材用工役，必求善良；规模制度，必据经法。其高七十尺，其周二十步，八隅莹玉，五盖凌霄，游居之徒，莫不称叹。"❷从文字的描述中，可知这可能是一座石塔，塔平面为八角形，塔的造型似乎是五重檐。

塔的基本尺度是周回 20 步、高 70 尺。以一步为 5 尺，则其塔八边形的周长为 100 尺。也就是说，八边形每侧的边长为 12.5 尺。我们可以设定首层塔的每边分为三开间，当心间间广 5.5 尺，两次间间广 3.5 尺。

由于是一座向上的高塔，其柱子比例应该有一个向上的冲力，故一般会将首层柱子设计得高于其当心间的间广。而将第三层柱子的当心间间广与柱子高度取齐，这样可以构成较好的比例。著名的杭州闸口白塔就是这样处理的。故这里将首层塔柱子高度设定为 6.5 尺。其上用斗栱，因为这是一座总高仅有 70 尺的小塔且塔还需要分为 5 层，故其所用斗栱的材分无疑是比较小的。这里设定其斗栱用八等材，材高 4.5 寸。

首层柱头用五铺作单杪单昂斗栱，斗栱上用叉柱造承其上平坐柱，平坐柱头上再用一跳华栱形成等级较低的斗口跳铺作形式。通过绘图可推出首层柱头距离二层平坐地面的高度差为 8.23 尺。这一尺寸包括了外檐柱头铺作、平坐柱及阑额和平坐斗栱的高度以及平坐板的厚度。由此推算出的二层楼面标高为 14.73 尺。

二层以上的逐层柱子高度递减，以每层减 0.5 尺为率，则二层柱子高度取为 6 尺，第三层柱子高度取 5.5 尺。也就是说，塔之第三层柱子高度与当心间间广正好相同，在立面外观上形成了一个正方形。第四层柱子高度取为 5 尺，第五层柱子高度取为 4.5 尺。

在第二层柱头与第三层楼面板，第三层柱头与第四层楼面板以及第四层柱头与第五层楼面板之间，因为都用了相同的外檐铺作、平坐柱及平坐斗栱，因此也都保持了同样的 8.23 尺的高度。如此可知，第三层地面标高为 28.95 尺，第四层地面标高为 42.68 尺，而第五层楼面标高为 55.91 尺。至第五层檐柱柱头，与塔基地面的高度差为 60.41 尺。第五层柱头铺作仍用八等材五铺作单杪单昂的做法，其橑檐方上皮与柱头上皮的高度差为 2.7 尺，也就是说，第五层塔橑檐方上皮与塔基地面的高度差为 63.11 尺。

从塔身平面的角度来看，为保持塔首层八边形轴线的每边边长为 12.5 尺，其相对两条边的轴线距离约为 29.81 尺，以此为基础，以上逐层柱缝向内收进，以每层每面向内收进 1.65 尺为率（这其中也包括了各层平坐柱向内的收进），则第二层楼面相对两条边的轴线距离为 26.51 尺；第三层楼面相对两条边的轴线距离为 23.21 尺，第四层楼面相对两条边的轴线距离为 19.91 尺，第五层楼面相对两条边的轴线距离为 16.61 尺（图 6-154）。

---

❶ 本论文属国家自然科学基金支持项目，项目名称：《5—15 世纪古代汉地佛教寺院内的殿阁配置、空间格局与发展演变》，项目批准号为：51078220。

❷ ［宋］徐铉．润州甘露寺新建舍利塔记 // 曾枣庄，刘琳．全宋文 第 2 册．上海：上海辞书出版社；合肥：安徽教育出版社，2006:241．

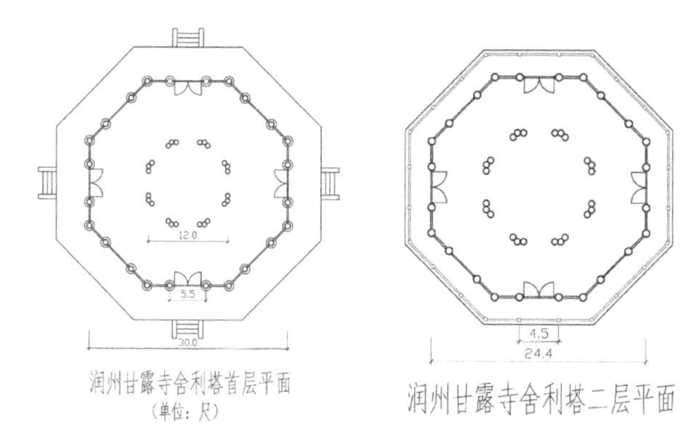

图 6-154　润州甘露寺舍利塔首层与二层平面（作者自绘）

以其第五层柱头斗栱为八等材，用五铺作单杪单昂，其橑檐方缝与柱头缝的出跳距离为 1.8 尺加上前后柱缝的距离，则塔身第五层相对两条边柱头斗栱橑檐方缝的距离为 20.21 尺。这里是塔顶起举的标高位置，以前后橑檐方缝距离 20.21 尺的 1/3，即 6.74 尺来计算举高，则其塔脊栋位置的标高当为：63.11 尺 + 6.74 尺 = 69.85 尺。考虑到可能的误差，其脊栋距离塔基地面的高度应该与记载中的 70 尺是吻合的。其上可以再加上一个塔刹的高度，取其刹高为 10 尺，则其塔刹顶的高度为 80 尺（图 6–155，图 6–156，表 6–32）。

润州（镇江）甘露寺尚存，但由于岁月久远，这座石筑舍利塔的旧迹已难寻觅，好在寺内尚存一座宋代时的铁塔，原为九级八面，在明代海啸时遭毁，尚存 3 级（图 6–157），可供今人凭吊思古之幽情。

2. 泗州水陆禅院舍利塔

北宋时期一位具有科学意识的文人沈括曾经撰有一篇《泗州龟山水陆禅院佛顶舍利塔记》并给出了这座舍利塔的高度尺寸：“庆历中，诏遣中贵人持佛顶骨舍利，函以金塔，坎于山胁，于是即山为宫，逶蛇登降，环络弥布。中为浮图十有三成，为高二百有五十尺。面峙峻阁，而复殿翼其后，廊疏句缭。”[1] 然而这里给出的仅有塔的层数与高度却没有给出塔的平面造型与长宽尺寸。

以其塔高 250 尺分为 13 层，平均每层的高度约为 19.2 尺。如果算上塔顶的高度，则其每层塔檐的高度不会超过 18 尺。我们不妨将首层柱子高度假设为 10 尺，其上每层按 0.5 尺递减，减至第十三层时柱子高度为 4 尺。各层都有平坐，以其斗栱用五等材，材高为 0.66 尺，其各层柱头外檐铺作用五铺作单杪单昂，首层与第二层平坐斗栱用五铺作出双杪的做法，自第三层平坐始至第十三层平坐，其下皆用斗口跳的做法。则下层柱头与上层楼面板的高度差，通过作图可以推测出，第二层楼面与首层柱头以及第三层楼面与二层柱头之间的高度差为 12 尺；以上各层平坐地面与下层柱头的高度差均为 11.14 尺。这一高度包括了柱头上

表 6-32　润州甘露寺舍利塔高度控制尺寸

单位（尺）

层级	第 1 层	第 2 层	第 3 层	第 4 层	第 5 层	累积	顶层举高	脊栋标高
各层柱高	6.5	6.0	5.5	5.0	4.5	27.5		
平坐地面标高		14.73	28.95	42.68	55.91			
上层地面与下层柱头高度差		8.23	8.23	8.23	8.23	32.92		
橑檐方上皮高	9.2	8.7	8.2	7.7	7.2	63.11	6.74	69.85
累积高度		23.43	37.15	50.38	63.11			

[1] ［宋］沈括．泗州龟山水陆禅院佛顶舍利塔记 // 曾枣庄，刘琳．全宋文第 77 册．上海：上海辞书出版社；合肥：安徽教育出版社，2006:37.

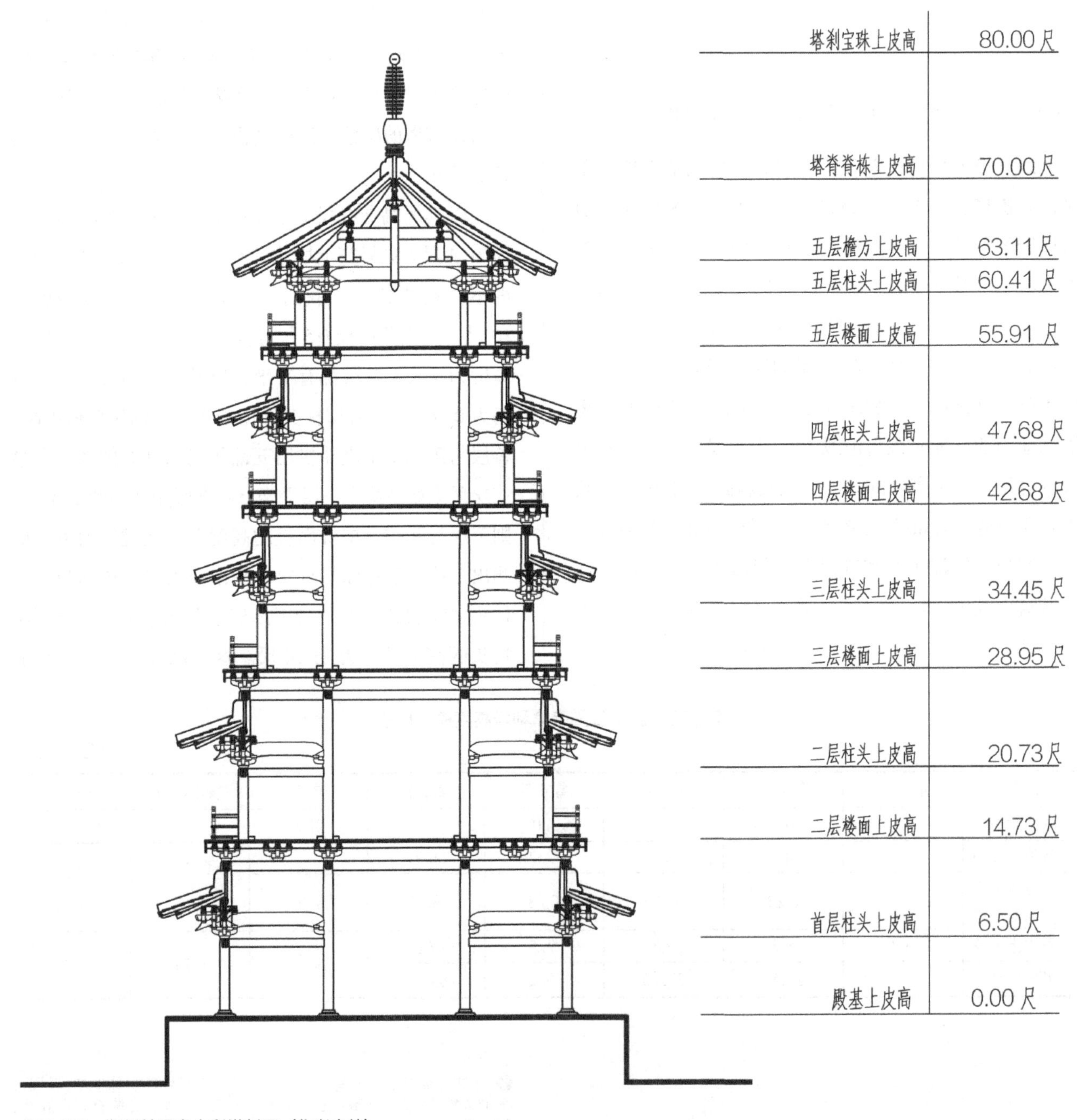

图 6-155　润州甘露寺舍利塔剖面（作者自绘）

图 6-156　润州甘露寺舍利塔立面复原（张亦驰绘）

图 6-157　镇江（润州）甘露寺尚存宋代铁塔（孙大章，傅熹年，罗哲文，等. 梵宫——中国佛教建筑艺术 [M]. 上海：上海辞书出版社，2006.）

的斗栱高度、平坐柱与平坐斗栱高度和平坐地面板的厚度。由此推测出 13 层塔各层的柱子高度及平坐地面板标高，可以见表 6–33。

表 6-33　泗州水陆禅院舍利塔高度控制尺寸

单位（尺）

塔层	各层柱子高度	各层平坐地面与下层柱头高度差	平坐地面标高	橑檐方上皮高	举折高	脊榑高
1	10.0			14.26		
2	9.5	12	22.0	35.76		
3	9.0	12	43.5	56.76		
4	8.5	11.14	63.64	76.4		
5	8.0	11.14	83.28	95.54		
6	7.5	11.14	102.42	114.18		
7	7.0	11.14	121.06	132.32		
8	6.5	11.14	139.20	149.96		
9	6.0	11.14	156.84	167.1		
10	5.5	11.14	173.98	183.74		
11	5.0	11.14	190.62	199.88		
12	4.5	11.14	206.76	213.52		
13	4.0	11.14	222.40	230.10	19.90	250.0

如此推算出的第 13 层楼面标高为 222.4 尺。其上加第十三层檐柱，高 4 尺，柱头上用五铺作单杪单昂斗栱，五等材，斗栱高度即橑檐方上皮与柱头上皮的高度差为 3.7 尺，故而可以推出第十三层外檐铺作橑檐方上皮与塔基地面的高度差为 230.1 尺。以作图方式推出其斗栱出跳距离，即橑檐方缝与外檐柱缝的距离为 2.65 尺。

通过以上推测得出的第十三层橑檐方上皮标高 230.1 尺，距记载中的塔顶结构高度 250 尺尚有 19.9 尺的高度差。可反推第十三层塔前后橑檐方的距离。以其举高为前后橑檐方距离的 1/3 推算则可以知道，第十三层塔前后橑檐方的距离当为 19.9 的 3 倍，即 59.7 尺。如果减去前后檐各 2.65 尺的斗栱出跳距离则这座塔第十三层相对两条边的柱缝距离为 54.4 尺。这里取整为 54 尺。可以这一基本尺度推算出各层的平面尺寸（图 6–158）。

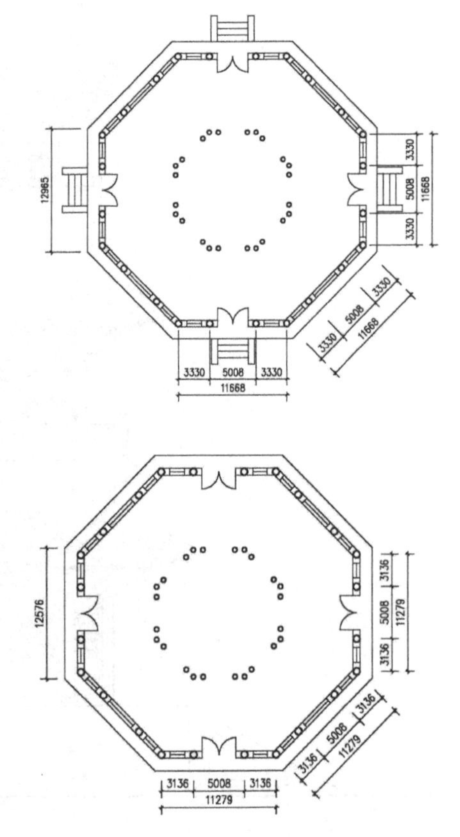

图 6-158　泗州水陆禅院舍利塔首层二层平面（作者自绘）

由于这是一座北宋时期的舍利塔，故可以推测这很可能是一座八角形平面塔。也就是说，这座塔的第十三层相对两檐的柱子距离为54尺，由此可以推出其八边形每边的边长约为21.9尺。

假设这座塔的收分是按每层收入3尺（每侧1.5尺）计算的，则可以由顶层的相对两檐柱子距离反推各塔层的前后（或左右等）檐柱距离，从第13层向第一层逐层递增的数据分别是：54、57、60、63、66、69、72、75、78、81、84、87、90尺。也就是说，这座塔首层前后檐柱缝距离为90尺。如此可以推算出首层八角形塔每面的边长为37.28尺。

可以将每层的八个面都按三开间设置，例如，顶层当心间为10尺，两次间为5.95尺。首层当心间为16尺，两次间为10.64尺。如此可以类推出各层的每面边长与各间间广，当然其上各层的逐间间广随着塔身平面的缩小也相应有所变化。据此，可以绘出这座高250尺，共13层的北宋舍利塔的剖面及外观。在塔顶之上还应有塔刹，取塔结构高度的1/10，则其高应该在25尺左右，而塔刹顶端距离地面的高度为275尺（图6-159，图6-160）。

3. 东京护国禅院大安塔

北宋东京左街护国禅院内有一座佛塔称为大安塔，创建于北宋乾德六年（968年），宋人夏竦撰《大安塔碑铭》记录了这座塔及寺的一些梗概："美哉！四门九级，岌嶪天中，十盘八绳，晃曜云际……由二级而上，命奉安祢庙至宣祖皇帝四室神御，并列环卫，拱侍左右。自余缘塔功德未具者，皆省服御成之。由是贤劫之像，萨埵之容，无佐星纬，八部人天，分次峻层，罔不咸备……是塔庀工二十年，规平三百尺，高二引有六丈，经用一亿，旁庑佗舍，无虑五百楹。"[1]

如前面已经谈到的，这座塔前有献殿，左右有夹殿，塔前还矗立有经藏阁与钟楼。可知其塔在寺院中仍处于中心地位。这里所载塔的高度为"二引有六丈"，以一引为10丈，可知塔高26丈。而所谓塔"规平三百尺"不知何意。这里存在两种可能，一是塔周长为300尺，二是塔的面积为300平方尺。若这里是指面积，则可反推出其塔的直径在9.8尺左右，这显然是一个太小的数字。所以可推定这里的300尺应该指的是塔的周长。

以其周长为300尺，设想塔为八边形则每面的边长为37.5尺。由此可以反推出其首层相对两边柱子的距离为90.5尺。而其塔为九层，但这里说是"四门九级……十盘八绳"。所谓10盘应该是有10重塔檐，而八绳应指塔顶上八个角与塔刹顶端之间所设的绳链。由此可以推知的是，这座塔为八角形平面，九层十檐。即塔的首层应该是一个有副阶的重檐屋顶。

先以首层塔每面边长为37.5尺，其相对两条边的垂直距离为90.5尺。设想在首层塔有一圈周匝副阶。假设首层塔身部分的前后檐距离控制在68尺，则副阶柱与塔身檐柱的柱间距为11.25尺。

副阶部分每侧37.5尺的长度可以分为三开间，如当心间为15尺，两次间为11.25尺与副阶进深柱距相同。而其首层塔身相对两条边垂直距离为68尺，则其八角形每面边长为28.2尺。若仍将其分为三间，当心间设定为12尺，则两次间为8.1尺。以塔副阶及塔首层柱子的基本尺度，可通过逐层收分的方式推出各层塔每面的边长、柱距及柱、檐的高度。

先从柱子高度以及相应的各层柱头铺作橑檐方上皮标高与各层平坐高度做一个简单的推测。假设首层副阶柱子的高度为12尺，其上用二等材，六铺作双杪单昂，则其上斗栱的高度（橑檐方上皮与副阶柱头高差）为6.4尺。加上副阶屋顶的起坡，首层塔身柱的高度应为28尺。

首层塔身柱柱头之上用平坐柱，平坐柱顶的标高约为39.65尺，平坐柱上再用五铺作出双杪斗栱加上

[1] ［宋］夏竦．大安塔碑铭//曾枣庄，刘琳．全宋文第17册．上海：上海辞书出版社；合肥：安徽教育出版社，2006:212.

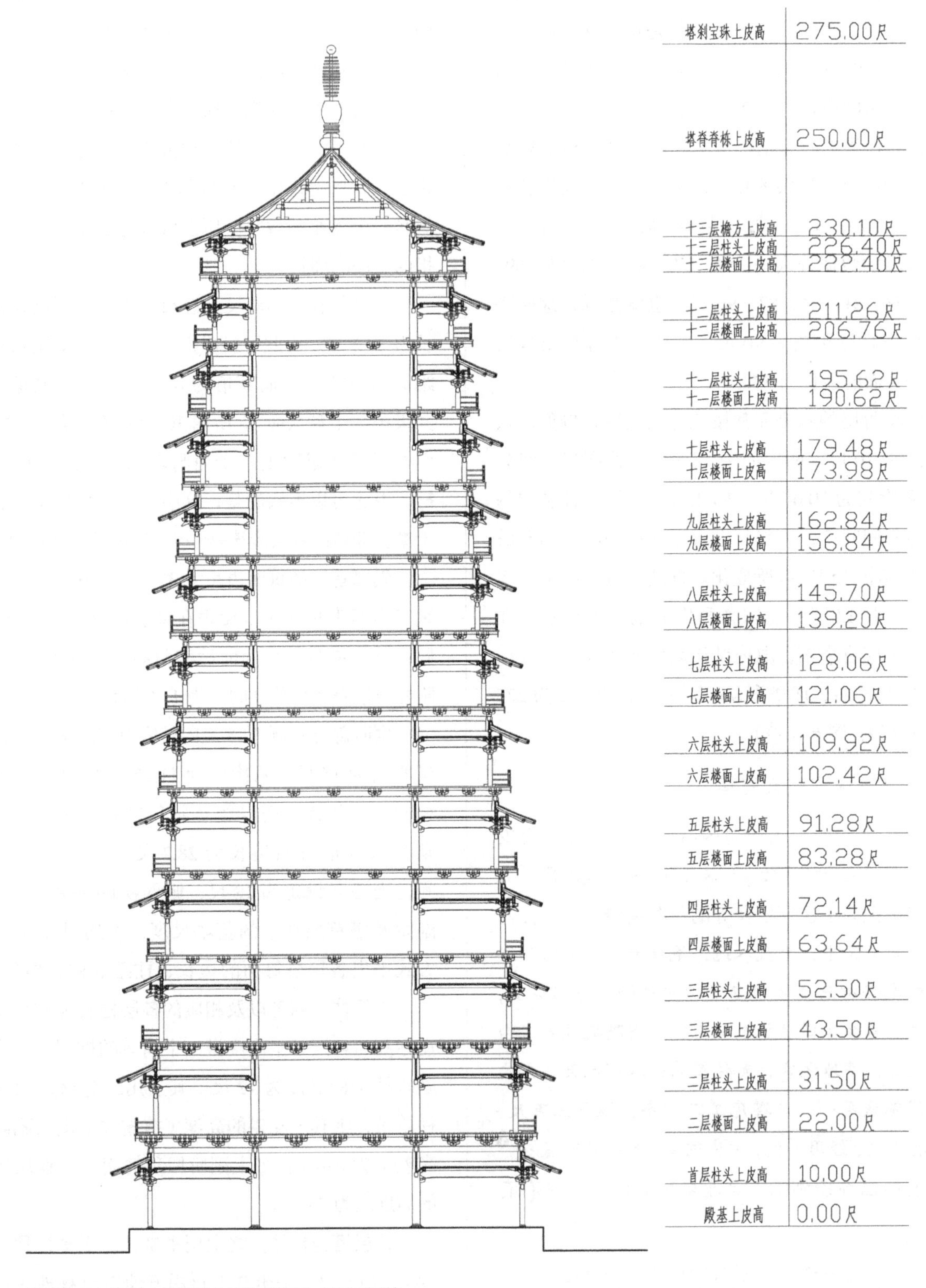

图 6-159　泗州水陆禅院舍利塔剖面图（作者自绘）

图 6-160　泗州水陆禅院舍利塔剖面图（李德华绘）

平坐板的厚度，则二层平坐地面标高为 43.73 尺。

二层平坐地面上立第二层檐柱，其高设定为 14 尺。以这一柱高为基数，其上逐层递减，每层减 1 尺则第三层檐柱高 13 尺，第四层柱高 12 尺，第五层 11 尺，第六层 10 尺，第七层 9 尺，第八层 8 尺，第九层 7 尺（图 6–161）。

再来看各层平坐柱、平坐斗栱及平坐板。如果各层平坐柱铺作不变的话，可将这一数字确定为一个基本数，即通过作图的方法推算出自下层外檐柱头至上层平坐地面板的高度为 15.73 尺。这样可推测出各层的结构高度（表 6–34 及图 6–162）。

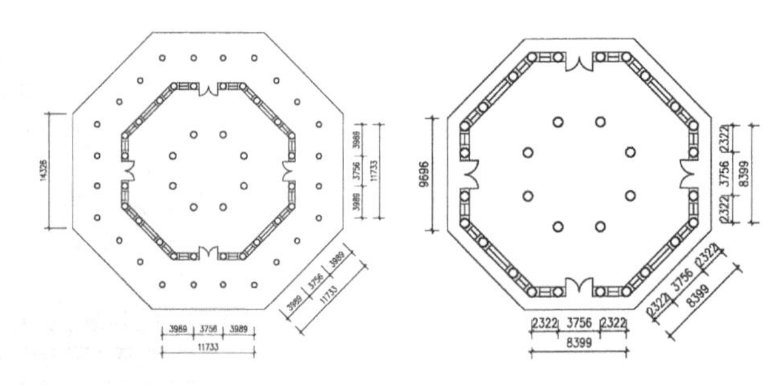

图 6-161　东京护国禅院大安塔首、二层平面（作者自绘）

表 6-34　东京护国禅院大安塔高度控制尺寸

单位（尺）

层数	副阶	首层	2 层	3 层	4 层	5 层	6 层	7 层	8 层	9 层
各层柱高	12	28	14	13	12	11	10	9	8	7
平坐地面标高			43.73	73.46	102.19	129.92	156.65	182.38	207.11	230.84
橑檐方上皮高	18.4	34.0	63.73	92.46	120.19	146.92	172.65	197.38	221.11	243.84
塔顶举折高										16.16
塔顶脊栋高										260

以此推测出塔顶层外檐铺作橑檐方上皮标高为 243.84 尺，距离塔顶结构最高点为 16.16 尺。这应该就是顶层塔屋顶的起举高度。以此高度，按 1/3 的举折比例可反推出其塔顶层前后橑檐方距离应该为 48.48 尺。以每侧出挑距离为 4.95 尺计，则两侧共出挑 9.9 尺。所余 38.6 尺，当为其塔顶层相对两边的垂直距离。与首层塔身相对两边垂直距离 68 尺之间的差距为 29.4 尺。这应该就是整座塔在九层范围内的最大收分尺寸（图 6–163）。

将这一尺寸均匀分摊到 8 层之中，每层应退进 3.67 尺余，也就是说，自首层平坐上的第二层起，每层塔身每侧的柱子要向内收入 1.835 尺的距离。这应该还是一个比较适宜的收分比例。实际上，如果加上各层柱子向内侧脚，这一收分的处理还会更优雅一些。

4. 江宁崇教寺辟支佛塔与南岳弥陀塔

这里还有两座塔，一座是北宋江宁县牛首山崇教寺的辟支佛塔，另外一座是南宋南岳山的弥陀塔。两座塔的尺度似乎都不是很高大，记载中的可分析数据相对也比较贫乏，这里或可以做一个简单的介绍。

释普庄皇祐二年（1050 年）撰《圣宋江宁府江宁县牛首山崇教寺辟支佛塔记》提到这座寺院的僧人在天圣年间（1024—1032 年）："欲于山顶建造砖塔，以标胜迹。"[1] 这里其实透露出了一个重要信息：北宋时期的僧人，对于寺院建筑的标志性有了更为强烈的主观意识。如前面提到两宋寺院往往会凸显"三门雄峙"就是出于这样一个心态。而这里这座辟支佛塔的建造

[1] [宋]释普庄．圣宋江宁府江宁县牛首山崇教寺辟支佛塔记 // 曾枣庄，刘琳．全宋文第 43 册．上海：上海辞书出版社；合肥：安徽教育出版社，2006:239.

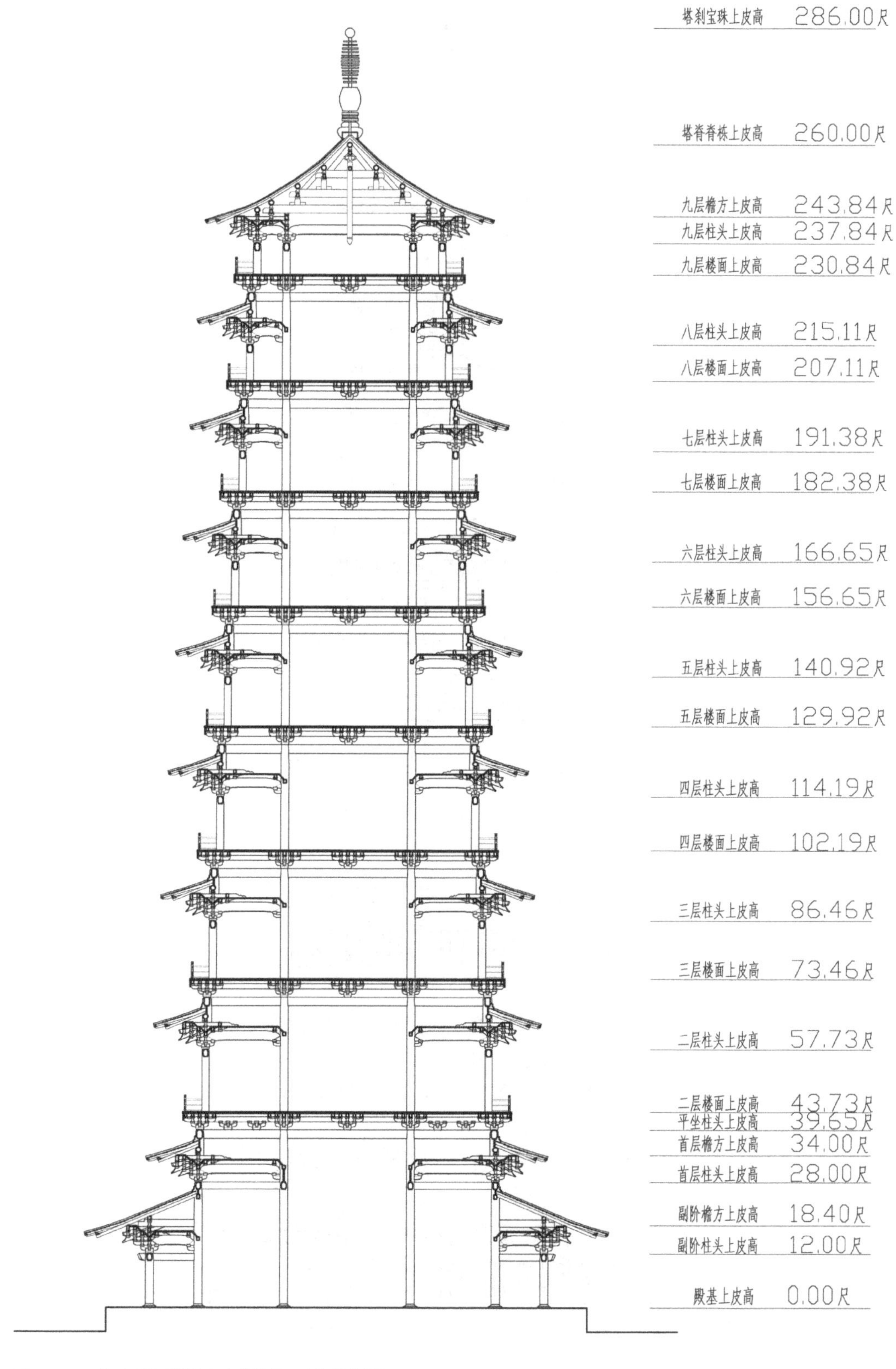

图 6-162 东京护国禅院大安塔剖面（作者自绘）

图 6-163 东京护国禅院大安塔立面（胡南斯绘）

目的也表达同样了彰显寺院位置、标志寺院胜迹的主观意图。

当然这座辟支佛塔的相关记述比较模糊，文献中仅提到："于洞前按图定址，审曲面势，下葬舍利，上建砖塔，总高四丈五尺，中安辟支佛夹苧像一躯，粹容俨若，宝塔高妙，瞻者睹者，罔不发菩提心耶？"[1]可知这座塔的高度仅有45尺（约合14.1米），塔中供奉有夹苧佛像一躯。这里既没有提到塔的层数也没有提到塔首层的相关长宽尺度，故无法做进一步的分析。从塔中供奉有佛像，令人联想到现存山东历城县神通寺四门塔（隋）或河南安阳修定寺塔（初创于北齐，唐重修）。神通寺四门塔是一座单层方形四坡檐塔，四面设门，中间立柱的四个方向都有佛像，塔边长7.38米，高度约在13米[2]，而修定四塔也是一座四边形单层单檐塔，其边长为8.3米，塔身高度为9.3米[3]。塔内有一个大约4米见方的空间可供奉佛像。这里的塔身高度应该没有包括其上塔刹的高度，由于两者的边长比较接近，其塔总高也应该在13米左右。

由此可猜测这座高约4.5丈，中安辟支佛夹苧像一躯且被建造于山顶之上的江宁崇教寺辟支佛塔很可能也是一座方形、单层单檐砖石塔。其高度与神通寺四门塔及修定寺塔比较接近，故其底边的四个边长也应该在8米左右（或折合北宋尺2.5丈左右），前辟一门，内有一个约4米（1.25丈）见方的内室可以供奉辟支佛。塔下当有地宫、瘞安佛舍利。当然这只是一种猜测，并无史料、考古或结构逻辑上的严密推证，权当是对曾经存在过的一座历史建筑的某种聊胜于无的想象吧。

另外一座由释法忠于绍兴三年（1133年）所撰《南岳山弥陀塔记》所载石塔，相关的记载稍微详细一点："……僦工砻石，建窣堵波一所凡七级，高三丈有二，立于南岳罗汉洞妙高台之右，藏念佛人名于其中。"[4]这里给出了两个重要数据：一个是塔有七级，另一个是塔高3.2丈。但没有有关平面为方形或八角的描述，且从高度上看似乎又像是一个密檐小塔的造型。故对其可能形态的推测与想象难度就更大了。因此这里不做进一步的分析，留待文献或考古资料的进一步发掘。

[1] [宋]释普庄．圣宋江宁府江宁县牛首山崇教寺辟支佛塔记//曾枣庄，刘琳．全宋文第43册．上海：上海辞书出版社；合肥：安徽教育出版社，2006:239.

[2] 刘敦桢．中国古代建筑史（第二版）[M]. 北京：中国建筑工业出版社，1984:144.

[3] 李裕群．安阳修定寺塔丛考//王贵祥，贺从容．中国建筑史论汇刊．第五辑．北京：中国建筑工业出版社，2012：185.

[4] [宋]释法忠．南岳山弥陀塔记//曾枣庄，刘琳．全宋文第174册．上海：上海辞书出版社；合肥：安徽教育出版社，2006:98.

第七章 几座元代重要殿阁建筑的复原探讨

第一节
元上都开平宫殿建筑大安阁复原研究

一、独立特行的元代宫殿格局

中国历代宫殿建筑多是按照先秦周代天子之宫的仪制，大略依据前朝后寝的制度建造的。现存明清北京故宫前三殿、后三宫的格局，代表了隋唐以来中央王朝宫殿建筑的基本格局，又如隋唐西京长安城的西内太极宫和东内大明宫、隋唐东都洛阳宫殿、宋代汴梁大内宫殿以及明代南京宫殿与北京宫殿。清代入主中原以后，仍然沿用了明代北京宫殿的制度及格局。

曾经在北京地区建都的辽南京宫殿和金中都宫殿，由于受到中原汉地汴梁北宋宫殿的影响，很可能也采用了与宋代宫殿相似的前三殿、后三宫的布局形式。若果如此，则自公元6世纪末的隋代开始至20世纪初的1911年，中国宫殿建筑的主要布局形式就是我们所熟知的前朝后寝与前三殿、后三宫格局。当然也有一个例外，就是偏安一隅的南宋临安宫殿。南宋宫殿无论在规模上还是在建筑等级上都不可能与隋唐或北宋王朝同日而语，这显然与一直以“行在”而称呼的南宋临安并没有真正被确定为一个永久性的天子之宫有关。然而在1300余年中所有那些中央王朝的宫殿建筑实例中，有两个例子比较引人瞩目，一个是元世祖忽必烈在入主中原之前建造的元上都中的宫殿，另外一个就是忽必烈入主中原之后所建造的元大都城内的大内宫殿。如我们所熟知的，元大都宫殿虽然也用了前朝后寝的传统宫殿制度，却没有采用唐宋与明清宫殿建筑中习见的前三殿、后三宫的平面形式，即不像唐宋或明清宫殿那样将外朝或内寝各自区分为三座独立的殿堂，而是采用了元代宫殿所特有的前为大明殿、后为延春阁的形式，两者都是以用回廊环绕的大型整体式工字形殿堂为基本的造型形式，以更大体量和更为繁复室内空间为特征的宫殿建筑形式。

据我们所了解的情况，元上都的宫殿布局更为特立独行，其中最为重要的建筑物并非中国古代宫廷中常见的大型殿堂，而是一座楼阁。这座楼阁建筑的功用既是宫殿的前殿也是宫殿的正衙，一座楼阁兼有如此重要的作用，在中国宫殿建造史上几乎是绝无仅有的。有趣的是，这样一座用于宫廷前殿与正衙的大型楼阁却是将一座由其所占领的宋、金的都城——汴梁城中原有的宋代皇家楼阁建筑迁移建造而成的。也就是说，这座楼阁远比元上都以及元蒙统治者本身的历史久远。

二、元上都大安阁与宋、金汴梁熙春阁

蒙古人最早的宫殿建筑是建造于哈剌和林城中的万安宫。万安宫建于太宗窝阔台汗七年（1235年），相当于南宋理宗端平二年或金代灭亡后的第一年。这时距离南宋王朝的灭亡还有44年的时间。《元史》中记载了这一事件：“七年乙未春，城和林，作万安宫。”❶万安宫的建造用了一年时间：“八年丙申春正月，诸王各治具来会宴。万安宫落成。”❷

元世祖忽必烈在元代统治者入主中原之前的南宋宝祐四年（1256年），开始经营元上都城并建造了上都宫殿：“岁丙辰，春三月，命僧子聪卜地桓州东、滦水北，城开平府，经营宫室。”❸

关于上都开平城宫殿建筑建造过程的详细记载并不多，《元史》上仅提到了世祖至元三年（1266年）“建大安阁于上都”。❹大安阁显然是一座十分重要的建筑物，因为在元世祖于至元三十一年（1294年）驾崩之后其孙元成宗铁穆耳就是在上都的大安阁登上帝位的：“甲午，即皇帝位，受诸王宗亲，文武百官朝于大

---

❶ 文献[2].[明]宋濂．元史．卷二．清乾隆武英殿刻本．

❷ 文献[2].[明]宋濂．元史．卷二．清乾隆武英殿刻本．

❸ 文献[2].[明]宋濂．元史．卷四．清乾隆武英殿刻本．

❹ 文献[2].[明]宋濂．元史．卷六．清乾隆武英殿刻本．

安阁。”❶这在元代入主中原以后的前数十年中似乎成为一个惯例，元大德十一年（1307 年）元成宗崩，元武宗也是在大安阁登基的：“甲申，皇帝即位于上都，受诸王文武百官朝于大安阁，大赦天下。”❷元天历二年（1329 年），文宗图帖睦尔也是在上都大安阁复位登基的：“己亥，帝复即位于上都大安阁，大赦天下。”❸关于文宗即位于上都大安阁这一史实，也见于文人的笔记，如元人陈旅所撰《安雅堂集》，卷七，“上都分学题名记”记载了他以国子助教的身份于“天历二年六月”伴读于上都，“是岁八月望日，皇帝御大安阁，正大位，大赦天下，与民休息。”❹

何以将元上都宫殿的前殿取名“大安”，其中寓含了什么样的意义呢？在中国历史上“大安”一词与宫殿的联系由来已久。唐代宫城之西有大安宫，太宗朝时唐高祖李渊就居住在大安宫。但这似乎是一座规制不很宏伟、地位也不很显赫的宫殿，唐人马周曾上书太宗：“臣伏见大安宫在宫城之西，其墙宇宫阙之制，方之紫极，尚为卑小。”❺辽代时仍设有大安宫，宫中设大安殿，辽道宗时还曾以“大安”为年号。金代时则将中都宫殿的正殿命名为“大安殿”，其前有“大安门”。大安殿前左右对峙有广祐楼与弘福楼。其位置与格局和清代紫禁城正衙太和殿及其前体仁阁、弘义阁及太和门的关系几乎同出一辙（图 7-1）。从这一点也可以知道，大安阁在金代宫殿中的至尊地位。元世祖至元四年（1267 年）五月“升开平府为上都。”❻

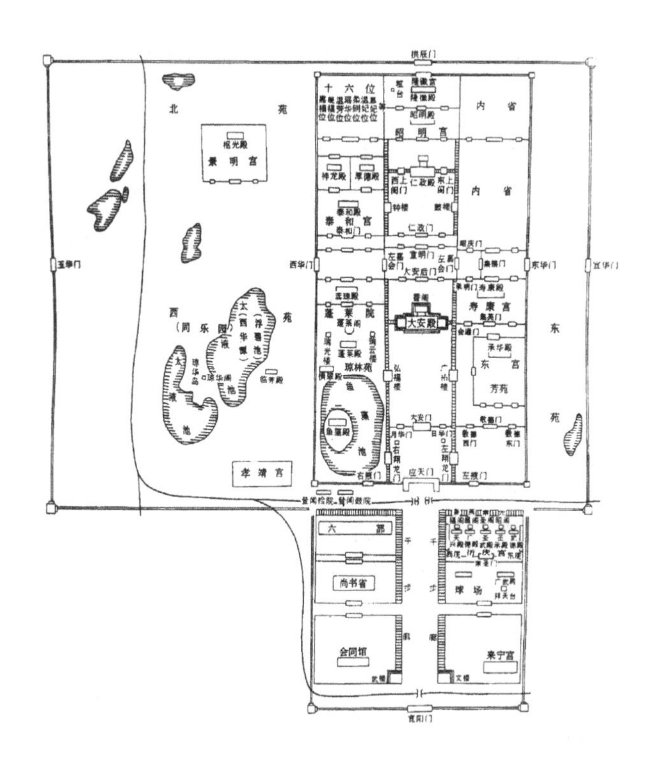

图 7-1　金中都皇城与宫城平面图（潘谷西．中国古代建筑史·第四卷 [M]. 北京：中国建筑工业出版社，2001.）

同一年的十二月，“建大安阁于上都。”❼这应该是元代立国以后所建立的第一座宫殿建筑群，因而这里的“大安阁”很可能是模仿金中都宫殿正殿“大安殿”而设置的。但元人并没有在这个最为重要的位置上建造一座大殿，而是将一座从宋、金汴梁城内迁移而来的比一般大殿更为宏伟的楼阁建筑矗立在了正殿的位置上。

清人修《四库全书》时为《钦定日下旧闻考》作疏曰：

“臣等谨按禁扁，大安阁、水晶殿俱在上都。八月十一日上都大安阁成，盖拟于大都之正殿。元文宗、成宗即位皆在大安阁。其地并是上都，考析津志，每

❶ 文献 [2]. [明] 宋濂．元史．卷十八．清乾隆武英殿刻本．

❷ 文献 [2]. [明] 宋濂．元史．卷二十二．清乾隆武英殿刻本．

❸ 文献 [2]. [明] 宋濂．元史．卷三十三．清乾隆武英殿刻本．

❹ 文献 [1]. 集部．别集类．金至元．安雅堂集．卷七．

❺ 文献 [2]. [五代] 刘昫．旧唐书．卷七十四．列传第二十四．高宗上．清乾隆武英殿刻本．

❻ 文献 [2]. [明] 宋濂．元史．卷五．本纪第五．世祖二．清乾隆武英殿刻本．

❼ 文献 [2]. [明] 宋濂．元史．卷六．本纪第六．世祖三．清乾隆武英殿刻本．

年四月驾幸上都，至八月内或九月初始还大都。”❶

这里说得十分明白，即大安阁相当于大都宫殿中的正殿，是天子举行登基大典的地方（图 7-2，图 7-3）。清人《钦定日下旧闻考》中在谈到“前代帝后未有并临朝者，惟元则然”时，还提到了元人诗句：“大安楼阁耸云霄，列坐三宫御早朝。”❷另据元人虞集所撰《道园学古录》所载：

“世祖皇帝在藩以开平为分地，即为城郭、宫室，取故宋熙春阁材于汴，稍损益之，以为此阁。名曰大安，既登大宝，以开平为上都，宫城之内不作正衙。此阁巍然，遂为前殿矣，规制尊稳秀杰，后世诚无以加也。”❸

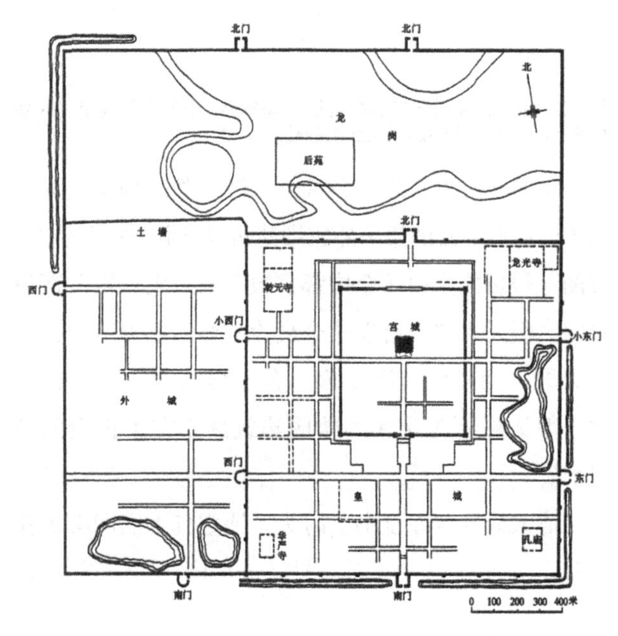

图 7-2　元上都平面图（潘谷西．中国古代建筑史·第四卷 [M]. 北京：中国建筑工业出版社，2001.）

❶ 文献 [1]．史部．地理类．都会郡县之属．钦定日下旧闻考．卷三十二．

❷ 文献 [1]．史部．地理类．都会郡县之属．钦定日下旧闻考．卷三十．

❸ 文献 [1]．集部．别集类．金至元．道园学古录．卷十．跋大安阁图．

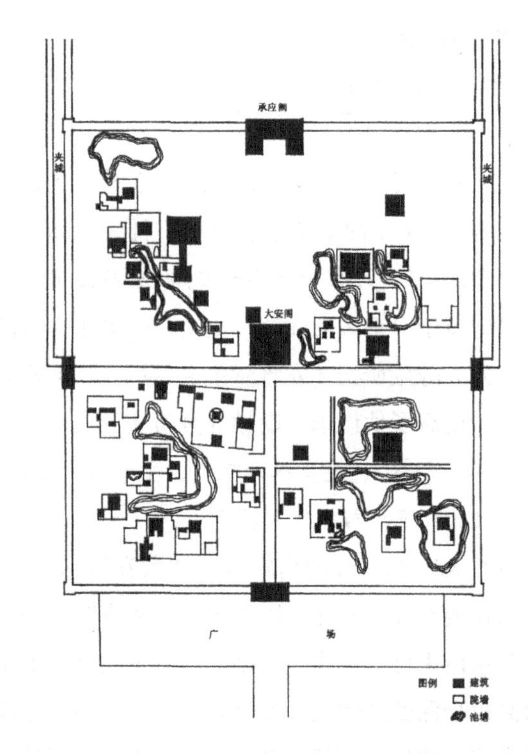

图 7-3　元上都宫殿平面（潘谷西．中国古代建筑史 · 第四卷 [M]. 北京：中国建筑工业出版社，2001.）

这里谈到了大安阁所处的位置是上都宫殿的前殿。然而，从文献中透露出来的点滴史实，元上都大安阁的功能还颇为复杂，如在大安阁中修佛事：“丁亥，修佛事于大安阁。”❹而且重要的是，大安阁中还曾经供奉佛像。据《佛祖历代通载》的记载，元世祖至元三十一年，即甲午年（1294 年），元世祖崩而成宗践位，曾召见藏传佛教的丹巴金刚上师到上都：

“甲午四月成宗践祚，遣使召师，师至庆贺毕……上良久曰，明日月旦，就大安阁释迦舍利像前修设好事，师宜早至。翌日师登内阁，次帝师坐。令必且齐朗宣敕旨，顾问师曰：今已免和上税粮，心欢喜否。师起谢曰：天下僧人咸沾圣泽。”❺

❹ 文献 [2]．[明] 宋濂．元史．卷二十七．清乾隆武英殿刻本．

❺ 见文献 [1]．子部．释家类．[元] 释念常．佛祖历代通载．卷二十二．

由此可知，大安阁中是供奉有藏有舍利的释迦牟尼佛像的。而且，可知那时的大安阁是被称为“内阁”的。此外，大安阁中还举行过道家的仪式活动：“十年正月就上都大安阁，演金箓科仪。”❶在元代中后期，上都大安阁中还可能兼有供奉祖宗神御像的神御殿的功能，这一点见于元代周伯琦的《近光集》：

“曾甍复阁接青冥，金色浮图七宝楹，当日熙春今避暑，滦河不比汉昆明。五色灵芝宝鼎中，珠幢翠盖舞双龙，玉衣高设皆神御，功德巍巍说祖宗。”❷

元英宗至治三年(1323年)，“帝御大安阁，见太祖、世祖遗衣，皆以缣素木绵为之，重加补缀，嗟叹良久，谓侍臣曰：祖宗创业艰难，服用节俭如此，朕敢顷刻忘之。”❸这里还说到了，大安阁是一座装饰十分精美的高大楼阁，并且进一步强调了其前身是宋代汴梁宫殿中的熙春阁这一史实。清代孙承泽的《天府广记》收录了周伯琦的这首《咏大安阁》，其诗后有注曰：“故宋熙春阁移建玉京。”❹据《元史》，周伯琦在元武宗至大年间（1308—1311年）元仁宗为太子时，曾做过翰林待制并为太子说书，仁宗即位后又迁集贤待制等职，《元史》中有其传，说明他是比较接近宫廷内部的人，因而其记述也是比较真实的。

既然元上都大安阁是“取故宋熙春阁材于汴，稍损益之”而成就的，其大致的形式与结构应该与宋汴梁的熙春阁十分接近。那么让我们来看一看熙春阁的造型与尺度，或能对元上都宫殿中的主要建筑大安阁有一个大致的了解。据明人李濂撰《汴京遗迹志》引宋人王恽《熙春阁遗制记》载：

“梓人钮氏者，向余谈熙春故阁，形胜殊有次第，既而又以界画之法为言，曰此阁之大概也，构高二百二十有二尺，广四十六步有奇，从则如之，虽四隅阙角，其方数纡余。于中下断鳌为柱者五十有二，居中阁位。与东西耳构九楹，中为楹者五。每楹尺二十有四。其耳为楹者，各二；共长七丈有二尺。上下作五檐覆压，其檐长二丈五尺，所以蔽亏日月而却风雨也。阁位与平坐，叠层为四。每层以古座通藉，实为阁位者三，穿明度暗。而上其为梯道，凡五折焉。世传阁之经始，有二子掖醉翁过前，将作者曰：此即阁之制也。取具成体，故两翼旁构，俯在上层。栏构之下，止一位而已。其有隆有杀，取其缥缈飞动，上下崇卑之序。此阁之形势，所以有瑰伟特绝之称也。”❺

在宋人眼里，这显然也是一座杰材伟构。而且这是金末兵火之后尚存的汴梁宫殿建筑，作者王恽亦曾亲自登临其上❻，又记录了了解熙春阁建造情况之工匠钮氏所谈之形势、构造，其可信的程度是相当高的。熙春阁的建造时间至迟不会晚于北宋徽宗朝，这由宋人周密所撰《癸辛杂识》别集卷上“汴梁杂事”中有“徽宗每宴熙春”之记载可知。元代陆友仁的《研北杂志》中也提到了熙春阁与宋徽宗的关联：“汴梁熙春阁，旧名壶春堂。宋徽宗称道君时，居撷芳园中，俗呼‘八滴水阁’。汲郡王恽仲谋有《熙春阁遗制记》云云。”❼由此可见，这座熙春阁可能是宋徽宗撷芳园中一座重

---

❶ 见文献[1]．集部．别集类．金至元．[元]王恽．秋涧集．卷四十七．

❷ 见文献[1]．别集类．金至元．[元]周伯琦．近光集．卷一．

❸ 文献[2]．[明]宋濂．元史．卷二十八．本纪第二十八．英宗二．清乾隆武英殿刻本．

❹ 文献[2]．[清]孙承泽．天府广记．卷四十二．诗．周伯琦．咏大安阁．清钞本．

❺ 文献[1]．史部．地理类．古迹之属．汴京遗迹志．卷十五．熙春阁遗制记．

❻ 据王恽《熙春阁遗制记》：“予因念汴自壬辰并后，故苑芜没，惟熙春一阁，岿然独存。昔尝与客三至其上，徙倚周览，虽怅然动麦秀黍离之感，且诧其巍巍壮丽，如神营鬼构，洞心骇目，有不可端倪者。”文献[1]．史部．地理类．古迹之属．汴京遗迹志．卷十五．熙春阁遗制记．

❼ 文献[1]．[元]陆友仁．砚北杂志．卷下．民国景明寶颜堂秘籍本．

要的园林建筑。关于这座撷芳园及园中的壶春堂，《宋史》上有记载：

“跨城之外浚濠，深者水三尺，东景龙门桥，西天波门桥，二桥之下叠石为固，引舟相通，而桥上人物外自通行不觉也，名曰景龙江。其后又辟之，东过景龙门至封丘门。景龙江北有龙德宫。初元符三年，以懿亲宅潜邸为之，及作景龙江，江夹岸皆奇花珍木，殿宇比比对峙，中途曰壶春堂，绝岸至龙德宫。其地岁时次第展拓，后尽都城一隅焉，名曰撷芳园，山水美秀，林麓畅茂，楼观参差，犹艮岳、延福也。宫在旧城，因附见此。”❶

也就是说，这座曾被称为“壶春堂”的熙春阁是一座北宋皇家宫苑中的建筑，其位置并不在汴梁大内之中，以其位于景龙门、封丘门之间，当与北宋末徽宗朝所建大型园林艮岳比较临近，可能是位于汴梁内城的东北角处，艮岳以北的位置。重要的是，这座瑰伟的楼阁建筑历经宋末与金末的两次战火，居然能够幸存下来。元代人盛如梓《庶斋老学丛谈》中提到了这一点：“杨起宗说，汴京熙春阁，历金国不毁，有诗题于上云：‘一阁看来尽鬼工，太平天子侈心雄。连天老蜃千年气，跨海金鹏两翅风。人说来从尘世外，天教不堕劫灰中。最怜寂寞熙春字，犹带斜阳照故宫。’”❷

假设北宋朝所建之宫苑楼阁熙春阁在金代据有汴梁的一百余年间（1127—1234年）没有什么变化，基本上保持了原有的结构与造型，金灭亡后，因其结构奇伟，造型瑰丽而被元人完整地拆除并运送到北地开平城中，重新搭造于元上都宫城中，成为有元一代最为重要的宫殿建筑——大安阁。因为古代木结构建筑都是装配式的，在迁移过程中元代人也只是对其“稍损益之”，也就是说，是在原有的结构与造型基础之上稍加修正。这或因其由园林建筑改为宫殿建筑，在装饰等级、使用方式上小有变化所致，但其基本的结构与造型应该没有变化。因此，我们可以依据宋人对熙春阁的描述来还原元上都大安阁的平面、结构与造型。

三、大安阁（熙春阁）的平面与外观

由宋人王恽《熙春阁遗制记》的记载，我们可以推测，大安阁之原型熙春阁结构高度（构高）为222尺，总面阔为46步，以一步为5尺计，合为230尺。文中所记“从则如之”当为“纵则如之”之误，故其总进深大略与总面阔相同，可能也是230尺。以元尺与宋尺合，并以宋代三司布帛尺每尺合今日长度0.315米计，其高（不计台座）为69.93米，总面阔与总进深可能为72.45米。这仅是我们的一个初步印象，但实际的情况如何呢？

1. 平面柱网

从平面看，这是一座中间为五间见方的楼阁，左右两侧各有一个两间的“耳构”，中阁与耳构的总开间数为九间（与东西耳构九楹，中为楹者五）。这样一种平面布置，或许也是元代统治者能够将其用来布置于上都宫城前殿的原因所在，因为其通面阔九间，中阁为五间见方，恰合了天子居“九五之尊”的象征性内涵。以尺寸合之，其中阁的柱间距为24尺（7.56米），这里没有提到当心间的面广较次间与稍间为大的问题，故将中阁五间的开间大小视为相同，则五间总面阔为120尺（37.8米）。其耳构四间，总长7丈2尺，每间合1丈八尺（5.67米）。由此得出的总面阔尺寸为192尺（60.48米）。

这里已经出现了两个矛盾。一是按照总体的尺寸，其结构“广四十六步有奇”当为230尺，而这里有实际的中阁与耳构的开间尺寸相加为192尺，两者之间

---

❶ 文献[2].［元］脱脱．宋史．卷八十五．志第三十八．地理一．京城．清乾隆武英殿刻本．

❷ 文献[2].［元］盛如梓．庶斋老学丛谈．卷中之上．清知不足斋丛书本．

有 38 尺的差别。二是以其“从则如之”的记载，其进深也应该是“九楹”，即在中阁五间之外前后应各加两个耳构，但其文中仅仅提到“东西耳构”并没有提到“南北耳构”。

我们再从柱网的角度来加以观察，以其所记载的“于中下断鳌为柱者五十有二”，其中、下层柱网的柱子总数应为 52 棵。以中阁为五间见方，以五间六柱的平面格局，在中间没有缺省的情况下，总柱数为 36 棵。而若以其东西各加二楹，合为九楹计，当是在中阁之左右各加两间，每间进深为三间，用四柱，则每侧的耳构为 8 棵柱子，两侧耳构总为 16 棵柱子。如此合计，则恰好为 52 棵柱子。也就是说，以中间为五间见方，东西两侧各附两间耳构的平面格局，恰好与记载中的柱子数、总开间数、中阁开间数、耳构开间数等相吻合。这也从另外一个侧面证实了，这座楼阁是由一座五间见方的中阁与东西各两间的耳阁构成的，南北方向没有耳阁之设（图 7–4，图 7–5）。

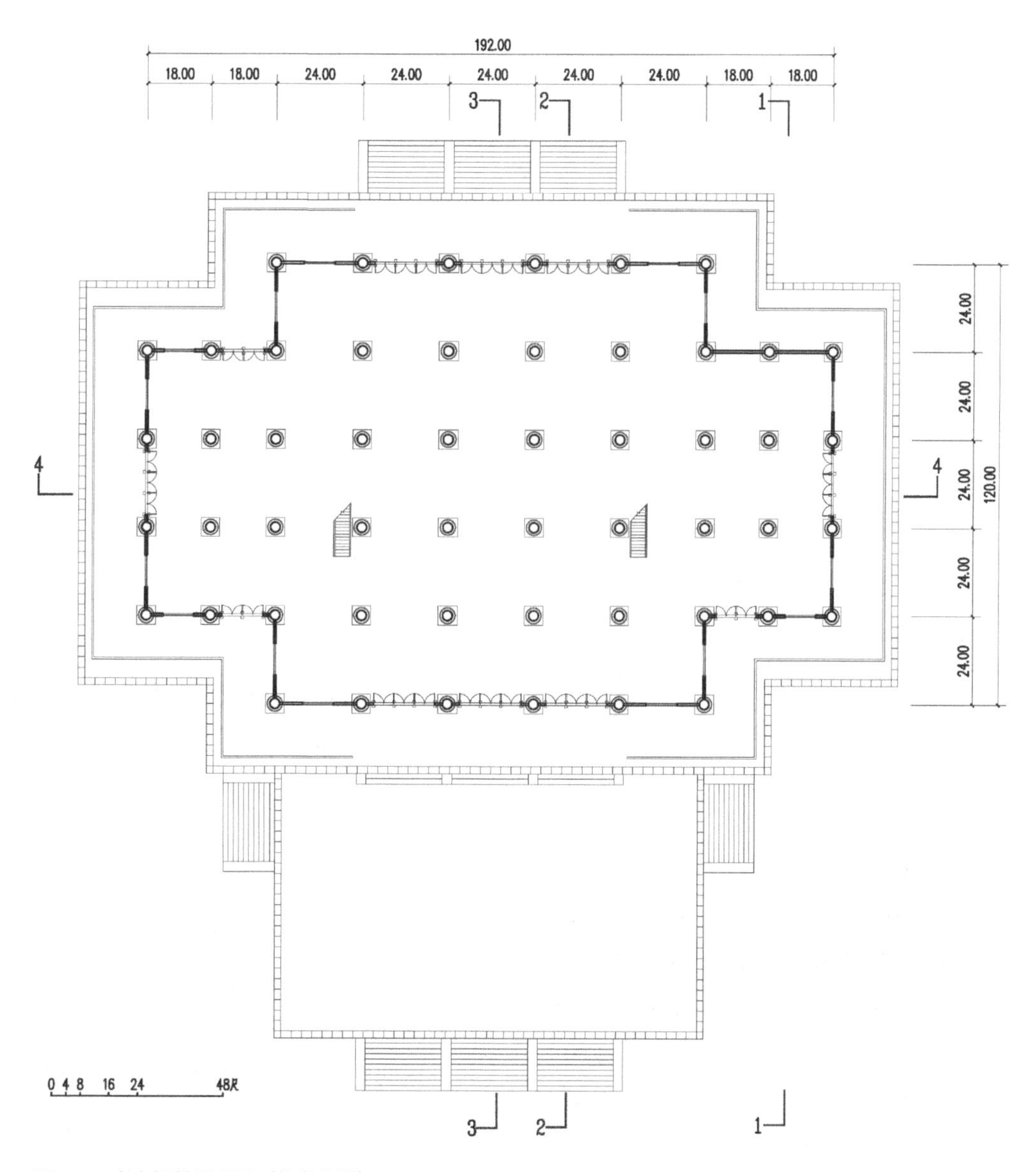

图 7-4　大安阁首层平面（作者自绘）

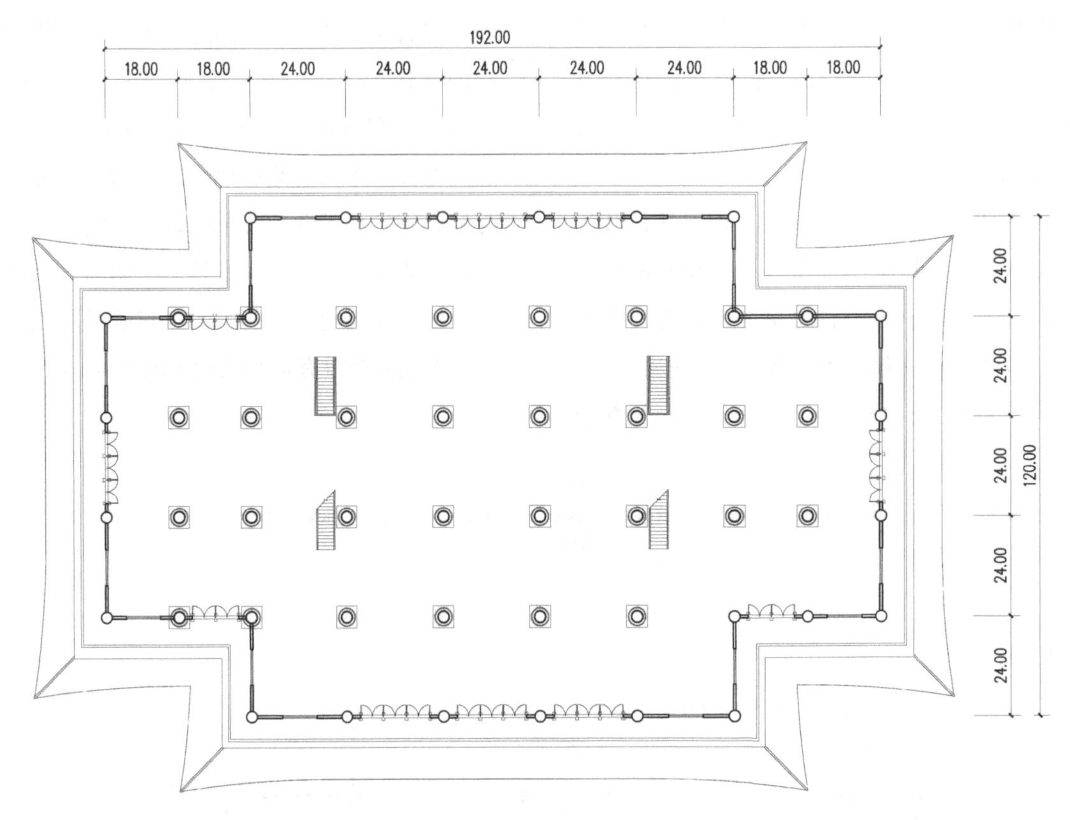

图 7-5　大安阁二层平面（作者自绘）

2. 楼阁台座

在这样一个平面柱网的基础上，我们还应对“广四十六步有奇,从则如之”这句话慎重对待。王恽《熙春阁遗制记》在谈论楼阁的高度、柱子的间距等尺寸时，都是以“尺”为单位记录的，而在谈到这座建筑的广与纵（即总面宽与总进深）时，却用了“步”这个丈量地面尺度的单位。而若将这里的步折为尺，又明显大于前面所说柱网面广尺寸的总和。因此，我们可以推测王恽在这里很可能说的是一个台基的尺寸。

若以其台基之广为 46 步（230 尺），则大约是在建筑柱网总面广 192 尺的基础上，每侧自山面檐柱的柱中心线之外再伸出 1.9 丈（5.985 米）至台基的边缘。其结构体的实际总面广当为 192 尺（以两山柱中线为则）。而其结构体的总进深，即前后檐柱中线的距离当为 120 尺（37.8 米）。其外再各加 1.9 丈的台基线，则为 158 尺（49.77 米）。若其台座的总长与总宽相等，则应在建筑台基之外再另加一个向前伸的月台，其月台的进深为 72 尺（22.68 米）。当然，这不是一个完整的方形台座。因其柱网的平面已经是“四隅阙角”,则“其方数纡余”。所谓纡余就是有所曲折的意思，因而方形的台座也应该是有弯曲与纡绕的。这与四隅缺角的柱网平面正相吻合。

这样我们可以将平面的尺寸略加梳理。以每尺合 0.315 米计，其中阁总面广 120 尺，合为 37.8 米。其耳构每侧为 36 尺，合为 11.34 米；两侧总为 72 尺，合为 22.68 米；加上中阁的面广，建筑总面广 192 尺，合为 60.48 米。其台座总面广以 46 步计，合为 230 尺，计 72.45 米。建筑两山为耳构三间，耳构进深当于中阁进深间距相同，以每间 24 尺计，山面耳构总进深为 72 尺，合为 22.68 米。再加上前后各 19 尺的台基边缘，则其山面台基的宽度为 110 尺，计为 34.65 米。

以中阁长宽为 120 尺，再各加 19 尺的台基宽，则中阁部分台基的尺寸为 158 尺，计为 49.77 米。也就是说，在台座的四角各有一个 7.56 米见方的缺角。然后，在此十字形平面的基础上再向前伸出一个 72 尺（22.58 米）的月台，暂定月台的面宽与五间中阁的面广相同，则月台的尺寸为宽 120 尺（37.8 米），其月台向前伸出 72 尺（22.58 米）。这大略就应当是熙春阁（大安阁）的台座尺寸。

大安阁的台基高度，若以其前身——宋之熙春阁为计，当接近宋《营造法式》的规定：

"立基之制：其高与材五倍。如东西广者，又加五分至十分。若殿堂中庭修广者，量其位置，随宜加高。所加虽高，不过材六倍。"❶

以这座楼阁的高度不同寻常，取其最大值，即高"六材"。以其所用当为一等材（见后文）计，宋之一等材为 9 寸，则熙春阁（假定大安阁也用了同样的台基高度）台基当高 5.4 尺，合今尺寸约 1.701 米。

3. 立面与剖面

建筑物造型之要在于其立面与剖面。熙春阁的立面，如宋人王恽《熙春阁遗制记》所记，为"上下作五檐覆压"，也就是在立面上有五重屋檐。然而，在其剖面上又有"阁位与平坐，叠层为四"之说，即其剖面为四层，"每层以古座通藉，实为阁位者三，穿明度暗"。结合两者，我们或可推测熙春阁有三层"通藉"的"古座"，即平坐，每层平坐上有一层"阁位"，则其立面上有三层平坐、三层楼阁。

那么又如何体现"叠层为四"呢？可能是熙春阁（大安阁）底层是直接落在砖石台座上的，并没有使用永定柱的平坐，因而在概念上，没有纳入"阁位"之中。也就是说，其首层落地，故不算"阁位者三"中的一个。在三层平坐与阁位上再加上没有平坐的首层，恰好"叠层为四"。以这样的一种说法，以首层及其上三层阁位各有一层屋檐，则似应有四重屋檐与"上下作五檐覆压"却不相合。因而，可能的推测是其中某一层应当为重檐。

这里也有两种可能。一种是将其首层处理为重檐，如现存辽代木构建筑——山西应县佛宫寺塔底层即为重檐。但底层重檐有一个问题，需要在底层平面中加一个"副阶周匝"的做法，即要附上一个副阶檐子，在底层加一圈柱子，这与记载中的情况不符。也就是说，以记载中的平面柱网数量看，这座楼阁的首层是没有副阶的。那么，就只有另外一种可能，即将楼阁的顶层处理为重檐。而这显然也是比较容易做到的事情。因此我们可以设定这座熙春阁（大安阁）的立面为四层，每层各有一檐，顶层为重檐，恰为"五檐覆压"的式样。

若楼阁顶层用重檐则需要在原有的中阁面广与进深各为五间的基础上，将其中心三间的内柱生起形成一个略似周匝副阶的剖面形式。这一做法见于宋李诫的《营造法式》，如其小木作制度中谈到："上层殿楼、龟头之内，唯殿身施重栱（重檐谓殿身并副阶，其高五尺者不用）外，其余制度并准下层之法。"❷ 当然这里的副阶只是一种结构上的便宜之法，并不具有实际上的空间意义。其第四层的内部空间是完全可以打通的，只是中央三间的室内空间要高一些（图 7-6~图 7-8）。

王恽《熙春阁遗制记》中还提到了"而上其为梯道，凡五折焉"，也就是说，用了五跑的楼梯才能到达楼阁的顶层。而这五跑楼梯又需要"穿明度暗"。试分析这"穿明度暗"的结构，以每一层阁位为一个明层，

❶ 文献[2].[宋]李诫．营造法式．第三卷．壕寨制度．立基．清文渊阁四库全书本．

❷ 文献[2].[宋]李诫．营造法式．第九卷．小木作制度四．佛道帐．清文渊阁四库全书本．

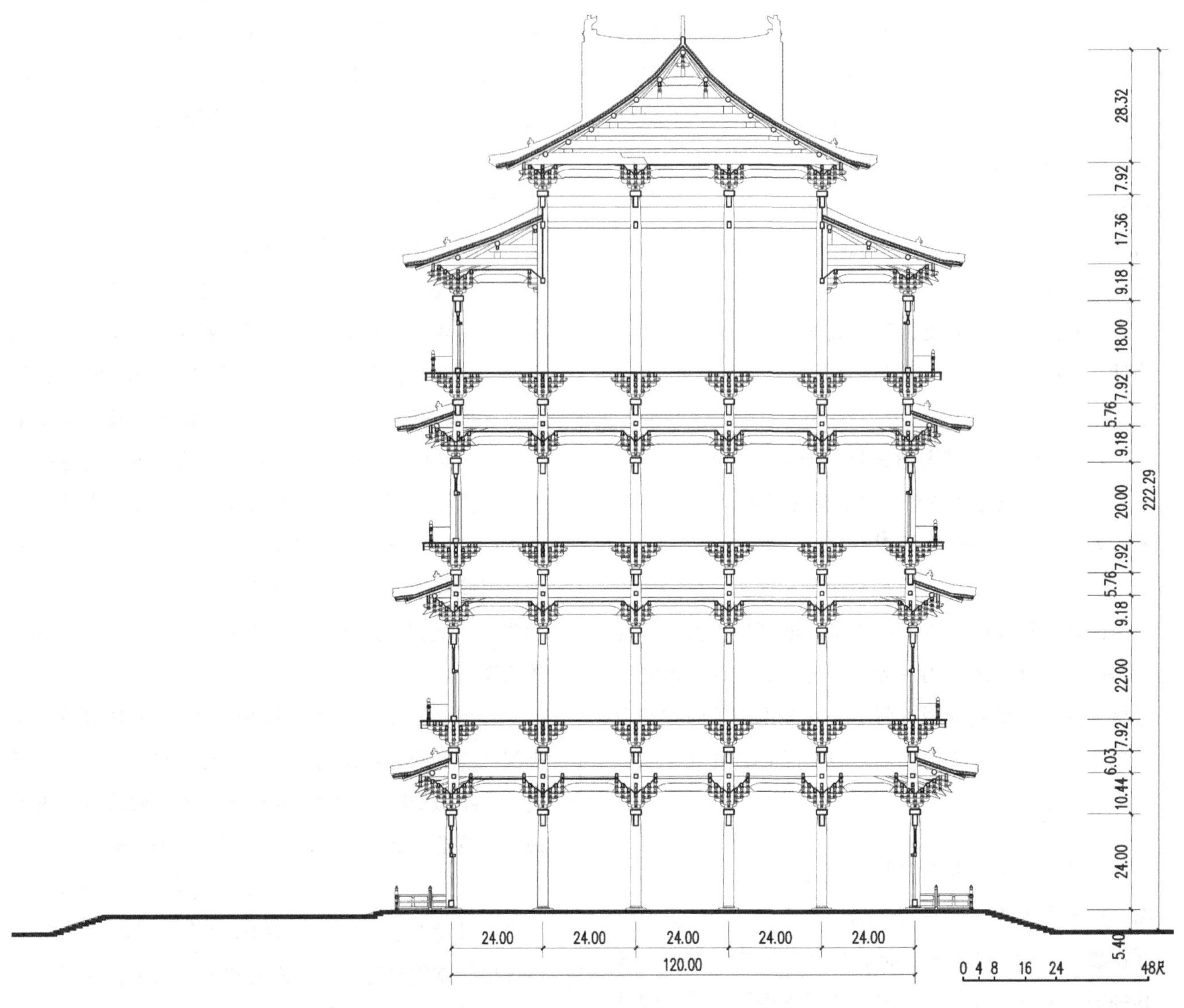

图 7-6　大安阁横剖面之一（作者自绘）

再加上首层当有四个明层。参照辽代独乐寺观音阁或应县木塔的做法，每层阁位下的平坐层需要加一个暗层。这样就有三个暗层。也就是说，从首层地面向上设置楼梯需要穿越三个明层与三个暗层才能到达顶层楼面。

这里又遇到了一个难题。若以三个明层与三个暗层的剖面，在每一个结构层中都应该有一跑楼梯，则应该有六跑（折）楼梯。而这与王恽《熙春阁遗制记》记载中的“而上其为梯道，凡五折焉”的说法不符。因此，在这六个结构层中，有两个结构层肯定是只用了一跑（折）楼梯。从古代建筑的结构高度上来看，一般处于较为底部的楼层，其结构高度比较高，而处于较为上部的楼层，其结构高度会因立面的高度稍减而略小。因此，比较大的可能是，从明层第三层向第四层之间，即从第二层平坐向第三层平坐之间，仅用了一跑楼梯。这样，从底层地面到第三层楼面（第二

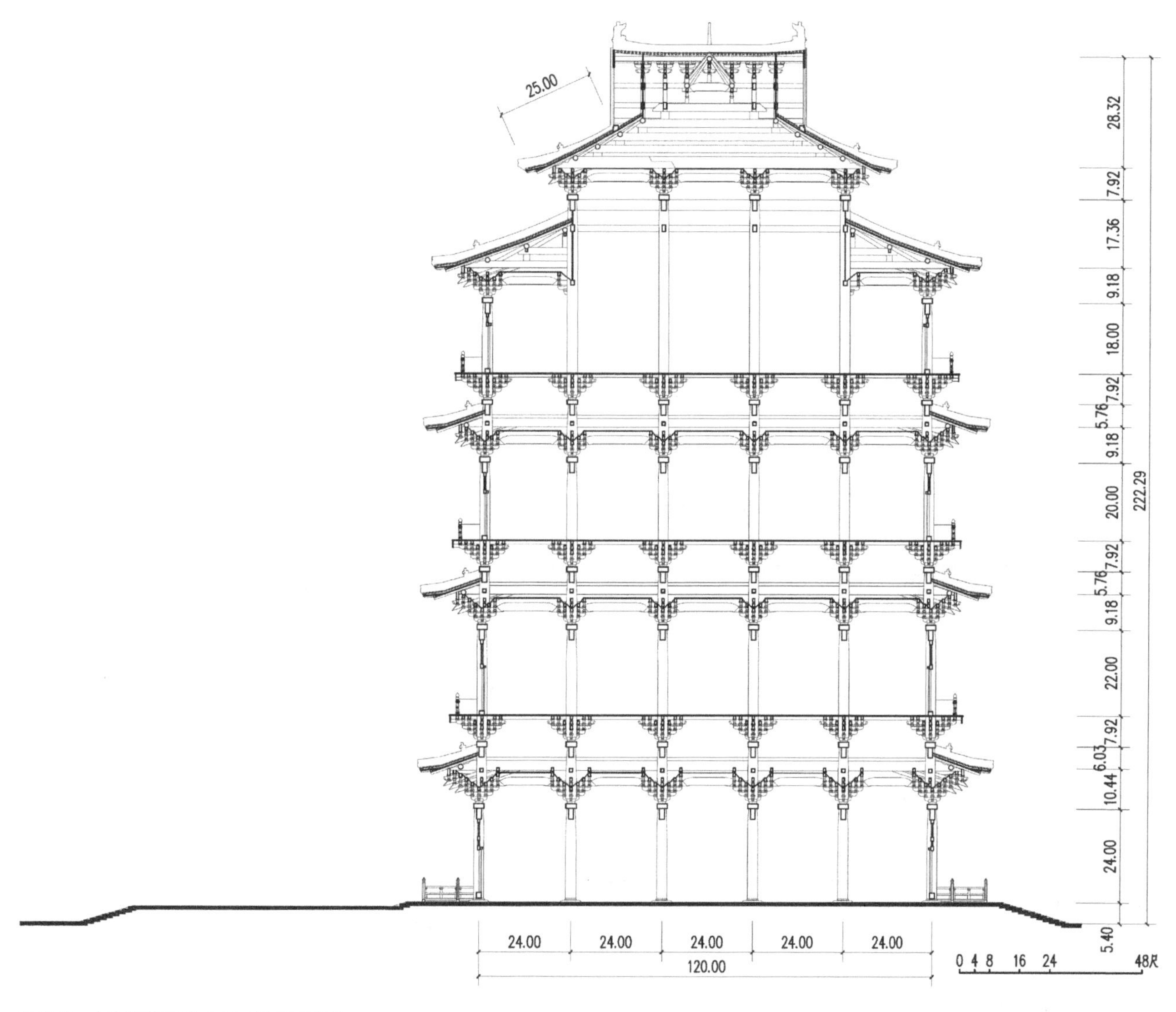

图 7-7　大安阁横剖面之二（作者自绘）

层平坐表面），每一个明层与暗层各用一跑楼梯，则四折可至。最后一层，用一跑楼梯穿过第三层的明层与暗层直抵第四层楼面（第三层平坐表面）。这样，则可以做到与“而上其为梯道,凡五折焉”的记载相合。

4. 外观造型

另外还有一个问题，各层平坐是只落在中阁之上还是同时覆盖了耳构部分？这就需要对熙春阁的总体造型有一个分析。以王恽《熙春阁遗制记》的记载：“世传阁之经始，有二子掖醉翁过前，将作者曰：此即阁之制也。取具成体，故两翼旁构，俯在上层。”这里极其形象地表述了这座重要古代楼阁建筑的设计过程，也描述了其大致的造型特征。这就有如有三个并列行走的人，而两侧的两个人在用力扶掖中间的那个人。也就是说，熙春阁（大安阁）两侧的耳构在造型上有很重要的作用。既然是这样，这个耳构就不会只有一层而可能是与中阁相应，一直延伸至顶层。只是

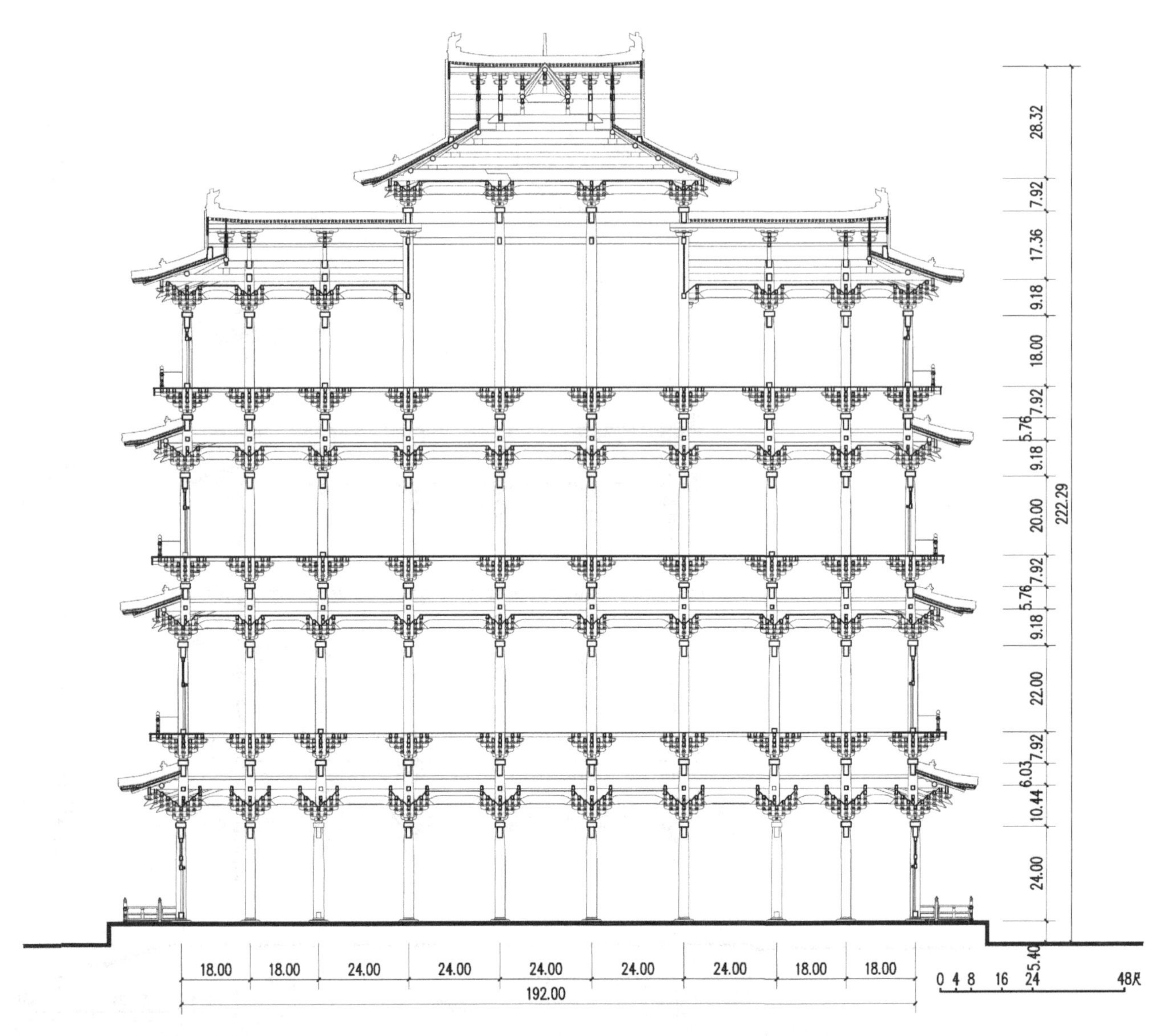

图 7-8　大安阁纵剖面（作者自绘）

在顶层的造型中，耳构部分只用了单檐，而中阁部分则用了重檐。这样，就使得楼阁两侧的耳构在造型上略低于中阁部分。恰如两个稍低的人，正扶持中间那位稍高的人前行。而这里所说的“两翼旁构，俯在上层”，也似表达了这样一个意思，即楼阁的两翼部分是在上层结顶的，只是稍微低俯一点罢了。我们可以设想，两翼旁构的顶层屋顶部分是于中阁上层重檐屋顶的下层檐在一个高度上的。其造型态势恰好与两个人扶掖一个人前行的姿势相合。而其文后面所说的“其有隆有杀，取其缥缈飞动，上下崇卑之序”，也是在一定程度上描述了这样一种两翼稍低，中间隆起，各有尊卑的造型态势的。元代人盛如梓《庶斋老学丛谈》所引熙春阁上题诗中语“跨海金鹏两翅风”，似也从一个侧面描述了这个如两翅将展的“金鹏”之造型（图 7–9~ 图 7–11）。

5. 内部空间

这里还有一个令人不解的问题：“栏构之下，止一

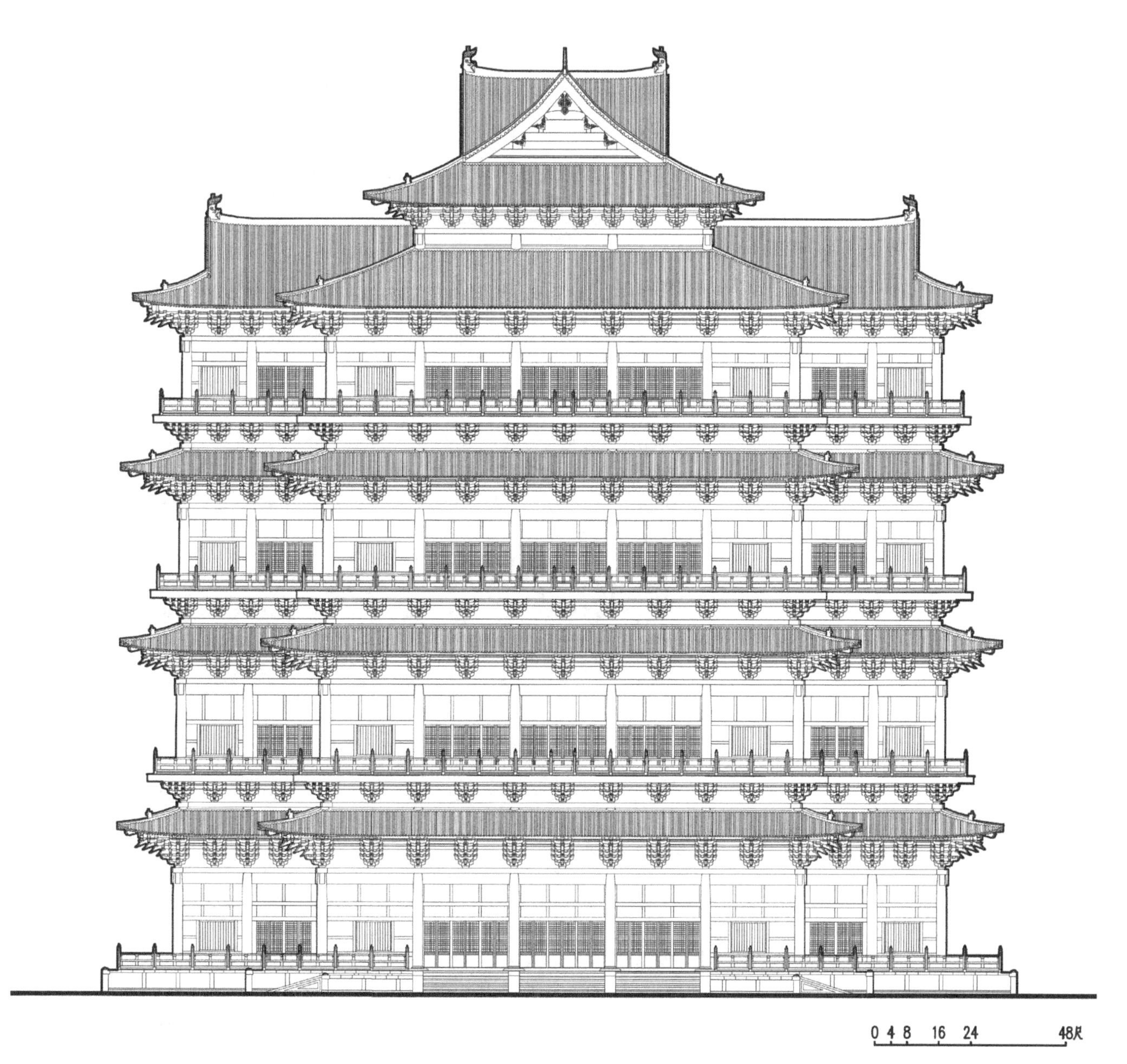

图 7-9　大安阁正立面（段智钧绘）

位而已”。这里的栏构，无疑当是指平坐栏杆，而这里有三层平坐。那么，这里的“栏构之下”最有可能指的是第三层平坐之下。而这里的“止一位而已”似也不是指造型。因为我们很难在一个有中阁，有耳构的结构体中，创造一个整合的单个形体。因为，这一部分的结构形体已如前述，是“四隅阙角”的。此外，也不能将其想象成为一个整体的空间，因为，这毕竟是一个多层的结构，按照古代木结构的做法是不可能将顶层平坐之下的三层结构，整合为一个完整的空间的。那么，“栏构之下，止一位而已”在这里的唯一可能解释是，这座多层楼阁的顶层以下各层在平面上是没有分隔的，是一个相互贯通的空间，且其每一层中阁部分与耳构部分的楼面也都是在同一个标高上的，即所谓“止一位而已”。

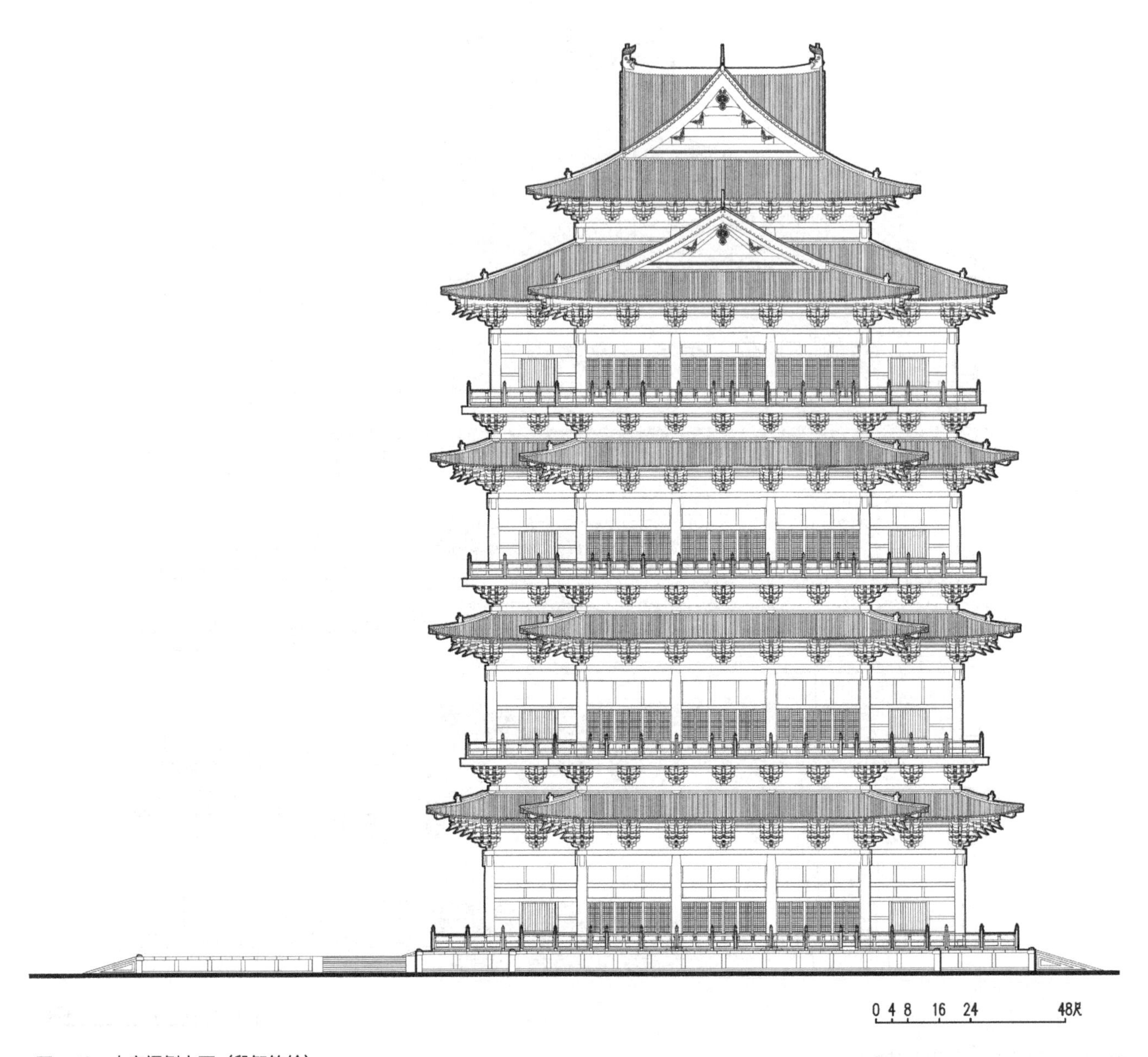

图 7-10　大安阁侧立面（段智钧绘）

6. 关于“八滴水阁”

前面已经提到，元代陆友仁在《研北杂志》中特别谈到了：“汴梁熙春阁，旧名壶春堂。宋徽宗称道君时，居撷芳园中，俗呼‘八滴水阁’。”[1]宋范成大《揽辔录》中提到他出使金人所据之汴梁，看到了往日的熙春阁时，也称之为“八滴水阁”：“过药市桥街，蕃衍宅、龙德宫、撷芳、撷景二园，楼观俱存；撷芳中喜春堂犹岿然，所谓八滴水阁者。使属官吏望者，皆陨涕不自胜，金今则以为上林。”[2]这里的“喜春堂”

❶ 文献[2]. [元]陆友仁. 砚北杂志. 卷下. 民国景明寶颜堂秘籍本.

❷ [宋]范成大. 揽辔录. 北京：中华书局，1985.

图 7-11　大安阁外观透视（笔者工作室绘制）

当是“壶春堂”与“熙春阁”之误。这里也透露出金代时的熙春阁是作为宫苑建筑而用的。

这里似乎又提到了与熙春阁（大安阁）造型有关的一个话题——“八滴水阁”。问题是，什么是“滴水”？我们知道，中国古代建筑檐口部位两个瓦当之间向下垂而用来排雨水的勾头，俗称滴水。然而，这里所说的滴水恐不是指这一具体而微的滴水，那么，宋元时人所说的“滴水”还指些什么呢？

宋李诫《营造法式》中有：“其阶外散水，量檐上滴水远近铺砌向外，侧砖砌线道二周。”[1] 这里的滴水当是指檐口外缘，也就是屋瓦勾头之外沿。另明代人宋应星的《天工开物》中所说：“其垂于檐端者有滴水。”[2] 似也是就具体的勾头滴水而言的。然而，宋人周密《癸辛杂识》中有：“楼阁最高而见存者：相国寺资圣阁、朝元宫阁、登云楼。资圣阁雄丽，五檐滴水，

[1] 文献[2].［宋］李诫．营造法式．卷十五．砖作制度．清文渊阁四库全书本．

[2] 文献[2].［明］宋应星．天工开物．陶埏第七．瓦．明崇祯初刻本．

庐山五百铜罗汉在焉。”[1]这里的滴水就是与屋檐联系在一起的,“五檐滴水”似乎是指“五重屋檐”的意思。而《日下旧闻考》中，在谈到元代大都城城门时，谈到“城门上各起三滴水楼，凡九座。”[2]似也是指三重檐的城门楼建筑。

《扬州画舫录》中在谈到城门楼时，也提到了“滴水”的概念:“上檐七檩三滴水歇山正楼，下檐斗口单昂做法：明间例以城门洞宽定面阔，次稍间以斗科攒数定面阔，以城墙顶宽收一廊定进深，此楼制之例也。”[3]这里的“滴水”似乎是指屋檐。也就是说，城门楼的上檐屋顶应当为三重檐歇山式屋顶。这与《日下旧闻考》中所说元大都城门“各起三滴水楼”正相吻合。

因而,我们在这里假设宋代人将熙春阁俗称为“八滴水阁”可能是就这座建筑物的屋檐数而言的。然而，到这里又变成了一个难题。若将“滴水”之意解为檐口则“八滴水阁”当是暗示这座建筑有八重屋檐。而元人王恽《熙春阁遗制记》却已经明确地说明了这座建筑是“上下作五檐覆压”，也就是说这座楼阁共有五重屋檐，已如前述。那么，这里的“八滴水阁”又该作何解呢?

宋李如圭撰《仪礼集释》中,也谈到了滴水:“释曰：霤，屋檐滴水处也，殿屋四向流水，所谓四阿。故有东霤。此设礼处，与设洗处与士礼处同，大夫以下无东霤，洗当东荣耳。”[4]朱子亦说:“其殿屋分四霤处，亦合如前来寄去之说，但移得洗更稍向东，当檐滴水处耳，夏屋亦须作次栋，以覆两夹，但设搏风版于两夹之外，次栋尽头，而设洗于其南，如此乃有门庑之状。”[5]这里都谈到了滴水处,即屋霤,亦即屋檐。然而，在这里则是按照方位谈屋霤的，还特别谈到了，在没有屋霤的东向或夏屋（即厦屋，指悬山两山处）两端，则用“荣”，即搏风版来做屋顶的收头。这里虽然谈的是屋顶构造也说明滴水是特指有屋檐处。因而，不仅在上下不同高度上所层叠之屋檐的数量上可以说有几“滴水”，而且在同一标高的不同几个方位上的屋檐也可以说有几“滴水”。

以这样一个思路来理解，则这座平面略呈十字形的熙春阁，其东南西北四个正方位各有一个屋檐，略近“四霤”，即“四滴水”的概念，而在其东南、西南、东北与西北四个亚方位上，则有四个呈折角状的阴角屋霤或阴角檐子，其滴水各自汇入一个屋角之下，或可以将其亦视作位于东南、西南、东北与西北另外四个亚方位的四霤并理解为“四滴水”(图7-12)。这样，这座“四隅阙角”的楼阁，在不同楼层高度上都各有八个方向的屋霤或屋檐，故而也就可能被称为“八滴水阁”。当然,这只是一种可能的解释。但若不作此解，则有关这座楼阁建筑之史料中的“五檐覆压”与“八滴水阁”的矛盾，又能够作何解释呢?

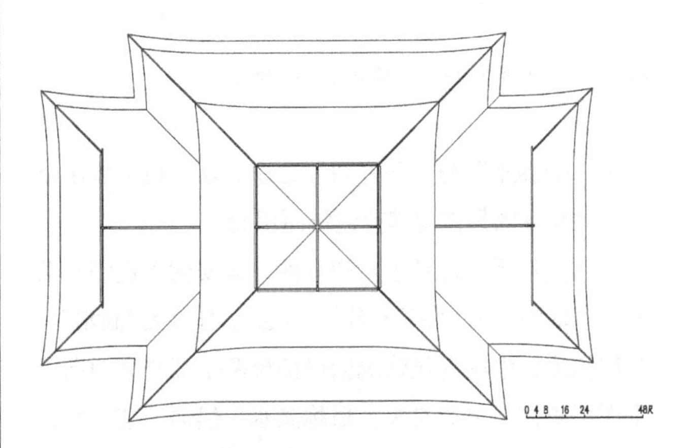

图7-12　大安阁屋顶平面（作者自绘）

---

[1] 文献[2].[宋]周密.癸辛杂识.别集卷上.汴梁杂事.清文渊阁四库全书本.

[2] 文献[2].[清]于敏中.日下旧闻考.卷四十三.城市.内城中城一.清文渊阁四库全书本.

[3] 文献[2].[清]李斗.扬州画舫录.卷十七.工段营造录.清乾隆六十年自然盦刻本.

[4] 文献[1].经部.礼类.仪礼之属.仪礼集释.[宋]李如圭.仪礼集释.卷七.燕礼第六.

[5] 文献[1].集部.别集类.南宋建炎至德祐.晦菴集.[宋]朱熹.晦菴集.卷四十六.

7. 大安阁后廊

我们虽然不知道宋汴梁撷芳园中的熙春阁周围是否有廊子环绕，但从史料中可知，元上都大安阁是有后廊的，而且廊道还很修长，这一点见于元代许有壬所撰《至正集》：

至顺辛未六月，见文宗皇帝于大安阁后廊，甲戌夏重来有感而作："修廊晴旭射红尘，燕坐曾朝虮虫臣；静忆玉音犹在耳，绝怜金地只传神。桥陵弓剑成千劫，滦水旌旗仅四巡；大圣继天春万汇，感恩无奈泪沾巾。"❶

由这里的描述，可知元上都大安阁的后廊具有赐群臣燕坐的功能，且容纳的人数相当多，否则不会用"虮虫臣"这样的字句。这里的后廊,或可能是位于"前殿"位置上的大安阁与其后殿阁之间的联系空间。以诗中有"修廊晴旭射红尘"的字句，则不会是紧邻大安阁之下的短廊，因为在开平这个地方，南北的方位是很分明的，大安阁又很高大，紧邻高阁北侧的楼阁之下是不会看到"晴旭射红尘"的景象的，因而这应当是一个由廊道回绕或连接的修长而空旷的空间。

四、大安阁（熙春阁）的立面及其比例权衡

1. 屋檐与顶层屋顶形式

从前面的分析中,我们已经大致清楚了大安阁（熙春阁）的平面与外观形式。这是一座五间方形平面加东西各两间耳构的楼阁建筑，外观为三层平坐，五层屋檐，中阁顶层为重檐屋顶。各层室内处于同一个标高上并形成一个贯通的室内空间。各层屋檐也在同一个标高上交汇,从而形成八个方向的屋霤,即"八滴水"的外观轮廓形式。

其立面上还有两个要素没有谈到。一个是外立面的封闭与通透问题，另外一个是顶层屋顶是攒尖形的还是有脊的四阿或九脊形式。

大安阁很可能是一个在各个面上都用了木制门窗格栅的建筑，若将四面门窗洞开，则可迎八面来风，这一点见于元人的诗句："大安阁是广寒宫，尺五青天八面风。阁中敢进竹枝曲，万岁千秋文轨同。"❷元明间人张昱所撰《可闲老人集》也有诗句："大安阁是延春阁，峻宇雕墙古有之。四面珠簾烟树里，驾临长在夏初时。"❸这里的"四面珠簾"字句，再明白不过地显露出大安阁开敞通透的造型特征，而这里所说"大安阁是延春阁"，将大安阁与元大都大内正寝延春阁作比也从另外一个侧面凸显了大安阁在元代宫殿建筑中的重要地位。

还有一首元诗可证大安阁四面门扉是可以打开的，这就是元人柳贯的《次韵元日预宴大安阁下》：

"金殿开扉日映枢，翠帷香雾动流苏，玉壶修干双龙捧，宝座重裀瑞鹘敷，春色入杯初潋滟，雪光浮栋尚模糊，天元启运三阳正，需宴欣承湛露濡。"❹

这里的"金殿"当然是指元上都内阁大安阁，至于用"金殿"一词是否反映了这座建筑用了黄琉璃瓦顶或用了金饰,尚不可知。但从诗中"金殿开扉日映枢，翠帷香雾动流苏"可以感觉到大安阁门扉洞开，流苏飘动的通透感觉。"玉壶修干双龙捧"又似描述了大安阁东西耳构捧持隆耸的中阁"玉壶修干"的造型特征。而"雪光浮栋"恰又正显露了上都开平的地理特征。

---

❶ 文献[1]. 集部 . 别集类 . 金至元 . 至正集 . [元] 许有壬 . 至正集 . 卷十六 .

❷ 文献[1]. 集部 . 别集类 . 金至元 . 至正集 . [元] 许有壬 . 至正集 . 卷二十七 .

❸ 文献[1]. 集部 . 别集类 . 金至元 . 可闲老人集 . 卷二 .

❹ 文献[1]. 集部 . 总集类 . 元音 . 卷八 .

从另外一首元诗中，我们还可以看到大安阁之外的一些特殊的景观。元人胡助的《滦阳十咏》之一：“帝业龙兴复古初，穹隆帐幄倚空虚。年年清暑大安阁，巡幸山川太史书。”❶这里描绘了一个我们并不熟知的风吹草低、穹帐散布、粗犷豪放的塞外宫阁景观。这就是元上都的真实景观。在这样一片穹隆帐幄之间，拔地而起的大安阁会更显出雄硕伟岸、空灵通透的效果。

关于大安阁的屋顶形式，其实主要应当涉及的是其中阁顶层上檐的屋顶。中阁的平面为正方形计，其屋顶形式有四种可能：一是方形攒尖屋顶；二是九脊（歇山式）屋顶；三是五脊（庑殿式）屋顶；还有一种是十字脊式屋顶。以结构的形式来看，这四种屋顶形式都是能够实现的，而以造型特点来看，十字脊式屋顶在造型上似最为适当，且十字脊屋顶又是宋金时代建筑中较为常见的形式。只是从建筑等级上来看，十字脊式屋顶的等级制度似不如九脊或五脊为高。但若以大安阁之前身熙春阁是北宋徽宗撷芳园中的一座宫苑建筑，则十字脊屋顶的可能性依然是很大的（图 7–13）。

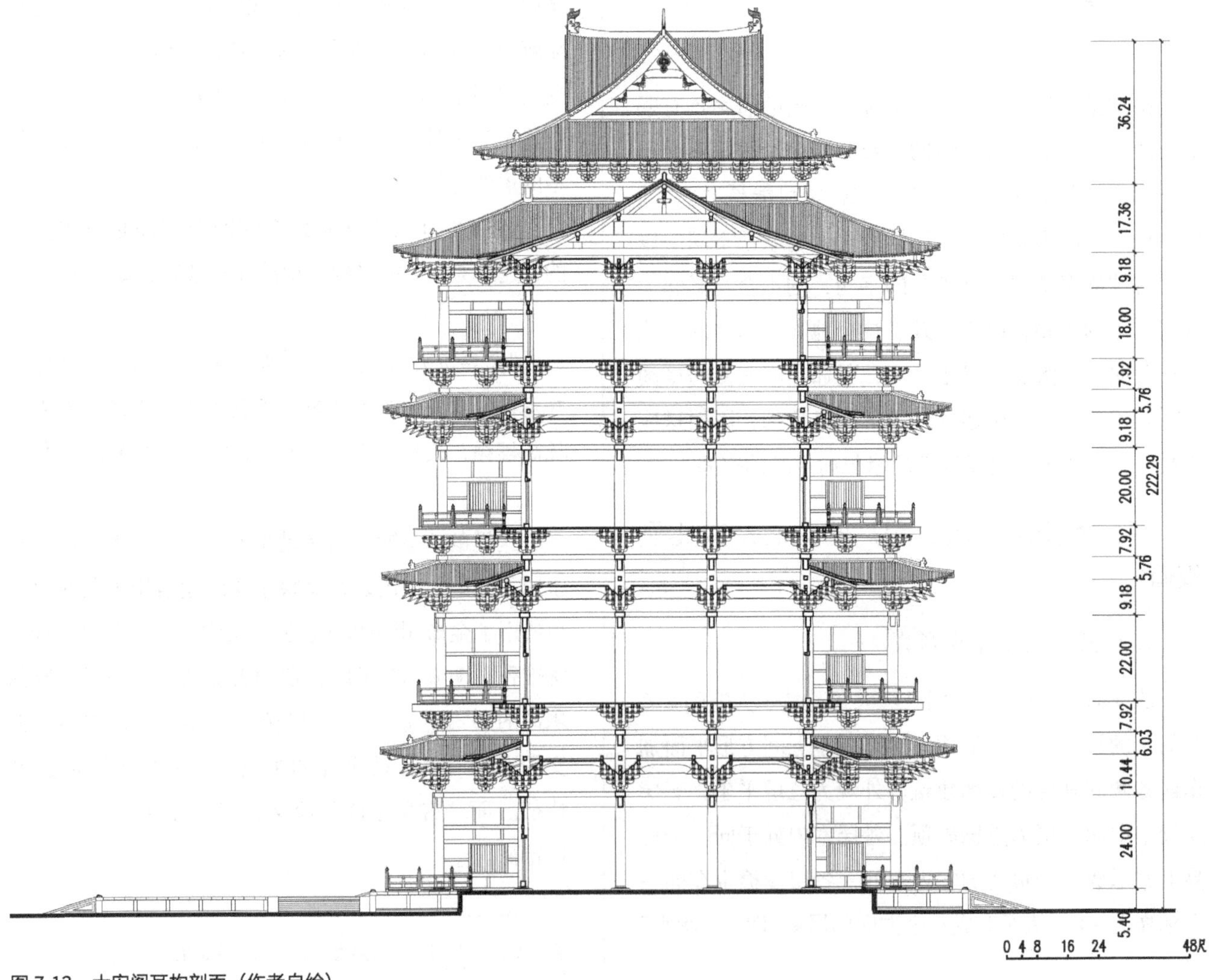

图 7-13　大安阁耳构剖面（作者自绘）

❶ 文献[1]. 集部 . 总集类 . 草堂雅集 . [元] 顾瑛 . 草堂雅集 . 卷十三 .

以宋人的描述中，熙春阁是一座十分奇巧瑰丽的建筑物，我们或可拈来几首宋元时人的诗来看一看，这座楼阁在造型上是怎样给人以深刻印象的：

“五云香里熙春阁，锦绣华夷不作图；白发韩州雪如席，悔将淫巧费工夫。”❶

这里说的是，熙春阁造型之淫巧。又如前文所引：

“曾甍复阁接青冥，金色浮图七宝楹；当日熙春今避暑，滦河不比汉昆明。”❷

这里所说的“曾甍复阁”无疑是指这座楼阁的造型奇巧繁缛。而“曾”字，有高举意也有重叠意，“甍”即屋脊之意。则这里似也表明熙春阁或大安阁，有给人以印象深刻的隆耸屋脊，或言其屋顶部分的形式能给人以颇深的印象。以其“淫巧”而非寻常，以其“曾甍”而非四阿，且以熙春阁原为园苑楼阁而非大内正殿，其造型亦必奇丽繁复，故我们推测其原为甍顶造型较为丰富的十字脊式屋顶似也不会离事实太远（图 7–14）。

2. 立面比例权衡

下面我们来推敲一下这座楼阁建筑的立面比例权衡。文献中没有元上都大安阁的任何尺寸，而其原型宋汴梁熙春阁的尺寸也有一些令人难解的地方。尤其是高度方面仅有一个数据，即“构高二百二十有二尺”，我们的立面权衡必须以这一数字为基本依据。

这里的构高可以理解成结构高度。也就是说，这座楼阁从底层地面至顶层屋栋的上皮，其高度应为

图 7-14　从大安阁侧面透视看屋顶造型（笔者工作室绘制）

222 尺。以一尺为 0.315 米计，约为 69.93 米。比现存山西应县佛宫寺辽代木塔略高。

宋李明仲《营造法式》中在涉及柱子高度时也往往模糊其词。比较肯定的一段话是：

“凡用柱之制，若殿阁即径两材两栔至三材，若厅堂柱即径两材一栔，余屋即径一材一栔至两材。若厅堂等屋内柱，皆随举势定其短长，以下檐柱为则。（若副阶廊舍，下檐柱虽长，不越间之广。）”❸

这里涉及建筑物所用材等的问题。据《营造法式》的规定，殿身九间至十一间者，用一等材；殿身五间至七间者，用二等材。虽然熙春阁的中阁部分仅为开五间，但其外观却是九开间，且其柱楹之间的间距较大，史料中所记载的总构高也比较高，因而有可能是用到了一等材。即：“第一等：广九寸，厚六寸（以六

❶ 文献[1]．集部．别集类．金至元．紫山大全集．[元]胡祇遹．紫山大全集．卷七．

❷ 文献[1]．集部．别集类．金至元．近光集．[元]周伯琦．近光集．卷一．

❸ 文献[2]．[宋]李诫．营造法式．卷五．大木作制度二．柱．清文渊阁四库全书本．

分为一分）。”的情况。下檐柱头上所用斗栱之断面，亦为广 9 寸，厚 6 寸，而其栔高为 6 分，即 3.6 寸。由此推测可得知大安阁（熙春阁）下檐柱的直径，即两材两栔，则其径为：9 寸 ×2 + 3.6 寸 ×2=25.2（寸），约为 0.7938 米。以其最大的可能柱径为三材计，为 9 寸 ×3=27（寸），约 0.8505 米。考虑到这是一个高层楼阁，其底层柱子的受力比较大，我们取其上限，即径两材一栔，即柱径为 0.8505 米。而其耳构部分的柱间距较小，故可将其柱径取一等材所用柱的下限，即 0.7938 米。

其柱子的高度，若以其是接近人的视线的下层檐柱来看，应该依照“下檐柱虽长，不越间之广”的规定，则以其中阁部分的柱间距为“每楹尺二十有四”计，则其柱距为 24 尺，约为今尺 7.56 米。我们将下檐柱的柱高也设定为 24 尺，即 7.56 米。

《营造法式》中也有具体涉及柱子高度的地方，如：

“殿宇楼阁：

平柱：

有副阶者，（以长二丈五尺为率。）一十功。（每增、减一尺，各加、减八分功。其厅堂、三门、亭台栿项柱减功三分之一。）

无副阶者，（以长一丈七尺为率。）六功。（每增、减一尺，各加、减五分功。其厅堂、三门、亭台檐柱减功三分之一。）

副阶平柱：（以长一丈五尺为率。）四功。（每增、减一尺，各加、减三分功。）

角柱：比平柱每一功加五分功。（厅堂、三门、亭台同。下准此。）”[1]

但若按这里的规定，则柱高在 24 尺的情况下应当属于有副阶之殿宇楼阁的殿身平柱的高度。也就是说，我们若将下檐柱定为 24 尺高就应该改变其造型，而在下檐柱四周加一圈副阶柱子并将副阶柱的高度控制在 15 尺左右。这样的处理不仅与我们前面所推测的“五檐覆压”的概念有些不符，更重要的是若底层柱以这里规定的“无副阶者”的柱高，即 17 尺的高度来推算，四层柱子的总高才有 68 尺，若将三层平坐也处理成各高 17 尺的状况，则至顶层檐下至多高 119 尺，距离宋人所记录的 220 尺的高度还相差百尺。显然，这样一个柱子的尺度与大安阁（熙春阁）的实际比例权衡是相差很远的。因此，我们还应该将其立面权衡的基点放在其柱间距为 24 尺，而其结构总高度为 220 尺上。

假定其下檐柱高 24 尺，以古代木构建筑的造型特征，其上各层柱高会有一些递减，我们暂按每层以 2 尺递减，即第一层柱高 24 尺，第二层柱高 22 尺，第三层柱高 20 尺，第四层柱高 18 尺。四层阁身柱子的总高度为 84 尺。然后在每层柱子的柱头之上加上其上的铺作及平坐层的高度。如此则需要对这座建筑的斗栱铺作做一个分析。

3. 各层铺作斗栱

可以肯定地说，这样一座重要的楼阁建筑是一定要用斗栱的，而以其记录中特别提到的：“其檐长二丈五尺，所以蔽亏日月而却风雨也”的说法，其檐出是很深远的，而要达到出檐深远的效果非用硕大繁复的铺作不可。此外，在宋代的楼阁建筑中各层铺作，或殿身与副阶、缠腰等部位的铺作数也不一样。需要综合地考虑。据宋《营造法式》的规定：

“凡楼阁，上屋铺作，或减下屋一铺。其副阶、缠腰铺作，不得过殿身，或减殿身一铺。”[2]

---

[1] 文献 [2]．[宋] 李诫．营造法式．卷十九．大木作功限三．薦拔抽换柱栿等功限．清文渊阁四库全书本．

[2] 文献 [2]．[宋] 李诫．营造法式．卷四．大木作制度一．总铺作次序．清文渊阁四库全书本．

“造平坐之制，其铺作减上屋一跳或两跳。其铺作宜用重栱及逐跳计心造作。”❶

以大安阁能够被用作元上都宫城的正衙（或前殿），不仅要用第一等材而且有可能用到最高等级的铺作。故我们设想大安阁（熙春阁）的首层柱头斗栱为八铺作三杪双下昂，其上屋减一铺至两铺，即第二、第三与第四层下檐用七铺作双杪双下昂，第四层上檐，即顶层则用六铺作单杪双昂的做法（图 7–15）。

同样，以《营造法式》的规则来推定三层平坐斗栱，若以平坐铺作减上屋一跳计，则第二、第三、第四层柱下平坐均应为六铺作出三杪。因为没有确定的依据，我们暂以此来推测这座建筑的形式与做法，然后我们再以作图的方式来加以验证。考虑到绘图的简化，我们忽略各层柱子由平柱向角柱的生起，同时也忽略每根柱子的侧脚。

以八铺作出五跳，上加耍头与衬方头计，忽略有下昂的铺作自第三跳起的标高下调因素，其从栌斗口至衬方头上皮的铺作高度为七材六栔，再在此基础上加上其栌斗斗平和斗欹的高度就是一组铺作自栌斗底至衬方头上皮的总高度，而衬方头上皮标高已经十分贴近橑檐方上皮的高度。这也基本上是这一整组铺作的高度。考虑到宋元时代的木构建筑在柱头上已经普遍使用了普拍方，在这个高度上还应该加上一个普拍方的厚度。

图 7-15　大安阁顶层及平坐斗栱透视（笔者工作室绘制）

同样的情况，第二、第三与第四层柱头用七铺作，出四跳，其铺作高度为六材五栔，再加栌斗的平、欹高度。第四层，即顶层上檐用六铺作，出三跳，其铺作高度为五材四栔，再加栌斗的平、欹高度。

平坐铺作的情况要略微简单一些，因为二层以上檐柱都用了七铺作，则其下平坐斗栱则均为六铺作出三杪，其上再加一个耍头和衬方头，当为五材四栔高，其下再加上各自的栌斗平、欹的高度和一个普拍方的厚度。

关于栌斗平、欹的高度，可以根据《营造法式》中所规定的：“一曰栌斗。施之于柱头，皆三十二分。若施于角柱之上者，方三十六分。高二十分；上八分为耳；中四分为平；下八分为欹。”❷也就是说，栌斗斗平与斗欹的高度总和为 12 分。关于普拍方的厚度，《营造法式》中仅提到了平坐铺作下的普拍方尺寸：“凡平坐铺作下用普拍方，厚随材广，或更加一栔，其广尽所用材木。”❸也就是说，普拍方的厚度为 15 分或 21 分。我们取其上限 21 分。如此，则栌斗平、欹和栌斗下普拍方的高度总和为 33 分。

4. 各层柱高、铺作高、举高累加综合

根据如上的分析，我们可以以一等材，材高 9 寸，栔高 3.6 寸，以 0.6 寸为一分来推算出这几层铺作的高度（表 7–1）。

❶　文献 [2]. [宋] 李诫 . 营造法式 . 卷四 . 大木作制度一 . 平坐 . 清文渊阁四库全书本 .

❷　文献 [2]. [宋] 李诫 . 营造法式 . 卷四 . 大木作制度一 . 斗 . 清文渊阁四库全书本 .

❸　文献 [2]. [宋] 李诫 . 营造法式 . 卷四 . 大木作制度一 . 平坐 . 清文渊阁四库全书本 .

表 7-1 大安阁（熙春阁）各层铺作高度表

序号	铺作位置	铺作数	材栔高	栌斗平、欹及普拍方高 / 分	高度尺寸 / 尺	今尺换算 / 米	备注
1	首层柱头	八铺作	七材六栔	33	10.44	3.29	
2	第一层平坐	六铺作	五材四栔	33	7.92	2.49	
3	二层柱头	七铺作	六材五栔	33	9.18	2.89	
4	第二层平坐	六铺作	五材四栔	33	7.92	2.49	
5	三层柱头	七铺作	六材五栔	33	9.18	2.89	
6	第三层平坐	六铺作	五材四栔	33	7.92	2.49	
7	四层柱头	七铺作	六材五栔	33	9.18	2.89	
8	四层上檐	六铺作	五材四栔	33	7.92	2.49	
总计			45 材 37 栔	264	69.66	21.92	

这里我们推测出了大安阁（熙春阁）各层铺作累加的高度值为 69.66 尺，若再加上各层阁身柱子的高度累加值 84 尺，则除了顶层屋顶及各层平坐柱头与其下衬方头上皮之间的高度差之外的木构架的结构高度为 153.66 尺。我们再加上其土石筑基座的高度 5.4 尺，则其累积结构高度为 159.06 尺。

除了各层柱子和铺作的累加高度之外还有一个重要的结构高度可以算在建筑结构的总体高度之中，那就是顶层屋面的举高。以中阁顶层为开间与进深各五间，为了造成顶层为重檐屋顶的造型，中央三间内柱需生起至顶层上檐下。顶层上檐檐柱外檐铺作为六铺作。以宋代法式规定的七铺作出四跳，总为 108 分，第四跳跳头上承令栱，栱上为橑檐方。也就是说，中阁上檐橑檐方中缝，为上檐檐柱中缝向外出 108 分，前后檐橑檐方总出跳长度为 216 分。

据宋《营造法式》的规定：

“举屋之法：如殿阁楼台，先量前后橑檐方心相去远近，分为三分，（若余屋柱梁作，或不出跳者，则用前后檐柱心。）从橑檐方背至脊槫背举起一分。（如屋深三丈，即举起一丈之类。）” [1]

我们已经知道中阁顶层上檐开间与进深均为三间，以一间的柱间距为 24 尺，三间为 72 尺，再加上前后檐橑檐方出跳长度 216 分，即 12.96 尺，则前后檐橑、檐方、方心的距离为 84.96 尺。因为大安阁（熙春阁）是一座殿阁式建筑，其举高当为前后檐橑、檐方、方心距离的三分之一，即举起 28.32 尺是为顶层上檐屋顶脊槫背的标高，也就是宋人王恽《熙春阁遗制记》所载“构高二百二十有二尺”的最高点。

以前述基座、柱子及铺作的累加高度，总为 159.06 尺，再加上这里的屋顶举高 28.32 尺，则目前所知确定的结构体高度为 187.38 尺。这里还有 34.62 尺的高度差。这个高度差可以分配在每层柱头铺作橑檐方上皮与其上平坐普拍方下皮的高度差上，也就是平坐柱柱头标高与其下柱头铺作高之间的高度差上。在实际作图中，我们从每层铺作上缘，如八铺作，则从七材六栔（或七铺作，在六材五栔）的最上一材上皮（比橑檐方上皮略低处）算至平坐柱头普拍方下皮

[1] 文献 [2]. [宋] 李诫 . 营造法式 . 卷五 . 大木作制度二 . 举折 . 清文渊阁四库全书本 .

处，实际量得其高度差用八铺作时为1.8988米，折为6.03尺；用七铺作时为1.8136米，折为5.76尺。整座楼阁有三层平坐，首层用八铺作，有高差6.03尺，二层、三层用七铺作，各有高差5.76尺，三层总积累高差为16.37尺。尚余17.54尺的高度差。

我们再来看第四层，即顶层的重檐部分。由于顶层下檐用了乳栿、劄牵形成一个副阶檐子，副阶檐博脊之上距离上檐柱头普拍方下皮还有一个高度差，实际作图得出的由顶层下檐铺作最上一材上皮至上檐柱头普拍方下皮的高度差为5.47米，折为17.36尺。比我们所期待的高度差仅差了1.8寸[1]。这应该是一个非常吻合的数值。由此，也略可确知我们按照营造法式所确定的各层柱高、材等、铺作数，都是比较恰当的。

如此，我们可以按照如上的分析把这座宋元时期著名的重要楼阁建筑的剖面与立面绘制出来。为了一目了然，我们将上面分析的各种剖面高度数据列于表7–2中。

表7-2 大安阁剖面高度尺寸一览

序号	剖面位置	高度/尺	折合今尺/米	备注
1	台基高	5.4	1.70	
2	下层檐柱高	24	7.56	
3	下檐柱头铺作高	10.44	3.29	计入普拍方厚与栌斗平、欹高，算至衬方头上皮
4	一层平坐铺作高	7.92	2.49	
5	二层檐柱高	22	6.93	
6	二层柱头铺作高	9.18	2.89	计入普拍方厚与栌斗平、欹高，算至衬方头上皮
7	二层平坐铺作高	7.92	2.49	
8	三层檐柱高	20	6.30	
9	三层柱头铺作高	9.18	2.89	计入普拍方厚与栌斗平、欹高，算至衬方头上皮
10	三层平坐铺作高	7.92	2.49	
11	四层檐柱高	18	5.67	
12	四层柱头铺作高	9.18	2.89	计入普拍方厚与栌斗平、欹高，算至衬方头上皮
13	四层上檐铺作高	7.92	2.49	
14	首层柱头与平坐间高度差	6.03	1.90	
15	二、三层柱头与平坐间高度差	5.76×2=11.52	3.63	
16	顶层上下檐间高度差	17.36	5.47	
17	顶层举高	28.32	8.92	
18	累计结构高度	222.29（记载结构高度为222尺）	70（记载高度折合为69.93米）	从台基底地面至顶层脊槫上皮高度

[1] 实际分层计算时的四舍五入不同，差别也不同，表中积累的误差值为2.9寸，用米制加入四舍五入的积累差，则差了7厘米。

还有一个数值一直令我们疑惑，那就是宋人王恽《熙春阁遗制记》中所说的“上下作五檐覆压，其檐长二丈五尺，所以蔽亏日月而却风雨也”[1]。以常识来论，上下五檐中的其下四层檐都是平坐之下的各层屋檐，其檐长仅有一个步架，是不可能达到“二丈五尺”的长度的。所以这一尺度只能够用于顶层重檐屋顶的上檐部分。但若顶层上檐用一般的四阿五脊的屋顶，则以其前后檐椋檐方方心的距离为 84.96 尺，其屋顶的檐长绝不可能仅 2.5 丈。但若将其设想为九脊殿屋顶，则其两山由搏风版下曲脊至两山檐口处的距离，若控制在 2.5 丈（7.875 米）时，其屋顶恰可形成一个比例较为适当的厦两头造的做法。若我们将屋顶设想为十字脊式的，则在顶层重檐部分四个方向曲脊以下都可以控制为 2.5 丈的檐长，这也正可与“其檐长二丈五尺”相吻合。这或许从一个侧面告诉我们，这可能是一座宋代界画中常见的十字脊式屋顶的大型楼阁建筑（图 7–16~ 图 7–18）。

图 7-16　大安阁透视（笔者工作室绘制）

图 7-17　大安阁侧面透视（笔者工作室绘制）

第二节
史料中所见几座元代佛教寺院及其单体建筑

一、见于文献记载的元代寺院单体建筑

尽管元朝对佛教采取了允让与扶植的态度，使元代佛寺建设虽然受到金宋末年战火的蹂躏却仍然保持了较为强劲的活力，南方寺院延续了南宋时期的发展势头，而北方寺院在元统治者的推动下也有较为明显的建造与发展。但是，现存几乎没有一例保存较为完整的元代寺院，寺院单体建筑中的元代遗构也如凤毛麟角。因此列出一些见于文献记载，且有较为肯定尺

图 7-18　元大安阁外观模型（赵广智制作）

---

[1] 文献 [1]. 史部 . 地理类 . 古迹之属 . 汴京遗迹志 . 卷十五 . 熙春阁遗制记 .

寸描述的元代寺院中单体建筑，对于了解这一时期佛寺单体建筑类型、尺度与规模或有一定的助益，同时也能够对元代佛教建筑史上单体建筑实例贫乏的现状做些微的弥补（表 7–3）。

表 7-3　见于文献记载的部分元代寺院单体建筑

序号	建筑物		文献记载	史料出处
	类型	名称		
1	山门	抚州帝师寺三门	前立三门，崇二常有四尺，广视崇加一尺，深视广杀寻有二尺。	吴文正集・卷五十
2		嘉兴天宁万寿禅寺山门	作门以间计者五，其高七寻有半，深其高寻有二尺，左右设文武官像之次，且用阴阳家说筑案阜於官河之南，培主山于丈室之北，树以奇石，……	金华黄先生文集・卷十三
3		东皋福昌寺山门	殿之高六寻七尺有畸，其深六寻，广如其深之数。三门高深，视殿之寻尺差少，而广如之。	九灵山房集・卷二十八
4	大殿	抚州帝师寺正殿	中创正殿，崇二常有半，广视崇加寻有五尺。深视广杀寻有七尺。	吴文正集・卷五十
5		平江承天能仁寺大殿	首建大殿，殿楹之高百三十尺，其大围十有五尺。厚栋修杗，曲栾方楶，咸与楹称。楹之表上至屋极，又若干，修去其崇若干尺，广加其修若干尺。	金华黄先生文集・卷十二
6		镇江普照寺大殿	殿高四十四尺，纵广五十尺，耽如翼如，像设毕具，门与庑列，左右备扃鐍，又凡十有五楹。	至顺镇江志・卷九
7		镇江大兴国寺大殿	大兴国寺，在夹道巷。……内一寺，佛殿四柱高四十尺，皆巨木，一柱悬虚尺余。	至顺镇江志・卷九
8		蒋山宝公塔院大殿	当其前为正殿，以间计者三，其高六寻，修如其高，而益寻有二尺以为其广。	金华黄先生文集・卷十二
9		蒋山宝公塔院观音殿	后为观音殿，以间计者五，而其崇，减於正殿五之一。正殿之旁，翼以应梦之楼、弥勒之阁，辟两庑而作堂。	金华黄先生文集・卷十二
10		东皋福昌寺大殿	不数年间，佛殿、三门、两庑，既溃于成。……殿之高六寻七尺有畸，其深六寻，广如其深之数。	九灵山房集・卷二十八
11	法堂	抚州帝师寺法堂	后建法堂，崇视常九尺，广视崇加寻有二尺五寸，深视广杀寻有二尺五寸。	吴文正集・卷五十
12	楼阁	百丈山大智寿圣寺天下师表阁	阁为屋，以间计者五，其崇百有二千尺，三其崇之一，以为其修，三其修，以为其广。	金华黄先生文集・卷十一
			阁为屋，以间计者五，其崇百有二十尺，三其崇之一，以为其修，三其修，以为其广。	敕修百丈清规・卷八
13		平江承天能仁寺万佛阁	首建大殿，殿楹之高百三十尺，……殿之后有万佛阁，其楹加于殿楹三十尺。阁为间五，而东西朵楼为间四，隆其中而杀其旁，纵横修广，各中于度，……	金华黄先生文集・卷十二
14		元哈剌和林佛寺兴元阁	宪祖继述，岁丙辰，作大浮屠，覆以杰阁，鸠功方般，六龙狩蜀代工，使能伻督络绎，力底于成阁五级，高三百尺，其下四面为屋，各七间环列，诸佛具如经旨。	中州名贤文表・卷二十二
15	佛塔	蒋山宝公塔院佛塔	塔之趾径六筵，以渐而锐其上，六面五级，周以步檐，最下一级，飞椽外出，至二十有二尺。	金华黄先生文集・卷十二
16		宝林华严教寺塔	宋乾德初，僧皓仁即故址创新塔，九层八面，其高二百三十尺，塔附于寺，同号应天。……至元三十年来，补其处，架杰屋於法堂之北，以间计者九。	金华黄先生文集・卷十二
表中所列 16 座佛教寺院中不同类型的单体建筑，见于元代的史料文献。				

为了对这些记载了有一个直观的印象，我们或可以通过将上表的数据换算为今天的用尺尺寸。我们知道，元尺与宋尺的基本尺度比较接近，宋尺的长度范围，1 尺大约在 30.9~32.9 厘米之间。由于没有元尺的详细数据，暂以坊间所传标为 5 尺，实测为 158.4 厘米的一把“黄花梨木”的“元尺”为标准，按照这把尺，折合今尺，则一元尺当为 31.68 厘米。以此尺大约可以将上面主要建筑的基本尺度推算出来，如表 7–4 所示。

表 7-4 文献记载之元代寺院单体建筑尺寸换算

序号	建筑物		通面广	通进深	高度	史料出处
	类型	名称				
1	山门	抚州帝师寺三门	4 寻 5 尺（37 尺）	3 寻 3 尺（27 尺）	4 寻 4 尺（36 尺）	吴文正集·卷五十
			11.72 米	8.55 米	11.40 米	
2		嘉兴天宁万寿禅寺山门	5 间（87.5 尺）	7.5 寻 +1 寻 2 尺（4 间 70 尺）	7.5 寻（60 尺）	金华黄先生文集·卷十三
			27.72 米	22.18 米	19.01 米	
3		东皋福昌寺山门	6.0 寻（48 尺）	6.0 寻（48 尺）	6.7 寻（53.6 尺）	九灵山房集·卷二十八
			15.21 米	15.21 米	16.98 米	
4	大殿	抚州帝师寺正殿	6 寻 5 尺（53 尺）	4 寻 6 尺（38 尺）	5 寻（40 尺）	吴文正集·卷五十
			16.79 米	12.04 米	12.67 米	
5		平江承天能仁寺大殿			柱高 130 尺	金华黄先生文集·卷十二
					柱高 41.18 尺	
6		镇江普照寺大殿	50 尺	50 尺	44 尺	至顺镇江志·卷九
			15.84 米	15.84 米	13.94 米	
7		镇江大兴国寺大殿			柱长 40 尺悬地 1 尺 柱顶高度 41 尺	至顺镇江志·卷九
					柱顶距地 12.99 米	
8		蒋山宝公塔院大殿	7 寻 2 尺（58 尺）	6 寻（48 尺）	6 寻（48 尺）	金华黄先生文集·卷十二
			18.37 米	15.21 米	15.21 米	
9		蒋山宝公塔院观音殿	5 间		48－9.6 =38.4 尺	金华黄先生文集·卷十二
					12.17 米	
10		东皋福昌寺大殿	6 寻（48 尺）	6 寻（48 尺）	6 寻 7 尺（55 尺）	九灵山房集·卷二十八
			15.21 米	15.21 米	17.42 米	
11	法堂	抚州帝师寺法堂	4 寻 3.5 尺（35.5 尺）	3 寻 1 尺（25 尺）	3 寻 1 尺（25 尺）	吴文正集·卷五十
			11.25 米	7.92 米	7.92 米	
12	楼阁	百丈山大智寿圣寺天下师表阁	120 尺	40 尺	120 尺	敕修百丈清规·卷八
			38.02 米	12.67 米	38.02 米	
13		平江承天能仁寺万佛阁	5 间	5 间	柱子高 160 尺	金华黄先生文集·卷十二
					50.69 米	
14		元哈剌和林佛寺兴元阁	7 间	7 间	300 尺	中州名贤文表·卷二十二
					95.04 米	
15	佛塔	蒋山宝公塔院佛塔	塔为六边形	副阶出檐长度 22 尺	塔高 5 级	金华黄先生文集·卷十二
				副阶出檐 6.97 米		
16		宝林华严教寺塔	塔为八边形	塔为八边形	塔高 9 层 230 尺	金华黄先生文集·卷十二
					72.86 米	

说明：上表尺寸折算方法：1 常 =2 寻，1 寻 = 8 尺，1 尺 = 31.68 厘米

尽管这些尺寸记述的十分粗略，但仍然可以看出元代建筑的一些端倪，如元代哈剌和林城佛寺中的兴元阁，高达300尺约95.04米，是一座相当高的木构楼阁建筑（图7-19，图7-20）。而平江承天能仁寺的万佛阁仅其柱子的高度就有160尺，约合今尺50.69米，则其阁的高度也是可以想象的。嘉兴天宁万寿寺山门高为7.5寻（60尺），进深比高多出1寻2尺，则进深为70尺。其面广仅给出了“5间”这一信息。若假设其进深为4间，如果按照平均每间的开间尺寸推测面广的长度约为87.5尺。如此可以推想，其门高19.01米，进深22.18米，面广27.72米（图7-21）。可知这座寺院山门的尺度也是比较大的。当然，要对这些记录做出某种合乎当时结构与建筑逻辑的还原，还需要很多分析与探讨的的工作可做。

二、元代抚州帝师殿平面及其主要殿堂原状探讨

有元一代，随着寺院基址规模的缩小寺内建筑的配置也逐渐趋于紧凑与规则，即使是一些具有皇家敕建性质的寺院，其寺院的规模与单体建筑的体量也不是十分宏巨。较为完整的寺院建筑配置，见之于元人吴澄所撰《吴文正集》中收入的《抚州路帝师殿碑》，其寺“卜地于宝应寺之左，广寿寺之右，高明爽垲，宏敞行迤。从度之，其深六十寻有奇，衡度行其广五分其深之二。”[1]这里给出了这座寺院的空间位置与寺院占地基址的大致规模：这座寺院通进深为60寻，通面广为通进深的五分之二，约为24寻。以一寻为8尺，这座寺院的占地大约是面广192尺（以一元尺为0.3168米折算，合今尺约60.83米），进深480尺（约152.1米）。作者进一步给出了寺内主要建筑的空间配置与主要尺寸：

“中创正殿，崇二常有半，广视崇加寻有五尺。深视广杀寻有七尺。后建法堂，崇视常九尺，广视崇加寻有二尺五寸，深视广杀寻有二尺五寸。前立三门，崇二常有四尺，广视崇加一尺，深视广杀寻有二尺。堂之左右翼为屋，各五间，其深广与堂称。门之左右有便门，有二塾，为屋各十有四间，其深广与门称。两庑周于殿之东西，前际门之左右塾，后际堂之左右翼，为屋各十有三间。左庑右庑之中，有东堂，有西堂，各三间，环拱正殿。上合天象如紫微、太微之有垣。三门之外棂星门，其楹六。楹之竖于地者，通计二百有五十。屋据高厚，俯临阛阓，望之巍然，彪炳雄伟。”[2]

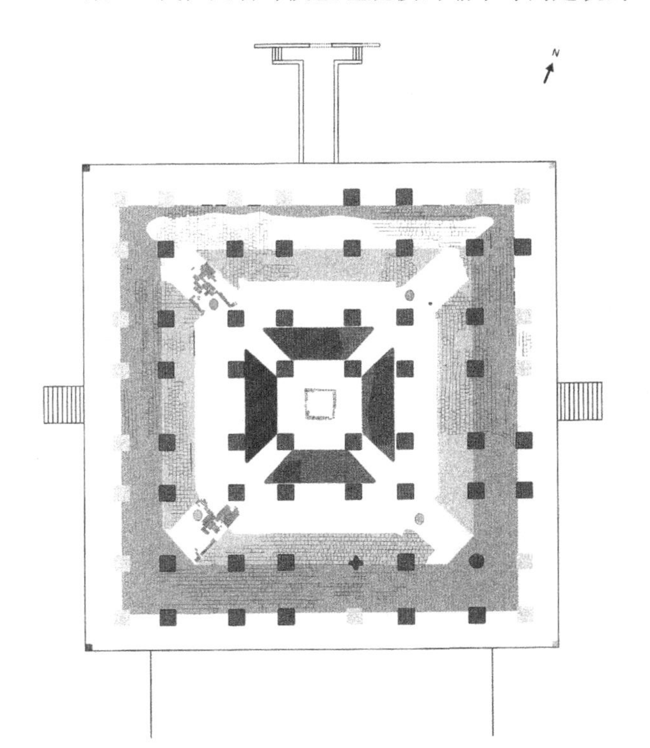

图7-19　兴元阁遗址考古平面图（旅日学者包慕萍提供）

这座寺院的布局是清晰的，寺院中央为正殿，正殿之后是法堂，正殿之前是三门。三门、正殿、法堂布置在一条中轴线上。法堂左右各有挟屋5间，三门左右各有便门及塾一座。便门及塾构成了两侧各有14

---

[1] 文献[1]. 集部 . 别集类 . 金至元 . [元]吴澄 . 吴文正集 . 卷五十 . 碑 .

[2] 文献[1]. 集部 . 别集类 . 金至元 . [元]吴澄 . 吴文正集 . 卷五十 . 碑 .

图 7-20　兴元阁复原立面（笔者复原）

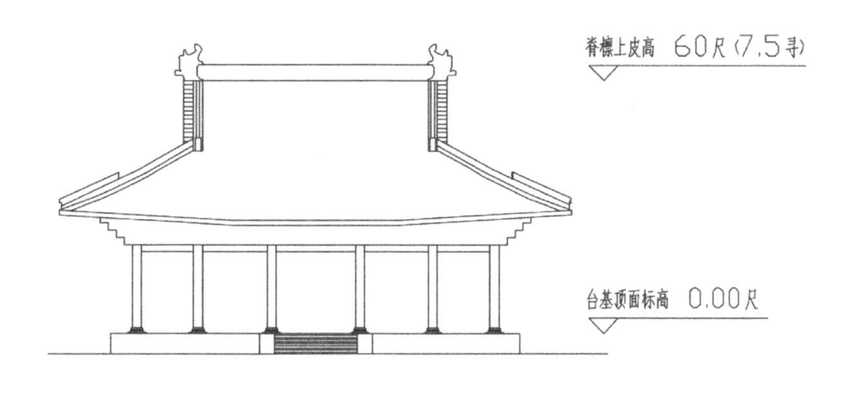

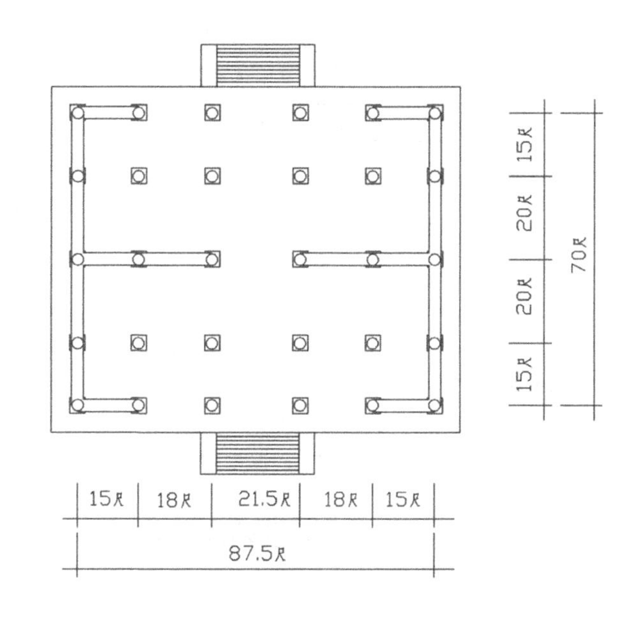

图 7-21　嘉兴天宁万寿寺山门平立面基本尺度示意图（作者自绘）

间的塾屋。正殿两侧又有东西两庑，两庑与殿前三门两侧的左右塾相接，同时又与殿后法堂左右翼的挟屋相接，在正殿两侧形成各为 13 间的庑房。在左庑与右庑之间，同时也在正殿的两侧各有两座三开间的朵殿，分别为东堂与西堂。三门之外另有棂星门一座，其门应为五间六柱的样式。这样一座寺院被布置在了深 60 寻（480 尺），广 24 寻（192 尺），约为 15 亩的基址面积上（图 7–22）。

这座寺院中，除了棂星门是一个特殊的设置以表征其高于其他寺院的帝师寺身份。其余如三门、正殿、法堂、东西庑房、正殿两侧朵殿，法堂两侧挟屋、三门两侧门塾等都是一般寺院中常见的配置形式。

现在再来看一看这座寺院中几座三维尺寸记录较为明确的单体建筑，即正殿、法堂、三门。其余如堂之左右翼，门之左右塾、左庑、右庑、东堂、西堂则没有高度尺寸，文中就不做进一步的分析了。这里按照古人的习惯，以 1 常为 2 寻、1 寻为 8 尺推算，将几座主要建筑的记载尺寸及折合成元尺及今尺的尺寸罗列于表 7–5。

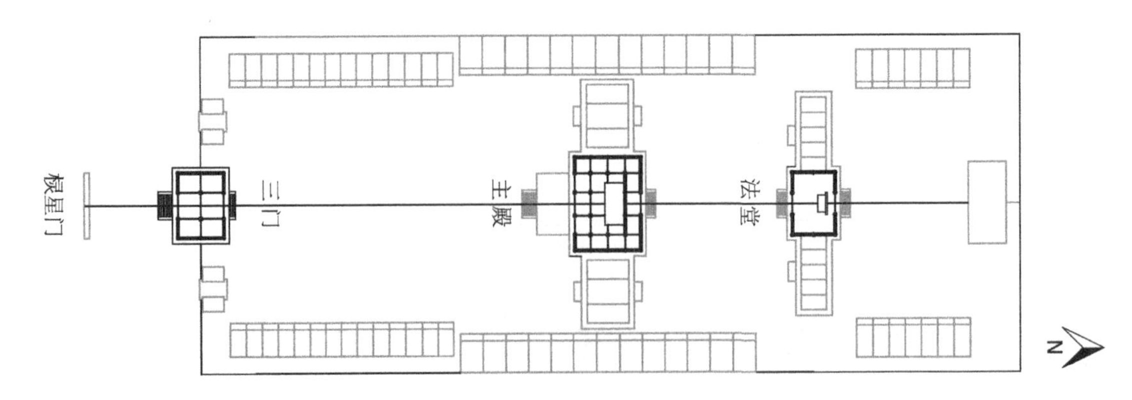

图 7-22 元代抚州帝师寺总平面图（作者自绘）

表 7-5 元代抚州帝师殿主要单体建筑尺寸

序号	建筑物	史料记载	通面广	通进深	高度	备注
1	三门	前立三门，崇二常有四尺，广视崇加一尺，深视广杀寻有二尺。	4 寻 5 尺 （37 尺）	3 寻 3 尺 （27 尺）	4 寻 4 尺 （36 尺）	吴文正集·卷五十
			11.72 米	8.55 米	11.40 米	
2	正殿	中剙正殿，崇二常有半，广视崇加寻有五尺。深视广杀寻有七尺。	6 寻 5 尺 （53 尺）	4 寻 6 尺 （38 尺）	5 寻 （40 尺）	吴文正集·卷五十
			16.79 米	12.04 米	12.67 米	
3	法堂	后建法堂，崇视常九尺，广视崇加寻有二尺五寸，深视广杀寻有二尺五寸。	4 寻 3.5 尺 （35.5 尺）	3 寻 1 尺 （25 尺）	3 寻 1 尺 （25 尺）	吴文正集·卷五十
			11.25 米	7.92 米	7.92 米	

设想抚州帝师殿内正殿为面广 5 间，进深 4 间，其他主要建筑，即山门与法堂，则为面广 3 间，进深 2 间的格局，其所用尺折合今尺仍然按 1 元尺为 31.68 厘米计算。这里将其可能的平面尺寸列于表 7–6。

表 7-6 元代抚州帝师殿山门、正殿、法堂平面尺寸

序号	建筑物	梢间 （前间）	次间	当心间 （中间）	次间	梢间 （后间）	通面广 （通进深）
1	三门	11 尺 3.485 米		15 尺 4.752 米		11 尺 3.485 米	37 尺 11.72 米
		13.5 尺 4.277 米				13.5 尺 4.277 米	27 尺 8.554 米
2	正殿	9 尺 2.85 米	11 尺 3.485 米	13 尺 4.118 米	11 尺 3.485 米	9 尺 2.85 米	53 尺 16.79 米
		9 尺 2.85 米	10 尺 3.168 米		10 尺 3.168 米	9 尺 2.85 米	38 尺 12.04 米
3	法堂	11.5 尺 3.643 米		12.5 尺 3.96 米		11.5 尺 3.643 米	35.5 尺 11.25 米
		12.5 尺 3.96 米				12.5 尺 3.96 米	25 尺 7.92 米

至于寺院中主要三座建筑物的高度方向，则需要根据文献中所载屋顶结构总高度结合元代木构建筑的基本特点逐一加以分析。文献中所透露出来的三座建筑，在高度上有明显的差别，如正殿高 5 寻（40 尺），三门殿高 4 寻 4 尺（36 尺），而位于正殿之后的法堂仅高 3 寻 1 尺（25 尺）。换言之，这座寺院的三门比较宏伟高大，正殿也还比较雄伟，法堂则显得比较低矮（图 7–23）。

此外，从实例所知的情况，元代木构建筑在斗栱用材上明显要比两宋辽金时代的木构建筑的用材要小。斗栱的尺度变小，而檐下的斗栱铺作数量则有明显增加。参照现有元代木构建筑的用材，这里将两座尺度较大的建筑：三门与正殿的用材，设定为 15 厘米（材高 4.7 寸），而将尺度较小的法堂用材降低一个材等，设定为 13.3 厘米（材高 4.2 寸）。此外，将帝师寺正殿与法堂的外檐斗栱都设定为六铺作单杪双昂，而将三门殿的外檐斗栱设定为五铺作单杪单昂。这样，既区分了各自的等级又从文献记录的高度差别上加以了区分。

余下的问题就是如何确定其檐柱的高度及屋顶的梁架关系，从而确定其屋顶的可能造型。从文献记载的高度上来看，帝师寺内的正殿与三门殿都比较高大，这显然是为了向周围的民众显示，这是一座具有皇家帝师意味的佛寺。故这两座建筑的屋顶都宜选择殿堂式屋顶比例，即其屋顶的举折要比较高，举高尺寸应采用前后橑檐方距离的 1/3。即使是这样，因元代建筑的檐下斗栱在尺度上比较小，只能通过增加檐柱的高度来达到文献中所记录的屋顶高度尺寸。通过反复的推算，以正常的屋顶举折，这座帝师寺正殿的檐柱高度以 21.5 尺为宜（其屋顶结构高度为 40 尺），而帝师寺三门的檐柱高度则应在 22 尺才能满足屋顶总高（其屋顶结构高度为 36 尺）的结构需求。

从文献中所记录的帝师寺法堂的高度来看，其屋顶高度要明显低于其前正殿与三门的高度。故这座建筑无论是屋顶的举折曲线还是檐下的柱子高度，都应该采取与正殿和三门截然不同的策略。故这里采用较为低缓的厅堂式屋顶举折曲线（其屋顶结构高度仅为 25 尺）。根据这一曲线推算出的檐下柱子的高度也仅有 15 尺。

至于屋顶的造型，表征这座寺院之皇家帝师等级的三门采用庑殿顶造型比较合适。寺内正殿因为仅有五开间，采用了歇山顶造型似乎更为壮观一些。位于寺院后部的法堂，由于其屋顶举折十分低矮，采用庑殿顶造型自然不适宜，而采用歇山顶造型因其举折高度偏低也很难形成较为理想的立面外观。故这里采用了悬山式屋顶，则恰与其屋顶与檐柱的高度比例相匹配。

好在元代寺院建筑实例中，如山西洪洞广胜下寺，其寺院前部的山门用了歇山屋顶，还在歇山之下加了腰檐，以增加山门的雄伟高大。但其后的寺内主殿，即前殿与后殿，均采用了悬山式屋顶造型。说明元代佛教寺院内，位于寺院中轴线上的主要殿堂也是有可能采用悬山式屋顶造型的。

基于如上的分析，通过作图的方法在绘制出其基本的平面布局与单体建筑尺度的基础上可以大体上推算出元代抚州帝师寺内三座主要建筑的基本构架，从而绘出其平、立、剖面图（图 7–24~ 图 7–26）。

由所绘平、立、剖面图中可知，这座帝师寺内的主要建筑，在长宽高三个量度方向上的尺寸都不能算是很大。这也在一定程度上反映了元代佛教寺院及其建筑，特别是地方寺院内的单体建筑，比之唐辽宋金时代佛寺内的殿堂楼阁，在规模尺度上似乎已经开始变得有些小巧。当然这也可能仅仅是一个特例，造成这一情况的原因或因用地的限制？或因材料来源的局限？亦未可知。

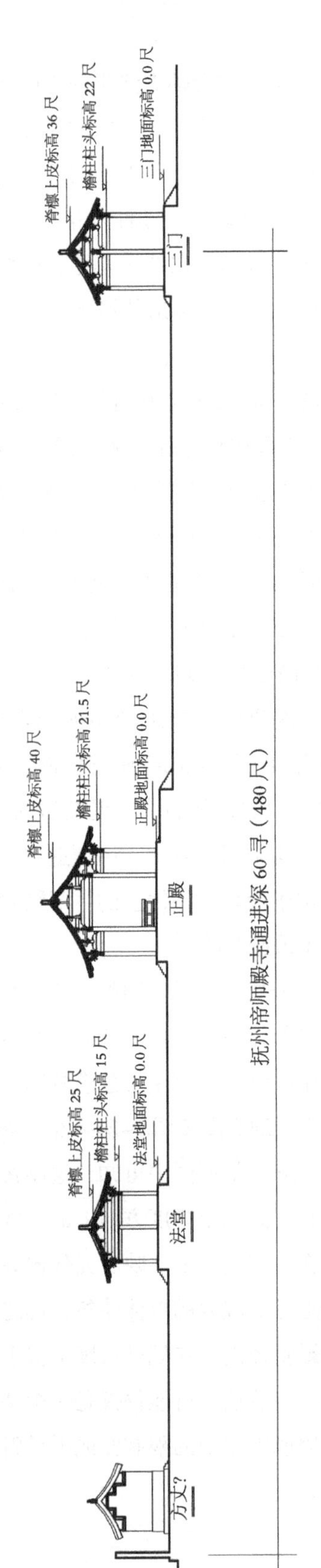

图 7-23　元代抚州帝师寺纵剖面图（作者自绘）

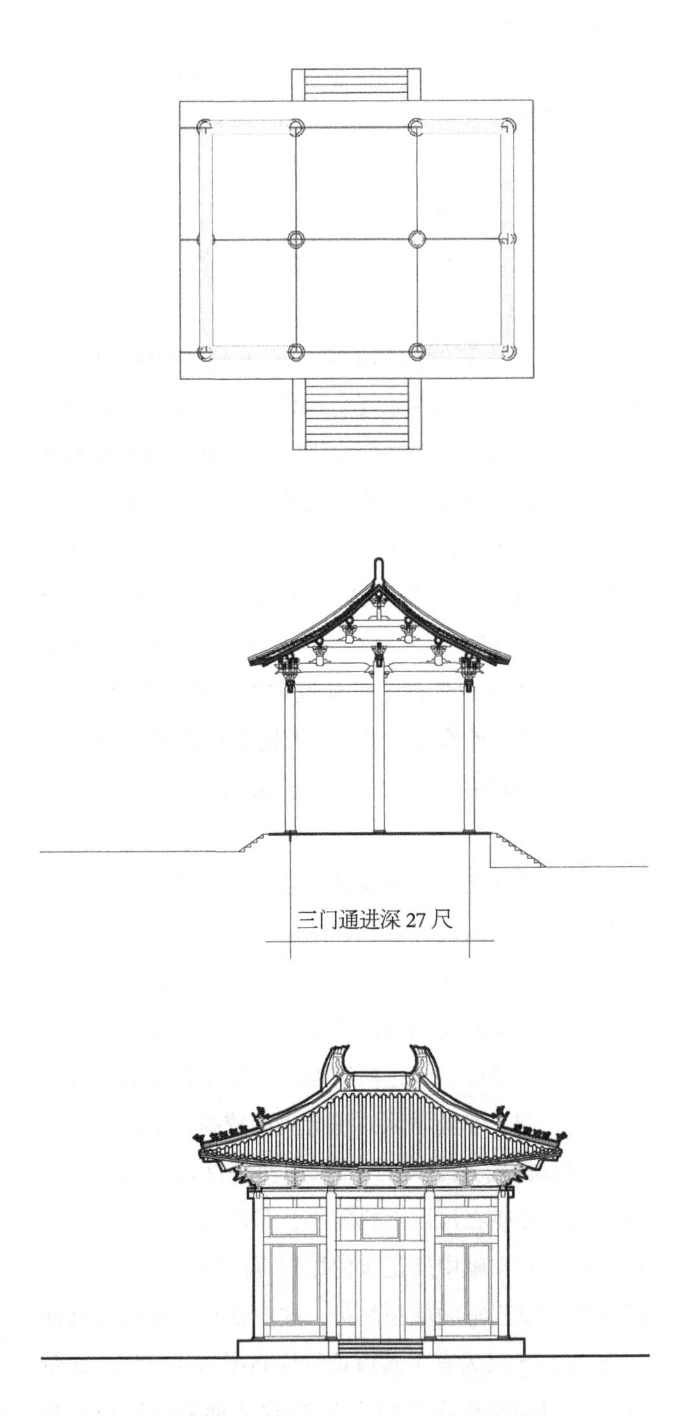

图 7-24　抚州帝师寺三门殿平 - 立 - 剖面图（作者自绘）

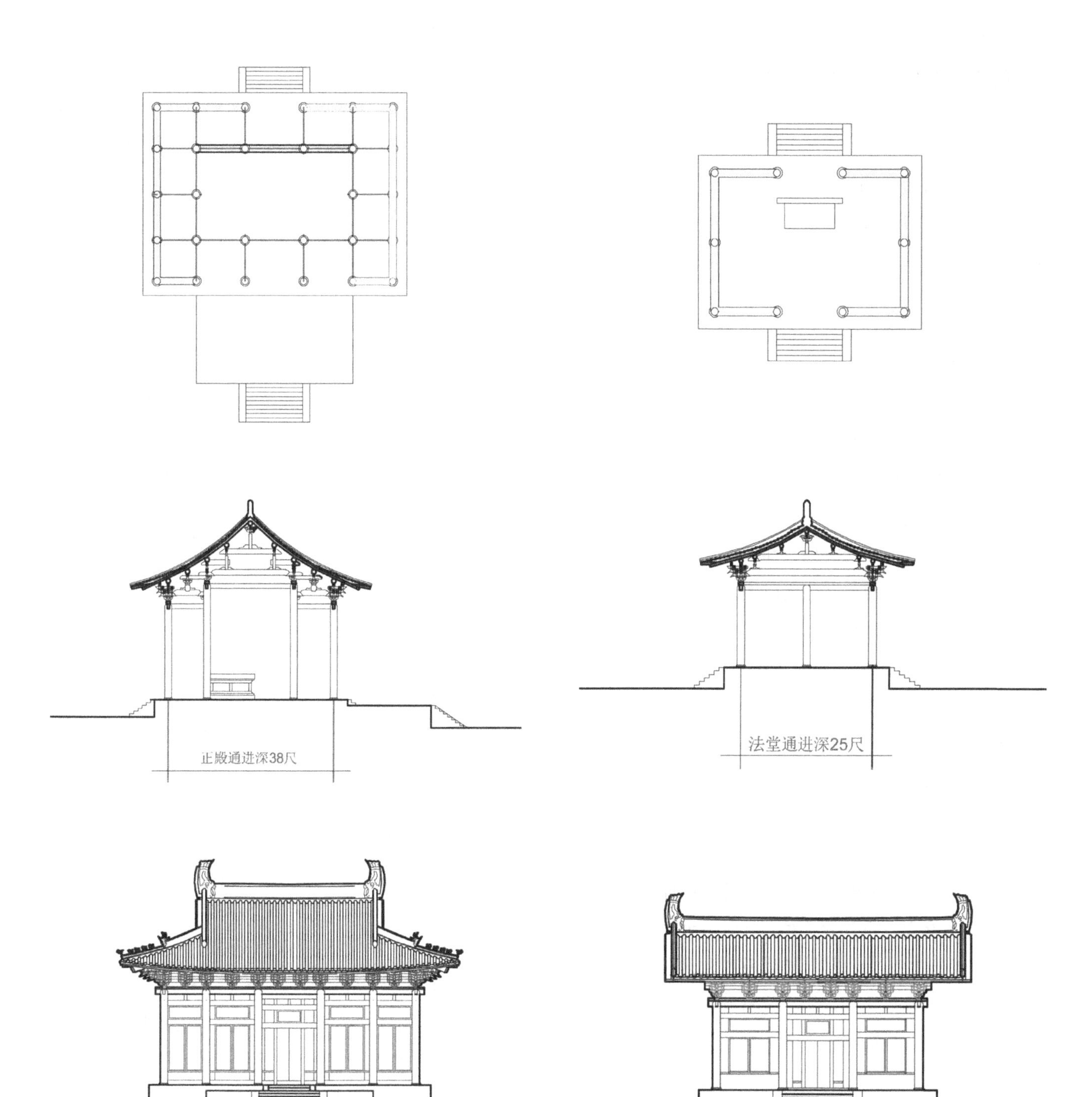

图 7-25　抚州帝师寺正殿平 - 立 - 剖面图（作者自绘）

图 7-26　抚州帝师寺法堂平 - 立 - 剖面图（作者自绘）

第三节
元大德曲阜孔庙大成殿

孔庙或文庙是儒家祭祀其至圣先师孔子的地方。现存规模最大的孔庙是孔子故乡曲阜城内的孔庙。但曲阜孔庙也经过了一系列变迁，其正殿大成殿在唐代时仅为5开间，宋代天禧五年（1021年）重修时，对大殿基址有所迁移，改为7开间。"大成"之名始自宋徽宗，徽宗赵佶以《孟子》语有："孔子之谓集大成。集大成也者，金声玉振之也。金声也者，始条理也；玉振之也者，终条理也。"❶ 始而更孔庙正殿之名为"大成"。

然而现存曲阜孔庙大成殿是清代雍正八年（1730年）重建曲阜孔庙时的遗构。也就是说，清代之前的宋、金时期，或元、明时期，都可能或沿用自前代的或本朝自己重建的曲阜孔庙大成殿。可惜随着岁月的流逝，这些古老的遗构早已不存。好在，史料中对元大德六年所创的曲阜孔庙大成殿还有较为详细的记述，或可以允许我们加以推测还原以略窥元代曲阜孔庙大成殿。

从史料看，元代时仍然沿用了宋代大成殿7开间的既有制度：

"元成宗大德六年，修庙殿七间，转角复檐，重址基高一丈有奇，内外皆石柱，外柱二十六，皆刻龙于上，神门五间，转角周围亦皆石柱，基高一丈，悉用琉璃，沿里碾玉装饰，焕然超越前代。明弘治重建大成殿九间，前盘龙石柱，两翼及后檐俱镌花石柱。"❷

但是，这里有一个问题，从建筑结构的角度来观察，元代曲阜孔庙大成殿制度中的"庙殿七间，转角复檐……外柱二十六"的制度，从"复檐"一语，可知是"重檐"屋顶，而从"外柱二十六"可知其下檐副阶柱有26棵。以副阶周匝，外檐柱为26棵，平面为7间。可以有两种柱子排列方式达到，一是面广7间，进深6间格局，柱网如图7-27：

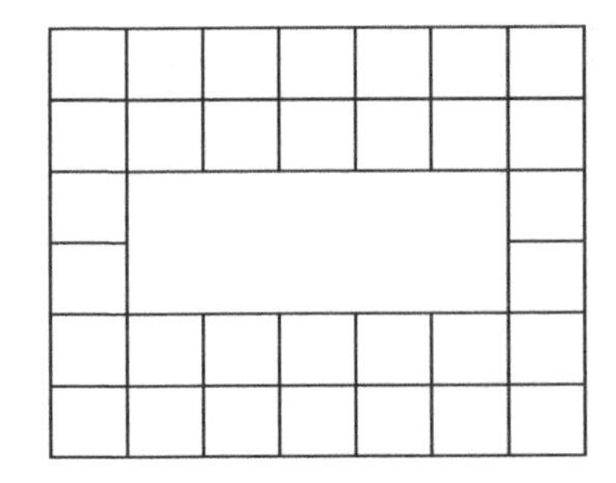

图7-27　外檐柱为26棵的元大德曲阜孔庙大成殿柱网示意图之一

这种平面格局几近方形，而一般中国古代木构建筑，平面近方形者多为面广3开间至多5开间建筑，而以面广7开间再使其接近方形，建筑的进深会显过大，不符合一般古代木构建筑建造逻辑。

因此，我们或可以尝试另外一种柱网排列方式：设想其为面广9间，进深4间，副阶周匝的重檐庑殿顶建筑格局。按照这种平面柱网，其殿身身内的平面为面广7间，进深2间，构成了支撑大殿上檐部分的柱网。在殿身之外再环绕一圈副阶柱形成如宋代"周匝副阶"的平面形式，则副阶层前后檐柱各为9间10柱，共20柱。副阶两山，进深4间，则每侧前后共5柱合为10柱。然而，其中的转角四棵角柱子是与前后檐角柱共用的，也就是说，两山实际上各增加了3棵柱，共有6棵山面副阶柱。按照这样一种柱网模式，这座殿身7间，副阶9间，进深4间的木构大殿，外檐一圈的柱子恰好为26棵。其柱网如图7-28：

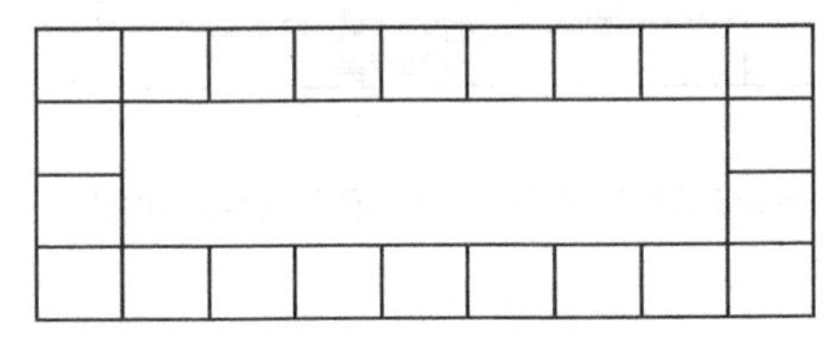

图7-28　外檐柱为26棵的元大德曲阜孔庙大成殿柱网示意图之二

---

❶ 文献[2].[春秋战国]孟轲．孟子．卷十．四部丛刊景宋大字本．

❷ 文献[1].史部．政书类．仪制之属．幸鲁盛典．卷七．

如上所述，这样一种平面布置可以形成殿身7间，周匝副阶平面格局，副阶为9间。殿身内没有内柱，可用四椽栿或六椽栿大梁形成殿身结构，这样的室内空间比较空旷、敞亮，正与元代建筑大胆无羁的结构风格相契合。而周匝副阶则以乳栿或丁栿将副阶檐柱与殿身柱联系在一起在结构上亦合乎逻辑。而空敞的室内空间也比较适合祭祀性礼仪空间的功能需求。

显然，这种平面格局与元大德曲阜孔庙大成殿“庙殿七间，转角复檐……外柱二十六”的记载恰相吻合。而宋代文献中，多以殿身间数描述建筑，如殿身七间副阶九间的建筑一般亦称“七间“殿堂。由此或可推测：元代曲阜孔庙大成殿应是一座殿身7间，副阶9间的绿琉璃瓦顶重檐大殿。❶

以此来看，明代弘治年“重建大成殿九间”的做法，也许并非是将元代7开间，提升到了9开间的样式，其很大的可能性是继续沿用了元代“殿身七间，副阶周匝”的做法，即副阶外檐为9开间格局。而这也是现存清雍正二年（1724年）所使用的格局，不同的是，雍正二年曲阜孔庙大成殿虽然也是“殿身七间，副阶周匝”的格局，但其平面为面广9间，进深5间，似有与所谓“九五之尊”相合的内涵，但其特点是在进深方向上的中间一间的开间柱距特别大，几乎相当于其柱网中普通柱距的两倍（图7–29）。从平面看，似乎是在元大德曲阜孔庙大成殿前后檐各加了一排柱子形成新的副阶檐柱，却略去了殿身与副阶两山的中柱。形成殿身仍保持“进深三间”，而副阶改为“进深五间”的格局只是进深方向中间一间的柱子间距比较大。这样一种柱网平面，其外檐柱的总数为28棵。其柱网如图7–30：

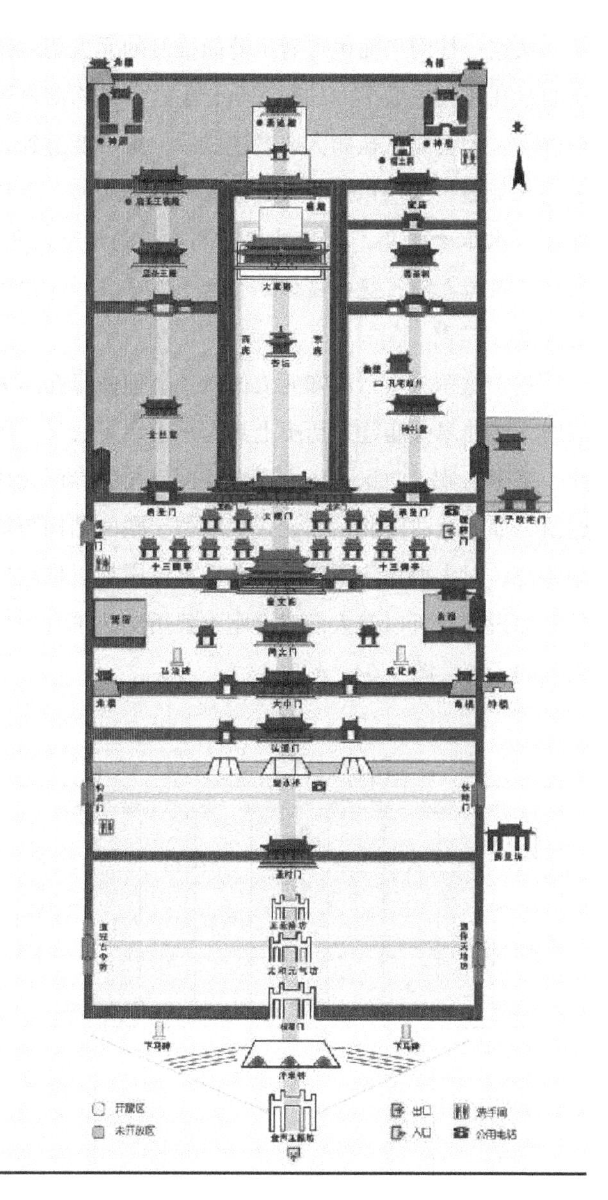

图7-29　元大德六年曲阜孔庙大成殿平面推测图（自 www.qfzs.gov.cn）

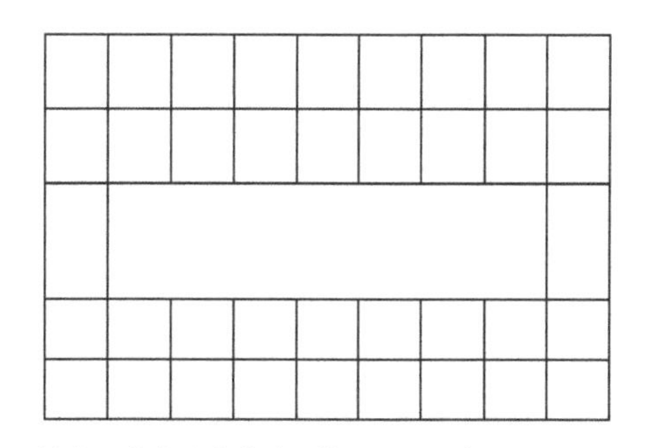

图7-30　清雍正曲阜孔庙大成殿柱网平面示意图

❶ 文献[1]．史部．地理类．都会郡县之属．山东通志．卷十一之四．“庙自明弘治十三年始用绿色琉璃瓦，今特改黄瓦，由内厂监造，运赴曲阜。”

从这一柱网平面也可看出前面推测的元大德六年建曲阜孔庙大成殿平面柱网完全合乎这一结构演进逻辑进程。大德曲阜孔庙大成殿建成后，很可能遭到元末兵火焚毁，入明以来“凡三修焉；明洪武初，奉诏重修。永乐十四年，又撤其旧而新之；成化十九年，始广正殿为九间，规制益宏。弘治十二年灾，奉诏重进（建？）”❶

基于这一分析，可知元大德六年所建曲阜孔庙大成殿，在曲阜孔庙建造历史上具有承上启下意义。因此，基于清雍正曲阜孔庙大成殿柱网尺寸并参照元代建筑，如河北曲阳北岳庙元代大殿德宁殿的结构与造型特征，对大德六年所建曲阜孔庙大成殿加以推测性的复原设计，可以使人们对这座重要历史建筑有一个大致的了解（图 7–31~ 图 7–33）。

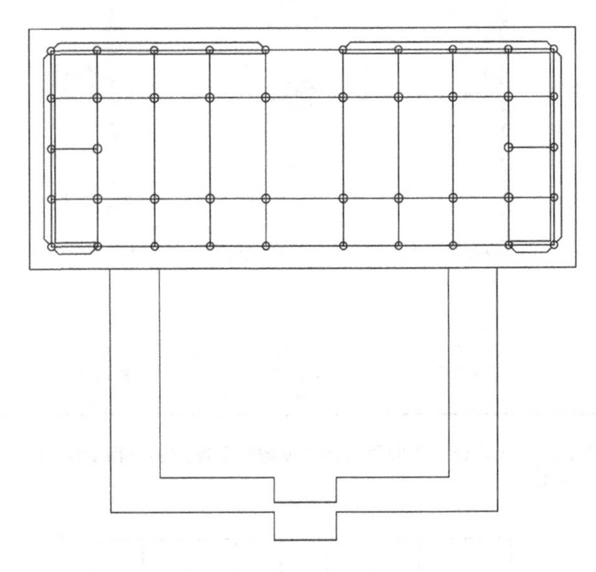

图 7-31 元大德六年曲阜孔庙大成殿平面推测图（作者自绘）

❶ 文献[1].史部.地理类.都会郡县之属.山东通志.卷十一之六.

第四节 元哈剌和林佛寺兴元阁可能原状探讨

一、兴元阁创建与修葺简说

元代文人许有壬在其《至正集》卷四十五中收入了他奉敕撰写的《敕赐兴元阁碑》碑文。比较详细记述了蒙元时代在蒙古帝国首都哈剌和林佛寺中所建造的一座高层木构楼阁——兴元阁的主要尺寸与造型的文字。

据现当代的相关资料透露，自 19 世纪 80 年代以来，俄罗斯及苏联、日本、德国、蒙古等国家的历史与考古学者曾经多次对哈剌和林古城遗址进行过调查与考古发掘。最初的目标是想通过考古发掘确定蒙古盛期都城哈剌和林的城址。1889 年，俄罗斯学者 H. W. 雅德林采夫等人在蒙古喇嘛寺院额尔德尼昭（图 7–34）附近发现了一处大型城址，从而初步确定了蒙古帝国首都哈剌和林的位置。1891 年，以俄罗斯探险家 B. B. 拉德洛夫为首的“鄂尔浑河考古调查队”在考察额尔德尼昭时又发现了元代至正丙戌年（1346 年）由文人许有壬撰文刻凿的《敕赐兴元阁碑》残片，从而验证了许有壬《至正集》中所收碑文的真实性。

许有壬是元代中后期较为重要的人物，《元史》中有其传，其中有载：“有壬历事七朝，垂五十年，遇国家大事，无不尽言，皆一根至理而曲尽人情。当权臣恣睢之时，稍忤意辄诛窜随之，有壬绝不为巧避计事，有不便明辩力诤不知有死生利害，君子多之。有壬善笔札，工辞章。”❷可知许有壬不仅在元代朝廷担任官职达半个世纪之久而且是一位颇有品格与文采的文人儒者。

这里可以引出许有壬《敕赐兴元阁碑》中的部分

❷ 文献[1].史部.正史类.[明]宋濂.元史.卷一百八十二.列传第六十九.许有壬传.

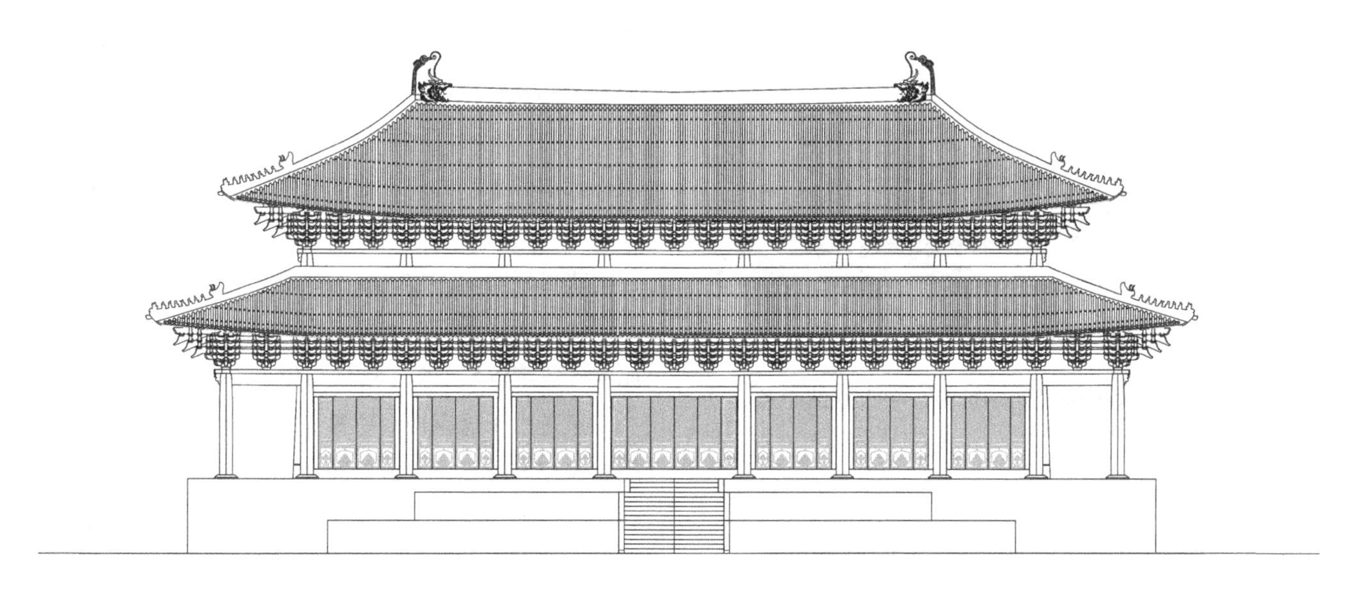

图 7-32　元大德六年曲阜孔庙大成殿立面复原（作者自绘）

图 7-33　元大德六年曲阜孔庙大成殿剖面图（作者自绘）

图 7-34 外蒙古额尔德尼昭外景（包慕萍 摄）

文字，对这座元代木构楼阁建筑有一个大致的了解：

“太祖圣武皇帝之十五年，岁在庚辰，定都和林。太宗皇帝培植煦育，民物康阜，始建宫阙，因筑梵宇，基而未屋，宪宗继述。岁丙辰，作大浮屠，覆以杰阁。鸠工方殷，六龙狩蜀。代工使能伻督，络绎力底于成。阁五级，高三百尺，其下四面为屋，各七间，环列诸佛，具如经旨。至大辛亥，仁皇御天，闻有弊损，遣延庆使绰斯戬，鞏锢葺之。又三十二年，为至正壬午，皇上念祖宗根本之地，二圣筑构之艰，敕奇凌府同知，今武备卿布达实哩暨岭北行中书省右丞，今宣政院使伊噜特穆尔，专督重修，历四年方致完美。周塔涂金，晃朗夺目。阁中边顶踵，巨细曲折，若墄平髹垩，靡不坚丽精至。重三其门，缭以周垣，焕乎一新。县官出中饶楮币，为缗二十六万五千有奇，费视昔半而功则倍之。丙戌十一月七日，上御明仁殿，中书省臣奏阁修惟新，不可不铭，敕翰林学士承旨臣有壬文诸石。”[1]

文中提到一些时间点：成吉思汗建都哈剌和林的时间为太祖十五年，即庚辰年（金宣宗兴定四年，1220 年）。30 多年之后至太宗窝阔台汗丙辰年（宋理宗宝祐四年，1256 年）时，开始在都城哈剌和林附近一座寺院中建造这座兴元阁。这一时间点，距离元蒙统治者入主中原的 1271 年仅仅差 15 年。换言之，这座见于元代文献中的木构高阁建筑是在蒙古帝国的都城哈剌和林城建造完成 30 年之后就开始建造了的。这一时间点，距离元世祖忽必烈在大都城登基，宣告蒙古统治者正式入主中原的时间之前亦十分短暂。由此，足以证明这座楼阁建筑对于了解蒙古历史的重要性。或也证明了，蒙古帝国兴起之初在接受从中土及西藏地区传来佛教的同时，也对以汉文化为基础的中原木构建筑体系采取了接纳与包容的态度。

正是由于这座楼阁所具有的重要象征意义，在楼阁建成 55 年之后的元武宗至大四年（辛亥年，1311 年），朝廷曾遣使对这座高高建筑进行修葺。又过了 32 年，元惠宗至正二年（壬午年，1342 年），再次派人加以修葺。经过四年的修缮，方再臻完美。在第二次大规模修葺工程中，阁内浮屠塔的表面重新涂金，环绕高阁，缭以周垣，寺之前部又“重三其门”。其意或是，此前寺院曾有三门已遭毁圮，这次修缮工程中又在寺前重立三门（或三重门）。在修缮完成之后的至正六年（丙戌年，1346 年），元惠帝敕令翰林学士许有壬撰写了碑文。也就是说，从兴元阁创建之初的 1256 年，到这座阁第二次大规模修缮完成的 1346 年，前后经历大约 90 年时间。随着元帝国的覆灭，有关这座高大楼阁其后的历史似乎已经掩埋在历史的尘埃之中，至少在中土汉文史料中再未见到任何与这座建筑物有关的记载。

二、敕赐兴元阁碑的发现与遗址的发掘

由此，大约可知，这座兴元阁初创于元蒙入主中原之前的太宗丙辰年（1256 年），在其建成 55 年之后的元武宗至大四年（1311 年）曾经进行过一次修葺，又过了 32 年，在元惠宗至正二年（1342 年），再次对这座高閣建筑进行修葺，四年之后的至正六年（1346 年）修缮工程完成，并由许有壬奉敕撰写了这通“敕

[1] 文献[1]．集部．别集类．金至元．[元]许有壬．至正集．卷四十五．碑志．敕赐兴元阁碑．

赐兴元阁碑”的碑文。这是与这座建筑有关的大致时间点。当然，从现代考古发掘的残碑看，碑体上还凿刻有被译成畏兀儿体的蒙古文碑文，这也从另外一个侧面证明了这座建筑的重要性。

此外，在许有壬的碑文中，还提到了这座建筑的外观形式与基本尺寸。这是一座楼阁建筑，高有5层，总高为300尺，阁下四周环绕有一圈房屋，四围房屋的每面各有7开间。在这环绕四周的庑房之内还环列有诸佛的造像，这些造像应该是朝向中央浮屠塔布置的。阁内则矗立一座“大浮屠”。其实，从行文看，这座高大楼阁的建造目的最初似乎就是为了“覆”盖大浮屠塔的。浮屠塔外表面涂有金色。而塔表面的涂金，在这座楼阁建成90年之后的大修中又再一次加以重新涂饰，从而使这尊佛塔“晃朗夺目”。

由于在阁内设置了浮屠塔使得阁内的空间十分紧凑，故而才有“阁中边顶踵，巨细曲折，若墄平髹垩，靡不坚丽精至”❶的描述。当然，如何在一座五层木构楼阁中布置一座金塔？这座塔究竟有几层高度？这仍然是一个未解的难题。

然而，从上文的基本描述大致可以推知，这座五层的兴元阁及阁四周庑房应该是木构建筑；阁内覆盖的可能是一座砖石砌筑的浮屠塔。由于这尊浮屠塔的建造早于我们所知最早的喇嘛塔，即由尼泊尔人阿尼哥设计建造的北京妙应寺白塔，故这里还难以确定，兴元阁内的浮屠塔究竟是采用了喇嘛塔式造型，还是采用了其他式样的佛塔造型？故本文将回避与这座浮屠塔造型有关问题的分析与讨论。

当然，仅仅这样一段有限的文字似乎还不足以使我们推想出这座塞外高阁的外观造型。因为这里虽给出了大体的外观形式与基本的高度尺寸，但缺乏这座楼阁建筑在平面向度上的量化数据。即使从周围房屋有“七开间”来推测也只能推想出一个大致的轮廓，却很难接近其真实的造型与尺度。

值得一提的是，许有壬撰写的这通敕赐石碑的残片一直受到世人的关注。例如，2009年12月，日本大谷大学文学部人文情报学科松川节教授受中国社会科学院历史研究所中外关系史研究室邀请，做了题为“新发现的‘敕赐兴元阁碑’断片”的学术报告。

松川节教授详细介绍了此前学者所发现“敕赐兴元阁碑”断片及其研究状况，并对2009年新发现的“敕赐兴元阁碑”断片的汉蒙文部分加以释读。此外还对已经成为世界文化遗产的蒙古寺院额尔德尼昭（图7-35）的建筑风格与特征及遗迹现存状况及其历史地位问题加以了介绍。

松川节教授指出:“敕赐兴元阁碑”是1346年许有壬受元朝皇帝妥欢帖木儿之命，为了纪念在蒙古帝国首都哈剌和林重修兴元阁而立的蒙汉合璧碑。这通石碑在后世受到了自然与人为的损坏，其断片在16世纪兴建额尔德尼昭时被用做石材镶入佛塔基石之内。目前，已发掘出的“敕赐兴元阁碑”断片有6块，尚未被发掘的还有2块。

19世纪末期，俄罗斯探险队在额尔德尼昭发现了两块畏兀儿体蒙古文“敕赐兴元阁碑”断片，1892年发表在《蒙古古代遗迹图册》上。1912年波兰学者科

图7-35　额尔德尼昭三佛殿（包慕萍 摄）

❶ 文献[1]. 集部. 别集类. 金至元. [元]许有壬. 至正集. 卷四十五. 碑志. 敕赐兴元阁碑.

特维奇又新发现了三块畏兀儿体蒙古文“敕赐兴元阁碑”断片，但因当时遭到寺院僧侣们的反对，这次发现的断片并未被取出只是在原地采集了拓片。1917年科特维奇发表了“在额尔德尼昭的蒙古字碑铭”一文介绍新发现的“敕赐兴元阁碑”断片。但遗憾的是，这篇文稿中并未公布他所拓石碑断片的照片及拓片的内容。1926年苏联学者鲍培在额尔德尼昭又发现两块畏兀儿体蒙古文“敕赐兴元阁碑”断片。1929年正式以《1926年在额尔浑河流域的考察报告》的名义公布。2003年，德国—蒙古“哈剌和林宫殿”联合研究项目组又发现了一块畏兀儿体蒙古文“敕赐兴元阁碑”断片并将其移往波恩博物馆进行展览。2009年，蒙古—日本联合学术考察队在额尔德尼昭西门向南的第一个佛塔基石下方新发现了蒙汉合璧“敕赐兴元阁碑”的一部分并将其发掘出来，保存在了额尔德尼昭博物馆。

显然，这一发现、考证与研究的过程是漫长而曲折的，问题是这些与石碑断片及不同文字碑文有关的发现对于我们建筑史研究者而言，并没有比许有壬在《至正集》中留给我们的汉字碑文提供更多的建筑学信息。

幸运的是，在最近一些年由俄罗斯与蒙古学者进行的联合考察中，发掘了这座兴元閣的遗址并对遗址的平面与尺寸进行了测量，从而使世人对这座始创于13世纪中叶的神秘木构楼阁的平面尺寸与柱网关系有了一个基本的了解。如果再加上《至正集》中许有壬的有关叙述，结合中国古代木构建筑基本知识，就可能将这座建筑的基本造型关系与三维尺寸，通过中国古代大木结构的逻辑推演，大致推测出来，从而有可能以比较接近其原初结构与造型的方式将比较接近其可能原状的建筑形态展现出来，从而增加一点人们对于这座13世纪古代木构高层建筑的想象力。

2015年7月在由美国范德堡大学梅晨曦（Tracy Miller）教授在该校艺术史系召开的“中国古代建筑国际学术论坛”上，日本东京大学生产技术研究所的包慕萍教授在演讲中，公布了一张欧洲学者对哈剌和林兴元阁考古发掘的平面图，使我们初次目睹了这座神秘楼阁的平面形态（图7–36）。会后，包慕萍教授允诺说，我们可以以这张图为基础进行下一步的深入研究并十分慷慨地给了我们这幅图的拷贝版。

透过遗址可以看出，这是一个平面为方形的木构楼阁建筑。从发掘平面看，建筑似乎分为内外两层：位于平面中央核心部位的是一个面广与进深都为3开间，如“九宫格”一样的柱网格局。在这个九宫格内的中心部位，在四棵位于阁中央部位的柱子的几何中心上，有一个约2.5米见方的类方形砖石砌筑的遗址。由于尺寸偏小，我们很难将其与碑文中所说的“大浮屠”塔联系在一起。比较大的可能是这一个砖石台基：位于砖石砌筑的大浮屠塔中心的塔心柱柱基，或也可能仅仅是一个位于塔与阁中心部位的佛造像的基座。

在中心四柱与“九宫格”之外围九柱之间的空隙内，在东南西北四个正方位上，各有一个平面为梯形

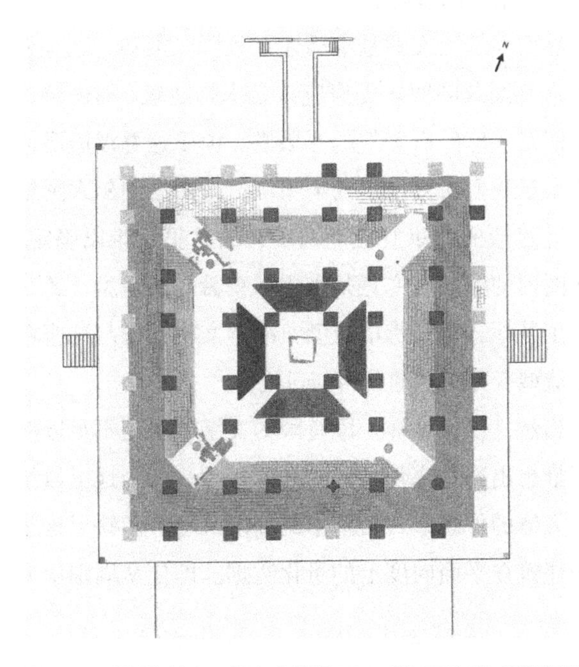

图7-36　哈剌和林兴元阁考古发掘平面（旅日学者包慕萍提供）

的似乎是夯土基址的遗存。由这四个梯形平面大致可以构成一个平面为方形，四角有规则的通道空隙，中央为中空的砖石砌筑体。这里不妨暂且将其想象成为这座兴元阁内所覆盖之大浮屠塔的基座部分。

由上文推知，这一“九宫格”柱网平面很可能就是覆盖了大浮屠塔的“阁五级，高三百尺”的木构楼阁之阁身主体部分。这4个梯形平面的遗存除了四角留出可能进出塔心内部的狭窄空间之外，几乎充满了中央“九宫格”柱网内外柱子之间的空隙部分，这或也验证了许有壬在碑文中所说的：“阁中边顶踵，巨细曲折，若墄平髹垩，靡不坚丽精至”❶的描述。所谓“中边顶踵”说的其实就是这座大浮屠塔的塔基部分，将柱子之间的空间几乎完全充满，直抵四周柱根（踵）部分之意，从考古发掘的遗址平面，也证明了许有壬的描述恰如其分。只是本文的重点在木构楼阁本身，有关这座砖石砌筑的“浮屠塔”的造型及塔心空间内的或中心柱或佛座的问题暂不放在本文中加以讨论。

在这个中央“九宫格”平面之外，四周环绕了两圈柱网，平面为方形，每面开间数各为7间。从直觉上看，这似乎是一座面广7间，进深7间的大型楼阁的首层平面柱网。但从柱距看，四周2排方形柱网的柱子与中央“九宫格”柱网之间的距离明显较大，且从遗址中展示的铺砖地面观察，四周房屋地面与中央“九宫格”内的地面并没有使用统一完整的铺地砖做法，四周房屋外圈柱子之外亦明显没有铺地砖，而四周房屋向内空间一半的中线位置靠近四周房屋方向也铺有地砖，故而很像是环绕“九宫格”柱网的四周，另有一圈房屋，房屋内铺满地砖，形成了一个向内开敞的围合性空间。四周房屋与中央“九宫格”柱网之间似乎有一个四面环绕的院落。实际上，这四周房屋环形柱网的进深仅有一间。这里很可能就是许有壬行文中所提到的：“其下四面为屋，各七间，环列诸佛，具如经旨”❷的部分。

四周柱网之外，有一个方形的平面线，应该是整座楼阁及其四周环绕之庑房的台座。依据图中给出的比例尺推知，台座的长宽尺寸约为42.9米见方。台座的东西两侧各有一个分别为10步（西）与11步（东），宽度约为3.2米的踏阶，踏阶的外延长度约近4米。以踏阶的宽度与高度各为0.2米推算，可知这个四方台座的总高约为2.0米左右。台座南侧是一个似乎略低的甬道。甬道的宽度约近31米左右。说明在这座高阁的南侧应该还布置有以宽大甬道相连的重要殿堂，或诸如“三门”之类的建筑物。台座北侧有一个较为狭窄的通道，宽度仅为4.0米左右且没有台阶的显示，说明这可能是一个连接阁后某座建筑物的小型甬道，或者也可能是一个坡道。

特别值得注意的是：在中央九宫格柱网4根角柱之外，同时在周围环绕的7开间柱网的4棵内角柱之内，在中央柱网与四周柱网之间的斜向连接线部位，各有一个圆形的柱子痕迹。只是这4根柱子与内外柱网的角柱并不在一条直线上，而是有所错动。例如，位于东北方位的那根柱子距离中央“九宫格”柱网东北角柱的距离就比较近，且稍微偏西了一点；而位于西南方位的那根柱子距离中央“九宫格”柱网西南角柱的距离稍远且稍微偏北了一点。其他两根也有与柱网中的其他柱子不十分对位的问题。由此似乎可以推测，这4根角柱应该是后世维修时为了支撑中央“九宫格”柱网四角的斗栱与翼角结构而添加上去的，这种情况在辽代建筑蓟县独乐寺观音阁上下檐四角所见到的后世添加的擎檐柱中看得十分清楚。

由此可以推测：以其柱基为圆形，柱位又不十分规整这一角度来看，这4跟柱子很可能是由中央“九

❶ 文献[1]. 集部. 别集类. 金至元. [元]许有壬. 至正集. 卷四十五. 碑志. 敕赐兴元阁碑.

❷ 文献[1]. 集部. 别集类. 金至元. [元]许有壬. 至正集. 卷四十五. 碑志. 敕赐兴元阁碑.

宫格”柱网所形成的5层高阁之首层转角屋檐下在后世维修中添加上去的擎檐柱。也就是说，这是4根因为高阁建成之后过了一些时间，角檐出现塌陷才补加上去的转角擎檐柱。因此，其柱础部分并没有巨大的方形石基而是一个较小的圆形柱基。且其平面位置与内外圈柱网之间，相对也不那么十分准确地加以对位。而这一推测，也从另外一个角度证明了中央“九宫格”柱网部分与四周环绕，每面各为7开间的房屋之间是两个各自独立的结构体。换言之，其大致的形态是，中央有一座面广三间，进深三间，高为5层，高度有300尺的木构楼阁，楼阁的四周环绕有一圈进深仅为1间但面广各为7间的庑房。

通过如上对史料文献与考古发掘平面的初步分析，我们或可以大致得出如下基于史料、考古资料与大木结构之逻辑推测的结论：

1) 兴元阁是一座坐落于高约2.0米，长宽各约42.9米左右的方形台座上的木构楼阁式建筑。阁的前后（南北）两个方向上，很可能都有寺院内其他建筑的存在。

2) 兴元阁由内外两个结构体组成：其中心部位是一个面广与开间各为3开间的中心阁，阁高5层，总高约为300尺。中心阁之外四周环绕一圈单层的庑房，每面有7间，进深仅为一间，彼此回绕连接而成一个四合的整体。中心阁与外围庑房之间可能有一个露天的庭院。庭院四角的柱子，反映了这座五层楼阁的首层四角各有一根后世添加的擎檐柱。

3) 在中心阁内“九宫格”柱网内外圈柱子之间有夯土堆筑的浮屠塔。塔平面为方形。塔中心，至少在首层部位有中空的空间，空间的中心布置有一个2.5米见方的台座，其上有可能曾经布置有佛造像亦可能是这座浮屠塔内所设中心柱的基座。

4) 至于浮屠塔高度方向的尺寸与造型，尚无进一步的资料且因其早于目前已知最早的喇嘛塔——北京妙应寺白塔，这里也很难将之与我们熟知的喇嘛塔造型联系在一起，故很难对这座大浮屠塔的外观造型加以推测。限于兴元阁是一座木构楼阁，且由首层柱网观察，其中心4棵柱子在台座基础上已经出现，这说明这座木构楼阁的木结构本身还是完整的。故本文将会把关注的重点放在木构楼阁的结构与外观而非其中的“大浮屠”塔上。

三、对兴元阁遗址考古平面的解读

现在的问题是，如何透过考古发掘资料给出的有限信息得出这座建筑首层柱网平面的基本尺寸。包慕萍教授所提供的是一张兴元阁考古发掘平面的电子扫描图，图上附有德文与俄文两种文字的简单图注。重要的是在图的左下角有一个比例尺。

笔者将这幅考古平面图导入AUTO-CAD中并将其图形与图中所给出的比例尺相匹配，就可以得出这张考古平面图中所显示之建筑平面较为详细的尺寸。当然，由于没有具体的标注即使是这样得出的平面尺寸还可能存在某种微小的误差。但只要其所给图中的比例尺是正确的，这一误差就已经被缩减到尽可能小的地步了。现将从CAD图上量出的这张柱网平面图的基本尺寸列于表7-7。

表7-7　考古平面图中显示的兴元阁首层平面尺寸表

单位（米）

面广方向	左尽间	左梢间	左次间	当心间	右次间	右梢间	右尽间	通面广
	4.211	6.289	4.506	6.124	4.703	6.378	4.346	36.557
进深方向	后尽间	后梢间	后次间	中间	前次间	前梢间	前尽间	通进深
	4.441	6.132	4.562	6.334	4.624	6.222	4.737	37.052

当然，上表中给出了首层平面柱网中各个柱子中线之间的距离。此外，表中未列出的还有四周檐柱中心线距离兴元阁台座边缘的距离。从图上量出的四周边阶尺寸在四个方向上的差别不是很大，大约在3.12~3.15米左右，暂以3.15米计，则由其东西面广36.557米，南北进深37.052米，可以推算出，其台座的东西方向长约42.857米，南北方向宽约43.352米。显然，这两个方向的尺寸差是由施工放线的误差造成的。其原初设计应该还是一个正方形的平面及台座，如前文所提到的约数：42.9米见方。

由于许有壬所给出的兴元阁高度尺寸为古代的“尺”，而这里通过考古测量所得出的尺寸数据为现代人所使用的“米”。现在的问题是，如何将这些以“米”为单位的尺寸与许有壬所给出的“300尺”的楼阁高度契合为一体。也就是说，如何尽可能准确地推测出这座建筑所用的“尺”。

由于兴元阁的创建时间，大约与南宋或金代晚期在同一个历史时段，且这座木构楼阁很可能是由从中原地区去的工匠们建造的。这一点似乎从许有壬《敕赐兴元阁碑》中所云：“鸠工方殷，六龙狩蜀。代工使能伻督，络绎力底于成”❶中多少透露出一点信息。也就是说，从历史上看，这一时期的蒙古军队正在中原蜀地与南宋军队作战，而其工匠“络绎”而来，故其工匠很可能正是从蜀地陆续调遣而来的。因而，其尺寸采用宋尺的可能性是比较大的。当然，实例中宋尺与元尺的差别有时也难以截然分开，也就是说有些地方的元尺中也有可能保持了某些地方所用宋尺的基本量度。故下面的分析中也不排除元尺的长度单位。

由于宋元时代用尺的变化幅度比较大，从一尺为0.309米到一尺为0.329米不等。❷借用网络资料，我们找到几把宋尺与元尺的基本尺寸，分别是：

宋尺：1尺=0.329米；1尺=0.314米；1尺=0.316米

元尺：1尺=0.307米；1尺=0.3168米；1尺=0.313米

这里尝试着将这几把尺的基本尺寸代入上表中，希望能够找出这座兴元阁当时的可能用尺（表7-8）。

表7-8 兴元阁可能用尺推算

单位（米）

面广方向	左尽间	左梢间	左次间	当心间	右次间	右梢间	右尽间	通面广
	4.211	6.289	4.506	6.124	4.703	6.378	4.346	36.557
1尺=0.329米	12.799	19.116	13.696	18.614	14.295	19.386	13.210	111.116
1尺=0.314米	13.411	20.029	14.350	19.503	14.978	20.312	13.841	116.424
1尺=0.316米	13.326	19.902	14.249	19.380	14.883	20.184	13.753	115.687
1尺=0.307米	13.717	20.485	14.678	19.948	15.319	21.948	14.156	119.078
1尺=0.3168米	13.292	19.852	14.223	19.331	14.845	20.133	13.718	115.395
1尺=0.313米	13.454	20.093	14.396	19.565	15.026	20.377	13.885	116.796
进深方向	后尽间	后梢间	后次间	中间	前次间	前梢间	前尽间	通进深
（单位：米）	4.441	6.132	4.562	6.334	4.624	6.222	4.737	37.052
1尺=0.329米	13.498	18.638	13.866	19.252	14.055	18.912	14.398	112.620
1尺=0.314米	14.143	19.529	14.529	20.172	14.726	19.815	15.086	118.000
1尺=0.316米	14.054	19.405	14.437	20.044	14.633	19.690	14.991	117.253
1尺=0.307米	14.466	19.974	14.860	20.632	15.062	20.267	15.429	120.691
1尺=0.3168米	14.018	19.356	14.400	19.994	14.596	19.640	14.953	116.957
1尺=0.313米	14.188	19.591	14.575	20.236	14.773	19.879	15.134	118.377

❶ 文献[1]. 集部 . 别集类 . 金至元 . [元]许有壬 . 至正集 . 卷四十五 . 碑志 . 敕赐兴元阁碑 .

❷ 参见刘敦桢 . 中国古代建筑史[M]. 北京：中国建筑工业出版社，1984：421. 附录三 . 历代尺度简表 .

从表 7–8 中可以看出，以一尺为 0.314~0.316 米者数据相对比较整齐。如果将数据简化为小数点后一位，则以一尺为 0.314 者为基准再考虑到可能的测量误差可以得出一组比较规整的数据（表 7–9）。

表 7-9 兴元阁可能用尺推算

单位（米）

面广方向	左尽间	左梢间	左次间	当心间	右次间	右梢间	右尽间	通面广
	4.211	6.289	4.506	6.124	4.703	6.378	4.346	36.557
1 尺 =0.314 米	13.411	20.029	14.350	19.503	14.978	20.312	13.841	116.424
整理后数据	13.5	20.0	14.5	19.5	15.0	20.0	14.0	116.5
进深方向	后尽间	后梢间	后次间	中间	前次间	前梢间	前尽间	通进深
	4.441	6.132	4.562	6.334	4.624	6.222	4.737	37.052
1 尺 =0.314 米	14.143	19.529	14.529	20.172	14.726	19.815	15.086	118.000
整理后数据	14.0	19.5	14.5	20.0	15.0	20.0	15.0	118.0

因此，这里可以推测性的得出一个结论：这座兴元阁的结构用尺很可能是采用了宋代的 1 尺 =0.314 米的尺度。故其高度方向也可以采用这一用尺推算。即这座高达 300 尺的高大楼阁，其总高尺寸约为 $0.314 \times 300 = 94.2$（米）。这里的高度尺寸，以工匠们往往习惯于以结构尺寸作为用尺度量方式推测可以假设是这座楼阁建筑的木结构高度尺寸，亦即这座楼阁顶层屋顶脊槫上皮的标高尺寸。

考虑到设计与施工的误差也为了作图的方便，我们还可以做出一些调节。其一，是将每面左右两侧对称布置的次间、梢间与尽间，做对称性的处理；其二是将东西面广方向与南北进深方向的尺寸统一成为一套尺寸以确保这座楼阁建筑的平面是一个规整的正方形。如此，则可以将如上数据调整为一套当时可能存在的相对比较理想化的设计数据，如表 7–10 所示。

表 7-10 兴元阁可能用尺推算

单位（米）

面广方向	左尽间	左梢间	左次间	当心间	右次间	右梢间	右尽间	通面广
	4.211	6.289	4.506	6.124	4.703	6.378	4.346	36.557
整理后数据	13.5	20.0	14.5	19.5	15.0	20.0	14.0	116.5
理想设计尺寸	14.0	20.0	15.0	20.0	15.0	20.0	14.0	118.0
进深方向	后尽间	后梢间	后次间	中间	前次间	前梢间	前尽间	通进深
	4.441	6.132	4.562	6.334	4.624	6.222	4.737	37.052
整理后数据	14.0	19.5	14.5	20.0	15.0	20.0	15.0	118.0
理想设计尺寸	14.0	20.0	15.0	20.0	15.0	20.0	14.0	118.0

除了柱网逐间之间的开间与进深尺寸之外，这里也考虑到兴元阁柱网四周檐柱柱中线距离高阁台座边缘的距离。从考古平面图上量出的数据约为 3.12~3.15 米不等，这里可以将其统一调整为 3.14 米，即宋尺的 1 丈（10 尺）。显然设计者在这座楼阁及其四周围屋之外，四面各留出 1 丈宽的台基边缘距离。这可能也是一个理想化的设计尺寸。

这里显示的是一个对称的理想化平面柱网数据：取其相应开间位置上最为整齐的数据，做对称性的调整。如此整理的结果，柱网就会显得十分整齐（图 7–37）。如果再加上台座每侧边缘与檐柱中心线的标准距离各为 10 尺，两侧侧边出沿之和为 20 尺，则这座兴元阁台座的设计尺寸大约为 138 尺见方。需要说明的一点是，这里推测出的是兴元阁最初建造时的平面，故位于阁首层四个翼角之下后世所加的 4 根擎檐柱在平面上没有加以表达。

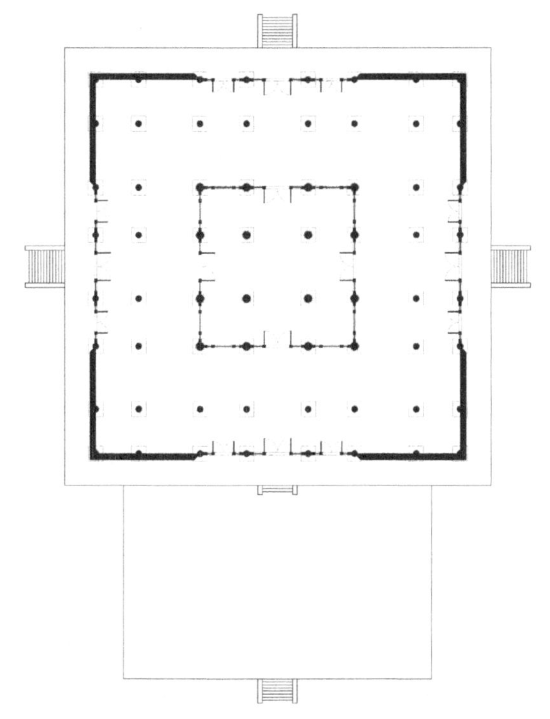

图 7-37　基于用尺分析的兴元阁复原平面图（自绘）

前文中简单推测出其台座的东西方向长约 42.857 米，南北方向宽约 43.352 米。若以一尺为 0.314 米计，这是一个东西 136.5 尺，南北 138.1 尺。与这一台座边缘尺寸，尽管有积累误差也仍然是十分接近的。基于这样一个分析，可以得出一个既十分规整又与考古测量所得的基本数据十分接近的柱网平面尺寸。

四、兴元阁剖面与立面的推想

前文中对遗址考古平面的分析，结合许有壬《敕赐兴元阁碑》中“阁五级，高三百尺，其下四面为屋，各七间，环列诸佛，具如经旨。”❶可以推想，其平面柱网中实际包含了两座建筑，位于柱网中心面广与进深各为 3 开间的五层楼阁与位于高阁四周，每面各为 7 开间的单层围合式庑房，两者之间有一个露天的环绕式庭院。上表中，与四周围合式庑房的梢间相对应的中间部分就应该是位于四周庑房与中央高阁之间庭院的宽度尺寸，这也解释了何以这里的“梢间”开间尺寸会达到 20 尺之大的原因所在。

中央高阁当心间间广 20 尺，两次间间广各 15 尺。四周庑房的进深均为 14 尺。庑房与中央高阁之间，在阁身外檐柱与四周庑房内侧外檐柱之间，留出了一圈宽约 20 尺的庭院空间，其空间形式多少有一点像是后世藏传佛教中常见的“都纲法式”的做法。因此，这两个部分的结构剖面应该是各自独立的。我们先将注意力放在面广与进深各为三开间的中央高阁上。

1. 五层高阁的剖面分析

如许有壬碑文中的记述，这座中心木构楼阁的总高为 300 尺，以一尺为今日 0.314 米计算，折合今尺为 94.2 米。文献中也明确说明，这是一座 5 层楼阁。参照古代木构楼阁建筑的造型比例，这座楼阁自首层柱根至顶层脊槫上皮标高之间的高差距离为 300 尺。这一高度尺寸恰可以分为 5 个平均的高度段：60 尺。据傅熹年先生的研究，中国古代多层木构塔阁建筑多以其首层檐柱的柱子高度作为这座建筑的控制性基本模数。此亦与宋《营造法式》中所云：“若厅堂等屋内柱，皆随举势定其短长，以下檐柱为则”❷的规则相吻合。如此推测，这个由总高度等分而来的 60 尺高度很可能就是这座楼阁的一个延伸模数，其基本的模数，即下檐檐柱的高度尺寸，则应该是与这个 60 尺的延伸模数密切相关的一个尺寸数。

基于如上分析，我们在这里假设：这座楼阁的首层檐柱高度为 30 尺。以此，同样参照傅熹年先生的研究成果，可以推测其二层平坐顶面的标高应该是其檐柱柱头标高的 2 倍，即 60 尺。换言之，首层檐柱高度 30 尺很可能就是这座楼阁在高度方向上的基本模数。

随之而来的问题是，如何确定这座楼阁建筑的材

❶ 文献[1]．集部．别集类．金至元．[元]许有壬．至正集．卷四十五．碑志．敕赐兴元阁碑．

❷ 文献[2]．[宋]李诫．营造法式．卷五．清文渊阁四库全书本．

分与铺作。这里有几个因素：其一，由于这座建筑的建造时间，在中原地区，仍然处在南宋与金对峙的时代，基本的建筑规制，应该受到宋、金建筑的影响。而从许有壬文中提到："鸠工方般，六龙狩蜀。代工使能伻督，络绎力底于成。"❶说明，在这座楼阁建造的同时，蒙古大军正处在在进攻蜀地的战争中，那么建造这座楼阁的工匠很可能是来自南宋所辖的蜀地。故其基本的用尺，及斗栱、铺作、梁架等做法应该会较多地保留与宋《营造法式》相关联的宋代大木结构做法。

其二，考虑到这是一座蒙古帝国最高统治者在其都城敕建的高等级宗教性楼阁建筑，其设计等级亦应该会取最高值。由此，可以设定这座楼阁建筑选用的结构用材等级一定是最高等级的，即其用材为一等材：9寸。以一尺为0.314米计，这座楼阁建筑所用单材的材分高度值为：$0.314 \times 0.9 = 0.2826$（米）。

同理，这座楼阁建筑所使用的斗栱其铺作等级亦当为最高者，则其首层柱头上所用斗栱很可能是宋《营造法式》中规定之最高等级的"八铺作双杪三下昂"的做法。此外，由于其时代接近南宋时代做法，故在柱头铺作的栌斗之下当有一层普拍方。普拍方的厚度依据《营造法式》的规定："厚随材广"❷，当有一个材高（0.2826米）之厚。

外檐柱头铺作之上用叉柱造，使首层平坐柱向内收入半个柱径。据宋《营造法式》："凡用柱之制，若殿阁，即径两材两栔至三材。"❸一材为15分，一栔高6分，以其单材高度为0.2826米，则两栔的高度当为：$(0.2826 \div 15) \times 6 \times 2 = 0.226$米，而两材的长度为0.5652米，两材两栔则为0.7912米，以其用尺为0.314米计，其柱径应为2.5尺。若取三材，柱径为0.8478米，合为2.7尺。从其遗址平面观察到的方形柱础仅约接近1.2米见方来看，其阁所用柱子的底径应该不会大于0.8米左右，故这里假设其柱径采用的是"两材两栔"的做法，即柱径为2.5尺。其上平坐柱每层向内收进半个柱径，即向阁中心方向退进1.25尺。

在平坐柱柱头之上亦先铺一层普拍方，其上再用平坐斗栱，依照宋《营造法式》的规则："造平坐之制，其铺作减上屋一跳或两跳。"❹这里原则上将各层外檐铺作都按最高等级的"八铺作双杪三下昂"计，则其各层平坐柱头上的铺作数应比其上层檐柱外檐铺作减少一铺，这里取为"七铺作出四杪重栱造"。铺作之上再铺地面版构成二层地面。二层檐柱与首层平坐柱对位，而二层平坐柱再比二层檐柱向内收进半个柱径，如此向上延伸。

有趣的是，笔者以这样一个以宋《营造法式》为基础的逻辑性推测，按照严格的绘图方式，将首层檐柱柱头以上的外檐斗栱、平坐柱、平坐斗栱，三者总高度再加上首层地面版的厚度，恰好与"30尺"这个基本模数高度值相契合。

这里得出了两个数值：

其一，满足了将二层平坐顶面标高控制在首层柱子高度2倍的古代木构楼阁建筑的比例控制模式；

其二，如果将二层以上的逐层外檐斗栱都设定为八铺作双杪三昂，各层所用平坐斗栱也都采用七铺作出四杪的做法，则可以使各层柱头标高与其上层平坐顶面标高以下的高度差都控制在30尺的高度上。

由于屋顶有可能出现重檐的做法，故每层高度的递减也是一个必然的选择。那么，余下的问题就是调节各层柱子的高度，使其在各层稍有递减再结合每层平坐柱向内的收分就可以达成整座楼阁，逐层在高度与长宽上的逐层收分的效果了。

基于这样一个思考，笔者尝试着先将第二层檐柱的柱高、橑檐方上皮高、平坐顶面高都保持了与首

---

❶ 文献[1]．集部．别集类．金至元．[元]许有壬．至正集．卷四十五．碑志．敕赐兴元阁碑．

❷ 文献[2]．[宋]李诫．营造法式．卷四．清文渊阁四库全书本．

❸ 文献[2]．[宋]李诫．营造法式．卷五．清文渊阁四库全书本．

❹ 文献[2]．[宋]李诫．营造法式．卷四．清文渊阁四库全书本．

层相同的尺度，即二层檐柱高 30 尺，其上外檐铺作、平坐柱与平坐斗栱及平坐地面版高度总和亦为 30 尺。从而使得第三层平坐地面上皮的标高控制在了 120 尺，即全阁总高的 2/5。

第三层檐柱高设定为 27 尺，比首层檐柱与二层檐柱高度减少了 3 尺。其上第四层、第五层亦各减 3 尺。也就是说，第四层檐柱高 24 尺，第五层檐柱高 21 尺。如此积累的结果是，第五层檐柱柱头上皮的标高为 252 尺。这一标高，距离文献中记载的楼阁总高 300 尺，仅余 48 尺的高度差。换言之，其上所余 48 尺应当就是这座五层楼阁最高一层之上所用斗栱、梁架及重檐屋顶的高度（图 7-38）。

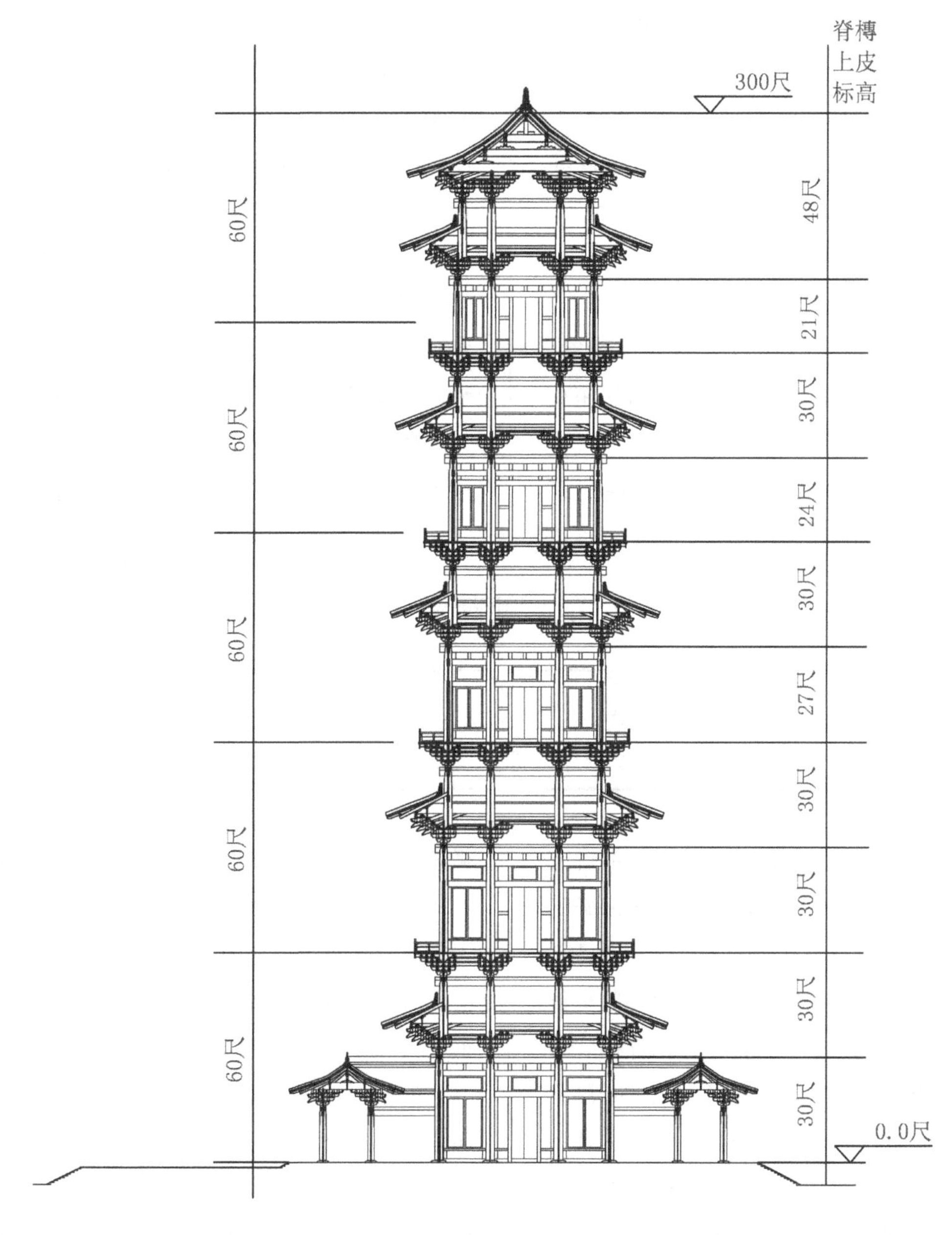

图 7-38　兴元阁高度比例的模数控制与各层主要尺寸示意（作者自绘）

古代楼阁建筑尤其是高等级的楼阁建筑往往会通过将首层采用周匝副阶的形式而增加一重屋檐，从而造成诸如“五层六檐”（又称“六滴水”）的外观造型。山西应县的辽代佛宫寺塔就是这样。但是就这座建筑而言，由于楼阁首层四周有环绕的庑房，中央楼阁仅有三开间见方，这样既无再设周匝副阶的必要也无在首层设置重檐屋顶的四围空间。然而，如果这座楼阁仅用“五层五檐”的造型，其顶层的结构高度，无论如何也无法满足前文推测中提到的在第五层柱头之上所余“48尺”的高度差。如果据此再提高各层的柱子高度既不合乎古代楼阁的比例规律，各层柱子的高度亦显过于高耸。

当然，更重要的是这是一座高等级的楼阁建筑，而其等级高度往往需要以其屋顶造型来昭示。故为了显示这座蒙古帝国最高等级宗教建筑的隆重与高耸，当时的设计者可能会按照古代中国人的逻辑将这座高层楼阁的顶层设置为重檐屋顶的造型。

一如前述，就高度分析而言这座5层楼阁建筑的顶层也只能采用重檐屋顶的造型形式，否则很难达到300尺的设计标高。故这里将兴元阁的第五层推定为重檐屋顶造型（图7–39）。这里也有几种选择：一是重檐庑殿顶造型（图7–40，图7–41）；二是重檐歇山顶造型（图7–42~图7–44）；三是重檐十字脊屋顶造型（图7–45，图7–46）。这三种屋顶形式中，以重檐十字脊屋顶造型轮廓线最为华美，但造型较为简单的重檐庑殿式屋顶在建筑等级的彰显上最为隆重严正（图7–47~图7–49）。

关于具体的结构做法，这三种屋顶形式并无太大的差异。首先，在第五层檐柱柱头之上仍用八铺作双杪三昂斗栱。第五层的上檐柱亦以叉柱造的方式向内收入半个柱径。而按照宋《营造法式》中的规定，在重檐屋顶的情况下，上檐斗栱应该比下檐斗栱减少一铺，则第五层上檐柱头之上的外檐斗栱应该采用七铺作双杪双下昂的做法。在上檐柱头铺作之上再采用合乎宋代殿阁式建筑的屋顶梁架以形成屋顶的造型。

按照这样一种逻辑推演式的分析，可以得出各层柱子与腰檐、平坐的基本高度尺寸（表7–11）。

表7-11　兴元阁剖面高度尺寸推算

单位（尺）

高度位置	首层柱高	首层平坐	二层柱高	二层平坐	三层柱高	三层平坐	四层柱高	四层平坐	五层柱高	五层屋顶
高度尺寸	30	30	30	30	27	30	24	30	21	48

余下的问题就是参照宋代殿阁式屋顶的举折方式，以第五层上檐前后橑檐方距离长度的1/3来确定第五层上檐斗栱橑檐方上皮与第五层上檐屋顶脊槫上皮之间的高度差，然后再按照宋代殿阁式屋顶的举折方式绘出这座楼阁建筑顶层的屋顶曲线，从而确定其屋顶梁架的模式。巧合的是，笔者按照上文的推测原则严格地推导与绘制每一个步骤的柱子、斗栱，及屋顶梁架等做法，却奇迹般地使这座五层楼阁的脊槫上皮标高与文献中记载的300尺高度，在没有做出任何微调的前提下，几乎毫无瑕疵地相互契合了。

这种不期而遇的契合或许只是一个巧合，但也很可能在一定程度上证明了以下四点：

其一，以兴元阁考古遗址平面推测出的用尺及平面主要尺寸与原初的设计是契合的；

其二，以宋《营造法式》为基础的结构性复原逻辑是合乎这座建筑的设计背景的；

其三，傅熹年先生总结的古代楼阁建筑之“基本模数–延伸模数”的概念是合乎古代建筑楼阁建筑的

图 7-39　兴元阁主体及四周围房剖面复原（作者自绘）

图 7-40　兴元阁主体及围房复原方案一（庑殿顶）立面（徐腾绘）

图 7-41　兴元阁复原方案一（庑殿顶）外观（笔者工作室绘制）

图 7-42　兴元阁复原方案二（歇山顶）立面（徐腾绘）

图 7-43　兴元阁复原方案二（歇山顶）侧立面（徐腾绘）

图 7-44　兴元阁复原方案二(歇山顶)正立面外观(笔者工作室绘制)

图 7-45 兴元阁复原方案三（十字脊屋顶）立面（徐腾绘）

图 7-46　兴元阁复原方案三（十字脊顶）外观（笔者工作室绘制）

图 7-47　兴元阁复原方案一（庑殿顶）正立面外观（笔者工作室绘制）

图 7-48　兴元阁复原方案一（庑殿顶）外观（笔者工作室绘制）

图 7-49　兴元阁复原方案一（庑殿顶）鸟瞰外观

基本设计规律的；

其四，本文依据考古遗址平面与文献记载尺度结合古代木构建筑自身逻辑的复原思路，在方法论上具有一定的科学性与合理性。

这里唯一需要说明的一点是，为了作图的方便，笔者省略了宋代建筑可能采用的“侧脚”与“生起”的做法。考虑到这里在各层比例、斗栱材分与铺作等级诸方面与宋《营造法式》的紧密契合，因侧脚与生起而可能产生的高度上的微小差别很可能微不足道，不会影响到笔者的研究初衷，即希望通过本研究，尽可能接近这座伟大楼阁建筑之可能的原初设计造型与尺度。

通过分析与作图，也从一个侧面证明笔者所推测的各层柱子高度、材分等级与材高尺寸以及各层铺作数很可能与这座楼阁的原初设计或者说与当时木构楼阁的等级规定与建构模式之间有着某种逻辑契合。换言之，本文对这座五层楼阁建筑的复原，既合乎其具有现代科学依据的考古遗址基本尺寸，也合乎其所处时代中土地区高层木构楼阁建筑的造型与结构逻辑。

另外还有一点需要说明：由于考古遗址平面图在内圈“九宫格”柱网四根角柱之外，各标注有1根平面为圆形的柱基且其平面位置也不很规则，应该是后世维修中在楼阁首层翼角檐下添加的擎檐柱，不属于这座楼阁原初设计的构件，故在本文所做的平面、剖面及立面复原中都将这4根翼角擎檐柱忽略以保持这一复原研究，与古人的原初设计在结构与造型上最大程度的接近。

2. 四周庑房剖面尺寸

四周围合式庑房每一侧的平面面广尺寸，即如前表中柱网的理想设计尺寸一样，而其进深方向只有一间，进深方向的柱子间距通过整齐化调整，取了14尺这个数值。这一数值同时也是这座四合庑房每侧两端尽间的开间尺寸（表7-12）。

表7-12　兴元阁四周庑房平面开间尺寸

单位（尺）

	左尽间	左梢间	左次间	当心间	右次间	右梢间	右尽间	通面广
每侧面广尺寸	14.0	20.0	15.0	20.0	15.0	20.0	14.0	118.0

为了使四周庑房与中央高阁在柱网平面上相对应，庑房每侧的当心间间距都较大有20尺之宽，故其檐柱的柱高也不宜太小。但考虑到其功能是围绕中央高阁的庑房，其屋顶高度也不宜高于中央高阁首层屋檐的高度。故这里设定庑房檐柱的柱高为15尺。其上用斗栱比阁身降一等，为二等材，广8.25寸。由一尺为0.314米计，其材高0.259米，铺作则用较低的等次仅为“五铺作单杪单昂”，铺作下用普拍方，由作图得出的铺作与普拍方总高为1.90米，合为6.05尺。橑檐方缝与柱头缝距离为0.967米，合为3.08尺。则这座四合庑房各自前后橑檐方的距离为20.16尺。

四围庑房的屋顶举折，取宋《营造法式》中厅堂建筑的做法，即：“如瓦厅堂，即四分中举起一分。又通以四分所得丈尺，每一尺加八分。”[1] 以其前后橑檐方距离的1/4再加上这一数值的0.08取值，其屋顶举高为5.44余尺。据此可以绘出这座建筑的剖面与立面。

以四周庑房檐柱高15尺，普拍方与铺作总高6.05尺，屋顶举高5.44尺，三者之和为26.49尺，即使加上其上屋脊的高度（仅从其进深可知，其上屋脊高度不会超过2.0尺），也仍会略低于其所围合之三间五层楼阁首层柱子之30尺的高度，故四周庑房在结构上，不会与中央楼阁发生任何冲撞，在造型上也不会对中央楼阁的首层外观造成过分的遮挡。

五、结语

元代人许有壬奉敕撰写这通《敕赐兴元阁碑》时，除了大致描述了这座楼阁的建造与修缮过程以及楼阁的基本造型与尺寸外还不吝笔墨地对这座楼阁之宏伟隆耸大加赞赏：“臣有壬生长熙洽之世，朔南名刹，罔不历观。闻岭北人，谈阁之大，窃疑其夸，质诸尝行陕、蜀、江、广、闽、淛[2]，且仕岭北之人，信天下之阁，无与为比也。昔祇洹寺基八十顷一百二十院，祇陀、須达二人成之。我国家富有四海，视布地之金，特锱铢耳，则此阁之缔构，峻伟杰峙，与雪山相高，鹫岭侔盛，宜也。阁始无名，但以大阁寺著称。皇上赐名曰：兴元之阁。盖经始之日，实我元顺天应人，龙兴

❶ 文献[2].[宋]李诫．营造法式．卷五．清文渊阁四库全书本．

❷ 淛，即浙，指浙江。

之初，名协乎实矣。且和林自元昌路为转运司，为宣慰司，又为岭北行中书省，丙辰迄今九十一年，而列圣峻极之迹，雄都瑰异之观，无一人一言及纪述者，一旦形诸玉音，刻之坚珉，迟速其亦有缘乎？于呼休哉为大，利益其可量也夫。铭曰：……后圣继作志不渝，巍巍成此兜率居。不宏其规岂模，矗天拔地高标孤；中有屹立金浮屠，诸佛环拥分四隅。至大修废走使车，三十一年等須臾。吾皇法祖恢圣谟，坐令金碧新渠渠……”。[1]

许有壬曾遍历朔南名刹，当其初闻岭北之人夸耀此阁雄伟时，甚感疑惑，但经过向曾经广游中土各地，并且去过岭北的人请教，方信“天下之阁，无与为比也。”并大加称赞曰：“则此阁之缔构，峻伟杰峙，与雪山相高，鹫岭侔盛，宜也。”这里也提到了其阁初创之时（太宗丙辰年，公元1256年）并没有名号，故其寺之名最初只称“大阁寺”，可知这座五层楼阁正是这座寺院的主体建筑。“兴元阁”一名，当是元惠宗至正丙戌年（1346年），即这座高阁建筑创建完成90年（上文曰：“丙辰迄今九十一年。”亦确）后，由元惠帝敕赐的。说明，有元一代无论是在朔南中土之地还是在塞外漠北之原，这座兴元阁至少在高度上都堪称为最了。故而才有当时文人：“不宏其规岂达模，矗天拔地高标孤；中有屹立金浮屠，诸佛环拥分四隅。”的感慨之语。

当然，无论是从楼阁的首层开间数还是从由此造成的楼阁体量感，这座面广与进深仅为三层的楼阁都难以与同是在元代，从汴梁城移建至元上都城的，面广七间进深五间的宫城正殿大安阁相比肩。然而大安阁的高度仅有220尺[2]，比这座兴元阁低了80尺之多。仅从这一角度观察，哈剌和林城佛寺中的这座兴元阁仍可以被称为是13世纪世界上所创建之木构建筑中最为高大隆耸的经典例证之一。

---

[1] 文献[1]．集部．别集类．金至元．[元]许有壬．至正集．卷四十五．碑志．敕赐兴元阁碑．

[2] 王贵祥．匠人营国——中国古代建筑史话[M]．元上都正殿大安阁．北京：中国建筑工业出版社，2015：203-206.

第八章

明代相国寺大殿与普陀山佛寺复原探讨

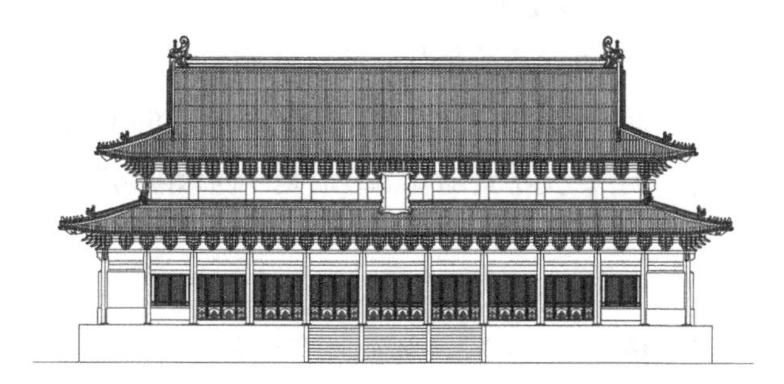

第一节
明代文献中所载开封大相国寺大殿原状探讨

唐宋名寺开封大相国寺原为唐汴州城中一座寺院。据明人记载，明代寺中还有唐睿宗所书“大相国寺”匾额。唐末时汴州相国寺规模已相当可观。据文献记载，当时有“重楼三门，七宝佛殿，排云楼阁，文殊殿里廊，计四百余间。”❶五代至宋，汴州地位日渐突出。宋代帝王屡幸相国寺，其地位等同国家寺院。宋人撰《燕翼诒谋录》：“东京相国寺乃瓦市也。僧房散处，而中庭两庑，可容万人。凡商旅交易，皆萃其中。四方趋京师以货物求售转售他物，必由于此。”❷可知其规模不仅很大还是一个重要市集之所。

据笔者拙稿《北宋汴京大相国寺寺院空间布局探究》一文中所引史料，自唐代以来就雄踞于中原大地上的开封大相国寺一直存在到明代末年。明时相国寺后部的资圣阁上仍然有人登临与纳凉。但这座自唐至明一直挺立的唐宋古刹在明末崇祯十五年（1642 年）被放黄河水冲灌开封城的李自成彻底毁灭了。现存的相国寺是清初顺治十六年（1659 年）重建，并经后世历代重修而成的。早已没有了往日唐宋大寺院的雄姿。

值得庆幸的是，明人的记录中，对于当时的相国寺及其主要大殿有较为详细的描述，可以为我们了解明代相国寺大殿提供一点支持。据明人所撰《如梦录》载：

“往西，路北是相国寺，即七国魏公子无忌故宅。山门五间，三空六开，两稍间，四金刚；前有石狮一对，内墙匾书‘大相国寺’，唐睿宗御笔。山门东西两石塔，各高三丈余。二门五间，内坐四天王。大殿地基大六亩三分，纯木攒成，不用砖灰，九明十一暗，四六隔扇，上盖一片琉璃瓦，脊高五尺，兽高丈许，铜宝瓶高大无比，匾曰‘圣容殿’。元时，不花丞相亲笔。左右两配殿，左有伽蓝殿，右有香积厨。钟楼内悬大铜钟一颗，霜天声闻最远。”❸

明代相国寺有山门、二门各五间。所谓“三空六开”意思是说，5 间山门的中间三间是设置有门的，故为“三空”。每门有两扇门扉故为“六开”。从空间上看，这大致保留了宋代寺院前为大三门续有第二三门的做法。山门内设二金刚，山门内有东西二石塔各高三丈余。这或许也是沿袭了宋代相国寺在山门两侧布置两瓶琉璃塔的做法，抑或就是那两座塔的延续。

二门相当于天王殿其中布置有四天王像，这显然是明清时寺院的常见做法。

重要的是这里描述了明代相国寺内正殿的大略情况。大殿时称“圣容殿”，是一座“九明十一暗”的殿堂。殿门为“四六隔扇”。大殿占地面积“六亩三分”。从这一殿基面积可粗略推算出大殿长、宽尺寸。

首先如何理解“九明十一暗”？从字面看，似乎是说，大殿看起来是“九间”，实际上内部空间为“十一间”。但从建筑结构角度观察这一解释不甚合理。因为古代木构建筑以柱楹数量确定开间。如果正面仅有九开间，室内再布置十一开间的柱子似不合乎结构逻辑。

以笔者的理解，“九明十一暗”意为大殿面广 11 间，也就是说殿内实其为 11 间的室内空间，故曰“十一暗”；其中居中的 9 间是可以开启的木隔扇故为“九明”。文中紧随其语之后是“四六隔扇”。这里的隔扇

❶ 文献 [2].[宋] 释赞宁．宋高僧传．卷十六．明律篇第四之三．后唐东京相国寺贞峻传．大正新修大藏经本．

❷ 文献 [1]．史部．地理类．古迹之属．[明] 李濂．汴京遗迹志．卷十．寺观．

❸ [明] 佚名．如梦录．街市记第六．郑州：中州古籍出版社，1984.

实为格扇，即木质门窗扇。“四六隔扇”指大殿门扇比例为上六下四。

这一推测或可与同是明人所撰《汴京遗迹志》中的一条记载相印证，其文中谈到相国寺有十绝，“其五，供奉李秀刻佛殿障日九间为一绝。”[1] 因为是“九明”才会设置9间的障日版。这从侧面证明了前面的推测：相国寺大殿正面九间是可以开启或采光的木格扇。若在这设有木格扇的9个开间之外两端尽间有墙体围护，殿内实为11间形成“九明十一暗”大殿格局。

由拙文《北宋汴京大相国寺寺院空间布局探究》的分析中，可知宋代相国寺大殿为9间大殿。而这里则改为了11间。明人的描述中，再没有提到大殿两侧供奉阿弥陀、千百亿释迦等事也未提及其左右配殿。因在明代时已经难见宋代建筑中常用的“殿挟屋”式的建筑造型形式了。可以猜测，在明代的重修中，有可能在单檐九开间大殿的基础上附加了一圈副阶柱形成了重檐屋顶带副阶廊的形式。只是明清两代，往往会将外墙设置在副阶廊之外，从而将副阶廊空间也纳入到大殿之中。这样的例子，可以见于五代时所建的福州华林寺大殿与北宋时所建的宁波保国寺大殿。两殿原来都为三间单檐木构大殿，清代时，在周围加副阶廊形成了重檐五间的格局。(图 8–1, 图 8–2)

如前所述，添加了副阶廊的相国寺大殿却并没有采用宋式建筑将副阶廊空置在外的做法而是在两山副阶柱缝上加筑殿墙从而形成了“九明十一暗”的做法。也就是说，这可能是一座上檐为9间，下檐为11间，单层重檐带副阶廊的木构大殿只是其副阶被包裹进了室内空间之中。

当然这里也不能排除，这是一座明代完全重建了的建筑。自北宋初至明，已经过去了四百多年，其间中原地区战争不断，原有的大殿遭到战火摧残的可能

图 8-1　福州华林寺大殿旧影（杨秉伦提供）

图 8-2　宁波保国寺大殿外观（辛惠园 摄）

性是存在的。即使没有战争的破坏，在这样一座香火一直十分旺盛的寺院中的木构大殿，在年久失修的基础上，是有可能反复进行大规模重建的。抑或是在明代的重建过程中，将原来的9间殿加两侧挟殿的做法改为了明代时较为习见的11间殿，九明十一暗的做法，从而形成一座单层重檐大殿的形式，这种可能也是不能排除的。

基于这一推测，我们或可以参照明代建筑的典型做法将这座大殿的大致结构与造型加以推测还原出来。

如前所述，大殿基址面积“六亩三分”。以1亩为240平方步，1步为0.5丈尺，一平方步为0.25平方丈计，“六亩三分”的面积可折合为378平方丈。以古代超过九开间的大型殿堂，面广与进深的比例约

---

[1] 文献[1]. 史部. 地理类. 古迹之属. [明]李濂. 汴京遗迹志. 卷十. 寺观.

为 2∶1 推算，则面积为 378 平方丈的殿基可以还原为长 27 丈，宽 14 丈的矩形平面。若将这一尺寸看作是大殿台基并假设大殿四檐柱中线距离殿基边缘的距离约为 1 丈，则这座大殿平面尺寸大约在面广 25 丈，进深 12.5 丈左右。以一明尺约为 0.32 米计，其殿通面广约为 80 米，通进深约为 40 米。建筑面积约为 3200 平方米，略大于今日尚存的总面积 2377 平方米的明清故宫主殿太和殿。

按照这样一个分析，再参照明人所撰《普陀山志》中载普陀山护国永寿普陀禅寺主殿圆通大殿的开间尺寸。据《普陀山志》："圆通大殿，七间，十五架。面阔一十四丈，进深八丈八尺。明间阔二丈八尺，左右次间各阔二丈四尺，左右稍间各阔二丈。左右次稍间各阔一丈五尺。高五丈八尺，甬道四丈。"也就是说，圆通大殿明间面阔 2.8 丈，次间面阔 2.4 丈，稍间面阔 2 丈，尽间（次稍间）面阔 1.5 丈。

由于同是明代建筑，或可参照这一开间模式假设明开封相国寺大殿面广 11 间，明间面阔 2.8 丈，两侧 3 个次间，面阔 2.4 丈，稍间面阔 2 丈，尽间（副阶廊）面阔 1.8 丈。如此，则大殿通面阔 24.8 丈。以进深为面广 1/2 推算，进深方向为 6 间，中心 2 间深 2.4 丈，前后次间各深 2 丈，前后稍间各深 1.8 丈，总进深 12.4 丈。殿中心应该留出礼佛的空间，故进深方向的中间一排柱应该只留出两侧副阶及稍间的柱子，使殿内中空形成略似宋代建筑"金箱斗底槽"式格局。这一平面，将柱网中的大殿中央拔除了 6 棵柱子，也就是说，大殿内需要使用 6 根大梁来形成殿内用于礼佛的中央空间，从而使殿身及副阶共余 78 棵柱子。

有趣的是，在《如梦录》中另外一段有关相国寺大殿的描述中，恰好有一段："此殿正上六梁，前后柱共七十八根，结构奇巧，传为神工，中原一宝也。"[1] 的描述，印证了笔者如上的推测性复原。我们按照前述建筑面积而排布的面广十一间，进深六间，大致接近宋代《营造法式》中所谓"金箱斗底槽"式殿堂平面的明代大殿，恰好有 78 棵柱子，其室内也恰好需要 6 根相当于宋代建筑之"四椽栿"一样的大梁。说明《如梦录》中有关这座明代大殿的记述是接近其结构真实的，或者说我们按照其建筑与结构逻辑所做的原状探讨，与历史上存在过的真实建筑之间是十分接近的。

这里需要补充说明的一点是，《如梦录》为明代人所撰写且在自宋末至明初间地处中原中心地带的开封，屡受战争摧残，所以我们将这座大殿按照明代官式建筑的形制进行了推测复原（图 8-3~ 图 8-6）。

在这一长 24.8 丈、宽 12.4 丈平面基础上，前后各留出基台 0.8 丈，两侧各留出基台 1.1 丈，则大殿台基可长 27 丈，深 14 丈，其面积为 27 丈 ×14 丈＝378 平方丈，恰好为 6.3 亩。如此可知，这一台基及柱网似是一个适宜尺寸。

在这一有关明代相国寺大殿复原推测的基础上，再结合《如梦录》中所提到的："山门五间，三空六开，两稍间，四金刚；前有石狮一对，内墙匾书'大相国寺'，唐睿宗御笔。山门东西两石塔，各高三丈余。二门五间，内坐四天王。"[2] 可知大殿之前有五开间的天王殿与五开间的山门。这种布局恰可以与北宋时代大相国

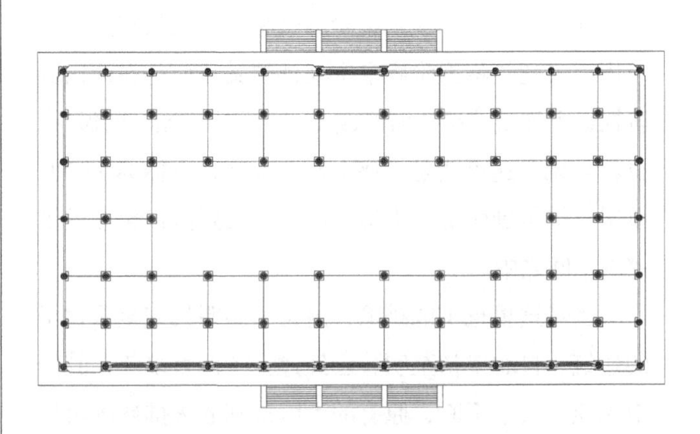

图 8-3 明代开封大相国寺大殿平面复原图（作者自绘）

[1] ［明］佚名．如梦录．街市记第六．郑州：中州古籍出版社，1984.

[2] ［明］佚名．如梦录．街市记第六．郑州：中州古籍出版社，1984.

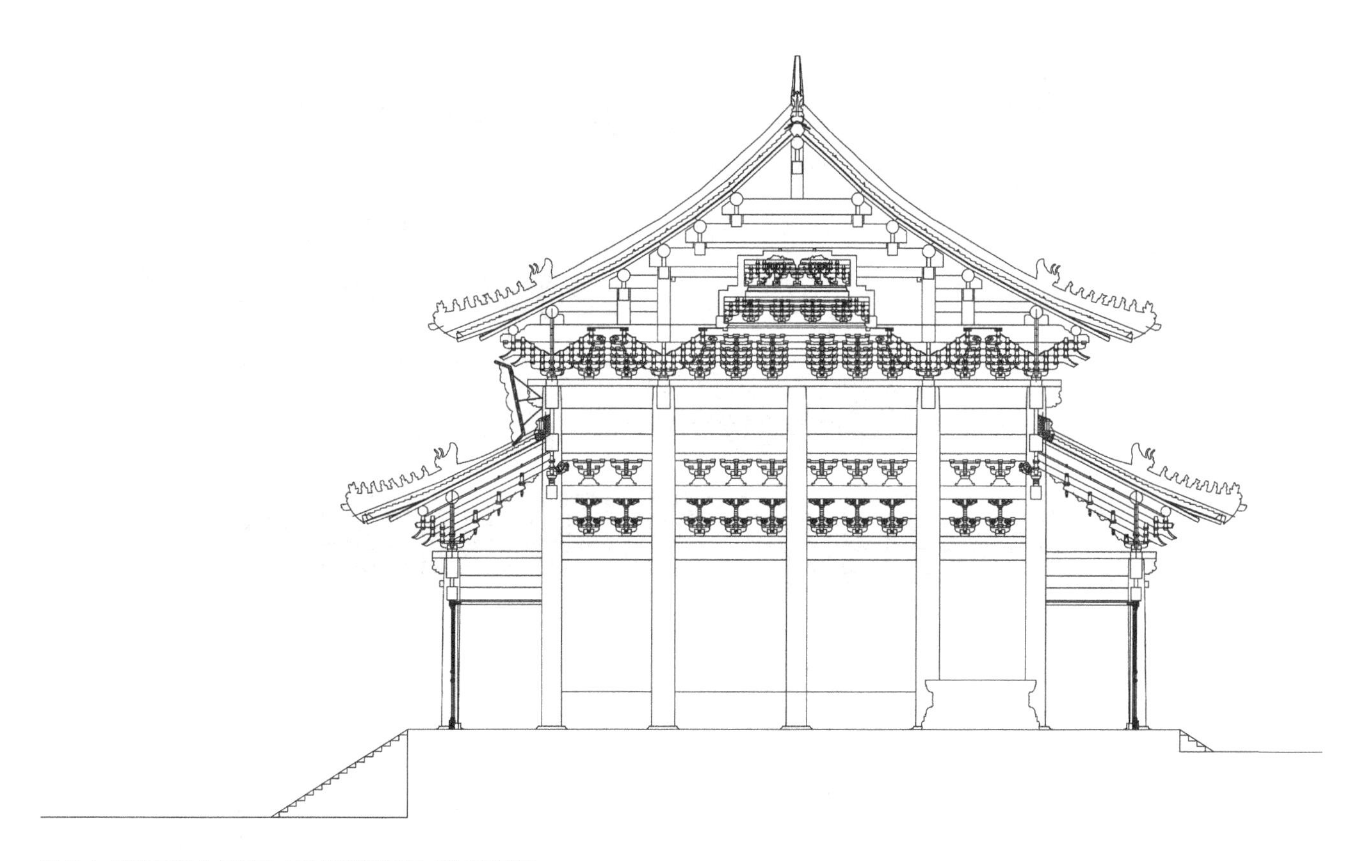

图 8-4 明代开封大相国寺大殿横剖面复原（作者自绘）

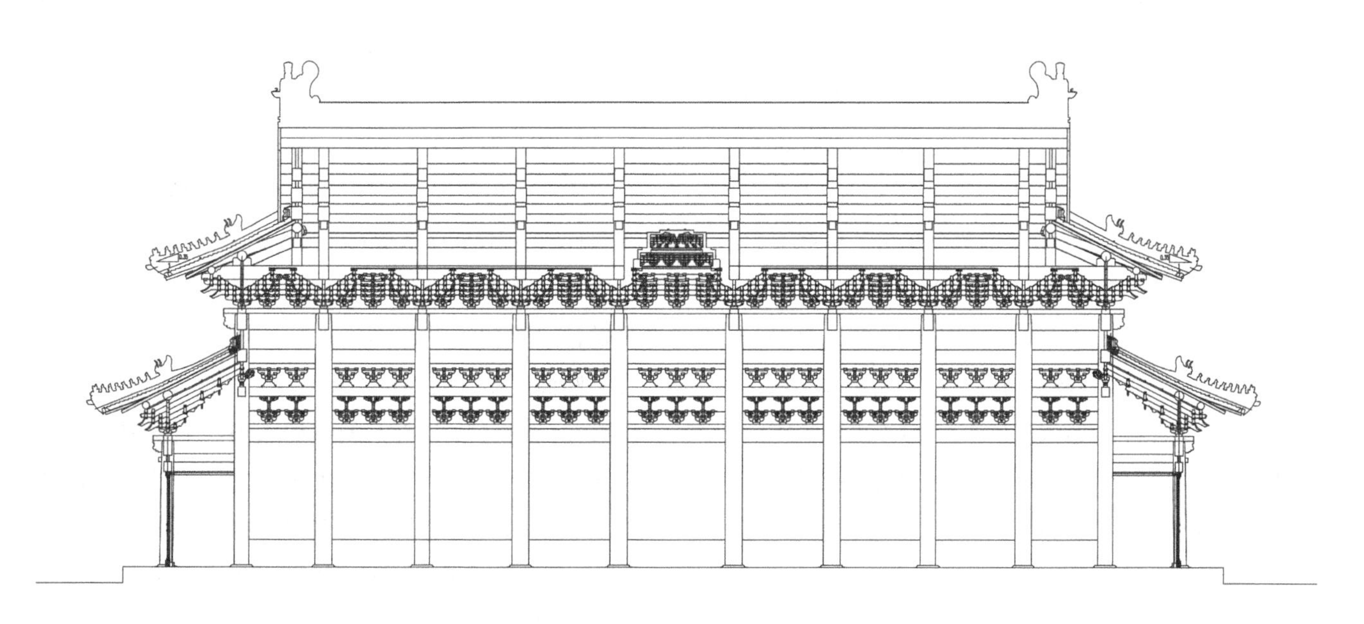

图 8-5 明代开封大相国寺大殿纵剖面复原（作者自绘）

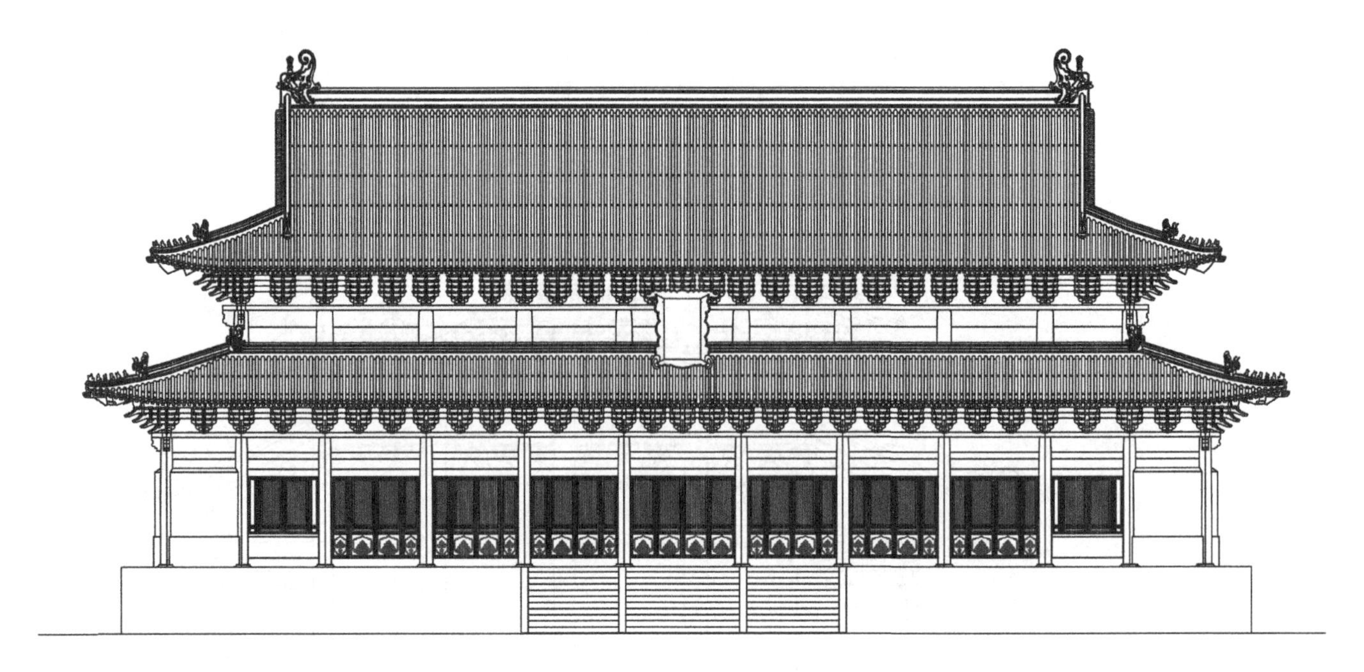

图 8-6 明代开封大相国寺大殿正立面复原（作者自绘）

寺主殿弥勒殿前有大三门和第二三门的空间序列相配称。说明明代时的大相国寺在空间格局上还基本沿袭了北宋时代的大致格局，只是建筑物与名称发生了变化，如天王殿可能坐落在了北宋相国寺之第二三门的位置上。北宋时期的大三门是一座楼阁，而明代相国寺山门则仅仅是一座“三空六开”的单层门殿。

此外，北宋文献中提到在大相国寺后阁资圣阁上常成为都人夏季纳凉的地方。有趣的是，明代诗人也描述了这种情景，如明代人薛瑄曾写有律诗《登资圣阁二首》：其一中有：“梁苑清秋白昼闲，偶寻名刹扣禅关。百盘飞磴身遥上，千尺危阑手自攀。”说明这时的资圣阁仍然十分高大很可能还是那座“五檐滴水”的宋代高阁。另外一首中则有“九天沆瀣寒坎吸，八牖星辰近可招；十二曲阑浑依遍，一襟凉思正飘飘。”[1]不仅说明，在明代时大相国寺资圣阁依然存世，而且也说明了明代时的汴梁人，仍沿袭了北宋时人的习俗，夏日炎炎之时人们会在资圣阁上纳凉。

结合这些记载与描述，并结合拙稿《北宋汴京大相国寺寺院空间布局探究》对北宋大相国寺原有空间的分析，这里可以大致推测出明代开封相国寺中主要庭院空间的大略布局（图 8-7），这或者可以为人们理解这座明代大型木构佛殿所处的寺院环境提供一点联想的空间。

作为一座历史名寺，开封相国寺曾经达到了令人耀眼的历史辉煌也经历了太多的历史沧桑。但至少在明代时，其寺的规模依然很大，寺院后部的高阁资圣阁还依然矗立在寺院之中，只是其地势变得有一些低洼。重要的是，明代时的大相国寺中还仍保留有一座面广 11 间，有 78 棵柱子，6 根大梁，殿基规模有“六亩三分”之大的重檐大殿。而这时已经距离北宋初年有 500 年的历史了。然而，这样一座唐宋以来就闻名于史的历史名寺却在明末崇祯十五年（1642 年）被李自成的队伍彻底毁坏，清初顺治十六年（1659 年）重建，18 世纪中晚期（乾隆时）正

[1] 文献[1]. 集部. 别集类. 明洪武至崇祯.［明］薛轩. 敬轩文集. 卷七. 资登圣阁二首.

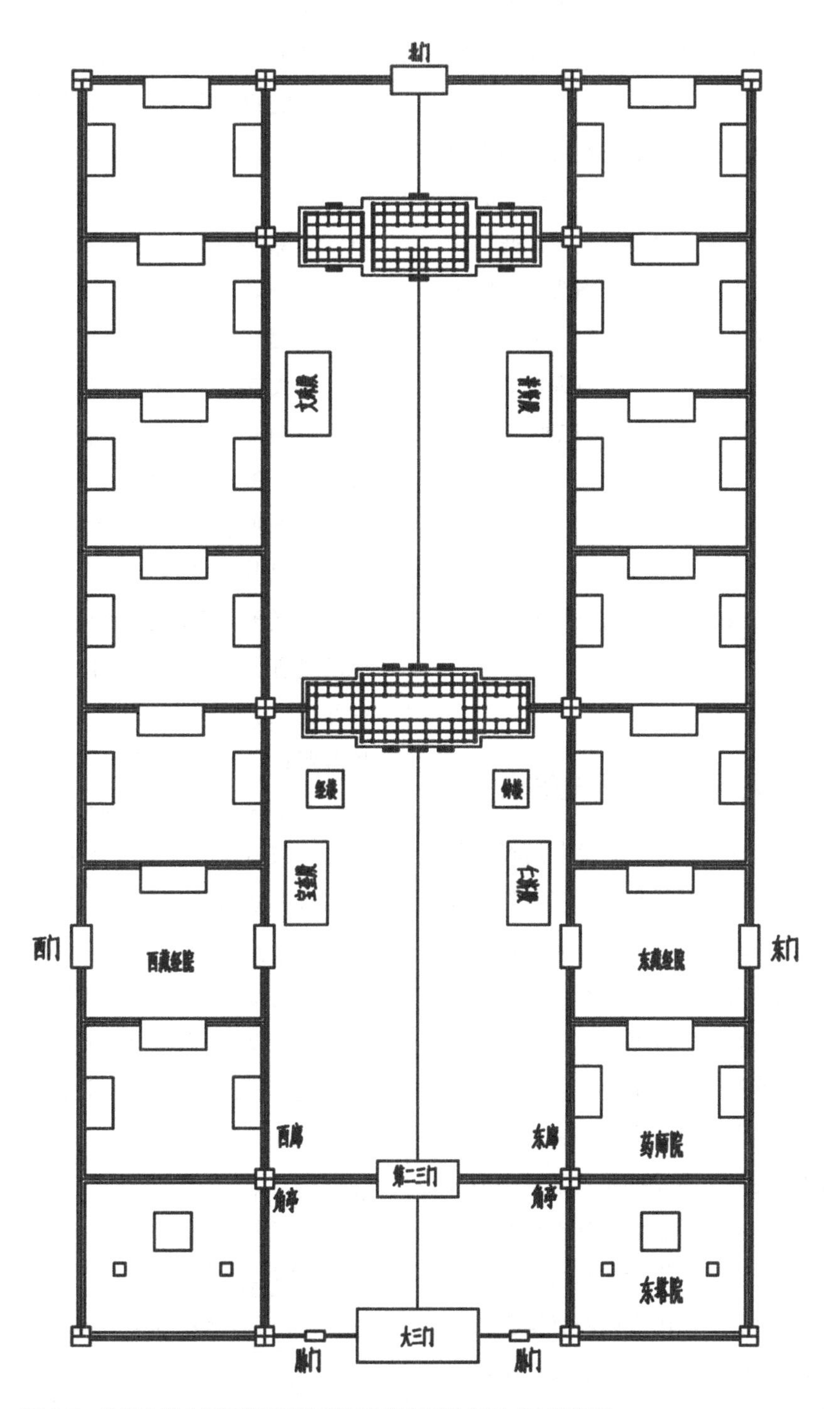

图 8-7　北宋汴梁大相国寺庭院空间与建筑布局推想图（作者自绘）

重修，19 世纪末（光绪中）再一次遭破坏。现存主要建筑大雄宝殿及八角琉璃殿已经是光绪以后的遗存。这时的相国寺无论是建筑空间上还是建筑结构于造型上都再难与其历史盛期的宏伟空间与巨大建筑尺度同日而语。

概而言之，透过这座历史名寺中主要建筑的沧桑变化，人们大致可以了解中国古代建筑曾经达到的辉煌与曾经遭受的岁月磨砺、自然破坏与人为摧残，从而对中华民族祖先们在其建造史上曾经创造的辉煌更多一分景仰与钦佩，对古代建筑的多舛命运更多一点唏嘘与感叹，也对再现中华建筑的伟大与辉煌更多一份责任与向往。此即笔者本文之内心的祈愿所在。

第二节 明代普陀山“敕建护国永寿禅寺”复原研究

一、中国佛教四大菩萨道场历史简说

南北朝以来，先后出现了四大佛教菩萨道场，分布在山西五台、四川峨嵋、安徽九华与浙江普陀四大名山中。其中，五台山自北朝开始就已经成为著名的佛教圣地，峨嵋山与九华山则是在唐末五代时期初步形成寺院规模，并奠定其后世佛教名山地位，普陀山作为佛教圣地出现的时间则比较晚近。

早在北魏时，五台山上就建有寺院，唐代时的五台山，以文殊菩萨的显现与灵验故事闻名于世。不仅大江南北僧人的朝圣之旅不绝于途，而且连日本的访唐僧，如圆仁法师，也将五台山作为其佛教朝圣的目的地。很可能在东晋时期，峨嵋山就已经有佛教僧人的活动痕迹。北魏时期的峨嵋山似乎已经被道家视作神山，故《魏书》中有：“道家之源，出于老子……授轩辕于峨嵋，教帝喾于牧德，大禹闻长生之诀，尹喜受道德之旨。”[1] 如《高僧传》中，提到东晋高僧慧远的弟弟慧持，“持后闻成都地沃民丰，志往传化，兼欲观瞻峨嵋，振锡岷岫，乃以晋隆安三年，辞远入蜀。远苦留不止……”[2] 慧持在入蜀途中到达荆州，亦受到荆州刺史的礼遇，并被东晋权臣桓玄所苦留，但慧持对于桓玄的为人不齿，故还书曰：“本欲栖病峨嵋之岫，观化流沙之表，不能负其发足之怀，便束装首路。”[3] 也就是说慧持最初是想在峨嵋山建立寺院。

将峨嵋山与佛教中的普贤菩萨联系在一起的观念，至迟在唐代时就已出现。如《宋高僧传》中记录了唐代越州僧人释澄观为了寻求佛教义理的深入理解，“遂遍寻名山，旁求秘藏，梯航既具，壸奥必臻……大历十一年，誓游五台，一一巡礼，祥瑞愈繁。仍往峨嵋，求见普贤，登险陟高，备观圣像。”[4]

这里其实透露了两个信息，一是峨嵋山与普贤菩萨的联系在唐代已经形成，因而在唐人看来峨嵋山似已具有了与五台山同等的佛教圣山地位，所以释澄观才会在巡游完五台山之后，紧接着又直赴峨嵋山拜见普贤；二是，唐大历十一年时（776 年）峨嵋山上，已经有了佛教寺院，故而澄观才可能在这里“备观圣像”。《宋高僧传》中还提到了唐代南岳僧人行明：“初历五台、峨嵋，礼金色、银色二世界菩萨，皆随心应现。由此，登天台，陟罗浮，入衡岳，游梓潼。”[5] 显然，五台山与峨嵋山被恰当地归在了金色世界（文殊世界）与银色世界（普贤世界）的两个佛教圣地的范畴之下。

到了五代时期，峨嵋山作为普贤菩萨圣山的地位

---

[1] 文献 [2].[南北朝] 魏收．魏书．卷一百一十四．志第二十．释老十．清乾隆武英殿刻本．

[2] 文献 [2].[南北朝] 释慧皎．高僧传．卷六．义解三．释慧持二．大正新修大藏经本．

[3] 文献 [2].[南北朝] 释慧皎．高僧传．卷六．义解三．释慧持二．大正新修大藏经本．

[4] 文献 [2].[宋] 释赞宁．宋高僧传．卷五．义解篇第二之二．唐代州五台山清凉寺澄观传．大正新修大藏经本．

[5] 文献 [2].[宋] 释赞宁．宋高僧传．卷二十三．遗身篇第七．唐南岳兰若行明传．大正新修大藏经本．

日趋明显。如五代后晋僧人善静，曾经“起游峨嵋，礼普贤银色世界。”❶《五灯会元》中也屡屡出现相似的佛教禅宗机锋故事，如益州大随法真禅师：“问僧：‘甚处去？’曰：‘峨嵋礼普贤去。’师举拂子曰：‘文殊、普贤总在这里。’”❷说明自唐代中叶至五代以来，五台山与峨嵋山已经并列成为中国佛教的两座圣山。为后世中国佛教四大菩萨道场打下了基础。

与峨嵋山一样，九华山很可能最初也是被道士们视作隐修之所的。据传：“其山，天宝中李白游此，号为九华焉。俗传山神，妇女也。其峰多冒云雾，罕曾露顶欤。”❸显然，山名得自唐代著名诗人李白。而李白本人也是一个颇信仙道之人，这座常年云雾缭绕的仙山自然会引起李白的兴致。在九华山上建造佛教寺院的时间似乎也可以追溯到唐代。据《宋高僧传》：“释地藏，姓金氏，新罗国王之支属也。慈心而貌恶，颖悟天然……于时落发涉海，舍舟而徒，振锡观方，邂逅至池阳，睹九子山焉。心甚乐之，乃径造其峰，得谷中之地，面阳而宽平，其土黑壤，其泉清甘，岩栖涧汲，趣尔度日……至德年初，有诸葛节率村父自麓登高，深极无人，云日鲜明，居唯藏孤然闭目石室。其房有折足鼎，鼎中百土和少米，烹而食之。群老惊叹曰：‘和尚如斯苦行，我曹山下列居之咎耳。’相与同构禅宇，不累载而成大伽蓝。”❹

史上有两个至德年号，一个是南朝陈后主时期，一个是唐代肃宗时期。唐肃宗至德年，始自756年终至758年。因为在唐以前的文献中，未曾见到有关九华山与释地藏的记载，故这里的“至德年初”应是指756年。这里提到的“大伽蓝”应是山下村民为新罗僧人释地藏所建的“化城寺”。也就是说，九华山上有佛寺大约始自756年左右。释地藏到达这里的时间应该更早。

中国佛传文献中最早出现地藏菩萨是在初唐时僧人道世所撰的《法苑珠林》，其中有“唐益州法聚寺画地藏菩萨缘”节记录了益州郭下法聚寺中有地藏菩萨像，“本像是张僧繇画。至麟德二年七月，当寺僧图得一本，放光乍出乍没，如似金环，大同本光。”❺说明在初唐时期的寺院中地藏信仰已经开始流行并且有了地藏菩萨的画像。这为后来的地藏信仰的普及化奠定了基础。

同是在《法苑珠林》中，提到“观音、地藏、弥勒、弥陀，称名念诵，获得救者，不可胜纪。具诸传录，故不备载。”❻显然，这时已经将地藏与观音、弥勒、弥陀并列。而《旧唐书》中记录了唐代安史之乱时，叛军“围李光弼于太原。光弼使为地道，至贼阵前。骁贼方戏弄城中人，地道中人出擒之。敌以为神，呼为‘地藏菩萨’。”❼可知唐代时地藏菩萨的概念已经比较深入人心了。

也许正是因为这一历史背景，在晚唐时自新罗而来的僧人释地藏在九华山苦修的特殊经历使后世信徒将地藏菩萨与新罗僧人释地藏联系在一起并将九华山渐渐演变成为了地藏菩萨的道场。五代以后的佛教文献包括《宋高僧传》《五灯会元》《景德传灯录》中都大量出现了有关地藏菩萨的描述及与地藏有关的禅宗机锋对话。

❶ 文献[2].[宋]释赞宁．宋高僧传．卷十三．习禅篇第三之六．晋永兴永安院善静传．大正新修大藏经本．

❷ 文献[2].[宋]释普济．五灯会元．卷四．南岳下四世．长庆安禅师法嗣．宋刻本．

❸ 文献[2].[宋]释赞宁．宋高僧传．卷二十．感通篇第六之三．唐池州九华山化城寺地藏传．大正新修大藏经本．

❹ 文献[2].[宋]释赞宁．宋高僧传．卷二十．感通篇第六之三．唐池州九华山化城寺地藏传．大正新修大藏经本．

❺ 文献[2].[唐]释道世．法苑珠林．卷十四．感应缘．唐益州法聚寺画地藏菩萨缘．四部丛刊景明万历本．

❻ 文献[2].[唐]释道世．法苑珠林．卷十七．观音部第七．感应缘．四部丛刊景明万历本．

❼ 文献[2].[五代]刘昫．旧唐书．卷二百山．列传第一百五十．史思明传．清乾隆武英殿刻本．

二、普陀山观音道场建造沿革

除了五台山文殊金色世界与峨嵋山普贤银色世界以及因中土地藏信仰及新罗僧人释地藏的圣迹而形成的九华山地藏道场外，唐宋时期的中国人还没有在中土找到观音菩萨的圣山。唐人的信仰中，观音的圣山仍在西土印度。《宋高僧传》中的“唐洛阳广福寺金刚智传”中描述了这一点：“释跋日罗菩提，华言金刚智。南印度摩赖耶国人也。华言光明，其国境近观音宫殿补陀落伽山。”[1]《宋高僧传》的作者是北宋时人说明在宋初中土人的观念中观音菩萨的圣山仍然在印度。由此可知，将浙江的普陀山定义为补陀洛迦山并视之为观音菩萨道场是宋代以后的事情。但普陀山与观音菩萨的联系却仍可以追溯到唐代。

相信观音菩萨的道场在补陀落伽山见于唐代印度僧人实叉难陀所译《华严经》中的描述：“于此南方有山，名：补怛洛迦；彼有菩萨，名：观自在……渐次游行，至于彼山，处处求觅此大菩萨。见其西面岩谷之中，泉流萦映，树林蓊郁，香草柔软，右旋布地。观自在菩萨于金刚宝石上结跏趺坐，无量菩萨皆坐宝石恭敬围绕，而为宣说大慈悲法，令其摄受一切众生。”[2]在当时的信仰中，这座观音菩萨的圣地应该是位于印度的南方地区。

将浙江舟山群岛中的一座岛山与观音菩萨联系在一起，并将其称之为补陀洛迦山，缘于唐代密切的中日佛教交往中所发生的的一次偶然事件。

唐代会昌元年（841年）、大中元年（847年）与咸通三年（862年），日本佛教天台宗始祖最澄的徒弟慧锷曾经三次梯航远渡来到中土大唐朝拜中国的五台山与天台山。在第三次入唐求法的咸通四年（863年）春，于五台山请得观音菩萨一尊圣像，恭负至明州开元寺，之后就近乘船归国途经海中的梅岑山（今日的普陀山）潮音洞附近，遇到海风骤起，舟船难行，慧锷以为菩萨不愿东渡遂将圣像安置于洞侧祈拜而去。随后，岛上居民张氏将圣像请去供奉于自宅称为“不肯去观音”。

至后梁贞明二年（916年），在张氏宅址上建造了“不肯去观音院”。这可能是普陀山最早的寺院。至北宋元丰三年（1080年），宋元丰三年（1080年）寺院改建，敕赐寺额“宝陀观音”并成为宋代江南教寺中的“五山十刹”之一。将其山称之为补陀洛迦山或普陀山，大约也是在这一时期。[3]

至南宋绍兴元年（1130年），真歇禅师驻锡此山改律寺为禅寺，山寺始兴，岛上的七百余家渔民闻梵音而起敬先后离岛而去，山岛遂成为佛国净土，普陀之声名也渐渐远播海内外。自那时起，海内外的信众纷至沓来，据元代盛熙明《补陀洛迦山传》记载：“海东诸夷，如三韩、日本、扶桑、占城、渤海，数百国雄商巨舶，繇此取道放洋，凡遇风波寇盗，望山归命，即得消散。”[4]

元大德二年（1298年）朝廷遣使降香，重修宝陀观音寺。元统二年（1334年）孚中禅师于寺之东南建多宝塔。至元末时，普陀山上的寺院渐趋完备。至明洪武初年，禅师大基行丕驻锡山岛。然而，到了洪武二十年（1387年），经略沿海的信国公汤和，因海疆不靖“穷洋多险易为贼寇”而毁寺徙僧，其后山岛荒坯百年，至正德年才有僧登山，嘉靖年间，又有贼盗王直等引倭寇占山为巢，至嘉靖三十六年（1557年），总督胡宗贤将宝陀观音寺及观音像迁至镇海招宝山（今浙江宁波镇海区）栖心寺（今七塔寺）并毁除其余庵寺。

明代万历初年，高僧真表再次登岛建寺，至万历

[1] 文献[2].[宋]赞宁．宋高僧传．卷一．译经篇第一之一．唐洛阳广福寺金刚智传．大正新修大藏经本．

[2] 文献[2].[唐]实叉难陀．大方廣佛华严经．卷第六十八．大正新修大藏经本．

[3] 参见王连胜．普陀洛迦山志．上海：上海古籍出版社，1999:1-2.

[4] [元]盛熙明．补陀洛迦山传//大正新修大藏经．史传部三．河北：河北省佛教协会，2009.

八年（1580年），大智禅师又创海潮庵（今法雨寺前身）。至万历三十三年（1605年），皇帝赐帑重建普陀、镇海二寺，规制宏敞。万历以降，普陀山香火繁盛，山中寺庵僧茅多达200余所。“帝后妃主，王侯宰官，下逮僧尼道流，善信男女，远近累累，亡不函经捧香，抟颡茧足，梯山航海，云合电奔，来朝大士。”❶

至清康熙十年（1671年），再一次因为“海疆不靖”而尽迁山岛僧民，岛上的前、后两寺尽遭火焚，余庵亦皆荒废。直至康熙二十三年（1684年）才重弛海禁允许僧众归山复业。康熙三十八年（1699年）再次重建了前、后两寺，分别为前寺御书“普济群灵”为后寺御书“天花法雨”，这两座寺院也因此而改额为“普济禅寺”与“法雨禅寺”。雍正年间朝廷又发帑金扩建两寺，并于乾隆五十八年（1793年）由僧人能积创建了佛顶山慧济庵（今慧济寺）。民国初年，山上有三座大寺，88座庵，128座僧茅，寺庵殿阁庵室总数达到了4700余间。❷至此中国佛教观音道场普陀山的寺庵等宗教建筑渐趋完备。

三、普陀山明代护国永寿普陀禅寺

从如上有关普陀山发展沿革的叙述中，可注意到普陀山之成为中国佛教观音菩萨道场，其滥觞肇始于因日僧慧锷因恐惧海上风浪而遗于岛上潮音洞旁的五台山所请观音圣像及为这尊圣像所建立的“不肯去观音院”。

如前所述，这座观音院于宋宋元丰三年（1080年）改为“宝陀观音寺”，南宋绍兴元年（1130年）改律寺为禅寺。元大德二年（1298年）重修宝陀观音寺。元统二年（1334年）于寺之东南建多宝塔。明洪武二十年（1387年）因海疆不靖，寺院遭毁，嘉靖三十六年（1557年），为防海寇将观音像及寺院迁至镇海招宝山上。万历三十三年（1605年），皇帝赐帑重建普陀、镇海二寺规制宏敞。也就是说，这一年朝廷对于与观音圣像有密切关联的两座寺院：曾经藏有观音像的普陀山宝陀观音寺与后来藏有观音像的镇海招宝山栖心寺都进行了大规模的重建。

清康熙十年（1671年），普陀山明代重建之宝陀观音寺（前寺）及新创之海潮庵（后寺）都因海疆不靖而再一次遭到焚毁。直至康熙三十八年（1699年）重建岛上的前、后二寺并赐御匾，从而形成今日普陀山普济禅寺、法雨禅寺及乾隆五十八年（1793年）新创慧济寺，三座大寺的三足鼎立，近百座佛庵，百余座僧茅，遍山丛集的佛教圣山局面。

由此可见，今日尚存清代重建之普济禅寺的前身即是明万历间重建之前寺，从普陀山的历史来看，这座寺院具有承上启下的重要作用，清代普济寺是在这座寺院的旧基上重建的，其平面很可能也因袭了这座寺院的基本格局。据称，明万历三十三年（1605年），帝遣人赉帑金2000两，及太后、诸宫、公主捐金，重建寺院，赐额“敕建护国永寿普陀禅寺”。清康熙十年（1671年），因倭寇袭扰迁僧入内地，康熙十四年（1675年）普济寺因游民失火而毁。现存寺院为康熙二十九年（1690年）、雍正九年（1731年）、嘉庆五年（1800年）、光绪七年（1881年），甚至民国元年（1912年）先后220余年间，陆续重建修葺的结果并改称普济禅寺❸（图8-8，图8-9）。显然，今日所存之普济禅寺在清代至民国数百年间几经重建修葺，明代初建之历史痕迹似乎早已无存。

2012年3月，笔者在华盛顿美国国会图书馆查阅资料时，偶然发现了一套保存完好的明万历年间所纂《普陀山志》。志中有普济禅寺前身，明代护国永寿普陀禅寺（图8-10，图8-11）较为详细的记载。回到国内后，即请清华大学建筑学院李菁博士去北京国家图书馆查阅，发现国家图书馆仅余万历《普

❶ 参见王连胜．普陀洛迦山志．上海：上海古籍出版社，1999:2.

❷ 参见王连胜．普陀洛迦山志．上海：上海古籍出版社，1999:2-3.

❸ 王连胜．普陀洛迦山志[M]．上海：上海古籍出版社，1999：311-336.

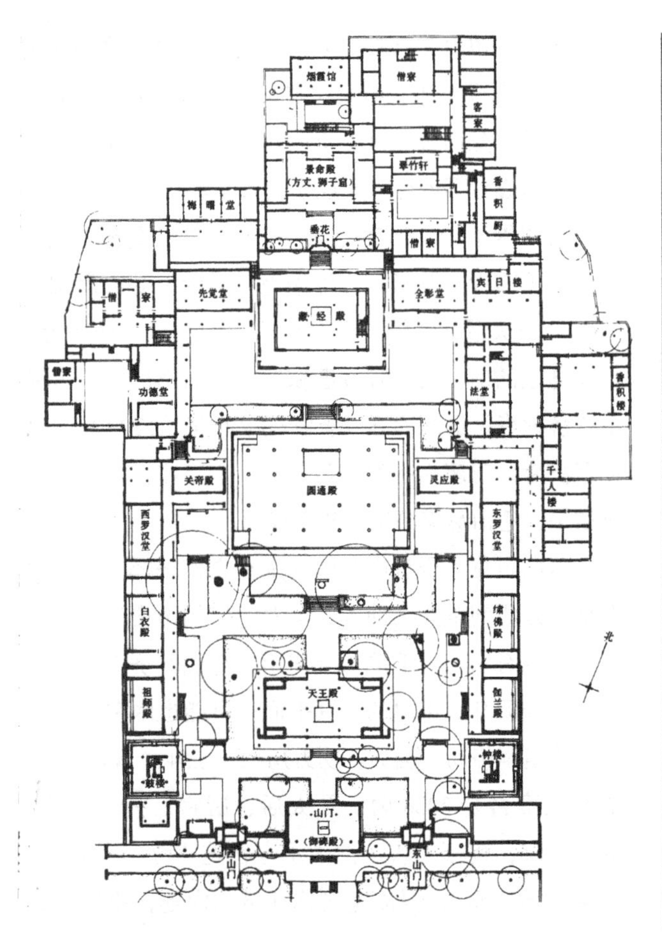

图 8-8　普陀山清代重建普济禅寺平面图（王连胜 . 普陀洛迦山志 [M]. 上海：上海古籍出版社，1999.）

陀山志》残本，但其中已不见有关明代护国永寿普陀禅寺这一部分的页面。另外从近人所编《普陀洛迦山志》之“普济寺”节，虽有“护国永寿普陀禅寺”一段的描述但未注明出处，且其有关寺院建筑的文字描述亦不及万历《普陀山志》中相应的记述详尽。亦从一个侧面说明，当时编者手中似也未能找到万历本《普陀山志》作为参考。因此可以说美国国会图书馆所藏万历本《普陀山志》弥足珍贵。而其中详细记录的明万历年间所建普陀山护国永寿普陀禅寺可以引以为据，大略还原出这座明代皇家敕建寺院的基本面貌，使我们可以一窥这座明代普陀山寺院的完整格局与大致面貌。同时，也为普陀山上这组最为重要建筑群的前世今生之间做了一个较为完整的接续。

1. 万历本《普陀山志》中的相关文献描述

据万历本《普陀山志》，卷二，“殿宇”条：“敕建护国永寿普陀禅寺，在补陀山南，环山皆石骨，独寺趾沙坡平旷，前代废兴不一。万历二十六年毁。后三十年，敕御用监太监张随董建。随以旧基形局浅漏，辟迁麓下并改辰向为丙云，原名宝陀寺，尚仍宋赐。”其寺：

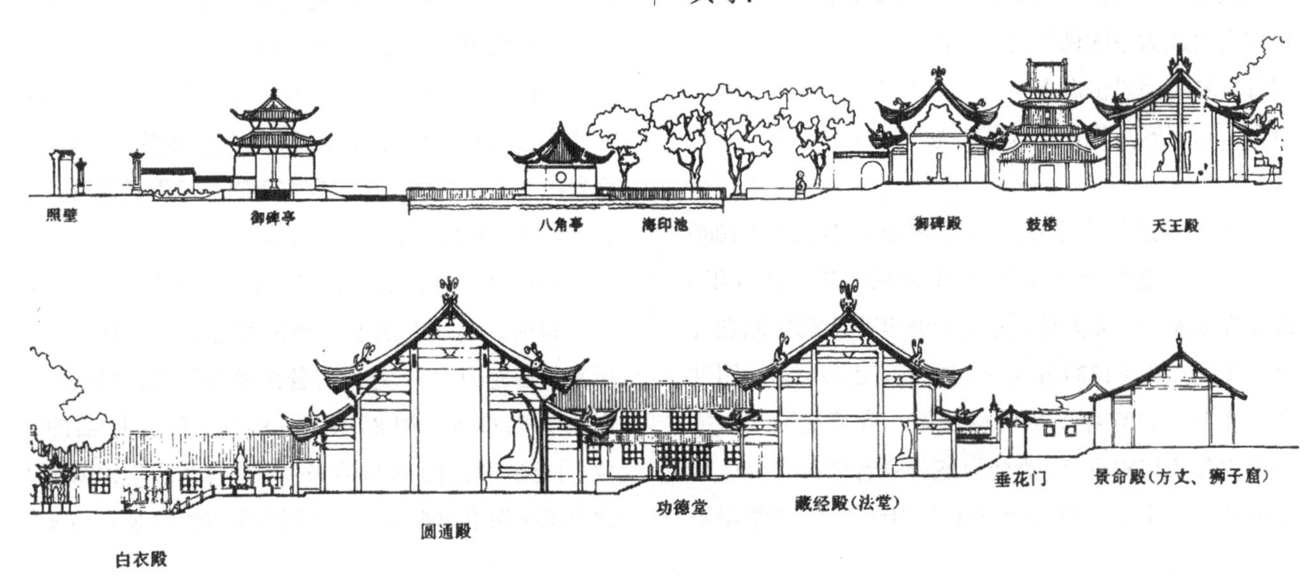

图 8-9　普陀山清代重建普济禅寺纵剖面图（王连胜 . 普陀洛迦山志 [M]. 上海：上海古籍出版社，1999.）

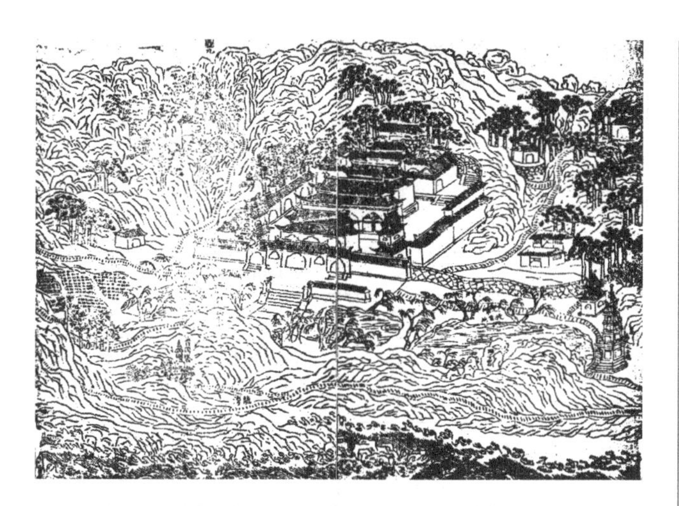

图 8-10　明代普陀山志图中的护国永寿普陀禅寺（明刻本）

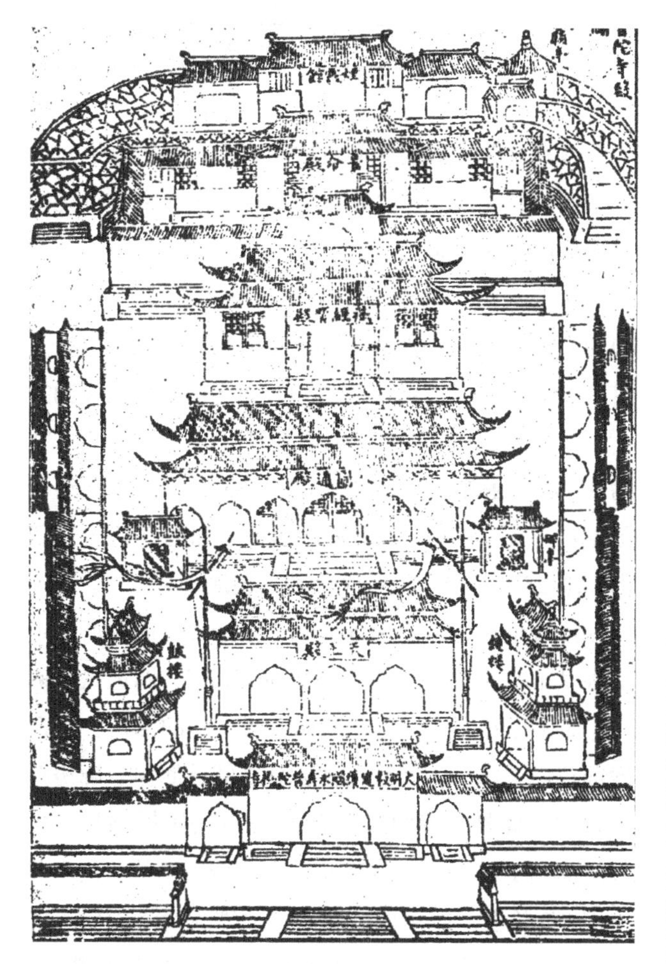

图 8-11　明代普陀山志中的护国永寿普陀禅寺图（明刻本）

“寺基，面阔七十八丈，进深五十三丈二尺。山门，面阔二十八丈八尺。山门三间九架，面阔五丈六尺，进深四丈。明间阔二丈，左右稍间各阔一丈八尺，高二丈五尺，甬道进深四丈。天王殿，五间，十一架，面阔九丈二尺，进深六丈六尺。明间阔二丈五尺，左右次间各阔一丈八尺。左右稍间各阔一丈八尺，高三丈八尺，甬道月台共进深九丈。圆通大殿，七间，十五架。面阔一十四丈，进深八丈八尺。明间阔二丈八尺，左右次间各阔二丈四尺，左右稍间各阔二丈。左右次稍间各阔一丈五尺。高五丈八尺。甬道四丈。藏经宝殿，五间，十三架。面阔九丈二尺，进深六丈八尺。明间阔二丈，左右次间各阔二丈，左右稍间各阔一丈六尺，高三丈八尺，甬道仪门共五丈。景命殿五间，九架。面阔九丈，进深五丈。明间阔二丈。左右次间各阔一丈八尺，左右稍间各阔一丈六尺。高二丈八尺。伽蓝、祖师、弥勒、地藏四配殿。每殿三间，九架。各面阔五丈六尺，进深四丈，明间阔二丈，左右稍间各阔一丈八尺，高二丈四尺。配殿廊房，左右各二十五间，七架。廊房每间阔一丈四尺，进深三丈六尺，高二丈。天王殿左右廊房，各七间，七架。每间阔一丈四尺，进深三丈六尺，高二丈四尺。藏经殿左右廊房，各七间，七架。每间阔一丈四尺，进深三丈六尺，高二丈四尺。景命殿左右厢房，各三间，九架。每间阔一丈一尺，进深三丈六尺，高二丈四尺。景命殿左右群房，各十间，七架。每间阔一丈一尺，进深三丈六尺，高二丈四尺。仪门前左右廊房，各三间，七架。每间阔一丈，进深三丈六尺，高二丈四尺。仪门内露顶。左右各一间，七架。每间阔一丈，进深三丈六尺，高一丈八尺。钟鼓楼，二座。明间阔一丈五尺，左右间各阔一丈，高三丈八尺，周围各三丈。东西隙地各二十五丈。”❶

❶ ［明］普陀山志．卷二．殿宇．华盛顿美国国会图书馆馆藏本．

表 8-1 明代普陀山护国永寿普陀禅寺主要殿堂平面尺寸（按 1 明营造尺＝ 0.32 厘米推测）

序号	殿堂名称	开间进深	明间	次间 1	次间 2	稍间	总面阔	总进深
1	圆通大殿	七间 十五架	2.8 丈	2.4 丈	2 丈	1.5 丈	14 丈	8.8 丈
			8.96 米	7.68 米	6.4 米	4.8 米	44.8 米	28.16 米
2	天王殿	五间 十一架	2.5 丈	1.8 丈	——	1.8 丈	9.2 丈	6.6 丈
			8 米	5.76 米	——	5.76 米	29.44 米	21.12 米
3	藏经宝殿	五间 十三架	2.0 丈	2.0 丈	——	1.6 丈	9.2 丈	6.8 丈
			6.4 米	6.4 米	——	5.12 米	29.44 米	21.76 米
4	景命殿	五间 九架	2.0 丈	1.8 丈	——	1.6 丈	9 丈	5 丈
			6.4 米	5.76 米	——	5.12 米	28.8 米	16 米
5	山门	三间 九架	2.0 丈	——	——	1.8 丈	5.6 丈	4 丈
			6.4 米	——	——	5.76 米	17.92 米	12.8 米
6	伽蓝等 四配殿	三间 九架	2.0 丈	——	——	1.8 丈	5.6 丈	4 丈
			6.4 米	——	——	5.76 米	17.92 米	12.8 米

2. 关于文献描述的分析

依据这一记载可以比较完整地再现这座明代寺院的平面。以 1 明尺为今尺 0.32 米计，寺院寺基东西阔 78 丈，合 249 米，南北深 53.2 丈，合 170.24 米。但因两侧各有 25 丈当时尚未建造有建筑物的隙地，南面山门位置总面阔仅 28.8 丈，合 92.16 丈。寺院沿中轴线依序布置有山门（进深 4 丈），甬道 4 丈，天王殿（进深 6.6 丈），甬道、月台（共深 9 丈），圆通大殿（进深 8.8 丈），甬道深 4 丈，藏经宝殿（进深 6.8 丈），仪门、甬道（共深 5 丈），景命殿（进深 5 丈）。将中轴线进深尺寸叠加：4 丈＋ 4 丈＋ 6.6 丈＋ 9 丈＋ 8.8 丈＋ 4 丈＋ 6.8 丈＋ 5 丈＋ 5 丈＝ 53.2 丈，恰好构成了寺院中轴线部分的进深总长度且与文献记载中的南北总进深恰好相合。

寺院北端景命殿为方丈室，室前有仪门、露（盝）顶廊，两侧有厢房、廊房形成一个方丈院。景命殿两侧各有群房 10 间。以景命殿 5 间面阔 9 丈，左右群房横置，每间 1.1 丈，总 22 丈计，寺基北部总宽：9 丈＋ 22 丈＝ 31 丈。这一宽度也限定了寺内中轴线两侧配殿、厢房、廊房的设置范围。寺基前部在山门、天王殿左右各有廊房 7 间。山门以内，廊房以里，设钟鼓楼。其宽度应以文献中所记录的南面山门位置的总面阔记当为 28.8 丈。

所谓东西隙地各去 25 丈是以寺基总宽 78 丈，山门处面阔 28.8 丈大约计算的。也就是说，严格意义上讲，两侧隙地应余 49.2 丈均匀分布于两侧，则每侧实际不足 25 丈。若以标准矩形寺基计，寺院北部总宽为 31 丈，两侧实余 47 丈。也就是说，寺院后部东西隙地亦不足 25 丈。但实际地形不会如此规整故这里的隙地 25 丈应该只是一个大约的说法。

以寺址进深、山门处面阔，景命殿处面阔所限定的寺基范围将天王殿两侧各 7 间的廊房，圆通殿两侧 4 座各 3 间的配殿，藏经殿两侧各 7 间的廊房，景命殿前仪门、露顶，及殿前两侧各 3 间的厢房、廊房布置进去。此外，寺两侧还有各 25 间的配殿廊房。以每间面阔 1.4 丈，总长 35 丈几乎覆盖了寺基两侧南北方向 2/3 长度。故东西配殿廊房后墙应为寺内建筑的东西界限。其后墙应与景命殿东西群房两尽端找齐。根据这一分析可以基本绘制出明普陀山护国永寿普陀禅寺的寺院平面（图 8–12，图 8–13），使我们一窥这

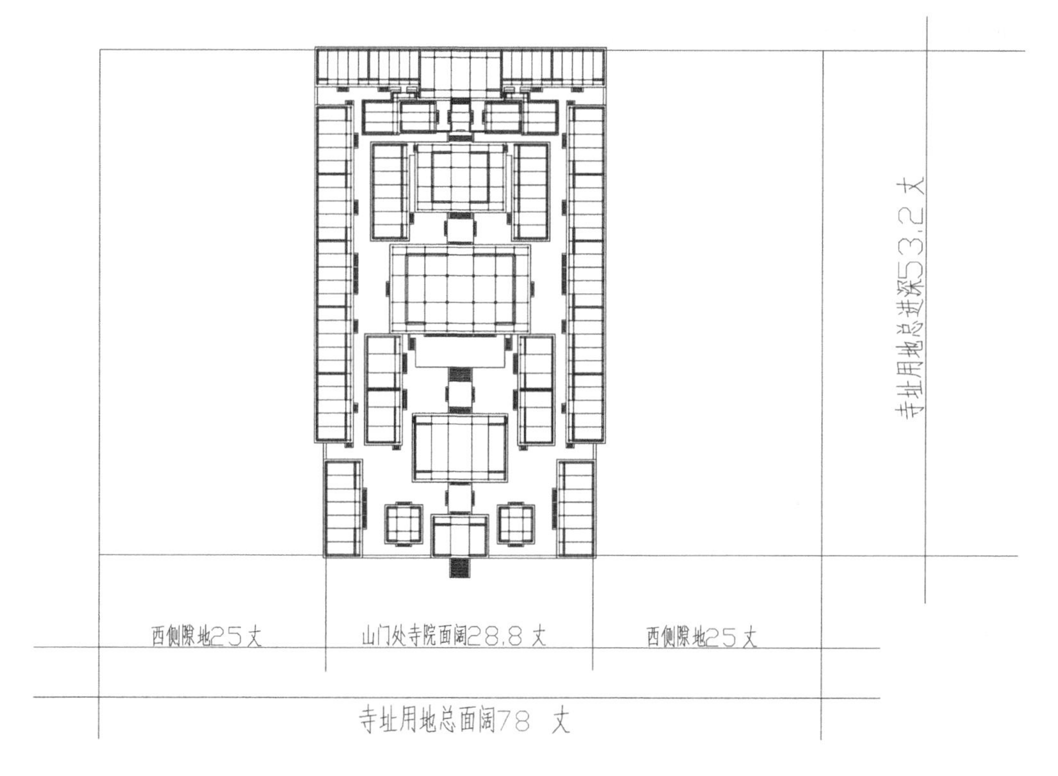

图 8-12　明代普陀山护国永寿普济禅寺寺院空间尺度（作者自绘）

座明代寺院的基本空间格局（图 8–14）。

从复原推测图看，这是一座空间十分紧凑的寺院，其中轴线及两侧建筑配殿、廊房布局与现存普陀山第一寺普济禅寺，在建筑与空间的基本格局上有许多相似之处，由此可以看出两者之间应该存在有一定的关联。

按照这一平面图绘制的寺院建筑立面与剖面图（图 8–15，图 8–16），参照了在其旧址上重建的清代普济禅寺的立面与剖面样式以使其与普陀山地方建筑的形式与做法相一致。但这却无法说明，明代时的护国永寿普陀禅寺就是采用了这些形式与做法。因此，可以说这里的复原，主要还是停留在寺院的平面与规制之原状的再现上并非再现明代普陀山地方建筑的真实再现。如此做的依据，也仅仅是因为明清北方官式建筑之间在结构、造型与比例上的变异，相对于以往朝代而言比较微小。而明代许多南方建筑亦已显出地方化特征。故假设了明代南方地方建筑与北方官式建筑有明显差异而与同一地区的清代地方建筑之间差异，却相对比较小。故而其剖面与立面的复原是以这一假设为基础的。

3.《普陀洛迦山志》中的相关描述

近人所编《普陀洛迦山志》中，保留了一段有关明代护国永寿普陀禅寺的描述：

“护国永寿普陀禅寺　明万历三十三年（1605 年）赐名。寺基宽 78 丈（旧制，下同），深 53 丈 2 尺。山门 3 间，宽 28 丈 8 尺。天王殿 5 间，宽 9 丈 2 尺，深 6 丈 8 尺。景命殿 5 间，宽 9 丈，深 5 丈，东有怀阙亭。伽蓝、祖师、弥勒、地藏四配殿，每殿 3 间，各宽 5 丈 6 尺，深 4 丈，配殿左右廊房各 25 间，宽 35 丈，深 3 丈 6 尺。天王殿左右廊房各 7 间，宽 9 丈 8

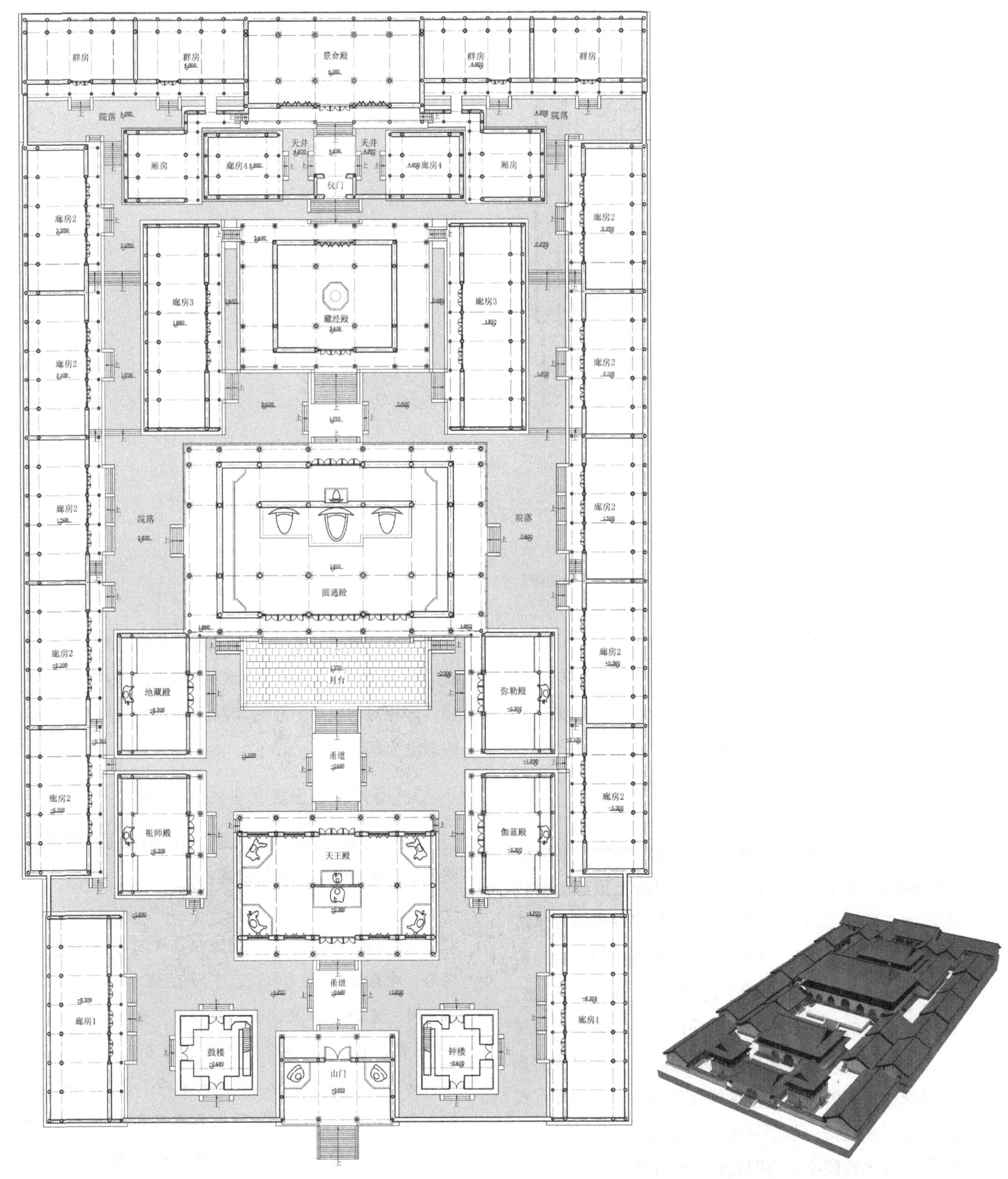

图 8-13　明万历护国永寿普济禅寺院建筑平面复原（胡南斯绘）

图 8-14　明万历普陀山护国永寿普济禅寺复原鸟瞰外观（胡南斯绘）

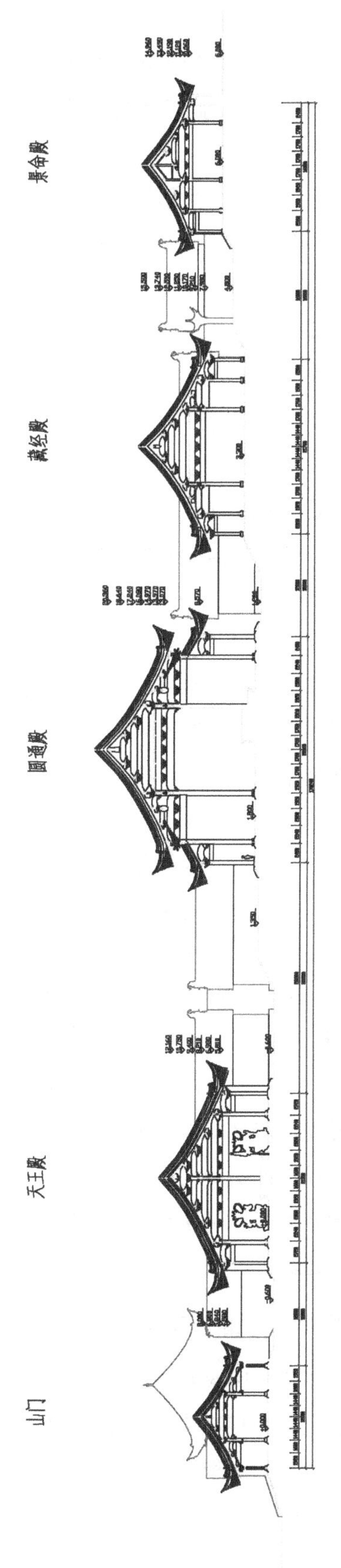

图 8-15 按单檐复原的护国永寿禅寺纵剖面示意（胡南斯绘）

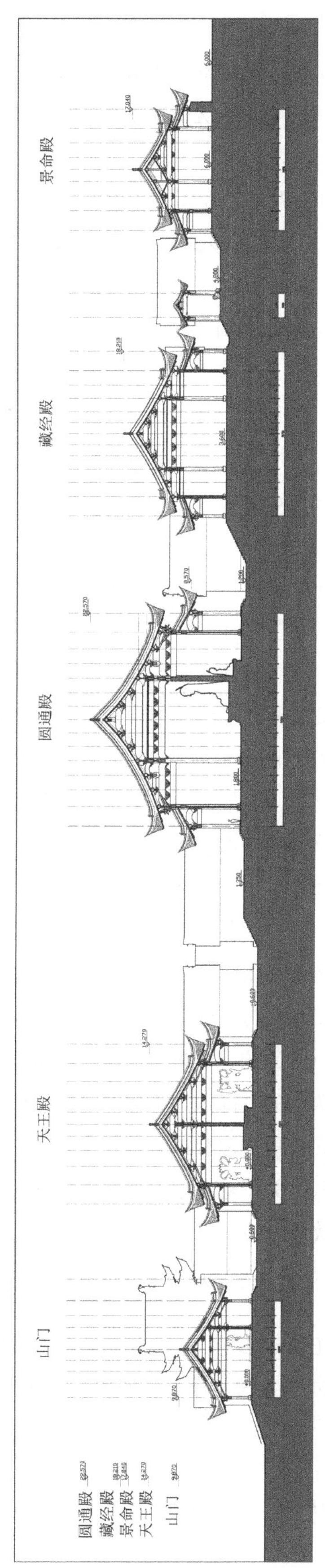

图 8-16 明代普陀山护国永寿普济禅寺中轴线建筑剖面（胡南斯绘）

尺，深3丈6尺。藏经殿左右廊房各7间，宽9丈8尺,深3丈6尺。景命殿左右群房各10间,各宽11丈，深3丈6尺。仪门前左右廊房各3间，宽3丈，深3丈6尺。仪门内露顶左右各1间,宽1丈,深3丈6尺。尚有衣珠堂、万历末耆宿僧如迴居之,后徒孙海日（字荣先）居之，改名“荣先堂”，嗣孙普通、续敬等重修；宝林堂,万历末僧海山居之；云会堂,俗称十方堂；华严堂；海会堂，资有堂，大学士沈一贯题额；净业堂；涅盘堂，俗名安乐堂；水陆楼；斋楼；烟霞馆，在景命殿上；白华馆；香积厨。山门正对永寿桥。额云：“敕建护国永寿普陀禅寺”。”❶

显然，这里所搜集到的万历护国永寿普陀禅寺的资料比万历本《普陀山志》中包含的内容要少。例如，没有列出沿中轴线各建筑物之间的前后间距。另外却提到了一些前引明代文献描述中没有提到的建筑，如景命殿之东有怀阙亭以及衣珠堂，宝林堂、云会堂，华严堂，海会堂，资有堂，净业堂，涅盘堂，水陆楼，斋楼，烟霞馆，白华馆，香积厨以及山门正对的永寿桥等。说明今本《普陀洛迦山志》的编者，参考了部分尚能找到的部分明代文人笔记等文献中提到的护国永寿普陀禅寺中的相关描述。文中描述的这些建筑，在明代时可能存在过，但其位置记述不详尽。结合万历本《普陀山志》的记载推测，这些建筑有可能是分布在中轴线两侧的“隙地”上的，而且其建造时间很可能也晚于寺院重建之初的万历三十三年。因为缺乏进一步的资料，关于这些建筑物在寺中的位置及配置情况就不再做专门的讨论。

4. 清代所建普济禅寺

据《普陀洛迦山志》，清康熙十年（1671年）因海疆不靖而内迁寺僧，康熙十四年（1675年），岛上游民失火使护国永寿普陀禅寺遭到焚毁。康熙二十三年（1684年），海禁松弛此后续有重建，康熙二十八年（1689年），闻定海总兵所奏普陀废状，康熙赐金重建了大圆通殿，定海总兵捐俸重建了藏经殿。康熙二十九年（1690年）又于原寺偏西拓宽，前后十年间，先后新建了天王殿、宝珠轩、翠竹轩、钟楼、鼓楼、金彰堂、藏经阁，景命殿，及左右厢房等，从而使寺院再次初显规模。

显然，清代重建过程并没有完全依据明代的旧基，其寺址当略有拓展。据《普陀洛迦山志》，清代普陀禅寺是在原址上向西拓宽重建的，寺基宽150米，深285米。这一寺基与前文根据万历本《普陀山志》，以一明尺为0.32米所推算出的寺基东西阔78丈，合249米，南北深53.2丈，合170.24米的情况有很大差别。主要是清建普济禅寺基南北长而东西狭而明建护国永寿普陀禅寺东西阔而南北狭。也就是说，仅依中轴线上的建筑物来看，明代护国永寿普陀禅寺的前后总进深就比清代普济禅寺小了近115米。其中的原因似也难以有一个较为合理的解释。较大的可能是清代寺院中每座建筑物之间的间距比起明代寺院要宽疏一些，从而使基址用地变得较大。

但从寺院中轴线上所布置的殿堂看，清建普济禅寺沿中轴线布置：①山门；②天王殿；③圆通殿；④ 藏经殿；⑤仪门；⑥景命殿仅仅在景命殿后加了一进庭院及烟霞观，似又基本遵循了明代护国永寿普陀禅寺的基本格局。说明清代重建普济禅寺时，既兼顾了明代既有的基本格局又在拓展寺基的基础上扩大了寺内的殿堂与庭院空间。

5. 明普陀禅寺与清普济禅寺主要殿堂面积比较

为了了解明代护国永寿普陀禅寺与清代普济禅寺前后所建殿宇之间的相互关系，我们不妨将两个寺院沿中轴线主要殿堂的面积加以比较，看一看两者之间存在着怎样的变迁。

---

❶ 王连胜．普陀洛迦山志．上海：上海古籍出版社，1999：316.

表 8-2　明代护国永寿普陀禅寺与现存清代普济禅寺主要殿堂尺寸比较

尺寸 建筑	总面阔		总进深		主要殿堂面积比较（平方米）	
	明尺（尺）	今尺（米）	明尺（尺）	今尺（米）	明普陀禅寺（据万历《普陀山志》）	清普济禅寺（据今本《普陀洛迦山志》）
山门	56	17.92	40	12.8	229.38	179.98
甬道进深			40	12.8		
天王殿	92	29.44	66	21.12	621.77	421.98
甬道月台进深			90	28.8		
圆通殿	140	44.8	88	28.16	1261.57	1061.18
甬道进深			40	12.8		
藏经宝殿	92	29.44	68	21.76	640.61	未见记录
甬道仪门进深			50	16		
景命殿	90	28.8	50	16	460.8	356.82
进深总计			532	170.24		

表 8–2 中有一点需要加以说明的是，今存清代所建普济禅寺中主要殿堂的面积是从今本《普陀洛迦山志》第 323~326 页中所列 1997 年统计的“普济寺殿宇情况”表中所引的。据表中所列数据，明万历护国永寿普陀禅寺与清普及禅寺中主要殿堂相比较，每座殿堂的主要尺寸都比较大。似乎暗示了寺院中清代所重建的殿堂，面积与尺度与明代原殿堂相比都要小一些。但这一点令人质疑。从现存清代普济寺寺院用地基址比明代普陀禅寺寺院所用基址面积为大这一角度出发，清代寺院殿堂不应该小。从上表中所见尺寸，清代殿堂比明代殿堂所减少的面积似乎存在一定规律。例如，较大的殿堂，如圆通宝殿与天王殿，清殿比明殿小约近 200 平方米，而较小的殿堂，如山门，清殿比明殿面积小约 50 平方米，而景命殿、清殿比明殿面积小约 100 平方米。从这一规律性观察，笔者猜测，今本《普陀洛迦山志》所列殿宇情况表中的面积应该只是比较容易测得的室内使用面积数，而据明万历本《普陀山志》中的殿堂尺寸推算出的面积是殿堂柱网外缘边线以内所包括的最大面积。当然，这里的明尺换算也是基于一种推测，如果当时所用营造尺小于 0.32 米，则殿堂尺寸又会小一点。如此则两者之间的面积差还会更小。

基于这样一种分析，我们反而可以得出一种可能的推测，即清代普济禅寺沿中轴线主要殿堂的面积很可能采用了与明代普陀禅寺沿中轴线原殿堂的面积相同的尺寸。但是否是利用了旧基则不太好判断，因清代寺基比明代寺基向西有所拓展。但清代普济禅寺前半部分仍然保持了大约对称的格局，所以其沿中轴线主要殿堂的位置似乎也应该略有西移？真实情况究竟如何，亦未可知。

四、明代北方官式木构殿堂

国内现存明代殿堂建筑，除了明十三陵及明清故宫中几座尚存的明代木构殿堂外，尚有青海乐都瞿坛寺隆恩殿，北京法海寺大殿与武当山紫霄宫大殿等几座建筑物以及遗址尚存的武当山玉虚宫玄帝殿、武当山玉虚宫龙虎殿、武当山遇真宫真武殿等，其平面尺寸或可作为参照。

表 8-3 所知明代三开间至七开间木构建筑殿堂平面尺寸比较

始创年代	殿堂名称	开间进深	明间	次间 1	次间 2	稍间	通面阔	通进深	殿总高
1605	普陀禅寺圆通大殿	广七间	8.96 米	7.68 米	6.4 米	4.8 米	44.8 米	28.16 米	18.56 米
		深十五架	28 尺	24 尺	20 尺	15 尺	140 尺	88 尺	58 尺
1411	武当山玉虚宫玄帝殿	广七间	8.4 米	5.9 米	5.85 米	2.5 米	36.9 米	20.44 米	原构仅存殿址
		深五间	26.5 尺	18.5 尺	18.5 尺	8 尺	116 尺	64.5 尺	
1427	青海瞿坛寺隆国殿	广七间	6.6 米	5.7 米	5.7 米	2.1 米	33.6 米	19.22 米	不详
		深五间	21 尺	18 尺	18 尺	6.5 尺	105 尺	60 尺	
1605	普陀禅寺天王殿	五间	8.0 米	5.76 米	—	5.76 米	29.44 米	21.12 米	12.16 米
		深十一架	25 尺	18 尺	—	18 尺	92 尺	66 尺	38 尺
1605	普陀禅寺藏经宝殿	五间	6.4 米	6.4 米	—	5.12 米	29.44 米	21.76 米	12.16
		深十三架	20 尺	20 尺	—	16 尺	92 尺	68 尺	38 尺
1605	普陀禅寺景命殿	广五间	6.4 米	5.76 米	—	5.12 米	28.8 米	16 米	8.96 米
		深九架	20 尺	18 尺	—	16 尺	90 尺	50 尺	28 尺
1412	武当紫霄宫大殿	广五间	8.37 米	6.39 米	—	2.6 米	26.35 米	18.38 米	18.73 米
		深五间	26.5 尺	20 尺	—	8 尺	83 尺	58 尺	59 尺
1413	武当南岩宫玄帝殿	广五间	8.4 米	6.39 米	—	2.5 米	26.2 米	18.33 米	原构仅存殿基
		深五间	26.5 尺	20 尺	—	8 尺	82.5 尺	58 尺	
1439	北京法海寺大殿	广五间	4.95 米	4.805 米	—	2.9 米	20.36 米	不详	不详
		深三间	15.5 尺	15 尺	—	9 尺	64 尺		
1605	普陀禅寺山门	广三间	6.4 米	—	—	5.76 米	17.92 米	12.8 米	8 米
		深九架	20 尺	—	—	18 尺	56 尺	40 尺	25 尺
1605	普陀禅寺伽蓝等配殿	广三间	6.4 米	—	—	5.76 米	17.92 米	12.8 米	7.68 米
		深九架	20 尺	—	—	18 尺	56 尺	40 尺	24 尺
1411	武当玉虚宫龙虎殿	广三间	7.0 米	4.95 米	—	—	16.9 米	9.0 米	原构仅存殿址
		深两间	22 尺	15.5 尺	—	—	53 尺	28 尺	
1427	武当遇真宫大殿	广三间	7.92 米	5.56 米	—	—	19.04 米	11.24 米	13.3 米
		深三间	25 尺	17.5 尺	—	—	60 尺	35.5 尺	42 尺

说明：明代护国永寿普陀禅寺用尺设定为 0.32 米。瞿坛寺与法海寺建筑用尺以 0.32 米换算亦比较接近整数值，故假设其用尺亦为 0.32 米。武当山明代建筑用尺推测为 0.3173 米。

从表 8–3 可以看出，在已知的明代木构殿堂中，明代万历年间所建普陀山护国永寿普陀禅寺七开间的圆通大殿比同是七开间的明代武当山玉虚宫主殿玄帝殿及明代青海乐都瞿坛寺主殿隆国殿要宏巨许多。而五开间的普陀禅寺天王殿与同是五开间的明代武当山紫霄宫大殿与武当山南岩宫玄帝殿在面阔与进深上则比较接近，而比北京法海寺大殿要大。但作为寺院主殿的普陀禅寺圆通大殿的明间尺寸与同是宫观主殿的武当山玉虚宫玄帝殿、紫霄宫大殿、南岩宫玄帝殿的明间尺寸却比较接近。三开间的普陀禅寺山门及伽蓝殿等配殿与同样具有门殿功能的武当山玉虚宫龙虎殿面阔与进深十分接近，而比具有主殿功能的武当山遇真宫大殿的面阔与进深则明显要小一些。而普陀禅寺天王殿的明间尺寸与次间尺寸与遇真宫大殿的明间尺寸与次间尺寸却比较接近。

由此我们或可以得出一个印象。如果是一座寺院或宫观的主殿，无论其殿堂开间为 3 间、5 间还是 7 间，其明间的开间面阔大约都可以达到 25 尺至 28 尺。寺院中的主要殿堂，如天王殿，其明间开间面阔应该小于主殿但也可以达到 25 尺。但如果是一座寺院或宫观的门殿或主殿之前的左右配殿，其明间的开间面阔大约可以控制在 20 尺至 22 尺。而一座寺院中的功能性建筑，如普陀禅寺的藏经宝殿与景命殿（相当于方丈室），其明间开间面阔则只能达到 20 尺。此外，等级或规模较小的寺院，如北京法海寺，其主殿明间的开间面阔，则仅有 15 尺左右。

从殿堂高度角度观察，七开间的普陀禅寺圆通大殿高 58 尺比五开间的武当山紫霄宫大殿高 59 尺还要稍微低一点。但两者的明间间距却十分接近。五开间的普陀禅寺天王殿高 38 尺比三开间的武当山遇真宫大殿高 42 尺也要低。而两者的明间与次间间距几乎完全相同。值得注意的是，武当山道教建筑群是明初时由皇帝派北京工匠建造的，其基本的形制包括平面、间架、斗栱等没都可能采用了明代北方官式建筑的做法。这一点从武当山金顶铜制殿堂（图 8-17）的做法及武当山大量尚存明代焚帛炉（图 8-18）的屋顶与细部做法中也可以得到印证。而从尚存的浙江明代建筑如宁波天一阁（图 8-19）等已表现出明显的地方性造型、结构与装饰特征。故尽管在明间与次间开间上，相同等级与位置的建筑，采用了较为接近的尺寸，但殿堂高度的明显差异，却也从另外一个方面反映了，

图 8-17　武当山金顶铜殿（中国建筑工业出版社 . 中国美术全集·建筑艺术编 · 宗教建筑 [M]. 北京：中国建筑工业出版社，2004.）

图 8-18　武当山明代焚帛炉（邵磊，蒋晓春，崔殿尧 . 焚帛炉初步研究 [J]. 长江文明，2015（1）：61.）

图 8-19　宁波天一阁（贺从容，李沁园，梅静 . 浙江古建筑地图 [M]. 北京：清华大学出版社，2015.）

明代普陀山上的佛寺建筑，如本文所论及的万历年间所建护国永寿普陀禅寺中的殿堂建筑应该采用与武当山所用北方官式建筑截然不同的江南地方木构建筑的造型与做法。

由此，我们或也可以对明代木构建筑殿堂开间尺度与寺院（宫观）规模、等级或殿堂在寺院（宫观）中的位置的基本尺度关联及其在结构与造型上的地方性差异中找到一点可以参考的关联。

第三节 见于史料的两座明代寺院单体建筑及其主要尺寸一览

尽管明代与我们时代的距离，远比唐辽宋金甚至元代要近许多，但现存佛教寺院中的明代单体木构建筑实例并没有比其前的辽金宋元时代多出多少，原因其实很简单。一方面因明代距离今日亦有至少400年以上历史，而自然与人为的破坏，大部分木构单体建筑很难一直沿用超过百年以上。另一方面，即使是一些保存尚差强人意的寺院单体建筑或因其处在一座香火旺盛的佛教寺院之内，也往往会因寺僧或檀越们处于信仰而发出的重建大殿再塑金身宏愿，而在某一次资金充裕的大修或重建中被拆除并重建一新。而每一座经过重建的单体建筑，尽管可能使用了旧有殿堂的梁柱等木构构件，但其基本的结构与造型应该已经是与新时代的新建筑全然吻合了。这或也解释了为什么越是声名显赫的重要古寺，如洛阳白马寺，开封相国寺以及五台山大显通寺等内，越难以见到真正古老的单体建筑实例的原因所在。

正因为如此，我们对于历代文献中所记录的佛教寺院中的单体建筑，特别是有比较详细尺寸记录的单体建筑，都抱了十分关注的态度，因为正是从这些历史记录中，可以真切地感觉到当时建筑的具体尺度、体量与造型，从而对这一时代建筑有更为直接而贴切的了解。

1. 明代南京大报恩寺主要殿堂尺寸

明人葛寅亮撰《金陵梵刹志》中列出了一个南京报恩寺内主要殿阁的尺寸表，可以使我们对这座明代皇家敕建名寺内的主要建筑之基本尺度有一个了解。其尺寸详细记录如下：

“各殿丈尺：

金刚殿高三丈一尺二寸深三丈五尺二寸五分长七丈六尺

左碑亭高四丈五分深二丈一尺长三丈三尺五寸

右碑亭高四丈五分深二丈一尺长三丈三尺五寸

天王殿高四丈六寸五分深四丈八尺五寸长八丈三尺五寸

佛殿高七丈一尺五寸深十一丈四尺三寸长十六丈七尺五寸

穿廊高二丈六尺深二丈七尺二寸长三丈二尺九寸

游巡廊高二丈四尺四寸六分深三丈二尺九寸长一丈七尺五寸

观音殿高四丈二尺四寸五分深三丈六尺长五丈九尺

法堂高三丈八尺深四丈六尺五寸长八丈一尺

御亭高三丈一尺二寸深三丈五分长七丈六尺

祖师堂高二丈八尺五寸深三丈三尺长四丈三尺

伽蓝殿高二丈九尺深三丈五尺五寸长四丈六尺六寸五分

经藏殿高四丈一尺八寸深五丈三尺五寸长五丈三尺五寸

轮藏殿高四丈一尺八寸深五丈三尺五寸长五丈三尺五寸

画廊共一百一十八间高二丈二尺六寸深二丈四尺五寸每间长二丈四尺五寸

禅堂高四丈三尺五寸深六丈四尺长十一丈二尺

厨房高三丈三尺四寸深五丈六尺三寸长十一丈九尺

库房高二丈八尺一寸深五丈一尺八寸长七丈五尺

经房高二丈三尺五寸深三丈五尺长七丈二尺两边

房三十八间

东方丈高二丈八尺五分深五丈一尺八寸长七丈五尺

西方丈高二丈八尺五分深五丈一尺八寸长七丈五尺

三藏殿高二丈六尺五寸深四丈三尺长□丈五尺

宝塔丈尺：

宝塔一座九层通高地面至宝珠顶二十四丈六尺一寸九分

地面（至？）覆莲盆口高二十丈六寸”[1]

我们可以将上文中所记录的明代大报恩寺大殿各殿堂尺寸见表 8-4。

表 8-4 明代南京大报恩寺主要殿堂尺寸表

殿堂名称	间数	高度		进深		面广		备注
		记载尺寸（尺）	折合今尺（米）	记载尺寸（尺）	折合今尺（米）	记载尺寸（尺）	折合今尺（米）	
金刚殿	5	31.2	9.98	35.25	11.28	76.0	24.32	
天王殿		40.65	13.01	48.5	15.52	83.5	26.72	存基址
佛殿		71.5	22.88	114.3	36.58	167.5	53.6	
观音殿	3	42.45	13.58	36.0	11.52	59.0	18.88	
法堂		38.0	12.16	46.5	14.88	81.0	25.92	正文中似无
经藏殿		41.8	13.38	53.5	17.12	53.5	17.12	正方形平面
轮藏殿		41.8	13.38	53.5	17.12	53.5	17.12	与经藏殿同
左碑亭		40.5	12.96	21.0	6.72	33.5	10.72	左右对称
右碑亭		40.5	12.96	21.0	6.72	33.5	10.72	左右对称
御亭		31.2	9.98	30.5	9.76	76.0	24.32	
祖师殿		28.5	9.12	33.0	10.56	43.0	13.67	祖师殿略低
伽蓝殿	3	29.0	9.28	35.5	11.36	46.65	14.93	伽蓝殿略高
三藏殿		26.5	8.48	43.0	13.76	?	?	面广不详
禅堂		43.5	13.92	64.0	20.48	112.0	33.6	
穿廊		26.0	8.32	27.2	8.70	32.9	10.53	为一过廊
游巡廊		24.46	7.83	32.9	10.53	17.5	5.6	
画廊 共118间	118	22.6	7.91	24.5	7.84	2891．0 （总长）	925.12（总长）	24.5尺（间） 7.84米（间）
厨房	7	33.4	10.69	56.3	18.02	11.9	3.81	香积厨
库房		28.1	8.99	51．8	16.58	75.0	24.0	
经房		23.5	7.52	35.0	11.2	72.0	23.04	两边 38 间
东方丈	6	28.5	9.12	51.8	16.58	75.0	24.0	东西对称
西方丈	8？	28.5	9.12	51.8	16.58	75.0	24.0	东西对称
宝塔高		246.19	78.78					塔顶总高
地面－覆莲盆口		206.0	65.92					疑为减去塔刹高度
塔刹高		40.19	12.86					推测数据

注：表中所列为卷一中寺初创时的尺寸，在卷三十一报恩寺正文中，多有差别，如天王殿、正佛殿仅存基址，法堂无，左右方文间数不同等，表中开间一栏，参照卷三十一有关其寺正文，而殿堂尺寸，参照卷一御制集。

[1] 文献[2].[明]葛寅亮．金陵梵刹志．卷二．钦录集．明万历刻天启印本．

从这些单体建筑的尺寸中，还可以注意到，在一座寺院中，每一座单体建筑物各以其所在位置与建筑属性而有不同的体量与尺度。在整座寺院中，寺院正殿即佛殿的体量最大，其通面广 167.5 尺（约 53.6 米），通进深 114.3 尺（约 36.58 米），高 71.5 尺（约 22.88 米）。寺内其他建筑物与佛殿相比体量与尺度都明显要小一些。

中轴线上体量与尺居于第二位的是天王殿，基本尺寸为面广 83.5 尺（26.72 米），进深 48.5 尺（15.52 米），高 40.65 尺（13.01 米）。其次为观音殿，基本尺寸为面广 59.0 尺（18.88 米），进深 36.0 尺（11.52 米），高 42.45 尺（13.58 米）。再次之者为法堂，基本尺寸为面广 81.0 尺（25.92 米），进深 46.5 尺（14.88 米），高 38.0 尺（12.16 米）。

中轴线两侧，在由周围回廊（画廊）所围合的中心空间内，对称布置有左右碑亭、伽蓝殿与祖师殿，东西方丈。从尺寸上观察，经藏殿与轮藏殿采用了完全对称的尺寸，似乎可以推测两者是在中轴线两侧对称布置的。然而，据《金陵梵刹志》中的报恩寺图，藏经殿是布置在左侧大禅堂之前，即寺院中轴线左侧的前部并且有其独立的院落。这显然与我们所熟知的，在明清寺院中经常看到的将藏经阁布置在寺院中轴线后部的做法不同。

有趣的是伽蓝殿与祖师殿这两座建筑物应该是左右对称布置的。然而却采用了两个不同的尺寸。也就是说，位于中轴线左侧的伽蓝殿（面广 46.65 尺，进深 35.5 尺，高 29.0 尺）要比位于右侧的祖师殿（面广 43.0 尺、进深 33.0 尺、高 28.5 尺），在长、宽、高等基本尺寸上都略大一点。这种微小的尺寸差别反映的应该不是建筑物本身的功能与性质的差异而是其所处方位的差异。我们或可以从古代风水的方位理念上来理解，也就是说，位于左侧（东侧偏前）的配殿处在寺院空间的青龙位上，而位于右侧（西侧偏前）的祖师殿则处在寺院空间的白虎位上。而在传统风水理念上，青龙应该昂首，白虎益当驯顺。故西侧的配殿应该略显低矮卑逊一点而东侧的配殿则应高显亢扬一点。

著名的报恩寺琉璃塔位于其中轴线上居中的位置，即正殿之后，观音殿之前。塔高 9 层，自地面至塔刹顶部宝珠上皮的总高度为 246.19 尺（约 78.78 米）。然而史料中还给出了一个奇怪的尺寸："地面覆莲盆口高二十丈六寸"。一座塔的塔身如果是密檐塔有可能在首层塔出现覆莲或仰莲的雕刻。但如果是楼阁式塔一般只会在塔顶之上承托塔刹的须弥座上口出现覆莲或仰莲雕刻。就这座 9 层楼阁式报恩寺塔而言，其覆莲雕刻只有一种可能，就是出现在塔刹之下的须弥座上皮，正是在这个覆莲口内插入了塔顶装饰构件——塔刹。

基于这样一种分析，可以推测史料中的这句话应该是"地面（至）覆莲盆口高二十丈六寸"，也就是说，报恩寺塔自地面至塔顶须弥座上皮（塔刹底）的高度为 206.0 尺（约 65.92 米），塔总高尺寸与这一尺寸的高度差为 40.19 尺（约 12.86 米），这恰好是其塔刹的高度。塔刹高度是全塔总高度的 0.163（约占总高的 1/6 若），或是塔身主体（地面至塔顶须弥座上皮）高度的 0.195，接近其高度的 1/5 弱。这应该是一个适当的塔刹与塔身高度比例。

当然，似乎也不应该排除另外一个可能，即这座塔的基座是一个覆莲造型。从而在塔首层地面上形成一个覆莲基座的盆口，整座塔身就是放置在这座覆莲基座之上的。若果如此，其文献中的文字应该是"地面覆莲盆口（广）二十丈六寸"。明代也注意到了这一矛盾，故明人顾起元《客座赘语》中，就把这句话中的"高"改成了"广"："大报恩寺塔，高二十四丈六尺一寸九分，地面覆莲盆，口广二十丈六寸，纯用琉璃为之，而顶以风磨铜，精丽甲于今古。"[1] 然而，顾

---

[1] 文献 [2].[明] 顾起元 . 客座赘语 . 志七 . 报恩寺塔廊 . 明万历四十六年自刻本 .

起元（1565—1628年）是晚明时人，距离报恩寺塔的创建年代已有一个半世纪之久，且从现在所见到有关这座塔的古图中也未见有大尺度的覆莲塔基。由此可知，明代人顾起元对于明初文献中的“地面覆莲盆口高二十丈六寸”也察觉出有问题，但他似乎也没有真正弄明白其在建筑构造上的意义，只是从文字的角度,按照他自己的理解而主观地将“高”改为了“广”。但从文献可依赖性来看，原始文献的“高”是明确无误的,只是对“地面覆莲盆口”这句话如何理解的问题。故可以确信，笔者前面的分析在建筑外观的造型逻辑上是说得通的。

另外，明代《金陵梵刹志》中还提到天界寺中一座毗卢阁的基本尺寸。其阁原为七开间，阁初创时的基本尺寸，据明代吏部尚书林瀚的描述：“其毘卢阁，永乐中所建，迨今弘治甲子，久而将颓，复撤新之，其高七丈有六，深如之，加六尺焉，广十有一丈六尺，大藏经置于其中。”[1]可知,其阁通面广为116.0尺（约37.12米），通进深是在高度尺寸上加6尺，即82.0尺（约26.24米），阁总高为76.0尺（约24.32米）。据此或也可以大致推测还原其最初的建造结构与造型。

2. 明代福建黄檗山万福寺主要殿堂尺寸

关于明代寺院单体建筑的尺寸，还可以举出明释隐元《黄檗山寺志》给出的福建福清黄檗山万福禅寺中一些单体建筑的基本数据：

“殿：

大雄宝殿，计五间，高四丈七尺，纵六丈七尺，广八丈七尺。重檐结角，金碧流辉，外游廊之前，中阶九级，明堂深四丈九尺，广八丈六尺五寸。

旧天王殿，在放生池南，今废。

堂：

法堂，计五间，高三丈有六，广八丈，深七丈。乙卯岁僧兴寿等建为殿，庚辰春复改为法堂。

禅堂，在阁下西廊之后，纵五丈六尺，广六丈二尺。

学事堂，在钟鼓楼下，计三间。

云水堂，在山门左。

应共（供）堂，在东廊后，计三间，高二丈有八，广六丈有六，深六丈有三。

楼阁：

藏阁，在殿右，计五间，高三丈有五，广六丈有二，深五丈有六八。闽中藏阁甚多，奉特赐者甚少。

钟鼓楼，在藏阁右，计三间，高三丈五尺，广四丈八尺，深五丈六尺。内悬铜钟一口，重千斤。

刷印楼，在藏阁上，凡法宝新旧板，俱在此楼。

库司楼，在应供堂傍，计三间，广四丈三尺，深六丈三尺，高二丈六尺。

廊：

东廊，从下至上计，一十三丈二尺。

西廊，如东。

……

寮：

首座寮，在方丈右。

西堂寮，在首座寮右。

书记寮，在方丈左边。

知客寮，在择木堂右边。

化主寮，在择木堂左。

典座寮，在香积左。

杂务寮，在山门右。

什物寮，在三门右。

行堂寮，在下客堂左。

房：

米房，在行堂寮左。

碓房，在米房左。

茶房，在择木堂左。

小菜房，在香积右。

---

[1] 文献[2].[明]葛寅亮．金陵梵刹志．卷十六．明万历刻天启印本．

园房，在库司楼左。

田房，在浴堂右。

圊房，在浴堂后。

浴房，在田房左。

直牲房，在牛房右。

牛房，在直牲房左。

三门，在大殿前，高二丈八尺，广五丈四尺，深三丈八尺。门旁有青石阑联云：千古吉祥临万福，九重紫气荟三门。❶

余另有亭、桥等，不详引述。

如上这两座寺院，由于史料文献中所记录的数据比较详细，原本已经纳入了笔者拟进行复原探讨的范围之内。但由于时间的限制迟迟未能够深入下去。后来才注意到，基于如上资料，有关南京大报恩寺的复原研究已经有一些建筑院校的老师与研究生，依据文献与考古资料做了相当深入的复原研究工作，这里也就不宜再做任何重复性的工作了。而有关福建黄檗山万福寺，笔者注意到这是一座在日本、台湾有广泛影响的寺院，且寺院遗址尚存，深入的复原研究还需要做大量的现场调研与遗址考察工作，这绝非笔者目前的时间与精力所能为之事，故而，笔者请了一位对这一问题有兴趣的博士研究生，就这一课题做专门的深入研究。从这位研究生已经搜集的资料来看，相信这一研究对于了解明代佛教寺院，特别是明代福建地区的佛教寺院内的建筑单体的基本结构与造型有十分重要的学术价值；同时，这一研究对于这座寺院对台湾及日本同类型寺院及其建筑的影响也会具有很大意义。基于如上的原因，这里仅仅将这两座明代寺院的史料数据列表 8-5 上。其目的：一是，希望读者能够对明代佛教寺院内单体建筑的基本尺度有一个比较直接的了解；二是，或有某位有兴趣的读者有志于对这两座寺院内各种建筑的空间配置及寺内建筑单体的可能结构与造型进行探讨，这些数据或可以起到一个诱发其学术兴趣的作用。若果如此，还有更多的人关注明代佛教寺院及寺内的单体建筑并最终能够做出具有独特见解的复原研究，或也是能够令笔者感到庆幸。

表 8-5　明代福建黄檗山万福寺主要殿堂尺寸表

殿堂名称	间数	高度		进深		面广		备注
		记载尺寸（尺）	折合今尺（米）	记载尺寸（尺）	折合今尺（米）	记载尺寸（尺）	折合今尺（米）	
三门		28.0	8.96	38.0	12.16	54.0	17.28	
天王殿		?		?		?		放生池前
大雄宝殿	5	47.0	15.04	67.0	21.44	87.0	27.84	
法堂	5	36.0	11.52	70.0	22.4	80.0	25.6	
禅堂		?		56.0	17.92	62.0	19.84	西廊之后
学事堂	3	?		56.0	17.92	48.0	15.36	钟鼓楼下
云水堂		?						山门之左
应供堂		28.0	8.96	63.0	20.16	66.0	21.12	
藏阁	5	35.0	11.2	56.8	18.18	62.0	19.84	主殿之右
钟楼	3	35.0	11.2	56.0	18.18	48.0	15.36	藏阁之右
鼓楼	3	35.0	11.2	56.0	18.18	48.0	15.36	与钟楼对称
刷印楼	3	?		56.8	18.18	62.0	19.84	藏阁之上
库司楼	3	26.0	8.32	63.0	20.16	43.0	13.76	应供堂傍
东廊		?		?		132.0	42.24	中轴线东
西廊		?		?		132.0	42.24	中轴线西

注：钟鼓楼应各有楼阁，且对称峙立，故分列。余寮、房因无尺寸而不列。寺有伽蓝、祖师二堂，原文未单列。

❶ 文献 [2].[明] 释隐元．黄檗山寺志．卷二．清顺治刻本．

结束语
关于古代建筑复原研究的几点讨论

1. 为什么要进行复原研究

作为历史与文化载体的古代建筑，是一个民族的历史文化存在与延续的主要证据之一。建筑史研究，在很大程度上，是通过对历史上曾经存在过的建筑所进行的分析与研究，以加深对于创造这一建筑的历史与文化的认知和理解。西方建筑史上，对于曾经存在过的历史建筑进行的复原性研究，自文艺复兴开始已经延续了数个世纪。而自17世纪以来，西方人对于《圣经》旧约中所记录的诺亚方舟、摩西圣幕、所罗门圣殿以及圣殿中神圣约柜的复原研究，更是对几个世纪以来的西方建筑思想与建筑创作，特别是西方建筑中的比例探究，产生过直接或间接的影响。由此可以证明的一点是，对于重要历史建筑进行复原研究，对文化史、艺术史与建筑史具有重大意义。

中国古代历史上存在过许多曾令世人惊叹的伟大建筑物，其所达到的材料与结构技术水准，以及造型与空间艺术成就，在很大程度上都超越了我们已知的古代建筑遗存。如果将这些历史建筑案例，以一种符合当时结构与建筑逻辑的方法，加以缜密的复原研究，以尽可能接近历史真实的结构、造型与空间，再现给世人，则无疑会使人们对历史上那些伟大建筑成就多少有一点更为直接与真切的了解，从而使我们对自己民族的历史与文化更多一点理解与自豪。

这或许就是为什么会有许多建筑史学者，尽管冒了很大的风险，仍然不懈地进行这类研究的重要原因之一。可以说，每一个基于科学态度的古代建筑复原研究都是十分珍贵和有价值的，也都使我们向历史的真实迈进了一步。后续的复原研究往往是在此前研究基础上的一个深化。因此，无论如何，一位严肃的学者，对于其前的同类研究，都应该抱有一种崇敬与理解的心情。任何妄自尊大、自以为自己的复原研究是唯一正确的想法和治学态度都是要不得的。

正因如此，笔者在对前辈学者的同类研究充满感激与崇敬的同时，也特别期待将来有学者能够进一步深化笔者曾经涉及的同类研究，从而得到一个更为接近历史真实，更符合建筑结构与造型逻辑，更具说服力的复原研究成果。

2. 复原研究的依据与方法

一般历史建筑复原，应该依赖于几个基本要素：

① 文献记载

② 遗址发掘

③ 实物图像

如果这三项要素都具备，则有可能完成一个接近历史真实的复原设计。三者之间互相印证，互相支持。然而，大多数历史建筑复原都很难具有这样完备的复原依据。多数情况下，研究者面对的往往只是三项基本要素中的两项或一项。

当然，如果拥有遗址发掘资料与实物图像资料，尽管缺乏文献记载的量化依据，如高度、长度等尺寸，但通过遗址的测量与图像的分析，仍可能接近其原初的形态。

如果仅有文献记载与遗址发掘，也可以在一定程度上接近事物的真实。当然，其在造型、空间上的可能性误差就会大一些。

有时的情况会更糟，研究者手中可能仅有相关文献中点滴记录的高度与长度、宽度等基本三维数据，或者仅仅有遗址发掘的底层平面的二维数据。

这两种情况都会存在一些缺失。仅仅依赖文献记载的三维基本数据，则其作为建筑复原之根本的首层平面情况难以准确判断；且由于历史上用尺与现代用尺之间的差异，其真实的长宽尺寸也难以确定。同样，如果仅仅依赖考古遗址，则其高度、外观上的诸多信也难以确定。

由此可知的是，无论是依据考古遗址进行的复原，还是依赖历史文献中所透露出的三维基本数据进行的复原，两者都存有不可逾越的障碍。也就是说，两者都不太可能得出完全接近历史真实的复原研究结果。

但是，如果仅仅因为这些困难与障碍，就停下我们的研究步伐，那么，会有多少科学奥秘将永远尘封于历史尘埃之下。因此，笔者以为，正确的态度是：无论拥有三种基本要素中的几种，以此为基础，只要严格按照与其时代相一致的，并通过当时建筑实例所验证了的建筑材料、建筑结构、建筑空间与建筑造型逻辑加以严谨缜密的推演，由此得出的科学复原，都应该算是向历史真实靠近了一步，因而，也都是有其独特学术价值的。至少可以为其后的研究者在此基础上做进一步研究打下一个基础，从而缩短了其与历史真实之间的距离。

在方法论上，所应秉持的要点在于：要依据与该建筑相同或相近时代文献与实例提供的建筑材料、建筑结构、建筑空间与建筑造型，乃至建筑装饰资料与建造方法所指引的逻辑，加以严谨缜密的复原推导。其推导过程的逻辑链应该是清晰可辨的，其结构与细部的复原方式应该是与其同时代的历史案例相吻合的。

3. 关于这类复原研究的范畴定义

复原研究具有两个方面的意义：

其一，为一座已经失去但其基址尚存的建筑物进行具有实践意义上的复原设计，最终是使其重新屹立在其曾经伫立的遗址之上。如对一些较晚近消失、资料保存较为完善的建筑的复原设计就是如此。日本重要木构建筑奈良法隆寺金堂在20世纪中叶遭到大火焚毁之后，就是依据这种复原研究而重建的。笔者主持的武当山南岩宫大殿、玉虚宫玄帝殿、龙虎殿等的复原研究并最终重建完成，也属于这一范畴。

其二，事实上，更多的复原研究只是对其可视形象的一个再现。其复原的目的并非重新建造这座已遭毁圮的历史建筑，而是为了从历史事实的角度，以一种可视的方式，重新向人们展示其可能的原来形象。关于这一方面的研究，随着计算机以及虚拟现实手段的应用，变得日渐可能。比如，通过严格的逻辑推演而复原出来的历史建筑物，通过运用计算机制图的方式，显现一个虚拟的真实建筑物外形及其环境，使人们能够真切体验到这一建筑物可能的造型、材料、空间与细部装饰效果。目前，一些见于学术论文中的复原设计，大约都是属于这一类的研究。基于这类研究而出现的由计算机绘制的可视化虚拟现实图影也越来越多见。

正是因为存在这样一种可能，由英国伦敦国王学院于2006年起草的“关于基于计算机文化遗产可视化”的《伦敦宪章》应运而生。正是在这一宪章中，我们注意到，其中提到了两种不同的历史建筑复原范畴：

一种是基于实据的复原（an evidence-based restoration）；

另外一种是假设的复原（an hypothetical reconstruction）。❶

值得注意的是这里提出的“假设复原”这一概念。这恰如科学研究中的“假说”一样，是对于某种科学现象的基于有限资料与逻辑推导的一种推测性研究。这其实也定义了那些因缺乏遗址发掘资料与历史建筑图片，仅仅依赖于历史文献中透露出来的点滴三维数据而进行的复原设计，或仅有遗址资料，但却缺乏外形图像与高度方向数据依据的历史建筑复原研究的概念范畴。或者，我们可以说，这仅仅是一种基于蛛丝马迹式的点滴资料，如文献记录中显现的三维量度或遗址发掘中揭示的平面形式与尺寸等，所进行的一种具有科学假说性质的复原研究。

---

❶ The London Charter. For the Computer-Based Visualisation of Cultural Heritage. Documentation of Knowledge Claims. 4.4. 清华同衡・建筑与城市遗产研究所. 北京. 2012-10发布. 第19页

尽管这一类的研究结果与历史真实之间可能还有很大的距离，但毕竟使人们对于某座已经失去的重要历史建筑，从全然不知或模糊不清的状态下向前迈出了一步，从而使人们对于这座建筑有了一个初步的，但相对比较接近历史真实的印象。假说可以被证明，也可能被推翻，但只要是经过缜密科学研究推演出来的假说，无论其将来是被证实或是被颠覆，甚或一直保持悬疑的状态，都一定会有其重要的基础性意义。这也许就是笔者展开这一研究的心路历程。

笔者识

2016 年 6 月 26 日

于清华园荷清苑坎止斋